Neumann/Morlock
Operations Research

Klaus Neumann und Martin Morlock

Operations Research

Mit 288 Abbildungen und 111 Tabellen

Carl Hanser Verlag München Wien

Die Autoren:
Prof. Dr. Klaus Neumann und Prof. Dr. Martin Morlock
Institut für Wirtschaftstheorie und Operations Research
Universität Karlsruhe

Die Deutsche Bibliothek – CIP-Einheitsaufnahme

Neumann, Klaus:
Operations Research: mit 111 Tabellen / K. Neumann und M. Morlock. – München;
Wien: Hanser, 1993
ISBN 3-446-15771-9
NE: Morlock, Martin:

Druck und Bindung: PDC – Paderborner Druck Centrum, 4790 Paderborn
Printed in Germany

Vorwort

Das vorliegende Buch stellt eine völlige Neubearbeitung der dreibändigen *Operations-Research-Verfahren* des erstgenannten Verfassers dar. Für diese einbändige Neufassung ist der Stoffumfang erheblich reduziert worden. Außerdem sind die Schwerpunkte des Buches anders gesetzt worden, um der Entwicklung des Operations Research im letzten Jahrzehnt Rechnung zu tragen. Beispielsweise wird den Methoden und Anwendungen der kombinatorischen Optimierung ein weitaus größerer Raum als zuvor gewidmet, während etwa die nichtlineare und die dynamische Optimierung sowie die Lagerhaltung knapper behandelt werden.

Das Buch basiert auf Vorlesungen, die die Verfasser für Wirtschaftsingenieure, Wirtschaftsmathematiker und Informatiker an der Universität Karlsruhe gehalten haben. Es stellt eine Einführung in die wichtigsten Modelle und Methoden des Operations Research (OR) dar, wobei nicht eine „rezeptartige" Auflistung zahlreicher Verfahren, sondern die Darstellung typischer und besonders effizienter Methoden im Vordergrund steht. Die den OR-Methoden zugrunde liegende Theorie wird nur insoweit behandelt, wie sie für das Verständnis der Verfahren erforderlich ist. Beweise werden häufig nur angedeutet, oder es wird auf mehr mathematisch orientierte Fachliteratur verwiesen. Besonderer Wert wird darauf gelegt, leistungsfähige Verfahren zur Lösung auch umfangreicher praktischer OR-Probleme bereitzustellen. Da die Lösung großer Probleme aus der Praxis mit „exakten" Lösungsmethoden häufig einen wirtschaftlich nicht vertretbaren Rechenaufwand erfordert, werden in größerem Umfang heuristische Verfahren vorgestellt, als dies sonst in OR-Lehrbüchern üblich ist. Viele Verfahren werden durch eine „algorithmische Beschreibung" (in einer an die Programmiersprache Pascal angelehnten Form) ergänzt, und es wird in der Regel eine Abschätzung des Rechenaufwandes gegeben.

Das Buch gliedert sich in sechs Kapitel. Abgesehen vom einführenden Kapitel 0, das den Begriff des Operations Research erläutert und einige repräsentative OR-Anwendungen vorstellt, enthält jedes der folgenden Kapitel einen abschließenden Abschnitt „Ergänzungen". In diesen Ergänzungen werden sowohl zusätzliche OR-Modelle bzw. -Methoden skizziert, die nicht zum „OR-Standardwissen" gehören, als auch neuere Entwicklungen berücksichtigt.

Kapitel 1 ist der linearen Optimierung gewidmet. Neben dem Simplexverfahren, der Standardmethode zur Lösung linearer Optimierungsprobleme, und einigen Modifikationen der Simplexmethode werden duale lineare Optimierungsaufgaben, die Sensitivitätsanalyse und die parametrische lineare Optimierung sowie Optimierungsprobleme mit mehreren Zielfunktionen behandelt. Außerdem wird eine kurze Einführung in die Spieltheorie gegeben. Die Ergänzungen zu Kapitel 1 beinhalten eine kurze Darstellung von neueren polynomialen Verfahren der linearen Optimierung (Ellipsoid-Methode und Verfahren von Karmarkar) sowie von Dekompositionsverfahren (zur Lösung speziell strukturierter großer Optimierungsprobleme).

Das umfangreichste Kapitel 2 befaßt sich mit Optimierungsproblemen auf Graphen und Netzwerken. Vielen Optimierungsproblemen in der Praxis liegt eine Netzwerkstruktur zugrunde. Außerdem vermitteln Graphen bzw. Netzwerke oft ein sehr anschauliches Bild komplexer Zusammenhänge. Dies rechtfertigt die relativ ausführliche Behandlung von Graphen und Netzwerken im vorliegenden Buch. Im einzelnen werden in Kapitel 2 Verfahren zur Bestimmung von Minimalgerüsten in Graphen und von kürzesten Wegen sowie maximalen und kostenminimalen Flüssen in Netzwerken behandelt. Anschließend werden mit kostenminimalen Flüssen in Zusammenhang stehende Optimierungsaufgaben wie das Umlade-, das Transport- und das Zuordnungsproblem diskutiert, und es wird die Lösung des Briefträgerproblems in ungerichteten und gerichteten Graphen skizziert. Ferner wird die Termin- und Kostenplanung von Projekten behandelt. In den Ergänzungen zu Kapitel 2 wird u.a. auf einige allgemeinere Flußprobleme in Netzwerken (konvexe Flußprobleme, Flußgewinne und -verluste, dynamische Flüsse und Mehrgüterflüsse) eingegangen.

Während Kapitel 2 „leichten" (d.h. mit polynomialem Rechenaufwand lösbaren) kombinatorischen Optimierungsproblemen gewidmet ist, werden in Kapitel 3 in erster Linie „schwere" ganzzahlige bzw. kombinatorische Optimierungsaufgaben behandelt. Hierzu gehören das Rucksackproblem, das Handlungsreisendenproblem und Aufgaben der Tourenplanung, Verschnittprobleme, die Ressourcenplanung von Projekten sowie viele Optimierungsaufgaben aus der Maschinenbelegungsplanung (Scheduling). Um auch umfangreiche kombinatorische Optimierungsprobleme, wie sie in der Praxis auftreten, (zumindest näherungsweise) lösen zu können, wird neben exakten Verfahren (in der Regel vom Branch-and-Bound-Typ) großer Wert auf die Bereitstellung leistungsfähiger heuristischer Lösungsverfahren gelegt. In den Ergänzungen zu Kapitel 3 werden das Verfahren von Benders, die Lagrange-Relaxation und die prinzipielle Vorgehensweise der neueren Branch-and-Cut-Verfahren skizziert. Im Unterschied zu sonstigen OR-Lehrbüchern ist etwa die Hälfte des vorliegenden Buches kombinatorischen Optimierungsproblemen gewidmet. Dies trägt der weiten Verbreitung und Bedeutung solcher Probleme und der stürmischen Entwicklung von Theorie, Verfahren und Anwendungen der kombinatorischen Optimierung im letzten Jahrzehnt Rechnung.

Das relative kurze Kapitel 4 behandelt die nichtlineare Optimierung. Zunächst werden Optimalitätsbedingungen für lokale und globale Minimalpunkte (u.a. die Karush-Kuhn-Tucker-Bedingungen) angegeben. Anschließend werden einige Lösungsverfahren für nichtlineare Optimierungsaufgaben mit und ohne Nebenbedingungen skizziert. Ferner wird kurz auf die Quotientenoptimierung und (in den Ergänzungen) auf duale nichtlineare Optimierungsprobleme und die globale Optimierung eingegangen.

Während in den Kapiteln 1 bis 4 im wesentlichen statische und deterministische Probleme behandelt werden, ist Kapitel 5 dynamischen und stochastischen OR-Modellen (die meist in der Zeit ablaufenden Prozessen entsprechen) und zugehörigen Lösungsmethoden gewidmet. Hierzu gehören die dynamische Optimierung, Lagerhaltung und Warteschlangen. Da dynamische und stochastische Probleme wegen ihrer Komplexität häufig nur mittels Simulation bearbeitet werden können, ist für diese Methode ein eigener Abschnitt vorgesehen. Auch eine kurze Einführung in die Entscheidungstheorie wird gegeben. Die Ergänzungen zu Kapitel 5 beziehen sich im wesentlichen auf zusätzliche Warteschlangenprobleme und den Zusammenhang zwischen Warteschlangen und (stochastischem) Scheduling.

Das vorliegende Buch setzt einige Grundkenntnisse aus Linearer Algebra, Differential- und Integralrechnung und für Kapitel 5 aus der Stochastik voraus (jeweils im Umfang etwa einer einsemestrigen Vorlesung). Auf einen in vielen OR-Lehrbüchern üblichen „Schnellkurs“ in Mathematik haben wir verzichtet, zumal gute Mathematik-Lehrbücher auch für Wirtschaftswissenschaftler verfügbar sind, z.B. das empfehlenswerte Buch von OPITZ (1989). Für die Stochastik sei auf die Bücher von BAMBERG UND BAUR (1991) und von KALBFLEISCH (1985a, 1985b) sowie für mehr mathematisch orientierte Leser auf ROHATGI (1976) verwiesen.

Für die kritische Durchsicht des Manuskriptes und zahlreiche Verbesserungsvorschläge danken wir unserem Kollegen, Herrn Professor Dr. *Karl-Heinz Waldmann*, und unseren Mitarbeitern, den Herren *Klaus Brinkmann*, *Philipp Derr*, *Joachim Geidel*, *Matthias Lachmann* und *Jürgen Zimmermann* sehr herzlich. Unser besonderer Dank gilt Herrn *Eric Laval* für den mit großer Sorgfalt in TEX geschriebenen Text des Buches und Frau *Christa Otto* für das Schreiben früherer Versionen des Manuskriptes. Frau *Christa Otto* sind auch die den Text begleitenden Illustrationen im einführenden Kapitel 0 zu verdanken. Frau *Brigitte Bäßler*, Frau *Christine Stumpf* und Herr *Rolf Maier* haben die zahlreichen Abbildungen gezeichnet. Schließlich sind wir dem *Carl-Hanser-Verlag* für die gute Zusammenarbeit bei der Herstellung des Buches zu Dank verpflichtet.

Karlsruhe, im Januar 1992

Klaus Neumann
Martin Morlock

Inhaltsverzeichnis

Verzeichnis der algorithmischen Beschreibungen von Verfahren

Kapitel 1

Kapitel 2

Kapitel 3

Kapitel 4

Kapitel 5

Symbolverzeichnis

Verschiedenes

$:=$	definitionsgemäß gleich (Wertzuweisung in Algorithmen)
$\square$	Ende eines Beweises oder Algorithmus
o.B.d.A.	ohne Beschränkung der Allgemeinheit
$\lfloor a \rfloor$	größte ganze Zahl $\leq a$ (Abrundung)
$\lceil a \rceil$	kleinste ganze Zahl $\geq a$ (Aufrundung)

Mengen und Funktionen

$\mathbb{N}$	Menge der natürlichen Zahlen
$\mathbb{Z}$	Menge der ganzen Zahlen
$\mathbb{Z}_+ = \mathbb{N}_0$	Menge der nichtnegativen ganzen Zahlen
$\mathbb{Z}^n$ ($\mathbb{Z}_+^n$)	Menge der n-Tupel (nichtnegativer) ganzer Zahlen
$\mathbb{R}$	Menge der reellen Zahlen
$\mathbb{R}_+$ ($\mathbb{R}_{++}$)	Menge der nichtnegativen (positiven) reellen Zahlen
$\mathbb{R}^n$ ($\mathbb{R}_+^n$)	Menge der n-Tupel (nichtnegativer) reeller Zahlen
$\emptyset$	leere Menge
$N \subseteq M$	N ist Teilmenge von M
$N \subset M$	N ist echte Teilmenge von M
$M \backslash N := \{a \in M \mid a \notin N\}$	Differenz der Mengen M und N
$M \times N := \{(a,b) \mid a \in M,\ b \in N\}$	kartesisches Produkt der Mengen M und N
$\lvert M \rvert$	Anzahl der Elemente einer endlichen Menge M
$\mathrm{conv}(M)$	konvexe Hülle einer Menge M
$f: M \to N$	Abbildung f einer Menge M in eine Menge N
$O(f(x))$ bzw. $o(f(x))$	Landausches Symbol „groß O" (bzw. „klein o"): Für $f, g: \mathbb{R}_+ \to \mathbb{R}_{++}$ bedeutet $g(x) = O(f(x))$ (bzw. $g(x) = o(f(x))$), daß $f(x)/g(x)$ für $x \to \infty$ beschränkt bleibt (bzw. gegen 0 strebt). D.h., es gibt ein $c_1 > 0$ und ein $x_1 > 0$, so daß $f(x)/g(x) \leq c_1$ für alle $x \geq x_1$ gilt (bzw. für jedes $c_2 > 0$ gibt es ein $x_2 > 0$, so daß $f(x)/g(x) \leq c_2$ für alle $x \geq x_2$ ist).
$\delta_{ij} := \begin{cases} 1, & i = j \\ 0, & i \neq j \end{cases}$	Kronecker-Symbol
$\liminf a_\nu$	Kleinster Häufungspunkt der Folge (a_ν)

Matrizen und Vektoren

$\boldsymbol{A}^T$	zu $\boldsymbol{A}$ transponierte Matrix
$\boldsymbol{x}^T$	zu dem Spaltenvektor $\boldsymbol{x}$ transponierter Vektor (Zeilenvektor)
$\lvert\boldsymbol{x}\rvert$	Betrag (Euklidische Länge) des Vektors $\boldsymbol{x} \in \mathbb{R}^n$
$\operatorname{rg} \boldsymbol{A}$	Rang der Matrix $\boldsymbol{A}$
$\det \boldsymbol{A}$	Determinante der quadratischen Matrix $\boldsymbol{A}$
$\boldsymbol{I}$	Einheitsmatrix
$\boldsymbol{O}$	Nullmatrix
$\boldsymbol{0}$	Nullvektor

Graphen

$G = [V, E]$	(ungerichteter) Graph mit der Knotenmenge V und der Kantenmenge E
$\vec{G} = \langle V, E\rangle$	Digraph (gerichteter Graph) mit der Knotenmenge V und der Pfeilmenge E
$[i, j]$	Kante mit den Endknoten i und j
$\langle i, j\rangle$	Pfeil mit dem Anfangsknoten i und dem Endknoten j
$\mathcal{P}(i)$	Menge der Vorgänger eines Knotens i eines Digraphen
$\mathcal{S}(i)$	Menge der Nachfolger eines Knotens i eines Digraphen
$\mathcal{R}(i)$	Menge der von einem Knoten i eines Digraphen aus erreichbaren Knoten
$\dot{\mathcal{R}}(i) := \mathcal{R}(i)\backslash\{i\}$	Menge der von einem Knoten i eines Digraphen aus erreichbaren Knoten, die verschieden von i sind
$\bar{\mathcal{R}}(i)$	Menge derjenigen Knoten eines Digraphen, von denen aus der Knoten i erreichbar ist

Stochastik

$P(A)$	Wahrscheinlichkeit des Zufallsereignisses A
$P(A \cup B)$	Wahrscheinlichkeit des Zufallsereignisses „A und B"
$P(A \cap B)$	Wahrscheinlichkeit des Zufallsereignisses „A oder B"
$P(A\|B)$	Bedingte Wahrscheinlichkeit des Zufallsereignisses A unter der Bedingung B
$E(X)$	Erwartungswert der Zufallsgröße X
$\operatorname{var} X$	Varianz (Streuung) der Zufallsgröße X
$\operatorname{cov}(X, Y)$	Kovarianz der Zufallsgrößen X und Y

Kapitel 0

Einführung

0.1 Was ist Operations Research?

Operations Research kann man mit dem Salz in der Suppe vergleichen. Zum einen ist Salz ganz allein als Speise schwerlich vorstellbar, andererseits gibt es aber nur sehr wenige Gerichte, die ohne zumindest eine Prise Salz auskommen. Ähnlich treten reine Operations-Research-Probleme nur selten in der Praxis auf (meist sind sie eingebettet in komplexe wirtschaftliche, technische oder andere Fragestellungen), auf der anderen Seite gibt es nur wenige quantifizierbare Probleme, bei deren Lösung nicht in irgendeiner Weise Methoden des Operations Research Verwendung finden können oder sollten.

Abb. 0.1.1

Was ist nun eigentlich **Operations Research** oder, wie man heutzutage im Zeitalter der Abkürzungen meist sagt, **OR**? Dies soll zunächst an Hand einiger Beispiele erläutert werden.

Wenn wir eine Urlaubsfahrt planen (Abb. 0.1.2), wobei verschiedene Fahrtrouten zur Auswahl stehen, so lösen wir bei der Entscheidung für eine der möglichen Routen, je nachdem, ob wir möglichst schnell ans Ziel kommen wollen, möglichst wenige Kilometer fahren wollen oder vielleicht auch unterwegs möglichst viele Sehenswürdigkeiten ansteuern möchten, ein Operations-Research-Problem.

Abb. 0.1.2

In der Weihnachtszeit müssen wir in der Regel Geschenke verpacken. Uns stehe eine große Rolle Weihnachtspapier einer bestimmten Breite zur Verfügung, und wir wollen etwa eine Flasche Parfüm, mehrere Bücher verschiedener Größe, eine Puppe, einen Baukasten und einige weitere Geschenke so einpacken, daß wir möglichst wenig Weihnachtspapier benötigen (Abb. 0.1.3). Wir wollen also, mit anderen Worten, das Papier so zerschneiden, daß wir so wenig wie möglich Papierabfall haben. Auch ein typisches Operations-Research-Problem.

Abb. 0.1.3

Ein Briefträger, der Post austrägt und dabei jede Straße in seinem Zustellbezirk mindestens einmal entlang laufen muß, hat ein Operations-Research-Problem zu lösen (Abb. 0.1.4). Er sucht eine möglichst kurze Tour zu finden, die bei seinem Postamt beginnt und dort auch wieder endet und, wie schon erwähnt, jede Straße in seinem Bezirk mindestens einmal enthält.

Abb. 0.1.4

Abb. 0.1.5

Vor einiger Zeit war einer der Verfasser zum Abendessen bei einem Bekannten, der Junggeselle ist, eingeladen. Das Abendessen bestand aus mehreren Gängen, und der Gastgeber hatte bei dessen Zubereitung etliche Restriktionen zu beachten: Ihm standen nur drei Herdplatten zur Verfügung, und er besaß relativ wenig Töpfe, Geschirr und Besteck, beispielsweise nur zehn Kaffeelöffel. Es waren aber sieben Gäste geladen, welche die Kaffeelöffel außer beim Kaffee noch bei einem anderen Gang benötigten, d.h., es mußte mindestens einmal kurz abgewaschen werden. Natürlich war wieder ein OR-Problem zu lösen, das diesmal darin bestand, die einzelnen Arbeitsvorgänge beim Kochen, Servieren und anschließenden Abwaschen unter Beachtung der genannten Einschränkungen so durchzuführen, daß der Gastgeber während der Anwesenheit seiner Gäste möglichst wenig Zeit in der Küche verbrachte (Abb. 0.1.5). Glücklicherweise handelte es sich bei unserem Hobbykoch um einen Karlsruher Wirtschaftsingenieur, der dieses OR-Problem zur vollen Zufriedenheit seiner Gäste lösen konnte (man sollte bei der Wahl seiner Freunde auf so etwas achten).

Was ist nun den vier genannten Beispielen gemeinsam und damit typisch für ein OR-Problem? Offensichtlich handelt es sich immer um **quantifizierbare Probleme**, bei denen es mehrere **Entscheidungsmöglichkeiten** gibt. Die Aufgabe besteht dann jeweils darin, **alle möglichen Alternativen** zu erfassen (allein dies ist in der Praxis oft schon recht schwierig) und unter ihnen die **beste auszusuchen** gemäß einem bestimmten **Gütekriterium**. Als Gütekriterium können etwa in Frage kommen möglichst wenig Zeitverbrauch (denken wir z.B. an unseren Junggesellenkoch, der nur ungern seine Gäste allein läßt, und an den Briefträger, der möglichst schnell mit dem Austragen der Post fertig sein möchte) oder möglichst geringe Kosten (dem entspricht möglichst wenig Abfall beim Zerschneiden von Weihnachtspapier) oder bei anderen Problemen vielleicht möglichst hoher Gewinn.

Beim Auffinden aller möglichen Alternativen ist zu beachten, daß im allgemeinen eine große Zahl sogenannter **Nebenbedingungen** erfüllt sein muß, die häufig besagen, daß alle bei dem Problem benötigten Ressourcen (etwa Rohstoffe, Fachkräfte, Kapital, Zeit, Lagerraum, Transportwege oder ähnliches) nur beschränkt verfügbar sind (beispielsweise verfügt unser Junggesellenkoch nur über drei Herdplatten und zehn Kaffeelöffel). Manchmal sind auch Nebenbedingungen anderer Art zu beachten: Denken wir etwa wieder an die Zubereitung eines Essens. Um Salzkartoffeln zu erhalten, muß man die Kartoffeln zuerst schälen und dann kochen. Die Reihenfolge gewisser Arbeitsvorgänge ist also nicht immer beliebig wählbar, sondern kann fest vorgeschrieben sein.

Damit läßt sich Operations Research kurz wie folgt charakterisieren: **Operations Research bedeutet die Suche nach einer bestmöglichen (optimalen) Entscheidung unter Berücksichtigung von Nebenbedingungen.** Insbesondere haben wir es bei einem Operations-Research-Problem also in der Regel mit einem **Optimierungsproblem** zu tun.

Woher kommt eigentlich der etwas merkwürdige Name „Operations Research"? Zu Beginn des Zweiten Weltkrieges wurden in England von einer Gruppe von Mathematikern, militärischen Experten und Technikern Untersuchungen durchgeführt, die Wirksamkeit militärischer **Operationen** mit Hilfe mathematischer Verfahren zu verbessern. Hier waren insbesondere das damals in Entwicklung befindliche Radar und die U-Boot-Bekämpfung Untersuchungsobjekte. In England sprach man dabei von **Operational Research**, in den USA, wo man bald darauf ebenfalls solche Untersuchungen anstellte, von **Operations Research**. Der letztere Name hat sich auch im deutschen Sprachraum eingebürgert, während sich keiner der zahlreichen „Übersetzungsversuche“ wie z.B. Unternehmensforschung, Planungsforschung, Planungsrechnung, Operationsforschung durchgesetzt hat. Die eigentliche Entwicklung leistungsfähiger Verfahren für die entsprechend vielfältigen Planungsprobleme in Unternehmen im zivilen Sektor begann gegen Ende der vierziger Jahre, so daß man sagen kann: Operations Research ist erst 40 Jahre alt.

In Karlsruhe und damit in Baden kennt man Operations Research dagegen schon seit über 200 Jahren, genauer, seit der Regierungszeit von Markgraf, später Großherzog, Carl Friedrich. Bekanntlich war Carl Friedrich der führende deutsche Vertreter der Physiokraten, einer ökonomischen Schule Mitte des 18. Jahrhunderts, die eine sogenannte „natürliche Ordnung“ für Regierungs- und Wirtschaftsverfassung postulierte. Die Physiokraten erkannten als erste die Interdependenz wirtschaftlicher Größen und führten den Modellbegriff in die Wirtschaftswissenschaften ein. Seit den Physiokraten ist das Wirtschaftsprinzip der allgemeine Ausgangspunkt der Wirtschaftstheorie geworden, das mit damaligen Worten besagt, daß der einzelne die objektiven Resultate, die er zu erstreben sucht, mit einem Minimum an subjektiven Opfern anstreben solle. Wir erkennen hierin erstmalig in den Wirtschaftswissenschaften den Optimierungsgedanken, was ja gerade den Kern von Operations Research ausmacht.

Wir wollen nun ein einfaches Operations-Research-Problem betrachten, zu dessen Lösung man nicht mehr Mathematik benötigt als wie man zwei Zahlen addiert oder subtrahiert und welche von zwei gegebenen Zahlen die größere ist. Es handelt sich um die **Zeitplanung für ein kleines Projekt**, und zwar um das Kochen eines bescheidenen Gerichtes mit dem Namen

請多加餐

Abb. 0.1.6

Die einzelnen Arbeitsvorgänge beim Zubereiten des Gerichtes, das auch einen kleinen Dip als Vorspeise einschließt, sind in einer sogenannten **Vorgangsliste** zusammengestellt (Tab. 0.1.1). Der Spalte 2 der Vorgangsliste kann man für jeden Arbeitsvorgang dessen Dauer in Minuten entnehmen. In der letzten Spalte der Vorgangsliste findet man für jeden Arbeitsvorgang diejenigen Vorgänge angegeben, die unmittelbar vorher beendet sein müssen, damit der betreffende Vorgang beginnen kann. Zum Beispiel können Zwiebeln, Knoblauch und Kräuter für den Dip erst dann geschnitten werden (dies ist Vorgang B), wenn die Arbeitsgeräte und Zutaten bereitgelegt worden sind (Vorgang A), und der Dip kann erst zubereitet werden (Vorgang C), wenn Vorgang B beendet ist.

Was tut die moderne OR-geschulte Hausfrau dann als erstes? Sie zeichnet einen sogenannten **Netzplan**, der das „Zusammenspiel" der einzelnen Arbeitsvorgänge beim Zubereiten des Gerichtes widerspiegelt (s. Abb. 0.1.7). In diesem Netzplan entspricht jedem Arbeitsvorgang ein Pfeil. Neben der Bezeichnung des zugehörigen Vorgangs, z.B. A oder B, ist an jedem Pfeil noch die Dauer des Vorgangs in Minuten angegeben, etwa bei Vorgang bzw. Pfeil A

Vorgangsliste

	Arbeitsvorgang	Dauer in Min.	Unmittelbar davor abgelaufener Arbeitsvorgang
A	Richten aller Arbeitsgeräte und Zutaten	5	
B	Schneiden von Zwiebeln, Knoblauch, Kräutern für Dip	7	A
C	Zubereitung des Dip (aus Avocados, Käse, Sahne, Zwiebeln, Knoblauch, Gewürzen)	4	B
D	Dip garnieren	2	C
E	Fleisch und Zwiebeln schneiden	10	A
F	Fleisch mit Zwiebeln braten	15	E
G	Gemüse (Gurken, Möhren, Paprika, Stangensellerie) für Dip putzen und anrichten	12	A
H	Reis kochen	18	A
I	Fleisch mit Wein löschen, mit Ananas, Mango, Ingwer zusammen köcheln	11	F
J	Mandeln bräunen	8	A
K	Gericht mit Mandeln, Cocktailkirschen, Sahne und Gewürzen abschmecken	2	I, J

Tab. 0.1.1

die Dauer 5 (Minuten). Der Netzplan wird folgendermaßen konstruiert: Ein Pfeil, beispielsweise B, ist an einen anderen Pfeil, etwa A, unmittelbar „anzuhängen“, wenn Vorgang A beendet sein muß, bevor Vorgang B beginnen kann (dies entnimmt man Spalte 3 der Vorgangsliste). Ebenso wird Pfeil C an Pfeil B angehängt, Pfeil E an Pfeil A usw. Jeder Pfeil hat einen **Anfangsknoten** und einen **Endknoten** (in Abb. 0.1.7 durch Punkte wiedergegeben), beispielsweise fällt der Endknoten von Pfeil A mit den Anfangsknoten der Pfeile B, E, J, G, H zusammen.

Unser Netzplan enthält verschiedene **Wege** von der **Quelle** (Anfangsknoten von Pfeil A) zur **Senke** (Endknoten der Pfeile D, K, G, H), z.B. den Weg bestehend aus den Pfeilen A, B, C, D und den fett gezeichneten Weg A-E-F-I-K. Jedem dieser Wege können wir eine **Länge** zuordnen, die sich ergibt, indem wir die Dauern der einzelnen Arbeitsvorgänge des betreffenden Weges addieren. Beispielsweise hat der Weg A-B-C-D die Länge 18 (Minuten) und der Weg A-E-F-I-K die Länge 43 (Minuten). Ebenso haben auch die Wege,

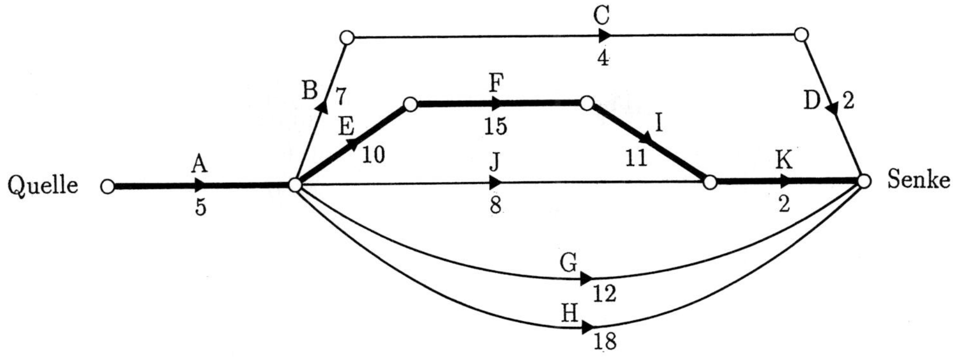

Abb. 0.1.7

die nicht von der Quelle zur Senke führen, eine Länge, z.B. besitzt der Weg E-F-I die Länge 36 (Minuten).

Wozu ist ein solcher Netzplan nützlich? Zum einen vermittelt er einen guten Überblick über die Reihenfolge der einzelnen Arbeitsvorgänge, d.h., welche Arbeitsvorgänge unmittelbar nacheinander auszuführen sind, beispielsweise die Vorgänge A, B, C, D, und welche Vorgänge im Prinzip gleichzeitig („parallel“) ausgeführt werden können, z.B. die Vorgänge B, E, J, G, H. Zum anderen können wir mit Hilfe des Netzplans sehr einfach einige für die „Projektüberwachung“ wichtige Größen ausrechnen, an denen wir interessiert sind, etwa den frühesten Zeitpunkt, zu dem unser Essen fertig ist (also die **kürzeste Projektdauer**). Offensichtlich ist das Projekt dann beendet, wenn alle Arbeitsvorgänge ausgeführt worden sind, und dies ist, anschaulich gesprochen, dann der Fall, wenn der längste Weg von der Quelle zur Senke im Netzplan „abgearbeitet“ worden ist. Die kürzeste Projektdauer ist also gleich der Länge des längsten Weges im Netzplan von der Quelle zur Senke. In unserem Beispiel ist der fett eingezeichnete Weg A-E-F-I-K der längste Weg mit der Länge 43 (Minuten).

Ferner kann man für jeden Vorgang den **frühest möglichen Anfangszeitpunkt** bestimmen, der gleich der Länge des längsten Weges von der Quelle bis zu dem Anfangsknoten des dem Vorgang entsprechenden Pfeils im Netzplan ist. Beispielsweise ist der frühest mögliche Anfangszeitpunkt des Vorgangs K gleich der Länge 41 des Weges A-F-E-I von der Quelle zum Anfangsknoten des Pfeils K (die größer ist als die Länge des Weges A-J), d.h., Vorgang K kann frühestens 41 Minuten nach Projektbeginn anfangen. Der **spätest mögliche Endzeitpunkt** für einen Vorgang unter der Bedingung, daß der Projektendtermin eingehalten wird, ergibt sich, indem man vom Projektendtermin die Länge des längsten Weges vom Endknoten des dem Vorgang entsprechenden Pfeils bis zur Senke des Netzplan abzieht. Z.B. ist der spätest mögliche Endzeitpunkt des Vorgangs B unter der Bedingung, daß der früheste Projektendtermin (43 Minuten nach Projektstart) eingehalten wird, gleich 43 minus der Länge 6 des (einzigen) Weges C-D vom Endknoten des Pfeils B zur Senke. D.h., Vorgang B muß spätestens 37 Minuten nach Projektbeginn beendet sein, damit die Essensvorbereitung nicht länger als 43 Minuten dauert.

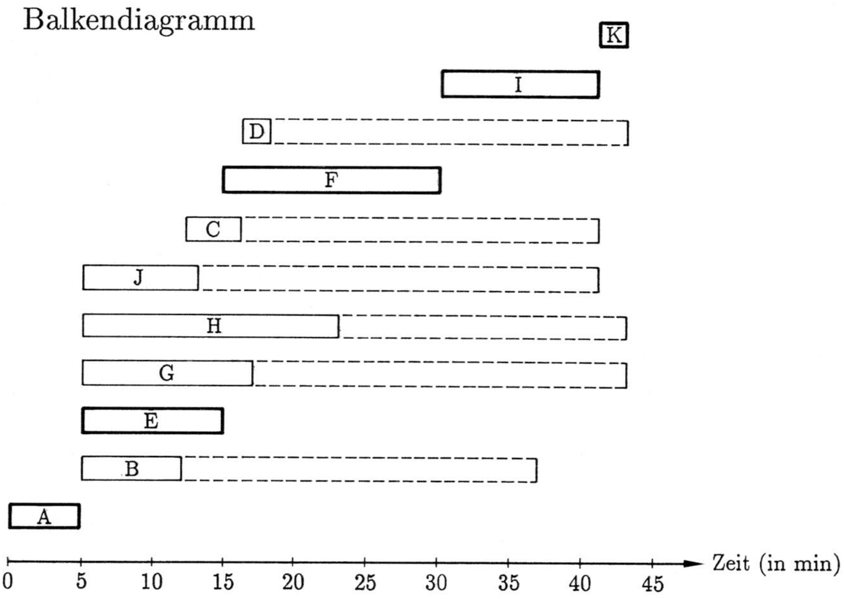

Abb. 0.1.8

Ein Netzplan erlaubt, wie bereits erwähnt, einen guten Überblick über die Reihenfolge der einzelnen Arbeitsvorgänge, gibt jedoch keine so gute Übersicht über den zeitlichen Ablauf des Projektes. Es kann aber z.B. von Interesse sein zu wissen, welche Vorgänge sich eine halbe Stunde nach Projektbeginn gerade in Ausführung befinden. Hierfür eignet sich das sogenannte **Balkendiagramm** besser als ein Netzwerk (Abb. 0.1.8). Im Balkendiagramm entspricht jedem Arbeitsvorgang ein Balken über der Zeitachse, der beim frühest möglichen Anfangszeitpunkt des Vorgangs beginnt und dessen Länge gleich der Dauer des Vorgangs ist. Z.B. reicht der Balken für den Vorgang B (mit der Dauer 7 Minuten) vom Zeitpunkt 5 bis zum Zeitpunkt 12. Bei manchen Vorgängen ist an den zugehörigen Balken noch ein gestrichelt gezeichnetes Stückchen angehängt, das beim spätest möglichen Endzeitpunkt des betreffenden Vorgangs endet. Diese Vorgänge können zeitlich nach hinten verschoben werden (soweit, wie das gestrichelte Stückchen reicht), ohne daß dadurch das gesamte Projekt verzögert wird. Die Vorgänge ohne ein „gestricheltes Schwänzchen“ dürfen nicht hinausgeschoben werden, andernfalls würde sich die Fertigstellung des gesamten Projektes um die entsprechende Zeitspanne verzögern. Diese letzteren **kritischen Vorgänge** entsprechen gerade den fett eingezeichneten Pfeilen des längsten Weges im Netzplan.

Das Balkendiagramm kann auch für die sogenannte **Ressourcenplanung** nützlich sein. Wir entnehmen dem Balkendiagramm z.B., daß zwischen den Zeitpunkten 5 und 12 die fünf Arbeitsvorgänge B, E, G, H, J gleichzeitig ausgeführt werden. Die Hausfrau habe aber nur zwei Hilfskräfte zur Verfügung (von der Ressource „Arbeitskraft“ sind also nur drei „Stück“ verfügbar). Nehmen wir an, daß jeder Arbeitsvorgang eine Arbeitskraft voll beanspruche, so müssen zwei der fünf Vorgänge nach hinten verschoben werden, was innerhalb der „gestrichelten Schwänzchen“ der Balken der einzelnen Vorgänge möglich ist, ohne daß der früheste Projektendtermin gefährdet wird. Ergibt eine genauere Untersuchung, daß für den Vorgang H („Reis kochen“) nur etwa während der ersten 3 Minuten eine Arbeitskraft benötigt wird, so kann, wenn man mit dem Vorgang H zum Zeitpunkt 5 beginnt, einer der beiden zu verschiebenden Vorgänge bereits zum Zeitpunkt 8 anfangen.

Selbstverständlich wird eine Hausfrau nicht jedesmal, wenn sie ein Essen vorzubereiten hat, zunächst einen Netzplan oder ein Balkendiagramm konstruieren. Die Ausführung eines solch kleinen Projektes hat jede gute Hausfrau im Kopf. Bei größeren oder längerfristigen Projekten jedoch ist das Zeichnen eines Netzplans oder Balkendiagramms sehr zu empfehlen. Insbesondere zeitliche Verzögerungen bei der Projektausführung (bedingt durch längere Dauer einzelner Arbeitsvorgänge als ursprünglich vorgesehen), was ja in der Praxis fast immer der Fall ist, kann man dann viel früher erkennen, und es läßt sich gegebenenfalls Abhilfe schaffen. Die Aufstellung eines Netzplans ermöglicht ferner, gewisse Fehler bei der Planung oder Modellierung eine Projektes zu erkennen, wenn etwa die in der Vorgangsliste festgehaltene Reihenfolge gewisser Vorgänge nicht dem realen Projektablauf entspricht.

0.2 Typische OR-Anwendungen

Im folgenden werden einige repräsentative OR-Anwendungen kurz vorgestellt, wobei zum einen gezeigt werden soll, aus welch verschiedenartigen Bereichen OR-Probleme stammen können, und zum anderen das Gemeinsame all dieser verschiedenen Probleme herausgearbeitet werden soll. Das Gemeinsame aller OR-Probleme besteht, wie schon erwähnt, darin, daß ein Gütekriterium (im OR sagt man stattdessen meist **Zielfunktion**) einen möglichst kleinen Wert annehmen soll (wenn es beispielsweise um Kosten, benötigte Zeit oder ähnliches geht) oder auch einen möglichst großen Wert (wenn es sich etwa um den erzielten Gewinn bei einem Produktionsprozeß handelt). Die zu treffenden Entscheidungen werden durch sogenannte **Entscheidungsvariablen** (auch kurz **Variablen** genannt) beschrieben, die wir zu bestimmen suchen (z.B. die produzierte Menge eines gewünschten Produktes). Dabei sind gewisse **Nebenbedingungen** oder, wie man auch sagt, **Beschränkungen** oder **Restriktionen** zu beachten, die etwa die beschränkte Verfügbarkeit der benötigten Ressourcen oder die vorgeschriebene Reihenfolge gewisser Arbeitsvorgänge wiedergeben.

Beispiel 1: Produktionsplanung

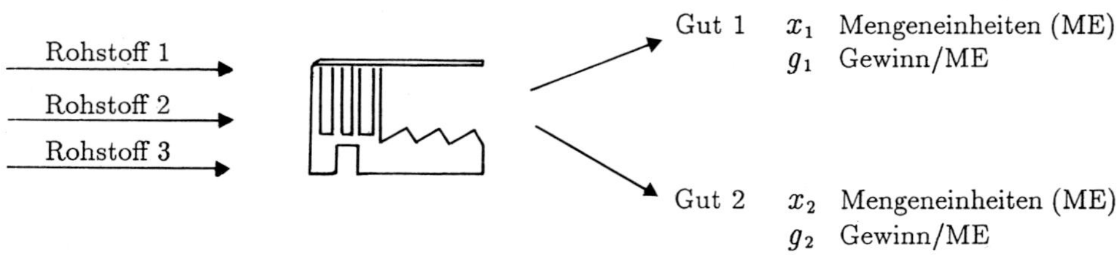

Abb. 0.2.1

Auf einer Produktionsanlage können die Güter 1 und 2 hergestellt werden, wobei drei verschiedene Rohstoffe benötigt werden (Abb. 0.2.1). Ein **optimaler Produktionsplan** besteht dann darin zu entscheiden, welche Mengen x_1 und x_2 von den Gütern 1 und 2 zu produzieren sind, wobei folgendes zu berücksichtigen ist:

(a) Der erzielte Gesamtgewinn soll maximiert werden, wobei die Gewinne g_j pro produzierter Mengeneinheit (ME) von Gut $j = 1, 2$ jeweils bekannt sind.

(b) Die Güter konkurrieren hinsichtlich der zu ihrer Produktion benötigten Rohstoffe, die nur in beschränktem Maß zur Verfügung stehen:
Verfügbare Menge von Rohstoff 1: b_1 ME
Verfügbare Menge von Rohstoff 2: b_2 ME
Verfügbare Menge von Rohstoff 3: b_3 ME.

(c) Für die Produktion einer Mengeneinheit eines jeden Gutes ist eine gewisse „Faktor-Einsatzmenge“ von jedem Rohstoff („Produktionsfaktor“) erforderlich:

Benötigte Menge von Rohstoff i zur Produktion von 1 ME von Gut j: a_{ij} ME ($i = 1,2,3; j = 1,2$).

Damit erhalten wir das folgende Optimierungsproblem:
Maximiere die Zielfunktion

$$g_1x_1 + g_2x_2$$

unter den Nebenbedingungen

$$\begin{aligned} a_{11}x_1 + a_{12}x_2 &\leq b_1 \\ a_{21}x_1 + a_{22}x_2 &\leq b_2 \\ a_{31}x_1 + a_{32}x_2 &\leq b_3 \\ x_1 \geq 0, x_2 &\geq 0 \ . \end{aligned}$$

Die Restriktionen $x_1 \geq 0$, $x_2 \geq 0$ besagen, daß die Entscheidungsvariablen x_1 und x_2 (produzierte ME) nur nichtnegative Werte annehmen können.

Hat man es allgemeiner mit der Produktion von q Gütern zu tun, wobei m verschiedene Rohstoffe benötigt werden, so ist eine Zielfunktion

$$g_1x_1 + g_2x_2 + \ldots + g_qx_q$$

zu maximieren unter Nebenbedingungen der Form

$$\begin{aligned} a_{i1}x_1 + a_{i2}x_2 + \ldots + a_{iq}x_q &\leq b_i \quad (i = 1, \ldots, m) \\ x_1 \geq 0, x_2 \geq 0, \ldots, x_q &\geq 0 \ . \end{aligned}$$

An Stelle der oder zusätzlich zu den Ungleichungen können auch Gleichungen unter den Restriktionen auftreten, z.B. Materialbilanz-Gleichungen in der chemischen Verfahrenstechnik. Da sowohl die Zielfunktion als auch die linken Seiten der obigen Ungleichungen lineare Funktionen der Entscheidungsvariablen $x_1, x_2, \ldots, x_q$ darstellen, spricht man von einem **linearen Optimierungsproblem**.

Lineare Optimierungsprobleme sind in zweifacher Hinsicht von großer Bedeutung. Zum einen lassen sich viele wirtschaftliche und technische Fragestellungen in dieser Weise übersichtlich modellieren; zum anderen stehen für derartige Aufgabenstellungen eine leistungsfähige Theorie und effiziente Verfahren zur Verfügung. Sie ermöglichen es, Optimierungsprobleme mit Tausenden von Variablen und Nebenbedingungen auf einem Rechner zu lösen.

In der Praxis wird die lineare Optimierung z.B. seit vielen Jahren mit großem Erfolg bei der **Rohölverarbeitung in Raffinerien** angewendet. Hierbei sollen aus einer oder mehreren Rohölsorten durch einen optimierten Produktionsablauf die Endprodukte Motorbenzin, Dieselkraftstoff, leichtes bzw. schweres Heizöl, Heizgas usw. hergestellt werden. Bei der Planung ist das Durchlaufen einer großen Anzahl von Produktionsstufen mit Zwischenprodukten wie Destillaten oder Flüssiggas zu beachten. Dabei treten z.B. folgende Nebenbedingungen auf:

- Kapazitätsgrenzen der einzelnen Aggregate
- Lieferverpflichtungen für gewisse Fertigprodukte
- (durch die Marketingabteilung prognostizierte) Mindest- und Höchstabsatzmengen einzelner Produkte
- Qualitätsanforderungen bei einigen Produkten (z.B. Mindestoktanzahl)
- Obergrenzen für Stickoxydemission
- Sicherung eines gewissen Marktanteils.

Da unterschiedliche Rohöle alternativ oder als Mischungen verwendet werden sowie einige der Aggregate einer Raffinerie (z.B. die Crack-Anlage) auf verschiedenartige Weise eingesetzt werden können und es zudem verschiedene Möglichkeiten gibt, gewisse Endprodukte durch Mischen von Zwischenprodukten herzustellen, resultiert eine große Anzahl von Alternativen für die Fahrweise einer Raffinerie.

Jedes Produkt hat eine andere Gewinnspanne, wobei es aber unwirtschaftlich sein kann, ein Produkt mit hoher Gewinnspanne in großen Mengen herzustellen, wenn hierdurch in anderen Bereichen des Produktionsprozesses Engpässe entstehen. Gesucht ist dann ein solches Produktionsprogramm (das festlegt, wieviel von jedem Produkt hergestellt werden soll), das einen maximalen Gesamtgewinn für das Unternehmen (innerhalb einer gewissen Planungsperiode) ergibt.

Einige spezielle lineare Optimierungsprobleme haben aufgrund ihrer Praxisrelevanz besondere Beachtung gefunden, z.B. Aufgaben im Zusammenhang mit dem Transport von Gütern.

Beispiel 2: Transport- und Versorgungsproblem

Bei dem in Abb. 0.2.2 skizzierten **Transportproblem** soll ein Gut, das in drei Lagern vorhanden ist, zu vier Kunden transportiert werden. Der Disponent habe zu entscheiden, welche Menge x_{ij} dieses Gutes vom Lager i zum Kunden j zu transportieren ist ($i = 1, 2, 3; j = 1, \ldots, 4$). Hierbei sei folgendes zu beachten:

- Die Transportkosten vom Lager i zum Kunden j sind proportional zur transportierten Menge: $c_{ij}x_{ij}$
- Die Summe der gesamten Transportkosten $c_{11}x_{11} + c_{12}x_{12} + \ldots + c_{34}x_{34}$ ist zu minimieren.
- Die in Lager i vorhandene Menge a_i sowie der Bedarf b_j des Kunden j sind bekannt.
- Der Bedarf jedes Kunden muß befriedigt werden.
- Negative Transportmengen (Rücktransporte) sind ausgeschlossen.

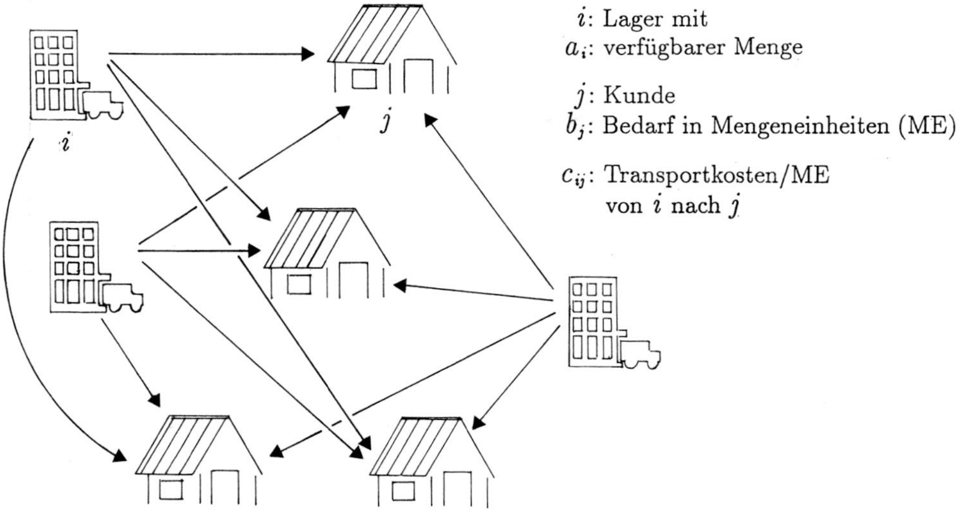

Abb. 0.2.2

Bezeichnen wir allgemein die Anzahl der Lager mit m und die Anzahl der Kunden oder Verbraucher mit n, so läßt sich die in dem obigen Beispiel erläuterte Problemstellung wie folgt schreiben:

$$\begin{aligned}
\text{Min.} \quad & \sum_{i=1}^{m}\sum_{j=1}^{n} c_{ij}x_{ij} \\
\text{u.d.N.} \quad & \sum_{j=1}^{n} x_{ij} \leq a_i \qquad (i = 1, \ldots, m) \\
& \sum_{i=1}^{m} x_{ij} = b_j \qquad (j = 1, \ldots, n) \\
& x_{ij} \geq 0 \qquad (i = 1, \ldots, m; j = 1, \ldots, n)\ .
\end{aligned}$$

Hierbei steht die Abkürzung „Min." für „Minimiere" und „u.d.N." für „unter den Nebenbedingungen". Die Nebenbedingungen treten in Gleichungs- und in Ungleichungsform auf. Die Ungleichungen besagen dabei, daß höchstens die im jeweiligen Lager vorhandene Menge entnommen werden kann, während die Gleichungen die Forderung der Bedarfsbefriedigung wiedergeben.

Transportprobleme gehören zu den ersten Optimierungsaufgaben, die für größere reale Aufgabenstellungen formuliert und gelöst wurden. Gegenüber allgemeinen linearen Optimierungsproblemen haben wir es bei Transportproblemen mit speziellen Nebenbedingungen zu tun, bei denen die Koeffizienten der Variablen sämtlich gleich 1 sind. Die besondere Struktur der Restriktionen wird von geeignet konstruierten Verfahren ausgenutzt, die es gestatten, auch große Probleme schnell zu lösen. Dies ist besonders im Bereich der Logistik von Bedeutung, wo im Zuge einer operativen Planung täglich Lösungen von Transportproblemen erforderlich werden können. So organisieren beispielsweise Brauereien die Auslieferung an ihre Kunden transportkostenoptimal über Niederlassungen, denen in unserem Modell die Lager entsprechen.

Wird bei dieser Auslieferungsoptimierung nicht nur der Transport von den Lagern zu den Kunden in Betracht gezogen, sondern die gesamte Transportkette von der Brauerei über die Niederlassungen zu den Verbrauchern, so liegt ein sogenanntes **Umladeproblem** vor. Hierbei wird der kostengünstigste Transport eines Gutes von einem oder mehreren Produzenten über gewisse „Umladeorte" zu Verbrauchern gesucht, d.h., wir haben es mit einem verallgemeinerten Transportproblem zu tun. Weitere Verallgemeinerungen beinhalten die simultane Berücksichtigung mehrerer Transportmöglichkeiten und mehrerer zu transportierender Güter. Angewandt wird ein derartiges Modell beispielsweise von der Shell Oil Co. für die Verteilung von drei verschiedenen Ölprodukten in den USA (vgl. ZIERER ET AL. (1976)), wobei drei verschiedene Transportmittel (Pipelines, Lastschiffe und Tanker) zur Verfügung stehen. Dieses Optimierungsmodell besitzt 1050 Variablen und 575 Nebenbedingungen und zählt damit eher zu den kleineren aus der Praxis stammenden linearen Optimierungsmodellen. Es kann daher in kurzer Zeit für unterschiedliche Szenarios eine Lösung berechnet werden. Die Bedeutung einer optimalen Planung kann daran abgelesen werden, daß von Shell in den USA näherungsweise 20% des Umsatzes für Transportkosten aufgewendet werden.

Die bisherigen Beispiele linearer Optimierungsprobleme sind lediglich unter dem Aspekt einer formalen Darstellung der Nebenbedingungen durch Gleichungen und Ungleichungen betrachtet worden. Bei vielen linearen Optimierungsproblemen, die vom Typ eines Transport- oder allgemeiner eines Umladeproblems sind, empfiehlt es sich, die anschauliche Vorstellung eines Flusses von Material, Energie, Information o.ä. durch ein Versorgungs- oder Transportnetz zu verwenden, das gewisse Kapazitätsrestriktionen besitzt. Diese Veranschaulichung des Problems ist hilfreich sowohl bei der Modellierung als auch bei der Konstruktion und dem Verständnis von Lösungsverfahren und damit der Interpretation und Akzeptanz der errechneten Lösung.

Beispiel 3: Energieflußproblem

Bei einem Problem der Versorgung mit elektrischer Energie soll von einer Quelle V_0 (Kraftwerk) über ein Leitungsnetz mit den Verteilerknoten (Umspannwerken) $V_1, \ldots, V_7$ die Senke V_8 (Fabrik) bedient werden. Weder in den Verteilerknoten noch in den Leitungen gehe Elektrizität verloren, d.h., der gesamte in V_0 eingespeiste Strom wird in V_8 abgenommen. Berücksichtigt man für die Leitungen Maximalbelastungen, so besteht eine Optimierungsaufgabe darin, die größtmögliche Strommenge zu bestimmen, die V_8 erreichen kann.

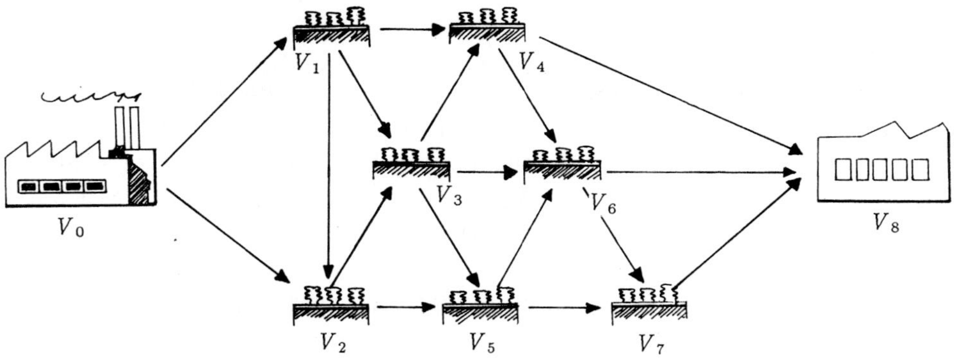

Abb. 0.2.3

Ein anderes Optimierungsproblem ergibt sich, wenn elektrischer Strom einer vorgegebenen Stärke kostenoptimal durch ein Netz (von der Quelle zur Senke) geschickt werden soll und die Kosten aus Spannungsverlusten resultieren, die jeweils proportional zu den Stromstärken in den Leitungen sind.

Bezeichnen wir mit x_{ij} den von V_i nach V_j fließenden Strom, so erhalten wir neben einer Zielfunktion in der bekannten linearen Form für jeden Verteilerknoten die Bedingung, daß die hineinfließende gleich der herausfließenden Menge ist. Beispielsweise gilt für V_3

$$x_{13} + x_{23} - x_{34} - x_{35} - x_{36} = 0 \ .$$

Eine entsprechende Beziehung gilt für die Quelle und die Senke. Die aus der Quelle herausfließende Menge ω ist gerade gleich der in die Senke hineinfließenden Menge, da in den Verteilerknoten nichts „verlorengeht". Für das obige Beispiel erhalten wir damit

$$x_{01} + x_{02} = \omega = x_{48} + x_{68} + x_{78} \ .$$

Neben diesen sogenannten Knotenbedingungen sind noch die Maximalbelastungen der Leitungen als (obere) Kapazitätsschranken zu beachten, d.h., für die Stärke x_{ij} des von V_i nach V_j fließenden Stroms gilt

$$0 \le x_{ij} \le \kappa_{ij} \ ,$$

wobei als untere Kapazitätsschranke 0 verwendet wird.

Den oben skizzierten Zielfunktionen und Nebenbedingungen ist zu entnehmen, daß wir es sowohl bei der Bestimmung eines **Flusses maximaler Stärke** (Maximierung von ω) als auch bei der Berechnung eines **kostenoptimalen Flusses** vorgegebener Stärke mit sehr speziell strukturierten linearen

Problemen zu tun haben, für die auch spezielle Verfahren entwickelt worden sind.

Eingesetzt werden derartige Modelle und Verfahren seit Anfang der 60er Jahre in einem breiten Spektrum von Anwendungen. Bereits zu dieser Zeit wurde z.B. vom Automobilhersteller Chrysler in den USA ein Planungsinstrument für die kostengünstigste Belieferung der Händler von den Produktionsstätten aus entwickelt (vgl. Shapiro (1984), Kapitel 5). Von 10 Werken aus sollen etwa 5000 Händler in den USA und in Kanada über ein gegebenes Vertriebsnetz beliefert werden. In Erweiterung der in Abb. 0.2.3 dargestellten Situation haben wir es mit einer Vielzahl von Quellen und Senken zu tun, was sich jedoch ohne Schwierigkeiten auf den Fall einer Senke und einer Quelle zurückführen läßt. Ferner kann im Rahmen dieses Modells auch berücksichtigt werden, daß die Produktionskosten pro Fahrzeug in den einzelnen Werken unterschiedlich sein können und Beschränkungen hinsichtlich des Produktionsausstoßes bestehen.

In engem Zusammenhang mit Transport- und Flußproblemen steht die Aufgabe, kürzeste Wege etwa in Transport- oder Leitungsnetzen zu bestimmen, da jede transportierte Einheit auf einem bestimmten Weg zu ihrem Ziel gelangt und jeder dieser Wege möglichst kurz sein soll (mit der Planung einer Urlaubsfahrt haben wir in Abschnitt 0.1 bereits ein derartiges Problem diskutiert).

Beispiel 4: Kürzeste Wege in Verkehrsnetzen

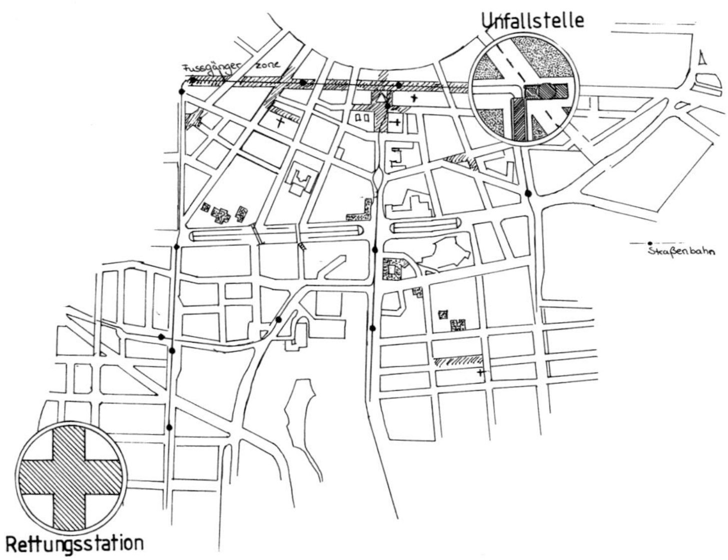

Abb. 0.2.4

Unfallrettung und Feuerwehr stehen ständig vor dem Problem, so schnell wie möglich zum jeweiligen Einsatzort zu gelangen (etwa einer Unfallstelle wie in Abb. 0.2.4). Für besonders wichtige oder gefährdete Objekte sind von den Rettungsdiensten vorsorglich geeignete Wege in dem vorliegenden Verkehrsnetz zu bestimmen, auf denen das Ziel in kürzest möglicher Zeit erreicht werden kann. An Stelle der Zeit kann auch die Weglänge als Zielkriterium verwendet werden. In diesem Verkehrsnetz sind neben Einbahnstraßenregelungen und Abbiegeverboten vor allem die Fahrzeiten auf den einzelnen Streckenabschnitten zu berücksichtigen, die verkehrsbedingt im Laufe des Tages stark schwanken können. Beispielsweise erhält man für Zeiten des Berufsverkehrs andere Streckenpläne als für verkehrsarme Nachtstunden.

Unter dem Schlagwort „Verkehrsleitplanung“ wird die Bestimmung kürzester Wege zur Zeit in der Öffentlichkeit diskutiert. So sollen etwa in der Zukunft Verkehrsleitsysteme auf Autobahnen Verkehrsbelastungs- und Stauinformationen über Induktionsschleifen aufnehmen, in einem Zentralrechner verarbeiten und an den Bordcomputer des Fahrzeugs zurückgeben, der dann für ein zuvor eingegebenes Fahrziel eine konkrete Streckenempfehlung erarbeitet. Für den innerstädtischen Bereich befindet sich das mobile Zielführungssystem EVA der Firma Blaupunkt bereits in der Erprobung. Nach Eingabe von Start- und Zielpunkt werden unter Berücksichtigung von Verkehrsbelastungen und des Verkehrsnetzes ein Streckenvorschlag und gegebenenfalls noch gewisse Varianten vorgeschlagen. Zur Lösung derartiger z.T. einfach erscheinender Probleme sind allerdings sehr große Datenmengen zu berücksichtigen.

Anstelle kürzester Wege sind bei manchen Problemstellungen auch längste Wege von Interesse. Beispielsweise bestimmt bei der in Abschnitt 0.1 skizzierten Zeitplanung für Projekte die längste Vorgangsfolge die minimale Projektdauer. Die Berechnung längster Wege läßt sich ohne Schwierigkeiten entweder in analoger Weise wie das Minimierungsproblem der Bestimmung kürzester Wege lösen oder in ein solches Problem transformieren. Wir haben es hier mit einem anschaulichen Beispiel für den im Operations Research häufig auftretenden Fall zu tun, daß Maximierungsprobleme auf Minimierungsprobleme (und umgekehrt) zurückgeführt werden können.

Tritt bei der Bestimmung eines kürzesten Weges noch die zusätzliche Bedingung auf, daß beispielsweise ein Handlungsreisender auf diesem kürzesten Wege alle seine Kunden besuchen soll, so steht man einem sehr viel schwieriger zu lösenden Problem gegenüber (eine ähnliche Aufgabe hatten wir in Abschnitt 0.1 mit der Planung der Strecke einer Urlaubsfahrt bereits kennengelernt).

Beispiel 5: Auslieferung von Gütern

Ein Tiefkühlkostlieferant möchte seine Kunden $1, \ldots, n$ in einer Kleinstadt von einem Depot aus durch einen LKW versorgen. Hierbei sei eine Reihenfolge der

Abb. 0.2.5

Belieferung so festzulegen, daß die benötigte Fahrstrecke oder Fahrzeit minimal wird. Die Planung einer derartigen Rundreise, bei der alle Kunden nacheinander besucht werden, bezeichnet man als **Handlungsreisendenproblem** (Travelling Salesman Problem). Wie bereits erwähnt, führt die Bedingung, daß alle Kunden bedient werden müssen, auf ein Problem, das gegenüber dem „reinen“ Kürzesten-Wege-Problem sehr viel schwieriger zu lösen ist. Interessanterweise benötigt die folgende etwas modifizierte Aufgabenstellung dagegen nur einen Rechenaufwand in ähnlicher Größe wie das Kürzeste-Wege-Problem: Hat der LKW alle Straßen der Kleinstadt abzufahren, so liegt das in Abschnitt 0.1 bereits erwähnte **Briefträgerproblem** vor, das auch bei einer Vielzahl von Straßen mit erträglichem Aufwand zu lösen ist. Als Beispiele sind hier die Planung von Müllentsorgungstouren, Straßenreinigungstouren und allgemeinen Wartungs- und Überwachungstouren entlang vorgegebener Strecken etwa durch Straßenmeistereien zu nennen. Gegenüber dem Briefträgerproblem spielt das Handlungsreisendenproblem in der Praxis eine weitaus größere Rolle. Eine der wichtigsten Anwendungen erfährt es bei der Bestimmung der Bestückungsreihenfolge von Leiterplatten durch Automaten in der Mikroelektronik. In einer Vielzahl von Varianten tritt es ferner vor allem im Speditionsbereich auf, und seine Lösung gewinnt durch den wachsenden Konkurrenzdruck zunehmend an Bedeutung. Hierbei sind in der Regel zusätzliche Nebenbedingungen zu beachten, von denen einige aufgeführt seien:

- Der Lkw besitzt nur eine beschränkte Kapazität. Es sind also mehrere Touren vom Depot aus zu planen, oder es stehen von vornherein mehrere Fahrzeuge zur Verfügung.
- Die Kunden können nur während vorgegebener Zeitintervalle („Zeitfenster") bedient werden.
- Neben der Belieferung der Kunden mit neuer Ware ist auch die Rücknahme von Ware (beispielweise Reklamationen) einzuplanen.

Bei derartigen sogenannten **Tourenplanungsproblemen** treten u.a. folgende Teilprobleme auf:

(1) Welche Kunden sollen auf einer gemeinsamen Tour beliefert werden (Auswahlproblem)?

(2) In welcher Reihenfolge sollen die Kunden einer Tour beliefert werden (Reihenfolgeproblem)?

(3) Welcher Wagen soll auf welcher Tour eingesetzt werden (Zuordnungsproblem)?

Das als Teilproblem (3) erwähnte Zuordnungsproblem ist wegen seines häufigen Auftretens im Zusammenhang mit realen Problemen von besonderer Bedeutung.

Beispiel 6: Zuordnungsproblem

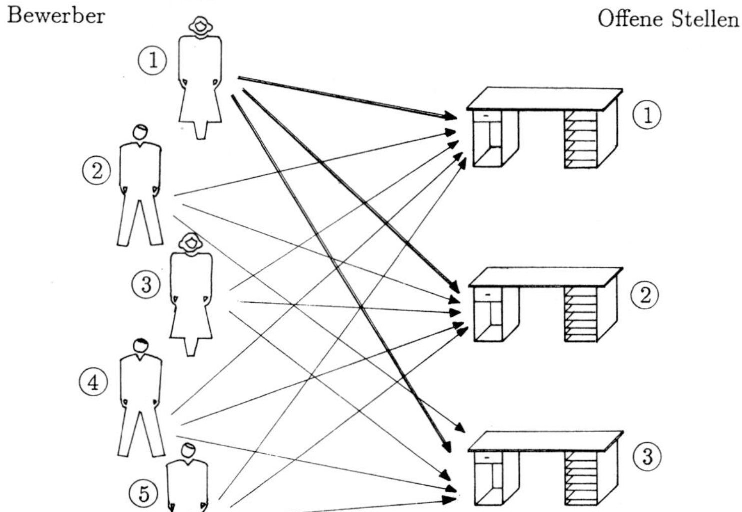

Abb. 0.2.6

Ein Personalchef habe für 3 offene Stellen ($j = 1, 2, 3$) 5 qualifizierte Bewerber ($i = 1, \ldots, 5$), wobei aufgrund eines Eignungstests bekannt sei, welche Einarbeitungszeit c_{ij} der Bewerber i für die Stelle j benötigt. Die Einstellung von 3 Bewerbern auf diese Stellen soll in der Weise erfolgen, daß die Summe der Einarbeitungszeiten minimal ist. Kennzeichnen wir mit $x_{ij} = 1$ bzw. mit $x_{ij} = 0$ die Entscheidung, den Bewerber i für die Stelle j einzustellen bzw. nicht einzustellen, so erhält das entsprechende Optimierungsproblem die Gestalt

$$
\begin{aligned}
\text{Min.} \quad & \sum_{i=1}^{5} \sum_{j=1}^{3} x_{ij} c_{ij} \\
\text{u.d.N.} \quad & \sum_{j=1}^{3} x_{ij} = 1 \qquad (i = 1, \ldots, 5) \\
& \sum_{i=1}^{5} x_{ij} = 1 \qquad (j = 1, 2, 3) \\
& x_{ij} \in \{0, 1\} \qquad (i = 1, \ldots, 5; j = 1, 2, 3) \; .
\end{aligned}
$$

Die ersten 5 Nebenbedingungen besagen, daß jeder Bewerber genau einmal zur Verfügung steht, während die folgenden 3 Nebenbedingungen ausdrücken, daß jede Stelle nur einmal besetzt werden kann.

Das Zuordnungsproblem gehört als spezielles Transportproblem (günstigster „Transport“ von Bewerbern zu Stellen) zu den einfacher zu lösenden Problemen. Wie in Beispiel 5 bereits angedeutet, tritt es häufig als Teilaufgabe von komplexeren Optimierungsproblemen auf. Ein weiteres Beispiel hierfür findet sich in der Standortplanung, wobei etwa Produktionsstätten $h, i, \ldots$ an potentiellen Standorten $j, k, \ldots$ eingerichtet werden sollen und die Entfernungen d_{jk} zwischen den Standorten j und k zu berücksichtigen sind. Vor allem bei der innerbetrieblichen Standortplanung spielt neben der jeweiligen Entfernung d_{jk} noch die Menge m_{hi} des Materialaustauschs zwischen den Produktionsstätten h und i eine Rolle. In diesem Fall liegt ein „quadratisches“ Zuordnungsproblem mit Variablen $x_{hj}, x_{ik} \in \{0, 1\}$ und der Zielfunktion $\sum_{h,i} \sum_{j,k} m_{hi} d_{jk} x_{hj} x_{ik}$ vor, wobei etwa $x_{hj} = 1$ wie oben bedeutet, daß die Produktionsstätte h den Standort j erhält (vgl. z.B. DOMSCHKE (1984), Kapitel 6).

Neben der Lösung von eigenständigen Teilaufgaben im Rahmen von komplexen Problemstellungen liegt eine weitere Bedeutung des Zuordnungsproblems darin, daß sich häufig eine (starke) Vereinfachung eines schwierig zu lösenden Problems als Zuordnungsproblem interpretieren läßt. Die Lösung dieses Zuordnungsproblems ist zwar in der Regel keine zulässige oder optimale Lösung des Ausgangsproblems, läßt sich aber zu ihrer Berechnung verwerten.

Beispielsweise besitzt in jeder Lösung des Handlungsreisendenproblems jede der Anlaufstellen (Depot oder Kunde) einen Vorgänger und einen Nachfolger. Beachten wir diese Zuordnung von Vorgänger und Nachfolger zu jeder Anlaufstelle, so erhalten wir ein Zuordnungsproblem, dessen Lösung in der Regel mehrere kurze Rundreisen liefert (von denen jede nur einige der Kunden enthält) und damit unzulässig ist. Diese Lösung läßt sich aber als Ausgangslösung für die Konstruktion zulässiger Lösungen des Handlungsreisendenproblems verwenden. Außerdem stellt die Summe der Längen der Kurz-Rundreisen eine gute untere Schranke für die optimale Länge der Rundreise des Handlungsreisenden dar.

Beispiel 7: Verschnittproblem

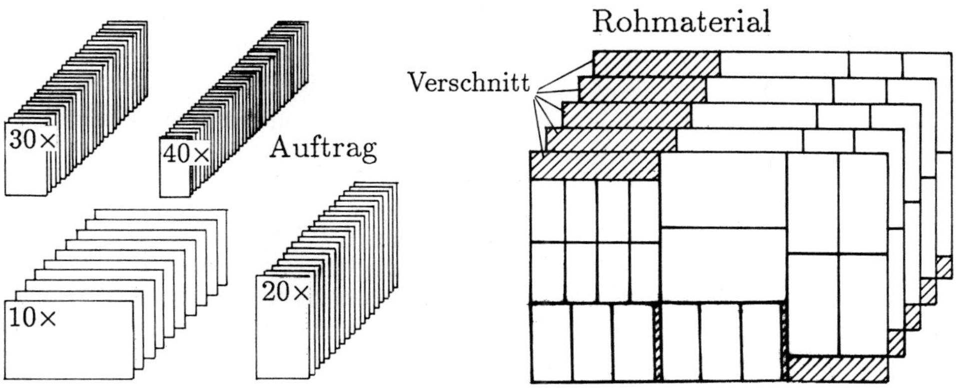

Abb. 0.2.7

In einer Schreinerei seien aus großen Preßspantafeln zum Bau von Regalen eine Anzahl kleinerer Platten zu schneiden, wobei möglichst wenige Tafeln zerschnitten werden sollen. Bei der Erstellung der Schnittmuster ist (aus technischen Gründen) zu beachten, daß Schnitte durchgehend und parallel zu den Seitenkanten erfolgen (Guillotine-Schnitte). Die hier vorzunehmende Verschnittoptimierung zerfällt in drei Teile:

(i) Systematische Erzeugung von Schnittmustern

(ii) Formulierung und Lösung eines linearen Optimierungsproblems, das einem Produktionsproblem entspricht (vgl. Beispiel 1) mit den Tafeln als Rohstoffen und den Platten als produzierten Gütern. Variablen sind die jeweiligen Anzahlen der Tafeln gemäß dem jeweiligen Schnittmuster. Die Gesamtzahl der verarbeiteten Tafeln ist zu minimieren unter Beachtung der Zahl der benötigten Platten.

(iii) Geeignete Erzeugung einer zulässigen ganzzahligen Lösung aus der optimalen Lösung des linearen Optimierungsproblems, da die Tafeln jeweils vollständig verschnitten werden. Die direkte Berücksichtigung der Ganzzahligkeit bei der exakten Lösung des hier vorliegenden Problems würde einen zu hohen Rechenaufwand erfordern, da in der Regel weit über hundert verschiedene Schnittmuster auftreten.

Nachdem wir beim Zuordnungsproblem bereits Variablen kennengelernt hatten, die nur die Werte 0 und 1 annehmen dürfen, tritt hier im Zusammenhang mit linearen Optimierungsproblemen erstmals die für die Behandlung von Stückgütern charakteristische Bedingung auf, daß die Variablen ganze Zahlen sein müssen. Während diese Bedingung für den Fall großer Zahlenwerte keine besondere Rolle spielt (die Lösung ändert sich durch einfaches Runden nur geringfügig), verursacht ihre strenge Berücksichtigung (wie dies bei kleineren Zahlenwerten notwendig wird) einen erheblichen Rechenaufwand.

Bereits das obige einfache Beispiel zeigt, daß Zuschneideprozesse eine große Komplexität aufweisen und auf eine Computerunterstützung angewiesen sind. Dies gilt in jüngerer Zeit umso mehr, als durch die Verbindung numerisch gesteuerter Maschinen eine automatische Planung immer wichtiger wird und nach neueren Schätzungen allein in Deutschland jährlich Rohmaterial im Wert von ca. 120 Milliarden DM verschnitten wird.

Neben dem hier skizzierten zweidimensionalen Verschnittproblem tritt gelegentlich das (einfacher zu lösende) eindimensionale Verschnittproblem (z.B. beim Zuschnitt von Baustahl) sowie das (wesentlich schwieriger zu lösende) dreidimensionale Verschnittproblem auf. Letzteres ist eng mit dem sogenannten „Packungsproblem“ verwandt, bei dem möglichst viele kleine Quader (Pakete) in einem großen Quader (Container) unterzubringen sind. Wir erwähnen noch, daß bei einer Vielzahl von Anwendungen nicht gerad- sondern krummlinig begrenzte Objekte auszuschneiden sind und auch das zu zerschneidende Rohmaterial selbst einen krummlinigen Rand besitzt. Die Lösung derartiger Aufgaben ist sehr kompliziert und derzeit Gegenstand intensiver Forschung.

Beispiel 8: Nichtlineare Produktionsplanung

Der Betreiber eines Kraftwerkes habe einen im Tagesverlauf stark schwankenden Bedarf B_j ($j = 1, 2, \ldots, 24$ [Stunden]) zu befriedigen, den er aus Kostengründen möglichst durch selbsterzeugte Energie x_j abdecken möchte. Gelingt ihm dies nicht, so muß er zusätzlich fremdbezogene Energie $(B_j - x_j)^+$ in das Netz einspeisen, wobei $(B_j - x_j)^+ := \max\{0, B_j - x_j\}$ die „Bedarfslücke“ darstellt. Der Preis, den er für die bezogene Energie zu bezahlen hat, setze sich gemäß einem sogenannten Zweigliedtarif zusammen aus den Bereitstellungskosten $K(\max\limits_{j=1,\ldots,24}(B_j - x_j)^+)$ und den Bezugskosten $c_F \sum_{j=1}^{24}(B_j - x_j)^+$. Die Bereitstellungskosten hängen ab von dem Spitzenverbrauch $\max_{j=1,\ldots,24}(B_j - x_j)^+$ der Meßperioden j und seien tabellarisch vorgegeben, während c_F den Bezugspreis pro bezogener Energieeinheit darstelle. Ferner sind die Produktionskosten c_P pro Energieeinheit für die selbsterzeugte Energie zu berücksichtigen.

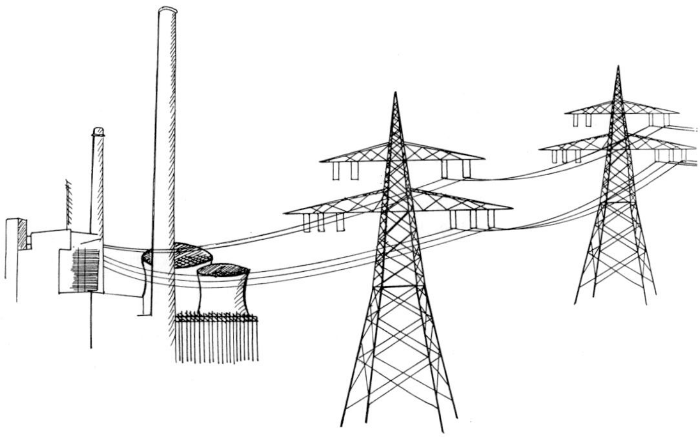

Abb. 0.2.8

Um seine Kosten so gering wie möglich zu halten, hat der Kraftwerksbetreiber also eine nichtlineare Kostenfunktion der Gestalt

$$K\left(\max_{j=1,\dots,24}(B_j - x_j)^+\right) + c_F \sum_{j=1}^{24}(B_j - x_j)^+ + c_P \sum_{j=1}^{24} x_j$$

zu minimieren.

Hinsichtlich der Änderung der eigenen Energieerzeugung gelte, daß sie von einer Stunde auf die andere (technologisch bedingt) nicht größer als eine Steuerkonstante b werden kann. Es ist also eine Nebenbedingung der Gestalt $|x_j - x_{j-1}| \leq b$ zu beachten. Damit liegt folgende Optimierungsaufgabe vor:

$$\begin{aligned}
\text{Min.}\quad & K\left(\max_{j=1,\dots,24}(B_j - x_j)^+\right) + c_F \sum_{j=1}^{24}(B_j - x_j)^+ + c_P \sum_{j=1}^{24} x_j \\
\text{u.d.N.}\quad & \left.\begin{aligned} x_j - x_{j-1} &\leq b \\ x_{j-1} - x_j &\leq -b \\ x_j &\geq 0 \end{aligned}\right\} \quad (j = 1, 2, \dots, 24) \\
& \quad x_0 = a\ ,
\end{aligned}$$

wenn $x_0 = a$ den Verbrauch in der letzten Meßperiode des Vortages darstellt.

Dieses Produktionsplanungsbeispiel zeigt, daß bereits bei einfachen Zusammenhängen Nichtlinearitäten auftreten können, die sich natürlich nicht auf die Zielfunktion beschränken müssen. Haben wir beispielsweise eine Obergrenze M für die Energieerzeugung, und wird das „Hochfahren" des Kraftwerkes von $(1-1/k)M$ in der Meßperiode $j-1$ durch $(1-1/(k+1))M$ in der Folgeperiode beschränkt ($k \geq 1$), so erhalten wir die nichtlinearen Restriktionen

$$2Mx_j - x_j x_{j-1} \leq M^2 \quad (j = 1, 2, \dots, 24)$$

bei beliebiger Anfangsleistung $x_0 = a \leq M$.

Nichtlineare Zielfunktionen und nichtlineare Nebenbedingungen treten insbesondere in technischen Bereichen auf, da hier die wechselseitigen Abhängigkeiten der Einflußgrößen meist recht genau bekannt sind. Bei ökonomischen Problemen ist zwar das Zielkriterium häufig nichtlinear, die Zulässigkeit einer Lösung kann dagegen in der Regel durch lineare Restriktionen wiedergegeben werden.

Eine praktische Anwendung der nichtlinearen Optimierung, bei der sowohl technische als auch wirtschaftliche Gesichtspunkte Berücksichtigung fanden, befaßte sich mit der Elektrizitätsversorgung in Frankreich (vgl. Shapiro (1984), Kapitel 8). Das staatliche Unternehmen Electricité de France hatte 1965 für den Zeitraum von 1970 bis 1985 unter Berücksichtigung des prognostizierten Verbrauchs, der technischen Gegebenheiten sowie der vorhandenen finanziellen Mittel eine optimale Investitions-, Produktions- und Distributionsplanung vorzunehmen. Das resultierende Modell wies 153 Variablen und 53 Nebenbedingungen auf. Die Zielfunktion besaß sowohl lineare Terme, die sich auf die Investitionsplanung bezogen, als auch 140 nichtlineare Terme, die u.a. mögliche Fehlmengen und Betriebskosten betrafen.

Beispiel 9: Investitionsentscheidungen

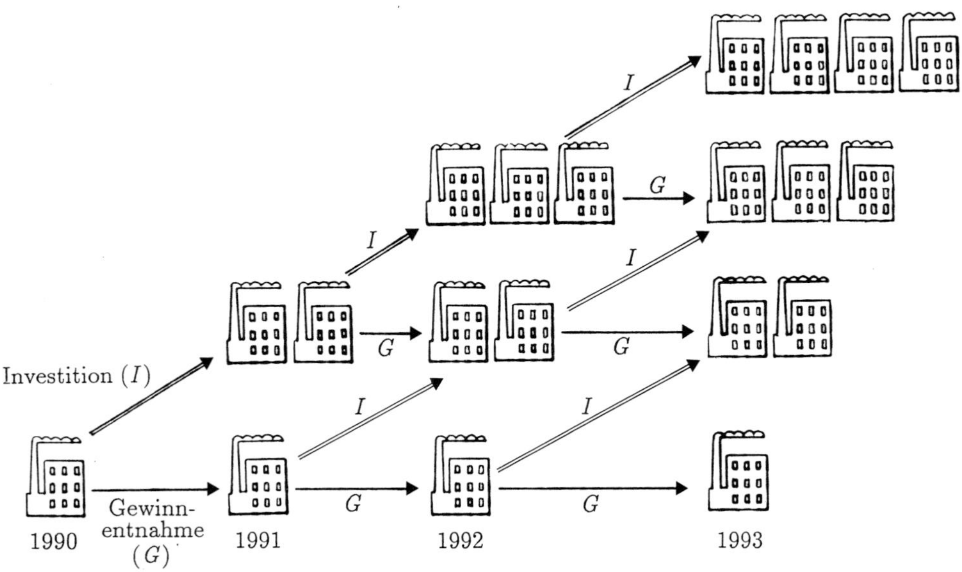

Abb. 0.2.9

Das Management eines Unternehmens habe zu Beginn des ersten Jahres den mittelfristigen Plan für die Verwendung der Überschüsse in dem anschließenden Dreijahreszeitraum aufzustellen. Hierbei sei bei bekannten Daten über die zukünftige Marktentwicklung zu entscheiden, welcher Anteil der Überschüsse jedes Jahr für Investitionen verwendet werden soll. Ziel dieser Investitionsstrategie ist die Maximierung der Summe aus Vermögen und Gewinnentnahmen bis zum Ende des dritten Jahres (der Einfachheit halber seien hier steuerliche Gesichtspunkte und Zinseffekte außer acht gelassen).

Bezeichnen wir mit x_j $(j = 1, 2, 3)$ den Wert des Vermögens zum Bilanzstichtag (am 1.1.) des Jahres j und mit $G_j(x_j)$ den Gewinn, der mit diesem Vermögen im Jahr j erwirtschaftet wird, so ist bei der Entscheidung über die Höhe u_j der Gewinnentnahme die Bedingung

$$0 \leq u_j \leq G_j(x_j) \quad (j = 1, 2, 3)$$

zu beachten. Der nicht entnommene Gewinn steht für Investitionen zur Verfügung, so daß das Vermögen (ohne Berücksichtigung von Abschreibungen) gemäß

$$x_{j+1} = x_j + G_j(x_j) - u_j \quad (j = 1, 2, 3)$$

fortzuschreiben ist (x_4 ist der Wert des Vermögens am Ende des Dreijahreszeitraumes). Als Zielbedingung erhalten wir damit

$$\text{Max.} \sum_{j=1}^{3} u_j + x_4 \ .$$

Dieses Maximierungsproblem, das darin besteht, eine optimale Folge voneinander abhängiger Entscheidungen in den drei Jahren zu bestimmen, ist typisch für viele Planungsaufgaben. Auf der Basis des momentan erreichten Zustands (in unserem Beispiel das Vermögen zum Bilanzstichtag) und der Kenntnis bzw. Prognose für die zukünftige Entwicklung ist jeweils eine Entscheidung (Höhe der Gewinnentnahme) zu treffen, die den Folgezustand bestimmt und mit Kosten oder Gewinnen verbunden ist. Derartige sequentielle Entscheidungsprobleme für in der Zeit ablaufende steuerbare Prozesse werden als **dynamische Optimierungsprobleme** bezeichnet, wenn sie sich in der Form

$$\begin{aligned} &\text{Max.} \ \sum_{j=1}^{n} g_j(x_j, u_j) + h(x_{n+1}) \\ &\left.\begin{aligned} \text{u.d.N.} \ & x_{j+1} = f_j(x_j, u_j) \\ & x_j, u_j, x_{n+1} \ \text{„zulässig“} \end{aligned}\right\} \quad (j = 1, \ldots, n) \end{aligned}$$

darstellen lassen. Die Zulässigkeit der Variablen x_j, u_j, x_{n+1} wird dabei durch weitere Restriktionen beschrieben.

Dynamische Optimierungsprobleme zeichnen sich dadurch aus, daß sich der (zeitliche) Planungsablauf in der Problemformulierung widerspiegelt und daß in der Regel nichtlineare Zusammenhänge berücksichtigt werden (im obigen Beispiel etwa durch die Gewinnfunktion g_j). Ferner können, wie bereits erwähnt, Prognosen in die Planung einfließen. Dies bedeutet, daß die damit verbundene Ungewißheit bei der Planung zu berücksichtigen ist, d.h., bei der Optimierung sind gegebenenfalls stochastische Einflüsse zu beachten.

Bei dynamischen Optimierungsproblemen bestehen hinsichtlich der Gewinnfunktionen g_j sowie der „Übergangsfunktionen" f_j nur geringe Einschränkungen, und es läßt sich daher ein breites Spektrum an Aufgabenstellungen in dieser Art formulieren. Wie wir später sehen werden, basiert die Bestimmung optimaler Lösungen dieser sehr unterschiedlichen Problemstellungen zwar auf einer „Standardmethode"; angewandt auf konkrete Optimierungsaufgaben resultieren hieraus aber sehr unterschiedliche Lösungsverfahren.

Die Vielfalt der praktischen Einsatzmöglichkeiten der dynamischen Optimierung sei an zwei Beispielen aufgezeigt (vgl. PUTERMAN (1978), S. 163f.):

(1) Ein technisches System besitze eine Komponente, die bei Versagen auszutauschen ist, wobei Ersatz zu unterschiedlichem Preis und Lebensdauer zur Verfügung steht. Für einen gewissen Planungszeitraum ist für jeden möglichen Austauschzeitraum festzulegen, welche Ersetzungsmaßnahme vorzunehmen ist, so daß die zu erwartenden Kosten insgesamt minimal werden.

(2) Beim Versand von Werbematerial wird häufig die (kurzsichtige) Politik verfolgt, nur die unmittelbar zu erwartende Bestellung zu berücksichtigen. Die Beachtung der Auswirkung einer Folge von Werbesendungen auf das Kundenverhalten führt dagegen zu besseren Ergebnissen. Beispielsweise wurde beim Versandhaus Sears, Roebuck and Comp. in den USA die dynamische Optimierung zur Steuerung des Werbematerialeinsatzes erfolgreich eingesetzt.

Ein weiteres typisches Anwendungsgebiet der dynamischen Optimierung stellt die wirtschaftliche Lagerhaltung in Unternehmen dar mit dem Ziel, einen zeitlichen Ausgleich zwischen Angebot und Nachfrage zu erreichen oder zur Vermeidung bzw. Verringerung von Stillstandszeiten hintereinandergeschalteter technischer Prozesse als Puffer zu wirken. Aufgrund ihrer großen Bedeutung hat sich die Lagerhaltung zu einer eigenständigen Disziplin entwickelt.

Beispiel 10: Lagerhaltung

Ein Party-Service-Unternehmen sei für den kommenden Monat völlig ausgebucht. Beispielsweise sei der tägliche Bedarf an Räucherlachs bekannt. Für das Service-Unternehmen ist es dann einerseits günstig, den Lachs in größeren Mengen einzukaufen, da bei einer Bestellung am Tag j ($j = 1, \ldots, 30$) Fixko-

Abb. 0.2.10

sten K für Arbeitszeit, Telex und die Anfahrt anfallen, die unabhängig von der gelieferten Menge u_j sind. Andererseits bringt die Lagerung einer Menge x pro Tag Kosten hx für Kapitalbindung, Kühlung und Lagerorganisation mit sich, die proportional zu der gelagerten Menge sind. Nach einer Entscheidung über die Zeitpunkte und Mengen der Anlieferung von Lachs, der sogenannten **Lagerhaltungspolitik**, habe die Lagerbestandskurve beispielsweise die Gestalt von Abb. 0.2.11.

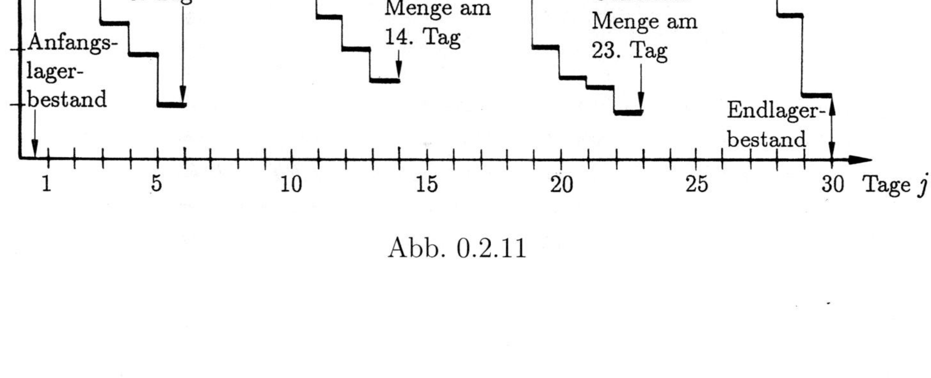

Abb. 0.2.11

Liege etwa am Tag j ein Lieferzugang von u_j und ein Bedarf von r_j vor, und sei $x_j \geq 0$ der Lagerbestand am Tag j vor Lieferung der Menge u_j und Abgang der nachgefragten Menge r_j, so erfolgt die Fortschreibung des Bestands über die Lagerbilanzgleichung

$$x_{j+1} = x_j + u_j - r_j$$

mit $u_j \geq 0, r_j \geq 0$ und einem Anfangslagerbestand x_1. Die zu minimierende Zielfunktion hat dabei die Form

$$\sum_{j=1}^{30} (K \cdot \delta(u_j) + hx_{j+1}) \ ,$$

wobei $\delta(u_j) = 1$ für $u_j > 0$ und $\delta(u_j) = 0$ für $u_j = 0$ gilt. Bei realen Aufgabenstellungen aus dem Bereich der Lagerhaltung sind neben den bereits genannten vor allem noch folgende Einflußgrößen zu nennen:

- mengenabhängige Einkaufspreise
- Lagerkapazitäten
- Lieferzeiten
- Fehlmengen
- Zufallseinflüsse bei Liefer- und Nachfragemengen.

Selbst relativ kleine Unternehmen investieren jährlich Hunderttausende DM im Lager. Von dieser Summe kann man in vielen Fällen 10–20% als Fehlinvestitionen bezeichnen, die verursacht werden entweder durch einen unnötig hohen Lagerbestand oder durch Fehlmengenkosten in Form von Kosten für Eilbestellungen oder Produkionsausfallkosten bei zu niedrigem Lagerbestand.

Die Behandlung einfacher Lagerhaltungsaufgaben ist heutzutage bereits in Standard-Produktions-Planungs-Systemen (PPS) für PCs integriert, während bei größeren Unternehmen jeweils spezielle Software seit vielen Jahren erfolgreich eingesetzt wird. Beispielsweise hat die Lever Sunlicht GmbH 1972 zum Einkauf von Rohstoffen ein Dispositions-System entwickelt, das seitdem im Einsatz ist (vgl. SCHNEEWEISS (1981), Kapitel 8). Die Berechnung der optimalen Einkaufsentscheidungen erfolgt wöchentlich auf der Basis von Schätzungen des (unsicheren) Bedarfs. Hierbei wird ein gewisser Sicherheitsbestand berücksichtigt, mit dem ein unvorhergesehener Bedarf abgefangen werden soll. Der Planungshorizont beträgt 5 Monate, und es sind Mengenrabatte des Zulieferers zu berücksichtigen. Ohne die Unterstützung durch ein Rechnerprogramm wäre es insbesondere nicht möglich, diese Rabattstaffel optimal zu nutzen. Kontrollrechnungen haben ergeben, daß mit Hilfe des eingesetzten relativ einfachen Planungsinstruments jährlich etwa 250 000 DM eingespart werden können.

Ein weiteres Beispiel soll eine Vorstellung von der möglichen Größenordnung praxisrelevanter Lagerhaltungsprobleme vermitteln. Die Lufthansa hält zur Wartung ihrer Flotte etwa 200 000 verschiedene Verschleißteile vorrätig, und zwar in den Ersatzteillagern in Hamburg und Frankfurt, ferner zusammen mit anderen europäischen Luftfahrtgesellschaften in Paris, Brüssel, Madrid und Rom. Selbstverständlich ist hier eine wirtschaftliche Lagerhaltung nur mit OR-Methoden möglich, und die Lufthansa verwendet schon seit vielen Jahren solche Verfahren.

Beispiel 11: Maschinenbelegungsplanung

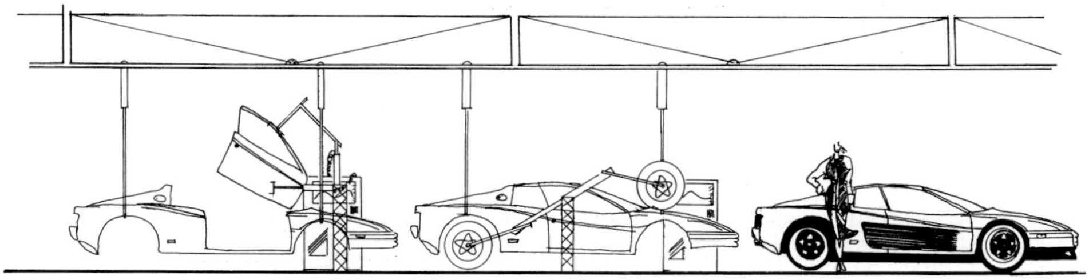

Abb. 0.2.12

Eine Fertigungsstraße für Sondermodelle in einem Automobilwerk sei mit vier Schweiß-, Schleif- bzw. Prüfrobotern bestückt, die von den Automobilen nacheinander angelaufen werden, wobei unterschiedliche Fahrzeuge unterschiedliche Bearbeitungszeiten durch die Roboter benötigen. Vor den Bearbeitungsstationen sei aus diesem Grund ein ausreichender Warteraum vorhanden. In Abhängigkeit von der Reihenfolge der Automobile in der Fertigungsstraße können für die Roboter unterschiedliche Leerlaufzeiten dadurch entstehen, daß kein Auto zur Bearbeitung bereitsteht. Hierbei ist zu beachten, daß die Reihenfolge der Fahrzeuge während des Durchlaufens der Fertigungsstraße nicht geändert werden kann. Die Planung hat im vorliegenden Beispiel das Ziel, die Summe aller Stillstandszeiten für einen gegebenen Auftragsbestand zu minimieren. Dies ist gleichbedeutend damit, daß das letzte Fahrzeug des Auftrags die Fertigungsstraße zum frühest möglichen Zeitpunkt verläßt.

Im Zusammenhang mit einer zunehmenden Automatisierung in vielen Produktionsbereichen gewinnt derzeit die Maschinenbelegungsplanung an Bedeutung. Ihr Ziel ist, die Reihenfolge oder Zuordnung von Teilaufträgen (Jobs) zu Bearbeitungsmaschinen „optimal" festzulegen. Die Verschiedenartigkeit der Produktionsprozesse führt dabei zu ganz unterschiedlichen Optimierungsaufgaben. Neben dem oben beschriebenen Ziel, den gesamten Auftrag möglichst schnell abzuarbeiten, kann die Einhaltung gewisser Terminvorgaben für einzelne Teilaufträge oder die Berücksichtigung von Umrüstkosten eine Rolle spielen. Auch der Fertigungsablauf ist häufig nicht durch ein Fließband mit der zwangsweisen Hintereinanderausführung einzelner Bearbeitungsschritte bestimmt. Gegebenenfalls kann diese Reihenfolge in einem gewissen Umfang frei festgelegt werden, oder es können wahlweise mehrere Maschinen für einen

Arbeitsgang eingesetzt werden. Ferner ist für die Planung von entscheidender Bedeutung, ob die Bearbeitung einzelner Teilaufträge auf einer Maschine unterbrochen werden kann, um eiligere Arbeiten einzuschieben oder eine bessere Maschinenauslastung zu erreichen. Schließlich sei noch erwähnt, daß etwa bei Montagefertigungen die Einhaltung einer Reihenfolge bei der Bearbeitung einzelner Teilaufträge notwendig sein kann.

Die Lösung von Problemen der Maschinenbelegungsplanung ist nur bei sehr kleinen oder einfach strukturierten Fällen mit exakten Verfahren möglich, welche die Bestimmung einer optimalen Lösung garantieren. Die Vielzahl unterschiedlicher Aufgabenstellungen läßt sich jedoch in Problemklassen einteilen, für die jeweils geeignete Heuristiken zur Verfügung stehen, die in der Regel recht gute (wenn auch im allgemeinen keine optimalen) Lösungen liefern.

Einen Eindruck von der Größenordnung und Gestalt realer Planungsaufgaben vermittelt das folgende Maschinenbelegungsplanungsproblem eines bekannten Automobilherstellers in Baden-Württemberg. Im Februar 1984 wurde von diesem Unternehmen eine der modernsten Omnibusfertigungsanlagen in Betrieb genommen, bei der die Fertigmontage in Fließfertigung erfolgt. Durch Kombination von verschiedenen Sonderausstattungswünschen gibt es derzeit 25 000 Sonderausführungen, so daß praktisch jeder Bus ein Unikat mit individueller Fertigung darstellt. Zusammengebaut wird ein Bus aus 10 000 bis 15 000 Teilen, wobei die Gesamtzahl der zur Verfügung stehenden Teile 212 000 beträgt. Bei der Montage werden die Busse kontinuierlich mit Hilfe eines Fördersystems durch die Montagehalle transportiert. Innerhalb der dabei durchlaufenen Bearbeitungsstationen begleiten die Arbeiter das Förderband, während sie ihre Tätigkeiten durchführen. Aufgabe der Planung ist es, mit EDV-Unterstützung die unterschiedlichen Aufträge in einer Reihenfolge auf das Band zu bringen, so daß die verschiedenen Dauern, die von den verschiedenen Sonderausführungen an den einzelnen Stationen benötigt werden, sich so „ausgleichen", daß ein möglichst „reibungsloser" Ablauf (mit minimalen Leerlaufzeiten) entsteht.

Beispiel 12: Warteschlangen

In einem Supermarkt seien zwei Kassen vorhanden, an denen sich gelegentlich längere Warteschlangen bilden. Die Anzahl der Kunden, die pro Minute an den Kassen ankommen, sei zufallsabhängig, wobei die Zufallsmechanismen aufgrund von Erfahrungswerten als bekannt vorausgesetzt werden können. Neben diesem „Ankunftsstrom" ist für die Bildung von Warteschlangen auch die Dauer des Kassierens verantwortlich. Die Bedienungszeit kann bei den einzelnen Kunden sehr unterschiedlich sein. Sie werde daher ebenfalls als Zufallsgröße aufgefaßt, wobei der Zufallsmechanismus ebenfalls als bekannt vorausgesetzt werde. Um zu entscheiden, ob in dem Supermarkt noch eine weitere Kasse eingerichtet werden soll, interessiert die Geschäftsleitung, welche Auswirkungen eine derartige Maßnahme auf die mittlere Wartezeit der Kunden haben würde.

Abb. 0.2.13

Warteschlangenprobleme treten sowohl im täglichen Leben (etwa vor Verkehrsampeln oder bei ärztlichen Untersuchungen) als auch in vielen technischen und wirtschaftlichen Bereichen auf (z.B. bei der Dimensionierung einer Telefonzentrale, der Organisation des Abarbeitungsmodus wartender Rechnerprogramme durch die Zentraleinheit oder der Festlegung der Größe eines Zwischenlagers für Halbfertigfabrikate in einem Produktionsprozeß). Die einfachsten dieser Probleme lassen sich durch ein Modell beschreiben, das einen Bedienungsschalter besitzt, an dem eintreffende „Kunden" nacheinander abgefertigt werden. Naheliegende Erweiterungen des Modells bestehen darin, mehrere parallele oder hintereinander angeordnete Schalter zu betrachten, unterschiedliches Kundenverhalten in der Wartephase einzubeziehen oder verschiedene Abfertigungsreihenfolgen bei der Abfertigung von Kunden zuzulassen.

Im Unterschied zu den bisher behandelten Aufgaben steht bei Warteschlangenproblemen häufig nicht die Optimierung, sondern lediglich die Analyse der Wartesituation im Vordergrund (etwa hinsichtlich der mittleren Wartezeit der Kunden oder der durchschnittlichen Länge der Warteschlange). Abgesehen von wenigen einfachen Aufgabenstellungen, läßt sich aber selbst eine derartige Analyse nicht mehr vollständig durchrechnen. Die notwendige Berücksichtigung von Zufallseinflüssen bringt es meistens mit sich, daß beispielsweise das Verhalten eines Wartesystems oder der Vergleich verschiedener Lösungsalternativen nur noch mit Hilfe eines Rechners „simuliert" werden kann. Dies bedeutet, daß eine Vielzahl von möglichen Abläufen des Warte- und Bedienungsprozesses auf einem Computer „durchgespielt" und statistisch ausgewertet wird.

Mit Erfolg sind Warteschlangenmodelle für größere Probleme beispielsweise bereits seit 1967 in den USA bei der Planung und dem Betrieb von Computernetzen eingesetzt worden (vgl. KLEINROCK (1976), Kapitel 6). Durch die Vernetzung zahlreicher Rechner wird eine gute Auslastung und Verfügbarkeit erreicht, wobei es bei dem in großem Umfang durchgeführten Datentransfer zu Warteproblemen kommt. Sie werden mit Hilfe einer eigens erstellten Software untersucht und gelöst.

Kapitel 1

Lineare Optimierung

Die im vorausgegangenen Kapitel 0 betrachteten Beispiele haben gezeigt, daß ein Optimierungsproblem darin besteht, eine Zielfunktion zu minimieren bzw. zu maximieren, wobei gewisse Nebenbedingungen zu berücksichtigen sind. Ein **lineares Optimierungsproblem** zeichnet sich dadurch aus, daß die Zielfunktion eine lineare Funktion der Entscheidungsvariablen ist und daß die Nebenbedingungen in Form linearer Gleichungen oder Ungleichungen (oder Gleichungen und Ungleichungen) für die Entscheidungsvariablen gegeben sind.

Bei einer Vielzahl von wirtschaftlichen und technischen Fragestellungen geht man von linearen Zusammenhängen und Zielkriterien aus. Hierbei spielen sowohl die Einfachheit der zugrundeliegenden Modelle als auch der Umstand eine Rolle, daß für lineare Optimierungsprobleme leistungsfähige Verfahren zur Verfügung stehen, die auf modernen Rechnern Aufgaben mit Tausenden von Variablen und Nebenbedingungen mit vertretbarem Aufwand lösen können. Aus diesem Grund werden auch häufig „Nichtlinearitäten“ linearisiert, d.h. durch (stückweise) lineare Approximationen ersetzt.

Will man, ausgehend von einem entsprechenden realen Problem, eine lineare Optimierungsaufgabe formulieren, so hat man folgende Schritte auszuführen:

(i) Spezifikation der gesuchten Größen bzw. (Entscheidungs-)Variablen

(ii) Formulierung aller Nebenbedingungen des Problems als lineare Gleichungen oder Ungleichungen für die Entscheidungsvariablen

(iii) Spezifizierung der Zielfunktion in Form einer linearen Funktion der Entscheidungsvariablen, die zu minimieren bzw. maximieren ist.

Im folgenden Abschnitt 1.1 werden wir zunächst an Hand von zwei Beispielen die Formulierung linearer Optimierungsaufgaben und die prinzipielle Vorgehensweise bei deren Lösung diskutieren. Anschließend werden wir einige grundlegende Begriffe und Sätze zur linearen Optimierung kennenlernen, welche die Basis für die anschließend behandelten Lösungsverfahren liefern. Die Abschnitte 1.2 und 1.3 sind dem Simplexverfahren, der Standardmethode zur Lösung linearer Optimierungsprobleme, gewidmet. In Abschnitt 1.4 werden Paare sogenannter dualer linearer Optimierungsprobleme untersucht, die in vielen Anwendungen eine Rolle spielen. Modifikationen und Erweiterungen des Simplexverfahrens werden im anschließenden Abschnitt 1.5 behandelt. In Abschnitt 1.6 wird diskutiert, wie sich variierende Ausgangsdaten auf die Lösungen linearer Optimierungsprobleme auswirken. Mehrfache Zielsetzungen bei linearen Optimierungsaufgaben werden in Abschnitt 1.7 betrachtet. Abschnitt 1.8 bringt eine Einführung in die Spieltheorie, die Entscheidungssituationen untersucht, an denen mehrere Akteure beteiligt sind.

1.1 Beispiele und Grundbegriffe

1.1.1 Beispiele

In einem **ersten Beispiel** betrachten wir einen Landwirt, der 100 ha Land besitze und einen Teil davon mit Kartoffeln, einen anderen Teil mit Getreide bepflanzen will. Die angegebenen Daten sind in Tab. 1.1.1 zusammengefaßt. Wieviel ha soll der Landwirt mit Kartoffeln und wieviel mit Getreide bepflanzen, so daß er den größtmöglichen Reingewinn erhält?

	Kartoffeln	Getreide	Zur Verfügung stehen
Anbaukosten $\left(\frac{\text{TDM}}{\text{ha}}\right)$ [1]	1	2	110 TDM
Arbeitstage pro ha	1	4	160 Arbeitstage
Reingewinn $\left(\frac{\text{TDM}}{\text{ha}}\right)$	1	3	

Tab. 1.1.1

Unser Problem besitzt zwei Entscheidungsvariablen, die wir mit x_1 und x_2 bezeichnen:

x_1 : Anzahl der ha, die mit Kartoffeln bepflanzt werden

x_2 : Anzahl der ha, die mit Getreide bepflanzt werden.

Aus Tab. 1.1.1 ergeben sich die Nebenbedingungen

$$\begin{aligned} x_1 + 2x_2 &\leq 110 \\ x_1 + 4x_2 &\leq 160 \ . \end{aligned}$$

[1] TDM = Tausend DM

Da nur 100 ha Land zur Verfügung stehen, haben wir

$$x_1 + x_2 \leq 100 \ .$$

Da die Anbauflächen nichtnegativ sind, gelten die Nichtnegativitätsbedingungen

$$x_1 \geq 0 \, , \ x_2 \geq 0 \ .$$

Die (zu maximierende) Zielfunktion ist durch den Reingewinn gegeben, der $x_1 + 3x_2$ TDM beträgt. Damit läßt sich die Optimierungsaufgabe wie folgt formulieren:

$$(1.1.1) \qquad \begin{cases} \text{Max.} \ x_1 + 3x_2 \\ \text{u.d.N.} \ x_1 + 2x_2 \leq 110 \\ \qquad x_1 + 4x_2 \leq 160 \\ \qquad x_1 + \ \ x_2 \leq 100 \\ \qquad\quad x_1, x_2 \geq 0 \end{cases}$$

„Max. “steht hier für „Maximiere“ und „u.d.N.“ für „unter den Nebenbedingungen“.

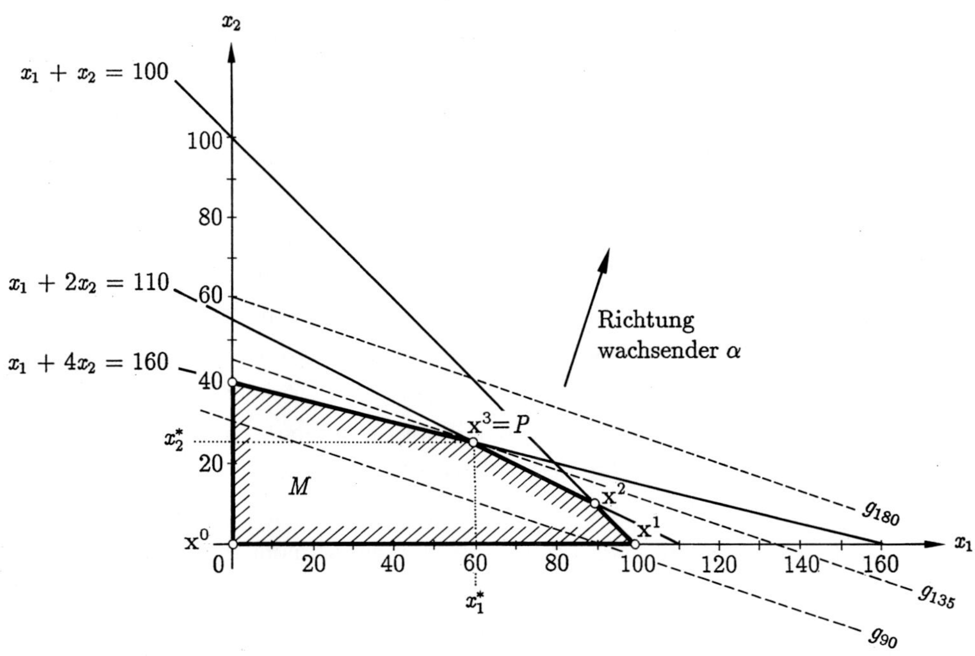

Abb. 1.1.1

Das Optimierungsproblem (1.1.1) kann, da nur zwei Entscheidungsvariablen vorliegen, in der Ebene graphisch gelöst werden. Hierzu beachten wir, daß die fünf Ungleichungen in (1.1.1) Halbebenen in der (x_1, x_2)-Ebene entsprechen, deren Begrenzungsgeraden sich ergeben, indem man jeweils das Ungleichungs- durch das Gleichungszeichen ersetzt. Die Menge aller Punkte der (x_1, x_2)-Ebene, die allen Nebenbedingungen genügen, wird **zulässiger Bereich** genannt und mit M bezeichnet. M ist in unserem Beispiel der Durchschnitt der fünf den Ungleichungen entsprechenden Halbebenen (vgl. Abb. 1.1.1).

Um die durch

$$G(x_1, x_2) := x_1 + 3x_2$$

gegebene Zielfunktion G („Gewinn") auf dem zulässigen Bereich M zu maximieren, betrachten wir die **Höhenlinien** der Funktion G, d.h. die den Gleichungen

$$G(x_1, x_2) = \alpha \quad \text{mit } \alpha \in \mathbb{R}$$

entsprechenden parallelen Geraden g_α in der (x_1, x_2)-Ebene. Offensichtlich ist der maximale Wert der Zielfunktion auf M gleich dem größten α, für das die Gerade g_α noch mindestens einen Punkt von M enthält. In unserem Beispiel ist dies für $\alpha = 135$ der Fall, und der zu M gehörige Punkt von g_{135} ist in Abb. 1.1.1 mit P bezeichnet. Die Koordinaten des Punktes P,

$$x_1^* = 60\,,\ x_2^* = 25\ ,$$

stellen die optimalen Anbauflächen für Kartoffeln bzw. Getreide dar. Wir sprechen dann auch von der **optimalen Lösung** unseres Maximierungsproblems. Wir erkennen, daß 15 ha unbebaut bleiben. Da der optimale Zielfunktionswert $G^* = 135$ ist, ergibt sich ein maximaler Reingewinn von 135 TDM.

An Hand dieses Beispiels erkennen wir einige typische Eigenschaften linearer Optimierungsprobleme, auf die wir später zurückkommen werden:

(i) Der zulässige Bereich M ist ein Vieleck.
(ii) Das Optimum wird auf dem Rand von M angenommen.
(iii) Mindestens eine Ecke des zulässigen Bereiches stellt eine optimale Lösung dar.

Bei der Suche nach einer Lösung unseres zweidimensionalen linearen Optimierungsproblems können wir uns also darauf beschränken, die Ecken des zulässigen Bereichs zu untersuchen. Wenn wir in Betracht ziehen, daß bei komplexeren Problemen die Lösung nicht „auf einen Blick" zu erkennen ist, erweist sich die folgende Vorgehensweise als zweckmäßig, die auch auf allgemeine lineare Optimierungsprobleme übertragen werden kann (vgl. Abb. 1.1.1):

(1) Bestimme als Startpunkt des Verfahrens eine Ecke $\mathbf{x}^0$ des zulässigen Bereiches M (in obigem Beispiel etwa den Koordinatenursprung $\mathbf{x}^0 = \begin{pmatrix} 0 \\ 0 \end{pmatrix}$).

(2) Gehe anschließend zu einer „benachbarten" Ecke $\mathbf{x}^1$ über, für die (bei einer Maximierungsaufgabe) $G(\mathbf{x}^1) > G(\mathbf{x}^0)$ gilt. Wiederhole diesen Schritt (falls möglich) durch Übergang zu einer „benachbarten" Ecke $\mathbf{x}^2$ von $\mathbf{x}^1$ usw. (im obigen Zahlenbeispiel etwa von $\mathbf{x}^0 = \begin{pmatrix} 0 \\ 0 \end{pmatrix}$ nach $\mathbf{x}^1 = \begin{pmatrix} 100 \\ 0 \end{pmatrix}$, weiter nach $\mathbf{x}^2 = \begin{pmatrix} 90 \\ 10 \end{pmatrix}$ und schließlich nach $\mathbf{x}^3 = P = \begin{pmatrix} 60 \\ 25 \end{pmatrix}$).

(3) Eine optimale Lösung $\mathbf{x}^*$ (oder kurz Lösung) des linearen Optimierungsproblems ist dann erreicht, wenn es keine „benachbarte" Ecke mit einem größeren Zielfunktionswert gibt (im obigen Zahlenbeispiel ist dies für $\mathbf{x}^* = \mathbf{x}^3$ der Fall).

Als **zweites Beispiel** betrachten wir das in Abschnitt 0.2 bereits vorgestellte Problem der **Produktionsplanung**. Eine Firma produziere aus m Rohstoffen (oder allgemeiner mit Hilfe von m **Produktionsfaktoren** oder **Ressourcen**) $\mathrm{R}_1, \ldots, \mathrm{R}_m$ die q Produkte $\mathrm{P}_1, \ldots, \mathrm{P}_q$. Für die Erzeugung einer Mengeneinheit oder Gewichtseinheit von P_j seien a_{ij} Einheiten des Rohstoffs R_i nötig ($i = 1, \ldots, m$; $j = 1, \ldots, q$). a_{ij} wird auch **Produktionskoeffizient** (oder Faktor-Inanspruchnahme) des Produktionsfaktors R_i pro Mengeneinheit von P_j genannt. Von der Ressource R_i ($i = 1, \ldots, m$) seien nur b_i Einheiten verfügbar (Kapazitätsrestriktionen). Weiter seien

$$\left.\begin{array}{l} p_j \text{ der Verkaufspreis} \\ k_j \text{ die variablen Kosten} \\ g_j := p_j - k_j \text{ der Deckungsbeitrag} \end{array}\right\} \text{pro Einheit von } \mathrm{P}_j.$$

Die Fixkosten bei der Produktion der q Güter $\mathrm{P}_1, \ldots, \mathrm{P}_q$ bezeichnen wir mit k_0. Wir suchen nun ein optimales Produktionsprogramm, d.h., wir wollen wissen, wieviel Einheiten von P_j zu produzieren sind, so daß der Gesamtgewinn möglichst groß wird (wobei stillschweigend vorausgesetzt wird, daß die gesamte produzierte Menge auch verkauft werden kann).

Sei x_j die Anzahl der von P_j produzierten Mengeneinheiten. Dann beträgt der Gesamtgewinn $\sum_{j=1}^{q} g_j x_j - k_0$. Für die Produktion von x_j Mengeneinheiten von P_j sind $a_{ij}x_j$ Einheiten des Rohstoffes R_i erforderlich und für die Produktion aller q Produkte $\mathrm{P}_1, \ldots, \mathrm{P}_q$ folglich $\sum_{j=1}^{q} a_{ij}x_j$ Einheiten von R_i. Da von R_i nur b_i Einheiten zur Verfügung stehen, erhalten wir insgesamt das

Optimierungsproblem

$$(1.1.2)\qquad \begin{cases} \text{Max.} \sum_{j=1}^{q} g_j x_j \ - k_0 \\ \text{u.d.N.} \sum_{j=1}^{q} a_{ij} x_j \leq b_i \qquad (i = 1, \ldots, m) \\ \qquad\qquad x_j \geq 0 \qquad (j = 1, \ldots, q)\ . \end{cases}$$

Da die additive Konstante $-k_0$ keinen Einfluß auf die optimale Lösung des Optimierungsproblems hat, können wir uns darauf beschränken,

$$G(x_1, \ldots, x_q) := \sum_{j=1}^{q} g_j x_j$$

zu maximieren oder die mit -1 multiplizierte Zielfunktion

$$F(x_1, \ldots, x_q) := \sum_{j=1}^{q} c_j x_j \quad \text{mit } c_j := -g_j \quad (j = 1, \ldots, q)$$

zu minimieren. Da in der Literatur üblicherweise Minimierungsprobleme betrachtet werden, wollen auch wir dies im weiteren tun.

1.1.2 Standardproblem der linearen Optimierung

Im folgenden wollen wir die im vorigen Abschnitt an Hand von Beispielen eingeführten Begriffe wie „Zielfunktion", „zulässiger Bereich", „optimale Lösung" etc. präzise definieren und erklären, was unter dem „Standardproblem der linearen Optimierung" zu verstehen ist.

Gegeben seien eine Funktion $F : \mathbb{R}^n \to \mathbb{R}$ und eine Teilmenge M des $\mathbb{R}^n$. Die Aufgabe festzustellen, ob die Größe

$$F^* := \min_{\boldsymbol{x} \in M} F(\boldsymbol{x})$$

und damit (mindestens) ein Element $\boldsymbol{x}^* \in M$ mit $F(\boldsymbol{x}^*) = F^*$ existieren und, wenn ja, F^* und **ein** $\boldsymbol{x}^*$ zu berechnen, schreiben wir in der Form

$$(1.1.3)\qquad \begin{cases} \text{Min.} \quad F(\boldsymbol{x}) \\ \text{u.d.N.}\ \boldsymbol{x} \in M \end{cases}$$

und sagen, „F ist unter der Nebenbedingung $\boldsymbol{x} \in M$ zu minimieren". Die Nebenbedingung $\boldsymbol{x} \in M$ kann etwa durch mehrere Ungleichungen (vgl. die Beispiele in Abschnitt 1.1.1) gegeben sein. Die Funktion F heißt **Zielfunktion**

des Optimierungsproblems (1.1.3), und M wird **zulässiger Bereich** von (1.1.3) genannt. Ein Vektor $\boldsymbol{x} \in \mathbb{R}^n$ heißt **zulässige Lösung** , wenn $\boldsymbol{x} \in M$ ist. Eine zulässige Lösung $\boldsymbol{x}^* \in M$ mit $F(\boldsymbol{x}^*) = \min_{\boldsymbol{x}\in M} F(\boldsymbol{x})$ wird **optimale Lösung** oder kurz **Lösung** des Optimierungsproblems (1.1.3) genannt.

Wir wollen uns nun mit linearen Optimierungsproblemen in einer speziellen standardisierten Form befassen. Das in Abschnitt 1.1.1 betrachtete Produktionsproblem

$$\begin{aligned} &\text{Min.} \quad \sum_{j=1}^{q} c_j x_j \\ &\text{u.d.N.} \sum_{j=1}^{q} a_{ij} x_j \leq b_i \qquad (i = 1, \ldots, m) \\ &\qquad\qquad\quad x_j \geq 0 \qquad (j = 1, \ldots, q) \end{aligned}$$

können wir mit Hilfe von Vektoren und einer Matrix

$$\mathbf{A} := \begin{pmatrix} a_{11} & \ldots & a_{1q} \\ \vdots & & \vdots \\ a_{m1} & \ldots & a_{mq} \end{pmatrix}$$

$$\mathbf{x} := \begin{pmatrix} x_1 \\ \vdots \\ x_q \end{pmatrix}, \qquad \mathbf{c} := \begin{pmatrix} c_1 \\ \vdots \\ c_q \end{pmatrix}, \qquad \boldsymbol{b} := \begin{pmatrix} b_1 \\ \vdots \\ b_m \end{pmatrix}$$

kürzer in der Form

$$\text{(L)} \qquad \begin{cases} \text{Min.} \quad \mathbf{c}^T\mathbf{x} \\ \text{u.d.N.} \ \mathbf{A}\mathbf{x} \leq \boldsymbol{b} \\ \qquad\quad \mathbf{x} \geq \mathbf{0} \end{cases}$$

schreiben, wobei $\mathbf{c}^T$ der zu dem Spaltenvektor $\mathbf{c}$ transponierte (Zeilen-)Vektor ist und $\mathbf{0}$ für den q-dimensionalen Nullvektor steht. Das aus m Ungleichungen bestehende System $\mathbf{A}\mathbf{x} \leq \boldsymbol{b}$ läßt sich durch Einführung von m **Schlupfvariablen** $y_1, \ldots, y_m$ in Gleichungsform überführen. Seien hierzu

$$\boldsymbol{y} := \begin{pmatrix} y_1 \\ \vdots \\ y_m \end{pmatrix} = \boldsymbol{b} - \mathbf{A}\mathbf{x}$$

$$\boldsymbol{x} := \begin{pmatrix} x_1 \\ \vdots \\ x_q \\ y_1 \\ \vdots \\ y_m \end{pmatrix} = \begin{pmatrix} \mathbf{x} \\ \boldsymbol{y} \end{pmatrix}, \qquad \boldsymbol{c} := \begin{pmatrix} c_1 \\ \vdots \\ c_q \\ 0 \\ \vdots \\ 0 \end{pmatrix} \left.\vphantom{\begin{matrix} 0 \\ \vdots \\ 0 \end{matrix}}\right\} m = \begin{pmatrix} \mathbf{c} \\ \boldsymbol{0} \end{pmatrix}$$

$$\boldsymbol{A} := \begin{pmatrix} a_{11} & \dots & a_{1q} & 1 & \dots & 0 \\ \vdots & & \vdots & \vdots & \ddots & \vdots \\ a_{m1} & \dots & a_{mq} & 0 & \dots & 1 \end{pmatrix} = (\mathbf{A}, \boldsymbol{I}) ,$$

wobei also $\boldsymbol{0}$ den m-dimensionalen Nullvektor und $\boldsymbol{I}$ die m-reihige Einheitsmatrix bedeuten. Wegen

$$\boldsymbol{b} = \mathbf{A}\mathbf{x} + \boldsymbol{y} = (\mathbf{A}, \boldsymbol{I}) \begin{pmatrix} \mathbf{x} \\ \boldsymbol{y} \end{pmatrix} = \boldsymbol{A}\boldsymbol{x}$$

erhalten wir aus dem Optimierungsproblem (L) das entsprechende Optimierungsproblem mit (abgesehen von den Vorzeichenrestriktionen) Gleichungen als Nebenbedingungen

$$\begin{aligned} &\text{Min.} \quad F(\boldsymbol{x}) := \mathbf{c}^T\mathbf{x} + \boldsymbol{0}^T\boldsymbol{y} \\ &\text{u.d.N.} \ (\mathbf{A}, \boldsymbol{I}) \begin{pmatrix} \mathbf{x} \\ \boldsymbol{y} \end{pmatrix} = \boldsymbol{b} \\ &\qquad\quad \mathbf{x} \geq \mathbf{0} \, , \ \boldsymbol{y} \geq \boldsymbol{0} \, . \end{aligned}$$

Die Darstellung der (echten) Nebenbedingungen in Gleichungsform bietet für die analytische Behandlung linearer Optimierungsprobleme rechentechnische Vorteile, da sich Gleichungen besser als Ungleichungen handhaben lassen. Dies gilt auch dann, wenn an Stelle der speziellen Matrix $(\mathbf{A}, \boldsymbol{I})$ in den Nebenbedingungen eine beliebige Matrix $\boldsymbol{A}$ auftritt und keine zusätzlichen Schlupfvariablen einzuführen sind. Als **Standardproblem der linearen Optimierung** bezeichnen wir dann die Optimierungsaufgabe

$$(L) \qquad \begin{cases} \text{Min.} \quad F(\boldsymbol{x}) := \boldsymbol{c}^T\boldsymbol{x} \\ \text{u.d.N.} \quad \boldsymbol{A}\boldsymbol{x} = \boldsymbol{b} \\ \qquad\qquad \boldsymbol{x} \geq \boldsymbol{0} \, . \end{cases}$$

Im Standardproblem (L) können $\boldsymbol{A}$ eine beliebige reelle $m \times n$ -Matrix sowie $\boldsymbol{c}$ und $\boldsymbol{b}$ beliebige Vektoren des $\mathbb{R}^n$ bzw. $\mathbb{R}^m$ sein. $\boldsymbol{x}$ ist dann ebenfalls ein Vektor des $\mathbb{R}^n$, und $\boldsymbol{0}$ stellt den n-dimensionalen Nullvektor dar. Ergibt sich, wie im obigen Fall, das Standardproblem (L) aus dem Optimierungsproblem (L), so gilt $n = q + m$, und die ersten q Komponenten einer optimalen Lösung $\boldsymbol{x}^*$ von (L) stellen eine optimale Lösung $\mathbf{x}^*$ von (L) dar.

Sind die Ungleichungen des ursprünglichen Optimierungsproblems vom Typ

$$\mathbf{A}\mathbf{x} \geq \boldsymbol{b} \, ,$$

so führen wir die Matrix

$$\boldsymbol{A} := (\mathbf{A}, -\boldsymbol{I})$$

ein, um die Standardform (L) zu erhalten. Entsprechend geht man vor, wenn unter den Nebenbedingungen Ungleichungen sowohl vom Typ $\leq$ als auch vom Typ $\geq$ vorkommen.

Für die folgenden theoretischen Überlegungen denken wir uns in dem Gleichungssystem $\boldsymbol{Ax} = \boldsymbol{b}$ Gleichungen, die von anderen Gleichungen linear abhängig sind (d.h., die betreffenden Zeilenvektoren der $m \times (n+1)$-Matrix $(\boldsymbol{A}, \boldsymbol{b})$ sind linear abhängig), eliminiert. Dann ist der Rang der Matrix $(\boldsymbol{A}, \boldsymbol{b})$ gleich der Anzahl m der Gleichungen: $\text{rg}(\boldsymbol{A}, \boldsymbol{b}) = m$. Weiter ist aus der linearen Algebra bekannt, daß das Gleichungssystem $\boldsymbol{Ax} = \boldsymbol{b}$ genau dann eine Lösung hat, wenn $\text{rg}(\boldsymbol{A}, \boldsymbol{b}) = \text{rg}\boldsymbol{A}$ ist. Nur in diesem Fall besitzt also das lineare Optimierungsproblem (L) eine zulässige Lösung $\boldsymbol{x}$ (wenn zusätzlich $\boldsymbol{x} \geq \boldsymbol{0}$ gilt) [1]. Da der Rang der Matrix $\boldsymbol{A}$ höchstens gleich dem Minimum aus Anzahl der Zeilen und Anzahl der Spalten von $\boldsymbol{A}$ ist und wir $\text{rg}(\boldsymbol{A}, \boldsymbol{b}) = \text{rg}\boldsymbol{A} = m$ voraussetzen, muß $\text{rg}\boldsymbol{A} = m \leq n$ gelten. Im Fall $\text{rg}\boldsymbol{A} = m = n$ hat das Gleichungssystem $\boldsymbol{Ax} = \boldsymbol{b}$ genau eine Lösung $\boldsymbol{x}$. Diese Lösung $\boldsymbol{x}$ ist (die einzige) zulässige Lösung, wenn $\boldsymbol{x} \geq \boldsymbol{0}$ gilt, und damit trivialerweise auch optimale Lösung von (L). Da der Fall nur einer zulässigen Lösung für die Optimierung ohne Interesse ist, setzen wir für die weiteren theoretischen Überlegungen voraus, daß $\text{rg}\boldsymbol{A} = m < n$ sei.

1.1.3 Grundlegende Begriffe und Sätze

In diesem Abschnitt werden wir unter anderem die geometrische Gestalt des zulässigen Bereiches des linearen Optimierungsproblems (L) näher untersuchen sowie einige Sätze anführen, die für das Standardverfahren zur Lösung linearer Optimierungsprobleme, die Simplexmethode, von grundlegender Bedeutung sind. Seien $\boldsymbol{x}^1, \ldots, \boldsymbol{x}^r \in \mathbb{R}^n$ und $\lambda_1, \ldots, \lambda_r \in \mathbb{R}$. Dann heißt

$$\boldsymbol{x} := \sum_{j=1}^{r} \lambda_j \boldsymbol{x}^j$$

nichtnegative Linearkombination von $\boldsymbol{x}^1, \ldots, \boldsymbol{x}^r$, wenn $\lambda_j \geq 0$ $(j = 1, \ldots, r)$ ist. Gilt zusätzlich $\sum_{j=1}^{r} \lambda_j = 1$, so wird $\boldsymbol{x}$ **konvexe Linearkombination** oder **Konvexkombination** von $\boldsymbol{x}^1, \ldots, \boldsymbol{x}^r$ genannt. Ist in letzterem

[1] Wir werden später sehen, daß bei der praktischen Durchführung des Standardverfahrens zur Lösung linearer Optimierungsprobleme (der sogenannten Simplexmethode) die Voraussetzung $\text{rg}(\boldsymbol{A}, \boldsymbol{b}) = \text{rg}\boldsymbol{A} = m$ nicht von vornherein erfüllt sein muß. Linear abhängige Gleichungen sowie eine eventuelle Unlösbarkeit des Gleichungssystems $\boldsymbol{Ax} = \boldsymbol{b}$ (was bei der Modellierung eines praktischen Problems vorkommen kann) werden im Verlauf des Verfahrens automatisch registriert.

Fall $\lambda_j > 0$ $(j = 1, \ldots, r)$, dann sprechen wir von einer **echten** konvexen Linearkombination.

Eine Menge $K \subseteq \mathbb{R}^n$ heißt **konvex**, wenn für je zwei Elemente $\boldsymbol{x}^1, \boldsymbol{x}^2 \in K$ auch jede konvexe Linearkombination von $\boldsymbol{x}^1$ und $\boldsymbol{x}^2$ (und damit die Verbindungsstrecke) der Punkte $\boldsymbol{x}^1$ und $\boldsymbol{x}^2$ zu K gehört (s. Abb. 1.1.2). Insbesondere sind die leere Menge, einelementige Mengen und der gesamte $\mathbb{R}^n$ konvex.

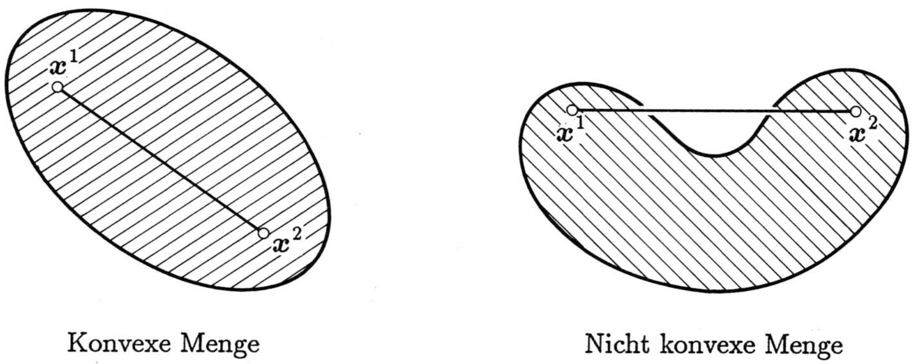

Abb. 1.1.2

Die Menge aller konvexen Linearkombinationen endlich vieler Punkte des $\mathbb{R}^n$ heißt (von diesen Punkten aufgespanntes) **konvexes Polytop**. Ein konvexes Polytop, das von $n + 1$ nicht auf einer Hyperebene liegenden Punkten des $\mathbb{R}^n$ aufgespannt wird, heißt **Simplex**.

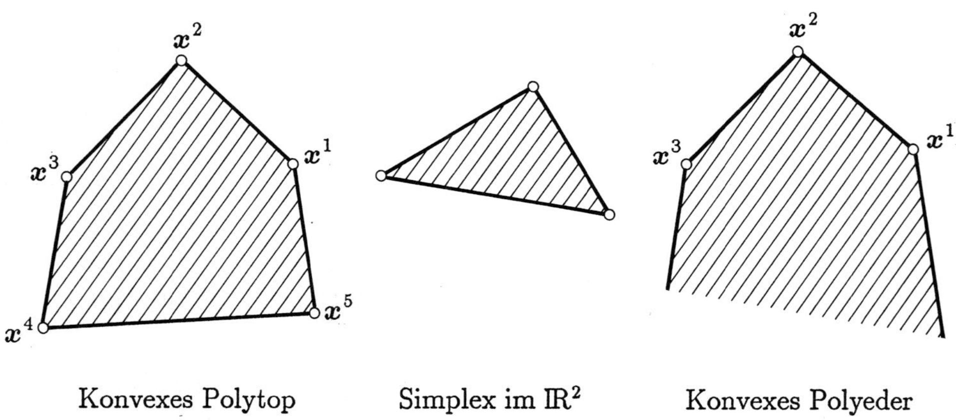

Abb. 1.1.3

Ein konvexes Polytop ist eine kompakte (d.h. abgeschlossene und beschränkte) und konvexe Menge. Wie wir sehen werden, ist der zulässige Bereich linearer Optimierungsprobleme zwar stets konvex und abgeschlossen, aber nicht notwendig beschränkt. Denkt man sich das konvexe Polytop in Abb. 1.1.3 als zulässigen Bereich eines linearen Optimierungsproblems gegeben und läßt man die der Verbindungsgeraden der Punkte $\boldsymbol{x}^4$ und $\boldsymbol{x}^5$ entsprechende Restriktion weg, so erhält man eine konvexe Menge, die als konvexes Polyeder bezeichnet wird. Die genaue Definition eines konvexen Polyeders ist wie folgt: Die Menge aller nichtnegativen Linearkombinationen endlich vieler Punkte des $\mathbb{R}^n$ heißt **konvexer polyedrischer Kegel**. Seien P ein konvexes Polytop und C ein konvexer polyedrischer Kegel. Dann nennt man die Summe von P und C

$$P + C := \{\boldsymbol{x} = \boldsymbol{x}^P + \boldsymbol{x}^C \,|\, \boldsymbol{x}^P \in P, \boldsymbol{x}^C \in C\}$$

ein **konvexes Polyeder** (vgl. Abb. 1.1.4).

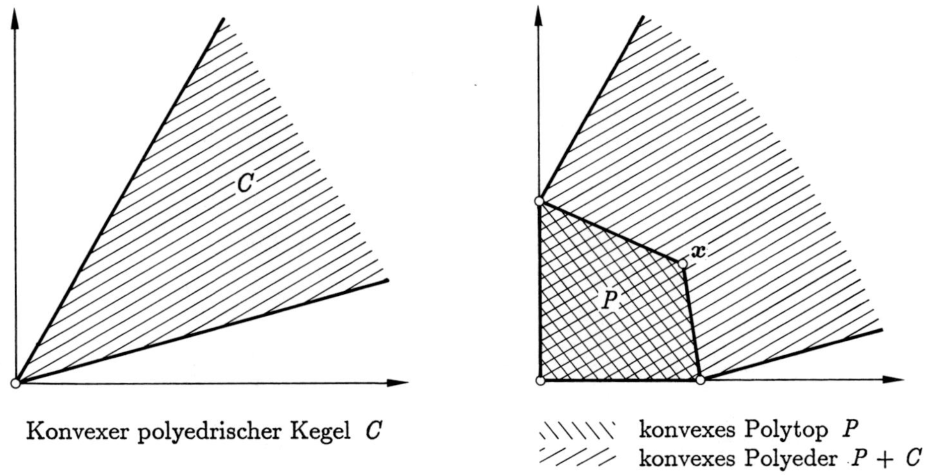

Abb. 1.1.4

Von besonderer Bedeutung in der linearen Optimierung sind die „Ecken“ konvexer Polyeder. Genauer definieren wir: Ein Punkt $\boldsymbol{x}$ einer konvexen Menge K heißt **Extrem(al)punkt** von K, wenn $\boldsymbol{x}$ nicht als echte Konvexkombination zweier verschiedener Punkte von K darstellbar ist. Die Extrempunkte eines konvexen Polyeders werden **Ecken** genannt. In den Abbildungen 1.1.2, 1.1.3 und 1.1.4 sind die Extrempunkte der konvexen Mengen stark ausgezeichnet (in Abb. 1.1.4 ist $\boldsymbol{x}$ Extrempunkt des konvexen Polytops P, aber nicht des konvexen Polyeders $P + C$).

Wir wenden uns nun wieder dem Standardproblem der linearen Optimierung (L) zu. Sei

$$M := \{\boldsymbol{x} \in \mathbb{R}^n |\, \boldsymbol{Ax} = \boldsymbol{b},\ \boldsymbol{x} \geq \boldsymbol{0}\}$$

der zulässige Bereich von (L). Seien $\boldsymbol{x}^1, \boldsymbol{x}^2 \in M$ und $\bar{\boldsymbol{x}} := \lambda \boldsymbol{x}^1 + (1-\lambda)\boldsymbol{x}^2$ mit $0 \leq \lambda \leq 1$. Dann ist $\bar{\boldsymbol{x}} \geq \boldsymbol{0}$ und

$$\boldsymbol{A}\bar{\boldsymbol{x}} = \lambda \boldsymbol{A}\boldsymbol{x}^1 + (1-\lambda)\boldsymbol{A}\boldsymbol{x}^2 = \lambda \boldsymbol{b} + (1-\lambda)\boldsymbol{b} = \boldsymbol{b}\ ,$$

d.h. $\bar{\boldsymbol{x}} \in M$. Damit haben wir gezeigt:

Satz 1.1.1. *Der zulässige Bereich M von (L) ist konvex.*

Da wegen Linearität der Zielfunktion F aus $F(\boldsymbol{x}^1) = F(\boldsymbol{x}^2) = F^*$

$$F(\lambda \boldsymbol{x}^1 + (1-\lambda)\boldsymbol{x}^2) = \lambda F(\boldsymbol{x}^1) + (1-\lambda)F(\boldsymbol{x}^2) = F^*$$

für $0 \leq \lambda \leq 1$ folgt, gilt

Satz 1.1.2. *Die Menge der optimalen Lösungen von (L) ist konvex.*

Satz 1.1.2 gilt auch für allgemeinere nichtlineare sogenannte konvexe Optimierungsprobleme, wie wir in Abschnitt 4.2.2 (Satz 4.2.11) sehen werden.

Wir formulieren nun folgenden grundlegenden die Extrempunkte von M charakterisierenden

Satz 1.1.3. $\boldsymbol{x} = (x_1, \ldots, x_n)^T \in M$ *ist genau dann Extrempunkt von M, wenn diejenigen Spaltenvektoren $\boldsymbol{a}^j$ der Matrix $\boldsymbol{A}$ linear unabhängig sind, deren Koeffizienten x_j in der Darstellung*

$$\sum_{j=1}^{n} x_j \boldsymbol{a}^j = \boldsymbol{b}$$

positiv sind.

Wir bemerken, daß $\sum_{j=1}^{n} x_j \boldsymbol{a}^j = \boldsymbol{b}$ nur eine andere Schreibweise für das Gleichungssystem $\boldsymbol{Ax} = \boldsymbol{b}$ ist.

Beweisskizze zu Satz 1.1.3. Wir zeigen durch einen indirekten Beweis, daß aus der linearen Unabhängigkeit der Spaltenvektoren $\boldsymbol{a}^j$ mit positiven Koeffizienten x_j folgt, daß der entsprechende Vektor $\boldsymbol{x}$ Extrempunkt von M ist. Für den Nachweis, daß umgekehrt für einen Extrempunkt $\boldsymbol{x}$ die zu positiven x_j gehörenden Spaltenvektoren $\boldsymbol{a}^j$ linear unabhängig sind, verweisen wir etwa auf Neumann (1975a), Abschnitt 1.3.

Seien ohne Beschränkung der Allgemeinheit (o.B.d.A.) genau die ersten $r \leq n$ Komponenten von $\boldsymbol{x}$ positiv (also $x_1 > 0, \ldots, x_r > 0, x_{r+1} = \ldots = x_n = 0$) und $\boldsymbol{a}^1, \ldots, \boldsymbol{a}^r$ linear unabhängig. Die Annahme, daß $\boldsymbol{x}$ als echte Konvexkombination zweier verschiedener Punkte $\boldsymbol{x}^1$ und $\boldsymbol{x}^2$ von M darstellbar ist, führt dann wie folgt auf einen Widerspruch. Sei

$$\boldsymbol{x} = \lambda \boldsymbol{x}^1 + (1-\lambda)\boldsymbol{x}^2 \quad \text{mit} \quad 0 < \lambda < 1 \; .$$

Dann gilt

$$0 = \lambda x_j^1 + (1-\lambda) x_j^2 \quad \text{für} \quad j = r+1, \ldots, n$$

und wegen $0 < \lambda < 1$ $x_j^1 = x_j^2 = 0$ für $j = r+1, \ldots, n$. Dies liefert mit $\boldsymbol{A}\boldsymbol{x}^1 = \boldsymbol{A}\boldsymbol{x}^2 = \boldsymbol{b}$

$$\boldsymbol{0} = \boldsymbol{A}\boldsymbol{x}^1 - \boldsymbol{A}\boldsymbol{x}^2 = \sum_{j=1}^{r} (x_j^1 - x_j^2)\boldsymbol{a}^j \; .$$

Da die Vektoren $\boldsymbol{a}^1, \ldots, \boldsymbol{a}^r$ linear unabhängig sind, folgt hieraus $x_j^1 = x_j^2$ auch für $j = 1, \ldots, r$ und damit $\boldsymbol{x}^1 = \boldsymbol{x}^2$ im Widerspruch zur Annahme $\boldsymbol{x}^1 \neq \boldsymbol{x}^2$. □

Aus Satz 1.1.3 ergeben sich zwei **Folgerungen**.

(1) Wegen rg$\boldsymbol{A} = m$ hat jede Menge linear unabhängiger Spaltenvektoren von $\boldsymbol{A}$ höchstens m Elemente. Damit besitzt jeder Extrempunkt von M höchstens m positive Komponenten, die übrigen Komponenten sind gleich 0.

(2) Da es nur endlich viele verschiedene Mengen von höchstens m linear unabhängigen Spaltenvektoren von $\boldsymbol{A}$ gibt, hat M nur endlich viele Extrempunkte. Ist M beschränkt, so läßt sich mit Hilfe von Satz 1.1.3 und vollständiger Induktion über die Anzahl der positiven Komponenten eines beliebigen Punktes $\boldsymbol{x}$ aus M zeigen, daß sich $\boldsymbol{x}$ als Konvexkombination der Extrempunkte von M darstellen läßt, also M ein konvexes Polytop ist (vgl. NEUMANN (1975a), Abschnitt 1.3). Allgemeiner kann man beweisen (s. etwa COLLATZ UND WETTERLING (1971), Abschnitt 2.2, oder SCHRIJVER (1986), Abschnitt 7.2):

Satz 1.1.4. *Der zulässige Bereich M von (L) ist ein konvexes Polyeder.*

Insbesondere können wir dann statt von den Extrempunkten auch von den Ecken von M sprechen. Die Aussage von Satz 1.1.4 ist anschaulich plausibel, da M der Durchschnitt der m Hyperebenen $\sum_{j=1}^{n} a_{ij} x_j = b_i$ $(i = 1, \ldots, m)$ und der n Halbräume $x_j \geq 0$ $(j = 1, \ldots, n)$ des $\mathbb{R}^n$ ist.

Was die Existenz einer Lösung von (L) betrifft, so unterscheiden wir drei Fälle:

(1) $M = \emptyset$. Dann hat (L) keine zulässige Lösung.

(2) $M \neq \emptyset$ und beschränkt. Dann ist M ein konvexes Polytop. Da die lineare

Zielfunktion F auf der kompakten (abgeschlossenen und beschränkten) Menge M stetig ist, nimmt F nach dem aus der Analysis bekannten Satz von Weierstraß auf M ihr Minimum an, d.h., (L) hat (mindestens) eine optimale Lösung.

(3) $M \neq \emptyset$ und nicht beschränkt. Ist F auf M nach unten beschränkt, so besitzt (L) eine optimale Lösung. Ist F auf M nicht nach unten beschränkt, dann existiert keine optimale Lösung.

Daß man sich bei der Bestimmung einer optimalen Lösung von (L) auf die Untersuchung der Ecken von M beschränken kann, zeigt der folgende

Satz 1.1.5. *Besitzt (L) eine optimale Lösung, dann ist mindestens eine Ecke des konvexen Polyeders M Lösung von (L).*

Beweis. Da die Existenz einer optimalen Lösung von (L) vorausgesetzt wird, ist der zulässige Bereich M nichtleer. Wir beweisen zunächst, daß, wenn M ein konvexes Polytop ist, mindestens eine Ecke von M Lösung von (L) ist. Anschließend werden wir zeigen, daß, wenn M nicht beschränkt und damit als Summe eines konvexen Polytops P und eines konvexen polyedrischen Kegels $C \neq \emptyset$ darstellbar ist, im Fall der Existenz einer optimalen Lösung von (L) die Zielfunktion F ihr Minimum auf C im Nullpunkt annimmt. Gilt $P = \emptyset$, so ist der Nullpunkt optimale Lösung von (L). Andernfalls ist eine optimale Ecke von P auch optimale Lösung von (L).

Seien also zunächst $M \neq \emptyset$ ein konvexes Polytop, $\boldsymbol{x}^1, \ldots, \boldsymbol{x}^s$ die Ecken von M und $\boldsymbol{x}^k$ eine Ecke mit $F(\boldsymbol{x}^k) = \min_{\nu=1,\ldots,s} F(\boldsymbol{x}^\nu)$. Wir nehmen an, $\boldsymbol{x}^k$ sei keine optimale Lösung von (L). Dann gibt es ein $\boldsymbol{x} \in M$ mit $F(\boldsymbol{x}) < F(\boldsymbol{x}^k)$ und

$$\boldsymbol{x} = \sum_{\nu=1}^{s} \lambda_\nu \boldsymbol{x}^\nu \quad \text{mit} \quad \lambda_\nu \geq 0 \ (\nu = 1, \ldots, s), \ \sum_{\nu=1}^{s} \lambda_\nu = 1 \ .$$

Wegen der Linearität der Zielfunktion F ist

$$F(\boldsymbol{x}) = F(\sum_{\nu=1}^{s} \lambda_\nu \boldsymbol{x}^\nu) = \sum_{\nu=1}^{s} \lambda_\nu F(\boldsymbol{x}^\nu) \geq F(\boldsymbol{x}^k) \ ,$$

was einen Widerspruch bedeutet.

Sei jetzt M$\neq \emptyset$ nicht beschränkt, d.h. die Summe eines konvexen Polytops P und eines konvexen polyedrischen Kegels $C \neq \emptyset$. Wir zeigen, daß (L) genau dann eine optimale Lösung besitzt, wenn für alle $\boldsymbol{x}^C \in C$ $F(\boldsymbol{x}^C) \geq 0$ ist, und daß, wenn letztere Bedingung erfüllt ist, die Zielfunktion F im Nullpunkt ihr Minimum auf C erreicht.

Wir nehmen an, für ein $\boldsymbol{x}^C \in C$ gelte $F(\boldsymbol{x}^C) < 0$. Dann betrachten wir den Strahl

$$S := \{\boldsymbol{x} \in \mathbb{R}^n | \, \boldsymbol{x} = \lambda \boldsymbol{x}^C, \ \lambda \geq 0\} ,$$

der vom Nullpunkt ausgeht, auf dem der Punkt $\boldsymbol{x}^C$ liegt und der vollständig zu C gehört. Wegen $F(\lambda \boldsymbol{x}^C) = \lambda F(\boldsymbol{x}^C)$ ist die Zielfunktion auf S nicht nach unten beschränkt, und folglich gibt es keine optimale Lösung von (L). $F(\boldsymbol{x}^C) \geq 0$ ist also notwendig für die Existenz einer optimalen Lösung.

Daß $F(\boldsymbol{x}^C) \geq 0$ für alle $\boldsymbol{x}^C \in C$ auch hinreichend ist, sieht man wie folgt: Da für jedes $\boldsymbol{x} \in M \quad \boldsymbol{x} = \boldsymbol{x}^P + \boldsymbol{x}^C$ mit $\boldsymbol{x}^P \in P$ und $\boldsymbol{x}^C \in C$ gilt, haben wir unter Beachtung der Linearität von F im Fall $P \neq \emptyset$

$$\inf_{\boldsymbol{x} \in M} F(\boldsymbol{x}) = \inf_{\substack{\boldsymbol{x}^P \in P \\ \boldsymbol{x}^C \in C}} F(\boldsymbol{x}^P + \boldsymbol{x}^C) = \inf_{\boldsymbol{x}^P \in P} F(\boldsymbol{x}^P) + \inf_{\boldsymbol{x}^C \in C} F(\boldsymbol{x}^C) .$$

Da der Nullpunkt stets zu C gehört, nimmt F wegen $F(\boldsymbol{x}^C) \geq 0$ das Minimum auf C für $\boldsymbol{x}^C = \boldsymbol{0}$ an. Offensichtlich ist der Nullpunkt Ecke von C. Gilt $P = \emptyset$, so ist der Nullpunkt optimale Lösung von (L).

Da $F(\boldsymbol{x}^C = \boldsymbol{0}) = 0$ ist, haben wir im Fall der Existenz einer optimalen Lösung von (L) und $P \neq \emptyset$

$$\min_{\boldsymbol{x} \in M} F(\boldsymbol{x}) = \min_{\boldsymbol{x}^P \in P} F(\boldsymbol{x}^P) .$$

Das Minimum von F auf P wird in mindestens einer Ecke $\boldsymbol{x}^*$ von P erreicht. Wäre $\boldsymbol{x}^*$ keine Ecke von M, also eine echte Konvexkombination von zwei verschiedenen Punkten $\boldsymbol{x} = \boldsymbol{x}^P + \boldsymbol{x}^C$ und $\boldsymbol{y} = \boldsymbol{y}^P + \boldsymbol{y}^C$ aus M, dann müßte wegen der Linearität von F

$$F(\boldsymbol{x}^*) = F(\boldsymbol{x}) = F(\boldsymbol{y})$$

mit $\boldsymbol{x}^C = \boldsymbol{y}^C = \boldsymbol{0}$ gelten. Dies bedeutet, daß $\boldsymbol{x}^*$ eine echte Konvexkombination von $\boldsymbol{x}^P$ und $\boldsymbol{y}^P$, also keine Ecke von P wäre.

□

Eine Ecke $\boldsymbol{x}$ von M mit weniger als m positiven Komponenten heißt **degeneriert** oder **entartet**. Wir betrachten ein Beispiel für eine entartete Ecke. Der zulässige Bereich des linearen Optimierungsproblem sei durch die fünf Ungleichungen

$$\left\{ \begin{array}{l} a_{i1}x_1 + a_{i2}x_2 \leq b_i \quad (i = 1, 2, 3) \\ \quad x_1 \geq 0 \, , \ x_2 \geq 0 \end{array} \right. \tag{1.1.4}$$

im $\mathbb{R}^2$ gegeben, wobei sich die drei Geraden

$$g_i : \ a_{i1}x_1 + a_{i2}x_2 = b_i \quad (i = 1, 2, 3)$$

in einem Punkt P schneiden sollen (vgl. Abb. 1.1.5). Nach Einführung von Schlupfvariablen x_3, x_4, x_5 erhalten wir aus (1.1.4) die Standardform

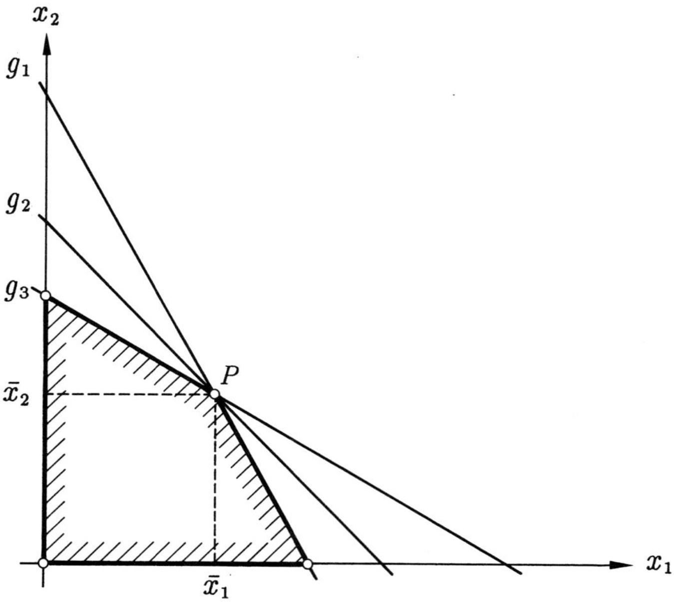

Abb. 1.1.5

$\boldsymbol{Ax} = \boldsymbol{b}$, $\boldsymbol{x} \geq \boldsymbol{0}$ des zulässigen Bereichs mit

$$\boldsymbol{A} = \begin{pmatrix} a_{11}\ a_{12}\ 1\ 0\ 0 \\ a_{21}\ a_{22}\ 0\ 1\ 0 \\ a_{31}\ a_{32}\ 0\ 0\ 1 \end{pmatrix}, \qquad \boldsymbol{x} = \begin{pmatrix} x_1 \\ \vdots \\ x_5 \end{pmatrix}, \qquad \boldsymbol{b} = \begin{pmatrix} b_1 \\ b_2 \\ b_3 \end{pmatrix}.$$

Im $\mathbb{R}^5$ kann die dem Punkt P entsprechende Ecke $\bar{\boldsymbol{x}}$ wegen rg$\boldsymbol{A} = 3$ höchstens drei positive Komponenten haben. Da längs der drei Geraden g_1, g_2 und g_3 $x_3 = 0$ bzw. $x_4 = 0$ bzw. $x_5 = 0$ ist und P auf allen drei Geraden liegt, hat die entsprechende Ecke $\bar{\boldsymbol{x}}$ nur die beiden positiven Komponenten $\bar{x}_1$ und $\bar{x}_2$, d.h., $\bar{\boldsymbol{x}}$ stellt eine entartete Ecke dar.

Wir haben festgestellt, daß, falls das lineare Optimierungsproblem (L) eine Lösung hat, auch eine Ecke des zulässigen Bereiches M von (L), der ein konvexes Polyeder darstellt, eine Lösung ist. Ferner haben wir gesehen, daß die Ecken eines konvexen Polyeders mit Hilfe von linear unabhängigen Spaltenvektoren der Matrix $\boldsymbol{A}$ charakterisiert werden können. Das Simplexverfahren zur Lösung von (L), das wir in Abschnitt 1.2 behandeln werden, besteht im Prinzip darin, eine Folge von Ecken von M (mit abnehmenden Zielfunktionswerten) zu konstruieren, wobei jede Ecke durch eine Menge linear unabhängiger Spaltenvektoren von $\boldsymbol{A}$ beschrieben wird. Zu jeder solchen Menge linear unabhängiger Spaltenvektoren gehört eine Lösung des Gleichungssystems $\boldsymbol{Ax} = \boldsymbol{b}$. Eine solche Lösung läßt sich (theoretisch) einfach berechnen, wenn m linear unabhängige Spaltenvektoren von $\boldsymbol{A}$ gegeben sind, wie dies bei einer nicht entarteten Ecke aufgrund Satz 1.1.3 der Fall ist. Bei einer entarteten Ecke $\boldsymbol{x}$ muß man die Menge der zu den positiven Komponenten von $\boldsymbol{x}$ gehörenden linear unabhängigen Spaltenvektoren geeignet vergrößern. Dies führt auf den Begriff der Basis einer Ecke von M.

Seien $\boldsymbol{x} = (x_1, \ldots, x_n)^T$ eine Ecke von M, $\mathcal{I} := \{1, \ldots, n\}$ die Menge der Indizes aller Komponenten von $\boldsymbol{x}$ und $\mathcal{I}^+ := \{j \in \mathcal{I} \,|\, x_j > 0\}$ die Menge der Indizes der positiven Komponenten von $\boldsymbol{x}$. Dann ist $|\mathcal{I}^+| \leq m$, und die Spaltenvektoren $\boldsymbol{a}^j$ mit $j \in \mathcal{I}^+$ sind nach Satz 1.1.3 linear unabhängig.

Wir erinnern an den aus der linearen Algebra bekannten

Austauschsatz von Steinitz. *Seien V^m ein Vektorraum der Dimension m und $\boldsymbol{v}^1, \ldots, \boldsymbol{v}^r \in V^m$ $(r < m)$ linear unabhängige Vektoren. Dann existieren Vektoren $\boldsymbol{v}^{r+1}, \ldots, \boldsymbol{v}^m \in V^m$, so daß $\boldsymbol{v}^1, \ldots, \boldsymbol{v}^m$ eine Basis von V^m bilden (also insbesondere linear unabhängig sind). Dabei können die Vektoren $\boldsymbol{v}^{r+1}, \ldots, \boldsymbol{v}^m$ einer beliebigen Basis von V^m entnommen werden.*

Wir beweisen nun den folgenden

Satz 1.1.6. *Einer Ecke $\boldsymbol{x} \in M$ können m linear unabhängige Spaltenvektoren $\boldsymbol{a}^k$ $(k \in \mathcal{B} \subset \mathcal{I},\ |\mathcal{B}| = m)$ von $\boldsymbol{A}$ so zugeordnet werden, daß unter diesen $\boldsymbol{a}^k$ die Spaltenvektoren $\boldsymbol{a}^j$ mit $j \in \mathcal{I}^+$ enthalten sind, also $\mathcal{I}^+ \subseteq \mathcal{B}$ gilt.*

Beweis. Ist die Ecke $\boldsymbol{x}$ nicht entartet, dann ist $\mathcal{I}^+ = \mathcal{B}$. Im Fall einer entarteten Ecke $\boldsymbol{x}$ ist $r := |\mathcal{I}^+| < m$. Wegen $\mathrm{rg}\boldsymbol{A} = m$ spannen die Spaltenvektoren $\boldsymbol{a}^1, \ldots, \boldsymbol{a}^n$ von $\boldsymbol{A}$ einen m-dimensionalen Vektorraum auf. Nach dem Austauschsatz von Steinitz können die r Vektoren $\boldsymbol{a}^j$ mit $j \in \mathcal{I}^+$ durch $m - r$ Spaltenvektoren von $\boldsymbol{A}$ so ergänzt werden, daß wir eine Basis des Vektorraumes und damit m linear unabhängige Spaltenvektoren erhalten.

□

Eine Menge von m linear unabhängigen Spaltenvektoren $\{\boldsymbol{a}^k |\, k \in \mathcal{B},\ \mathcal{B} \subset \mathcal{I},\ |\mathcal{B}| = m\}$ von $\boldsymbol{A}$, die nach Satz 1.1.6 einer Ecke $\boldsymbol{x}$ von M zugeordnet werden kann, wird **Basis** von $\boldsymbol{x}$ genannt. $\mathcal{B}$ heißt **Basisindexmenge** und die $m \times m$-Teilmatrix $\boldsymbol{B} := (\boldsymbol{a}^k)_{k \in \mathcal{B}}$ von $\boldsymbol{A}$ **Basismatrix** . Wir stellen fest, daß für eine entartete Ecke die Basis im allgemeinen nicht eindeutig festgelegt ist.

Wir erinnern an den Begriff einer Basislösung eines linearen Gleichungssystems $\boldsymbol{Ax} = \boldsymbol{b}$ mit einer $m \times n$-Matrix $\boldsymbol{A}$ und $\mathrm{rg}\boldsymbol{A} = m < n$. Seien $\boldsymbol{a}^1, \ldots, \boldsymbol{a}^n$ die Spaltenvektoren von $\boldsymbol{A}$, und seien o.B.d.A. $\boldsymbol{B} = (\boldsymbol{a}^1, \ldots, \boldsymbol{a}^m)$ eine nichtsinguläre $m \times m$-Teilmatrix von $\boldsymbol{A}$ und $\bar{\boldsymbol{x}}_B = (\bar{x}_1, \ldots, \bar{x}_m)^T$ die eindeutige Lösung des linearen Gleichungssystems $\boldsymbol{Bx}_B = \boldsymbol{b}$ mit $\boldsymbol{x}_B = (x_1, \ldots, x_m)^T$. Dann heißt $\bar{\boldsymbol{x}} := (\bar{x}_1, \ldots, \bar{x}_m, 0, \ldots, 0)^T \in \mathbb{R}^n$ **Basislösung** von $\boldsymbol{Ax} = \boldsymbol{b}$, und $x_1, \ldots, x_m$ werden **Basisvariablen** und $x_{m+1}, \ldots, x_n$ **Nichtbasisvariablen** genannt. Die Begriffe Basislösung, Basisvariablen und Nichtbasisvariablen werden auch für das lineare Optimierungsproblem (L) mit den Nebenbedingungen $\boldsymbol{Ax} = \boldsymbol{b},\ \boldsymbol{x} \geq \boldsymbol{0}$ verwendet. Ist eine Basislösung $\bar{\boldsymbol{x}}$ nichtnegativ, so sprechen wir von einer **zulässigen Basislösung** von (L). Stellt eine Basislösung $\bar{\boldsymbol{x}}$ eine optimale Lösung von (L) dar, dann wird $\bar{\boldsymbol{x}}$ **optimale Basislösung** von (L) genannt. Es gilt nun der folgende

Satz 1.1.7. *$\bar{\boldsymbol{x}} \in M$ ist genau dann eine zulässige Basislösung von (L), wenn $\bar{\boldsymbol{x}}$ Ecke von M ist.*

Beweis. Sei $\bar{\boldsymbol{x}}$ Ecke von M und $\boldsymbol{B} := (\boldsymbol{a}^k)_{k \in \mathcal{B}}$ Basismatrix von $\bar{\boldsymbol{x}}$. Dann ist $\bar{\boldsymbol{x}}_B := (\bar{x}_k)_{k \in \mathcal{B}}$ die eindeutige Lösung des Gleichungssystems $\boldsymbol{Bx}_B = \boldsymbol{b}$ und folglich $\bar{\boldsymbol{x}}$ Basislösung von (L), die wegen $\bar{\boldsymbol{x}} \geq \boldsymbol{0}$ auch zulässig ist. Sei $\bar{\boldsymbol{x}}$ zulässige Basislösung von (L). Dann gibt es eine nichtsinguläre $m \times m$-Teilmatrix $\boldsymbol{B} = (\boldsymbol{a}^k)_{k \in \mathcal{B}}$ von $\boldsymbol{A}$ mit $x_j > 0$ höchstens für $j \in \mathcal{B}$. Da die Spaltenvektoren $\boldsymbol{a}^j$ $(j \in \mathcal{B})$ von $\boldsymbol{A}$ linear unabhängig sind, ist nach Satz 1.1.3 $\bar{\boldsymbol{x}}$ Ecke von M.

□

1.2 Das Simplexverfahren

Mit dem Simplexverfahren kann man für das Standardproblem (L) der linearen Optimierung eine endliche Folge von Ecken des zulässigen Bereichs M von (L) erhalten (bzw. von zulässigen Basislösungen von (L)), wobei der Wert der Zielfunktion beim Übergang von einer Ecke zu einer anderen Ecke stets verkleinert wird. Die letzte Ecke dieser Folge ist optimal (falls (L) überhaupt eine Lösung besitzt).

Im vorliegenden Abschnitt 1.2 werden wir zunächst die Simplexmethode an Hand des „Landwirtproblems“ aus Abschnitt 1.1.1 erläutern. Danach werden wir für das allgemeine Standardproblem (L) den Übergang von einer Ecke zu einer „benachbarten“ Ecke von M, **Austauschschritt** genannt, im Detail behandeln und zeigen, daß das Simplexverfahren stets nach endlich vielen Schritten abbricht, wenn keine entarteten Ecken auftreten. Den Fall entarteter Ecken werden wir abschließend gesondert betrachten.

1.2.1 Erläuterung der Simplexmethode an Hand eines Beispiels

Wir schreiben das Landwirtproblem (1.1.1) aus Abschnitt 1.1.1 (nach Multiplikation der Zielfunktion mit -1) als Minimierungsproblem mit Vektoren und Matrizen:

$$(1.1.1 - \mathrm{L})\begin{cases} \text{Min.} \quad \mathbf{c}^T\mathbf{x} = (-1,-3)\begin{pmatrix} x_1 \\ x_2 \end{pmatrix} \\ \text{u.d.N.} \ \mathbf{A}\mathbf{x} = \begin{pmatrix} 1 & 2 \\ 1 & 4 \\ 1 & 1 \end{pmatrix}\begin{pmatrix} x_1 \\ x_2 \end{pmatrix} \leq \begin{pmatrix} 110 \\ 160 \\ 100 \end{pmatrix} = \boldsymbol{b} \\ \qquad \mathbf{x} = \begin{pmatrix} x_1 \\ x_2 \end{pmatrix} \geq \mathbf{0} \, . \end{cases}$$

Durch Einführung von (nichtnegativen) Schlupfvariablen $y_1 = x_3, \; y_2 = x_4, \; y_3 = x_5$ werden aus den Ungleichungen $\mathbf{A}\mathbf{x} \leq \boldsymbol{b}$ die Gleichungen

$$\begin{aligned} x_1 + 2x_2 + x_3 \qquad\qquad &= 110 \\ x_1 + 4x_2 \qquad + x_4 \qquad &= 160 \\ x_1 + x_2 \qquad\qquad + x_5 &= 100 \, . \end{aligned}$$

Das Optimierungsproblem (1.1.1 − L) erhält damit die Standardform

$$(1.1.1 - L)\begin{cases} \text{Min.} \quad F(\boldsymbol{x}) = \boldsymbol{c}^T\boldsymbol{x} = (-1,-3,0,0,0)\begin{pmatrix} x_1 \\ \vdots \\ x_5 \end{pmatrix} \\ \text{u.d.N.} \quad \boldsymbol{A}\boldsymbol{x} = \begin{pmatrix} 1\,2\,1\,0\,0 \\ 1\,4\,0\,1\,0 \\ 1\,1\,0\,0\,1 \end{pmatrix}\begin{pmatrix} x_1 \\ \vdots \\ x_5 \end{pmatrix} = \begin{pmatrix} 110 \\ 160 \\ 100 \end{pmatrix} = \boldsymbol{b} \\ \qquad \boldsymbol{x} = \begin{pmatrix} x_1 \\ \vdots \\ x_5 \end{pmatrix} \geq \boldsymbol{0} \, . \end{cases}$$

Da das ursprüngliche Optimierungsproblem die Form (L) hat (d.h., abgesehen von den Nichtnegativitätsbedingungen, stellen die Restriktionen Ungleichungen vom Typ $\leq$ mit nichtnegativen rechten Seiten dar), läßt sich eine Ausgangsecke von $(1.1.1 - L)$ leicht angeben. Offensichtlich ist $x_1 = x_2 = 0$ eine zulässige Lösung von (1.1.1 − L). Jede der drei Gleichungen des Systems $\boldsymbol{A}\boldsymbol{x} = \boldsymbol{b}$ in $(1.1.1 - L)$ enthält genau eine der drei Schlupfvariablen x_3, x_4, x_5 (und zwar mit dem Koeffizienten 1), und diese Variable tritt in keiner der beiden anderen Gleichungen auf. Weisen wir dieser Schlupfvariablen den Wert auf der rechten Seite der betreffenden Gleichung zu, also $x_3 = 110, x_4 = 160, x_5 = 100$, so erhalten wir zusammen mit $x_1 = x_2 = 0$ eine zulässige Lösung von $(1.1.1 - L)$. Da die den Schlupfvariablen entsprechenden Spaltenvektoren $\boldsymbol{a}^3 = (1,0,0)^T, \boldsymbol{a}^4 = (0,1,0)^T, \boldsymbol{a}^5 = (0,0,1)^T$ der Matrix $\boldsymbol{A}$

die drei Einheitsvektoren des $\mathbb{R}^3$ darstellen, sind sie linear unabhängig und bilden eine Basis. Folglich ist nach Satz 1.1.3

$$\boldsymbol{x} = (0, 0, 110, 160, 100)^T$$

eine Ecke des zulässigen Bereichs von (1.1.1 – L) mit den Basisvariablen x_3, x_4, x_5 und den Nichtbasisvariablen x_1, x_2. Der zugehörige Zielfunktionswert ist $F(\boldsymbol{x}) = 0$.

Ausgehend von der Anfangsecke $\boldsymbol{x}$, wollen wir jetzt durch einen Austauschschritt eine neue (benachbarte) Ecke $\bar{\boldsymbol{x}}$ mit kleinerem Zielfunktionswert finden. Eine neue Ecke erhalten wir offensichtlich dadurch, daß eine der bisherigen Nichtbasisvariablen zu einer Basisvariablen (**neue Basisvariable**) und dafür eine bisherige Basisvariable zu einer Nichtbasisvariablen (**neue Nichtbasisvariable**) wird. In anderen Worten, einer der bisher nicht in der Basis befindlichen Spaltenvektoren der Matrix $\boldsymbol{A}$ wird neu in die Basis aufgenommen und dafür einer der bisherigen Basisvektoren aus der Basis entfernt.

Eine der beiden bisherigen Nichtbasisvariablen x_1, x_2 zur Basisvariablen zu machen bedeutet, ihren Wert von 0 an wachsen zu lassen (unter Beibehaltung der Wertes 0 für die andere Nichtbasisvariable). Da für die Koeffizienten von x_1 und x_2 in der Zielfunktion $c_1 = -1$ bzw. $c_2 = -3$ gilt, die Zielfunktionswerte bei Vergrößerung von x_2 also schneller als bei Vergrößerung von x_1 abnehmen, wählen wir x_2 als neue Basisvariable. Hierbei haben wir die Tatsache ausgenutzt, daß die Zielfunktion $F(\boldsymbol{x}) = -x_1 - 3x_2$ als Funktion allein der Nichtbasisvariablen gegeben ist (die mit dem Austauschschritt verbundene Änderung der Werte der Basisvariablen sich also nicht auf die Zielfunktion auswirkt).

Wenn die neue Basisvariable x_2 von 0 an wächst, ändern auch die bisherigen Basisvariablen x_3, x_4, x_5 ihre Werte. Hierzu denken wir uns die drei Gleichungen von $\boldsymbol{Ax} = \boldsymbol{b}$ nach den jeweiligen „alten“ Basisvariablen aufgelöst:

$$\begin{aligned} x_3 \qquad\qquad &= 110 - x_1 - 2x_2 \\ x_4 \qquad &= 160 - x_1 - 4x_2 \\ x_5 &= 100 - x_1 - x_2 \, . \end{aligned}$$

Wir sehen, daß, wenn x_2 wächst, die Werte der Basisvariablen x_3, x_4, x_5 abnehmen. Die Vorzeichenbeschränkungen $x_3 \geq 0, x_4 \geq 0, x_5 \geq 0$ führen unter Beachtung von $x_1 = 0$ auf die drei Ungleichungen

$$x_2 \leq \frac{110}{2} = 55\,, \quad x_2 \leq \frac{160}{4} = 40\,, \quad x_2 \leq 100\,.$$

Das Minimum 40 der Werte auf den rechten Seiten dieser Ungleichungen stellt offensichtlich den größtmöglichen Wert der neuen Basisvariablen x_2

unter Berücksichtigung der Nebenbedingungen des Optimierungsproblems $(1.1.1 - L)$ dar. Für $x_2 = 40$ nimmt die bisherige Basisvariable x_4 den Wert 0 an und wird damit zur neuen Nichtbasisvariablen. Für die übrigen beiden Variablen x_3, x_5, die weiterhin Basisvariablen sind, gilt $x_3 = 30, x_5 = 60$.

Daß die neue zulässige Lösung

$$\bar{\boldsymbol{x}} = (0, 40, 30, 0, 60)^T$$

tatsächlich eine Ecke darstellt, folgt aus der linearen Unabhängigkeit der den Basisvariablen x_2, x_3, x_5 entsprechenden Spaltenvektoren $\boldsymbol{a}^2, \boldsymbol{a}^3, \boldsymbol{a}^5$ von $\boldsymbol{A}$ (vgl. Satz 1.1.3). Der zu $\bar{\boldsymbol{x}}$ gehörige Zielfunktionswert ist $F(\bar{\boldsymbol{x}}) = -120$. Aus Abb. 1.1.1 ersehen wir, daß die zu $\bar{\boldsymbol{x}}$ gehörige zulässige Lösung $\bar{\mathbf{x}} = \begin{pmatrix} 0 \\ 40 \end{pmatrix}$ des Problems (1.1.1 – L) eine der Ausgangsecke $\mathbf{x} = \begin{pmatrix} 0 \\ 0 \end{pmatrix}$ benachbarte Ecke des zulässigen Bereichs ist.

Um von $\bar{\mathbf{x}}$ ausgehend, durch einen Austauschschritt in gleicher Weise wie oben eine weitere Ecke (mit kleinerem Zielfunktionswert) zu erhalten, müssen wir zunächst die Gleichung $\boldsymbol{A}\boldsymbol{x} = \boldsymbol{b}$ und die Zielfunktion in die gleiche „zweckmäßige Form“ bringen, die zu Beginn vorlag:

(a) Jede Gleichung enthält genau eine der Basisvariablen, und zwar mit dem Koeffizienten 1, und diese Variable tritt in keiner anderen Gleichung auf.
(b) Die Zielfunktion ist als Funktion der Nichtbasisvariablen gegeben.

Dies erreichen wir, indem wir wie üblich bei der Lösung linearer Gleichungssysteme (im allgemeinen mehrfach) eine Gleichung mit einer reellen Zahl multiplizieren und zu einer anderen Gleichung addieren, d.h. sogenannte **Elementarumformungen** durchführen. In unserem Beispiel gehen wir von den Gleichungen

$$\begin{aligned} x_3 \qquad\quad &= 110 - x_1 - 2x_2 \\ x_4 \quad\; &= 160 - x_1 - 4x_2 \\ x_5 &= 100 - x_1 - x_2 \end{aligned}$$

aus und erhalten

$$\begin{aligned} x_3 - \frac{1}{2}x_4 \qquad\; &= 30 - \frac{1}{2}x_1 \\ \frac{1}{4}x_4 \qquad\; &= 40 - \frac{1}{4}x_1 - x_2 \\ -\frac{1}{4}x_4 + x_5 &= 60 - \frac{3}{4}x_1 \end{aligned}$$

bzw.

$$
\begin{aligned}
x_3 &= 30 - \frac{1}{2}x_1 + \frac{1}{2}x_4 \\
x_2 &= 40 - \frac{1}{4}x_1 - \frac{1}{4}x_4 \\
x_5 &= 60 - \frac{3}{4}x_1 + \frac{1}{4}x_4 \ .
\end{aligned}
$$

Um die Zielfunktion in die zweckmäßige Form (b) zu bringen, schreiben wir die Zielfunktion

$$F(\boldsymbol{x}) = -x_1 - 3x_2$$

als Gleichung

$$\zeta = -x_1 - 3x_2 \ ,$$

wobei ζ als (zu minimierende) Variable aufgefaßt wird, deren Wert gleich dem betreffenden Zielfunktionswert ist. Die Darstellung der Zielfunktion in Form einer Nebenbedingung hat den Vorteil, daß sie in gleicher Weise wie die übrigen Restriktionen umgeformt werden kann. Wir bekommen

$$\zeta = -120 - \frac{1}{4}x_1 + \frac{3}{4}x_4 \ ,$$

woraus wir für die vorliegende Ecke $\bar{\boldsymbol{x}}$ sofort den Zielfunktionswert $F(\bar{\boldsymbol{x}}) = -120$ erhalten.

Aus dieser Form der Zielfunktion mit $\zeta = F(\boldsymbol{x})$ ersehen wir, daß als neue Basisvariable nur x_1 in Frage kommt, da eine Vergrößerung von x_4 von 0 an die Zielfunktionswerte vergrößern würde. Aus den neuen Gleichungen ergibt sich, wenn wir wie im ersten Austauschschritt vorgehen, als größtmöglicher Wert der neuen Basisvariablen $x_1 = 60$, und die neue Nichtbasisvariable ist x_3. Damit bekommt man als neue Ecke

$$\bar{\bar{\boldsymbol{x}}} = (60, 25, 0, 0, 15)^T \ .$$

Die Zielfunktion, als Funktion der Nichtbasisvariablen ausgedrückt, erhält die Form

$$F(\boldsymbol{x}) = \zeta = -135 + \frac{1}{2}x_3 + \frac{1}{2}x_4 \ ,$$

und wir haben $F(\bar{\bar{\boldsymbol{x}}}) = -135$. Da jede Vergrößerung einer der beiden Nichtbasisvariablen von 0 an die Zielfunktionswerte ebenfalls vergrößert, die Zielfunktionswerte also nicht mehr verkleinert werden können, stellt $\bar{\bar{\boldsymbol{x}}}$ die optimale Lösung von $(1.1.1 - L)$ und entsprechend $\bar{\bar{\mathbf{x}}} = \begin{pmatrix} 60 \\ 25 \end{pmatrix}$ die optimale Lösung von (1.1.1 − L) dar (vgl. Abb. 1.1.1). Der optimale Zielfunktionswert des ursprünglichen Maximumproblems ist 135.

In den folgenden Abschnitten 1.2.2 bis 1.2.4 werden wir das Simplexverfahren für das allgemeine Standardproblem (L) im Detail behandeln und dabei zunächst den generellen Ablauf eines Austauschschrittes näher untersuchen.

1.2.2 Austauschschritt

Wir gehen aus von einer Ecke $\boldsymbol{x}$ des zulässigen Bereiches M des Standardproblems (L) und wollen eine „benachbarte“ Ecke finden. Wir setzen zunächst voraus, daß $\boldsymbol{x}$ nicht entartet sei. $\{\boldsymbol{a}^k | k \in \mathcal{B}\}$ sei die Basis von $\boldsymbol{x}$, $\mathcal{B}$ ist also die **Basisindexmenge** von $\boldsymbol{x}$ und $\mathcal{N} := \mathcal{I} \setminus \mathcal{B}$ die **Nichtbasisindexmenge**, und wir haben $|\mathcal{B}| = m, |\mathcal{N}| = n - m$. Da $\boldsymbol{x}$ nicht entartet ist, gilt

$$x_k > 0 \text{ für } k \in \mathcal{B}\,,\ x_l = 0 \text{ für } l \in \mathcal{N}\ .$$

Die Nebenbedingung $\boldsymbol{Ax} = \sum_{j=1}^n x_j \boldsymbol{a}^j = \boldsymbol{b}$ können wir damit für die Ecke $\boldsymbol{x}$ auch in der Form

$$\sum_{k\in\mathcal{B}} x_k \boldsymbol{a}^k = \boldsymbol{b} \tag{1.2.1}$$

schreiben. (1.2.1) besagt, daß der Vektor $\boldsymbol{b}$ sich als Linearkombination der Basisvektoren $\boldsymbol{a}^k$ mit den Koeffizienten x_k schreiben läßt $(k \in \mathcal{B})$. Allgemein ist jeder Vektor des $\mathbb{R}^m$ als Linearkombination der Basisvektoren $\boldsymbol{a}^k (k \in \mathcal{B})$ darstellbar, z.B. auch die Spaltenvektoren $\boldsymbol{a}^j$ von $\boldsymbol{A}$:

$$\boldsymbol{a}^j = \sum_{k\in\mathcal{B}} \gamma_{kj} \boldsymbol{a}^k \quad (j = 1, \ldots, n)\ . \tag{1.2.2}$$

Ist $j \in \mathcal{B}$, so gilt für die Koeffizienten γ_{kj} speziell

$$\gamma_{kj} = \delta_{kj} := \begin{cases} 1 & \text{für } k = j \\ 0 & \text{für } k \neq j \end{cases} \quad (k, j \in \mathcal{B})\ .$$

Man kann sich also auf die Angabe der Koeffizienten γ_{kl} mit $k \in \mathcal{B}, l \in \mathcal{N}$ beschränken, die wir zu einer $m \times (n - m)$-Matrix $\boldsymbol{\Gamma} := (\gamma_{kj})_{k\in\mathcal{B}, l\in\mathcal{N}}$ zusammenfassen.

Im weiteren werden wir zeigen: Enthält die Matrix $\boldsymbol{\Gamma}$ (wenigstens) ein positives Element, etwa in der Spalte mit dem Index l', so kann man von $\boldsymbol{x}$ ausgehend eine neue Ecke $\bar{\boldsymbol{x}}$ finden, deren Basis alle Basisvektoren von $\boldsymbol{x}$ bis auf einen und dafür zusätzlich den Vektor $\boldsymbol{a}^{l'}$ enthält. Wir werden sehen, daß, wenn man die Nichtbasisvariable $x_{l'}$ von 0 an wachsen läßt, die Werte der Basisvariablen x_k mit $\gamma_{kl'} > 0$ abnehmen. Diejenige (bzw. eine) Basisvariable $x_{k'}$, die „zuerst“den Wert 0 erreicht, wird **neue Nichtbasisvariable**, während $x_{l'}$ zur **neuen Basisvariablen** wird.

Sei nun $l' \in \mathcal{N}$ der Index einer Spalte der Matrix $\boldsymbol{\Gamma}$, in der es ein positives Element gibt. Dann betrachten wir für $\delta \geq 0$ den Vektor $\boldsymbol{x}(\delta)$ mit den Komponenten

(1.2.3)
$$\begin{cases} x_k(\delta) := x_k - \delta\gamma_{kl'} & (k \in \mathcal{B}) \\ x_{l'}(\delta) := \delta & \\ x_l(\delta) := 0 & (l \in \mathcal{N}, l \neq l') \ . \end{cases}$$

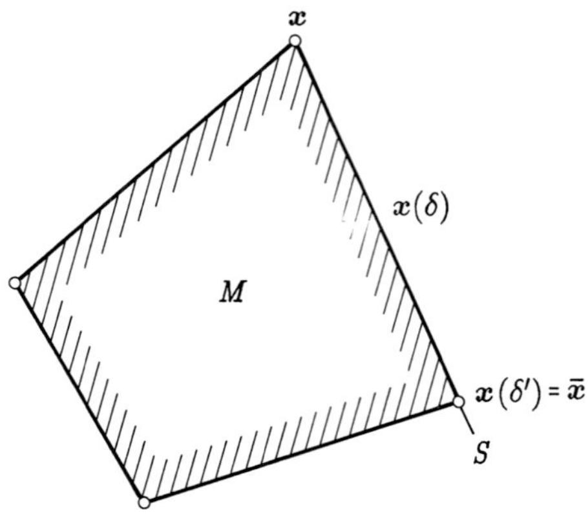

Abb. 1.2.1

Die Punkte $\boldsymbol{x}(\delta)$ mit $\delta \geq 0$ bilden einen Strahl (eine Halbgerade) S beginnend im Punkt $\boldsymbol{x}$ (vgl. Abb. 1.2.1). Wächst δ von 0 an, so wandert der Punkt $\boldsymbol{x}(\delta)$ auf S entlang einer Kante des konvexen Polyeders M. Aus (1.2.1), (1.2.2) und (1.2.3) ergibt sich unmittelbar, daß die Punkte von S die Nebenbedingung $\boldsymbol{Ax} = \boldsymbol{b}$ erfüllen:

(1.2.4)
$$\boldsymbol{Ax}(\delta) = \sum_{j=1}^{n} x_j(\delta)\boldsymbol{a}^j = \boldsymbol{b} \qquad \text{für } \delta \geq 0 \ .$$

Wir wollen nun feststellen, für welche $\delta \geq 0$ $\boldsymbol{x}(\delta) \geq \boldsymbol{0}$ ist und damit das entsprechende Stück der Halbgeraden S zu M gehört. Aus (1.2.3) ersehen wir, daß für $\delta \geq 0$ $\boldsymbol{x}(\delta) \geq \boldsymbol{0}$ gleichbedeutend ist mit

$$x_k - \delta\gamma_{kl'} \geq 0 \quad \text{für alle } k \in \mathcal{B}$$

oder

$$\delta \leq \frac{x_k}{\gamma_{kl'}} \quad \text{für alle } k \in \mathcal{B} \text{ mit } \gamma_{kl'} > 0 \ .$$

$\boldsymbol{x}(\delta) \geq \boldsymbol{0}$ gilt also für $0 \leq \delta \leq \delta'$, wobei δ' durch

(1.2.5)
$$\delta' := \min_{\substack{k \in \mathcal{B} \\ \gamma_{kl'} > 0}} \frac{x_k}{\gamma_{kl'}}$$

gegeben ist. Sei nun $k' \in \mathcal{B}$ ein Index, für den in (1.2.5) das Minimum angenommen wird, d.h.

$$\frac{x_{k'}}{\gamma_{k'l'}} = \min_{\substack{k\in\mathcal{B} \\ \gamma_{kl'}>0}} \frac{x_k}{\gamma_{kl'}} .$$

Man kann dann zeigen, daß unter Beachtung von $\gamma_{k'l'} > 0$ die Vektoren $\boldsymbol{a}^k$ mit $k \in (\mathcal{B} \cup \{l'\}) \setminus \{k'\}$ linear unabhängig sind. Folglich stellt nach Satz 1.1.3 $\bar{\boldsymbol{x}} := \boldsymbol{x}(\delta')$ eine Ecke von M dar. Insbesondere ist (wegen $\delta' > 0$) $\bar{\boldsymbol{x}} \neq \boldsymbol{x}$, und zwar ist $\bar{\boldsymbol{x}}$ eine $\boldsymbol{x}$ „benachbarte" Ecke (d.h., $\boldsymbol{x}$ und $\bar{\boldsymbol{x}}$ bilden die beiden Endpunkte einer Kante von M).

Ist die Ecke $\boldsymbol{x}$ entartet, so ist für mindestens ein $k \in \mathcal{B}$ $x_k = 0$. Falls $\gamma_{kl'} > 0$ nur für solche $k \in \mathcal{B}$ mit $x_k > 0$ gilt, dann erhalten wir nach (1.2.5) wieder ein $\delta' > 0$, und $\bar{\boldsymbol{x}} := \boldsymbol{x}(\delta')$ ist eine von $\boldsymbol{x}$ verschiedene Ecke von M. Gilt

$$\gamma_{kl'} > 0 \quad \text{für ein } k \in \mathcal{B} \text{ mit } x_k = 0 ,$$

so ist $\delta' = 0$ und $\bar{\boldsymbol{x}} = \boldsymbol{x}$. Der Austauschschritt hat dann nur zu einer anderen Basis der entarteten Ecke $\boldsymbol{x}$ geführt. Auf diesen Fall werden wir später zurückkommen.

Von letzterem Fall abgesehen, liefert der beschriebene Austauschschritt, ausgehend von der Ecke $\boldsymbol{x}$ mit der Basis $\{\boldsymbol{a}^k | k \in \mathcal{B}\}$, eine neue Ecke $\bar{\boldsymbol{x}}$ mit der Basis $\{\boldsymbol{a}^k | k \in \bar{\mathcal{B}}\}$, wobei $\bar{\mathcal{B}} := (\mathcal{B} \cup \{l'\}) \setminus \{k'\}$ die neue Basisindexmenge ist. Die neue Nichtbasisindexmenge ist $\bar{\mathcal{N}} := \mathcal{I} \setminus \bar{\mathcal{B}} = (\mathcal{N} \setminus \{l'\}) \cup \{k'\}$. Wie bereits erwähnt, stellen $x_{l'}$ die neue Basisvariable und $x_{k'}$ die neue Nichtbasisvariable dar. Anschaulich gesprochen wird durch die Wahl des „Spaltenindex" $l' \in \mathcal{N}$ die Fortschreitungsrichtung von der „alten" Ecke $\boldsymbol{x}$ aus (d.h. die Halbgerade S) bestimmt, während durch den „Zeilenindex" $k' \in \mathcal{B}$ festgelegt ist, wie weit man auf S gehen kann, ohne den zulässigen Bereich M zu verlassen.

Die Darstellung der Spaltenvektoren $\boldsymbol{a}^j$ der Matrix $\boldsymbol{A}$ durch die Basisvektoren $\boldsymbol{a}^k, k \in \mathcal{B}$, hat auf die Koeffizienten γ_{kj} geführt:

$$\boldsymbol{a}^j = \sum_{k\in\mathcal{B}} \gamma_{kj} \boldsymbol{a}^k \quad (j = 1, \ldots, n)$$

(vgl. (1.2.2)). Ebenso können wir die Vektoren $\boldsymbol{a}^j$ als Linearkombination der Vektoren $\boldsymbol{a}^k, k \in \bar{\mathcal{B}}$, darstellen:

$$\text{(1.2.6)} \qquad \boldsymbol{a}^j = \sum_{k\in\bar{\mathcal{B}}} \bar{\gamma}_{kj} \boldsymbol{a}^k = \bar{\gamma}_{l'j} \boldsymbol{a}^{l'} + \sum_{\substack{k\in\mathcal{B} \\ k\neq k'}} \bar{\gamma}_{kj} \boldsymbol{a}^k \quad (j = 1, \ldots, n)$$

mit

$$\bar{\gamma}_{kj} = \delta_{kj} \quad \text{für } k, j \in \bar{\mathcal{B}} .$$

Die Koeffizienten $\bar{\gamma}_{kl}$ $(k \in \bar{\mathcal{B}}, l \in \bar{\mathcal{N}})$ können wir uns wieder zu einer $m \times (n-m)$-Matrix $\bar{\boldsymbol{\Gamma}}$ zusammengefaßt denken. Wir suchen nun einen Zusammenhang zwischen den Koeffizienten γ_{kj} und $\bar{\gamma}_{kj}$. Zunächst haben wir

$$\boldsymbol{a}^{l'} = \sum_{k \in \mathcal{B}} \gamma_{kl'} \boldsymbol{a}^k = \gamma_{k'l'} \boldsymbol{a}^{k'} + \sum_{\substack{k \in \mathcal{B} \\ k \neq k'}} \gamma_{kl'} \boldsymbol{a}^k \,.$$

Durch Auflösung nach $\boldsymbol{a}^{k'}$ erhalten wir

$$\boldsymbol{a}^{k'} = \frac{1}{\gamma_{k'l'}} \left(\boldsymbol{a}^{l'} - \sum_{\substack{k \in \mathcal{B} \\ k \neq k'}} \gamma_{kl'} \boldsymbol{a}^k \right) .$$

Dies in (1.2.2) eingesetzt ergibt

$$\begin{aligned} \boldsymbol{a}^j &= \gamma_{k'j} \boldsymbol{a}^{k'} + \sum_{\substack{k \in \mathcal{B} \\ k \neq k'}} \gamma_{kj} \boldsymbol{a}^k \\ &= \frac{\gamma_{k'j}}{\gamma_{k'l'}} \boldsymbol{a}^{l'} + \sum_{\substack{k \in \mathcal{B} \\ k \neq k'}} \left(\gamma_{kj} - \frac{\gamma_{k'j} \gamma_{kl'}}{\gamma_{k'l'}} \right) \boldsymbol{a}^k \quad (j = 1, \ldots, n) \,. \end{aligned}$$

Koeffizientenvergleich mit (1.2.6) unter Beachtung von $\gamma_{kj} = \delta_{kj}$ für $k, j \in \mathcal{B}$ liefert schließlich

$$\begin{aligned} \bar{\gamma}_{l'k'} &= \frac{1}{\gamma_{k'l'}} \\ \bar{\gamma}_{l'l} &= \frac{\gamma_{k'l}}{\gamma_{k'l'}} && (l \in \bar{\mathcal{N}}, l \neq k') \\ \bar{\gamma}_{kk'} &= -\frac{\gamma_{kl'}}{\gamma_{k'l'}} && (k \in \bar{\mathcal{B}}, k \neq l') \\ \bar{\gamma}_{kl} &= \gamma_{kl} - \frac{\gamma_{k'l} \gamma_{kl'}}{\gamma_{k'l'}} && (k \in \bar{\mathcal{B}}, l \in \bar{\mathcal{N}}, k \neq l', l \neq k') \,. \end{aligned}$$

Um diese Umrechnungsformeln in eine etwas übersichtlichere Gestalt zu bringen, betrachten wir die folgenden den beiden Matrizen $\boldsymbol{\Gamma}$ und $\bar{\boldsymbol{\Gamma}}$ entsprechenden Schemata:

	$l \in \mathcal{N}$		l'
			$\vdots$
$k \in \mathcal{B}$	d	$\cdots$	c
	$\vdots$		$\vdots$
k'	$\cdots$ b	$\cdots$	a

$\boldsymbol{\Gamma} = (\gamma_{kl})_{k \in \mathcal{B}, l \in \mathcal{N}}$

	$l \in \bar{\mathcal{N}}$		k'
			$\vdots$
$k \in \bar{\mathcal{B}}$	$\bar{d}$	$\cdots$	$\bar{c}$
	$\vdots$		$\vdots$
l'	$\cdots$ $\bar{b}$	$\cdots$	$\bar{a}$

$\bar{\boldsymbol{\Gamma}} = (\bar{\gamma}_{kl})_{k \in \bar{\mathcal{B}}, l \in \bar{\mathcal{N}}}$

Das $\bar{\boldsymbol{\Gamma}}$-Schema geht aus dem $\boldsymbol{\Gamma}$-Schema durch folgende **Transformationsregeln** hervor:

(o) Der „Basisindex“ k' wird durch den Index l' ersetzt (die zugehörige Zeile heißt **Pivotzeile**). Der „Nichtbasisindex“ l' wird durch den Index k' ersetzt (die zugehörige Spalte heißt **Pivotspalte**). Das Element $\gamma_{k'l'} > 0$ im Schnittpunkt von Pivotzeile und Pivotspalte heißt **Pivotelement**.

(i) Das Pivotelement wird durch seinen reziproken Wert ersetzt, in Zeichen

$$\bar{a} = \frac{1}{a}$$

(ii) Die übrigen Elemente in der Pivotzeile werden durch das (alte) Pivotelement dividiert, in Zeichen

$$\bar{b} = \frac{b}{a}$$

(iii) Die übrigen Elemente in der Pivotspalte werden durch das (alte) Pivotelement dividiert und mit -1 multipliziert, in Zeichen

$$\bar{c} = -\frac{c}{a}$$

(iv) Die restlichen Elemente des neuen Schemas erhält man, indem man von dem jeweiligen entsprechenden Element im alten Schema folgenden Ausdruck subtrahiert: Produkt aus den „zugehörigen Elementen“ in Pivotzeile und Pivotspalte dividiert durch das Pivotelement („Rechtecksregel“), in Zeichen

$$\bar{d} = d - \frac{bc}{a} = d + b\bar{c} \ .$$

Die günstigere kürzere Regel „$\bar{d} = d + b\bar{c}$“, bei der man eine Division einspart, besagt: Das neue Element ergibt sich aus dem entsprechenden alten Element, indem man zu dem alten Element das Produkt aus den „zugehörigen Elementen“ in alter Pivotzeile und neuer Pivotspalte addiert.

Wir haben festgestellt, daß sich für eine Ecke $\boldsymbol{x}$ die Spaltenvektoren der Matrix $\boldsymbol{A}$ durch die Vektoren der Basis $\{\boldsymbol{a}^k | k \in \mathcal{B}\}$ ausdrücken lassen mit Hilfe der Koeffizienten γ_{kj}. Wir zeigen nun, daß man mittels dieser Koeffizienten auch die Basisvariablen durch die Nichtbasisvariablen ausdrücken kann und damit das Gleichungssystem $\boldsymbol{Ax} = \boldsymbol{b}$ die „zweckmäßige Form“ (a) aus Abschnitt 1.2.1 erhält: Jede Gleichung enthält genau eine der Basisvariablen, und zwar mit dem Koeffizienten 1, und diese Variable tritt in keiner anderen Gleichung auf. Um Verwechslungen zu vermeiden, bezeichnen wir dabei die

Variablen (die beliebigen Punkten aus M entsprechen) mit $\tilde{x}_j$ und die Werte dieser Variablen in den Ecken $\boldsymbol{x}$ und $\bar{\boldsymbol{x}}$ mit x_j bzw. $\bar{x}_j$ $(j = 1, \ldots, n)$.

Aufgrund (1.2.2) haben wir für beliebiges $\tilde{\boldsymbol{x}} \in M$

$$\boldsymbol{b} = \sum_{j=1}^{n} \tilde{x}_j \boldsymbol{a}^j = \sum_{j=1}^{n} \tilde{x}_j \left(\sum_{k \in \mathcal{B}} \gamma_{kj} \boldsymbol{a}^k \right) = \sum_{k \in \mathcal{B}} \left(\sum_{j=1}^{n} \gamma_{kj} \tilde{x}_j \right) \mathbf{a}^k .$$

Koeffizientenvergleich mit

$$\boldsymbol{b} = \sum_{k \in \mathcal{B}} x_k \boldsymbol{a}^k$$

(vgl. (1.2.1)) liefert unter Berücksichtigung von $\gamma_{kj} = \delta_{kj}$ für $k, j \in \mathcal{B}$ die gewünschte Beziehung

$$\tilde{x}_k = x_k - \sum_{l \in \mathcal{N}} \gamma_{kl} \tilde{x}_l \quad (k \in \mathcal{B}) . \tag{1.2.7}$$

Die Transformation der Koeffizienten γ_{kj} in die Koeffizienten $\bar{\gamma}_{kj}$ beim Übergang von der Ecke $\boldsymbol{x}$ zur Ecke $\bar{\boldsymbol{x}}$ entspricht dann der Überführung des Gleichungssystems (1.2.7) in das Gleichungssystem

$$\tilde{x}_k = \bar{x}_k - \sum_{l \in \bar{\mathcal{N}}} \bar{\gamma}_{kl} \tilde{x}_l \quad (k \in \bar{\mathcal{B}})$$

der gleichen Gestalt (a) mit Hilfe von Elementarumformungen (vgl. Abschnitt 1.2.1). Die obigen Transformationsregeln (i) bis (iv) entsprechen den analogen Formeln des Gauß-Jordan-Verfahrens zur Lösung linearer Gleichungssysteme (mit dem Unterschied, daß bei letzterem Verfahren nur vorausgesetzt wird, daß das Pivotelement $\neq 0$ und nicht notwendig positiv ist), vgl. etwa STOER (1979), Abschnitt 4.2 .

Mit Hilfe der Formel (1.2.7) wollen wir jetzt zeigen, daß man die $m \times (n-m)$-Matrix $\boldsymbol{\Gamma} = (\gamma_{kl})_{k \in \mathcal{B}, l \in \mathcal{N}}$ aus der $m \times m$-Basismatrix $\boldsymbol{B} := (\boldsymbol{a}^k)_{k \in \mathcal{B}}$ und der $m \times (n-m)$-**Nichtbasismatrix** $\boldsymbol{N} := (\boldsymbol{a}^l)_{l \in \mathcal{N}}$ erhalten kann. Wir führen den Vektor der Basisvariablen $\tilde{\boldsymbol{x}}_{\mathrm{B}} := (\tilde{x}_k)_{k \in \mathcal{B}}$ und den Vektor der Nichtbasisvariablen $\tilde{\boldsymbol{x}}_{\mathrm{N}} := (\tilde{x}_l)_{l \in \mathcal{N}}$ ein. Nach entsprechender Umordnung der Spalten der Matrix $\boldsymbol{A}$ und der Komponenten des Vektors $\tilde{\boldsymbol{x}}$ kann man schreiben

$$\boldsymbol{A} = (\boldsymbol{B}, \boldsymbol{N}) , \quad \tilde{\boldsymbol{x}} = \begin{pmatrix} \tilde{\boldsymbol{x}}_{\mathrm{B}} \\ \tilde{\boldsymbol{x}}_{\mathrm{N}} \end{pmatrix} ,$$

und das Gleichungssystem $\boldsymbol{A}\tilde{\boldsymbol{x}} = \boldsymbol{b}$ erhält die Form

$$\boldsymbol{B}\tilde{\boldsymbol{x}}_{\mathrm{B}} + \boldsymbol{N}\tilde{\boldsymbol{x}}_{\mathrm{N}} = \boldsymbol{b} .$$

Da die Matrix $\boldsymbol{B}$ nichtsingulär ist, können wir nach $\tilde{\boldsymbol{x}}_{\mathrm{B}}$ auflösen:

$$\tilde{\boldsymbol{x}}_{\mathrm{B}} = \boldsymbol{B}^{-1}\boldsymbol{b} - \boldsymbol{B}^{-1}\boldsymbol{N}\tilde{\boldsymbol{x}}_{\mathrm{N}} \,.$$

Der Vergleich dieser Beziehung mit (1.2.7) ergibt

$$\text{(1.2.8)} \qquad \begin{cases} \boldsymbol{x}_{\mathrm{B}} = \boldsymbol{B}^{-1}\boldsymbol{b} \\ \boldsymbol{\Gamma} = \boldsymbol{B}^{-1}\boldsymbol{N} \,. \end{cases}$$

Wir betrachten noch ein **Zahlenbeispiel**. Der zulässige Bereich eines linearen Optimierungsproblems sei durch

$$\begin{aligned} \mathbf{Ax} &\leq \boldsymbol{b} \\ \mathbf{x} &\geq \mathbf{0} \end{aligned}$$

mit

$$\mathbf{A} = \begin{pmatrix} 1 & 1 \\ 9 & 6 \\ 1 & 0 \end{pmatrix}, \quad \boldsymbol{b} = \begin{pmatrix} 5 \\ 36 \\ 3 \end{pmatrix}$$

gegeben. Die Erweiterung von $\boldsymbol{A}$ durch die 3-reihige Einheitsmatrix liefert

$$\boldsymbol{A} = (\mathbf{A}, \boldsymbol{I}) = \begin{pmatrix} 1\,1\,1\,0\,0 \\ 9\,6\,0\,1\,0 \\ 1\,0\,0\,0\,1 \end{pmatrix}$$

mit $\mathrm{rg}\boldsymbol{A} = m = 3, n = 5$. Der Punkt

$$\boldsymbol{x} = (0, 0, 5, 36, 3)^T$$

genügt den Nebenbedingungen $\boldsymbol{Ax} = \boldsymbol{b}, \boldsymbol{x} \geq \boldsymbol{0}$ und stellt, da die Spaltenvektoren $\boldsymbol{a}^3, \boldsymbol{a}^4, \boldsymbol{a}^5$ von $\boldsymbol{A}$ linear unabhängig sind, nach Satz 1.1.3 eine Ecke des durch diese Nebenbedingungen gegebenen konvexen Polyeders M dar. Es ist

$$\begin{aligned} &\mathcal{B} = \{3, 4, 5\}\,, \quad \mathcal{N} = \{1, 2\} \\ &\boldsymbol{B} = \boldsymbol{I}\,, \quad \boldsymbol{N} = \mathbf{A} \end{aligned}$$

und damit aufgrund (1.2.8)

$$\begin{array}{c} \qquad\qquad\quad l=1 \quad l=2 \\ \boldsymbol{\Gamma} = \boldsymbol{N} = \begin{pmatrix} \;1 & \;1\; \\ \;9 & \;6\; \\ \;1 & \;0\; \end{pmatrix} \begin{array}{l} k=3 \\ k=4 \\ k=5 \end{array} \end{array}$$

Die erste Spalte von $\boldsymbol{\Gamma}$ enthält positive Elemente, wir können also $l' = 1$ wählen. (1.2.5) liefert dann

$$\delta' := \min_{\substack{k \in \mathcal{B} \\ \gamma_{kl'} > 0}} \frac{x_k}{\gamma_{kl'}} = \min(5, 4, 3) = 3 \ ,$$

und das Minimum wird für $k' = 5$ angenommen. Nach (1.2.3) erhalten wir

$$\begin{aligned} x_3(\delta) &= 5 - \delta \\ x_4(\delta) &= 36 - 9\delta \\ x_5(\delta) &= 3 - \delta \\ x_1(\delta) &= \delta \\ x_2(\delta) &= 0 \end{aligned}$$

und damit die neue Ecke

$$\bar{\boldsymbol{x}} = \boldsymbol{x}(\delta') = (3, 0, 2, 9, 0)^T$$

mit der Basisindexmenge $\bar{\mathcal{B}} = \{1, 3, 4\}$. Mit Hilfe der obigen Transformationsregeln (i) bis (iv) (das Pivotelement ist $\gamma_{51} = 1$) bekommen wir

$$\begin{array}{cc} l = 5 & l = 2 \end{array}$$
$$\bar{\boldsymbol{\Gamma}} = \begin{pmatrix} -1 & 1 \\ -9 & 6 \\ 1 & 0 \end{pmatrix} \begin{array}{l} k = 3 \\ k = 4 \\ k = 1 \end{array}$$

Da die zweite Spalte von $\boldsymbol{\Gamma}$ ebenfalls positive Elemente enthält, könnten wir auch $l' = 2$ wählen. Dann ergäbe sich

$$\delta' = \min(5, 6) = 5$$

und $k' = 3$, und als neue Ecke erhielten wir

$$\bar{\boldsymbol{x}} = \boldsymbol{x}(\delta') = (0, 5, 0, 6, 3)^T$$

mit der Basisindexmenge $\bar{\mathcal{B}} = \{2, 4, 5\}$.

1.2.3 Prinzip des Simplexverfahrens

Das Simplexverfahren besteht aus einer endlichen Folge von (in Abschnitt 1.2.2 beschriebenen) Austauschschritten, wobei der Zielfunktionswert von Ecke zu Ecke kleiner wird (falls man in dem betreffenden Schritt zu einer neuen Ecke kommt und nicht nur einen Basiswechsel einer entarteten Ecke vornimmt). Im folgenden wollen wir die mit den Austauschschritten verbundenen Änderungen der Zielfunktionswerte näher untersuchen.

Seien $\boldsymbol{x}$ eine Ecke des zulässigen Bereichs M und $\{\boldsymbol{a}^k | k \in \mathcal{B}\}$ eine Basis von $\boldsymbol{x}$. Unter Beachtung von $x_l = 0$ für $l \in \mathcal{N}$ erhalten wir für den Zielfunktionswert in der Ecke $\boldsymbol{x}$

(1.2.9) $$F(\boldsymbol{x}) = \sum_{k \in \mathcal{B}} c_k x_k \ .$$

Für $\tilde{\boldsymbol{x}} \in M$ haben wir mit (1.2.7)

(1.2.10) $$F(\tilde{\boldsymbol{x}}) = \sum_{k \in \mathcal{B}} c_k \tilde{x}_k + \sum_{l \in \mathcal{N}} c_l \tilde{x}_l = \sum_{k \in \mathcal{B}} c_k x_k + \sum_{l \in \mathcal{N}} (c_l - \sum_{k \in \mathcal{B}} c_k \gamma_{kl}) \tilde{x}_l \ .$$

Wir führen die Größen

(1.2.11) $$\begin{cases} z_j := \sum_{k \in \mathcal{B}} \gamma_{kj} c_k & (j = 1, \ldots, n) \\ \zeta_j := c_j - z_j & (j = 1, \ldots, n) \end{cases}$$

ein. Die ζ_j $(j = 1, \ldots, n)$ werden auch **reduzierte Zielfunktionskoeffizienten** genannt. Wir bekommen dann mit (1.2.10)

(1.2.12) $$F(\tilde{\boldsymbol{x}}) = F(\boldsymbol{x}) + \sum_{l \in \mathcal{N}} \zeta_l \tilde{x}_l \ .$$

Die Zielfunktion läßt sich also, wie wir schon in Abschnitt 1.2.1 festgestellt haben, als eine Funktion allein der Nichtbasisvariablen $\tilde{x}_l$ $(l \in \mathcal{N})$ schreiben, wobei der reduzierte Zielfunktionskoeffizient ζ_l der Koeffizient von $\tilde{x}_l$ ist. Wir beachten noch, daß wegen $\gamma_{kj} = \delta_{kj}$ für $k, j \in \mathcal{B}$

(1.2.13) $$\left. \begin{aligned} z_k &= c_k \\ \zeta_k &= 0 \end{aligned} \right\} \text{ für } k \in \mathcal{B}$$

ist.

Wir beweisen nun einige für das Simplexverfahren wichtige Sätze.

Satz 1.2.1. *Sei $\boldsymbol{x}$ eine nicht entartete Ecke. Es gebe ein Indexpaar (k', l') mit $k' \in \mathcal{B}, l' \in \mathcal{N}$, so daß $\zeta_{l'} < 0$ und $\gamma_{k'l'} > 0$ ist. Dann führt der Austauschschritt (mit diesem k' und l') zu einer neuen Ecke $\bar{\boldsymbol{x}}$ mit $F(\bar{\boldsymbol{x}}) < F(\boldsymbol{x})$.*

Beweis. Für die neue Ecke $\bar{\boldsymbol{x}} = \boldsymbol{x}(\delta')$ mit $\delta' > 0$ haben wir nach (1.2.3)

$$\begin{aligned} \bar{x}_l &= 0 \quad \text{für} \quad l \in \mathcal{N}, l \neq l' \\ \bar{x}_{l'} &= \delta' > 0 \end{aligned}$$

und mit (1.2.12)

(1.2.14) $$F(\bar{\boldsymbol{x}}) = F(\boldsymbol{x}) + \zeta_{l'} \bar{x}_{l'} = F(\boldsymbol{x}) + \zeta_{l'} \delta' < F(\boldsymbol{x}) \ .$$

□

Aus (1.2.14) ersehen wir, daß, wenn $\bar{x}_{l'}$ um 1 wächst, der (als Kosten interpretierbare) Zielfunktionswert um $-\zeta_{l'}$ kleiner wird. Man spricht deshalb auch von den **reduzierten** oder **relativen Kosten** ζ_l eines Index l bzw. der Nichtbasisvariablen $\tilde{x}_l$. Wie man aus (1.2.12) erkennt, stellt ζ_l die partielle Ableitung der Zielfunktion (als Funktion der Nichtbasisvariablen $\tilde{x}_l$, $l \in \mathcal{N}$, aufgefaßt) nach $\tilde{x}_l$ dar.

Satz 1.2.2. *Sei $\boldsymbol{x}$ eine beliebige Ecke. Es gebe ein $l' \in \mathcal{N}$ mit $\zeta_{l'} < 0$ und $\gamma_{kl'} \leq 0$ für alle $k \in \mathcal{B}$. Dann hat (L) keine Lösung.*

Beweis. Wegen $\gamma_{kl'} \leq 0$ für alle $k \in \mathcal{B}$ haben wir nach (1.2.3) $\boldsymbol{x}(\delta) \geq 0$ für alle $\delta \geq 0$. Da $\boldsymbol{Ax}(\delta) = \boldsymbol{b}$ für alle $\delta \geq 0$ ist (vgl. (1.2.4)), gilt $\boldsymbol{x}(\delta) \in M$ für alle $\delta \geq 0$, d.h., die gesamte Halbgerade S in Abb. 1.2.1 gehört zu M, und M ist folglich nicht beschränkt. Weiter ist nach (1.2.12)

$$F(\boldsymbol{x}(\delta)) = F(\boldsymbol{x}) + \zeta_{l'} x_{l'}(\delta)$$

und somit wegen $\zeta_{l'} < 0$ und $x_{l'}(\delta) > 0$ für $\delta > 0$ die Zielfunktion auf M nicht nach unten beschränkt. □

Satz 1.2.3. *Seien $\boldsymbol{x}$ eine beliebige Ecke und $\zeta_l \geq 0$ für alle $l \in \mathcal{N}$. Dann ist $\boldsymbol{x}$ eine optimale Lösung von (L).*

Beweis. Wir haben

$$F(\tilde{\boldsymbol{x}}) = F(\boldsymbol{x}) + \sum_{l \in \mathcal{N}} \zeta_l \tilde{x}_l \geq F(\boldsymbol{x})$$

für alle $\tilde{\boldsymbol{x}} \in M$. □

Das Simplexverfahren läuft dann wie folgt ab: Ausgehend von einer Ecke $\boldsymbol{x}^0$ von M, erhält man durch einen Austauschschritt, wenn der Sachverhalt von Satz 1.2.1 vorliegt, eine neue Ecke $\boldsymbol{x}^1$ mit $F(\boldsymbol{x}^1) < F(\boldsymbol{x}^0)$. Ist also eine Ausgangsecke $\boldsymbol{x}^0$ bekannt, so bekommt man mit Hilfe von Austauschschritten im Fall der Nichtentartung sukzessiv neue Ecken $\boldsymbol{x}^1, \boldsymbol{x}^2, \ldots$ mit $F(\boldsymbol{x}^0) > F(\boldsymbol{x}^1) > F(\boldsymbol{x}^2) > \cdots$. Da es nur endliche viele Ecken gibt, bricht das Verfahren nach endlich vielen Schritten mit einem der beiden folgenden Fälle ab:

(1) Für alle $l \in \mathcal{N}$ ist $\zeta_l \geq 0$. Nach Satz 1.2.3 ist dann eine optimale Lösung erreicht.
(2) Es existiert ein $l' \in \mathcal{N}$ mit $\zeta_{l'} < 0$ und $\gamma_{kl'} \leq 0$ für alle $k \in \mathcal{B}$. Nach Satz 1.2.2 hat dann (L) keine Lösung.

Wir geben jetzt noch an, wie man im Fall, daß das zu lösende lineare Optimierungsproblem die Form (L) mit $\boldsymbol{b} \geq \boldsymbol{0}$ hat, d.h.

$$\begin{array}{ll} \text{Min.} & \mathbf{c}^T\mathbf{x} \\ \text{u.d.N.} & \mathbf{A}\mathbf{x} \leq \boldsymbol{b} \quad \text{mit } \boldsymbol{b} \geq \boldsymbol{0} \\ & \mathbf{x} \geq \mathbf{0} \end{array}$$

mit $\mathbf{x} \in \mathbb{R}^q, \boldsymbol{b} \in \mathbb{R}^m, \mathbf{A} = (a_{ij})_{m,q}$, eine Anfangsecke erhält (vgl. hierzu das Beispiel in Abschnitt 1.2.1). [1] Zunächst führen wir die Aufgabe (L) wieder in die Standardform (L) mit

$$\boldsymbol{A} = (\mathbf{A}, \boldsymbol{I}), \quad \boldsymbol{x} = \begin{pmatrix} \mathbf{x} \\ \boldsymbol{y} \end{pmatrix}, \quad \boldsymbol{c} = \begin{pmatrix} \mathbf{c} \\ \boldsymbol{0} \end{pmatrix}$$

über. Dann ist durch $\boldsymbol{x}^0 := \begin{pmatrix} \mathbf{0} \\ \boldsymbol{b} \end{pmatrix}$, also $\mathbf{x}^0 = \mathbf{0}, \boldsymbol{y}^0 = \boldsymbol{b}$, eine Ausgangsecke gegeben. Die zu den Schlupfvariablen $y_1, \ldots, y_m$ gehörigen Spaltenvektoren von $\boldsymbol{A}$ sind die m Einheitsvektoren des $\mathbb{R}^m$, die linear unabhängig sind und somit eine Basis von $\boldsymbol{x}^0$ bilden.

1.2.4 Entartete Ecken

Den Fall entarteter Ecken haben wir bisher nicht vollständig untersucht. Dies soll im folgenden nachgeholt werden.

Sei $\boldsymbol{x}$ eine entartete Ecke mit der Basis $\{\boldsymbol{a}^k | k \in \mathcal{B}\}$. Dann gibt es (mindestens) ein $k \in \mathcal{B}$ mit $x_k = 0$. Es sind die folgenden Fälle möglich:

(1) Für alle $l \in \mathcal{N}$ ist $\zeta_l \geq 0$. Nach Satz 1.2.3 ist dann $\boldsymbol{x}$ optimale Lösung von (L).

(2) Es existiert ein $l' \in \mathcal{N}$ mit $\zeta_{l'} < 0$ und $\gamma_{kl'} \leq 0$ für alle $k \in \mathcal{B}$. Dann hat (L) nach Satz 1.2.2 keine Lösung.

(3) Es gibt Indizes $l \in \mathcal{N}$ mit $\zeta_l < 0$, und zu jedem derartigen l existiert (mindestens) ein $k \in \mathcal{B}$ mit $\gamma_{kl} > 0$. Dann kann für alle diese l nach (1.2.5) das zugehörige δ_l' berechnet werden, wobei $\delta_l' = 0$ möglich ist. Wir unterscheiden zwei Unterfälle:

  (3a) Es existiert ein $l' \in \mathcal{N}$ mit $\delta_{l'}' > 0$. Dann führt der zugehörige Austauschschritt (wobei $\boldsymbol{a}^{l'}$ neuer Basisvektor wird) zu einer neuen Ecke $\bar{\boldsymbol{x}}$ mit $F(\bar{\boldsymbol{x}}) < F(\boldsymbol{x})$.

[1] Die Bestimmung einer Anfangsecke für allgemeinere lineare Optimierungsprobleme werden wir in Abschnitt 1.5.4 behandeln.

(3b) Für alle $l \in \mathcal{N}$ ist $\delta_l' = 0$. Dann bewirkt ein Austauschschritt mit einem dieser l lediglich eine Änderung der Basis der bisherigen Ecke $\boldsymbol{x}$.

Tritt der Fall (3b) mehrmals hintereinander auf, so bleibt man in der Ecke $\boldsymbol{x}$ und ändert bei jedem Austauschschritt lediglich die Basis von $\boldsymbol{x}$. Es ist dann möglich, daß eine bereits zuvor erhaltene Basis erneut auftritt. In diesem Fall wiederholen sich anschließend die zwischen dem zweimaligen Auftreten dieser Basis durchgeführten Austauschschritte zyklisch, und man bleibt in der Ecke $\boldsymbol{x}$ hängen (man spricht dann vom **Kreisen** des Simplexverfahrens).

Der Fall des Kreisens des Simplexverfahrens tritt bei praktischen Problemen fast nie auf, so daß bei den meisten Software-Paketen, die das Simplexverfahren beinhalten, keine Vorsorge gegen eventuelles Kreisen getroffen wird. Es gibt jedoch eine relativ einfache Regel, die das Kreisen verhindert (vgl. Chvatal (1983), Kapitel 3):

Kleinste-Index-Regel von Bland: Wähle als Pivotspaltenindex l' und als Pivotzeilenindex k' jeweils den kleinstmöglichen Index, d.h.

$$
\begin{aligned}
l' &:= \min\{l \in \mathcal{N} | \zeta_l < 0\} \\
k' &:= \min\{\widehat{k} \in \mathcal{B} | \gamma_{\widehat{k}l'} > 0 \text{ und } \frac{x_{\widehat{k}}}{\gamma_{\widehat{k}l'}} \leq \frac{x_k}{\gamma_{kl'}} \text{ für alle } k \in \mathcal{B} \text{ mit } \gamma_{kl'} > 0\}\ .
\end{aligned}
$$

In der Praxis wählt man als Pivotspaltenindex l' meistens denjenigen Index l mit $\zeta_l < 0$, für den die „reduzierten Kosten“ ζ_l am kleinsten sind (wird das Minimum der $\zeta_l < 0$ für mehrere Indizes l angenommen, so wählt man unter ihnen etwa den kleinsten als l'). Man spricht in diesem Fall auch von der **Kleinste-Kosten-Regel**, obwohl diese Regel nicht notwendig die größtmögliche Verringerung $\zeta_l \bar{x}_l$ der tatsächlichen Kosten (vgl. (1.2.14)) bewirkt, da $\bar{x}_l$ erst nach der auf die Pivotspaltenwahl folgenden Bestimmung von δ' bekannt ist.

Um ein Kreisen des Simplexverfahrens zu vermeiden, muß die Kleinste-Index-Regel nicht in jedem Austauschschritt angewendet werden. Für die Endlichkeit des Simplexverfahrens genügt es, diese Regel dann zu benutzen, wenn die aktuelle Ecke $\boldsymbol{x}$ entartet ist (oder auch nur jeweils dann, wenn man eine vorgegebene Anzahl von Austauschschritten, z.B. 50, durchgeführt hat, ohne eine Ecke zu verlassen)[1].

[1] Numerische Erfahrungen haben gezeigt, daß bei Verwendung der Kleinsten-Index-Regel von Bland in jedem Austauschschritt die Anzahl der benötigten Austauschschritte meist erheblich größer als bei Benutzung der Kleinsten-Kosten-Regel ist. Man sollte deshalb in der Praxis die Kleinste-Index-Regel möglichst selten anwenden.

1.3 Das Simplextableau

Es empfiehlt sich, für jede im Verlaufe des Simplexverfahrens auftretende Ecke $\boldsymbol{x}$ mit einer Basis $\{\boldsymbol{a}^k | k \in \mathcal{B}\}$ ein Schema, das sogenannte Simplextableau, anzulegen, das alle für einen Austauschschritt erforderlichen Daten enthält. Ein Austauschschritt entspricht dann einem Übergang von einem Simplextableau zu einem neuen Tableau. Ein Simplextableau hat die in Tab. 1.3.1 angegebene prinzipielle Gestalt. Wir erinnern nochmals daran, daß $\gamma_{kj} = \delta_{kj}$ für $k, j \in \mathcal{B}, x_l = 0$ für $l \in \mathcal{N}$ und $\zeta_k = 0$ für $k \in \mathcal{B}$ ist. Die Aufnahme dieser Größen in das Simplextableau kann man sich also ersparen.

	② $l \in \mathcal{N}$		
① $k \in \mathcal{B}$	③ γ_{kl}	④ x_k	⑦ $\frac{x_k}{\gamma_{kl'}}$ mit $\gamma_{kl'} > 0$
	⑤ ζ_l	⑥ $-F(\boldsymbol{x})$	

Tab. 1.3.1

1.3.1 Durchführung eines Austauschschrittes

Man kann leicht zeigen, daß die Größen in den Feldern ④, ⑤ und ⑥ von Tab. 1.3.1 beim Übergang von einem Simplextableau zu einem neuen nach den gleichen Transformationsregeln (i) bis (iv) aus Abschnitt 1.2.2 umgeformt werden wie die Größen γ_{kl} in Feld ③ (vgl. Abschnitt 1.2.1). Ein Austauschschritt besteht dann aus folgenden Teilschritten:

Algorithmus 1.3.1 (Lineare Optimierung — Austauschschritt der Simplexmethode)

Schritt 1

Gilt $\zeta_l \geq 0$ für alle $l \in \mathcal{N}$, so ist die aktuelle Ecke $\boldsymbol{x}$ eine optimale Lösung von (L). Andernfalls wähle unter den negativen ζ_l in Feld ⑤ das kleinste (bzw. bei mehreren unter diesen dasjenige mit dem kleinsten Index) aus. Die zugehörige

Spalte (etwa die mit dem Index l') ist die **Pivotspalte**. *Ist $\boldsymbol{x}$ entartet (d.h. mindestens ein x_k in Feld ④ ist gleich 0), dann bestimme den Index l' gemäß der Kleinsten-Index-Regel.*

Schritt 2

Gilt $\gamma_{kl'} \leq 0$ für alle $k \in \mathcal{B}$ (d.h., die Pivotspalte enthält keine positiven Elemente), dann hat (L) keine optimale Lösung. Andernfalls berechne $\frac{x_k}{\gamma_{kl'}}$ für alle $k \in \mathcal{B}$ mit $\gamma_{kl'} > 0$ und trage diese Werte in Feld ⑦ ein.

Schritt 3

Wähle unter den Zahlen in Feld ⑦ die kleinste (bzw. bei mehreren kleinsten unter diesen diejenige mit dem kleinsten Index) aus. Die zugehörige Zeile (etwa die mit dem Index k') ist die **Pivotzeile**.

Schritt 4

Vertausche in den Feldern ① und ② die Indizes k' und l'.

Schritt 5

Forme die Felder ③ bis ⑥ nach den Transformationsregeln (i) bis (iv) aus Abschnitt 1.2.2 um:

(i)	*Pivotelement*	$a \to \frac{1}{a}$
(ii)	*Pivotzeile ohne Pivotelement*	$b \to \frac{b}{a}$
(iii)	*Pivotspalte ohne Pivotelement*	$c \to -\frac{c}{a} =: \bar{c}$
(iv)	*Übrige Elemente*	$d \to d - \frac{bc}{a} = d + b\bar{c}$

□

Bemerkungen.

(1) Zur leichteren Ausführung der Transformationsregel (iv) $d \to d + b\bar{c}$ bei der manuellen Rechnung kann man rechts neben Feld ⑦ eine zusätzliche **Hilfsspalte** anfügen, welche die neue (transformierte) Pivotspalte ohne das Pivotelement enthält. Dann ergibt sich das neue Element, indem man zu dem alten Element das Produkt aus den „zugehörigen" Elementen in Pivotzeile und Hilfsspalte addiert.

(2) Ist $\zeta_l \geq 0$ für alle $l \in \mathcal{N}$, d.h., eine optimale Lösung von (L) ist erreicht, und gilt für mindestens ein $l \in \mathcal{N}$ $\zeta_l = 0$, etwa für $l = l'$, so führt ein weiterer Austauschschritt mit der Pivotspalte mit dem Index l' zu einer anderen optimalen Basislösung (außer, wenn im Fall einer entarteten

Ecke $\boldsymbol{x}$ $x_k = 0$ für mindestens ein $k \in \mathcal{B}$ mit $\gamma_{kl'} > 0$ ist und man nur zu einer anderen Basis der Ecke $\boldsymbol{x}$ übergeht). Wir erinnern daran, daß bei mehreren optimalen Ecken auch das gesamte von diesen Ecken aufgespannte konvexe Polytop aus optimalen Lösungen besteht.

(3) Zur Abschätzung des Rechenaufwandes für einen Austauschschritt zählen wir die Multiplikationen (vernachlässigen also die Addition in Transformationsregel (iv) und die Berechnung und Minimierung der Elemente in Spalte ⑦). Zur Umformung der Felder ③ bis ⑥ sind $(m+1)(n-m+1)$ Multiplikationen erforderlich, der Rechenaufwand ist folglich von der Größenordnung $m(n-m)$. Enthalten die Felder ③ bis ⑥ viele Nullen, so ist der Rechenaufwand entsprechend geringer.

1.3.2 Aufstellung des Anfangstableaus

Für den Fall, daß das zugrunde liegende Optimierungsproblem die Form (L) mit $\boldsymbol{b} \geq \boldsymbol{0}$ hat, d.h.

$$(1.3.1) \qquad \begin{cases} \text{Min.} & \mathbf{c}^T\mathbf{x} \\ \text{u.d.N.} & \mathbf{A}\mathbf{x} \leq \boldsymbol{b} \quad \text{mit } \boldsymbol{b} \geq \boldsymbol{0} \\ & \mathbf{x} \geq \mathbf{0} \end{cases}$$

mit $\mathbf{x} \in \mathbb{R}^q$, $\boldsymbol{b} \in \mathbb{R}^m$, $\mathbf{A} = (a_{ij})_{m,q}$, wollen wir das Anfangs-Simplextableau aufstellen. Allgemeinere lineare Optimierungsaufgaben werden, wie bereits erwähnt, in Abschnitt 1.5.4 behandelt.

Nach Überführung in die Standardform (L) mit

$$\boldsymbol{A} = (\mathbf{A}, \boldsymbol{I}), \quad \boldsymbol{x} = \begin{pmatrix} \mathbf{x} \\ \boldsymbol{y} \end{pmatrix} = \begin{pmatrix} x_1 \\ \vdots \\ x_q \\ x_{q+1} \\ \vdots \\ x_n \end{pmatrix} \quad \text{mit } n = q + m\,, \ \boldsymbol{c} = \begin{pmatrix} \mathbf{c} \\ \boldsymbol{0} \end{pmatrix}$$

erhalten wir als Anfangsecke $\boldsymbol{x} = \begin{pmatrix} \boldsymbol{0} \\ \boldsymbol{b} \end{pmatrix}$, vgl. Abschnitt 1.2.3. Die m Einheitsvektoren des $\mathbb{R}^m$,

$$\boldsymbol{a}^{q+1} = (1, 0, \ldots, 0)^T, \ldots, \ \boldsymbol{a}^n = (0, \ldots, 0, 1)^T$$

bilden eine Basis der Anfangsecke $\boldsymbol{x}$, und es ist $\mathcal{B} = \{q+1, \ldots, n\}, \mathcal{N} = \{1, \ldots, q\}$. Ferner haben wir mit (1.2.2)

$$\boldsymbol{a}^j = \sum_{i=1}^{m} a_{ij} \boldsymbol{a}^{q+i} = \sum_{k \in \mathcal{B}} \gamma_{kj} \boldsymbol{a}^k = \sum_{i=1}^{m} \gamma_{q+i,j} \boldsymbol{a}^{q+i} \quad (j = 1, \ldots, n) \; .$$

In Feld ③ des Anfangstableaus müssen also die Elemente a_{ij} $(i = 1, \ldots, m, j = 1, \ldots, q)$ der Matrix $\mathbf{A}$ stehen. Feld ④ enthält die Werte der Basisvariablen $x_{q+1} = b_1, \ldots, x_{q+m} = b_m$. In Feld ⑥ steht $-F(\boldsymbol{x}) = 0$, in Feld ⑤ haben wir wegen (1.2.10)

$$\zeta_l = c_l - z_l = c_l - \sum_{k \in \mathcal{B}} \gamma_{kl} c_k \quad (l \in \mathcal{N})$$

und unter Beachtung von $c_k = 0$ für $k \in \mathcal{B}$ $\zeta_l = c_l$. Das Anfangstableau (ohne Zusatzfeld ⑦) hat also die in Tab. 1.3.2 angegebene Form.

	② 1	$\cdots$	q	
① $q+1$	③ a_{11}	$\cdots$	a_{1q}	④ b_1
$\vdots$	$\vdots$		$\vdots$	$\vdots$
$q+m$	a_{m1}	$\cdots$	a_{mq}	b_m
	⑤ c_1	$\cdots$	c_q	⑥ 0

Tab. 1.3.2

Wir bemerken noch, daß, falls für das Optimierungsproblem (L) $\boldsymbol{b} \geq \boldsymbol{0}$ und $\mathbf{c} \geq \mathbf{0}$ gilt, die Ausgangslösung $\mathbf{x} = \mathbf{0}$ bereits optimal ist.

1.3.3 Zahlenbeispiele

Als erstes Zahlenbeispiel betrachten wir nochmals das „Landwirtproblem“ aus Abschnitt 1.1.1. Das zugehörige lineare Optimierungsproblem (als Minimierungsproblem formuliert) hat die Form (1.3.1) und lautet

$$\begin{array}{ll} \text{Min.} & -x_1 - 3x_2 \\ \text{u.d.N.} & x_1 + 2x_2 \leq 110 \\ & x_1 + 4x_2 \leq 160 \\ & x_1 + x_2 \leq 100 \\ & \qquad x_1, x_2 \geq 0 \; . \end{array}$$

Das entsprechende Anfangstableau und die sich im Verlauf des Simplexverfahrens ergebenden weiteren Tableaus sind in Tab. 1.3.3, 1.3.4 und 1.3.5 angegeben. Pivotzeile und Pivotspalte sind dabei jeweils durch einen Stern gekennzeichnet, und das Pivotelement ist eingerahmt.

			*			Hilfsspalte
		1	2			↓
	3	1	2	110	55	$-\frac{1}{2}$
*	4	1	$\boxed{4}$	160	40	
	5	1	1	100	100	$-\frac{1}{4}$
		−1	−3	0		$\frac{3}{4}$

Tab. 1.3.3

		*				
		1	4			
*	3	$\boxed{\frac{1}{2}}$	$-\frac{1}{2}$	30	60	
	2	$\frac{1}{4}$	$\frac{1}{4}$	40	160	$-\frac{1}{2}$
	5	$\frac{3}{4}$	$-\frac{1}{4}$	60	80	$-\frac{3}{2}$
		$-\frac{1}{4}$	$\frac{3}{4}$	120		$\frac{1}{2}$

Tab. 1.3.4

	3	4		
1	2	−1	60	
2	$-\frac{1}{2}$	$\frac{1}{2}$	25	
5	$-\frac{3}{2}$	$\frac{1}{2}$	15	
	$\frac{1}{2}$	$\frac{1}{2}$	135	

Tab. 1.3.5

Da in Tab.1.3.5 in Feld (5) alle Elemente positiv sind, ist die optimale Lösung erreicht (Tab. 1.3.5 stellt also das **Endtableau** dar), und wir erhalten wie in den Abschnitten 1.1.1 und 1.2.1 $x_1^* = 60, x_2^* = 25$. Der optimale Zielfunktionswert beträgt beim Minimierungsproblem −135 und beim ursprünglichen Maximierungsproblem +135. Für die den ersten beiden Nebenbedingungen („verfügbare Geldmittel für den Anbau" und „verfügbare Arbeitstage") entsprechenden Schlupfvariablen gilt in der optimalen Lösung $x_3^* = x_4^* = 0$ (x_3 und x_4 sind Nichtbasisvariablen), d.h., die verfügbaren finanziellen Mittel und verfügbaren Arbeitstage werden voll ausgeschöpft. Für die der dritten Nebenbedingung („verfügbare Abbaufläche“) entsprechende Schlupfvariable haben wir $x_5^* = 15$, d.h., 15 ha bleiben brach liegen. Abb. 1.3.1 zeigt den zulässigen Bereich des Ausgangsproblems (L) im $\mathbb{R}^2$. Die den drei Tableaus entsprechenden Ecken $\mathbf{x}^0, \mathbf{x}^1, \mathbf{x}^2 = \mathbf{x}^*$ sind fett ausgezeichnet.

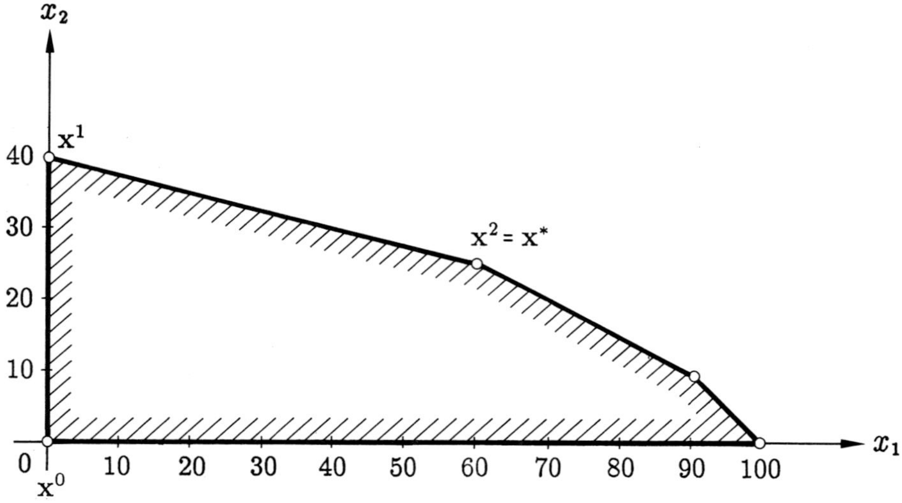

Abb. 1.3.1

Als zweites Beispiel soll das folgende Optimierungsproblem gelöst werden:

$$(1.3.2) \qquad \begin{cases} \text{Max.} & x_1 - x_2 \\ \text{u.d.N.} & x_1 + 2x_2 \leq 8 \\ & x_1 \geq 2 \\ & -x_1 + 2x_2 \geq -4 \\ & x_1, x_2 \geq 0 . \end{cases}$$

Diese Optimierungsaufgabe hat nicht die Form (L). Führen wir jedoch das Maximumproblem durch Multiplikation der Zielfunktion mit -1 in ein Minimumproblem über, multiplizieren die dritte Ungleichung mit -1 und führen eine neue Variable x_1' gemäß

$$x_1' = x_1 - 2 \text{ bzw. } x_1 = x_1' + 2$$

ein (dann wird aus der Nebenbedingung $x_1 \geq 2$ die „einfache“ Vorzeichenbeschränkung $x_1' \geq 0$), so erhält das Optimierungsproblem (1.3.2) die Form (1.3.1):

$$\begin{array}{ll} \text{Min.} & -x_1' + x_2 - 2 \\ \text{u.d.N.} & x_1' + 2x_2 \leq 6 \\ & x_1' - 2x_2 \leq 2 \\ & x_1' \geq 0,\ x_2 \geq 0\ . \end{array}$$

Wir beachten noch, daß wir die additive Konstante -2 in der Zielfunktion bei der Lösung der Optimierungsaufgabe nicht zu berücksichtigen brauchen. Die sich beim Simplexverfahren ergebenden drei Tableaus sind in Tab. 1.3.6, 1.3.7 und 1.3.8 angegeben.

		*				
		$1'$	2			
	3	1	2	6	6	-1
*	4	[1]	-2	2	2	
		-1	1	0		1

Tab. 1.3.6

			*			
		4	2			
*	3	-1	[4]	4	1	
	$1'$	1	-2	2		$\frac{1}{2}$
		1	-1	2		$\frac{1}{4}$

Tab. 1.3.7

	4	3		
2	$-\frac{1}{4}$	$\frac{1}{4}$	1	
$1'$	$\frac{1}{2}$	$\frac{1}{2}$	4	
	$\frac{3}{4}$	$\frac{1}{4}$	3	

Tab. 1.3.8

Wir erhalten $x_1'^* = 4$ bzw. $x_1^* = 6$ und $x_2^* = 1$. Der optimale Zielfunktionswert ist (nach Addition der Konstanten -2) für das Minimierungsproblem gleich -5 und damit für das ursprüngliche Maximierungsproblem gleich 5. Abb. 1.3.2 zeigt den zulässigen Bereich des Ausgangsproblems (1.3.2) und die den drei Tableaus entsprechenden Ecken $\mathbf{x}^0, \mathbf{x}^1, \mathbf{x}^2 = \mathbf{x}^*$.

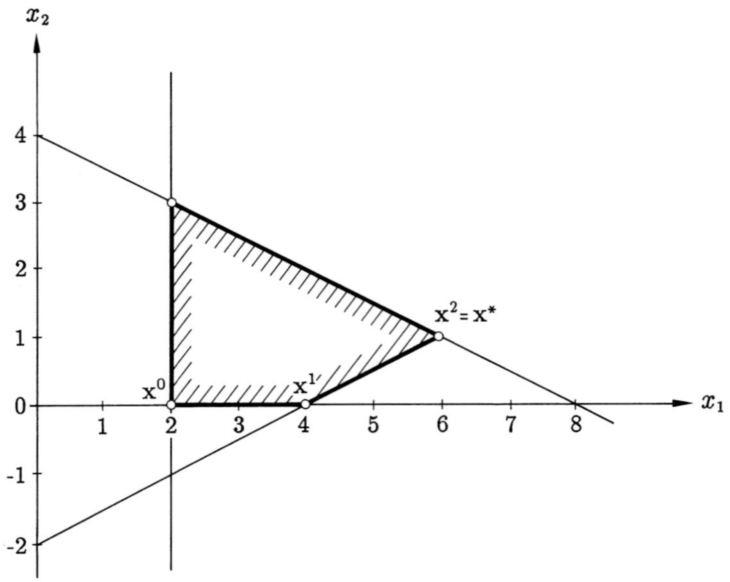

Abb. 1.3.2

1.4 Dualität

1.4.1 Duale lineare Optimierungsprobleme

Jedem linearen Optimierungsproblem P kann ein sogenanntes duales lineares Optimierungsproblem $\bar{P}$ zugeordnet werden, wobei das wiederum $\bar{P}$ zugeordnete duale Problem $\bar{\bar{P}}$ mit P übereinstimmt. Man kann also von **zueinander dualen** Problemen sprechen. Die Lösungseigenschaften zueinander dualer linearer Optimierungsaufgaben sind im Operations Research von großer Bedeutung, z.B. für die Herleitung der dualen Simplexmethode (vgl. Abschnitt 1.5.3), für die Bestimmung optimaler Strategien in der Spieltheorie (vgl. Abschnitt 1.8), für das Maximalfluß-Minimalschnitt-Theorem für Flüsse in Netzwerken (vgl. Abschnitt 2.6.1) und in der Kostenplanung im Rahmen der Netzplantechnik (vgl. Abschnitt 2.10.3). Eine ökonomische Interpretation dualer linearer Optimierungsprobleme werden wir in Abschnitt 1.4.3 betrachten.

Bezeichnen wir das Ausgangsproblem P als **primales Problem**, so ergibt sich das **duale Problem** $\bar{P}$ gemäß den in Tab. 1.4.1 zusammengestellten Regeln (wobei wir unter einer „echten“ Nebenbedingung eine Restriktion vom

Typ $\sum_j a_{ij}x_j \leq b_i$ oder $= b_i$ oder $\geq b_i$, also keine Vorzeichenbeschränkung einer Variablen, verstehen).

Primales Problem P	Duales Problem $\bar{P}$
Minimumproblem	Maximumproblem
Maximumproblem	Minimumproblem
Variable	echte Nebenbedingung
Vorzeichenbeschränkte Variable	Ungleichung ($\geq$ beim Minimumproblem, $\leq$ beim Maximumproblem)
Nicht vorzeichenbeschränkte Variable	Gleichung
Koeffizienten der Variablen in der Zielfunktion	Rechte Seite der echten Nebenbedingung
Echte Nebenbedingung	Variable
Ungleichung ($\geq$ beim Minimumproblem, $\leq$ beim Maximumproblem)	Vorzeichenbeschränkte Variable
Gleichung	Nicht vorzeichenbeschränkte Variable
Rechte Seite der echten Nebenbedingung	Koeffizienten der Variablen in der Zielfunktion
Koeffizientenmatrix	Transponierte der Koeffizientenmatrix

Tab. 1.4.1

Wir betrachten zwei Beispiele. Das zu dem linearen Optimierungsproblem in Standardform

$$(L) \qquad \begin{cases} \text{Min.} \quad F(\boldsymbol{x}) := \boldsymbol{c}^T\boldsymbol{x} \\ \text{u.d.N.} \quad \boldsymbol{A}\boldsymbol{x} = \boldsymbol{b} \\ \qquad\qquad \boldsymbol{x} \geq \boldsymbol{0} \\ \qquad\qquad \boldsymbol{x} \in \mathbb{R}^n \end{cases}$$

duale Problem hat die Gestalt

$$(\bar{L}) \qquad \begin{cases} \text{Max.} \quad G(\boldsymbol{u}) := \boldsymbol{b}^T\boldsymbol{u} \\ \text{u.d.N.} \quad \boldsymbol{A}^T\boldsymbol{u} \leq \boldsymbol{c} \\ \qquad\qquad \boldsymbol{u} \in \mathbb{R}^m\,. \end{cases}$$

Es ist zu beachten, daß die Variablen $u_1, \ldots, u_m$ im dualen Problem $(\bar{L})$, die auch **Dualvariablen** genannt werden, nicht vorzeichenbeschränkt sind. Die Nebenbedingung $\boldsymbol{A}^T\boldsymbol{u} \leq \boldsymbol{c}$ lautet ausführlich

$$\sum_{i=1}^{m} a_{ij}u_i \leq c_j \quad (j = 1, \ldots, n) .$$

Für das lineare Optimierungsproblem, das sich von (L) dadurch unterscheidet, daß die Nebenbedingung $\mathbf{Ax} \leq \boldsymbol{b}$ durch $\mathbf{Ax} \geq \boldsymbol{b}$ ersetzt ist,

$$(\mathrm{L}') \qquad \begin{cases} \text{Min.} \quad \mathrm{F}(\mathbf{x}) := \mathbf{c}^T\mathbf{x} \\ \text{u.d.N.} \quad \mathbf{Ax} \geq \boldsymbol{b} \\ \qquad\qquad \mathbf{x} \geq \mathbf{0} \\ \qquad\qquad \mathbf{x} \in \mathbb{R}^q , \end{cases}$$

hat das duale Problem die folgende Form:

$$(\bar{\mathrm{L}}') \qquad \begin{cases} \text{Max.} \quad \mathrm{G}(\boldsymbol{u}) := \boldsymbol{b}^T\boldsymbol{u} \\ \text{u.d.N.} \quad \mathbf{A}^T\boldsymbol{u} \leq \mathbf{c} \\ \qquad\qquad \boldsymbol{u} \geq \boldsymbol{0} \\ \qquad\qquad \boldsymbol{u} \in \mathbb{R}^m . \end{cases}$$

Wir führen nun einige Sätze an, die wir der Einfachheit halber nur für die zueinander dualen Probleme (L) und $(\bar{L})$ formulieren, die aber für jedes Paar dualer Probleme P und $\bar{P}$ gelten.

Satz 1.4.1. *Sind $\boldsymbol{x}$ eine zulässige Lösung von (L) und $\boldsymbol{u}$ eine zulässige Lösung von $(\bar{L})$, so gilt $F(\boldsymbol{x}) \geq G(\boldsymbol{u})$.*

Beweis. Da $\boldsymbol{u}$ zulässige Lösung von $(\bar{L})$ ist, haben wir $\boldsymbol{A}^T\boldsymbol{u} \leq \boldsymbol{c}$ oder $\boldsymbol{c}^T \geq \boldsymbol{u}^T\boldsymbol{A}$. Mit $\boldsymbol{x} \geq \boldsymbol{0}$ und $\boldsymbol{Ax} = \boldsymbol{b}$ folgt dann

$$F(\boldsymbol{x}) = \boldsymbol{c}^T\boldsymbol{x} \geq \boldsymbol{u}^T\boldsymbol{Ax} = \boldsymbol{u}^T\boldsymbol{b} = G(\boldsymbol{u}) .$$

□

Der folgende Satz macht eine Aussage über die Lösbarkeit dualer linearer Optimierungsprobleme.

Satz 1.4.2. *Ist die Zielfunktion F auf dem nichtleeren zulässigen Bereich M von (L) nicht nach unten beschränkt, so ist der zulässige Bereich $\bar{M}$ von $(\bar{L})$ leer. Ist andererseits G auf $\bar{M} \neq \emptyset$ nicht nach oben beschränkt, dann ist $M = \emptyset$.*

Beweis. Wir nehmen an, daß $(\bar{L})$ eine zulässige Lösung $\boldsymbol{u}$ habe. Ist F auf M nicht nach unten beschränkt, dann gibt es eine zulässige Lösung $\boldsymbol{x}$ von (L) mit $F(\boldsymbol{x}) < G(\boldsymbol{u})$. Dies ist jedoch ein Widerspruch zur Aussage von Satz 1.4.1. Analog beweist man den zweiten Teil von Satz 1.4.2.

□

In den folgenden beiden Sätzen wird der Zusammenhang zwischen optimalen Lösungen des primalen und des dualen linearen Optimierungsproblems untersucht.

Satz 1.4.3 (Dualitätstheorem der linearen Optimierung). *Haben beide Probleme (L) und $(\bar{L})$ zulässige Lösungen, so besitzen beide Probleme auch optimale Lösungen, und die optimalen Zielfunktionswerte von (L) und $(\bar{L})$ sind gleich.*

Der Beweis von Satz 1.4.3 ist etwas umfangreicher und sei hier weggelassen (vgl. z.B. NEUMANN (1975a), Abschnitt 4.1). Weiter zitieren wir den folgenden wichtigen

Satz 1.4.4. *Eine zulässige Lösung $\boldsymbol{x} = (x_1, \ldots, x_n)^T$ von (L) ist genau dann optimal, wenn eine zulässige Lösung $\boldsymbol{u} = (u_1, \ldots, u_m)^T$ von $(\bar{L})$ existiert, für die gilt*

$$\left.\begin{aligned} x_j > 0 \ \text{ impliziert } \sum_{i=1}^{m} a_{ij} u_i = c_j \\ \sum_{i=1}^{m} a_{ij} u_i < c_j \ \text{ impliziert } x_j = 0 \end{aligned}\right\} (1 \leq j \leq n) \; .$$

$\boldsymbol{u}$ ist dann auch optimale Lösung von $(\bar{L})$. Entsprechendes gilt, wenn man von $(\bar{L})$ statt von (L) ausgeht.

Zum Beweis vgl. wieder NEUMANN (1975a), Abschnitt 4.1. Mit Hilfe der in Satz 1.4.4 erhaltenen Aussage, daß (L) genau dann eine optimale Lösung besitzt, wenn auch $(\bar{L})$ eine optimale Lösung hat, ergibt sich folgende Umkehrung der Aussage von Satz 1.4.2:

Satz 1.4.5. *Gilt $\bar{M} = \emptyset$, so ist F auf $M \neq \emptyset$ nicht nach unten beschränkt. Gilt $M = \emptyset$, dann ist G auf $\bar{M} \neq \emptyset$ nicht nach oben beschränkt.*

Beweis. Wir nehmen an, daß F auf $M \neq \emptyset$ nach unten beschränkt sei. Dann besitzt (L) und folglich auch $(\bar{L})$ eine optimale Lösung im Widerspruch zu $\bar{M} = \emptyset$. Analog zeigt man den zweiten Teil des Satzes.

□

Eine Folgerung der Sätze 1.4.3 und 1.4.4, die wir sowohl für die dualen Probleme (L) und $(\bar{L})$ als auch für (L') und $(\bar{\mathrm{L}}')$ formulieren, ist

Satz 1.4.6. *$\boldsymbol{x}^*$ und $\boldsymbol{u}^*$ sind genau dann optimale Lösungen von (L) und ($\bar{L}$), wenn $\boldsymbol{x}^*$ und $\boldsymbol{u}^*$ zulässige Lösungen sind und die sogenannten* ***Optimalitätsbedingungen***

$$x_j^* \left(\sum_{i=1}^{m} a_{ij} u_i^* - c_j \right) = 0 \quad (j = 1, \ldots, n) \tag{1.4.1}$$

gelten. $\mathbf{x}^*$ *und* $\boldsymbol{u}^*$ *sind genau dann optimale Lösungen von* (L') *und* ($\bar{\mathrm{L}}'$)*, wenn* $\mathbf{x}^*$ *und* $\boldsymbol{u}^*$ *zulässige Lösungen sind und die Optimalitätsbedingungen*

$$x_j^* \left(\sum_{i=1}^{m} a_{ij} u_i^* - c_j \right) = 0 \quad (j = 1, \ldots, q) \tag{1.4.2}$$

$$u_i^* \left(\sum_{j=1}^{q} a_{ij} x_j^* - b_i \right) = 0 \quad (i = 1, \ldots, m) \tag{1.4.3}$$

gelten.

Die Optimalitätsbedingungen (1.4.2) und (1.4.3) besagen folgendes: Es gilt

$$\sum_{i=1}^{m} a_{ij} u_i^* = c_j \ , \quad \text{falls } x_j^* > 0 \tag{1.4.4}$$

ist, d.h., wenn die j-te Vorzeichenbeschränkung von (L') „Schlupf“ hat. Weiter haben wir

$$u_i^* = 0 \ , \quad \text{falls } \sum_{j=1}^{q} a_{ij} x_j^* > b_i \tag{1.4.5}$$

ist, also wenn die i-te echte Nebenbedingung von (L') Schlupf hat. Ebenso gilt das duale Analogon

$$\sum_{j=1}^{q} a_{ij} x_j^* = b_i \ , \quad \text{falls } u_i^* > 0 \tag{1.4.6}$$

$$x_j^* = 0 \ , \quad \text{falls } \sum_{i=1}^{m} a_{ij} u_i^* < c_j \ . \tag{1.4.7}$$

Die Beziehungen (1.4.4) bis (1.4.7), die in entsprechender Form für jedes Paar dualer linearer Optimierungsprobleme gelten, können auch wie folgt formuliert werden:

Satz 1.4.7 (Satz vom komplementären Schlupf). *Ist eine Nebenbedingung vom Typ $\leq$ oder $\geq$ (Vorzeichenbedingungen eingeschlossen) eines linearen Optimierungsproblems für eine optimale Lösung mit dem Ungleichungszeichen ($<$ bzw. $>$) erfüllt, d.h., die Nebenbedingung hat Schlupf, dann ist die* *zugeordnete Nebenbedingung für eine optimale Lösung des dualen Problems mit dem Gleichheitszeichen erfüllt, hat also keinen Schlupf.*

1.4.2 Anwendungen der Dualität

Zunächst erwähnen wir eine Anwendung von Satz 1.4.1, die es erlaubt, den optimalen Zielfunktionswert F^* von (L) einzuschließen, wenn zulässige Lösungen $\boldsymbol{x}$ und $\boldsymbol{u}$ von (L) und $(\bar{L})$ bekannt sind: Es gilt

$$G(\boldsymbol{u}) \le F^* \le F(\boldsymbol{x}) \ .$$

Ist eine optimale Lösung von (L) mit Hilfe des Simplexverfahrens bestimmt worden, so läßt sich eine optimale Lösung von $(\bar{L})$ durch Lösen eines linearen Gleichungssystems ermitteln (was erheblich weniger Rechenaufwand als die Lösung eines entsprechenden linearen Optimierungsproblems erfordert) und umgekehrt. Dies kann z.B. ausgenutzt werden, wenn eines von zwei zueinander dualen linearen Optimierungsproblemen wesentlich einfacher als das andere zu lösen ist oder wenn, wie etwa in der Spieltheorie, optimale Lösungen beider dualen Optimierungsprobleme benötigt werden (vgl. Abschnitt 1.8.5).

Seien hierzu $\boldsymbol{x}^*$ eine nichtentartete optimale Lösung von (L) und $\boldsymbol{B}^* := (\boldsymbol{a}^k)_{k\in\mathcal{B}^*}$ die (eindeutig festgelegte) zugehörige Basismatrix. Wegen $x_k^* > 0$ für alle $k \in \mathcal{B}^*$ liefern dann die Optimalitätsbedingungen (1.4.1) das lineare Gleichungssystem

$$\sum_{i=1}^{m} a_{ik}u_i^* = c_k \quad (k \in \mathcal{B}^*) \ , \tag{1.4.8}$$

dessen eindeutige Lösung $\boldsymbol{u}^*$ eine optimale Lösung von $(\bar{L})$ ist. Die Koeffizientenmatrix des Gleichungssystems (1.4.8) ist $\boldsymbol{B}^{*T}$. Der optimalen Lösung $\boldsymbol{x}^*$ von (L) ist also die optimale Lösung $\boldsymbol{u}^*$ mit $\boldsymbol{B}^{*T}\boldsymbol{u}^* = \boldsymbol{c}_{B^*}$ $(\boldsymbol{c}_{B^*} := (c_k)_{k\in\mathcal{B}^*})$ „zugeordnet“. Insbesondere ergibt sich, daß $(\bar{L})$ genau eine optimale Lösung hat, wenn (L) genau eine nichtentartete optimale Lösung besitzt.

Das Gleichungssystem (1.4.8) hat eine sehr einfache Gestalt, wenn das ursprünglich zu lösende Optimierungsproblem vom Typ (L) mit $\boldsymbol{b} \ge \boldsymbol{0}$ ist:

$$\begin{array}{ll} \text{Min.} & \mathbf{c}^T\mathbf{x} \\ \text{u.d.N.} & \mathbf{Ax} \le \boldsymbol{b} \quad \text{mit } \boldsymbol{b} \ge \boldsymbol{0} \\ & \mathbf{x} \ge \mathbf{0} \ . \end{array}$$

Die Überführung in Standardform ergibt

$$\boldsymbol{A} = (\mathbf{A}, \boldsymbol{I}) = (\boldsymbol{a}^1, \ldots, \boldsymbol{a}^q, \boldsymbol{a}^{q+1}, \ldots, \boldsymbol{a}^{q+m}), \ \boldsymbol{c} = \begin{pmatrix} \mathbf{c} \\ \boldsymbol{0} \end{pmatrix} \ .$$

$\boldsymbol{a}^{q+i}$ ist der i-te Einheitsvektor des $\mathbb{R}^m$ und läßt sich als Linearkombination der Basisvektoren $\boldsymbol{a}^k$ $(k \in \mathcal{B}^*)$ schreiben (vgl. (1.2.2)):

$$\boldsymbol{a}^{q+i} = \sum_{k \in \mathcal{B}^*} \gamma_{k,q+i} \boldsymbol{a}^k \quad (i = 1, \ldots, m)$$

oder in kürzerer Form

$$\boldsymbol{I} = \widehat{\boldsymbol{\Gamma}}^T \boldsymbol{B}^{*T} ,$$

wobei $\widehat{\boldsymbol{\Gamma}}$ die $m \times m$-Matrix mit den Elementen $\gamma_{k,q+i}$ $(k \in \mathcal{B}^*, i = 1, \ldots, m)$[1] und $\boldsymbol{B}^{*T}$ die Koeffizientenmatrix des linearen Gleichungssystems (1.4.8) sind. Wegen

(1.4.9) $$\boldsymbol{u}^* = (\boldsymbol{B}^{*T})^{-1} \boldsymbol{c}_{B^*}$$

und $\boldsymbol{B}^{*-1} = \widehat{\boldsymbol{\Gamma}}$ ist

(1.4.10) $$u_i^* = \sum_{k \in \mathcal{B}^*} \gamma_{k,q+i} c_k \quad (i = 1, \ldots, m) .$$

Aus

$$\zeta_j = c_j - \sum_{k \in \mathcal{B}^*} \gamma_{kj} c_k \quad (j = 1, \ldots, n)$$

(vgl. (1.2.11)) und $c_{q+i} = 0 \quad (i = 1, \ldots, m)$ folgt

$$\zeta_{q+i} = - \sum_{k \in \mathcal{B}^*} \gamma_{k,q+i} c_k \quad (i = 1, \ldots, m)$$

und zusammen mit (1.4.10)

(1.4.11) $$u_i^* = -\zeta_{q+i} \quad (i = 1, \ldots, m) .$$

Bisher haben wir vorausgesetzt, daß $\boldsymbol{b} \geq \boldsymbol{0}$ sei. Man überlegt sich leicht, daß, falls in (L) für ein i $b_i < 0$ ist, $u_i^* = \zeta_{q+i}$ gilt. Die Größen ζ_{q+i} mit $q + i \in \mathcal{N}^*$ sind aus Feld ⑤ des Endtableaus des Simplexverfahrens (zur Lösung von (L) bzw. des entsprechenden Problems in Standardform (L)) zu entnehmen. Für $q + i \in \mathcal{B}^*$ gilt $\zeta_{q+i} = 0$.

Wir wollen jetzt noch das duale lineare Optimierungsproblem zu der Aufgabe (L) angeben. (L) in Standardform lautet

$$\begin{aligned} &\text{Min. } \boldsymbol{c}^T \boldsymbol{x} \\ &\text{u.d.N. } \boldsymbol{A}\boldsymbol{x} = \boldsymbol{b} \quad \text{mit } \boldsymbol{A} = (\mathbf{A}, \boldsymbol{I}),\ \boldsymbol{c} = \begin{pmatrix} \mathbf{c} \\ \boldsymbol{0} \end{pmatrix} \\ &\boldsymbol{x} \geq \boldsymbol{0} . \end{aligned}$$

[1] Die Matrix $\widehat{\boldsymbol{\Gamma}}$ ist nicht mit der $m \times (n-m)$-Matrix $\boldsymbol{\Gamma}^*$ mit den Elementen γ_{kl} $(k \in \mathcal{B}^*, l \in \mathcal{N}^*)$ zu verwechseln.

Das duale Problem hierzu ist

$$\begin{array}{ll}\text{Max.} & \boldsymbol{b}^T\boldsymbol{u} \\ \text{u.d.N.} & \boldsymbol{A}^T\boldsymbol{u} \le \boldsymbol{c}\,.\end{array}$$

Die Nebenbedingung $\boldsymbol{A}^T\boldsymbol{u} \le \boldsymbol{c}$ besagt

$$\begin{pmatrix}\mathbf{A}^T \\ \boldsymbol{I}\end{pmatrix}\boldsymbol{u} \le \begin{pmatrix}\mathbf{c} \\ \boldsymbol{0}\end{pmatrix}$$

oder

$$\begin{aligned}\mathbf{A}^T\boldsymbol{u} &\le \mathbf{c} \\ \boldsymbol{u} &\le \boldsymbol{0}\,.\end{aligned}$$

Führen wir den Variablenvektor $\boldsymbol{v} := -\boldsymbol{u}$ ein, dann erhält das zu (L) duale Problem ($\bar{\text{L}}$) die Form

$$(1.4.12) \qquad \left\{\begin{array}{ll}\text{Min.} & \boldsymbol{b}^T\boldsymbol{v} \\ \text{u.d.N.} & \mathbf{A}^T\boldsymbol{v} \ge -\mathbf{c} \\ & \boldsymbol{v} \ge \boldsymbol{0}\,.\end{array}\right.$$

Wegen $v_i^* = -u_i^*$ haben wir anstelle von (1.4.11) jetzt

$$(1.4.13) \qquad v_i^* = \left\{\begin{array}{ll}\zeta_{q+i}\,, & \text{falls } b_i \ge 0 \\ -\zeta_{q+i}\,, & \text{falls } b_i < 0\end{array}\right. \quad (1 \le i \le m)\,.$$

Als Beispiel betrachten wir wieder das Landwirtproblem aus Abschnitt 1.1.1:

$$\begin{array}{lrl}\text{Min.} & -x_1 - 3x_2 & \\ \text{u.d.N.} & x_1 + 2x_2 & \le 110 \\ & x_1 + 4x_2 & \le 160 \\ & x_1 + \ x_2 & \le 100 \\ & x_1, x_2 & \ge 0\,.\end{array}$$

Wir haben $m = 3$ und $q = 2$. Das duale Problem lautet

$$\begin{array}{lrrrl}\text{Min.} & 110v_1 + & 160v_2 + & 100v_3 & \\ \text{u.d.N.} & v_1 + & v_2 + & v_3 & \ge 1 \\ & 2v_1 + & 4v_2 + & v_3 & \ge 3 \\ & & & v_1, v_2, v_3 & \ge 0\,.\end{array}$$

Aus Feld ⑤ des Endtableaus des primalen Problems (Tab. 1.3.5) lesen wir ab:

$$\zeta_3 = \frac{1}{2}\,,\ \zeta_4 = \frac{1}{2}\,,\ \zeta_1 = \zeta_2 = \zeta_5 = 0\,.$$

(1.4.13) liefert dann die optimale Lösung des dualen Problems

$$v_1^* = \zeta_3 = \frac{1}{2}\,,\ v_2^* = \zeta_4 = \frac{1}{2}\,,\ v_3^* = \zeta_5 = 0\,.$$

1.4.3 Ökonomische Interpretation der Dualität

Wir gehen von der als Maximumproblem formulierten Optimierungsaufgabe (L) mit $\mathbf{c}$ durch $-\mathbf{g}$ ersetzt als primalem Problem aus:

$$(1.4.14)\qquad \begin{cases} \text{Max.} & \mathrm{G}(\mathbf{x}) := \mathbf{g}^T\mathbf{x} \\ \text{u.d.N.} & \mathbf{A}\mathbf{x} \leq \boldsymbol{b} \\ & \mathbf{x} \geq \mathbf{0} \\ & \mathbf{x} \in \mathbb{R}^q\,. \end{cases}$$

Diese Aufgabe entspricht dem Produktionsproblem aus Abschnitt 1.1.1 (unter Vernachlässigung der additiven Fixkosten): Ein Unternehmen stellt unter Einsatz von m Rohstoffen oder allgemeiner Produktionsfaktoren $\mathrm{R}_1, \ldots, \mathrm{R}_m$ (von denen nur die Mengen $b_1, \ldots, b_m$ zur Verfügung stehen) q Produkte $\mathrm{P}_1, \ldots, \mathrm{P}_q$ her. Zur Herstellung einer Mengeneinheit (ME) von P_j sind a_{ij} ME von R_i erforderlich. x_j sei die Anzahl der von P_j produzierten ME, und eine ME von P_j erziele einen Gewinn bzw. Deckungsbeitrag von g_j. Das zu (1.4.14) duale Problem lautet (vgl. (1.4.12))

$$(1.4.15)\qquad \begin{cases} \text{Min.} & \mathrm{F}(\boldsymbol{v}) := \boldsymbol{b}^T\boldsymbol{v} \\ \text{u.d.N.} & \mathbf{A}^T\boldsymbol{v} \geq \mathbf{g} \\ & \boldsymbol{v} \geq \boldsymbol{0} \\ & \boldsymbol{v} \in \mathbb{R}^m\,. \end{cases}$$

Wir nehmen an, daß das primale Problem (1.4.14) genau eine nichtentartete Lösung besitze. Dann ist nach Abschnitt 1.4.2 auch das duale Problem (1.4.15) eindeutig lösbar, und es gilt für die optimalen Lösungen $\mathbf{x}^*$ und $\boldsymbol{v}^*$ $\mathrm{G}(\mathbf{x}^*) = \mathrm{F}(\boldsymbol{v}^*)$.

Wir denken uns nun die vom Produktionsfaktor R_i verfügbare Menge b_i um eine ME erhöht ($\widehat{b_i} = b_i + 1$) und nehmen an, daß die optimale Lösung $\widehat{\mathbf{x}}^*$ des entsprechend modifiziertem Problems (1.4.14) die gleiche Basis wie $\mathbf{x}^*$ besitze (Bedingungen hierfür liefert die sogenannte Sensitivitätsanalyse, vgl. Abschnitt 1.6.2 oder NEUMANN (1975a), Abschnitt 6.3). Dann gilt wegen der Gleichheit der optimalen Zielfunktionswerte

$$\sum_{\mu=1}^{m} b_\mu v_\mu^* + v_i^* = \mathbf{g}^T\mathbf{x}^* + v_i^*\ ,$$

d.h., der Gesamtgewinn des Unternehmens hat sich um v_i^* erhöht. v_i^* kann folglich als der „Wert“ einer ME des Produktionsfaktors R_i bei optimaler Produktionsplanung oder als „Preis“, den das Unternehmen für eine ME von R_i zu zahlen bereit ist, interpretiert werden. Die Größen $v_1^*, \ldots, v_m^*$ werden deshalb auch als **Schattenpreise** der Produktionsfaktoren $\mathrm{R}_1, \ldots, \mathrm{R}_m$ bezeichnet. In der Betriebswirtschaftslehre sind statt Schattenpreis v_i^* auch die Bezeichnungen **Opportunitätskosten** oder **Knappheitskosten** (des knappen Gutes R_i) üblich.

Die Schattenpreise der Produktionsfaktoren sind abhängig von den gegebenen Daten $\boldsymbol{b}$, $\mathbf{g}$ und $\mathbf{A}$. Die Aufgabenstellung des dualen Problems (1.4.15) besagt dann, daß die Gesamtopportunitätskosten aller Faktoren, $\boldsymbol{b}^T\boldsymbol{v}$, möglichst klein sein sollen unter der Nebenbedingung, daß die Schattenpreise nichtnegativ sind und die Opportunitätskosten der zur Herstellung eines Produktes erforderlichen Faktoren mindestens gleich dem durch die Produktion dieses Gutes erzielten Gewinn sind. Bei optimaler Produktionsplanung ist der Gesamtgewinn der produzierten Güter gleich den Gesamtopportunitätskosten der Produktionsfaktoren.

Wir wollen nun die Optimalitätsbedingungen

$$x_j^* \left(\sum_{i=1}^{m} a_{ij} v_i^* - g_j \right) = 0 \quad (j = 1, \ldots, q)$$

$$v_i^* \left(\sum_{j=1}^{q} a_{ij} x_j^* - b_i \right) = 0 \quad (i = 1, \ldots, m)$$

und damit den Satz vom komplementären Schlupf für die zueinander dualen Probleme (1.4.14) und (1.4.15) interpretieren. Wird die verfügbare Menge des Faktors R_i nicht ausgenutzt, d.h.

$$\sum_{j=1}^{q} a_{ij} x_j^* < b_i \ ,$$

so bringt eine Erhöhung der von R_i verfügbaren Menge keinen zusätzlichen Gewinn, der Schattenpreis von R_i ist also gleich 0: $v_i^* = 0$. Gilt $v_i^* > 0$, dann ist der Faktor R_i knapp, wird also bei optimaler Planung vollständig verbraucht:

$$\sum_{j=1}^{q} a_{ij} x_j^* = b_i \ .$$

Die Ungleichung

$$\sum_{i=1}^{m} a_{ij} v_i^* > g_j$$

bedeutet, daß die Opportunitätskosten der zur Produktion des Gutes P_j erforderlichen Produktionsfaktoren größer als der dabei erzielte Gewinn sind, d.h., die Produktion von P_j ist nicht rentabel, und wir haben $x_j^* = 0$. Ist $x_j^* > 0$, d.h., das Gut P_j wird hergestellt, dann sind die Opportunitätskosten der für P_j benötigten Produktionsfaktoren gleich dem dabei erzielten Gewinn:

$$\sum_{i=1}^{m} a_{ij} v_i^* = g_j \ .$$

Wir betrachten als Beispiel erneut das Landwirtproblem. Der Produktionsfaktor „Anbaufläche“ wird nicht voll ausgenutzt (15 ha Land bleiben bei der optimalen Lösung brach liegen). Damit ist der Schattenpreis dieses Faktors gleich 0: $v_3^* = 0$. Die Schattenpreise der beiden anderen Faktoren „Geldmittel“ und „Arbeitstage“ sind positiv ($v_1^* = v_2^* = \frac{1}{2}$), vgl. Abschnitt 1.4.2, und somit sind beide Faktoren knapp.

1.5 Modifikationen des Standardproblems und Sonderformen des Simplexverfahrens

In diesem Abschnitt sollen zunächst einige Sonderfälle linearer Optimierungsprobleme betrachtet werden, die bisher nicht untersucht worden sind, wie das Auftreten nicht vorzeichenbeschränkter Variablen oder unterer und oberer Grenzen gewisser Variablen. Danach werden wir eine Version des Simplexverfahrens skizzieren, die in einem gewissen Sinne dual zu der in den Abschnitten 1.2 und 1.3 beschriebenen „gewöhnlichen“ Simplexmethode ist und deshalb duale Simplexmethode genannt wird. Weiter werden wir mit der sogenannten Dreiphasenmethode eine Fassung des Simplexverfahrens behandeln, die allgemeine lineare Optimierungsprobleme (mit Gleichungen und Ungleichungen als Nebenbedingungen) löst. Abschließend wird mit der revidierten Simplexmethode eine Version des Simplexverfahrens betrachtet, die insbesondere bei der Lösung großer linearer Optimierungsprobleme mit „dünn besetzter“ Koeffizientenmatrix der gewöhnlichen Simplexmethode rechentechnisch überlegen ist.

1.5.1 Variablen ohne Vorzeichenbeschränkung

In der Praxis treten manchmal lineare Optimierungsprobleme auf, bei denen für einige oder alle Variablen keine Vorzeichenbeschränkung vorgeschrieben ist. Zum Beispiel sind beim dualen Problem $(\bar{L})$ des Standardproblems (L) der linearen Optimierung sämtliche Variablen nicht vorzeichenbeschränkt.

Wir betrachten nun die folgende Optimierungsaufgabe

$$\begin{array}{ll} \text{Min.} & \boldsymbol{c}^T\boldsymbol{x} \\ \text{u.d.N.} & \boldsymbol{A}\boldsymbol{x} = \boldsymbol{b} \\ & x_\varrho \geq 0 \quad (\varrho = 1, \ldots, r < n) \\ & x_\sigma \quad \text{nicht vorzeichenbeschränkt } (\sigma = r+1, \ldots, n)\,. \end{array}$$

Wir führen eine zusätzliche Variable x'_{n+1} ein und nehmen die Variablentransformation

$$x'_\sigma = x_\sigma + x'_{n+1} \quad (\sigma = r+1, \ldots, n)$$

vor, wobei die neuen Variablen $x'_{r+1}, \ldots, x'_{n+1}$ sämtlich vorzeichenbeschränkt seien. Die neuen Variablen haben folgende anschauliche Bedeutung: $-x'_{n+1}$ ist jeweils der Wert der kleinsten negativen Variablen unter den Variablen $x_{r+1}, \ldots, x_n$, und x'_σ ist der Betrag, um den x_σ diesen Wert übersteigt ($\sigma = r+1, \ldots, n$). Haben wir in einem Zahlenbeispiel mit $n = 5$ und $r = 2$ etwa

$$x_3 = -3\,, \quad x_4 = 2\,, \quad x_5 = -5\,,$$

dann ist

$$x'_6 = 5\,, \quad x'_3 = 2\,, \quad x'_4 = 7\,, \quad x'_5 = 0\,.$$

Nach der obigen Variablentransformation erhält die Nebenbedingung $\mathbf{Ax} = \boldsymbol{b}$ oder $\sum_{j=1}^n x_j \boldsymbol{a}^j = \boldsymbol{b}$ die Gestalt

$$\sum_{\varrho=1}^r x_\varrho \boldsymbol{a}^\varrho + \sum_{\sigma=r+1}^n x'_\sigma \boldsymbol{a}^\sigma + x'_{n+1} \cdot \left(\sum_{\sigma=r+1}^n -\boldsymbol{a}^\sigma \right) = \boldsymbol{b}\,.$$

Die neue Koeffizientenmatrix

$$\boldsymbol{A}' = (\boldsymbol{A}, \boldsymbol{a}^{n+1}) = (\boldsymbol{a}^1, \ldots, \boldsymbol{a}^n, \boldsymbol{a}^{n+1}) \quad \text{mit } \boldsymbol{a}^{n+1} := -\sum_{\sigma=r+1}^n \boldsymbol{a}^\sigma$$

besitzt also eine Spalte mehr als $\boldsymbol{A}$. Die Spaltenvektoren $\boldsymbol{a}^{r+1}, \ldots, \boldsymbol{a}^n, \boldsymbol{a}^{n+1}$ von $\boldsymbol{A}'$ sind stets linear abhängig, können also niemals zugleich zu einer Basis gehören. Deshalb sind höchstens $n-r$ der $n-r+1$ Variablen $x'_{r+1}, \ldots, x'_n, x'_{n+1}$ positiv und die übrigen haben den Wert 0.

Als Beispiel wollen wir das folgende Optimierungsproblem lösen:

$$\begin{array}{ll} \text{Min.} & -2x_1 + x_2 \\ \text{u.d.N.} & x_1 + x_2 \le 4 \\ & -x_1 + x_2 \le 2 \\ & \phantom{-x_1 + {}} x_1 \ge 0 \\ & \phantom{-x_1 + {}} x_2 \quad \text{nicht vorzeichenbeschränkt}\,. \end{array}$$

Nach Einführung der Variablen x'_2, x'_3 gemäß

$$x'_2 = x_2 + x'_3$$

erhalten wir die Optimierungsaufgabe

$$\begin{array}{ll} \text{Min.} & -2x_1 + x'_2 - x'_3 \\ \text{u.d.N.} & x_1 + x'_2 - x'_3 \le 4 \\ & -x_1 + x'_2 - x'_3 \le 2 \\ & x_1, x'_2, x'_3 \ge 0\,. \end{array}$$

Die bei der Lösung dieses Problems erhaltenen Simplextableaus sind in Tab. 1.5.1 und Tab. 1.5.2 angegeben.

		*					
		1	2′	3′			
*	4	[1]	1	−1	4	4	
	5	−1	1	−1	2		1
		−2	1	−1	0		2

Tab. 1.5.1

			*		
	4	2′	3′		
1	1	1	−1	4	
5	1	2	−2	6	
	2	3	−3	8	

Tab. 1.5.2

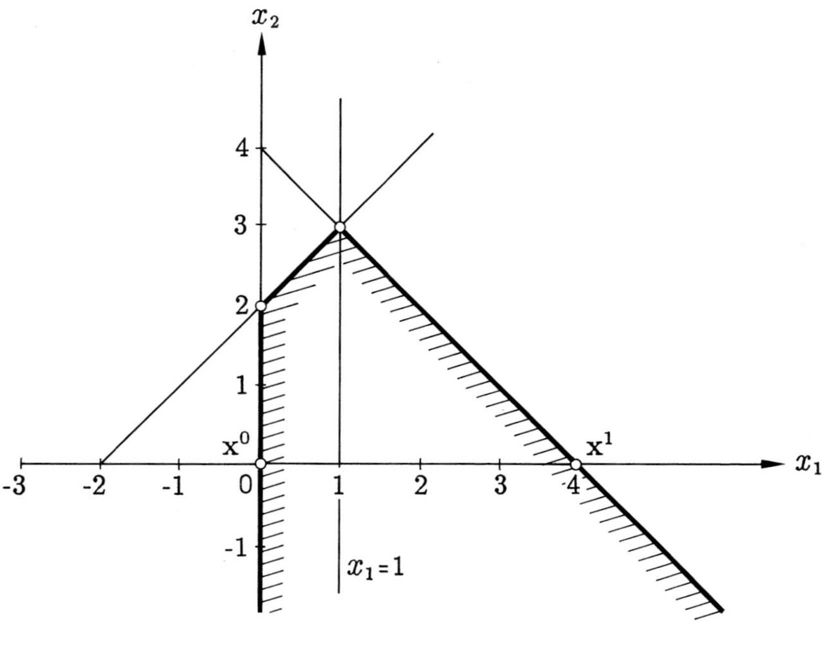

Abb. 1.5.1

Alle Elemente der Pivotspalte in Tab. 1.5.2 sind negativ, es existiert also keine optimale Lösung. Abb. 1.5.1 zeigt den zulässigen Bereich und die den beiden Tableaus entsprechenden „Zwischenlösungen" $\mathbf{x}^0, \mathbf{x}^1$. Wir sehen, daß bei linearen Optimierungsproblemen mit Variablen ohne Vorzeichenbeschränkung die zulässigen Basislösungen nicht mehr notwendig Ecken des zulässigen Bereiches sind. Außerdem stellen wir fest, daß die Zielfunktion unseres Optimierungsproblems auf dem zulässigen Bereich nicht nach unten beschränkt ist;

z.B. nimmt die Zielfunktion auf der Geraden $x_1 = 1$ für fallendes x_2 immer kleinere Werte an.

1.5.2 Untere und obere Grenzen für einzelne Variablen

In der Praxis treten oft lineare Optimierungsprobleme auf, bei denen einige Variablen nach unten (abgesehen von Vorzeichenbeschränkungen) oder nach oben begrenzt sind. Dies ist etwa der Fall, wenn in der Produktionsplanung Mindestmengen bestimmter Güter durch Lieferverpflichtungen oder Höchstmengen durch Kapazitätsbeschränkungen festgelegt sind.

Zuerst betrachten wir den Fall **unterer Grenzen** für gewisse Variablen. Wir gehen wieder vom Standardproblem (L) aus, wobei neben $\boldsymbol{Ax} = \boldsymbol{b}$ und den Vorzeichenbeschränkungen

$$x_j \geq 0 \quad (j = 1, \ldots, n)$$

jetzt zusätzlich die Restriktionen

$$x_\varrho \geq \alpha_\varrho \text{ mit } \alpha_\varrho > 0 \quad (\varrho = 1, \ldots, r \leq n) \tag{1.5.1}$$

vorgegeben seien. Eine Restriktion $x_\varrho \geq \alpha_\varrho$ mit $\alpha_\varrho \leq 0$ bedeutet wegen $x_\varrho \geq 0$ keine Einschränkung. Wie wir bereits an Hand des zweiten Beispiels in Abschnitt 1.3.3 gesehen haben, gehen durch Einführung neuer Variablen $x_\varrho^{'}$ gemäß

$$x_\varrho^{'} = x_\varrho - \alpha_\varrho \quad (\varrho = 1, \ldots, r)$$

die Restriktionen (1.5.1) in die Vorzeichenbeschränkungen

$$x_\varrho^{'} \geq 0 \quad (\varrho = 1, \ldots, r)$$

über, d.h. wir erhalten wieder ein Problem vom Standardtyp (L).

Der Fall, daß **obere Grenzen** für gewisse Variablen vorgegeben sind, ist etwas schwieriger zu behandeln. Seien beim Standardproblem (L) neben $\boldsymbol{Ax} = \boldsymbol{b}$ und $x_j \geq 0 \quad (j = 1, \ldots, n)$ zusätzlich die Beschränkungen

$$x_\varrho \leq \beta_\varrho \text{ mit } \beta_\varrho > 0 \quad (\varrho = 1, \ldots, r \leq n) \tag{1.5.2}$$

vorgeschrieben. Eine Variablentransformation

$$x_\varrho^{'} := -x_\varrho + \beta_\varrho \quad (\varrho = 1, \ldots, r)$$

führt zwar die Restriktionen (1.5.2) in die Vorzeichenbeschränkungen $x_\varrho^{'} \geq 0$ über, liefert aber die $x_\varrho \geq 0$ entsprechenden Nebenbedingungen

$$-x_\varrho^{'} + \beta_\varrho \geq 0 \quad \text{oder} \quad \mathrm{x}_\varrho^{'} \leq \beta_\varrho \quad (\varrho = 1, \ldots, r)\,,$$

d.h., wir haben nichts gewonnen.

Im folgenden werden wir eine modifizierte Version der Simplexmethode angeben, die es erlaubt, das Minimumproblem

$$(1.5.3)\qquad \begin{cases} \text{Min.} & F(\boldsymbol{x}) := \boldsymbol{c}^T\boldsymbol{x} \\ \text{u.d.N.} & \boldsymbol{A}\boldsymbol{x} = \boldsymbol{b} \\ & \boldsymbol{\alpha} \le \boldsymbol{x} \le \boldsymbol{\beta} \end{cases}$$

mit unteren und oberen Grenzen für die Variablen zu lösen. Dabei seien wie bisher $\boldsymbol{c}, \boldsymbol{x} \in \mathbb{R}^n$, $\boldsymbol{b} \in \mathbb{R}^m$ und $\boldsymbol{A}$ eine reelle $m \times n$-Matrix mit $\operatorname{rg}\boldsymbol{A} = m < n$. Bei den n-dimensionalen Vektoren $\boldsymbol{\alpha}$ und $\boldsymbol{\beta}$ lassen wir auch zu, daß einige Komponenten $-\infty$ bzw. $+\infty$ sind. $\alpha_j = -\infty$ bedeutet, daß die Variable x_j nicht nach unten beschränkt ist, $\beta_j = \infty$ besagt, daß x_j nicht nach oben beschränkt ist, und $\alpha_j = 0$ impliziert die Vorzeichenbeschränkung $x_j \ge 0$. Für das Rechnen mit ∞ und $-\infty$ vereinbaren wir die üblichen Rechenregeln

$$\left.\begin{aligned} a + \infty = \infty + a &= \infty \\ a - \infty = -\infty + a &= -\infty \\ -\infty < a &< \infty \end{aligned}\right\} \text{ für } a \in \mathbb{R}$$

$$\left.\begin{aligned} \infty \cdot a = a \cdot \infty &= \infty \\ (-\infty) \cdot a = a \cdot (-\infty) &= -\infty \end{aligned}\right\} \text{ für } a \in \mathbb{R}, a \ne 0\ .$$

Wir nennen eine Variable x_j **nach unten (nach oben) beschränkt**, wenn $\alpha_j > -\infty$ $(\beta_j < \infty)$ ist. Eine nach unten und oben beschränkte Variable heißt **beidseitig beschränkt**. Eine Lösung $\boldsymbol{x}$ des Gleichungssystems $\boldsymbol{A}\boldsymbol{x} = \boldsymbol{b}$ mit $\boldsymbol{\alpha} \le \boldsymbol{x} \le \boldsymbol{\beta}$ wird wieder **zulässige Basislösung** von (1.5.3) genannt, wenn $\boldsymbol{x}$ sich bis auf die Reihenfolge der Komponenten in der Form $\boldsymbol{x} = \begin{pmatrix} \boldsymbol{x}_B \\ \boldsymbol{x}_N \end{pmatrix}$ schreiben läßt mit $\boldsymbol{x}_B = (x_k)_{k\in\mathcal{B}}$ (Vektor der **Basisvariablen** x_k) und $\boldsymbol{x}_N = (x_l)_{l\in\mathcal{N}}$ (Vektor der **Nichtbasisvariablen** x_l), so daß gilt

(i) $|\mathcal{B}| = m$ und damit $|\mathcal{N}| = n - m$

(ii) Die zu den Basisvariablen x_k gehörenden Spaltenvektoren $\boldsymbol{a}^k$ von $\boldsymbol{A}$ $(k \in \mathcal{B})$ sind linear unabhängig

(iii) Der Wert einer jeden Nichtbasisvariablen x_l ist gleich

α_l, wenn x_l (nur) nach unten beschränkt ist
β_l, wenn x_l (nur) nach oben beschränkt ist
α_l oder β_l, wenn x_l beidseitig beschränkt ist.

$\mathcal{B}$ heißt **Basisindexmenge** und $\mathcal{N}$ **Nichtbasisindexmenge**, die $m \times m$-Teilmatrix $\boldsymbol{B} := (\boldsymbol{a}^k)_{k\in\mathcal{B}}$ von $\boldsymbol{A}$ **Basismatrix** und die $m \times (n-m)$-Matrix $\boldsymbol{N} := (\boldsymbol{a}^l)_{l\in\mathcal{N}}$ **Nichtbasismatrix** der zulässigen Basislösung $\boldsymbol{x}$. Die zulässigen Basislösungen stellen wieder Ecken des zulässigen Bereiches M von (1.5.3) dar, und es gilt in Analogie zu Satz 1.1.5

Satz 1.5.1. *Besitzt (1.5.3) eine optimale Lösung, dann ist (mindestens) eine zulässige Basislösung von (1.5.3) optimale Lösung.*

Wir beschreiben im folgenden den Ablauf eines Austauschschrittes, ausgehend von einer zulässigen Basislösung $\boldsymbol{x}$ mit der Basisindexmenge $\mathcal{B}$ und der Nichtbasisindexmenge $\mathcal{N}$. Zusätzlich benötigen wir noch die Indexmengen

$$\begin{aligned} \mathcal{B}^- &:= \{k \in \mathcal{B} | x_k \text{ nach unten beschränkt}\} \\ \mathcal{B}^+ &:= \{k \in \mathcal{B} | x_k \text{ nach oben beschränkt}\} \; . \end{aligned}$$

Bevor wir die Modifikationen der Simplexmethode zur Lösung des Problems (1.5.3) mit unteren und oberen Grenzen schildern, wollen wir nochmals an das gewöhnliche Simplexverfahren für das Standardproblem (L) erinnern. Hierbei wählt man, um eine neue zulässige Basislösung $\bar{\boldsymbol{x}}$ mit $F(\bar{\boldsymbol{x}}) < F(\boldsymbol{x})$ zu erhalten, wegen

$$F(\tilde{\boldsymbol{x}}) = F(\boldsymbol{x}) + \sum_{l \in \mathcal{N}} \zeta_l \tilde{x}_l \quad \text{für alle } \tilde{\boldsymbol{x}} \in M \tag{1.5.4}$$

(vgl. (1.2.12)) einen Index $l' \in \mathcal{N}$ mit $\zeta_{l'} < 0$ aus und betrachtet den Strahl $S := \{\tilde{\boldsymbol{x}} \in \mathrm{I\!R}^n | \tilde{\boldsymbol{x}} = \boldsymbol{x}(\delta),\ \delta \geq 0\}$, wobei der durch (1.2.3) festgelegte Vektor $\boldsymbol{x}(\delta)$ hier noch einmal angegeben sei:

$$\left\{ \begin{aligned} x_k(\delta) &:= x_k - \delta\gamma_{kl'} \quad (k \in \mathcal{B}) \\ x_{l'}(\delta) &:= \delta \\ x_l(\delta) &:= 0 \quad (l \in \mathcal{N},\ l \neq l') \; . \end{aligned} \right. \tag{1.5.5}$$

Man läßt also den Wert der Nichtbasisvariablen $x_{l'}$ (die neue Basisvariable wird) von $x_{l'} = 0$ an wachsen, bis zum ersten Mal eine Basisvariable den Wert 0 erreicht (diese Basisvariable, etwa $x_{k'}$, wird neue Nichtbasisvariable). Das größte $\delta \geq 0$ mit

$$x_k - \delta\gamma_{kl'} \geq 0 \quad \text{für alle } k \in \mathcal{B} \text{ mit } \gamma_{kl'} > 0 \; ,$$

etwa δ', liefert dann die neue zulässige Basislösung $\bar{\boldsymbol{x}} := \boldsymbol{x}(\delta')$.

Die Änderung des Zielfunktionswertes beim Standardproblem (L), wenn der Wert der Nichtbasisvariablen $x_{l'}$ von $x_{l'} = 0$ an wächst (und alle übrigen Nichtbasisvariablen unverändert bleiben), ist durch

$$F(\tilde{\boldsymbol{x}}) = F(\boldsymbol{x}) + \zeta_{l'} \tilde{x}_{l'} \quad (\tilde{\boldsymbol{x}} \in M) \tag{1.5.6}$$

gegeben. Beim Optimierungsproblem (1.5.3) mit unteren und oberen Grenzen tritt an die Stelle von (1.5.6) die Beziehung

$$\text{(1.5.7)}\quad F(\tilde{\boldsymbol{x}}) = F(\boldsymbol{x}) + \begin{cases} \zeta_{l'}(\tilde{x}_{l'} - \alpha_{l'})\,, & \text{falls } x_{l'} = \alpha_{l'} \\ \zeta_{l'}(\tilde{x}_{l'} - \beta_{l'})\,, & \text{falls } x_{l'} = \beta_{l'} \end{cases} \qquad (\tilde{\boldsymbol{x}} \in M)\,.$$

Man kann also beim Optimierungsproblem (1.5.3) wieder einen Index $l' \in \mathcal{N}$ mit $\zeta_{l'} < 0$ auswählen, wenn $x_{l'} = \alpha_{l'}$ ist, und den Wert der Nichtbasisvariablen $x_{l'}$ wachsen lassen, um den Zielfunktionswert zu verkleinern (**Fall a**). Nach (1.5.7) kann man jedoch auch einen Index $l' \in \mathcal{N}$ mit $\zeta_{l'} > 0$ wählen, wenn $x_{l'} = \beta_{l'}$ ist, und den Wert der Nichtbasisvariablen $x_{l'}$ verringern (**Fall b**). Bei der Prüfung, wie weit man (bei der Suche nach einer Basisvariablen x_k , die neue Nichtbasisvariable wird) den Wert von $x_{l'}$ vergrößern (in Fall a) bzw. verkleinern (in Fall b) kann, sind jetzt drei Möglichkeiten zu beachten:

(α) Eine Basisvariable x_k kann ihre untere Grenze α_k erreichen

(β) Eine Basisvariable x_k kann ihre obere Grenze β_k erreichen

(γ) Die Nichtbasisvariable $x_{l'}$ kann ihre obere Grenze $\beta_{l'}$ (in Fall a) oder ihre untere Grenze $\alpha_{l'}$ (in Fall b) erreichen.

Wir betrachten zunächst **Fall a**. (1.5.5) ist jetzt durch

$$\text{(1.5.8)}\qquad \begin{cases} x_k(\delta) := x_k - \delta\gamma_{kl'} \quad (k \in \mathcal{B}) \\ x_{l'}(\delta) := x_{l'} + \delta \\ x_l(\delta) := x_l \quad (l \in \mathcal{N},\ l \neq l') \end{cases}$$

zu ersetzen. Die neue zulässige Basislösung ist wieder $\bar{\boldsymbol{x}} := \boldsymbol{x}(\delta')$, wobei δ' das größte $\delta \geq 0$ ist, das den folgenden Bedingungen genügt:

$$\text{(1.5.9)}\qquad x_k(\delta) := x_k - \delta\gamma_{kl'} \geq \alpha_k \quad \text{für alle } k \in \mathcal{B}^- \text{ mit } \gamma_{kl'} > 0$$

$$\text{(1.5.10)}\qquad x_k(\delta) := x_k - \delta\gamma_{kl'} \leq \beta_k \quad \text{für alle } k \in \mathcal{B}^+ \text{ mit } \gamma_{kl'} < 0$$

$$\text{(1.5.11)}\qquad x_{l'}(\delta) := x_{l'} + \delta \leq \beta_{l'}\,.$$

Gilt in (1.5.9) für $k = k'$ das Gleichheitszeichen, d.h., wir haben $\delta' = \dfrac{x_{k'} - \alpha_{k'}}{\gamma_{k'l'}}$, so muß wegen $\bar{x}_{l'} = x_{l'} + \delta'$ in Feld ④ des Simplextableaus $x_{k'}$ durch $x_{k'} - \alpha_{k'}$ ersetzt werden, bevor gemäß Transformationsregel (ii) aus Abschnitt 1.2.2 durch das Pivotelement $\gamma_{k'l'}$ dividiert wird. Nach der Transformation ist zum Wert der neuen Basisvariablen noch $x_{l'}$ zu addieren. Gilt in (1.5.10) für $k = k'$ das Gleichheitszeichen, d.h., es ist $\delta' = \dfrac{x_{k'} - \beta_{k'}}{\gamma_{k'l'}}$, dann muß vor der Transformation des Simplextableaus $x_{k'}$ durch $x_{k'} - \beta_{k'}$ ersetzt werden, und nach der Transformation ist zum Wert der neuen Basisvariablen wieder $x_{l'}$ zu addieren. Gilt schließlich in (1.5.11) das Gleichheitszeichen, d.h. $\delta' = \beta_{l'} - x_{l'}$, so ist kein Austauschschritt möglich. In diesem Fall erhält die Nichtbasisvariable $x_{l'}$ den Wert $\beta_{l'}$, und die Werte der Basisvariablen x_k $(k \in \mathcal{B})$ sind um $\delta'\gamma_{kl'}$ zu verringern und der Zielfunktionswert um $\delta'\zeta_{l'}$ zu erhöhen.

Im **Fall b** verkleinern wir den Wert der Nichtbasisvariablen $x_{l'}$, d.h., $\boldsymbol{x}(\delta')$ ist nicht durch (1.5.8), sondern gemäß

$$\begin{aligned} x_k(\delta) &:= x_k + \delta\gamma_{kl'} \quad (k \in \mathcal{B}) \\ x_{l'}(\delta) &:= x_{l'} - \delta \\ x_l(\delta) &:= x_l \quad (l \in \mathcal{N},\ l \neq l') \end{aligned}$$

festgelegt. δ' ist dann das größte $\delta \geq 0$ mit

$$\begin{aligned} x_k + \delta\gamma_{kl'} &\geq \alpha_k \quad \text{für alle } k \in \mathcal{B}^- \text{ mit } \gamma_{kl'} < 0 \\ x_k + \delta\gamma_{kl'} &\leq \beta_k \quad \text{für alle } k \in \mathcal{B}^+ \text{ mit } \gamma_{kl'} > 0 \\ x_{l'} - \delta &\geq \alpha_{l'} \ . \end{aligned}$$

Um die Werte der Nichtbasisvariablen in der aktuellen zulässigen Basislösung $\boldsymbol{x}$ anzugeben, markieren wir im Simplextableau eine nach unten beschränkte Nichtbasisvariable x_l, für die $x_l = \alpha_l$ gilt, mit „$-$" und eine nach oben beschränkte Nichtbasisvariable x_l, für die $x_l = \beta_l$ ist, mit „$+$".

Wir geben nun noch einmal den Ablauf eines Austauschschrittes an. Wir legen wieder das Simplextableau von Tab. 1.3.1 (ohne Feld ⑦) zugrunde, wobei die Nichtbasisvariablen x_l bzw. die Indizes $l \in \mathcal{N}$ gegebenenfalls mit $-$ oder $+$ markiert sind. Zur Auswahl des Pivotspaltenindex l' und Pivotzeilenindex k' benutzen wir die Kleinste-Index-Regel und vermeiden damit ein Kreisen des Simplexverfahrens.

Algorithmus 1.5.1 (Lineare Optimierung — Austauschschritt der Simplexmethode mit unteren und oberen Schranken)

Schritt 1

Wähle für l' den kleinsten Index $l \in \mathcal{N}$, für den in Feld ⑤ gilt

$\zeta_l < 0$, falls l nicht mit $+$ markiert ist (Fall a)

$\zeta_l > 0$, falls l nicht mit $-$ markiert ist (Fall b).

Die Spalte mit dem Index l' ist dann die Pivotspalte. Gibt es kein solches l' (d.h., es ist für alle mit $+$ markierten $l \in \mathcal{N}$ $\zeta_l \leq 0$ und für alle mit $-$ markierten $l \in \mathcal{N}$ $\zeta_l \geq 0$), dann ist die aktuelle zulässige Basislösung $\boldsymbol{x}$ eine optimale Lösung von (1.5.3).

Schritt 2

Berechne

$$\delta' := \begin{cases} \min(\delta_1, \delta_2, \beta_{l'} - x_{l'}), & \textit{falls für } l' \textit{ Fall a zutrifft} \\ \min(\delta_1, \delta_2, x_{l'} - \alpha_{l'}), & \textit{falls für } l' \textit{ Fall b zutrifft} \end{cases}$$

mit

$$\delta_1 := \begin{cases} \min\limits_{\substack{k \in \mathcal{B}^- \\ \gamma_{kl'} > 0}} \dfrac{x_k - \alpha_k}{\gamma_{kl'}} & \text{für Fall a} \\ \min\limits_{\substack{k \in \mathcal{B}^- \\ \gamma_{kl'} < 0}} \dfrac{\alpha_k - x_k}{\gamma_{kl'}} & \text{für Fall b} \end{cases} \tag{1.5.12}$$

$$\delta_2 := \begin{cases} \min\limits_{\substack{k \in \mathcal{B}^+ \\ \gamma_{kl'} < 0}} \dfrac{x_k - \beta_k}{\gamma_{kl'}} & \text{für Fall a} \\ \min\limits_{\substack{k \in \mathcal{B}^+ \\ \gamma_{kl'} > 0}} \dfrac{\beta_k - x_k}{\gamma_{kl'}} & \text{für Fall b} \end{cases} \tag{1.5.13}$$

Dabei setzen wir $\min_{k\in\emptyset} p_k := \infty$.

Schritt 3

Ist $\delta' = \infty$, *dann hat (1.5.3) keine optimale Lösung.*
Gilt in Fall a $\delta' = \beta_{l'} - x_{l'}$, *so ist kein Austauschschritt nötig. Markiere* l' *mit* $+$, *verringere die Werte* x_k $(k \in \mathcal{B})$ *in Feld* ④ *um* $\delta'\gamma_{kl'}$ *und den Wert in Feld* ⑥ *um* $\delta'\zeta_{l'}$ *und gehe zu Schritt 1.*
Gilt in Fall b $\delta' = x_{l'} - \alpha_{l'}$, *dann ist kein Austauschschritt nötig. Markiere* l' *mit* $-$, *erhöhe die Werte* x_k $(k \in \mathcal{B})$ *in Feld* ④ *um* $\delta'\gamma_{kl'}$ *und den Wert in Feld* ⑥ *um* $\delta'\zeta_{l'}$ *und gehe zu Schritt 1.*
Wähle für k' *den kleinsten Index* $k \in \mathcal{B}$, *für den in (1.5.12) oder (1.5.13) das Minimum* δ' *angenommen wird. Die Zeile mit dem Index* k' *ist dann die Pivotzeile. Gilt* $\delta' = \delta_1$ *und damit* $k' \in \mathcal{B}^-$, *so markiere* k' *mit* $-$ *und ersetze in Feld* ④ $x_{k'}$ *durch* $x_{k'} - \alpha_{k'}$. *Ist* $\delta' = \delta_2$ *und damit* $k' \in \mathcal{B}^+$, *so markiere* k' *mit* $+$ *und ersetze in Feld* ④ $x_{k'}$ *durch* $x_{k'} - \beta_{k'}$.

Schritt 4

Vertausche in den Feldern ① *und* ② *die Indizes* k' *und* l' *(dabei wird die Markierung von* k' *nach Feld* ① *übertragen).*

Schritt 5

Forme die Felder ③ *bis* ⑥ *nach den Transformationsregeln (i) bis (iv) aus Abschnitt 1.2.2 um. Addiere zum Wert der neuen Basisvariablen* $x_{l'}$ *(nach der Transformation) den Wert der entsprechenden Nichtbasisvariablen* $x_{l'}$ *vor der Transformation.*

□

Für ein Zahlenbeispiel betrachten wir das Optimierungsproblem

$$\begin{aligned} \text{Max.} \quad & 4x_1 + x_2 \\ \text{u.d.N.} \quad & 2x_1 + x_2 \le 9 \\ & -2x_1 + x_2 \le 1 \\ & x_1 \le 3 \\ & 1 \le x_2 \le 5 \ . \end{aligned}$$

Ersetzen wir die Maximierungsbedingung durch die entsprechende Minimierungsbedingung und führen wir die Schlupfvariablen x_3 und x_4 ein, so bekommen wir das Minimumproblem

$$\begin{aligned} \text{Min.} \quad & -4x_1 - x_2 \\ \text{u.d.N.} \quad & 2x_1 + x_2 + x_3 = 9 \\ & -2x_1 + x_2 + x_4 = 1 \\ & x_1 \le 3 \\ & 1 \le x_2 \le 5 \\ & x_3 \ge 0 \\ & x_4 \ge 0 \ . \end{aligned}$$

Die unteren und oberen Grenzen α_j bzw. β_j der einzelnen Variablen x_j sind in Tab. 1.5.3 nochmals aufgelistet. Abb. 1.5.2 zeigt den zulässigen Bereich des ursprünglichen Maximumproblems (mit den Variablen x_1 und x_2).

j	α_j	β_j
1	$-\infty$	3
2	1	5
3	0	∞
4	0	∞

Tab. 1.5.3

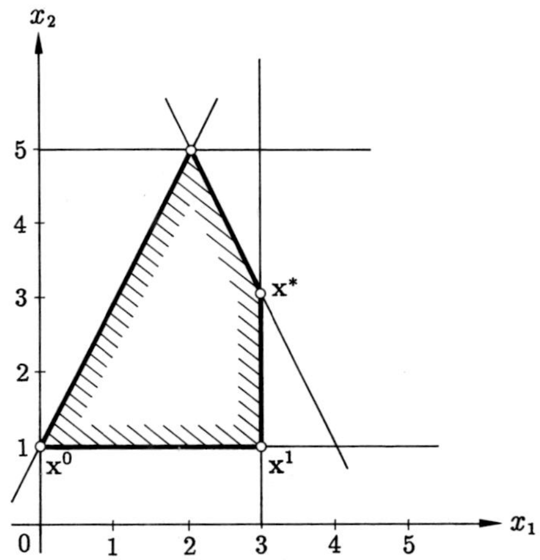

Abb. 1.5.2

Abb. 1.5.2 entnehmen wir, daß durch $\boldsymbol{x}^0 = (0, 1, 8, 0)^T$ eine zulässige Basislösung gegeben ist (die Nichtbasisvariable x_2 hat also den Wert 1 ihrer unteren Grenze); der zugehörige Zielfunktionswert ist -1. Das entsprechende Anfangstableau zeigt Tab. 1.5.4. Für dieses Tableau liegt Fall a vor (mit $l' = 1$). Mit $\mathcal{B}^- = \{3, 4\}$ und $\mathcal{B}^+ = \emptyset$ erhalten wir $\delta_1 = 4$, $\delta_2 = \infty$, $\beta_1 - x_1 = 3$ und folglich $\delta' = 3$. Es kann kein Austauschschritt durchgeführt werden. Das in den Feldern ④ und ⑥ umgerechnete Tableau ist in Tab. 1.5.5 gegeben. Für das neue Tableau liegt wieder Fall a vor (mit $l' = 2$). Wir haben weiterhin $\mathcal{B}^- = \{3, 4\}$ und $\mathcal{B}^+ = \emptyset$ und bekommen $\delta_1 = 2$, $\delta_2 = \infty$, $\beta_2 - x_2 = 4$ und damit $\delta' = 2$, $k' = 3$. Ein Austauschschritt liefert das neue Tableau in Tab. 1.5.6. Da für den mit $+$ markierten Index $1 \in \mathcal{N}$ $\zeta_1 < 0$ und für den mit $-$ markierten Index $2 \in \mathcal{N}$ $\zeta_2 > 0$ ist, haben wir die optimale Lösung $x_1^* = x_2^* = 3$ mit dem Zielfunktionswert 15 des ursprünglichen Maximumproblems erhalten. Die den Tableaus 1.5.4, 1.5.5 und 1.5.6 entsprechenden Zwischenlösungen $\mathbf{x}^0, \mathbf{x}^1$ und $\mathbf{x}^2 = \mathbf{x}^*$ sind in Abb. 1.5.2 eingetragen.

	*	−	
	1	2	
3	2	1	8
4	−2	1	0
	−4	−1	1

Tab. 1.5.4

			*		
		+	−		
		1	2		
*	3	2	[1]	2	
	4	−2	1	6	−1
		−4	−1	13	1

Tab. 1.5.5

	+	−	
	1	3	
2	2	1	3
4	−4	−1	4
	−2	1	15

Tab. 1.5.6

1.5.3 Duale Simplexmethode

Das in den Abschnitten 1.2 und 1.3 behandelte „gewöhnliche“ Simplexverfahren konstruiert eine Folge von Basislösungen des Standardproblems (L), die sämtlich zulässig sind (d.h., alle Elemente x_k $(k \in \mathcal{B})$ in Feld ④ des in Tab. 1.5.7 nochmals angegebenen Simplextableaus sind nichtnegativ) und deren letzte optimal ist (d.h., auch in Feld ⑤ sind alle Elemente nichtnegativ), falls überhaupt eine optimale Lösung existiert. Basislösungen von (L) mit $x_k \geq 0$ für alle $k \in \mathcal{B}$ werden auch **primal zulässig** genannt, und analog spricht man vom **primalen Simplexverfahren** , das eine Folge solcher primal zulässigen Basislösungen bestimmt.

Die im folgenden skizzierte **duale Simplexmethode** berechnet eine Folge von Basislösungen, für die jeweils alle Elemente ζ_l $(l \in \mathcal{N})$ in Feld ⑤ nichtne-

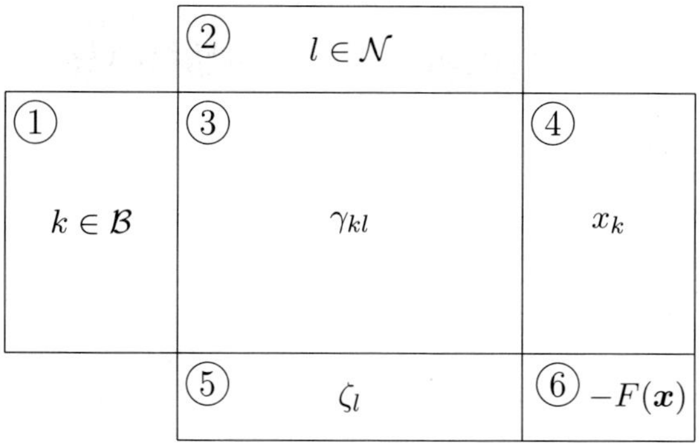

Tab. 1.5.7

gativ sind, und deren letzte zulässig (d.h., auch in Feld ④ sind alle Elemente nichtnegativ) und damit optimal ist. Basislösungen von (L) mit $\zeta_l \geq 0$ für alle $l \in \mathcal{N}$ werden **dual zulässig** genannt. Wie wir unten sehen werden, erlaubt die duale Simplexmethode die Lösung von linearen Optimierungsproblemen der Form (L), für die sich zwar keine Anfangsecke, aber eine dual zulässige Anfangsbasislösung leicht angeben läßt. Die Namen „dual zulässige" Basislösung und „duale" Simplexmethode rühren daher, daß jeder der mit der letzteren Methode bestimmten dual zulässigen Basislösungen von (L) eine zulässige Basislösung des dualen Problems $(\bar{L})$ entspricht. Dies soll im folgenden gezeigt werden.

Sei $\boldsymbol{x}$ eine (nicht notwendig zulässige) Basislösung von (L) mit der Basisindexmenge $\mathcal{B}$ und der Basismatrix $\boldsymbol{B}$. Für den Vektor der Basisvariablen in dieser Basislösung gilt dann

$$\boldsymbol{x}_B = \boldsymbol{B}^{-1}\boldsymbol{b}$$

(vgl. (1.2.8)). In Analogie zu (1.4.9), wo wir einer optimalen Lösung $\boldsymbol{x}^*$ von (L) eine optimale Lösung $\boldsymbol{u}^*$ von $(\bar{L})$ zugeordnet haben, definieren wir jetzt

$$\boldsymbol{u} := (\boldsymbol{B}^{-1})^T \boldsymbol{c}_B \,, \tag{1.5.14}$$

wobei $\boldsymbol{c}_B$ der Vektor mit den Komponenten c_k, $k \in \mathcal{B}$, ist. Wir zeigen jetzt: Ist $\boldsymbol{x}$ eine dual zulässige Basislösung von (L), d.h., $\zeta_l \geq 0$ für alle $l \in \mathcal{N}$, so stellt $\boldsymbol{u}$ eine zulässige Basislösung des dualen Problems $(\bar{L})$ dar.

Wegen $\zeta_k = 0$ für $k \in \mathcal{B}$ und damit $\zeta_j = c_j - z_j \geq 0 \quad (j = 1, \ldots, n)$ gilt

$$\boldsymbol{z} \leq \boldsymbol{c} \,,$$

wobei $\boldsymbol{z} = (z_1, \ldots, z_n)^T$ ist. Wir erinnern an die Definitionen der Größen z_j (vgl. (1.2.11)):

$$z_j = \sum_{k \in \mathcal{B}} \gamma_{kj} c_k \quad (j = 1, \ldots, n)$$

mit

$$\gamma_{kj} = \delta_{kj} = \begin{cases} 1 & \text{für } k = j \\ 0 & \text{für } k \neq j \end{cases} \quad (j, k \in \mathcal{B}) \ .$$

Folglich ist bis auf die Reihenfolge der Komponenten von $\boldsymbol{z}$

(1.5.15) $$\boldsymbol{z} = \begin{pmatrix} \boldsymbol{z}_B \\ \boldsymbol{z}_N \end{pmatrix} = \begin{pmatrix} \boldsymbol{I} \\ \boldsymbol{\Gamma}^T \end{pmatrix} \boldsymbol{c}_B$$

mit der $m \times (n-m)$-Matrix $\boldsymbol{\Gamma} = (\gamma_{kl})_{k\in\mathcal{B},\ l\in\mathcal{N}}$ und der m-reihigen Einheitsmatrix $\boldsymbol{I}$. Weiter haben wir bis auf die Reihenfolge der Spaltenvektoren der Matrix $\boldsymbol{A}$

$$\boldsymbol{A} = (\boldsymbol{B}, \boldsymbol{N})$$

und mit (1.2.8)

$$\boldsymbol{B}^{-1}\boldsymbol{A} = (\boldsymbol{B}^{-1}\boldsymbol{B}, \boldsymbol{B}^{-1}\boldsymbol{N}) = (\boldsymbol{I}, \boldsymbol{\Gamma}) \ .$$

Dies ergibt unter Beachtung von (1.5.14) und (1.5.15)

(1.5.16) $$\boldsymbol{A}^T\boldsymbol{u} = \boldsymbol{A}^T(\boldsymbol{B}^{-1})^T\boldsymbol{c}_B = \begin{pmatrix} \boldsymbol{I} \\ \boldsymbol{\Gamma}^T \end{pmatrix} \boldsymbol{c}_B = \boldsymbol{z} \ .$$

Wegen $\boldsymbol{z} \leq \boldsymbol{c}$ folgt

$$\boldsymbol{A}^T\boldsymbol{u} \leq \boldsymbol{c} \ ,$$

d.h., $\boldsymbol{u}$ ist eine zulässige Lösung des dualen Problems $(\bar{L})$. Die Komponenten $u_1, \ldots, u_m$ des durch (1.5.14) gegebenen Vektors $\boldsymbol{u}$ stellen also Dualvariablen dar. Führt man $(\bar{L})$ durch Einführung zusätzlicher Hilfsvariablen in ein Problem vom Typ (L) über (vgl. NEUMANN (1975a), Abschnitt 4.1), so kann man zeigen, daß die zu $\boldsymbol{u}$ gehörenden Spaltenvektoren des neuen Problems linear unabhängig sind, d.h., $\boldsymbol{u}$ entspricht einer zulässigen Basislösung.

Wir geben nun den Ablauf eines Austauschschrittes der dualen Simplexmethode für das Problem (L) an. In Analogie zum primalen Simplexverfahren kann man zeigen, daß man nach endlich vielen solchen Austauschschritten eine optimale Lösung von (L) erhält, abgesehen vom Fall der Entartung (man spricht von einer **entarteten dual zulässigen Basislösung**, wenn für alle $l \in \mathcal{N}$ $\zeta_l \geq 0$ ist, aber für mindestens ein $l \in \mathcal{N}$ $\zeta_l = 0$ gilt).

Das Simplextableau für eine dual zulässige Basislösung $\boldsymbol{x}$ mit der Basisindexmenge $\mathcal{B}$ hat die in Tab. 1.5.8 angegebene Gestalt. Wir erkennen, daß an Stelle des vertikalen Feldes ⑦ bei der primalen Simplexmethode das Simplextableau für die duale Simplexmethode ein horizontales Feld ⑦ besitzt. Wie wir im folgenden sehen werden, drückt sich die „duale“ Vorgehensweise beim dualen Simplexverfahren darin aus, daß Zeilen- und Spaltenoperationen vertauscht werden. Ein Austauschschritt der dualen Simplexmethode, ausgehend von einer dual zulässigen Basislösung $\boldsymbol{x}$, besteht nun aus folgenden Teilschritten:

	② $l \in \mathcal{N}$	
① $k \in \mathcal{B}$	③ γ_{kl}	④ x_k
	⑤ ζ_l	⑥ $-F(\boldsymbol{x})$
	⑦ $-\frac{\zeta_l}{\gamma_{k'l}}$ für $\gamma_{k'l} < 0$	

Tab. 1.5.8

Algorithmus 1.5.2 (Lineare Optimierung — Austauschschritt der dualen Simplexmethode)

Schritt 1

Gilt $x_k \geq 0$ für alle $k \in \mathcal{B}$, so ist die aktuelle Basislösung $\boldsymbol{x}$ eine optimale Lösung von (L). Andernfalls wähle unter den negativen x_k in Feld ④ das kleinste (bzw. bei mehreren kleinsten unter diesen dasjenige mit dem kleinsten Index) aus. Die zugehörige Zeile (etwa die mit dem Index k') ist die Pivotzeile [1].

Schritt 2

Gilt $\gamma_{k'l} \geq 0$ für alle $l \in \mathcal{N}$ (d.h., die Pivotzeile enthält keine negativen Elemente), dann hat (L) keine zulässige Lösung. Andernfalls berechne $\frac{\zeta_l}{-\gamma_{k'l}}$ für alle $l \in \mathcal{N}$ mit $\gamma_{k'l} < 0$ und trage diese Werte in Feld ⑦ ein.

Schritt 3

Wähle unter den Zahlen in Feld ⑦ die kleinste (bzw. bei mehreren kleinsten unter diesen diejenige mit dem kleinsten Index) aus. Die zugehörige Spalte (etwa die mit dem Index l') ist die Pivotspalte.

---

[1] Ist $\boldsymbol{x}$ entartet (d.h., mindestens ein ζ_l in Feld ⑤ ist gleich 0), dann empfiehlt es sich, für k' den kleinsten Index k mit $x_k < 0$ zu wählen, also die entsprechende Kleinste-Index-Regel anzuwenden.

Schritt 4

Vertausche in den Feldern ① und ② die Indizes k' und l'.

Schritt 5

Forme die Felder ③ bis ⑥ nach den Transformationsregeln (i) bis (iv) aus Abschnitt 1.2.2 um.

□

Bemerkungen.

(1) Bei der dualen Simplexmethode wird zuerst die Pivotzeile und anschließend die Pivotspalte bestimmt. Das Pivotelement ist stets negativ.

(2) Im Fall $\gamma_{k'l} \geq 0$ für alle $l \in \mathcal{N}$ ist für das duale Problem $(\bar{L})$ die Zielfunktion auf dem zulässigen Bereich nicht nach oben beschränkt und damit der zulässige Bereich des primalen Problems (L) leer (vgl. Satz 1.4.2).

Für den Fall, daß das zugrunde liegende Optimierungsproblem die häufig auftretende Form (L) mit $\mathbf{c} \geq \mathbf{0}$ hat, d.h.

$$(1.5.17) \qquad \begin{cases} \text{Min. } \mathbf{c}^T\mathbf{x} \quad \text{mit } \mathbf{c} \geq \mathbf{0} \\ \text{u.d.N. } \mathbf{Ax} \leq \boldsymbol{b} \\ \qquad\quad \mathbf{x} \geq \mathbf{0} \end{cases}$$

mit $\mathbf{x} \in \mathbb{R}^q$, $\boldsymbol{b} \in \mathbb{R}^m$, $\mathbf{A} = (a_{ij})_{m,q}$, ist $\boldsymbol{x} = \begin{pmatrix} \mathbf{0} \\ \boldsymbol{b} \end{pmatrix}$ eine dual zulässige Basislösung des entsprechenden Standardproblems (L). Das Anfangstableau (ohne das Zusatzfeld ⑦) hat also die in Tab. 1.5.9 angegebene Gestalt.

	②			
	1	$\cdots$	q	
① $q+1$	③ a_{11}	$\cdots$	a_{1q}	④ b_1
$\vdots$	$\vdots$		$\vdots$	$\vdots$
$q+m$	a_{m1}	$\cdots$	a_{mq}	b_m
	⑤ c_1	$\cdots$	c_q	⑥ 0

Tab. 1.5.9

Als Zahlenbeispiel betrachten wir das folgende Minimierungsproblem:

$$
(1.5.18)\qquad \begin{cases} \text{Min.} & x_1 + 2x_2 \\ \text{u.d.N.} & x_1 + x_2 \le 4 \\ & x_1 + x_2 \ge 2 \\ & x_1 + 3x_2 \ge 5 \\ & x_2 \ge 1 \\ & x_1, x_2 \ge 0\;. \end{cases}
$$

Multiplikation der zweiten und dritten Nebenbedingung mit -1 und die Variablentransformation

$$x_2' = x_2 - 1 \text{ bzw. } x_2 = x_2' + 1$$

führen (1.5.18) in ein Problem vom Typ (1.5.17) über:

$$
\begin{array}{ll} \text{Min.} & x_1 + 2x_2' + 2 \\ \text{u.d.N.} & x_1 + x_2' \le 3 \\ & -x_1 - x_2' \le -1 \\ & -x_1 - 3x_2' \le -2 \\ & x_1, x_2' \ge 0\;. \end{array}
$$

Die additive Konstante 2 in der Zielfunktion berücksichtigen wir bei der Lösung dieser Optimierungsaufgabe nicht. Wenden wir die duale Simplexmethode an, so erhalten wir die Simplextableaus von Tab. 1.5.10, Tab. 1.5.11 und Tab. 1.5.12.

			*		
		1	$2'$		
	3	1	1	3	$\frac{1}{3}$
	4	-1	-1	-1	$-\frac{1}{3}$
*	5	-1	$\boxed{-3}$	-2	
		1	2	0	$\frac{2}{3}$
		1	$\frac{2}{3}$		

Tab. 1.5.10

		*			
		1	5		
	3	$\frac{2}{3}$	$\frac{1}{3}$	$2\frac{1}{3}$	1
*	4	$\boxed{-\frac{2}{3}}$	$-\frac{1}{3}$	$-\frac{1}{3}$	
	$2'$	$\frac{1}{3}$	$-\frac{1}{3}$	$\frac{2}{3}$	$\frac{1}{2}$
		$\frac{1}{3}$	$\frac{2}{3}$	$-\frac{4}{3}$	$\frac{1}{2}$
		$\frac{1}{2}$	2		

Tab. 1.5.11

	4	5	
3	1	0	2
1	$-\frac{3}{2}$	$\frac{1}{2}$	$\frac{1}{2}$
2′	$\frac{1}{2}$	$-\frac{1}{2}$	$\frac{1}{2}$
	$\frac{1}{2}$	$\frac{1}{2}$	$-\frac{3}{2}$

Tab. 1.5.12

Da in Tab. 1.5.12 in Feld ④ alle Elemente positiv sind, ist die optimale Lösung erreicht. Wir erhalten $x_1^* = \frac{1}{2}$ und $x_2'^* = \frac{1}{2}$ bzw. $x_2^* = \frac{3}{2}$. Der optimale Zielfunktionswert ist $-\left(-\frac{3}{2}\right) + 2 = 3\,\frac{1}{2}$. Abb. 1.5.3 zeigt die den drei Tableaus entsprechenden Punkte $\mathbf{x}^0$, $\mathbf{x}^1$ und $\mathbf{x}^2 = \mathbf{x}^*$. Wir sehen, daß auch die „Zwischenlösungen“ $\mathbf{x}^0$ und $\mathbf{x}^1$ jeweils Schnittpunkte zweier Begrenzungsgeraden des zulässigen Bereiches sind und damit „Ecken“ außerhalb des zulässigen Bereiches darstellen. Nur die letzte (optimale) „Zwischenlösung“ $\mathbf{x}^*$

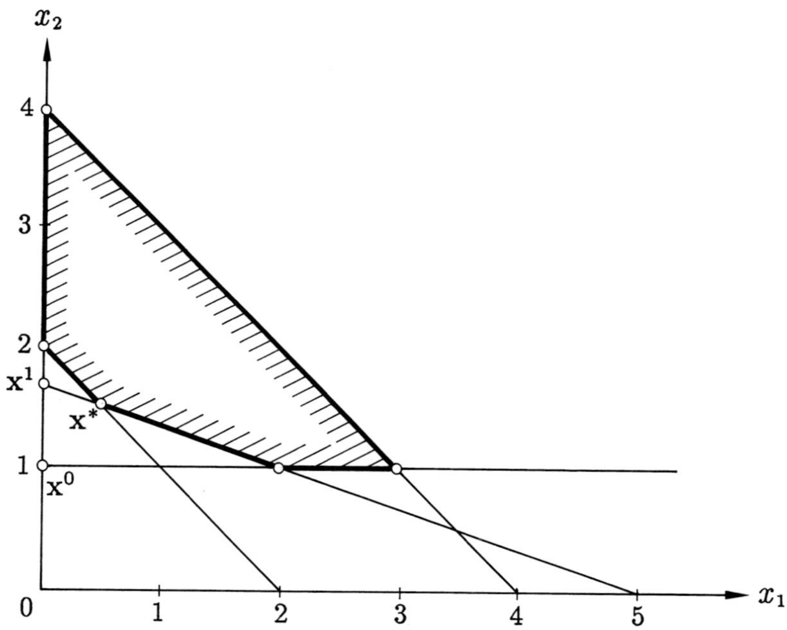

Abb. 1.5.3

ist eine Ecke des zulässigen Bereiches. Allgemein gilt folgendes: Für ein Optimierungsproblem vom Typ (L) stellen die mit der dualen Simplexmethode erhaltenen Zwischenlösungen, die den dual zulässigen Basislösungen des zugehörigen Standardproblems (L) entsprechen, Schnittpunkte von (mindestens) q den zulässigen Bereich begrenzenden Hyperebenen dar. Nur die letzte (optimale) Zwischenlösung ist eine Ecke des zulässigen Bereiches.

1.5.4 Dreiphasenmethode

Die Lösung linearer Optimierungsaufgaben erfolgt in zwei Phasen. In der sogenannten **Vorphase** wird eine zulässige Basislösung ermittelt, während in der anschließenden **Hauptphase** eine optimale Lösung bestimmt wird. Im Spezialfall, daß das ursprüngliche Optimierungsproblem die Form (L) mit $\boldsymbol{b} \geq \boldsymbol{0}$ hat, ist mit $\begin{pmatrix} \mathbf{0} \\ \boldsymbol{b} \end{pmatrix}$ eine zulässige Basislösung des zugehörigen Standardproblems (L) sofort angebbar, d.h., die Vorphase erübrigt sich.

Bei der im folgenden beschriebenen Dreiphasenmethode besteht die Vorphase ihrerseits aus zwei Teilphasen. Dieses Verfahren löst ganz allgemeine lineare Optimierungsprobleme, nicht nur solche vom Typ (L) oder (L). Wir gehen aus von einem linearen Optimierungsproblem, bei dem unter den Nebenbedingungen Gleichungen und Ungleichungen vom Typ $\geq$ und $\leq$ vorkommen können. Multiplizieren wir alle Ungleichungen vom Typ $\geq$ mit -1, so erhalten wir die Optimierungsaufgabe

$$(1.5.19) \qquad \begin{cases} \text{Min.} & \mathbf{c}^T\mathbf{x} \\ \text{u.d.N.} & \mathbf{A}^1\mathbf{x} \leq \boldsymbol{b}^1 \\ & \mathbf{A}^2\mathbf{x} = \boldsymbol{b}^2 \\ & \mathbf{x} \geq \mathbf{0}\,. \end{cases}$$

Hierbei seien $\mathbf{c} = (c_1, \ldots, c_q)^T \in \mathbb{R}^q$, $\mathbf{x} = (x_1, \ldots, x_q)^T \in \mathbb{R}^q$, $\boldsymbol{b}^\nu \in \mathbb{R}^{m_\nu}$ und $\mathbf{A}^\nu$ eine $m_\nu \times q$-Matrix $(\nu = 1, 2)$, wobei wir $\text{rg}\mathbf{A}^2 = m_2 < q$ voraussetzen. Abgesehen von der Vorzeichenbeschränkung $\mathbf{x} \geq \mathbf{0}$, die wir jedoch durch Einführung einer zusätzlichen Variablen und eine Variablentransformation stets erzwingen können (vgl. Abschnitt 1.5.1), stellt (1.5.19) die allgemeinste Form eines linearen Optimierungsproblems dar.

Wir führen die Aufgabe (1.5.19) zunächst wieder auf eine „Standardform“ zurück. Hierzu führen wir für die m_1 Ungleichungen Schlupfvariablen $y_1, \ldots, y_{m_1}$ und für die m_2 Gleichungen Hilfsvariablen $w_1, \ldots, w_{m_2}$ ein, die wir zu Vektoren $\boldsymbol{y} \in \mathbb{R}^{m_1}$ bzw. $\boldsymbol{w} \in \mathbb{R}^{m_2}$ zusammenfassen, und schreiben (1.5.19) in der äquivalenten Form

$$(1.5.20) \qquad \begin{cases} \text{Min.} & \mathbf{c}^T\mathbf{x} \\ \text{u.d.N.} & \mathbf{A}^1\mathbf{x} + \boldsymbol{y} = \boldsymbol{b}^1 \\ & \mathbf{A}^2\mathbf{x} + \boldsymbol{w} = \boldsymbol{b}^2 \\ & \mathbf{x}, \boldsymbol{y} \geq \boldsymbol{0} \\ & \boldsymbol{w} = \boldsymbol{0}\,. \end{cases}$$

Abgesehen von $\boldsymbol{w} = \boldsymbol{0}$, entspricht das Optimierungsproblem (1.5.20) der Standardform (L) mit dem Variablenvektor $\boldsymbol{x}^T = (\mathbf{x}^T, \boldsymbol{y}^T, \boldsymbol{w}^T) \in \mathbb{R}^{q+m_1+m_2}$ und der $(m_1 + m_2) \times (q + m_1 + m_2)$-Koeffizientenmatrix

$$\boldsymbol{A} = \begin{pmatrix} \mathbf{A}^1 & \boldsymbol{I} & \boldsymbol{O} \\ \mathbf{A}^2 & \boldsymbol{O} & \boldsymbol{I} \end{pmatrix}$$

Aus Zweckmäßigkeitsgründen numerieren wir die Komponenten von $\boldsymbol{x}$ mit den Indizes 1 bis $q + m_1 + m_2$ durch, so daß

$$\mathbf{x} = \begin{pmatrix} x_1 \\ \vdots \\ x_q \end{pmatrix}, \quad \boldsymbol{y} = \begin{pmatrix} x_{q+1} \\ \vdots \\ x_{q+m_1} \end{pmatrix}, \quad \boldsymbol{w} = \begin{pmatrix} x_{q+m_1+1} \\ \vdots \\ x_{q+m_1+m_2} \end{pmatrix}$$

ist. Entsprechend seien $\boldsymbol{a}^1, \ldots, \boldsymbol{a}^{q+m_1+m_2}$ die Spaltenvektoren der Matrix $\boldsymbol{A}$. Da die Spaltenvektoren $\boldsymbol{a}^{q+1}, \ldots, \boldsymbol{a}^{q+m_1+m_2}$ die $m_1 + m_2$ Einheitsvektoren des $\mathbb{R}^{m_1+m_2}$ darstellen und damit linear unabhängig sind, ist $(\mathbf{0}^T, \boldsymbol{b}_1^T, \boldsymbol{b}_2^T)$ eine Anfangsbasislösung von (1.5.20) mit der Basisindexmenge $\mathcal{B} = \{q + 1, \ldots, q + m_1 + m_2\}$ und der Nichtbasisindexmenge $\mathcal{N} = \{1, \ldots, q\}$, die aber im allgemeinen nicht zulässig ist (außer, wenn $\boldsymbol{b}^1 \geq \boldsymbol{0}$ und $\boldsymbol{b}^2 = \boldsymbol{0}$ gilt).

Zu Beginn sind die Hilfsvariablen $w_1, \ldots, w_{m_2}$ Basisvariablen. Da in jeder optimalen Lösung von (1.5.20) $\boldsymbol{w} = \boldsymbol{0}$ ist, liegt es nahe, diese Hilfsvariablen in einer ersten Phase zu Nichtbasisvariablen zu machen. In jedem Austauschschritt dieser **Phase 1** wird als Pivotzeile eine Zeile gewählt, die einer der Hilfsvariablen w_i entspricht. Bei der anschließenden Wahl der Pivotspalte ist lediglich zu beachten, daß das Pivotelement $\neq 0$ ist. Phase 1 ist beendet, sobald alle Hilfsvariablen Nichtbasisvariablen geworden sind. Ist in einem Austauschschritt eine Hilfsvariable w_i zu einer Nichtbasisvariablen gemacht worden, dann kann die entsprechende Spalte gestrichen werden (nach der Transformation des Tableaus), da sie im weiteren Verlauf des Verfahrens nicht mehr benötigt wird. Das Simplextableau am Ende von Phase 1 hat folglich m_2 weniger Spalten als das Ausgangstableau.

Ziel der anschließenden **Phase 2** ist, eine zulässige (also insbesondere nichtnegative) Basislösung von (1.5.20) zu finden, d.h. zu erreichen, daß in Feld ④ des Simplextableaus sämtliche x_k nichtnegativ sind. Hierzu gehen wir wie folgt vor. Sei $k \in \mathcal{B}$ ein Zeilenindex mit $x_k < 0$ in Feld ④ (**Referenzindex**). Weiter sei

$$\mathcal{B}^+ := \{j \in \mathcal{B} | \, x_j \geq 0\}$$

die Menge der Zeilenindizes mit nichtnegativen Elementen in Feld ④. Wir wollen nun x_k vergrößern, bis $x_k \geq 0$ wird, ohne daß die bereits nichtnegativen Elemente in Feld ④ negativ werden. Hierzu beachten wir, daß sich die Tableauzeile mit dem Referenzindex k in der Form

$$\tilde{x}_k = x_k - \sum_{l \in \mathcal{N}} \gamma_{kl} \tilde{x}_l$$

schreiben läßt (vgl. (1.2.7)), wobei wir die Variablen (im Unterschied zu den Variablenwerten x_k) wieder durch eine Tilde kennzeichnen. Dann betrachten wir das **Hilfsproblem**

$$\begin{aligned} &\text{Max. } \tilde{x}_k \\ &\text{u.d.N. } \left.\begin{aligned} \tilde{x}_j + \sum_{l \in \mathcal{N}} \gamma_{jl} \tilde{x}_l &= x_j \\ \tilde{x}_j &\geq 0 \end{aligned}\right\} (j \in \mathcal{B}) \,. \end{aligned}$$

Natürlich können wir, statt $\tilde{x}_k$ zu maximieren, auch $-\tilde{x}_k$ minimieren.

Um das Hilfsproblem zu lösen, führen wir analog zum gewöhnlichen Simplexverfahren auf folgende Weise Austauschschritte durch: Die Pivotspalte mit dem Index l' wählt man so, daß unter den negativen reduzierten Zielfunktionskoeffizienten γ_{kl} der Koeffizient $\gamma_{kl'}$ den kleinsten Wert hat. Gilt $\gamma_{kl} \geq 0$ für alle $l \in \mathcal{N}$, dann ist der zulässige Bereich des Minimumproblems (1.5.20) leer (da aus $\tilde{x}_k \geq 0$, $\tilde{x}_l \geq 0$ und $\gamma_{kl} \geq 0$ für alle $l \in \mathcal{N}$ $x_k \geq 0$, d.h. ein Widerspruch zur Voraussetzung $x_k < 0$, folgen würde). Die Wahl der Pivotzeile mit dem Index k' erfolgt wieder derart, daß

$$\frac{x_{k'}}{\gamma_{k'l'}} = \min_{\substack{j \in \mathcal{B}^+ \\ \gamma_{jl'} > 0}} \frac{x_j}{\gamma_{jl'}}$$

ist. Danach transformiert man das gesamte Simplextableau (also auch die zu den Basisindizes $j \in \mathcal{B} \backslash \mathcal{B}^+$ gehörenden Zeilen der Felder ③ und ④ sowie die Felder ⑤ und ⑥) nach den üblichen Regeln (i) bis (iv) aus Abschnitt 1.2.2. Gilt nach dem Austauschschritt für das neue Element $\bar{x}_k$ mit dem Referenzindex k in Feld ④ $\bar{x}_k \geq 0$, so bricht man die Lösung des Hilfsproblems ab und geht zu einem anderen Referenzindex $\kappa \in \mathcal{B}$ mit $\bar{x}_\kappa < 0$ über. Im Fall $\bar{x}_k < 0$ führt man einen weiteren Austauschschritt der gleichen Art durch.

Ein Pivotzeilenindex k' kann genau dann nicht bestimmt werden, wenn $\mathcal{B}^+ = \emptyset$ oder $\gamma_{jl'} \leq 0$ für alle $j \in \mathcal{B}^+$ ist. In diesen Fällen kann x_k unbeschränkt wachsen, ohne daß ein x_j mit $j \in \mathcal{B}^+$ negativ wird. Man wählt dann die Zeile mit dem Referenzindex k als Pivotzeile. Nach dem Austauschschritt gilt für das neue Element $\bar{x}_{l'}$ in Feld ④ (an der Stelle des alten Elementes x_k)

$$\bar{x}_{l'} = \frac{x_k}{\gamma_{kl'}} > 0 ,$$

d.h., das gewünschte Ziel ist erreicht. Wir bemerken noch, daß man stets nach endlich vielen Schritten erreichen kann (gegebenenfalls unter Beachtung der Kleinsten-Index-Regel), daß das Element mit dem (ursprünglichen) Referenzindex k in Feld ④ nichtnegativ wird, wenn das Optimierungsproblem (1.5.20) eine zulässige Lösung besitzt.

Sind alle Elemente in Feld ④ nichtnegativ, so geht man zur abschließenden **Phase 3** über. Phase 3, in der eine optimale Lösung von (1.5.20) bestimmt wird, entspricht der primalen Simplexmethode.

Das **Anfangstableau** der Dreiphasenmethode hat die in Tab. 1.5.13 angegebene Gestalt.

	① $1 \quad \dots \quad q$	
② $q+1$ $\vdots$ $q+m_1$	③ $\mathbf{A}^1$	④ $\boldsymbol{b}^1$
$q+m_1+1$ $\vdots$ $q+m_1+m_2$	$\mathbf{A}^2$	$\boldsymbol{b}^2$
	⑤ $c_1 \quad \dots \quad c_q$	⑥ 0

Tab. 1.5.13

Die Dreiphasenmethode läuft dann wie folgt ab, wobei wir für Phase 1 noch die Indexmenge

$$\widehat{\mathcal{B}} := \{k \in \mathcal{B} | k > q + m_1\}$$

einführen (zu Beginn ist also $\widehat{\mathcal{B}} = \{q + m_1 + 1, \dots, q + m_1 + m_2\}$):

Algorithmus 1.5.3 (Lineare Optimierung — Dreiphasenmethode)

Phase 1

Schritt 1.1
Gilt $\widehat{\mathcal{B}} = \emptyset$, so gehe zu Phase 2. Andernfalls wähle irgendeinen Index $k \in \widehat{\mathcal{B}}$ aus, etwa k'. Die Zeile mit dem Index k' ist dann die Pivotzeile.

Schritt 1.2
Wähle irgendeine Spalte l mit $\gamma_{k'l} \neq 0$, etwa die Spalte mit dem Index l', als Pivotspalte. Gilt $\gamma_{k'l} = 0$ für alle $l \in \mathcal{N}$, so sind zwei Fälle möglich:

(a) $x'_k = 0$: Die Gleichung mit dem Index k' ist von anderen Gleichungen linear abhängig und kann weggelassen werden. In diesem Fall streiche man die Pivotzeile und gehe zu Schritt 1.1.

(b) $x'_k \neq 0$: Die Gleichung mit dem Index k' widerspricht einer oder mehreren anderen Gleichungen. Das Optimierungsproblem hat keine zulässige Lösung.

Schritt 1.3
Vertausche in den Feldern ① und ② die Indizes k' und l'.

Schritt 1.4
Forme die Felder ③ bis ⑥ nach den Transformationsregeln (i) bis (iv) aus Abschnitt 1.2.2 um.

Schritt 1.5
Eliminiere die Pivotspalte (nach der Transformation!). Gehe zu Schritt 1.1.

Phase 2

Schritt 2.1
Gilt $x_k \geq 0$ für alle $k \in \mathcal{B}$, so gehe zu Phase 3. Andernfalls wähle irgendeinen Index $k \in \mathcal{B}$ mit $x_k < 0$ aus.

Schritt 2.2
Gilt $\gamma_{kl} \geq 0$ für alle $l \in \mathcal{N}$, dann hat das Optimierungsproblem keine zulässige Lösung. Andernfalls wähle unter den negativen γ_{kl} mit $l \in \mathcal{N}$ das kleinste (bzw. bei mehreren unter diesen dasjenige mit dem kleinsten Index l) aus. Setze l' gleich dem Index der ausgewählten Zahl. Die Spalte mit dem Index l' ist die Pivotspalte.

Schritt 2.3
Setze $\mathcal{B}^+ := \{j \in \mathcal{B} | x_j \geq 0\}$. Ist $\mathcal{B}^+ = \emptyset$ oder gilt $\gamma_{jl'} \leq 0$ für alle $j \in \mathcal{B}^+$, so setze $\sigma :=$ „wahr“ und $k' := k$. Andernfalls setze $\sigma :=$ „falsch“, berechne $x_j/\gamma_{jl'}$ für alle $j \in \mathcal{B}^+$ mit $\gamma_{jl'} > 0$ und wähle unter diesen Zahlen die kleinste (bzw. bei mehreren kleinsten unter diesen diejenige mit dem kleinsten Index j) aus. Setze k' gleich dem Index j der ausgewählten Zahl. Ist mindestens ein x_j mit $j \in \mathcal{B}^+$ gleich 0, dann bestimme den Index k' gemäß der Kleinsten-Index-Regel. Die Zeile mit dem Index k' ist die Pivotzeile.

Schritt 2.4
Vertausche in den Feldern ① *und* ② *die Indizes* k' *und* l'.

Schritt 2.5
Forme die Felder ③ *bis* ⑥ *nach den Transformationsregeln (i) bis (iv) aus Abschnitt 1.2.2 um. Falls* $\sigma =$ *„wahr" ist, gehe zu Schritt 2.1. Falls* $x_{l'} \geq 0$ *ist, gehe zu Schritt 2.1, andernfalls zu Schritt 2.2.*

Phase 3

Phase 3 stimmt mit der primalen Simplexmethode (Algorithmus 1.3.1) überein.

□

Wir sehen, daß, wenn das Optimierungsproblem keine zulässige Lösung hat, die Dreiphasenmethode in Phase 1 oder 2 abbricht. Ist die Zielfunktion auf dem zulässigen Bereich nicht beschränkt, erfolgt ein Abbruch in Phase 3. Außerdem wird im Laufe des Verfahrens festgestellt, ob die Voraussetzung $\mathrm{rg}\mathbf{A}^2 = m_2 < q$ erfüllt ist. Die letztere Voraussetzung braucht also nicht vor Beginn des Verfahrens überprüft zu werden.

Als Zahlenbeispiel betrachten wir das Optimierungsproblem

$$\begin{array}{lrrrrr}
\text{Min.} & x_1 + & x_2 - & x_3 & & \\
\text{u.d.N.} & x_1 + & x_2 & & \leq & 4 \\
 & & 3x_2 + & x_3 & \geq & 5 \\
 & x_1 & - & x_3 & = & 1 \\
 & -2x_1 & + & 2x_3 & = & -2 \\
 & & & x_1, x_2, x_3 & \geq & 0\,.
\end{array}$$

Durch Multiplikation der zweiten Ungleichung mit -1 erhalten wir die Form (1.5.19) mit $q = 3,\ m_1 = m_2 = 2$:

$$\begin{array}{lrrrrr}
\text{Min.} & x_1 + & x_2 - & x_3 & & \\
\text{u.d.N.} & x_1 + & x_2 & & \leq & 4 \\
 & & -3x_2 - & x_3 & \leq & -5 \\
 & x_1 & - & x_3 & = & 1 \\
 & -2x_1 & + & 2x_3 & = & -2 \\
 & & & x_1, x_2, x_3 & \geq & 0\,.
\end{array}$$

In Tab. 1.5.14 bis Tab. 1.5.17 ist der Ablauf der Dreiphasenmethode wiedergegeben. Nach dem ersten Austauschschritt wird die zum Index 6 gehörige Spalte gestrichen (vgl. Tab. 1.5.15). Die Zeile mit dem Index 7 enthält danach lediglich Nullen, kann also ebenfalls gestrichen werden. Damit ist Phase 1 beendet. In Phase 2 erhalten wir nach einem weiteren Austauschschritt (mit dem Referenzindex $k = 5$) eine zulässige Basislösung (Tab. 1.5.16). Ein dritter

Austauschschritt in Phase 3 liefert das Endtableau (Tab. 1.5.17). Die optimale Lösung lautet $x_1^* = 3,\ x_2^* = 1,\ x_3^* = 2$. Der optimale Zielfunktionswert ist gleich 2.

Phase 1

		*				
		1	2	3		
	4	1	1	0	4	−1
	5	0	−3	−1	−5	0
*	6	[1]	0	−1	1	
	7	−2	0	2	−2	2
		1	1	−1	0	−1

Tab. 1.5.14

Phase 2

			*			
		6	2	3		
*	4	−1	[1]	1	3	
	5	0	−3	−1	−5	3
	1	1	0	−1	1	0
	7	2	0	0	0	
		−1	1	0	−1	−1

Tab. 1.5.15

Phase 3

			*		
		4	3		
	2	1	1	3	$-\frac{1}{2}$
*	5	3	[2]	4	
	1	0	−1	1	$\frac{1}{2}$
		−1	−1	−4	$\frac{1}{2}$

Tab. 1.5.16

	4	5	
2	$-\frac{1}{2}$	$-\frac{1}{2}$	1
3	$\frac{3}{2}$	$\frac{1}{2}$	2
1	$\frac{3}{2}$	$\frac{1}{2}$	3
	$\frac{1}{2}$	$\frac{1}{2}$	−2

Tab. 1.5.17

1.5.5 Revidierte Simplexmethode

Für die Lösung großer linearer Optimierungsprobleme ist eine besondere Version der Simplexmethode entwickelt worden, die revidierte Simplexmethode genannt wird und im folgenden kurz skizziert werden soll. Wir legen das Standardproblem der linearen Optimierung

$$(L) \qquad \begin{cases} \text{Min.} & F(\boldsymbol{x}) := \boldsymbol{c}^T\boldsymbol{x} \\ \text{u.d.N.} & \boldsymbol{A}\boldsymbol{x} = \boldsymbol{b} \\ & \boldsymbol{x} \geq \boldsymbol{0} \end{cases}$$

	② $l \in \mathcal{N}$		
① $k \in \mathcal{B}$	③ $\boldsymbol{\Gamma}$	④ $\boldsymbol{x}_B$	⑦ $\frac{x_k}{\gamma_{kl'}}$ mit $\gamma_{kl'} > 0$
	⑤ $\boldsymbol{\zeta}_N^T$	⑥ $-F(\boldsymbol{x})$	

Tab. 1.5.18

zugrunde, wobei wieder $\boldsymbol{A}$ eine $m \times n$-Matrix mit $\text{rg}\boldsymbol{A} = m < n$ sowie $\boldsymbol{c}, \boldsymbol{x} \in \mathbb{R}^n$ und $\boldsymbol{b} \in \mathbb{R}^m$ seien. Wir betrachten nur die Hauptphase der Simplexmethode, also die „revidierte Version" des in Abschnitt 1.3.1 beschriebenen „gewöhnlichen" Simplexverfahrens. In Tab. 1.5.18 ist das bei der gewöhnlichen Simplexmethode verwendete Simplextableau, gehörend zu einer zulässigen Basislösung $\boldsymbol{x}$ von (L) mit der Basisindexmenge $\mathcal{B}$ und Nichtbasisindexmenge $\mathcal{N}$, noch einmal angegeben.

Den Ablauf eines Austauschschrittes listen wir ebenfalls noch einmal kurz auf: Sind alle Komponenten ζ_l des Vektors $\boldsymbol{\zeta}_N$ (also alle reduzierten Zielfunktionskoeffizienten) nichtnegativ, so ist $\boldsymbol{x}$ optimal. Andernfalls wähle ein $l' \in \mathcal{N}$ mit $\zeta_{l'} < 0$. Die Spalte Nummer l' ist dann die Pivotspalte (der zugehörige Spaltenvektor der Matrix $\boldsymbol{\Gamma}$ sei $\boldsymbol{\gamma}^{l'}$). Sind alle Komponenten $\gamma_{kl'}$ von $\boldsymbol{\gamma}^{l'}$ nichtpositiv, dann existiert keine optimale Lösung. Andernfalls berechne die Quotienten in Feld ⑦. Die Zeile Nummer k' mit dem (bzw. einem) kleinsten dieser Quotienten ist die Pivotzeile. Danach vertauscht man die Indizes k' und l' und formt die Felder ③ bis ⑥ nach den Transformationsregeln (i) bis (iv) aus Abschnitt 1.2.2 um.

Bei der revidierten Simplexmethode werden die Größen $\boldsymbol{\zeta}_N$ und $\boldsymbol{\gamma}^{l'}$ nicht von Austauschschritt zu Austauschschritt transformiert, sondern direkt mit Hilfe der Inversen der Basismatrix, $\boldsymbol{B}^{-1}$, berechnet. Hierzu nimmt man in das Simplextableau anstelle der Matrix $\boldsymbol{\Gamma}$ die „Basisinverse" $\boldsymbol{B}^{-1}$ und statt $\boldsymbol{\zeta}_N$ den Vektor der Dualvariablen

$$\boldsymbol{u} = (\boldsymbol{B}^{-1})^T \boldsymbol{c}_B \qquad (1.5.21)$$

(vgl. (1.5.14)) auf. Mit Hilfe der Beziehungen

$$\boldsymbol{\zeta} = \boldsymbol{c} - \boldsymbol{z} \quad \text{mit } \boldsymbol{z} = \boldsymbol{A}^T \boldsymbol{u}$$
$$\boldsymbol{\Gamma} = \boldsymbol{B}^{-1} \boldsymbol{N}$$

(vgl. (1.2.8), (1.2.11), (1.5.16)) kann man dann die Komponenten des Vektors $\boldsymbol{\zeta}_N$ und den Vektor $\boldsymbol{\gamma}^{l'}$ gemäß

(1.5.22) $$\zeta_l = c_l - \boldsymbol{a}^{lT} \boldsymbol{u} \quad (l \in \mathcal{N})$$

(1.5.23) $$\boldsymbol{\gamma}^{l'} = \boldsymbol{B}^{-1} \boldsymbol{a}^{l'}$$

bestimmen, wobei $\boldsymbol{a}^l$ der Spaltenvektor Nummer l der Matrix $\boldsymbol{A}$ ist. Die revidierte Simplexmethode greift also in jedem Austauschschritt auf die Ausgangsdaten $\boldsymbol{A}$ und $\boldsymbol{c}$ zurück. Das Simplextableau für die revidierte Simplexmethode hat dann die in Tab. 1.5.19 angegebene Gestalt. Außerdem empfiehlt es sich, den Vektor $\boldsymbol{\zeta}_N$ in ein Hilfstableau, wie es Tab. 1.5.20 zeigt, aufzunehmen.

	① $k \in \mathcal{B}$			
① $k \in \mathcal{B}$	③ $\boldsymbol{B}^{-1}$	④ $\boldsymbol{x}_B$	④′ $\boldsymbol{\gamma}^{l'}$	⑦ $\frac{x_k}{\gamma_{kl'}}$ mit $\gamma_{kl'} > 0$
	⑤ $-\boldsymbol{u}^T$	⑥ $-F(\boldsymbol{x})$	⑥′ $\zeta_{l'}$	

Tab. 1.5.19

② $l \in \mathcal{N}$
②′ $\boldsymbol{\zeta}_N^T$

Tab. 1.5.20

Man kann zeigen, daß die Größen in den Feldern ③ bis ⑥ wie bei der gewöhnlichen Simplexmethode nach den Transformationsregeln (ii) und (iv) aus Abschnitt 1.2.2 umgeformt werden, wobei die Felder ④′ und ⑥′ der Pivotspalte entsprechen (s. hierzu auch Tab. 1.5.21):

(ii) Transformation der Pivotzeile: $\bar{b} = \frac{b}{a}$

(iv) Transformation der übrigen Elemente: $\bar{d} = d - \frac{bc}{a} = d - \bar{b}c$

①	③	④	④′
$k \in \mathcal{B}$	d		c
k'	b		a
	⑤	⑥	⑥′

Tab. 1.5.21

Für die manuelle Rechnung empfiehlt es sich, das Negative der transformierten Pivotzeile in den Feldern ③ und ④ (Elemente vom Typ $-\bar{b}$) als Hilfszeile unter oder neben das alte Tableau zu schreiben. Das neue Element $\bar{d}$ (außerhalb der Pivotzeile) ist dann gleich dem alten Element d plus dem Produkt aus den „zugehörigen Elementen“ $-\bar{b}$ in der Hilfszeile und c in der Pivotspalte.

Wir listen die einzelnen Teilschritte eines Austauschschrittes der revidierten Simplexmethode noch einmal auf:

Algorithmus 1.5.4 (Lineare Optimierung — Austauschschritt der revidierten Simplexmethode)

Schritt 1

Berechne $\zeta_l := c_l + \boldsymbol{a}^{lT}\boldsymbol{u}$ *für alle* $l \in \mathcal{N}$ [1].
Gilt $\zeta_l \geq 0$ *für alle* $l \in \mathcal{N}$, *so ist die aktuelle Ecke* $\boldsymbol{x}$ *eine optimale Lösung von (L). Andernfalls wähle unter den negativen* ζ_l *das kleinste (bzw. bei mehreren kleinsten dasjenige mit dem kleinsten Index) aus, etwa dasjenige mit dem Index* l'.

Schritt 2

Berechne $\boldsymbol{\gamma}^{l'} := \boldsymbol{B}^{-1}\boldsymbol{a}^{l'}$ [2].

[1] ζ_l ist also das Skalarprodukt von Feld ⑤ und Spalte Nummer l in $\boldsymbol{A}$ plus Komponente Nummer l von $\boldsymbol{c}$.

[2] Die Komponente $\gamma_{kl'}$ von $\boldsymbol{\gamma}^{l'}$ ist also das Skalarprodukt von Zeile Nummer k in Feld ③ und Spalte Nummer l' in $\boldsymbol{A}$ ($k \in \mathcal{B}$).

Gilt $\gamma_{kl'} \leq 0$ *für alle* $k \in \mathcal{B}$, *dann hat (L) keine optimale Lösung. Andernfalls bestimme den kleinsten Index* $k' \in \mathcal{B}$ *mit*

$$\frac{x_{k'}}{\gamma_{k'l'}} = \min_{\substack{k \in \mathcal{B} \\ \gamma_{kl'} > 0}} \frac{x_k}{\gamma_{kl'}} \ .$$

Die Zeile Nummer k' *ist die Pivotzeile.*

Schritt 3

Setze $\bar{\mathcal{B}} := (\mathcal{B} \backslash \{k'\}) \cup \{l'\}$ *und* $\bar{\mathcal{N}} := (\mathcal{N} \backslash \{l'\}) \cup \{k'\}$.

Schritt 4

Forme die Felder ③ *bis* ⑥ *nach den obigen Transformationsregeln* (ii) *und* (iv) *um.*

□

Als Zahlenbeispiel greifen wir wieder das Landwirtproblem aus Abschnitt 1.1.1 auf:

$$\begin{array}{ll} \text{Min.} & -x_1 - 3x_2 \\ \text{u.d.N.} & x_1 + 2x_2 \leq 110 \\ & x_1 + 4x_2 \leq 160 \\ & x_1 + \ \ x_2 \leq 100 \\ & \quad x_1, x_2 \geq 0 \ . \end{array}$$

	1	2	3	4	5
	1	2	1	0	0
$\boldsymbol{A}$	1	4	0	1	0
	1	1	0	0	1
$\boldsymbol{c}^T$	−1	−3	0	0	0

Tab. 1.5.22

In Tab. 1.5.22 sind die Ausgangsdaten noch einmal aufgelistet. Wir starten mit

$$\boldsymbol{B} = \boldsymbol{I} = \boldsymbol{B}^{-1}, \ -\boldsymbol{u} = -\boldsymbol{c_B} = \boldsymbol{0}, \ -F(\boldsymbol{x}) = 0 \ .$$

Das Anfangstableau und die sich im Verlauf der revidierten Simplexmethode ergebenden weiteren Tableaus sind in Tab. 1.5.23, 1.5.24 und 1.5.25 angegeben.

		① 3	4	5		*	
	① 3	③ 1	0	0	④ 110	④′ 2	⑦ 55
*	4	0	1	0	160	4	40
	5	0	0	1	100	1	100
		⑤ 0	0	0	⑥ 0	⑥′ −3	
Hilfszeile:		0	$-\frac{1}{4}$	0	−40		

	*
② 1	2
②′ −1	−3

Tab. 1.5.23

						*	
*	3	1	$-\frac{1}{2}$	0	30	$\frac{1}{2}$	60
	2	0	$\frac{1}{4}$	0	40	$\frac{1}{4}$	160
	5	0	$-\frac{1}{4}$	1	60	$\frac{3}{4}$	80
		0	$\frac{3}{4}$	0	120	$-\frac{1}{4}$	
		−2	1	0	−60		

	*
1	4
$-\frac{1}{4}$	$\frac{3}{4}$

Tab. 1.5.24

1	2	−1	0	60
2	$-\frac{1}{2}$	$\frac{1}{2}$	0	25
5	$-\frac{3}{2}$	$\frac{1}{2}$	1	15
	$\frac{1}{2}$	$\frac{1}{2}$	0	135

*	
3	4
$\frac{1}{2}$	$\frac{1}{2}$

Tab. 1.5.25

Pivotzeile und Pivotspalte sind wieder jeweils durch einen Stern gekennzeichnet. Wir erhalten die gleichen Ecken und insbesondere die gleiche optimale Lösung $x_1^* = 60, x_2^* = 25$ wie in Abschnitt 1.3.3.

Für einen Vergleich der gewöhnlichen und der revidierten Simplexmethode geben wir eine grobe **Abschätzung des Rechenaufwandes** für einen Austauschschritt bei beiden Verfahren an. Da es nur auf die Größenordnung der erforderlichen Anzahl der Rechenoperationen ankommt, wollen wir statt des benötigten $(m+1) \times (m+2)$-Tableaus bei der revidierten und des $(m+1) \times (n-m+1)$-Tableaus bei der gewöhnlichen Simplexmethode nur von einem $(m \times m)$- bzw. $m \times (n-m)$-Tableau ausgehen und lediglich die Additionen und Multiplikationen (und nicht die Vergleiche bei der Minimumbestimmung) zählen.

Beim gewöhnlichen Simplexverfahren benötigen wir $m(n-m)$ Multiplikationen und größenordnungsmäßig ebenso viele Additionen pro Austauschschritt. Bei der revidierten Simplexmethode sind m^2 Multiplikationen bzw. Additionen für die Transformation des Tableaus, $m(n-m)$ Multiplikationen bzw. Additionen für die Berechnung der Größen $\zeta_l = c_l - \boldsymbol{a}^{lT}\boldsymbol{u}$ $(l \in \mathcal{N})$ und m^2 Multiplikationen bzw. Additionen für die Bestimmung von $\boldsymbol{\gamma}^{l'} = \boldsymbol{B}^{-1}\boldsymbol{a}^{l'}$ erforderlich. Der Rechenaufwand für einen Austauschschritt des gewöhnlichen Simplexverfahrens ist also von der Größenordnung $m(n-m)$ und bei der revidierten Simplexmethode von der Größenordnung $m^2+m(n-m)+m^2 = m(n+m)$.

Der Rechenaufwand für die revidierte Simplexmethode scheint somit auf den ersten Blick größer als für das gewöhnliche Simplexverfahren zu sein. Bei großen praktischen Problemen ist aber die Koeffizientenmatrix $\boldsymbol{A}$ in der Regel „dünn besetzt“, d.h., der Anteil p der von 0 verschiedenen Elemente von $\boldsymbol{A}$ ist sehr klein, etwa zwischen 0,01 und 0,05. Während bei der gewöhnlichen Simplexmethode die meisten Nullen in Feld ③ des Simplextableaus schon nach wenigen Austauschschritten verschwunden sind, greift das revidierte Simplexverfahren in jedem Austauschschritt auf die Matrix $\boldsymbol{A}$ zurück, und bei der Berechnung von $\boldsymbol{a}^{lT}\boldsymbol{u}$ $(l \in \mathcal{N})$ und $\boldsymbol{B}^{-1}\boldsymbol{a}^{l'}$ können diejenigen Komponenten von $\boldsymbol{a}^{l}$ bzw. $\boldsymbol{a}^{l'}$, die gleich 0 sind, weggelassen werden (bei geeigneter kompakter Speicherung der Daten). Die revidierte Simplexmethode erfordert also im Mittel nur $m^2 + pmn$ Multiplikationen bzw. Additionen pro Austauschschritt. Bei vielen praktischen Problemen ist zudem die Anzahl n der Variablen wesentlich größer als die Anzahl m der „echten" Nebenbedingungen (ohne die Vorzeichenbeschränkungen). Dann ist $m(n-m)$ erheblich größer als m^2+pmn, d.h., der Rechenaufwand der revidierten Simplexmethode ist geringer als derjenige des gewöhnlichen Simplexverfahrens. Beispielsweise haben wir für $n = 1000$, $m = 100$ und $p = 0{,}02$ $\quad m(n-m) = 90000$ und $m^2 + pmn = 12000$.

Ein anderer (insbesondere wieder für die Lösung großer linearer Optimierungsprobleme bedeutsamer) Vorteil der revidierten Simplexmethode ist, daß man die Kumulierung von Rundungsfehlern durch die fortlaufende Transformation der Felder ③ bis ⑥ vermeiden kann. Hierzu ermittelt man jeweils nach einer bestimmten Anzahl von Austauschschritten die Basisinverse $\boldsymbol{B}^{-1}$ in Feld ③ durch direkte Invertierung der aktuellen Basismatrix $\boldsymbol{B}$ (statt durch Transformation der Basisinversen des vorhergehenden Austauschschrittes) und berechnet die Größen in den Feldern ④, ⑤ und ⑥ gemäß

$$\boldsymbol{x}_B = \boldsymbol{B}^{-1}\boldsymbol{b}\,,\ \boldsymbol{u} = (\boldsymbol{B}^{-1})^T\boldsymbol{c}_B\,,\ F(\boldsymbol{x}) = \boldsymbol{c}_B^T\boldsymbol{x}_B\ .$$

Bei der Implementierung der revidierten Simplexmethode auf einem Rechner wird die Basisinverse meistens als Produkt von sogenannten **Elementarmatrizen** dargestellt, d.h. Matrizen, die sich nur in einer Spalte von der m-reihigen Einheitsmatrix $\boldsymbol{I}$ unterscheiden. Hierdurch wird einerseits die Transformation der Basismatrix in einem Austauschschritt auf Operationen zurückgeführt, die sich auf einem Rechner schnell ausführen lassen (z.B. die Berechnung von Skalarprodukten). Andererseits ermöglicht diese übersichtliche Darstellung der Basismatrix einen guten Zugang zu einer Fehleranalyse.

Sei i_k die „Position", d.h. die fortlaufende Zeilen- bzw. Spaltennummer des Index $k \in \mathcal{B}$ in Feld ① des Simplextableaus. Haben die Nebenbedingungen des zu lösenden linearen Optimierungsproblems die ursprüngliche Form

$$\text{(1.5.24)} \qquad \begin{cases} \mathbf{Ax} \le \boldsymbol{b} & \text{mit } \boldsymbol{b} \ge \boldsymbol{0}\,,\ \mathbf{A}\ m \times q\text{-Matrix} \\ \ \ \mathbf{x} \ge \mathbf{0}\,, \end{cases}$$

d.h., im Standardproblem (L) ist $\boldsymbol{A} = (\mathbf{A}, \boldsymbol{I})$, so gilt beim Start des Simplexverfahrens $i_{q+1} = 1, \ldots, i_{q+m} = m$ (vgl. Tab. 1.3.2 aus Abschnitt 1.3.2). Am Ende eines Austauschschrittes mit der Pivotzeile mit dem Index k' und der Pivotspalte mit dem Index l' ist dann l' an die Position des bisherigen Pivotzeilenindex k' zu setzen $(i_{l'} := i_{k'})$.

Die beiden Transformationsregeln (ii) und (iv) der revidierten Simplexmethode implizieren, daß sich die neue Basisinverse $\bar{\boldsymbol{B}}^{-1}$ am Ende eines Austauschschrittes aus der alten Basisinversen $\boldsymbol{B}^{-1}$ gemäß

$$\bar{\boldsymbol{B}}^{-1} = \boldsymbol{E}\boldsymbol{B}^{-1} \tag{1.5.25}$$

ergibt, wobei $\boldsymbol{E}$ die $m \times m$-Elementarmatrix

$$\boldsymbol{E} := (\boldsymbol{e}^1, \ldots, \overset{\text{Position } i_{k'}}{\overset{\downarrow}{\boldsymbol{g}}}, \ldots, \boldsymbol{e}^m) \ ,$$

$\boldsymbol{e}^i$ der i-te Einheitsvektor des $\mathbb{R}^m$ und $\boldsymbol{g}$ der Vektor mit den Komponenten

$$g_i := \begin{cases} \dfrac{1}{\gamma_{k'l'}} & \text{für } i = i_{k'} \\ -\dfrac{\gamma_{kl'}}{\gamma_{k'l'}} & \text{für } i = i_k \quad \text{mit } k \in \mathcal{B}, k \neq k' \end{cases} \qquad (i = 1, \ldots, m)$$

sind. Haben die Nebenbedingungen des ursprünglichen Optimierungsproblems wieder die Form (1.5.24), so ist $\boldsymbol{I}$ die erste Basisinverse. Nach r Austauschschritten läßt sich die Basisinverse $\boldsymbol{B}_r^{-1}$ dann in der Produktform

$$\boldsymbol{B}_r^{-1} = \boldsymbol{E}_r \boldsymbol{E}_{r-1} \cdots \boldsymbol{E}_1 \tag{1.5.26}$$

darstellen, wobei $\boldsymbol{E}_1, \ldots, \boldsymbol{E}_r$ Elementarmatrizen der Gestalt

$$\boldsymbol{E}_\nu := (\boldsymbol{e}^1, \ldots, \overset{\text{Position } i_{k_\nu}}{\overset{\downarrow}{\boldsymbol{g}^\nu}}, \ldots, \boldsymbol{e}^m) \qquad (\nu = 1, \ldots, r)$$

und i_{k_ν} die Position des Pivotzeilenindex k_ν des ν-ten Austauschschrittes sind. Natürlich braucht man (anstelle von $\boldsymbol{B}_r^{-1}$) nicht die vollständigen Elementarmatrizen $\boldsymbol{E}_\nu$, sondern nur die Vektoren $\boldsymbol{g}^\nu$ und deren Positionen i_{k_ν} zu speichern ($\nu = 1, \ldots, r$).

Wir zeigen noch, wie im Fall, daß die Basisinverse $\boldsymbol{B}^{-1}$ in der Produktform (1.5.26) gegeben ist (wobei wir bei $\boldsymbol{B}_r^{-1}$ der Einfachheit halber den Index r weglassen), die im Austauschschritt benötigten Vektoren $\boldsymbol{u}$ und $\boldsymbol{\gamma}^{l'}$ sowie der neue Basisvariablenvektor $\bar{\boldsymbol{x}}_{\bar{B}}$ bestimmt werden. Mit (1.5.26) haben wir

$$\boldsymbol{u} = (\boldsymbol{B}^{-1})^T \boldsymbol{c}_B = \boldsymbol{E}_1^T \cdots \boldsymbol{E}_{r-1}^T \boldsymbol{E}_r^T \boldsymbol{c}_B \ .$$

$\boldsymbol{u}$ kann sukzessiv berechnet werden, indem man zunächst den Vektor $\boldsymbol{c}' := \boldsymbol{E}_r^T \boldsymbol{c}_B$ und danach $\boldsymbol{c}'' := \boldsymbol{E}_{r-1}^T \boldsymbol{c}'$ bestimmt und analog fortfährt. $\boldsymbol{\gamma}^{l'}$ erhält man aus

$$\boldsymbol{\gamma}^{l'} = \boldsymbol{B}^{-1} \boldsymbol{a}^{l'} = \boldsymbol{E}_r \cdots \boldsymbol{E}_2 \boldsymbol{E}_1 \boldsymbol{a}^{l'} \ ,$$

d.h., man berechnet zuerst $\boldsymbol{a}' := \boldsymbol{E}_1\boldsymbol{a}^{l'}$, danach $\boldsymbol{a}'' := \boldsymbol{E}_2\boldsymbol{a}'$ usw. Schließlich gilt mit (1.5.25)

$$\bar{\boldsymbol{x}}_{\bar{B}} = \bar{\boldsymbol{B}}^{-1}\boldsymbol{b} = \boldsymbol{E}\boldsymbol{B}^{-1}\boldsymbol{b} = \boldsymbol{E}\boldsymbol{x}_B \ ,$$

wobei $\boldsymbol{E}$ die entsprechende Elementarmatrix und $\boldsymbol{x}_B$ der alte Basisvariablenvektor sind. Insgesamt brauchen wir also nur anzugeben, wie Produkte der Gestalt $\boldsymbol{E}\boldsymbol{v}$ und $\boldsymbol{E}^T\boldsymbol{w}$ zu berechnen sind, wobei $\boldsymbol{v}, \boldsymbol{w} \in \mathbb{R}^m$ und $\boldsymbol{E}$ eine Elementarmatrix der Form

$$\boldsymbol{E} = (\boldsymbol{e}^1, \ldots, \overset{\substack{\text{Position } j = i_{k'} \\ \downarrow}}{\boldsymbol{g}}, \ldots, \boldsymbol{e}^m)$$

sind. Wir erhalten

$$\boldsymbol{E}\boldsymbol{v} = \begin{pmatrix} 1 \ldots g_1 \ldots 0 \\ \vdots \quad \vdots \quad \vdots \\ 0 \ldots g_m \ldots 1 \end{pmatrix} \begin{pmatrix} v_1 \\ \vdots \\ v_m \end{pmatrix} = \begin{pmatrix} v_1 + g_1 v_j \\ \vdots \\ g_j v_j \\ \vdots \\ v_m + g_m v_j \end{pmatrix}$$

(Spaltenindizes der Matrix: $1 \ldots j \ldots m$)

$$\boldsymbol{E}^T\boldsymbol{w} = \begin{pmatrix} 1 \ldots 0 \\ \vdots \quad \vdots \\ g_1 \ldots g_m \\ \vdots \quad \vdots \\ 0 \ldots 1 \end{pmatrix} \begin{pmatrix} w_1 \\ \vdots \\ w_m \end{pmatrix} = \begin{pmatrix} w_1 \\ \vdots \\ \boldsymbol{g}^T\boldsymbol{w} \\ \vdots \\ w_m \end{pmatrix} \begin{matrix} 1 \\ \vdots \\ j \\ \vdots \\ m \end{matrix}$$

Für eine ausführlichere Darstellung der revidierten Simplexmethode sowie für numerisch stabile Versionen des Verfahrens, die eine Kumulierung von Rundungsfehlern vermeiden, verweisen wir auf CHVATAL (1983), Kapitel 7 und 24, und MURTY (1983), Kapitel 5 und 7.

1.6 Sensitivitätsanalyse und parametrische Optimierung

Bei den bisher untersuchten Problemstellungen der linearen Optimierung sind wir immer davon ausgegangen, daß alle Daten des Modells bekannt und unveränderlich sind. In einer Vielzahl von Fällen trifft dies jedoch nicht oder nur bedingt zu. Einige Beispiele sollen dies verdeutlichen:

(a) Die Koeffizienten der Zielfunktion sind durch Messungen bestimmte technische Größen, bei denen Meßfehler in Betracht gezogen werden müssen.

(b) Die Planung eines Produktionsprozesses geht zunächst davon aus, daß von einem knappen Rohstoff nur eine gewisse Menge verfügbar ist. Sollte sich jedoch herausstellen, daß eine Aufstockung dieser Menge einen entscheidenden Einfluß auf den Gewinn ausübt, kann der Disponent dies in einem beschränkten Umfang veranlassen.

(c) Eine der Restriktionen beschreibt die Aufteilung der Investitionsmittel für einen späteren Planungszeitraum. Die diesbezüglichen Plandaten basieren auf der Schätzung zukünftiger Größen und sind folglich mit Unsicherheiten behaftet.

Ein Zugang zur Lösung von linearen Optimierungsproblemen mit veränderlichen Problemdaten besteht darin, diese Daten zunächst als fix anzusehen, eine optimale Lösung des betreffenden Problems zu berechnen und anschließend (ex post) zu untersuchen, wie sich diese optimale Lösung gegenüber den Änderungen der Eingangsdaten verhält. Bei der sogenannten **Sensitivitätsanalyse** oder **Ex-post-Analyse** werden nur solche Änderungen der Daten berücksichtigt, bei denen sich die optimale Lösung „qualitativ" nicht ändert. Unter einer **qualitativ gleichen Lösung** versteht man dabei, daß trotz modifizierter Daten die Basis der optimalen Lösung gleich bleibt. Die optimale Lösung selbst sowie der zugehörige Zielfunktionswert können sich jedoch ändern. Anschaulich ausgedrückt bewirkt die Datenveränderung zwar eine Veränderung der Gestalt des zulässigen Bereichs oder der Anordnung der Höhenlinien der Zielfunktion; sie ist jedoch nicht so stark, daß dadurch ein Übergang von der optimalen Ecke zu einer anderen Ecke des zulässigen Bereichs erfolgt. Können die Veränderungen der Ausgangsdaten in Abhängigkeit von einem Parameter so groß werden, daß sich die optimale Lösung auch qualitativ ändert (d.h. ein Übergang zu einer anderen Basis stattfindet), so spricht man von **parametrischer Optimierung**. Dieser Name rührt daher, daß nur solche Änderungen der Eingangsdaten betrachtet werden, die sich proportional zu einem (reellwertigen) Parameter ändern. Der Grund dafür, daß solche speziellen Änderungen betrachtet werden, besteht darin, daß ein Basiswechsel, der mit einer qualitativen Änderung der optimalen Lösung verbunden ist, sich nur in diesen Fällen übersichtlich und mit vertretbarem Aufwand untersuchen läßt. Ferner sind einfache proportionale Änderungen von Einflußgrößen gerade für Analysezwecke von praktischem Interesse.

Die Aufgabe der Sensitivitätsanalyse läßt sich allgemein folgendermaßen beschreiben. Wir legen wieder das Standardproblem der linearen Optimierung

$$(L) \qquad \begin{cases} \text{Min.} & F(\boldsymbol{x}) := \boldsymbol{c}^T\boldsymbol{x} \\ \text{u.d.N.} & \boldsymbol{A}\boldsymbol{x} = \boldsymbol{b} \\ & \boldsymbol{x} \geq \boldsymbol{0} \end{cases}$$

zugrunde, wobei $\boldsymbol{A}$ eine $m \times n$-Matrix mit $\text{rg}\boldsymbol{A} = m < n$ sowie $\boldsymbol{c}, \boldsymbol{x} \in \mathbb{R}^n$ und

$\boldsymbol{b} \in \mathbb{R}^m$ sind. Kennzeichnen wir die (additiven) Änderungen der Eingangsdaten durch Δ, so geht (L) in das Problem

$$
\text{(1.6.1)} \qquad \begin{cases} \text{Min.} & (\boldsymbol{c} + \Delta\boldsymbol{c})^T\boldsymbol{x} \\ \text{u.d.N.} & (\boldsymbol{A} + \Delta\boldsymbol{A})\boldsymbol{x} = \boldsymbol{b} + \Delta\boldsymbol{b} \\ & \boldsymbol{x} \geq \boldsymbol{0} \end{cases}
$$

über. Im Rahmen der Sensitivitätsanalyse ist nun zu untersuchen, wie groß die Änderungen $\Delta\boldsymbol{c}$, $\Delta\boldsymbol{b}$ und $\Delta\boldsymbol{A}$ sein können, ohne eine optimale Lösung $\boldsymbol{x}^*$ von (L) qualitativ zu ändern.

1.6.1 Erläuterung der Sensitivitätsanalyse an Hand von Beispielen

An Hand einiger Beispiele, bei denen der zulässige Bereich im $\mathbb{R}^2$ durch Ungleichungen dargestellt werde, sollen zunächst die unterschiedlichen Aspekte der Sensitivitätsanalyse beleuchtet werden. Wir gehen aus von dem linearen Optimierungsproblem

$$
\begin{array}{ll} \text{Max.} & x_1 + x_2 \\ \text{u.d.N.} & -x_1 + x_2 \leq 2 \\ & x_1 + 2x_2 \leq 6 \\ & 2x_1 + x_2 \leq 6 \\ & x_1, x_2 \geq 0 \end{array}
$$

(vgl. Abb. 1.6.1) mit der optimalen Lösung im Punkt $P = (2,2)^T$.

Wir werden nun nacheinander (additive) Änderungen Δc_j, Δb_i und Δa_{ij} der Zielfunktionskoeffizienten c_j, der rechten Seiten b_i und der Koeffizienten a_{ij} der Restriktionen betrachten $(i = 1,2,3; j = 1,2)$.

(a) Änderung der Zielfunktionskoeffizienten c_1 und c_2

Die Veränderung des Verhältnisses c_1/c_2 der Zielfunktionskoeffizienten bewirkt eine Änderung der Steigung der Höhenlinien

$$
(1 + \Delta c_1)x_1 + (1 + \Delta c_2)x_2 = \alpha
$$

der Zielfunktion. Die Ecke $P = (2,2)^T$ bleibt so lange optimale Lösung, wie die Höhenlinien durch P in dem grau eingezeichneten Bereich von Abb. 1.6.1 verlaufen. Allerdings ist mit Änderungen der Zielfunktionskoeffizienten in der Regel eine Änderung des optimalen Zielfunktionswertes verbunden, selbst wenn (etwa für $\Delta c_1 = \Delta c_2 = 2$) der Verlauf der neuen und der alten Höhenlinien übereinstimmt. Der Übergang zu einer qualitativ anderen optimalen Lösung erfolgt erst, wenn die Höhenlinien über den grau gekennzeichneten Bereich

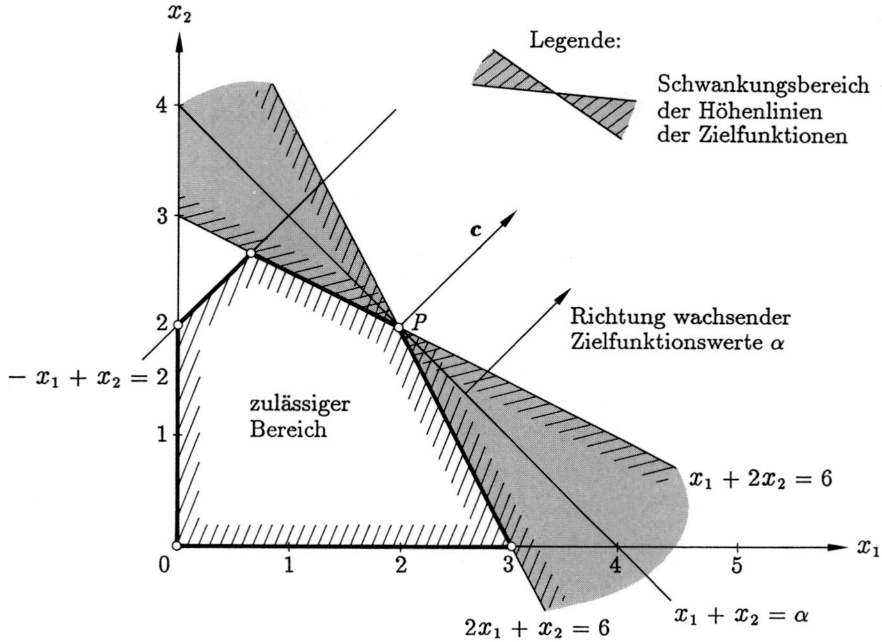

Abb. 1.6.1

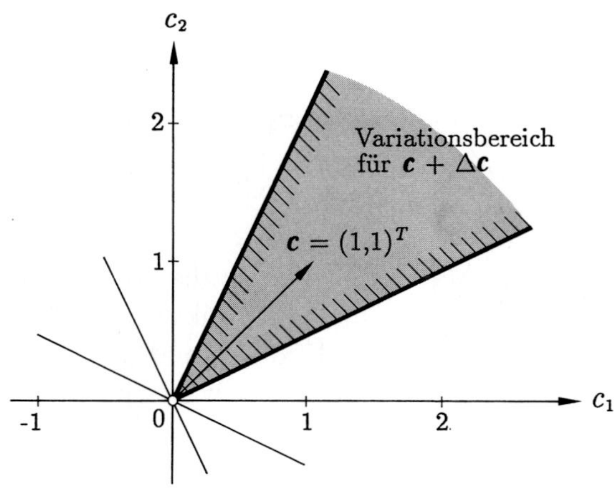

Abb. 1.6.2

„hinausgedreht“ werden. Den Zusammenhang zwischen dem (grauen) Drehbereich der Höhenlinien der Zielfunktion und dem entsprechenden Bereich der senkrecht auf den Höhenlinien stehenden Vektoren $\boldsymbol{c} + \Delta\boldsymbol{c}$ der Zielfunktionskoeffizienten zeigt Abb. 1.6.2, in der die hierbei möglichen Vektoren $\boldsymbol{c} + \Delta\boldsymbol{c}$ eingetragen sind.

(b) Änderung der rechten Seite b_3 der dritten Restriktion
Eine Änderung der rechten Seite $b_3 = 6$ der Restriktion $2x_1 + x_2 \leq 6$ um Δb_3 bedeutet, daß die restringierende Gerade $2x_1+x_2 = 6$ parallel verschoben wird. Im Fall $\Delta b_3 < 0$ verkleinert sich hierbei der Abstand von Koordinatenursprung (vgl. Abb. 1.6.3).

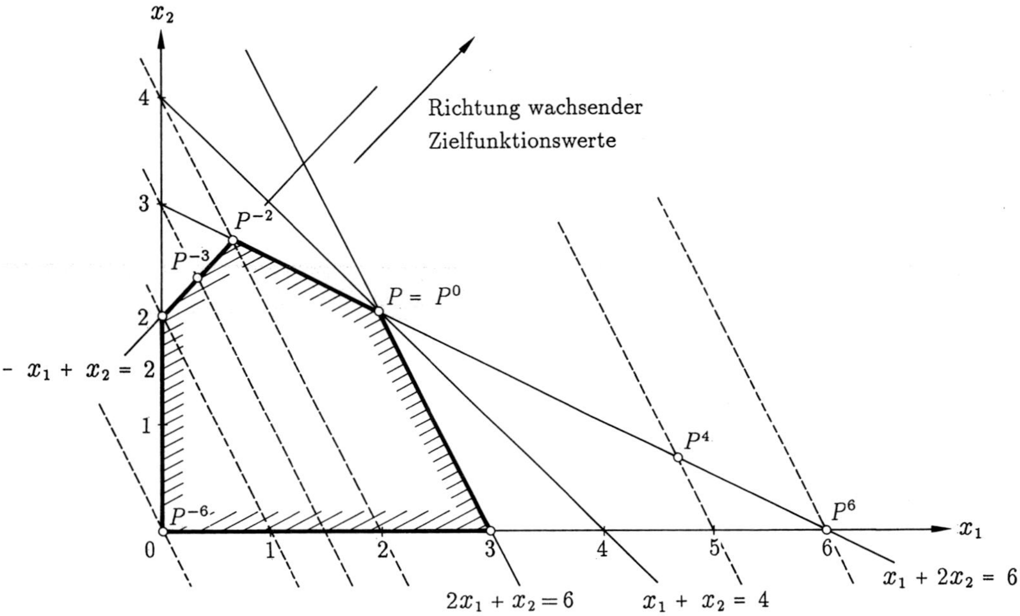

Abb. 1.6.3

In Abhängigkeit von Δb_3 verschiebt sich die optimale Lösung, ausgehend von $P = P^0$, nach $P^{\Delta b_3}$. Der optimale Zielfunktionswert $\mathrm{F}^{\Delta b_3}(\mathbf{x}^*)$ ändert sich ebenfalls, ausgehend von $\mathrm{F}^0(\mathbf{x}^*) = \mathrm{F}(\mathbf{x}^*)$, gemäß $\mathrm{F}^{\Delta b_3}(\mathbf{x}^*) = 4 + \frac{1}{3}\Delta b_3$. Solange Δb_3 im Intervall $[-2, 6]$ bleibt, haben wir es mit der qualitativ gleichen Lösung zu tun, da in diesem Fall die optimale Ecke jeweils durch die zweite und die dritte Restriktion bestimmt wird. Für $\Delta b_3 < -2$ besitzt die optimale Lösung eine andere Basis (beispielsweise in Punkt P^{-3}). Während zuvor (nach Einführung der Schlupfvariablen x_3, x_4 und x_5 für die erste, zweite und dritte Restriktion) x_1, x_2 und x_3 Basisvariablen waren, tritt in P^{-3} die neue Basisvariable x_4 an die Stelle von x_3. Analog erfolgt für $\Delta b_3 > 6$ eine qualitative Änderung der optimalen Lösung mit x_1, x_3 und x_5 als Basisvariablen.

(c) Änderung des Koeffizienten a_{21} der Restriktionen
Ändert sich der Koeffizient $a_{21} = 1$ in der zweiten Restriktion um Δa_{21}, so

bedeutet dies in unserem Beispiel eine Drehung der Geraden $x_1 + 2x_2 = 6$ um den Punkt $D = (0,3)^T$ (vgl. Abb. 1.6.4).

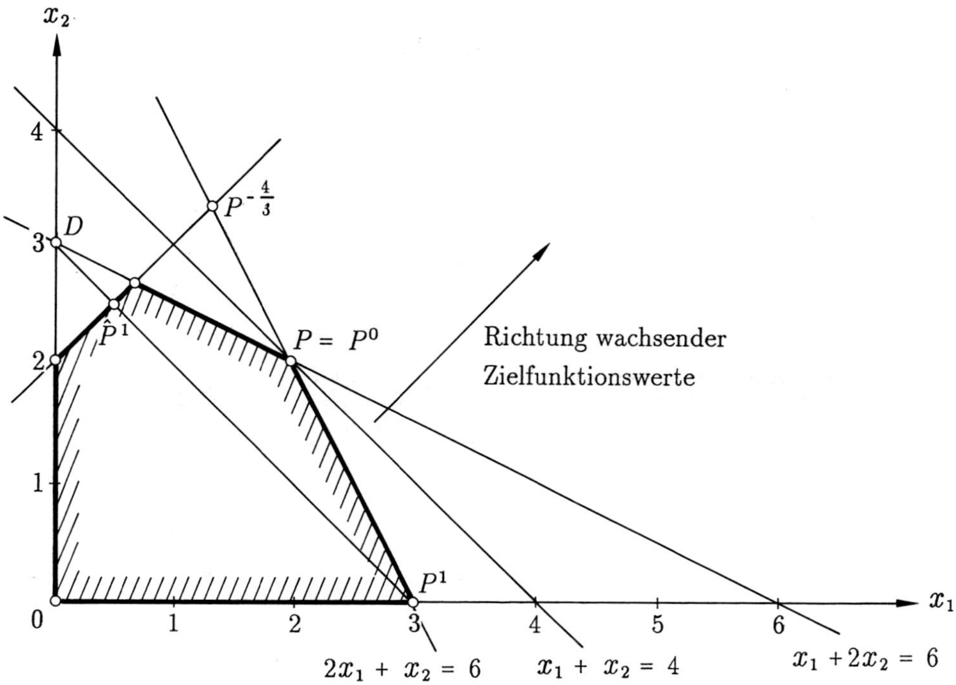

Abb. 1.6.4

Für das Intervall $-\frac{4}{3} \leq \Delta a_{21} \leq 1$ erhalten wir die qualitativ gleiche Lösung, wobei in Abhängigkeit von Δa_{21} der optimale Zielfunktionswert von 3 bis $\frac{14}{3}$ variiert. Es sei noch darauf hingewiesen, daß die optimale Lösung ähnlich wie im Fall (a) bei stetiger Änderung von Δa_{ij} „springen" kann (überschreitet etwa Δa_{21} den Wert 1, so springt die optimale Lösung von P^1 nach $\widehat{P}^1$), während das Änderungsverhalten im Fall (b) stetig ist.

Die Änderungen der Eingangsgrößen bei linearen Optimierungsaufgaben treten natürlich nicht nur wie in den obigen Beispielen isoliert auf. Die unterschiedlichen Auswirkungen können sich sowohl weitgehend aufheben als auch gegenseitig verstärkend wirken mit der Folge, daß vergleichsweise kleine Änderungen bereits zu einer qualitativ anderen optimalen Lösung führen. Der Einfachheit halber wollen wir jedoch für die folgende allgemeine Darstellung der Sensitivitätsanalyse die drei Fälle (a), (b) und (c) wieder getrennt untersuchen.

1.6.2 Sensitivitätsanalyse

Wir erinnern an folgendes Resultat aus der Theorie der linearen Optimierung: Sei $\boldsymbol{x}^*$ eine optimale Basislösung des Standardproblems (L) mit der Basismatrix $\boldsymbol{B}$ und der Nichtbasismatrix $\boldsymbol{N}$ sowie den entsprechenden Indexmengen $\mathcal{B}$ und $\mathcal{N}$. Dann hat jede zulässige Lösung $\boldsymbol{x}$ von (L) bis auf Umordnung der Komponenten die Form $\boldsymbol{x} = \binom{\boldsymbol{x}_B}{\boldsymbol{x}_N}$ mit

$$\boldsymbol{x}_B = \boldsymbol{B}^{-1}\boldsymbol{b} - \boldsymbol{B}^{-1}\boldsymbol{N}\boldsymbol{x}_N = \boldsymbol{B}^{-1}\boldsymbol{b} - \boldsymbol{\Gamma}\boldsymbol{x}_N$$

(vgl. (1.2.7), (1.2.8)). Für $\boldsymbol{x} = \boldsymbol{x}^*$ haben wir speziell $\boldsymbol{x}_N^* = \boldsymbol{0}$ und $\boldsymbol{x}_B^* = \boldsymbol{B}^{-1}\boldsymbol{b}$. Diese explizite Darstellung der optimalen Lösung, die vor allem bei der revidierten Simplexmethode benutzt wird (vgl. Abschnitt 1.5.5), stellt einen unmittelbaren Zusammenhang mit den Ausgangsdaten her und erweist sich deshalb für die Sensitivitätsanalyse als besonders geeignet. Bei Änderungen von Komponenten der Basisvektoren ist die „Basisinverse“ $\boldsymbol{B}^{-1}$ jeweils neu zu berechnen.

(a) Änderung der Zielfunktionskoeffizienten $\boldsymbol{c}_j$
Nach (1.2.11) und (1.2.13) gilt für die reduzierten Zielfunktionskoeffizienten

$$\begin{aligned} \zeta_l &:= c_l - z_l = c_l - \boldsymbol{\gamma}^{lT}\boldsymbol{c}_B = c_l - (\boldsymbol{B}^{-1}\boldsymbol{a}^l)^T\boldsymbol{c}_B \quad (l \in \mathcal{N}) \\ \zeta_k &= 0 \quad (k \in \mathcal{B}) \ , \end{aligned}$$

wobei $\boldsymbol{a}^l$ und $\boldsymbol{\gamma}^l$ die Spaltenvektoren der Nummer l der Matrizen $\boldsymbol{A}$ bzw. $\boldsymbol{\Gamma}$ sind. Soll die Optimalitätsbedingung

$$\zeta_l \geq 0 \tag{1.6.2}$$

auch dann noch für die gleiche Basis gelten, wenn an Stelle von $F(\boldsymbol{x}) = \boldsymbol{c}^T\boldsymbol{x}$ die Zielfunktion

$$F^{\Delta \boldsymbol{c}}(\boldsymbol{x}) = (\boldsymbol{c} + \Delta\boldsymbol{c})^T\boldsymbol{x}$$

minimiert wird, so muß für die Komponenten von $\Delta\boldsymbol{c}$ die folgende Bedingung erfüllt sein:

$$c_l + \Delta c_l - \boldsymbol{\gamma}^{lT}(\boldsymbol{c}_B + \Delta\boldsymbol{c}_B) \geq 0 \quad \text{für alle } l \in \mathcal{N} \ . \tag{1.6.3}$$

Der Bereich, in dem $\Delta\boldsymbol{c}$ keine qualitative Änderung der optimalen Lösung bewirkt, ist damit durch

$$\Delta c_l - \boldsymbol{\gamma}^{lT}\Delta\boldsymbol{c}_B \geq -\zeta_l \quad (l \in \mathcal{N})$$

gegeben. Für alle Änderungen $\Delta \boldsymbol{c}$, die dieser Ungleichung genügen, bleibt also $\boldsymbol{x}^*$ eine optimale Lösung. Der zugehörige Zielfunktionswert $F^{\Delta \boldsymbol{c}}(\boldsymbol{x}^*) = (\boldsymbol{c} + \Delta \boldsymbol{c})^T \boldsymbol{x}^*$ kann unmittelbar berechnet werden.

Sind die Kostenkoeffizienten nicht frei variierbar, sondern gemäß $\lambda \Delta \boldsymbol{c}$ proportional zu einer vorgegebenen Größe $\Delta \boldsymbol{c}$, dann ist ein Intervall $[\lambda^-, \lambda^+]$ so zu bestimmen, daß für alle $\lambda \in [\lambda^-, \lambda^+]$ keine qualitative Änderung der optimalen Lösung auftritt. Mit den reduzierten Zielfunktionskoeffizienten ζ_l und den entsprechenden Größen

(1.6.4) $$d_l := \Delta c_l - \boldsymbol{\gamma}^{lT} \Delta \boldsymbol{c}_B$$

erhalten wir aus (1.6.3) die Bedingung

(1.6.5) $$\lambda d_l \geq -\zeta_l \quad \text{für alle } l \in \mathcal{N},$$

die zumindest für $\lambda = 0$ erfüllt ist. Hieraus ergeben sich folgende untere und obere Schranken für λ:

(1.6.6) $$\begin{cases} \lambda_a^- := \max\left\{ -\frac{\zeta_l}{d_l} | d_l > 0, l \in \mathcal{N} \right\} \\ \lambda_a^+ := \min\left\{ -\frac{\zeta_l}{d_l} | d_l < 0, l \in \mathcal{N} \right\} \end{cases}.$$

Der optimale Zielfunktionswert

$$F^\lambda(\boldsymbol{x}^*) := (\boldsymbol{c} + \lambda \Delta \boldsymbol{c})^T \boldsymbol{x}^* = F(\boldsymbol{x}^*) + \lambda \Delta \boldsymbol{c}^T \boldsymbol{x}^*$$

hängt linear von λ ab. Will man die Änderungen nur eines einzelnen Koeffizienten c_j untersuchen, kann wie soeben verfahren werden, wobei man $\Delta \boldsymbol{c} := (0, \ldots, 0, \Delta c_j, 0, \ldots, 0)^T$ setzt.

(b) Änderung der rechten Seiten $\boldsymbol{b}_i$ der Restriktionen

Liegen an Stelle der Restriktionen $\boldsymbol{A}\boldsymbol{x} = \boldsymbol{b}$ die Gleichungen

$$\boldsymbol{A}\boldsymbol{x} = \boldsymbol{b} + \Delta \boldsymbol{b}$$

vor, so bleibt die optimale Lösung $\boldsymbol{x}^*$ qualitativ erhalten, wenn die Zulässigkeitsbedingung

(1.6.7) $$\boldsymbol{x}_B^*(\Delta \boldsymbol{b}) := \boldsymbol{B}^{-1}(\boldsymbol{b} + \Delta \boldsymbol{b}) \geq \boldsymbol{0}$$

erfüllt ist. $\Delta \boldsymbol{b}$ muß daher der Ungleichung

(1.6.8) $$\boldsymbol{B}^{-1} \Delta \boldsymbol{b} \geq -\boldsymbol{B}^{-1} \boldsymbol{b} = -\boldsymbol{x}_B^*$$

genügen. Auf die Optimalitätsbedingung (1.6.2) ist die Änderung $\Delta \boldsymbol{b}$ ohne Einfluß. Für den optimalen Zielfunktionswert haben wir in Abhängigkeit von zulässigen $\Delta \boldsymbol{b}$ (d.h., (1.6.8) ist erfüllt):

(1.6.9) $$F^{\Delta b}(\boldsymbol{x}^*) := \boldsymbol{c}_B^T \boldsymbol{B}^{-1}(\boldsymbol{b} + \Delta \boldsymbol{b}) = F(\boldsymbol{x}^*) + \boldsymbol{c}_B^T \boldsymbol{B}^{-1} \Delta \boldsymbol{b} \ .$$

Wie man leicht nachprüft, gilt die Beziehung (1.6.9) genauso für lineare Optimierungsprobleme der Gestalt

$$\begin{aligned} &\text{Max. } \mathbf{c}^T\mathbf{x} \\ &\text{u.d.N. } \mathbf{A}\mathbf{x} \leq \boldsymbol{b} + \Delta \boldsymbol{b} \\ &\qquad\quad \mathbf{x} \geq \mathbf{0} \ , \end{aligned}$$

die der ökonomischen Interpretation zueinander dualer Optimierungsprobleme in Abschnitt 1.4.3 zugrunde liegt. Die Komponente b_i von $\boldsymbol{b}$ bezeichnet dort die Menge, die vom Produktionsfaktor R_i zur Verfügung steht ($i = 1, \ldots, m$). Setzen wir $\Delta \boldsymbol{b} := (0, \ldots, 0, \Delta b_i, 0, \ldots, 0)^T = (0, \ldots, 1, \ldots, 0)^T$ und erhöhen damit die zur Verfügung stehende Menge des Rohstoffs R_i um eine Einheit, so sehen wir aus (1.6.9) unmittelbar, daß sich hierdurch der Gewinn um $(\boldsymbol{B}^{-1T}\boldsymbol{c}_B)_i$ erhöht (Voraussetzung hierfür ist, daß sich dabei die optimale Lösung qualitativ nicht ändert). $(\boldsymbol{B}^{-1T}\boldsymbol{c}_B)_i$ bezeichnet die i-te Komponente des Vektors $\boldsymbol{B}^{-1T}\boldsymbol{c}_B$ und entspricht dem in Abschnitt 1.4.3 eingeführten Schattenpreis, den ein Unternehmen für eine Mengeneinheit des Rohstoffs R_i zu zahlen bereit ist. Betrachten wir wieder die von einem Parameter λ abhängige Änderung $\lambda \Delta \boldsymbol{b}$ (mit dem festen Änderungsvektor $\Delta \boldsymbol{b}$), so lassen sich untere und obere Schranken λ_b^- bzw. λ_b^+ für λ gemäß (1.6.8) berechnen. Es gilt

$$\lambda \boldsymbol{B}^{-1} \Delta \boldsymbol{b} \geq -\boldsymbol{x}_B^*$$

oder komponentenweise mit $\boldsymbol{f} := \boldsymbol{B}^{-1} \Delta \boldsymbol{b}$

$$\lambda f_j \geq -x_j^* \quad (j \in \mathcal{B}) \ .$$

Als untere und obere Schranken erhalten wir damit analog zu (1.6.6)

(1.6.10) $$\begin{cases} \lambda_b^- := \max \left\{ -\dfrac{x_j^*}{f_j} | f_j > 0, j \in \mathcal{B} \right\} \\ \lambda_b^+ := \min \left\{ -\dfrac{x_j^*}{f_j} | f_j < 0, j \in \mathcal{B} \right\} \end{cases}$$

und für den zugehörigen Wert der Zielfunktion

$$F^\lambda(\boldsymbol{x}^*) := F(\boldsymbol{x}^*) + \lambda \boldsymbol{c}_B^T \boldsymbol{f} \ .$$

(c) Änderung der Koeffizienten a_{ij} in den Restriktionen

Die Analyse der Auswirkung von Änderungen in der Koeffizientenmatrix der Restriktionen ist schwieriger als die beiden zuvor betrachteten Fälle, so daß wir uns auf die Variation eines einzelnen Elements a_{ij} beschränken wollen (für Einzelheiten vgl. MURTY (1983), Kapitel 9).

Wir nehmen zunächst an, daß der um Δa_{ij} geänderte Koeffizient a_{ij} Komponente eines Basisvektors $\boldsymbol{a}^j$ $(j \in \mathcal{B})$ sei. Da die Änderung aus einer einzigen reellen Zahl besteht, kann diese Zahl selbst als variabel angesehen werden. Ein extra Parameter λ erübrigt sich also in diesem Fall. Damit dieselbe Basis wie zuvor die optimale Lösung bestimmt, muß zum einen die Zulässigkeitsbedingung

$$\text{(1.6.11)} \quad \begin{aligned} \boldsymbol{x}_B^*(\Delta a_{ij}) &:= (\boldsymbol{B} + \Delta a_{ij}\boldsymbol{E}_{ij})^{-1}\boldsymbol{b} = (\boldsymbol{I} + \Delta a_{ij}\boldsymbol{B}^{-1}\boldsymbol{E}_{ij})^{-1}\boldsymbol{B}^{-1}\boldsymbol{b} \\ &= (\boldsymbol{I} + \Delta a_{ij}\boldsymbol{B}^{-1}\boldsymbol{E}_{ij})^{-1}\boldsymbol{x}_B^* \geq \boldsymbol{0} \end{aligned}$$

erfüllt sein, wobei $\boldsymbol{E}_{ij}$ eine $m \times m$-Matrix darstellt, die außer Nullen nur das Element $e_{ij} = 1$ enthält. $\boldsymbol{B} + \Delta a_{ij}\boldsymbol{E}_{ij} = \boldsymbol{B}(\boldsymbol{I} + \Delta \boldsymbol{a}_{ij}\boldsymbol{B}^{-1}\boldsymbol{E}_{ij})$ unterscheidet sich also von $\boldsymbol{B}$ nur in dem Element der i-ten Zeile und j-ten Spalte um Δa_{ij}. Zum anderen muß zusätzlich die Optimalitätsbedingung (1.6.2) in der Form

$$\text{(1.6.12)} \begin{cases} c_l - ((\boldsymbol{B} + \Delta a_{ij}\boldsymbol{E}_{ij})^{-1}\boldsymbol{a}^l)^T\boldsymbol{c}_B \\ = c_l - ((\boldsymbol{I} + \Delta a_{ij}\boldsymbol{B}^{-1}\boldsymbol{E}_{ij})^{-1}\boldsymbol{B}^{-1}\boldsymbol{a}^l)^T\boldsymbol{c}_B \geq 0 \quad \text{für alle } l \in \mathcal{N} \end{cases}$$

gelten.

Zur Überprüfung der Bedingungen (1.6.11) und (1.6.12) ist die Inverse der Matrix $\boldsymbol{B} + \Delta a_{ij}\boldsymbol{E}_{ij}$ oder (rechentechnisch günstiger) die Inverse der Matrix $\boldsymbol{I}+\Delta a_{ij}\boldsymbol{B}^{-1}\boldsymbol{E}_{ij}$ zu bestimmen. Diese Inversion ist für $\boldsymbol{I}+\Delta a_{ij}\boldsymbol{B}^{-1}\boldsymbol{E}_{ij}$ aufgrund der speziellen Gestalt dieser Matrix zwar im Prinzip einfach durchzuführen, jedoch relativ aufwendig darzustellen, weshalb wir hier darauf verzichten wollen. Im Verlauf der Matrizenumformungen bei der Inversion ergibt sich auch, welche Werte Δa_{ij} nicht annehmen darf, damit die Existenz der Inversen sichergestellt ist. Nachdem die Inverse berechnet ist, erhält man nach einigen weiteren Umformungen ganz ähnlich wie in den Fällen (a) und (b) aus den Ungleichungen (1.6.11) und (1.6.12) untere und obere Schranken für Δa_{ij}.

Wir betrachten jetzt noch den (einfacheren) Fall, daß sich die Komponente a_{ij} eines nicht zur Basis gehörenden Spaltenvektors $\boldsymbol{a}^j$ von $\boldsymbol{A}$ um Δa_{ij} ändert $(j \in \mathcal{N})$. Da sich bei der Änderung der Komponente a_{ij} des Nichtbasisvektors $\boldsymbol{a}^j$ die Inverse $\boldsymbol{B}^{-1}$ der Basismatrix nicht ändert, bleibt die optimale Lösung $\boldsymbol{x}^*$ (und damit auch der Zielfunktionswert) erhalten. Daher ist die Zulässigkeitsbedingung für beliebiges Δa_{ij} erfüllt und lediglich die entsprechende Optimalitätsbedingung

$$c_j - (\boldsymbol{B}^{-1} \begin{pmatrix} a_{1j} \\ \vdots \\ a_{ij} + \Delta a_{ij} \\ \vdots \\ a_{mj} \end{pmatrix})^T \boldsymbol{c}_B = c_j - z_j - \Delta a_{ij} \boldsymbol{b}^{iT} \boldsymbol{c}_B \ \geq 0$$

zu fordern, wobei $\boldsymbol{b}^i$ der i-te Spaltenvektor von $\boldsymbol{B}^{-1}$ sei. Die Auflösung nach Δa_{ij} führt auf die unteren und oberen Schranken λ_c^- bzw. λ_c^+ für Δa_{ij}:

$$\lambda_c^- := \frac{c_j - z_j}{\boldsymbol{c}_B^T \boldsymbol{b}^i}, \quad \text{falls } \boldsymbol{c}_B^T \boldsymbol{b}^i < 0 \quad (\text{sonst } \lambda_c^- := -\infty) ,$$

$$\lambda_c^+ := \frac{c_j - z_j}{\boldsymbol{c}_B^T \boldsymbol{b}^i}, \quad \text{falls } \boldsymbol{c}_B^T \boldsymbol{b}^i > 0 \quad (\text{sonst } \lambda_c^+ := \infty) .$$

Bei den bisherigen Überlegungen haben wir stillschweigend vorausgesetzt, daß die optimale Ausgangslösung nicht entartet sei. Erweitert man den Begriff einer qualitativ gleichen Lösung dahingehend, daß alle Basen einer entarteten zulässigen Basislösung eine qualitativ gleiche Lösung besitzen, so sind im Rahmen der Sensitivitätsanalyse alle Änderungsmöglichkeiten zu untersuchen, die sich aus den verschiedenen Basislösungen ergeben.

1.6.3 Erläuterung der parametrischen Optimierung an Hand von Beispielen

Wie bereits erwähnt, stellt die parametrische Optimierung eine Erweiterung der Sensitivitätsanalyse dar, wobei wir der Einfachheit halber aber nur solche Änderungen der Eingangsgrößen betrachten wollen, die proportional zu einem Parameter sind. Bei der parametrischen Optimierung wird im Unterschied zur Sensitivitätsanalyse insbesondere der Fall untersucht, daß sich die optimale Lösung qualitativ ändert. Im folgenden wollen wir uns auf die Variation der Zielfunktionskoeffizienten und der rechten Seiten der Restriktionen beschränken, die sich aus Änderungen $\lambda \Delta \boldsymbol{c}$ bzw. $\lambda \Delta \boldsymbol{b}$ mit vorgegebenem $\Delta \boldsymbol{c}$ bzw. $\Delta \boldsymbol{b}$ und einem Paramter λ ergeben, der alle Werte aus einem Intervall $[0, \widehat{\lambda}_a]$ bzw. $[0, \widehat{\lambda}_b]$ ($\widehat{\lambda}_a, \widehat{\lambda}_b > 0$) oder aus $[0, \infty)$ annehmen kann. Der Parameter λ hat die gleiche Bedeutung wie in der Sensitivitätsanalyse. Der Einfachheit halber werden aber nur positive Parameterwerte betrachtet. Mit dieser gezielten Änderung von Eingangsgrößen des Modells verbindet sich häufig die Vorstellung, daß in dem zugrunde liegenden Problem einige (Steuerungs-)Größen optimal justiert werden sollen.

Wir greifen zunächst das in Abschnitt 1.6.1 diskutierte Beispiel (in Standardform) auf:

$$\begin{array}{lrcrcrcrcrcl} \text{Min.} & -x_1 & - & x_2 & & & & & & & & \\ \text{u.d.N.} & -x_1 & + & x_2 & + & x_3 & & & & & = & 2 \\ & x_1 & + & 2x_2 & & & + & x_4 & & & = & 6 \\ & 2x_1 & + & x_2 & & & & & + & x_5 & = & 6 \\ & & & & & & & & x_1, \ldots, & x_5 & \geq & 0\,. \end{array}$$

Hierbei stellen x_3, x_4, x_5 die Schlupfvariablen dar. Die optimale Lösung $\boldsymbol{x}^1 = (2,2,2,0,0)^T$ (vgl. auch Abb. 1.6.1) mit der Basisindexmenge $\mathcal{B}_1 = \{1,2,3\}$ und der Matrix

$$\boldsymbol{\Gamma}_1 = \boldsymbol{B}_1^{-1}\boldsymbol{N}_1 = \begin{pmatrix} 0 & -\frac{1}{3} & \frac{2}{3} \\ 0 & \frac{2}{3} & -\frac{1}{3} \\ 1 & -1 & 1 \end{pmatrix} \begin{pmatrix} 0 & 0 \\ 1 & 0 \\ 0 & 1 \end{pmatrix} = \begin{pmatrix} -\frac{1}{3} & \frac{2}{3} \\ \frac{2}{3} & -\frac{1}{3} \\ -1 & 1 \end{pmatrix}$$

bildet den Ausgangspunkt für parametrische Änderungen der Werte c_j und b_i $(i = 1,2,3; j = 1,\ldots,5)$.

(a) Parametrische Änderungen der Zielfunktionskoeffizienten
Zum Zielfunktionsvektor $\boldsymbol{c} = (-1,-1,0,0,0)^T$ untersuchen wir den parametrisierten Änderungsvektor $\lambda\Delta\boldsymbol{c} = \lambda(2,-1,0,0,0)^T$ für $\lambda \in [0,\infty)$. Die in einem ersten Schritt durchgeführte Sensitivitätsanalyse liefert die Bedingung

$$\lambda(\Delta c_l - \boldsymbol{\gamma}^{lT}\Delta\boldsymbol{c}_B) \geq -\zeta_l \quad (l \in \mathcal{N})$$

(vgl. (1.6.4),(1.6.5)). Das Intervall $[0,\lambda_1]$ für den Parameter λ, in dem die optimale Lösung $\boldsymbol{x}^1$ qualitativ gleich bleibt, ergibt sich mit (1.6.6) und $\mathcal{B}_1 = \{1,2,3\}$ wie folgt:

$$\begin{aligned} \zeta_4 &= \frac{1}{3}\,, \quad \zeta_5 = \frac{1}{3} \\ d_4 &= \frac{4}{3}\,, \quad d_5 = -\frac{5}{3} \end{aligned}$$

oder

$$\lambda_1^+ := \lambda_{a1}^+ = \frac{1}{5}\,,$$

wobei wir zur Vereinfachung den Index a im folgenden weglassen. Für $\lambda = \lambda_1^+ = \frac{1}{5}$ erreicht ζ_5 den Wert 0 (für $(c_1,c_2) = (-1,-1) + \frac{1}{5}(2,-1) = (-\frac{3}{5},-\frac{6}{5})$) und würde negativ für $\lambda > \lambda_1^+$, während weiterhin $\zeta_4 < 0$ (und $\zeta_3 = 0$) gilt. Dies führt auf die neue Basis mit der Basisindexmenge $\mathcal{B}_2 = \{1,2,5\}$ und der zugehörigen optimalen Basislösung $\boldsymbol{x}^2$ mit $\boldsymbol{x}^2_{B_2} = (x^2_1, x^2_2, x^2_5)^T = (\frac{2}{3}, \frac{8}{3}, 2)^T$ und der Matrix

$$\boldsymbol{\Gamma}_2 = \begin{pmatrix} -\frac{2}{3} & \frac{1}{3} \\ \frac{1}{3} & \frac{1}{3} \\ 1 & -1 \end{pmatrix} .$$

In der gleichen Weise wie oben läßt sich damit das an $[0, \frac{1}{5}]$ anschließende Parameter-Intervall $[\frac{1}{5}, \lambda_2^+]$ berechnen, in dem sich die neue optimale Lösung $\boldsymbol{x}^2 = \binom{\boldsymbol{x}^2_{B_2}}{\boldsymbol{0}}$ qualitativ nicht ändert. Wir bekommen

$$\begin{aligned} \zeta_3 &= -\frac{1}{3}, \ \zeta_4 = \frac{2}{3} \\ d_3 &= \frac{5}{3}, \ d_4 = -\frac{1}{3} \end{aligned}$$

und hieraus

$$\lambda_2^+ = 2 .$$

Der anschließende Basiswechsel führt auf $\mathcal{B}_3 = \{2, 4, 5\}$, die neue optimale Basislösung $\boldsymbol{x}^3$ mit $\boldsymbol{x}^3_{B_3} = (x^3_2, x^3_4, x^3_5)^T = (2, 2, 4)^T$ für $\boldsymbol{c} + 2\Delta\boldsymbol{c} = (3, -3, 0, 0, 0)^T$ und die zugehörige Matrix

$$\boldsymbol{\Gamma}_3 = \begin{pmatrix} -1 & 1 \\ 3 & -2 \\ 3 & -1 \end{pmatrix} .$$

Für die erneute Vergrößerung von λ über $\lambda_2^+ = 2$ hinaus erhalten wir

$$\begin{aligned} \zeta_1 &= -2 , \ \zeta_3 = 1 \\ d_1 &= 1 , \ d_3 = 1 \end{aligned}$$

und

$$\lambda_3^+ = \infty .$$

Die Basislösung $\boldsymbol{x}^3$ mit $\boldsymbol{x}^3_{B_3} = (\boldsymbol{x}^3_2, \boldsymbol{x}^3_4, \boldsymbol{x}^3_5)^T = (2, 2, 4)^T$ ist also für $\lambda \in [2, \infty)$ optimal.

Wir haben damit den gesamten Parameterbereich $[0, \infty)$ untersucht und festgestellt, für welche λ jeweils der Übergang zu einer neuen optimalen Ecke stattfindet. Bezeichnen wir die von λ abhängige Basislösung mit $\boldsymbol{x}^*(\lambda)$, so ist

$$\boldsymbol{x}^*(\lambda) = \begin{cases} (2,2,2,0,0)^T & \text{für } 0 \le \lambda \le \frac{1}{5} \\ (\frac{2}{3},\frac{8}{3},0,0,2)^T & \text{für } \frac{1}{5} < \lambda \le 2 \\ (0,2,0,2,4)^T & \text{für } 2 < \lambda\,. \end{cases}$$

Es ist zu beachten, daß für $\lambda = \frac{1}{5}$ und $\lambda = 2$ ein Basiswechsel stattfindet und für diese Werte jeweils zwei Basislösungen existieren. In Abhängigkeit von dem variierenden Vektor der Zielfunktionskoeffizienten $(-1,-1,0,0,0)^T + \lambda(2,-1,0,0,0)^T$ ergeben sich die zugehörigen optimalen Zielfunktionswerte zu

$$F^\lambda(\boldsymbol{x}^*) = \begin{cases} -4+\lambda & \text{für } 0 \le \lambda \le \frac{1}{5} \\ -\frac{10}{3} - \frac{4}{3}\lambda & \text{für } \frac{1}{5} < \lambda \le 2 \\ -2-2\lambda & \text{für } 2 < \lambda\,. \end{cases}$$

Diese bezüglich λ stückweise lineare Funktion ist in Abb. 1.6.5 dargestellt.

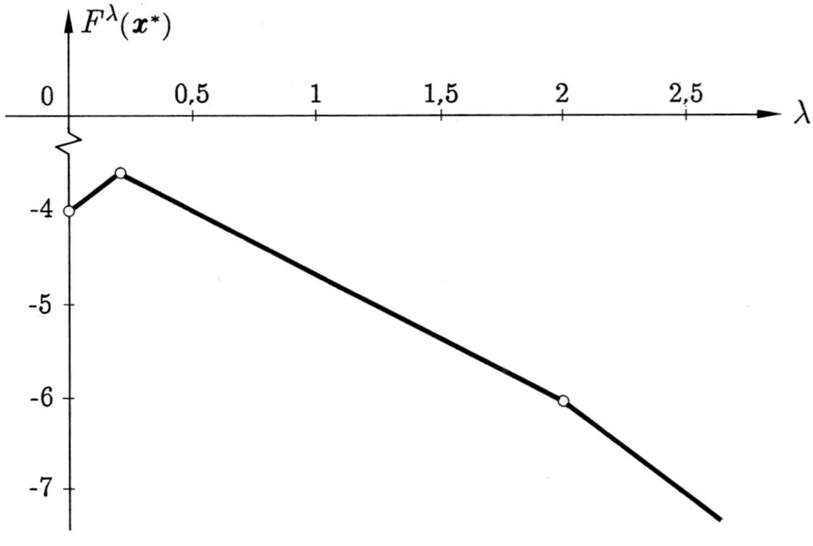

Abb. 1.6.5

(b) Änderung der rechten Seite der Restriktionen

Ändern wir die rechte Seite der dritten Restriktion $2x_1 + x_2 + x_5 = 6$ unseres Beispiels um $\lambda\Delta b_3 := \lambda \cdot (-1)$, so wissen wir von der Sensitivitätsanalyse aus Abschnitt 1.6.1, daß für $\lambda \in [0,2]$ die Basislösung $\boldsymbol{x}^1$ mit

$$\boldsymbol{x}_{B_1}^1(\lambda) = \boldsymbol{B}^{-1}(\boldsymbol{b} + \lambda\Delta\boldsymbol{b}) = \begin{pmatrix} 0 & -\frac{1}{3} & \frac{2}{3} \\ 0 & \frac{2}{3} & -\frac{1}{3} \\ 1 & -1 & 1 \end{pmatrix} \left(\begin{pmatrix} 2 \\ 6 \\ 6 \end{pmatrix} + \lambda \begin{pmatrix} 0 \\ 0 \\ -1 \end{pmatrix} \right) \geq \boldsymbol{0}$$

und $\mathcal{B}_1 = \{1, 2, 3\}$ optimal ist. Sie ändert sich zwar stetig, bleibt aber qualitativ so lange gleich, wie die Zulässigkeitsbedingung $\boldsymbol{x}_{B_1}^1(\lambda) \geq \boldsymbol{0}$ erfüllt ist (vgl. (1.6.7)). Wie Abb. 1.6.3 zu entnehmen ist, wird für $\lambda = 2$ die Basisvariable $x_3^1(\lambda)$ gleich 0, d.h., durch die Verschiebung der dritten Restriktion aufgrund der Vergößerung von λ wird die entartete Ecke $P^{-2} = (\frac{2}{3}, \frac{8}{3})^T$ erzeugt. Bei einer weiteren Vergrößerung von λ über $\lambda = 2$ hinaus würde die Variable $x_3(\lambda)$ unzulässig. Es ist also ein Basisaustauschschritt in einer entarteten Ecke durchzuführen unter Beachtung der Optimalitätsbedingung. In unserem Beispiel führt dies auf die neue Basis mit $\mathcal{B}_2 = \{1, 2, 4\}$ und $\boldsymbol{x}_{B_2}^2(2) = (x_1^2(2), x_2^2(2), x_4^2(2))^T = (\frac{2}{3}, \frac{8}{3}, 0)^T$. Die entsprechende Zulässigkeitsbedingung

$$\boldsymbol{x}_{B_2}^2(\lambda) = \begin{pmatrix} -\frac{1}{3} & 0 & \frac{1}{3} \\ \frac{2}{3} & 0 & \frac{1}{3} \\ -1 & 1 & -1 \end{pmatrix} \left(\begin{pmatrix} 2 \\ 6 \\ 6 \end{pmatrix} + \lambda \begin{pmatrix} 0 \\ 0 \\ -1 \end{pmatrix} \right) \geq \boldsymbol{0} \quad (\lambda \geq 2)$$

für die Erweiterung des Parametersbereichs ist für $\lambda \in [2, 4]$ erfüllt. Mit $\lambda = 4$ wird $x_1^2(4) = 0$. Entsprechend den obigen Überlegungen erhalten wir als neue Basisindexmenge $\mathcal{B}_3 = \{2, 3, 4\}$ mit der optimalen Basislösung $\boldsymbol{x}^3$ und $\boldsymbol{x}_{B_3}^3(4) = (x_2^3(4), x_3^3(4), x_4^3(4))^T = (2, 0, 2)^T$ und als neue Zulässigkeitsbedingung

$$\boldsymbol{x}_{B_3}^3(\lambda) = \begin{pmatrix} 0 & 0 & 1 \\ 1 & 0 & -1 \\ 0 & 1 & -2 \end{pmatrix} \left(\begin{pmatrix} 2 \\ 6 \\ 6 \end{pmatrix} + \lambda \begin{pmatrix} 0 \\ 0 \\ -1 \end{pmatrix} \right) \geq \boldsymbol{0} \quad (\lambda \geq 4) .$$

Diese Bedingung ist für $\lambda \in [4, 6]$ erfüllt. $x_2^3(6) = 0$ bringt einen erneuten Basiswechsel mit $\mathcal{B}_4 = \{3, 4, 5\}$ und $\boldsymbol{x}_{B_4}^4(6) = (x_3^4(6), x_4^4(6), x_5^4(6))^T = (2, 6, 0)^T$ sowie die Bedingung

$$\boldsymbol{x}_{B_4}^4(\lambda) = \begin{pmatrix} 1 & 0 & 0 \\ 0 & 1 & 0 \\ 0 & 0 & 1 \end{pmatrix} \left(\begin{pmatrix} 2 \\ 6 \\ 6 \end{pmatrix} + \lambda \begin{pmatrix} 0 \\ 0 \\ -1 \end{pmatrix} \right) \geq \boldsymbol{0} \quad (\lambda \geq 6) ,$$

die nur noch für $\lambda = 6$ erfüllt ist. Eine weitere Vergrößerung von λ hätte zur Folge, daß keine zulässige Lösung mehr existiert. Die parametrische Optimierung bricht damit an dieser Stelle ab.

Bezeichnen wir wieder die von λ abhängige Basislösung mit $\boldsymbol{x}^*(\lambda)$, so ist

$$\boldsymbol{x}^*(\lambda) = \begin{cases} (2 - \frac{2}{3}\lambda, 2 + \frac{1}{3}\lambda, 2 - \lambda, 0, 0)^T & \text{für } 0 \leq \lambda \leq 2 \\ (\frac{4}{3} - \frac{1}{3}\lambda, \frac{10}{3} - \frac{1}{3}\lambda, 0, -2 + \lambda, 0)^T & \text{für } 2 < \lambda \leq 4 \\ (0, 6 - \lambda, -4 + \lambda, -6 + 2\lambda, 0)^T & \text{für } 4 < \lambda \leq 6\ . \end{cases}$$

In Abhängigkeit des variierenden Parameters λ ergeben sich die zugehörigen optimalen Zielfunktionswerte zu

$$F^\lambda(\boldsymbol{x}^*) = \begin{cases} \frac{1}{3}\lambda - 4 & \text{für } 0 \leq \lambda \leq 2 \\ \frac{2}{3}\lambda - \frac{14}{3} & \text{für } 2 < \lambda \leq 4 \\ \lambda - 6 & \text{für } 4 < \lambda \leq 6\ . \end{cases}$$

Diese bezüglich λ stückweise lineare Funktion ist in Abb. 1.6.6 wiedergegeben.

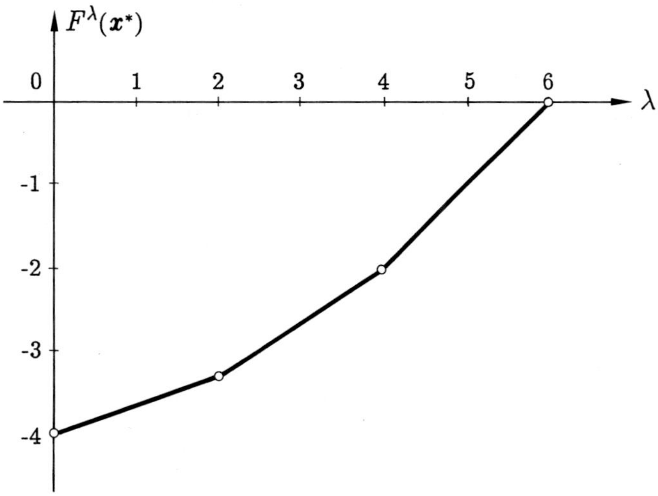

Abb. 1.6.6

Nach diesen eingeführten Beispielen wollen wir uns der generellen Vorgehensweise bei der parametrischen Optimierung zuwenden.

1.6.4 Parametrische Optimierung

(a) Lösungsgang bei Änderung der Zielfunktionskoeffizienten

Seien $\boldsymbol{c}+\lambda\Delta\boldsymbol{c}$ (mit vorgegebenem $\Delta\boldsymbol{c}$) der Zielfunktionsvektor, $\boldsymbol{x}^1(0)$ die (etwa mit dem revidierten Simplexverfahren berechnete) optimale Lösung für $\lambda = 0$ und $\mathcal{B}_1$ die zugehörige Basisindexmenge. Mit Hilfe der Sensitivitätsanalyse läßt sich das maximale $\lambda \geq 0$ bestimmen (etwa λ_1^+), für das sich die optimale Lösung $\boldsymbol{x}^1(\lambda)$ qualitativ nicht ändert. Eine weitere Vergrößerung von λ hätte zur Folge, daß mindestens ein reduzierter Zielfunktionskoeffizient

$$\zeta_l = c_l + \lambda \Delta c_l - \boldsymbol{\gamma}^{lT}(\boldsymbol{c}_{B_1} + \lambda \Delta \boldsymbol{c}_{B_1})) \quad (l \in \mathcal{N}_1)$$

negativ würde. In diesem Fall wäre die Optimalitätsbedingung verletzt. Verwendet man ein derartiges $l' \in \mathcal{N}_1$ (mit $\zeta_{l'} < 0$) als Index derjenigen Nichtbasisvariablen, die bei einem Basiswechsel neue Basisvariable wird, so erhalten wir eine neue optimale Lösung. Sie dient als Ausgangslösung für eine erneute Sensitivitätsanalyse.

Das Verfahren endet (etwa nach r Schritten) damit, daß entweder λ für die betrachtete optimale Lösung nicht nach oben beschränkt ist oder die Zielfunktion für $\lambda > \lambda_r^+$ unbeschränkt abnimmt (bei einem Minimumproblem). Der Fall der Unbeschränktheit wird wie üblich dadurch angezeigt, daß für alle $\lambda > \lambda_r^+$ bei einem Austauschschritt keine obere Schranke für die Änderungsgröße δ' der Nichtbasisvariablen gemäß (1.2.5) existiert. Für alle Basisvariablen x_k gilt also $\gamma_{kl'} \leq 0$ $(k \in \mathcal{B}_r)$.

(b) Lösungsgang bei einer Änderung der rechten Seiten der Restriktionen

Seien $\lambda \Delta b_i$ die parametrisierte Änderung der rechten Seite b_i der i-ten Restriktion $(1 \leq i \leq m)$ und $\boldsymbol{x}^*(0)$ die für $\lambda = 0$ berechnete optimale Lösung mit der Basisindexmenge $\mathcal{B}_1$. Mit Hilfe der Sensitivitätsanalyse wird wieder das maximale λ bestimmt (etwa λ_1^+), für das sich die optimale Lösung $\boldsymbol{x}^*(\lambda)$ qualitativ nicht ändert. Im Gegensatz zur Änderung der Zielfunktionskoeffizienten bleiben die Optimalitätsbedingungen bei einer Änderung von b_i erfüllt. Zu beachten ist lediglich, daß die Zulässigkeitsbedingung $\boldsymbol{x}^*(\lambda) \geq \boldsymbol{0}$ für $\lambda \in [0, \lambda_1^+]$ nicht verletzt wird.

Gilt $\lambda_1^+ = 0$, so ist der zulässige Bereich für $\lambda > 0$ leer. Für $\lambda_1^+ = \infty$ wird der zulässige Bereich mit wachsendem λ unbeschränkt. Gilt $0 < \lambda_1^+ < \infty$, so nimmt eine zuvor nichtnegative Basisvariable den Wert 0 an, und $\boldsymbol{x}^*(\lambda_1^+)$ stellt eine entartete Ecke dar. In diesem Fall ist wie zuvor zu verfahren und zunächst ein geeigneter Basiswechsel so durchzuführen, daß eine der zu 0 gewordenen Basisvariablen $x_k^*(\lambda_1^+)$ zu einer Nichtbasisvariablen wird. Eine als neue Basisvariable in Frage kommende Variable $x_{l'}$ muß hierbei nicht die Bedingung $\zeta_{kl'} \geq 0$ erfüllen, da die optimalen Lösungen $\boldsymbol{x}^*(\lambda)$ für $\lambda > \lambda_1^+$ nicht notwendigerweise kleinere Zielfunktionswerte als $\boldsymbol{x}^*(\lambda_1^+)$ besitzen. Die Auswahl von $x_{l'}$ ist jedoch so vorzunehmen, daß bei einer Vergrößerung von λ der zugehörige Zielfunktionswert minimal ist. Diese Forderung bedingt, daß $\zeta_{l'}$ der kleinste reduzierte Zielfunktionskoeffizient ist, der zusätzlich die Bedingung erfüllt, daß ein $\lambda > \lambda_1^+$ existiert, so daß zusammen mit der neuen Basismatrix $\boldsymbol{B}_2$ die Zulässigkeitsbedingung $\boldsymbol{x}_{B_2}^*(\lambda) := \boldsymbol{B}_2^{-1}(\boldsymbol{b} + \lambda\Delta\boldsymbol{b}) \geq \boldsymbol{0}$ gültig ist und damit $\boldsymbol{x}^*(\lambda) = \binom{\boldsymbol{x}_{B_2}^*(\lambda)}{\boldsymbol{0}}$ für $\lambda > \lambda_1^+$ eine optimale Lösung darstellt. Der mögliche Fall, daß es nicht gelingt, durch einen einzigen Austauschschritt für $\lambda > \lambda_1^+$ die Zulässigkeitsbedingung zu erfüllen und damit die entartete Ecke zu verlassen, ist ganz entsprechend wie beim Simplexverfahren zu behandeln. Die Kleinste-Index-Regel von Bland, die ein „Kreisen" des Simplexverfahrens verhindert (vgl. Abschnitt 1.2.4), kann auch hier eingesetzt werden.

Das Verfahren bricht ab, wenn kein Basiswechsel mehr durchgeführt werden kann, der die obigen Eigenschaften erfüllt (und damit die zuletzt berechnete optimale Lösung die einzige zulässige Lösung darstellt) oder (nach einem Basiswechsel) λ unbeschränkt wachsen kann.

1.7 Vektoroptimierung und Goal Programming

Bei den bisher betrachteten Optimierungsproblemen sind wir stets davon ausgegangen, daß nur eine einzige Zielfunktion zu minimieren oder zu maximieren ist. In realen Entscheidungssituationen (insbesondere, wenn mehrere Personen an der Entscheidungsfindung beteiligt sind) existieren jedoch häufig unterschiedliche Vorstellungen hinsichtlich der Optimalität einer Lösung. Nehmen wir an, daß sich diese Zielvorstellungen wieder durch Zielfunktionen quantifizieren lassen, so erhalten wir ein Optimierungsproblem mit *mehreren Zielfunktionen*. Beispielsweise kann eine Firma daran interessiert sein, gleichzeitig ihren Gewinn und die Qualität der von ihr produzierten Geräte (z.B. deren Lebensdauer) zu maximieren sowie den Energieverbrauch der Geräte zu minimieren (unter Beachtung von produktionstechnischen Restriktionen). Eine ähnliche Situation liegt vor, wenn für die gesuchte Lösung mehrere Zielvorgaben bestehen (z.B. Umsatzgrößen, Vollbeschäftigung des Personals, Erhaltung eines gewissen Marktanteils), die möglichst gut erreicht werden sollen.

Optimierungsprobleme mit „mehrfacher Zielsetzung" sind insofern schwierig zu lösen, als es im allgemeinen keine zulässige Lösung gibt, für die gleichzeitig alle Zielfunktionen ihren Optimalwert annehmen. Bei solchen Optimierungsproblemen mit konkurrierenden Zielvorstellungen besteht die Bestimmung einer „optimalen Lösung" dann darin, einen „optimalen Kompromiß" zu finden. Für (vernünftige) Kompromiß-Lösungen sind verschiedene Ansätze möglich, unter denen der Entscheidende einen ihm subjektiv geeignet erscheinenden auszuwählen hat. So kann man etwa eine Reihenfolge der Zielfunktionen entsprechend ihrer Bedeutung festlegen und bei der Optimierung zunächst nur die erste (wichtigste) Zielfunktion berücksichtigen. Die zweite (dritte usw.) Zielfunktion wirkt sich dann nur aus, wenn es bezüglich der ersten (zweiten usw.) Zielfunktion mehrere optimale Lösungen gibt, die den jeweils neuen zulässigen Bereich bilden. Ein anderer Lösungszugang besteht darin, die verschiedenen Zielfunktionen zu einer Zielfunktion zusammenzufassen, die eine gewichtete Summe der ursprünglichen Zielfunktionen darstellt. Eine dritte sinnvolle Vorgehensweise ist, gewisse Planziele möglichst genau zu erreichen, d.h., die (gewichtete) Summe der Abweichungen der Zielfunktionswerte von vorgegebenen Größen wird minimiert.

1.7.1 Das Vektorminimum-Problem

Wir wollen im folgenden das Problem mit mehrfacher Zielsetzung für lineare Optimierungsprobleme betrachten und gehen davon aus, daß r lineare Funktionen $\boldsymbol{c}^{1T}\boldsymbol{x}, \ldots, \boldsymbol{c}^{rT}\boldsymbol{x}$ $(r \geq 2)$ simultan zu minimieren sind. Zu maximierende Zielfunktionen seien wieder durch Multiplikation mit -1 in zu minimierende Zielfunktionen transformiert. Fassen wir die Vektoren $\boldsymbol{c}^{1T}, \ldots, \boldsymbol{c}^{rT}$ als Zeilen einer $r \times n$-Matrix $\boldsymbol{C}$ auf, so liegt folgendes Vektorminimum-Problem in „Standardform“ vor:

$$(1.7.1) \qquad \begin{cases} \text{Min.} & \boldsymbol{C}\boldsymbol{x} \\ \text{u.d.N.} & \boldsymbol{A}\boldsymbol{x} = \boldsymbol{b} \\ & \boldsymbol{x} \geq \boldsymbol{0} \end{cases}$$

mit einer $m \times n$-Matrix $\boldsymbol{A}$, $\boldsymbol{b} \in \mathbb{R}^m$ und $\operatorname{rg}\boldsymbol{A} = m < n$. Den zulässigen Bereich $M = \{\boldsymbol{x} \in \mathbb{R}^n_+ | \boldsymbol{A}\boldsymbol{x} = \boldsymbol{b}\}$ setzen wir als nichtleer voraus. Wie bereits erwähnt, existiert im allgemeinen kein $\boldsymbol{x} \in M$, das für alle r Zielfunktionen $\boldsymbol{c}^{1T}\boldsymbol{x}, \ldots, \boldsymbol{c}^{rT}\boldsymbol{x}$ Minimalstelle ist (andernfalls wäre diese Minimalstelle optimale Lösung von (1.7.1)). Eine Teilmenge $M^+ \subseteq M$ des zulässigen Bereichs besitzt jedoch eine gewisse Minimaleigenschaft: $\boldsymbol{x}^+ \in M$ heißt **effizienter Punkt**, **Vektor-Minimalstelle**, **Pareto-optimale Lösung** oder **nicht-dominierte Lösung**, falls kein $\boldsymbol{x} \in M$ existiert, für das

$$\begin{aligned} \boldsymbol{c}^{kT}\boldsymbol{x} &\leq \boldsymbol{c}^{kT}\boldsymbol{x}^+ && \text{für } k = 1, \ldots, r \\ \boldsymbol{c}^{lT}\boldsymbol{x} &< \boldsymbol{c}^{lT}\boldsymbol{x}^+ && \text{für mindestens ein } l \in \{1, \ldots, r\} \end{aligned}$$

gilt. Ein effizienter Punkt zeichnet sich also dadurch aus, daß keine andere zulässige Lösung existiert, die für mindestens ein Zielkriterium „besser“ und für die übrigen Zielkriterien „nicht schlechter“ ist.

Bevor wir einige Eigenschaften der Menge M^+ der effizienten Punkte angeben und anschließend auf die „Lösung“ von Vektorminimum-Problemen generell eingehen, betrachten wir ein einfaches Zahlenbeispiel:

$$\begin{aligned} \text{Min.} \quad & \begin{pmatrix} \boldsymbol{c}^{1T} \\ \boldsymbol{c}^{2T} \end{pmatrix} \boldsymbol{x} = \begin{pmatrix} -3x_1 - 2x_2 + 2x_3 \\ 4x_1 + x_2 - x_3 \end{pmatrix} \\ \text{u.d.N.} \quad & x_1 + x_2 + x_3 + x_4 = 1 \\ & x_1, \ldots, x_4 \geq 0 \ . \end{aligned}$$

x_4 tritt in der Zielfunktion nicht auf und spielt somit die Rolle einer Schlupfvariablen. Lassen wir x_4 weg und ersetzen entsprechend die Nebenbedingungsgleichung durch eine Ungleichung, so stellt der zulässige Bereich M einen dreidimensionalen Tetraeder dar (vgl. Abb. 1.7.1). Hinsichtlich der Zielfunktionen bzw. Kosten $\boldsymbol{c}^{1T}\boldsymbol{x}$ bzw. $\boldsymbol{c}^{2T}\boldsymbol{x}$ seien $\boldsymbol{x}^1$ bzw. $\boldsymbol{x}^2$ die optimalen Lösungen. Diese optimalen Lösungen werden auch als **individuell optimale Lösungen** bezeichnet.

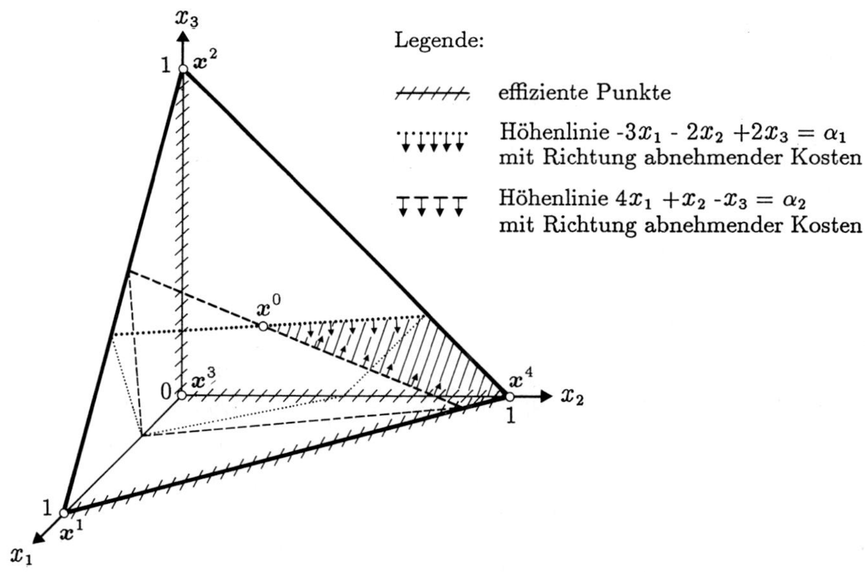

Abb. 1.7.1

Mit Hilfe der in Abb. 1.7.1 gestrichelten bzw. punktierten Höhenlinien $\boldsymbol{c}^{1T}\boldsymbol{x} = \alpha_1$ bzw. $\boldsymbol{c}^{2T}\boldsymbol{x} = \alpha_2$ der beiden Zielfunktionen und der jeweiligen Richtung abnehmender Kosten läßt sich die Menge M^+ der effizienten Punkte konstruieren. Geht man beispielsweise von der zulässigen Lösung $\boldsymbol{x}^0$ auf der Seitenfläche $x_1 + x_2 + x_3 = 1$ des Tetraeders aus (einem Randpunkt von M), so sind alle zulässigen Lösungen innerhalb des schraffierten Bereichs (begrenzt durch die $\boldsymbol{x}^0$ enthaltenden Höhenlinien) auf dieser Seitenfläche „besser" als $\boldsymbol{x}^0$, d.h., $\boldsymbol{x}^0$ wird dominiert und ist daher kein effizienter Punkt. Führt man diese geometrischen Überlegungen für alle Punkte auf den Kanten $\overline{\boldsymbol{x}^1\boldsymbol{x}^2}$, $\overline{\boldsymbol{x}^4\boldsymbol{x}^3}$ und

$\overline{\boldsymbol{x}^3\boldsymbol{x}^2}$ durch, so stellt sich heraus, daß diese Punkte nicht dominiert werden und damit effiziente Punkte darstellen. Überlegt man sich ferner, daß Punkte im Inneren des Tetraeders M nicht effizient sein können, so ergibt sich insgesamt, daß die in Abb. 1.7.1 durch Schraffur gekennzeichneten Kanten von M die Menge M^+ der effizienten Punkte bilden.

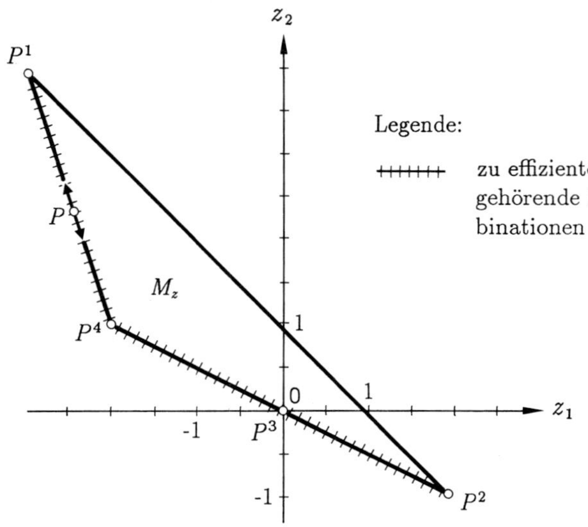

Abb. 1.7.2

Eine Veranschaulichung der charakterisierenden Eigenschaft effizienter Punkte und einen anderen Zugang zur Bestimmung der Menge M^+ in unserem Beispiel vermittelt Abb. 1.7.2, in der die Menge M_z der Paare $(z_1, z_2) = (\boldsymbol{c}^{1T}\boldsymbol{x}, \boldsymbol{c}^{2T}\boldsymbol{x})$ möglicher Zielfunktionswerte (Kosten) für $\boldsymbol{x} \in M$ wiedergegeben ist. Die Randpunkte $P^1, \ldots, P^4$ der Menge M_z stellen die den Ecken $\boldsymbol{x}^1, \ldots, \boldsymbol{x}^4 \in M$ entsprechenden Kostenpaare dar. Da sich jede zulässige Lösung $\boldsymbol{x} \in M$ als nichtnegative Linearkombination der Ecken von M angeben läßt, erhält man aufgrund der Linearität der Zielfunktionen auch jeden Punkt des von $P^1, \ldots, P^4$ aufgespannten Polytops als Kostenpaar von mindestens einer zulässigen Lösung. Ferner kann man unmittelbar zeigen, daß jedem Randpunkt von M_z genau ein Randpunkt $\boldsymbol{x} \in M$ (auf einer Kante des Tetraeders) entspricht. Die in Abb. 1.7.2 schraffierten Kanten von M_z entsprechen gerade der Menge M^+ der effizienten Punkte (wobei jedem Punkt auf diesen Kanten genau ein $\boldsymbol{x} \in M^+$ entspricht). Verschiebt man nämlich etwa den Randpunkt P von M_z (in einer der beiden Pfeilrichtungen) auf dem Rand, so ist die Verringerung des einen Zielfunktionwerts mit einer Vergrößerung des anderen Zielfunktionswerts verbunden (und umgekehrt). Aus den schraffierten Kanten von M_z läßt sich bei dem betrachteten Beispiel aufgrund der obigen Linearitäts- und Eindeutigkeitsüberlegungen die Menge M^+ der effizienten Punkte leicht bestimmen, da jeder Kante $\overline{P^iP^{i+1}}$ von M_z genau die Kante $\overline{\boldsymbol{x}^i\boldsymbol{x}^{i+1}}$ $(i = 1, 2, 3)$ von $M^+ \subseteq M$ entspricht.

Die Bedeutung der Menge der effizienten Punkte besteht darin, daß sie jede (vernünftige) Kompromiß-Lösung des Vektorminimum-Problems enthält und (abgesehen von Entartungsfällen) eine deutliche Eingrenzung der hierfür in Frage kommenden Lösungen liefert. Einige Eigenschaften der Menge M^+ der effizienten Punkte seien kurz angeführt (für Einzelheiten vgl. MURTY (1983), Abschnitt 17):

(i) Jede individuell optimale Lösung $\boldsymbol{x}^k$ in Bezug auf eine der Zielfunktionen $\boldsymbol{c}^{kT}\boldsymbol{x}$ $(1 \leq k \leq r)$ ist auch ein effizienter Punkt.

(ii) Falls $\boldsymbol{x}^1$ und $\boldsymbol{x}^2$ effiziente Punkte und gleichzeitig Ecken von M sind, so besitzt das Polyeder M auch eine Folge von Kanten, die nur aus effizienten Punkten bestehen und $\boldsymbol{x}^1$ mit $\boldsymbol{x}^2$ verbinden.

(iii) Die Menge der effizienten Punkte ist zusammenhängend, jedoch im allgemeinen nicht konvex (vgl. auch das obige Beispiel).

Die Festlegung einer Kompromiß-Lösung durch einen Entscheidungsträger kann in Abhängigkeit von der Problemstruktur und dem Ablauf der Entscheidungsfindung auf sehr unterschiedliche Weise erfolgen. Hierbei wird in der Regel nicht von der meist schwierig zu bestimmenden Gesamtmenge M^+ der effizienten Punkte ausgegangen, sondern auf jeweils spezielle Art und Weise einer der effizienten Punkte berechnet (für die Bestimmung der Menge der effizienten Punkte verweisen wir auf MURTY (1983), Abschnitt 17).

Eine der einfachsten Entscheidungsregeln zur Lösung von Optimierungsproblemen mit mehrfacher Zielsetzung besteht darin, die Zielfunktionen nach Prioritäten zu ordnen und nacheinander „abzuarbeiten“. Seien die Zielfunktionen $\boldsymbol{c}^{1T}\boldsymbol{x}, \ldots, \boldsymbol{c}^{rT}\boldsymbol{x}$ entsprechend diesen Prioritäten durchnumeriert ($\boldsymbol{c}^{1T}\boldsymbol{x}$ ist also die Zielfunktion mit der höchsten Priorität), so wird zunächst die Menge M_1^+ der individuell optimalen Lösungen bezüglich $\boldsymbol{c}^{1T}\boldsymbol{x}$ bestimmt. Besteht M_1^+ nur aus einem Element, so ist damit die optimale Lösung gefunden. Anderenfalls wird mit M_1^+ als zulässigem Bereich die Menge M_2^+ der optimalen Lösungen bezüglich $\boldsymbol{c}^{2T}\boldsymbol{x}$ berechnet (da M_2^+ eine Teilmenge von M_1^+ darstellt, ist auch $\boldsymbol{x} \in M_2^+$ bezüglich $\boldsymbol{c}^{1T}\boldsymbol{x}$ optimal). Entsprechend fährt man fort, bis entweder alle Zielfunktionen berücksichtigt worden sind oder nach k Schritten ein Abbruch des Lösungsgangs erfolgt, weil M_k^+ nur noch ein Element enthält.

Neben dieser sequentiellen oder hierarchischen Berücksichtigung der Zielfunktionen spielt vor allem die simultane Beachtung mehrerer Ziele eine große Rolle. Voraussetzung hierfür ist, daß die Werte der Zielfunktionen vergleichbar sind, d.h., daß sie beispielsweise Kostenbewertungen in gleichen Geldeinheiten bedeuten (vgl. auch ISERMANN (1987)). In diesem Fall kann es von Interesse sein, eine zulässige Lösung zu suchen, bei der die „ungünstigste Kostenkomponente“ das zu minimierende Zielkriterium darstellt. Es ist also eine Lösung des Problems

$$\min_{\boldsymbol{x}\in M}(\max\{\boldsymbol{c}^{1T}\boldsymbol{x},\ldots,\boldsymbol{c}^{rT}\boldsymbol{x}\}) \tag{1.7.2}$$

zu bestimmen. Diese Aufgabenstellung läßt sich in ein lineares Optimierungsproblem mit einer zusätzlichen Variablen x_{n+1} und r zusätzlichen Nebenbedingungen überführen. Seien

$$z_k := \min_{\boldsymbol{x}\in M} \boldsymbol{c}^{kT}\boldsymbol{x} \quad (k=1,\ldots,r) \tag{1.7.3}$$

die (vorab zu bestimmenden) Minimalwerte der r Zielfunktionen und

$$z_0 := \min(z_1,\ldots,z_r)$$

der kleinste dieser individuell optimalen Zielfunktionwerte. z_0 stellt eine untere Schranke für den optimalen Zielfunktionswert von (1.7.2) dar. Sei x_{n+1} die Differenz zwischen dem letzteren Wert und z_0. Dann ist (1.7.2) äquivalent zum Minimumproblem

$$\left\{\begin{array}{ll}\text{Min.} & x_{n+1}\\ \text{u.d.N.} & \boldsymbol{c}^{kT}\boldsymbol{x} - x_{n+1} \le z_0 \quad (k=1,\ldots,r)\\ & \boldsymbol{A}\boldsymbol{x}=\boldsymbol{b}\\ & \boldsymbol{x}\ge\boldsymbol{0}\\ & x_{n+1}\ge 0\,.\end{array}\right. \tag{1.7.4}$$

Ein weiterer sehr gebräuchlicher Ansatz geht von der Überlegung aus, die r Zielfunktionen zu einer gewichteten Summe

$$f(\boldsymbol{x}) = \lambda_1\boldsymbol{c}^{1T}\boldsymbol{x} + \ldots + \lambda_r\boldsymbol{c}^{rT}\boldsymbol{x} \quad (\lambda_k > 0, k=1,\ldots,r)$$

zusammenzufassen und die neue lineare Zielfunktion $f(.)$ auf dem zulässigen Bereich M zu minimieren.

Bei den vorgestellten Ansätzen zur Vektorminimierung sind wir bisher nicht darauf eingegangen, daß individuell optimale Lösungen möglicherweise nicht existieren. Gilt dies höchstens für einige der Zielfunktionen, so ist unter Umständen für das Vektorminimum-Problem trotzdem eine Lösung zu berechnen. Ordnet man die Zielfunktionen nach Prioritäten, so kann eine der Zielfunktionen $\boldsymbol{c}^{kT}\boldsymbol{x}$ für $k=2,\ldots,r$ zwar auf M nach unten unbeschränkt sein, jedoch auf der für sie relevanten Menge M_{k-1}^+ ein Minimum besitzen. Unlösbarkeit des Vektorminimum-Problems liegt also nur dann vor, wenn ein $k\in\{1,\ldots,r\}$ existiert, für das $\boldsymbol{c}^{kT}\boldsymbol{x}$ auf M_{k-1}^+ (mit $M_0^+ := M$) nach unten unbeschränkt ist. Die Version (1.7.2) des Vektorminimum-Problems führt dagegen genau dann zu keiner Lösung, wenn das zugeordnete lineare Optimierungsproblem (1.7.4) nicht lösbar ist. Letzteres ist wiederum genau dann der Fall, wenn keine individuell optimale Lösung existiert. Demgegenüber liefert der Ansatz mit einer gewichteten Summe der Zielfunktionen immer dann keine Lösung, wenn mindestens eine der individuell optimalen Lösungen nicht existiert.

1.7.2 Goal Programming

Ein differenzierterer Ansatz, die Zielfunktionen simultan zu berücksichtigen, wird als **Goal Programming** bezeichnet. Hierbei orientiert sich die Optimierung an vorgegebenen Zielwerten, sogenannten „Goals“, die unter Berücksichtigung der Nebenbedingungen „möglichst gut“ erreicht werden sollen. Diese vorgegebenen Zielwerte können beispielsweise die individuell optimalen Zielfunktionswerte z_k $(k = 1, \ldots, r)$ gemäß (1.7.3) sein, und es ist dann die (gegebenenfalls gewichtete) Summe der (positiven) Differenzen der Zielfunktionswerte einer zulässigen Lösung zu diesen „Idealwerten“ im Sinne einer „Strafkostenfunktion“ zu minimieren. Für das Zahlenbeispiel aus Abschnitt 1.7.1 erhalten wir mit den Gewichten $\lambda_1 > 0$ und $\lambda_2 > 0$ für diese Differenzen der Zielfunktionswerte zu den individuell optimalen Zielfunktionswerten die Goal-Programming-Aufgabe

$$\begin{aligned}
&\text{Min.} \quad \lambda_1(4x_1 + x_2 - x_3 + 3) + \lambda_2(-3x_1 - 2x_2 + 2x_3 + 1) \\
&\text{u.d.N.} \; x_1 + x_2 + x_3 + x_4 = 1 \\
&\qquad\qquad x_1, \ldots, x_4 \geq 0 \; .
\end{aligned}$$

Hierbei sind $z_1 = -3$ und $z_2 = -1$ die individuell optimalen Zielfunktionswerte, die in den Ecken $\boldsymbol{x}^1 = (1, 0, 0, 0)^T$ bzw. $\boldsymbol{x}^2 = (0, 0, 1, 0)^T$ angenommen werden (vgl. Abb. 1.7.1). Berücksichtigt man, daß additive Konstanten in der Zielfunktion für die Minimierung unerheblich sind, so erkennt man, daß dieser Ansatz des Goal Programming auf die bereits in Abschnitt 1.7.1 erwähnte gewichtete Summe der Zielfunktionen führt. Die vorgegebenen Ziele können beim Goal Programming jedoch allgemeiner sein und sich nicht nur auf individuell optimale Lösungen beziehen. Ein Beispiel hierfür ist, daß vorgegebene Stückzahlen eines Produktionsprogramms möglichst genau eingehalten werden sollen, wobei Über- bzw. Unterschreitungen dieser Vorgaben mit (jeweils unterschiedlichen) Strafkosten belegt werden.

Bezeichnen wir die r Zielvorgaben (Goals) mit $g_1, \ldots, g_r$ und die Abweichungen nach oben bzw. unten mit u_k bzw. v_k $(k = 1, \ldots, r)$, so erhalten wir mit Gewichtungsfaktoren $\lambda_1^u, \ldots, \lambda_r^v$ die Goal-Programming-Aufgabe in Standardform

$$
(1.7.5) \qquad \begin{cases} \text{Min.} & \sum_{k=1}^{r}(\lambda_k^u u_k + \lambda_k^v v_k) \\ \text{u.d.N.} & \boldsymbol{c}^{kT}\boldsymbol{x} - u_k + v_k = g_k \quad (k = 1, \ldots, r) \\ & \boldsymbol{A}\boldsymbol{x} = \boldsymbol{b} \\ & \boldsymbol{x} \geq \boldsymbol{0} \\ & u_k, v_k \geq 0 \quad (k = 1, \ldots, r)\,. \end{cases}
$$

Das lineare Optimierungsproblem (1.7.5) besitzt die $n + 2r$ Variablen x_j $(j = 1, \ldots, n)$ und u_k, v_k $(k = 1, \ldots, r)$. (1.7.5) enthält die eingangs erwähnte Goal-Programming-Aufgabe als Spezialfall und ist unlösbar, wenn die Zielfunktion von (1.7.5) auf M nicht nach unten beschränkt ist.

Wir weisen abschließend nochmals darauf hin, daß alle diskutierten Ansätze sowohl der Vektorminimierung als auch des Goal Programming effiziente Punkte als Lösungen liefern, wie sich leicht durch einen Widerspruchsbeweis zeigen läßt.

1.8 Zwei-Personen-Nullsummenspiele

Bisher haben wir nur Entscheidungssituationen betrachtet, bei denen *ein Akteur* (etwa ein Unternehmen) durch geeignete Wahl gewisser Variabeln (unter bestimmten Nebenbedingungen) eine Zielgröße optimiert, z.B. den Gewinn maximiert. In der Spieltheorie werden Entscheidungssituationen untersucht, an denen *mehrere Akteure*, die **Spieler** genannt werden, beteiligt sind. Die Gewinne der einzelnen Spieler hängen dabei im allgemeinen von der Wahl der Variablen jedes Akteurs ab. Das Ziel besteht dann darin herauszufinden, welches Verhalten jedem der Spieler einen möglichst großen Gewinn sichert unter Berücksichtigung des Wunsches der anderen Akteure, ihren Gewinn ebenfalls möglichst groß zu machen.

Da Phänomene wie Macht, Drohung, Zuneigung u.ä., die beim Aufeinandertreffen mehrerer Akteure eine Rolle spielen können, nur schwierig zu modellieren und zu quantifizieren sind, werden die Methoden der Spieltheorie in der Praxis seltener als diejenigen anderer Teilgebiete des Operations Research angewendet. Strukturelle Aussagen, die sich mit Hilfe der Spieltheorie machen lassen (z.B. über Eigenschaften sogenannter Gleichgewichtspunkte), sowie der Zwang, Marktsituationen in der Wirtschaft, Konfliktsituationen in der Soziologie u.a. exakt zu beschreiben und möglichst genau zu bewerten, wenn man spieltheoretische Modelle entwickeln will, haben jedoch für die Praxis eine große Bedeutung. Die Anwendung spieltheoretischer Überlegungen ermöglicht damit einen besseren Einblick etwa in ökonomische und soziologische Zusammenhänge.

Im weiteren werden wir nur Spielsituationen betrachten, an denen zwei Akteure beteiligt sind, die wir **Spieler 1** und **Spieler 2** nennen. Man spricht dann auch von **Zwei-Personen-Spielen**. Wir werden sehen, daß sich die Bestimmung „optimaler" Entscheidungen für jeden der beiden Spieler hierbei auf die Lösung von zwei dualen linearen Optimierungsproblemen zurückführen läßt (vorausgesetzt, jeder Spieler verfügt nur über endlich viele Handlungsmöglichkeiten, und der Gewinn des einen Spielers ist jeweils gleich dem Verlust des anderen Spielers). Bei den folgenden Ausführungen lehnen wir uns eng an NEUMANN (1975a), §8, an.

1.8.1 Grundbegriffe

Die jedem der beiden Spieler zur Verfügung stehenden Handlungsmöglichkeiten werden **Strategien** genannt. Die Menge der Strategien von Spieler 1 bezeichnen wir mit S und die Strategienmenge für Spieler 2 mit T. Wir nehmen an, daß jeder Spieler außer seiner Strategienmenge auch diejenige des anderen Spielers kenne. Eine **Partie**, d.h. eine einmalige Ausführung des betrachteten Spiels, ist festgelegt, wenn Spieler 1 eine Strategie $s \in S$ und Spieler 2 ein $t \in T$ ausgewählt haben. Nach Wahl dieser beiden Strategien erhalte jeder Spieler einen (von s und t abhängigen) **Gewinn** (auch **Auszahlung** genannt). Dieser Gewinn kann auch negativ, d.h. ein Verlust sein.

Im weiteren wollen wir nur sogenannte **Zwei-Personen-Nullsummenspiele** betrachten, bei denen für jedes Strategienpaar $(s, t) \in S \times T$ die Summe der Auszahlungen an die beiden Spieler gleich 0 ist (d.h., was der eine gewinnt, verliert der andere). Für Nichtnullsummenspiele verweisen wir auf NEUMANN (1975a), §9, OWEN (1971) und RAUHUT ET AL. (1979). Sei $a(s, t) \in \mathbb{R}$ die Auszahlung an Spieler 1 und folglich $-a(s, t)$ die Auszahlung an Spieler 2, wenn Spieler 1 die Strategie s und Spieler 2 die Strategie t wählen. Die zugehörige Funktion $a : S \times T \to \mathbb{R}$ wird **Gewinn-** oder **Auszahlungsfunktion** genannt. Durch das Tripel $(S, T; a)$ ist dann ein Zwei-Personen-Nullsummenspiel eindeutig festgelegt. Wir bemerken noch, daß ein sogenanntes **Konstantsummenspiel** mit der Auszahlungsfunktion $a(\cdot)$ für Spieler 1, bei dem für jedes Strategienpaar (s, t) die Summe der Auszahlungen an die beiden Spieler eine von s und t unabhängige Konstante c ist, einem Nullsummenspiel mit der Auszahlungsfunktion $a(\cdot) - c$ entspricht.

Als Beispiel betrachten wir das bekannte Papier-Stein-Schere-Knobeln zweier Spieler, wobei Papier (P) über Stein (St), St über Schere (Sch) und Sch über P „siegen". Für die Strategienmengen haben wir also $S = T = \{P, St, Sch\}$. Erhält jeder Spieler bei einem Sieg die Auszahlung $+1$, bei einer Niederlage die Auszahlung −1 und bei einem Unentschieden (d.h., beide Spieler wählen die gleiche Strategie) die Auszahlung 0, so können wir die Auszahlungsfunktion a und die beiden Strategienmengen durch die in Tab. 1.8.1 angegebene sogenannte Auszahlungsmatrix beschreiben, die für jedes Strategienpaar den Gewinn des 1. Spielers (und damit den Verlust des 2. Spielers) enthält.

Sp1 \ Sp2	P	St	Sch
P	0	1	−1
St	−1	0	1
Sch	1	−1	0

Tab. 1.8.1

Seien allgemein S und T endliche Mengen, etwa $S = \{s_1, \ldots, s_m\}$ und $T = \{t_1, \ldots, t_n\}$, dann nennen wir die $m \times n$-Matrix $\boldsymbol{A}$ mit den Elementen

$$a_{ij} := a(s_i, t_j) \quad (i = 1, \ldots, m; j = 1, \ldots, n)$$

die **Gewinn-** oder **Auszahlungsmatrix** des Spiels, und wir sprechen von einem **endlichen Zwei-Personen-Nullsummenspiel** oder einem **Matrixspiel** (genauer **$\boldsymbol{m \times n}$-Matrixspiel**). Im folgenden werden wir uns nur mit Matrixspielen beschäftigen.

1.8.2 Sattelpunktsspiele

Liegt ein Spiel mit der Auszahlungsmatrix

$$\boldsymbol{A} = \begin{pmatrix} 1 & 3 & 0 \\ 2 & 5 & 1 \end{pmatrix}$$

vor, so ist es für Spieler 1 offensichtlich am günstigsten, die Strategie s_2 zu wählen (die Strategie s_1 liefert stets einen niedrigeren Gewinn, ganz gleich, für welche Strategie sich Spieler 2 entscheidet). Entsprechend wird Spieler 2 die Strategie t_3 wählen. Das Strategienpaar (s_2, t_3) wird man folglich als **optimale Lösung** des Spiels ansehen.

Im allgemeinen ist die Spielsituation jedoch nicht so durchsichtig. Betrachten wir etwa das Spiel mit der Auszahlungsmatrix

$$\boldsymbol{A} = \begin{pmatrix} 5 & 6 & 4 \\ 7 & 2 & 3 \end{pmatrix}$$

Die hohe Auszahlung von $a_{21} = 7$ könnte Spieler 1 dazu verlocken, die Strategie s_2 zu wählen. Entscheidet sich Spieler 2 aber für die Strategie t_2, dann gewinnt Spieler 1 nur $a_{22} = 2$. Um auch in diesem Spiel für jeden Spieler eine „optimale Entscheidung" zu finden, beschreiben wir im folgenden ein auf J. von Neumann zurückgehendes Lösungskonzept, das auf größtmögliche Sicherheit für jeden Spieler hinzielt.

Wählt Spieler 1 die Strategie s_1, so kann Spieler 2 durch Wahl von t_3 erreichen, daß Spieler 1 nur $a_{13} = 4$ (also das Minimum in Zeile 1 der Matrix $\boldsymbol{A}$) gewinnt. Entscheidet sich Spieler 1 für s_2, dann kann Spieler 2 durch Wahl von t_2 erzwingen, daß Spieler 1 nur $a_{22} = 2$ (das Minimum in Zeile 2) gewinnt. Spieler 2 kann folglich erreichen, daß Spieler 1 lediglich $\min_{j=1,2,3} a_{ij}$ gewinnt, wenn letzterer die Strategie s_i wählt. Der Mindestgewinn $\min_{j=1,2,3} a_{ij}$ ist Spieler 1 andererseits durch Wahl von s_i sicher. Spieler 1 wird also versuchen, diesen (garantierten) Mindestgewinn durch geeignete Festlegung von s_i möglichst groß zu machen. Dann erhält er (durch Wahl von s_1) sicher den Gewinn

$$\max_{i=1,2} \min_{j=1,2,3} a_{ij} = \max(4, 2) = 4 \ .$$

Umgekehrt kann Spieler 2 durch geeignete Wahl von t_j (in unserem Beispiel mittels t_3) erzwingen, daß Spieler 1 höchstens

$$\min_{j=1,2,3} \max_{i=1,2} a_{ij} = \min(7, 6, 4) = 4$$

gewinnt (Höchstverlust von Spieler 2). Gilt allgemein

$$\max_{i=1,\dots,m} \min_{j=1,\dots,n} a_{ij} = \min_{j=1,\dots,n} \max_{i=1,\dots,m} a_{ij} =: r \ , \tag{1.8.1}$$

so kann Spieler 1 erreichen, daß er (mindestens) r gewinnt, und Spieler 2 kann erzwingen, daß er (höchstens) r verliert. Eine sinnvolle Spielweise für beide Spieler besteht folglich darin, jeweils eine solche Strategie zu wählen, daß Spieler 1 den Betrag r gewinnt und Spieler 2 r verliert (in unserem Beispiel wird das Strategienpaar (s_1, t_3) gewählt, und es gilt $r = 4$). Damit kann das Spiel als „gelöst" betrachtet werden.

Die Gleichheit in (1.8.1) gilt jedoch nicht für jedes Matrixspiel. Beispielsweise haben wir für das Papier-Stein-Schere-Knobeln

$$\max_{i=1,2,3} \min_{j=1,2,3} a_{ij} = \max(-1, -1, -1) = -1$$

$$\min_{j=1,2,3} \max_{i=1,2,3} a_{ij} = \min(1, 1, 1) = 1 \ .$$

Allgemein gilt, daß der Mindestgewinn von Spieler 1 höchstens gleich dem Höchstverlust von Spieler 2 ist, d.h., wir erhalten

Satz 1.8.1. *Für jede reelle $m \times n$-Matrix $\boldsymbol{A}$ mit den Elementen a_{ij} ist*

(1.8.2) $$\max_{i=1,\ldots,m} \min_{j=1,\ldots,n} a_{ij} \leq \min_{j=1,\ldots,n} \max_{i=1,\ldots,m} a_{ij} .$$

Ein Indexpaar (i',j') einer reellen $m \times n$-Matrix $\boldsymbol{A}$ heißt **Sattelpunkt** von $\boldsymbol{A}$, wenn

(1.8.3) $$a_{ij'} \leq a_{i'j'} \leq a_{i'j} \quad \text{für alle } i = 1, \ldots, m; j = 1, \ldots, n$$

ist. Ein Matrixspiel, dessen Gewinnmatrix (mindestens) einen Sattelpunkt besitzt, wird **Sattelpunktsspiel** genannt. Wir zitieren nun den für Sattelpunktsspiele grundlegenden

Satz 1.8.2. *Eine reelle $m \times n$-Matrix $\boldsymbol{A}$ besitzt genau dann einen Sattelpunkt, wenn (1.8.1) erfüllt ist, und für jeden Sattelpunkt (i',j') von $\boldsymbol{A}$ gilt $a_{i'j'} = r$.*

Zum Beweis vgl. etwa NEUMANN (1975a), Abschnitt 8.2. Hat die Auszahlungsmatrix $\boldsymbol{A}$ eines Spiels einen Sattelpunkt (i',j'), so heißen die Strategien $s_{i'}$ und $t_{j'}$ **Sattelpunktsstrategien**; sie stellen **Lösungsstrategien** (auch **optimale Strategien** genannt) des 1. bzw. 2. Spielers im Sinne des oben erläuterten Lösungskonzeptes dar. Ist $r = 0$, so nennt man das Spiel **fair**.

1.8.3 Gemischte Strategien

Gilt für ein Spiel mit der Auszahlungsmatrix $\boldsymbol{A}$

(1.8.4) $$r_1 := \max_{i=1,\ldots,m} \min_{j=1,\ldots,n} a_{ij} < \min_{j=1,\ldots,n} \max_{i=1,\ldots,m} a_{ij} =: r_2 ,$$

d.h., der Mindestgewinn r_1 von Spieler 1 ist kleiner als der Höchstverlust r_2 von Spieler 2, so besitzt $\boldsymbol{A}$ nach Satz 1.8.2 keinen Sattelpunkt, und es existieren folglich keine Sattelpunktsstrategien. Wir geben deshalb im folgenden eine Verallgemeinerung des in Abschnitt 1.8.2 skizzierten Lösungskonzeptes an, das es erlaubt, alle Matrixspiele zu „lösen".

Wir betrachten als Beispiel das Matrixspiel mit der Auszahlungsmatrix

$$\boldsymbol{A} = \begin{pmatrix} -1 & 2 \\ 1 & 0 \end{pmatrix}$$

Für den Mindestgewinn r_1 des Spielers 1 und den Höchstverlust r_2 des Spielers 2 bekommen wir

$$\begin{aligned} r_1 &= \max_i \min_j a_{ij} = \max(-1, 0) = 0, \\ r_2 &= \min_j \max_i a_{ij} = \min(1, 2) = 1 \,. \end{aligned}$$

Spieler 1 erhält seinen Mindestgewinn von 0, wenn er sich für die Strategie s_2 entscheidet, während Spieler 2 bei Wahl von t_1 seinen Höchstverlust von 1 erleidet. Das Strategienpaar (s_2, t_1) stellt jedoch keine „stabile" Lösung des Spiels dar. Nimmt nämlich Spieler 2 an, daß Spieler 1 s_2 wählt, so wird er sich für die Strategie t_2 entscheiden, wodurch sich sein Verlust auf 0 reduziert. Hat Spieler 2 in mehreren aufeinander folgenden Partien die Strategie t_2 gewählt, dann wird Spieler 1 in der Erwartung, daß Spieler 2 weiterhin t_2 spielen wird, zur Strategie s_1 überwechseln, um einen Gewinn von 2 zu erzielen. Letzteres wird Spieler 2 wiederum bewegen, zur Strategie t_1 zurückzukehren. Es wird also für jeden der beiden Spieler vorteilhafter sein, eine geeignete (dem Gegenspieler nicht bekannte) „Mischung" seiner Strategien zu wählen als die „reinen" Strategien s_2 bzw. t_1 zu spielen. Diese Mischung von Strategien kann man sich im allgemeinen Fall so realisiert denken, daß jeder Spieler nach einem geeigneten Zufallsmechanismus seine Strategien aus $s_1, \ldots, s_m$ bzw. $t_1, \ldots, t_n$ derart auswählt, daß sein erwarteter Gewinn möglichst groß (bzw. der erwartete Verlust möglichst klein) wird. Die Zufallsmechanismen der beiden Spieler seien dabei voneinander unabhängig.

Die Zufallsmechanismen von Spieler 1 bzw. Spieler 2 entsprechen jeweils einer diskreten Wahrscheinlichkeitsverteilung, die wir durch Vektoren

$$\boldsymbol{x} = \begin{pmatrix} x_1 \\ \vdots \\ x_m \end{pmatrix} \in \mathbb{R}^m \quad \text{bzw.} \quad \boldsymbol{y} = \begin{pmatrix} y_1 \\ \vdots \\ y_n \end{pmatrix} \in \mathbb{R}^n$$

beschreiben, wobei x_i die Wahrscheinlichkeit darstellt, daß Spieler 1 die Strategie s_i wählt, und y_j die Wahrscheinlichkeit ist, daß Spieler 2 t_j wählt. Für die Wahrscheinlichkeiten x_i und y_j gilt

$$\text{(1.8.5)} \qquad \begin{cases} x_i \geq 0 \quad (i = 1, \ldots, m), \qquad y_j \geq 0 \quad (j = 1, \ldots, n) \\ \displaystyle\sum_{i=1}^{m} x_i = \sum_{j=1}^{n} y_j = 1 \,. \end{cases}$$

Wir nennen einen Vektor $\boldsymbol{x} \in \mathbb{R}^m$ **gemischte Strategie** für Spieler 1 und einen Vektor $\boldsymbol{y} \in \mathbb{R}^n$ gemischte Strategie für Spieler 2, wenn $\boldsymbol{x}$ und $\boldsymbol{y}$ die Bedingungen (1.8.5) erfüllen. Statt „gemischte Strategie" sagen wir im folgenden auch kurz „Strategie“. Die **reine Strategie** s_i entspricht dem i-ten Einheitsvektor des $\mathbb{R}^m$ und die reine Strategie t_j dem j-ten Einheitsvektor des $\mathbb{R}^n$. Die reinen Strategien sind also unter den gemischten Strategien enthalten. Die **Strategienmengen** des 1. und 2. Spielers haben jetzt die Form

$$X(S) := \{\boldsymbol{x} = (x_1, \dots, x_m)^T \in \mathbb{R}^m | x_i \geq 0 \ (i = 1, \dots, m), \sum_{i=1}^{m} x_i = 1\}$$

$$Y(T) := \{\boldsymbol{y} = (y_1, \dots, y_n)^T \in \mathbb{R}^n | y_j \geq 0 \ (j = 1, \dots, n), \sum_{j=1}^{n} y_j = 1\} \ .$$

Wählen Spieler 1 die Strategie $\boldsymbol{x}$ und Spieler 2 die Strategie $\boldsymbol{y}$, so stellt der Gewinn von Spieler 1 (und damit der Verlust von Spieler 2) eine Zufallsgröße dar. Da (unter Beachtung der Unabhängigkeit der beiden Zufallsmechanismen für Spieler 1 bzw. Spieler 2) Spieler 1 mit der Wahrscheinlichkeit $x_i y_j$ den Betrag a_{ij} gewinnt, ist der erwartete Gewinn von Spieler 1 gleich

$$e(\boldsymbol{x}, \boldsymbol{y}) := \sum_{i=1}^{m} \sum_{j=1}^{n} a_{ij} x_i y_j \ . \tag{1.8.6}$$

Statt „erwarteter Gewinn“ wollen wir im folgenden wieder kurz „Gewinn“ sagen. Ein Matrixspiel, bei dem gemischte Strategien gespielt werden, ist also durch ein Tripel $(X(S), Y(T); e)$ mit der durch (1.8.6) gegebenen Funktion $e : X(S) \times Y(T) \to \mathbb{R}$ festgelegt. Das Spiel $(X(S), Y(T); e)$ wird auch die **gemischte Erweiterung** des Spiels $(S, T; a)$ genannt.

Wir wollen nun das in Abschnitt 1.8.2 beschriebene Lösungskonzept für reine Strategien auf den Fall gemischter Strategien übertragen. Wählt Spieler 1 die Strategie $\boldsymbol{x} \in X(S)$, so kann Spieler 2 durch Wahl einer geeigneten Strategie $\boldsymbol{y}' \in Y(T)$ erzwingen, daß Spieler 1 nur

$$e(\boldsymbol{x}, \boldsymbol{y}') = \min_{\boldsymbol{y} \in Y(T)} e(\boldsymbol{x}, \boldsymbol{y})$$

gewinnt. Spieler 1 wird dann versuchen, eine Strategie $\boldsymbol{x}^* \in X(S)$ auszuwählen, die den größtmöglichen Mindestgewinn

$$e(\boldsymbol{x}^*, \boldsymbol{y}') = \max_{\boldsymbol{x} \in X(S)} e(\boldsymbol{x}, \boldsymbol{y}') = \max_{\boldsymbol{x} \in X(S)} \min_{\boldsymbol{y} \in Y(T)} e(\boldsymbol{x}, \boldsymbol{y})$$

liefert. Umgekehrt kann Spieler 2 erreichen, daß der durch Wahl von Strategie $\boldsymbol{x}' \in X(S)$ durch Spieler 1 erzielte Höchstgewinn

$$e(\boldsymbol{x}', \boldsymbol{y}) = \max_{\boldsymbol{x} \in X(S)} e(\boldsymbol{x}, \boldsymbol{y})$$

möglichst klein ausfällt, wenn er eine geeignete Strategie $\boldsymbol{y}^* \in Y(T)$ wählt:

$$e(\boldsymbol{x}', \boldsymbol{y}^*) = \min_{\boldsymbol{y}\in Y(T)} \max_{\boldsymbol{x}\in X(S)} e(\boldsymbol{x}, \boldsymbol{y}) \; .$$

Ist

$$\max_{\boldsymbol{x}\in X(S)} \min_{\boldsymbol{y}\in Y(T)} e(\boldsymbol{x}, \boldsymbol{y}) = \min_{\boldsymbol{y}\in Y(T)} \max_{\boldsymbol{x}\in X(S)} e(\boldsymbol{x}, \boldsymbol{y}) =: w \; , \tag{1.8.7}$$

so kann das Spiel $(X(S), Y(T); e)$ als gelöst betrachtet werden. Die Strategien $\boldsymbol{x}^*$ und $\boldsymbol{y}^*$, für die also $e(\boldsymbol{x}^*, \boldsymbol{y}^*) = w$ gilt, werden **optimale Strategien** genannt, und w heißt der **Wert des Spiels**. Wie wir später noch genauer erläutern werden, kann ein Spieler beim Abweichen von einer optimalen Strategie seinen Gewinn nur verringern, wenn der Gegenspieler optimal spielt. Ist der Wert des Spiels w gleich 0, dann spricht man wieder von einem **fairen Spiel**. Für die in (1.8.4) erklärten Mindest- und Höchstgewinne r_1 und r_2 gilt $r_1 \le w \le r_2$.

1.8.4 Hauptsatz der Spieltheorie

Der folgende Satz beantwortet die Frage, ob stets die Beziehung (1.8.7) mit dem Gleichheitszeichen erfüllt ist oder ob nur ein Analogon zu (1.8.2) mit $\le$ an Stelle von $=$ gilt.

Satz 1.8.3 (Hauptsatz der Spieltheorie). *Für jedes Matrixspiel ist*

$$\max_{\boldsymbol{x}\in X(S)} \min_{\boldsymbol{y}\in Y(T)} e(\boldsymbol{x}, \boldsymbol{y}) = \min_{\boldsymbol{y}\in Y(T)} \max_{\boldsymbol{x}\in X(S)} e(\boldsymbol{x}, \boldsymbol{y}) \; .$$

Da der **Beweis** dieses Satzes zeigt, wie optimale Strategien berechnet werden können, wollen wir ihn im folgenden skizzieren. Wir können o.B.d.A. annehmen, daß alle Elemente a_{ij} $(i = 1, \ldots, m; j = 1, \ldots, n)$ der Auszahlungsmatrix $\boldsymbol{A}$ des betrachteten Spiels positiv sind. Andernfalls addieren wir zu jedem Matrixelement eine Konstante

$$\alpha > - \min_{\substack{i=1,\ldots,m \\ j=1,\ldots,n}} a_{ij} \; ,$$

was ohne Einfluß auf die Gewinnmaximierung ist. Zunächst zeigen wir, daß

$$\min_{\boldsymbol{y}\in Y(T)} e(\boldsymbol{x}, \boldsymbol{y}) = \min_{j=1,\ldots,n} \sum_{i=1}^{m} a_{ij} x_i \quad \text{für alle } \boldsymbol{x} \in X(S) \tag{1.8.8}$$

gilt, d.h., daß das Minimum von e bezüglich $\boldsymbol{y}$ bereits für eine reine Strategie $t_{j'}$ angenommen wird. Es ist

$$\sum_i a_{ij} x_i \geq \min_j \sum_i a_{ij} x_i \quad \text{für } j = 1, \ldots, n.$$

Multiplizieren wir die j-te Ungleichung mit y_j und addieren danach alle Ungleichungen auf, so erhalten wir unter Beachtung von $\sum_{j=1}^n y_j = 1$

$$\sum_j \sum_i a_{ij} x_i y_j \geq \min_j \sum_i a_{ij} x_i \quad \text{für alle } \boldsymbol{y} \in Y(T) \; .$$

Die linke Seite dieser Ungleichung ist gleich $e(\boldsymbol{x}, \boldsymbol{y})$, und wir bekommen nach Minimierung bezüglich $\boldsymbol{y}$

$$\min_{\boldsymbol{y}} e(\boldsymbol{x}, \boldsymbol{y}) \geq \min_j \sum_i a_{ij} x_i \; . \tag{1.8.9}$$

Andererseits gibt es ein $j' \in \{1, \ldots, n\}$ mit

$$\sum_i a_{ij'} x_i = \min_j \sum_i a_{ij} x_i \; , \tag{1.8.10}$$

und es gilt

$$\min_{\boldsymbol{y}} e(\boldsymbol{x}, \boldsymbol{y}) \leq e(\boldsymbol{x}, \boldsymbol{d}^{j'}) = \sum_i a_{ij'} x_i \; , \tag{1.8.11}$$

wobei $\boldsymbol{d}^{j'}$ der j'-te Einheitsvektor des $\mathbb{R}^n$ ist, der der reinen Strategie $t_{j'}$ entspricht. (1.8.9), (1.8.10) und (1.8.11) liefern dann die Behauptung (1.8.8). Wir setzen nun

$$z := \min_j \sum_i a_{ij} x_i \; .$$

Da alle Elemente a_{ij} der Matrix $\boldsymbol{A}$ positiv sind, ist $z > 0$. Aufgrund (1.8.8) ist $\max_{\boldsymbol{x}} \min_{\boldsymbol{y}} e(\boldsymbol{x}, \boldsymbol{y})$ der optimale Zielfunktionswert des linearen Optimierungsproblems

$$\left\{ \begin{array}{lll} \text{Max.} & z & \\ \text{u.d.N.} & \sum_{i=1}^m a_{ij} x_i \geq z & (j = 1, \ldots, n) \\ & \sum_{i=1}^m x_i = 1 & \\ & x_i \geq 0 & (i = 1, \ldots, m) \; . \end{array} \right. \tag{1.8.12}$$

Statt der Maximierung von z können wir auch $1/z$ minimieren. Durch die Variablentransformation $u_i := x_i/z \quad (i = 1, \ldots, m)$ geht dann (1.8.12) unter Beachtung von $\sum_{i=1}^m u_i = 1/z$ über in das Minimierungsproblem

$$(1.8.13) \qquad \begin{cases} \text{Min.} & \sum\limits_{i=1}^{m} u_i \\ \text{u.d.N.} & \sum\limits_{i=1}^{m} a_{ij} u_i \geq 1 \quad (j = 1, \ldots, n) \\ & \qquad u_i \geq 0 \quad (i = 1, \ldots, m)\ . \end{cases}$$

Analog ergibt sich, daß $\min_{\boldsymbol{y}} \max_{\boldsymbol{x}} e(\boldsymbol{x}, \boldsymbol{y})$ der reziproke Wert des optimalen Zielfunktionswertes des folgenden Maximierungsproblems ist:

$$(1.8.14) \qquad \begin{cases} \text{Max.} & \sum\limits_{j=1}^{n} v_j \\ \text{u.d.N.} & \sum\limits_{j=1}^{n} a_{ij} v_j \leq 1 \quad (i = 1, \ldots, m) \\ & \qquad v_j \geq 0 \quad (j = 1, \ldots, n)\ . \end{cases}$$

Die beiden linearen Optimierungsaufgaben (1.8.13) und (1.8.14) sind duale Optimierungsprobleme (vgl. Abschnitt 1.4.1). (1.8.14) besitzt die zulässige Lösung $v_j = 0$ $(j = 1, \ldots, n)$. Wählt man die u_i $(i = 1, \ldots, m)$ genügend groß, so daß $\sum_i a_{ij} u_i \geq 1$ gilt (was wegen $a_{ij} > 0$ stets möglich ist), so erhält man auch für (1.8.13) eine zulässige Lösung, und die optimalen Zielfunktionswerte der beiden Optimierungsaufgaben sind nach dem Dualitätstheorem der linearen Optimierung (Satz 1.4.3) gleich.

□

Wir geben nun noch einen Satz an, der besagt, daß jeder der beiden Spieler beim Abweichen von einer optimalen Strategie seinen Gewinn nur verringern kann, wenn der Gegenspieler optimal spielt.

Satz 1.8.4. $\boldsymbol{x}^* \in X(S)$ *und* $\boldsymbol{y}^* \in Y(T)$ *sind genau dann optimale Strategien, wenn gilt*

$$(1.8.15) \quad e(\boldsymbol{x}, \boldsymbol{y}^*) \leq e(\boldsymbol{x}^*, \boldsymbol{y}^*) \leq e(\boldsymbol{x}^*, \boldsymbol{y}) \text{ für alle } \boldsymbol{x} \in X(S), \boldsymbol{y} \in Y(T)\ .$$

Die **Beweisidee** von Satz 1.8.4 ist einfach. Für jedes $\boldsymbol{x} \in X(S)$ gilt

$$e(\boldsymbol{x}, \boldsymbol{y}^*) \leq \max_{\boldsymbol{x}} e(\boldsymbol{x}, \boldsymbol{y}^*) = \max_{\boldsymbol{x}} \min_{\boldsymbol{y}} e(\boldsymbol{x}, \boldsymbol{y}) = e(\boldsymbol{x}^*, \boldsymbol{y}^*)\ .$$

Analog zeigt man die Gültigkeit der zweiten Ungleichung in (1.8.15).

□

Ein der Beziehung (1.8.15) genügendes Strategienpaar $(\boldsymbol{x}^*, \boldsymbol{y}^*)$ wird auch **Gleichgewichtspunkt** genannt. Der Begriff des Gleichgewichtspunktes stellt eine Verallgemeinerung des Begriffes Sattelpunkt dar (vgl.(1.8.3)).

Im folgenden Abschnitt werden wir angeben, wie wir durch Lösen der zwei Optimierungsprobleme (1.8.13) und (1.8.14) optimale Strategien für beide Spieler bestimmen können.

1.8.5 Bestimmung optimaler Strategien

Seien

$$\boldsymbol{u}^* = (u_1^*, \ldots, u_m^*)^T, \ \boldsymbol{v}^* = (v_1^*, \ldots, v_n^*)^T$$

optimale Lösungen der beiden linearen Optimierungsprobleme (1.8.13) bzw. (1.8.14) mit dem optimalen Zielfunktionswert $\omega^* := \sum_{i=1}^m u_i^* = \sum_{j=1}^n v_j^*$. Dann gilt wegen

$$\max_{\boldsymbol{x}} \min_{\boldsymbol{y}} e(\boldsymbol{x}, \boldsymbol{y}) = z^* = \frac{1}{\sum_i u_i^*} = \min_{\boldsymbol{y}} \max_{\boldsymbol{x}} e(\boldsymbol{x}, \boldsymbol{y}) = \frac{1}{\sum_j v_j^*}$$

für den Wert des zugrunde liegenden Matrixspiels $w = 1/\omega^*$. Aufgrund $u_i = x_i/z \quad (i = 1, \ldots, m)$ und $z^* = 1/\omega^*$ sind $\boldsymbol{x}^* := \boldsymbol{u}^*/\omega^*$ und entsprechend $\boldsymbol{y}^* := \boldsymbol{v}^*/\omega^*$ optimale Strategien für Spieler 1 bzw. Spieler 2. Die einzelnen Schritte zur Lösung des Matrixspiels sind also wie folgt:

Algorithmus 1.8.1 (Spieltheorie — Lösen eines Matrixspiels)

Schritt 1

Addiere zu allen Elementen der Auszahlungsmatrix eine Konstante $\alpha \geq 0$, so daß die sich ergebende Matrix, die wieder mit $\boldsymbol{A}$ bezeichnet sei, nur positive Elemente enthält.

Schritt 2

Löse das lineare Optimierungsproblem (1.8.14), das nach Umwandlung in ein Minimierungsproblem die einfache Form (L) *mit $\boldsymbol{b} \geq \boldsymbol{0}$ hat, mit der Simplexmethode, startend mit der Ausgangslösung $\boldsymbol{v} = \boldsymbol{0}$ (vgl. die Abschnitte 1.3.1 und 1.3.2). Die erhaltene optimale Lösung sei $\boldsymbol{v}^*$, und der optimale Zielfunktionswert sei ω^*.*

Schritt 3

Berechne eine optimale Lösung $\boldsymbol{u}^*$ des dualen Problems (1.8.13) gemäß

$$u_i^* = \zeta_{n+i} \quad (i = 1, \ldots, m) ,$$

wobei $\zeta_k = 0 \quad (k \in \mathcal{B}^*)$ ist, die $\zeta_l \quad (l \in \mathcal{N}^*)$ dem Feld ⑤ des Endtableaus für das Optimierungsproblem (1.8.14) zu entnehmen sind und $\mathcal{B}^*$ und $\mathcal{N}^*$ die

Basisindexmenge bzw. Nichtbasisindexmenge der optimalen Lösung $\boldsymbol{v}^*$ *aus Schritt 2 darstellen (vgl. Abschnitt 1.4.2).*[1]

Schritt 4

$\boldsymbol{x}^* := \boldsymbol{u}^*/\omega^*$ *und* $\boldsymbol{y}^* := \boldsymbol{v}^*/\omega^*$ *sind optimale Strategien für Spieler 1 bzw. Spieler 2, und* $w = 1/\omega^* - \alpha$ *ist der Wert des Spiels.*

□

Als Beispiel greifen wir das zu Beginn von Abschnitt 1.8.3 betrachtete Matrixspiel mit der Auszahlungsmatrix $\begin{pmatrix} -1 & 2 \\ 1 & 0 \end{pmatrix}$ auf. Addition von $\alpha = 2$ zu allen Matrixelementen ergibt die neue Auszahlungsmatrix

$$\boldsymbol{A} = \begin{pmatrix} 1 & 4 \\ 3 & 2 \end{pmatrix} .$$

Das Optimierungsproblem (1.8.14) hat damit die Gestalt

$$\begin{array}{ll} \text{Max.} & v_1 + \ \ v_2 \\ \text{u.d.N.} & v_1 + 4v_2 \leq 1 \\ & 3v_1 + 2v_2 \leq 1 \\ & \quad v_1, v_2 \geq 0 \, . \end{array}$$

Die Tableaus 1.8.2, 1.8.3 und 1.8.4 zeigen die Austauschschritte zur Lösung dieser Aufgabe.

		*				
		1	2			
	3	1	4	1	1	$-\frac{1}{3}$
*	4	[3]	2	1	$\frac{1}{3}$	
		−1	−1	0		$\frac{1}{3}$

Tab. 1.8.2

Wir erhalten die optimale Lösung $v_1^* = v_2^* = \frac{1}{5}$ sowie $\omega^* = \frac{2}{5}$. Für die entsprechende optimale Lösung des dualen Problems (1.8.13) bekommen wir nach Schritt 3 mit $n = 2$ $u_1^* = \zeta_3 = \frac{1}{10}, u_2^* = \zeta_4 = \frac{3}{10}$. Damit ergeben sich die

[1] Die Menge der Indizes aller Variablen des Optimierungsproblems (1.8.14), einschließlich der Schlupfvariablen, ist $\mathcal{I} = \mathcal{B}^* \cup \mathcal{N}^* = \{1, \ldots, m+n\}$, da die Koeffizientenmatrix $\boldsymbol{A}$ von (1.8.14) eine $m \times n$-Matrix ist.

			*			
		4	2			
*	3	$-\frac{1}{3}$	$\boxed{\frac{10}{3}}$	$\frac{2}{3}$	$\frac{1}{5}$	
	1	$\frac{1}{3}$	$\frac{2}{3}$	$\frac{1}{3}$	$\frac{1}{2}$	$-\frac{1}{5}$
		$\frac{1}{3}$	$-\frac{1}{3}$	$\frac{1}{3}$		$\frac{1}{10}$

Tab. 1.8.3

	4	3	
2	$-\frac{1}{10}$	$\frac{3}{10}$	$\frac{1}{5}$
1	$\frac{2}{5}$	$-\frac{1}{5}$	$\frac{1}{5}$
	$\frac{3}{10}$	$\frac{1}{10}$	$\frac{2}{5}$

Tab. 1.8.4

optimalen Strategien $\boldsymbol{x}^* = \boldsymbol{u}^*/\omega^* = \begin{pmatrix} \frac{1}{4} \\ \frac{3}{4} \end{pmatrix}$, $\boldsymbol{y}^* = \boldsymbol{v}^*/\omega^* = \begin{pmatrix} \frac{1}{2} \\ \frac{1}{2} \end{pmatrix}$ und der Wert des Spiels $w = (1/\omega^*) - \alpha = \frac{1}{2}$. Das Spiel ist also nicht fair.

1.8.6 Dominanz von Strategien

Betrachten wir das Matrixspiel mit der Auszahlungsmatrix

$$\begin{pmatrix} 2 & -1 & 0 & 2 \\ 1 & 1 & 0 & -1 \\ 3 & 1 & 1 & 0 \end{pmatrix},$$

so erkennt man, daß es für Spieler 1 unvorteilhaft ist, die (reine) Strategie s_2 zu spielen, da Zeile 2 der Matrix elementeweise kleiner oder gleich der Zeile 3 ist und folglich Strategie s_3 stets einen höheren bzw. mindestens gleich großen Gewinn liefert, ganz gleich, welche Strategie Spieler 2 wählt. Es gibt folglich eine optimale Strategie $\boldsymbol{x}^*$ für Spieler 1 mit $x_2^* = 0$, und wir können Zeile 2 in der Auszahlungsmatrix streichen. In der Restmatrix sind die Spalten 1 und 3 elementeweise nicht kleiner als Spalte 2 (beachte, daß dies für Spalte 3 nicht in der ursprünglichen Matrix gilt) und können gestrichen werden, und es gibt eine optimale Strategie $\boldsymbol{y}^*$ für Spieler 2 mit $y_1^* = y_3^* = 0$. Wir haben also das ursprüngliche 3×4-Matrixspiel auf das 2×2-Matrixspiel mit der Auszahlungsmatrix

$$\begin{array}{c} \\ \textcircled{1} \\ \textcircled{3} \end{array} \begin{array}{c} \begin{array}{cc} \textcircled{2} & \textcircled{4} \end{array} \\ \begin{pmatrix} -1 & 2 \\ 1 & 0 \end{pmatrix} \end{array}$$

zurückgeführt, wobei wir die ursprünglichen Zeilen- und Spaltennummern eingekreist zusätzlich angegeben haben. Das Matrixspiel mit der letzteren Auszahlungsmatrix haben wir bereits in Abschnitt 1.8.5 gelöst: $x_1^* = \frac{1}{4}, x_3^* = \frac{3}{4}$

$y_2^* = y_4^* = \frac{1}{2}$ sind optimal. Damit erhalten wir für das ursprüngliche 3×4-Matrixspiel die optimalen Strategien

$$\boldsymbol{x}^* = \left(\frac{1}{4}, 0, \frac{3}{4}\right)^T \;, \; \boldsymbol{y}^* = \left(0, \frac{1}{2}, 0, \frac{1}{2}\right)^T \;.$$

Sei allgemein ein Matrixspiel $(S, T; a)$ bzw. dessen gemischte Erweiterung gegeben. Dann sagen wir, daß die Strategie $s_i \in S$ die Strategie $s_k \in S$ **dominiert**, wenn

$$a(s_i, t) \geq a(s_k, t) \text{ für alle } t \in T \tag{1.8.16}$$

gilt. Entsprechend dominiert die Strategie $t_j \in T$ die Strategie $t_l \in T$, wenn

$$a(s, t_j) \leq a(s, t_l) \text{ für alle } s \in S \tag{1.8.17}$$

ist. Wir sprechen von **strenger Dominanz**, wenn in (1.8.16) bzw. (1.8.17) $>$ statt $\geq$ bzw. $<$ statt $\leq$ steht. Es gilt dann der folgende unmittelbar einleuchtende

Satz 1.8.5. *In einem Matrixspiel mit der Auszahlungsmatrix* $\boldsymbol{A}$ *dominiere die reine Strategie* s_i *die reine Strategie* s_k*. Die aus* $\boldsymbol{A}$ *durch Streichen der* k*-ten Zeile entstehende Matrix sei* $\bar{\boldsymbol{A}}$*. Dann sind die Werte der zu* $\boldsymbol{A}$ *und* $\bar{\boldsymbol{A}}$ *gehörigen Spiele gleich, und die optimalen Strategien von Spieler 2 im* $\bar{\boldsymbol{A}}$*-Spiel sind auch optimal im* $\boldsymbol{A}$*-Spiel. Seien* $\bar{\boldsymbol{x}}^*$ *eine optimale Strategie von Spieler 1 im* $\bar{\boldsymbol{A}}$*-Spiel und* $\boldsymbol{x}^*$ *der durch die Komponente* $x_k^* = 0$ *erweiterte Vektor* $\bar{\boldsymbol{x}}^*$*. Dann ist* $\boldsymbol{x}^*$ *optimale Strategie von Spieler 1 im* $\boldsymbol{A}$*-Spiel.*

Zum Beweis vgl. NEUMANN (1975a), Abschnitt 8.6. Ein analoger Satz gilt bei Dominanz von Strategien des Spielers 2. Satz 1.8.5 bleibt gültig, wenn die (reine) Strategie s_k durch eine konvexe Linearkombination von Strategien aus S (also eine gemischte Strategie) dominiert wird.

Es empfiehlt sich also, vor der Lösung eines Matrixspiels zu prüfen, ob einige reine Strategien durch andere (oder durch Konvexkombinationen von ihnen) dominiert werden. Als weiteres Beispiel betrachten wir das Matrixspiel mit der Auszahlungsmatrix

$$\begin{pmatrix} 1\,5\,1\,2 \\ 2\,2\,0\,4 \\ 0\,8\,2\,1 \end{pmatrix} .$$

Es gilt Zeile $1 \leq \frac{1}{2} \times$ Zeile $2 + \frac{1}{2} \times$ Zeile 3. Zeile 1 kann also gestrichen werden. Danach können wir die Spalten 2 und 4 streichen. Man sieht unmittelbar, daß für das resultierende 2×2-Matrixspiel mit der Auszahlungsmatrix

$$\begin{array}{cc} & \begin{array}{cc} ① & ③ \end{array} \\ \begin{array}{c} ② \\ ③ \end{array} & \begin{pmatrix} 2 & 0 \\ 0 & 2 \end{pmatrix} \end{array}$$

$x_2^* = x_3^* = \frac{1}{2}$ und $y_1^* = y_3^* = \frac{1}{2}$ optimal sind. Damit ergeben sich für das ursprüngliche 3×4-Spiel die optimalen Strategien

$$\boldsymbol{x}^* = \left(0, \frac{1}{2}, \frac{1}{2}\right)^T \ , \ \boldsymbol{y}^* = \left(\frac{1}{2}, 0, \frac{1}{2}, 0\right)^T \ .$$

1.8.7 Lösung von $2 \times n$- und $m \times 2$-Matrixspielen

Stehen einem der beiden Spieler eines Matrixspiels nur zwei mögliche reine Strategien zur Verfügung, dann ist die Lösung des Spiels relativ einfach. Wir betrachten zunächst ein $2 \times n$-Matrixspiel. Mit

$$\boldsymbol{x} = \begin{pmatrix} x_1 \\ x_2 \end{pmatrix} = \begin{pmatrix} \xi \\ 1-\xi \end{pmatrix}$$

hat die Optimierungsaufgabe (1.8.12) jetzt die Form

$$(1.8.18) \qquad \begin{cases} \text{Max.} & z \\ \text{u.d.N.} & (a_{1j} - a_{2j})\xi + a_{2j} \geq z \quad (j = 1, \ldots, n) \\ & 0 \leq \xi \leq 1 \ . \end{cases}$$

Der zulässige Bereich von (1.8.18) läßt sich in der (ξ, z)-Ebene leicht aufzeichnen. Er hat als Begrenzungsgeraden die ξ-Achse, die z-Achse sowie die Geraden $\xi = 1$ und

$$g_j : \ z = (a_{1j} - a_{2j})\xi + a_{2j} \quad (j = 1, \ldots, n)$$

(vgl. Abb. 1.8.1 für den Fall $n = 3$). Die Ordinate z^* des „höchsten Punktes" P des zulässigen Bereichs ist gleich dem Wert des Spiels, und die Abszisse von P liefert die optimale Strategie $\boldsymbol{x}^* = \begin{pmatrix} \xi^* \\ 1-\xi^* \end{pmatrix}$ von Spieler 1. Seien g_l $(l \in L)$ diejenigen der Begrenzungsgeraden g_j $(1 \leq j \leq n)$, die durch den Punkt P gehen (in Abb. 1.8.1. sind dies die Geraden g_2 und g_3). Dann gibt es eine optimale Strategie von Spieler 2, in der die reinen Strategien t_l $(l \in L)$ mit positiver Wahrscheinlichkeit gespielt und die übrigen reinen Strategien t_j mit

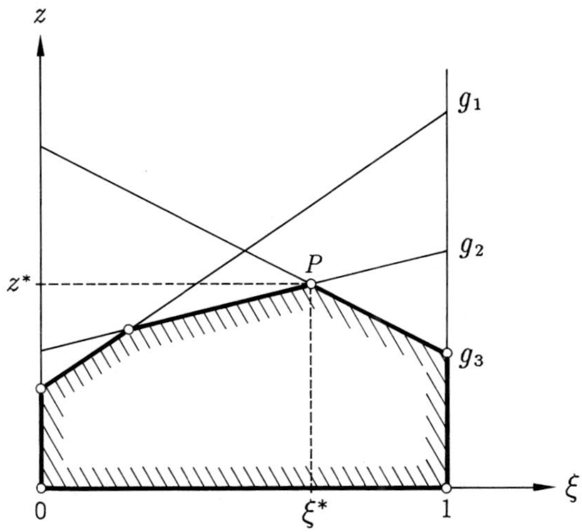

Abb. 1.8.1

Wahrscheinlichkeit 0 gespielt werden. Im allgemeinen ist $|L| = 2$, d.h., das $2 \times n$-Spiel wird auf ein 2×2-Spiel reduziert.

Entsprechend verfährt man bei einem $m \times 2$-Spiel. Mit $\boldsymbol{y} = \begin{pmatrix} \eta \\ 1-\eta \end{pmatrix}$ ist dann an Stelle von (1.8.18) das Optimierungsproblem

$$(1.8.19) \qquad \begin{cases} \text{Min.} & s \\ \text{u.d.N.} & (a_{i1} - a_{i2})\eta + a_{i2} \le s \quad (i = 1, \ldots, m) \\ & 0 \le \eta \le 1 \end{cases}$$

zu lösen. Die Koordinaten des „tiefsten Punktes" (η^*, s^*) des zulässigen Bereiches von (1.8.19) liefern den Wert s^* des Spiels und eine optimale Strategie $\boldsymbol{y}^* = \begin{pmatrix} \eta^* \\ 1-\eta^* \end{pmatrix}$ für Spieler 2. Eine optimale Strategie für Spieler 1 erhält man in analoger Weise, wie es oben bei einem $2 \times n$-Spiel für Spieler 2 erläutert worden ist.

Als Beispiel betrachten wir das 2×3-Spiel mit der Auszahlungsmatrix

$$\boldsymbol{A} = \begin{pmatrix} 3\,2\,4 \\ 1\,4\,0 \end{pmatrix}$$

Es wird keine reine Strategie dominiert. Wegen

$$\max_i \min_j a_{ij} = \max(2, 0) = 2$$
$$\min_j \max_i a_{ij} = \min(3, 4, 4) = 3$$

liegt auch kein Sattelpunktsspiel vor. Das Optimierungsproblem (1.8.18) lautet jetzt

$$\begin{aligned} \text{Max.} \quad & z \\ \text{u.d.N.} \quad & 2\xi + 1 \geq z \\ & -2\xi + 4 \geq z \\ & 4\xi \geq z \\ & 0 \leq \xi \leq 1 \,. \end{aligned}$$

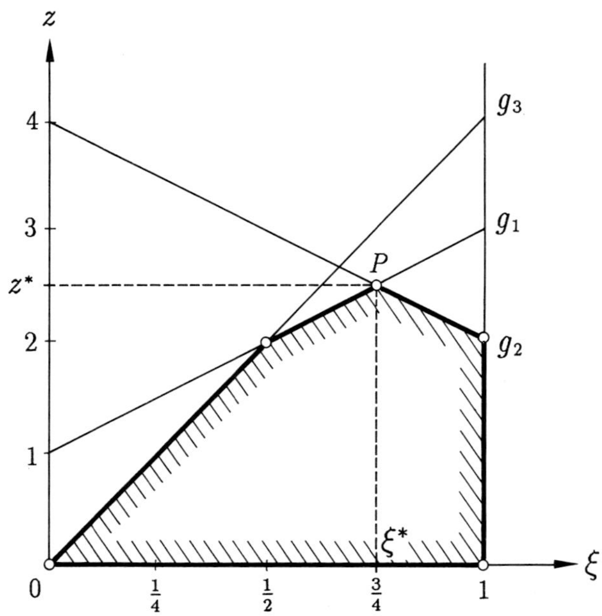

Abb. 1.8.2

Abb. 1.8.2 zeigt den zulässigen Bereich, dessen höchster Punkt P die Koordinaten $\xi^* = \frac{3}{4}$, $z^* = \frac{5}{2}$ hat. $w = z^* = \frac{5}{2}$ ist also der Wert des Spiels, und

$$\boldsymbol{x}^* = \begin{pmatrix} \xi^* \\ 1 - \xi^* \end{pmatrix} = \begin{pmatrix} \frac{3}{4} \\ \frac{1}{4} \end{pmatrix}$$

ist eine optimale Strategie für Spieler 1. Im höchsten Punkt P schneiden sich die beiden Begrenzungsgeraden

$$\begin{aligned} g_1 : \; z &= 2\xi + 1 \\ g_2 : \; z &= -2\xi + 4 \,. \end{aligned}$$

Es gibt also eine optimale Strategie von Spieler 2, in der eine Mischung genau der beiden reinen Strategien t_1 und t_2 gespielt wird. Damit bleibt das 2×2-Spiel mit der Auszahlungsmatrix $\begin{pmatrix} 3 & 2 \\ 1 & 4 \end{pmatrix}$ zu lösen. Das Optimierungsproblem (1.8.19) für dieses $m \times 2$-Spiel hat die Gestalt

$$\begin{array}{ll} \text{Min.} & s \\ \text{u.d.N.} & \eta + 2 \leq s \\ & -3\eta + 4 \leq s \\ & 0 \leq \eta \leq 1 \,. \end{array}$$

Der zulässige Bereich ist in Abb. 1.8.3 dargestellt, der tiefste Punkt des zulässigen Bereiches hat die Koordinaten $\eta^* = \frac{1}{2}$, $s^* = \frac{5}{2}$. $\boldsymbol{y}^* = \begin{pmatrix} \eta^* \\ 1 - \eta^* \\ 0 \end{pmatrix} = \begin{pmatrix} \frac{1}{2} \\ \frac{1}{2} \\ 0 \end{pmatrix}$ ist damit eine optimale Strategie für Spieler 2.

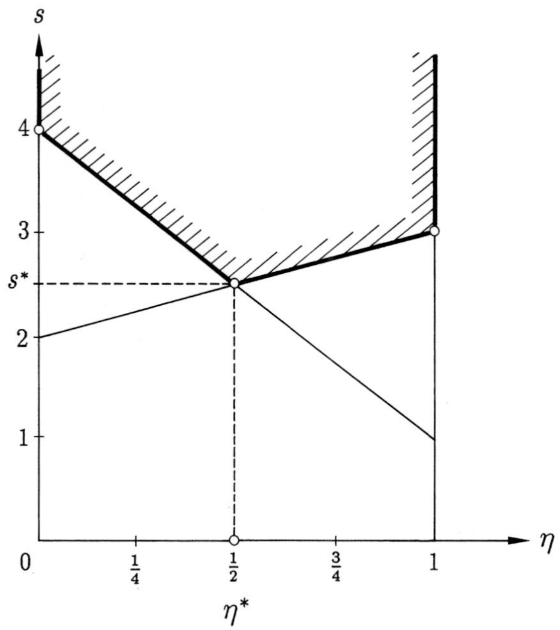

Abb. 1.8.3

1.9 Ergänzungen

Im Rahmen eines einführenden Buches über Operations Research kann die lineare Optimierung nicht erschöpfend behandelt werden. Zu einigen bisher nicht diskutierten linearen Problemstellungen sowie entsprechenden Lösungsverfahren werden wir im folgenden jedoch noch einige prinzipielle Bemerkungen anfügen. Dabei werden wir zunächst auf den Rechenaufwand des Simplexverfahrens eingehen. Danach werden wir zwei neuere Methoden zur Lösung von linearen Optimierungsproblemen skizzieren, die sich vom Simplexverfahren grundlegend unterscheiden. Schließlich erläutern wir noch eine rechentechnisch günstige Möglichkeit, große lineare Optimierungsprobleme mit spezieller Struktur in kleinere Teilprobleme zu zerlegen.

1.9.1 Rechenaufwand der Simplexmethode

Das Simplexverfahren und seine Varianten (duales Simplexverfahren, revidierte Simplexmethode usw.) zählen zu den am besten erprobten Verfahren des Operations Research. Sowohl bei einer Vielzahl von Testbeispielen als auch bei der Lösung großer praktischer Optimierungsprobleme hat sich gezeigt, daß die Zahl der Austauschschritte etwa linear mit der Zahl der Zeilen und sogar geringer als linear mit der Zahl der Spalten der $m \times n$-Matrix $\boldsymbol{A}$ der Restriktionen ansteigt, wenn wir vom Standardproblem (L) ausgehen (vgl. Shamir (1987)). Als Faustformel für reale Probleme gilt, daß die Zahl n der Variablen zwischen m und $10m$ liegt und das Simplexverfahren zwischen m und $4m$ Austauschschritte benötigt. Daß der Rechenaufwand (d.h. die Anzahl der benötigten elementaren Rechenoperationen wie Additionen, Multiplikationen, Vergleiche etc.) pro Austauschschritt quadratisch mit m und linear mit n wächst, also „polynomial" ist [1], haben wir bereits in Abschnitt 1.5.5 festgestellt.

Im Unterschied zu den empirischen Resultaten über den relativ niedrigen durchschnittlichen Rechenaufwand kann das Simplexverfahren bei einigen speziellen linearen Optimierungsproblemen jedoch sehr langsam sein. Klee und Minty (1972) haben eine Klasse von Problemen mit einer $m \times 2m$-Matrix $\boldsymbol{A}$ angegeben, für die das Simplexverfahren bei Verwendung der Kleinsten-Kosten-Regel $2^m - 1$ Austauschschritte benötigt und dabei jede Ecke des zulässigen Bereiches erzeugt (gleiches gilt für andere Auswahlregeln und Varianten des Simplexverfahrens). Die beträchtliche Lücke zwischen „polynomialem" empirischen und „exponentiellem" theoretischen Verhalten der Simplex-

[1] Auf die Definition und Abschätzung des Rechenaufwandes von Algorithmen werden wir detaillierter in Abschnitt 2.2.1 eingehen.

methode hat den Anstoß zu einer „stochastischen Analyse“ gegeben. Legt man gewisse realistische Annahmen über die Verteilung der Ausgangsdaten linearer Optimierungsprobleme (d.h. die Elemente von $\boldsymbol{A}$, $\boldsymbol{b}$ und $\boldsymbol{c}$) zugrunde, so kann man zeigen, daß der erwartete Rechenaufwand (spezieller Versionen) des Simplexverfahrens polynomial mit m und n wächst (vgl. BORGWARDT (1987), SHAMIR (1987)).

Die lange Zeit offene Frage, ob es überhaupt Lösungsverfahren für lineare Optimierungsprobleme gibt, deren „Worst-Case-Rechenaufwand“ polynomial ist, wurde durch die Entwicklung der sogenannten Ellipsoid-Methode und des Verfahrens von Karmarkar beantwortet. Diese beiden polynomialen Verfahren, von denen jedoch nur das letztere für die Lösung großer praktischer Probleme in Frage kommt, werden wir im folgenden kurz skizzieren.

1.9.2 Die Ellipsoid-Methode

Bei der Ellipsoid-Methode (vgl. MURTY (1983), Abschnitt 1.5.1, und NEMHAUSER ET AL. (1989), Abschnitt II.8) gehen wir aus von dem linearen Optimierungsproblem

$$\text{(1.9.1)} \qquad \begin{cases} \text{Max.} & \boldsymbol{b}^T\boldsymbol{u} \\ \text{u.d.N.} & \boldsymbol{A}^T\boldsymbol{u} \leq \boldsymbol{c} \end{cases}$$

mit der $m \times n$-Matrix $\boldsymbol{A}$, das wir bereits in Abschnitt 1.4.1 als duales Problem $(\bar{L})$ zum Standardproblem (L) der linearen Optimierung kennengelernt haben. Die Lösung von $(\bar{L})$ erfolgt durch die Ellipsoid-Methode nicht direkt. Vielmehr bestimmt man im Prinzip lediglich eine zulässige Lösung $\boldsymbol{u}^0$ für (1.9.1). $\boldsymbol{b}^T\boldsymbol{u}^0$ stellt dann eine untere Schranke für den optimalen Zielfunktionswert dar. Im nächsten Schritt versucht man, eine „bessere“ zulässige Lösung dadurch zu erreichen, daß man die Zielfunktion (wenigstens partiell) in Form einer zusätzliche Restriktion des linearen Optimierungsproblems berücksichtigt, und man prüft, ob das modifizierte System von Nebenbedingungen

$$\text{(1.9.2)} \qquad \begin{cases} -\boldsymbol{b}^T\boldsymbol{u} \leq -\beta_1 & \text{mit } \beta_1 > \boldsymbol{b}^T\boldsymbol{u}^0 \\ \boldsymbol{A}^T\boldsymbol{u} \leq \boldsymbol{c} \end{cases}$$

eine zulässige Lösung $\boldsymbol{u}^1$ besitzt. Ist dies der Fall, so fährt man mit $\beta_2 > \boldsymbol{b}^T\boldsymbol{u}^1$ fort und wiederholt diese Prozedur, bis die entsprechend (1.9.2) festgelegte Menge für ein schließlich erreichtes β_r leer ist. β_r stellt dann eine obere Schranke für den optimalen Zielfunktionswert dar. Durch erneute Versuche mit $\beta_{r+1} < \beta_r$ (sowie $\beta_{r+1} > \beta_{r-1}$) läßt sich der optimale Zielfunktionswert und damit die optimale Lösung sukzessiv mit beliebiger Genauigkeit approximieren. Daß bei diesem Vorgehen „nur“ eine Approximation und nicht wie beim Simplexverfahren eine „exakte“ optimale Lösung berechnet wird, ist lediglich von theoretischer Bedeutung. Normalerweise steht für die Anwendung des Simplexverfahrens ein Computer mit endlicher Rechengenauigkeit zur Verfügung, so daß Rundungsfehler in Kauf genommen werden müssen und jede berechnete Lösung im allgemeinen nur eine Approximation einer exakten Lösung darstellt.

Die Berechnung einer optimalen Lösung des linearen Optimierungsproblems (1.9.1) (in das jedes beliebige lineare Problem transformiert werden kann) läßt sich damit zurückführen auf die (wiederholte) Bestimmung einer zulässigen Lösung. Die wesentliche Aufgabe besteht also darin, ein Element der Menge

$$M = \{\boldsymbol{u} \in \mathbb{R}^m | \boldsymbol{A}^T\boldsymbol{u} \leq \boldsymbol{c}\}$$

zu berechnen bzw. festzustellen, daß M leer ist. Für den Fall, daß M beschränkt ist, existiert ein Ellipsoid E_0 [1], das M enthält, und es läßt sich eine Folge von Ellipsoiden $(E_k)_{k=1,\ldots,K}$ mit den Mittelpunkten $\boldsymbol{u}^k$ konstruieren, die jeweils M enthalten und deren Volumen vol E_k schrittweise mindestens um einen konstanten Faktor $\varrho < 1$ abnimmt. Dieser Schrumpfungsprozeß der Ellipsoide (bei dem M immer enger umschlossen wird) führt dazu, daß schließlich der Mittelpunkt eines Ellipsoids in M liegt und damit der Prozeß nach endlich vielen Schritten abbricht, falls M selbst ein n-dimensionales Volumen besitzt. Für die Darstellung des Verfahrens wollen wir daher zunächst voraussetzen:

- M ist beschränkt, also ein konvexes Polytop
- M besitzt ein n-dimensionales Volumen vol $M > 0$.

Der Kern des Verfahrens besteht damit in der geeigneten Konstruktion eines Folgeellipsoids E_{k+1} zu E_k und der anschließenden Prüfung, ob der (bekannte) Mittelpunkt $\boldsymbol{u}^{k+1}$ von E_{k+1} in M liegt, d.h., eine Lösung der Aufgabe darstellt. Da letzteres von $\boldsymbol{u}^k$ noch nicht gilt, existiert (mindestens) eine Restriktion des zulässigen Bereiches M mit $\boldsymbol{a}^{jT}\boldsymbol{u}^k > c_j$, $j \in \{1, \ldots, n\}$ (vgl. Abb. 1.9.1), wobei $\boldsymbol{a}^{jT}$ die j-te Zeile von $\boldsymbol{A}^T$ bezeichnet. Da M vollständig in dem durch $\boldsymbol{a}^{jT}\boldsymbol{u} \leq c_j$ festgelegten Halbraum H liegt, können wir die weiteren Betrachtungen auf die Schnittmenge $S_k := E_k \cap \{\boldsymbol{u} \in \mathbb{R}^m | \boldsymbol{a}^{jT}\boldsymbol{u} \leq c_j\}$ beschränken. Aufgrund der speziellen Gestalt von S_k und der Eigenschaften eines Ellipsoids ist es möglich, Formeln für die Berechnung eines neuen Ellipsoids E_{k+1} anzugeben, welches das volumenmäßig kleinste Ellipsoid ist, das S_k umschließt. In dem in Abb. 1.9.1 skizzierten Beispiel wird E_{k+1} (unter anderem) durch die Schnittpunkte P_1 und P_2 der Geraden $\boldsymbol{a}^{jT}\boldsymbol{u} = c_j$ mit

[1] Ein Ellipsoid E_0 im $\mathbb{R}^m$ läßt sich mit den Variablen u_i $(i = 1, \ldots, m)$ in der Form $\sum_i \sum_j d_{ij}(u_i - u_i^0)(u_j - u_j^0) \leq 1$ darstellen, wobei d_{ij} die Koeffizienten und $\boldsymbol{u}^0 = (u_1^0, \ldots, u_m^0)^T$ den Mittelpunkt des Ellipsoids bezeichnen. Im $\mathbb{R}^2$ spricht man statt von Ellipsoiden von Ellipsen.

der Ellipse E_k und durch den Punkt P_3 festgelegt, in dem sich E_k und E_{k+1} berühren.

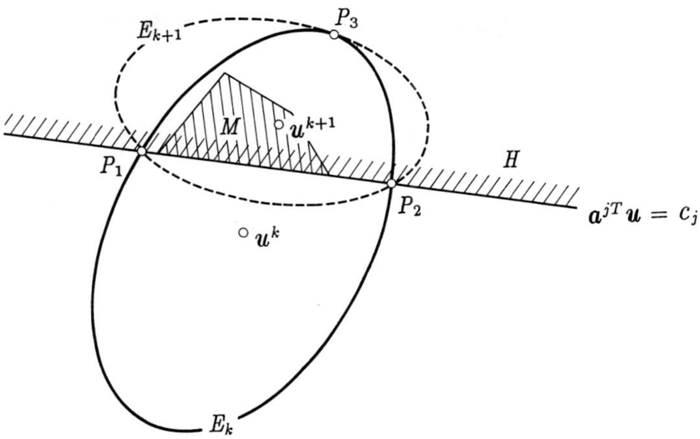

Abb. 1.9.1

Der Aufwand für die Berechnung eines neuen kleineren Ellipsoids beträgt rund $4m^2$ elementare Rechenoperationen, und aufgrund der garantierten Volumenverkleinerung vol $E_{k+1} \leq \varrho$ vol E_k mit $\varrho < 1$ sind nur endlich viele Ellipsoidkonstruktionen notwendig. Eine obere Schranke K für die Anzahl der Verfahrensschritte läßt sich aus der Bedingung $M \subseteq E_k$ gemäß

$$\text{vol } M \leq \varrho^K \text{vol } E_0$$

ableiten. K ist also die größte natürliche Zahl mit

$$K \leq \frac{1}{\ln \varrho} \ln \frac{\text{vol } M}{\text{vol } E_0} .$$

Wir betrachten ein einfaches Zahlenbeispiel. Im $\mathbb{R}^2$ sei eine zulässige Lösung $\boldsymbol{u} = (u_1, u_2)^T$ aus der Menge M gesucht, die durch

$$\text{(1.9.3)} \qquad \begin{cases} u_1 + u_2 \leq 2{,}25 \\ -u_1 \leq -0{,}5 \\ -u_2 \leq -0{,}5 \end{cases}$$

festgelegt ist. Als Startellipse wählen wir den Kreis $E_0 = \{\boldsymbol{u} = (u_1, u_2)^T \in \mathbb{R}^2 | \frac{1}{9}u_1^2 + \frac{1}{9}u_2^2 \leq 1\}$ mit dem Koordinatenursprung als Mittelpunkt und dem Radius 3, der M enthält (vgl. Abb. 1.9.2). Für den Mittelpunkt $\boldsymbol{u}^0 = (0,0)^T$ von E_0 ist die zweite Restriktion $-u_1 \leq -0,5$ von (1.9.3) nicht erfüllt, und

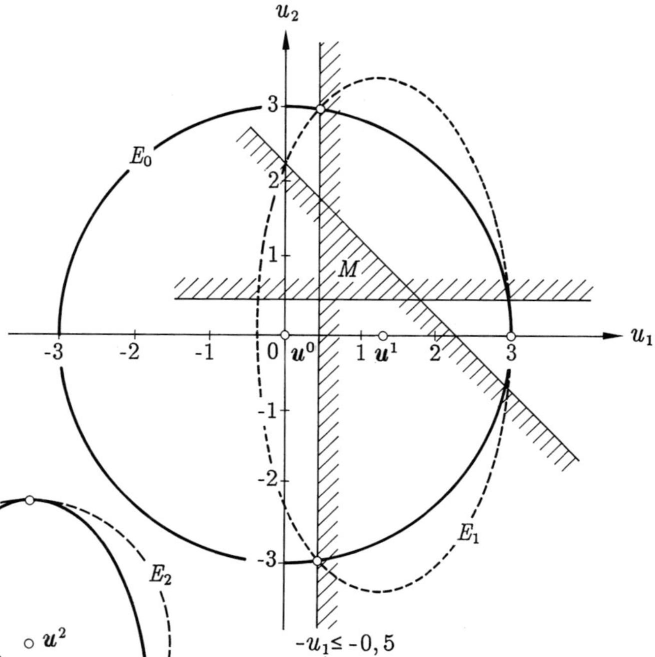

Abb. 1.9.2

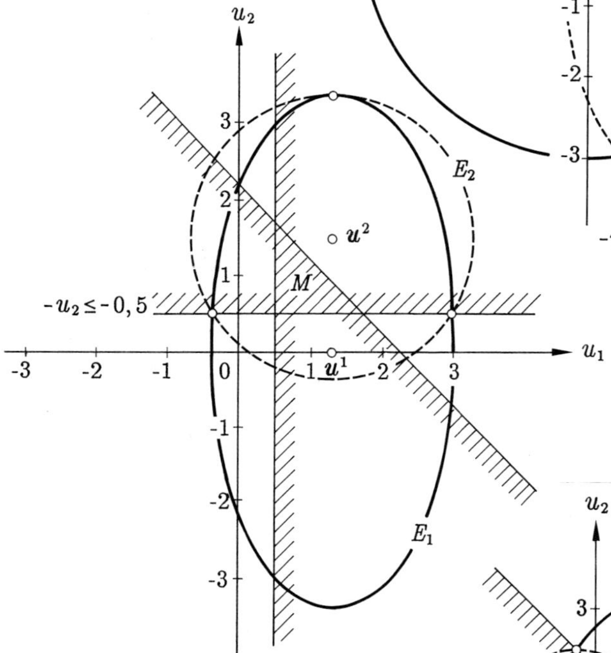

Abb. 1.9.3

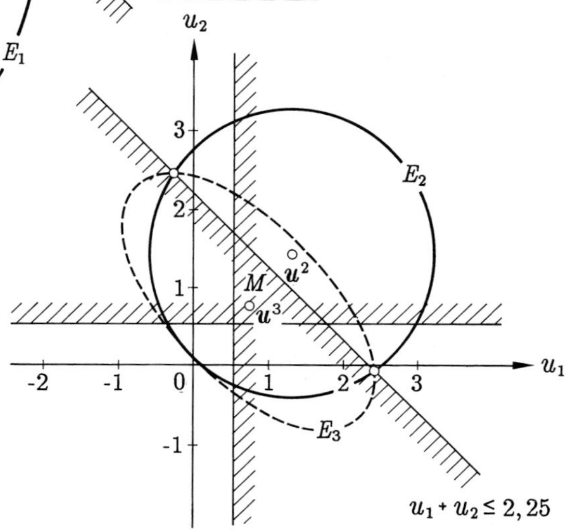

Abb. 1.9.4

die Folgeellipse E_1 ist diejenige Ellipse mit der kleinsten Fläche, die $S_0 := E_0 \cap \{\boldsymbol{u} \in \mathbb{R}^2 | -u_1 \leq -0,5\}$ umfaßt (vgl. Abb. 1.9.2). Der Mittelpunkt $\boldsymbol{u}^1 = (1,333;0)^T$ von E_1 liegt nicht in M, und wir führen daher den nächsten Verfahrensschritt in Bezug auf die Restriktion $-u_2 \leq -0,5$ von (1.9.3) durch. Wir erhalten die Ellipse E_2 mit dem Mittelpunkt $\boldsymbol{u}^2 = (1,333;1,472)^T$ (vgl. Abb. 1.9.3). Im Gegensatz zu $\boldsymbol{u}^0$ und $\boldsymbol{u}^1$ verletzt $\boldsymbol{u}^2$ die Restriktion $u_1 + u_2 \leq 2,25$ von (1.9.3). Im folgenden Schritt wird E_3 konstruiert mit dem Mittelpunkt $\boldsymbol{u}^3 = (0,708;0,820)^T$, der in M liegt (vgl. Abb. 1.9.4). Damit bricht das Verfahren ab.

Der bisherige vorgestellte Zugang zur Ellipsoid-Methode ist direkt vom zulässigen Bereich des Optimierungsproblems (1.9.1) ausgegangen und erfordert die Berechnung einer Folge von zulässigen Lösungen (mit jeweils verbessertem Zielfunktionswert). Falls eine optimale Lösung $\boldsymbol{u}^*$ von (1.9.1) existiert, besitzt auch das zu (1.9.1) duale Problem

$$(1.9.4) \qquad \begin{cases} \text{Min.} & \boldsymbol{c}^T\boldsymbol{x} \\ \text{u.d.N.} & \boldsymbol{A}\boldsymbol{x} = \boldsymbol{b} \\ & \boldsymbol{x} \geq \boldsymbol{0} \end{cases}$$

eine optimale Lösung $\boldsymbol{x}^*$ (vgl. die Probleme $(\bar{L})$ und (L) in Abschnitt 1.4.1 und Satz 1.4.4), und es gilt $\boldsymbol{b}^T\boldsymbol{u}^* = \boldsymbol{c}^T\boldsymbol{x}^*$ nach dem Dualitätstheorem der linearen Optimierung (Satz 1.4.3). Damit kann das Optimierungsproblem (1.9.1) als Zulässigkeitsproblem

$$(1.9.5) \qquad \begin{cases} \boldsymbol{A}\boldsymbol{x} \leq \boldsymbol{b} \\ -\boldsymbol{A}\boldsymbol{x} \leq -\boldsymbol{b} \\ -\boldsymbol{x} \leq \boldsymbol{0} \\ \boldsymbol{A}^T\boldsymbol{u} \leq \boldsymbol{c} \\ \boldsymbol{c}^T\boldsymbol{x} - \boldsymbol{b}^T\boldsymbol{u} \leq 0 \end{cases}$$

geschrieben werden, wobei Gleichungen jeweils als zwei Ungleichungen dargestellt sind, um die Form der Nebenbedingungen von (1.9.1) zu erhalten.

Jede zulässige Lösung von (1.9.5) genügt der Bedingung $\boldsymbol{c}^T\boldsymbol{x} - \boldsymbol{b}^T\boldsymbol{u} = 0$. Dies bedeutet, daß die durch (1.9.5) festgelegte Menge kein n-dimensionales Volumen besitzt. Damit die Ellipsoid-Methode aber trotzdem angewendet werden kann, erzeugt man ein derartiges Volumen, indem man zu den rechten Seiten der Ungleichungen jeweils eine positive Größe addiert, die so klein gewählt wird, daß die hierdurch hervorgerufene Änderung der optimalen Lösung vernachlässigbar bleibt.

Die zweite Voraussetzung, unter der die Ellipsoid-Methode erläutert worden ist, betrifft die Beschränktheit des zulässigen Bereiches. Betrachten wir die Problemformulierung (1.9.5), so ist unmittelbar klar, daß es im Fall der Existenz von Lösungen auch Lösungen im Endlichen gibt. Ferner läßt sich ein Startellipsoid E_0 angeben, das zulässige Lösungen enthält, und man beschränkt dann die Suche auf den Teil des zulässigen Bereiches, der gleichzeitig in E_0 liegt.

Die Ellipsoid-Methode ist hauptsächlich von theoretischer Bedeutung, da mit ihr erstmals ein Verfahren entwickelt worden ist, für das nachgewiesen werden konnte, daß sein Rechenaufwand durch ein Polynom in Abhängigkeit von der Problemgröße beschränkt ist. Sind die Parameter n und m zueinander proportional, so beträgt die Zahl der Rechenoperationen für die Ellipsoid-Methode größenordnungsmäßig n^4 bei gleichbleibender Rechengenauigkeit im Laufe des Verfahrens (vgl. NEMHAUSER ET AL. (1989), Abschnitt II.8). Es hat sich jedoch gezeigt, daß der durchschnittliche Rechenaufwand im Vergleich zum Simplexverfahren sehr hoch ist und außerdem bei der Ellipsoid-Methode numerische Probleme auftreten können.

1.9.3 Die Projektionsmethode von Karmarkar

Bei der Ellipsoid-Methode wird so lange eine Folge von (unzulässigen) Lösungen konstruiert, bis schließlich ein zulässige Lösung erreicht ist (Approximation des zulässigen Bereichs von außen). Hierzu wird das lineare Optimierungsproblem zunächst in ein Zulässigkeitsproblem transformiert. Ein von Karmarkar stammendes Verfahren geht dagegen von einem bekannten inneren Punkt des zulässigen Bereichs aus, wobei das lineare Optimierungsproblem zuvor in eine geeignete Form zu transformieren ist (vgl. BEISEL UND MENDEL (1987), Abschnitt II.11, und NEMHAUSER ET AL. (1989), Abschnitt II.9). Die Startlösung wird dann in einer Folge von Iterationsschritten so lange verbessert, bis eine gewünschte Genauigkeit erreicht ist. Die hierfür notwendige Anzahl der Iterationsschritte steigt nicht exponentiell mit der Problemgröße an (was bei der Simplexmethode der Fall sein kann). Den prinzipiellen Unterschied im Worst-Case-Verhalten zwischen dem Verfahren von Karmarkar und der Simplexmethode macht Abb. 1.9.5 deutlich. Bei dem an Randpunkten des zulässigen Bereichs M orientierten Simplexverfahren ist es oft notwendig, auf dem Weg zu einer optimalen Lösung über eine große Anzahl benachbarter Ecken $\boldsymbol{x}_s^0, \boldsymbol{x}_s^1, \boldsymbol{x}_s^2, \ldots$ zu gehen. Das Karmarkar-Verfahren konstruiert dagegen im Inneren des zulässigen Bereichs eine Folge $\boldsymbol{x}^0, \boldsymbol{x}^1, \boldsymbol{x}^2, \ldots$ jeweils „besserer" zulässiger Lösungen (weitgehend unabhängig von der Gestalt des Randes) und approximiert dabei eine optimale Lösung.

Für die Anwendung des Karmarkar-Verfahrens (auch als Projektionsmethode von Karmarkar bezeichnet) gehen wir aus von dem linearen Optimie-

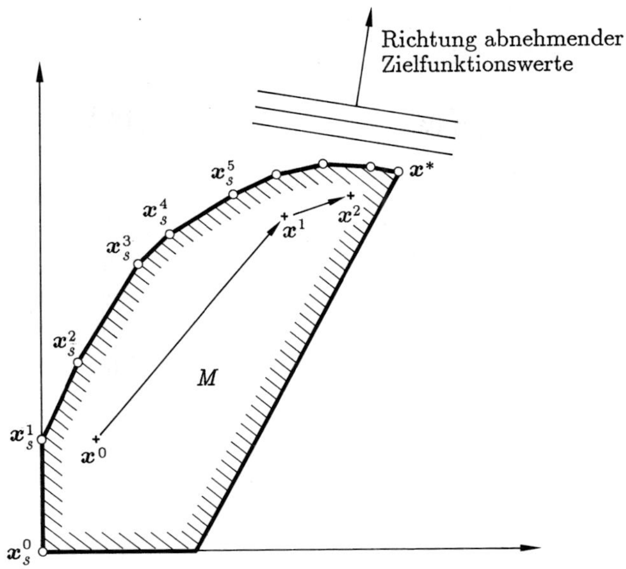

Abb. 1.9.5

rungsproblem

$$(1.9.6)\qquad \begin{cases} \text{Min.} & \boldsymbol{c}^T\boldsymbol{x} \\ \text{u.d.N.} & \boldsymbol{A}\boldsymbol{x} = \boldsymbol{0} \\ & \boldsymbol{e}^T\boldsymbol{x} = 1 \\ & \boldsymbol{x} \geq \boldsymbol{0}\,. \end{cases}$$

Dabei seien $\boldsymbol{e} = (1, \ldots, 1)^T \in \mathbb{R}^n$ und $\boldsymbol{A}$ eine $m \times n$-Matrix mit der Eigenschaft, daß

$$\boldsymbol{x}^0 = \left(\frac{1}{n}, \ldots, \frac{1}{n}\right)^T$$

eine zulässige Lösung darstellt. Ferner soll gelten, daß eine (damit existierende) optimale Lösung $\boldsymbol{x}^*$ den Zielfunktionswert

$$\boldsymbol{c}^T\boldsymbol{x}^* = 0$$

hat. Es kann gezeigt werden, daß jede lineare Optimierungsaufgabe in die Form (1.9.6) überführt werden kann, wobei das ursprüngliche Problem genau dann eine optimale Lösung besitzt, wenn der optimale Zielfunktionswert des transformierten Problems gleich 0 ist.

Die obige Forderung, daß die beim Karmarkar-Verfahren auftretenden Zwischenlösungen (insbesondere auch die Startlösung $\boldsymbol{x}^0 = (\frac{1}{n}, \ldots, \frac{1}{n})^T$) im Inneren des zulässigen Bereiches liegen, wird mit Hilfe der Restriktion $\boldsymbol{e}^T\boldsymbol{x} = 1$

sichergestellt. Die Menge $\Delta := \{\boldsymbol{x} \in \mathbb{R}^n | \boldsymbol{e}^T\boldsymbol{x} = 1, \boldsymbol{x} \geq \boldsymbol{0}\}$ stellt ein $(n-1)$-dimensionales gleichseitiges Simplex [1] mit dem Mittelpunkt $(\frac{1}{n}, \ldots, \frac{1}{n})^T$ dar (für $n = 2, 3$ bzw. 4 liegen also eine Strecke, ein gleichseitiges Dreieck bzw. ein gleichseitiger Tetraeder vor). Zu $\boldsymbol{x}^0 = (\frac{1}{n}, \ldots, \frac{1}{n})^T$ läßt sich ferner ohne Schwierigkeiten eine abgeschlossene ϵ-Umgebung

$$U_\epsilon^\Delta(\boldsymbol{x}^0) := \{\boldsymbol{x} \in \Delta | \, |\boldsymbol{x} - \boldsymbol{x}^0| \leq \epsilon\}$$

bestimmen, die ganz im Inneren von Δ liegt ($| \, . \, |$ bedeutet den Euklidischen Abstand im $\mathbb{R}^n$). $U_\epsilon^\Delta(\boldsymbol{x}^0)$ stellt eine $(n-1)$-dimensionale Kugel in Δ mit dem Radius ϵ dar. Zusammen mit der Restriktion $\boldsymbol{Ax} = \boldsymbol{0}$ erhält man eine (abgeschlossene) ϵ-Umgebung

$$U_\epsilon^M(\boldsymbol{x}^0) := U_\epsilon^\Delta(\boldsymbol{x}^0) \cap \{\boldsymbol{x} \in \mathbb{R}^n | \boldsymbol{Ax} = \boldsymbol{0}\}$$

von $\boldsymbol{x}^0$, die nur innere Punkt von M enthält.

Ausgehend von der Anfangslösung $\boldsymbol{x}^0$, erhalten wir im ersten Schritt des Karmarkar-Verfahrens eine neue zulässige Lösung, die einen kleineren Zielfunktionswert besitzt, wenn wir (von $\boldsymbol{x}^0$ aus) eine Fortschreitungsrichtung $\boldsymbol{c}^p$ wählen, die in M liegt und mit dem Vektor $-\boldsymbol{c}$ der negativen Zielfunktionskoeffizienten einen spitzen Winkel einschließt (die stärkste Zielfunktionswertverbesserung erfolgt beim Fortschreiten in Richtung $-\boldsymbol{c}$, allerdings führt diese Richtung im allgemeinen aus M hinaus). Die in M liegende Fortschreitungsrichtung $\boldsymbol{c}^p$ ergibt sich aus der (eindeutig bestimmten) Zerlegung von $-\boldsymbol{c}$ in den Vektor $\boldsymbol{c}^p$ mit $\boldsymbol{Ac}^p = \boldsymbol{0}$ und einen zu dem linearen Unterraum $\{\boldsymbol{x} \in \mathbb{R}^n | \boldsymbol{Ax} = \boldsymbol{0}\}$ senkrechten Vektor $\boldsymbol{c}^s$, so daß $-\boldsymbol{c} = \boldsymbol{c}^p + \boldsymbol{c}^s$ gilt ($\boldsymbol{c}^p$ heißt auch orthogonale Projektion von $-\boldsymbol{c}$ auf den Unterraum $\{\boldsymbol{x} \in \mathbb{R}^n | \boldsymbol{Ax} = \boldsymbol{0}\}$). Erfolgt das Fortschreiten in Richtung $\boldsymbol{c}^p$ so weit, bis wir den Rand von $U_\epsilon^M(\boldsymbol{x}^0)$ im Punkt $\boldsymbol{x}^1$ erreichen, dann haben wir eine verbesserte Lösung gefunden, die im Inneren von M liegt (vgl. Abb. 1.9.6).

Der Verbesserungsschritt, bestehend aus der Bestimmung von $U_\epsilon^\Delta(\boldsymbol{x}^0)$, der Fortschreitungsrichtung $\boldsymbol{c}^p$ (als orthogonaler Projektion von $-\boldsymbol{c}$ auf $\{\boldsymbol{x} \in \mathbb{R}^n | \boldsymbol{Ax} = \boldsymbol{0}\}$) und der Größe der Fortschreitung bis zum Rand von $U_\epsilon^M(\boldsymbol{x}^0)$, läßt sich in gleicher Weise wiederholen, wenn zuvor eine Transformation der Problemstellung mit folgenden Eigenschaften vorgenommen wird:

(1) $\boldsymbol{x}^1$ wird auf $(\frac{1}{n}, \ldots, \frac{1}{n})^T$ zurücktransformiert
(2) die Restriktion $\boldsymbol{e}^T\boldsymbol{x} = 1$ bleibt erhalten.

Beachtet man, daß der optimale Zielfunktionswert gleich 0 ist und damit ein multiplikativer Term in der Zielfunktion gestrichen werden kann, der sich bei

[1] Zum Begriff des Simplex vgl. Abschnitt 1.1.3.

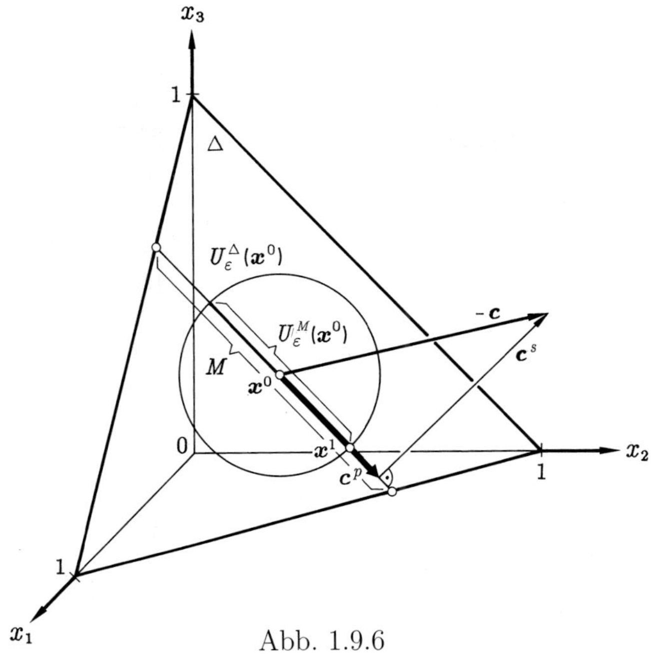

Abb. 1.9.6

dieser Transformation ergibt, so läßt sich zeigen, daß die transformierte Problemstellung die Gestalt

$$(1.9.7)\qquad \begin{cases} \text{Min.} & \boldsymbol{c}^T\boldsymbol{X}^1\boldsymbol{x} \\ \text{u.d.N.} & \boldsymbol{A}\boldsymbol{X}^1\boldsymbol{x} = \boldsymbol{0} \\ & \boldsymbol{e}^T\boldsymbol{x} = 1 \\ & \boldsymbol{x} \geq \boldsymbol{0} \end{cases}$$

hat. Dabei ist $\boldsymbol{X}^1 = \operatorname{diag}(\boldsymbol{x}^1)$ die $n \times n$-Diagonalmatrix, die aus den Hauptdiagonalelementen $x_{jj}^1 = x_j^1$ $(j = 1, \ldots, n)$ und sonst aus Nullen besteht. Da $\boldsymbol{x}^1$ zulässige Lösung von (1.9.7) ist, stellt $(\frac{1}{n}, \ldots, \frac{1}{n})^T$ wieder eine zulässige Lösung („in der Mitte") von (1.9.7) dar, und der nächste Schritt des Karmarkar-Verfahrens mit $\boldsymbol{A}\boldsymbol{X}^1$ und $\boldsymbol{c}^T\boldsymbol{X}^1$ an Stelle von $\boldsymbol{A}$ und $\boldsymbol{c}$ kann wie oben beschrieben durchgeführt werden. Er liefert als weiter verbesserte Näherungslösung $\boldsymbol{x}^2$. In dieser Weise mit $\boldsymbol{X}^2 = \operatorname{diag}(\boldsymbol{x}^2)$ an Stelle von $\boldsymbol{X}^1$ fortfahrend wird eine gegen eine optimale Lösung $\boldsymbol{x}^*$ konvergierende Folge zulässiger Lösungen $\boldsymbol{x}^1, \boldsymbol{x}^2, \boldsymbol{x}^3, \ldots$ konstruiert sowie eine Nullfolge $\boldsymbol{c}^T\boldsymbol{x}^1, \boldsymbol{c}^T\boldsymbol{x}^2, \boldsymbol{c}^T\boldsymbol{x}^3, \ldots$ von Zielfunktionswerten, wobei nach jeweils $5n \ln 2$ Schritten mindestens eine weitere Halbierung des Zielfunktionswerts erreicht wird (vgl. Nemhauser et al. (1989), Abschnitt II.9).

Berücksichtigt man, daß bei jedem Schritt des Karmarkar-Verfahrens der wesentliche Aufwand in der Berechnung der orthogonalen Projektion von $-\boldsymbol{c}$

auf M besteht, wobei eine $m \times m$-Matrix zu invertieren ist, so liegt die Anzahl der Rechenoperationen pro Iterationsschritt größenordnungsmäßig bei $(m+n)^3$. Beachtet man, daß nach jeweils $5n \ln 2$ Iterationsschritten mindestens eine Verdoppelung der Genauigkeit des Ergebnisses erreicht wird, so sind bei Einhaltung einer gleichbleibenden Rechengenauigkeit bis zur Erreichung einer vorgegebenen Genauigkeit des Ergebnisses größenordnungsmäßig $m+n$ Iterationsschritte durchzuführen. Damit liegt die Gesamtzahl der (elementaren) Rechenoperationen für die Durchführung des Karmarkar-Verfahrens in der Größenordnung von $(m+n)^4$.

Vergleicht man den Rechenaufwand für die Ellipsoid-Methode und das Verfahren von Karmarkar, so stellt man fest, daß beide Verfahren im wesentlichen die gleichen polynomialen Schranken besitzen (wenn man spezielle Varianten der beiden Lösungsansätze außer acht läßt). In Bezug auf das Karmarkar-Verfahren konnte jedoch bei Testrechnungen festgestellt werden, daß auch bei großen Problemen meist nur 20 bis 50 Iterationen notwendig sind, bis eine befriedigende Genauigkeit der Lösung erreicht ist. Setzt man daher bei den Überlegungen zum Lösungsaufwand die Zahl der Iterationen als konstant an, so beträgt die Zahl der Rechenoperationen größenordungsmäßig nur noch $(m+n)^3$.

Wir erinnern daran, daß das Simplexverfahren pro Austauschschritt größenordnungsmäßig mn Rechenoperationen erfordert und die Anzahl der Austauschschritte proportional zu n ist. Damit liegt der Rechenaufwand beim Karmarkar-Verfahren und bei der Simplexmethode (von Extrembeispielen abgesehen) in der gleichen Größenordnung. Diese überschlägigen Überlegungen zum beobachteten Rechenaufwand der beiden Verfahren werden auch durch neuere Untersuchungen bestätigt, die darauf hindeuten, daß der Rechenaufwand beim Karmarkar-Verfahren demjenigen der Simplexmethode vergleichbar ist.

Ein Zahlenbeispiel soll die Vorgehensweise und das Konvergenzverhalten des Karmarkar-Verfahrens veranschaulichen. Das lineare Optimierungsproblem

$$(1.9.8) \qquad \begin{cases} \text{Min.} & x_1 + x_2 - \frac{4}{3}x_3 \\ \text{u.d.N.} & -x_1 - 3x_2 + 4x_3 = 0 \\ & x_1 + x_2 + x_3 = 1 \\ & x_1, x_2, x_3 \geq 0 \end{cases}$$

erfüllt die Bedingungen des Karmarkar-Verfahrens. Der zulässige Bereich besteht aus der Verbindungsgeraden der Extrempunkte $\boldsymbol{x}^-$ und $\boldsymbol{x}^+$ (vgl. Abb. 1.9.7). Wir sehen, daß bei diesem Beispiel die Folge $\boldsymbol{x}^1, \boldsymbol{x}^2, \boldsymbol{x}^3, \ldots$ von Verbesserungen der Ausgangslösung sehr viel schneller gegen die optimale Lösung $\boldsymbol{x}^* = \boldsymbol{x}^- = (0, \frac{4}{7}, \frac{3}{7})^T$ konvergiert, als dies aufgrund der theoretischen Abschätzung zu erwarten ist, die erst nach $5 \cdot 3 \cdot \ln 2 \approx 10$ Iterationsschritten eine Halbierung des Abstands von einer Näherungslösung zu $\boldsymbol{x}^*$ garantiert.

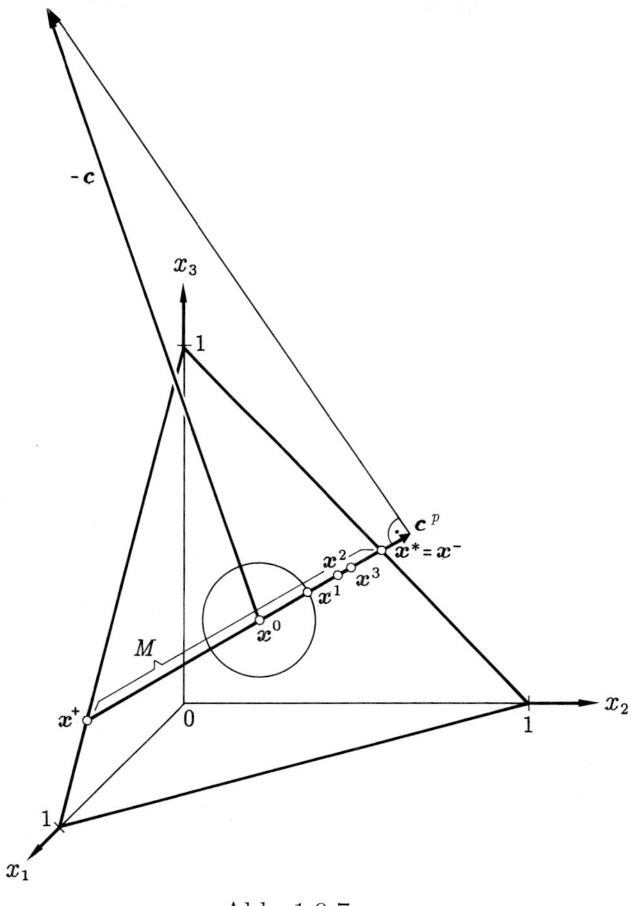

Abb. 1.9.7

1.9.4 Dekompositionsverfahren

Sehr große lineare Optimierungsprobleme zeigen häufig eine spezielle Struktur, die dadurch entsteht, daß mehrere eigenständige Planungsaufgaben durch relativ wenige Beziehungen (in Form von Gleichungen oder Ungleichungen) miteinander verknüpft sind. Probleme dieser Art treten z.B. bei mehrperiodigen Planungsaufgaben auf, wenn in jeder Periode ein lineares Optimierungsproblem zu lösen ist und diese Teilprobleme durch einige gemeinsame Restriktionen (die z.B. die beschränkte Verfügbarkeit nicht erneuerbarer Ressourcen wiedergeben) miteinander verbunden sind. Eine ähnliche Problemstruktur liegt bei der Produktionsplanung vor, wenn die produzierten Güter in verschiedenen örtlich getrennten Produktionsstätten hergestellt werden, wobei ein Produkt nur in jeweils einer dieser Produktionsstätten erzeugt wird. Lediglich diejenigen Nebenbedingungen, die z.B. das insgesamt verfügbare zu investierende Kapital, die beschränkte Kapazität eines gemeinsamen Lagers o.ä. beschreiben, beziehen sich auf alle Produkte. Die übrigen Restriktionen sind den einzelnen Produktionsstätten zugeordnet.

Diese spezielle Struktur linearer Optimierungsaufgaben drückt sich darin aus, daß etwa beim Standardproblem der linearen Optimierung

$$\text{(1.9.9)} \qquad \begin{cases} \text{Min.} & \boldsymbol{c}^T\boldsymbol{x} \\ \text{u.d.N.} & \boldsymbol{A}\boldsymbol{x} = \boldsymbol{b} \\ & \boldsymbol{x} \geq \boldsymbol{0} \end{cases}$$

die Matrix $\boldsymbol{A}$ die Gestalt

$$\boldsymbol{A} = \begin{array}{c} \begin{array}{cccc} n_1 & n_2 & \ldots & n_K \end{array} \\ \begin{pmatrix} \boldsymbol{A}^1 & \boldsymbol{A}^2 & \ldots & \boldsymbol{A}^K \\ \boldsymbol{D}^1 & & \boldsymbol{0} & \\ & \boldsymbol{D}^2 & & \\ \boldsymbol{0} & & \ddots & \\ & & & \boldsymbol{D}^K \end{pmatrix} \end{array} \begin{array}{c} \\ m_0 \\ m_1 \\ m_2 \\ \vdots \\ m_K \end{array}$$

hat, wobei $\boldsymbol{A}$ außerhalb der $m_0 \times n_k$-Teilmatrizen $\boldsymbol{A}^k$ und der $m_k \times n_k$-Teilmatrizen $\boldsymbol{D}^k$ $(k = 1, \ldots, K)$ nur Nullen enthält. Zerlegen wir entsprechend die Vektoren $\boldsymbol{x}$, $\boldsymbol{c}$ und $\boldsymbol{b}$ in Teilvektoren,

$$\boldsymbol{x} = \begin{pmatrix} \boldsymbol{x}^1 \\ \vdots \\ \boldsymbol{x}^K \end{pmatrix} \begin{array}{c} n_1 \\ \vdots \\ n_K \end{array}, \quad \boldsymbol{c} = \begin{pmatrix} \boldsymbol{c}^1 \\ \vdots \\ \boldsymbol{c}^K \end{pmatrix} \begin{array}{c} n_1 \\ \vdots \\ n_K \end{array}, \quad \boldsymbol{b} = \begin{pmatrix} \boldsymbol{b}^0 \\ \boldsymbol{b}^1 \\ \vdots \\ \boldsymbol{b}^K \end{pmatrix} \begin{array}{c} m_0 \\ m_1 \\ \vdots \\ m_K \end{array},$$

so schreibt sich (1.9.9) ausführlich

$$\text{(1.9.10)} \qquad \begin{cases} \text{Min.} & \boldsymbol{c}^{1T}\boldsymbol{x}^1 + \ldots + \boldsymbol{c}^{KT}\boldsymbol{x}^K \\ \text{u.d.N.} & \boldsymbol{A}^1\boldsymbol{x}^1 + \ldots + \boldsymbol{A}^K\boldsymbol{x}^K = \boldsymbol{b}^0 \\ & \left.\begin{array}{r} \boldsymbol{D}^k\boldsymbol{x}^k = \boldsymbol{b}^k \\ \boldsymbol{x}^k \geq \boldsymbol{0} \end{array}\right\} (k = 1, \ldots, K)\,. \end{cases}$$

Das Optimierungsproblem (1.9.10) besitzt $\sum_{k=1}^K n_k$ Variablen und $\sum_{k=0}^K m_k$ „echte" Nebenbedingungen. Es empfiehlt sich in der Regel, ein solches speziell strukturiertes Optimierungsproblem mit Hilfe eines sogenannten Dekompositionsverfahrens zu lösen, statt es wie ein Problem mit dünn besetzter Koeffizientenmatrix direkt mit Hilfe der revidierten Simplexmethode zu behandeln. Die Grundidee des **Dekompositionsverfahrens von Dantzig und Wolfe**, das wir im folgenden kurz skizzieren wollen, besteht darin, an Stelle der einmaligen Lösung der Aufgabe (1.9.10) eine Folge von kleineren Optimierungsproblemen mit den m_k echten Nebenbedingungen $\boldsymbol{D}^k\boldsymbol{x}^k = \boldsymbol{b}^k$ $(k \in \{1, \ldots, K\})$ zu lösen. Für eine ausführliche Beschreibung des Dekompositionsverfahren vgl. etwa Beisel und Mendel (1987), Abschnitt 11.7, oder Chvatal (1983), Kapitel 26.

Wir beschränken uns auf den Fall, daß die zulässigen Bereiche

$$M_k := \{\boldsymbol{x}^k \in \mathbb{R}^{n_k} | \boldsymbol{D}^k\boldsymbol{x}^k = \boldsymbol{b}^k, \boldsymbol{x}^k \geq \boldsymbol{0}\} \quad (k = 1, \ldots, K)$$

beschränkt und damit konvexe Polytope sind. Dann läßt sich jeder Punkt $\boldsymbol{x}^k \in M_k$ als konvexe Linearkombination der Ecken von M_k, etwa $\boldsymbol{x}^{k1}, \ldots, \boldsymbol{x}^{kh_k}$, darstellen (vgl. Abschnitt 1.1.3):

$$\text{(1.9.11)} \quad \left\{ \begin{aligned} \boldsymbol{x}^k &= \sum_{\nu=1}^{h_k} \lambda_{k\nu}\boldsymbol{x}^{k\nu} \\ &\sum_{\nu=1}^{h_k} \lambda_{k\nu} = 1 \\ &\lambda_{k\nu} \geq 0 \quad (\nu = 1, \ldots, h_k) \end{aligned} \right. \qquad (k = 1, \ldots, K)\,.$$

Setzen wir (1.9.11) in das zu lösende Optimierungsproblem (1.9.10) ein, so erhalten wir das sogenannte **Ersatzproblem**

$$\text{(1.9.12)} \quad \left\{ \begin{array}{ll} \text{Min.} & \displaystyle\sum_{k=1}^{K}\sum_{\nu=1}^{h_k} (\boldsymbol{c}^{kT}\boldsymbol{x}^{k\nu})\lambda_{k\nu} \\ \text{u.d.N. (a)} & \displaystyle\sum_{k=1}^{K}\sum_{\nu=1}^{h_k} (\boldsymbol{A}^k\boldsymbol{x}^{k\nu})\lambda_{k\nu} = \boldsymbol{b}^0 \\ \text{(b)} & \left.\begin{array}{l} \displaystyle\sum_{\nu=1}^{h_k} \lambda_{k\nu} = 1 \\ \lambda_{k\nu} \geq 0 \quad (\nu = 1, \ldots, h_k) \end{array}\right\} \quad (k = 1, \ldots, K)\,. \end{array} \right.$$

Das Ersatzproblem (1.9.12) mit den $\sum_{k=1}^{K} h_k$ Variablen $\lambda_{k\nu}$ ist (bei gegebenen $\boldsymbol{x}^{k\nu}$) äquivalent zu dem Ausgangsproblem (1.9.10) zusammen mit den Bedingungen (1.9.11), welche die gesuchten Größen $\boldsymbol{x}^k$ mit Hilfe der Variablen $\lambda_{k\nu}$ festlegen. An Stelle der Optimierungsaufgabe (1.9.10) werden wir im folgenden das Ersatzproblem (1.9.12) lösen. Da die Anzahl h_k der Ecken $\boldsymbol{x}^{k\nu}$ jedes der konvexen Polytope M_k in der Regel sehr groß ist, empfiehlt es sich nicht, explizit diese Ecken zu erzeugen und (1.9.12) direkt zu lösen. Deshalb verwendet man die revidierte Simplexmethode (vgl. Abschnitt 1.5.5), bei der in jedem Austauschschritt (neben der Basismatrix) nur eine Spalte der Koeffizientenmatrix von (1.9.12) benötigt wird, um mit Hilfe der Basisinversen die Pivotspalte zu berechnen. Die Pivotspalte entspricht der neuen Basisvariablen und damit einer Ecke eines der konvexen Polytope M_k. Insgesamt werden von den $\sum_{k=1}^{K} h_k$ Ecken der K Polytope M_k in einem Austauschschritt nur $m_0 + K$ benötigt (entspricht der Anzahl der Basisvariablen). Wir beschreiben im folgenden kurz die wesentlichen Teile eines Austauschschrittes:

Seien $\boldsymbol{\lambda}$ eine zulässige Basislösung von (1.9.12) und $\mathcal{B}$ die zugehörige Basisindexmenge. Die Inverse $\boldsymbol{B}^{-1}$ der zugehörigen $(m_0 + K) \times (m_0 + K)$-Basismatrix sei bekannt. Seien weiter $\boldsymbol{c}_B$ der Vektor der den Basisvariablen $\lambda_{k\nu}$ $(k\nu \in \mathcal{B})$ entsprechenden Zielfunktionskoeffizienten $\boldsymbol{c}^{kT}\boldsymbol{x}^{k\nu}$ sowie $\boldsymbol{u} \in \mathbb{R}^{m_0}$ und $\boldsymbol{v} \in \mathbb{R}^K$ die Vektoren der den Nebenbedingungen (1.9.12a) bzw. (1.9.12b) entsprechenden Dualvariablen. Dann gilt

$$\begin{pmatrix} \boldsymbol{u} \\ \boldsymbol{v} \end{pmatrix} = (\boldsymbol{B}^{-1})^T \boldsymbol{c}_B$$

(vgl. (1.5.21)). Für die reduzierten Zielfunktionskoeffizienten erhalten wir in Analogie zu (1.5.22)

$$\text{(1.9.13)} \quad \zeta_{k\nu} = \boldsymbol{c}^{kT}\boldsymbol{x}^{k\nu} - \begin{pmatrix} \boldsymbol{u} \\ \boldsymbol{v} \end{pmatrix}^T \begin{pmatrix} \boldsymbol{A}^k \boldsymbol{x}^{k\nu} \\ \boldsymbol{e}^k \end{pmatrix} = (\boldsymbol{c}^{kT} - \boldsymbol{u}^T \boldsymbol{A}^k)\boldsymbol{x}^{k\nu} - v_k \,,$$

wobei $\boldsymbol{e}^k$ der k-te Einheitsvektor des $\mathbb{R}^K$ und v_k die k-te Komponente des Vektors $\boldsymbol{v}$ sind. Insbesondere stellt also $\begin{pmatrix} \boldsymbol{A}^k \boldsymbol{x}^{k\nu} \\ \boldsymbol{e}^k \end{pmatrix}$ den zur Variablen $\lambda_{k\nu}$ gehörigen Spaltenvektor der Koeffizientenmatrix in (1.9.12) dar.

Ein möglichst kleines negatives $\zeta_{k\nu}$ (falls überhaupt ein negatives $\zeta_{k\nu}$ existiert) und damit eine neue Basisvariable $\lambda_{k\nu}$ für einen Austauschschritt kann auf folgende Weise gefunden werden: Man betrachtet das lineare Optimierungsproblem

$$(L_k) \qquad \begin{cases} \text{Min.} \;\; F_k(\boldsymbol{x}^k) := (\boldsymbol{c}^{kT} - \boldsymbol{u}^T \boldsymbol{A}^k)\boldsymbol{x}^k \\ \text{u.d.N.} \; \boldsymbol{D}^k \boldsymbol{x}^k \;\; = \boldsymbol{b}^k \\ \qquad\qquad \boldsymbol{x}^k \geq \boldsymbol{0} \,. \end{cases}$$

Sei $\boldsymbol{x}^{k\nu}$ eine optimale Lösung von (L_k), also eine Ecke des konvexen Polytops M_k, für die

$$\text{(1.9.14)} \qquad \zeta_{k\nu} = F_k(\boldsymbol{x}^{k\nu}) - v_k < 0$$

ist (vgl. hierzu (1.9.13)). Dann kann $\lambda_{k\nu}$ als neue Basisvariable gewählt werden. Man wird demnach wie folgt vorgehen: Man löst für $k = 1, \ldots, K$ nacheinander die linearen Optimierungsprobleme (L_k), bis zum ersten Mal für ein $k' \in \{1, \ldots, K\}$ eine optimale Lösung $\boldsymbol{x}^{k'\nu'}$ von $(L_{k'})$ die Bedingung (1.9.14) erfüllt. Dann ist $k'\nu'$ der neue Basisindex. Den zugehörigen Pivotspaltenvektor berechnet man in Analogie zu (1.5.23) gemäß

$$\boldsymbol{\gamma}^{k'\nu'} = \boldsymbol{B}^{-1} \begin{pmatrix} \boldsymbol{A}^{k'} \boldsymbol{x}^{k'\nu'} \\ \boldsymbol{e}^{k'} \end{pmatrix} .$$

Die Pivotzeile und damit die neue Nichtbasisvariable wählt man wie üblich bei der Simplexmethode. Gilt in (1.9.14) für alle $k = 1, \ldots, K$ das $\geq$-Zeichen, so ist die aktuelle Basislösung $\boldsymbol{\lambda} = (\lambda_{11}, \ldots, \lambda_{Kh_K})^T$ von (1.9.12) optimal. Eine optimale Lösung des Ausgangsproblems (1.9.10) erhält man dann gemäß

$$\boldsymbol{x}^{k*} := \sum_{\nu \text{ mit } k\nu \in \mathcal{B}} \lambda_{k\nu} \boldsymbol{x}^{k\nu} \quad (k = 1, \ldots, K) .$$

Kapitel 2

Graphen und Netzwerke

Das Gebiet „Graphen und Netzwerke“ ist neben der linearen Optimierung dasjenige Teilgebiet des Operations Research, dessen Methoden in der Praxis am häufigsten angewendet werden. Ein naheliegender Grund hierfür ist, daß Graphen bzw. Netzwerke häufig ein sehr anschauliches Bild komplexer Zusammenhänge vermitteln. Aufgaben, die sich als Optimierungsprobleme auf Graphen bzw. Netzwerken formulieren und mit den hierfür entwickelten Methoden lösen lassen, sind z.B. der kostenminimale Transport von Gütern von Produzenten zu Verbrauchern, die Planung eines kostengünstigsten Netzes von Versorgungsleitungen und die Bestimmung des größten oder kostenminimalen Durchflusses durch ein solches Netz, die Ermittlung kürzester oder kostengünstigster Wege in Verkehrsnetzen, die schnellstmöglichste Belieferung oder Entsorgung von Kunden (Tourenplanung) und die Zeitplanung (Terminplanung) von Projekten.

Ein weiterer Grund für die zahlreichen Anwendungen graphentheoretischer Methoden ist, daß sich auch sehr große praktische Probleme (etwa, wenn Verkehrsnetze mit Hunderten von Straßen oder Versorgungsnetze mit zahlreichen Kunden zu betrachten sind) häufig mit relativ geringem Rechenaufwand exakt lösen lassen. Im vorliegenden Kapitel werden wir Optimierungsprobleme auf Graphen und Netzwerken behandeln, die mit „polynomialem Rechenaufwand“ gelöst werden können. „Schwere“ Probleme (wie z.B. das sogenannte Handlungsreisendenproblem und Aufgaben der Tourenplanung), deren exakte Lösung einen „exponentiellen Rechenaufwand“ erfordert und die deshalb in der Praxis häufig nur näherungsweise mit Hilfe sogenannter heuristischer Verfahren gelöst werden, werden wir in Kapitel 3 betrachten.

Im vorliegenden Kapitel werden wir besonders leistungsfähige Algorithmen (häufig in „programmiernaher Form“) unter Angabe des Rechenaufwandes bereitstellen, mit denen auch umfangreiche praktische Probleme gelöst werden können. Hierzu ist es notwendig, daß wir auf die Speicherung von Graphen und Netzwerken in Rechnern und einige einfache häufig benötigte Datenstrukturen näher eingehen. Eine geschickte Implementierung von OR-Verfahren, wodurch Rechenzeit- und Speicherplatzbedarf oft wesentlich verringert werden können, sollte nicht allein Informatikern überlassen werden, sondern gehört mit zu den Aufgaben eines OR-Experten.

2.1 Grundbegriffe der Graphentheorie

In diesem Abschnitt werden wir die wichtigsten Begriffe aus der Theorie der Graphen und Netzwerke erklären.

2.1.1 Grundlegende Definitionen

Mit Graphen lassen sich in sehr anschaulicher Weise Beziehungen zwischen Objekten darstellen. Ein **Graph** besteht aus einer nichtleeren Menge V von **Knoten** oder **Ecken**, einer Menge E mit $V \cap E = \emptyset$ und einer **Inzidenzabbildung**, die jedem Element $e \in E$ genau zwei Elemente $i, j \in V$ zuordnet. Die Inzidenzabbildung gibt an, daß zwischen den Knoten eine (vielfach interpretierbare) Beziehung besteht. Ist das e zugeordnete Paar von Knoten i, j nicht geordnet, so heißt e **Kante** mit den **Endknoten** i, j [1] (vgl. Abb. 2.1.1); man sagt, daß die Kante e mit den Knoten i und j **inzident** sei, und wir sprechen von einem **ungerichteten Graphen** oder **Graphen** G schlechthin. Beispielsweise können wir ein Verkehrsnetz durch einen Graphen veranschaulichen, wobei die Straßen den Kanten und Straßenkreuzungen bzw. -einmündungen Knoten entsprechen.

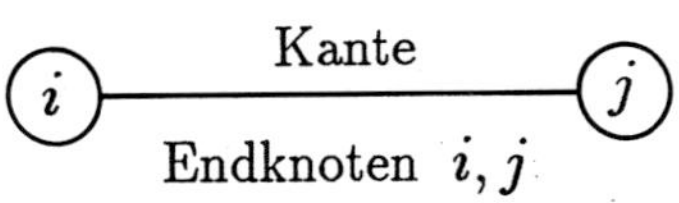

Abb. 2.1.1[2]

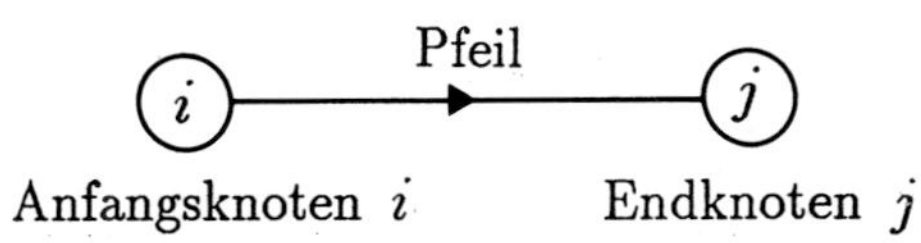

Abb. 2.1.2[2]

Ist das dem Element $e \in E$ zugeordnete Paar von Knoten i, j geordnet, wobei i der erste und j der zweite Knoten des Paares (i, j) ist, dann heißt e **gerichtete Kante** oder **Pfeil** mit dem **Anfangsknoten** i und dem **Endknoten** j (vgl. Abb. 2.1.2), und wir sagen, daß der Pfeil e mit Knoten i **positiv** inzident und mit Knoten j **negativ** inzident sei. In diesem Fall sprechen wir von einem **gerichteten Graphen** oder **Digraphen** $\vec{G}$ (im Englischen directed graph).

Haben zwei oder mehr Kanten beide Endknoten gemeinsam bzw. zwei oder mehr Pfeile den gleichen Anfangs- und den gleichen Endknoten, so sprechen

---

[1] Die Symbole V für die Knotenmenge und E für die Kantenmenge sowie e für eine Kante rühren von den englischen Bezeichnungen „vertex“ für Ecke und „edge“ für Kante her.

[2] Kanten werden üblicherweise durch Linien und Knoten durch kleine Kreise oder Punkte veranschaulicht.

wir von **parallelen Kanten** bzw. **parallelen Pfeilen** (s. Abb. 2.1.3). Zwischen zwei parallelen Pfeilen und einem **Paar entgegengesetzt gerichteter** (oder **antiparalleler**) **Pfeile** (vgl. Abb. 2.1.4) ist wohl zu unterscheiden. Fallen die beiden Endknoten einer Kante bzw. Anfangs- und Endknoten eines Pfeils zusammen, dann sprechen wir von einer **Schlinge** (vgl. Abb. 2.1.5).

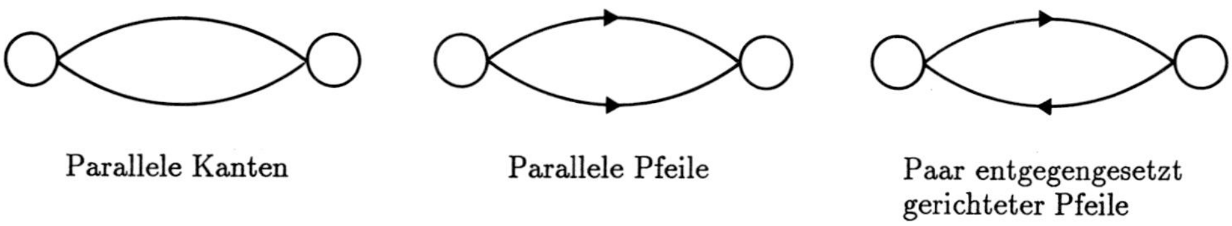

Abb. 2.1.3 Abb. 2.1.4

Abb. 2.1.5

Im folgenden nehmen wir stets an, daß alle betrachteten Graphen und Digraphen **keine Schlingen** sowie keine **parallelen Kanten** bzw. **Pfeile** haben und daß sie nur **endlich viele Knoten** besitzen (und, da es keine parallelen Kanten bzw. Pfeile gibt, folglich auch nur endlich viele Kanten bzw. Pfeile). Da parallele Kanten ausgeschlossen werden, ist jede Kante durch ihre beiden Endknoten i, j eindeutig festgelegt und wird im folgenden mit dem Symbol $[i, j]$ bezeichnet. Entsprechend ist jeder Pfeil durch seinen Anfangsknoten i und seinen Endknoten j eindeutig spezifiziert und wird mit $\langle i, j \rangle$ bezeichnet. Für einen Graphen mit der Knotenmenge V und Kantenmenge E verwenden wir auch das Symbol $[V, E]$ und für einen Digraphen mit der Knotenmenge V und der Pfeilmenge E das Symbol $\langle V, E \rangle$.

Graphen und Digraphen lassen sich durch Matrizen beschreiben. Sei $V = \{1, \ldots, n\}$ die Knotenmenge des zugrunde liegenden Graphen bzw. Digraphen. Dann heißt die dem Graphen $G = [V, E]$ zugeordnete symmetrische $n \times n$-Matrix $\boldsymbol{U}(G)$ mit den Elementen

$$u_{ij} := \begin{cases} 1, & \text{falls } [i, j] \in E \\ 0, & \text{sonst} \end{cases} \qquad (i, j = 1, \ldots, n)$$

Adjazenzmatrix von G. Entsprechend wird die dem Digraphen $\vec{G} = \langle V, E\rangle$ zugeordnete $n \times n$-Matrix $\boldsymbol{U}(\vec{G})$ mit den Elementen

$$u_{ij} := \begin{cases} 1\,, & \text{falls } \langle i,j\rangle \in E \\ 0\,, & \text{sonst} \end{cases} \qquad (i,j = 1,\ldots,n)$$

Adjazenzmatrix von $\vec{G}$ genannt.

Seien $E = \{e_1, \ldots, e_m\}$ die Kanten- bzw. Pfeilmenge des betrachteten Graphen bzw. Digraphen und $V = \{1, \ldots, n\}$ wieder die Knotenmenge. Dann heißt die dem Graphen $G = [V, E]$ zugeordnete $n \times m$-Matrix $\boldsymbol{H}(G)$ mit den Elementen

$$h_{i\mu} := \begin{cases} 1\,, & \text{falls } e_\mu \text{ inzident mit } i \\ 0\,, & \text{sonst} \end{cases} \qquad (i = 1,\ldots,n; \mu = 1,\ldots,m)$$

Inzidenzmatrix von G. Analog wird die dem Digraphen $\vec{G} = \langle V, E\rangle$ zugeordnete $n \times m$-Matrix $\boldsymbol{H}(\vec{G})$ mit den Elementen

$$h_{i\mu} := \begin{cases} 1\,, & \text{falls } e_\mu \text{ positiv inzident mit } i \\ -1\,, & \text{falls } e_\mu \text{ negativ inzident mit } i \\ 0\,, & \text{sonst} \end{cases} \qquad (i = 1,\ldots,n; \mu = 1,\ldots,m)$$

Inzidenzmatrix von $\vec{G}$ genannt. In der Inzidenzmatrix entsprechen also die Zeilen den Knoten und die Spalten den Kanten bzw. Pfeilen des Graphen bzw. Digraphen. In jeder Spalte sind genau zwei Elemente von 0 verschieden.

Ein Graph G wird **vollständig** genannt, wenn G mit je zwei verschiedenen Knoten i und j auch die Kante $[i,j]$ enthält. Entsprechend heißt ein Digraph $\vec{G}$ vollständig, wenn $\vec{G}$ mit je zwei verschiedenen Knoten i, j auch die Pfeile $\langle i,j\rangle$ und $\langle j,i\rangle$ enthält. Ein vollständiger Graph mit n Knoten hat $n(n-1)/2$ Kanten, während ein vollständiger Digraph mit n Knoten $n(n-1)$ Pfeile besitzt.

Ein Digraph heißt **symmetrisch**, wenn er mit jedem Pfeil $\langle i,j\rangle$ auch den entgegengesetzt gerichteten Pfeil $\langle j,i\rangle$ enthält. Jedem Graphen $G = [V,E]$ kann ein symmetrischer Digraph $\vec{G} = \langle V, \vec{E}\rangle$ mit

$$\langle i,j\rangle \in \vec{E} \text{ und } \langle j,i\rangle \in \vec{E} \text{ genau dann, wenn } [i,j] \in E$$

zugeordnet werden. Wie wir später sehen werden, ermöglicht diese Zuordnung, gewisse Probleme für Graphen auf entsprechende Probleme für die „zugehörigen“ symmetrischen Digraphen zurückzuführen (z.B. die Bestimmung sogenannter kürzester Ketten in Digraphen mit nichtnegativer Bewertung, vgl. Abschnitt 2.4.3). Ein Graph und sein zugehöriger symmetrischer Digraph

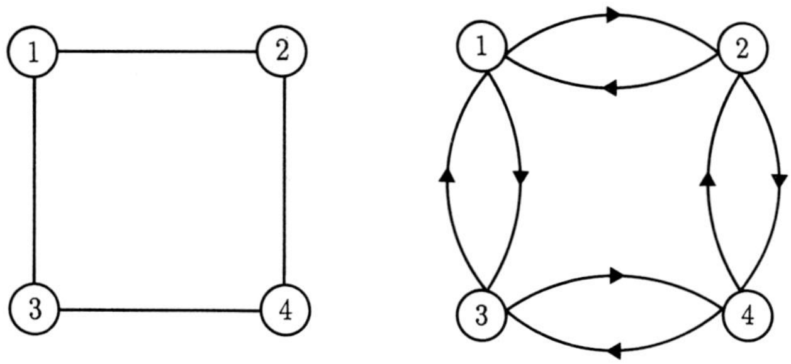

$$\boldsymbol{U} = \begin{pmatrix} 0 & 1 & 1 & 0 \\ 1 & 0 & 0 & 1 \\ 1 & 0 & 0 & 1 \\ 0 & 1 & 1 & 0 \end{pmatrix}$$

Abb. 2.1.6

besitzen die gleiche Adjazenzmatrix. Abb. 2.1.6 zeigt einen Graphen, den zugehörigen symmetrischen Digraphen und deren Adjazenzmatrix $\boldsymbol{U}$.

Ein Digraph $\vec{G} = \langle V, E\rangle$ wird **antisymmetrisch** genannt, wenn $\vec{G}$ keine Paare entgegengesetzt gerichteter Pfeile enthält, also aus $\langle i, j\rangle \in E \quad \langle j, i\rangle \notin E$ folgt.

Gibt es in einem Graphen G eine Kante $[i, j]$, so heißen i **Nachbar** von j und j Nachbar von i. Die Menge der Nachbarn eines Knotens i bezeichnen wir mit $\mathcal{N}(i)$. Gibt es in einem Digraphen $\vec{G}$ einen Pfeil $\langle i, j\rangle$, dann heißen i **Vorgänger** von j und j **Nachfolger** von i. Für die Menge der Vorgänger eines Knotens i verwenden wir das Symbol $\mathcal{P}(i)$ und für die Menge der Nachfolger von i das Symbol $\mathcal{S}(i)$[1].

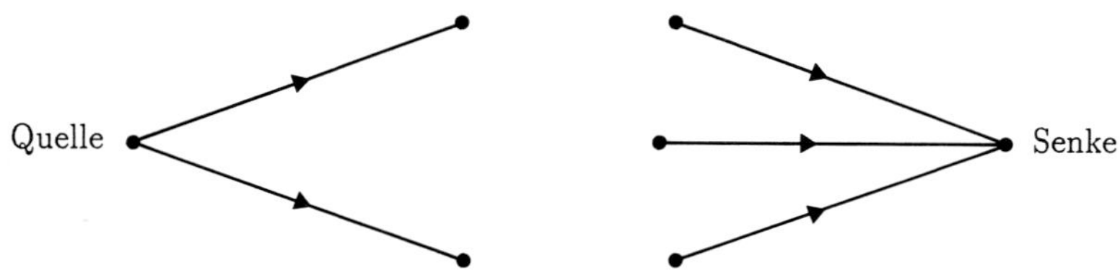

Abb. 2.1.7

Ein Knoten i eines Digraphen $\vec{G}$, der keine Vorgänger besitzt, heißt **Quelle** (von $\vec{G}$), und ein Knoten j ohne Nachfolger heißt **Senke** (s. Abb. 2.1.7). Ein Knoten eines Graphen, der keine Nachbarn hat, bzw. ein Knoten eines Digraphen ohne Vorgänger und ohne Nachfolger wird **isoliert** genannt. Die Anzahl der Nachbarn eines Knoten i eines Graphen heißt **Grad** $\delta(i)$ von i. Entsprechend wird die Anzahl der Nachfolger eines Knotens i eines Digraphen **positiver Grad** oder **Ausgangsgrad** $\delta^+(i)$ von i und die Anzahl der Vorgänger von i **negativer Grad** oder **Eingangsgrad** $\delta^-(i)$ genannt:

$$\delta(i) := |\mathcal{N}(i)|, \ \delta^+(i) := |\mathcal{S}(i)|, \ \delta^-(i) := |\mathcal{P}(i)| \ .$$

[1] Die Symbole $\mathcal{P}$ und $\mathcal{S}$ rühren von den englischen Beziehungen „predecessor" für Vorgänger und „successor" für Nachfolger her.

Ein Graph $G' = [V', E']$ heißt **Teilgraph** von $G = [V, E]$, wenn $V' \subseteq V$ und $E' \subseteq E$ gilt. Ist $V' \subseteq V$, so hat der **durch** V' **induzierte Teilgraph** von G die Knotenmenge V' und enthält genau alle Kanten $[i, j]$ von G mit $i \in V'$ und $j \in V'$. Wir sprechen auch kurz von einem **induzierten Teilgraphen** G' von $G = [V, E]$, wenn G' durch eine Teilmenge $V' \subseteq V$ induziert wird. $G' = [V', E']$ nennt man einen **echten Teilgraphen** von $G = [V, E]$, wenn $V' \subset V$ oder $E' \subset E$ ist. Analog sind die Begriffe (**echter**) **Teildigraph** und **induzierter Teildigraph** eines Digraphen erklärt. Abb. 2.1.8 zeigt einen Digraphen $\vec{G}$, einen echten Teildigraphen von $\vec{G}$ und den Teildigraphen von $\vec{G}$, induziert durch die Knotenmenge $\{1, 3, 4\}$.

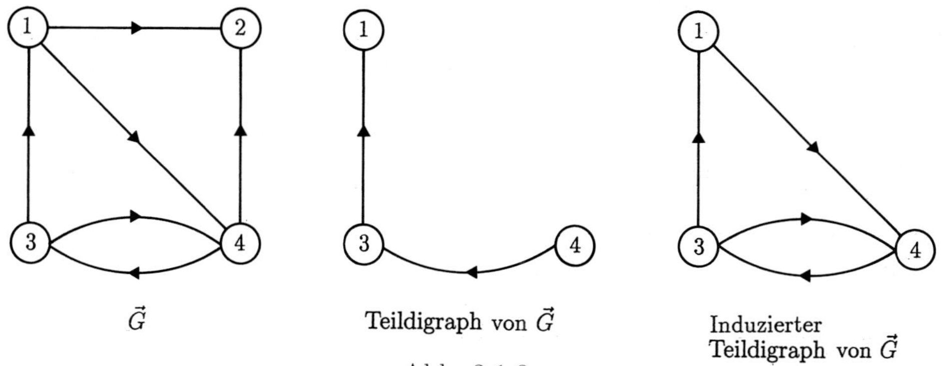

Abb. 2.1.8

2.1.2 Kantenfolgen in Graphen und Pfeilfolgen in Digraphen

Eine Folge $i_0, [i_0, i_1], i_1, \ldots, i_{r-1}, [i_{r-1}, i_r], i_r$ von Knoten und Kanten in einem Graphen wird **Kantenfolge** mit den **Endknoten** i_0, i_r genannt und mit dem Symbol $[i_0, i_1, \ldots, i_r]$ bezeichnet. Gilt $i_r \neq i_0$, so heißt die Kantenfolge **offen**, andernfalls **geschlossen**. Eine offene Kantenfolge mit lauter verschiedenen Knoten heißt **Kette** und eine geschlossene Kantenfolge $[i_0, i_1, \ldots, i_r]$ mit lauter verschiedenen „Zwischenknoten" (d.h. $i_r = i_0$ und $i_k \neq i_l$ für $k \neq l$; $k, l = 1, \ldots, r$) heißt **Kreis**. Ein Graph, der keinen Kreis enthält, wird **kreisfrei** genannt. In Abb. 2.1.9 stellen $[1, 2, 3, 4, 2, 3, 5]$ eine offene Kantenfolge (aber keine Kette), $[1, 2, 4, 3, 5]$ eine Kette und $[2, 3, 4, 2]$ einen Kreis dar.

Eine Folge $i_0, \langle i_0, i_1\rangle, i_1, \ldots, i_{r-1}, \langle i_{r-1}, i_r\rangle, i_r$ von Knoten und Pfeilen in einem Digraphen heißt **Pfeilfolge** mit dem **Anfangsknoten** i_0 und dem **Endknoten** i_r oder kurz **Pfeilfolge von** i_0 **nach** i_r und wird mit dem Symbol $\langle i_0, i_1, \ldots, i_r\rangle$ bezeichnet. Gilt $i_r \neq i_0$, so wird die Pfeilfolge **offen**, andernfalls **geschlossen** genannt. Eine offene Pfeilfolge $\langle i_0, i_1, \ldots, i_r\rangle$ mit lauter verschiedenen Knoten heißt **Weg**, und eine geschlossene Pfeilfolge mit lauter verschie-

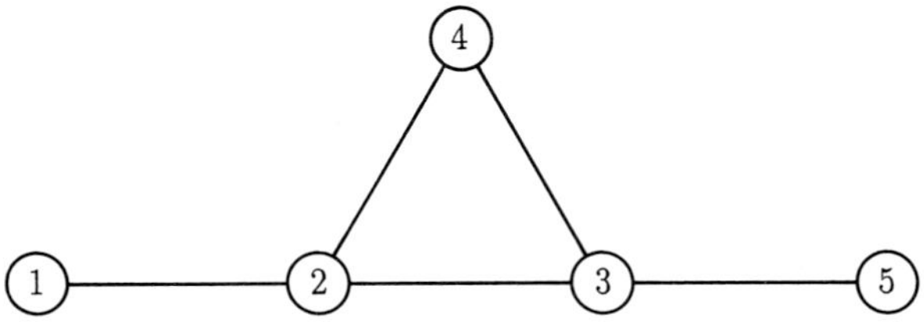

Abb. 2.1.9

denen „Zwischenknoten“ (d.h. $i_r = i_0$ und $i_k \neq i_l$ für $k \neq l; k, l = 1, \ldots, r$) wird **Zyklus** genannt. Ein Digraph, der keinen Zyklus enthält, heißt **zyklenfrei**. Haben in einer Folge von Knoten und Pfeilen nicht notwendig alle Pfeile die gleiche Orientierung, also etwa $i_0, \langle i_1, i_0 \rangle, i_1, \langle i_1, i_2 \rangle, i_2, \ldots, i_{r-1}, \langle i_r, i_{r-1} \rangle$, i_r, dann sprechen wir von einer **Semipfeilfolge** mit den **Endknoten** i_0 und i_r. Analog sind die Begriffe **Semiweg** und **Semizyklus** erklärt. In dem Digraphen von Abb. 2.1.10 sind $\langle 1, 2, 3, 4, 2, 3, 5 \rangle$ eine Pfeilfolge (aber kein Weg), $\langle 1, 2, 3, 4, 6 \rangle$ ein Weg, $\langle 2, 3, 4, 2 \rangle$ ein Zyklus und $1, \langle 1, 2 \rangle, 2, \langle 4, 2 \rangle, 4, \langle 4, 6 \rangle, 6$ ein Semiweg.

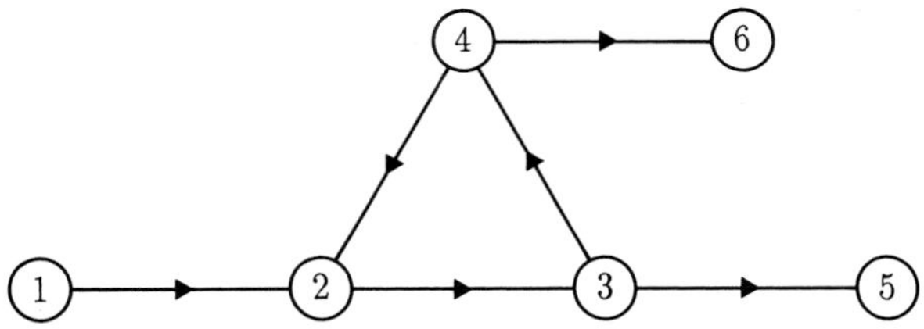

Abb. 2.1.10

Zwei Knoten i, j eines Graphen G heißen miteinander **verbunden**, wenn es eine Kantenfolge (und damit eine Kette) in G mit den Endknoten i, j gibt. Zusätzlich vereinbaren wir noch, daß jeder Knoten mit sich selbst verbunden sei. G heißt **zusammenhängend**, wenn je zwei Knoten von G miteinander verbunden sind. Eine **Zusammenhangskomponente** G' von G ist ein maximaler zusammenhängender Teilgraph von G, d.h., G' ist nicht echter Teilgraph eines anderen zusammenhängenden Teilgraphen von G. Abb. 2.1.11 zeigt einen Graphen mit zwei Zusammenhangskomponenten.

Zwei Knoten i, j eines Digraphen $\vec{G}$ heißen miteinander **verbunden**, wenn es eine Semipfeilfolge in $\vec{G}$ mit den Endknoten i, j gibt. Ein Knoten j in $\vec{G}$ heißt von einem Knoten i in $\vec{G}$ aus **erreichbar**, wenn es eine Pfeilfolge (und damit einen Weg) von i nach j gibt. Jeder Knoten sei wieder mit sich selbst verbunden und von sich selbst aus erreichbar. Die Menge der von einem Knoten i aus erreichbaren Knoten wird mit $\mathcal{R}(i)$ bezeichnet und die Menge derjenigen Knoten, von denen aus i erreichbar ist, mit $\bar{\mathcal{R}}(i)$. Ferner sei $\dot{\mathcal{R}}(i) := \mathcal{R}(i) \backslash \{i\}$

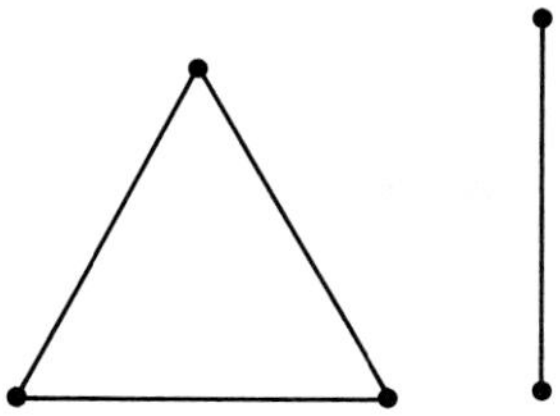

Abb. 2.1.11

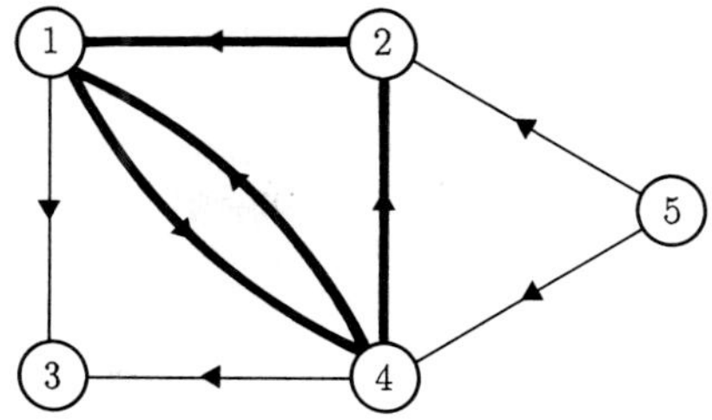

Abb. 2.1.12

die Menge der von i aus erreichbaren, aber von i verschiedenen Knoten. Für den Digraphen in Abb. 2.1.12 gilt $\mathcal{R}(2) = \{1,2,3,4\}$, $\dot{\mathcal{R}}(2) = \{1,3,4\}$, $\bar{\mathcal{R}}(2) = \{1,2,4,5\}$. Ein Digraph $\vec{G}$ heißt **schwach zusammenhängend**, wenn je zwei Knoten von $\vec{G}$ miteinander verbunden sind. $\vec{G}$ wird **stark zusammenhängend** genannt, wenn für je zwei Knoten i,j von $\vec{G}$ i von j aus und j von i aus erreichbar sind. Eine **schwache (starke) Zusammenhangskomponente** von $\vec{G}$ ist ein maximaler schwach (bzw. stark) zusammenhängender Teildigraph von $\vec{G}$. Der Digraph von Abb. 2.1.12 ist schwach zusammenhängend. Der Teildigraph induziert durch die Knotenmenge $\{1,2,4\}$ (in Abb. 2.1.12 stark ausgezeichnet) ist eine starke Zusammenhangskomponente. Ferner stellen die zwei Teildigraphen, die aus den einzelnen Knoten 3 und 5 bestehen, starke Zusammenhangskomponenten dar.

Für manche Verfahren zur Lösung von Optimierungsproblemen in „bewerteten“ Digraphen (z.B. den Algorithmus von Bellman zur Bestimmung kürzester Wege in Netzwerken, vgl. Abschnitt 2.4.3) ist es zweckmäßig, die Knoten eines zyklenfreien Digraphen $\vec{G} = \langle V, E\rangle$ mit $V = \{1, \ldots, n\}$ so durchzunumerieren, daß gilt:

$$j \in \dot{\mathcal{R}}(i) \text{ impliziert } j > i \quad (1 \le i, j \le n)\ .$$

Wir sprechen dann von einer **topologischen Sortierung** (der Knoten) von $\vec{G}$. Für jeden Vorgänger k eines Knotens i ist in diesem Fall $k < i$, und für jeden Nachfolger j von i gilt $j > i$. Insbesondere sind Knoten 1 eine Quelle und Knoten n eine Senke von $\vec{G}$ (man kann sich leicht überlegen, daß jeder zyklenfreie Digraph mindestens eine Quelle und mindestens eine Senke besitzt).

2.1.3 Bäume und bipartite Graphen und Digraphen

In diesem Abschnitt führen wir einige für Anwendungen wichtige Klassen von Graphen und Digraphen ein.

Ein zusammenhängender kreisfreier Graph heißt **Baum**. Ein kreisfreier Graph mit k Zusammenhangskomponenten heißt **Wald** mit k Bäumen. Man sieht leicht, daß ein kreisfreier Graph mit n Knoten genau dann ein Wald mit $k \leq n$ Bäumen ist, wenn er $n-k$ Kanten besitzt. Abb. 2.1.13 zeigt einen Wald mit zwei Bäumen, der 12 Knoten und folglich 10 Kanten hat.

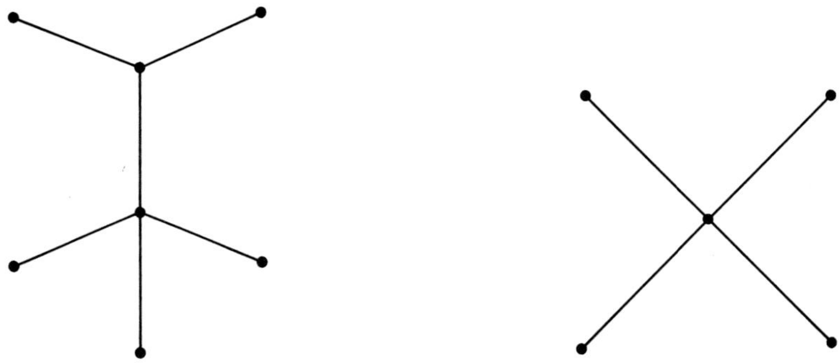

Abb. 2.1.13

Ein schwach zusammenhängender Digraph $\vec{G}$ heißt **gerichteter Baum** oder **Wurzelbaum** mit der **Wurzel** r, wenn r Quelle von $\vec{G}$ ist und jeder der übrigen Knoten von $\vec{G}$ genau einen Vorgänger besitzt. Die Senken eines gerichteten Baumes werden auch **Blätter** genannt, und ein Weg von der Wurzel r zu einem Blatt heißt **Ast**. Den Vorgänger eines (von r verschiedenen) Knotens bezeichnet man als dessen **Vater** und die Nachfolger als **Söhne**. Die **Tiefe eines Knotens** i in einem Wurzelbaum ist die Anzahl der Pfeile des Weges von der Wurzel r nach i. Die Wurzel r habe die Tiefe 0. Die **Tiefe eines Wurzelbaums** $\vec{T}$ ist die maximale Tiefe der Knoten in $\vec{T}$.

Ein Digraph $\vec{G}$ heißt **gerichteter Wald** mit k (gerichteten) Bäumen, wenn $\vec{G}$ k schwache Zusammenhangskomponenten besitzt und jede dieser schwachen Zusammenhangskomponenten ein gerichteter Baum ist. Ein gerichteter Wald mit k Bäumen und $n \geq k$ Knoten hat $n-k$ Pfeile. Ein gerichteter Wald ist insbesondere zyklenfrei. Abb. 2.1.14 zeigt einen gerichteten Wald mit den zwei gerichteten Bäumen $\vec{T}_1$ und $\vec{T}_2$. $\vec{T}_1$ besitzt die Wurzel r_1, die Tiefe 2 und sechs Blätter, $\vec{T}_2$ hat die Wurzel r_2, die Tiefe 3 und fünf Blätter.

Ein gerichteter Baum, bei dem jeder Knoten höchstens zwei Söhne hat, wird **Binärbaum** genannt. In Abb. 2.1.14 ist $\vec{T}_2$ ein Binärbaum, nicht jedoch $\vec{T}_1$. In einem Binärbaum (dessen Wurzel wie in Abb. 2.1.14 „oben liegt“) unterscheidet man zwischen dem **linken** und dem **rechten Sohn** eines Knotens mit zwei Nachfolgern. Bei Knoten mit der gleichen Tiefe wie ein vorgegebener Knoten i spricht man auch kurz von den Knoten **links von** i und **rechts von** i. Im Binärbaum $\vec{T}_2$ von Abb. 2.1.14 befinden sich Knoten $i-1$ links und

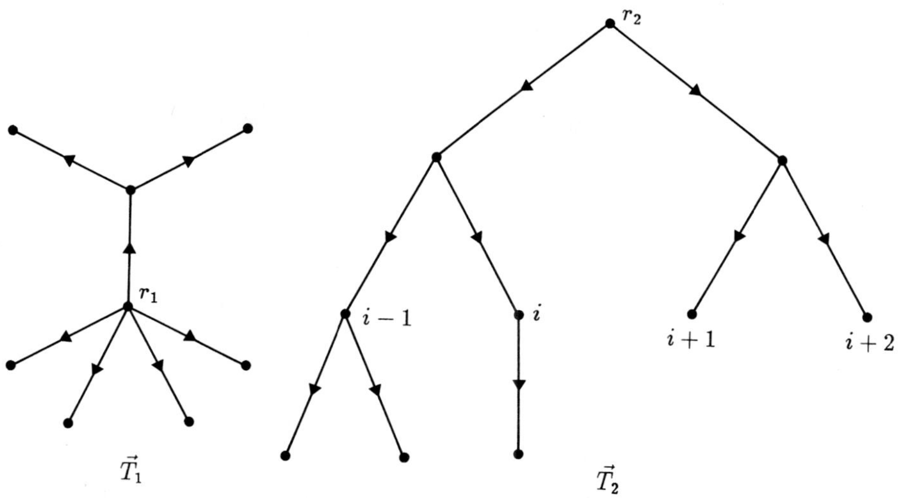

Abb. 2.1.14

Knoten $i+1$ und $i+2$ rechts von i. Für die Implementierung gewisser Datenstrukturen werden sogenannte balancierte Binärbäume benötigt (vgl. Abschnitt 2.2.2). Ein **balancierter Binärbaum** $\vec{T}$ mit der Tiefe $t \geq 1$ ist durch die folgenden Eigenschaften charakterisiert:

(a) $\vec{T}$ hat genau 2^{t-1} Knoten der Tiefe $t-1$ (und folglich genau 2^ν Knoten der Tiefe $\nu = 0, 1, \ldots, t-1$).

(b) Die Knoten der Tiefe t befinden sich „so weit links wie möglich",d.h., alle Knoten der Tiefe $t-1$ mit zwei Söhnen stehen links von allen Knoten der Tiefe $t-1$ mit keinem Sohn, und dazwischen gibt es höchstens einen Knoten mit genau einem Sohn.

Wegen Eigenschaft (b) spricht man genauer auch von einem **linksbalancierten Binärbaum**. Der Binärbaum $\vec{T}_2$ in Abb. 2.1.14 ist (links-) balanciert.

Ein zusammenhängender Teilgraph eines Graphen G, der alle Knoten von G enthält und minimale Kantenzahl besitzt, heißt **Gerüst** von G. Jedes Gerüst ist ein Baum. Ein Graph hat genau dann (mindestens) ein Gerüst, wenn er zusammenhängend ist. Abb. 2.1.15 zeigt einen Graphen mit einem stark ausgezeichneten Gerüst. Ein **gerichtetes Gerüst** eines Digraphen $\vec{G}$ ist ein Teildigraph von $\vec{G}$, der alle Knoten von $\vec{G}$ enthält und einen gerichteten Baum darstellt.

Bäume und gerichtete Bäume treten häufig in Anwendungen auf. So werden wir in Abschnitt 2.3.1 sogenannte Minimalgerüste in bewerteten Graphen bestimmen, und die meisten der in Abschnitt 2.4 diskutierten Verfahren

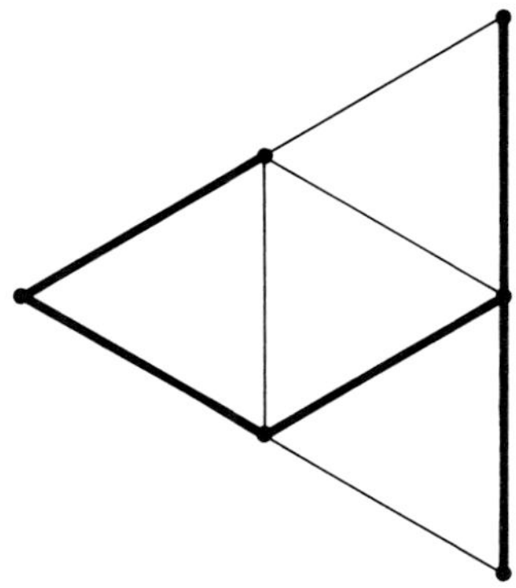

Abb. 2.1.15

zur Ermittlung kürzester Wege in Netzwerken basieren auf der Konstruktion geeigneter gerichteter Bäume. Balancierte Binärbäume (sowie andere Wurzelbäume) spielen bei Datenstrukturen eine große Rolle (vgl. etwa AHO ET AL. (1983), Kapitel 3, 4 und 5, und OTTMANN UND WIDMAYER (1990), Kapitel 5).

Ein Graph $G = [V, E]$ mit mindestens einer Kante heißt **bipartit**, wenn sich die Knotenmenge V in zwei nichtleere Teilmengen R, S zerlegen läßt (d.h., es gilt $V = R \cup S$, $R \cap S = \emptyset$) derart, daß G nur Kanten $[i, j]$ mit $i \in R, j \in S$ enthält. Beispielsweise stellt jeder Wald (mit mindestens einer Kante) einen bipartiten Graphen dar. Ein Digraph $\vec{G}$ mit mindestens einem Pfeil heißt **bipartit**, wenn $\vec{G}$ nur Pfeile $\langle i, j \rangle$ mit $i \in R, j \in S$ enthält, wobei R die Menge der Quellen und S die Menge der Senken von $\vec{G}$ sind. Ein bipartiter Graph bzw. Digraph heißt **vollständig**, wenn er sämtliche $|R| \cdot |S|$ möglichen Kanten $[i, j]$ bzw. Pfeile $\langle i, j \rangle$ enthält ($i \in R, j \in S$). Beispielsweise

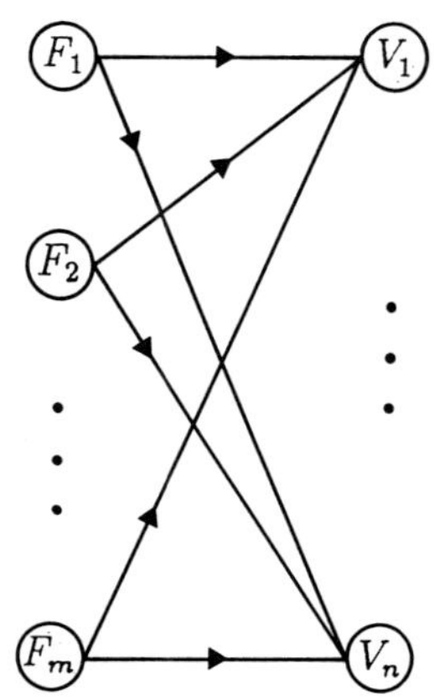

Abb. 2.1.16

kann das sogenannte Transportproblem, das wir in Abschnitt 2.8.7 genauer betrachten werden und bei dem es um den kostengünstigsten Transport eines Gutes von Produzenten oder Firmen $F_1, \ldots, F_m$ zu Verbrauchern $V_1, \ldots, V_n$ geht, durch einen vollständigen bipartiten Digraphen mit der Quellenmenge $R = \{F_1, \ldots, F_m\}$, der Senkenmenge $S = \{V_1, \ldots, V_n\}$ und den Pfeilen $\langle F_i, V_j \rangle$ $(i = 1, \ldots, m; j = 1, \ldots, n)$ veranschaulicht werden (s. Abb. 2.1.16).

2.1.4 Bewertete Graphen und Digraphen, Netzwerke

Bei der Modellierung und Lösung praktischer Probleme sind den Kanten eines Graphen bzw. den Pfeilen eines Digraphen meistens „Bewertungen" zugeordnet, die Zeitdauern, Kosten, Durchflußkapazitäten (bei Versorgungsleitungen) u.a. bedeuten können. Beispielsweise können die Pfeile $\langle F_i, V_j \rangle$ des „Transportdigraphen" in Abb. 2.1.16 mit den Kosten c_{ij} für den Transport einer Mengeneinheit des betreffenden Gutes von F_i nach V_j bewertet werden.

Ein Graph $G = [V, E]$ (bzw. Digraph $\vec{G} = \langle V, E \rangle$) zusammen mit einer Abbildung $c : E \to M$, die jeder Kante (bzw. jedem Pfeil) e ein Element $c(e)$ einer gegebenen Menge M zuordnet, heißt **bewerteter Graph** (bzw. **bewerteter Digraph**) und wird mit dem Symbol $[V, E; c]$ (bzw. $\langle V, E; c \rangle$) bezeichnet. Die Abbildung c wird **Bewertungs-** oder **Gewichtsfunktion** genannt, und der Funktionswert $c(e) = c[i, j]$ (bzw. $c(e) = c\langle i, j \rangle$ im Falle eines Digraphen) heißt **Bewertung** oder **Gewicht** der Kante $e = [i, j]$ (bzw. des Pfeils $e = \langle i, j \rangle$). Ein bewerteter Digraph ohne isolierte Knoten heißt auch **Netzwerk**.

Seien $G = [V, E; c]$ ein bewerteter Graph (bzw. $\vec{G} = \langle V, E; c \rangle$ ein bewerteter Digraph) mit den Bewertungen $c_{ij} \in \mathbb{R} \cup \{\infty\}$ der Kanten $[i, j] \in E$ (bzw. Pfeile $\langle i, j \rangle \in E$). Einer Kantenfolge $F = [i_0, i_1, \ldots, i_r]$ in G (bzw. einer Pfeilfolge $F = \langle i_0, i_1, \ldots, i_r \rangle$ in $\vec{G}$) können wir dann die Länge

$$c(F) := \sum_{k=1}^{r} c_{i_{k-1} i_k}$$

zuordnen. Für das Rechnen mit ∞ verwenden wir wieder die folgenden üblichen Regeln:

$$\begin{aligned} &a + \infty = \infty + a = \infty \quad \text{für alle } a \in \mathbb{R} \\ &a \cdot \infty = \infty \cdot a = \begin{cases} 0, & \text{falls } a = 0 \\ \infty, & \text{sonst} \end{cases} \qquad \text{für } a \in \mathbb{R}_+ \cup \{\infty\}\ ^{1} \\ &a < \infty \quad \text{für alle } a \in \mathbb{R}\,. \end{aligned}$$

[1] Produkte von ∞ und negativen Zahlen kommen im folgenden nicht vor.

Eine offene Kantenfolge mit den Endknoten i, j (bzw. eine offene Pfeilfolge mit dem Anfangsknoten i und dem Endknoten j), die unter allen derartigen Kantenfolgen (bzw. Pfeilfolgen) die kleinste (größte) Länge besitzt, wird **kürzeste (längste) Kantenfolge** (bzw. **Pfeilfolge**) genannt. Analog sind kürzeste und längste Ketten und Wege erklärt.

Die Länge einer kürzesten Kantenfolge (und damit auch einer kürzesten Kette) mit den Endknoten i, j in einem bewerteten Graphen G heißt **Entfernung** (oder **Distanz**) der Knoten i und j und wird mit $d[i, j]$ bezeichnet. Wenn G keine Kreise negativer Länge (die beliebig oft durchlaufen werden könnten) enthält, dann existiert für je zwei verschiedene miteinander verbundene Knoten i, j von G die Entfernung $d[i, j]$. Die Länge einer kürzesten Pfeilfolge (und damit eines kürzesten Weges) von i nach j in einem bewerteten Digraphen $\vec{G}$ heißt **Entfernung von** i **nach** j und wird mit $d\langle i, j\rangle$ bezeichnet. Enthält $\vec{G}$ keine Zyklen negativer Länge, so existiert für je zwei Knoten i, j von $\vec{G}$ mit $j \in \dot{\mathcal{R}}(i)$ die Entfernung $d\langle i, j\rangle$. In dem Netzwerk von Abb. 2.1.17 mit den Bewertungen an den entsprechenden Pfeilen ist $\langle 1, 3, 5\rangle$ eine kürzeste Pfeilfolge (und ein kürzester Weg) von Knoten 1 nach Knoten 5 mit der Länge 4, es gilt also $d\langle 1, 5\rangle = 4$. Da umgekehrt Knoten 1 nicht von Knoten 5 aus erreichbar ist, existiert die Entfernung $d\langle 5, 1\rangle$ nicht. Die Entfernung $d\langle 1, 4\rangle$ existiert nicht, da der Zyklus $\langle 2, 4, 2\rangle$ der Länge -1 beliebig oft durchlaufen werden kann und damit die Länge der Pfeilfolgen von 1 nach 4 nicht nach unten beschränkt ist.

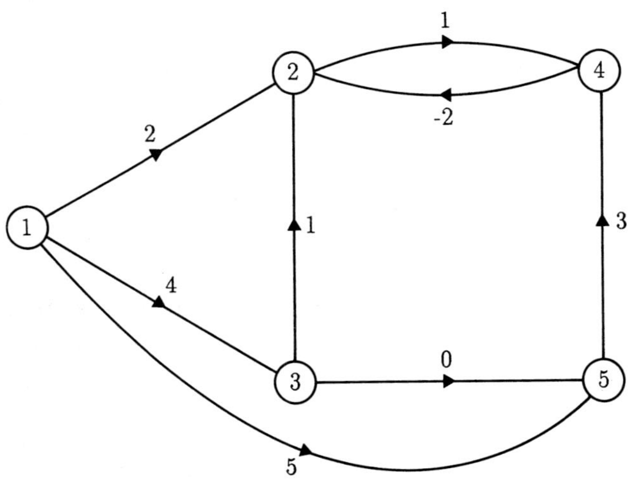

Abb. 2.1.17

2.2 Graphen und Digraphen auf Rechnern

Praktische Probleme führen oft auf Graphen oder Digraphen mit mehreren tausend Knoten und entsprechend vielen Kanten bzw. Pfeilen. Um solche umfangreichen Probleme bearbeiten zu können, sind eine geeignete Speicherung von Graphen bzw. Digraphen in einem Rechner und eine effiziente Implementierung von Algorithmen notwendig. Wir wollen deshalb in diesem Abschnitt einige Bemerkungen zur Messung des Rechenaufwandes von Algorithmen machen, einige häufig benötigte Datenstrukturen und die Speicherung von Graphen und Digraphen in Rechnern behandeln sowie Erläuterungen zur Darstellung von Algorithmen in „Pascal-naher" Form geben.

2.2.1 Rechenaufwand von Algorithmen

Wir bringen im folgenden eine vereinfachte Definition der Begriffe Problemgröße und Rechenaufwand eines Algorithmus, die für unsere Zwecke ausreicht. Für eine detailliertere Darstellung vgl. etwa PAPADIMITRIOU UND STEIGLITZ (1982), Kapitel 8 und 15.

Das Wort **Problem** wird in zwei verschiedenen Bedeutungen verwendet. So sprechen wir etwa von „dem Kürzeste-Wege-Problem" und von „einem speziellen Kürzeste-Wege-Problem", d.h., einer **Ausprägung** des Kürzeste-Wege-Problems mit einer bestimmten Anzahl von Knoten und Pfeilen und festgelegten Bewertungen der Pfeile. Die **Größe einer Problemausprägung** ist die Anzahl der Bits, die nötig sind, um die (Eingangs-)Daten der Problemausprägung (auf einem Computer) zu codieren. Bei den in diesem Kapitel behandelten Problemen für Graphen und Netzwerke werden wir vereinfachend die Größe einer Problemausprägung in der Regel durch die Anzahl $|V| = n$ der Knoten und/oder die Anzahl $|E| = m$ der Kanten bzw. Pfeile des zugrunde liegenden Graphen bzw. Digraphen beschreiben (daß diese Vereinfachung gerechtfertigt ist, werden wir am Ende von Abschnitt 2.2.2 sehen).

Zur Erläuterung der folgenden Bezeichnungen denken wir uns die Größe einer Problemausprägung durch den einen Parameter n gegeben. Der **Rechenaufwand** oder die **Zeitkomplexität** $T(n)$ eines Algorithmus zur Lösung eines Problems sei dann gleich der maximalen Anzahl aller elementaren Rechenoperationen (Additionen, Multiplikationen, Vergleiche, Sprünge, elementare Mengenoperationen wie z.B. Hinzufügen eines Elementes etc.), die nötig ist, um irgendeine Ausprägung des Problems mit der Größe n zu lösen. $T(n)$ stellt also den „Worst-Case-Rechenaufwand" des betreffenden Algorithmus dar.

Der Rechenwaufwand $T(n)$ wird in der Regel mit Hilfe des **Landauschen Symbols** O angegeben. Wir schreiben

$$T(n) = O(f(n))$$

(in Worten „$T(n)$ ist von der Ordnung $f(n)$") mit einer auf der Menge der natürlichen Zahlen $\mathbb{N}$ erklärten positiven reellwertigen Funktion f, wenn es eine Konstante $c > 0$ und ein $n_0 \in \mathbb{N}$ gibt, so daß

$$T(n) \leq c\,f(n) \quad \text{für alle } n \geq n_0$$

gilt. Entsprechend ist das Landausche Symbol O für Funktionen von mehreren Variablen erklärt. Wir schreiben

$$O(f(n)) = O(g(n)) \;,$$

wenn für jede (auf $\mathbb{N}$ definierte reellwertige) Funktion h, für die es ein $c_1 > 0$ und ein $n_1 \in \mathbb{N}$ mit

$$h(n) \leq c_1 f(n) \quad \text{für alle } n \geq n_1$$

gibt, auch ein $c_2 > 0$ und ein $n_2 \in \mathbb{N}$ existieren, so daß

$$h(n) \leq c_2 g(n) \quad \text{für alle } n \geq n_2$$

gilt. Beispielsweise haben wir für Graphen (mit $|V| = n$ und $|E| = m$) $m \leq n(n-1)/2$ und für Digraphen $m \leq n(n-1)$ und damit

$$O(m) = O(n^2) \;.$$

Es ist zu beachten, daß Gleichungen, in denen das Landausche Symbol O auftritt, keine Gleichungen im gewöhnlichen Sinn, sondern Kurzformen mathematischer Aussagen sind. So gilt z.B. $O(n) = O(n^2)$, aber nicht etwa $O(n^2) = O(n)$.

Wir sagen, daß ein Algorithmus einen **polynomialen Rechenaufwand** (oder eine **polynomiale Zeitkomplexität**) $T(n)$ hat [1], wenn $T(n) = O(n^k)$ für ein $k \in \mathbb{N}$ ist. Andernfalls sprechen wir von einem **exponentiellen Rechenaufwand** (auch wenn die Zeitkomplexität beispielsweise von der Größe $n!$ ist). Tab. 2.2.1, die NEUMANN (1987a), Abschnitt 6.2, entnommen ist, zeigt für einige typische Zeitkomplexitäten, wie die Rechenzeit mit der Anzahl der Rechenoperationen wächst. Dabei haben wir angenommen, daß jede Rechenoperation eine Mikrosekunde dauert.

[1] Oft spricht man auch kurz von einem „polynomialen Algorithmus".

n / Anzahl der Rechenoperationen	20	50	100	1000
n	$2 \cdot 10^{-5}$ sec.	$5 \cdot 10^{-5}$ sec.	10^{-4} sec.	10^{-3} sec.
$n \log n$ [1]	$8,6 \cdot 10^{-5}$ sec	$2,8 \cdot 10^{-4}$ sec.	$6,6 \cdot 10^{-4}$ sec.	10^{-2} sec.
n^2	$4 \cdot 10^{-4}$ sec.	$2,5 \cdot 10^{-3}$ sec.	10^{-2} sec.	1 sec.
n^3	$8 \cdot 10^{-3}$ sec.	0, 13 sec.	1 sec.	$16\frac{2}{3}$ min.
2^n	1 sec.	36 Jahre	$4 \cdot 10^{16}$ Jahre	
$n!$	77000 Jahre	10^{51} Jahre	$3 \cdot 10^{144}$ Jahre	

Tab. 2.2.1

Tab. 2.2.1 legt nahe, ein Problem, für das es einen Lösungsalgorithmus mit polynomialem Rechenaufwand gibt, **leicht**, und ein Problem, für das kein Algorithmus mit polynomialer Zeitkomplexität bekannt ist (und nach derzeitigem Wissensstand auch kein polynomialer Algorithmus existiert), **schwer** zu nennen. Beispielsweise ist das Problem, kürzeste Wege in einem Netzwerk (ohne Zyklen negativer Länge) zu bestimmen, leicht, während das Handlungsreisendenproblem (vgl. Abschnitt 3.5) schwer ist.

2.2.2 Elementare Datenstrukturen und Speicherung von Graphen und Digraphen

Für eine ausführliche Beschreibung der im folgenden erläuterten Datenstrukturen sowie deren Eigenschaften und Implementierung auf einem Rechner verweisen wir auf Aho et al. (1983), Kapitel 2 und Abschnitte 4.10, 4.11, und Ottmann und Widmayer (1990), Abschnitte 1.5 und 2.3.

Eine der wichtigsten Datenstrukturen ist die **lineare Liste**, bei der eine Folge von Elementen (Daten des gleichen Typs) $i_1, \ldots, i_p$ so gespeichert wird, daß man von einem Element i_ν unmittelbar zum nachfolgenden Element $i_{\nu+1}$ gelangen kann ($\nu = 1, \ldots, p-1$), etwa dadurch, daß die Elemente $i_1, \ldots, i_p$ in aufeinanderfolgenden Speicherzellen abgelegt werden (man spricht dann auch von einem (eindimensionalen) **Feld**) oder daß jedes Element explizit auf seinen Nachfolger (z.B. durch Angabe von dessen Speicheradresse) verweist.

Spezielle lineare Listen, bei denen Daten nur am Anfang oder am Ende der

[1] Unter log verstehen wir im folgenden stets den Logarithmus zur Basis 2, wenn nicht explizit eine andere Basis angegeben ist.

Liste eingefügt und entfernt werden können, sind Keller und Schlangen. Bei einem **Keller** oder **Stapel** (engl. stack) können lediglich am Ende Elemente hinzugefügt oder entfernt werden. Bei einer **Schlange** (engl. queue) werden Elemente nur am Anfang (Kopf der Schlange) entfernt und nur am Ende eingefügt. Einen Keller oder Stapel kann man sich durch einen auf einem Tisch liegenden Bücherstapel und eine Schlange durch eine Warteschlange vor einem Bedienungsschalter veranschaulicht denken. Ein Keller stellt einen **LIFO-Speicher** („last in first out") und eine Schlange einen **FIFO-Speicher** („first in first out") dar. Bei Kellern und Schlangen sind nur die folgenden Operationen für ein Element i möglich:

Keller oder Schlange Q: „Füge i am Ende von Q ein".
Keller Q: „Entferne i vom Ende von Q", d.h., entferne das letzte Element aus Q und benenne es mit i.
Schlange Q: „Entferne i vom Kopf von Q",d.h., entferne das erste Element aus Q und benenne es mit i.

Eine **Prioritätsschlange** Q ist eine Menge von Elementen (Daten gleichen Typs), wobei jedem Element i ein Wert („Priorität") $s_i \in \mathbb{R}$ zugeordnet ist und die beiden folgenden Operationen möglich sind:

„Füge i in Q ein"
„Entferne minimales i aus Q", d.h., entferne ein Element mit minimalem Wert aus Q und benenne es mit i.

Ein Beispiel für eine Prioritätsschlange ist eine Menge von Patienten im Wartezimmer eines Krankenhauses (ambulante Behandlung), wobei jeweils der Patient mit der am dringendsten zu behandelten Krankheit als nächster aufgerufen wird.

Eine rechentechnisch besonders günstige Implementierung einer Prioritätsschlange Q mit n Elementen kann in Form eines sogenannten **Heaps** erfolgen, bei dem die Operationen „Füge i in Q ein" und „Entferne minimales i aus Q" jeweils den Rechenaufwand $O(\log n)$ erfordern (vgl. AHO ET AL. (1983), Abschnitt 4.11). Die Elemente eines Heaps entsprechen den Knoten eines Binärbaumes, der

(a) balanciert ist (zum Begriff des balancierten Binärbaumes vgl. Abschnitt 2.1.3) und bei dem
(b) der Wert eines jeden Elementes bzw. Knotens kleiner oder gleich den Werten seiner Söhne ist (insbesondere ist also die Wurzel des Heaps ein minimales Element).

Die beiden Bedingungen (a) und (b) nennt man zusammen auch die **Heap-Eigenschaft** des betreffenden Binärbaumes. In Abb. 2.2.1 ist ein Heap dargestellt.

Einen balancierten Binärbaum mit den Knoten $1, \ldots, n$ kann man in einem Feld mit den Elementen (Speicherzellen) $Q[1], \ldots, Q[n]$ abspeichern (wobei

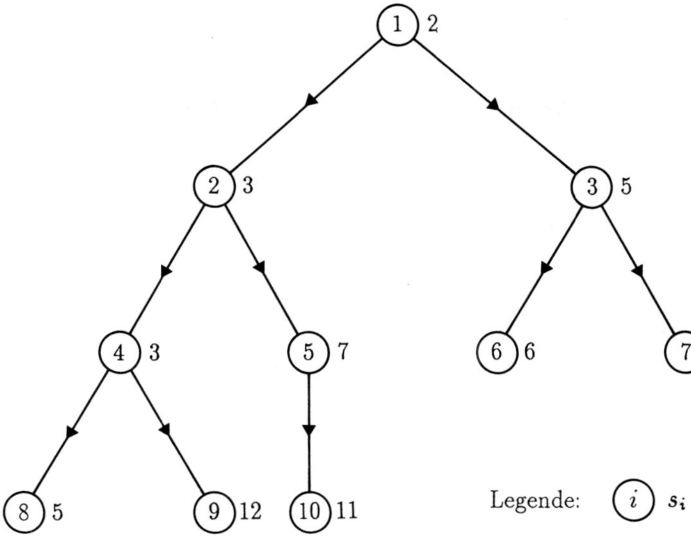

Abb. 2.2.1

Knoten i in $Q[i]$ abgelegt wird), wenn folgende Knotennumerierung gewählt wird:

(α) Knoten $i = 1, \dots, \lfloor n/2 \rfloor - 1$ [1] hat die beiden Söhne $2i$ und $2i+1$

(β) Knoten $i = \lfloor n/2 \rfloor$ hat bei ungeradem n die beiden Söhne $2i = n-1$ und $2i+1 = n$ und bei geradem n den einen Sohn $2i = n$

(γ) die Knoten $i = \lfloor n/2 \rfloor + 1, \dots, n$ sind Blätter des Binärbaumes.

Die Knoten des balancierten Binärbaumes in Abb. 2.2.1 sind in dieser Weise durchnumeriert.

Bei einem Heap Q beinhalten die Operationen „Füge i in Q ein" und „Entferne minimales i aus Q" ein Umordnen des Binärbaumes, so daß nach Ausführung der Operation der (geänderte) Binärbaum wieder die Heap-Eigenschaft besitzt. Manchmal ist es erforderlich, den Wert s_i eines Elementes i eines Heaps zu ändern. Auch in diesem Fall ist in der Regel ein Umordnen des Binärbaumes notwendig, so daß nach der Änderung von s_i wieder die Heap-Eigenschaft erfüllt ist. Die einer solchen Umordnung entsprechende Operation wollen wir mit

„Korrigiere Q"

bezeichnen. Die Zeitkomplexität dieser Operation ist ebenfalls $O(\log n)$ (s. Aho et al. (1983), Abschnitt 4.11).

[1] $\lfloor a \rfloor$ für $a \in \mathbb{R}$ bedeutet die größte ganze Zahl $\leq a$ (Abrundung).

Eine häufig vorkommende Aufgabe besteht darin, die n Elemente einer gegebenen Menge $M \subset \mathbb{R}$ nach nichtfallenden Werten zu ordnen (d.h., wir suchen eine Folge $(s_{i_1}, s_{i_2}, \ldots, s_{i_n})$ mit $s_{i_1} \leq s_{i_2} \leq \ldots \leq s_{i_n}$, wenn s_{i_ν}, $\nu = 1, \ldots, n$, die Elemente von M sind). Hierzu braucht man nur einen Heap Q mit den Elementen bzw. Knoten i_ν $(\nu = 1, \ldots, n)$ aufzubauen (d.h. n-mal die Operation „Füge i in Q ein" auszuführen) und anschließend n-mal die Operation „Entferne minimales i aus Q" anzuwenden. Der hierfür erforderliche Rechenaufwand beträgt $O(n \log n)$. Analog geht man vor, wenn n reelle Zahlen nach nichtwachsenden Werten zu ordnen sind.

Wir betrachten nun die **Speicherung** von **Graphen und Digraphen**, die wieder die Knotenmenge $V = \{1, \ldots, n\}$ und die Kanten- bzw. Pfeilmenge E mit $|E| = m$ besitzen sollen. Die Speicherung eines Digraphen empfiehlt sich häufig in Form einer sogenannten **Nachfolgerliste**, d.h. einer Datenstruktur, die zu jedem Knoten $i \in V$ eine Liste der Pfeile $\langle i, j \rangle$ mit $j \in \mathcal{S}(i)$ enthält. Da für festes $i \in V$ die Menge der Pfeile $\{\langle i, j \rangle | j \in \mathcal{S}(i)\}$ im Englischen als **Forward Star** des Knotens i bezeichnet wird, spricht man bei dieser Datenstruktur auch von einer **Forward-Star-Speicherung** des Digraphen.

Eine effiziente Implementierung der Forward-Star-Speicherung besteht darin, Listen der Nachfolger aller Knoten aufeinanderfolgend in einem Feld *succ* (von engl. successor) der Länge m abzulegen. Ein weiteres Feld $from$ der Länge $n + 1$ enthält Zeiger auf die Anfangspositionen der Listen der Nachfolger in *succ* (vgl. GALLO UND PALLOTTINO (1988)). Die Datenstruktur wird wie folgt aufgebaut: Zu Anfang sind beide Felder $from$ und *succ* leer. Das Element $from[1]$ belegen wir mit der Nummer des ersten noch nicht belegten Elements in *succ*, d.h. $from[1] := 1$. In das Feld *succ* werden ab Position 1 aufeinanderfolgend die Nachfolger $j \in \mathcal{S}(1)$ von Knoten 1 in beliebiger Reihenfolge eingetragen. Anschließend wird für Knoten 2 das Element $from[2]$ wieder mit der ersten freien Position in *succ* belegt, d.h. $from[2] := \delta^+(1) + 1$, und ab dieser Position tragen wir die Nachfolger von Knoten 2 im Feld *succ* ein. In dieser Weise fahren wir fort, bis die Nachfolger aller Knoten in *succ* eingetragen sind. Abschließend setzen wir noch $from[n + 1] := m + 1$.

Die so entstandene Datenstruktur hat einige wünschenswerte Eigenschaften, die eine effiziente Implementierung vieler Algorithmen ermöglichen. Der Ausgangsgrad $\delta^+(i)$ eines Knotens $i \in V$ kann leicht bestimmt werden, da

$$\delta^+(i) = from[i + 1] - from[i] \quad \text{für alle } i \in V$$

gilt. Insbesondere ist für einen Knoten i ohne Nachfolger $from[i] = from[i + 1]$. Falls die Nachfolgermenge $\mathcal{S}(i)$ eines Knotens $i \in V$ nicht leer ist, so ist sie im Feld *succ* an den Positionen $from[i]$ bis $from[i + 1] - 1$ gespeichert. Um die Nachfolger eines Knotens zu bestimmen, was eine häufig vorkommende Operation ist, muß also nicht die gesamte Pfeilmenge E durchsucht werden.

Die vollständige Datenstruktur Nachfolgerliste besteht aus den Feldern *from* und *succ* sowie einem Speicherplatz für die Anzahl der Knoten n. Die Anzahl der Pfeile m läßt sich aus $from[n+1]$ bestimmen. Für die Abspeicherung eines Digraphen mit der hier vorgestellten Version der Forward-Star-Speicherung werden daher $n + m + 2$ Speicherplätze benötigt.

Ist der Digraph bewertet (z.B. mit Kosten), so legt man ein weiteres Feld *cost* der Länge m für die Pfeilbewertungen an. Die Bewertung c_{ij} eines Pfeils $\langle i, j \rangle \in E$ wird an derjenigen Position k in *cost* eingetragen, für die gilt:

(α) $from[i] \leq k < from[i+1]$

(β) $succ[k] = j$.

In diesem Fall benötigt man $n + 2m + 2$ Speicherplätze für die Forward-Star-Speicherung.

Abb. 2.2.2 zeigt einen bewerteten Digraphen und die zugehörige Forward-Star-Datenstruktur.

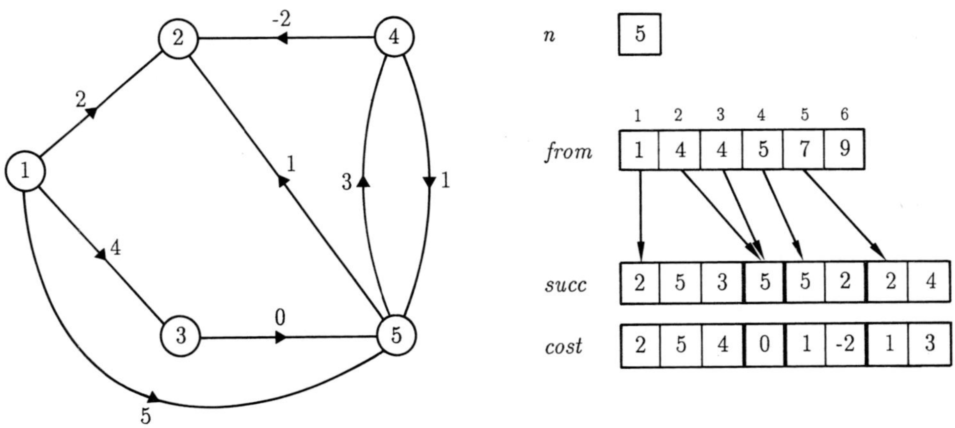

Abb. 2.2.2

Statt in Form einer Nachfolgerliste kann ein Digraph auch als **Vorgängerliste** gespeichert werden (**Backward-Star-Speicherung**). Bei einem Graphen tritt an die Stelle der Nachfolger- oder Vorgängerliste die **Nachbarnliste**.

Manchmal wird für die Speicherung eines Graphen oder Digraphen die sogenannte **Standardliste** benutzt. Seien etwa $e_\mu = \langle i_\mu, j_\mu \rangle$ ($\mu = 1, \ldots, m$) die Pfeile des Digraphen, so besteht die Standardliste aus den $2m + 2$ Elementen

$$n, m; i_1, j_1; \ldots; i_m, j_m \ .$$

Ist der Digraph bewertet, wobei c_μ die Bewertung des Pfeils e_μ sei, dann enthält die Standardliste die $3m + 2$ Elemente

$$n, m; i_1, j_1, c_1; \ldots; i_m, j_m, c_m \, .$$

Entsprechendes gilt für Digraphen.

Ist der Graph bzw. Digraph **dicht** besetzt (d.h., nur relativ wenige Kanten bzw. Pfeile fehlen gegenüber dem entsprechenden vollständigen Graphen bzw. Digraphen), was bei größeren praktischen Problemen selten zutrifft, so empfiehlt sich die Speicherung in Form der Adjazenzmatrix mit n^2 Elementen.

Zur Speicherung eines Graphen oder Digraphen mit n Knoten (ohne Kanten- bzw. Pfeilbewertungen) werden also $O(n^2)$ Bits benötigt. Die Größe der Ausprägung eines Problems für einen solchen Graphen oder Digraphen ist folglich gleich $O(n^2)$. Eine Funktion, die ein Polynom in der Knotenzahl n (oder auch der Kanten- bzw. Pfeilzahl m) ist, stellt damit auch ein Polynom in der Größe einer Problemausprägung (zu letzterem Begriff vgl. Abschnitt 2.2.1) dar und umgekehrt. Um festzustellen, ob das betreffende Problem leicht oder schwer ist, ist es also irrelevant, ob wir den Rechenaufwand für einen Lösungsalgorithmus als Funktion der Größe einer Problemausprägung oder vereinfachend als Funktion der Knotenzahl (oder der Kanten- bzw. Pfeilzahl) angeben.

Abschließend wollen wir noch den später benötigten Begriff eines pseudopolynomialen Algorithmus einführen. Ist die Zeitkomplexität eines Algorithmus für ein Problem auf einem Netzwerk mit n Knoten und der betragsmäßig größten Pfeilbewertung $c \in \mathbb{N}$ etwa gleich $O(n^k c)$ mit $k \in \mathbb{N}$, so handelt es sich um *keinen* polynomialen Algorithmus. Die Codierung der Pfeilbewertung c erfordert nämlich $\zeta := \lceil \log c \rceil$ Bits [1], und c ist kein Polynom in $\log c$, sondern proportional zu e^ζ. Allerdings rührt die „Exponentialität“ des Algorithmus nicht von der Größe des Netzwerkes (Anzahl der Knoten bzw. Pfeile), sondern nur von dessen Pfeilbewertungen her. Man spricht deshalb in einem solchen Fall von einem pseudopolynomialen Algorithmus. Genauer definiert man den letzteren Begriff wie folgt: Für die Ausprägung I eines Problems (mit der Einfachheit halber ganzzahligen Daten) seien n_I die Größe von I und ν_I die betragsmäßig größte Zahl unter den Daten von I. Dann heißt ein Lösungsalgorithmus für das Problem **pseudopolynomial**, wenn für jede Ausprägung I des Problems die Anzahl der benötigten elementaren Rechenoperationen zur Lösung von I ein Polynom in (n_I, ν_I) ist.

In der Praxis verhalten sich pseudopolynomiale Algorithmen häufig wie polynomiale, da, wenn etwa wieder c die (betragsmäßig) größte Pfeilbewertung (abgesehen von ∞) und n die Knotenanzahl eines Netzwerkes sind, die

[1] $\lceil a \rceil$ für $a \in \mathbb{R}$ bedeutet die kleinste ganze Zahl $\geq a$ (Aufrundung).

Annahme $c = O(n^l)$ für ein $l \in \mathbb{N}$ insbesondere für große Probleme in der Regel gerechtfertigt ist. So bedeutet beispielsweise die Beschränkung $c \leq 50n^3$, daß Pfeilbewertungen bis zu $5 \cdot 10^{10}$ für Netzwerke mit 1000 Knoten zugelassen sind.

2.2.3 Pascal-nahe Beschreibung von Algorithmen

Die in den folgenden Abschnitten aufgeführten Algorithmen werden wir häufig in einer an die Programmiersprache Pascal angelehnten Form angeben, soweit Anweisungen, Funktionen, Prozeduren und die Strukturierung der Algorithmen betroffen sind. Die dabei benutzten deutschen Ausdrücke an Stelle der englischen Pascal-Sprachelemente (z.B. „solange" und „wiederhole" statt *while* bzw. *repeat*) sind selbsterklärend. Anfang und Ende zusammengesetzter Anweisungen werden nicht wie in Pascal durch *begin* und *end*, sondern durch Ein- bzw. Ausrücken des Textes gekennzeichnet.

Aus Gründen der Übersichtlichkeit werden manchmal Unterprogramme (Prozeduren) verwendet, deren Vereinbarung dem Hauptteil des betreffenden Algorithmus nachgestellt ist. Damit können im Algorithmus Variablen auftreten, deren Bedeutung erst aus einem nachfolgenden Unterprogramm ersichtlich ist. Namen von Unterprogrammen werden durch Fettdruck hervorgehoben und Kommentare in Klammern gesetzt. Wir erwähnen noch, daß ∞ in Algorithmen für eine genügend große Maschinenzahl steht.

Als Beispiel wollen wir einen Algorithmus für die topologische Sortierung eines zyklenfreien Digraphen $\vec{G}$ angeben (zum Begriff der topologischen Sortierung vgl. Abschnitt 2.1.2). Dieser Algorithmus läuft wie folgt ab: Da $\vec{G}$ zyklenfrei ist, hat $\vec{G}$ mindestens eine Quelle, d.h. einen Knoten i mit Eingangsgrad $\delta^-(i) = 0$. Gibt es etwa r solche Knoten, so erhalten diese die neuen Nummern $1, \ldots, r$. Anschließend wählt man eine Quelle i aus und „untersucht" deren Nachfolger j, indem man die Quelle i und die Pfeile $\langle i, j \rangle$ mit $j \in \mathcal{S}(i)$ aus $\vec{G}$ eliminiert und denjenigen unter den Knoten j, die den neuen Eingangsgrad $\delta^-(j) = 0$ haben (also den „neuen Quellen"), sukzessiv die auf r folgenden neuen Knotennummern $r + 1, \ldots$ zuweist. Danach fährt man entsprechend mit einer weiteren (gegebenenfalls neuen) Quelle fort.

Der Digraph $\vec{G}$ sei durch seine Nachfolgerliste gegeben. Da der Nachfolgerliste nur die Ausgangsgrade $\delta^+(i)$ aller Knoten $i = 1, \ldots, n$ von $\vec{G}$ zu entnehmen sind, müssen zunächst die Eingangsgrade $\delta^-(i)$ aller Knoten i berechnet werden. Der Algorithmus verwendet eine Liste Q, die alle („alten" und „neuen") Quellen enthält, die noch nicht „untersucht" worden sind. Q wird im nachfolgenden Algorithmus 2.2.1 als Schlange gespeichert. Verwendet man für Q einen Keller, so ist die Operation „Entferne i vom Kopf von Q" durch

„Entferne i vom Ende von Q“ zu ersetzen. Die **neue Knotennummer** eines Knotens i wird mit l_i bezeichnet.

Algorithmus 2.2.1 (Zyklenfreie Digraphen — Topologische Sortierung)

Schritt 1 (Initialisierung)

Setze $Q := \emptyset$ [1], $\nu := 0$ *(*Q *ist eine Schlange)*
Für $i = 1, \ldots, n$ *setze* $\delta^-(i) := 0$
Für $i = 1, \ldots, n$
  Für alle $j \in \mathcal{S}(i)$ *setze* $\delta^-(j) := \delta^-(j) + 1$
Für $i = 1, \ldots, n$ *mit* $\delta^-(i) = 0$ *füge* i *am Ende von* Q *ein und setze* $\nu := \nu + 1$, $l_i := \nu$

Schritt 2 (Hauptschritt)

Solange $Q \neq \emptyset$
  Entferne i *vom Kopf von* Q
  Für alle $j \in \mathcal{S}(i)$
    Setze $\delta^-(j) := \delta^-(j) - 1$
    Falls $\delta^-(j) = 0$, *füge* j *am Ende von* Q *ein und setze* $\nu := \nu + 1$, $l_j := \nu$

□

Gilt bei Abbruch von Algorithmus 2.2.1 $\nu < n$, so enthält der Digraph Zyklen (die Zyklenfreiheit des Digraphen braucht also bei Algorithmus 2.2.1 nicht vorausgesetzt zu werden). Wegen $\sum_{i=1}^{n} |\mathcal{S}(i)| = m$ beträgt der Rechenaufwand für Schritt 1 und für Schritt 2 und damit für den gesamten Algorithmus $O(m)$.

2.3 Minimalgerüste

In diesem Abschnitt werden wir Algorithmen zur Bestimmung von Minimalgerüsten und sogenannten minimalen 1-Gerüsten in bewerteten Graphen betrachten. Die Knotenmenge des zugrunde liegenden Graphen sei stets $V = \{1, \ldots, n\}$.

---

[1] Eine leere Liste bezeichnen wir stets mit $\emptyset$.

2.3.1 Verfahren von Prim und von Kruskal

Wir erläutern zunächst den Begriff eines Minimalgerüstes an einem Beispiel. Zwischen sechs Stationen soll ein Netz von Versorgungsleitungen (z.B. für Gas, Wasser oder Elektrizität) so gelegt werden, daß jede Station mit jeder anderen Station (gegebenenfalls über gewisse Zwischenstationen) verbunden ist. In Abb. 2.3.1 ist dieses Problem durch einen bewerteten Graphen veranschaulicht, wobei den Stationen Knoten und möglichen Leitungen Kanten entsprechen und die Zahlen an den Kanten Installations- und andere Kosten der betreffenden Leitungen bedeuten. Gesucht ist ein kostengünstigstes Leitungsnetz. Offensichtlich entspricht ein billigstes Leitungsnetz einem **Minimalgerüst** in dem bewerteten Graphen von Abb. 2.3.1, d.h. einem Gerüst minimaler Länge, wobei unter der Länge eines Gerüstes die Summe der Bewertungen der Kanten des Gerüstes zu verstehen ist.

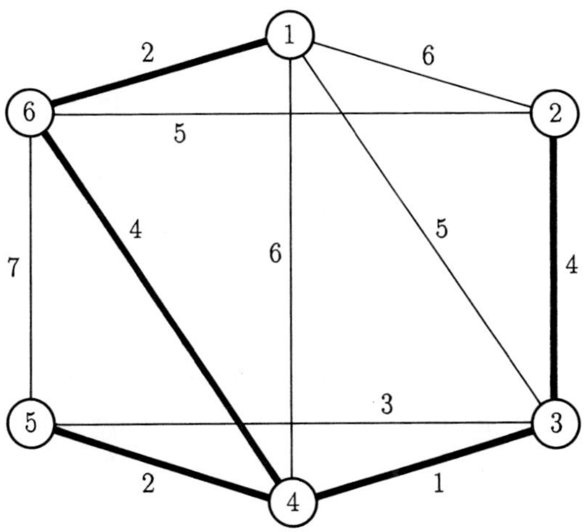

Abb. 2.3.1

Ist allgemeiner ein bewerteter zusammenhängender Graph $G = [V, E; c]$ mit mindestens einer Kante und einer reellwertigen Gewichtsfunktion c gegeben, so kann man ein Minimalgerüst in G mit dem folgenden **Algorithmus von Prim** bestimmen: Im ersten Iterationsschritt wählt man als Anfangsbaum diejenige Kante (zusammen mit ihren Endknoten) von G mit dem kleinsten Gewicht (bzw. bei mehreren solchen Kanten eine von ihnen) aus. In jedem der folgenden Schritte fügt man dem bisher erhaltenen Baum eine weitere Kante mit kleinstmöglichem Gewicht so hinzu, daß sich wieder ein Baum ergibt. Damit die letztere Bedingung erfüllt ist, muß genau einer der beiden Endknoten der hinzugefügten Kante dem bisherigen Baum angehören. Das Verfahren bricht nach $n-1$ Schritten ab, da ein Baum mit $n-1$ Kanten ein Gerüst in dem Graphen G mit n Knoten ist, und zwar aufgrund der Auswahl der Kanten ein Minimalgerüst (zum Beweis, daß dieser Algorithmus tatsächlich ein Minimalgerüst liefert, vgl. etwa PAPADIMITRIOU UND STEIGLITZ (1982), Abschnitt 12.1).

Eine Variante des Verfahrens von Prim ist der folgende **Algorithmus von Kruskal**: Man startet wie beim Prim-Algorithmus mit einer Kante mit kleinstem Gewicht. In jedem folgenden Schritt fügt man dem bisher erhaltenen Teilgraphen von G eine weitere Kante mit kleinstmöglichem Gewicht so hinzu, daß der neue Teilgraph (der nicht zusammenhängend sein muß) keinen Kreis enthält. Während das Verfahren von Prim also eine Folge von Bäumen erzeugt, wobei der letzte Baum mit $n-1$ Kanten ein Gerüst von G ist, konstruiert der Kruskal-Algorithmus eine Folge von Wäldern, wobei der letzte Wald $n-1$ Kanten besitzt und folglich ein Baum (und damit auch ein Gerüst) von G ist.

Wenden wir die Algorithmen von Prim und von Kruskal auf den bewerteten Graphen von Abb. 2.3.1 an, so erhalten wir jeweils das stark ausgezeichnete Minimalgerüst mit der Länge 13.

Die Verfahren von Prim und von Kruskal stellen sogenannte **Greedy-Algorithmen** dar [1]. In jedem Verfahrensschritt wird hierbei durch eine „lokal optimale“ Entscheidung ein Teil der Lösung festgelegt. Daß eine Folge solcher lokal optimaler Entscheidungen insgesamt eine (global) optimale Lösung liefert, ist charakteristisch für das Minimalgerüst-Problem und trifft keineswegs auf alle Algorithmen vom „Greedy-Typ“ (zur Lösung anderer Optimierungsprobleme) zu.

Der Algorithmus von Kruskal kann auf sehr effiziente Weise implementiert werden. Hierzu beachtet man, daß dieses Verfahren auch wie folgt interpretiert werden kann: Man startet mit einem Wald, der aus n Zusammenhangskomponenten besteht, von denen jede nur einen der n Knoten des zugrunde liegenden Graphen G enthält. In jedem Schritt des Verfahrens wird eine weitere Kante mit kleinstem Gewicht hinzugefügt, deren zwei Endknoten in zwei verschiedenen Zusammenhangskomponenten des „aktuellen“ Waldes liegen. Damit wird die Anzahl der Zusammenhangskomponenten des Waldes um 1 verringert. Nach $n-1$ Schritten bricht das Verfahren mit einem Wald ab, der aus nur einer Zusammenhangskomponente besteht, also ein Baum ist.

Da in jedem Schritt des Verfahrens von Kruskal eine Kante mit kleinstem Gewicht (aus den „verbliebenen Kanten“) auszuwählen ist, empfiehlt es sich, die Kanten von G mit ihren Gewichten als Heap Q zu speichern. Die Auswahl einer Kante $[i, j]$ mit kleinstem Gewicht entspricht dann der Operation

---

[1] greedy (engl.)=gierig

„Entferne minimales $[i, j]$ aus Q". Sei m wieder die Anzahl der Kanten von G, so erfordern der Aufbau des Heaps und die m-malige Ausführung der letzteren Operation zusammen den Rechenaufwand $O(m \log m) = O(m \log n)$ [1], vgl. Abschnitt 2.2.2.

Um zu entscheiden, ob die aus dem Heap entfernte Kante $[i, j]$ dem aktuellen Wald W hinzuzufügen ist, muß man für die Knoten i und j die Zusammenhangskomponenten C_i und C_j von W lokalisieren, in denen i bzw. j liegen. Gilt $C_i \neq C_j$, so wird $[i, j]$ dem aktuellen Wald hinzugefügt, d.h., C_i und C_j sind zusammen mit $[i, j]$ zu einer neuen Zusammenhangskomponente zu „vereinigen". Speichert man die Knotenmenge einer jeden Zusammenhangskomponente in geeigneter Weise als Wurzelbaum, dann erfordern die m-malige Ausführung der Operation „Lokalisieren" und die n-malige Ausführung der Operation „Vereinigung" insgesamt den Rechenaufwand $O(m \log n)$, vgl. z.B. HOROWITZ UND SAHNI (1978), Abschnitt 2.4, und OTTMANN UND WIDMAYER (1990), Abschnitt 8.6. Die Zeitkomplexität des Algorithmus von Kruskal beträgt damit $O(m \log n)$.

Im folgenden Algorithmus 2.3.1 sei der zugrunde liegende bewertete Graph G in Form einer Standardliste gegeben. L sei die Menge der Kanten und ν die Anzahl der Zusammenhangskomponenten des aktuellen Waldes. Gilt bei Abbruch des Algorithmus $\nu = 1$, so enthält L die Kanten eines Minimalgerüstes von G. Im Fall $\nu > 1$ ist G nicht zusammenhängend. Algorithmus 2.3.1 prüft also auch, ob G zusammenhängend ist oder nicht.

Algorithmus 2.3.1 (Minimalgerüst — Verfahren von Kruskal)

Schritt 1

Speichere die Menge der Kanten mit ihren Bewertungen als Heap Q
Setze $C_i := \{i\}$ *für* $i = 1, \ldots, n$

Schritt 2

Setze $L := \emptyset$, $\nu := n$
Solange $Q \neq \emptyset$

    Entferne minimales $[i, j]$ *aus* Q
    Lokalisiere die Zusammenhangskomponenten C_i *und* C_j*, die* i *bzw.* j *enthalten*
    Falls $C_i \neq C_j$*, setze* $\nu := \nu - 1$, $L := L \cup \{[i, j]\}$ *und „vereinige"* C_i, C_j *und* $[i, j]$ *zu einer neuen Zusammenhangskomponente*

□

[1] Wegen $m < n^2$ und damit $\log m < 2 \log n$ ist $O(m \log m) = O(m \log n)$.

2.3.2 Minimale 1-Gerüste

Neben Minimalgerüsten treten in den Anwendungen manchmal auch sogenannte minimale 1-Gerüste auf, z.B. als Relaxation des symmetrischen Handlungsreisendenproblems (vgl. Abschnitt 3.5.6). Zunächst erklären wir den Begriff eines 1-Baumes.

Ein Baum ist bekanntlich ein zusammenhängender kreisfreier Graph bzw. ein zusammenhängender Graph mit n Knoten und $n-1$ Kanten. Ein **1-Baum** ist ein zusammenhängender Graph mit genau einem Kreis bzw. ein zusammenhängender Graph mit n Knoten und n Kanten. Oft ist es zweckmäßig, in einem 1-Baum gewisse Knoten, die in dem Kreis des 1-Baumes liegen, auszuzeichnen. k heißt **ausgezeichneter Knoten** eines 1-Baumes $T = [V, E]$, wenn k dem Kreis von T angehört und für den Grad von k $\delta(k) = 2$ gilt (bzw., äquivalent hierzu, der durch $V \setminus \{k\}$ induzierte Teilgraph von T ein Baum ist).

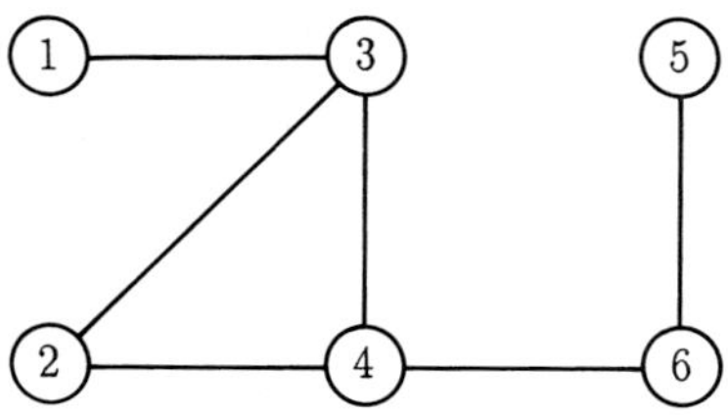

Abb. 2.3.2

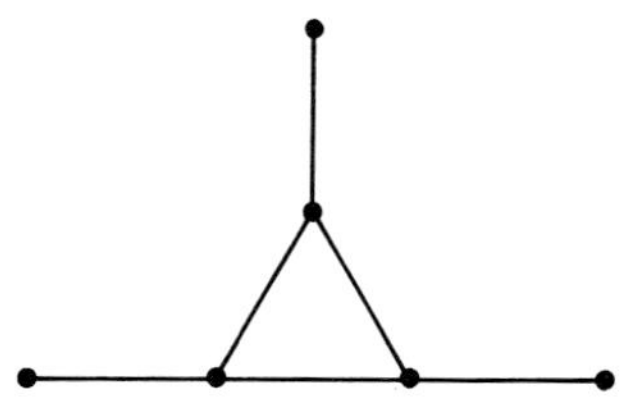

Abb. 2.3.3

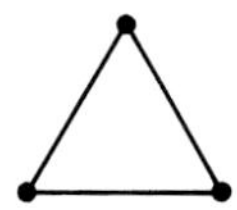

Abb. 2.3.4

Abb. 2.3.2 zeigt einen 1-Baum mit dem ausgezeichneten Knoten 2. Es ist möglich, daß ein 1-Baum keinen oder mehr als einen ausgezeichneten Knoten besitzt. Der 1-Baum in Abb. 2.3.3 hat keinen ausgezeichneten Knoten, während in Abb. 2.3.4 jeder Knoten des 1-Baumes ausgezeichnet ist.

Ein **1-Gerüst** eines Graphen $G = [V, E]$ ist ein Teilgraph von G mit der Knotenmenge V, der einen 1-Baum darstellt. Ist G bewertet, so ist ein **minimales 1-Gerüst** T von G ein 1-Gerüst von G mit minimaler Länge (die Länge von T ist wieder die Summe der Bewertungen der einzelnen Kanten von T). Ein minimales 1-Gerüst von G mit ausgezeichnetem Knoten k (d.h. ein 1-Gerüst minimaler Länge unter allen 1-Gerüsten mit dem ausgezeichneten Knoten k) [1] kann man wie folgt bestimmen:

[1] Eine notwendige und hinreichende Bedingung für die Existenz eines solchen 1-Gerüstes ist, daß G zusammenhängend ist und mindestens einen Kreis besitzt, der den Knoten k enthält.

Algorithmus 2.3.2 (Minimales 1-Gerüst mit ausgezeichnetem Knoten k)

Schritt 1

Bestimme ein Minimalgerüst T in dem durch die Knotenmenge $V \setminus \{k\}$ induzierten Teilgraphen von G (z.B. mit Algorithmus 2.3.1)

Schritt 2

Füge zu T den Knoten k und die beiden mit k inzidenten Kanten aus G mit den kleinsten Gewichten hinzu.

□

Der Rechenaufwand von Algorithmus 2.3.2 ist, wenn in Schritt 1 Algorithmus 2.3.1 benutzt wird, wieder gleich $O(m \log n)$. In dem bewerteten Graphen in Abb. 2.3.5 ist ein minimales 1-Gerüst mit dem ausgezeichneten Knoten 5, das gleichzeitig ein minimales 1-Gerüst mit ausgezeichnetem Knoten 6 ist, stark hervorgehoben.

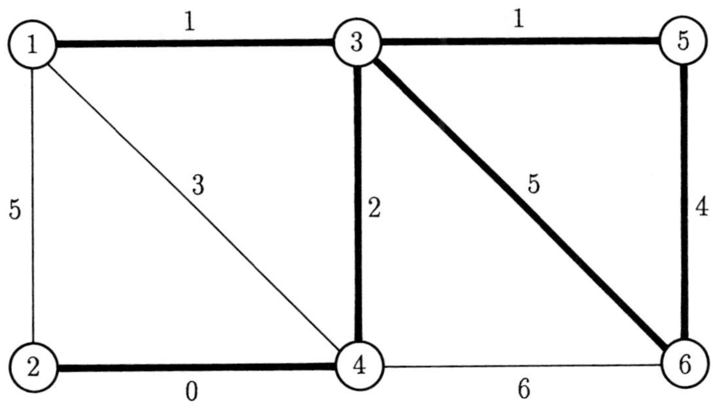

Abb. 2.3.5

2.4 Kürzeste Wege in Netzwerken

Im folgenden werden wir Algorithmen zur Bestimmung kürzester Wege in einem Netzwerk $N = \langle V, E; c \rangle$ mit $V = \{1, \ldots, n\}$, $|E| = m$ und $c : E \to \mathbb{R}$ behandeln. Wir setzen dabei voraus, daß N keine Zyklen negativer Länge enthalte (warum diese Voraussetzung benötigt wird und wie sie überprüft werden kann, werden wir unten sehen).

Zunächst werden wir Verfahren zur Ermittlung kürzester Wege von einem „Startknoten" r zu allen übrigen Knoten von N betrachten. Da diese Verfahren jeweils einen gerichteten Baum mit der Wurzel r konstruieren, der alle von r aus erreichbaren Knoten und für jeden dieser Knoten i einen kürzesten Weg von r nach i enthält, spricht man von **Baumalgorithmen**. Wir werden hierbei auch auf die Spezialfälle eingehen, daß alle Bewertungen von N nichtnegativ sind, daß N zyklenfrei ist oder daß man nur an irgendwelchen Wegen, und nicht notwendig an kürzesten, interessiert ist. Abschließend werden wir Verfahren zur Bestimmung kürzester Wege zwischen allen Knoten von N behandeln.

2.4.1 Baumalgorithmen zur Bestimmung kürzester Wege

In diesem Abschnitt wollen wir den prinzipiellen Ablauf von Verfahren zur Bestimmung kürzester Wege von einem **Startknoten** r des Netzwerkes $N = \langle V, E; c\rangle$ zu allen übrigen (von r aus erreichbaren) Knoten von N betrachten. Sind kürzeste Wege von gewissen Knoten zu ein und demselben **Zielknoten** s in N gesucht, dann kehrt man die Richtungen aller Pfeile in N um unter Beibehaltung der Bewertungen und ermittelt in dem so entstandenen Netzwerk kürzeste Wege von s zu den betreffenden Knoten. Sind längste Wege gesucht (was beispielsweise bei der Zeitplanung im Rahmen der Netzplantechnik der Fall ist, vgl. Abschnitt 2.5), so ersetzt man entweder alle Minimierungsoperationen innerhalb der Kürzeste-Wege-Algorithmen durch Maximierungen oder ändert die Vorzeichen der Bewertungen.

Kürzeste Ketten in einem bewerteten Graphen mit nichtnegativer Bewertungsfunktion c erhält man, indem man in dem „zugehörigen" symmetrischen Digraphen $\vec{G}$ (vgl. Abschnitt 2.2.1) kürzeste Wege bestimmt, wobei die Bewertung entgegengesetzt gerichteter Pfeile $\langle i, j\rangle$ und $\langle j, i\rangle$ gleich der Bewertung der entsprechenden Kante $[i, j]$ in G ist. Enthielte der Graph G Kanten mit negativer Bewertung, so würde $\vec{G}$ Zyklen mit negativer Länge besitzen, was wir oben ausgeschlossen haben.

Seien c_{ij} wieder die Bewertung des Pfeils $\langle i, j\rangle$ im Netzwerk N und $d\langle r, j\rangle$ die Entfernung vom Startknoten r zum Knoten $j \in \dot{\mathcal{R}}(r)$. Dann definieren wir

$$(2.4.1) \qquad d_j := \begin{cases} 0\,, & \text{falls } j = r \\ d\langle r, j\rangle\,, & \text{falls } j \in \dot{\mathcal{R}}(r) \\ \infty\,, & \text{falls } j \notin \mathcal{R}(r) \end{cases} \qquad (j = 1, \ldots, n)\,.$$

Wir leiten nun eine Beziehung zwischen den Größen d_j und d_i für zwei Knoten j und $i \in \mathcal{P}(j)$ her. Seien j ein von r aus erreichbarer, aber von r verschiedener Knoten und i der Vorgänger von j auf einem kürzesten Weg W_j

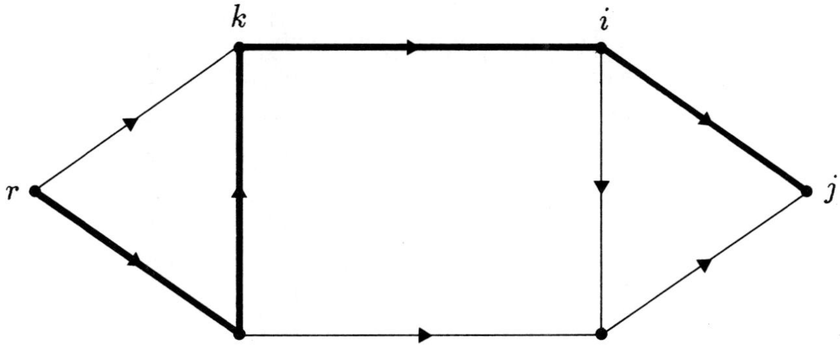

Abb. 2.4.1

von r nach j (vgl. Abb. 2.4.1, wo ein solcher kürzester Weg stark ausgezeichnet ist). Dann muß der Teil des Weges W_j von r nach i ebenfalls ein kürzester Weg sein. Gäbe es einen kürzeren Weg von r nach i (etwa den Weg $\langle r, k, i \rangle$ in Abb. 2.4.1), so würde auch ein kürzerer Weg von r nach j (nämlich der Weg $\langle r, k, i, j \rangle$ in Abb. 2.4.1) existieren. Es muß also

(2.4.2) $$d_j = d_i + c_{ij}$$

gelten. Die Aussage, daß Teilwege kürzester Wege selbst wieder kürzeste Wege darstellen, wird **Bellmansches Optimalitätsprinzip** (angewandt auf kürzeste Wege in Netzwerken) genannt. Dieses Optimalitätsprinzip spielt innerhalb der sogenannten dynamischen Optimierung eine grundlegende Rolle (vgl. Abschnitt 5.1).

In (2.4.2) ist der Knoten $i \in \mathcal{P}(j)$ offensichtlich derart zu wählen, daß $d_i + c_{ij}$ so klein wie möglich wird, d.h., Knoten i ist ein Vorgänger von j, für den $d_i + c_{ij}$ minimal wird. Dies liefert die **Bellmansche Gleichung**

(2.4.3) $$d_j = \min_{i \in \mathcal{P}(j)} (d_i + c_{ij}) \quad \text{für } j \in \dot{\mathcal{R}}(r) \,.$$

Verfahren zur Bestimmung kürzester Wege, die auf der Auswertung der Bellmanschen Gleichung basieren, konstruieren für jeden Knoten $j \in \dot{\mathcal{R}}(r)$ einen kürzesten Weg W_j von r nach j in dem zugrunde liegenden Netzwerk N, wobei für alle auf diesem Weg liegenden „Zwischenknoten“ der entsprechende Teilweg von W_j als kürzester Weg gewählt wird. In anderen Worten, es wird ein Teildigraph $\vec{T}$ von N mit der Knotenmenge $\mathcal{R}(r)$ ermittelt, wobei jeder Knoten $j \in \dot{\mathcal{R}}(r)$ genau einen Vorgänger in $\vec{T}$ hat (d.h., $\vec{T}$ ist ein gerichteter Baum mit der Wurzel r) und jeder Weg in $\vec{T}$ von r nach $j \in \dot{\mathcal{R}}(r)$ ein kürzester Weg von r nach j in N ist. Der gerichtete Baum $\vec{T}$ wird auch **Wegebaum** genannt, und Verfahren, die solche Wegebäume konstruieren, bezeichnet man, wie schon erwähnt, als **Baumalgorithmen**. Abb. 2.4.2 zeigt ein Netzwerk, wobei die Bewertungen an den entsprechenden Pfeilen angeschrieben sind, und einen stark ausgezeichneten Wegebaum mit der Wurzel $r = 1$. Später werden wir sehen, daß die Baumalgorithmen streng genommen kürzeste Pfeilfolgen konstruieren, die, wenn N keine Zyklen negativer Länge enthält, jedoch auch kürzeste Wege darstellen, sofern man sicherstellt, daß Zyklen der Länge 0 nicht mit einbezogen werden.

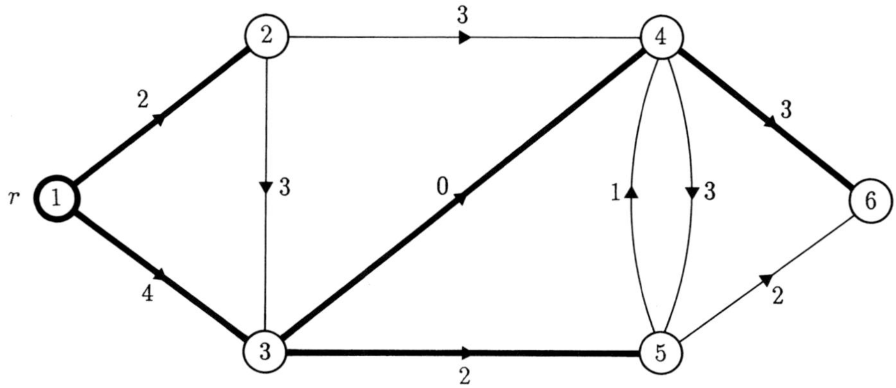

Abb. 2.4.2

Um neben den Entfernungen d_j auch kürzeste Wege von r nach $j \in \dot{\mathcal{R}}(r)$ zu bestimmen, geht man wie folgt vor: Sei p_j der Vorgänger von j auf einem kürzesten Weg W_j von r nach j, d.h., p_j ist gleich einem Index i, für den in (2.4.3) das Minimum angenommen wird:

$$d_j = d_{p_j} + c_{p_j j} = \min_{i \in \mathcal{P}(j)} (d_i + c_{ij}) .$$

$\langle p_j, j \rangle$ ist somit der „letzte" Pfeil auf dem kürzesten Weg W_j von r nach j. Gelte nun $p_j = k$ und sei p_k der Vorgänger von k auf einem kürzesten Weg W_k von r nach k, also

$$d_k = d_{p_k} + c_{p_k k} = \min_{i \in \mathcal{P}(k)} (d_i + c_{ik}) .$$

Nach dem Bellmanschen Optimalitätsprinzip kann W_k als Teilweg von W_j gewählt werden, d.h., $\langle p_k, k \rangle$ ist der „vorletzte" Pfeil des Weges W_j. In dieser Weise fortfahrend können wir den kürzesten Weg W_j von r nach j „rückwärts" ermitteln. Werden also mit Hilfe eines Baumalgorithmus für alle $j \in \dot{\mathcal{R}}(r)$ neben den Entfernungen d_j sogenannte **Wegeknoten** p_j bestimmt, wobei p_j

der Vorgänger von j auf einem kürzesten Weg von r nach j ist, dann lassen sich kürzeste Wege unmittelbar konstruieren. Um analog zu den d_j Werte p_j für alle Knoten von N festzulegen, setzen wir noch

$$p_j := \begin{cases} r\,, & \text{falls } j = r \\ 0\,, & \text{falls } j \notin \mathcal{R}(r)\,. \end{cases} \tag{2.4.4}$$

Für das Netzwerk von Abb. 2.4.2 mit dem Startknoten 1 zeigt Tab. 2.4.1 die Entfernungen d_j und zugehörige Wegeknoten p_j.

j	1	2	3	4	5	6
d_j	0	2	4	4	6	7
p_j	1	1	1	3	3	4

Tab. 2.4.1

Natürlich können Wegeknoten auch zur Beschreibung nicht notwendig kürzester Wege benutzt werden.

Wir wollen nun den prinzipiellen Ablauf eines Baumalgorithmus etwas präzisieren. Dabei bezeichnen wir jetzt mit $\vec{T}$ den jeweils aktuellen Wurzelbaum und mit d_j die kürzeste bisher gefundene Länge eines Weges von r nach j. d_j wird auch **Marke** (engl. label) des Knotens j genannt. Sobald im Laufe des Verfahrens für einen Knoten j die bisher kürzeste Weglänge von r nach j weiter verkleinert, also j **neu markiert** werden kann, wird der Knoten j in eine **Menge** Q (**neu**) **markierter Knoten** aufgenommen.

Zu Beginn besteht $\vec{T}$ nur aus dem Startknoten r, und wir setzen $d_r := 0$, $d_j := \infty$ für alle von r verschiedenen Knoten j und $Q := \{r\}$. Im weiteren Verlauf des Verfahrens entfernt man jeweils einen Knoten i aus Q (zu Anfang also den Knoten $i = r$) und „untersucht" jeden Nachfolger j von i daraufhin, ob man seine Marke d_j „verbessern" kann. Letzteres ist möglich, wenn $d_j > d_i + c_{ij}$ ist, und man setzt dann $d_j := d_i + c_{ij}$, nimmt j in Q auf und ändert $\vec{T}$ wie folgt ab: Enthält $\vec{T}$ bereits einen Pfeil mit dem Endknoten j, so ersetzt man diesen Pfeil durch $\langle i, j\rangle$, andernfalls fügt man $\langle i, j\rangle$ zu $\vec{T}$ hinzu (in anderen Worten, man setzt $p_j := i$). Das Verfahren bricht ab, sobald keine Marke d_j mehr verbessert werden kann (also $Q = \emptyset$ ist und kein Nachfolger des zuletzt aus Q entfernten Knotens in Q aufgenommen werden kann und Q folglich leer bleibt). Dies ist genau dann der Fall, wenn die Bellmansche Gleichung (2.4.3) erfüllt ist, d.h. $\vec{T}$ einen Wegebaum darstellt. Enthält N keine Zyklen negativer Länge, so tritt dieser Fall nach endlich vielen Verfahrensschritten ein (wegen der Abfrage $d_j > d_i + c_{ij}$ statt $d_j \geq d_i + c_{ij}$ werden Zyklen mit der Länge 0 vermieden).

Der folgende Algorithmus 2.4.1 gibt den prinzipiellen Ablauf eines Baumalgorithmus noch einmal an. Das Netzwerk sei dabei in Form einer Nachfolgerliste gegeben, d.h., die Eingabedaten enthalten neben dem Startknoten r für $i = 1, \ldots, n$ die Mengen $\mathcal{S}(i)$ und die Bewertungen c_{ij} für alle $j \in \mathcal{S}(i)$.

Algorithmus 2.4.1 (Kürzeste Wege — Baumalgorithmus)

Schritt 1 (Initialisierung)

Setze $d_r := 0,\ p_r := r,\ Q := \{r\}$
  $d_j := \infty,\ p_j := 0$ *für alle* $j = 1, \ldots, n$ *mit* $j \neq r$

Schritt 2 (Hauptschritt)

Solange $Q \neq \emptyset$
  Wähle ein $i \in Q$ *und setze* $Q := Q \backslash \{i\}$
  Für alle $j \in \mathcal{S}(i)$ *mit* $d_j > d_i + c_{ij}$
    Setze $d_j := d_i + c_{ij}$, $p_j := i$, $Q := Q \cup \{j\}$

□

Die verschiedenen Baumalgorithmen unterscheiden sich darin, wie der Knoten i aus der Menge der markierten (noch zu untersuchenden) Knoten Q ausgewählt und welche Datenstruktur für die Implementierung der Menge Q verwendet wird. Wenn jeder Knoten $i \in \mathcal{R}(r)$ nur einmal aus der Menge Q entfernt (und folglich auch nur einmal in Q aufgenommen) wird, d.h. die Marke d_i bei der Elimination von i aus Q bereits endgültig „gesetzt" (also gleich der Entfernung von r nach i) ist, dann spricht man von einem **Label-Setting-Verfahren**. Können Knoten $i \in \mathcal{R}(r)$ mehrmals in Q aufgenommen und wieder eliminiert werden, so handelt es sich um ein **Label-Correcting-Verfahren**.

2.4.2 Label-Correcting-Verfahren

Implementieren wir die Menge markierter Knoten in Q in Algorithmus 2.4.1 als Schlange, so erhalten wir das folgende Verfahren:

Algorithmus 2.4.2 (Kürzeste Wege — LC-Algorithmus A)

Schritt 1 (Initialisierung)

Setze $d_r := 0,\ p_r := r,\ Q := \{r\}$ *(Q ist eine Schlange)*
  $d_j := \infty,\ p_j := 0$ *für alle* $j = 1, \ldots, n$ *mit* $j \neq r$

Schritt 2 (Hauptschritt)

Solange $Q \neq \emptyset$
  Entferne i *vom Kopf von* Q

Für alle $j \in \mathcal{S}(i)$ mit $d_j > d_i + c_{ij}$
Setze $d_j := d_i + c_{ij}$, $p_j := i$
Falls $j \notin Q$, füge j am Ende von Q ein

□

Wir zeigen, daß bei Abbruch von Algorithmus 2.4.2 für $j \in \dot{\mathcal{R}}(r)$ d_j tatsächlich die Entfernung von r nach j ist und der Algorithmus die Zeitkomplexität $O(mn)$ hat. Algorithmus 2.4.2 kann man sich wie folgt in einzelne Iterationsschritte zerlegt denken: Im ersten Iterationsschritt werden der Startknoten r aus Q entfernt und die Werte d_j für alle Nachfolger von j von r „verbessert". Diese Nachfolger werden in Q aufgenommen. Am Ende des ersten Iterationsschrittes sind alle kürzesten Wege im Netzwerk N bestimmt, die den Startknoten r haben und aus nur einem Pfeil bestehen. Im ν-ten Iterationsschritt ($\nu \geq 2$) werden alle Knoten i, die in der ($\nu - 1$)-ten Iteration in Q aufgenommen worden sind, nacheinander aus Q entfernt, und es wird versucht, die Werte d_j für alle Nachfolger j der Knoten i zu verbessern. Diejenigen Nachfolger j mit „verbessertem" d_j werden in Q aufgenommen[1]. Am Ende des ν-ten Iterationsschrittes sind alle kürzesten Wege mit Startknoten r und Pfeilzahl $\leq \nu$ ermittelt (eventuell auch kürzeste Wege mit mehr als ν Pfeilen, wenn mindestens einmal der in Fußnote [1] erwähnte Fall aufgetreten ist).

In einem Iterationsschritt wird jeder Pfeil des Netzwerkes N höchstens einmal inspiziert, und der Rechenaufwand pro Pfeil ist unabhängig von m und n. Der Rechenaufwand pro Iterationsschritt ist also $O(m)$. Da das Netzwerk N n Knoten besitzt, hat jeder Weg in N höchstens $n - 1$ Pfeile. Folglich sind alle Entfernungen von r nach Knoten $j \in \dot{\mathcal{R}}(r)$ nach $n - 1$ Iterationsschritten ermittelt, und die gesamte Zeitkomplexität des Algorithmus ist $O(mn)$, falls N keine Zyklen negativer Länge besitzt. Ob die letztere Voraussetzung erfüllt ist, kann man sehr einfach überprüfen. Hierzu zählt man die einzelnen Iterationsschritte und beachtet, daß der LC-Algorithmus primär Pfeilfolgen (die nicht notwendig Wege zu sein brauchen) untersucht. Wird im n-ten Iterationsschritt für einen Knoten j d_j verkleinert, dann gibt es eine Pfeilfolge von r nach j mit n Pfeilen, die kürzer als eine entsprechende Pfeilfolge mit $n - 1$ Pfeilen ist. Folglich enthält N (mindestens) einen Zyklus negativer Länge, auf dem der Knoten j liegt.

Der LC-Algorithmus A stellt eine (rechentechnisch günstige) Modifikation des bekannten Verfahrens von Ford zur Bestimmung kürzester Wege dar (zum Ford-Algorithmus vgl. etwa Lawler (1976), Abschnitt 3.6, oder Neumann (1987a), Abschnitt 6.3.5). Der LC-Algorithmus A untersucht bei festgehaltenem Knoten i alle Nachfolger j von i und setzt, falls $d_j > d_i + c_{ij}$ ist,

[1] Ist j bereits in Q enthalten (und braucht deshalb nicht neu aufgenommen zu werden), so werden im gleichen ν-ten Iterationsschritt auch noch die Nachfolger von j „untersucht".

$d_j := d_i + c_{ij}$. Der Ford-Algorithmus untersucht bei festem Knoten j alle Vorgänger i von j und setzt wieder, wenn $d_j > d_i + c_{ij}$ ist, $d_j := d_i + c_{ij}$.

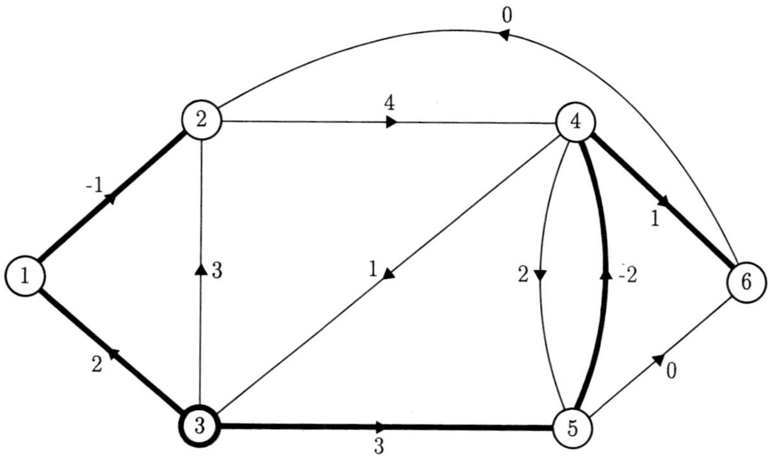

Abb. 2.4.3

In einem Zahlenbeispiel wollen wir in dem Netzwerk von Abb. 2.4.3 kürzeste Wege von Knoten 3 zu allen übrigen Knoten bestimmen. Wir erhalten die in Tab. 2.4.2 zusammengestellten Resultate. Die Schlange Q, die die markierten Knoten enthält, ist dabei als Folge $(i_1, \ldots, i_s)$ angegeben, wobei i_1 das erste und i_s das letzte Element in Q sind. Die Entfernung eines Knotens i aus Q und Untersuchung der Nachfolger j von i bezeichnen wir als einen „Durchlauf". Der erste Iterationsschritt des LC-Algorithmus entspricht dem ersten Durchlauf, der zweite Iterationsschritt umfaßt die Durchläufe 2, 3 und 4, während die Durchläufe 5 und 6 den dritten Iterationsschritt bilden. Der ermittelte Wegebaum ist in Abb. 2.4.3 stark ausgezeichnet.

Durchlauf	1		2		3		4		5		6	
Knoten j	d_j	p_j	d_j	p_j	d_j	p_j	d_j	p_j	d_j	p_j	d_j	p_j
1	2	3	2	3	2	3	2	3	2	3	2	3
2	3	3	1	1	1	1	1	1	1	1	1	1
3	0		0		0		0		0		0	
4	∞		∞		5	2	1	5	1	5	1	5
5	3	3	3	3	3	3	3	3	3	3	3	3
6	∞		∞		∞		3	5	2	4	2	4
Q	$(1,2,5)$		$(2,5)$		$(5,4)$		$(4,6)$		(6)		$\emptyset$	

Tab. 2.4.2

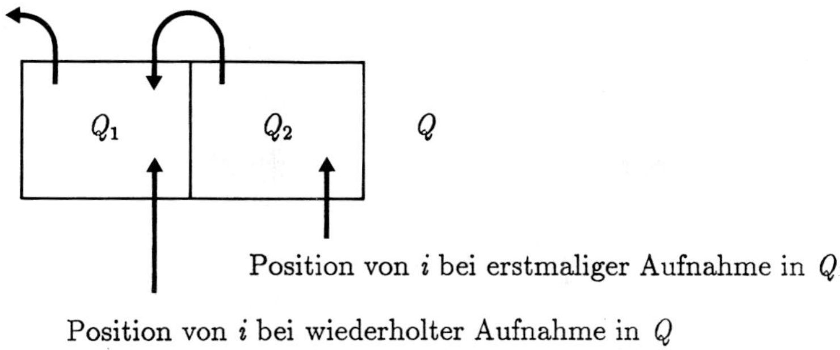

Abb. 2.4.4

Eine Variante des LC-Algorithmus A besteht darin, die Schlange Q in zwei „Teilschlangen" Q_1 und Q_2 zu zerlegen. Wird ein Knoten i zum ersten Mal in Q aufgenommen, so wird er am Ende des „hinteren Teiles" Q_2 von Q eingefügt. Falls Knoten i im späteren Verlauf des Algorithmus erneut in Q aufzunehmen ist (nachdem er zwischendurch einmal Q verlassen hat), wird er am Ende des „vorderen Teiles" Q_1 von Q eingefügt. Ist aus Q ein Element zu entfernen, so wird das vorderste Element von Q_1 genommen bzw., falls Q_1 leer ist, das vorderste Element von Q_2 (vgl. Abb. 2.4.4). Diese Modifikation des LC-Algorithmus A sorgt dafür, daß Knoten i, für die d_i bereits korrigiert worden ist, eher zur möglichen Verbesserung der Marken d_j für die Nachfolger j von i herangezogen werden als im LC-Algorithmus A. Im einzelnen läuft diese Variante, LC-Algorithmus B genannt, wie folgt ab:

Algorithmus 2.4.3 (Kürzeste Wege — LC-Algorithmus B)

Schritt 1 (Initialisierung)

Setze $d_r := 0$, $p_r := r$, $Q_1 := \{r\}$, $Q_2 := \emptyset$ (Q_1, Q_2 *sind Schlangen)*
  $d_j := \infty$, $p_j := 0$ *für alle* $j = 1, \ldots, n$ *mit* $j \neq r$

Schritt 2 (Hauptschritt)

Solange $Q_1 \cup Q_2 \neq \emptyset$
  Falls $Q_1 \neq \emptyset$, *entferne* i *vom Kopf von* Q_1,
  andernfalls entferne i *vom Kopf von* Q_2
  Für alle $j \in \mathcal{S}(i)$ *mit* $d_j > d_i + c_{ij}$
    Falls $j \notin Q_1 \cup Q_2$
      Falls $d_j = \infty$, *füge* j *am Ende von* Q_2 *ein,*
      andernfalls füge j *am Ende von* Q_1 *ein*
    setze $d_j := d_i + c_{ij}$, $p_j := i$

□

Die Zeitkomplexität des LC-Algorithmus B ist $O(mn^2)$, vgl. GALLO UND PALLOTTINO (1986). Eine weitere Variante erhält man, wenn man Q_1 nicht als Schlange, sondern als Keller implementiert und damit jeweils den zuletzt in Q_1 aufgenommenen Knoten als ersten wieder aus Q_1 entfernt. Numerische Tests haben gezeigt, daß trotz höherer (Worst-Case-)Zeitkomplexität der LC-Algorithmus B und die letztere Variante dieses Verfahrens im Durchschnitt weniger Rechenzeit als LC-Algorithmus A erfordern, insbesondere, wenn die Maximalzahl der Pfeile eines Weges in N relativ groß ist (vgl. GALLO UND PALLOTTINO (1986)).

Eine andere Modifikation des LC-Algorithmus B besteht darin, Knoten zunächst immer nur in Q_2 aufzunehmen. Bei leerer Schlange Q_1 werden genau diejenigen Knoten $i \in Q_2$ in Q_1 übernommen, deren Marken d_i kleiner oder gleich einer „Schwelle“ t sind. Die Schwelle t wird jedesmal, wenn $Q_1 = \emptyset$ wird, neu festgelegt. Bei geeigneter Wahl von t liefert ein solcher **Schwellen-Algorithmus** im Mittel kürzere Rechenzeiten als der LC-Algorithmus B (vgl. GLOVER ET AL. (1986)). Für besonders effiziente Implementierungen der LC-Algorithmen verweisen wir auf GALLO UND PALLOTTINO (1988).

2.4.3 Label-Setting-Verfahren

Das **Verfahren von Dijkstra** ist ein Baumalgorithmus, bei dem jeweils ein Knoten i aus der Menge der markierten Knoten Q mit

$$d_i = \min_{k \in Q} d_k \tag{2.4.5}$$

ausgewählt und versucht wird, die Marken d_j der Nachfolger j von i zu verbessern. Mittels vollständiger Induktion kann man leicht zeigen, daß, wenn das zugrunde liegende Netzwerk nur **nichtnegative Bewertungen** hat ($c_{ij} \geq 0$ für alle $\langle i, j \rangle \in E$), für jeden Knoten $i \in Q$, der die Beziehung (2.4.5) erfüllt, d_i gleich der Entfernung von r nach i ist. Folglich wird jeder Knoten $i \in \dot{\mathcal{R}}(r)$ nur einmal in Q aufgenommen und aus Q eliminiert, d.h., das Verfahren von Dijkstra stellt einen „echten“ Label-Setting-Algorithmus dar. Bei negativen Bewertungen ist es möglich, daß ein Knoten i $O(2^n)$-mal in Q aufgenommen und wieder entfernt wird. Der Algorithmus von Dijkstra wird deshalb nur für Netzwerke mit nichtnegativen Bewertungen verwendet.

Wenn Q als Heap implementiert wird, wobei als Wert (Priorität) von $k \in Q$ die Marke d_k gewählt wird, kann die Operation „Entferne minimales i aus Q“ (wobei das minimale i der Beziehung (2.4.5) genügt) besonders effizient ausgeführt werden. Wir erhalten damit

Algorithmus 2.4.4 (Kürzeste Wege in Netzwerken mit nichtnegativen Bewertungen — Dijkstra-Verfahren)

Schritt 1 (Initialisierung)

Setze $d_r := 0$, $p_r := r$, $Q := \{r\}$ *(*Q *ist ein Heap)*
$d_j := \infty$, $p_j := 0$ *für alle* $j = 1, \ldots, n$ *mit* $j \neq r$

Schritt 2 (Hauptschritt)

Solange $Q \neq \emptyset$
Entferne minimales i *aus* Q
Für alle $j \in \mathcal{S}(i)$ *mit* $d_j > d_i + c_{ij}$
Setze $d_j := d_i + c_{ij}$, $p_j := i$
Falls $j \notin Q$, *füge* j *in* Q *ein,*
andernfalls korrigiere Q

□

Da jeder Knoten höchstens einmal in Q aufgenommen und damit jeder Pfeil höchstens einmal inspiziert wird und die Operationen „Entferne minimales i aus Q", „Füge j in Q ein" und „Korrigiere Q" bei einem Heap jeweils einen Rechenaufwand $O(\log n)$ erfordern, beträgt die Zeitkomplexität von Algorithmus 2.4.4 $O(m \log n)$. Für besonders effiziente Implementierungen des Dijkstra-Algorithmus verweisen wir auf NEMHAUSER ET AL. (1989), Abschnitte IV.3.2 und IV.3.3, und GALLO UND PALLOTTINO (1988).

Obwohl die Zeitkomplexität des Dijkstra-Verfahrens geringer ist als diejenige der LC-Algorithmen A und B, haben numerische Tests gezeigt, daß der Algorithmus von Dijkstra nur dann geringere Rechenzeiten als die LC-Algorithmen benötigt, wenn das Netzwerk nicht zu groß und „dicht besetzt" ist, also die Pfeilzahl m nahe bei der größtmöglichen Pfeilzahl $n(n-1)$ liegt (vgl. GALLO UND PALLOTTINO (1986)). Sucht man lediglich einen kürzesten Weg von einem Startknoten r zu einem Zielknoten $s \in \dot{\mathcal{R}}(r)$, dann kann das Dijkstra-Verfahren (im Gegensatz zu den Label-Correcting-Algorithmen) abgebrochen werden, sobald s aus Q entfernt worden ist. In diesem Fall benötigt das Dijkstra-Verfahren meist weniger Rechenzeit als ein Label-Correcting-Algorithmus. Entsprechend kann man den Dijkstra-Algorithmus in der Regel vorzeitig abbrechen, wenn nur Wege vom Startknoten r zu einigen der Knoten $j \in \dot{\mathcal{R}}(r)$ zu ermitteln sind.

Hat man in einem (ungerichteten) Graphen mit nichtnegativen Bewertungen kürzeste Ketten zwischen einem Knoten r und allen übrigen mit r verbundenen Knoten zu bestimmen, so braucht man in Algorithmus 2.4.4 lediglich die Menge $\mathcal{S}(i)$ der Nachfolger von i durch die Menge $\mathcal{N}(i)$ der Nachbarn von i zu ersetzen.

In einem Zahlenbeispiel wollen wir in dem Netzwerk in Abb. 2.4.5 kürzeste Wege von Knoten 1 zu allen übrigen Knoten bestimmen. Tab. 2.4.3 zeigt die

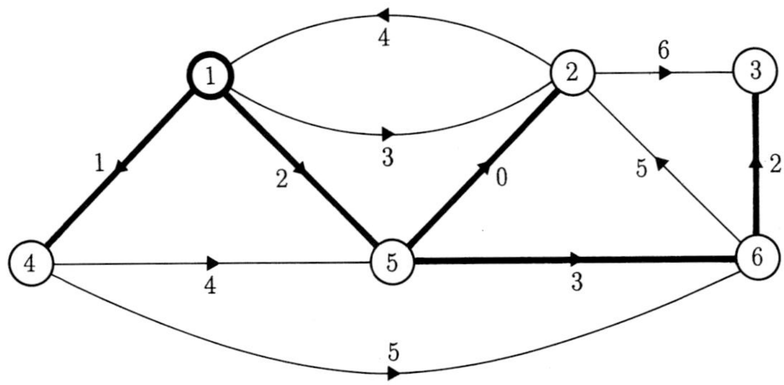

Abb. 2.4.5

mit dem Verfahren von Dijkstra erhaltenen Ergebnisse, wobei die Knoten i in Q jeweils nach wachsenden d_i geordnet sind. Die Elimination eines minimalen i aus Q und Untersuchung der Nachfolger j von i bezeichnen wir als einen Iterationsschritt. In Abb. 2.4.5 ist der ermittelte Wegebaum mit der Wurzel 1 stark ausgezeichnet.

Iterationsschritt	1		2		3		4		5		6	
Knoten j	d_j	p_j	d_j	p_j	d_j	p_j	d_j	p_j	d_j	p_j	d_j	p_j
1	0		0		0		0		0		0	
2	3	1	3	1	2	5	2	5	2	5	2	5
3	∞		∞		∞		8	2	7	6	7	6
4	1	1	1	1	1	1	1	1	1	1	1	1
5	2	1	2	1	2	1	2	1	2	1	2	1
6	∞		6	4	5	5	5	5	5	5	5	5
Q	$(4,5,2)$		$(5,2,6)$		$(2,6)$		$(6,3)$		(3)		$\emptyset$	

Tab. 2.4.3

Besonders einfach ist die Bestimmung kürzester Wege in einem zyklenfreien Netzwerk, das beliebige Bewertungen haben kann. Zyklenfreie Netzwerke treten z.B. im Rahmen der Netzplantechnik-Methode CPM auf (vgl. Abschnitt 2.5.3).

Die Knoten eines zyklenfreien Netzwerkes N kann man topologisch sortieren (vgl. Abschnitt 2.1.2). Dann ist Knoten 1 eine Quelle von N, für jeden Knoten $j > 1$ gilt $\mathcal{P}(j) \subseteq \{1, \ldots, j-1\}$, und es ist $\dot{\mathcal{R}}(r) \subseteq \{r+1, \ldots, n\}$ und $d_1 = \ldots = d_{r-1} = \infty, d_r = 0$. Wertet man die Bellmansche Gleichung (2.4.3) sukzessiv für $j = r+1, r+2, \ldots, n$ aus, so benötigt man wegen $\mathcal{P}(j) \subseteq \{1, \ldots, j-1\}$ zur Bestimmung von d_j höchstens die bereits zuvor ermittelten Entfernungen $d_1, \ldots, d_{j-1}$. Dieser als **Verfahren von Bellman** bezeichnete Algorithmus läuft wie folgt ab:

Algorithmus 2.4.5 (Kürzeste Wege in zyklenfreien und topologisch sortierten Netzwerken — Bellman-Verfahren A)

Schritt 1 (Initialisierung)

Setze $d_r := 0,\ p_r := r$

$d_j := \infty,\ p_j := 0$ *für alle* $j = 1, \ldots, n$ *mit* $j \neq r$

Schritt 2 (Hauptschritt)

Für $j = r + 1, \ldots, n$

Falls $\mathcal{P}(j) \neq \emptyset$, *setze* $d_j := d_i + c_{ij} = \min_{k \in \mathcal{P}(j)}(d_k + c_{kj})$ *und* $p_j := i$

□

Da in Algorithmus 2.4.5 jeder Pfeil nur einmal inspiziert wird und der Rechenaufwand pro Pfeil unabhängig von m und n ist, beträgt die Zeitkomplexität des Algoritmus $O(m)$. Sucht man lediglich einen kürzesten Weg von r zu einem Zielknoten $s \in \dot{\mathcal{R}}(r)$, so kann man in Schritt 2 „$j = r + 1, \ldots, n$" durch „$j = r + 1, \ldots, s$" ersetzen.

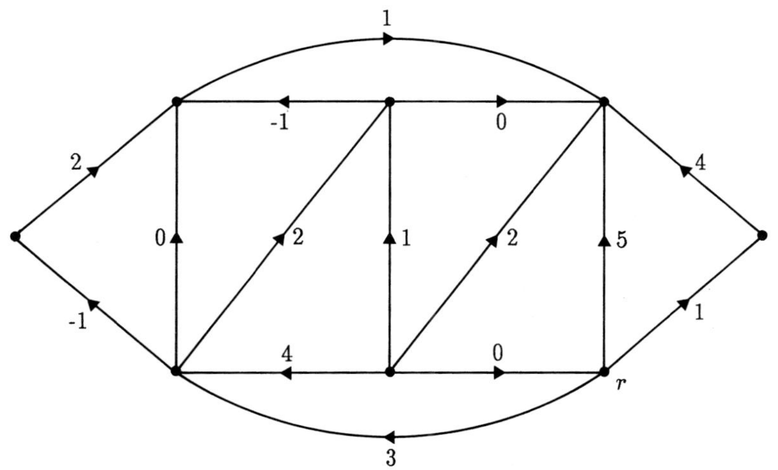

Abb. 2.4.6

Als Beispiel betrachten wir das Netzwerk in Abb. 2.4.6 mit dem Startknoten r. Eine topologische Sortierung (von mehreren möglichen) der Knoten des Netzwerkes zeigt Abb. 2.4.7. Die Entfernungen von $r = 2$ zu allen übrigen Knoten des Netzwerkes und zugehörige Wege sind in Tab. 2.4.4 zusammengestellt. Der mit Hilfe des Verfahrens von Bellman konstruierte Wegebaum ist in Abb. 2.4.7 stark ausgezeichnet.

Wir geben jetzt noch eine Version des Verfahrens von Bellman an, die die Prüfung auf Zyklenfreiheit des Netzwerkes N einschließt und nicht voraus-

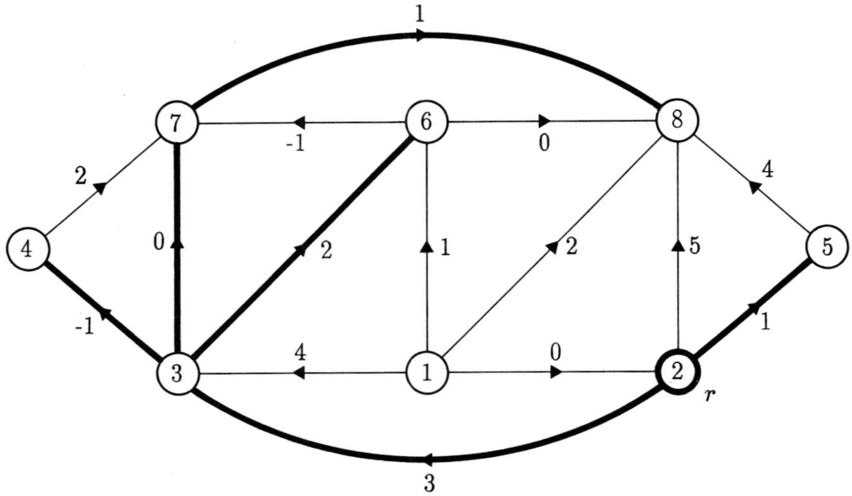

Abb. 2.4.7

j	d_j	p_j	Kürzester Weg von $r = 2$ nach j
1	∞	0	
2	0	2	
3	3	2	$\langle 2, 3\rangle$
4	2	3	$\langle 2, 3, 4\rangle$
5	1	2	$\langle 2, 5\rangle$
6	5	3	$\langle 2, 3, 6\rangle$
7	3	3	$\langle 2, 3, 7\rangle$
8	4	7	$\langle 2, 3, 7, 8\rangle$

Tab. 2.4.4

setzt, daß N topologisch sortiert sei. Algorithmus 2.2.1, der eine topologische Sortierung liefert, wird hierbei in das Verfahren von Bellman integriert. Man berechnet zunächst den Eingangsgrad $\delta^-(i)$ für jeden Knoten i von N. Danach bestimmt man die Entfernungen d_j für alle Nachfolger j der Quellen i (also der Knoten i mit $\delta^-(i) = 0$) und verringert $\delta^-(j)$ um 1 (dies entspricht der Eliminierung der Pfeile $\langle i, j\rangle$). Anschließend ermittelt man die Entfernungen d_j für die Nachfolger j der „neuen Quellen“ i (also der Knoten i, für die nunmehr $\delta^-(i) = 0$ gilt) und reduziert $\delta^-(j)$ um 1. Entsprechend fährt man fort. Die im Algorithmus benötigte Liste Q sei wieder als Schlange gespeichert. Implementiert man Q als Keller, so ist die Operation „Entferne i vom Kopf von Q“ durch „Entferne i vom Ende von Q“ zu ersetzen.

Algorithmus 2.4.6 (Kürzeste Wege in zyklenfreien Netzwerken — Bellman-Verfahren B)

Schritt 1 (Initialisierung)

Setze $d_r := 0$, $p_r := r$, $\nu := 0$, $Q := \emptyset$ *(Q ist eine Schlange)*
  $d_j := \infty$, $p_j := 0$ *für alle* $j = 1, \ldots, n$ *mit* $j \neq r$
  $\delta^-(j) := 0$ *für* $j = 1, \ldots, n$

Schritt 2 (Berechnung der Eingangsgrade)

Für $i = 1, \ldots, n$
  Für alle $j \in \mathcal{S}(i)$ *setze* $\delta^-(j) := \delta^-(j) + 1$
Für $i = 1, \ldots, n$ *mit* $\delta^-(i) = 0$ *füge* i *am Ende von* Q *ein*

Schritt 3 (Hauptschritt)

Solange $Q \neq \emptyset$
  Entferne i *vom Kopf von* Q *und setze* $\nu := \nu + 1$
  Für alle $j \in \mathcal{S}(i)$
    Setze $\delta^-(j) := \delta^-(j) - 1$
    Falls $\delta^-(j) = 0$, *füge* j *am Ende von* Q *ein*
    Falls $d_j > d_i + c_{ij}$, *setze* $d_j := d_i + c_{ij}$ *und* $p_j := i$

□

Falls am Ende von Algorithmus 2.4.6 $\nu = n$ ist, sind alle Entfernungen d_j und Wegeknoten p_j bestimmt; im Fall $\nu < n$ enthält das Netzwerk Zyklen. Da der Rechenaufwand pro Pfeil unabhängig von m und n ist, beträgt die Zeitkomplexität wieder $O(m)$.

Die Bestimmung kürzester Wege mit Hilfe eines Baumalgorithmus ist ebenfalls sehr einfach, wenn alle Bewertungen des (nicht notwendig zyklenfreien) Netzwerkes N gleich 1 sind. Der gleiche Algorithmus kann verwendet werden, um in einem Netzwerk mit beliebigen (reellen) Bewertungen für einen Knoten r die Menge $\mathcal{R}(r)$ und **irgendeinen Weg** von r zu jedem der Knoten aus $\dot{\mathcal{R}}(r)$ zu ermitteln. Die Menge der markierten Knoten Q speichern wir dabei als Schlange. Dies bedeutet anschaulich, daß wir bei der Suche nach von r aus erreichbaren Knoten im Netzwerk zuerst in die „Breite" gehen. Man nennt den Algorithmus deshalb auch **Breitensuche** (engl. breadth-first-search). Neben Q verwenden wir noch eine Liste L (z.B. als Schlange oder Keller gespeichert), in die alle inspizierten Knoten nacheinander aufgenommen werden und die folglich bei Abbruch des Verfahrens die Menge $\mathcal{R}(r)$ enthält. Für $j \in \mathcal{R}(r)$ stellt die Marke d_j jetzt am Ende des Verfahrens die Tiefe des Knotens j im Wegebaum dar (d.h. die Anzahl der Pfeile des ermittelten Weges von r nach j, vgl. Abschnitt 2.1.3).

Algorithmus 2.4.7 (Digraphen — Breitensuche)

Schritt 1 (Initialisierung)

Setze $d_r := 0$, $p_r := r$, $Q := \{r\}$, $L := \{r\}$ *(Q ist eine Schlange und L eine Schlange oder ein Keller)*

$d_j := n$, $p_j := 0$ *für alle* $j = 1, \ldots, n$ *mit* $j \neq r$

Schritt 2 (Hauptschritt)

Solange $Q \neq \emptyset$

Entferne i *vom Kopf von* Q

Für alle $j \in \mathcal{S}(i)$ *mit* $d_j = n$

Setze $d_j := d_i + 1$, $p_j := i$

Füge j *am Ende von* Q *und von* L *ein*

□

Da jeder Pfeil höchstens einmal inspiziert wird, ist die Zeitkomplexität von Algorithmus 2.4.7 gleich $O(m)$. Man sieht unmittelbar, daß Algorithmus 2.4.7, da Q als Schlange gespeichert wird, für jedes $j \in \dot{\mathcal{R}}(r)$ einen Weg mit minimaler Pfeilzahl von r nach j konstruiert. Speichern wir Q als Keller, so liefert der Algorithmus zwar auch die Menge $\mathcal{R}(r)$ und die Tiefen d_j der Knoten j im Wegebaum; die ermittelten Wege sind jedoch im allgemeinen nicht wie im Fall einer Schlange Q Wege mit kleinster Pfeilzahl. Die Implementierung von Q als Keller bedeutet, daß wir bei der Suche nach von r aus erreichbaren Knoten im Netzwerk zuerst in die „Tiefe" gehen. Man spricht deshalb auch von einer **Tiefensuche** (engl. depth-first search).

Abb. 2.4.8 zeigt einen Digraphen sowie den mittels Breitensuche bestimmten stark ausgezeichneten Wegebaum mit der Wurzel $r = 1$. Die Numerierung der Pfeile gibt die Reihenfolge an, in der die Pfeile (und damit deren Endknoten erstmalig) inspiziert werden. Der entsprechende mit der Tiefensuche bestimmte Wegebaum ist in Abb. 2.4.9 stark ausgezeichnet. Wie bereits erwähnt, liefert die Breitensuche Wege minimaler Pfeilzahl, z.B. für den Knoten 5 den Weg $\langle 1, 2, 5 \rangle$. Die Tiefensuche bestimmt für den Knoten 5 den „wesentlich längeren" Weg $\langle 1, 4, 7, 8, 5 \rangle$.

Manchmal sucht man in einem Digraphen irgendeinen Weg von einem Knoten r zu einem anderen Knoten s zu bestimmen. Diese Aufgabe kann als Teilproblem innerhalb umfangreicher Algorithmen auftreten, z.B. bei der „Inkrementversion" des Verfahrens von Ford und Fulkerson zur Bestimmung maximaler Flüsse in Netzwerken (vgl. Abschnitt 2.6.2). In den Algorithmen Breitensuche oder Tiefensuche muß man dann die Anweisung „Füge j am Ende von Q ein" durch die Abbruchbedingung „Terminiere, falls $j = s$" ergänzen (und man kann auf das Mitführen der Liste L verzichten). Wird $Q = \emptyset$, bevor diese Abbruchbedingung erfüllt ist, dann ist s nicht von r aus erreichbar.

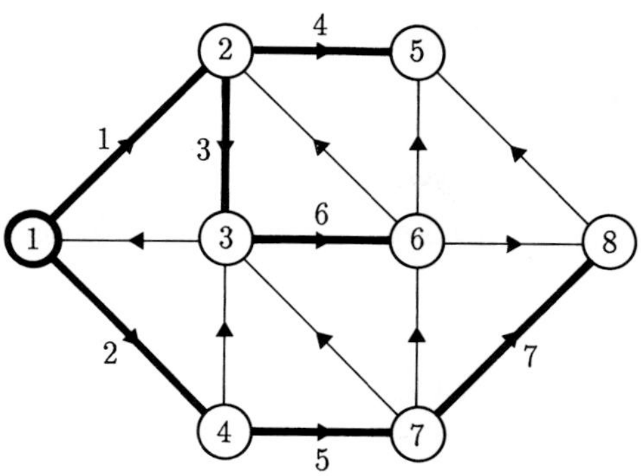

Abb. 2.4.8

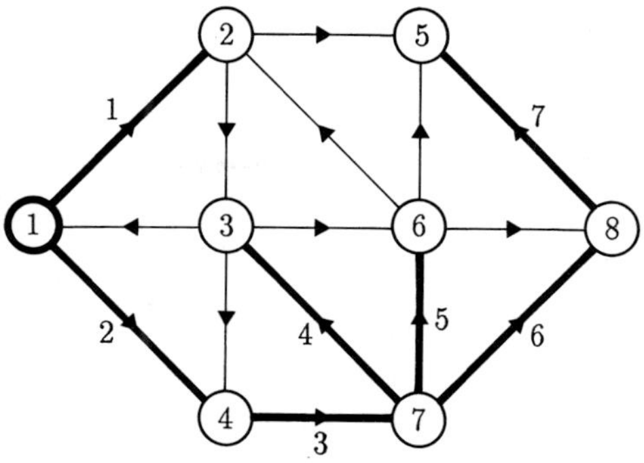

Abb. 2.4.9

2.4.4 Kürzeste Wege zwischen allen Knoten

In der Praxis sind oft kürzeste Wege zwischen allen Knoten eines Netzwerkes gesucht, etwa zwischen den verschiedenen Knotenpunkten eines Verkehrsnetzes. Ein solches Problem tritt auch als Teilaufgabe bei der Lösung des sogenannten Briefträgerproblems auf (vgl. Abschnitt 2.9). Die hierbei zu bestimmenden Größen

(2.4.6) $$d_{ij} := \begin{cases} 0\,, & \text{falls } i = j \\ d\langle i,j\rangle\,, & \text{falls } j \in \dot{\mathcal{R}}(i) \\ \infty\,, & \text{sonst} \end{cases} \qquad (i,j = 1,\ldots,n)\,,$$

wobei $d\langle i,j\rangle$ wieder die Entfernung von i nach j ist, denken wir uns zu einer $n \times n$-**Entfernungsmatrix** $\boldsymbol{D}$ zusammengefaßt. Zusätzlich benötigen wir noch eine $n \times n$-**Wegematrix** $\boldsymbol{P}$ mit den Elementen

$$p_{ij} := \begin{cases} i\,, & \text{falls } i = j \\ \text{Vorgänger von } j \text{ auf einem kürzesten Weg} & \\ \quad \text{von } i \text{ nach } j, & \text{falls } j \in \dot{\mathcal{R}}(i) \\ 0\,, & \text{sonst} \end{cases} \qquad (i,j = 1,\ldots,n)\,.$$

Aus einer Wegematrix können wir kürzeste Wege sehr einfach ermitteln. Wollen wir z.B. einen kürzesten Weg W_{ij} von i nach $j \in \dot{\mathcal{R}}(i)$ bestimmen, so inspizieren wir die i-te Zeile von $\boldsymbol{P}$. Ist etwa $p_{ij} = j_1$ (d.h. j_1 vorletzter Knoten von W_{ij}), dann suchen wir das Element p_{ij_1} auf. Ist $p_{ij_1} = j_2$ (d.h. j_2 drittletzter Knoten von W_{ij}), so gehen wir zum Element p_{ij_2} weiter etc. Auf diese Weise können wir den Weg W_{ij} „rückwärts" konstruieren.

Wir geben nun ein von Floyd und Warshall entwickeltes Verfahren an, das (aus später verständlichen Gründen) unter dem Namen **Tripel-Algorithmus** bekannt ist. Die gesuchten Größen d_{ij} werden dabei mittels sukzessiver Approximation berechnet. Sei $d_{ij}^{(\nu-1)}$ die Länge eines kürzesten Weges von i nach j unter allen Wegen, die (abgesehen von den Knoten i und j) höchstens die Knoten $1, \ldots, \nu - 1$ enthalten ($\nu \geq 2$). Falls es für $i \neq j$ keinen solchen Weg gibt, setzen wir $d_{ij}^{(\nu-1)} := \infty$, und für $i = j$ sei $d_{ij}^{(\nu-1)} := 0$. Es gilt also $d_{ij}^{(n)} = d_{ij}$ für alle $i, j = 1, \ldots, n$. Sei nun W_{ij} ein kürzester Weg von i nach j, der (abgesehen von den Knoten i und j) höchstens die Knoten $1, \ldots, \nu$ enthält. Liegt der Knoten ν nicht auf W_{ij}, dann ist $d_{ij}^{(\nu)} = d_{ij}^{(\nu-1)}$, andernfalls gilt $d_{ij}^{(\nu)} = d_{i\nu}^{(\nu-1)} + d_{\nu j}^{(\nu-1)}$. Insgesamt haben wir also

$$
\begin{aligned}
& d_{ij}^{(0)} = c_{ij} \quad (i, j = 1, \ldots, n) \\
(2.4.7) \quad & d_{ij}^{(\nu)} = \min(d_{ij}^{(\nu-1)}, d_{i\nu}^{(\nu-1)} + d_{\nu j}^{(\nu-1)}) \quad (i, j = 1, \ldots, n; \nu \geq 1) ,
\end{aligned}
$$

wobei wieder $c_{ii} := 0$ und $c_{ij} := \infty$ für $\langle i, j \rangle \notin E$ gesetzt ist.

Die Iterationsvorschrift (2.4.7) besagt, daß man im ν-ten Iterationsschritt die bisher ermittelten Weglängen $d_{ij}^{(\nu-1)}$ zu verkleinern sucht, indem man zusätzlich Wege über den Knoten ν betrachtet. Die in (2.4.7) auszuführende Operation $\min(d_{ij}, d_{i\nu} + d_{\nu j})$ wird auch **Tripeloperation** für die Knoten i, j, ν genannt. Die Tripel-Operation bedeutet, daß das Matrixelement d_{ij} mit der Summe der „d_{ij} entsprechenden" Elemente in Spalte ν und Zeile ν, $d_{i\nu} + d_{\nu j}$, verglichen und der kleinste der beiden Werte ausgewählt wird (vgl. Abb. 2.4.10).

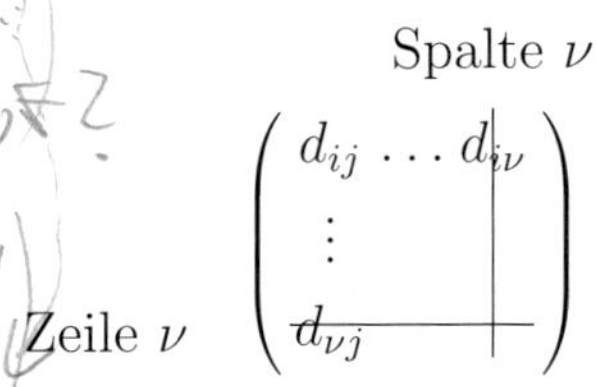

Abb. 2.4.10

Neben den Größen $d_{ij}^{(\nu)}$ bestimmt man im ν-ten Iterationsschritt noch die Werte

$$
p_{ij}^{(\nu)} := \begin{cases} p_{\nu j}^{(\nu-1)} , & \text{falls } d_{ij}^{(\nu)} < d_{ij}^{(\nu-1)} \\ p_{ij}^{(\nu-1)} , & \text{sonst} \end{cases} \qquad (i, j = 1, \ldots, n; \nu \geq 1) ,
$$

beginnend mit

$$
p_{ij}^{(0)} := \begin{cases} i , & \text{falls } i = j \text{ oder } \langle i, j \rangle \in E \\ 0 , & \text{sonst} \end{cases} \qquad (i, j = 1, \ldots, n) .
$$

Analog zu $d_{ij}^{(n)} = d_{ij}$ gilt $p_{ij}^{(n)} = p_{ij}$ $(i, j = 1, \ldots, n)$, wobei die p_{ij} wieder die Elemente einer Wegematrix sind.

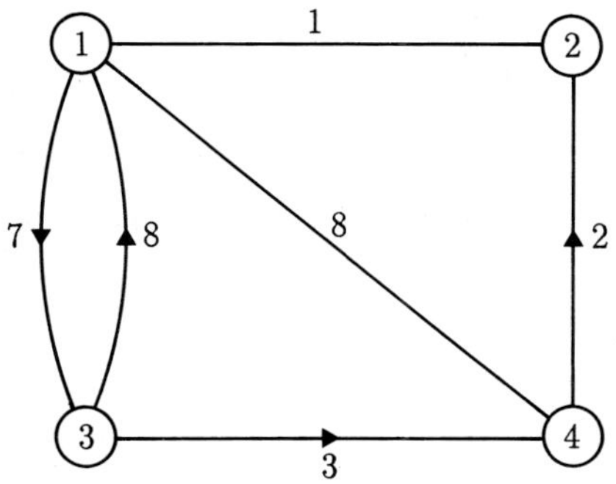

Abb. 2.4.11

Wir betrachten ein Zahlenbeispiel, das (mit einigen Änderungen) NEUMANN (1987a), Abschnitt 6.3.6, entnommen ist. Gegeben sei das (stark vereinfachte) Verkehrsnetz einer kleinen Stadt, das durch den in Abb. 2.4.11 dargestellten **gemischten Graphen** beschrieben werde, der sowohl Kanten als auch Pfeile besitzt. Die Kanten entsprechen den in beiden Richtungen durchfahrbaren Straßen, die Pfeile den in Pfeilrichtung zu durchfahrenden Einbahnstraßen und die Knoten den Straßenkreuzungen. Die Bewertungen der Kanten und Pfeile stellen Längen der betreffenden Straßen dar. Eine Getränkefirma beabsichtige nun, an derjenigen Straßenkreuzung ein Auslieferungslager einzurichten, von der aus die Summe der Entfernungen zu allen übrigen Kreuzungen am kleinsten ist.

Wir ersetzen zunächst in dem gemischten Graphen jede Kante $[i, j]$ durch die entgegengesetzt gerichteten Pfeile $\langle i, j \rangle$ und $\langle j, i \rangle$ mit den Bewertungen $c\langle i, j \rangle = c\langle j, i \rangle := c[i, j]$. In dem damit erhaltenen Netzwerk bestimmen wir mit dem Tripel-Algorithmus kürzeste Wege zwischen allen Knoten. Die zu berechnenden Größen $d_{ij}^{(\nu)}$ und $p_{ij}^{(\nu)}$ $(i, j = 1, \ldots, 4)$ fassen wir zu Matrizen $\boldsymbol{D}^{(\nu)}$ und $\boldsymbol{P}^{(\nu)}$ zusammen. Zu Beginn des Verfahrens haben wir

$$\boldsymbol{D}^{(0)} = \begin{pmatrix} 0 & 1 & 7 & 8 \\ 1 & 0 & \infty & \infty \\ 8 & \infty & 0 & 3 \\ 8 & 2 & \infty & 0 \end{pmatrix} \qquad \boldsymbol{P}^{(0)} = \begin{pmatrix} 1 & 1 & 1 & 1 \\ 2 & 2 & 0 & 0 \\ 3 & 0 & 3 & 3 \\ 4 & 4 & 0 & 4 \end{pmatrix}$$

Die in den einzelnen Iterationsschritten erhaltenen Matrizen $\boldsymbol{D}^{(\nu)}$ und $\boldsymbol{P}^{(\nu)}$

sind im folgenden aufgelistet. Die für die Tripel-Operationen im ν-ten Iterationsschritt benötigte Zeile ν und Spalte ν ist jeweils in der Matrix $\boldsymbol{D}^{(\nu-1)}$ durchgestrichen. „Verbesserte“ Elemente $d_{ij}^{(\nu)}$ (für die also $d_{ij}^{(\nu)} < d_{ij}^{(\nu-1)}$ gilt) sind eingekreist.

$$\boldsymbol{D}^{(1)} = \begin{pmatrix} 0 & 1 & 7 & 8 \\ 1 & 0 & 8 & 9 \\ 8 & 9 & 0 & 3 \\ 8 & 2 & 15 & 0 \end{pmatrix} \qquad \boldsymbol{P}^{(1)} = \begin{pmatrix} 1 & 1 & 1 & 1 \\ 2 & 2 & 1 & 1 \\ 3 & 1 & 3 & 3 \\ 4 & 4 & 1 & 4 \end{pmatrix}$$

$$\boldsymbol{D}^{(2)} = \begin{pmatrix} 0 & 1 & 7 & 8 \\ 1 & 0 & 8 & 9 \\ 8 & 9 & 0 & 3 \\ 3 & 2 & 10 & 0 \end{pmatrix} \qquad \boldsymbol{P}^{(2)} = \begin{pmatrix} 1 & 1 & 1 & 1 \\ 2 & 2 & 1 & 1 \\ 3 & 1 & 3 & 3 \\ 2 & 4 & 1 & 4 \end{pmatrix}$$

$$\boldsymbol{D}^{(3)} = \begin{pmatrix} 0 & 1 & 7 & 8 \\ 1 & 0 & 8 & 9 \\ 8 & 9 & 0 & 3 \\ 3 & 2 & 10 & 0 \end{pmatrix} \qquad \boldsymbol{P}^{(3)} = \begin{pmatrix} 1 & 1 & 1 & 1 \\ 2 & 2 & 1 & 1 \\ 3 & 1 & 3 & 3 \\ 2 & 4 & 1 & 4 \end{pmatrix}$$

$$\boldsymbol{D}^{(4)} = \begin{pmatrix} 0 & 1 & 7 & 8 \\ 1 & 0 & 8 & 9 \\ 6 & 5 & 0 & 3 \\ 3 & 2 & 10 & 0 \end{pmatrix} \begin{matrix} \text{Zeilensumme} \\ 16 \\ 18 \\ 14 \\ 15 \end{matrix} \qquad \boldsymbol{P}^{(4)} = \begin{pmatrix} 1 & 1 & 1 & 1 \\ 2 & 2 & 1 & 1 \\ 2 & 4 & 3 & 3 \\ 2 & 4 & 1 & 4 \end{pmatrix}$$

Die i-te Zeilensumme der Matrix $\boldsymbol{D}^{(4)} = \boldsymbol{D}$ stellt die Summe der Entfernungen von Knoten i zu den übrigen Knoten dar. Zeile 3 hat die kleinste Zeilensumme 14. Knoten 3 ist damit der optimale Standort des Auslieferungslagers. Die optimalen Auslieferungsrouten entsprechen den kürzesten Wegen von Knoten 3 zu den übrigen Knoten, die sich aus Zeile 3 der Matrix $\boldsymbol{P}^{(4)}$ zu $\langle 3, 4, 2, 1\rangle$, $\langle 3, 4, 2\rangle$ und $\langle 3, 4\rangle$ ergeben.

Wir listen noch einige nützliche Hinweise für die Implementierung des Tripel-Algorithmus auf:

1. Bei der Auswertung der Iterationsvorschrift (2.4.7) sollte jedes neu berechnete Matrixelement $d_{ij}^{(\nu)}$ sofort an die Stelle des bisherigen Elementes $d_{ij}^{(\nu-1)}$ gesetzt werden, so daß es bereits für die weiteren Rechnungen im laufenden ν-ten Iterationsschritt (und nicht erst in der folgenden $(\nu+1)$-ten Iteration) verwendet werden kann.

2. Werden die Elemente $d_{ij}^{(\nu)}$ „zeilenweise" bestimmt, d.h. in der Reihenfolge $d_{11}^{(\nu)}, \ldots, d_{1n}^{(\nu)}, d_{21}^{(\nu)}, \ldots, d_{2n}^{(\nu)}, \ldots, d_{n1}^{(\nu)}, \ldots, d_{nn}^{(\nu)}$, dann erweist es sich meist als zweckmäßig, vor der Berechnung der Elemente $d_{i1}^{(\nu)}, \ldots, d_{in}^{(\nu)}$ in Zeile i zu prüfen, ob $d_{i\nu}^{(\nu-1)} = \infty$ ist. In letzterem Fall gilt $d_{ij}^{(\nu)} = d_{ij}^{(\nu-1)}$ für $j = 1, \ldots, n$, d.h., Zeile i kann bei der Auswertung der Iterationsvorschrift (2.4.7) übersprungen werden. Bestimmt man die Elemente $d_{ij}^{(\nu)}$ „spaltenweise", so verfährt man analog. Diese Vorgehensweise empfiehlt sich insbesondere, wenn das zugrunde liegende Netzwerk **dünn besetzt** (d.h. die Pfeilzahl m wesentlich kleiner als die größtmögliche Pfeilzahl $n(n-1)$) ist und damit nur wenige Elemente $c_{ij} < \infty$ sind.

3. Wie bei den Label-Correcting-Verfahren kann man auch beim Tripel-Algorithmus relativ einfach feststellen, ob das Netzwerk Zyklen negativer Länge enthält. Letzteres ist genau dann der Fall, wenn in einem Iterationsschritt, etwa dem ν-ten $(1 \leq \nu \leq n)$, ein Diagonalelement $d_{ii}^{(\nu)}$ der Matrix $\boldsymbol{D}^{(\nu)}$ negativ wird. Einen Zyklus negativer Länge, auf dem der Knoten i liegt, kann man dann aus der Zeile i der Matrix $\boldsymbol{P}^{(\nu)}$ entnehmen.

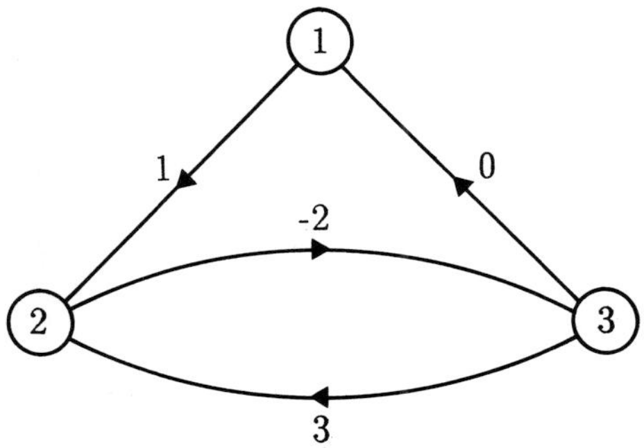

Abb. 2.4.12

Wir erläutern den letzteren Sachverhalt am Beispiel des Netzwerkes von Abb. 2.4.12. Der Tripel-Algorithmus liefert die folgenden Ergebnisse:

$$D^{(0)} = \begin{pmatrix} 0 & 1 & \infty \\ \infty & 0 & -2 \\ 0 & 3 & 0 \end{pmatrix} \qquad P^{(0)} = \begin{pmatrix} 1 & 1 & 0 \\ 0 & 2 & 2 \\ 3 & 3 & 3 \end{pmatrix}$$

$$D^{(1)} = \begin{pmatrix} 0 & 1 & \infty \\ \infty & 0 & -2 \\ 0 & 1 & 0 \end{pmatrix} \qquad P^{(1)} = \begin{pmatrix} 1 & 1 & 0 \\ 0 & 2 & 2 \\ 3 & 1 & 3 \end{pmatrix}$$

$$D^{(2)} = \begin{pmatrix} 0 & 1 & -1 \\ \infty & 0 & -2 \\ 0 & 1 & -1 \end{pmatrix} \qquad P^{(2)} = \begin{pmatrix} 1 & 1 & 2 \\ 0 & 2 & 2 \\ 3 & 1 & 2 \end{pmatrix}$$

$\boldsymbol{D}^{(2)}$ enthält das negative Diagonalelement $d_{33}^{(2)} = -1$. Zeile 3 der Matrix $\boldsymbol{P}^{(2)}$ entnehmen wir $p_{33}^{(2)} = 2$, $p_{32}^{(2)} = 1$, $p_{31}^{(2)} = 3$. Das Netzwerk besitzt also den Zyklus $\langle 3, 1, 2, 3\rangle$ der Länge -1.

Wir geben noch eine „Pascal-nahe" Beschreibung des Tripel-Algorithmus an, wobei auch geprüft wird, ob das Netzwerk Zyklen negativer Länge enthält. Das Netzwerk sei dabei durch seine Bewertungsmatrix (die $n \times n$-Matrix mit den Elementen c_{ij}, wobei $c_{ii} := 0$ und im Fall $\langle i, j\rangle \notin E$ $c_{ij} := \infty$ ist) gegeben.

Algorithmus 2.4.8 (Kürzeste Wege — Tripel-Algorithmus)

Schritt 1 (Initialisierung)

Für $i = 1, \ldots, n$
   Für $j = 1, \ldots, n$
      Setze $d_{ij} := c_{ij}$
      Falls $d_{ij} < \infty$, *setze* $p_{ij} := i$, *andernfalls setze* $p_{ij} := 0$

Schritt 2 (Hauptschritt)

Für $\nu = 1, \ldots, n$
   Für $i = 1, \ldots, n$ *mit* $d_{i\nu} < \infty$
      Für $j = 1, \ldots, n$ *mit* $d_{ij} < d_{i\nu} + d_{\nu j}$ *setze* $d_{ij} := d_{i\nu} + d_{\nu j}$, $p_{ij} := p_{\nu j}$
      Falls $d_{ii} < 0$, *terminiere (das Netzwerk enthält Zyklen negativer Länge)*

□

Der Tripel-Algorithmus besteht aus n Iterationsschritten, wobei jede Iteration den Rechenaufwand $O(n^2)$ erfordert. Die Zeitkomplexität beträgt also insgesamt $O(n^3)$. Ein Nachteil des Tripel-Algorithmus ist der hohe Speicherplatzbedarf von $O(n^2)$. Den Speicherplatzbedarf kann man verringern, wenn man nicht wie im Tripel-Algorithmus *auf einmal* kürzeste Wege zwischen allen Knoten ermittelt, sondern *nacheinander* für die Knoten $i = 1, \ldots, n$ kürzeste Wege von i zu allen übrigen Knoten bestimmt. Einen solchen **sequentiellen Wege-Algorithmus** werden wir im folgenden skizzieren.

Hat man bereits von einem Knoten r aus kürzeste Wege zu allen übrigen (von r aus erreichbaren) Knoten eines Netzwerkes ermittelt, die einen Wegebaum $\vec{T}_r$ mit der Wurzel r bilden, so ist es naheliegend, bei der Bestimmung eines kürzesten Weges mit einem Anfangsknoten $s \neq r$ den Wegebaum $\vec{T}_r$ zu berücksichtigen. Hierzu beachten wir den folgenden

Hilfssatz. *Seien $N = \langle V, E; c\rangle$ ein Netzwerk ohne Zyklen negativer Länge und b_i $(i \in V)$ beliebige reelle Zahlen. Dann sind kürzeste Wege in N auch kürzeste Wege in dem Netzwerk $N' = \langle V, E; c'\rangle$ mit den Bewertungen*

$$c'_{ij} := c_{ij} + b_i - b_j \quad (\langle i,j\rangle \in E) \tag{2.4.8}$$

und umgekehrt.

Der **Beweis** des Hilfssatzes ist einfach. Seien $W_{kl} = \langle k, i_1, i_2, \ldots, i_q, l\rangle$ ein beliebiger Weg von k nach l in N bzw. N' sowie $c(W_{kl})$ und $c'(W_{kl})$ die Längen von W_{kl} in N bzw. N'. Dann ist

$$\begin{aligned} c'(W_{kl}) &= c_{ki_1} + b_k - b_{i_1} + c_{i_1 i_2} + b_{i_1} - b_{i_2} + \ldots + c_{i_q l} + b_{i_q} - b_l \\ &= c(W_{kl}) + b_k - b_l \ . \end{aligned}$$

Die Weglängendifferenz $b_k - b_l$ hängt also nur vom Anfangsknoten k und Endknoten l und nicht von der speziellen Gestalt des Weges W_{kl} ab.

□

Wir wählen nun speziell $b_i := d_{ri}$ $(i \in V)$, wobei d_{ri} wieder durch (2.4.6) gegeben sei. (2.4.8) lautet dann

$$c'_{ij} = c_{ij} + d_{ri} - d_{rj} \ .$$

Für $d_{ri} = \infty$ bzw. $d_{rj} = \infty$ verwenden wir dabei die üblichen Rechenregeln

$$\left.\begin{aligned} a + \infty &= \infty \\ a - \infty &= -\infty \\ \infty - \infty &= 0 \end{aligned}\right\} \quad (a \in \mathbb{R}) \ .$$

Für alle Pfeile $\langle i,j\rangle$ des Wegebaumes $\vec{T}_r$ ist $d_{rj} = d_{ri} + c_{ij}$ und folglich $c'_{ij} = 0$. Außerdem registrieren wir, daß aufgrund der Bellmanschen Gleichung (2.4.3) $d_{rj} \leq d_{ri} + c_{ij}$ und demnach $c'_{ij} \geq 0$ für alle Pfeile $\langle i,j\rangle \in E$ gilt, N' also ein Netzwerk mit nichtnegativen Bewertungen ist. Damit empfiehlt sich folgender

Algorithmus 2.4.9 (Kürzeste Wege — Sequentieller Algorithmus)

Schritt 1

Für $j = 1, \ldots, n$ *bestimme* d_{1j} *und* p_{1j} *mit Hilfe eines LC-Algorithmus*

Schritt 2

Für $\nu = 2, \ldots, n$

Für alle $\langle i, j \rangle \in E$ *setze* $c_{ij} := c_{ij} + d_{\nu-1,i} - d_{\nu-1,j}$

Für alle $j = 1, \ldots, n$ *bestimme* $d_{\nu j}$ *und* $p_{\nu j}$ *mit Hilfe des Dijkstra-Algorithmus oder eines LC-Algorithmus*

Für $j = 1, \ldots, n$ *setze* $d_{\nu j} := d_{\nu j} - d_{\nu-1,\nu} + d_{\nu-1,j}$

□

Der Speicherplatzbedarf von Algorithmus 2.4.9 ist linear in m und n. Zu Beginn des ν-ten Iterationsschrittes können die in der vorhergehenden Iteration bestimmten Größen $p_{\nu-1,j}$ und, sobald c_{ij} neu berechnet worden ist, $d_{\nu-1,j}$ aus dem Hauptspeicher ausgelagert werden.

Verwenden wir in Schritt 1 von Algorithmus 2.4.9 etwa den LC-Algorithmus A (Algorithmus 2.4.2) und in Schritt 2 das Dijkstra-Verfahren (Algorithmus 2.4.4), dann ist die Zeitkomplexität von Schritt 1 $O(mn)$ und in einem Durchlauf von Schritt 2 $O(m \log n)$, also für den gesamten Algorithmus 2.4.9 $O(mn \log n)$. Für „dünn besetzte" Netzwerke, für die $\delta^+(j)$ und $\delta^-(j)$ für jeden Knoten j relativ klein ist und insbesondere nicht mit n wächst und damit $m = O(n)$ gilt, ist folglich auch die Zeitkomplexität des sequentiellen Wege-Algorithmus geringer als diejenige des Tripel-Algorithmus. Hinweise für besonders effiziente Implementierungen des sequentiellen Verfahrens findet man in Gallo und Pallottino (1986, 1988).

2.5 Elemente der Netzplantechnik

Die Netzplantechnik dient der optimalen Planung und Überwachung von Projekten. Bereits in der Einführung (Abschnitt 0.1) sind einige Begriffe der Netzplantechnik erklärt und die Zeitplanung (Terminplanung) von Projekten ist an Hand eines Beispiels erläutert worden. Im folgenden sollen diese Grundbegriffe präzisiert und ergänzt und zwei Methoden zur Zeitplanung von Projekten detaillierter behandelt werden. Auf die in Abschnitt 0.1 ebenfalls erwähnte Kostenplanung bei Projekten werden wir in Abschnitt 2.10.3 kurz eingehen, und die Projektplanung bei beschränkten Ressourcen werden wir in Abschnitt 3.7 behandeln.

Wir erinnern daran, daß ein **Projekt** ein Vorhaben darstellt, das sich aus einzelnen Zeit beanspruchenden Teilarbeiten (Arbeitsvorgängen, Tätigkeiten) zusammensetzt, die wir kurz **Vorgänge** nennen. Zwischen diesen Vorgängen bestehen gewisse Anordnungsbeziehungen, d.h., es ist vorgegeben, welche Vorgänge aufeinander folgen. Die **Zeit-** oder **Terminplanung** für ein Projekt umfaßt dann die Bestimmung der folgenden für die Projektüberwachung wichtigen Größen:

1. Kürzeste Projektdauer
2. Kritische Vorgänge
3. Anfangs- und Endtermine aller Vorgänge
4. Pufferzeiten aller Vorgänge.

Ein Vorgang heißt **kritisch**, wenn die Verlängerung seiner Dauer eine gleich große Verlängerung der kürzesten Projektdauer bewirkt. Bei der Ausführung des Projektes wird man also besonders auf die kritischen Vorgänge achten. Unter einer **Pufferzeit** eines Vorgangs versteht man die maximale Zeitspanne, um die der Vorgang hinausgeschoben werden kann, ohne gewisse Restriktionen (zum Beispiel die Einhaltung des Projektendtermins) zu verletzen. In Abschnitt 2.5.3 werden wir verschiedene Pufferzeiten genauer untersuchen.

Wir werden sehen, daß man die im Rahmen der Zeitplanung zu bestimmenden Größen erhält, indem man längste Wege in einem sogenannten **Netzplan**, d.h. einem dem Projekt zugeordneten speziellen Netzwerk, ermittelt.

2.5.1 Projekte und Netzpläne

Bevor die Zeitplanung für ein Projekt beginnen kann, sind eine Struktur- und eine Zeitanalyse des Projektes durchzuführen. Die **Strukturanalyse** besteht darin, das Projekt in einzelne Vorgänge zu zerlegen. Ein **Vorgang** stellt dabei, wie bereits erwähnt, eine Tätigkeit oder einen Arbeitsvorgang dar, deren Ausführung Zeit erfordert. Auch Zeit beanspruchende Fristen wie Liefer- und sonstige Wartezeiten und technologisch bedingte Pausen während des Projektablaufs werden zu den Vorgängen gerechnet. Im Projektablauf spielen außerdem **Ereignisse** eine Rolle. Sie stellen den Abschluß gewisser (Mengen von) Vorgänge(n) dar, und nach ihrem Eintritt kann mit der Ausführung bestimmter anderer Vorgänge begonnen werden.

Neben der Zerlegung des Projektes in einzelne Vorgänge beinhaltet die Strukturanalyse die Ermittlung der Anordnungsbeziehungen zwischen den Vorgängen. Um zu präzisieren, was unter der **unmittelbaren Aufeinanderfolge zweier Vorgänge**, etwa A und B, zu verstehen ist, muß festgelegt sein, welche Ereignisse der beiden Vorgänge A und B miteinander verknüpft sind. Es gibt vier Möglichkeiten der Verknüpfung von zwei Vorgängen A und B:

Ende-Start-Beziehung: B kann begonnen werden, sobald A beendet worden ist
Start-Start-Beziehung: B kann begonnen werden, sobald A begonnen worden ist
Start-Ende-Beziehung: B kann beendet werden, sobald A begonnen worden ist
Ende-Ende-Beziehung: B kann beendet werden, sobald A beendet worden ist.

In der Regel benutzt jede Netzplantechnik-Methode nur jeweils eine dieser vier Beziehungen, wobei die Ende-Start- und die Start-Start-Beziehung am häufigsten Verwendung finden.

An die Strukturanalyse schließt sich die **Zeitanalyse** an, in der die Dauern der einzelnen Vorgänge des Projektes ermittelt werden. Neben den Vorgangsdauern sind beim zeitlichen Ablauf eines Projektes manchmal noch gewisse zeitliche Minimal- oder Maximalabstände zwischen Start bzw. Ende verschiedener Vorgänge zu berücksichtigen, die ebenfalls bei der Zeitanalyse des Projektes zu bestimmen sind.

Die Ergebnisse der Struktur- und der Zeitanalyse werden zweckmäßigerweise in einer sogenannten **Vorgangsliste** zusammengefaßt, welche die einzelnen Vorgänge des Projektes, für jeden Vorgang die unmittelbar vorangehenden Vorgänge (unter Angabe der Art der Verknüpfung der Vorgänge) und die Zeitdauer jedes Vorganges sowie gegebenenfalls vorgeschriebene zeitliche Minimal- oder Maximalabstände zwischen einzelnen Vorgängen enthält.

Tab. 0.1.1 in Abschnitt 0.1 zeigt ein Beispiel für eine Vorgangsliste (mit Ende-Start-Beziehung). Für ein weiteres Beispiel, das (mit geringen Änderungen) NEUMANN (1987b) entnommen ist, betrachten wir ein kleines Projekt „Bau einer Brücke“ (vgl. Abb. 2.5.1).

Das Projekt beginnt mit einer vorbereitenden Planung, die 8 Monate dauert. Daran schließen sich unmittelbar die Fertigung aller (kleineren) Einzelteile (Dauer 4 Monate) sowie die Fertigung und Montage der Endlager EL1 und EL2 (Dauer 3 bzw. 5 Monate), von Niederlager NL1 und Pfeiler Pf1 (Dauer 6 Monate) und von Niederlager NL2 und Pfeiler Pf2 (Dauer 4 Monate) an. Fertigung und Montage des Zwischenstückes ZS1 dauern 6 Monate und setzen neben der Fertigung aller Einzelteile die Montage von EL1, NL1 und Pf1 voraus, während Fertigung und Montage von Zwischenstück ZS2 ebenfalls 6 Monate dauern und neben der Fertigung aller Einzelteile die Beendigung der Montage von EL2, NL2 und Pf2 erfordern. Die Fertigung des Mittelstückes MS dauert 5 Monate und setzt nur voraus, daß alle Einzelteile zuvor gefertigt worden sind. Sobald MS fertig ist und NL1, Pf1, NL2 und Pf2 montiert worden sind, kann MS eingeschwommen und montiert werden (Dauer 1 Monat). Das Projekt ist beendet, sobald ZS1 und ZS2 montiert sind sowie nach Beendigung der Montage von MS ein Monat vergangen ist (vorgegebener Minimalabstand).

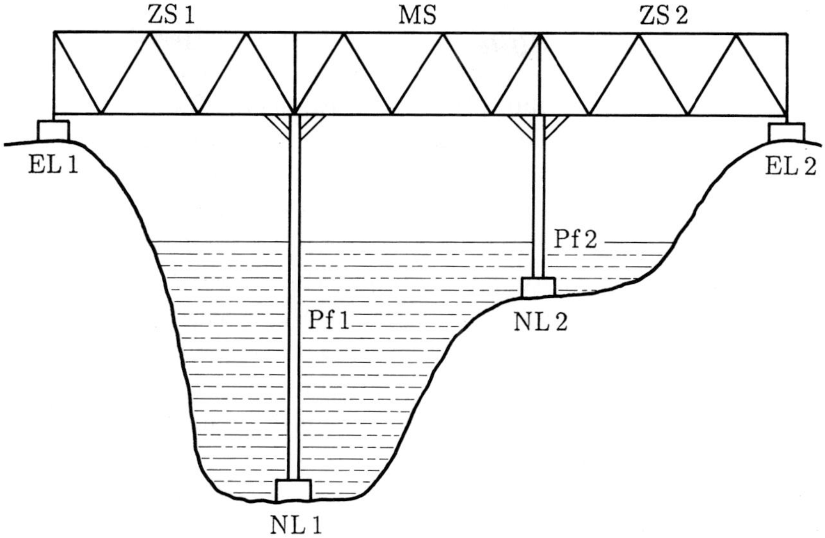

Abb. 2.5.1

Die zugehörige Vorgangsliste zeigt Tab. 2.5.1, wobei die Vorgänge im Sinne der Start-Ende-Beziehung miteinander verknüpft sind.

	Vorgang	Vorgangsdauer (in Monaten)	Unmittelbar vorangehende Vorgänge
A:	Vorbereitende Planung	8	
B:	Fertigung aller Einzelteile	4	A
C:	Fertigung und Montage von EL1	3	A
D:	Fertigung und Montage von EL2	5	A
E:	Fertigung und Montage von NL1 und Pf1	6	A
F:	Fertigung und Montage von NL2 und Pf2	4	A
G:	Fertigung und Montage von ZS1	6	B,C,E
H:	Fertigung und Montage von ZS2	6	B,D,F
I:	Fertigung von MS	5	B
J:	Einschwimmen und Montage von MS	1	E,F,I
K:	Wartezeit nach Montage von MS	1	J

Tab. 2.5.1

Nach erfolgter Struktur- und Zeitanalyse ordnet man dem zugrunde liegenden Projekt einen Netzplan zu, der zum einen der visuellen Veranschaulichung des Projektes dient und zum anderen die Anwendung der Verfahren zur Bestimmung längster Wege in Netzwerken für die Zeitplanung erlaubt.

Die Zuordnung Projekt–Netzplan ist auf zwei verschiedene Arten möglich. Weist man jedem Vorgang des Projektes einen Pfeil zu, wobei unmittelbar aufeinander folgenden Vorgängen aneinander geheftete Pfeile entsprechen und die Bewertung eines Pfeils gleich der Dauer des zugehörigen Vorgangs ist, so erhält man ein sogenanntes **Vorgangspfeilnetz**. Den Ereignissen entsprechen bei einem Vorgangspfeilnetz die Knoten des Netzplans. Bei einem **Vorgangsknotennetz** ist jedem Vorgang des Projektes ein Knoten zugeordnet, während die Anordnungsbeziehungen durch Pfeile wiedergegeben werden. Die Bewertungen der Pfeile resultieren aus den Vorgangsdauern sowie den Minimal- und Maximalabständen zwischen den einzelnen Vorgängen. Den Ereignissen entsprechen bei einem Vorgangsknotennetz keine Elemente des Netzplans.

In den folgenden Abschnitten 2.5.2 bis 2.5.5 werden wir die beiden Netzplantechnik-Methoden **CPM** (Critical Path Method) und **MPM** (Metra-Potential-Methode) behandeln. CPM verwendet ein Vorgangspfeilnetz mit Ende-Start-Verknüpfung der Vorgänge, während MPM auf einem Vorgangsknotennetz mit Start-Start-Beziehung basiert.

2.5.2 CPM-Netzpläne

Zunächst beschreiben wir, wie bei gegebener Vorgangsliste mit Ende-Start-Beziehung ein Vorgangspfeilnetz, im folgenden auch **CPM-Netzplan** genannt, konstruiert werden kann. Wir benötigen hierzu noch die Begriffe Startvorgang und Zielvorgang eines Projektes (mit Ende-Start-Verknüpfung der Vorgänge): Ein Vorgang A wird **Startvorgang** genannt, wenn kein anderer Vorgang existiert, der vor Beginn von Vorgang A beendet wird. Vorgang A heißt **Zielvorgang**, wenn es keinen anderen Vorgang gibt, der nach Beendigung von Vorgang A begonnen wird. Die folgenden Regeln beschreiben dann die Konstruktion eines CPM-Netzplans, wobei wir die Vorgänge des zugrunde liegenden Projektes mit den entsprechenden Pfeilen des Netzplan identifizieren.

(1) Können zwei Vorgänge A_3 und A_4 begonnen werden, sobald zwei andere Vorgänge A_1 und A_2 beendet worden sind, dann entspricht dem Abschluß von A_1 und A_2 und dem (möglichen) Beginn von A_3 und A_4 ein und dasselbe Ereignis i, dem der ebenfalls mit i bezeichnete Knoten zugeordnet wird (s. Abb. 2.5.2).

(2) Setzt der Beginn von Vorgang A_3 die Beendigung der beiden Vorgänge A_1 und A_2 voraus, während Vorgang A_4 bereits gestartet werden kann, sobald

A_2 beendet ist, so führen wir einen **Scheinvorgang** A_0 (d.h. einen fiktiven Vorgang der Dauer 0) ein, wie in Abb. 2.5.3 gezeigt ist. Scheinvorgänge werden üblicherweise durch gestrichelte Pfeile gekennzeichnet.

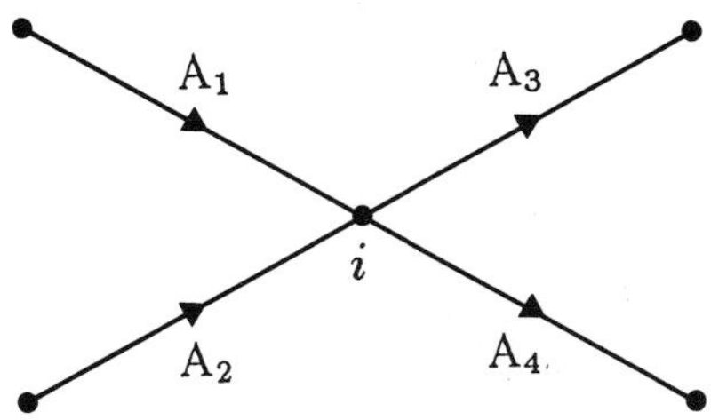

Abb. 2.5.2

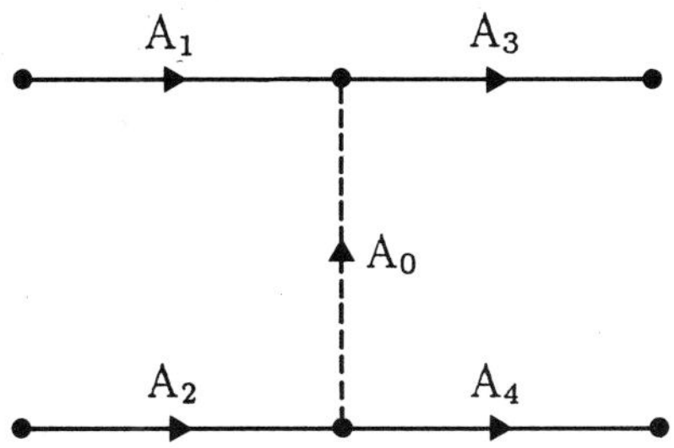

Abb. 2.5.3

(3) Werden dem Beginn und dem Abschluß von zwei Vorgängen A_1 und A_2 nach den Regeln (1) bzw. (2) jeweils ein und derselbe Knoten zugeordnet, so ist wieder ein Scheinvorgang A_0 einzuführen, um parallele Pfeile zu vermeiden (s. Abb. 2.5.4). Natürlich kann in Abb. 2.5.4 der Scheinvorgang A_0 auch „vor" A_1 oder „vor" oder „hinter" A_2 eingefügt werden.

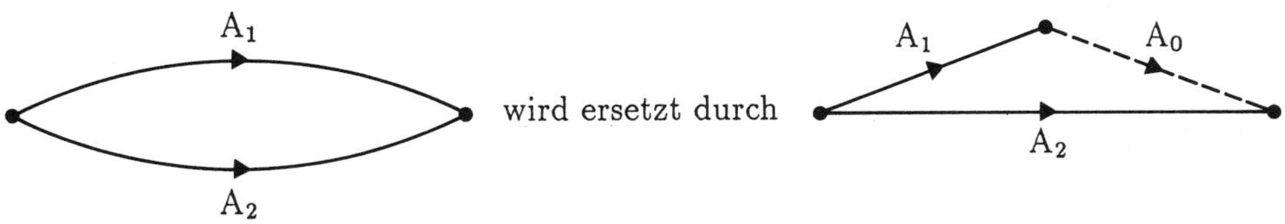

Abb. 2.5.4

(4) Kann ein Vorgang A_2 bereits gestartet werden, wenn ein Teil eines Vorgangs A_1 beendet ist, dann ist A_1 so in zwei Teilvorgänge A_1' und A_1'' zu zerlegen, daß A_2 unmittelbar nach Beendigung von A_1' gestartet werden kann (s. Abb. 2.5.5).

(5) Dem Beginn aller Startvorgänge, etwa A_1, A_2 und A_3, wird ein und derselbe Knoten zugeordnet, der dem Startereignis des Projektes entspricht und die (einzige) Quelle r des Netzplans darstellt (vgl. Abb. 2.5.6). Entsprechend wird dem Abschluß aller Zielvorgänge ein und derselbe Knoten zugeordnet, der die Senke des Netzplans ist.

(6) Soll ein Vorgang A_2 frühestens eine Zeitspanne $\tau \geq 0$ nach Beendigung eines Vorgangs A_1 begonnen werden (d.h., es ist ein zeitlicher Minimalabstand

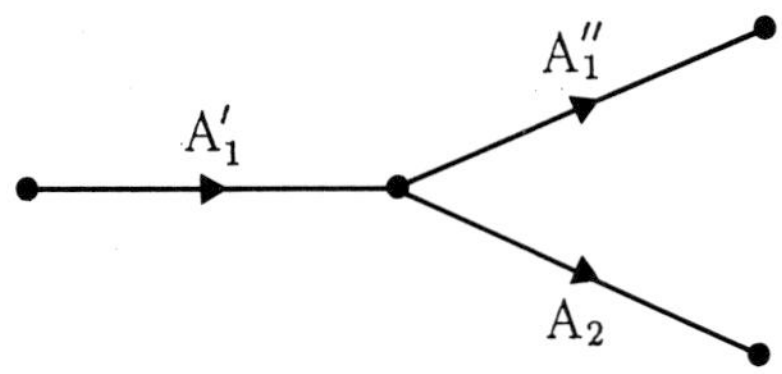

Abb. 2.5.5

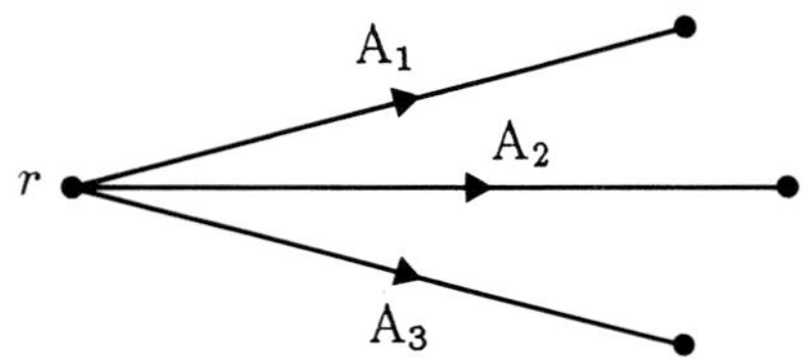

Abb. 2.5.6

τ zwischen zwei aufeinander folgenden Vorgängen A_1, A_2 vorgegeben), so fügt man zwischen A_1 und A_2 einen zusätzlichen Vorgang A_0 mit der Dauer τ ein (s. Abb. 2.5.7). Soll ein Vorgang A_1 frühestens eine Zeitspanne τ nach Projektbeginn starten, dann fügen wir entsprechend vor A_1 einen zusätzlichen Vorgang A_0 der Dauer τ ein, dessen Beginn der Quelle r des Netzplans entspricht (vgl. Abb. 2.5.8). Falls A_1 ein Startvorgang ist, so bedeutet dies eine Modifikation von Regel (5). Analog verfährt man, wenn ein Vorgang spätestens eine Zeitspanne τ vor dem Projektende abgeschlossen sein muß.

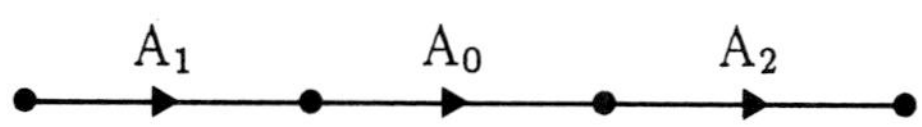

Abb. 2.5.7

Abb. 2.5.8

Regel (6) zeigt, wie zeitliche Minimalabstände zwischen Vorgängen in einem CPM-Netzplan wiedergegeben werden. Zeitliche Maximalabstände können in CPM-Netzplänen nicht berücksichtigt werden. Wie wir in Abschnitt 2.5.4 sehen werden, lassen sich Maximalabstände (neben Minimalabständen) jedoch mit MPM-Netzplänen erfassen.

Nach Konstruktion eines Digraphen aufgrund der Regeln (1) bis (6) ordnet man den Pfeilen die (nichtnegativen) Dauern der entsprechenden Vorgänge als Bewertungen zu. Der damit erhaltene CPM-Netzplan ist jedoch nicht eindeutig festgelegt, da die Einführung der Scheinvorgänge gemäß den Regeln (2) und (3) im allgemeinen nicht eindeutig ist. Wie wir in Abschnitt 2.5.3 sehen werden, kann für die Berechnung der im Rahmen der Zeitplanung interessierenden Größen aber irgendein dem betrachteten Projekt entsprechender CPM-Netzplan zugrunde gelegt werden. Der Einfachheit halber wollen wir deshalb im folgenden die einander zugeordneten Begriffe „Vorgang“ und „Pfeil“ einerseits, „(Projekt-)Ereignis“ und „Knoten“ andererseits und drittens „Projekt“ und „Netzplan“ synonym verwenden. Wir werden also beispielsweise von dem

Pfeil oder Vorgang $\langle i, j \rangle$ sprechen, der vom Ereignis i ausgeht und in das Ereignis j einmündet. Die Bewertung dieses Pfeils ist gleich der Dauer D_{ij} des zugehörigen Vorgangs.

Konstruieren wir nach den Regeln (1) bis (6) für das in Abschnitt 2.5.1 beschriebene Projekt „Bau einer Brücke" mit der in Tab. 2.5.1 gegebenen Vorgangsliste ein Vorgangspfeilnetz, so erhalten wir den in Abb. 2.5.9 dargestellten CPM-Netzplan. Die Zahlen unter den Pfeilen stellen die jeweiligen Bewertungen (Vorgangsdauern) dar. Vorgang A (vorbereitende Planung) ist der (einzige) Startvorgang, die Vorgänge G, H und K sind die Zielvorgänge.

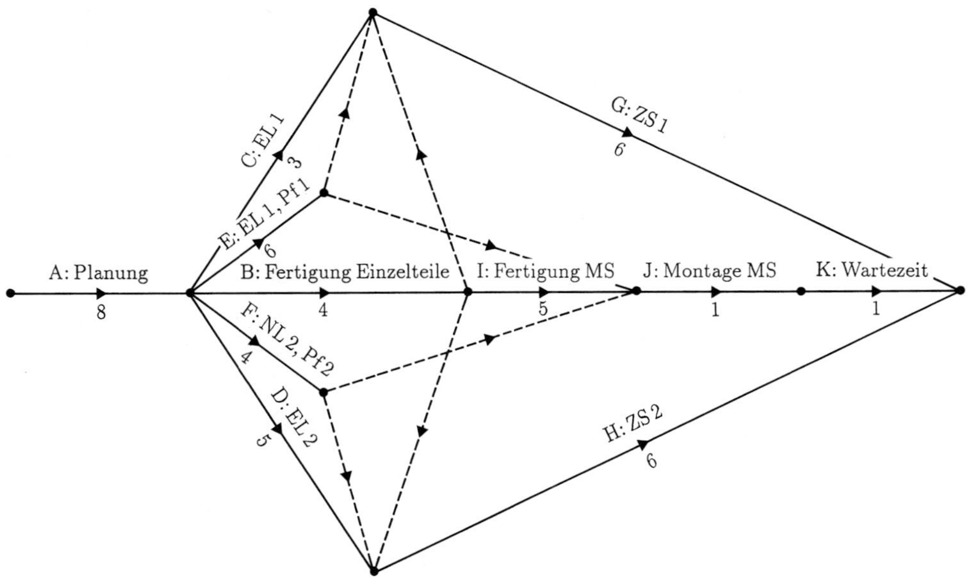

Abb. 2.5.9

Wir stellen jetzt einige Eigenschaften von CPM-Netzplänen zusammen. Aufgrund Regel (5) besitzt jeder CPM-Netzplan genau eine Quelle und genau eine Senke, die den Ereignissen Beginn bzw. Abschluß des Projektes entsprechen. Ein CPM-Netzplan ist ferner schwach zusammenhängend und zyklenfrei. Das Auftreten eines Zyklus würde besagen, daß die Beendigung aller den Pfeilen des Zyklus entsprechenden Vorgänge dem Beginn dieser Vorgänge voranginge.

Wie man sich leicht überlegt, ist jeder Knoten eines zyklenfreien Digraphen von der Quelle aus erreichbar (und von jedem Knoten aus ist die Senke erreichbar). Folglich gibt es in jedem CPM-Netzplan (mindestens) einen Weg von der Quelle zur Senke und (wegen der Zyklenfreiheit) auch einen längsten Weg von der Quelle zur Senke. Die **kürzeste Projektdauer** ist die kürzeste Zeitspanne, in der alle zum Projekt gehörigen Vorgänge ausgeführt werden können, und damit gleich der Länge eines längsten Weges von der Quelle zur Senke im zugehörigen CPM-Netzplan. Jeder Vorgang $\langle i,j\rangle$, der auf einem solchen längsten Weg W^* liegt, ist **kritisch**, d.h., benötigt er bei der Ausführung des Projektes mehr Zeit als ursprünglich vorgesehen (d.h. mehr als D_{ij}), so vergrößert sich die Länge von W^* und damit die kürzeste Projektdauer um den gleichen Betrag (vgl. die Definition eines kritischen Vorgangs zu Beginn von Abschnitt 2.5). Entsprechend wird ein längster Weg von der Quelle zur Senke **kritischer Weg** genannt. Wegen der Zyklenfreiheit kann zur Bestimmung längster Wege in einem CPM-Netzplan der Algorithmus von Bellman aus Abschnitt 2.4.3 verwendet werden.

2.5.3 Zeitplanung mit CPM

Wie bereits zu Beginn von Abschnitt 2.5 erwähnt, beinhaltet die Zeitplanung für ein Projekt die Bestimmung der kürzesten Projektdauer, der kritischen Vorgänge sowie der Anfangs- und Endtermine und der Pufferzeiten aller Vorgänge des Projektes.

Bei den **Anfangs-** und **Endterminen eines Vorgangs** (den sogenannten **Vorgangsterminen**) unterscheidet man zwischen frühest und spätest möglichen Terminen, für die wir die folgenden Bezeichnungen nach DIN 69900 verwenden:

FAZ_{ij}: Frühest möglicher Start (Anfangszeitpunkt) von Vorgang $\langle i,j\rangle$
FEZ_{ij}: Frühest möglicher Abschluß (Endzeitpunkt) von Vorgang $\langle i,j\rangle$
SAZ_{ij}: Spätest möglicher Start (Anfangszeitpunkt) von Vorgang $\langle i,j\rangle$
SEZ_{ij}: Spätest möglicher Abschluß (Endzeitpunkt) von Vorgang $\langle i,j\rangle$.

Daneben spielen noch die entsprechenden Termine für Projektereignisse eine Rolle:

FZ_i: Frühest möglicher Zeitpunkt für den Eintritt des Ereignisses i
SZ_i: Spätest möglicher Zeitpunkt für den Eintritt des Ereignisses i.

Die frühest möglichen Termine stellen die zeitlichen Mindestabstände zwischen Projektbeginn und dem Eintritt der betreffenden Ereignisse dar. Die spätest möglichen Termine ergeben sich als zeitliche Mindestabstände zwischen dem Eintritt der betreffenden Ereignisse und dem (vorgegebenen) Projektendtermin.

Wir nehmen im folgenden an, daß die Knoten des betrachteten CPM-Netzplans topologisch sortiert seien. Die Knotenmenge des Netzplans sei wieder $V = \{1, \ldots, n\}$. Insbesondere stellen dann Knoten 1 die Quelle und Knoten

n die Senke des Netzplans dar. Wir vereinbaren, daß das Projekt stets zum Zeitpunkt 0 beginne, d.h., wir legen fest

$$FZ_1 := 0 \,. \tag{2.5.1}$$

FZ_i ist gleich dem zeitlichen Mindestabstand zwischen Projektbeginn und dem Eintritt des Ereignisses i und damit gleich der Länge eines längsten Weges von der Quelle 1 zum Knoten i. Aufgrund der **Bellmanschen Gleichung** (2.4.3) mit „min“ durch „max“ ersetzt gilt also

$$FZ_i = \max_{k \in \mathcal{P}(i)} (FZ_k + D_{ki}) \quad (i = 2, \ldots, n) \,. \tag{2.5.2}$$

Die kürzeste Projektdauer ist gleich FZ_n. Für einen vorgegebenen Projektendtermin T muß also $T \geq FZ_n$ gelten, und man setzt für das Projektende

$$SZ_n := \begin{cases} T\,, & \text{falls Projektendtermin } T \text{ explizit vorgegeben} \\ FZ_n\,, & \text{sonst.} \end{cases} \tag{2.5.3}$$

$SZ_n - SZ_i$ ist gleich dem zeitlichen Mindestabstand zwischen dem Eintritt des Ereignisses i und dem Projektende SZ_n und folglich gleich der Länge eines längsten Weges vom Knoten i zur Senke n. Die Bellmansche Gleichung liefert damit

$$SZ_n - SZ_i = \max_{j \in \mathcal{S}(i)} [SZ_n - (SZ_j - D_{ij})]$$

oder

$$SZ_i = \min_{j \in \mathcal{S}(i)} (SZ_j - D_{ij}) \quad (i = 1, \ldots, n-1) \,. \tag{2.5.4}$$

Wegen der topologischen Sortierung gilt $\mathcal{P}(i) \subseteq \{1, \ldots, i-1\}$ und $\mathcal{S}(i) \subseteq \{i+1, \ldots, n\}$. Damit lassen sich wie beim Bellmanschen Verfahren zur Bestimmung von kürzesten Wegen die Beziehungen (2.5.2) und (2.5.4) sukzessiv auswerten, und zwar (2.5.2) „vorwärts“ für $i = 2, 3, \ldots, n$, beginnend mit $FZ_1 = 0$ (vgl. (2.5.1)), und (2.5.4) „rückwärts“ für $i = n-1, n-2, \ldots, 1$, startend mit (2.5.3).

Vorgangstermine sind nur für **reale Vorgänge** von Interesse, d.h. für Vorgänge, die keine Scheinvorgänge darstellen. Aus den ereignisbezogenen Terminen FZ_i und SZ_i ergeben sich die frühest und spätest möglichen Termine für die realen Vorgänge $\langle i, j \rangle$ gemäß

$$\begin{cases} FAZ_{ij} = FZ_i \\ FEZ_{ij} = FZ_i + D_{ij} \\ SAZ_{ij} = SZ_j - D_{ij} \\ SEZ_{ij} = SZ_j \,. \end{cases} \tag{2.5.5}$$

Die bisher betrachteten Ereignistermine FZ_i und SZ_i haben folgende Bedeutung:

FZ_i: Frühester Zeitpunkt, zu dem alle realen Vorgänge mit Endknoten $k \in \bar{\mathcal{R}}(i)$ beendet sein können

SZ_i: Spätester Zeitpunkt, zu dem mindestens ein realer Vorgang mit Anfangsknoten $l \in \mathcal{R}(i)$ beginnen muß.

Zur Berechnung der unten eingeführten Pufferzeiten benötigen wir noch zwei „modifizierte" Ereignistermine:

FZ_i^+: Frühester Zeitpunkt, zu dem mindestens ein realer Vorgang mit Anfangsknoten $l \in \mathcal{R}(i)$ beginnen kann

SZ_i^+: Spätester Zeitpunkt, zu dem alle realen Vorgänge mit Endknoten $k \in \bar{\mathcal{R}}(i)$ beendet sein müssen.

Offensichtlich gilt für jeden Knoten i $FZ_i^+ \geq FZ_i$ und $SZ_i^+ \leq SZ_i$. Für ein Ereignis i, von dem mindestens ein realer Vorgang ausgeht, ist $FZ_i^+ = FZ_i$. Wenn in i mindestens ein realer Vorgang einmündet, ist $SZ_i^+ = SZ_i$. Insbesondere haben wir also

(2.5.6) $FZ_i^+ = FZ_i\,,\ SZ_j^+ = SZ_j\,,$ wenn es einen realen Vorgang $\langle i,j\rangle$ gibt,

und für die Ereignisse 1 und n stimmen die „bisherigen" mit den entsprechenden „modifizierten" Terminen überein. Außerdem ersehen wir aus (2.5.6) und (2.5.5), daß für alle realen Vorgänge die „bisherigen" frühest und spätest möglichen Termine mit den entsprechenden „modifizierten" Terminen zusammenfallen. $FZ_i^+ > FZ_i$ gilt genau dann, wenn alle vom Knoten i ausgehenden Vorgänge Scheinvorgänge sind und keiner dieser Scheinvorgänge $\langle i,j\rangle$ auf einem längsten Weg von der Quelle 1 zum Knoten j liegt. $SZ_i^+ < SZ_i$ gilt genau dann, wenn alle in den Knoten i einmündenden Vorgänge Scheinvorgänge sind und keiner dieser Scheinvorgänge $\langle k,i\rangle$ auf einem längsten Weg vom Knoten k zur Senke n liegt.

Im Gegensatz zu den Terminen FZ_i und SZ_i sind die modifizierten Termine FZ_i^+ und SZ_i^+ unabhängig von der Wahl der Scheinvorgänge (falls mindestens ein einem realen Vorgang entsprechender Pfeil mit Knoten i positiv oder negativ inzident ist). Da, wie wir sehen werden, sich alle für die Zeitplanung relevanten Größen allein aus den Ereignisterminen FZ_i^+ und SZ_i^+ $(i = 1, \ldots, n)$ berechnen lassen, ist die Nichteindeutigkeit der Zuordnung eines CPM-Netzplans zu einem gegebenen Projekt für die Zeitplanung ohne Belang (abgesehen vom Rechenaufwand).

Wir betrachten nun drei verschiedene **Pufferzeiten** für einen realen Vorgang $\langle i,j\rangle$:

Gesamte Pufferzeit GP_{ij}: Maximale Zeitspanne, um die der Beginn von Vorgang $\langle i,j\rangle$ verschoben werden kann, ohne den Projektendtermin zu gefährden.

Freie Pufferzeit FP_{ij} : Maximale Zeitspanne, um die der (früheste) Beginn von Vorgang $\langle i,j \rangle$ verschoben werden kann unter der Bedingung, daß alle nachfolgenden realen Vorgänge $\langle k,l \rangle$ zu ihrem frühest möglichen Anfangszeitpunkt FAZ_{kl} begonnen werden.
Freie Rückwärtspufferzeit FRP_{ij} : Maximale Zeitspanne, um die der (späteste) Beginn von Vorgang $\langle i,j \rangle$ verschoben werden kann unter der Bedingung, daß alle vorangehenden realen Vorgänge $\langle k,l \rangle$ zu ihrem spätest möglichen Endzeitpunkt SEZ_{kl} beendet werden.

Für die Pufferzeiten erhalten wir die folgenden Beziehungen:

$$(2.5.7)\quad \begin{cases} GP_{ij} = SAZ_{ij} - FAZ_{ij} = SEZ_{ij} - FEZ_{ij} = SZ_j - FZ_i - D_{ij} \\ FP_{ij} = FZ_j^+ - FEZ_{ij} = FZ_j^+ - FZ_i - D_{ij} \leq GP_{ij} \\ FRP_{ij} = SAZ_{ij} - SZ_i^+ = SZ_j - SZ_i^+ - D_{ij} \leq GP_{ij} \ . \end{cases}$$

Wegen (2.5.6) können in (2.5.7) überall FZ_i durch FZ_i^+ und SZ_j durch SZ_j^+ ersetzt werden.

Offensichtlich ist ein Vorgang genau dann kritisch, wenn die Gesamtpufferzeit für ihn ihren kleinstmöglichen Wert annimmt, der gleich $SZ_n - FZ_n = SZ_1 - FZ_1 = SZ_1$ ist:

$$(2.5.8)\quad \langle i,j \rangle \text{ ist kritisch genau dann, wenn } GP_{ij} = \min_{\langle k,l \rangle \in E} GP_{kl} = SZ_1 \ .$$

Hierbei ist E wieder die Pfeilmenge des Netzplans. Hat man die Gesamtpufferzeit für einen Vorgang $\langle i,j \rangle$ bestimmt, so kann man mittels (2.5.8) sofort feststellen, ob $\langle i,j \rangle$ kritisch ist oder nicht.

Wir weisen darauf hin, daß in der Literatur für die Pufferzeiten häufig die im allgemeinen fehlerhaften Formeln (2.5.7) mit FZ_j statt FZ_j^+ und SZ_i statt SZ_i^+ angegeben sind. Daß die Benutzung der letzteren Formeln tatsächlich zu fehlerhaften Pufferzeiten führen kann, erläutern wir an einem Zahlenbeispiel in Anlehnung an SCHWARZE (1973). Ein Projekt sei durch die Vorgangsliste in Tab. 2.5.2 gegeben. Den entsprechenden CPM-Netzplan zeigt Abb. 2.5.10.

Für das Ereignis 4 erhalten wir $SZ_4^+ = 4$ im Unterschied zu $SZ_4 = 5$. Die in den Knoten 4 einmündenden Vorgänge $\langle 2,4 \rangle$ und $\langle 3,4 \rangle$ sind Scheinvorgänge und liegen nicht auf einem längsten Weg von Knoten 2 bzw. Knoten 3 zur Senke 8. Für das Ereignis 5 bekommen wir $FZ_5^+ = 6$ im Unterschied zu $FZ_5 = 5$. Die von Knoten 5 ausgehenden Vorgänge $\langle 5,6 \rangle$ und $\langle 5,7 \rangle$ sind Scheinvorgänge und liegen nicht auf einem längsten Weg von der Quelle 1 zu Knoten 6 bzw. Knoten 7. Damit erhalten wir für die freie Pufferzeit und die freie Rückwärtspufferzeit von Vorgang $E = \langle 4,5 \rangle$ nach (2.5.7)

$$FP_{45} = FRP_{45} = 1 \ .$$

Vorgang	Vorgangsdauer	Unmittelbar vorangehende Vorgänge
A	4	
B	3	
C	2	A
D	5	B
E	1	A,B
F	4	C,E
G	1	D,E

Tab. 2.5.2

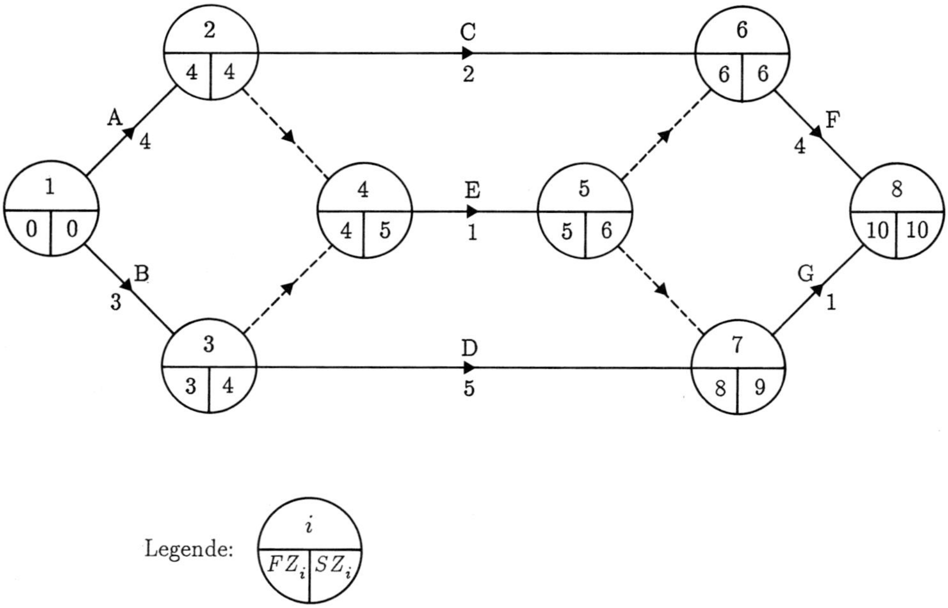

Abb. 2.5.10

In der Tat kann der Beginn von Vorgang E gegenüber dem frühesten Startzeitpunkt $FAZ_{45} = 4$ um eine Zeiteinheit nach hinten verschoben werden, ohne die frühesten Anfangszeitpunkte der Vorgänge F und G zu gefährden. Ebenso kann Vorgang E gegenüber seinem spätesten Startzeitpunkt $SAZ_{45} = 5$ um eine Zeiteinheit nach vorn verschoben werden, ohne den spätesten Endzeitpunkt 4 der Vorgänge A und B zu gefährden. Mit SZ_4 und FZ_5 an Stelle von SZ_4^+ und FZ_5^+ hätten wir die falschen Pufferzeiten $FP_{45} = FRP_{45} = 0$ erhalten.

Erhöhen wir die Dauer des Vorgangs $E = \langle 4, 5\rangle$ von 1 auf 2, so ergibt sich $SZ_4 = 4 = SZ_4^+$. Die Scheinvorgänge $\langle 2, 4\rangle$ und $\langle 3, 4\rangle$ liegen nun auf längsten Wegen von Knoten 2 bzw. Knoten 3 zur Senke 8. Entsprechend wird $FZ_5 = 6 = FZ_5^+$. Der Scheinvorgang $\langle 5, 6 \rangle$ liegt jetzt auf einem längsten Weg von der Quelle 1 zum Knoten 6.

Wir geben nun noch an, wie die modifizierten Ereignistermine FZ_i^+ und SZ_i^+ berechnet werden können. Im Anschluß an die Bestimmung der Größen FZ_i ermittelt man die FZ_i^+ gemäß

$$(2.5.9) \quad \begin{aligned} &FZ_n^+ = FZ_n \\ &FZ_i^+ = \min_{j \in \mathcal{S}(i)} FZ_j^+ \quad \text{für } i = n-1, n-2, \ldots, 1 , \\ &\qquad \text{falls } i \text{ Anfangsknoten nur von Scheinvorgängen ist} \\ &\qquad (\text{andernfalls gilt } FZ_i^+ = FZ_i). \end{aligned}$$

Nach der Berechnung der SZ_i erhält man die SZ_i^+ gemäß

$$\begin{aligned} &SZ_1^+ = SZ_1 \\ &SZ_i^+ = \max_{k \in \mathcal{P}(i)} SZ_k^+ \quad \text{für } i = 2, 3, \ldots, n , \\ &\qquad \text{falls } i \text{ Endknoten nur von Scheinvorgängen ist} \\ &\qquad (\text{andernfalls gilt } SZ_i^+ = SZ_i). \end{aligned}$$

Wie oben erwähnt, gilt nicht notwendig für jeden Knoten i, der Anfangsknoten nur von Scheinvorgängen ist, $FZ_i^+ \neq FZ_i$. Da jedoch die längsten Wege von der Quelle zu allen übrigen Knoten des Netzplans nicht explizit bestimmt werden, empfiehlt sich die Neuberechnung der FZ_i^+ für alle Knoten i, von denen nur Scheinvorgänge ausgehen. Entsprechendes gilt für die Bestimmung der SZ_i^+.

Der folgende Algorithmus 2.5.1 stellt eine Pascal-nahe Beschreibung der CPM-Zeitplanung dar und ermittelt die kürzeste Projektdauer, die kritischen realen Vorgänge sowie die ereignis- und vorgangsbezogenen Projekttermine und die Pufferzeiten für alle Ereignisse bzw. realen Vorgänge. Dabei werden die Ereignistermine FZ_i in einer „Vorwärtsrechnung", die Termine SZ_i und FZ_i^+ in einer anschließenden „Rückwärtsrechnung" und danach die Termine SZ_i^+ wieder in einer „Vorwärtsrechnung" bestimmt. Da man alle Vorgangstermine und Pufferzeiten mit Hilfe der Größen FZ_i^+ und SZ_i^+ berechnen kann (und die FZ_i und SZ_i hierfür nicht zusätzlich benötigt), werden die Größen FZ_i und SZ_i durch die FZ_i^+ und SZ_i^+ „überschrieben" (und der obere Index + wird weggelassen). Algorithmus 2.5.1 lehnt sich an Algorithmus 2.4.6 für das Bellman-Verfahren an und besitzt die gleiche Zeitkomplexität $O(m)$, wobei m die Anzahl der Pfeile des CPM-Netzplans ist. Wie Algorithmus 2.4.6 setzt Algorithmus 2.5.1 nicht voraus, daß der Netzplan topologisch sortiert sei, und prüft, ob der Netzplan Zyklen enthält. Ein CPM-Netzplan muß zyklenfrei sein, doch können bei der Konstruktion eines einem realen Projekt entsprechenden Netzplans durch fehlerhafte Modellierung Zyklen auftreten, so daß sich eine Prüfung auf Zyklenfreiheit empfiehlt.

Für Algorithmus 2.5.1 sei der CPM-Netzplan in Form einer Nachfolgerliste gegeben, und Knoten 1 stelle die Quelle und Knoten n die Senke dar. Die realen Vorgänge seien dadurch spezifiziert, daß neben den Nachfolgermengen $\mathcal{S}(i)$ die Mengen

$$\widehat{\mathcal{S}}(i) := \{j \in \mathcal{S}(i) | \langle i, j \rangle \text{ realer Vorgang}\} \quad (i = 1, \ldots, n-1)$$

als Eingangsdaten verfügbar sind. Ist ein Projektendtermin T nicht vorgeschrieben, so sei $T := \infty$ gesetzt. K bedeute die Menge der kritischen realen Vorgänge.

Algorithmus 2.5.1 (CPM-Zeitplanung)

Schritt 1 (Bestimmung der Vorgängermengen und Eingangsgrade)

Setze $\mathcal{P}(i) := \emptyset$, $\widehat{\mathcal{P}}(i) := \emptyset$ *und* $\delta^-(i) := 0$ *für* $i = 1, \ldots, n$
Für $i = 1, \ldots, n-1$
    Für alle $j \in \mathcal{S}(i)$ *setze* $\mathcal{P}(j) := \mathcal{P}(j) \cup \{i\}$ *und* $\delta^-(j) := \delta^-(j) + 1$
    Für alle $j \in \widehat{\mathcal{S}}(i)$ *setze* $\widehat{\mathcal{P}}(j) := \widehat{\mathcal{P}}(j) \cup \{i\}$

Schritt 2 (Ermittlung der Termine FZ_i und der kürzesten Projektdauer FZ_n)

Setze $\nu := 0$, $Q := \{1\}$ *(Q ist eine Schlange)*
    $FZ_i := 0$ *für* $i = 1, \ldots, n$
    $\delta'(i) := \delta^-(i)$ *für* $i = 2, \ldots, n$
Solange $Q \neq \emptyset$
    Entferne i *vom Kopf von* Q *und setze* $\nu := \nu + 1$
    Für alle $j \in \mathcal{S}(i)$
        Setze $\delta'(j) := \delta'(j) - 1$
        Falls $\delta'(j) = 0$, *füge* j *am Ende von* Q *ein*
        Falls $FZ_j < FZ_i + D_{ij}$, *setze* $FZ_j := FZ_i + D_{ij}$
Falls $\nu < n$, *terminiere (der Netzplan enthält Zyklen)*
Falls $T < FZ_n$, *terminiere (der vorgegebene Projektendtermin ist nicht einzuhalten)*

Schritt 3 (Berechnung der modifizierten Termine FZ_i^+ und SZ_i^+)

Falls $T = \infty$, *setze* $T := FZ_n$
Setze $Q := \{n\}$ *(Q ist eine Schlange)*
    $SZ_i := T$ *für* $i = 1, \ldots, n$
    $FZ_i := FZ_n$, *falls* $\widehat{\mathcal{S}}(i) = \emptyset$ *für* $i = 1, \ldots, n-1$

Solange $Q \neq \emptyset$
Entferne i *vom Kopf von* Q
Für alle $k \in \mathcal{P}(i)$
Setze $\delta^+(k) := \delta^+(k) - 1$
Falls $\delta^+(k) = 0$, *füge* k *am Ende von* Q *ein*
Falls $SZ_k > SZ_i - D_{ki}$, *setze* $SZ_k := SZ_i - D_{ki}$
Falls $\widehat{\mathcal{S}}(k) = \emptyset$ *und* $FZ_k > FZ_i$, *setze* $FZ_k := FZ_i$
Setze $Q := \{1\}$ *(*Q *ist eine Schlange)*
$SZ_i := 0$, *falls* $\widehat{\mathcal{P}}(i) = \emptyset$ *für* $i = 2, \ldots, n$
Solange $Q \neq \emptyset$
Entferne i *vom Kopf von* Q
Für alle $j \in \mathcal{S}(i)$
Setze $\delta^-(j) := \delta^-(j) - 1$
Falls $\delta^-(j) = 0$, *füge* j *am Ende von* Q *ein*
Falls $\widehat{\mathcal{P}}(j) = \emptyset$ *und* $SZ_j < SZ_i$, *setze* $SZ_j := SZ_i$

Schritt 4 (Bestimmung der Vorgangstermine, Pufferzeiten und kritischen Vorgänge)

Setze $K := \emptyset$
Für $i = 1, \ldots, n-1$
Für alle $j \in \widehat{\mathcal{S}}(i)$ *setze* $FAZ_{ij} := FZ_i$, $FEZ_{ij} := FZ_i + D_{ij}$,
$SAZ_{ij} := SZ_j - D_{ij}$, $SEZ_{ij} := SZ_j$,
$GP_{ij} := SAZ_{ij} - FAZ_{ij}$, $FP_{ij} := FZ_j - FEZ_{ij}$,
$FRP_{ij} := SAZ_{ij} - SZ_i$
Falls $GP_{ij} = SZ_1$, *setze* $K := K \cup \{\langle i, j \rangle\}$

□

Wir wollen nun für das in den Abschnitten 2.5.1 und 2.5.2 betrachtete Projekt „Bau einer Brücke“ eine CPM-Zeitplanung durchführen. Zunächst geben wir in Abb. 2.5.11 den zugehörigen CPM-Netzplan noch einmal an (die Zahlen unter den Pfeilen bedeuten wieder die Dauern der entsprechenden Vorgänge), dessen Knoten bereits topologisch sortiert sind. Das Projektende sei durch den frühest möglichen Projektendtermin gegeben. Die Auswertung der Bellmanschen Gleichungen (2.5.2) und (2.5.4) mit $FZ_1 := 0$ und $SZ_n := FZ_n$ ergibt dann die in Tab. 2.5.3 zusammengestellten Werte. Die kürzeste Projektdauer beträgt 20 Monate.

i	1	2	3	4	5	6	7	8	9	10
FZ_i	0	8	12	14	12	14	13	17	18	20
SZ_i	0	8	13	14	14	14	14	18	19	20

Tab. 2.5.3

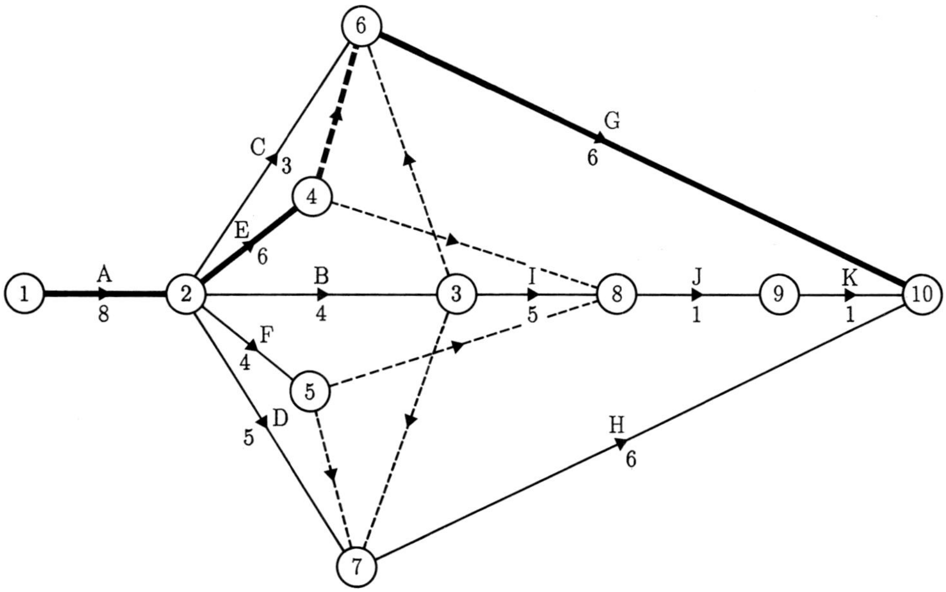

Abb. 2.5.11

Von den beiden Ereignissen 4 und 5 gehen nur Scheinvorgänge aus (vgl. Abb. 2.5.11). Der Scheinvorgang $\langle 4,6 \rangle$ liegt auf dem längsten Weg von der Quelle 1 zum Knoten 6; die Scheinvorgänge $\langle 5,7 \rangle$ und $\langle 5,8 \rangle$ gehören dagegen nicht zu längsten Wegen von der Quelle aus. Mit (2.5.9) ergibt sich $FZ_4^+ = 14 = FZ_4$ und $FZ_5^+ = 13 > FZ_5 = 12$. Die Beziehungen (2.5.5), (2.5.7) und (2.5.8) liefern dann die in Tab. 2.5.4 aufgelisteten Ergebnisse für die realen Vorgänge. Die kritischen Vorgänge sind in Tab. 2.5.4 durch einen Stern gekennzeichnet und in Abb. 2.5.11 stark ausgezeichnet.

Wie bereits in Abschnitt 0.1 erwähnt, gibt ein CPM-Netzplan einen guten Überblick über die Reihenfolge der einzelnen Vorgänge, jedoch keine gute Übersicht über den zeitlichen Ablauf des Projektes; für letzteres empfiehlt sich die Zeichnung eines **Balken-** oder **Ganttdiagramms**. Im Balkendiagramm entspricht jedem realen Vorgang $\langle i,j \rangle$ ein Balken über der Zeitachse, der (in der CPM-Zeitplanung) vom Zeitpunkt FAZ_{ij} bis zum Zeitpunkt FEZ_{ij} reicht, dessen Länge also gleich der Vorgangsdauer D_{ij} ist. An diesen Balken wird noch ein Stück der Länge GP_{ij} angehängt, das gestrichelt gezeichnet wird. Kritische Vorgänge werden wieder stark ausgezeichnet. Abb. 2.5.12 zeigt das Balkendiagramm für das Projekt „Bau einer Brücke".

Vorgang	D_{ij}	FAZ_{ij}	FEZ_{ij}	SAZ_{ij}	SEZ_{ij}	GP_{ij}	FP_{ij}	FRP_{ij}
* A = $\langle 1,2\rangle$	8	0	8	0	8	0	0	0
B = $\langle 2,3\rangle$	4	8	12	9	13	1	0	1
C = $\langle 2,6\rangle$	3	8	11	11	14	3	3	3
D = $\langle 2,7\rangle$	5	8	13	9	14	1	0	1
* E = $\langle 2,4\rangle$	6	8	14	8	14	0	0	0
F = $\langle 2,5\rangle$	4	8	12	10	14	2	1	2
* G = $\langle 6,10\rangle$	6	14	20	14	20	0	0	0
H = $\langle 7,10\rangle$	6	13	19	14	20	1	1	0
I = $\langle 3,8\rangle$	5	12	17	13	18	1	0	0
J = $\langle 8,9\rangle$	1	17	18	18	19	1	0	0
K = $\langle 9,10\rangle$	1	18	19	19	20	1	1	0

Tab. 2.5.4

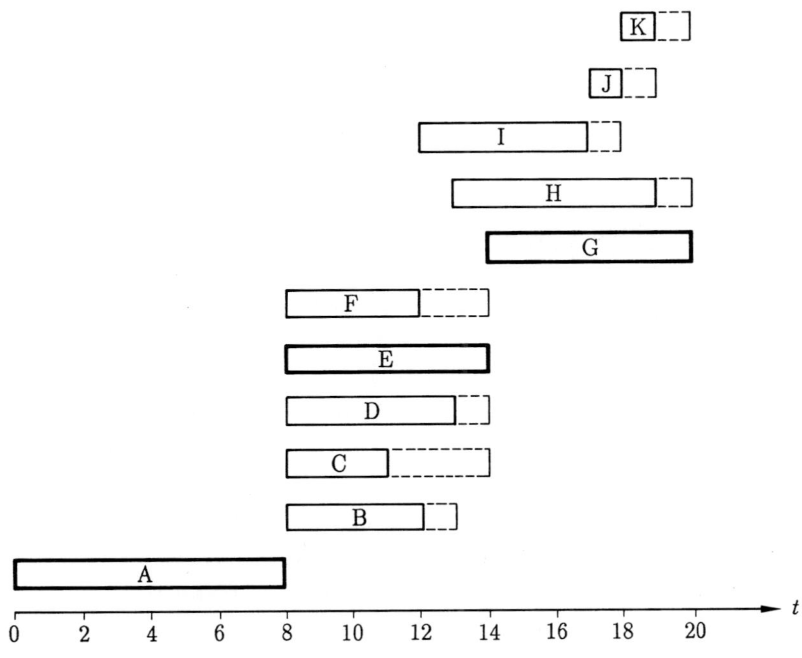

Abb. 2.5.12

2.5.4 MPM-Netzpläne

Bei der Netzplantechnik-Methode MPM (Metra-Potential-Methode) wird, wie bereits in Abschnitt 2.5.1 erwähnt, dem zugrunde liegenden Projekt ein Vorgangsknotennetz zugeordnet, das wir dann **MPM-Netzplan** nennen.

Den Vorgängen des Projektes entsprechen dabei die Knoten des Netzplans, während die Pfeile die Anordnungsbeziehungen zwischen den Vorgängen wiedergeben. Die einzelnen Vorgänge werden im Sinne der Start-Start-Beziehung (vgl. Abschnitt 2.5.1) miteinander verknüpft. Ein Vorgangsknotennetz erlaubt im Unterschied zu CPM-Netzplänen (neben zeitlichen Minimalabständen) die Berücksichtigung von zeitlichen Maximalabständen zwischen verschiedenen Vorgängen. Damit ist es u.a. möglich, Projekte zu planen und zu überwachen, bei denen gewisse Vorgänge genau zum gleichen Zeitpunkt begonnen oder beendet oder in lückenloser Folge ausgeführt werden müssen.

Auch wenn nur zeitliche Minimalabstände zwischen den Vorgängen vorliegen, zieht man in der Praxis ein Vorgangsknotennetz (MPM-Netzplan) aus folgenden Gründen häufig einem Vorgangspfeilnetz (CPM-Netzplan) vor:

(i) Vorgangsknotennetze lassen sich (auch mit Hilfe eines Rechners) schneller und übersichtlicher zeichnen als Vorgangspfeilnetze.

(ii) Zu einem Vorgang gehört meistens eine größere Anzahl verschiedener Daten bzw. Informationen (z.B. verbale Beschreibung und Nummer des Vorgangs, Dauer, Anfangs- und Endtermine, Pufferzeiten, evtl. anfallende Kosten oder Ressourcenbedarf), die sich zeichnerisch einfacher in einem Knoten als an einem Pfeil unterbringen lassen.

(iii) Bei Vorgangspfeilnetzen sind in der Regel Scheinvorgänge einzuführen. Dies ist im allgemeinen nicht auf eindeutige Weise möglich und stellt eine häufige Fehlerquelle dar.

(iv) Nachträgliche Änderungen im Netzplan, z.B. bedingt durch die Berücksichtigung weiterer Vorgänge oder zusätzlicher Anordnungsbeziehungen zwischen Vorgängen, sind bei Vorgangsknotennetzen erheblich einfacher als bei Vorgangspfeilnetzen möglich.

Da bei MPM-Netzplänen den Vorgängen Knoten und nicht Pfeile zugewiesen werden, ist ein MPM-Netzplan „größer" als ein CPM-Netzplan für das gleiche Projekt. Sind zeitliche Maximalabstände zu berücksichtigen, dann besitzt der entsprechende MPM-Netzplan Zyklen, wie wir unten sehen werden. Für die Zeitplanung mit MPM, die man wieder auf die Bestimmung längster Wege im Netzplan zurückführen kann, wird wegen des Auftretens von Zyklen nicht das Verfahren von Bellman, sondern ein (rechenaufwendigerer) LC-Algorithmus benutzt.

Wir nehmen an, daß das betrachtete Projekt n Vorgänge besitze, die wir von 1 bis n durchnumerieren. Zusätzlich führen wir die fiktiven Vorgänge „Projektbeginn" als Vorgang 0 und „Projektende" als Vorgang $n+1$ ein. Weiter seien D_i die Dauer und AZ_i der Anfangszeitpunkt von Vorgang i ($i = 0, 1, \ldots, n+1$). Insbesondere ist also $D_0 = D_{n+1} = 0$, und AZ_0 und AZ_{n+1} stellen die Zeitpunkte des Projektbeginns bzw. Projektendes dar. Setzen wir wieder $AZ_0 := 0$, dann ist AZ_{n+1} gleich der Projektdauer.

Da die Aufeinanderfolge von Vorgängen bei MPM im Sinne der Start-Start-Beziehung geregelt ist, muß der Begriff des Startvorgangs anders als bei CPM-Netzplänen (mit Start-Ende-Verknüpfung) definiert werden. Ein Vorgang $i \neq 0$ heißt jetzt **Startvorgang**, wenn kein anderer Vorgang $j \neq 0$ existiert, der vor Beginn von Vorgang i gestartet werden muß. Wie bei CPM-Netzplänen bezeichnen wir einen Vorgang $i \neq n+1$ als **Zielvorgang**, wenn es keinen anderen Vorgang $j \neq n+1$ gibt, der nach Beendigung von Vorgang i begonnen wird (vgl. Abschnitt 2.5.2).

Bevor wir uns mit der Konstruktion eines MPM-Netzplans für ein gegebenes Projekt befassen, wollen wir die beiden bei MPM möglichen Anordnungsbeziehungen zwischen zwei Vorgängen, MIN und MAX genannt, erläutern. MIN und MAX erlauben die Festlegung eines zeitlichen Minimalabstandes bzw. Maximalabstandes zwischen dem Beginn zweier Vorgänge.

Anordnungsbeziehung MIN

Zwischen dem Beginn zweier Vorgänge i und j liege ein zeitlicher Minimalabstand $T_{ij}^{\min} \geq 0$, d.h., Vorgang j kann frühestens eine vorgegebene Zeitspanne $T_{ij}^{\min}$ nach Beginn von Vorgang i gestartet werden (vgl. Abb. 2.5.13):

$$AZ_j - AZ_i \geq T_{ij}^{\min}$$

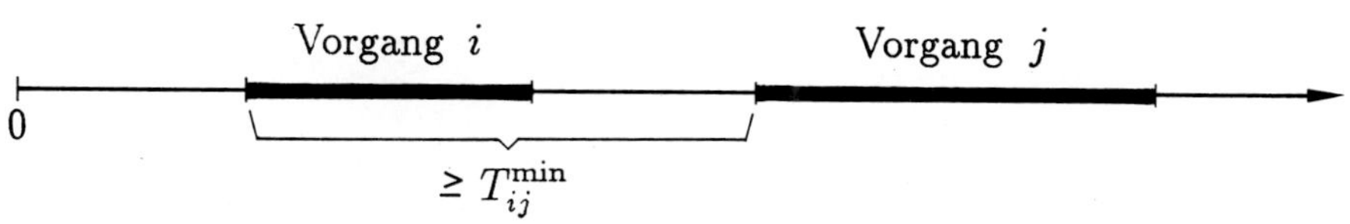

Abb. 2.5.13

Es sei darauf hingewiesen, daß Vorgang j auch vor der Beendigung von Vorgang i starten kann, die Vorgänge i und j in Abb. 2.5.13 sich also „überlappen“ können.

Wir betrachten die folgenden zwei Spezialfälle von MIN:

MINA

Vorgang j kann frühestens eine vorgeschriebene Zeitspanne $T_{0j}^{\min}$ nach Projektanfang begonnen werden (vgl. Abb. 2.5.14):

$$AZ_j - AZ_0 \geq T_{0j}^{\min}$$

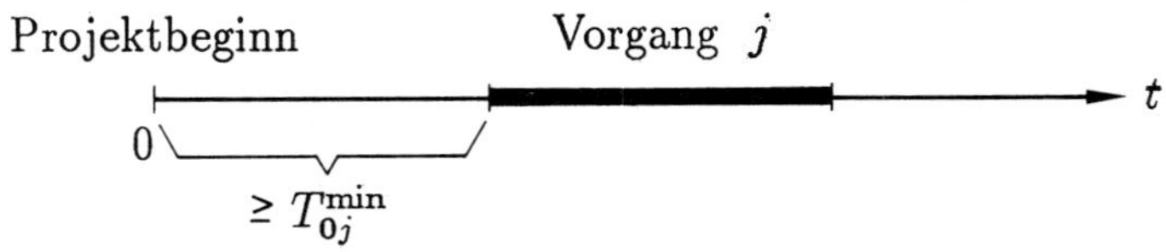

Abb. 2.5.14

Insbesondere ist für jeden Startvorgang j des Projektes eine Anordnungsbeziehung vom Typ MINA gegeben. Kann Startvorgang j bereits bei Projektbeginn gestartet werden, so ist $T_{0j}^{\min} = 0$.

MINE

Vorgang i muß spätestens eine vorgegebene Zeitspanne $T_{i,n+1}$ vor Projektende abgeschlossen sein, in anderen Worten, Vorgang $n+1$ kann frühestens eine Zeitspanne $T_{i,n+1}^{\min} := T_{i,n+1} + D_i$ nach Beginn von Vorgang i anfangen (vgl. Abb. 2.5.15):

$$AZ_{n+1} - AZ_i \geq T_{i,n+1}^{\min}$$

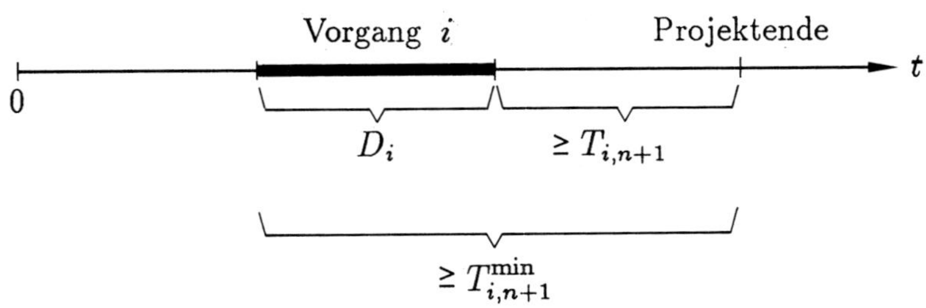

Abb. 2.5.15

Insbesondere ist für jeden Zielvorgang i eine Anordnungsbeziehung vom Typ MINE gegeben. Braucht Zielvorgang i erst bei Projektende abgeschlossen zu sein, so ist $T_{i,n+1}^{\min} = D_i$.

Anordnungsbeziehung MAX

Zwischen dem Beginn zweier Vorgänge i und j liege ein zeitlicher Maximalabstand $T_{ij}^{\max} \geq 0$, d.h., Vorgang j muß spätestens eine vorgegebene Zeitspanne $T_{ij}^{\max}$ nach Beginn von Vorgang i gestartet werden (vgl. Abb. 2.5.16):

$$AZ_j - AZ_i \leq T_{ij}^{\max}$$

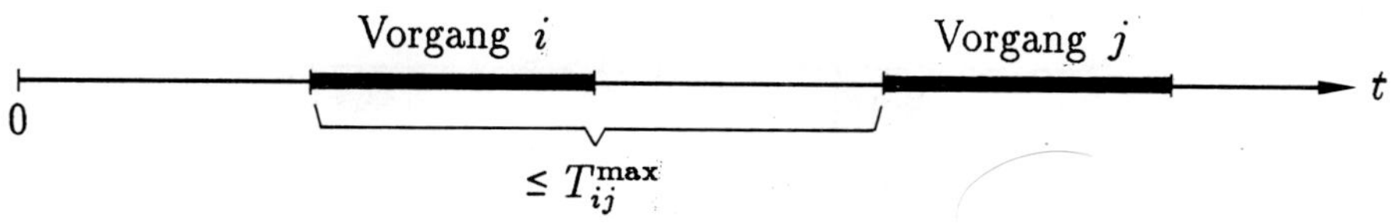

Abb. 2.5.16

Wir betrachten wieder zwei Spezialfälle von MAX:

MAXA

Vorgang j muß spätestens eine vorgeschriebene Zeitspanne T_{0j} nach Projektbeginn abgeschlossen sein, in anderen Worten, Vorgang j muß spätestens eine Zeitspanne $T_{0j}^{\max} := T_{0j} - D_j$ nach Projektbeginn gestartet werden (vgl. Abb. 2.5.17):

$$AZ_j - AZ_0 \leq T_{0j}^{\max}$$

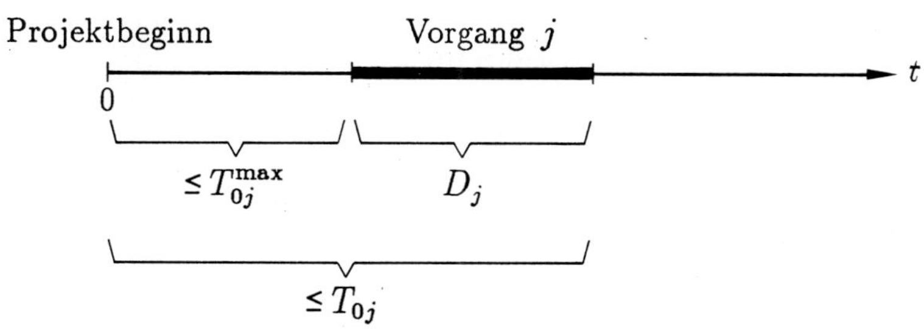

Abb. 2.5.17

MAXE

Vorgang i kann frühestens eine vorgeschriebene Zeitspanne $T_{i,n+1}^{\max}$ vor Projektende begonnen werden, in anderen Worten, Vorgang $n+1$ muß spätestens eine Zeitspanne $T_{i,n+1}^{\max}$ nach Start von Vorgang i anfangen (vgl. Abb. 2.5.18):

$$AZ_{n+1} - AZ_i \leq T_{i,n+1}^{\max}$$

Einige in der Praxis häufig auftretende Forderungen, die Aufeinanderfolge einzelner Vorgänge betreffend, lassen sich durch Kombination der obigen Anordnungsbeziehungen erfüllen, z.B.

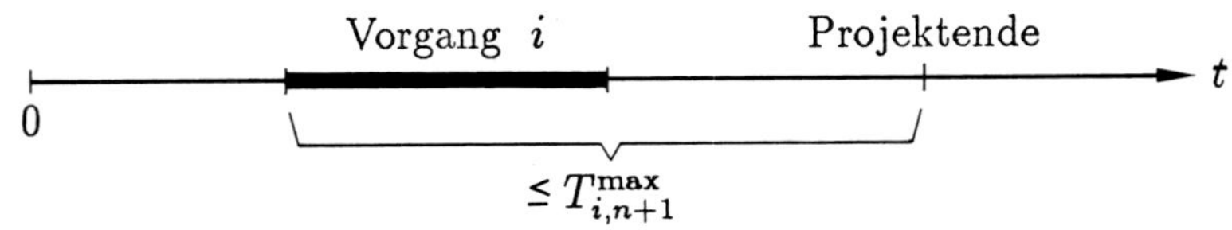

Abb. 2.5.18

(a) Die Vorgänge i und j sind in lückenloser Folge auszuführen:

$$AZ_j - AZ_i = D_i \ .$$

Diese Bedingung ist eine Kombination von MIN und MAX mit $T_{ij}^{\min} = T_{ij}^{\max} = D_i$.

(b) Die Vorgänge i und j müssen zum gleichen Zeitpunkt begonnen werden:

$$AZ_j - AZ_i = 0 \ .$$

Hierfür kombiniert man MIN und MAX mit $T_{ij}^{\min} = T_{ij}^{\max} = 0$. In ähnlicher Weise läßt sich die Bedingung, daß zwei Vorgänge zum gleichen Zeitpunkt beendet sein müssen, erfüllen.

(c) Vorgang j muß innerhalb eines gewissen Zeitraumes, etwa frühestens $T_{0j}^{\min}$ und spätestens $T_{0j}^{\max}$ Zeiteinheiten nach Projektstart, begonnen werden:

$$T_{0j}^{\min} \leq AZ_j - AZ_0 \leq T_{0j}^{\max} \ .$$

Diese Bedingung stellt eine Kombination von MINA und MAXA dar.

(d) Soll Vorgang j genau zu dem Zeitpunkt $T_{0j}^{\min}$ starten, so setzt man in (c) $T_{0j}^{\min} = T_{0j}^{\max}$.

Seien nun $E_{\min}$ die Menge der Vorgangspaare (i, j), für die eine Anordnungsbeziehung MIN mit dem Minimalabstand $T_{ij}^{\min}$ vorgeschrieben ist, und $E_{\max}$ die Menge der Vorgangspaare (i, j) mit der Anordnungsbeziehung MAX und dem Maximalabstand $T_{ij}^{\max}$, also

(2.5.10) $$AZ_j - AZ_i \geq T_{ij}^{\min} \quad \text{für } (i, j) \in E_{\min}$$

(2.5.11) $$AZ_j - AZ_i \leq T_{ij}^{\max} \quad \text{für } (i, j) \in E_{\max} \ .$$

Wir vereinbaren noch, daß $E_{\min}$ für jeden Startvorgang j das Vorgangspaar $(0, j)$ enthalte (mit $T_{0j}^{\min} := 0$, wenn kein positiver Minimalabstand zwischen Projektbeginn und dem Start von Vorgang j vorgegeben ist). Ferner enthalte

$E_{\min}$ für jeden Zielvorgang i das Vorgangspaar $(i, n+1)$ (mit $T_{i,n+1}^{\min} := D_i$, wenn kein positiver Minimalabstand zwischen Abschluß von Vorgang i und Projektende vorgegeben ist). Führt man die Menge

$$E_{\max}^{-} := \{(i,j)|(j,i) \in E_{\max}\}$$

ein, so läßt sich (2.5.11) in der Form

$$AZ_j - AZ_i \geq -T_{ji}^{\max} \quad \text{für } (i,j) \in E_{\max}^{-} \tag{2.5.12}$$

schreiben. Ein Vorgangspaar (i,j) kann nur dann sowohl in $E_{\min}$ als auch in $E_{\max}^{-}$ vorkommen, wenn $T_{ij}^{\min} = T_{ji}^{\max} = 0$ ist. Da $T_{ji}^{\max} = 0$ durch $T_{ij}^{\max} = 0$ ersetzt (und damit (i,j) aus $E_{\max}^{-}$ eliminiert) werden kann, können wir im folgenden o.B.d.A. $E_{\min} \cap E_{\max}^{-} = \emptyset$ annehmen.

Ein MPM-Netzplan ist nun wie folgt zu konstruieren: Jedem Vorgang i des zugrunde liegenden Projektes wird ein Knoten, der gleichfalls mit i bezeichnet werde, zugeordnet. Die Knotenmenge von N ist also $V = \{0, 1, \ldots, n+1\}$. N enthalte genau dann den Pfeil $\langle i,j\rangle$, wenn für das entsprechende Vorgangspaar $(i,j) \in E_{\min} \cup E_{\max}^{-}$ gilt. Die Pfeilmenge E von N kann folglich mit der Menge der Vorgangspaare $E_{\min} \cup E_{\max}^{-}$ identifiziert werden. Jedem Pfeil $\langle i,j\rangle \in E$ ordnen wir die Bewertung

$$b_{ij} := \begin{cases} T_{ij}^{\min}, & \text{falls } \langle i,j\rangle \in E_{\min} \\ -T_{ji}^{\max}, & \text{falls } \langle i,j\rangle \in E_{\max}^{-} \end{cases} \tag{2.5.13}$$

zu. Mit (2.5.13) lassen sich die beiden Ungleichungen (2.5.10) und (2.5.12) zu einer Ungleichung zusammenfassen:

$$AZ_j - AZ_i \geq b_{ij} \quad \text{für alle } \langle i,j\rangle \in E\ . \tag{2.5.14}$$

Die (nichtnegativen) Größen AZ_i $(i = 0, 1, \ldots, n+1)$ können als **Knotenbewertungen** des Netzwerkes $N = \langle V, E; b\rangle$ angesehen werden. Eine Knotenbewertungsfunktion $AZ : V \to \mathbb{R}$ auf N, für die (2.5.14) gilt, nennt man auch **Potential** auf N.

Wir stellen jetzt noch einige Eigenschaften eines MPM-Netzplans zusammen. Zunächst wiederholen wir, daß in einem MPM-Netzplan $N = \langle V, E; b\rangle$ ein zeitlicher Minimalabstand $T_{ij}^{\min}$ zwischen dem Beginn zweier Vorgänge i und j durch einen Pfeil $\langle i,j\rangle$ mit der Bewertung $b_{ij} := T_{ij}^{\min} \geq 0$ und ein zeitlicher Maximalabstand $T_{ij}^{\max}$ zwischen dem Beginn zweier Vorgänge i und j durch einen Pfeil $\langle j,i\rangle$ mit der Bewertung $b_{ji} := -T_{ij}^{\max} \leq 0$ wiedergegeben werden. Ein MPM-Netzplan hat also im Unterschied zu einem CPM-Netzplan im allgemeinen positive und negative Bewertungen.

Ein MPM-Netzplan kann (wieder im Unterschied zu CPM-Netzplänen)

Zyklen enthalten. Ist etwa eine Anordnungsbeziehung vom Typ (c) gegeben, d.h., es ist

$$T_{0j}^{\min} \leq AZ_j - AZ_0 \leq T_{0j}^{\max} ,$$

dann sind die beiden Pfeile $\langle 0, j \rangle$ und $\langle j, 0 \rangle$ mit den Bewertungen $b_{0j} := T_{0j}^{\min}$ und $b_{j0} := -T_{0j}^{\max}$ einzuführen. Wir erhalten also den Zyklus $\langle 0, j, 0 \rangle$ mit der Länge $T_{0j}^{\min} - T_{0j}^{\max} \leq 0$. Ein MPM-Netzplan besitzt aber keine Zyklen positiver Länge. Das Auftreten eines Zyklus der Länge $d > 0$ würde besagen, daß jeder Vorgang dieses Zyklus frühestens eine Zeitspanne d nach seinem Start beginnen könnte. Weiter stellen wir fest, daß ein MPM-Netzplan N stets schwach zusammenhängend ist, jedoch nicht notwendig eine Quelle oder eine Senke enthält. Wie wir im obigen Beispiel gesehen haben, kann der Knoten 0 in einem Zyklus liegen und Entsprechendes für den Knoten $n+1$ gelten. Jeder Knoten von N ist aber vom Knoten 0 aus erreichbar, und von jedem Knoten aus ist der Knoten $n + 1$ erreichbar.

Abschließend bemerken wir noch, daß für ein gegebenes Projekt ein gemäß den obigen Vorschriften konstruierter MPM-Netzplan (bis auf Zyklen der Länge 0) im Gegensatz zu einem CPM-Netzplan eindeutig festgelegt ist.

Als Beispiel wollen wir das folgende Projekt „Einrichtung einer neuen Küche" betrachten. Nach dem Ausbau der alten Küchenmöbel sei festgestellt worden, daß der Fußboden uneben ist. Deshalb werde als erster Vorgang das Aufbringen von Estrich auf den Fußboden vorgesehen. Dieser Vorgang, der einen halben Arbeitstag benötige, soll sofort bei Projektstart begonnen werden, da der betreffende Handwerker dringend auf einer anderen Baustelle benötigt wird. Nach dem Auftragen des Estrichs sei ein Tag Trockenzeit erforderlich, bevor mit den folgenden Arbeiten, nämlich der Elektroinstallation (Dauer $1\frac{1}{2}$ Arbeitstage) und den Klempnerarbeiten (Verlegen von Wasser- und Abwasserleitungen, Dauer 1 Tag) begonnen werden kann. Die Klempnerarbeiten sollen aber spätestens 3 Tage nach dem Aufbringen des Estrichs abgeschlossen sein. Nach Beendigung dieser beiden Vorgänge können die Malerarbeiten beginnen (Dauer $1\frac{1}{2}$ Arbeitstage). Auch der Maler werde dringend auf einer anderen Baustelle benötigt. Deshalb kann er frühestens 2 Tage nach Projektstart mit dem Malen bzw. Tapezieren beginnen und muß spätestens 5 Tage nach Projektbeginn fertig sein. Damit der neue Fußbodenbelag nicht von den Handwerkern beschädigt wird, soll er erst nach den Malerarbeiten verlegt werden, jedoch unmittelbar nach Beendigung dieser Arbeiten. Ein halber Tag sei für diese Tätigkeit vorgesehen. Im Anschluß daran können die Küchenmöbel und Elektrogeräte eingebaut werden (Dauer 2 Tage). Die Küchenmöbel und -geräte seien frühestens 4 Tage nach Projektbeginn lieferbar. Die Vorgangsliste für dieses Projekt zeigt Tab. 2.5.5. Vorgang 1 ist Startvorgang und Vorgang 6 Zielvorgang des Projektes.

Vorgangs-nummer	Vorgang	Vorgangs-dauer (in halben Arbeitstagen)	Nummern der unmittelbar vorangehenden Vorgänge	Frühester | Spätester Beginn nach Start der unmittelbar vorangehenden Vorgänge	
				Frühester	Spätester
0	Projektbeginn	0			
1	Estrich aufbringen	1	0	0	0
2	Elektroinstallation	3	1	3	
3	Klempnerarbeiten	2	1	3	5
4	Malerarbeiten	3	0,2,3	4,3,2	7,–,–
5	Fußbodenbelag	1	4	3	3
6	Einbau der Küche	4	0,5	8,1	
7	Projektende	0	6	4	

Tab. 2.5.5

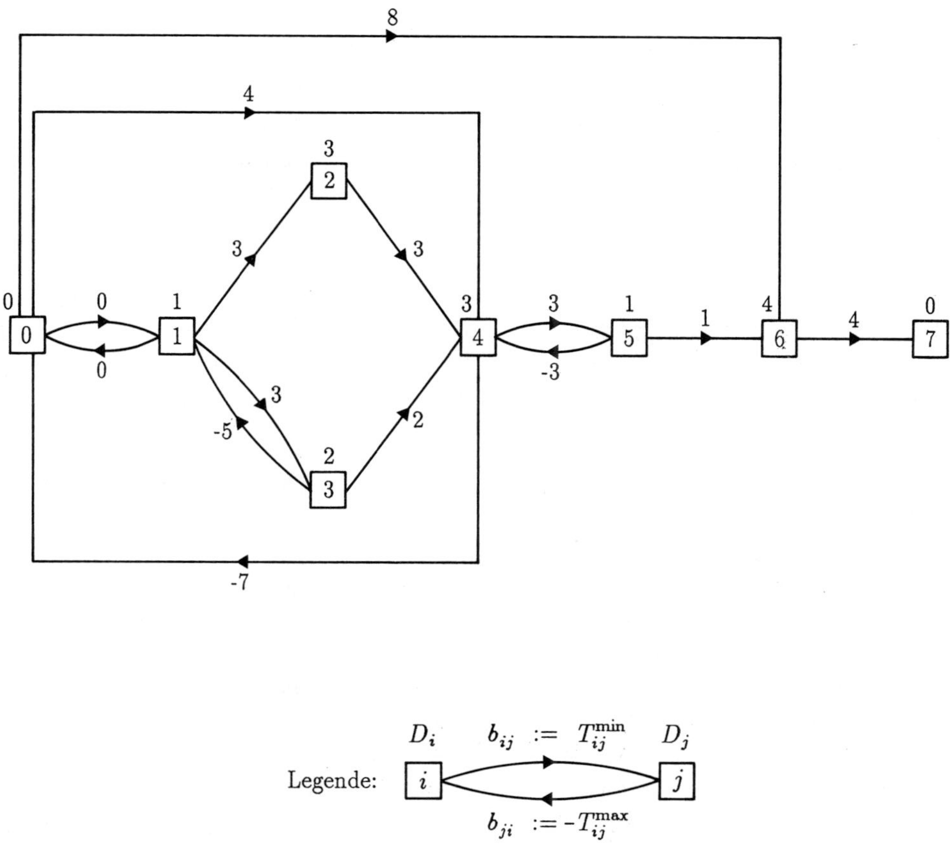

Abb. 2.5.19

Der entsprechende MPM-Netzplan ist in Abb. 2.5.19 dargestellt. Die den Vorgängen zugeordneten Knoten des Netzplans sind durch Kästchen wiedergegeben (im Unterschied zu den Knoten eines CPM-Netzplans, die Projektereignissen entsprechen und durch Kreise dargestellt sind). Jedes Kästchen enthält die Nummer des zugehörigen Vorgangs; die Vorgangsdauer ist oberhalb des Kästchens angegeben. Die Pfeilbewertungen sind an den betreffenden Pfeilen angeschrieben.

2.5.5 Zeitplanung mit MPM

Die Zeitplanung beinhaltet wieder die Ermittlung der kürzesten Projektdauer, der kritischen Vorgänge sowie der Anfangs- und Endtermine und der Pufferzeiten aller Vorgänge. Für die Vorgänge erklären wir die folgenden frühest und spätest möglichen Anfangs- und Endtermine:

FAZ_i: Frühest möglicher Start (Anfangszeitpunkt) von Vorgang i
FEZ_i: Frühest möglicher Abschluß (Endzeitpunkt) von Vorgang i
SAZ_i: Spätest möglicher Start (Anfangszeitpunkt) von Vorgang i
SEZ_i: Spätest möglicher Abschluß (Endzeitpunkt) von Vorgang i

Wir setzen wieder

$$FAZ_0 := 0$$

$$\text{(2.5.15)} \qquad SEZ_{n+1} = SAZ_{n+1} := \begin{cases} T\,, & \text{falls Projektendtermin } T \\ & \text{explizit vorgegeben} \\ FEZ_{n+1} = FAZ_{n+1}\,, & \text{sonst} \end{cases}$$

wobei $T \geq FAZ_{n+1}$ sein muß. Weiter gilt

$$\text{(2.5.16)} \qquad \left.\begin{aligned} FEZ_i &= FAZ_i + D_i \\ SEZ_i &= SAZ_i + D_i \end{aligned}\right\} \quad (i = 0, 1, \ldots, n+1)\,,$$

und FAZ_{n+1} ist gleich der kürzesten Projektdauer.

Für alle möglichen Anfangszeitpunkte AZ_i der Vorgänge i, die der Ungleichung (2.5.14) genügen, gilt

$$FAZ_i \leq AZ_i \leq SAZ_i \quad (i = 0, 1, \ldots, n+1)\,.$$

Die Abbildungen $FAZ : V \to \mathbb{R}_+$ und $SAZ : V \to \mathbb{R}_+$ bezeichnet man deshalb auch als **Minimalpotential** bzw. **Maximalpotential**. Unter Verwendung einiger Resultate über Potentiale (vgl. NEUMANN (1975b), Abschnitte 6.4.2 und 6.4.3, oder NEUMANN (1987b), Abschnitte 7.4.3 und 7.4.4) kann man zeigen, daß für das bei fixiertem $FAZ_0 := 0$ eindeutig festgelegte Minimalpotential FAZ der Wert FAZ_i gleich der Länge eines längsten Weges von Knoten 0 nach Knoten i im MPM-Netzplan ist ($i = 1, \ldots, n+1$). Entsprechend ist bei gemäß (2.5.15), (2.5.16) festgelegtem SAZ_{n+1} für das (eindeutige) Maximalpotential SAZ die Größe $SAZ_{n+1} - SAZ_i$ gleich der Länge eines längsten Weges von Knoten i nach Knoten $n+1$ ($i = 0, 1, \ldots, n$). Mit Hilfe eines LC-Algorithmus kann man also die Termine FAZ_i und SAZ_i und anschließend nach (2.5.16) FEZ_i und SEZ_i berechnen ($i = 0, 1, \ldots, n+1$). Für die Pufferzeiten für Vorgang i bekommen wir die folgenden Beziehungen:

(2.5.17)
$$\begin{aligned} \text{Gesamte Pufferzeit } GP_i &= SAZ_i - FAZ_i = SEZ_i - FEZ_i \\ \text{Freie Pufferzeit } FP_i &= \min_{j \in \mathcal{S}(i)} (FAZ_j - b_{ij}) - FAZ_i \\ \text{Freie Rückwärtspufferzeit } FRP_i &= SAZ_i - \max_{k \in \mathcal{P}(i)} (SAZ_k + b_{ki}) \,. \end{aligned}$$

Die freie Pufferzeit und die freie Rückwärtspufferzeit spielen im Rahmen der MPM-Zeitplanung eine geringe Rolle. Ein Vorgang i ist wieder genau dann kritisch, wenn die Gesamtpufferzeit für ihn ihren kleinstmöglichen Wert annimmt, der gleich $SAZ_{n+1} - FAZ_{n+1} = SAZ_0 - FAZ_0 = SAZ_0$ ist:

(2.5.18) i ist kritisch genau dann, wenn $GP_i = \min_{k=0,1,\ldots,n+1} GP_k = SAZ_0$.

Liegt der einem kritischen Vorgang zugeordnete Knoten auf einem Zyklus der Länge 0, dann sind auch alle den übrigen Knoten des Zyklus entsprechenden Vorgänge kritisch. Die Einführung des Begriffs „kritischer Weg“ ist also bei MPM-Netzplänen nicht sinnvoll, der mögliche Begriff „kritische Pfeilfolge“ aber unüblich.

Eine Pascal-nahe Beschreibung der MPM-Zeitplanung gibt der folgende Algorithmus 2.5.2, der die kürzeste Projektdauer, die kritischen Vorgänge, alle Vorgangstermine und die Gesamtpufferzeiten ermittelt. Algorithmus 2.5.2 basiert auf dem LC-Algorithmus A (Algorithmus 2.4.2) und hat wie dieser die Zeitkomplexität $O(mn)$, wobei m die Anzahl der Pfeile des MPM-Netzplans ist. Zur Berechnung der Termine FAZ_i ($i = 1, \ldots, n+1$) startet man mit den Anfangswerten $FAZ_i := -1$ (an Stelle der Anfangswerte $FAZ_i := -\infty$, da für die endgültigen Werte $FAZ_i \geq 0$ gilt). Anschließend wird, solange für einen Pfeil $\langle i, j \rangle$ $FAZ_j < FAZ_i + b_{ij}$ gilt, FAZ_j durch $FAZ_i + b_{ij}$ ersetzt [1]. Zur Bestimmung der Termine SAZ_i ($i = 0, \ldots, n$) startet man mit den Anfangswerten $SAZ_i := SAZ_{n+1} + 1$ (statt $SAZ_i := \infty$, da für die endgültigen

[1] Am Ende des Algorithmus muß FAZ_j gleich der Länge eines längsten Weges von Knoten 0 nach Knoten j sein.

Werte $SAZ_i \leq SAZ_{n+1}$ ist). Solange für einen Pfeil $\langle k, i \rangle$ $SAZ_{n+1} - SAZ_k < SAZ_{n+1} - (SAZ_i - b_{ki})$ oder damit gleichbedeutend $SAZ_k > SAZ_i - b_{ki}$ gilt, wird SAZ_k durch $SAZ_i - b_{ki}$ ersetzt [1].

Für Algorithmus 2.5.2 sei der MPM-Netzplan wieder in Form einer Nachfolgerliste gegeben, wobei Knoten 0 dem Projektbeginn und Knoten $n+1$ dem Projektende entsprechen. Weiter seien die Dauern D_i aller realen Vorgänge $i = 1, \ldots, n$ gegeben. Ist ein Projektendtermin T nicht vorgeschrieben, so sei $T := \infty$ gesetzt. K bedeute die Menge der kritischen Vorgänge.

Algorithmus 2.5.2 (MPM-Zeitplanung)

Schritt 1 (Bestimmung der Vorgängermengen)

Setze $\mathcal{P}(i) := \emptyset$ *für* $i = 0, \ldots, n+1$
Für $i = 0, \ldots, n$
 Für alle $j \in \mathcal{S}(i)$ *setze* $\mathcal{P}(j) := \mathcal{P}(j) \cup \{i\}$

Schritt 2 (Ermittlung der frühesten Termine FAZ_i und der kürzesten Projektdauer FAZ_{n+1})

Setze $FAZ_0 := 0$, $Q := \{0\}$ *(Q ist eine Schlange)*
 $FAZ_i := -1$ *für* $i = 1, \ldots, n+1$
Solange $Q \neq \emptyset$
 Entferne i *vom Kopf von* Q
 Für alle $j \in \mathcal{S}(i)$ *mit* $FAZ_j < FAZ_i + b_{ij}$
  Setze $FAZ_j := FAZ_i + b_{ij}$
  Falls $j \notin Q$, *füge* j *am Ende von* Q *ein*
Falls $T < FAZ_{n+1}$, *terminiere (der vorgegebene Projekttermin ist nicht einzuhalten)*

Schritt 3 (Berechnung der spätesten Termine SAZ_i)

Falls $T = \infty$, *setze* $T := FAZ_{n+1}$
Setze $SAZ_{n+1} := T$, $Q := \{n+1\}$ *(Q ist eine Schlange)*
 $SAZ_i := T + 1$ *für* $i = 0, \ldots, n$
Solange $Q \neq \emptyset$
 Entferne i *vom Kopf von* Q
 Für alle $k \in \mathcal{P}(i)$ *mit* $SAZ_k > SAZ_i - b_{ki}$
  Setze $SAZ_k := SAZ_i - b_{ki}$
  Falls $k \notin Q$, *füge* k *am Ende von* Q *ein*

---
[1] Am Ende des Algorithmus muß $SAZ_{n+1} - SAZ_k$ gleich der Länge eines längsten Weges von Knoten k nach Knoten $n+1$ sein.

Schritt 4 (Bestimmung der Größen FEZ_i, SEZ_i, GP_i und der kritischen Vorgänge)

Setze $D_0 := 0,\ D_{n+1} := 0,\ K := \emptyset$
Für $i = 0, \ldots, n+1$
    Setze $FEZ_i := FAZ_i + D_i,\ SEZ_i := SAZ_i + D_i,\ GP_i := SAZ_i - FAZ_i$
    Falls $GP_i = SAZ_0$, *setze* $K := K \cup \{i\}$

□

Wir wollen nun für das in Abschnitt 2.5.4 betrachtete Projekt „Einrichtung einer neuen Küche" eine MPM-Zeitplanung durchführen, wobei von den Pufferzeiten nur die Gesamtpufferzeit gesucht sei. Der Projektendtermin sei auf 8 Tage nach Projektbeginn festgelegt. Wenden wir zur Bestimmung der Größen FAZ_i (beginnend mit $FAZ_0 := 0$) und SAZ_i (beginnend mit $SAZ_7 := 16 > FAZ_7$) Algorithmus 2.5.2 an, so erhalten wir die in Tab. 2.5.6 und Tab. 2.5.7 aufgelisteten Resultate. Dabei ist die Schlange Q jeweils als Folge $(i_1, \ldots, i_s)$ dargestellt. Die Entfernung eines Knotens i aus Q und Untersuchung der Nachfolger j von i (bei der Berechnung der FAZ_i) bzw. der Vorgänger k von i (bei der Berechnung der SAZ_i) bezeichnen wir als einen „Durchlauf" (vgl. hierzu Abschnitt 2.4.2).

Die kürzeste Projektdauer beträgt 7 Tage ($FAZ_7 = 14$ halbe Arbeitstage). Mit (2.5.16), (2.5.17) und (2.5.18) erhalten wir die in Tab. 2.5.8 zusammengestellten Resultate. Die kritischen Vorgänge sind wieder durch einen Stern markiert. Wir stellen fest, daß bis auf Vorgang 3 (Klempnerarbeiten) alle Vorgänge kritisch sind.

Durchlauf	1	2	3	4	5	6	7	8	9	10	11	12
Knoten i	FAZ_i											
1	0	0	0	0	0	0	0	0	0	0	0	0
2	−1	3	3	3	3	3	3	3	3	3	3	3
3	−1	3	3	3	3	3	3	3	3	3	3	3
4	4	4	4	4	6	6	6	6	6	6	6	6
5	−1	−1	7	7	7	7	7	7	9	9	9	9
6	8	8	8	8	8	8	8	8	8	10	10	10
7	−1	−1	−1	12	12	12	12	12	12	12	14	14
Q	(1,4,6)	(4,6,2,3)	(6,2,3,5)	(2,3,5,7)	(3,5,7,4)	(5,7,4)	(7,4)	(4)	(5)	(6)	(7)	$\emptyset$

Tab. 2.5.6

Durchlauf	1	2	3	4	5	6	7	8	9	10
Knoten i					SAZ_i					
0	17	4	4	4	4	4	4	4	2	2
1	17	17	4	4	4	4	2	2	2	2
2	17	17	17	17	17	5	5	5	5	5
3	17	17	17	17	17	6	6	6	6	6
4	17	17	11	8	8	8	8	8	8	8
5	17	11	11	11	11	11	11	11	11	11
6	12	12	12	12	12	12	12	12	12	12
Q	(6)	(0,5)	(5,1, 4)	(1,4)	(4)	(2,3)	(3,1)	(1)	(0)	$\emptyset$

Tab. 2.5.7

	i	D_i	FAZ_i	FEZ_i	SAZ_i	SEZ_i	GP_i
*	0	0	0	0	2	2	2
*	1	1	0	1	2	3	2
*	2	3	3	6	5	8	2
	3	2	3	5	6	8	3
*	4	3	6	9	8	11	2
*	5	1	9	10	11	12	2
*	6	4	10	14	12	16	2
*	7	0	14	14	16	16	2

Tab. 2.5.8

2.6 Flüsse in Netzwerken

Probleme der Bestimmung optimaler Flüsse in Netzwerken treten in der Praxis zum Beispiel auf, wenn der größtmögliche Verkehrsfluß in einem Verkehrsnetz oder der kostengünstigste Durchfluß von Öl, Gas, Wärme o.ä. durch ein Leitungsnetz gesucht sind. In diesem Abschnitt werden wir Verfahren zur Bestimmung von maximalen und von kostenminimalen Flüssen in Netzwerken mit Kapazitätsbeschränkungen behandeln.

2.6.1 Flüsse und Schnitte in Netzwerken

Sind jedem Pfeil $\langle i, j\rangle$ eines Digraphen $\langle V, E\rangle$ ohne isolierte Knoten eine sogenannte **Minimalkapazität** $\lambda_{ij} \in \mathbb{R}_+$ und eine **Maximalkapazität** $\kappa_{ij} \in$

$\mathbb{R}_+ \cup \{\infty\}$ mit $\lambda_{ij} \leq \kappa_{ij}$ zugeordnet, so sprechen wir von einem **Netzwerk mit Kapazitäten** und verwenden das Symbol $N = \langle V, E; \lambda, \kappa \rangle$. λ_{ij} und κ_{ij} können etwa die Mindest- bzw. Höchstmenge eines Produktes sein, das auf dem Pfeil $\langle i, j \rangle$ von i nach j transportiert wird. $\kappa_{ij} = \infty$ bedeutet, daß die auf $\langle i, j \rangle$ transportierte Menge nicht nach oben beschränkt ist.

Seien r und $s \in \dot{\mathcal{R}}(r)$ zwei Knoten eines Netzwerkes mit Kapazitäten N. Eine Abbildung $\phi : E \to \mathbb{R}_+ \cup \{\infty\}$ (mit den Funktionswerten ϕ_{ij} auf den Pfeilen $\langle i, j \rangle$) heißt **Fluß** in N **von** r **nach** s mit der (Fluß-)**Stärke** $\omega \geq 0$, wenn die folgende **Flußbedingung** erfüllt ist:

$$\sum_{j \in \mathcal{S}(i)} \phi_{ij} - \sum_{k \in \mathcal{P}(i)} \phi_{ki} = \begin{cases} \omega\,, & \text{für } i = r \\ -\omega\,, & \text{für } i = s \\ 0\,, & \text{für } i \in V \backslash \{r, s\}\,. \end{cases} \tag{2.6.1}$$

Dabei verwenden wir als Rechenregel $\infty - \infty = 0$. Die ausgezeichneten Knoten r und s werden **Flußquelle** bzw. **Flußsenke** genannt. Die Flußquelle r braucht keine Quelle und die Flußsenke s keine Senke des Netzwerkes N zu sein. Ist neben (2.6.1) die Bedingung

$$\lambda_{ij} \leq \phi_{ij} \leq \kappa_{ij} \quad \text{für alle } \langle i, j \rangle \in E \tag{2.6.2}$$

erfüllt, dann sprechen wir von einem **zulässigen Fluß** ϕ.

Die Größe $\sum_{j \in \mathcal{S}(i)} \phi_{ij}$ stellt die aus dem Knoten i herausfließende und die Größe $\sum_{k \in \mathcal{P}(i)} \phi_{ki}$ die in den Knoten i hineinfließende Flußmenge dar. Für die Knoten $i \in V \backslash \{r, s\}$ entspricht somit die Flußbedingung (2.6.1) dem **Kirchhoffschen Knotensatz** für elektrische Netzwerke: In jeden Verzweigungspunkt eines elektrischen Netzwerkes fließt pro Zeiteinheit ebenso viel hinein wie heraus.

Wegen $s \in \dot{\mathcal{R}}(r)$ liegen r und s in derselben schwachen Zusammenhangskomponente N' von N. In jeder anderen schwachen Zusammenhangskomponente N'' von N gilt für alle Knoten i der Kirchhoffsche Knotensatz, und eine Änderung der Flußwerte auf den Pfeilen von N'' wirkt sich nicht auf die Flußwerte von N' aus. Es ist deshalb sinnvoll, im folgenden vorauszusetzen, daß das zugrunde liegende Netzwerk N schwach zusammenhängend sei.

Der Fluß ϕ mit $\phi_{ij} = 0$ für alle $\langle i, j \rangle \in E$ heißt **Nullfluß**. Ist $\lambda_{ij} = 0$ für alle $\langle i, j \rangle \in E$ (dieser Fall tritt in den Anwendungen besonders häufig auf), dann ist der Nullfluß zulässig. Ein Fluß ϕ^1 heißt **größer** als ein Fluß ϕ^2, wenn $\omega(\phi^1) > \omega(\phi^2)$ ist, wobei $\omega(\phi^\nu)$ die Stärke des Flusses ϕ^ν ist ($\nu = 1, 2$).

Ein zulässiger Fluß maximaler Stärke in N von r nach s wird **maximaler Fluß** genannt. Maximale Flüsse sind also Lösungen des **Maximalfluß-Problems**

$$\begin{cases} \text{Max. } \omega \\ \text{u.d.N. } (2.6.1), (2.6.2)\,, \end{cases} \tag{2.6.3}$$

das ein lineares Optimierungsproblem mit den Variablen ω und ϕ_{ij} ($\langle i,j\rangle \in E$) darstellt. Ein maximaler Fluß (mit endlicher Stärke) existiert z.B. stets, wenn die Maximalkapazitäten κ_{ij} für alle Pfeile $\langle i,j\rangle$ von N endlich sind und es einen zulässigen Fluß gibt.

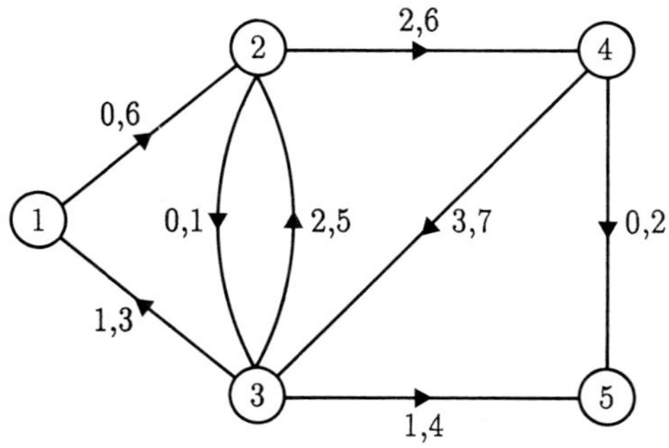

Abb. 2.6.1

In Abb. 2.6.1 ist ein Netzwerk mit Kapazitäten dargestellt, wobei die Minimal- und Maximalkapazitäten an den Pfeilen $\langle i,j\rangle$ in der Form $\lambda_{ij}, \kappa_{ij}$ angeschrieben sind. Abb. 2.6.2 und Abb. 2.6.3 zeigen zulässige Flüsse in diesem Netzwerk von der Flußquelle $r = 1$ zur Flußsenke $s = 5$ der Stärke 2 bzw. 4 (die Zahlen an den Pfeilen $\langle i,j\rangle$ bedeuten die Flußwerte ϕ_{ij}). Der Fluß der Stärke 4 in Abb. 2.6.3 ist maximal.

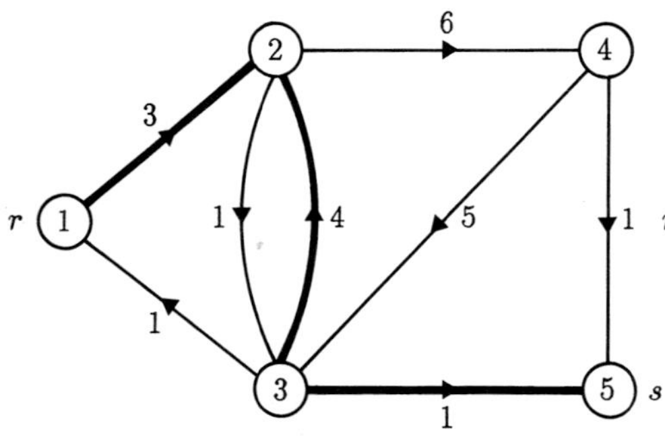

Abb. 2.6.2

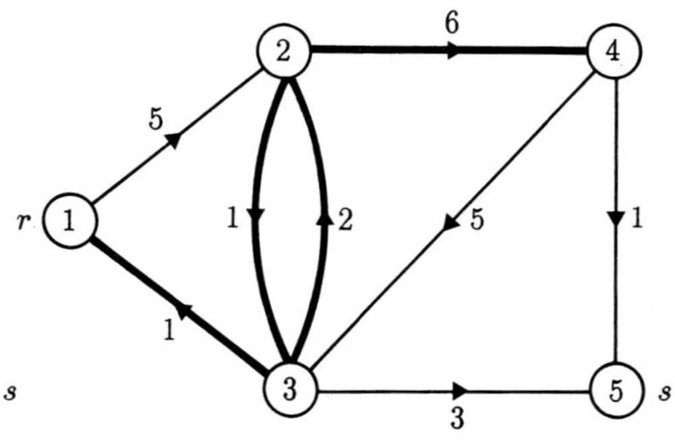

Abb. 2.6.3

Um einen maximalen Fluß schrittweise zu ermitteln, startet man etwa mit einem zulässigen Ausgangsfluß und konstruiert eine Folge von zulässigen Flüssen mit wachsender Flußstärke. Wir wollen nun erläutern, wie man aus einem gegebenen zulässigen Fluß ϕ^1 einen größeren zulässigen Fluß ϕ^2 erhalten kann.

Sei S ein Semiweg in N mit den Endknoten r (Flußquelle) und $k \neq r$, den wir mit der Orientierung von r nach k versehen und dann auch als **(r,k)-Semiweg** bezeichnen. Ein Pfeil von S heißt **Vorwärtspfeil**, wenn er dieselbe Orientierung wie S hat (also von r nach k hin gerichtet ist), und andernfalls **Rückwärtspfeil**. Der in Abb. 2.6.2 stark ausgezeichnete $(1,5)$-Semiweg besteht aus den Vorwärtspfeilen $\langle 1,2\rangle$ und $\langle 3,5\rangle$ und dem Rückwärtspfeil $\langle 3,2\rangle$. Für einen zulässigen Fluß ϕ in N von r nach s und einen (r,k)-Semiweg S stellt dann

$$\epsilon_{ij} := \begin{cases} \kappa_{ij} - \phi_{ij}\,, & \text{falls } \langle i,j\rangle \text{ Vorwärtspfeil von } S \\ \phi_{ij} - \lambda_{ij}\,, & \text{falls } \langle i,j\rangle \text{ Rückwärtspfeil von } S \end{cases}$$

den maximalen Betrag dar, um den der Flußwert auf dem Vorwärtspfeil $\langle i,j\rangle$ vergrößert bzw. der Wert des „Rückflusses" auf dem Rückwärtspfeil $\langle i,j\rangle$ verkleinert werden kann, ohne die Zulässigkeitsbedingung (2.6.2) (und die Flußbedingung (2.6.1)) zu verletzen. Ist $\epsilon_{ij} > 0$ für alle Pfeile $\langle i,j\rangle$ von S, dann heißt S ein **flußvergrößernder (r,k)-Semiweg** für den Fluß ϕ. In diesem Fall kann die Stärke des Flusses ϕ um $\epsilon > 0$ vergrößert werden, wobei ϵ das Minimum der Werte ϵ_{ij} aller Pfeile $\langle i,j\rangle$ von S ist. Für den in Abb. 2.6.2 stark ausgezeichneten Semiweg erhalten wir

$$\epsilon_{12} = 3\,, \quad \epsilon_{32} = 2\,, \quad \epsilon_{35} = 3$$

und folglich $\epsilon = 2$. Damit kann die Stärke 2 des Flusses in Abb. 2.6.2 um 2 vergrößert werden, und wir bekommen den Fluß der Stärke 4 in Abb. 2.6.3.

Gibt es für einen zulässigen Fluß ϕ von r nach s keinen flußvergrößernden (r,s)-Semiweg (z.B. für den Fluß in Abb. 2.6.3), so ist ϕ offensichtlich maximal. Dieses leicht zu beweisende Ergebnis (vgl. Lawler (1976), Abschnitt 4.2, und Neumann (1975b), Abschnitt 4.2.3) formulieren wir als

Satz 2.6.1. *Ein zulässiger Fluß ϕ von r nach s in einem Netzwerk mit Kapazitäten ist genau dann maximal, wenn für ϕ kein flußvergrößernder (r,s)-Semiweg existiert.*

Satz 2.6.1 liefert ein Abbruchkriterium für das in Abschnitt 2.6.2 behandelte Verfahren zur Lösung des Maximalfluß-Problems, das eine Folge von Flüssen wachsender Stärke mit Hilfe flußvergrößernder Semiwege konstruiert.

Wir führen nun den Begriff des Schnittes in einem Digraphen $\vec{G} = \langle V,E\rangle$ ein. Hierzu sei die Knotenmenge V in zwei nichtleere (disjunkte) Mengen A und B zerlegt (d.h., es sei $V = A \cup B, A \cap B = \emptyset$ und $A, B \neq \emptyset$). Die Menge der von A nach B führenden Pfeile (d.h. der Pfeile mit Anfangsknoten in A und Endknoten in B) wird dann (A von B) trennender **Schnitt** in $\vec{G}$ genannt und mit $C\langle A,B\rangle$ bezeichnet. Die Menge der von B nach A führenden Pfeile heißt der zu $C\langle A,B\rangle$ **konträre Schnitt** $C\langle B,A\rangle$. Die Pfeilmenge $C\langle A,B\rangle \cup C\langle B,A\rangle$ wird **(*A*,*B*)-Schnitt** genannt. Gilt für zwei Knoten i und j $i \in A$ und $j \in B$, so nennen wir den (A,B)-Schnitt auch einen **(*i*,*j*)-Schnitt** (jeder solche Schnitt *trennt* den Knoten i von Knoten j).

Jedem Schnitt $C\langle A,B\rangle$ in einem Netzwerk N mit Kapazitäten können wir eine Minimalkapazität $\lambda(C\langle A,B\rangle)$ und eine Maximalkapazität $\kappa(C\langle A,B\rangle)$ wie folgt zuordnen:

$$\lambda(C\langle A,B\rangle) := \sum_{\langle i,j\rangle \in C\langle A,B\rangle} \lambda_{ij}$$

$$\kappa(C\langle A,B\rangle) := \sum_{\langle i,j\rangle \in C\langle A,B\rangle} \kappa_{ij} \,.$$

Die Größe

$$\mu(A,B) := \kappa(C\langle A,B\rangle) - \lambda(C\langle B,A\rangle)$$

heißt **Kapazität des (*A*,*B*)-Schnittes** und entspricht der Differenz aus der größtmöglichen Flußmenge von A nach B und der kleinstmöglichen „Rückflußmenge" von B nach A und damit der maximalen (Netto-)Menge, die von A nach B transportiert werden kann. Der in Abb. 2.6.3 stark ausgezeichnete (A,B)-Schnitt mit $A = \{1,2\}$, $B = \{3,4,5\}$ setzt sich aus dem Schnitt $C\langle A,B\rangle = \{\langle 2,3\rangle, \langle 2,4\rangle\}$ und dem hierzu konträren Schnitt $C\langle B,A\rangle = \{\langle 3,1\rangle, \langle 3,2\rangle\}$ zusammen. Für die Kapazität des (A,B)-Schnittes erhalten wir $\mu(A,B) = 7-3 = 4$. Sind die Minimalkapazitäten aller Pfeile im Netzwerk N gleich 0, so wird in der Literatur ein Schnitt $C\langle A,B\rangle$ auch als (A,B)-Schnitt bezeichnet, da in diesem Fall $\mu(A,B) = \kappa(C\langle A,B\rangle)$ gilt.

Ein Schnitt, der unter allen (r,s)-Schnitten in einem Netzwerk mit Kapazitäten N minimale Kapazität hat, wird **minimaler (*r*,*s*)-Schnitt** genannt. Der in Abb. 2.6.3 stark ausgezeichnete Schnitt ist ein minimaler $(1,5)$-Schnitt. Man kann zeigen, daß das Problem der Bestimmung eines minimalen (r,s)-Schnittes in N **(Minimalschnitt-Problem)** die duale Optimierungsaufgabe zum Maximalfluß-Problem (2.6.3) ist. Das Dualitätstheorem der linearen Optimierung (Satz 1.4.3), das insbesondere besagt, daß die optimalen Zielfunktionswerte zweier dualer Optimierungsprobleme gleich sind, liefert dann

Satz 2.6.2 (Maximalfluß-Minimalschnitt-Theorem). *Die Stärke eines maximalen Flusses von r nach s in einem Netzwerk N mit Kapazitäten ist gleich der Kapazität eines minimalen (r,s)-Schnittes in N.*

Da ein minimaler (r,s)-Schnitt als „dünnste Stelle" im Netzwerk N für den Flußtransport von r nach s angesehen werden kann, besagt Satz 2.6.2, daß durch das Netzwerk von r nach s höchstens so viel transportiert werden kann, wie dessen dünnste Stelle hindurchläßt.

2.6.2 Bestimmung maximaler Flüsse mit dem Algorithmus von Ford und Fulkerson

In diesem Abschnitt wollen wir zunächst das bereits in Abschnitt 2.6.1 erwähnte Verfahren zur Bestimmung eines Maximalflusses von r nach s in einem Netzwerk mit Kapazitäten $N = \langle V, E; \lambda, \kappa \rangle$ behandeln. Dieses Verfahren, das unter dem Namen **Ford-Fulkerson-Algorithmus** bekannt ist, besteht im Prinzip darin, eine Folge von zulässigen Flüssen wachsender Stärke zu ermitteln, indem man flußvergrößernde (r, s)-Semiwege konstruiert. Um für einen zulässigen Fluß ϕ einen flußvergrößernden (r, s)-Semiweg zu bestimmen, empfiehlt es sich, Knotenmarkierungen zu verwenden. Dabei wird ein Knoten $k \neq r$ genau dann markiert, wenn es für ϕ einen flußvergrößernden (r, k)-Semiweg gibt, d.h., wenn von r nach k zusätzlich eine positive Menge transportiert werden kann. Die Flußquelle r wird stets markiert. Die Flußsenke s wird genau dann markiert, wenn der Fluß ϕ nicht maximal ist, also noch vergrößert werden kann. Jeder Iterationsschritt des Ford-Fulkerson-Algorithmus besteht folglich aus einem Markierungsprozeß und (abgesehen vom letzten Schritt) einer Flußvergrößerung des aktuellen Flusses ϕ.

Markierungsprozeß. Der Markierungsprozeß beginnt bei der Flußquelle r, der wir die Marke $(+, \epsilon_r)$ mit $\epsilon_r := \infty$ zuweisen, was anschaulich besagt, daß die Flußquelle eine unendlich große Ergiebigkeit besitzt. Sei nun i ein bereits markierter Knoten mit der Marke (l^+, ϵ_i) oder (l^-, ϵ_i). Dabei bedeutet die Marke (l^+, ϵ_i), daß Knoten i vom Knoten $l \in \mathcal{P}(i)$ aus „vorwärts markiert“ worden ist, während die Marke (l^-, ϵ_i) besagt, daß i vom Knoten $l \in \mathcal{S}(i)$ aus „rückwärts markiert“ worden ist. Wir **überprüfen** nun den Knoten i, indem wir alle noch nicht markierten Nachfolger und Vorgänger von i untersuchen. Ist $j \in \mathcal{S}(i)$ noch nicht markiert worden und gilt $\phi_{ij} < \kappa_{ij}$, dann wird j die Marke (i^+, ϵ_j) mit $\epsilon_j := \min(\epsilon_i, \kappa_{ij} - \phi_{ij})$ zugewiesen. ϵ_j stellt die maximale Vergrößerung des Flußwertes ϕ_{ij} dar, die möglich ist, ohne die Zulässigkeitsbedingung (2.6.2) zu verletzen. Ist $k \in \mathcal{P}(i)$ noch nicht markiert worden und gilt $\phi_{ki} > \lambda_{ki}$, so erhält k die Marke (i^-, ϵ_k) mit $\epsilon_k := \min(\epsilon_i, \phi_{ki} - \lambda_{ki})$. ϵ_k ist die maximale Verkleinerung des „Rückflußwertes“ ϕ_{ki} unter Beachtung der Zulässigkeitsbedingung (2.6.2). Die Markierungsvorschriften sind in Tab. 2.6.1 noch einmal aufgelistet.

Knoten	Markierungsbedingung	Marke des Knotens	ϵ_j bzw. ϵ_k
j	$j \in \mathcal{S}(i)$ und $\phi_{ij} < \kappa_{ij}$	(i^+, ϵ_j)	$\epsilon_j = \min(\epsilon_i, \kappa_{ij} - \phi_{ij})$
k	$k \in \mathcal{P}(i)$ und $\phi_{ki} > \lambda_{ki}$	(i^-, ϵ_k)	$\epsilon_k = \min(\epsilon_i, \phi_{ki} - \lambda_{ki})$

Tab. 2.6.1

Hat man alle nicht markierten Nachfolger und Vorgänger des Knotens i untersucht und gegebenenfalls markiert, so wird ein weiterer markierter Knoten überprüft. Dieser Markierungsprozeß bricht ab, sobald entweder die Flußsenke s markiert worden ist oder kein weiterer Knoten mehr markiert werden kann und s unmarkiert bleibt. In letzterem Fall ist der aktuelle Fluß ϕ maximal, in ersterem Fall schließt sich ein Flußvergrößerungsprozeß an, in dem ein flußvergrößernder (r, s)-Semiweg konstruiert wird.

Flußvergrößerung. Der Flußvergrößerungsprozeß beginnt bei der Flußsenke s. Ist s mit der Marke (q^+, ϵ_s) versehen worden, dann setzen wir $\phi'_{qs} := \phi_{qs} + \epsilon$ mit $\epsilon := \epsilon_s$, ist s mit (q^-, ϵ_s) markiert worden, so legen wir $\phi'_{sq} := \phi_{sq} - \epsilon$ fest. Anschließend betrachten wir den Knoten q. Ist q mit (p^+, ϵ_q) markiert worden, dann setzen wir $\phi'_{pq} := \phi_{pq} + \epsilon$, hat q die Marke (p^-, ϵ_q), so legen wir $\phi'_{qp} := \phi_{qp} - \epsilon$ fest. Analog fahren wir fort. Auf diese Weise konstruieren wir „rückwärts" (d.h. von s in Richtung von r) einen (r, s)-Semiweg S, der nur markierte Knoten enthält. Auf den Vorwärtspfeilen von S werden die Flußwerte jeweils um ϵ vergrößert und auf den Rückwärtspfeilen von S um ϵ verkleinert. Die Stärke des neuen Flusses ϕ' ist folglich $\omega(\phi') = \omega(\phi) + \epsilon$.

Sind die Maximalkapazitäten aller Pfeile des Netzwerkes N endlich und existiert ein zulässiger Fluß, so gibt es, wie bereits erwähnt, auch stets einen maximalen Fluß. Sind zudem alle Minimal- und Maximalkapazitäten ganzzahlig und starten wir mit einem ganzzahligen zulässigen Ausgangsfluß ϕ (d.h. $\phi_{ij} \in \mathbb{Z}_+$ für alle $\langle i, j\rangle \in E$), dann wird in jedem Iterationsschritt des Ford-Fulkerson-Algorithmus die Flußstärke um einen ganzzahligen Wert vergrößert, und das Verfahren liefert nach endlich vielen Schritten einen ganzzahligen maximalen Fluß. Durch eine geeignete Modifikation des Algorithmus kann auch bei beliebigen reellen Minimal- und Maximalkapazitäten die Endlichkeit des Verfahrens erzwungen werden (s. etwa NEUMANN (1975b), Abschnitt 4.2.4).

Der Ford-Fulkerson-Algorithmus ermittelt neben einem maximalen Fluß von r nach s auch einen minimalen (r, s)-Schnitt. Seien L die Menge der im Markierungsprozeß des letzten Iterationsschrittes markierten Knoten und $\bar{L} := V \backslash L$ die Menge der nicht markierten Knoten (insbesondere ist $r \in L$ und $s \in \bar{L}$). Dann ist der $(L, \bar{L})$-Schnitt ein minimaler (r, s)-Schnitt (zum Beweis vgl. NEUMANN (1975b)), Abschnitt 4.2.3).

Als Beispiel betrachten wir wieder das in Abb. 2.6.1 gegebene Netzwerk mit Kapazitäten, der Flußquelle $r = 1$ und der Flußsenke $s = 5$. Wir starten mit dem zulässigen Fluß von Abb. 2.6.2. Die beiden Abbildungen 2.6.1 und 2.6.2 sind in Abb. 2.6.4 und 2.6.5 noch einmal wiederholt. In Tab. 2.6.2 sind die Knotenmarkierungen in den einzelnen Iterationschritten zusammengestellt.

Der im 1. Iterationsschritt konstruierte flußvergrößernde $(1, 5)$-Semiweg ist in Abb. 2.6.5 stark ausgezeichnet. Den neuen Fluß zeigt Abb. 2.6.6 (vgl. auch Abb. 2.6.3). Der 2. Iterationsschritt führt nicht zur Markierung der Flußsenke.

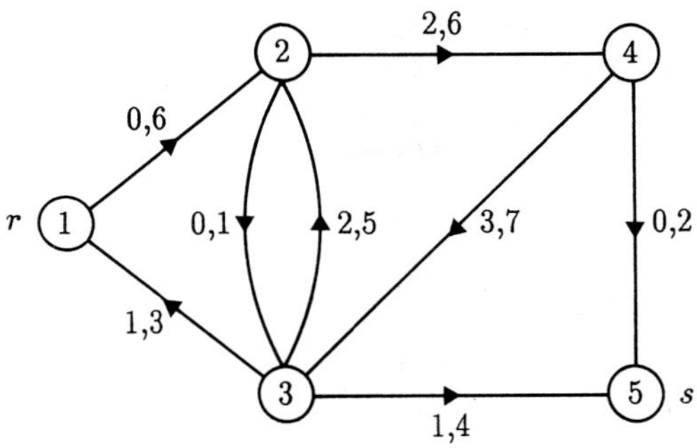

Abb. 2.6.4

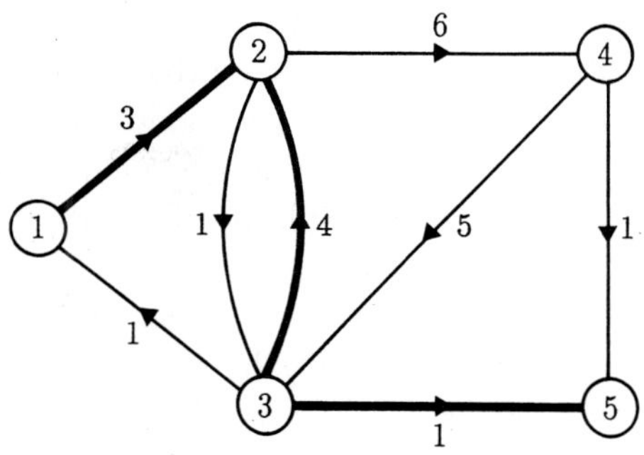

Abb. 2.6.5

Iterationsschritt / Knoten	1	2
1	$(+,\infty)$	$(+,\infty)$
2	$(1^+,3)$	$(1^+,1)$
3	$(2^-,2)$	
4		
5	$(3^+,2)$	

Tab. 2.6.2

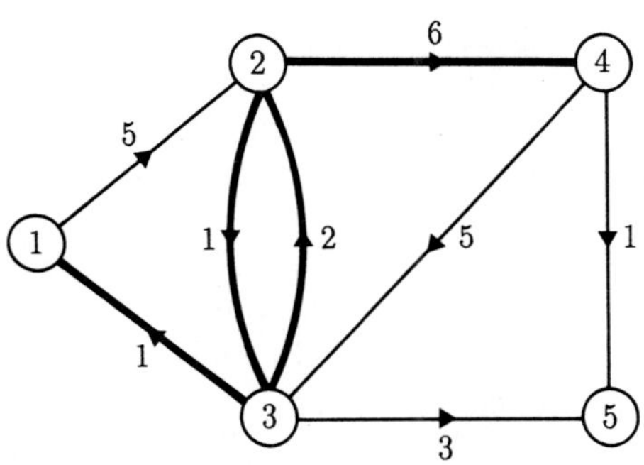

Abb. 2.6.6

Der Fluß mit der Stärke 4 in Abb. 2.6.6 ist also maximal. Mit $L = \{1,2\}$ und $\bar{L} = \{3,4,5\}$ erhalten wir den in Abb. 2.6.6 stark ausgezeichneten minimalen $(1,5)$-Schnitt mit der Kapazität 4.

Wir skizzieren nun noch eine Modifikation des Ford-Fulkerson-Algorithmus, bei der die Bestimmung eines flußvergrößernden (r,s)-Semiweges für einen zulässigen Fluß ϕ nicht mit Hilfe eines Markierungsprozesses, sondern durch Konstruktion eines sogenannten Inkrementnetzwerkes erfolgt (**Inkrementversion des Verfahrens von Ford und Fulkerson**). Hierzu setzen wir voraus, daß das zugrunde liegende Netzwerk mit Kapazitäten N antisymmetrisch sei, d.h. keine Paare entgegengesetzt gerichteter Pfeile enthalte. Dies ist keine Einschränkung der Allgemeinheit, da man einen „unerwünschten" Pfeil $\langle i, j\rangle$ stets durch einen „Zwischenknoten" k und die zwei Pfeile $\langle i, k\rangle$ und $\langle k, j\rangle$ ersetzen kann (s. Abb. 2.6.7). Die Minimal- und Maximalkapazitäten auf den „neuen" Pfeilen $\langle i, k\rangle$ und $\langle k, j\rangle$ stimmen dabei mit denjenigen auf dem „alten" Pfeil $\langle i, j\rangle$ überein.

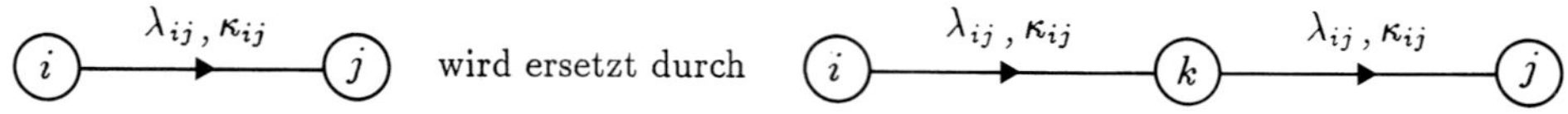

Abb. 2.6.7

Das **Inkrementnetzwerk** mit (lediglich Maximal-)Kapazitäten $N(\phi) = \langle V, E(\phi); \kappa(\phi)\rangle$ zum Netzwerk $N = \langle V, E; \lambda, \kappa\rangle$ für den Fluß ϕ ist wie folgt definiert: $N(\phi)$ enthält jeden Pfeil $\langle i, j\rangle$ von N mit $\phi_{ij} < \kappa_{ij}$ (Kandidat für einen Vorwärtspfeil in einem (r, s)-Semiweg) und für jeden Pfeil $\langle i, j\rangle$ von N mit $\phi_{ij} > \lambda_{ij}$ (Kandidat für eine Rückwärtspfeil) den umgekehrt gerichteten Pfeil $\langle j, i\rangle$, also

$$(2.6.4) \qquad \begin{cases} E(\phi) := E^+(\phi) \cup E^-(\phi) \\ E^+(\phi) := \{\langle i, j\rangle \mid \langle i, j\rangle \in E, \phi_{ij} < \kappa_{ij}\} \\ E^-(\phi) := \{\langle j, i\rangle \mid \langle i, j\rangle \in E, \phi_{ij} > \lambda_{ij}\}\ .^1 \end{cases}$$

Die (Maximal-)Kapazität $\kappa_{ij}(\phi)$ eines Pfeils $\langle i, j\rangle \in E(\phi)$ ist durch

$$(2.6.5) \qquad \kappa_{ij}(\phi) := \begin{cases} \kappa_{ij} - \phi_{ij}\,, & \text{falls } \langle i, j\rangle \in E^+(\phi) \\ \phi_{ji} - \lambda_{ji}\,, & \text{falls } \langle i, j\rangle \in E^-(\phi) \end{cases}$$

gegeben. Wegen der Antisymmetrie von N besitzt $N(\phi)$ keine parallelen Pfeile. Jedem flußvergrößernden (r, s)-Semiweg S in N für den Fluß ϕ entspricht in $N(\phi)$ ein Weg W von r nach s (die Rückwärtspfeile von S entsprechen in $N(\phi)$ und damit in W Pfeilen aus $E^-(\phi)$). Genau dann, wenn in $N(\phi)$ s von r aus nicht erreichbar ist, existiert in N kein flußvergrößernder (r, s)-Semiweg für ϕ, d.h., ϕ ist maximal.

Hat man in $N(\phi)$ einen Weg W von r nach s bestimmt, was beispielsweise mit der Breitensuche (Algorithmus 2.4.7) aus Abschnitt 2.4.3 erfolgen kann,

---

[1] Enthält N einen Knoten, der Anfangs- oder Endknoten lediglich von Pfeilen $\langle i, j\rangle$ mit $\lambda_{ij} = \phi_{ij} = \kappa_{ij}$ ist, so stellt dieser Knoten in $N(\phi)$ einen isolierten Knoten dar ($N(\phi)$ ist also kein Netzwerk). In diesem (für die Praxis uninteressanten) Fall denken wir uns den letzteren Knoten sowie die Pfeile $\langle i, j\rangle$ aus N eliminiert, da auf den Pfeilen $\langle i, j\rangle$ die Flußwerte ohnehin fixiert sind.

so erhält man einen zulässigen Fluß ψ in $N(\phi)$ von r nach s wie folgt:

$$(2.6.6)\qquad \begin{cases} \psi_{ij} := \begin{cases} \epsilon\,, & \text{falls } \langle i,j\rangle \text{ auf } W \\ 0\,, & \text{sonst} \end{cases} & (\langle i,j\rangle \in E(\phi)) \\ \text{mit } \epsilon := \min\limits_{\langle i,j\rangle \text{ auf } W} \kappa_{ij}(\phi)\,. \end{cases}$$

Die „Summe“ ϕ' der Flüsse ϕ in N (mit der Stärke ω) und ψ in $N(\phi)$ (mit der Stärke ϵ), definiert durch

$$(2.6.7)\qquad \phi'_{ij} := \phi_{ij} + \begin{cases} \psi_{ij}\,, & \text{falls } \langle i,j\rangle \in E^+(\phi) \\ -\psi_{ji}\,, & \text{falls } \langle j,i\rangle \in E^-(\phi) \end{cases} \qquad (\langle i,j\rangle \in E)\,,$$

stellt dann einen Fluß in N der Stärke $\omega + \epsilon$ dar. Sind ϕ und ψ zulässig, so ist auch deren „Summe“ ϕ' zulässig.

Wir betrachten ein Zahlenbeispiel zur Inkrementversion des Verfahrens von Ford und Fulkerson. Abb. 2.6.8 zeigt ein Netzwerk N mit Kapazitäten und einen zulässigen Fluß ϕ in N von $r = 1$ nach $s = 6$ mit der Stärke 3. Das zugehörige Inkrementnetzwerk $N(\phi)$ ist in Abb. 2.6.9 wiedergegeben. Der „kürzeste“ Weg (Weg minimaler Pfeilzahl) in $N(\phi)$, auf dem ein Fluß ψ der Stärke 2 fließen kann, ist stark ausgezeichnet. Der entsprechende flußvergrößernde Weg in N, auf dem die Flußwerte auf jedem Pfeil um 2 erhöht werden können, ist in Abb. 2.6.8 ebenfalls fett dargestellt.

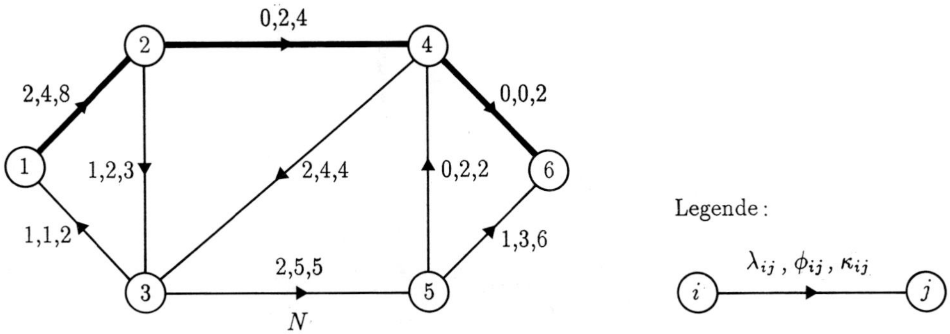

Abb. 2.6.8

Abb. 2.6.10 zeigt in dem Netzwerk N die „Summe“ der Flüsse ϕ und ψ. Den neuen Fluß der Stärke 5 bezeichnen wir der Einfachheit halber wieder mit ϕ. Das zugehörige Inkrementnetzwerk $N(\phi)$ ist in Abb. 2.6.11 dargestellt. Der einzige Weg in $N(\phi)$ ist wieder stark ausgezeichnet, ebenso der entsprechende flußvergrößernde $(1,6)$-Semiweg in Abb. 2.6.10, auf dem die Flußstärke um 1 vergrößert werden kann.

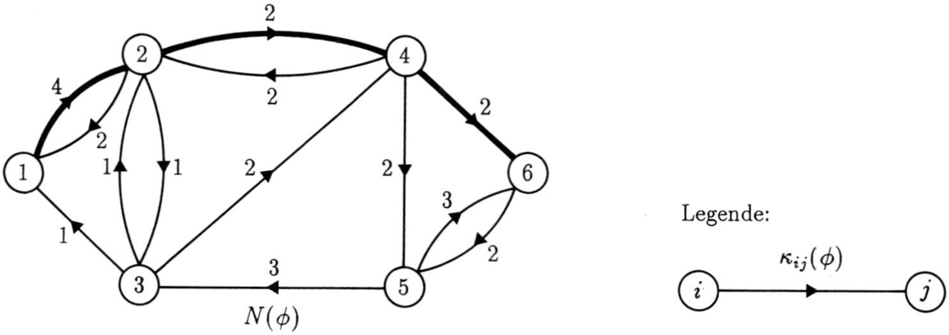

Abb. 2.6.9

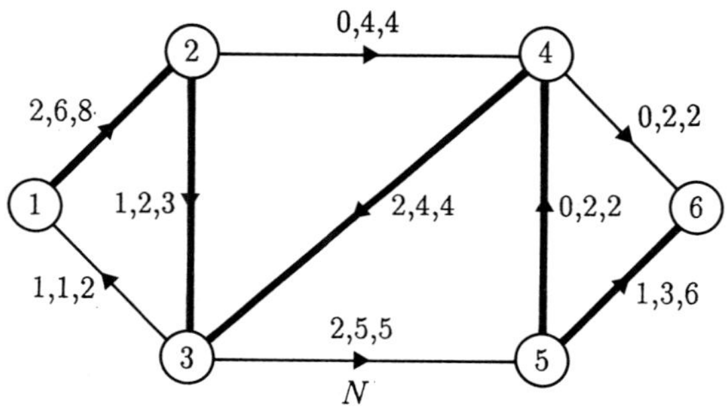

Abb. 2.6.10

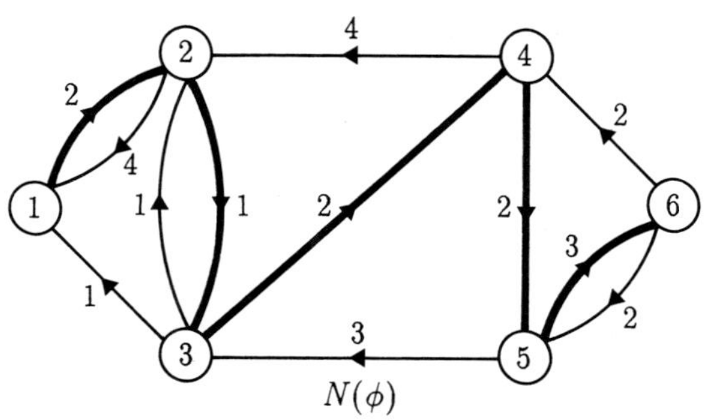

Abb. 2.6.11

Den neuen Fluß ϕ in N der Stärke 6 zeigt Abb. 2.6.12. Im zugehörigen Inkrementnetzwerk $N(\phi)$ in Abb. 2.6.13 ist $s = 6$ nicht von $r = 1$ aus erreichbar. Damit ist der Fluß aus Abb. 2.6.12 maximal.

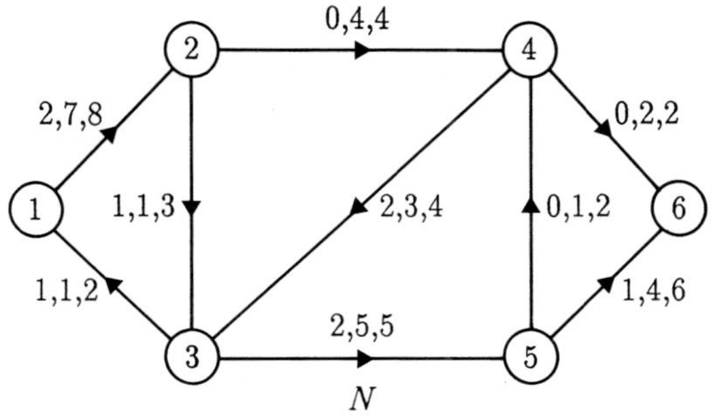

Abb. 2.6.12

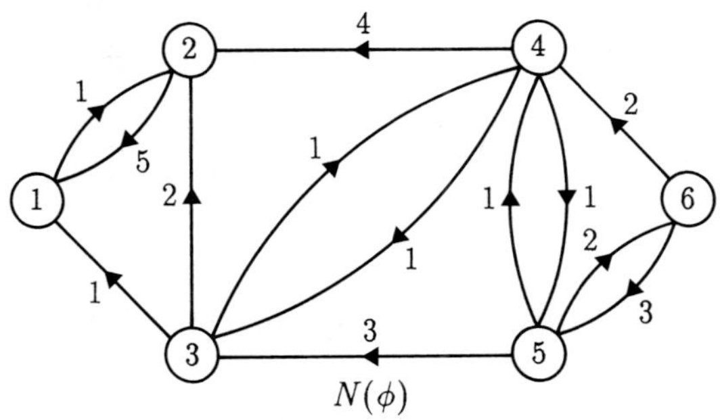

Abb. 2.6.13

Wir geben noch eine Pascal-nahe Beschreibung der Inkrementversion des Verfahrens von Ford und Fulkerson an. Der folgende Algorithmus 2.6.1 bestimmt in einem antisymmetrischen Netzwerk $N = \langle V, E; \lambda, \kappa \rangle$ mit $V = \{1, \ldots, n\}$ einen maximalen Fluß von Knoten r nach Knoten s sowie einen minimalen (r, s)-Schnitt. Das Netzwerk sei (zusammen mit einem zulässigen Anfangsfluß ϕ der Stärke ω) als Nachfolgerliste gegeben. Wie man einen zulässigen Anfangsfluß bestimmen kann (bzw. feststellen kann, ob überhaupt ein zulässiger Fluß von r nach s existiert), werden wir in Abschnitt 2.6.4 sehen. Die Ermittlung eines flußvergrößernden (r, s)-Semiweges für einen Fluß ϕ erfolgt in Algorithmus 2.6.1 durch Bestimmung eines Weges mit minimaler

Pfeilzahl im Inkrementnetzwerk $N(\phi)$, der mit Hilfe der Breitensuche gefunden wird (vgl. Algorithmus 2.4.7 in Abschnitt 2.4.3).

Algorithmus 2.6.1 (Maximaler Fluß — Ford-Fulkerson-Algorithmus)

Schritt 1 (Initialisierung)

Setze b :=*„falsch“*, $C := \emptyset$ *(Die Boolesche Variable* b *erhält den Wert „wahr“, sobald ein maximaler Fluß bestimmt ist)*

Für $i = 1, \ldots, n$ *setze* $\mathcal{M}(i) := \emptyset$ *(*$\mathcal{M}(i)$ *enthält die von* i *aus markierbaren Knoten)*

Für $i = 1, \ldots, n$

 Für alle $j \in \mathcal{S}(i)$

  Falls $\phi_{ij} < \kappa_{ij}$, *setze* $\mathcal{M}(i) := \mathcal{M}(i) \cup \{j\}$

  Falls $\phi_{ij} > \lambda_{ij}$, *setze* $\mathcal{M}(j) := \mathcal{M}(j) \cup \{i\}$

Schritt 2 (Hauptschritt)

Bestimme flußvergrößernden (r,s)-Semiweg

Solange b =*„falsch“*

 Flußvergrößerung

 Bestimme flußvergrößernden (r,s)-Semiweg

Schritt 3 (Ermittlung eines minimalen (*r*,*s*)-Schnittes *C*)

Für alle $i \in L$ *(*L *enthält alle markierten Knoten)*

 Für alle $j \in \mathcal{S}(i) \backslash L$ *setze* $C := C \cup \{\langle i, j\rangle\}$

Für alle $i \in \{1, \ldots, n\} \backslash L$

 Für alle $j \in \mathcal{S}(i) \cap L$ *setze* $C := C \cup \{\langle i, j\rangle\}$

Prozedur *Bestimme flußvergrößernden (r,s)-Semiweg*

Setze $p_r := r$, $\epsilon_r := \infty$

 $Q := \{r\}$, $L := \{r\}$ *(*Q *ist eine Schlange und* L *eine Schlange oder ein Keller)*

Solange $Q \neq \emptyset$

 Entferne i *vom Kopf von* Q

 Für alle $j \in \mathcal{M}(i) \backslash L$

  Füge j *am Ende von* Q *und von* L *ein*

  Falls $j \in \mathcal{S}(i)$, *setze* $p_j := i$, $\epsilon_j := \min(\epsilon_i, \kappa_{ij} - \phi_{ij})$ *(Vorwärtsmarkierung)*

  Andernfalls setze $p_j := -i$, $\epsilon_j := \min(\epsilon_i, \phi_{ji} - \lambda_{ji})$ *(Rückwärtsmarkierung)*

  Falls $j = s$, *terminiere (Flußsenke* s *ist markiert)* [1]

Setze b := *„wahr“ (Flußsenke* s *kann nicht markiert werden)*

[1] „terminiere“ bedeutet einen Sprung an das Ende der Prozedur.

Prozedur *Flußvergrößerung*

Setze $\omega := \omega + \epsilon_s$, $i := s$
Wiederhole
  Setze $j := i$, $i := |p_j|$, $\mathcal{M}(j) := \mathcal{M}(j) \cup \{i\}$
  Falls $p_j > 0$
    Setze $\phi_{ij} := \phi_{ij} + \epsilon_s$ *(Flußvergrößerung, da* j *vorwärts markiert wurde)*
    Falls $\phi_{ij} = \kappa_{ij}$, *setze* $\mathcal{M}(i) := \mathcal{M}(i) \setminus \{j\}$
  Andernfalls
    Setze $\phi_{ji} := \phi_{ji} - \epsilon_s$ *(Rückflußverkleinerung, da* j *rückwärts markiert wurde)*
    Falls $\phi_{ji} = \lambda_{ji}$, *setze* $\mathcal{M}(i) := \mathcal{M}(i) \setminus \{j\}$
bis $i = r$ *(Flußquelle* r *ist erreicht)*

□

Jeder Iterationsschritt des Verfahrens von Ford und Fulkerson besteht aus einem Markierungsprozeß zur Bestimmung eines flußvergrößernden Semiweges mit dem Rechenaufwand $O(m)$ und (abgesehen vom letzten Iterationsschritt) einer Flußvergrößerung mit dem Rechenaufwand $O(n)$, wobei m wieder die Anzahl der Pfeile des Netzwerkes ist. Die Schritte 1 und 2 erfordern jeweils den Rechenaufwand $O(m)$. Sind alle Minimal- und Maximalkapazitäten sowie der Anfangsfluß ganzzahlig und sei ω^* die maximale Flußstärke, dann sind höchstens $\omega^* + 1$ Iterationsschritte notwendig, da in jeder Iteration (abgesehen von der letzten) die Flußstärke um mindestens 1 erhöht wird. Die Zeitkomplexität von Algorithmus 2.6.1 ist folglich $O(m\omega^*)$. Man kann zeigen, daß, wenn die Flußvergrößerung stets längs Semiwegen minimaler Pfeilzahl erfolgt, höchstens $mn/2$ Flußvergrößerungen notwendig sind, selbst wenn die Ausgangsdaten nicht ganzzahlig sind (vgl. etwa JUNGNICKEL (1987), Abschnitt 5.2, oder LAWLER (1976), Abschnitt 4.4). Dies trifft auf Algorithmus 2.6.1 zu, da zur Bestimmung der Wege von r nach s in den Inkrementnetzwerken die Breitensuche verwendet wird. Der Rechenaufwand von Algorithmus 2.6.1 kann also auch durch $O(m^2n)$ abgeschätzt werden.

2.6.3 Bestimmung maximaler Flüsse mit Hilfe von Schichtennetzwerken

Die Anzahl der Iterationsschritte und damit die Zeitkomplexität des Algorithmus von Ford und Fulkerson kann wesentlich verringert werden, wenn man in jedem Iterationsschritt nicht irgendeinen (vom Nullfluß verschiedenen) Fluß im aktuellen Inkrementnetzwerk, sondern einen Fluß möglichst großer Stärke bestimmt. Außerdem wird für eine Flußvergrößerung nicht das gesamte Inkrementnetzwerk $N(\phi)$, sondern nur ein Teilnetzwerk von $N(\phi)$ benötigt. Wir skizzieren hierzu kurz ein von Malhotra, Kumar und Maheshwari stammendes Verfahren (**MKM-Algorithmus** genannt), das die Zeitkomplexität $O(n^3)$ besitzt (was eine deutliche Verringerung des Rechenaufwandes im Vergleich zum Ford-Fulkerson-Algorithmus bedeutet, insbesondere, wenn das zugrunde liegende Netzwerk nicht „sehr dünn“ besetzt ist). Für eine detaillierte Darstellung des MKM-Algorithmus verweisen wir auf JUNGNICKEL (1987), Abschnitte 5.3 und 5.4, und PAPADIMITROU UND STEIGLITZ (1982), Abschnitte 9.3 und 9.4.

Daß für den Markierungsprozeß zur Bestimmung eines Weges von der Flußquelle r zur Flußsenke s in $N(\phi)$ die Breitensuche verwendet wird, bedeutet, daß die Knoten in $N(\phi)$ „schichtenweise“ markiert werden, wobei eine „Schicht“ alle Knoten gleicher Tiefe im Wegebaum mit der Wurzel r (bzw., wenn in $N(\phi)$ alle Pfeile mit der Bewertung 1 versehen werden, alle Knoten j gleicher Entfernung d_j von r) enthält. Bei der Bestimmung eines Weges minimaler Pfeilzahl (bzw. kürzesten Weges) von r nach j in $N(\phi)$ werden nicht benötigt

(i) die Knoten $j \neq s$ mit $d_j \geq d_s$ sowie die mit diesen Knoten j inzidenten Pfeile

(ii) die Pfeile $\langle i, j \rangle$ mit $d_i \geq d_j$.

Werden die Knoten und Pfeile gemäß (i) und (ii) aus $N(\phi)$ entfernt, so kann man in dem resultierenden Netzwerk noch

(iii) die Senken $j \neq s$ sowie die in diese Knoten j einmündenden Pfeile

eliminieren. Dies reduziert das Inkrementnetzwerk $N(\phi)$ zu dem sogenannten **Schichtennetzwerk** $SN(\phi)$, dessen Knotenmenge die Vereinigung der $d_s + 1$ disjunkten „Schichten“ $U_0, U_1, \ldots, U_{d_s}$ ist mit $U_0 := \{r\}$, $U_{d_s} := \{s\}$ sowie $U_\nu := \{j | d_j = \nu \text{ in } N(\phi)\}$ für $\nu = 1, \ldots, d_s - 1$, und das nur die Pfeile $\langle i, j \rangle$ aus $N(\phi)$ mit $i \in U_{\nu-1}$ und $j \in U_\nu$ $(1 \leq \nu \leq d_s)$ enthält.

Als Beispiel betrachten wir das Netzwerk mit Kapazitäten N in Abb. 2.6.14 mit dem zulässigen Fluß ϕ der Stärke 9 von $r = 1$ nach $s = 8$. Das zugehörige Inkrementnetzwerk $N(\phi)$ zeigt Abb. 2.6.15. Die gemäß (i), (ii) und (iii) aus $N(\phi)$ zu elimierenden Knoten und Pfeile sind gestrichelt, punktiert bzw. fett dargestellt. Das resultierende Schichtennetzwerk $SN(\phi)$ zeigt Abb. 2.6.16.

Im Schichtennetzwerk $SN(\phi)$ bestimmt man dann einen sogenannten **blockierenden Fluß**, d.h. einen Fluß mit der Eigenschaft, daß es keinen flußvergrößernden Weg von r nach s gibt (der nur Pfeile aus $E^+(\phi)$, d.h. Pfeile $\langle i, j \rangle$ mit $\phi_{ij} < \kappa_{ij}$, enthält). Hierzu versucht man, in $SN(\phi)$ eine möglichst große Flußmenge von r nach s zu „schieben“. Seien $\kappa_{ij}(\phi)$ die Kapazität des Pfeils $\langle i, j \rangle$ sowie $\mathcal{P}(i)$ und $\mathcal{S}(i)$ die Mengen der Vorgänger bzw. Nachfolger von Knoten i in $SN(\phi)$. Dann ist

$$f_i := \min\left(\sum_{j\in\mathcal{S}(i)} \kappa_{ij}(\phi)\,,\ \sum_{j\in\mathcal{P}(i)} \kappa_{ji}(\phi)\right)$$

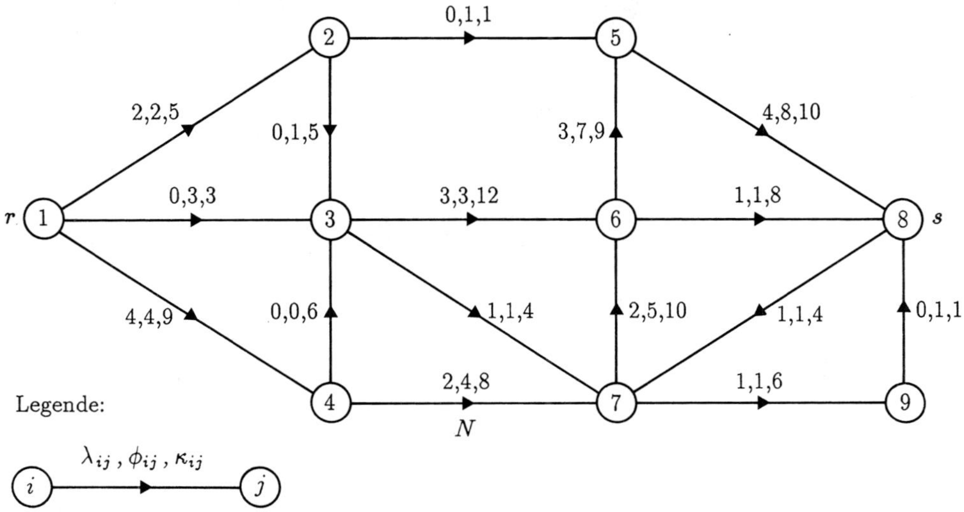

Abb. 2.6.14

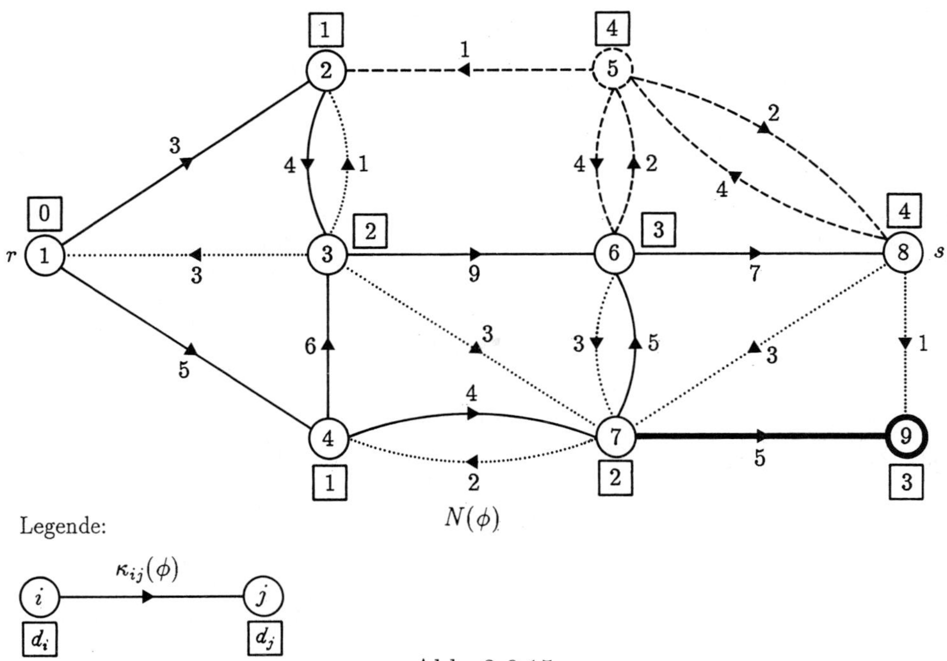

Abb. 2.6.15

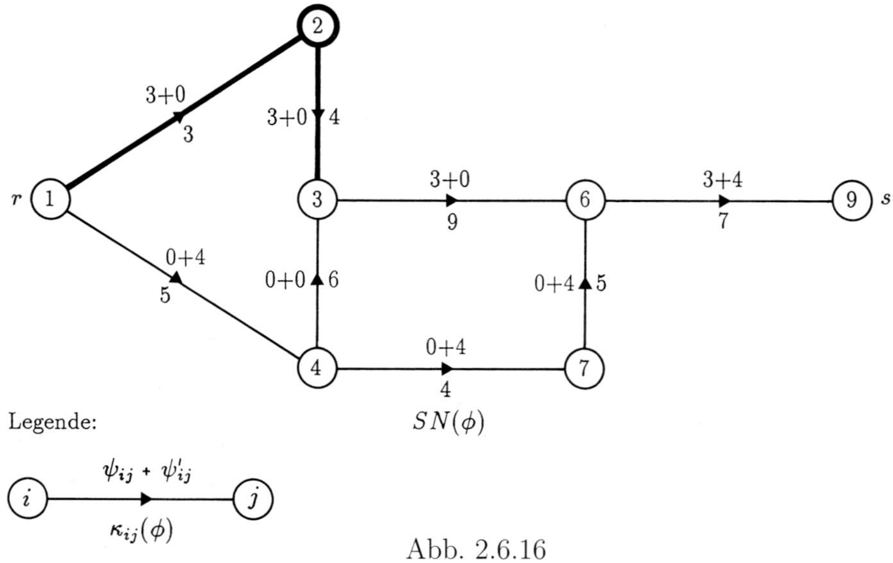

Abb. 2.6.16

die maximale Durchflußmenge durch den Knoten i. Sei l ein Knoten in $SN(\phi)$, für den die maximale Durchflußmenge unter allen Knoten am geringsten ist. Dann ermittelt man einen Fluß ψ in $SN(\phi)$ von r nach s mit der Stärke f_l, der von l aus nach s sukzessiv „durchgeschoben" und von l aus nach r sukzessiv „zurückgezogen" wird. Danach eliminiert man alle Pfeile aus $SN(\phi)$, deren „restliche" Kapazität (d.h. nach dem Transport des Flusses ψ) gleich 0 ist oder die mit einem Knoten (positiv oder negativ) inzident sind, für den die „restliche" maximale Durchflußmenge gleich 0 ist (dies ist z.B. für den Knoten l der Fall). Ein Pfeil $\langle i, j\rangle$ wird also genau dann aus $SN(\phi)$ entfernt, wenn es keinen flußvergrößernden Weg von r nach s für den Fluß ψ gibt, der außer $\langle i, j\rangle$ nur Pfeile aus $E^+(\phi)$ enthält. Schließlich sind noch die Kapazitäten $\kappa_{ij}(\phi)$ der nicht aus $SN(\phi)$ eliminierten Pfeile $\langle i, j\rangle$ um ψ_{ij} zu vermindern.

In dem resultierenden „verkleinerten" Schichtennetzwerk $SN'(\phi)$ bestimmt man wieder die maximale Durchflußmenge f'_i für jeden Knoten i, wählt einen Knoten l', für den diese Durchflußmenge am kleinsten ist, und konstruiert einen Fluß ψ' von r nach s mit der Stärke $f'_{l'}$. Entsprechend fährt man fort. Das Verfahren bricht ab, sobald (mindestens) einer der beiden Knoten r, s eliminiert worden ist. Die „Summe" der ermittelten Flüsse $\psi, \psi', \ldots$ ist dann ein blockierender Fluß in $SN(\phi)$ mit der Stärke $f_l + f'_{l'} + \ldots$

Konstruiert man im Schichtennetzwerk $SN(\phi)$ von Abb. 2.6.16 auf diese Weise zwei Flüsse ψ und ψ' mit den Stärken 3 bzw. 4 (wobei man $l = 2$ mit $f_2 = 3$ und $l' = 7$ mit $f'_7 = 4$ wählt, die nach dem ersten Schritt aus $SN(\phi)$ eliminierten Knoten und Pfeile sind in Abb. 2.6.16 stark ausgezeichnet), so erhält man einen blockierenden Fluß der Stärke 7 in $SN(\phi)$. Die „Summe" der drei Flüsse ϕ, ψ und ψ' in N stellt dann einen maximalen Fluß in N von $r = 1$ nach $s = 8$ mit der Stärke $9 + 3 + 4 = 16$ dar.

2.6.4 Ermittlung eines zulässigen Ausgangsflusses

Um den Ford-Fulkerson-Algorithmus starten zu können, muß ein zulässiger Ausgangsfluß bekannt sein. Bei vielen praktischen Problemen sind alle Minimalkapazitäten gleich 0. Dann ist der Nullfluß (also der Fluß ϕ mit $\phi_{ij} = 0$ für alle $\langle i, j\rangle \in E$) zulässig. Im folgenden werden wir angeben, wie in einem Netzwerk $N = \langle V, E; \lambda, \kappa\rangle$ mit nicht verschwindenden Minimalkapazitäten ein zulässiger Fluß von einer Flußquelle r zu einer Flußsenke $s \in \dot{\mathcal{R}}(r)$ bestimmt werden kann (falls ein zulässiger Fluß überhaupt existiert). Wir werden sehen, daß wir diese Aufgabe auf ein Maximalfluß-Problem in einem gegenüber N erweiterten Netzwerk $\widehat{N}$ mit verschwindenden Minimalkapazitäten zurückführen können.

Alle sich auf das erweiterte Netzwerk $\widehat{N}$ beziehenden Kapazitäten kennzeichnen wir im folgenden mit einem Dach. Zunächst ergänzen wir N durch zwei Knoten q (neue Flußquelle) und t (neue Flußsenke). Sei für $i \in V$

$$\nu_i := \sum_{k \in \mathcal{P}(i)} \lambda_{ki} - \sum_{j \in \mathcal{S}(i)} \lambda_{ij} \ . \qquad (2.6.8)$$

Ist $\nu_i > 0$, dann führen wir einen Pfeil $\langle q, i\rangle$ mit der Maximalkapazität $\widehat{\kappa}_{qi} := \nu_i$ ein. Im Fall $\nu_i < 0$ ergänzen wir N durch einen Pfeil $\langle i, t\rangle$ mit $\widehat{\kappa}_{it} := -\nu_i$. Gilt $\nu_i := 0$, so wird kein zusätzlicher Pfeil eingeführt. Aus (2.6.8) folgt

$$\sum_{i \in V} \nu_i = \sum_{i \in \mathcal{S}(q)} \widehat{\kappa}_{qi} - \sum_{i \in \mathcal{P}(t)} \widehat{\kappa}_{it} = 0$$

und damit

$$\sum_{i \in \mathcal{S}(q)} \widehat{\kappa}_{qi} = \sum_{i \in \mathcal{P}(t)} \widehat{\kappa}_{it} \ . \qquad (2.6.9)$$

Außerdem bemerken wir, daß q Quelle und t Senke von $\widehat{N}$ sind. Enthält das ursprüngliche Netzwerk N nicht den Pfeil $\langle s, r\rangle$, so fügen wir diesen Pfeil dem Netzwerk hinzu. Weiter setzen wir $\widehat{\kappa}_{sr} := \infty$ und für alle übrigen bereits zu N gehörigen Pfeile $\langle i, j\rangle$

$$\widehat{\kappa}_{ij} := \kappa_{ij} - \lambda_{ij} \ .$$

Die Minimalkapazitäten $\widehat{\lambda}_{ij}$ aller Pfeile $\langle i, j\rangle$ von $\widehat{N}$ seien gleich 0.

Die Konstruktion des Netzwerkes $\widehat{N}$ hat folgende anschauliche Bedeutung: Die „Nettomindestmenge", die im Fall $\nu_i > 0$ im Netzwerk N zum Knoten i hin transportiert wird (d.h. die Mindestmenge, die in i hineinfließt, abzüglich der Mindesmenge, die aus i herausfließt), wird im Netzwerk $\widehat{N}$ (in dem alle transportierten Mindestmengen gleich 0 sind) von der neuen Quelle q nach i transportiert. Entsprechend wird im Fall $\nu_i < 0$ die Nettomindestmenge $-\nu_i$, die in N vom Knoten i weg transportiert wird, in $\widehat{N}$ auf dem neuen Pfeil $\langle i, t\rangle$ abtransportiert. Auf den Pfeilen von $\widehat{N}$, die bereits zu N gehören, werden in $\widehat{N}$ nur die die Minimalkapazitäten übersteigenden Mengen transportiert.

Da in $\widehat{N}$ alle Minimalkapazitäten gleich 0 sind, ist der Nullfluß in $\widehat{N}$ zulässig. Ein zulässiger Fluß $\widehat{\phi}$ in $\widehat{N}$ von q nach t heißt **sättigend**, wenn für alle von q ausgehenden Pfeile $\langle q, i\rangle$ $\widehat{\phi}_{qi} = \widehat{\kappa}_{qi}$ (und folglich nach (2.6.9) auch für alle in t einmündenden Pfeile $\langle i, t\rangle$ $\widehat{\phi}_{it} = \widehat{\kappa}_{it}$) ist, d.h. diese Pfeile **gesättigt** sind. Jeder sättigende Fluß $\widehat{\phi}$ in $\widehat{N}$ von q nach t ist maximal.

Aus der Konstruktion des Netzwerkes $\widehat{N}$ ersieht man unmittelbar, daß es genau dann einen zulässigen Fluß in N von r nach s gibt, wenn in $\widehat{N}$ ein (und damit auch jeder) maximaler Fluß von q nach t sättigend ist. Aus einem sättigenden Fluß $\widehat{\phi}$ in $\widehat{N}$ von q nach t bekommt man mit

$$\phi_{ij} := \widehat{\phi}_{ij} + \lambda_{ij} \quad \text{für alle Pfeile } \langle i, j\rangle \text{ von } N \tag{2.6.10}$$

einen zulässigen Fluß ϕ in N von r nach s mit der Stärke $\widehat{\phi}_{sr}$.

Ausgehend von dem Nullfluß, kann man mit Hilfe des Ford-Fulkerson-Algorithmus einen maximalen Fluß $\widehat{\phi}$ in $\widehat{N}$ von q nach t bestimmen. Ist $\widehat{\phi}$ ein sättigender Fluß, so erhält man wie soeben beschrieben aus $\widehat{\phi}$ einen zulässigen Fluß ϕ in N von r nach s. Ist $\widehat{\phi}$ nicht sättigend, dann erfüllt die durch (2.6.10) gegebene Funktion ϕ zwar die Zulässigkeitsbedingung (2.6.2), jedoch nicht für alle Knoten die Flußbedingung (2.6.1), d.h., es existiert kein Fluß in N von r nach s. Wir bemerken noch, daß die beschriebene Konstruktion eines zulässigen Ausgangsflusses in N gültig bleibt, wenn einige Minimal- oder Maximalkapazitäten in N negativ sind (es soll jedoch stets $\lambda_{ij} \leq \kappa_{ij}$ für alle $\langle i, j\rangle \in E$ gelten) und damit auch negative Flußwerte zugelassen werden.

Als Beispiel betrachten wir das Netzwerk N mit Kapazitäten in Abb. 2.6.17. Gesucht ist ein zulässiger Fluß in N von $r = 1$ nach $s = 4$. Die nach (2.6.8) berechneten Werte ν_i sind in Tab. 2.6.3 aufgelistet, und Abb. 2.6.18 zeigt das erweiterte Netzwerk $\widehat{N}$, wobei die neu eingeführten Pfeile gestrichelt gezeichnet und die Maximalkapazitäten an den entsprechenden Pfeilen angeschrieben sind. Ein sättigender Fluß $\widehat{\phi}$ in $\widehat{N}$ von q nach t ist in Abb. 2.6.19 angegeben, und Abb. 2.6.20 zeigt den entsprechenden zulässigen Fluß ϕ in N von $r = 1$ nach $s = 4$ mit der Stärke $\widehat{\phi}_{41} = 3$.

i	1	2	3	4
ν_i	0	1	1	-2

Tab. 2.6.3

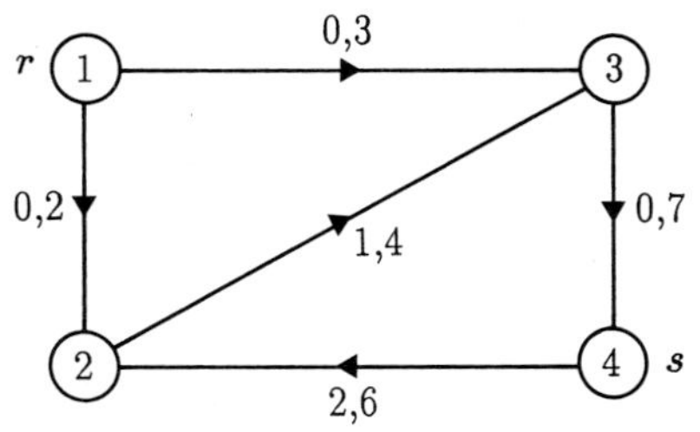

Abb. 2.6.17

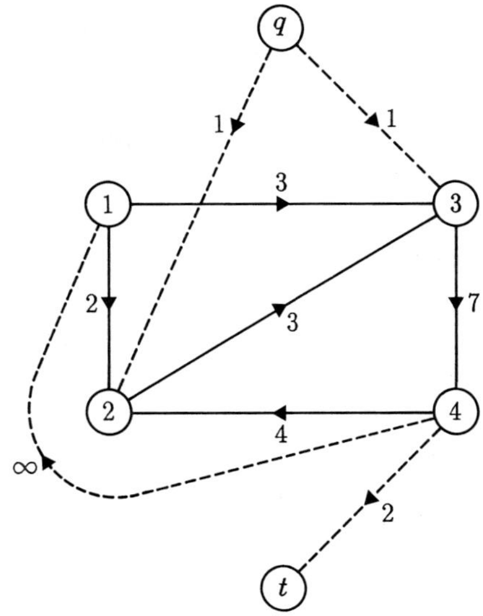

Abb. 2.6.18

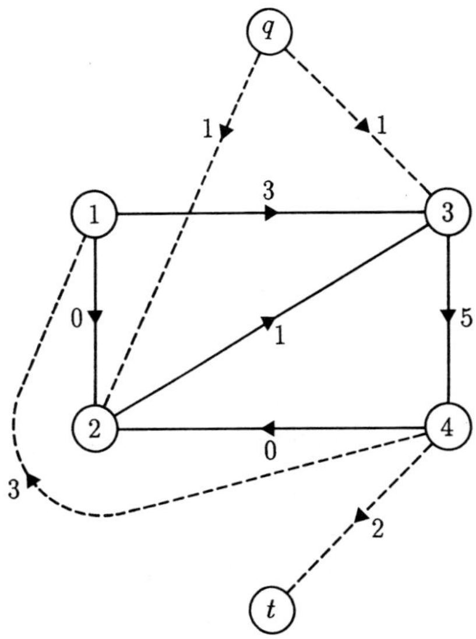

Abb. 2.6.19

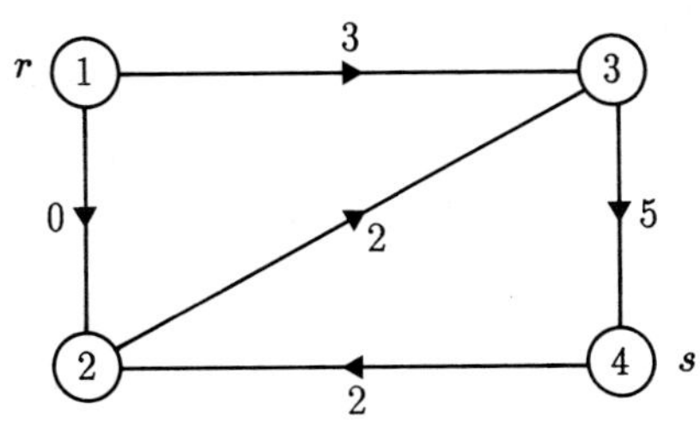

Abb. 2.6.20

2.6.5 Kostenminimale Flüsse

Neben der Bestimmung maximaler Flüsse ist man bei vielen praktischen Problemen an kostenminimalen Flüssen interessiert. Hierbei sind jedem Pfeil $\langle i, j \rangle$ des zugrunde liegenden Netzwerkes N neben der Minimalkapazität $\lambda_{ij} \in \mathbb{R}_+$

und der Maximalkapazität $\kappa_{ij} \in \mathbb{R}_+ \cup \{\infty\}$ noch Kosten $c_{ij} \in \mathbb{R}$ (z.B. für den Transport einer Mengeneinheit eines Gutes auf dem Pfeil $\langle i,j \rangle$) zugeordnet. Wir sprechen in diesem Fall von einem **Netzwerk mit Kapazitäten und Kosten** $N = \langle V, E; \lambda, \kappa; c \rangle$.

Sind c_{ij} die Kosten für den Transport einer Mengeneinheit durch den Pfeil $\langle i,j \rangle$ und werden ϕ_{ij} Mengeneinheiten auf diesem Pfeil transportiert, so sind die Gesamttransportkosten durch das Netzwerk gleich $\sum_{\langle i,j \rangle \in E} c_{ij}\phi_{ij}$. Ein zulässiger Fluß ϕ von r nach $s \in \dot{\mathcal{R}}(r)$ in $N = \langle V, E; \lambda, \kappa; c \rangle$ mit der Stärke $\omega^+ \geq 0$, (der also die Flußbedingung (2.6.1) mit ω^+ statt ω und die Zulässigkeitsbedingung (2.6.2) erfüllt und) der die Gesamttransportkosten $\sum_{\langle i,j \rangle \in E} c_{ij}\phi_{ij}$ minimiert, wird **kostenminimaler Fluß der Stärke** ω^+ genannt; er ist optimale Lösung des Minimumproblems

$$(KFS) \qquad \begin{cases} \text{Min.} \quad \sum\limits_{\langle i,j \rangle \in E} c_{ij}\phi_{ij} \\[2ex] \text{u.d.N.} \quad \sum\limits_{j \in \mathcal{S}(i)} \phi_{ij} - \sum\limits_{k \in \mathcal{P}(i)} \phi_{ki} = \begin{cases} \omega^+\,, & \text{für } i = r \\ -\omega^+\,, & \text{für } i = s \\ 0\,, & \text{für } i \in V \setminus \{r,s\} \end{cases} \\[4ex] \qquad\qquad \lambda_{ij} \leq \phi_{ij} \leq \kappa_{ij} \quad (\langle i,j \rangle \in E)\,. \end{cases}$$

Für die Flußstärke haben wir dabei ω^+ statt ω geschrieben, um anzudeuten, daß $\omega^+ \geq 0$ eine vorgegebene Konstante und nicht wie im Maximalfluß-Problem eine Variable ist.

Wir zeigen nun, daß man die Aufgabe der Bestimmung eines kürzesten Weges in einem Netzwerk und das Maximalfluß-Problem auf das Flußproblem (KFS) zurückführen kann. (KFS) stellt also das allgemeinste der bisher betrachteten Optimierungsprobleme in Netzwerken dar.

Gegeben sei ein Netzwerk $N = \langle V, E; c \rangle$ (mit der „Kostenfunktion" c) ohne Zyklen negativer Länge, und wir suchen einen kürzesten Weg in N von r nach $s \in \dot{\mathcal{R}}(r)$. Jedem Weg W in N von r nach s läßt sich gemäß

$$\phi_{ij} := \begin{cases} 1\,, & \text{falls } \langle i,j \rangle \text{ auf } W \\ 0\,, & \text{sonst} \end{cases} \qquad (\langle i,j \rangle \in E)$$

ein Fluß ϕ in N von r nach s zuordnen. Führen wir für jeden Pfeil $\langle i,j \rangle$ die Minimal- und Maximalkapazitäten $\lambda_{ij} := 0$, $\kappa_{ij} := \infty$ ein, dann stellt jeder kürzeste Weg in $\langle V, E; c \rangle$ von r nach s eine Lösung des Flußproblems (KFS) mit $\omega^+ = 1$ dar.

Wir betrachten jetzt das Maximalfluß-Problem

$$\begin{aligned} &\text{Max. } \omega \\ &\text{u.d.N. } \sum_{j\in\mathcal{S}(i)} \phi_{ij} - \sum_{k\in\mathcal{P}(i)} \phi_{ki} = \begin{cases} \omega\,, & \text{für } i = r \\ -\omega\,, & \text{für } i = s \\ 0\,, & \text{für } i \in V\backslash\{r,s\} \end{cases} \\ &\qquad \lambda_{ij} \le \phi_{ij} \le \kappa_{ij} \quad (\langle i,j\rangle) \in E) \end{aligned}$$

in einem Netzwerk mit Kapazitäten $N = \langle V, E; \lambda, \kappa\rangle$. Wir nehmen an, daß N den Pfeil $\langle s,r\rangle$ nicht enthalte, da wir einen derartigen Pfeil zu N hinzufügen müssen und parallele Pfeile nicht erlaubt sind. Wie wir in Abschnitt 2.6.2 gesehen haben, bedeutet diese Annahme keine Einschränkung der Allgemeinheit, da ein „unerwünschter" Pfeil $\langle s,r\rangle$ stets durch einen Hilfsknoten k und die zwei Pfeile $\langle s,k\rangle$ und $\langle k,r\rangle$ ersetzt werden kann (vgl. Abb. 2.6.7). Wir fügen nun den Pfeil $\langle s,r\rangle$ mit $\lambda_{sr} := 0$, $\kappa_{sr} := \infty$ und $c_{sr} := -1$ dem Netzwerk N hinzu. Setzen wir noch $c_{ij} := 0$ für alle Pfeile $\langle i,j\rangle$ von N, so haben wir ein Netzwerk N' mit Kapazitäten und Kosten erhalten, dessen Pfeilmenge $E \cup \{\langle s,r\rangle\}$ ist. Ein kostenminimaler Fluß ϕ' der vorgegebenen Stärke $\omega^+ = 0$ in N' von r nach s liefert dann einen maximalen Fluß ϕ^* (mit $\phi^*_{ij} := \phi'_{ij}$ für alle $\langle i,j\rangle \in E$) in N von r nach s. Dies läßt sich wie folgt einsehen: Die Einführung des „Rückkehrpfeils" $\langle s,r\rangle$ und die Festlegung $\omega^+ = 0$ implizieren, daß der gesamte Fluß in N von r nach s im Netzwerk N' über den Pfeil $\langle s,r\rangle$ von der Flußsenke s zur Flußquelle r zurückgeleitet wird (man spricht dann auch von einer **Flußzirkulation** in N'). Die Minimierung der Zielfunktion $c_{sr}\phi_{sr}$ mit $c_{sr} = -1$ bedeutet, daß die Stärke des „Rückflusses" auf dem Pfeil $\langle s,r\rangle$ und damit des Flusses in N von r nach s maximiert wird.

Wir wollen jetzt das Flußproblem (KFS) als lineares Optimierungsproblem mit unteren und oberen Grenzen für die Variablen in der „Matrixform" (1.5.3) schreiben. Seien $\boldsymbol{H}$ die dem Netzwerk $N = \langle V, E; \lambda, \kappa; c\rangle$ mit $V = \{1,\ldots,n\}$ und $E = \{e_1,\ldots,e_m\}$ zugeordnete Inzidenzmatrix mit den Elementen

$$h_{i\mu} := \begin{cases} 1\,, & \text{falls } e_\mu \text{ positiv inzident mit } i \\ -1\,, & \text{falls } e_\mu \text{ negativ inzident mit } i \\ 0\,, & \text{sonst} \end{cases} \quad (i = 1,\ldots,n; \mu = 1,\ldots,m)$$

(vgl. Abschnitt 2.1.1), $\boldsymbol{\phi}$ der Flußvektor mit den Komponenten $\phi(e_1),\ldots,\phi(e_m)$, wobei $\phi(e_\mu)$ der Flußwert auf dem Pfeil e_μ ist, und $\boldsymbol{\omega}$ der Vektor mit den Komponenten

$$\omega_i := \begin{cases} \omega^+\,, & \text{für } i = r \\ -\omega^+\,, & \text{für } i = s \\ 0\,, & \text{sonst} \end{cases} \quad (i = 1,\ldots,n)\,.$$

Dann schreibt sich die Flußbedingung (2.6.1) in der Form

$$\sum_{\mu=1}^{m} h_{i\mu}\phi(e_\mu) = \omega_i \quad (i = 1, \ldots, n)$$

oder kurz

$$\boldsymbol{H\phi} = \boldsymbol{\omega}\ .$$

Führen wir noch Minimal- und Maximalkapazitätenvektoren $\boldsymbol{\lambda}$ und $\boldsymbol{\kappa}$ sowie den Kostenvektor $\boldsymbol{c}$ ein, deren Komponenten die den Pfeilen e_μ $(\mu = 1, \ldots, m)$ zugeordneten Minimal- und Maximalkapazitäten $\lambda(e_\mu)$ und $\kappa(e_\mu)$ bzw. Kosten $c(e_\mu)$ sind, dann bekommen wir für (KFS) die Kurzform

$$(\overline{KFS}) \qquad \begin{cases} \text{Min.} & \boldsymbol{c}^T\boldsymbol{\phi} \\ \text{u.d.N.} & \boldsymbol{H\phi} = \boldsymbol{\omega} \\ & \boldsymbol{\lambda} \leq \boldsymbol{\phi} \leq \boldsymbol{\kappa}\ , \end{cases}$$

also ein lineares Optimierungsproblem vom Typ (1.5.3) mit unteren und oberen Grenzen. Die Formulierung des Flußproblems (KFS) als lineare Optimierungsaufgabe legt es nahe zu prüfen, ob das Flußproblem auch durch eine geeignete Version der Simplexmethode gelöst werden kann. Hierauf werden wir in Abschnitt 2.8 zurückkommen.

In Abschnitt 2.6.6 werden wir einen von Busacker und Gowen entwickelten Algorithmus behandeln, der neben dem Flußproblem (KFS) auch die Aufgabe löst, in $N = \langle V, E; \lambda, \kappa; c\rangle$ einen kostenminimalen Fluß maximaler Stärke („kostenminimaler maximaler Fluß") von r nach s zu bestimmen. Ein **kostenminimaler maximaler Fluß** von r nach s ist ein maximaler Fluß, der unter allen maximalen Flüssen von r nach s die kleinsten Gesamtkosten hat, d.h. eine optimale Lösung des Minimumproblems

$$(KMF) \qquad \begin{cases} \text{Min.} & \displaystyle\sum_{\langle i,j\rangle \in E} c_{ij}\phi_{ij} \\ \text{u.d.N.} & \displaystyle\sum_{j\in\mathcal{S}(i)} \phi_{ij} - \sum_{k\in\mathcal{P}(i)} \phi_{ki} = \begin{cases} \omega\,, & \text{für } i = r \\ -\omega\,, & \text{für } i = s \\ 0\,, & \text{für } i \in V\backslash\{r, s\} \end{cases} \\ & \lambda_{ij} \leq \phi_{ij} \leq \kappa_{ij} \quad (\langle i,j\rangle \in E) \\ & \text{Max. } \omega \end{cases}$$

Die Maximierungsbedingung „Max. ω" tritt hierbei als eine der Nebenbedingungen auf.

Der Busacker-Gowen-Algorithmus setzt voraus, daß alle Minimalkapazitäten des betrachteten Netzwerkes gleich 0 sind. Erfüllt das zugrunde liegende Netzwerk $N = \langle V, E; \lambda, \kappa; c\rangle$ diese Bedingung nicht, so müssen wir die

Probleme (KFS) und (KMF) auf äquivalente Probleme in einem geeigneten Netzwerk $\widehat{N}$ mit verschwindenden Minimalkapazitäten zurückführen. Die Konstruktion des Netzwerkes $\widehat{N}$ erfolgt dabei analog zur Konstruktion des Netzwerkes $\widehat{N}$ in Abschnitt 2.6.4.

Wir betrachten zunächst das Flußproblem (KFS) bzw. $(\overline{KFS})$. Die Transformation $\widehat{\boldsymbol{\phi}} := \boldsymbol{\phi} - \boldsymbol{\lambda}$ führt $(\overline{KFS})$ in das Optimierungsproblem

$$(2.6.11) \qquad \begin{cases} \text{Min.} & \boldsymbol{c}^T\widehat{\boldsymbol{\phi}} + \boldsymbol{c}^T\boldsymbol{\lambda} \\ \text{u.d.N.} & \boldsymbol{H}\widehat{\boldsymbol{\phi}} = \widehat{\boldsymbol{\omega}} \\ & \boldsymbol{0} \leq \widehat{\boldsymbol{\phi}} \leq \widehat{\boldsymbol{\kappa}} \end{cases}$$

über mit

$$\widehat{\boldsymbol{\omega}} := \boldsymbol{\omega} - \boldsymbol{H}\boldsymbol{\lambda}\,, \;\; \widehat{\boldsymbol{\kappa}} := \boldsymbol{\kappa} - \boldsymbol{\lambda}\,.$$

Die additive Konstante $\boldsymbol{c}^T\boldsymbol{\lambda}$ in der Zielfunktion von (2.6.11) kann wie üblich bei der Lösung des Optimierungsproblems weggelassen werden. Die Komponenten des Vektors $\widehat{\boldsymbol{\omega}}$ sind von der Form

$$\widehat{\omega}_i = \omega_i + \nu_i \quad (i \in V)\,,$$

wobei ν_i durch (2.6.8) gegeben ist. Entsprechend Abschnitt 2.6.4 ergänzen wir N durch zwei Knoten q (neue Flußquelle) und t (neue Flußsenke) und führen für jeden Knoten $i \in V$ mit $\nu_i > 0$ einen Pfeil $\langle q, i\rangle$ mit der Maximalkapazität $\widehat{\kappa}_{qi} := \nu_i$ und den Kosten $\widehat{c}_{qi} := 0$ und für jeden Knoten $j \in V$ mit $\nu_j < 0$ einen Pfeil $\langle j, t\rangle$ mit $\widehat{\kappa}_{jt} := -\nu_j$ und $\widehat{c}_{jt} := 0$ ein. Für die „alten" Pfeile $\langle i, j\rangle$ aus N bleiben die Kostenkoeffizienten unverändert ($\widehat{c}_{ij} := c_{ij}$ für alle $\langle i, j\rangle \in E$).

Um sicherzustellen, daß auch im erweiterten Netzwerk von r nach s ein Fluß der Stärke ω^+ fließt, gehen wir wie folgt vor: Wir nehmen o.B.d.A. an, daß das erweiterte Netzwerk keinen der beiden Pfeile $\langle q, r\rangle$ und $\langle s, t\rangle$ enthalte (falls doch, so ersetzen wir einen „unerwünschten" Pfeil, etwa $\langle q, r\rangle$, durch einen Hilfsknoten k und die zwei Pfeile $\langle q, k\rangle$ und $\langle k, r\rangle$, vgl. Abschnitt 2.6.2, insbesondere Abb. 2.6.7). Dann fügen wir dem Netzwerk die beiden Pfeile $\langle q, r\rangle$ und $\langle s, t\rangle$ hinzu und setzen

$$(2.6.12) \qquad \begin{aligned} &\widehat{\kappa}_{qr} := \widehat{\kappa}_{st} := \omega^+ \\ &\widehat{c}_{qr} := \widehat{c}_{st} := c^+ \quad \text{mit } c^+ > \sum_{\substack{\langle i,j\rangle \in E \\ c_{ij} > 0}} c_{ij}\,. \end{aligned}$$

Die Minimalkapazitäten aller Pfeile dieses erweiterten Netzwerkes $\widehat{N}$ seien gleich 0.

Das Flußproblem (KFS) für das ursprüngliche Netzwerk N ist dann äquivalent zu der Aufgabe, im erweiterten Netzwerk $\widehat{N}$ einen kostenminimalen

Fluß $\widehat{\phi}$ von q nach t mit der Stärke $\sum_{i\in\mathcal{S}(q)}\widehat{\kappa}_{qi} = \sum_{j\in\mathcal{P}(t)}\widehat{\kappa}_{jt}$ (insbesondere also einen sättigenden Fluß) zu bestimmen. Das letztere Problem kann mit Hilfe des Verfahrens von Busacker und Gowen gelöst werden, startend mit dem zulässigen Nullfluß.

Die Wahl der Kostenkoeffizienten $\widehat{c}_{qr}$ und $\widehat{c}_{st}$ gemäß (2.6.12) garantiert, daß (falls überhaupt möglich) zunächst alle Pfeile $\langle q,i\rangle$ mit $i \in V\backslash\{r\}$ und $\langle j,t\rangle$ mit $j \in V\backslash\{s\}$ gesättigt werden. Genau dann, wenn letzteres der Fall ist, existiert ein zulässiger Fluß in N von r nach s. Genau dann, wenn am Schluß des Verfahrens alle Pfeile $\langle q,i\rangle$ mit $i \in V\backslash\{r\}$ und $\langle j,t\rangle$ mit $j \in V\backslash\{s\}$ gesättigt werden können, jedoch nicht die beiden Pfeile $\langle q,r\rangle$ und $\langle s,t\rangle$, gibt es zwar einen zulässigen Fluß in N von r nach s, aber keinen zulässigen Fluß der Stärke ω^+. Sind alle Pfeile $\langle q,i\rangle$ mit $i \in V$ und $\langle j,t\rangle$ mit $j \in V$ gesättigt, so bekommt man aus dem ermittelten kostenminimalen Fluß $\widehat{\phi}$ in $\widehat{N}$ von q nach t einen kostenminimalen Fluß ϕ^* in N von r nach s mit der Stärke ω^+ gemäß

(2.6.13) $$\phi^*_{ij} := \widehat{\phi}_{ij} + \lambda_{ij} \quad \text{für alle Pfeile } \langle i,j\rangle \text{ von } N$$

(vgl. (2.6.10)).

Wie wir in Abschnitt 2.6.6 sehen werden, konstruiert das Verfahren von Busacker und Gowen (ähnlich wie der Ford-Fulkerson-Algorithmus) zur Lösung von (KFS) eine Folge zulässiger Flüsse wachsender Stärke. Das Verfahren bricht ab, sobald die vorgegebene Flußstärke ω^+ erreicht ist oder der Fluß nicht weiter vergrößert werden kann. Um einen kostenminimalen maximalen Fluß in N von r nach s zu bestimmen, also das Problem (KMF) zu lösen, kann man folglich das gleiche Verfahren anwenden, wenn man nur dafür sorgt, daß die vorzugebende Flußstärke ω^+ genügend groß ist. Da in N kein zulässiger Fluß von r nach s der Stärke

(2.6.14) $$\omega^+ > \sum_{j\in\mathcal{S}(r)} \kappa_{rj} - \sum_{i\in\mathcal{P}(r)} \lambda_{ir}$$

existiert, bricht der Busacker-Gowen-Algorithmus mit einem kostenminimalen maximalen Fluß ab (falls (KMF) überhaupt eine Lösung hat), wenn man ω^+ gemäß (2.6.14) wählt.

Sind im ursprünglichen Netzwerk N, in dem das Problem (KMF) zu lösen ist, nicht alle Minimalkapazitäten gleich 0, dann konstruiert man wie oben beschrieben das erweiterte Netzwerk $\widehat{N}$ mit verschwindenden Minimalkapazitäten und bestimmt einen kostenminimalen maximalen Fluß in $\widehat{N}$ von q nach t. Wegen $\widehat{\kappa}_{qr} = \widehat{\kappa}_{st} = \omega^+$ und der Wahl von ω^+ gemäß (2.6.14) können die Pfeile $\langle q,r\rangle$ und $\langle s,t\rangle$ jetzt aber nicht gesättigt werden. Ein zulässiger Fluß in N von r nach s existiert wieder genau dann, wenn alle Pfeile $\langle q,i\rangle$ mit $i \in V\backslash\{r\}$ und $\langle j,t\rangle$ mit $j \in V\backslash\{s\}$ gesättigt werden können. In letzterem

Fall erhält man aus dem ermittelten kostenminimalen maximalen Fluß $\widehat{\phi}$ in $\widehat{N}$ von q nach t einen kostenminimalen maximalen Fluß ϕ^* in N von r nach s gemäß (2.6.13).

Abschließend erwähnen wir wieder, daß die beschriebene Konstruktion des erweiterten Netzwerkes $\widehat{N}$ auch möglich ist, wenn einige Minimal- bzw. Maximalkapazitäten im ursprünglichen Netzwerk N negativ sind.

Als Beispiel betrachten wir das Netzwerk N mit Kapazitäten und Kosten in Abb. 2.6.21, das mit dem Netzwerk von Abb. 2.6.17 aus Abschnitt 2.6.4 (bis auf die Kostenkoeffizienten) übereinstimmt. Gesucht ist ein kostenminimaler Fluß in N von $r = 1$ nach $s = 4$ mit der Stärke $\omega^+ = 3$. Das erweiterte Netzwerk $\widehat{N}$ mit $c^+ = 11 > \sum_{\langle i,j\rangle \in E} c_{ij} = 10$ zeigt Abb. 2.6.22, wobei die neu eingeführten Pfeile gestrichelt sind und k ein Hilfsknoten ist. Offensichtlich ist der in Abb. 2.6.23 angegebene sättigende Fluß in $\widehat{N}$ von q nach t mit der Stärke 5 kostenminimal. Abb. 2.6.24 zeigt den entsprechenden kostenminimalen Fluß in N von $r = 1$ nach $s = 4$ mit der Stärke 3.

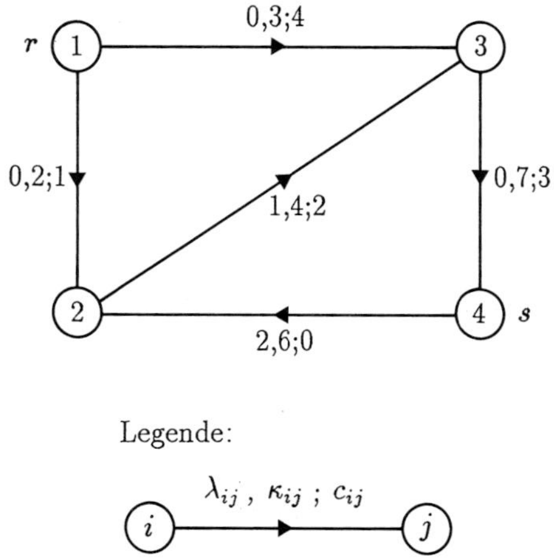

Abb. 2.6.21

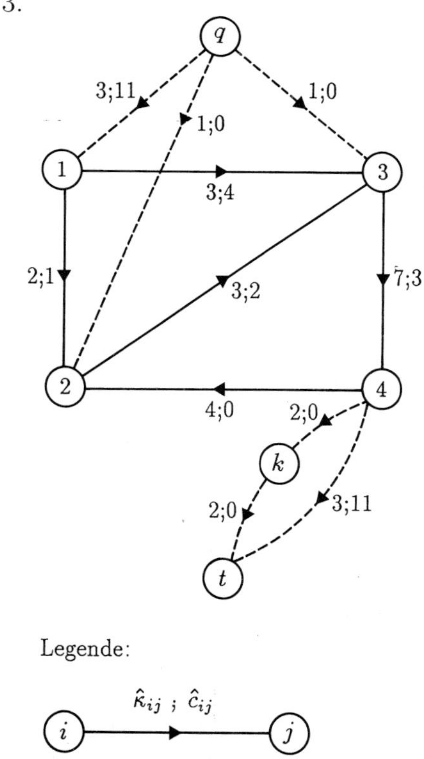

Abb. 2.6.22

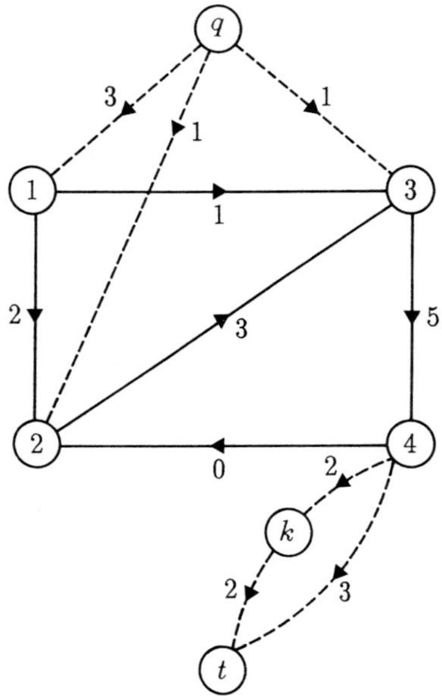

Abb. 2.6.23

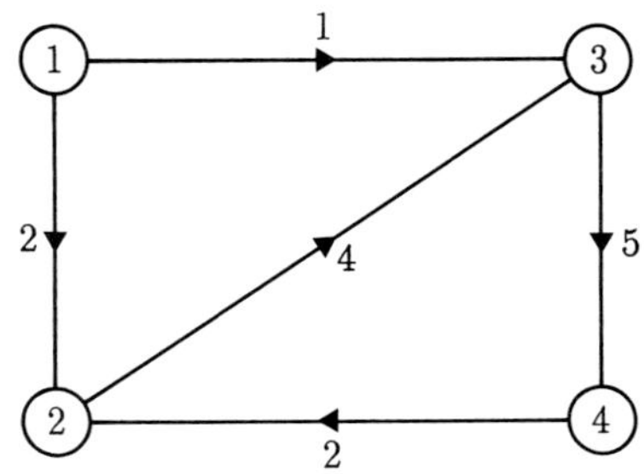

Abb. 2.6.24

2.6.6 Bestimmung kostenminimaler Flüsse mit dem Algorithmus von Busacker und Gowen

Der Algorithmus von Busacker und Gowen löst das Problem (KFS) der Bestimmung eines kostenminimales Flusses vorgegebener Stärke $\omega^+ \geq 0$ von einem Knoten r zu einem Knoten $s \in \dot{\mathcal{R}}(r)$ in einem Netzwerk mit Kapazitäten und Kosten $N = \langle V, E; \lambda, \kappa; c \rangle$ und das Problem (KMF) der Bestimmung eines kostenminimalen maximalen Flusses von r nach s in N. Wir nehmen in diesem Abschnitt an, daß das zugrunde liegende Netzwerk N die folgenden vier Bedingungen erfülle:

(a) N ist antisymmetrisch

(b) Alle Kosten sind nichtnegativ, d.h., $c_{ij} \geq 0$ für alle $\langle i, j \rangle \in E$

(c) Die Minimalkapazitäten λ_{ij} aller Pfeile $\langle i, j \rangle$ von N sind gleich 0 (wir schreiben dann $N = \langle V, E; \kappa; c \rangle$)

(d) Für die Maximalkapazitäten κ_{ij} aller Pfeile $\langle i, j \rangle$ von N gilt $\kappa_{ij} > 0$.

Diese vier Bedingungen bedeuten keine Einschränkung der Allgemeinheit. Daß N keine Paare entgegengesetzt gerichteter Pfeile enthält, also die Bedingung (a) erfüllt ist, läßt sich stets erreichen, wenn man „unerwünschte“ Pfeile, wie bereits mehrfach erwähnt, durch je einen Hilfsknoten und zwei Pfeile ersetzt (vgl. Abschnitt 2.6.2, insbesondere Abb. 2.6.7). Ist Bedingung (b) verletzt, gilt also $c_{ij} < 0$ für einen Pfeil $\langle i, j \rangle$, dann ersetzen wir den Pfeil $\langle i, j \rangle$ durch den entgegengesetzt gerichteten Pfeil $\langle j, i\rangle$ mit $c_{ji} = -c_{ij}$, $\lambda_{ji} := -\kappa_{ij}$, $\kappa_{ji} := -\lambda_{ij}$ (treten hierdurch gegebenenfalls negative Minimal- oder Maximalkapazitäten auf, so wird dies bei der Sicherstellung der Bedingungen (c) und (d) korrigiert). Bedingung (c) kann ebenfalls immer erzwungen werden, indem man, falls einige Minimalkapazitäten ungleich 0 sind, das äquivalente Flußproblem im entsprechend erweiterten Netzwerk $\widehat{N}$ (dessen Konstruktion in Abschnitt 2.6.5 beschrieben worden ist) löst. Ist schließlich für einen Pfeil $\langle i, j\rangle$ $\kappa_{ij} = 0$, also Bedingung (d) nicht erfüllt (wobei wir annehmen, daß Bedingung (c) gelte, d.h. $\lambda_{ij} = 0$ und folglich $\phi_{ij} = 0$ sei), dann eliminieren wir den Pfeil $\langle i, j\rangle$ aus N. Wird hierdurch die Voraussetzung $s \in \dot{\mathcal{R}}(r)$ verletzt, so ist in N nur der Nullfluß zulässig (dieser Fall ist für die Praxis ohne Interesse).

Wir betrachten jetzt das Flußproblem (KFS) mit $\lambda_{ij} = 0$ $(\langle i, j\rangle \in E)$ und ω^+ durch ω ersetzt, wobei wir ω als (nichtnegativen) Parameter ansehen. Dieses Optimierungsproblem bezeichnen wir mit (P_ω):

$$(P_\omega) \qquad \begin{cases} \text{Min.} \displaystyle\sum_{\langle i,j\rangle \in E} c_{ij}\phi_{ij} \\ \text{u.d.N.} \displaystyle\sum_{j\in\mathcal{S}(i)} \phi_{ij} - \sum_{k\in\mathcal{P}(i)} \phi_{ki} = \begin{cases} \omega\,, & \text{für } i = r \\ -\omega\,, & \text{für } i = s \\ 0\,, & \text{für } i \in V\backslash\{r, s\} \end{cases} \\ 0 \le \phi_{ij} \le \kappa_{ij} \quad (\langle i, j\rangle \in E)\,. \end{cases}$$

Eine optimale Lösung von (P_ω) nennen wir einen **ω-optimalen Fluß**. Der Nullfluß ist, wie man leicht sieht, 0-optimal. Wie bereits in Abschnitt 2.6.5 angedeutet, läuft das Verfahren von Busacker und Gowen zur Lösung von (KFS) und (KMF) im Prinzip folgendermaßen ab: Ausgehend vom 0-optimalen Nullfluß, konstruiert man eine Folge von ω-optimalen Flüssen in N von r nach s mit wachsendem ω, bis man einen Fluß der Stärke $\omega = \omega^+$ bzw. der maximal möglichen Stärke ω^* erreicht hat. Ein Iterationsschritt des Verfahrens besteht also darin, bei gegebenem ω-optimalen Fluß einen $(\omega + \epsilon)$-optimalen Fluß mit $\epsilon > 0$ zu ermitteln.

Sei ϕ ein ω-optimaler Fluß in $N = \langle V, E; \kappa; c\rangle$ von r nach s. Einen $(\omega + \epsilon)$-optimalen Fluß mit $\epsilon > 0$ erhält man dann, indem man in N einen flußvergrößernden (r, s)-Semiweg für ϕ bestimmt, auf dessen Vorwärtspfeilen die Flußwerte um jeweils ϵ vergrößert und auf dessen Rückwärtspfeilen die Flußwerte um jeweils ϵ verkleinert werden, und der unter allen derartigen Semiwegen die geringsten Kosten besitzt. Dabei versteht man unter den Kosten eines flußvergrößernden Semiweges S die Summe der c_{ij} für alle Vorwärtspfeile $\langle i, j\rangle$ von S vermindert um die Summe der c_{ij} aller Rückwärtspfeile $\langle i, j\rangle$ von S (also die „Nettokosten" für den Transport einer Flußeinheit längs des Semiweges von r nach s). Ein solcher **kostenminimaler flußvergrößernder**

(r,s)-Semiweg für ϕ läßt sich auf folgende Weise ermitteln:

In Abschnitt 2.6.2 haben wir einen flußvergrößernden (r,s)-Semiweg für einen Fluß ϕ in N aus einem Weg von r nach s in dem sogenannten **Inkrementnetzwerk** $N(\phi)$ gewonnen, das jeden Pfeil $\langle i,j\rangle$ von N mit $\phi_{ij} < \kappa_{ij}$ enthält und für jeden Pfeil $\langle i,j\rangle$ von N mit $\phi_{ij} > \lambda_{ij}(=0)$ den entgegengesetzt gerichteten Pfeil $\langle j,i\rangle$. $N(\phi)$ besitzt also die Pfeilmenge

$$\begin{aligned} E(\phi) &:= E^+(\phi) \cup E^-(\phi) \\ E^+(\phi) &:= \{\langle i,j\rangle | \langle i,j\rangle \in E,\ \phi_{ij} < \kappa_{ij}\} \\ E^-(\phi) &:= \{\langle j,i\rangle | \langle i,j\rangle \in E,\ \phi_{ij} > 0\} \end{aligned}$$

(vgl. (2.6.4)). Die Kapazitäten in $N(\phi)$ sind durch

$$\kappa_{ij}(\phi) := \begin{cases} \kappa_{ij} - \phi_{ij}\,, & \text{falls } \langle i,j\rangle \in E^+(\phi) \\ \phi_{ji}\,, & \text{falls } \langle i,j\rangle \in E^-(\phi) \end{cases}$$

gegeben (vgl. (2.6.5)). Wir führen jetzt zusätzlich eine Kostenbewertung für das Inkrementnetzwerk $N(\phi)$ ein, wobei die Bewertungsfunktion $c(\phi)$ wie folgt festgelegt ist:

$$c_{ij}(\phi) := \begin{cases} c_{ij}\,, & \text{falls } \langle i,j\rangle \in E^+(\phi) \\ -c_{ji}\,, & \text{falls } \langle i,j\rangle \in E^-(\phi)\,. \end{cases}$$

Einem kostenminimalen flußvergrößernden (r,s)-Semiweg S in $N = \langle V,E;\kappa;c\rangle$ entspricht dann ein kostenminimaler oder (bezüglich der Bewertungsfunktion $c(\phi)$) kürzester Weg W von r nach s in dem Inkrementnetzwerk $N(\phi) = \langle V,E(\phi);\kappa(\phi);c(\phi)\rangle$. Die Länge des Weges W ist dabei gleich den Kosten des Semiweges S. Ein kürzester Weg W von r nach s in $N(\phi)$ kann etwa mit dem LC-Algorithmus A aus Abschnitt 2.4.2 bestimmt werden ($N(\phi)$ enthält im allgemeinen Zyklen, jedoch, wie wir unten sehen werden, keine Zyklen negativer Länge). Genau dann, wenn in $N(\phi)$ der Knoten s nicht von Knoten r aus erreichbar ist und damit kein Weg von r nach s existiert, gibt es keinen flußvergrößernden (r,s)-Semiweg in N für den Fluß ϕ, und genau dann ist ϕ maximal (vgl. Satz 2.6.1).

Hat man in $N(\phi)$ einen kürzesten Weg W von r nach s bestimmt, dann ergibt sich aus dem ω-optimalen Fluß ϕ in N von r nach s ein $(\omega+\epsilon)$-optimaler Fluß ϕ' wie folgt (vgl. (2.6.6), (2.6.7)):

$$(2.6.15)\qquad \begin{cases} \psi_{ij} := \begin{cases} \epsilon\,, & \text{falls } \langle i,j\rangle \text{ auf } W \\ 0\,, & \text{sonst} \end{cases} \qquad (\langle i,j\rangle \in E(\phi)) \\ \text{mit } \epsilon := \min\limits_{\langle i,j\rangle \text{ auf } W} \kappa_{ij}(\phi) \end{cases}$$

$$\phi_{ij}' := \phi_{ij} + \begin{cases} \psi_{ij}, & \text{falls } \langle i,j\rangle \in E^+(\phi) \\ -\psi_{ji}, & \text{falls } \langle j,i\rangle \in E^-(\phi) \end{cases} \qquad (\langle i,j\rangle \in E)\,.$$

Will man das Problem (KFS) mit der gegebenen Flußstärke ω^+ lösen und ist $\omega < \omega^+$, jedoch $\omega + \epsilon > \omega^+$, so ersetzt man in (2.6.15) ϵ durch $\omega^+ - \omega$, um einen ω^+-optimalen Fluß zu erhalten.

Den Beweis dafür, daß man, ausgehend von einem ω-optimalen Fluß ϕ, auf die eben beschriebene Weise tatsächlich einen $(\omega+\epsilon)$-optimalen Fluß ϕ' (also einen kostenminimalen Fluß) erhält, findet man z.B. in Neumann (1987a), Abschnitt 6.4.8. Daß alle innerhalb des Busacker-Gowen-Algorithmus auftretenden Inkrementnetzwerke keine Zyklen negativer Länge enthalten, wird durch folgenden Satz sichergestellt:

Satz 2.6.3. *Ein zulässiger Fluß ϕ der Stärke ω von r nach $s \in \dot{\mathcal{R}}(r)$ in einem Netzwerk mit Kapazitäten und Kosten N ist genau dann ω-optimal, wenn das zugehörige Inkrementnetzwerk $N(\phi)$ keine Zyklen negativer Länge besitzt.*

Zum indirekten Beweis dieses Satzes zeigt man, daß es in N genau dann eine kostensenkende Flußzirkulation gibt, wenn in $N(\phi)$ ein Zyklus negativer Länge existiert (vgl. etwa Neumann (1987a), Abschnitt 6.4.8., oder Noltemeier (1976), Abschnitt 8.3).

Sind alle Maximalkapazitäten κ_{ij} $(\langle i,j\rangle \in E)$ und beim Flußproblem (KFS) zusätzlich ω^+ ganzzahlig, dann wird in jedem Schritt des Algorithmus von Busacker und Gowen die Flußstärke um einen ganzzahligen Wert erhöht, und das Verfahren liefert nach endlich vielen Schritten einen ganzzahligen optimalen Fluß, wenn (KFS) bzw. (KMF) überhaupt eine optimale Lösung besitzt.

Bei der Lösung des Problems (KMF) konstruiert das Verfahren von Busacker und Gowen sukzessiv für endlich viele Flußstärken $\omega_0 = 0 < \omega_1 < \ldots < \omega_k = \omega^*$ ω_ν-optimale Flüsse $(\nu = 0,1,\ldots,k)$. Seien $C^*(\omega)$ die minimalen Gesamttransportkosten bei gegebener Flußstärke ω. Wie man der obigen Beschreibung des Algorithmus von Busacker und Gowen entnimmt, ist die Funktion $C^* : [0,\omega^*] \to \mathbb{R}_+$ auf jedem der Intervalle $[\omega_{\nu-1},\omega_\nu)$ $(\nu = 1,\ldots,k)$ linear. Insgesamt ist die Kostenfunktion C^* also stückweise linear und (wegen $c_{ij} \geq 0$ für alle $\langle i,j\rangle \in E$) monoton wachsend.

Als Beispiel betrachten wir das Netzwerk mit Kapazitäten und Kosten in Abb. 2.6.25, in dem wir einen kostenminimalen Fluß der Stärke 4 sowie einen kostenminimalen maximalen Fluß von $r = 1$ nach $s = 5$ bestimmen wollen. Wir starten mit dem Nullfluß ϕ; das zugehörige Inkrementnetzwerk zeigt Abb. 2.6.26.

Der kürzeste Weg von Knoten 1 zu Knoten 5 im Inkrementnetzwerk $N(\phi)$ von Abb. 2.6.26 ist stark ausgezeichnet. Auf dem entsprechenden

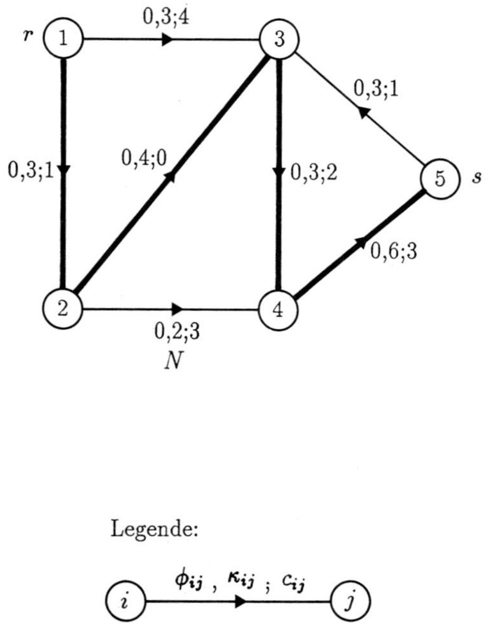

Abb. 2.6.25

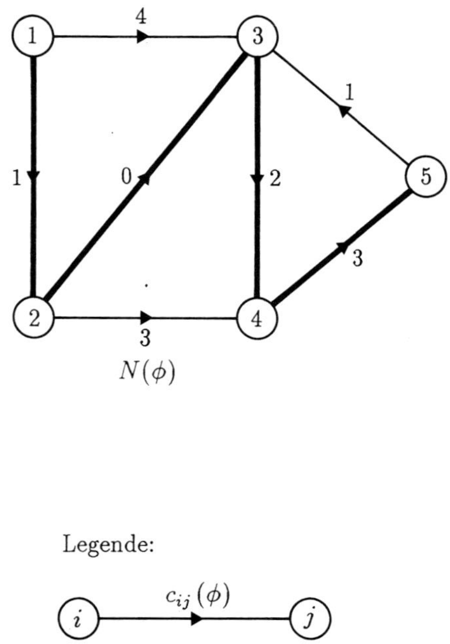

Abb. 2.6.26

flußvergrößernden Weg in N in Abb. 2.6.25, der ebenfalls stark ausgezeichnet ist, können die Flußwerte auf jedem Pfeil um 3 erhöht werden. Den resultierenden Fluß ϕ der Stärke 3 zeigt Abb. 2.6.27, und das zugehörige Inkrementnetzwerk $N(\phi)$ ist in Abb. 2.6.28 dargestellt. Die minimalen Gesamttransportkosten $C^*(3)$ für den 3-optimalen Fluß betragen 18.

Der einzige (und damit auch kürzeste) Weg in $N(\phi)$ von 1 nach 5 und der zugehörige flußvergrößernde Weg $(1,5)$-Semiweg in N sind in Abb. 2.6.28 bzw. Abb. 2.6.27 wieder stark ausgezeichnet. Auf dem letzteren Semiweg kann die Flußstärke um 2 erhöht werden. Den neuen kostenminimalen Fluß ϕ der Stärke 5 entnimmt man Abb. 2.6.29. Die zugehörigen Gesamttransportkosten $C^*(5)$ sind 38. Für den gesuchten kostenminimalen Fluß der Stärke 4 reicht eine Flußvergrößerung um 1 auf dem Semiweg aus. Die Flußwerte dieses Flusses sind in Abb. 2.6.29 in Klammern angegeben. In dem Inkrementnetzwerk $N(\phi)$ in Abb. 2.6.30, das dem Fluß der Stärke 5 entspricht, ist der Knoten 5 nicht mehr vom Knoten 1 aus erreichbar, d.h., der kostenminimale Fluß der Stärke 5 in Abb. 2.6.29 ist maximal. Abb. 2.6.31 zeigt die Kostenfunktion C^*.

Wir geben noch eine Pascal-nahe Beschreibung des Verfahrens von Busacker und Gowen an. Der folgende Algorithmus 2.6.2 liefert einen kostenminimalen Fluß der vorgegebenen Stärke ω^+ von Knoten r nach Knoten s in einem

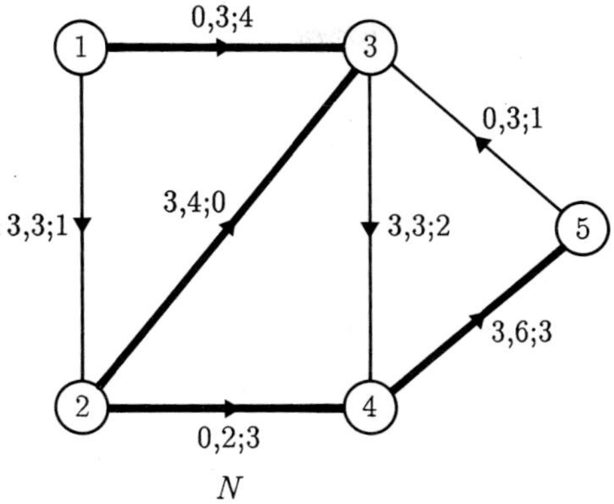

Abb. 2.6.27

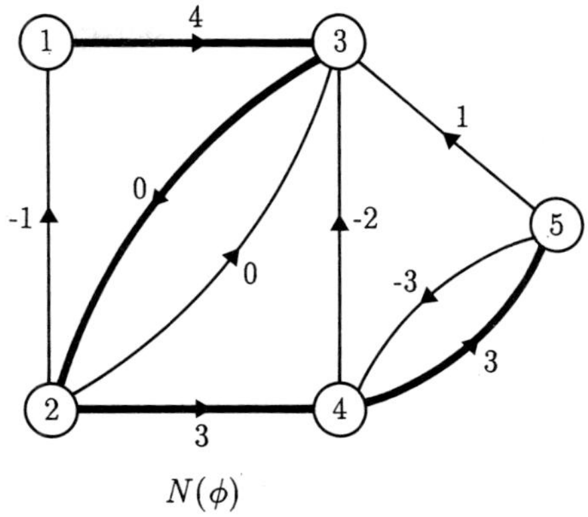

Abb. 2.6.28

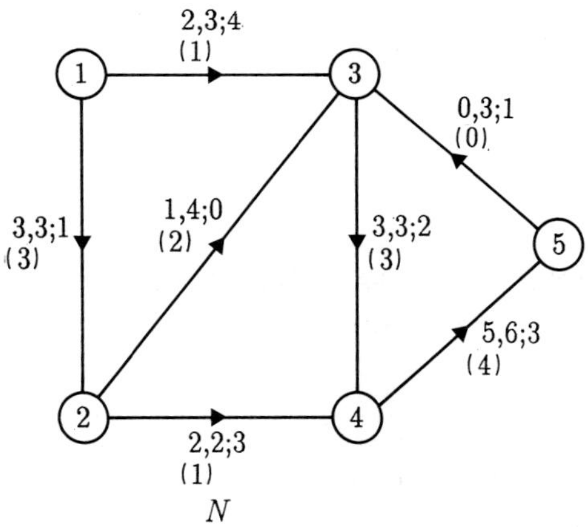

Abb. 2.6.29

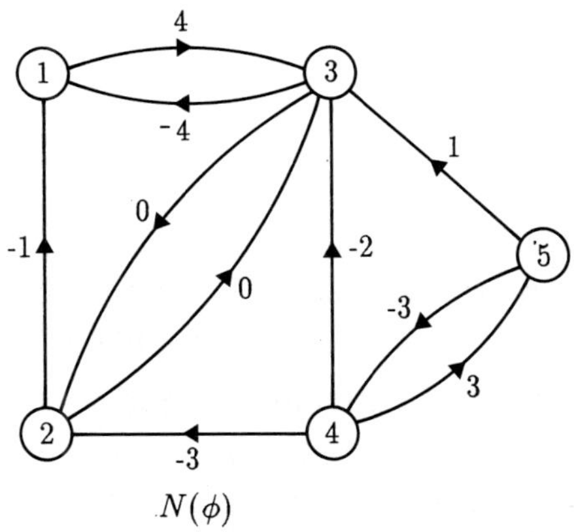

Abb. 2.6.30

antisymmetrischen Netzwerk N mit Maximalkapazitäten und Kosten. Sucht man einen kostenminimalen maximalen Fluß, dann setzt man $\omega^+ := \infty$. N sei in Form einer Nachfolgerliste gegeben. Die Ermittlung eines flußvergrößernden kostenminimalen (r, s)-Semiweges für einen Fluß ϕ in N erfolgt durch Bestimmung eines kürzesten Weges von r nach s in $N(\phi)$ mit dem LC-Algorithmus A aus Abschnitt 2.4.2 (vgl. Algorithmus 2.4.2).

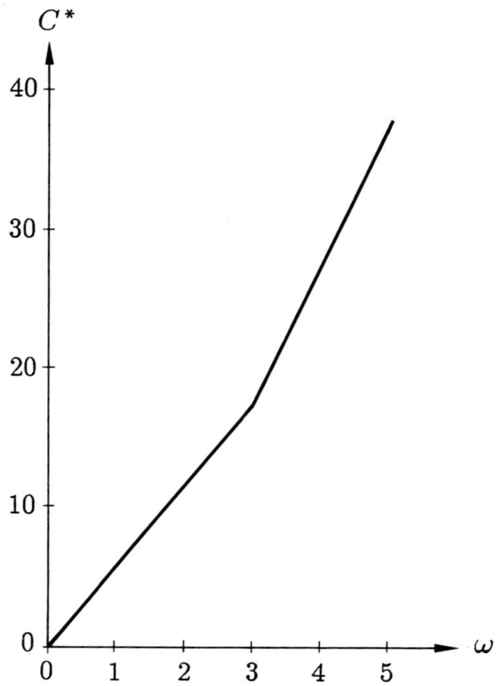

Abb. 2.6.31

Algorithmus 2.6.2 (Kostenminimaler Fluß vorgegebener Stärke — Busacker-Gowen-Algorithmus)

Schritt 1 (Initialisierung)

Setze $a :=$ „*falsch*“, $b :=$ „*falsch*“, $\omega := 0$ *(Die Booleschen Variablen* a *bzw.* b *erhalten den Wert „wahr“, wenn ein kostenminimaler Fluß der Stärke* ω^+ *bzw. ein kostenminimaler maximaler Fluß mit der Stärke* ω *bestimmt ist)*

Für $i = 1, \dots, n$

Setze $\mathcal{M}(i) := \mathcal{S}(i)$ *(*$\mathcal{M}(i)$ *enthält die von* i *aus markierbaren Knoten)*

Für alle $j \in \mathcal{S}(i)$ *setze* $\phi_{ij} := 0$

Schritt 2 (Hauptschritt)

Solange $b =$ „*falsch*“

Bestimme flußvergrößernden kostenminimalen (r,s)-Semiweg

Falls $a =$ „*falsch*“, ***Flußvergrößerung***

Prozedur *Bestimme flußvergrößernden kostenminimalen (r,s)-Semiweg*

Setze $d_r := 0$, $p_r := r$, $\epsilon_r := \infty$, $\epsilon_s := 0$, $Q := \{r\}$ *(Q ist eine Schlange)*
$d_j := \infty$ *für alle* $j = 1, \ldots, n$ *mit* $j \neq r$
Solange $Q \neq \emptyset$
Entferne i *vom Kopf von* Q
Für alle $j \in \mathcal{M}(i)$ *mit* $d_j > d_i + c_{ij}$
Falls $j \notin Q$, *füge* j *am Ende von* Q *ein*
Falls $j \in \mathcal{S}(i)$, *setze* $d_j := d_i + c_{ij}$, $p_j := i$, $\epsilon_j := \min(\epsilon_i, \kappa_{ij} - \phi_{ij})$ *(Vorwärtsmarkierung)*
Andernfalls setze $d_j := d_i - c_{ji}$, $p_j := -i$, $\epsilon_j := \min(\epsilon_i, \phi_{ji})$ *(Rückwärtsmarkierung)*
Falls $\epsilon_s = 0$, *setze* $b :=$ *„wahr“ und* $a :=$ *„wahr“*
Falls $\omega + \epsilon_s > \omega^+$, *setze* $\epsilon_s := \omega^+ - \omega$ *und* $b :=$ *„wahr“*

Prozedur *Flußvergrößerung*

Setze $\omega := \omega + \epsilon_s$, $i := s$
Wiederhole
Setze $j := i$, $i := |p_j|$, $\mathcal{M}(j) := \mathcal{M}(j) \cup \{i\}$
Falls $p_j > 0$
Setze $\phi_{ij} := \phi_{ij} + \epsilon_s$ *(Flußvergrößerung, da j vorwärts markiert wurde)*
Falls $\phi_{ij} = \kappa_{ij}$, *setze* $\mathcal{M}(i) := \mathcal{M}(i) \setminus \{j\}$
Andernfalls
Setze $\phi_{ji} := \phi_{ji} - \epsilon_s$ *(Rückflußverkleinerung, da j rückwärts markiert wurde)*
Falls $\phi_{ji} = 0$, *setze* $\mathcal{M}(i) := \mathcal{M}(i) \setminus \{j\}$
bis $i = r$ *(Flußquelle erreicht)*

□

Gilt bei Abbruch von Algorithmus 2.6.2 $\omega < \omega^+$, so existiert kein Fluß der Stärke ω^+, und ϕ ist ein kostenminimaler maximaler Fluß.

Wir wollen jetzt die Zeitkomplexität von Algorithmus 2.6.2 bestimmen. Schritt 1 und die Prozedur „Flußvergrößerung“ erfordern den Rechenaufwand $O(m)$ bzw. $O(n)$. Die Prozedur „Bestimme flußvergrößernden kostenminimalen (r, s)-Semiweg“ hat wie der LC-Algorithmus A die Zeitkomplexität $O(mn)$, vgl. Abschnitt 2.4.2. Sind alle Maximalkapazitäten ganzzahlig, so wird bei jeder Flußvergrößerung die Flußstärke um mindestens 1 erhöht. Ist ein kostenminimaler Fluß der Stärke ω^+ gesucht, dann sind also höchstens ω^+ Flußvergrößerungen, und im Fall, daß ein kostenminimaler maximaler Fluß (mit der Flußstärke ω^*) zu bestimmen ist, höchstens ω^* Flußvergrößerungen erforderlich. Die Zeitkomplexität von Algorithmus 2.6.2 ist also $O(mn\omega^+)$

bzw. $O(mn\omega^*)$. In Neumann (1987a), Abschnitt 6.4.8, ist eine Version des Verfahrens von Busacker und Gowen angegeben, bei der die Bestimmung eines flußvergrößernden kostenminimalen (r, s)-Semiweges analog zum Verfahren von Dijkstra erfolgt (die Nichtnegativität der Bewertungen im Inkrementnetzwerk kann durch eine geeignete Transformation erreicht werden) und die einen Rechenaufwand von $O(n^2\omega^+)$ bzw. $O(n^2\omega^*)$ erfordert.

Ist κ die größte der Maximalkapazitäten κ_{ij} ($\langle i, j\rangle \in E$), so gilt $\omega^+, \omega^* \leq n\kappa$, und wir können den Rechenaufwand des Algorithmus von Busacker und Gowen auch durch $O(mn^2\kappa)$ bzw. $O(n^3\kappa)$ abschätzen. Das Busacker-Gowen-Verfahren ist nicht polynomial, sondern nur pseudopolynomial, da κ kein Polynom in der Größe der betreffenden Problemausprägung ist (vgl. die Abschnitte 2.2.1 und 2.2.2). Für neuere und effizientere (insbesondere auch „streng" polynomiale) Algorithmen zur Lösung des Flußproblems (KFS), die jedoch erheblich komplizierter sind, verweisen wir auf Nemhauser et al. (1989), Abschnitt IV.5.

2.7 Matchings und Zuordnungen

Wir werden zunächst einige grundlegende Begriffe, Matchings betreffend, erläutern. Danach werden wir ein Optimierungsproblem für Matchings in bipartiten Graphen bzw. Digraphen betrachten, das unter dem Namen Zuordnungsproblem bekannt ist. Das Zuordnungsproblem ist ein Spezialfall des sogenannten Transportproblems, das seinerseits ein spezielles Umladeproblem darstellt (vgl. Abschnitt 2.8). Abschließend werden wir ein Verfahren zur Lösung des Zuordnungsproblems behandeln.

2.7.1 Matchings

Ein **Matching** X in einem Graphen $G = [V, E]$ ist eine Teilmenge der Kantenmenge E mit der Eigenschaft, daß keine zwei verschiedenen Kanten aus X mit ein und demselben Knoten von G inzident sind. Ein Knoten $i \in V$ heißt **überdeckt** durch eine Matching X, wenn X eine mit i inzidente Kante enthält. Ein Matching X in G wird **vollständig** oder **perfekt** genannt, wenn X alle Knoten von G überdeckt. Ein Matching X in G heißt **maximal**, wenn es kein Matching X' in G mit $|X'| > |X|$ gibt.

Jedes perfekte Matching ist maximal. Ein perfektes Matching in einem Graphen mit n Knoten muß (genau) $n/2$ Kanten enthalten. Folglich gibt es höchstens in einem Graphen G mit gerader Knotenzahl perfekte Matchings.

Ist G vollständig und von gerader Knotenzahl, so existiert natürlich stets ein perfektes Matching in G. Abb. 2.7.1 zeigt ein perfektes Matching, dessen Kanten stark ausgezeichnet sind. Das in Abb. 2.7.2 stark ausgezeichnete Matching ist maximal, aber nicht perfekt. Das letztere Matching stellt ein sogenanntes **bipartites Matching** dar, d.h. ein Matching in einem bipartiten Graphen (zum Begriff eines bipartiten Graphen vgl. Abschnitt 2.1.3).

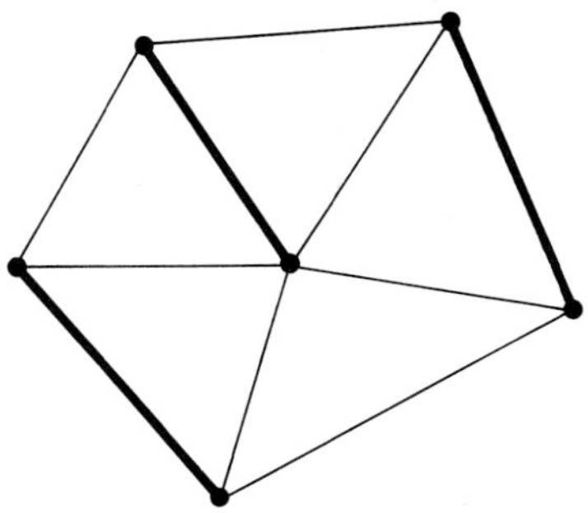

Abb. 2.7.1

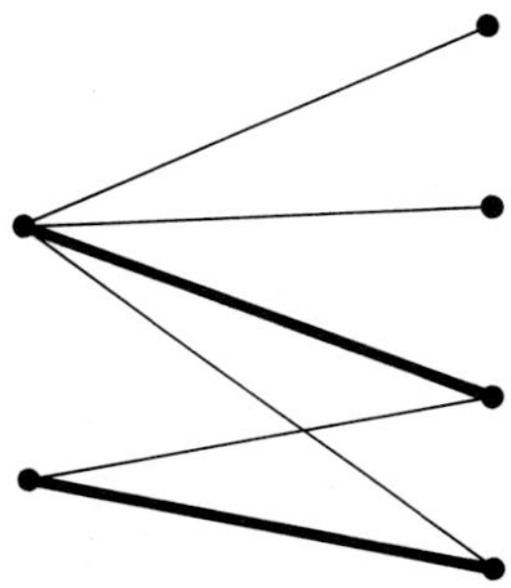

Abb. 2.7.2

Mit $\mathcal{X}$ bezeichnen wir die Menge aller Matchings eines gegebenen Graphen G und mit $\mathcal{X}_p \subseteq \mathcal{X}$ die Menge der perfekten Matchings in G. Da nach Definition die leere Menge stets ein Matching ist, gilt $\mathcal{X} \neq \emptyset$, aber, wie wir gesehen haben, kann $\mathcal{X}_p$ leer sein. Sei $G = [V, E; c]$ ein bewerteter Graph mit reellwertiger Bewertungsfunktion c und

$$c(X) := \sum_{[i,j] \in X} c_{ij}$$

die **Länge** oder das **Gewicht des Matchings** X in G. Dann verstehen wir unter dem **Summen-Matching-Problem** die Optimierungsaufgabe

$$\text{(2.7.1)} \qquad \begin{cases} \text{Min.} & c(X) \\ \text{u.d.N.} & X \in \mathcal{X}_p \, . \end{cases}$$

Eine optimale Lösung X^* von (2.7.1) bezeichnet man auch als **minimales Summen-Matching** in G.

Das Summen-Matching-Problem tritt z.B. als Teilaufgabe bei der Lösung des sogenannten Briefträgerproblems in Graphen auf (vgl. Abschnitt 2.9.1). Das Summen-Matching-Problem ist mit polynomialem Rechenaufwand lösbar (und zwar mit der Zeitkomplexität $O(n^3)$, wenn der Graph n Knoten hat), Lösungsverfahren für allgemeine nicht bipartite Graphen sind jedoch relativ kompliziert (vgl. z.B. Burkard und Derigs (1980), Kapitel 4, oder Lawler (1976), Abschnitte 6.9 und 6.10). Deshalb wollen wir uns im weiteren nur mit der Lösung des einfacheren **Summen-Matching-Problems in bipartiten Graphen** befassen, das (aus in Abschnitt 2.7.2 erläuterten Gründen) auch **Zuordnungsproblem** genannt wird.

2.7.2 Das Zuordnungsproblem

Für das Folgende erweist es sich als zweckmäßig, das Summen-Matching-Problem nicht für einen bipartiten (bewerteten) Graphen, sondern für ein bipartites Netzwerk $N = \langle V, E; c\rangle$ mit $V = R \cup S$ zu betrachten, wobei R die Quellen- und S die Senkenmenge von N sind. Ein Matching X in N ist eine Teilmenge von E mit der Eigenschaft, daß keine zwei verschiedenen Pfeile aus X mit ein und demselben Knoten von N positiv oder negativ inzident sind. Als notwendige Bedingung für die Existenz eines perfekten Matchings setzen wir $|R| = |S| =: n$ als erfüllt voraus. Das Netzwerk N habe also $2n$ Knoten.

Wir beschreiben ein Matching X im weiteren durch „binäre" Variablen

$$x_{ij} := \begin{cases} 1\,, & \text{falls } \langle i,j\rangle \in X \\ 0\,, & \text{falls } \langle i,j\rangle \notin X \end{cases} \qquad (\langle i,j\rangle \in E)\ .$$

Die Forderung an ein perfektes Matching, daß jeder Knoten $i \in R$ Anfangsknoten genau eines „Matching-Pfeils" und jeder Knoten $j \in S$ Endknoten genau eines Matching-Pfeils sind, können wir dann in der Form

$$\sum_{j\in\mathcal{S}(i)} x_{ij} = 1 \quad (i \in R)$$
$$\sum_{i\in\mathcal{P}(j)} x_{ij} = 1 \quad (j \in S)$$

schreiben. Damit erhält das Summen-Matching-Problem die Gestalt

$$\text{(2.7.2)} \qquad \begin{cases} \text{Min.} & \displaystyle\sum_{\langle i,j\rangle\in E} c_{ij}x_{ij} \\ \text{u.d.N.} & \displaystyle\sum_{j\in\mathcal{S}(i)} x_{ij} = 1 \quad (i \in R) \\ & \displaystyle\sum_{i\in\mathcal{P}(j)} x_{ij} = 1 \quad (j \in S) \\ & x_{ij} \in \{0,1\} \quad (\langle i,j\rangle \in E)\ . \end{cases}$$

Das Optimierungsproblem (2.7.2) ist unter dem Namen **Zuordnungsproblem** bekannt, da es folgende Aufgabenstellung beschreibt. Gegeben seien n Arbeitskräfte $A_1, \ldots, A_n$ und n Tätigkeiten $T_1, \ldots, T_n$. Für jede mögliche Zuordnung $A_i \leftrightarrow T_j$ liege ein „Eignungskoeffizient" $c_{ij} \geq 0$ vor, der wie eine Note die Eignung der Arbeitskraft A_i für die Tätigkeit T_j bewertet (wobei die Eignung umso besser ist, je kleiner c_{ij} ist), falls T_j überhaupt von A_i ausgeführt werden kann oder darf. Die Größe c_{ij} kann auch als die bei Zuweisung der Tätigkeit T_j zur Arbeitskraft A_i anfallenden Kosten (z.B. durch Anlernen o.ä. bedingt) interpretiert werden. Identifizieren wir die Menge der Arbeitskräfte $\{A_1, \ldots, A_n\}$ mit der Quellenmenge R und die Menge der Tätigkeiten $\{T_1, \ldots, T_n\}$ mit der Senkenmenge S eines bipartiten Netzwerkes und führen wir für jede mögliche Zuordnung $A_i \leftrightarrow T_j$ einen Pfeil $\langle i, j \rangle$ mit der Bewertung c_{ij} ein, so entspricht eine optimale Lösung des Minimierungsproblems (2.7.2) einer bestmöglichen (oder kostengünstigsten) Zuordnung der Arbeitskräfte zu den Tätigkeiten.

Die vorausgesetzte Gleichheit der Zahl der Arbeitskräfte und der Zahl der Tätigkeiten stellt keine Einschränkung der Allgemeinheit dar, sondern kann durch Einführung entsprechend vieler zusätzlicher fiktiver Arbeitskräfte bzw. fiktiver Tätigkeiten (mit Eignungskoeffizienten $c > \max_{\langle i,j \rangle \in E} c_{ij}$) stets erzwungen werden. Statt Arbeitskräfte optimal gegebenen Jobs zuzuweisen, kann bei praktischen Problemen auch nach der kostengünstigsten Zuweisung von Arbeitern oder Jobs zu Maschinen, Bewerbern zu offenen Stellen, Flugzeugen zu Flügen eines Flugplans, von LKW eines Fuhrunternehmers zu Aufträgen oder Vertretern zu verschiedenen Einsätzen innerhalb einer Werbekampagne gefragt sein.

Wie bereits erwähnt, ist das Zuordnungsproblem ein Spezialfall des sogenannten Umladeproblems, das ein lineares Optimierungsproblem in einem Netzwerk darstellt. Wie wir in Abschnitt 2.8.2 sehen werden, sind alle zulässigen Basislösungen des Umladeproblems (wenn die rechten Seiten der Gleichungen und eventuelle Kapazitätsgrenzen ganzzahlig sind) ganzzahlig. Damit können wir in (2.7.2) die Nebenbedingung $x_{ij} \in \{0, 1\}$ durch die einfacher zu handhabende Restriktion $x_{ij} \geq 0$ ersetzen:

$$
(2.7.3) \qquad \begin{cases} \text{Min.} & \sum\limits_{\langle i,j \rangle \in E} c_{ij} x_{ij} & \\ \text{u.d.N.} & \sum\limits_{j \in \mathcal{S}(i)} x_{ij} = 1 & (i \in R) \\ & \sum\limits_{i \in \mathcal{P}(j)} x_{ij} = 1 & (j \in S) \\ & x_{ij} \geq 0 & (\langle i, j \rangle \in E) \, . \end{cases}
$$

Die Interpretation des Zuordnungsproblems als Umladeproblem besagt, daß ein (ganzzahliger) kostenminimaler Fluß der Stärke n in dem zugrunde liegenden Netzwerk N von den Quellen $i \in R$ zu den Senken $j \in S$ gesucht ist, wobei c_{ij} die Kosten für den Transport einer Mengeneinheit auf dem Pfeil $\langle i, j \rangle \in E$ sind sowie auf allen Pfeilen die Minimalkapazitäten gleich 0 und die Maximalkapazitäten gleich 1 sind.

2.7.3 Lösung des Zuordnungsproblems mit dem Glover-Klingman-Algorithmus

Wir geben ein Verfahren zur Lösung des Zuordnungsproblems (2.7.3) an, das darin besteht, sukzessiv kürzeste Wege von Knoten $i \in R$ zu Knoten $j \in S$ zu bestimmen (in Netzwerken, die aus dem ursprünglichen Netzwerk N durch Umkehrung gewisser Pfeile entstehen) und auf einigen dieser Wege den Fluß von den Quellen zu den Senken zu „vergrößern", bis ein kostenminimaler Fluß der Stärke n erreicht ist (falls (2.7.3) eine zulässige und damit auch eine optimale Lösung besitzt). Dieses Verfahren, für das eine rechentechnisch besonders günstige Form in GLOVER, GLOVER UND KLINGMAN (1986) angegeben ist und das wir deshalb **Glover-Klingman-Algorithmus** nennen wollen, stellt eine der speziellen Struktur des Zuordnungsproblems angepaßte Version des Algorithmus von Busacker und Gowen zur Bestimmung eines kostenminimalen Flusses vorgegebener Stärke (vgl. Abschnitt 2.6.6) in einem Netzwerk dar, das sich aus N ergibt, indem man zusätzlich eine neue „Superquelle" r , eine neue „Supersenke" s sowie die Pfeile $\langle r,i\rangle$, $i \in R$, und $\langle j,s\rangle, j \in S$, mit verschwindenden Kosten und Maximalkapazitäten gleich n einführt (die Minimalkapazitäten sind sämtlich gleich 0). Der Glover-Klingman-Algorithmus kann auch als eine Modifikation der sogenannten **Ungarischen Methode** angesehen werden, bei der man statt kürzester Wege in Netzwerken kürzeste Ketten in entsprechenden (bewerteten) Graphen (die aus den Netzwerken durch Weglassen der Pfeilrichtungen entstehen) bestimmt, auf denen das Matching sukzessiv „vergrößert" wird (vgl. etwa BURKARD UND DERIGS (1980), Kapitel 1, DOMSCHKE (1981), Abschnitt 10.1, oder LAWLER (1976), Abschnitt 5.8). Der Rechenaufwand der Ungarischen Methode beträgt $O(n^3)$.

Wir setzen im folgenden voraus, daß $c_{ij} \geq 0$ für alle $\langle i,j\rangle \in E$ gelte. Dies bedeutet keine Einschränkung der Allgemeinheit, da gegebenenfalls die Transformation

$$c'_{ij} := c_{ij} - \min_{j\in\mathcal{S}(i)} c_{ij} \quad (\langle i,j\rangle \in E)$$

stets auf nichtnegative c'_{ij} führt. Das Zuordnungsproblem mit den Zielfunktionskoeffizienten c'_{ij} besitzt die gleichen optimalen Lösungen wie das Zuordnungsproblem mit den Koeffizienten c_{ij}, lediglich der minimale Zielfunktionswert verringert sich um $\sum_{i\in R} \min_{j\in\mathcal{S}(i)} c_{ij}$.

Wir benötigen noch einige Bezeichnungen. Eine Quelle $i \in R$ nennen wir **aktiv**, wenn sie noch keiner Senke $j \in S$ zugeordnet worden ist, also $x_{ij} = 0$ für alle $j \in \mathcal{S}(i)$ ist. Analog heißt eine Senke $j \in S$ **aktiv**, wenn $x_{ij} = 0$ für alle $i \in \mathcal{P}(j)$ ist. Nicht aktive Quellen oder Senken nennt man auch **inaktiv**. Die Menge der aktiven Quellen bezeichnen wir mit R_a und die Menge der aktiven Senken mit S_a.

Wie bereits erwähnt, werden im Laufe des Glover-Klingman-Verfahrens die Richtungen gewisser Pfeile des ursprünglichen Netzwerks N umgekehrt. Pfeile $\langle i,j\rangle$ mit $i \in R$ und $j \in S$ nennen wir **Vorwärtspfeile** und Pfeile $\langle j,i\rangle$ mit $i \in R$ und $j \in S$ **Rückwärtspfeile**. Zu Beginn des Verfahrens sind alle Pfeile des Netzwerkes Vorwärtspfeile.

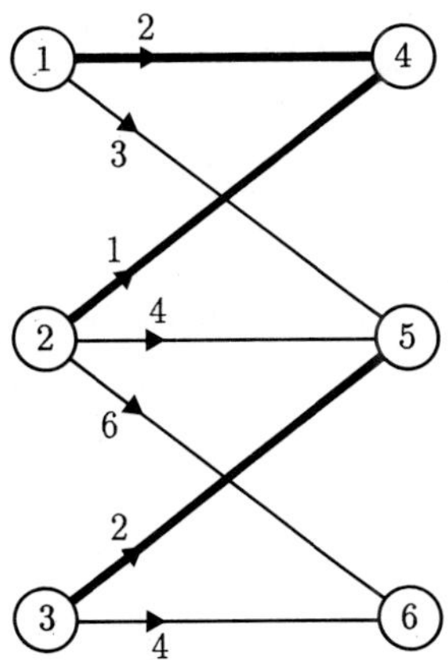

Abb. 2.7.3

Wir erläutern das Verfahren an Hand des Netzwerkes von Abb. 2.7.3, wobei die Bewertungen an den entsprechenden Pfeilen angeschrieben sind. Zu Beginn des Verfahrens sind alle Knoten aktiv ($R_a = \{1,2,3\}$, $S_a = \{4,5,6\}$), und wir starten mit der unzulässigen Lösung $x_{ij} = 0$ für alle $\langle i,j\rangle \in E$. Jeder Iterationsschritt des Verfahrens besteht dann aus einer Wegebestimmung (wobei für jedes $i \in R_a$ ein kürzester Weg zu einem Knoten $j \in S_a$ ermittelt wird) und einer anschließenden Flußvergrößerung.

Im *1. Iterationsschritt* bestimmen wir zunächst die drei in Abb. 2.7.3 stark ausgezeichneten kürzesten Wege. Wir versuchen dann sukzessiv, auf jedem dieser Wege eine Flußeinheit zu transportieren (d.h. für die Pfeile $\langle i,j\rangle$ des betreffenden Weges $x_{ij} := 1$ zu setzen), was möglich ist, wenn Anfangs- und Endknoten des Weges noch aktiv sind. Schicken wir eine Flußeinheit von Knoten 1 nach Knoten 4, so werden die Knoten 1 und 4 inaktiv (d.h., wir erhalten $R_a = \{2,3\}$, $S_a = \{5,6\}$). Transportieren wir eine weitere Mengeneinheit von Knoten 3 nach Knoten 5, dann werden die Knoten 3 und 5 inaktiv ($R_a = \{2\}$, $S_a = \{6\}$). Da Knoten 4 nun inaktiv ist, kann nichts mehr auf dem kürzesten Weg $\langle 2,4\rangle$ transportiert werden. Jeden Pfeil $\langle i,j\rangle$, auf dem eine Flußeinheit transportiert wird, ersetzen wir anschließend durch den entgegengesetzt gerichteten Pfeil $\langle j,i\rangle$ mit der Bewertung $c_{ji} := -c_{ij}$ (≤ 0). In unserem Beispiel erhalten wir auf diese Weise das Netzwerk von Abb. 2.7.4, in das wir die im 1. Iterationsschritt erfolgten Zuordnungen $1 \leftrightarrow 4$ und $3 \leftrightarrow 5$ gestrichelt eingetragen haben.

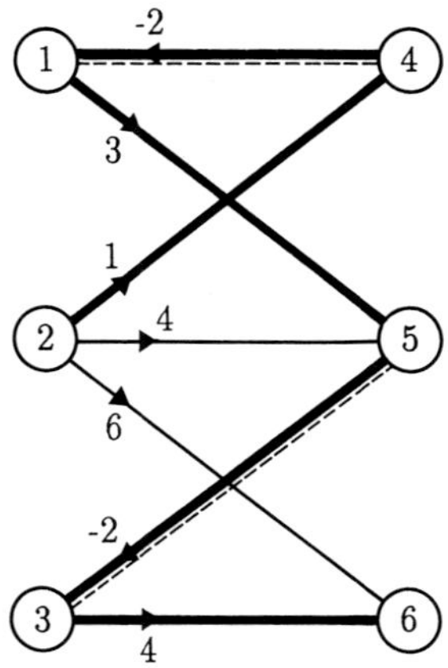

Abb. 2.7.4

Zu Beginn des *2. Iterationsschrittes* haben wir $R_a = \{2\}$ und $S_a = \{6\}$, und wir finden als kürzesten Weg mit Anfangsknoten 2 und Endknoten 6 den in Abb. 2.7.4 stark ausgezeichneten Weg $\langle 2,4,1,5,3,6\rangle$. Da Anfangs- und Endknoten dieses Weges noch aktiv sind, können wir eine Flußeinheit auf dem Weg transportieren. Dadurch werden die Knoten 2 und 6 inaktiv ($R_a = S_a = \emptyset$). Da auf den Vorwärtspfeilen $\langle 1,4\rangle$ und $\langle 3,5\rangle$ bereits eine Mengeneinheit transportiert wird, bedeutet der neue Flußtransport auf den Rückwärtspfeilen $\langle 4,1\rangle$ und $\langle 5,3\rangle$, daß insgesamt nichts von 1 nach 4 und von 3 nach 5 bzw. nichts in umgekehrter Richtung geschickt wird.

Allgemein gilt, daß in jedem Iterationsschritt kürzeste Wege von aktiven Quellen zu allen noch aktiven Senken berechnet und längs dieser Wege Flußvergrößerungen durchgeführt werden. Ein ermittelter kürzester Weg W besitzt $2k+1$ ($k \geq 0$) Pfeile, und auf den k Rückwärtspfeilen von W wird bereits eine Mengeneinheit in umgekehrter Richtung transportiert. Der Flußtransport auf den $2k+1$ Pfeilen von W bewirkt dann, daß W insgesamt $2k+1-k = k+1$ Zuordnungen „induziert" gegenüber k Zuordnungen am Ende des vorhergehenden Iterationsschrittes. Der Flußtransport auf jedem ermittelten kürzesten Weg erhöht also die Anzahl der Zuordnungen um 1.

Ersetzen wir jeden der Pfeile des Weges $\langle 2,4,1,5,3,6\rangle$ in Abb. 2.7.4 durch den entsprechenden entgegengesetzt gerichteten Pfeil (und ändern das Vorzeichen der Bewertung), so erhalten wir das Netzwerk von Abb. 2.7.5. Da jetzt alle Knoten inaktiv sind, bricht das Verfahren mit den in Abb. 2.7.5 gestrichelten Zuordnungen $1 \leftrightarrow 5$, $2 \leftrightarrow 4$ und $3 \leftrightarrow 6$ ab.

Wir stellen fest, daß in jedem Iterationsschritt bis zum Abbruch des Verfahrens auf mindestens einem neu bestimmten kürzesten Weg ein Flußtransport

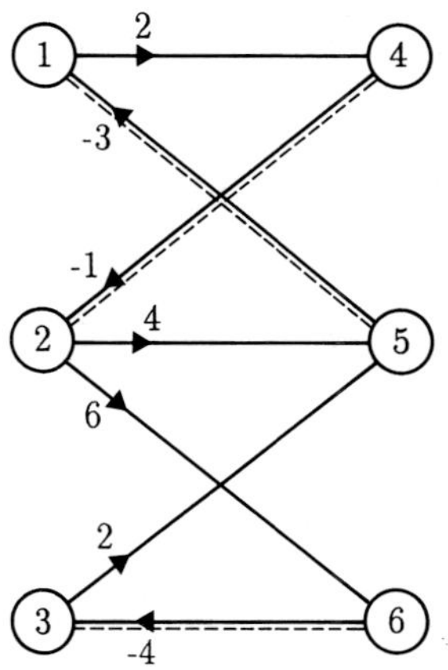

Abb. 2.7.5

erfolgt, die Anzahl der Zuordnungen also um mindestens 1 erhöht wird. Es werden somit maximal n Iterationsschritte ausgeführt.

Wir zeigen nun, daß der Glover-Klingman-Algorithmus tatsächlich eine optimale Lösung des Zuordnungsproblems (2.7.3) liefert, falls überhaupt eine zulässige Lösung existiert. Hierbei verwenden wir einige Ergebnisse über duale lineare Optimierungsprobleme. Schreiben wir die Nebenbedingung

$$\sum_{j \in \mathcal{S}(i)} x_{ij} = 1 \quad (i \in R)$$

von (2.7.3) in der Form

$$-\sum_{j \in \mathcal{S}(i)} x_{ij} = -1 \quad (i \in R) ,$$

so lautet das zu (2.7.3) duale lineare Optimierungsproblem (vgl. Abschnitt 1.4.1)

$$\text{(2.7.4)} \qquad \begin{cases} \text{Max.} \ -\sum\limits_{i \in R} u_i + \sum\limits_{j \in S} u_j \\ \text{u.d.N.} \ -u_i + u_j \leq c_{ij} \quad (\langle i,j \rangle \in E) \ . \end{cases}$$

Die dualen Variablen u_i $(i \in R \cup S)$ sind nicht vorzeichenbeschränkt.

Nach Satz 1.4.4 ist eine zulässige Lösung $\{x_{ij} | \langle i,j \rangle \in E\}$ des Zuordnungsproblems (2.7.3) genau dann optimal, wenn eine zulässige Lösung $\{u_i | i \in R \cup S\}$ des dualen Problems (2.7.4) existiert, für die gilt

$$\text{(2.7.5)} \qquad \left. \begin{array}{r} x_{ij} > 0 \ \text{ impliziert } -u_i + u_j = c_{ij} \\ -u_i + u_j < c_{ij} \ \text{impliziert } x_{ij} = 0 \end{array} \right\} \ (\langle i,j \rangle \in E) \ .$$

Wir nehmen zunächst an, daß (2.7.3) eine zulässige Lösung besitze. Wir starten das oben beschriebene Verfahren mit $x_{ij} = 0$ für alle $\langle i,j\rangle \in E$. Die Länge eines ermittelten kürzesten Weges mit Endknoten $j \in R \cup S$ (und Anfangsknoten aus R) bezeichnen wir mit d_j. Im 1. Iterationsschritt setzen wir $d_i := 0$ für alle $i \in R$. Für die berechneten Weglängen d_j ($j \in S$) gilt für $\langle i,j\rangle \in E$ $d_j = d_i + c_{ij}$, wenn $\langle i,j\rangle$ auf einem kürzesten Weg liegt, und sonst $d_j < d_i + c_{ij}$, also insgesamt $d_j \leq d_i + c_{ij}$ oder $-d_i + d_j \leq c_{ij}$. $\{d_j | j \in R \cup S\}$ stellt folglich eine zulässige Lösung des dualen Problems (2.7.4) dar. Im Flußvergrößerungsschritt setzen wir $x_{ij} := 1$ höchstens dann, wenn $\langle i,j\rangle$ auf einem kürzesten Weg liegt, also $d_j = d_i + c_{ij}$ ist. Am Ende des 1. Iterationsschrittes sind somit die Optimalitätsbedingungen (2.7.5) erfüllt.

In jedem der weiteren Iterationsschritte übernehmen wir für diejenigen Knoten j, für die keine neuen Weglängen d_j berechnet werden, die Werte d_j vom vorhergehenden Iterationsschritt. Im Fall $x_{ij} = 0$ (keine Zuordnung $i \leftrightarrow j$) gehört der Vorwärtspfeil $\langle i,j\rangle$ zum aktuellen Netzwerk, im Fall $x_{ij} = 1$ (Zuordnung $i \leftrightarrow j$) der Rückwärtspfeil $\langle j,i\rangle$. Im ersteren Fall gilt $d_j \leq d_i + c_{ij}$, im letzteren Fall $d_i = d_j + c_{ji}$ mit $c_{ji} = -c_{ij}$ und damit $d_j = d_i + c_{ij}$, also insgesamt $d_j \leq d_i + c_{ij}$ ($\langle i,j\rangle \in E$). Folglich ist $\{d_j | j \in R \cup S\}$ erneut eine zulässige Lösung des dualen Problems (2.7.4). Im Flußvergrößerungsschritt wird wieder nur dann $x_{ij} := 1$ gesetzt, wenn $d_j = d_i + c_{ij}$ ist, d.h., die Optimalitätsbedingungen (2.7.5) sind weiterhin erfüllt.

Der Glover-Klingman-Algorithmus bricht (nach maximal n Iterationsschritten) ab, wenn alle Knoten inaktiv sind, d.h. für jedes $i \in R$ genau ein $j \in \mathcal{S}(i)$ mit $x_{ij} = 1$ und für jedes $j \in S$ genau ein $i \in \mathcal{P}(j)$ mit $x_{ij} = 1$ existieren. Für die übrigen $\langle i,j\rangle \in E$ ist $x_{ij} = 0$. $\{x_{ij} | \langle i,j\rangle \in E\}$ stellt folglich eine zulässige Lösung des Zuordnungsproblems (2.7.3) dar und ist auch eine optimale Lösung von (2.7.3), da $\{d_j | j \in R \cup S\}$ eine zulässige Lösung des dualen Problems (2.7.4) ist und die Optimalitätsbedingungen (2.7.5) erfüllt sind.

Im Fall, daß das Zuordnungsproblem keine zulässige Lösung besitzt, bricht der Algorithmus damit ab, daß es zwar noch aktive Knoten $i \in R_a$ gibt, aber von keinem dieser Knoten ein (kürzester) Weg zu einem aktiven Knoten $j \in S_a$ existiert.

Wir machen noch einige ergänzende Bemerkungen zum Lösungsverfahren. Es empfiehlt sich, den Algorithmus mit einer „besseren" (unzulässigen) Anfangslösung als $x_{ij} = 0$ für alle $\langle i,j\rangle \in E$ zu starten, die wie folgt bestimmt werden kann (was im Prinzip dem 1. Iterationsschritt entspricht):

Setze $S_a := S$
Für alle $i \in R$
  Finde ein $k \in \mathcal{S}(i) \cap S_a$ *mit* $c_{ik} = \min_{j \in \mathcal{S}(i)} c_{ij}$
  und setze $x_{ik} := 1$, $S_a := S_a \backslash \{k\}$

Zur Ermittlung kürzester Wege von aktiven Knoten $i \in R_a$ zu aktiven Knoten $j \in S_a$ sollte ein LC-Algorithmus (vgl. Abschnitt 2.4.2) verwendet werden, da das aktuelle Netzwerk (abgesehen vom ersten Iterationsschritt) Pfeile mit negativer Bewertung besitzt und auch Zyklen enthalten kann (jedoch wie man sich leicht überlegt, keine Zyklen negativer Länge). Die in der folgenden Pascal-nahen Beschreibung des Verfahrens enthaltene Wegebestimmung entspricht dem LC-Algorithmus A (Algorithmus 2.4.2). Die Menge Q markierter Knoten kann wieder als Schlange implementiert werden. Die Größen d_j werden aus rechentechnischen Gründen im Unterschied zur obigen Verfahrensbeschreibung zu Beginn jedes Iterationsschrittes gleich ∞ gesetzt (abgesehen von den d_j für die aktiven Quellen j) und nicht, wenn sie nicht neu berechnet werden, aus dem vorhergehenden Iterationsschritt übernommen.

Algorithmus 2.7.1 (Zuordnungsproblem — Glover-Klingman-Algorithmus)

Schritt 1 (Flußinitialisierung)

Setze $x_{ij} := 0$ *für alle* $\langle i, j\rangle \in E$
    $R_a := R$, $S_a := S$
Für alle $i \in R$
    Finde ein $k \in \mathcal{S}(i) \cap S_a$ *mit* $c_{ik} = \min_{j \in \mathcal{S}(i)} c_{ij}$, *setze* $x_{ik} := 1$, $R_a := R_a \backslash \{i\}$, $S_a := S_a \backslash \{k\}$ *und ersetze* $\langle i, k\rangle$ *durch* $\langle k, i\rangle$ *mit* $c_{ki} := -c_{ik}$

Schritt 2 (Wegeinitialisierung)

Für alle $j \in R_a$ *setze* $d_j := 0$, $p_j := j$
Für alle übrigen $j \in R \cup S$ *setze* $d_j := \infty$, $p_j := 0$
Setze $Q := R_a$ *(*Q *ist eine Schlange)*

Schritt 3 (Wegebestimmung)

Für alle $i \in Q$
    Entferne i *vom Kopf von* Q
    Für alle $j \in \mathcal{S}(i)$ *mit* $d_j > d_i + c_{ij}$
        Setze $d_j := d_i + c_{ij}$, $p_j := i$
        Falls $j \notin Q$, *füge* j *am Ende von* Q *ein*
Falls $Q \neq \emptyset$, *gehe zu Schritt 3*
Falls $d_j = \infty$ *für alle* $j \in S_a$, *terminiere (es existiert keine zulässige Lösung)*

Schritt 4 (Flußvergrößerung)

Für alle $j \in S_a$ mit $d_j < \infty$

Identifiziere kürzesten Weg W_j mit Endknoten j (mit Hilfe der berechneten Wegeknoten)

Falls Anfangsknoten i von W_j in R_a

Setze $R_a := R_a \backslash \{i\}$, $S_a := S_a \backslash \{j\}$

Für jeden Pfeil $\langle k, l \rangle$ von W_j

Falls $x_{lk} = 1$, setze $x_{lk} := 0$ ($\langle k, l \rangle$ ist ein Rückwärtspfeil),

andernfalls setze $x_{kl} := 1$ ($\langle k, l \rangle$ ist ein Vorwärtspfeil)

Ersetze $\langle k, l \rangle$ durch $\langle l, k \rangle$ mit $c_{lk} := -c_{kl}$

Falls $R_a = \emptyset$, terminiere (optimale Lösung erreicht), andernfalls gehe zu Schritt 2

□

Die Zeitkomplexität der einzelnen Schritte von Algorithmus 2.7.1 beträgt $O(m)$ für Schritt 1, $O(n)$ für Schritt 2, $O(mn)$ für Schritt 3 (gleicher Rechenaufwand wie Algorithmus 2.4.2) und $O(n)$ für Schritt 4. Da in jeder Iteration mindestens ein weiterer Knoten aus R_a und S_a entfernt und folglich die Schritte 2, 3 und 4 höchstens n-mal durchlaufen werden, ist der Gesamtrechenaufwand für Algorithmus 2.7.1 gleich $O(mn^2)$. Verwendet man für die Ermittlung kürzester Wege an Stelle des LC-Algorithmus A den LC-Algorithmus B, der die ungünstigere Zeitkomplexität $O(mn^2)$ hat, jedoch im Durchschnitt kürzere Rechenzeiten benötigt, so erhält man für die entsprechende Version des Glover-Klingman-Algorithmus die Zeitkomplexität $O(mn^3)$. Obwohl die beiden genannten Versionen des Glover-Klingman-Algorithmus eine schlechtere Zeitkomplexität als die Ungarische Methode ($O(n^3)$) besitzen, erfordern sie im Mittel keine größere Rechenzeit als die Ungarische Methode, wie numerische Tests gezeigt haben. Die kürzesten Rechenzeiten zur Lösung des Zuordnungsproblems erhält man, wenn man in Algorithmus 2.7.1 zur Bestimmung kürzester Wege einen Schwellen-Algorithmus verwendet (zum Begriff des Schwellen-Algorithmus vgl. Abschnitt 2.4.2). Eine für die Lösung des Zuordnungsproblems besonders geeignete Version eines Schwellen-Algorithmus findet sich in GLOVER ET AL. (1986). Dort wird auch beschrieben, wie man spezielle Eigenschaften der Kürzeste-Wege-Probleme im Lösungsverfahren für das Zuordnungsproblem vorteilhaft ausnutzen kann, z.B., daß jeder Knoten $j \in S$ im aktuellen Netzwerk höchstens einen Nachfolger hat und daß Kürzeste-Wege-Probleme in aufeinander folgenden Iterationsschritten sich nur dadurch unterscheiden, daß einige Pfeile (die dem bisherigen Wegebaum angehören) durch die entgegengesetzt gerichteten Pfeile ersetzt werden.

2.8 Umladeproblem und Netzwerk-Simplexmethode

Das Umladeproblem ist ein lineares Optimierungsproblem auf einem Netzwerk mit Kapazitäten und Kosten, das die in den Abschnitten 2.4 und 2.6 betrachteten Optimierungsprobleme auf Netzwerken als Spezialfälle enthält. Für das Umladeproblem ist eine spezielle Version der Simplexmethode, **Netzwerk-Simplexmethode** genannt, entwickelt worden. Wie zahlreiche Rechentests gezeigt haben, erfordert die Netzwerk-Simplexmethode insbesondere für die Lösung von sehr großen Flußproblemen in der Regel einen geringeren Rechenaufwand als die in Abschnitt 2.6 erläuterten Verfahren. Als Spezialfall des Umladeproblems werden wir im folgenden auch das schon mehrfach erwähnte Transportproblem behandeln und als Lösungsverfahren eine entsprechende spezielle Version der Netzwerk-Simplexmethode angeben. Im weiteren folgen wir z.T. den Darstellungen der Netzwerk-Simplexmethode in CHVATAL (1983), Kapitel 19 und 21, KENNINGTON UND HELGASON (1980), Kapitel 3, und SIEDERSLEBEN (1983).

2.8.1 Das Umladeproblem

Beim Umladeproblem ist der kostengünstigste Transport eines Gutes von gewissen **Angebotsorten** (Anbietern oder Produzenten eines Gutes) über sogenannte **Umladeorte** (z.B. Zwischenlager oder Montageorte) zu **Nachfrageorten** (Verbrauchern des Gutes) gesucht. Beispielsweise kann es sich um den kostengünstigsten Transport von Wasser in einem Wasserversorgungsnetz handeln (die Kosten können etwa durch den Energiebedarf für das Pumpen des Wassers sowie durch Wasserverluste u.a. bedingt sein). Die Angebotsorte entsprechen hierbei Wasserwerken, die Wasser in das Netz einspeisen, die Nachfrageorte Verbrauchern (Gemeinden) und die Umladeorte Pumpstationen oder Verzweigungspunkten des Netzes. Es ist möglich, daß einige Wasserwerke (Angebotsorte) oder Gemeinden (Nachfrageorte) auch als Pumpstationen fungieren, bei denen Wasser sowohl hin- als auch wegfließt. Die Umladeorte entsprechen dann „reinen“ Umladestationen, bei denen weder Wasser ins Netz eingespeist noch verbraucht wird.

Das Umladeproblem kann wie folgt als lineares Optimierungsproblem auf einem Netzwerk mit Kapazitäten und Kosten N formuliert werden: Jedem (Angebots-, Umlade- oder Nachfrage-)Ort wird ein Knoten zugeordnet. Ist ein direkter Transport des Gutes vom Ort i zum Ort j möglich, dann führen wir einen Pfeil $\langle i, j \rangle$ ein. Die Orte bzw. Knoten numerieren wir von 1 bis n durch, so daß $V = \{1, \ldots, n\}$ die Knotenmenge des Netzwerkes ist. Die Pfeilmenge des Netzwerkes bezeichnen wir wieder mit E. Das Netzwerk setzen wir als schwach zusammenhängend voraus, da andernfalls für jede schwache Zusammenhangskomponente ein Umladeproblem vorliegt.

x_{ij} stelle die auf dem Pfeil $\langle i,j\rangle$ transportierte Menge dar [1], die höchstens gleich $\kappa_{ij} > 0$ sei (**Maximalkapazität** von $\langle i,j\rangle$). Ist die auf $\langle i,j\rangle$ zu transportierende Menge nicht nach oben beschränkt, so setzen wir $\kappa_{ij} := \infty$. Da die von i nach j transportierte Menge nichtnegativ ist, haben wir insgesamt die Nebenbedingungen

$$0 \le x_{ij} \le \kappa_{ij} \quad (\langle i,j\rangle \in E)\ .$$

Jedem Knoten i ordnen wir eine Größe a_i zu, die die vom Ort i abtransportierte Nettomenge (d.h. abtransportierte minus hintransportierte Menge) darstelle. Für einen Angebotsknoten i ist $a_i > 0$, für einen Umladeknoten i gilt $a_i = 0$, und für einen Nachfrageknoten i ist $a_i < 0$ ($-a_i > 0$ ist dann der Bedarf am Ort i). Wir lassen dabei zu, daß zu einem Angebotsknoten etwas hin- und von einem Nachfrageknoten etwas abtransportiert werden kann (vgl. das oben erwähnte Beispiel eines Wasserversorgungsnetzes). Damit erhalten wir die weiteren Nebenbedingungen

$$\text{(2.8.1)} \qquad \sum_{j\in\mathcal{S}(i)} x_{ij} - \sum_{k\in\mathcal{P}(i)} x_{ki} = a_i \quad (i = 1,\dots,n)\ ,$$

die wieder als **Flußbedingung** angesehen werden können (vgl. (2.6.1)).

Die Kosten für den Transport einer Mengeneinheit des Gutes auf dem Pfeil $\langle i,j\rangle$ seien c_{ij}. Die Gesamtkosten für den Transport des Gutes durch das Netzwerk N betragen dann $\sum_{\langle i,j\rangle\in E} c_{ij}x_{ij}$. Die Minimierung dieser Transportkosten unter den oben aufgeführten Restriktionen führt damit auf das als **Umladeproblem** bezeichnete Optimierungsproblem

$$(U) \qquad \begin{cases} \text{Min.} & \sum\limits_{\langle i,j\rangle\in E} c_{ij}x_{ij} \\ \text{u.d.N.} & \sum\limits_{j\in\mathcal{S}(i)} x_{ij} - \sum\limits_{k\in\mathcal{P}(i)} x_{ki} = a_i \quad (i = 1,\dots,n) \\ & 0 \le x_{ij} \le \kappa_{ij} \quad (\langle i,j\rangle \in E)\ . \end{cases}$$

Wir nehmen im folgenden o.B.d.A. an, daß

$$\sum_{i=1}^{n} a_i = 0$$

[1] Wir bezeichnen die auf $\langle i,j\rangle$ transportierte Menge, die wieder als Flußwert angesehen werden kann, nicht wie in Abschnitt 2.6 mit ϕ_{ij}, sondern mit x_{ij}, da wir uns im folgenden an die in der linearen Optimierung üblichen Bezeichnungen anlehnen werden (vgl. Kapitel 1).

sei, d.h., daß im Netzwerk nichts von dem transportierten Gut verloren geht und auch nichts „vom Himmel fällt“. Wäre etwa $\sum_{i=1}^{n} a_i > 0$, dann könnten wir einen weiteren Nachfrageort $n+1$ mit $a_{n+1} := -\sum_{i=1}^{n} a_i$ sowie von jedem Angebotsort k einen Pfeil $\langle k, n+1\rangle$ mit $c_{k,n+1} := 0$ und $\kappa_{k,n+1} := a_k$ einführen. Entsprechend würden wir im Fall $\sum_{i=1}^{n} a_i < 0$ verfahren.

Das in Abschnitt 2.6.5 betrachtete Problem (KFS) der Bestimmung eines kostenminimalen Flusses der vorgegebenen Stärke $\omega^+ > 0$ in einem Netzwerk mit (Maximal-)Kapazitäten und Kosten sowie einer Flußquelle r und einer Flußsenke s entspricht dem speziellen Umladeproblem (U) mit dem einen Angebotsort r und $a_r = \omega^+$ und dem einen Nachfrageort s mit $a_s = -\omega^+$ (alle übrigen Knoten stellen Umladeorte dar). Daß in (U) im Gegensatz zu (KFS) die Minimalkapazitäten aller Pfeile gleich 0 sind, stellt keine wesentliche Einschränkung dar. Wie in Abschnitt 2.6.5 gezeigt worden ist, kann der Fall von 0 verschiedener Minimalkapazitäten durch eine Variablentransformation auf den Fall verschwindender Minimalkapazitäten zurückgeführt werden.

Wie ebenfalls in Abschnitt 2.6.5 erläutert worden ist, stellen das Maximalfluß-Problem und das Kürzeste-Wege-Problem Spezialfälle des Flußproblems (KFS) dar. Damit sind, wie bereits erwähnt, alle bisher betrachteten Optimierungsprobleme auf Netzwerken Spezialfälle des Umladeproblems (U).

Andererseits kann das Umladeproblem auch als Aufgabe der Bestimmung eines kostenminimalen Flusses der Stärke $\sum_{i\in V, a_i>0} a_i$ von den Angebotsorten (Flußquellen) zu den Verbrauchern (Flußsenken) aufgefaßt werden. Um dieses Flußproblem mit mehreren Flußquellen und Flußsenken auf den in Abschnitt 2.6 betrachteten Fall mit nur einer Flußquelle und einer Flußsenke zurückzuführen, kann man wie folgt vorgehen: Man ergänzt das zugrunde liegende Netzwerk N durch eine neue Quelle r und eine neue Senke s sowie für jeden Angebotsort k einen Pfeil $\langle r, k\rangle$ und für jeden Nachfrageort l einen Pfeil $\langle l, s\rangle$. Auf diesen neuen Pfeilen legt man die Kapazitäten und Kosten wie folgt fest: $\kappa_{rk} := a_k$, $\kappa_{ls} := -a_l$, $c_{rk} := c_{ls} := 0$. Damit kann das Umladeproblem (im Fall $c_{ij} \geq 0$ für alle $\langle i, j\rangle \in E$) mit dem Verfahren von Busacker und Gowen aus Abschnitt 2.6.6 gelöst werden. Die im folgenden diskutierte Netzwerk-Simplexmethode erfordert jedoch, wie bereits erwähnt, für größere Umladeprobleme im allgemeinen einen geringeren Rechenaufwand.

Das Umladeproblem (U) stellt ein spezielles lineares Optimierungsproblem mit oberen Grenzen für die Variablen dar, das wie das Flußproblem (KFS) mit Hilfe der Inzidenzmatrix $\boldsymbol{H}$ des zugrunde liegenden Netzwerkes N in kompakterer Form geschrieben werden kann (vgl. Abschnitt 2.6.5). Seien $E = \{e_1, \ldots, e_m\}$ die Pfeilmenge von N,

$$h_{i\mu} := \begin{cases} 1\,, & \text{falls } e_\mu \text{ positiv inzident mit } i \\ -1\,, & \text{falls } e_\mu \text{ negativ inzident mit } i \\ 0\,, & \text{sonst} \end{cases} \qquad (i = 1, \ldots, n; \mu = 1, \ldots, m)$$

wieder die Elemente der $n \times m$-Inzidenzmatrix $\boldsymbol{H}$, $\boldsymbol{x}$ der Vektor mit den Komponenten $x(e_1), \ldots, x(e_m)$, wobei $x(e_\mu)$ die auf dem Pfeil e_μ transportierte Menge ist, und $\boldsymbol{a}$ der Vektor mit den Komponenten $a_1, \ldots, a_n$, so schreibt sich die Flußbedingung (2.8.1) in der Form

$$\boldsymbol{Hx} = \boldsymbol{a}\,.$$

Führen wir noch den Kostenvektor $\boldsymbol{c}$ und den Kapazitätenvektor $\boldsymbol{\kappa}$ ein, deren Komponenten $c(e_\mu)$ bzw. $\kappa(e_\mu)$ die Kosten bzw. die Kapazität für den Pfeil e_μ sind ($\mu = 1, \ldots, m$), dann erhalten wir für das Umladeproblem (U) die kompaktere Form

$$\begin{array}{ll} \text{Min.} & \boldsymbol{c}^T\boldsymbol{x} \\ \text{u.d.N.} & \boldsymbol{Hx} = \boldsymbol{a} \\ & \boldsymbol{0} \leq \boldsymbol{x} \leq \boldsymbol{\kappa} \end{array}$$

(vgl. das Flußproblem $(\overline{KFS})$ in Abschnitt 2.6.5).

Da in jeder Spalte der $n \times m$-Inzidenzmatrix $\boldsymbol{H}$ genau eine 1 und eine -1 stehen, ist die Summe aller Zeilen von $\boldsymbol{H}$ gleich 0 (bzw. gleich dem entsprechenden Nullvektor), d.h., der Rang der Matrix $\boldsymbol{H}$, rg$\boldsymbol{H}$, ist kleiner als n. Da man in der Theorie der linearen Optimierung voraussetzt, daß der Rang der Koeffizientenmatrix des Gleichungssystems in den Nebenbedingungen gleich der Zeilenzahl der Matrix ist, lassen wir in der Matrix $\boldsymbol{H}$ die letzte Zeile und ebenso die letzte Komponente des Vektors $\boldsymbol{a}$ weg, was die Matrix $\boldsymbol{A}$ bzw. den Vektor $\boldsymbol{b}$ ergebe. Die Matrix $\boldsymbol{A}$ wird auch **gestutzte Inzidenzmatrix** des Netzwerkes N (bzw. des entsprechenden Digraphen) genannt. Daß für den Rang der $(n-1) \times m$-Matrix $\boldsymbol{A}$ tatsächlich rg$\boldsymbol{A} = n - 1$ (und damit auch rg$\boldsymbol{H} = n - 1$) gilt, werden wir im folgenden Abschnitt 2.8.2 sehen (hierfür ist wesentlich, daß N keine isolierten Knoten hat und damit $\boldsymbol{H}$ und $\boldsymbol{A}$ in jeder Zeile mindestens ein von 0 verschiedenes Element besitzen). Mit der Matrix $\boldsymbol{A}$ anstelle von $\boldsymbol{H}$ und dem Vektor $\boldsymbol{b}$ anstelle von $\boldsymbol{a}$ schreibt sich das Umladeproblem (U) in der Form

$$(\bar{U}) \qquad \begin{cases} \text{Min.} & \boldsymbol{c}^T\boldsymbol{x} \\ \text{u.d.N.} & \boldsymbol{Ax} = \boldsymbol{b} \\ & \boldsymbol{0} \leq \boldsymbol{x} \leq \boldsymbol{\kappa}\,. \end{cases}$$

Im folgenden werden wir die Spalten der Matrix $\boldsymbol{A}$ (und entsprechend die Komponenten der Vektoren $\boldsymbol{c}$, $\boldsymbol{x}$ und $\boldsymbol{\kappa}$) nicht durch einfache Indizes μ, sondern durch Doppelindizes ij kennzeichnen, die den Pfeilen $\langle i, j\rangle$ entsprechen.

Für die Reihenfolge dieser Doppelindizes (bzw. der entsprechenden Spaltenvektoren von $\boldsymbol{A}$ oder Komponenten von $\boldsymbol{c}$, $\boldsymbol{x}$ oder $\boldsymbol{\kappa}$) treffen wir dabei folgende Vereinbarung:

$$ij \text{ kommt „vor" } i'j', \text{ wenn } i < i' \text{ oder wenn } i = i' \text{ und } j < j' \text{ ist.}$$

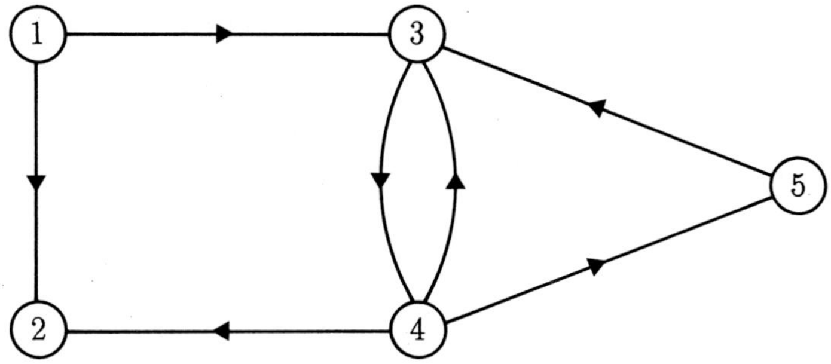

Abb. 2.8.1

Die gestutzte Inzidenzmatrix $\boldsymbol{A}$ entspricht der Inzidenzmatrix des zugrunde liegenden Netzwerkes N ohne den Knoten n und damit ohne den Endknoten der Pfeile $\langle i, n\rangle$ und ohne den Anfangsknoten der Pfeile $\langle n, j\rangle$ (Weglassen von aufgrund der Flußbedingung redundanter Information). Da N keine isolierten Knoten enthält, gibt es mindestens einen Pfeil mit Anfangs- oder Endknoten n. Folglich besitzt die $(n-1) \times m$-Matrix $\boldsymbol{A}$ mindestens eine Spalte mit nur einem von 0 verschiedenen Element ($+1$ oder -1). Als Beispiel betrachten wir den Digraphen in Abb. 2.8.1. Die den Pfeilen $\langle 4, 5\rangle$ und $\langle 5, 3\rangle$ entsprechenden Spalten der zugehörigen gestutzten Inzidenzmatrix $\boldsymbol{A}$ enthalten jeweils nur ein von 0 verschiedenes Element:

$$\begin{array}{cccccccc} & \langle 1,2\rangle & \langle 1,3\rangle & \langle 3,4\rangle & \langle 4,2\rangle & \langle 4,3\rangle & \langle 4,5\rangle & \langle 5,3\rangle \end{array}$$

$$\boldsymbol{A} = \begin{pmatrix} 1 & 1 & 0 & 0 & 0 & 0 & 0 \\ -1 & 0 & 0 & -1 & 0 & 0 & 0 \\ 0 & -1 & 1 & 0 & -1 & 0 & -1 \\ 0 & 0 & -1 & 1 & 1 & 1 & 0 \end{pmatrix} \begin{matrix} 1 \\ 2 \\ 3 \\ 4 \end{matrix}$$

2.8.2 Gerüste und Basen

Wir erinnern zunächst an die in Abschnitt 2.1.3 eingeführten Begriffe gerichteter Baum und gerichtetes Gerüst. Ein **gerichteter Baum** oder Wurzelbaum mit der Wurzel r ist ein schwach zusammenhängender Digraph mit der Quelle r, bei dem jeder von r verschiedene Knoten i genau einen Vorgänger besitzt, mit anderen Worten, es gibt genau einen Weg von r nach i. Ein gerichteter

Baum mit n Knoten hat genau $n-1$ Pfeile und ist zyklenfrei. Ein **gerichtetes Gerüst** eines Digraphen $\vec{G}$ ist ein Teildigraph von $\vec{G}$, der alle Knoten von $\vec{G}$ enthält und einen gerichteten Baum darstellt.

Ein schwach zusammenhängender Digraph, der keine Semizyklen (also Zyklen, in denen nicht notwendig alle Pfeile die gleiche Orientierung haben) besitzt, wird im folgenden **Baum** genannt. Anschaulich gesprochen entspricht ein Baum also einem gerichteten Baum, bei dem einige Pfeile „umgekehrt orientiert" sein können [1]. Für je zwei verschiedene Knoten i und j eines Baumes gibt es genau einen Semiweg mit den Endknoten i und j. Ein Baum mit n Knoten hat genau $n-1$ Pfeile. Wir bemerken noch, daß jeder Baum, der von einem isolierten Knoten verschieden ist, mindestens zwei Knoten enthält, mit denen jeweils nur ein Pfeil (positiv oder negativ) inzident ist. Die letzteren Knoten nennt man auch **Blätter** des Baumes. Abb. 2.8.2 zeigt einen Baum mit den Blättern 1, 5, 6, 7 und 8.

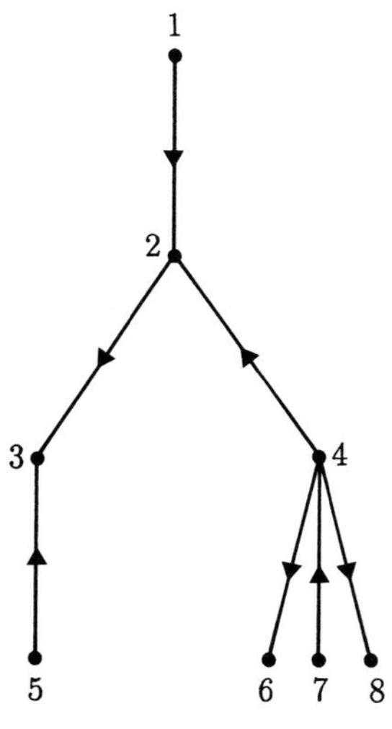

Abb. 2.8.2

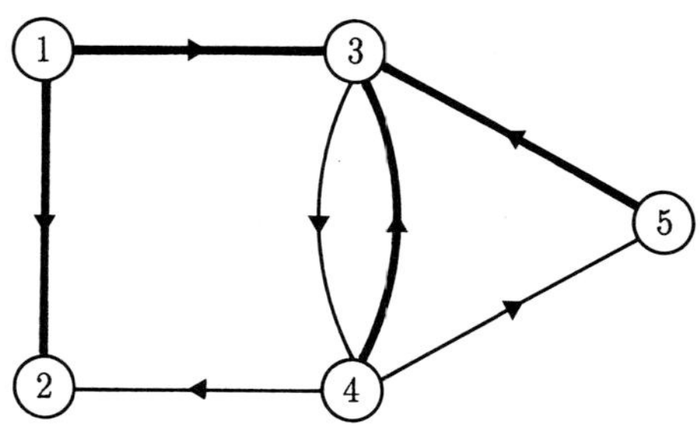

Abb. 2.8.3

Ein **Gerüst eines Digraphen** $\vec{G}$ ist ein Teildigraph von $\vec{G}$, der alle Knoten von $\vec{G}$ enthält und einen Baum darstellt. Ist n wieder die Anzahl der Knoten von $\vec{G}$, so ist ein Teildigraph $\bar{G}$ von $\vec{G}$ genau dann ein Gerüst von $\vec{G}$, wenn $\bar{G}$ $n-1$ Pfeile besitzt und keinen Semizyklus enthält. In dem Digra-

[1] In Abschnitt 2.1.3 haben wir Bäume als spezielle Graphen eingeführt. Versieht man jede Kante eines solchen „Graphen-Baumes" mit einer der beiden möglichen Orientierungen, so erhält man einen „Digraphen-Baum", wie wir ihn oben erklärt haben. Da wir im folgenden nur Netzwerke bzw. Digraphen betrachten werden, sind Verwechslungen dieser beiden Baumarten nicht möglich.

phen von Abb. 2.8.3 ist ein Gerüst stark ausgezeichnet. Wir beweisen jetzt den folgenden grundlegenden

Satz 2.8.1. *Seien $\vec{G} = \langle V, E\rangle$ ein schwach zusammenhängender Digraph mit $V = \{1, 2, \ldots, n\}$ und $|E| \geq 1$ und $\boldsymbol{A}$ die gestutzte Inzidenzmatrix von $\vec{G}$. Eine Menge von $n-1$ Spaltenvektoren von $\boldsymbol{A}$ ist genau dann linear unabhängig, wenn die zugehörigen Pfeile ein Gerüst von $\vec{G}$ bilden.*

Beweis.

(a) Wir zeigen, daß die den Pfeilen eines Gerüstes T von $\vec{G}$ entsprechende $(n-1) \times (n-1)$-Teilmatrix $\boldsymbol{B}$ von $\boldsymbol{A}$ nichtsingulär ist.

T enthält mindestens zwei Blätter. Jede zugehörige Zeile von $\boldsymbol{B}$ [1] besitzt genau ein Element 1 oder -1, die übrigen Elemente sind gleich 0. Wir wählen eine derartige Zeile aus und bringen das von 0 verschiedene Element dieser Zeile durch Zeilen- und Spaltenvertauschungen in $\boldsymbol{B}$ (wodurch sich der Rang von $\boldsymbol{B}$ nicht ändert) an die Position $(1,1)$ der Matrix. Die resultierende Matrix, die wir der Einfachheit halber wieder mit $\boldsymbol{B}$ bezeichnen, hat die Form

$$\left(\begin{array}{c|c} \pm 1 & \boldsymbol{0} \\ \hline \boldsymbol{\beta}' & \boldsymbol{B}' \end{array}\right)$$

mit einer $(n-2) \times (n-2)$-Matrix $\boldsymbol{B}'$. Als Beispiel betrachten wir die Matrix $\boldsymbol{B}$, die dem in Abb. 2.8.3 stark ausgezeichneten Gerüst entspricht:

$$\begin{array}{cc} & \begin{array}{cccc} \langle 1,2\rangle & \langle 1,3\rangle & \langle 4,3\rangle & \langle 5,3\rangle \end{array} \\ \boldsymbol{B} = & \left(\begin{array}{cccc} 1 & 1 & 0 & 0 \\ -1 & 0 & 0 & 0 \\ 0 & -1 & -1 & -1 \\ 0 & 0 & 1 & 0 \end{array}\right) \begin{array}{c} 1 \\ 2 \\ 3 \\ 4 \end{array} \end{array}$$

Zeile Nummer 2 enthält nur ein von 0 verschiedenes Element (in der Spalte $\langle 1,2\rangle$). Die Vertauschung der Zeilen 1 und 2 liefert die folgende Form der Matrix $\boldsymbol{B}$, wobei wir die ursprünglichen Zeilennummern nochmals angeben:

$$\begin{array}{cc} & \begin{array}{cccc} \langle 1,2\rangle & \langle 1,3\rangle & \langle 4,3\rangle & \langle 5,3\rangle \end{array} \\ \boldsymbol{B} = & \left(\begin{array}{c|ccc} -1 & 0 & 0 & 0 \\ \hline 1 & 1 & 0 & 0 \\ 0 & -1 & -1 & -1 \\ 0 & 0 & 1 & 0 \end{array}\right) \begin{array}{c} 2 \\ 1 \\ 3 \\ 4 \end{array} \end{array}$$

Wir kehren zum allgemeinen Fall zurück und nehmen an, daß das nun an Position $(1,1)$ befindliche Element mit dem Wert -1 ursprünglich in Zeile

[1] Es gibt nur eine solche Zeile, wenn T lediglich zwei Blätter besitzt, von denen eines der Knoten n ist.

Nummer j (bzw. Zeile Nummer i, wenn das Element den Wert 1 hat) und Spalte $\langle i, j\rangle$ gestanden hat. Die Matrix $\boldsymbol{B}'$ stellt dann die gestutzte Inzidenzmatrix des Baumes T' dar, der aus T durch Elimination von Pfeil $\langle i, j\rangle$ und Knoten j (bzw. Knoten i) entsteht (in unserem Beispiel Pfeil $\langle 1, 2\rangle$ und Knoten 2). T' enthält (im Fall $n \geq 3$) wieder mindestens zwei Blätter, und jede zugehörige Zeile besitzt genau ein von 0 verschiedenes Element. Ein solches Element bringen wir durch Zeilen- und Spaltenvertauschungen, falls notwendig, an die Position $(2, 2)$ der (umgeordneten) Matrix $\boldsymbol{B}$, die damit folgende Form erhält:

$$\boldsymbol{B} = \left(\begin{array}{c|cc} \pm 1 & \multicolumn{2}{c}{\boldsymbol{0}} \\ \hline \multirow{2}{*}{$\boldsymbol{\beta}'$} & \pm 1 & \boldsymbol{0} \\ \cline{2-3} & \boldsymbol{\beta}'' & \boldsymbol{B}'' \end{array}\right)$$

$\boldsymbol{B}''$ ist eine $(n-3) \times (n-3)$-Matrix. Gehört das Element an Position $(2, 2)$ zu Zeile Nummer k und Spalte $\langle k, l\rangle$, so ist $\boldsymbol{B}''$ die gestutzte Inzidenzmatrix des Baumes T'', der aus T' durch Elimination von Pfeil $\langle k, l\rangle$ und Knoten k entsteht. In unserem Beispiel hat die Matrix $\boldsymbol{B}'$ in den Zeilen mit den Nummern 1 und 4 jeweils nur ein von 0 verschiedenes Element. Wir wählen hiervon das Element in Zeile Nummer 1 aus, das bereits an Position $(2, 2)$ steht, so daß keine Zeilen- oder Spaltenvertauschung erforderlich ist:

$$\begin{array}{c} \begin{array}{cccc} \langle 1,2\rangle & \langle 1,3\rangle & \langle 4,3\rangle & \langle 5,3\rangle \end{array} \\ \boldsymbol{B} = \left(\begin{array}{c|ccc} -1 & 0 & 0 & 0 \\ \hline 1 & 1 & 0 & 0 \\ \cline{2-4} 0 & -1 & \multicolumn{1}{|c}{-1} & -1 \\ 0 & 0 & \multicolumn{1}{|c}{1} & 0 \end{array}\right) \begin{array}{c} 2 \\ 1 \\ 3 \\ 4 \end{array} \end{array}$$

Fahren wir in dieser Weise fort, dann erhält die $(n-1) \times (n-1)$-Matrix $\boldsymbol{B}$ schließlich die Form einer unteren Dreiecksmatrix (d.h., alle Elemente oberhalb der Hauptdiagonalen sind gleich 0), deren Diagonalelemente sämtlich von 0 verschieden sind. Folglich ist die Matrix $\boldsymbol{B}$ nichtsingulär. In unserem Beispiel erhalten wir für $\boldsymbol{B}$ die Form

$$\begin{array}{c} \begin{array}{cccc} \langle 1,2\rangle & \langle 1,3\rangle & \langle 4,3\rangle & \langle 5,3\rangle \end{array} \\ \boldsymbol{B} = \left(\begin{array}{c|c|cc} -1 & 0 & 0 & 0 \\ \hline 1 & 1 & 0 & 0 \\ \cline{3-4} 0 & 0 & 1 & 0 \\ 0 & -1 & -1 & -1 \end{array}\right) \begin{array}{c} 2 \\ 1 \\ 4 \\ 3 \end{array} \end{array}$$

(b) Wir zeigen, daß die zu $n-1$ linear unabhängigen Spaltenvektoren von $\boldsymbol{A}$ gehörenden Pfeile von $\vec{G}$ ein Gerüst bilden.

Sei $\boldsymbol{B}$ die aus den $n-1$ linear unabhängigen Spaltenvektoren gebildete Teilmatrix von $\boldsymbol{A}$. Da der $\boldsymbol{B}$ entsprechende Teildigraph $\bar{G}$ von $\vec{G}$ $n-1$ Pfeile besitzt, genügt es zu zeigen, daß $\bar{G}$ keinen Semizyklus enthält. Dann ist $\bar{G}$ ein Gerüst von $\vec{G}$.

Im folgenden benötigen wir die bereits in Abschnitt 2.6.1 eingeführten Begriffe eines orientierten Semiweges und eines Vorwärts- bzw. Rückwärtspfeiles eines solchen Semiweges sowie die entsprechenden Bezeichnungen für Semizyklen. Sei S ein Semiweg oder Semizyklus, versehen mit einer der beiden möglichen Orientierungen. Dann heißt ein Pfeil $\langle i, j\rangle$ von S **Vorwärtspfeil**, wenn $\langle i, j\rangle$ die gleiche Orientierung wie S hat und andernfalls **Rückwärtspfeil**. Abb. 2.8.4 zeigt einen orientierten Semizyklus mit den Vorwärtspfeilen $\langle 1, 2\rangle, \langle 3, 1\rangle$ und den Rückwärtspfeilen $\langle 4, 2\rangle, \langle 3, 4\rangle$.

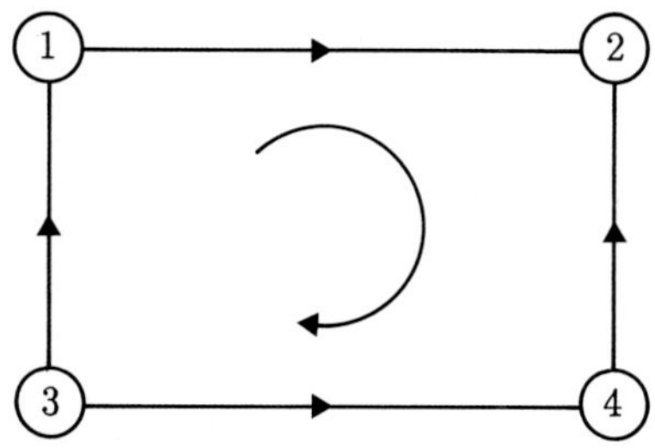

Abb. 2.8.4

Wir nehmen nun an, daß der $\boldsymbol{B}$ entsprechende Teildigraph $\bar{G}$ von $\vec{G}$ einen Semizyklus S enthalte, den wir mit einer der beiden möglichen Orientierungen versehen. Seien $\mathcal{B}$ die Menge der den Pfeilen $\langle i, j\rangle$ von $\bar{G}$ entprechenden Indizes ij und

$$(2.8.2)\qquad \lambda_{ij} := \begin{cases} 1, & \text{falls } \langle i, j\rangle \text{ Vorwärtspfeil von } S \\ -1, & \text{falls } \langle i, j\rangle \text{ Rückwärtspfeil von } S \\ 0, & \text{sonst} \end{cases} \qquad (ij \in \mathcal{B}) .$$

Sei weiter $\boldsymbol{a}^{ij}$ der dem Pfeil $\langle i, j\rangle$ entsprechende Spaltenvektor der Matrix $\boldsymbol{A}$. Da die Komponente Nummer i von $\boldsymbol{a}^{ij}$ gleich 1, die Komponente Nummer j von $\boldsymbol{a}^{ij}$ gleich -1 und alle übrigen Komponenten gleich 0 sind (falls $i, j \neq n$ ist), gilt unter Beachtung von (2.8.2)

$$\sum_{ij\in\mathcal{B}} \lambda_{ij}\boldsymbol{a}^{ij} = \boldsymbol{0} .$$

Die Spaltenvektoren $\boldsymbol{a}^{ij}$ $(ij \in \mathcal{B})$ sind also nicht linear unabhängig im Widerspruch zur Voraussetzung. Damit ist die Annahme, daß $\bar{G}$ einen Semizyklus enthalte, falsch.

□

Bemerkungen.

(1) Mit Satz 2.8.1 haben wir auch die schon in Abschnitt 2.8.1 erwähnte Behauptung bewiesen, daß die Inzidenzmatrix $\boldsymbol{H}$ und die gestutzte Inzidenzmatrix $\boldsymbol{A}$ jeweils den Rang $n-1$ haben.

(2) Wie in Teil (a) des Beweises zu Satz 2.8.1 gezeigt, kann die gestutzte Inzidenzmatrix eines Gerüstes eines Digraphen durch Zeilen- und Spaltenvertauschungen stets auf die Form einer unteren Dreiecksmatrix gebracht werden.

(3) Bei Zeilen- und Spaltenvertauschungen einer quadratischen Matrix ändert sich höchstens das Vorzeichen der Determinante der Matrix. Die Determinante einer (unteren oder oberen) Dreiecksmatrix ist gleich dem Produkt der Diagonalelemente der Matrix. Folglich hat die Determinante einer $(n-1) \times (n-1)$-Teilmatrix $\boldsymbol{B}$ von $\boldsymbol{A}$, die einem Gerüst des Netzwerkes eines Umladeproblems entspricht, stets den Wert 1 oder -1. Analog kann man zeigen, daß die Determinante jeder quadratischen nichtsingulären Teilmatrix von $\boldsymbol{A}$ den Wert 1 oder -1 hat. Eine (ganzzahlige) Matrix $\boldsymbol{A}$ mit dieser Eigenschaft heißt **total unimodular** (vgl. Abschnitt 3.1.2). Sind die Größen a_i $(i = 1, \ldots, n)$ und alle Kapazitäten κ_{ij} $(\langle i,j \rangle \in E)$ ganzzahlig, dann sind nach Satz 3.1.1 alle zulässigen Basislösungen des Umladeproblems ganzzahlig.

2.8.3 Das Umladeproblem als lineares Optimierungsproblem

Das Umladeproblem

$$(\bar{U}) \qquad \begin{cases} \text{Min.} & \boldsymbol{c}^T \boldsymbol{x} \\ \text{u.d.N.} & \boldsymbol{A}\boldsymbol{x} = \boldsymbol{b} \\ & \boldsymbol{0} \leq \boldsymbol{x} \leq \boldsymbol{\kappa} \end{cases}$$

stellt ein lineares Optimierungsproblem mit oberen Grenzen für die Variablen dar. Hierfür stellen wir einige aus der linearen Optimierung bekannte Beziehungen zusammen (vgl. die Abschnitte 1.2, 1.5.2 und 1.5.3).

Sei $\boldsymbol{x}$ eine zulässige Basislösung von $(\bar{U})$, die sich bis auf Umnumerierung der Komponenten in der Form $\boldsymbol{x} = \begin{pmatrix} \boldsymbol{x}_B \\ \boldsymbol{x}_N \end{pmatrix}$ schreiben läßt, wobei $\boldsymbol{x}_B = (x_{ij})_{ij \in \mathcal{B}}$ der Vektor der Basisvariablen und $\boldsymbol{x}_N = (x_{ij})_{ij \in \mathcal{N}}$ der Vektor der Nichtbasisvariablen ist. Dann gilt $|\mathcal{B}| = n-1$ und $|\mathcal{N}| = m-n+1$, die zu den Basisvariablen x_{ij} gehörenden Spaltenvektoren $\boldsymbol{a}^{ij}$ von $\boldsymbol{A}$ $(ij \in \mathcal{B})$ sind linear unabhängig, und für die Werte der Nichtbasisvariablen haben wir

$$x_{ij} = \begin{cases} 0 \text{ oder } \kappa_{ij}\,, & \text{falls } \kappa_{ij} < \infty \\ 0\,, & \text{falls } \kappa_{ij} = \infty \end{cases} \qquad (ij \in \mathcal{N})\,.$$

Der (im Fall einer nicht entarteten zulässigen Basislösung $\boldsymbol{x}$ eindeutig festgelegten) Basismatrix $\boldsymbol{B} = (\boldsymbol{a}^{ij})_{ij\in\mathcal{B}}$ entspricht nach Satz 2.8.1 ein Gerüst des zugrunde liegenden Netzwerkes N (und umgekehrt). Folglich ist jeder zulässigen Basislösung des Umladeproblems (mindestens) ein Gerüst von N und umgekehrt jedem Gerüst von N eine zulässige Basislösung von $(\bar{U})$ zugeordnet. Wir können im folgenden wieder o.B.d.A. annehmen, daß die Basismatrix $\boldsymbol{B}$ eine untere Dreiecksmatrix sei.

Für die zulässige Basislösung $\boldsymbol{x} = \begin{pmatrix} \boldsymbol{x}_B \\ \boldsymbol{x}_N \end{pmatrix}$ mit der Basismatrix $\boldsymbol{B}$ und der Nichtbasismatrix $\boldsymbol{N} = (\boldsymbol{a}^{ij})_{ij\in\mathcal{N}}$ gilt

$$\boldsymbol{Ax} = \boldsymbol{Bx}_B + \boldsymbol{Nx}_N = \boldsymbol{b}$$

oder

$$\boldsymbol{x}_B = \boldsymbol{B}^{-1}\boldsymbol{b} - \boldsymbol{\Gamma x}_N \quad \text{mit } \boldsymbol{\Gamma} = \boldsymbol{B}^{-1}\boldsymbol{N}$$

(vgl. (1.2.8)). Es ist zu beachten, daß wegen der oberen Grenzen κ_{ij} für die Variablen x_{ij} jetzt im allgemeinen nicht $\boldsymbol{x}_N = \boldsymbol{0}$ ist.

Um bei einem Austauschschritt des Simplexverfahrens denjenigen Nichtbasisvektor $\boldsymbol{a}^{ij}$ $(ij \in \mathcal{N})$ zu ermitteln, der in die Basis neu aufgenommen werden soll, sind die Größen ζ_{ij} $(ij \in \mathcal{N})$ zu berechnen, die wir zu einem Vektor $\boldsymbol{\zeta}_N := (\zeta_{ij})_{ij\in\mathcal{N}}$ zusammenfassen. Für diesen Vektor gilt

$$\boldsymbol{\zeta}_N = \boldsymbol{c}_N - \boldsymbol{z}_N \tag{2.8.3}$$

mit

$$\boldsymbol{z}_N = \boldsymbol{\Gamma}^T\boldsymbol{c}_B = \boldsymbol{N}^T(\boldsymbol{B}^{-1})^T\boldsymbol{c}_B$$
$$\boldsymbol{c}_B := (c_{ij})_{ij\in\mathcal{B}},\ \boldsymbol{c}_N := (c_{ij})_{ij\in\mathcal{N}}$$

(vgl. (1.2.11), (1.2.8)). Sei

$$\boldsymbol{u} := (\boldsymbol{B}^{-1})^T\boldsymbol{c}_B \in \mathbb{R}^{n-1} \tag{2.8.4}$$

der Vektor der Dualvariablen $u_1, \ldots, u_{n-1}$ (vgl. (1.5.14)). Damit schreibt sich (2.8.3) in der Form

$$\boldsymbol{\zeta}_N = \boldsymbol{c}_N - \boldsymbol{N}^T\boldsymbol{u}\ . \tag{2.8.5}$$

Um den Vektor $\boldsymbol{u}$ zu bestimmen, ist nach (2.8.4) das lineare Gleichungssystem

$$\boldsymbol{B}^T\boldsymbol{u} = \boldsymbol{c}_B \tag{2.8.6}$$

zu lösen. Da $\boldsymbol{B}$ eine untere und somit $\boldsymbol{B}^T$ eine obere Dreiecksmatrix ist, stellt (2.8.6) ein „gestaffeltes“ Gleichungssystem dar, aus dem die Dualvariablen

$u_1, \ldots, u_{n-1}$ sukzessiv berechnet werden können. Da in der Zeile Nummer ij der Matrix $\boldsymbol{B}^T$ in Spalte Nummer i eine 1 und in Spalte Nummer j eine -1 stehen, hat (2.8.6) die einfache Form

$$u_i - u_j = c_{ij} \quad (ij \in \mathcal{B}) , \tag{2.8.7}$$

wenn wir noch $u_n := 0$ setzen (u_n ist der weggelassenen Zeile Nummer n in den Matrizen $\boldsymbol{A}$ und $\boldsymbol{B}$ zugeordnet). Entsprechend lautet (2.8.5)

$$\zeta_{ij} = c_{ij} - u_i + u_j \quad (ij \in \mathcal{N}) . \tag{2.8.8}$$

Die gesuchten Größen ζ_{ij} können also nach Bestimmung der Dualvariablen $u_1, \ldots, u_n$ leicht berechnet werden.

2.8.4 Durchführung eines Austauschschrittes der Netzwerk-Simplexmethode

Ein Austauschschritt der Netzwerk-Simplexmethode läuft im wesentlichen wie ein Austauschschritt des Simplexverfahrens mit oberen Grenzen für die Variablen ab (vgl. Abschnitt 1.5.2), wobei die spezielle Struktur der gestutzten Inzidenzmatrix und die Tatsache, daß jeder zulässigen Basislösung ein Gerüst des Netzwerkes entspricht, ausgenutzt werden. Wie bei der revidierten Simplexmethode (vgl. Abschnitt 1.5.5) wird jedoch von der Tableaumatrix $\boldsymbol{\Gamma}$ nur die dem neuen Basisvektor entsprechende Spalte (also die Pivotspalte) benötigt, die jeweils direkt berechnet wird.

Wir gehen wieder von einer zulässigen Basislösung $\boldsymbol{x}$ mit der Basisindexmenge $\mathcal{B}$ und der Nichtbasisindexmenge $\mathcal{N}$ aus. Die Dualvariablen u_i ($i = 1, \ldots, n$) und die Größen ζ_{ij} ($ij \in \mathcal{N}$) können dann wie in Abschnitt 2.8.3 beschrieben berechnet werden. $v_i := -u_i$ kann als (Schatten-)Preis (oder Opportunitätskosten), den der Transportunternehmer für eine Mengeneinheit des transportierten Gutes am Ort i zu zahlen bereit ist, gedeutet werden (zur ökonomischen Interpretation der Dualität vgl. Abschnitt 1.4.3, wobei zu beachten ist, daß jetzt sowohl das primale als auch das duale Problem Minimierungsaufgaben sind). Für $ij \in \mathcal{B}$ gilt nach (2.8.7) $u_i = u_j + c_{ij}$ bzw. $v_j = v_i + c_{ij}$, d.h., der Preis am Ort j ist gleich der Summe aus dem Preis am Ort i und den Transportkosten c_{ij} von i nach j. Ist für $ij \in \mathcal{N}$ $x_{ij} = 0$ und $\zeta_{ij} = c_{ij} - u_i + u_j < 0$ (also $u_i > u_j + c_{ij}$ bzw. $v_j > v_i + c_{ij}$) – als **Fall 1** bezeichnet – so empfiehlt es sich (wenn man die Minimierung der Summe aller Opportunitätskosten anstrebt), von i nach j eine gewisse Menge des Gutes zu transportieren, da hierdurch das Gut am Ort j (einschließlich der Transportkosten von i nach j) billiger wird. Gilt für $ij \in \mathcal{N}$ $x_{ij} = \kappa_{ij} < \infty$ und $\zeta_{ij} = c_{ij} - u_i + u_j > 0$ (d.h. $u_i < u_j + c_{ij}$ bzw. $v_j < v_i + c_{ij}$) – **Fall 2** –, dann sollte von i nach j weniger als κ_{ij} transportiert werden, da hierdurch die gesamten Opportunitätskosten geringer werden. Unter den in den beiden Fällen 1 und 2 in Frage kommenden Indizes $ij \in \mathcal{N}$ wählt man dann einen Index $i'j'$ aus und legt damit den Pfeil $\langle i', j' \rangle$ (auf dem die transportierte Menge geändert werden soll) und den neu in die Basis aufzunehmenden Spaltenvektor $\boldsymbol{a}^{i'j'}$ von $\boldsymbol{A}$ fest.

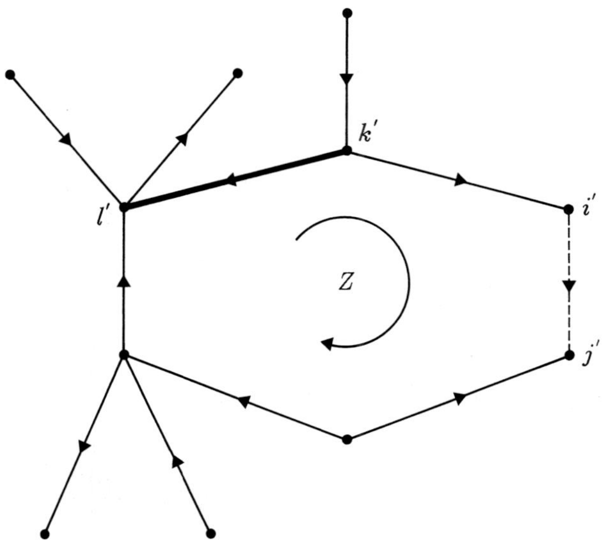

Abb. 2.8.5

Das der aktuellen Basismatrix $\boldsymbol{B}$ entsprechende Gerüst T des Netzwerkes enthält genau einen Semiweg mit den Endknoten i' und j' (vgl. Abb. 2.8.5, wo ein solches Gerüst – ohne den gestrichelten Pfeil $\langle i', j' \rangle$ – dargestellt ist). Dieser Semiweg bildet zusammen mit dem Pfeil $\langle i', j' \rangle$ einen Semizyklus Z, der wie der Pfeil $\langle i', j' \rangle$ orientiert sei.

Außer auf dem Pfeil $\langle i', j' \rangle$ ist auch auf den übrigen Pfeilen des Semizyklus Z die transportierte Menge zu ändern, und zwar so, daß die Nebenbedingungen des Umladeproblems (die Flußbedingung (2.8.1) sowie die Kapazitäts- und die Nichtnegativitätsrestriktion) erfüllt bleiben. Im obigen Fall 1 wird auf den Vorwärtspfeilen von Z (insbesondere auf dem Pfeil $\langle i', j' \rangle$) die transportierte Menge jeweils um einen bestimmten Betrag $\delta \geq 0$ erhöht und auf den Rückwärtspfeilen um δ verringert. Im Fall 2 wird auf den Vorwärtspfeilen die transportierte Menge um δ verringert und auf den Rückwärtspfeilen um δ erhöht.

Sei δ' die größtmögliche Transportmengenänderung δ, so daß zum ersten Mal für einen Pfeil $\langle k', l' \rangle$ von Z $x_{k'l'}$ entweder die untere Grenze 0 oder die obere Grenze $\kappa_{k'l'}$ erreicht wird. Der Spaltenvektor $\boldsymbol{a}^{k'l'}$ wird dann aus der Basis entfernt. Man sieht sofort, daß sich, wenn man aus dem Gerüst T den (in Abb. 2.8.5 stark ausgezeichneten) Pfeil $\langle k', l' \rangle$ entfernt und den (in Abb. 2.8.5 gestrichelten) Pfeil $\langle i', j' \rangle$ hinzufügt, wieder ein Gerüst ergibt und die zugehörige neue zulässige Lösung des Umladeproblems folglich eine zulässige Basislösung darstellt.

Ist $\langle i', j' \rangle$ der erste Pfeil, auf dem durch die Transportmengenänderung δ' die untere oder obere Grenze erreicht wird (d.h., es ist $\delta' = \kappa_{i'j'}$), dann findet kein Basistausch statt. Die Basis und damit das Gerüst T bleiben unverändert. Es ändert sich jedoch (wegen der Transportmengenänderung auf Z) die zulässige Basislösung. Im Fall $\delta' = 0$ (keine Transportmengenänderung) erfolgt zwar ein Basistausch, jedoch keine Änderung der zulässigen Basislösung.

Wir betrachten nun die einzelnen Teilschritte eines Austauschschrittes genauer. Im *1. Teilschritt* bestimmt man die Mengen

$$\begin{aligned} \mathcal{N}_1 &:= \{ij \in \mathcal{N} | x_{ij} = 0 \text{ und } \zeta_{ij} < 0\} \\ \mathcal{N}_2 &:= \{ij \in \mathcal{N} | x_{ij} = \kappa_{ij} < \infty \text{ und } \zeta_{ij} > 0\} \end{aligned}$$

und wählt einen Index $i'j' \in \mathcal{N}_1 \cup \mathcal{N}_2$ aus. Weiter setzt man

$$\sigma := \begin{cases} 1, & \text{falls } i'j' \in \mathcal{N}_1 \quad \text{(obiger Fall 1)} \\ -1, & \text{falls } i'j' \in \mathcal{N}_2 \quad \text{(obiger Fall 2)}\,. \end{cases}$$

Gilt $\mathcal{N}_1 \cup \mathcal{N}_2 = \emptyset$, so ist die aktuelle zulässige Basislösung optimal.

Zur Berechnung der Transportmengenänderung δ' im *2. Teilschritt* benötigen wir die Spalte mit dem Index $i'j'$ der Matrix $\boldsymbol{\Gamma}$ (also die Pivotspalte), die wir mit $\boldsymbol{\gamma}^{i'j'}$ bezeichnen. Seien hierzu S der Semiweg in dem aktuellen Gerüst mit den Endknoten i' und j', orientiert von j' nach i', und

$$\lambda_{ij} := \begin{cases} 1, & \text{falls } \langle i, j \rangle \text{ Vorwärtspfeil von } S \\ -1, & \text{falls } \langle i, j \rangle \text{ Rückwärtspfeil von } S \end{cases}$$

(vgl. (2.8.2)). Da der Spaltenvektor $\boldsymbol{a}^{ij}$ von $\boldsymbol{A}$ eine 1 in Zeile i und eine -1 in Zeile j hat $(i, j \neq n)$, gilt

$$\sum_{\langle i,j \rangle \text{ auf } S} \lambda_{ij} \boldsymbol{a}^{ij} = \boldsymbol{e}^{j'} - \boldsymbol{e}^{i'}\,, \tag{2.8.9}$$

wobei $\boldsymbol{e}^i$ der i-te Einheitsvektor des $\mathbb{R}^{n-1}$ $(i = 1, \ldots, n-1)$ und $\boldsymbol{e}^n := \boldsymbol{0}$ ist. Wegen $\boldsymbol{\Gamma} = \boldsymbol{B}^{-1}\boldsymbol{N}$ haben wir für die Spalte mit dem Index $i'j'$ von $\boldsymbol{\Gamma}$

$$\boldsymbol{\gamma}^{i'j'} = \boldsymbol{B}^{-1}\boldsymbol{a}^{i'j'}$$

oder

$$B\gamma^{i'j'} = a^{i'j'} = e^{i'} - e^{j'} .$$

Mit (2.8.9) ergibt sich dann

$$B\gamma^{i'j'} = - \sum_{\langle i,j\rangle \text{ auf } S} \lambda_{ij} a^{ij} . \tag{2.8.10}$$

Beachten wir wieder die spezielle Gestalt von B und a^{ij}, so erhalten wir für die Komponente mit dem Index kl des Vektors $\gamma^{i'j'}$, die wir der Einfachheit halber mit γ_{kl} bezeichnen,

$$\gamma_{kl} = \begin{cases} -1, & \text{falls } \langle k,l\rangle \text{ Vorwärtspfeil von } S \\ 1, & \text{falls } \langle k,l\rangle \text{ Rückwärtspfeil von } S \\ 0, & \text{sonst} \end{cases} \quad (kl \in \mathcal{B}) .$$

Die Beziehungen (1.5.12) und (1.5.13) zur Berechnung von δ' aus Abschnitt 1.5.2 bekommen damit die spezielle Form

$$\delta_1 := \min_{\substack{kl\in\mathcal{B}\\ \gamma_{kl}=\sigma}} x_{kl} \tag{2.8.11}$$

$$\delta_2 := \min_{\substack{kl\in\mathcal{B}\\ \gamma_{kl}=-\sigma}} (\kappa_{kl} - x_{kl}) . \tag{2.8.12}$$

Dabei setzen wir wieder $\min_{\nu\in\emptyset} p_\nu := \infty$. (2.8.11) und (2.8.12) besagen, daß bei Mehrtransport auf dem Pfeil $\langle i',j'\rangle$ (Fall $\sigma = 1$) die Transportmengenverringerung auf jedem Rückwärtspfeil $\langle k,l\rangle$ von S höchstens x_{kl} und die Transportmengenerhöhung auf jedem Vorwärtspfeil $\langle k,l\rangle$ höchstens $\kappa_{kl} - x_{kl}$ sein darf. Entsprechend sind (2.8.11) und (2.8.12) bei einer Verringerung der transportierten Menge auf dem Pfeil $\langle i',j'\rangle$ (Fall $\sigma = -1$) zu interpretieren.

$$\delta' := \min(\delta_1, \delta_2, \kappa_{i'j'})$$

ist dann die größtmögliche Transportmengenänderung auf den Pfeilen des Semizyklus Z, der wieder aus dem Semiweg S sowie dem Pfeil $\langle i',j'\rangle$ besteht (und dessen Orientierung derjenigen von S entspricht). Gilt $\delta' = \infty$, so besitzt das Umladeproblem keine optimale Lösung (die Zielfunktion ist auf dem nicht beschränkten zulässigen Bereich nicht nach unten beschränkt).

Im *3. Teilschritt* bestimmen wir die neuen Werte der Variablen und der Zielfunktion, die wir mit $\bar{x}_{ij}$ bzw. $\bar{F}$ bezeichnen, aus den entsprechenden aktuellen Werten x_{ij} bzw. F:

$$\bar{x}_{ij} := \begin{cases} x_{ij} + \sigma\delta', & \text{falls } \langle i,j\rangle \text{ Vorwärtspfeil von } Z \\ x_{ij} - \sigma\delta', & \text{falls } \langle i,j\rangle \text{ Rückwärtspfeil von } Z \\ x_{ij}, & \text{sonst} \end{cases} \quad (\langle i,j\rangle \in E)$$

$$\bar{F} := F + \sigma\delta'\zeta_{i'j'} .$$

Gilt $\delta' = \kappa_{i'j'}$, so wird kein Basistausch durchgeführt, und man beginnt sofort mit dem nächsten Austauschschritt. Andernfalls sind im laufenden Austauschschritt noch zwei weitere Teilschritte erforderlich.

Im *4. Teilschritt* wählt man als $k'l'$ einen Index $kl \in \mathcal{B}$, für den in (2.8.11) oder (2.8.12) das Minimum δ' angenommen wird, und erhält die neue Basisindexmenge und Nichtbasisindexmenge (wieder durch einen Querstrich gekennzeichnet) zu

$$\bar{\mathcal{B}} := (\mathcal{B}\backslash\{k'l'\}) \cup \{i'j'\}$$
$$\bar{\mathcal{N}} := (\mathcal{N}\backslash\{i'j'\}) \cup \{k'l'\} \ .$$

Statt die neuen Werte der Dualvariablen durch Lösen des Gleichungssystems (2.8.7) zu bestimmen, kann man sie auch (im *5. Teilschritt*) unmittelbar aus den alten Werten berechnen, was rechentechnisch günstiger ist. Kennzeichnen wir die neuen Werte wieder durch einen Querstrich, so muß gelten

$$u_i - u_j = c_{ij} \quad (ij \in \mathcal{B})$$
$$\bar{u}_i - \bar{u}_j = c_{ij} \quad (ij \in \bar{\mathcal{B}} = (\mathcal{B}\backslash\{k'l'\}) \cup \{i'j'\})$$

(vgl. (2.8.7)). Hieraus folgt

(2.8.13) $$\bar{u}_i - \bar{u}_j = u_i - u_j \quad \text{für alle } ij \in \mathcal{B}\backslash\{k'l'\} \ .$$

Wegen $i'j' \in \mathcal{N}$ und $i'j' \in \bar{\mathcal{B}}$ ist nach (2.8.8) und (2.8.7)

$$\zeta_{i'j'} = c_{i'j'} - u_{i'} + u_{j'}$$
$$0 = c_{i'j'} - \bar{u}_{i'} + \bar{u}_{j'}$$

und damit

(2.8.14) $$\bar{u}_{i'} - \bar{u}_{j'} = u_{i'} - u_{j'} + \zeta_{i'j'} \ .$$

Außerdem soll wieder

(2.8.15) $$\bar{u}_n = 0$$

sein. Die drei Beziehungen (2.8.13), (2.8.14) und (2.8.15) kann man wie folgt erfüllen. Das aktuelle Gerüst (in Abb. 2.8.6 der dargestellte Digraph ohne den gestrichelten Pfeil $\langle i', j' \rangle$) zerfällt bei Entfernen des Pfeils $\langle k', l' \rangle$ in zwei Teilbäume [1]. Seien V^+ die Knotenmenge desjenigen der beiden Teilbäume,

[1] Ist entweder k' oder l' ein Blatt des Gerüstes, so stellt einer der beiden Teilbäume einen isolierten Knoten dar.

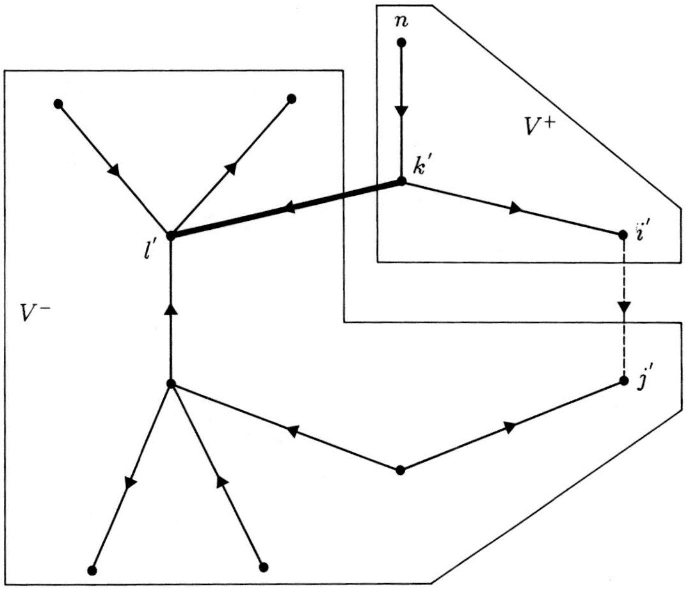

Abb. 2.8.6

der den Knoten n enthält, und $V^- := V \backslash V^+$ die Knotenmenge des anderen Teilbaumes (vgl. Abb. 2.8.6). Dann setzen wir

(2.8.16) $$\bar{u}_i := \begin{cases} u_i \text{ für } i \in V^+ \\ u_i - \zeta_{i'j'} \text{ für } i \in V^- \end{cases} \quad \text{falls } i' \in V^+$$

(2.8.17) $$\bar{u}_i := \begin{cases} u_i \text{ für } i \in V^+ \\ u_i + \zeta_{i'j'} \text{ für } i \in V^- \end{cases} \quad \text{falls } i' \in V^- .$$

Nach (2.8.8) ergeben sich dann die neuen Werte $\bar{\zeta}_{ij}$ gemäß

$$\bar{\zeta}_{ij} := c_{ij} - \bar{u}_i + \bar{u}_j \quad (ij \in \bar{\mathcal{N}}) .$$

Es bleibt noch zu ergänzen, wie vorzugehen ist, wenn in einem Austauschschritt die Auswahlregeln für die Indizes $i'j'$ und $k'l'$ kein eindeutiges Resultat liefern und wie ein „Kreisen“ der Netzwerk-Simplexmethode (d.h., in aufeinander folgenden Austauschschritten werden die zu einer entarteten zulässigen Basislösung gehörenden Basen zyklisch ausgetauscht, und man gelangt nicht zu einer neuen Basislösung) verhindert werden kann.

Als Index $i'j'$ der Pivotspalte kann man etwa den ersten Index $ij \in \mathcal{N}_1 \cup \mathcal{N}_2$ wählen, der ermittelt wird, oder man kann die Kleinste-Kosten-Regel anwenden (vgl. Abschnitt 1.2.3), d.h. $i'j' \in \mathcal{N}_1 \cup \mathcal{N}_2$ so festlegen, daß

$$|\zeta_{i'j'}| = \max_{ij \in \mathcal{N}_1 \cup \mathcal{N}_2} |\zeta_{ij}| \tag{2.8.18}$$

gilt (liefert auch die letztere Vorschrift keinen eindeutigen Index $i'j'$, wählt man etwa den zuerst ermittelten Index, für den (2.8.18) gilt). Die meisten effizienten Rechnerprogramme benutzen eine Auswahlregel, die zwischen den beiden genannten „extremen" Regeln liegt (vgl. hierzu KENNINGTON UND HELGASON (1980), Abschnitt 3.5 und Appendizes B,F, und SIEDERSLEBEN (1983), Abschnitt 5.3).

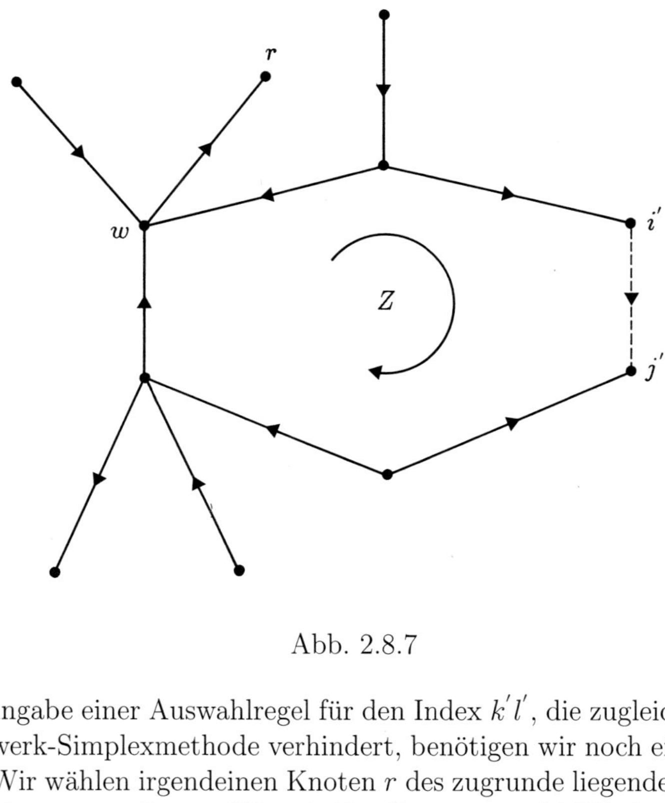

Abb. 2.8.7

Zur Angabe einer Auswahlregel für den Index $k'l'$, die zugleich ein Kreisen der Netzwerk-Simplexmethode verhindert, benötigen wir noch einige Bezeichnungen. Wir wählen irgendeinen Knoten r des zugrunde liegenden Netzwerkes N aus und ernennen ihn zur Wurzel aller Gerüste von N. Wir betrachten dann wieder einen Austauschschritt, ausgehend von einer zulässigen Basislösung mit einem zugehörigen Gerüst T von N. Sei Z wie bisher der Semizyklus, der aus dem Pfeil $\langle i', j' \rangle$ und dem Semiweg in T mit den Endknoten i' und j' besteht, wobei Z wie der Pfeil $\langle i', j' \rangle$ orientiert sei. Denjenigen Knoten w, in dem sich die zwei Semiwege in T mit den Endknoten i' und r bzw. den Endknoten j' und r treffen, bezeichnen wir als **Nahtstelle** (vgl. Abb. 2.8.7). Liegt r auf Z, dann ist $w = r$. Gibt es mehr als einen Pfeil $\langle k, l \rangle$ in Z, so daß für den zugehörigen Index kl in (2.8.11) oder (2.8.12) das Minimum δ' angenommen wird (wir nennen dann $\langle k, l \rangle$ einen **kritischen Pfeil**), so verhindert folgende Auswahlregel ein Kreisen der Netzwerk-Simplexmethode (vgl. CHVATAL (1983), Kapitel 21):

Regel von Cunningham. Durchlaufe den Semizyklus Z im Orientierungssinn, wenn $i'j' \in \mathcal{N}_1$ ist, und entgegengesetzt, wenn $i'j' \in \mathcal{N}_2$ ist, beginnend bei der Nahtstelle w. Dann wähle für $\langle k', l' \rangle$ den ersten kritischen Pfeil bei diesem Durchlauf ($\langle k', l' \rangle$ ist also der im Durchlaufsinn der Nahtstelle w am nächsten gelegene der kritischen Pfeile).

2.8.5 Algorithmischer Ablauf eines Austauschschrittes

Im folgenden listen wir die einzelnen Teilschritte eines Austauschschrittes der Netzwerk-Simplexmethode noch einmal auf. Teilschritt 0 ist dabei nur innerhalb des ersten Austauschschrittes auszuführen (die Bestimmung einer zulässigen Anfangslösung wird in Abschnitt 2.8.6 behandelt). Die am Ende von Abschnitt 2.8.4 angegebenen Auswahlregeln für die Indizes $i'j'$ und $k'l'$ sind nicht mit aufgeführt.

Algorithmus 2.8.1 (Austauschschritt der Netzwerk-Simplexmethode)

Schritt 0 (Initialisierung der u_i, $i \in V$, und ζ_{ij}, $ij \in \mathcal{N}$)

Bestimme die u_i ($i \in V$) als Lösung des „gestaffelten" linearen Gleichungssystems

$$u_i - u_j = c_{ij} \quad (ij \in \mathcal{B}) \text{ mit } u_n := 0$$

Berechne

$$\zeta_{ij} := c_{ij} - u_i + u_j \quad (ij \in \mathcal{N})$$

Schritt 1 (Bestimmung von $i'j'$ und σ)

Bestimme

$$\mathcal{N}_1 := \{ij \in \mathcal{N} | x_{ij} = 0 \text{ und } \zeta_{ij} < 0\}$$
$$\mathcal{N}_2 := \{ij \in \mathcal{N} | x_{ij} = \kappa_{ij} \text{ und } \zeta_{ij} > 0\}$$

und wähle einen Index $i'j' \in \mathcal{N}_1 \cup \mathcal{N}_2$. Ist $\mathcal{N}_1 \cup \mathcal{N}_2 = \emptyset$, so ist die aktuelle Basislösung optimal. Andernfalls setze

$$\sigma := \begin{cases} 1, & \text{falls } i'j' \in \mathcal{N}_1 \\ -1, & \text{falls } i'j' \in \mathcal{N}_2 \end{cases}$$

Schritt 2 (Berechnung von γ_{kl}, $kl \in \mathcal{B}$ und δ')

Sei Z der Semizyklus, gebildet aus dem Pfeil $\langle i', j' \rangle$ und dem Semiweg mit den Endknoten i' und j' in dem aktuellen Gerüst, versehen mit der gleichen Orientierung wie $\langle i', j' \rangle$

Bestimme

$$\gamma_{kl} := \begin{cases} -1\,, & \text{falls } \langle k,l \rangle \text{ Vorwärtspfeil von } Z \\ 1\,, & \text{falls } \langle k,l \rangle \text{ Rückwärtspfeil von } Z \\ 0\,, & \text{sonst} \end{cases} \qquad (kl \in \mathcal{B})$$

(2a)
$$\delta_1 := \min_{\substack{kl \in \mathcal{B} \\ \gamma_{kl} = \sigma}} x_{kl}$$

(2b)
$$\delta_2 := \min_{\substack{kl \in \mathcal{B} \\ \gamma_{kl} = -\sigma}} (\kappa_{kl} - x_{kl})$$

$$\delta' := \min(\delta_1, \delta_2, \kappa_{i'j'})$$

Falls $\delta' = \infty$, so existiert keine optimale Lösung

Falls $\delta' = 0$, so gehe zu Schritt 4

Schritt 3 (Neuberechnung von x und F)

Setze

$$x_{ij} := \begin{cases} x_{ij} + \sigma\delta'\,, & \text{falls } \langle i,j \rangle \text{ Vorwärtspfeil von } Z \\ x_{ij} - \sigma\delta'\,, & \text{falls } \langle i,j \rangle \text{ Rückwärtspfeil von } Z \\ x_{ij}\,, & \text{sonst} \end{cases} \qquad (\langle i,j \rangle \in E)$$

$$F := F + \sigma\delta'\zeta_{i'j'}$$

Falls $\delta' = \kappa_{i'j'}$, gehe zu Schritt 1

Schritt 4 (Bestimmung von $k'l'$ und Neuberechnung von $\mathcal{B}$ und $\mathcal{N}$)

Wähle einen Index $k'l' \in \mathcal{B}$, für den in (2a) oder (2b) das Minimum δ' angenommen wird. Setze

$$\mathcal{B} := (\mathcal{B} \setminus \{k'l'\}) \cup \{i'j'\},\ \mathcal{N} := (\mathcal{N} \setminus \{i'j'\}) \cup \{k'l'\}$$

Schritt 5 (Neuberechnung der u_i, $i \in V$, und Bestimmung der ζ_{ij}, $ij \in \mathcal{N}$)

Durch Entfernen des Pfeils $\langle k', l' \rangle$ zerfällt das aktuelle Gerüst in zwei Teilbäume. Sei V^+ die Knotenmenge des Teilbaumes, der den Knoten n enthält, und $V^- := V \setminus V^+$

Falls $i' \in V^+$, setze $u_i := u_i - \zeta_{i'j'}$ für alle $i \in V^-$

Falls $i' \in V^-$, setze $u_i := u_i + \zeta_{i'j'}$ für alle $i \in V^-$

Setze $\zeta_{ij} := c_{ij} - u_i + u_j$ $(ij \in \mathcal{N})$

□

Wir betrachten ein **Zahlenbeispiel**. Gegeben sei das Netzwerk mit Kapazitäten und Kosten von Abb. 2.8.8. Knoten 1 stellt einen Angebotsort dar und Knoten 4 einen Nachfrageort, während Knoten 2 und 3 Umladeorte sind.

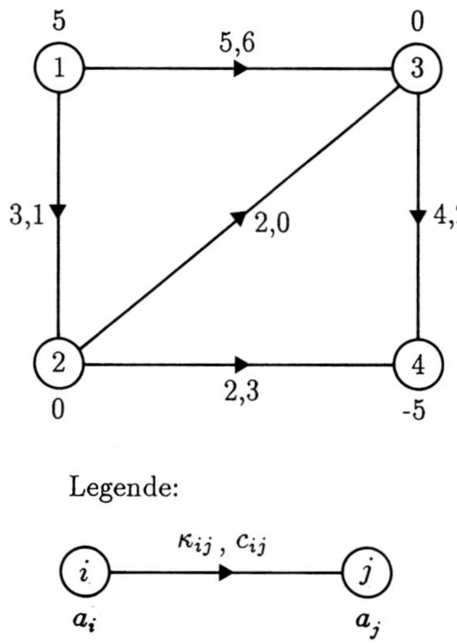

Abb. 2.8.8

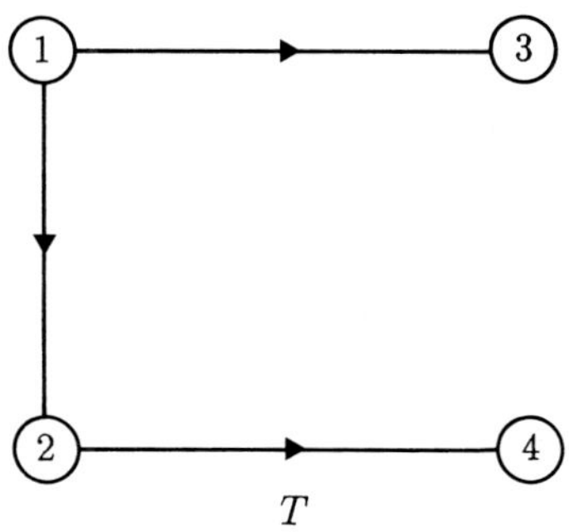

Abb. 2.8.9

Wir starten mit der zulässigen Basislösung

$$\boldsymbol{x}^T = (x_{12}, x_{13}, x_{23}, x_{24}, x_{34}) = (1, 4, 0, 1, 4)$$

und der Basisindexmenge $\mathcal{B} = \{12, 13, 24\}$ und Nichtbasisindexmenge $\mathcal{N} = \{23, 34\}$. Das zugehörige Gerüst T zeigt Abb. 2.8.9. Der Zielfunktionswert ist $F = 1 + 24 + 3 + 8 = 36$.

Austauschschritt 1

0. Initialisierung der u_i $(i \in V)$ und ζ_{ij} $(ij \in V)$

Das Gleichungssystem

$$\begin{aligned} u_1 - u_2 &= 1 \\ u_1 - u_3 &= 6 \\ u_2 - u_4 &= 3 \end{aligned}$$

und $u_4 = 0$ liefern

$$u_2 = 3\,, \;\; u_1 = 4\,, \;\; u_3 = -2$$

Weiter erhalten wir

$$\zeta_{23} = 0 - 3 - 2 = -5\,, \;\; \zeta_{34} = 2 + 2 + 0 = 4$$

1. Bestimmung von $i'j'$ und σ

$$\mathcal{N}_1 = \{23\}\,,\ \mathcal{N}_2 = \{34\}$$

Die Kleinste-Kosten-Regel liefert

$$i'j' = 23\,,\ \sigma = 1$$

2. Berechnung von γ_{kl} $(kl \in \mathcal{B})$ und δ'

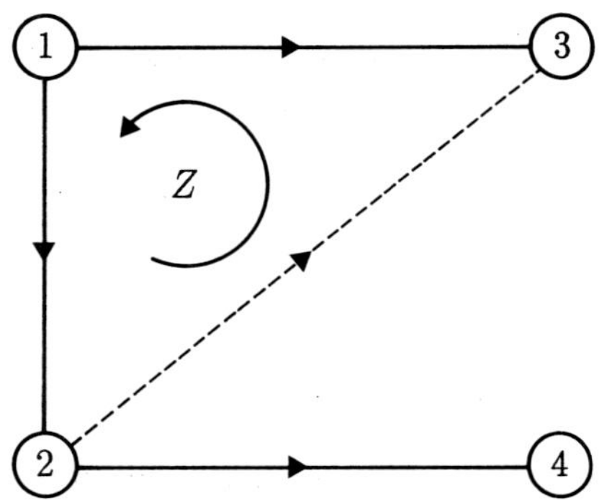

Abb. 2.8.10

$$\gamma_{12} = -1\,,\ \gamma_{13} = 1\,,\ \gamma_{24} = 0$$
$$\delta_1 = 4\,,\ \delta_2 = 2\,,\ \delta' = \min(4,2,2) = 2$$

3. Neuberechnung von $\boldsymbol{x}$ und F

$$\sigma\delta' = 2$$
$$x_{12} = 3\,,\ x_{13} = 2\,,\ x_{23} = 2\,,\ x_{24} = 1\,,\ x_{34} = 4$$
$$F = 36 - 10 = 26$$

Wegen $\delta' = 2 = \kappa_{23} = \kappa_{i'j'}$ wird kein Basistausch (und damit auch keine Neuberechnung der ζ_{ij}) durchgeführt.

Austauschschritt 2

1. Bestimmung von $i'j'$ und σ

$$\mathcal{N}_1 = \emptyset\,,\ \mathcal{N}_2 = \{34\}$$
$$i'j' = 34\,,\ \sigma = -1$$

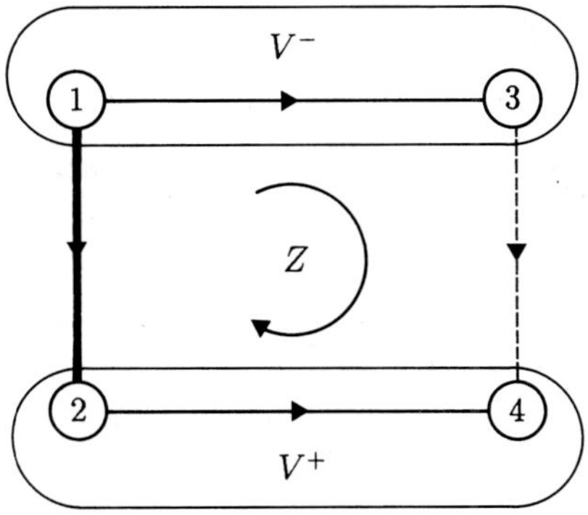

Abb. 2.8.11

2. Berechnung von γ_{kl} ($kl \in \mathcal{B}$) und δ'

$$\gamma_{12} = 1\,,\ \gamma_{13} = -1\,,\ \gamma_{24} = 1$$
$$\delta_1 = 2\,,\ \delta_2 = \underset{\text{Index 12}}{\underset{\uparrow}{\min(0,1)}} = 0\,,\ \delta' = \min(2,0,4) = 0$$

Wegen $\delta' = 0$ entfällt Teilschritt 3.

4. Bestimmung von $k'l'$ und Neuberechnung von $\mathcal{B}$ und $\mathcal{N}$

$$k'l' = 12$$
$$\mathcal{B} = \{13, 24, 34\}\,,\ \mathcal{N} = \{12, 23\}$$

5. Neuberechnung der u_i ($i \in V$) und Bestimmung der ζ_{ij} ($ij \in \mathcal{N}$)

$$V^+ = \{2,4\}\,,\ V^- = \{1,3\} \text{ (vgl. Abb. 2.8.11)}$$
$$i' = 3 \in V^-$$
$$u_1 = 4 + 4 = 8\,,\ u_3 = -2 + 4 = 2 \quad (u_2 = 3, u_4 = 0)$$
$$\zeta_{12} = 1 - 8 + 3 = -4\,,\ \zeta_{23} = 0 - 3 + 2 = -1$$

Austauschschritt 3

1. Bestimmung von $i'j'$ und σ

$$\mathcal{N}_1 = \emptyset\,,\ \mathcal{N}_2 = \emptyset$$

Die aktuelle zulässige Basislösung $\boldsymbol{x}^T = (x_{12}, x_{13}, x_{23}, x_{24}, x_{34}) = (3, 2, 2, 1, 4)$ ist optimal.

2.8.6 Bestimmung einer zulässigen Anfangslösung für das Umladeproblem

Eine zulässige Anfangsbasislösung für das Umladeproblem bestimmen wir mit der sogenannten **Big M-Methode**. Hierzu ergänzen wir das zugrunde liegende Netzwerk N mit der Knotenmenge $V = \{1, \ldots, n\}$ und der Pfeilmenge E durch einen Umladeknoten $n+1$ mit $a_{n+1} := 0$ und führen für jeden Angebotsort k einen zusätzlichen Pfeil $\langle k, n+1 \rangle$ sowie für jeden Nachfrageort l einen Pfeil $\langle n+1, l \rangle$ ein. Die Maximalkapazitäten auf den „Zusatzpfeilen" seien sämtlich ∞ und die Kosten gleich einem genügend großen M („Big M"). M muß größer als die größtmöglichen Kosten für den Transport einer Mengeneinheit von einem Knoten von N zu irgendeinem anderen Knoten in N sein, die $(n-1)\max_{\langle i,j \rangle \in E} c_{ij}$ nicht übersteigen ($n-1$ ist die maximale Pfeilzahl eines Weges in N), etwa

$$M := (n-1) \max_{\langle i,j \rangle \in E} c_{ij} + 1 \,. \tag{2.8.19}$$

Das in dieser Weise vergrößerte Netzwerk bezeichnen wir mit $\widehat{N}$. Eine zulässige Basislösung in $\widehat{N}$ ist durch

$$\begin{cases} x_{k,n+1} := a_k \,, & \text{falls } k \text{ Angebotsort} \\ x_{n+1,l} := -a_l \,, & \text{falls } l \text{ Nachfrageort} \\ x_{ij} := 0 \,, & \text{falls } \langle i,j \rangle \in E \end{cases} \tag{2.8.20}$$

gegeben (d.h., die gesamte in den Angebotsorten „produzierte" Menge wird direkt über den neuen Umladeknoten $n+1$ zu den Nachfrageorten transportiert). Ein zugehöriges Gerüst in $\widehat{N}$ erhält man wie folgt: Als Pfeile von $\widehat{N}$ wählt man alle Zusatzpfeile sowie für jeden Umladeknoten i von N genau einen mit i (positiv oder negativ) inzidenten Pfeil (jedes Gerüst in $\widehat{N}$ hat n Pfeile).

Das Umladeproblem in N besitzt genau dann eine zulässige Lösung, wenn es eine zulässige Lösung des Umladeproblems in $\widehat{N}$ gibt, bei der auf den Zusatzpfeilen nichts transportiert wird („Nulltransport"). Hat das Umladeproblem in N eine zulässige Lösung, so läßt sich aufgrund der Wahl von M für jede zulässige Lösung in $\widehat{N}$, bei der auf den Zusatzpfeilen etwas transportiert wird, eine zulässige Lösung mit kleinerem Zielfunktionswert und Nulltransport auf den Zusatzpfeilen angeben.

Um eine zulässige Basislösung für das Umladeproblem in N zu erhalten, startet man mit der oben angegebenen zulässigen Basislösung in $\widehat{N}$ und führt in $\widehat{N}$ Austauschschritte mit der Netzwerk-Simplexmethode durch, bis man eine zulässige Basislösung $\hat{\boldsymbol{x}}$ erreicht hat, deren zugehöriges Gerüst $\widehat{T}$ nur einen Zusatzpfeil enthält (auf dem nichts transportiert wird). Entfernt man den letzteren Pfeil aus $\widehat{T}$, so bekommt man ein Gerüst in N für die $\hat{\boldsymbol{x}}$ entsprechende zulässige Basislösung $\boldsymbol{x}$ in N.

Wir betrachten noch einige **Sonderfälle**:

1. Es gibt eine optimale Lösung $\widehat{\boldsymbol{x}}$ für $\widehat{N}$ mit $x_{ij} = 0$ für alle Zusatzpfeile $\langle i, j \rangle$. Dann ist die entsprechende zulässige Lösung $\boldsymbol{x}$ für N auch optimal.
2. Es existiert eine optimale Lösung $\widehat{\boldsymbol{x}}$ für $\widehat{N}$ mit $x_{ij} > 0$ für mindestens einen Zusatzpfeil $\langle i, j \rangle$. Dann besitzt das Umladeproblem in N keine zulässige Lösung.
3. Hat das Umladeproblem in $\widehat{N}$ keine optimale Lösung, so besitzt auch das Umladeproblem in N keine optimale Lösung.

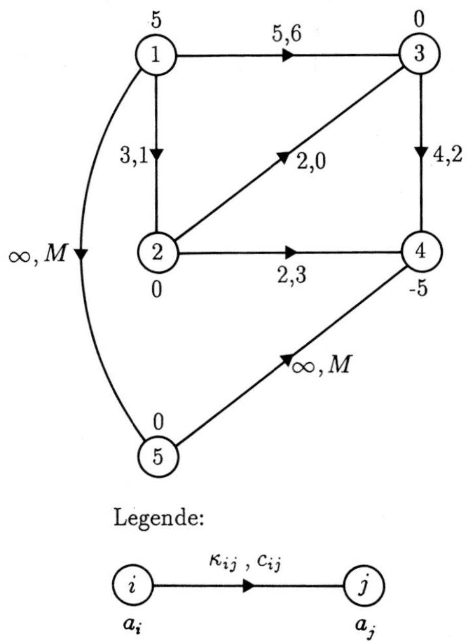

Abb. 2.8.12

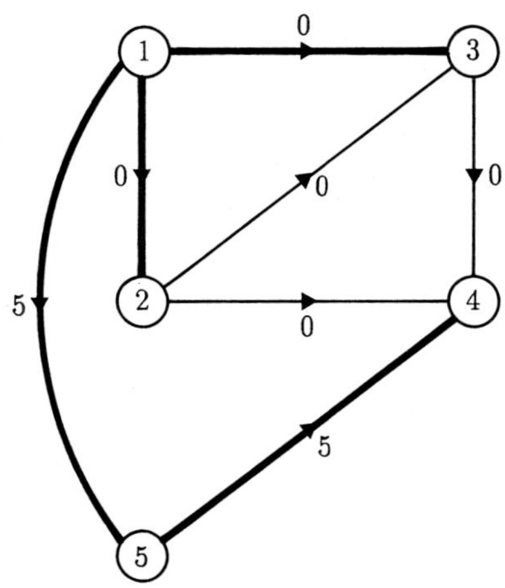

Abb. 2.8.13

In Abb. 2.8.12 ist für das Netzwerk N des Zahlenbeispiels aus Abschnitt 2.8.5 (vgl. Abb. 2.8.8) das zugehörige erweiterte Netzwerk $\widehat{N}$ angegeben. (2.8.19) liefert den Wert $M = 19$. Abb. 2.8.13 zeigt die durch (2.8.20) gegebene zulässige Anfangsbasislösung in $\widehat{N}$ (die Werte x_{ij} sind an den Pfeilen $\langle i, j \rangle$ angeschrieben) sowie ein zugehöriges stark ausgezeichnetes Gerüst.

2.8.7 Das Transportproblem

Ist beim Umladeproblem nur ein direkter Transport des Gutes von den Angebots- zu den Nachfrageorten möglich (es gibt also insbesondere keine Umladeknoten) und sind die transportierten Mengen nicht nach oben beschränkt, dann spricht man vom (klassischen) **Transportproblem**.

Beim Transportproblem ist in der Literatur eine gegenüber dem Umladeproblem geänderte Bezeichnungsweise üblich, die wir im folgenden verwenden werden. Statt von Angebotsorten sprechen wir von Produzenten oder **Firmen** $F_1, \ldots, F_m$, die das betrachtete Gut herstellen und zu den **Verbrauchern** $V_1, \ldots, V_n$ transportieren. Die von F_i produzierte Menge sei $a_i > 0$, der Verbraucher V_j benötige $b_j > 0$ Mengeneinheiten des Gutes, und die Kosten für den Transport einer Mengeneinheit von F_i nach V_j sollen c_{ij} betragen $(i = 1, \ldots, m;\ j = 1, \ldots, n)$. Die $m \times n$-Matrix $\boldsymbol{C}$ mit den Elementen c_{ij} wird **Kostenmatrix** genannt. Ist ein Transport von F_i nach V_j nicht möglich oder nicht erwünscht, so kann man dies durch Wahl eines genügend großen Kostenkoeffizienten c_{ij} erzwingen. Sei x_{ij} die von F_i nach V_j transportierte Menge, dann lautet das Transportproblem

$$(T) \qquad \begin{cases} \text{Min.} & \displaystyle\sum_{i=1}^{m}\sum_{j=1}^{n} c_{ij}x_{ij} \\ \text{u.d.N.} & \displaystyle\sum_{j=1}^{n} x_{ij} = a_i \quad (i = 1, \ldots, m) \\ & \displaystyle\sum_{i=1}^{m} x_{ij} = b_j \quad (j = 1, \ldots, n) \\ & x_{ij} \geq 0 \quad (i = 1, \ldots, m;\ j = 1, \ldots, n)\,. \end{cases}$$

Daß hierbei die insgesamt verbrauchte Menge $\sum_{j=1}^{n} b_j$ wieder gleich der insgesamt produzierten Menge $\sum_{i=1}^{m} a_i$ ist, kann, wie in Abschnitt 2.8.1 erläutert, durch Einführung einer fiktiven Firma bzw. eines fiktiven Produzenten stets erreicht werden. Das dem Transportproblem (T) entsprechende Netzwerk N ist der vollständige bipartite Digraph (zu diesem Begriff vgl. Abschnitt 2.1.3) mit den Quellen F_i, den Senken V_j und den Bewertungen c_{ij} der Pfeile $\langle F_i, V_j \rangle$ $(i = 1, \ldots, m;\ j = 1, \ldots, n)$, vgl. Abb. 2.8.14.

Mit der gestutzten Inzidenzmatrix $\boldsymbol{A}$ des Netzwerkes N, die $m + n - 1$ Zeilen ($m + n$ ist die Anzahl der Knoten von N) und mn Spalten (N besitzt mn Pfeile) hat, den Vektoren $\boldsymbol{c}$ und $\boldsymbol{x}$ mit jeweils mn Komponenten und dem Vektor $\boldsymbol{b}$ mit den Komponenten $a_1, \ldots, a_m, -b_1, \ldots, -b_{n-1}$ läßt sich das Transportproblem (T) in der $(\bar{U})$ entsprechenden kompakteren Form

$$(\bar{T}) \qquad \begin{cases} \text{Min.} & \boldsymbol{c}^T\boldsymbol{x} \\ \text{u.d.N.} & \boldsymbol{A}\boldsymbol{x} = \boldsymbol{b} \\ & \boldsymbol{x} \geq \boldsymbol{0} \end{cases}$$

schreiben. Wir bemerken noch, daß für eine zulässige Basislösung von $(\bar{T})$ die Basisindexmenge $\mathcal{B}$ $m + n - 1$ Elemente und die Nichtbasisindexmenge $\mathcal{N}$ $mn - (m + n - 1) = (m - 1)(n - 1)$ Elemente enthalten.

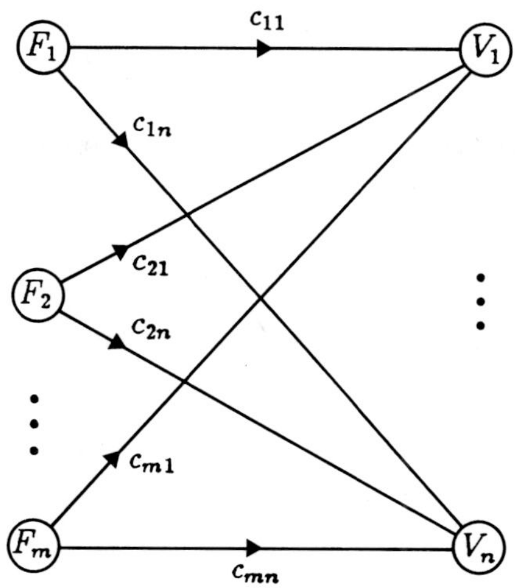

Abb. 2.8.14

Wegen $a := \sum_{i=1}^m a_i = \sum_{j=1}^n b_j > 0$ ist der Vektor $\boldsymbol{x}'$ mit den Komponenten

$$x'_{ij} := \frac{a_i b_j}{a} \quad (i = 1, \ldots, m;\ j = 1, \ldots, n)$$

zulässig. Ferner ist aufgrund

$$0 \leq x_{ij} \leq \min(a_i, b_j) \quad \text{für } i = 1, \ldots, m;\ j = 1, \ldots, n$$

der zulässige Bereich von (T) bzw. $(\bar{T})$ beschränkt, stellt also ein nichtleeres konvexes Polytop dar. Das Transportproblem besitzt damit stets eine optimale Lösung.

Setzen wir im Transportproblem (T) $m = n$ und $a_i = b_j = 1$ $(i, j = 1, \ldots, n)$, so erhalten wir das **Zuordnungsproblem**

$$\begin{aligned}
\text{Min.} \quad & \sum_{i=1}^{n} \sum_{j=1}^{n} c_{ij} x_{ij} \\
\text{u.d.N.} \quad & \sum_{j=1}^{n} x_{ij} = 1 \quad (i = 1, \ldots, n) \\
& \sum_{i=1}^{n} x_{ij} = 1 \quad (j = 1, \ldots, n) \\
& x_{ij} \geq 0 \quad (i, j = 1, \ldots, n)\ ,
\end{aligned}$$

das (für ein nicht notwendig vollständiges bipartites Netzwerk N) bereits in den Abschnitten 2.7.2 und 2.7.3 behandelt worden ist. Löst man das Zuordnungsproblem mit der Netzwerk-Simplexmethode, dann treten, abgesehen vom Fall $n = 1$, nur entartete zulässige Basislösungen auf. Deshalb empfiehlt sich zur Lösung des Zuordnungsproblems das rechentechnisch günstigere Verfahren aus Abschnitt 2.7.3.

2.8.8 Bestimmung einer zulässigen Anfangslösung für das Transportproblem

Es empfiehlt sich, für das Transportproblem eine Anfangsecke des zulässigen Bereiches mit einem der speziellen Problemstellung besonders angepaßten Verfahren zu bestimmen.

a_i \ b_j	b_1	$\cdots$	b_n
a_1	x_{11}	$\cdots$	x_{1n}
$\vdots$	$\vdots$		$\vdots$
a_m	x_{m1}	$\cdots$	x_{mn}

Tab. 2.8.1

Wir betrachten das sogenannte ***X*-Schema** in Tab. 2.8.1 und setzen zu Beginn des Verfahrens $I := \{1, \ldots, m\}$, $J := \{1, \ldots, n\}$. Ein Schritt des Verfahrens läuft dann wie folgt ab: Wir wählen nach einer gewissen (später präzisierten) Vorschrift ein Indexpaar $(i^+, j^+) \in I \times J$ aus und legen

$$x_{i^+j^+} := \min(a_{i^+}, b_{j^+})$$

fest. Gilt $a_{i^+} < b_{j^+}$ (**Fall 1**), so ist $x_{i^+j^+} = a_{i^+}$, d.h., die Gesamtproduktion der Firma F_{i^+} wird zum Verbraucher V_{j^+} transportiert. Wegen

$$\sum_{j=1}^{n} x_{i^+j} = a_{i^+}$$

ist außerdem $x_{i^+j} = 0$ für alle $j \in J \backslash \{j^+\}$. Man trägt dann an der Position (i^+, j^+) im X-Schema den Wert $x_{i^+j^+} = a_{i^+}$ ein, eliminiert die i^+-te Zeile für die weiteren Verfahrensschritte (d.h., man setzt $I := I \backslash \{i^+\}$) und ersetzt b_{j^+} durch den Restbedarf $b_{j^+} - a_{i^+}$ von V_{j^+}.

Gilt $a_{i^+} > b_{j^+}$ (**Fall 2**), so haben wir $x_{i^+j^+} = b_{j^+}$ (der Gesamtbedarf von V_{j^+} wird von der Firma F_{i^+} gedeckt), und es ist $x_{ij^+} = 0$ für alle $i \in I \backslash \{i^+\}$. Man trägt also b_{j^+} an der Stelle (i^+, j^+) im X-Schema ein und eliminiert die j^+-te Spalte (d.h., man setzt $J := J\backslash\{j^+\}$) und ersetzt a_{i^+} durch die Restproduktion $a_{i^+} - b_{j^+}$ von F_{i^+}.

Gilt schließlich $a_{i^+} = b_{j^+}$ (**Fall 3**), legt man entweder $x_{i^+j^+} := a_{i^+}$ fest und fährt wie in Fall 1 fort, oder man setzt $x_{i^+j^+} := b_{j^+}$ und verfährt wie in Fall 2. Gibt es in Fall 3 nur noch eine nicht gestrichene Zeile und mehrere nicht gestrichene Spalten, dann eliminiert man eine Spalte und nicht die einzig übrig gebliebene Zeile. Analog geht man vor, wenn nur noch eine Spalte übrig geblieben ist.

Führt man in dieser Weise $m + n - 1$ Verfahrensschritte durch, so sind danach $m + n - 1$ Werte x_{ij} in das X-Schema eingetragen worden (die sämtlich positiv sind, wenn, abgesehen vom letzten Verfahrensschritt, Fall 3 nicht aufgetreten ist). Die entsprechenden $m + n - 1$ Pfeile bilden einen Teildigraphen des zugrunde liegenden Netzwerkes N (mit $m+n$ Knoten), der, wie man der obigen Verfahrensbeschreibung entnimmt, keinen Semizyklus enthält und folglich ein Gerüst von N darstellt. Damit ist die zugehörige zulässige Lösung $\boldsymbol{x}$ eine Basislösung des Transportproblems.

Wir geben nun einige Regeln für die Auswahl des Index i^+j^+ in einem Verfahrensschritt an. Bei der sogenannten **Nordwestecken-Regel** wählt man

$$i^+ := \min_{i \in I} i\,, \; j^+ := \min_{j \in J} j\;,$$

beginnt also im ersten Verfahrensschritt in der linken oberen Ecke („Nordwestecke“) des X-Schemas.

Für ein Zahlenbeispiel betrachten wir den Transport eines Gutes von drei Firmen F_1, F_2, F_3 zu drei Verbrauchern V_1, V_2, V_3. Die produzierten und verbrauchten Mengen sowie die Kosten pro transportierter Mengeneinheit sind in Tab. 2.8.2 angegeben. Da $a_1 + a_2 + a_3 = 16 < b_1 + b_2 + b_3 = 18$ ist, führen wir noch eine fiktive Firma F_4 ein, die zwei Mengeneinheiten produziert. Die Transportkosten von dieser Firma zu den Verbrauchern sind gleich 0.

Tab. 2.8.3 zeigt die Anwendung der Nordwestecken-Regel, wobei nacheinander die Indizes 11, 21, 22, 32, 33, 43 ausgewählt werden. Der Zielfunktionswert der Anfangsecke, die Tab. 2.8.3 zu entnehmen ist, beträgt 102.

Es ist plausibel, daß man die Kostenmatrix mit heranziehen muß, wenn man eine „bessere“ Anfangslösung als mit der Nordwestecken-Regel erhalten will. Bei der sogenannten **Zeilenminimum-Regel** wählt man

$$\begin{aligned} &i^+ := \min_{i \in I} i \\ &j^+ \text{ so, daß } c_{i^+j^+} = \min_{j \in J} c_{i^+j}\;, \end{aligned}$$

	a_i \ b_j	V_1: 5	V_2: 7	V_3: 6
F_1	5	6	3	7
F_2	6	4	3	5
F_3	5	9	10	11
F_4	2	0	0	0

Tab. 2.8.2

	a_i \ b_j	~~0~~ / ~~5~~	~~1~~ / ~~7~~	2 / ~~6~~
	~~5~~	~~5~~ —	—	—
	~~6~~	~~0~~	~~6~~ —	—
~~4~~	~~5~~	|	~~1~~	~~4~~
	2	|	|	2

Tab. 2.8.3

bei der **Spaltenminimum-Regel**

$$j^+ := \min_{j \in J} j$$
$$i^+ \text{ so, daß } c_{i^+j^+} = \min_{i \in I} c_{ij^+}$$

und bei der **Matrixminimum-Regel**

$$(i^+, j^+) \text{ so, daß } c_{i^+j^+} = \min_{(i,j) \in I \times J} c_{ij} \ .$$

	a_i \ b_j	~~1~~ / ~~5~~	~~2~~ / ~~7~~	4 / ~~6~~
	~~5~~	—	5	—
~~4~~	~~6~~	4	2	—
4	~~5~~	1	|	4
	~~2~~	—	—	2

Tab. 2.8.4

Tab. 2.8.4 zeigt die Anwendung der Matrixminimum-Regel, wobei nacheinander die Indizes 43, 12, 22, 21, 31, 33 ausgewählt werden. Der Zielfunktionswert der erhaltenen Anfangsecke ist 90, also erheblich niedriger als derjenige bei Anwendung der Nordwestecken-Regel.

2.8.9 Die MODI-Methode zur Lösung des Transportproblems

Zur Lösung des Transportproblems kann, ausgehend von einer zulässigen Anfangsbasislösung, die in den Abschnitten 2.8.4 und 2.8.5 beschriebene

Netzwerk-Simplexmethode verwendet werden. Es empfiehlt sich jedoch, eine in einigen Teilschritten leicht abgeänderte, übersichtlichere Version zu benutzen, die mit Tableaus der Größenordnung $m \times n$ arbeitet und das der jeweiligen Basislösung entsprechende Gerüst des Netzwerkes nicht explizit verwendet. Diese Version der Netzwerk-Simplexmethode ist in der Literatur auch unter dem Namen **MODI-Methode** („**mo**difizierte **Di**stributionsmethode") bekannt (vgl. DOMSCHKE (1981), Abschnitt 6.2.3).

Wie beim Umladeproblem entsprechen den Nebenbedingungen

$$\sum_{j=1}^{n} x_{ij} = a_i \quad (i = 1, \ldots, m)$$

des Transportproblems die Dualvariablen $u_1, \ldots, u_m$. Die zu den Nebenbedingungen

$$\sum_{i=1}^{m} x_{ij} = b_j \quad (j = 1, \ldots, n-1)$$

gehörenden Dualvariablen bezeichnen wir mit $v_1, \ldots, v_{n-1}$, wobei v_j der Dualvariablen $-u_j$ im Umladeproblem entspricht. Außerdem legen wir wieder $v_n := 0$ fest. Damit sind die Beziehungen (2.8.7) und (2.8.8) jetzt durch

(2.8.21) $$u_i + v_j = c_{ij} \quad (ij \in \mathcal{B})$$

(2.8.22) $$\zeta_{ij} = c_{ij} - (u_i + v_j) \quad (ij \in \mathcal{N})$$

zu ersetzen.

Statt die Dualvariablenwerte aus den entsprechenden zur vorherigen Basislösung gehörigen Werten wie beim Umladeproblem gemäß (2.8.16) und (2.8.17) neu zu berechnen, löst man bei der MODI-Methode direkt das Gleichungssystem (2.8.21), da, wie bereits erwähnt, bei der MODI-Methode das zur Basislösung gehörende Gerüst nicht explizit verwendet wird. Die Größen ζ_{ij} $(ij \in \mathcal{N})$ bestimmt man anschließend aus (2.8.22).

Da beim Transportproblem die Variablen nicht nach oben beschränkt sind, tritt in Teilschritt 1 der Netzwerk-Simplexmethode nur der Fall $\sigma = 1$ auf. Den Index $i'j'$ der Pivotspalte ermittelt man bei der MODI-Methode meistens nach der Kleinsten-Kosten-Regel, d.h., man wählt $i'j' \in \mathcal{N}$ so, daß

$$\zeta_{i'j'} = \min_{ij \in \mathcal{N}} \zeta_{ij} < 0$$

ist. Gilt $\zeta_{ij} \geq 0$ für alle $ij \in \mathcal{N}$, dann ist die aktuelle Basislösung optimal.

Die zur aktuellen Basislösung $\boldsymbol{x}$ gehörenden Größen x_{ij} $(ij \in \mathcal{B})$, u_i $(i = 1, \ldots, m)$, v_j $(j = 1, \ldots, n)$, ζ_{ij} $(ij \in \mathcal{N})$ und den Zielfunktionswert $F(\boldsymbol{x})$ tragen wir zusammen mit den Kostenkoeffizienten c_{ij} in das sogenannte **Transporttableau** ein, das Tab. 2.8.5 zeigt.

$a_i \backslash b_j$	b_1	$\cdots$	b_j	$\cdots$	b_n	u_i
a_1	c_{11}				c_{1n}	u_1
$\vdots$						$\vdots$
a_i			c_{ij} Zelle ij			u_i
$\vdots$						$\vdots$
a_m	c_{m1}				c_{mn}	u_m
v_j	v_1	$\cdots$	v_j	$\cdots$	v_n	$F(\boldsymbol{x})$

In Zelle ij steht $\textcircled{x_{ij}}$, falls $ij \in \mathcal{B}$
ζ_{ij}, falls $ij \in \mathcal{N}$

Tab. 2.8.5

$a_i \backslash b_j$	5	7	6	u_i
5	[6] 2	[3] (5)	[7] 1	6
6	[4] (4)	[3] (2)	[5] [−1]	6
5	[9] (1)	[10] 2	[11] (4)	11
2	[0] 2	[0] 3	[0] (2)	0
v_j	−2	−3	0	90

Tab. 2.8.6

Wir erläutern die bisherigen Überlegungen an Hand des Zahlenbeispiels aus Abschnitt 2.8.8. Wir starten mit der mit Hilfe der Matrixminimum-Regel berechneten Anfangsecke $\boldsymbol{x}$ (vgl. Tab. 2.8.4). Zuerst bestimmen wir gemäß (2.8.21) die Werte $v_3 = 0, u_3, u_4, v_1, u_2, v_2, u_1$ in dieser Reihenfolge und danach aufgrund (2.8.22) die Größen ζ_{ij} für $ij \in \mathcal{N}$. Tab. 2.8.6 stellt das zugehörige Transporttableau dar. Wir registrieren, daß nur ein ζ_{ij} negativ ist, nämlich $\zeta_{23} = -1$; es ist also $i'j' = 23$. x_{23} wird damit neue Basisvariable.

Die Bestimmung der Transportmengenänderung δ' und des Index $k'l' \in \mathcal{B}$, der aus der Basisindexmenge entfernt wird, erfolgen bei der MODI-Methode, ohne die Pivotspalte direkt zu berechnen. Hierzu betrachten wir das zur aktuellen Basislösung gehörende Gerüst T des zugrunde liegenden Netzwerkes N mit den Pfeilen $\langle i, j\rangle$, $ij \in \mathcal{B}$ (vgl. das Beispiel in Abb. 2.8.15 ohne den gestrichelten Pfeil $\langle i', j'\rangle = \langle F_1, V_3\rangle$). In T gibt es wieder genau einen Semi-

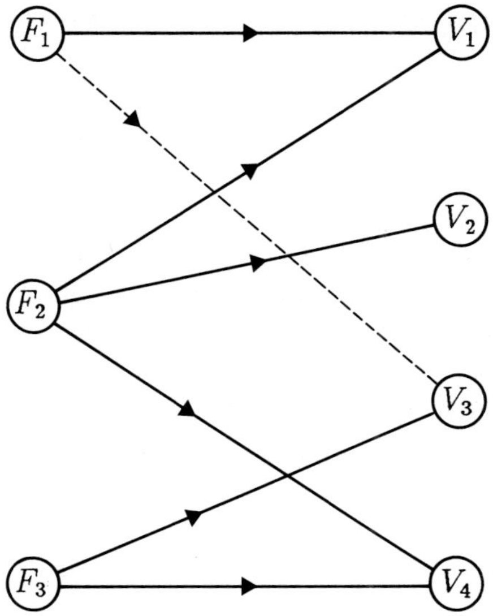

Abb. 2.8.15

weg mit den Endknoten i' und j', der zusammen mit dem Pfeil $\langle i', j' \rangle$ einen Semizyklus Z bildet (in Abb. 2.8.15 der Semizyklus mit den Pfeilen $\langle F_1, V_3 \rangle$, $\langle F_3, V_3 \rangle$, $\langle F_3, V_4 \rangle$, $\langle F_2, V_4 \rangle$, $\langle F_2, V_1 \rangle$ und $\langle F_1, V_1 \rangle$), der die gleiche Orientierung wie $\langle i', j' \rangle$ besitze. Z enthält abwechselnd Vorwärts- und Rückwärtspfeile. Auf den Vorwärtspfeilen $\langle i, j \rangle$ erhöhen wir dann die transportierte Menge x_{ij} um $\delta \geq 0$ (für die danach transportierte Menge $x_{ij}(\delta)$ gilt also $x_{ij}(\delta) = x_{ij} + \delta$), und auf den Rückwärtspfeilen $\langle i, j \rangle$ verringern wir x_{ij} um δ (d.h. $x_{ij}(\delta) = x_j - \delta$).

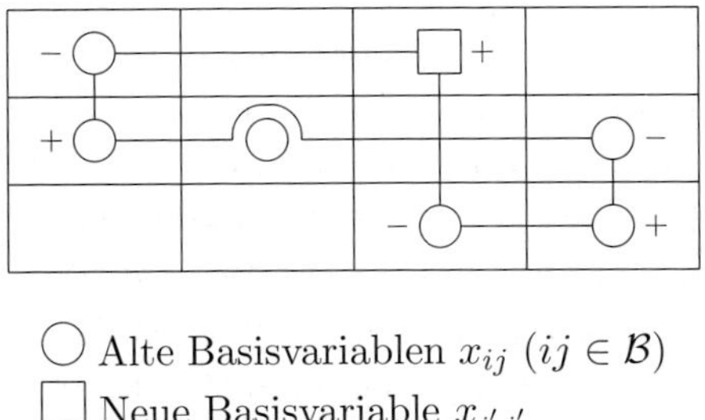

Abb. 2.8.16

Der Konstruktion des Semizyklus Z im Netzwerk N entspricht im Transporttableau die Suche eines sogenannten **geschlossenen Zickzackweges**, der bei der neuen Basisvariablen $x_{i'j'}$ beginnt und endet und in jeder Zeile und Spalte des Tableaus (abgesehen von dessen „Rändern“ mit den Werten u_i, v_j

und $F(\boldsymbol{x})$) entweder zwei oder keine der $m+n$ Variablen $x_{i'j'}$ und x_{ij} ($ij \in \mathcal{B}$) enthält. Abb. 2.8.16 zeigt den dem Semizyklus aus Abb. 2.8.15 entsprechenden geschlossenen Zickzackweg. Wir addieren (in Abb. 2.8.16 durch ein Plus-Zeichen gekennzeichnet) und subtrahieren (durch ein Minus-Zeichen markiert) dann von den Elementen x_{ij} des Zickzackweges abwechselnd den Wert $\delta \geq 0$, beginnend mit der Addition von δ bei $x_{i'j'} = 0$ (die neuen Werte seien wieder $x_{ij}(\delta)$). Sei δ' das größte δ, so daß längs des Zickzackweges $x_{ij}(\delta) \geq 0$ ist. Dann wird mindestens ein $x_{ij}(\delta')$ auf dem Zickzackweg gleich 0, etwa $x_{k'l'}(\delta') = 0$, $x_{k'l'}$ wird neue Nichtbasisvariable, und $\bar{\boldsymbol{x}} := \boldsymbol{x}(\delta')$ ist eine (im Fall $\delta' > 0$ von $\boldsymbol{x}$ verschiedene) zulässige Basislösung. Natürlich wählt man, wenn mehrere Basisvariablen auf dem geschlossenen Zickzackweg gleichzeitig 0 werden, nur eine von ihnen als neue Nichtbasisvariable aus. In letzterem Fall ist die zulässige Basislösung $\bar{\boldsymbol{x}}$ entartet. Für den Zielfunktionswert $F(\bar{\boldsymbol{x}})$ gilt

$$F(\bar{\boldsymbol{x}}) = F(\boldsymbol{x}) + \delta' \zeta_{i'j'} .$$

Im Fall $\delta' > 0$ ist also wieder $F(\bar{\boldsymbol{x}}) < F(\boldsymbol{x})$.

a_i \ b_j	5	7	6
5	2	⑤	1
6	− ④	②	[−1] +
5	+ ①	2	④ −
2	2	3	②

Tab. 2.8.7

Wir kehren zu unserem Zahlenbeispiel zurück und geben das Transporttableau von Tab. 2.8.6 ohne die Kostenkoeffizienten c_{ij} und die Ränder mit den Werten u_i und v_j in Tab. 2.8.7 noch einmal an. In Tab. 2.8.7 ist ein geschlossener Zickzackweg eingezeichnet, beginnend und endend bei der durch ein Kästchen gekennzeichneten neuen Basisvariablen x_{23}. Das größtmögliche δ ergibt sich zu $\delta' = 4$, und wir wählen x_{33} als neue Nichtbasisvariable. Addieren und subtrahieren wir auf dem Zickzackweg abwechselnd $\delta' = 4$, so bekommen wir die neue zulässige Basislösung $\bar{\boldsymbol{x}}$. Da hierbei auch die Variable x_{21} den Wert 0 erhält, ist die neue Ecke entartet. Für den neuen Zielfunktionswert ergibt sich

$$F(\bar{\boldsymbol{x}}) = F(\boldsymbol{x}) + \delta' \zeta_{i'j'} = 90 - 4 = 86 .$$

a_i \ b_j	5	7	6	u_i
5	[6] 2	[3] (5)	[7] 2	5
6	[4] (0)	[3] (2)	[5] (4)	5
5	[9] (5)	[10] 2	[11] 1	10
2	[0] 1	[0] 2	[0] (2)	0
v_j	−1	−2	0	86

Tab. 2.8.8

Anschließend berechnen wir gemäß (2.8.21) und (2.8.22) die neuen Werte für $u_1, \ldots, v_3$ und ζ_{ij} $(ij \in \bar{\mathcal{N}})$. Tab. 2.8.8 zeigt das neue Transporttableau. Da $\zeta_{ij} \geq 0$ für alle $ij \in \bar{\mathcal{N}}$ gilt, ist die neue Ecke $\bar{\boldsymbol{x}}$ optimal.

Wir betrachten noch ein **zweites Zahlenbeispiel**. Gegeben seien zwei Lagerhäuser H_1, H_2, in denen ein bestimmtes Gut gelagert wird, und drei Kunden oder allgemeiner Märkte M_1, M_2, M_3, wo das Gut benötigt wird. Der Vorrat in den Lagerhäusern H_1 und H_2 betrage 12000 bzw. 8000 Stück, und die Nachfrage auf den Märkten M_1, M_2 und M_3 sei 7000 bzw. 5000 bzw. 6000 Stück. Die Transportkosten pro Stück (in DM) von den Lagerhäusern zu den Märkten sind in Tab. 2.8.9 angegeben. Dabei nehmen wir an, daß das Lagerhaus H_1 den Markt M_3 nicht beliefern kann oder soll. Gesucht ist wieder ein kostengünstigster Transportplan.

Wegen

$$20 = a_1 + a_2 > b_1 + b_2 + b_3 = 18 \quad \text{(in 1000 Stück)}$$

führen wir einen fiktiven Markt M_4 mit der Nachfrage 2 ein und setzen $c_{14} = c_{24} = 0$. Um einen Transport von H_1 nach M_3 auszuschließen, wählen wir für c_{13} einen Wert, der größer als alle übrigen Kostenkoeffizienten ist, etwa $c_{13} = 5$. Dies ergibt die Kostenmatrix

$$\boldsymbol{C} = \begin{pmatrix} 3\,2\,5\,0 \\ 4\,1\,2\,0 \end{pmatrix}$$

Die Bestimmung einer Anfangsecke mit der Matrixminimum-Regel ist in Tab. 2.8.10 wiedergegeben, wobei nacheinander die Indexpaare 14, 22, 23, 11, 13 ausgewählt werden. Das erste Transporttableau zeigt Tab. 2.8.11. Wir erhalten $i'j' = 12$ mit $\zeta_{12} = -2$ und $\delta' = 3$. Die neue Basisvariable ist x_{12}, und

	M_1	M_2	M_3
H_1	3	2	–
H_2	4	1	2

Tab. 2.8.9

a_i \ b_j	~~7~~	~~5~~	3 ~~6~~	~~2~~
3 ~~10~~ ~~12~~	7	|	3	2
~~3~~ ~~8~~	—	5	3	|

Tab. 2.8.10

a_i \ b_j	7	5	6	2	u_i
12	[3] (7)	[2] + [−2]	[5] (3) −	[0] (2)	0
8	[4] 4	[1] − (5)	[2] (3) +	[0] 3	−3
v_j	3	4	5	0	47

Tab. 2.8.11

a_i \ b_j	7	5	6	2	u_i
12	[3] (7)	[2] (3)	[5] 2	[0] (2)	0
8	[4] 2	[1] (2)	[2] (6)	[0] 1	−1
v_j	3	2	3	0	41

Tab. 2.8.12

die neue Nichtbasisvariable ist x_{13}. Damit können wir das neue Transporttableau von Tab. 2.8.12 ermitteln.

In Tab. 2.8.12 ist $\zeta_{ij} \geq 0$ für alle $ij \in \mathcal{N}$. Damit haben wir eine optimale Lösung erhalten, die besagt, daß vom Lagerhaus H_1 7000 Stück nach M_1 und 3000 Stück nach M_2 geschickt werden und vom Lagerhaus H_2 2000 Stück nach M_2 und 6000 Stück nach M_3. Die minimalen Transportkosten betragen 41000 DM.

Wir bemerken noch, daß das Transportproblem ebenso wie das allgemeinere Umladeproblem auch mit dem Verfahren von Busacker und Gowen gelöst werden kann. Nach Einführung einer neuen Quelle r, einer neuen Senke s und

Pfeilen von r nach den bisherigen Quellen (Firmen F_i) und von den bisherigen Senken (Verbrauchern V_j) nach s, wobei die Maximalkapazitäten auf den neuen Pfeilen $\langle r, F_i \rangle$ und $\langle V_j, s \rangle$ gleich a_i bzw. b_j $(i = 1, \ldots, m; j = 1, \ldots, n)$ und die Kosten sämtlich gleich 0 sind (vgl. Abschnitt 2.8.1), ist ein kostenminimaler Fluß von r nach s der Stärke $\omega^+ = a := \sum_{i=1}^{m} a_i$ zu bestimmen. Der Algorithmus von Busacker und Gowen kann mit einem Rechenaufwand von $O(|V|^2\omega^+)$ implementiert werden (bei ganzzahligen Ausgangsdaten a_i und b_j, vgl. Abschnitt 2.6.6 und NEUMANN (1987a), Abschnitt 6.4.8). Mit $|V| = m+n$ und $k := \max(m, n)$ ergibt sich für das Transportproblem ein Rechenaufwand von $O(k^2 a)$.

2.9 Das Briefträgerproblem

Bei dem bereits in der Einführung (Abschnitt 0.1) erwähnten Briefträgerproblem handelt es sich um folgende Aufgabenstellung: Ein Briefträger habe die Häuser in seinem Zustellbezirk mit Post zu beliefern. Dabei muß er jede Straße seines Bezirkes mindestens einmal durchlaufen, breite verkehrsreiche Straßen gegebenenfalls zweimal, wenn er jede der beiden Straßenseiten extra entlang läuft. Abgesehen von letzterem Fall kann es auch notwendig werden, einige Straßen erneut zu durchlaufen, ohne Post zu verteilen, um andere Teile des Zustellbezirkes zu erreichen. Der Briefträger ist an einem „geschlossenen Weg" (beginnend und endend in seinem Postamt) interessiert, der alle Straßen (bzw. Straßenseiten) mindestens einmal enthält und minimale Länge hat. In anderen Worten, der Briefträger möchte die Länge der „unproduktiven Strecken" (auf denen er keine Post austeilt) so gering wie möglich halten.

Eine entsprechende Aufgabenstellung liegt vor, wenn kürzeste Routen für die Müllabfuhr oder Straßenreinigung zu bestimmen sind oder wenn Strom-, Gas- oder Wasserzähler in Haushalten abgelesen werden müssen. Auch die optimale Festlegung von Wartungs- und Überwachungstouren entlang vorgegebener Strecken etwa durch Straßenmeistereien führt auf ein Briefträgerproblem.

Das Briefträgerproblem ist in der angelsächsischen Literatur unter dem Namen **Chinese Postman Problem** bekannt, da es erstmalig von dem Chinesen Mei-Ko Kwan behandelt worden ist (s. MEI-KO (1962)).

Wir wollen das Briefträgerproblem nun als Optimierungsproblem auf Graphen formulieren. Einer in beliebiger Richtung zu durchfahrenden (oder zu durchlaufenden) Straße ordnen wir eine Kante (mit den beiden Endknoten) zu. Sind die beiden Straßenseiten (unabhängig von der Durchlaufrichtung) getrennt zu bedienen, so führt man zwei parallele Kanten ein. Einer Einbahnstraße (oder einer aus sonstigen Gründen nur in einer vorgegebenen Richtung zu durchfahrenden Straße) wird ein Pfeil mit der entsprechenden Orientierung (sowie Anfangs- und Endknoten) zugeordnet. Auf diese Weise erhält man, wenn alle Straßen in beliebiger Richtung durchfahren werden können, einen (ungerichteten) Graphen, der gegebenenfalls parallele Kanten enthalten kann (wir sprechen dann auch von einem **Multigraphen**). Sind alle Straßen Einbahnstraßen (bzw. in vorgegebener Richtung zu durchfahren), so ergibt sich ein Digraph bzw., wenn parallele Pfeile auftreten, ein **Multidigraph**. Haben wir sowohl in beliebiger Richtung zu durchfahrende Straßen als auch Einbahnstraßen, dann erhält man einen **gemischten Graphen** bzw. einen gemischten Multigraphen, der sowohl Kanten als auch Pfeile besitzt. Entsprechend unterscheidet man zwischen drei verschiedenen Briefträgerproblemen (in Graphen, in Digraphen und in gemischten Graphen). Als Bewertung der Kanten bzw. Pfeile wählt man meistens die Länge der betreffenden Straßen (gegebenenfalls auch die für das Durchfahren benötigte Zeit, wenn eine möglichst schnelle Bedienung oder Belieferung von Kunden angestrebt wird).

In den folgenden beiden Abschnitten 2.9.1 und 2.9.2 werden wir die Brieträgerprobleme in Graphen und in Digraphen behandeln. Da, wie oben erwähnt, bei der Modellierung praktischer Aufgabenstellungen als Briefträgerprobleme parallele Kanten oder Pfeile auftreten können und außerdem selbst dann, wenn wir von Graphen bzw. Digraphen ausgehen, bei der Lösung von Briefträgerproblemen in der Regel parallele Kanten bzw. Pfeile eingeführt werden, ist es sinnvoll, von vornherein Multigraphen bzw. Multidigraphen zu betrachten. Das Briefträgerproblem in Graphen kann auf die Bestimmung kürzester Ketten und eines minimalen Summen-Matchings zurückgeführt werden. Das Briefträgerproblem in Digraphen läßt sich auf die Ermittlung kürzester Wege und die Lösung eines Transportproblems reduzieren. Während diese beiden Briefträgerprobleme in polynomialer Rechenzeit gelöst werden können, stellt das Briefträgerproblem in gemischten Graphen (abgesehen von Spezialfällen) ein schweres Problem dar (für die Lösung des letzteren Briefträgerproblems vgl. etwa Brucker (1981), Domschke (1982), Abschnitte 4.2 und 4.3.3, Neumann (1988a), Abschnitt 4).

2.9.1 Das Briefträgerproblem in Graphen

Gegeben sei ein bewerteter Multigraph $G = [V, E; c]$ mit $c : E \to \mathbb{R}_+$. Unter einer **Briefträgertour** in G verstehen wir eine geschlossene Kantenfolge, die jede Kante in G *mindestens einmal* enthält. Wir suchen dann eine **optimale Briefträgertour** zu bestimmen, d.h. eine Briefträgertour minimaler Länge.

Wir setzen voraus, daß G zusammenhängend sei und mindestens zwei Knoten (und damit auch mindestens eine Kante) enthalte, weil andernfalls gar keine Briefträgertour in G existiert. Da die Bewertungen aller Kanten nichtnegativ sind, gibt es dann auch eine optimale Briefträgertour (eine Kante $[i, j]$ mit negativer Bewertung c_{ij} könnte in beiden Richtungen beliebig oft durchlaufen werden; die Länge der Briefträgertouren wäre in diesem Fall nicht nach unten beschränkt).

In engem Zusammenhang mit einer Briefträgertour steht der Begriff einer Eulerschen Linie. Ein **geschlossene Eulersche Linie** in G ist eine geschlossene Kantenfolge, die jede Kante von G *genau einmal* enthält. Ein Multigraph heißt **Eulerscher Graph**, wenn er eine geschlossene Eulersche Linie besitzt. Bereits Euler hat folgenden unmittelbar einleuchtenden Satz gefunden:

Satz 2.9.1. *Ein zusammenhängender Multigraph G (mit mindestens einer Kante) ist genau dann ein Eulerscher Graph, wenn der Grad $\delta(i)$ jedes Knotens i von G eine gerade Zahl ist.*

Für die Konstruktion einer geschlossenen Eulerschen Linie in einem Eulerschen Graphen erweist sich der folgende Satz als hilfreich:

Satz 2.9.2. *Ein zusammenhängender Multigraph (mit mindestens einer Kante) ist genau dann ein Eulerscher Graph, wenn er sich als Vereinigung kantendisjunkter Kreise [1] darstellen läßt.*

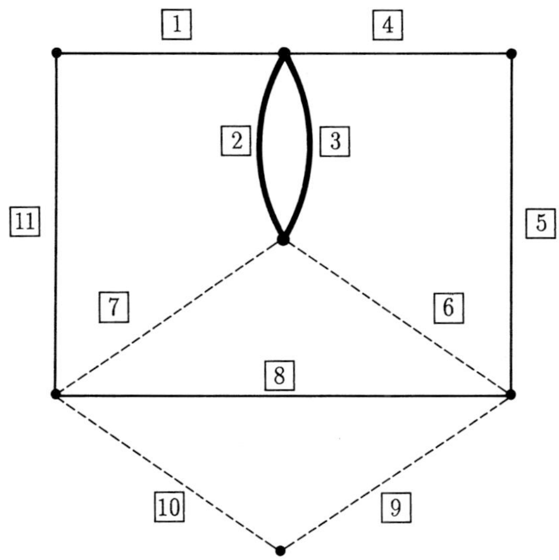

Abb. 2.9.1

[1] D.h., verschiedene Kreise enthalten keine gemeinsamen Kanten.

Ein Beispiel für einen Eulerschen Graphen zeigt Abb. 2.9.1, wo die Reihenfolge der einzelnen Kanten in einer geschlossenen Eulerschen Linie durch die Nummern in den Kästchen gegeben ist. Der Eulersche Graph setzt sich aus den drei normal, fett und gestrichelt ausgezeichneten Kreisen zusammen.

Beweis der Sätze 2.9.1 und 2.9.2. Wir zeigen, daß die folgenden drei Aussagen für einen zusammenhängenden Multigraphen G mit mindestens einer Kante äquivalent sind:
(a) G ist ein Eulerscher Graph.
(b) Der Grad $\delta(i)$ jedes Knotens i von G ist geradzahlig.
(c) G läßt sich als Vereinigung kantendisjunkter Kreise darstellen.

(a) impliziert (b). Da eine geschlossene Eulersche Linie in G genauso oft in jeden Knoten i von G hineinführt wie von i wegführt, muß der Grad von i eine gerade Zahl sein.

(b) impliziert (c). Da G zusammenhängend ist und jeder Knoten von G mindestens den Grad 2 hat, enthält G mindestens einen Kreis. Entfernt man aus G die Kanten dieses Kreises, so bekommt man einen Multigraphen G', der entweder zusammenhängend ist oder in mehrere Zusammenhangskomponenten zerfällt und in dem der Grad jedes Knotens wieder geradzahlig ist. Jede Zusammenhangskomponente von G', die von einem isolierten Knoten verschieden ist, enthält einen Kreis. Die Elimination der Kanten dieses Kreises (in jeder Zusammenhangskomponente) reduziert G' zu einem Multigraphen, der die gleichen Eigenschaften wie G' besitzt. In dieser Weise fährt man fort, bis man einen Graphen erhält, der nur noch aus isolierten Knoten besteht.

(c) impliziert (a). G enthält mindestens einen Kreis K_1. Stellt K_1 keine geschlossene Eulersche Linie dar, so gibt es einen weiteren Kreis K_2 in G, der mit K_1 einen gemeinsamen Knoten i hat. Die beiden Kreise K_1 und K_2 stellen zusammengenommen eine schlichte geschlossene Kantenfolge [1] F dar (die, bei i beginnend, durchlaufen werden kann). Ist F keine geschlossene Eulersche Linie, dann existiert ein (von K_1 und K_2 verschiedener) Kreis K_3, der mit F einen Knoten j gemeinsam hat. Stellt F zusammen mit K_3 noch keine geschlossene Eulersche Linie dar, so fährt man entsprechend fort, bis man eine solche Linie erhält.

□

Auf Satz 2.9.2 basiert das folgende Verfahren zur Konstruktion einer geschlossenen Eulerschen Linie in einem Eulerschen Graphen.

[1] Eine **schlichte Kantenfolge** in G enthält jede Kante von G höchstens einmal.

Algorithmus 2.9.1 (Geschlossene Eulersche Linie)

Schritt 1

Starte mit einem beliebigen Knoten i_0 *des Eulerschen Graphen* G*. Suche, ausgehend von* i_0*, eine schlichte geschlossene Kantenfolge* $F = [i_0, i_1, \ldots, i_r = i_0]$ *(die der Vereinigung von kantendisjunkten Kreisen entspricht).*

Schritt 2

Eliminiere die Kanten von F *aus* G*, was den Multigraphen* G' *ergebe. Wähle einen Knoten* i_ν *auf* F*, für den in* G' $\delta(i_\nu) \geq 2$ *gilt. Gibt es keinen solchen Knoten, so terminiere. Andernfalls suche in* G'*, ausgehend von* i_ν*, eine schlichte geschlossene Kantenfolge* $F' = [i_\nu = j_0, j_1, \ldots, j_s = i_\nu]$*.*

Schritt 3

Füge F' *in* F *ein (d.h., erweitere* F *zu* $[i_0, \ldots, i_\nu, j_1, \ldots, j_{s-1}, i_\nu, i_{\nu+1}, \ldots, i_r = i_0]$*). Die resultierende Kantenfolge sei wieder* F*. Setze* $G := G'$ *und gehe zu Schritt 2.*

□

Ist m wieder die Anzahl der Kanten des zugrunde liegenden Eulerschen Graphen, dann beträgt der Rechenaufwand von Algorithmus 2.9.1 $O(m)$.

Wir wenden uns nun der Lösung des Briefträgerproblems in Graphen zu (vgl. hierzu auch Burkard und Derigs (1980), Kapitel 6, und Domschke (1982), Abschnitt 4.3.2). Ist der dem Briefträgerproblem zugrunde liegende Multigraph G ein Eulerscher Graph, so liegt gar kein Optimierungsproblem vor, da jede geschlossene Eulersche Linie in G eine optimale Briefträgertour darstellt. Ist G kein Eulerscher Graph, enthält also Knoten i mit ungeradzahligem Grad $\delta(i)$, dann ist es naheliegend, zu G in geeigneter Weise Kanten so hinzuzufügen, daß alle Knoten einen geradzahligen Grad erhalten und damit ein Eulerscher Graph entsteht. Diese hinzugefügten Kanten entsprechen „unproduktiven Strecken", die der Briefträger (mindestens) ein zweites Mal durchlaufen muß.

Wir nennen einen Multigraphen $\tilde{G} = [V, \tilde{E}]$ eine **Vergrößerung** eines Multigraphen $G = [V, E]$, wenn sich $\tilde{G}$ aus G durch „Vervielfachung" einzelner Kanten ergibt. Ist G bewertet, so sollen in $\tilde{G}$ hinzugefügte Kanten die gleiche Bewertung wie die entsprechenden ursprünglichen Kanten in G haben. Eine Vergrößerung $\tilde{G}$ von G heißt **Eulersche Vergrößerung**, wenn $\tilde{G}$ ein Eulerscher Graph ist. $\tilde{G}$ wird **optimale Eulersche Vergrößerung** von G genannt, wenn unter allen Eulerschen Vergrößerungen von G für $\tilde{G}$ die Summe der Bewertungen der hinzugefügten Kanten minimal ist.

Im weiteren sei G ein „Nicht-Eulerscher" (bewerteter) Multigraph. Um in G eine Briefträgertour zu bestimmen, ermittelt man eine optimale Eulersche Vergrößerung $\tilde{G}$ von G. Eine geschlossene Eulersche Linie $\tilde{L}$ in $\tilde{G}$ liefert dann sofort eine optimale Briefträgertour L in G: Für jede Kante von $\tilde{L}$, die nicht zu G gehört, ist die entsprechende ursprüngliche Kante in G ein weiteres Mal zu durchlaufen.

Um eine optimale Eulersche Vergrößerung $\tilde{G}$ von G zu erhalten, fügt man zu G Ketten (**Briefträgerketten** genannt) hinzu, welche die Knoten mit ungeradem Grad verbinden. Dabei beachten wir die folgenden drei Aussagen:

(i) Jede Briefträgerkette mit den Endknoten i und j ist eine kürzeste i und j verbindende Kette (andernfalls würde man keine *optimale* Eulersche Vergrößerung erhalten).

(ii) Es gibt eine optimale Eulersche Vergrößerung $\tilde{G}$ von G, bei der jede Kante von G höchstens verdoppelt wird, in anderen Worten, die zu G hinzugefügten Briefträgerketten sind kantendisjunkt. Um dies zu verifizieren, betrachten wir zwei Briefträgerketten $[i,\ldots,p,q\ldots,j]$ und $[k,\ldots,p,q,\ldots,l]$ einer optimalen Eulerschen Vergrößerung $\widehat{G}$ von G mit der gemeinsamen Kante $[p,q]$. Ersetzen wir diese beiden Ketten durch die Ketten $[i,\ldots,p,\ldots,k]$ und $[j,\ldots,q,\ldots,l]$, die $[p,q]$ nicht enthalten, so ist die entsprechende Vergrößerung $\tilde{G}$ von G ebenfalls Eulersch und wegen $c_{pq} \geq 0$ optimal (da auch $\widehat{G}$ optimal ist, muß $c_{pq} = 0$ gelten).

(iii) Die Anzahl der Knoten i von G mit ungeradem Grad $\delta(i)$ ist eine gerade Zahl. Dies sieht man wie folgt: Offensichtlich ist $\sum_{i\in V}\delta(i) = 2|E|$. Seien V^+ die Menge der Knoten $i \in V$ mit geradem $\delta(i)$ und $V^- := V\backslash V^+$ die Menge der Knoten i mit ungeradem $\delta(i)$. Da $\sum_{i\in V^+}\delta(i)$ eine gerade Zahl ist, muß $\sum_{i\in V^-}\delta(i)$ und damit $|V^-|$ wegen

$$\sum_{i\in V^+}\delta(i) + \sum_{i\in V^-}\delta(i) = \sum_{i\in V}\delta(i) = 2|E|$$

auch geradzahlig sein.

Sei $V' \subseteq V$ die Menge der Knoten i von G mit ungeradem $\delta(i)$. Um eine optimale Eulersche Vergrößerung von G zu erhalten, bestimmt man aufgrund der obigen Überlegungen $|V'|/2$ kürzeste Ketten in G so, daß jeder Knoten aus V' Endknoten genau einer dieser Briefträgerketten und die Summe der Längen dieser Ketten minimal ist. Hierfür ermittelt man zunächst kürzeste Ketten K_{ij} zwischen allen Knoten $i,j \in V'$ und die zugehörigen Entfernungen d_{ij}. Dies kann z.B. mit dem Tripel-Algorithmus oder dem sequentiellen Wege-Algorithmus aus Abschnitt 2.4.4 erfolgen (wobei man den durch V' induzierten vollständigen Teilgraphen von G durch den zugehörigen symmetrischen (Multi-)Digraphen ersetzt). Anschließend bestimmt man in dem vollständigen Graphen G' mit der Knotenmenge V' und den Bewertungen d_{ij} der Kanten $[i,j]$ $(i,j \in V')$ [1] ein minimales Summen-Matching X^* (zu den Begriffen Matching und minimales Summen-Matching vgl. Abschnitt 2.7.1). Genau dann,

[1] G' ist abgesehen von dem trivialen Fall $|V'| = 2$ nicht bipartit.

wenn $[p, q] \in X^*$ gilt (also $[p, q]$ eine „Matching-Kante" ist), sind die Knoten p und q durch die Briefträgerkette K_{pq} zu verbinden und ist K_{pq} dem Multigraphen G hinzuzufügen.

Für ein Zahlenbeispiel betrachten wir den in Abb. 2.9.2 dargestellten bewerteten Graphen G, wobei die Bewertungen an den Kanten angeschrieben sind. Die Knoten $1, 2, 4$ und 6 haben einen ungeraden Grad. Kürzeste die Knoten verbindende Ketten und die zugehörigen Entfernungen sind in Tab. 2.9.1 aufgelistet.

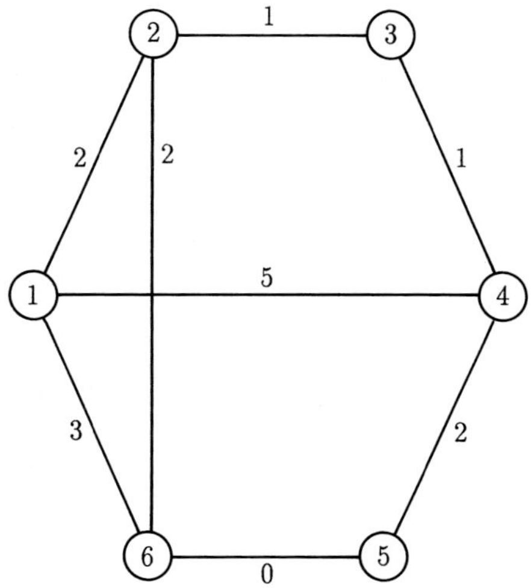

Abb. 2.9.2

(i, j)	d_{ij}	Kürzeste Kette K_{ij}
(1,2)	2	[1,2]
(1,4)	4	[1,2,3,4]
(1,6)	3	[1,6]
(2,4)	2	[2,3,4]
(2,6)	2	[2,6]
(4,6)	2	[4.5.6]

Tab. 2.9.1

Abb. 2.9.3 zeigt den vollständigen Graphen G' mit der Knotenmenge $V' = \{1, 2, 4, 6\}$ und den Bewertungen d_{ij} $(i, j \in V')$ aus Tab. 2.9.1. Von den drei perfekten Matchings in G' hat das in Abb. 2.9.3 stark ausgezeichnete Matching $X^* = \{[1, 2], [4, 6]\}$ die kleinste Länge. Die entsprechenden Briefträgerketten $[1, 2]$ und $[4, 5, 6]$ sind also dem Graphen G von Abb. 2.9.2 hinzuzufügen. Der erhaltene Eulersche Graph $\tilde{G}$ ist in Abb. 2.9.4 dargestellt (die Briefträgerketten sind gestrichelt gezeichnet). Die Reihenfolge der einzelnen Kanten einer geschlossenen Eulerschen Linie in $\tilde{G}$ ist wieder durch die Nummern in den Kästchen gegeben. Bei der entsprechenden optimalen Briefträgertour in G mit der Länge 20 sind die Kanten [1,2], [4,5] und [5,6] jeweils zweimal zu durchlaufen.

Wir listen die einzelnen Rechenschritte zur Bestimmung einer optimalen Briefträgertour in einem zusammenhängenden Multigraphen $G = [V, E; c]$ mit (mindestens einer Kante und) nichtnegativen Bewertungen noch einmal auf:

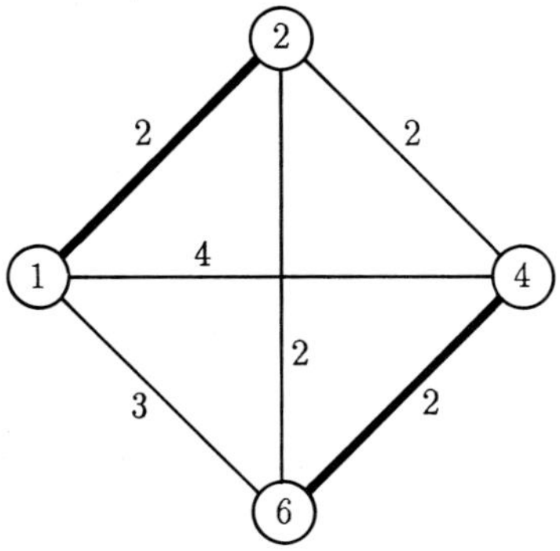

Abb. 2.9.3

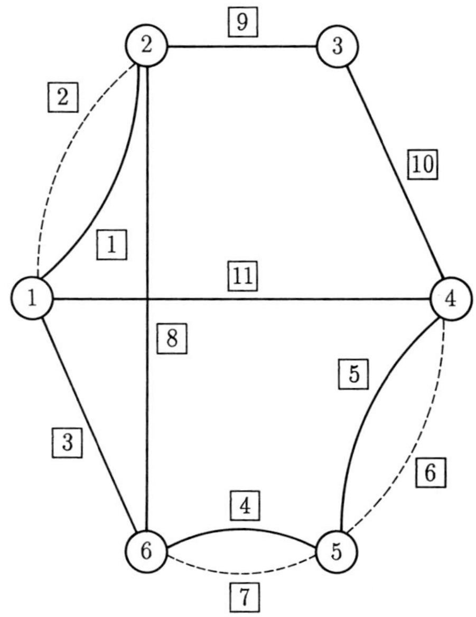

Abb. 2.9.4

Algorithmus 2.9.2 (Briefträgerproblem in Graphen)

Schritt 1

Identifiziere die Knoten $i \in V$ mit ungeradem Grad $\delta(i)$. Sei $V' := \{i \in V | \delta(i)$ ungerade$\}$.
Ist $V' = \emptyset$, so setze $\tilde{G} := G$ und gehe zu Schritt 4.

Schritt 2

Berechne kürzeste Ketten K_{ij} und die Entfernungen d_{ij} in G für alle $i, j \in V'$ mit $i < j$.

Schritt 3

Bestimme ein minimales Summen-Matching X^* in dem vollständigen Graphen mit der Knotenmenge G' und den Bewertungen d_{ij}. Füge die den Kanten $[i, j] \in X^*$ entsprechenden Ketten K_{ij} zu G hinzu, was den Multigraphen $\tilde{G}$ ergebe.

Schritt 4

Ermittle eine geschlossene Eulersche Linie $\tilde{L}$ in $\tilde{G}$. Aus $\tilde{L}$ erhält man eine optimale Briefträgertour L in G, indem man für jede Kante von $\tilde{L}$, die nicht zu G gehört, die entsprechende ursprüngliche Kante in G ein weiteres Mal durchläuft.

□

Wir wollen den Rechenaufwand von Algorithmus 2.9.2 abschätzen, wobei wieder $|V| = n$ und $|E| = m$ seien. Zur Identifizierung der Knoten mit ungeradem Grad in Schritt 1 müssen wir die n Knotengrade $\delta(i)$ mit $i \in V$ inspizieren, was den Aufwand $O(n)$ erfordert. Verwendet man zur Bestimmung der kürzesten Ketten und Entfernungen in Schritt 2 den Tripel-Algorithmus, so beträgt der Rechenaufwand $O(n^3)$, vgl. Abschnitt 2.4.4. Ist G ein Multigraph, dann muß man zuvor für je zwei Knoten i, j mit parallelen Kanten $[i, j]$ unter diesen eine mit geringster Bewertung c_{ij} aussuchen. Da hierzu jede Kante von G höchstens einmal inspiziert werden muß, ist die Zeitkomplexität dieses Verfahrensschrittes gleich $O(m)$. Die Ermittlung eines minimalen Summen-Matchings in einem bewerteten Graphen mit $|V'| \leq n$ Knoten in Schritt 3 erfordert den Rechenaufwand $O(n^3)$, vgl. Abschnitt 2.7.1, und Lawler (1976), Abschnitt 6.10. Die Zeitkomplexität für die Bestimmung einer geschlossenen Eulerschen Linie in dem Eulerschen Graphen $\tilde{G}$ mit maximal $2m$ Kanten ist, wie bereits oben erwähnt, gleich $O(m)$. Gilt $m = O(n^2)$, was z.B. der Fall ist, wenn G ein Graph ist (also keine parallelen Kanten enthält), dann ergibt sich für den Rechenaufwand von Algorithmus 2.9.2 $O(n^3)$, andernfalls $O(n^3 + m)$. Eine besonders effiziente Version des Algorithmus zur Lösung des Briefträgerproblems in Graphen, wobei die Bestimmung kürzester Ketten und eines minimalen Summen-Matchings simultan ablaufen, findet sich in Burkard und Derigs (1980), Kapitel 6.

2.9.2 Das Briefträgerproblem in Digraphen

Da die Lösung des Briefträgerproblems in Digraphen im Prinzip ähnlich wie im Fall von Graphen verläuft, können wir uns im folgenden auf die Skizzierung des Lösungsverfahrens beschränken. Wir legen einen bewerteten Multidigraphen $\vec{G} = \langle V, E; c\rangle$ mit $c : E \to \mathbb{R}$ zugrunde. Eine **Briefträgertour** in $\vec{G}$ ist eine geschlossene Pfeilfolge, die jeden Pfeil von $\vec{G}$ *mindestens einmal* enthält. Eine **optimale Briefträgertour** ist eine Briefträgertour minimaler Länge. Wir setzen voraus, daß $\vec{G}$ stark zusammenhängend sei und mindestens zwei Knoten (und folglich mindestens einen Pfeil) besitze, da es andernfalls keine Briefträgertour in $\vec{G}$ gibt. Ferner enthalte $\vec{G}$ keine Zyklen negativer Länge, da sonst keine optimale Briefträgertour existiert.

In Zusammenhang mit Briefträgertouren in Multidigraphen $\vec{G}$ stehen **geschlossene gerichtete Eulersche Linien**, das sind geschlossene Pfeilfolgen, die jeden Pfeil von $\vec{G}$ *genau einmal* enthalten. Ein Multidigraph heißt **Eulerscher Digraph**, wenn er eine geschlossene Eulersche Linie enthält. In Analogie zu den Sätzen 2.9.1 und 2.9.2 für Multigraphen gilt jetzt

Satz 2.9.3. *Ein schwach zusammenhängender Multidigraph $\vec{G}$ (mit mindestens einem Pfeil) ist genau dann ein Eulerscher Digraph, wenn für jeden Knoten i von $\vec{G}$ der Ausgangsgrad $\delta^+(i)$ gleich dem Eingangsgrad $\delta^-(i)$ ist.*

Satz 2.9.4. *Ein schwach zusammenhängender Multidigraph (mit mindestens einem Pfeil) ist genau dann ein Eulerscher Digraph, wenn er sich als Vereinigung pfeildisjunkter Zyklen darstellen läßt.*

Es sei darauf hingewiesen, daß ein schwach zusammenhängender Multidigraph mit $\delta^+(i) = \delta^-(i)$ für alle Knoten i auch stark zusammenhängend ist.

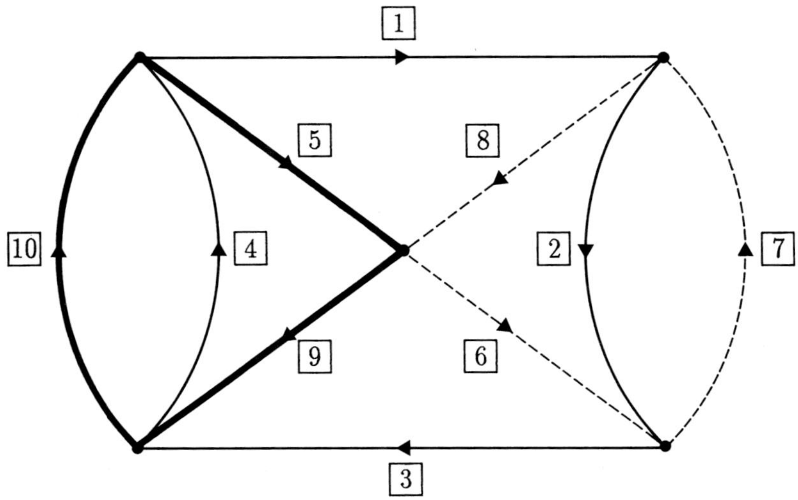

Abb. 2.9.5

Abb. 2.9.5 zeigt einen Eulerschen Digraphen, wobei die Nummern in den Kästchen die Reihenfolge angeben, in der die einzelnen Pfeile in einer geschlossenen gerichteten Eulerschen Linie durchlaufen werden. Der Eulersche Digraph setzt sich aus den drei normal, fett und gestrichelt ausgezeichneten pfeildisjunkten Zyklen zusammen.

Analog wie im Fall Eulerscher Graphen kann man, ausgehend von Satz 2.9.4, ein Verfahren zur Konstruktion einer geschlossenen Eulerschen Linie in einem Eulerschen Digraphen $\vec{G}$ angeben, bei dem sukzessiv schlichte geschlossene Pfeilfolgen [1] ermittelt und zusammengefügt werden (vgl. Algorithmus 2.9.1).

Ist der dem Briefträgerproblem zugrunde liegende Multidigraph $\vec{G} = \langle V, E; c\rangle$ ein Eulerscher Digraph, so ist jede geschlossene gerichtete Eulersche Linie in $\vec{G}$ eine optimale Briefträgertour; es liegt also gar kein Optimierungsproblem vor. Wir nehmen deshalb im weiteren an, daß $\vec{G}$ kein Eulerscher Digraph sei und folglich für mindestens einen Knoten $i \in V$ $\delta^+(i) \neq \delta^-(i)$ gelte.

[1] Eine **schlichte Pfeilfolge** in $\vec{G}$ enthält jeden Pfeil von $\vec{G}$ höchstens einmal.

Man konstruiert dann wieder eine **optimale Eulersche Vergrößerung** $\tilde{G}$ von $\vec{G}$, d.h. einen Eulerschen Digraphen, der aus $\vec{G}$ durch Vervielfachung gewisser Pfeile hervorgeht und unter allen derartigen Vergrößerungen die kleinste Summe der Bewertungen der hinzugefügten Pfeile besitzt.

Seien V_1 die Menge der Knoten $i \in V$ mit

$$a_i := \delta^-(i) - \delta^+(i) > 0 \tag{2.9.1}$$

(also der Knoten, in die mehr Pfeile einmünden als wegführen) und V_2 die Menge der Knoten $j \in V$ mit

$$b_j := \delta^+(j) - \delta^-(j) > 0 \tag{2.9.2}$$

(d.h. der Knoten, von denen mehr Pfeile wegführen als einmünden). Da offensichtlich

$$\sum_{i \in V} \delta^+(i) = \sum_{i \in V} \delta^-(i) = |E|$$

ist, gilt

$$\sum_{i \in V_1} a_i = \sum_{j \in V_2} b_j := a\ . \tag{2.9.3}$$

Wir bestimmen nun a kürzeste Wege in $\vec{G}$ (**Briefträgerwege** genannt) so, daß a_i Wege den Anfangsknoten $i \in V_1$ und b_j Wege den Endknoten $j \in V_2$ haben und die Summe der Längen dieser Wege minimal ist. Fügt man diese Briefträgerwege zu dem Multidigraphen $\vec{G}$ hinzu, so erhält man eine optimale Eulersche Vergrößerung $\tilde{G}$ von $\vec{G}$. Eine geschlossene gerichtete Eulersche Linie $\tilde{L}$ in $\tilde{G}$ liefert dann eine optimale Briefträgertour in $\vec{G}$, wenn man für die Pfeile von $\tilde{L}$, die nicht zu $\vec{G}$ gehören, die zugehörigen ursprünglichen Pfeile in $\vec{G}$ entsprechend mehrfach durchläuft. Wir bemerken noch, daß im Gegensatz zum Briefträgerproblem in Graphen, wo man sich auf Briefträgertouren beschränken kann, die jede Kante höchstens zweimal durchlaufen, bei einer optimalen Briefträgertour in Multidigraphen im allgemeinen mehrere Pfeile mehr als zweimal zu durchlaufen sind.

Die gesuchten Briefträgerwege kann man wie folgt bestimmen: Zunächst ermittelt man (mit dem Tripel-Algorithmus oder dem sequentiellen Wege-Algorithmus aus Abschnitt 2.4.4) kürzeste Wege W_{ij} von den Knoten $i \in V_1$ zu den Knoten $j \in V_2$ und die zugehörigen Entfernungen d_{ij}. Die Anzahl x_{ij} der Briefträgerwege W_{ij} ist dann eine optimale Lösung des Minimumproblems

$$\begin{cases} \text{Min.} & \sum_{i \in V_1} \sum_{j \in V_2} d_{ij} x_{ij} \\ \text{u.d.N.} & \sum_{j \in V_2} x_{ij} = a_i \quad (i \in V_1) \\ & \sum_{j \in V_1} x_{ij} = b_j \quad (j \in V_2) \\ & x_{ij} \in \mathbb{Z}_+ \quad (i \in V_1, j \in V_2)\ . \end{cases} \tag{2.9.4}$$

Die Optimierungsaufgabe (2.9.4) stellt ein Transportproblem mit den Produzenten oder Firmen $i \in V_1$ und den Verbrauchern $j \in V_2$ dar, wobei a_i die von i produzierte und b_j die von j verbrauchte Menge sowie d_{ij} die Kosten für den Transport einer Mengeneinheit von i nach j sind (vgl. Abschnitt 2.8.7). Dieses Transportproblem kann mit der MODI-Methode (s. Abschnitt 2.8.9) oder mit dem Verfahren von Busacker und Gowen (vgl. Abschnitt 2.6.6) gelöst werden. Der letztere Algorithmus bestimmt einen kostenminimalen Fluß der Stärke a von den Firmen zu den Verbrauchern mit der Zeitkomplexität $O(|V|^2 a)$, vgl. Abschnitt 2.8.9. Wegen $|V| = n$ und $a \leq |E| = m$ ist damit der Rechenaufwand des Verfahrens von Busacker und Gowen zur Lösung des Transportproblems (2.9.4) gleich $O(mn^2)$. Da auch die Zeitkomplexität jedes der übrigen Schritte des Verfahrens zur Lösung des Briefträgerproblems ein Polynom in m oder in n ist, handelt es sich insgesamt um einen polynomialen Algorithmus.

2.10 Ergänzungen

Wie wir in den vorangehenden Abschnitten von Kapitel 2 gesehen haben, treten Optimierungsprobleme auf Graphen und Netzwerken in ganz unterschiedlicher Form auf und überdecken ein breites Spektrum von Anwendungen. In der Regel zeichnen sich diese Probleme durch eine übersichtliche Struktur und große Anschaulichkeit aus, was durch ihre graphentheoretische Interpretation noch unterstützt wird. Vor allem im Hinblick auf eine von Anwendern und OR-Experten gemeinsam durchzuführende Problemformulierung und Problemanalyse haben sich Begriffe und Modelle der Graphentheorie aufgrund ihrer leichten Verständlichkeit als ein sehr hilfreiches Instrumentarium bewährt. Für Optimierungsprobleme auf Graphen und Netzwerken stehen sehr effiziente Lösungsverfahren bereit, die auch die Behandlung umfangreicher praktischer Probleme erlauben. Dabei ist der Lösungsgang häufig ohne theoretische Vorkenntnisse nachvollziehbar, was für die Akzeptanz einer Lösung durch den Anwender von großer Bedeutung ist. Die klare und übersichtliche Formulierung von Problemen und zugehörigen Lösungsverfahren macht es auch oft ohne große Schwierigkeiten möglich, für Aufgaben aus der Praxis, die sich etwas von einem „Standardproblem“ unterscheiden, Modifikationen bekannter Lösungsverfahren vorzunehmen und auf diese Weise maßgeschneiderte Lösungen zu erhalten. Diese Charakteristika von Graphen und Netzplänen haben dazu geführt, daß, wie schon zu Beginn von Kapitel 2 erwähnt, innerhalb des Operations Research graphentheoretische Methoden und Modelle neben der linearen Optimierung am häufigsten in der Praxis angewendet werden.

Unter diesen Aspekten wollen wir im vorliegenden Abschnitt einige Ergänzungen zu den bisherigen Ausführungen in Kapitel 2 bringen. Zunächst betrachten wir einige zusätzliche Anwendungsbeispiele, die zeigen, daß häufig Probleme, die ursprünglich nicht graphentheoretischer Natur sind, auf Probleme in Graphen oder Netzwerken zurückgeführt werden können. Anschließend werden wir ein neueres Verfahren zur Lösung des Maximalfluß-Problems skizzieren, das sich durch besondere Anschaulichkeit und Effizienz auszeichnet. Danach betrachten wir einige Ergänzungen zur Projektplanung, einem der Hauptanwendungsgebiete graphentheoretischer Methoden in der Praxis. Zum einen werden wir die Minimierung der Projektkosten bei gegebener Projektdauer behandeln und zum anderen kurz auf die Zeitplanung von Projekten mit „stochastischen Elementen“ eingehen. Abschließend werden wir einige gegenüber den „einfachen“ Flußproblemen aus Abschnitt 2.6 (Maximalfluß-Problem, Bestimmung kostenminimaler Flüsse) modifizierte Flußprobleme diskutieren. Insbesondere werden wir konvexe Flußprobleme, Flußgewinne und -verluste auf Pfeilen, dynamische Flüsse und Mehrgüterflüsse betrachten und dabei jeweils die Problemstellung sowie Methoden zu deren Lösung skizzieren.

2.10.1 Anwendungsbeispiele

Rundungsprobleme

Ein Getränkevertrieb sammle die Bestellungen von Kunden für drei Getränkesorten. Nachdem die Gesamtmenge vom Vorlieferanten eintrifft, stelle sich heraus, daß sie nur aus Gebinden von je 10 Flaschen besteht, die für die Auslieferung nicht auseinandergenommen werden können. Die angelieferten Gesamtmengen der einzelnen Getränkesorten sind aufgerundet. Das Problem für den Vertrieb besteht nun darin, seinen K Kunden die Gebinde so zuzuteilen, daß die bestellten Mengen der einzelnen Sorten sowie deren Summe auf eine durch 10 teilbare Zahl auf- oder abgerundet sind. Gleichzeitig soll die gesamte zur Verfügung stehende Menge an die Kunden verteilt werden. Teilt man vorab die in den Bestellungen enthaltenen Gebinde zu und berücksichtigt anschließend nur noch solche Bestellungen, die bei der Vorabzuteilung nicht voll befriedigt wurden, so läßt sich das Problem der Getränkezuordnung als Aufgabe formulieren, einen zulässigen Fluß in einem Netzwerk mit Kapazitäten zu bestimmen, wie es in Abb. 2.10.1 skizziert ist. Bei einer Quelle r (Lager) wird für jedes Getränk i die Anzahl g_i der Gebinde zur Auslieferung bereitgestellt, die nach der Vorabverteilung noch übrig ist. Der Kunde k kann von Getränk 1, 2 oder 3 jeweils kein oder ein Gebinde geliefert bekommen; sein Restbedarf soll dabei auf eine der benachbarten ganzen Zahlen (Gebinde) λ_{ks}

oder $\lambda_{ks}+1$ gerundet werden. Wie in Abschnitt 2.6.4 beschrieben, kann man etwa mit dem Algorithmus von Ford und Fulkerson eine ganzzahlige zulässige Lösung bestimmen, die eine Lösung unseres Rundungsproblems darstellt.

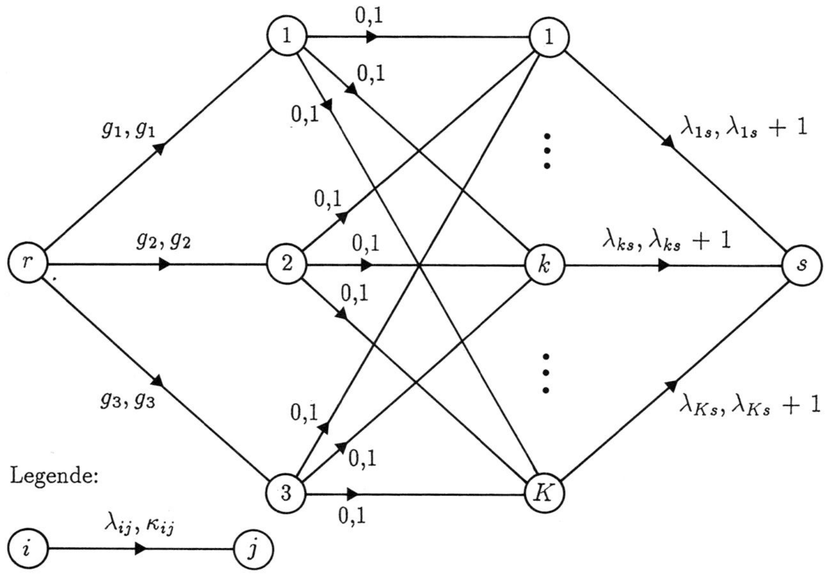

Abb. 2.10.1

Einkaufsoptimierung

Ein Kunde habe in jedem Monat einen konstanten Bedarf an einem Gut, das er von verschiedenen Händlern beziehen kann, die ihm jeweils ein- oder mehrmonatige Exklusivverträge anbieten. Die Konditionen dieser Verträge hängen sowohl vom Vertragsbeginn als auch von ihrer Laufzeit ab. Der Kunde will für einen Zeitraum von einem Jahr die günstigste Vertragskombination herausfinden. Diese Aufgabe läßt sich als Problem der Bestimmung eines kürzesten Weges in einem Netzwerk formulieren:

Dem Beginn von Monat i ordnen wir den Knoten i zu $(i = 1, \ldots, 12)$, zusätzlich bezeichne der Knoten 13 das Ende des 12. Monats. Einem Vertrag für die Monate $i, i+1, \ldots, j-1$ entspricht der Pfeil $\langle i, j\rangle$ mit den zugehörigen Kosten c_{ij} des Vertrages als Bewertung. Gesucht ist ein kürzester Weg vom Knoten 1 zum Knoten 13 (vgl. Abb. 2.10.2).

Ein Bestell- und Lagerproblem

Ein Produzent kenne den zu befriedigenden Bedarf seiner Kunden für die nächsten 6 Wochen. Seine Produktions- und Lagerkapazitäten erlauben ihm, (zumindest teilweise) im voraus zu produzieren und zwischenzulagern. Dies kann

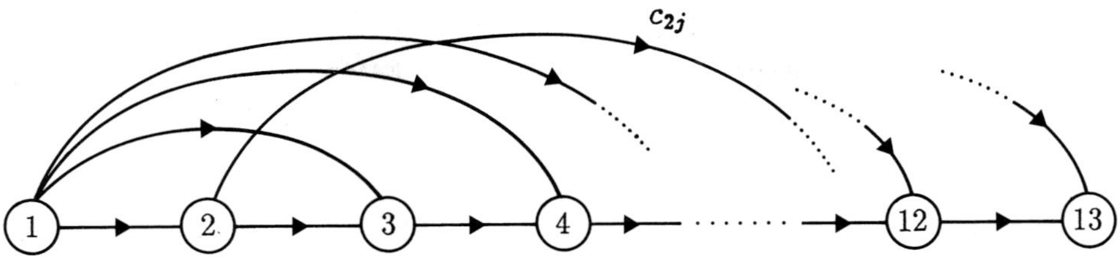

Abb. 2.10.2

einerseits notwendig werden, falls in einer Woche die Nachfrage die Produktionskapazität übersteigt und andererseits vorteilhaft sein, wenn die Produktionsstückkosten (etwa aufgrund der Auslastung der Anlagen mit sonstigen Aufträgen) in den einzelnen Wochen unterschiedlich sind. Die Aufgabe, ein Produktionsprogramm zu bestimmen, bei dem die Summe aus Produktions- und Lagerungskosten minimal wird, läßt sich als Problem der Bestimmung eines kostenminimalen maximalen Flusses auffassen (vgl. Abb. 2.10.3), wenn die Kosten für Produktion und Lagerung linear von der jeweiligen Menge abhängen.

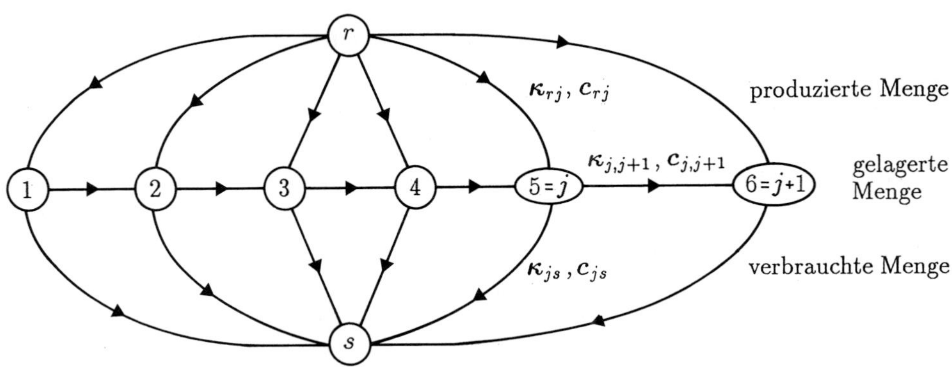

Abb. 2.10.3

Die vom Produzenten in Woche j hergestellte Menge wird als Flußwert auf dem Pfeil $\langle r, j\rangle$ von der Quelle r zum Knoten j aufgefaßt. Die zugehörigen Maximalkapazitäten κ_{rj} geben die in Woche j verfügbaren Produktionskapazitäten an, und c_{rj} bezeichnet die Produktionskosten pro Mengeneinheit in Woche j. Die Verbraucher sind in der Senke s zusammengefaßt. Ihr Verbrauch in der j-ten Woche beträgt κ_{js} und wird durch den Flußwert auf dem Pfeil

$\langle j, s\rangle$ wiedergegeben. Eine Kostenbewertung auf diesen Pfeilen spielt für die Optimierung keine Rolle, da der Bedarf nach Voraussetzung zu befriedigen ist, und wir setzen $c_{js} := 0$. Ist der Bedarf in der j-ten Woche kleiner als die Summe aus der produzierten Menge und dem aus der Vorwoche übernommenen Lagerbestand (wobei zu Beginn der ersten Woche kein Lagerbestand vorliege), so wird der „Überschuß" jeweils bis zur folgenden Woche gelagert (wobei das Lager am Ende der sechsten Woche leer sei). Diese Lagerung wird durch die „Zwischenpfeile" $\langle j, j+1\rangle$ $(j = 1, \dots, 5)$ dargestellt. Die Kosten für die Lagerung einer Mengeneinheit von der j-ten bis zur $(j+1)$-ten Woche betragen $c_{j,j+1}$, und die Maximalkapazität des Lagers in diesem Zeitraum sei $\kappa_{j,j+1}$.

Ein kostenminimaler maximaler Fluß von r nach s, bei dem alle in s einmündenden Pfeile $\langle j, s\rangle$ gesättigt sind (d.h., die Flußwerte sind gleich κ_{js}), liefert dann eine optimale Lösung unseres Problems. Sie kann beispielsweise mit dem Verfahren von Busacker und Gowen gewonnen werden (vgl. Abschnitt 2.6.6).

2.10.2 Bestimmung maximaler Flüsse mit Hilfe von Präflüssen (Verfahren von Goldberg)

Das bereits in den Abschnitten 2.6.2 und 2.6.3 behandelte Maximalfluß-Problem auf einem Netzwerk wird dort mit dem Verfahren von Ford und Fulkerson bzw. einer rechentechnisch günstigeren Variante, dem MKM-Algorithmus, behandelt. Bei diesem Verfahren wird jeweils eine Folge zulässiger Flüsse erzeugt, deren Stärke streng monoton wachsend ist. Die Anschaulichkeit von Flußproblemen und ihre vielfältigen Lösungsmöglichkeiten wollen wir im folgenden durch einen weiteren effizienten Lösungszugang verdeutlichen, bei dem unter Vernachlässigung einiger Nebenbedingungen zunächst sehr schnell ein sogenannter Präfluß konstruiert wird, den man anschließend durch gewisse Korrekturen in den gesuchten maximalen Fluß transformiert. Für eine detailliertere Darstellung dieses zuerst von Goldberg angegebenen Verfahrens verweisen wir auf Nemhauser et al. (1989), Abschnitt IV.4, und Derigs und Meier (1989).

Wir betrachten ein Netzwerk $N = \langle V, E; \lambda, \kappa\rangle$ mit der Flußquelle r, der Flußsenke s, den Maximalkapazitäten κ_{ij} und den Minimalkapazitäten λ_{ij} $(\langle i, j\rangle \in E)$. Der Einfachheit halber wollen wir $\lambda_{ij} := 0$ für alle $\langle i, j\rangle \in E$ annehmen und voraussetzen, daß N antisymmetrisch sei, da die Verfahrensdarstellung Inkrementnetzwerke verwendet. Bei der Bestimmung eines maximalen Flusses von r nach s mit Hilfe von Präflüssen wird versucht, ausgehend von der Flußquelle r, unter Beachtung der Kapazitätsrestriktionen und Vernachlässigung des Kirchhoffschen Knotensatzes (2.6.1), einen möglichst großen

„Fluß“ immer weiter in das Netzwerk „hineinzudrücken“ und so zunächst einen „Engpaß“ (einen minimalen (r, s)-Schnitt) festzustellen. Dabei wird schrittweise von einem Fluß, der zu einem Zwischenknoten gelangt ist, soviel zu seinen Nachbarknoten weitergeleitet, wie dies aufgrund der Kapazitätsrestriktionen möglich ist. Als Zwischenlösungen treten dabei sogenannte **zulässige Präflüsse** auf, die neben der Kapazitätsrestriktion (2.6.2) die Bedingung

$$\text{(2.10.1)} \quad \begin{cases} \sum\limits_{j \in \mathcal{S}(i)} \phi_{ij} - \sum\limits_{k \in \mathcal{P}(i)} \phi_{ki} = \begin{cases} \omega^+ , & \text{für } i = r \\ -\omega^- , & \text{für } i = s \end{cases} \\ \sum\limits_{j \in \mathcal{S}(i)} \phi_{ij} - \sum\limits_{k \in \mathcal{P}(i)} \phi_{ki} \leq 0 \quad \text{für } i \in V \setminus \{r, s\} \end{cases}$$

erfüllen. Die Ungleichungen in (2.10.1) besagen anschaulich, daß aus einem Knoten nicht mehr heraus- als hineinfließen kann. Das bedeutet, daß höchstens die in r austretende Flußmenge ω^+ in s ankommen kann und daher $\omega^- \leq \omega^+$ gelten muß.

Im ersten Teil des Verfahrens von Goldberg wird, ausgehend von r, jeweils ein möglichst großer zulässiger Präfluß von Knoten zu Knoten in Richtung der Senke weitergeleitet, bis ein maximaler Präfluß erreicht ist. Die (in s ankommende) **Stärke** dieses maximalen **Präflusses** ω^- ist gleich der maximalen Menge, die durch eine „dünnste Stelle“ des Netzwerkes hindurchfließen kann. Sie ist damit gleich der Stärke ω eines maximalen Flusses von r nach s. Im zweiten Teil des Verfahrens wird derjenige Teil des Präflusses wieder aus dem Netzwerk „herausgenommen“, der im ersten Teil zuviel „hineingedrückt“ worden ist.

Zu einem Präfluß ϕ auf N definieren wir für die Zwischenknoten i den Exzeß

$$e_i(\phi) := \sum_{k \in \mathcal{P}(i)} \phi_{ki} - \sum_{j \in \mathcal{S}(i)} \phi_{ij} \geq 0 \quad (i \in V \setminus \{r, s\}) ,$$

der die Verletzung der Flußbedingung (2.6.1) mißt. Die unbeschränkte Ergiebigkeit der Flußquelle r wird durch

$$e_r(\phi) := \infty$$

kenntlich gemacht.

Ebenso wie beim Verfahren von Ford und Fulkerson ist es günstig, zur Bestimmung der Flußänderungen das Inkrementnetzwerk $N(\phi) = \langle V, E^+(\phi) \cup E^-(\phi); \kappa(\phi) \rangle$ heranzuziehen, das für einen Präfluß ϕ genauso konstruiert wird wie für einen Fluß (vgl. Abschnitt 2.6.2). Aus rechentechnischen Gründen empfiehlt es sich, wie beim Verfahren von Ford und Fulkerson Flußänderungen nur längs solcher Semiwege in N vorzunehmen, denen Wege in $N(\phi)$ mit kleinster Pfeilzahl zur Flußsenke entsprechen. Die kleinste Pfeilzahl $d_i(\phi)$ eines Weges in $N(\phi)$ von i nach s läßt sich beispielsweise mit einer Breitensuche bestimmen (vgl. Algorithmus 2.4.7 in Abschnitt 2.4.3) und wird zusammen mit dem Exzeß $e_i(\phi)$ zur Steuerung des Verfahrens verwendet. Ist s in $N(\phi)$ von i aus nicht erreichbar, so setzen wir

$$d_i(\phi) := |V| \ .$$

Im letzteren Fall kann von i aus keine zusätzliche Menge zur Flußsenke transportiert werden.

Das Verfahren von Goldberg geht aus von der folgenden **Initialisierung**:

$$\phi_{ij} := \begin{cases} \kappa_{ij}\,, & \text{falls } i = r \text{ und } j \in \mathcal{S}(r) \\ 0\,, & \text{sonst} \end{cases} \qquad (\langle i,j\rangle \in E)$$

$$e_i(\phi) := \begin{cases} \kappa_{ri}\,, & \text{falls } r \in \mathcal{P}(i) \\ 0\,, & \text{sonst} \end{cases} \qquad (i \in V\backslash\{r,s\})$$

sowie dem Inkrementnetzwerk $N(\phi)$ und $d_i(\phi)$ $(i \in V)$, wobei $d_r(\phi) = |V|$ gilt.

Der erste Teil des Verfahrens besteht in der **Bestimmung eines minimalen (r,s)-Schnittes** (zum Begriff eines Schnittes vgl. Abschnitt 2.6.1), wobei in jedem Schritt der Flußwert auf einem Pfeil $\langle i,j\rangle \in E$ oder $\langle j,i\rangle \in E$ verändert wird, der folgenden Bedingungen in $N(\phi)$ genügt:

(a) $e_i(\phi) > 0$

(b) $d_i(\phi) = d_j(\phi) + 1$.

Diese Bedingungen besagen, daß (a) in i eine Verletzung der Knotenbedingungen (in Höhe von $e_i(\phi)$) vorliegt, die (b) durch eine Änderung von ϕ längs eines Weges von i nach s in $N(\phi)$ beseitigt werden kann, der unter allen derartigen Wegen die kleinste Pfeilzahl aufweist. Der erste Pfeil dieses Weges ist $\langle i,j\rangle$, und (nur) ϕ_{ij} wird im vorliegenden Verfahrensschritt erhöht, falls $\langle i,j\rangle \in E^+(\phi)$ gilt, bzw. (nur) ϕ_{ji} wird vermindert, falls $\langle i,j\rangle \in E^-(\phi)$ ist. Die größtmögliche Flußwertänderung beträgt dabei

$$\delta_{ij} := \min\{e_i(\phi), \kappa_{ij}(\phi)\} \ ,$$

und wir setzen

$$\begin{aligned} \phi_{ij} &:= \phi_{ij} + \delta_{ij}\,, \quad \text{falls } \langle i,j\rangle \in E^+(\phi) \\ \phi_{ji} &:= \phi_{ji} - \delta_{ji}\,, \quad \text{falls } \langle i,j\rangle \in E^-(\phi) \ . \end{aligned}$$

Bei dieser Änderung bleibt ϕ ein Präfluß. Die Auswahl des Pfeils $\langle i,j\rangle$ in $N(\phi)$ sowie die Bestimmung der Flußwertänderung δ_{ij} sollen bewirken, daß nach möglichst wenigen Schritten ein Präfluß möglichst großer Stärke in s eintrifft. Dieser erste Verfahrensteil endet im allgemeinen damit, daß von keinem Knoten i mit $e_i(\phi) > 0$ ein Weg in $N(\phi)$ nach s führt (und folglich die obige Bedingung (b) nicht erfüllt ist). Damit ergibt sich eine Zerlegung von V in eine Menge $A = \{i \in V | \delta_i(\phi) = |V|\}$ von Knoten, von denen s nicht erreicht werden kann, und die Menge $B = V \setminus A$. Insbesondere gilt $r \in A$ und $s \in B$. Der (A, B)-Schnitt ist ein minimaler (r, s)-Schnitt, dessen Kapazität gleich der Stärke des Präflusses ist. Der gesamte Fluß, der durch diesen Schnitt fließt, kommt nämlich in s an, da für alle $i \in B$ $e_i(\phi) = 0$ gilt. Andernfalls wäre aufgrund $d_i(\phi) < |V|$ für $i \in B$ der erste Verfahrensschritt nicht beendet worden.

Die Flußbedingung (2.6.1) ist also höchstens für Knoten $i \in A \setminus \{r\}$ verletzt, und die verbleibende Aufgabe besteht darin, den konstruierten Präfluß dadurch in einen (zulässigen und maximalen) Fluß überzuführen, daß die im ersten Verfahrensschritt zu hoch angesetzten Flußwerte im zweiten Verfahrensteil (**Präflußkorrektur**) verringert werden. Diese Korrektur verläuft analog dem ersten Verfahrensteil mit dem einzigen Unterschied, daß an Stelle der minimalen Pfeilzahl $d_i(\phi)$ eines Weges in $N(\phi)$ von i nach s jetzt die minimale Pfeilzahl $d_i'(\phi)$ eines Weges in $N(\phi)$ von i nach r verwendet wird. Dieser zweite Verfahrensteil endet nach höchstens $(|A| - 1)^2$ Schritten damit, daß $e_i(\phi) = 0$ für alle $i \in A \setminus \{r\}$ erreicht wird und der maximale Präfluß zu einem maximalen Fluß geworden ist.

Für die Abschätzung des Rechenaufwandes des Verfahrens von Goldberg ist noch auf die in jedem Schritt erforderliche Berechnung der Entfernung $d_i(\phi)$ bzw. $d_i'(\phi)$ $(i \in V)$ einzugehen. Sie kann einfach durch Fortschreibung der Ergebnisse des vorangehenden Schrittes gewonnen werden. Ferner haben wir im Rahmen der obigen Verfahrensbeschreibung nicht präzisiert, welcher Pfeil $\langle i, j \rangle$ für eine Flußänderung auszuwählen ist. Hierbei sind unterschiedliche Verfahrensweisen möglich, die in Bezug auf die erforderliche Rechenzeit von Derigs und Meier (1989) theoretisch und an Hand von Testbeispielen untersucht wurden. Bei geeigneter Berechnung der Distanzfunktion und geschickter Wahl des Änderungspfeils beträgt die Zeitkomplexität des Verfahrens von Goldberg $O(n^2\sqrt{m})$ und ist im Regelfall ($m = O(n^\alpha)$ mit $\alpha < 2$) kleiner als beim MKM-Algorithmus, der eine Zeitkomplexität von $O(n^3)$ aufweist. Bei numerischen Tests ergab sich, daß gegenüber den effizientesten Versionen der Verfahrens von Ford und Fulkerson (zu denen auch der MKM-Algorithmus zählt) das Verfahren von Goldberg im Durchschnitt nur etwa die halbe Rechenzeit benötigt.

Als Zahlenbeispiel betrachten wir das in Abb. 2.10.4 angegebene Netzwerk N und das zugehörige Inkrementnetzwerk $N(\phi)$ nach der Initialisierung in Abb. 2.10.5.

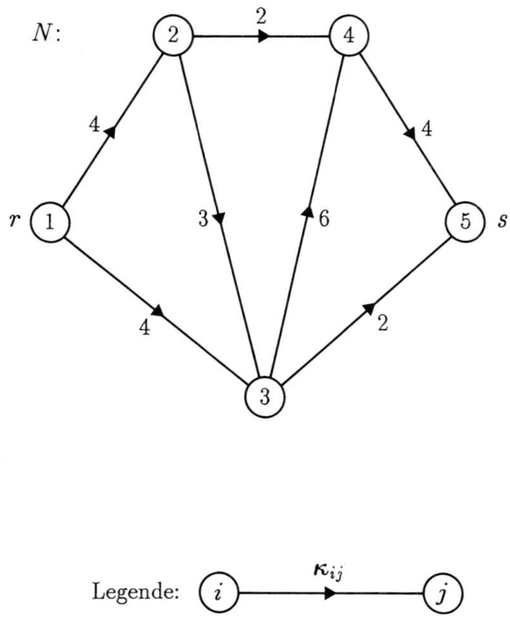

Abb. 2.10.4

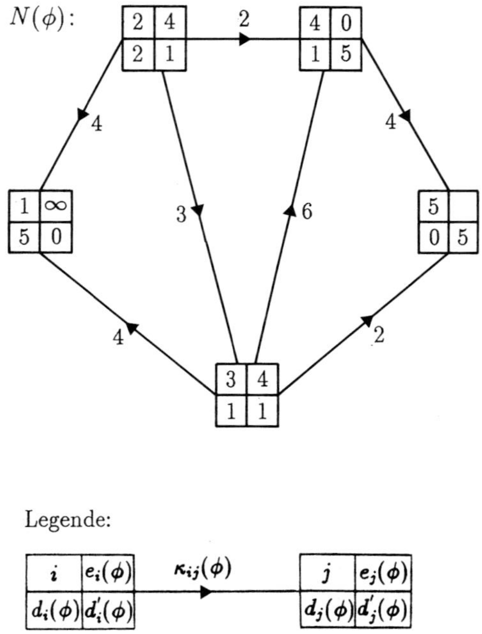

Abb. 2.10.5

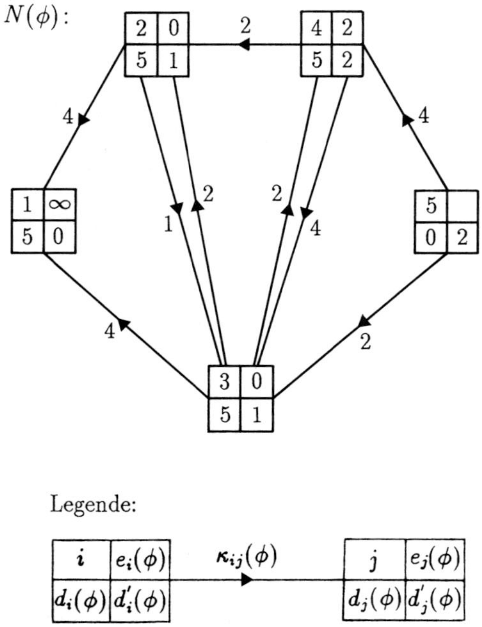

Abb. 2.10.6

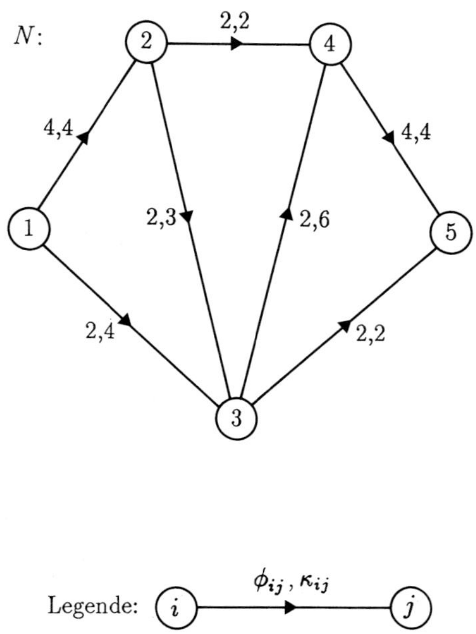

Abb. 2.10.7

Nach der schrittweisen Erhöhung der Flußwerte auf $\phi_{24} = 2$, $\phi_{23} = 2$, $\phi_{35} = 2$, $\phi_{34} = 4$ und $\phi_{45} = 4$ (auch andere Erhöhungen sind im Rahmen des Verfahrens möglich) erhalten wir nach Abschluß des ersten Verfahrensteils mit $A = \{1, 2, 3, 4\}$ und $B = \{5\}$ das in Abb. 2.10.6 wiedergegebene Inkrementnetzwerk $N(\phi)$ mit der Kapazität 6 des (A, B)-Schnittes in N. Mit Hilfe der Entfernungen $d_i'(\phi)$ ergeben sich (beispielsweise) die geänderten Flußwerte $\phi_{34} = 2$ und anschließend $\phi_{13} = 2$ sowie der maximale Fluß in Abb. 2.10.7.

2.10.3 Minimierung der Projektkosten

Bei der in Abschnitt 2.5 behandelten Zeitplanung von Projekten sind die Dauern der Vorgänge des Projektes als konstant angenommen worden, und wir haben uns im wesentlichen auf die Ermittlung von Anfangs- und Endzeitpunkten sowie von Pufferzeiten der Vorgänge beschränkt. In der Praxis tritt jedoch häufig der Fall auf, daß die Dauern der Vorgänge durch den Einsatz von Ressourcen beeinflußt werden können. Beispielsweise läßt sich in der Produktion eine kürzere Fertigungszeit eines Auftrages durch (teurere) Überstunden erreichen. Die Verkürzung von Vorgangsdauern in einem Projekt muß also in der Regel durch höhere Kosten erkauft werden. Aus technologischen Gründen darf ferner für jeden Vorgang eine Mindestdauer nicht unterschritten werden (auf den Fall, daß auch eine Höchstdauer beachtet werden muß, gehen wir später ein).

Das Ziel einer Projektplanung ist es dann, unter Einhaltung einer vorgegebenen Maximaldauer T des Projektes die mit seiner Durchführung verbundenen Kosten zu minimieren. Hängen die Kosten eines Vorgangs $\langle i, j \rangle$ linear von seiner Dauer D_{ij} ab (vgl. Abb. 2.10.8), so läßt sich diese Optimierungsaufgabe durch Dualisierung auf die Bestimmung eines kostenminimalen Flusses zurückführen.

Wir nehmen an, daß das Projekt durch einen CPM-Netzplan $N = \langle V, E; MIND \rangle$ beschrieben sei, wobei $MIND_{ij}$ die Mindestvorgangsdauer des Vorgangs $\langle i, j \rangle$ angibt. Die bei der Ausführung von $\langle i, j \rangle$ entstehenden Kosten in Abhängigkeit von der Vorgangsdauer D_{ij} seien

$$c_{ij}(D_{ij}) := b_{ij} - c_{ij} D_{ij}\,;\ D_{ij} \geq MIND_{ij}\,,\ c_{ij} > 0\,, \langle i, j \rangle \in E\,.$$

Hierbei sind aufgrund der vorgegebenen (maximalen) Dauer des Projektes die Dauern durch $D_{ij} \leq T$ beschränkt, und zur Vermeidung negativer Kosten gelte $b_{ij}/c_{ij} \geq T$ für alle $\langle i, j \rangle \in E$ (oder eine entsprechende schwächere Bedingung). Die Verlängerung der Vorgangsdauer um eine Zeiteinheit ist also mit einer Kostenreduktion von c_{ij} verbunden. Gesucht ist ein kostenoptimaler Zeitplan. Dabei setzen wir voraus, daß die vorgegebene Projektdauer T nicht

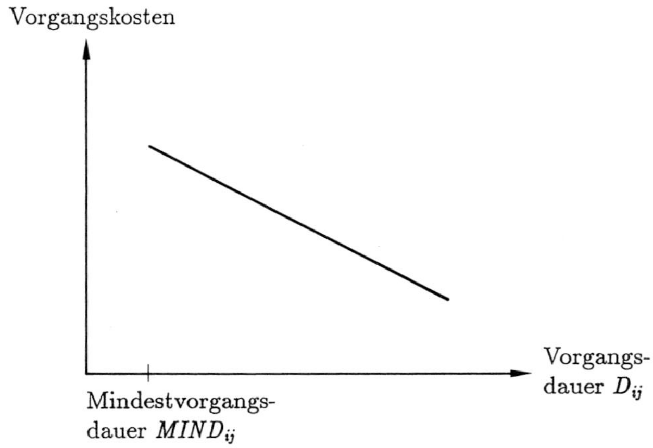

Abb. 2.10.8

kleiner sei als die kürzest mögliche Projektdauer $MINT$ (die sich ergibt, wenn jeder Vorgang $\langle i,j\rangle$ in seiner Mindestdauer $MIND_{ij}$ ausgeführt wird). Dies führt (unter Vernachlässigung additiver Konstanten in der Zielfunktion) auf das folgende Optimierungproblem:

$$
(2.10.2)\qquad \begin{cases} \text{Min.} \displaystyle\sum_{\langle i,j\rangle\in E} -c_{ij}D_{ij} \\ \left.\begin{array}{l} \text{u.d.N. } Z_j - Z_i - D_{ij} \geq 0 \\ \qquad\qquad D_{ij} \geq MIND_{ij} \end{array}\right\} (\langle i,j\rangle \in E) \\ \qquad Z_n - Z_1 \leq T\ . \end{cases}
$$

Dabei seien wie üblich der Knoten 1 die Quelle und der Knoten n die Senke des CPM-Netzplans. Die Eintrittszeitpunkte Z_i der Projektereignisse i ($i = 1,\ldots,n$) treten in (2.10.2) immer als Differenzen auf, und wir legen o.B.d.A. als Anfangszeitpunkt des Projektes $Z_1 = 0$ fest. In der Standardform $(\bar{L})$ eines dualen Optimierungsproblems (vgl. Abschnitt 1.4.1) schreibt sich (2.10.2):

$$
(2.10.3)\qquad \begin{cases} \text{Max.} \displaystyle\sum_{\langle i,j\rangle\in E} c_{ij}D_{ij} \\ \text{u.d.N. } Z_i - Z_j + D_{ij} \leq 0 \quad (\langle i,j\rangle \in E) \\ \qquad Z_n - Z_1 \leq T \\ \qquad\quad -D_{ij} \leq -MIND_{ij} \quad (\langle i,j\rangle \in E)\ . \end{cases}
$$

Mit den Variablen ϕ_{ij} ($\langle i,j\rangle \in E$) und ϕ_{n1} lautet das zu (2.10.3) gehörige primale Problem (L):

$$
(2.10.4)\quad \begin{cases} \text{Min.} \quad T\phi_{n1} - \sum\limits_{\langle i,j\rangle\in E} MIND_{ij}\phi_{ij} \\ \text{u.d.N.} \quad \sum\limits_{j\in\mathcal{S}'(i)} \phi_{ij} - \sum\limits_{k\in\mathcal{P}'(i)} \phi_{ki} = 0 \quad (i = 1,\dots,n) \\ \qquad\qquad\qquad\qquad \phi_{ij} \geq c_{ij} \quad (\langle i,j\rangle \in E \cup \{\langle n,1\rangle\})\ , \end{cases}
$$

wobei wir in den „Knotenbedingungen" die Variable ϕ_{n1} dadurch berücksichtigen, daß $\mathcal{S}'(n) := \mathcal{S}(n) \cup \{1\}$ und $\mathcal{P}'(1) := \mathcal{P}(1) \cup \{n\}$ die Nachfolger- bzw. Vorgängermengen von Knoten n bzw. Knoten 1 sind ($\mathcal{S}(i)$ und $\mathcal{P}(i)$ sind die Nachfolger- bzw. Vorgängermengen im ursprünglichen Netzplan). Für die übrigen Mengen gilt $\mathcal{S}'(i) = \mathcal{S}(i)$ bzw. $\mathcal{P}'(i) = \mathcal{P}(i)$ ($i \in \{1,\dots,n\}$). Diese Festlegung entspricht der Einführung eines zusätzlichen Rückwärtspfeils $\langle n,1\rangle$, und eine Lösung von (2.10.4) stellt damit eine sogenannte **Flußzirkulation** dar in dem mit Minimalkapazitäten und Kosten versehenen Netzwerk N' mit der Pfeilmenge $E' := E \cup \{\langle n,1\rangle\}$.

(2.10.4) stellt die Aufgabe dar, einen speziellen kostenminimalen Fluß der Stärke $\omega^+ = 0$ zu bestimmen (vgl. das Problem (KFS) in Abschnitt 2.8.1). Sie kann gelöst werden mit der Netzwerk-Simplexmethode aus Abschnitt 2.8.4 oder mit dem Verfahren von Busacker und Gowen aus Abschnitt 2.6.6 (nach einer entsprechenden Erweiterung des Netzwerkes, da die Minimalkapazitäten von 0 verschieden sind (vgl. Abschnitt 2.6.5)). Als Lösungsverfahren eignet sich ebenfalls eine spezielle Version des sogenannten Out-of-Kilter-Algorithmus, der im wesentlichen Dualitätsaussagen der linearen Optimierung auswertet (vgl. NEUMANN (1987a), Abschnitte 6.4.6 und 6.4.7, sowie MORLOCK (1983)).

Bisher sind wir davon ausgegangen, daß die Dauern der Vorgänge nur im Rahmen der Projektdauer nach oben beschränkt sind und einen linear fallenden Kostenverlauf aufweisen. In der Praxis ist aber häufig zu beobachten, daß die Kosten bei einer Verlängerung der Vorgangsdauer D_{ij} bis zu einer sogenannten „Normaldauer" ND_{ij} monoton fallen, um anschließend monoton zu steigen (vgl. Abb. 2.10.9). Der Kostenanstieg läßt sich hauptsächlich zurückführen auf ineffizientes Arbeitstempo, Leer- und Wartezeiten sowie die erhöhten Bindungskosten für Betriebsmittel bei unnötig langer Dauer eines Vorgangs. Da wir die Summe aller Vorgangskosten minimieren, können wir die Überschreitung der Normaldauer von der weiteren Betrachtung ausschließen. Approximieren wir außerdem auf dem Zeitintervall $[MIND_{ij}, ND_{ij}]$ die monoton fallende Kostenfunktion durch eine lineare Funktion, so erhalten

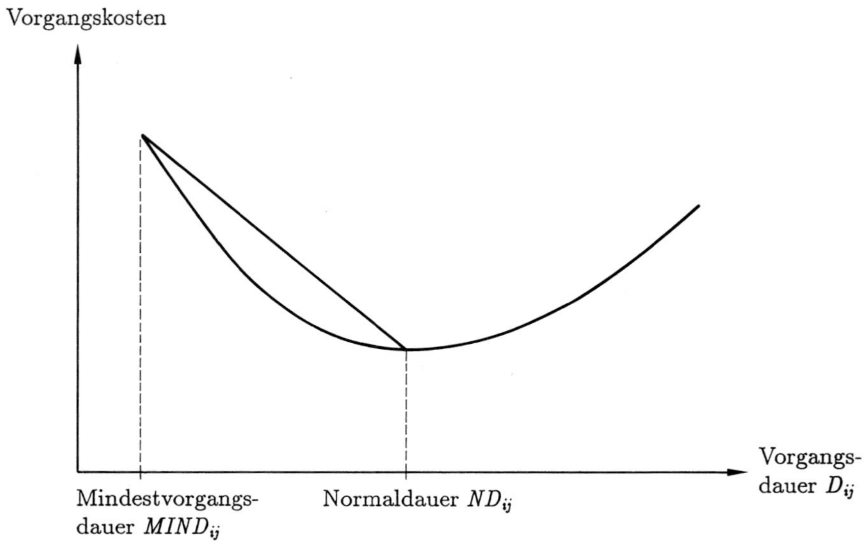

Abb. 2.10.9

wir das zu (2.10.3) analoge Optimierungsproblem

$$(2.10.5)\quad \left\{\begin{array}{l} \text{Max.} \sum\limits_{\langle i,j\rangle\in E} c_{ij}D_{ij} \\ \text{u.d.N. } Z_i - Z_j + D_{ij} \le 0 \quad (\langle i,j\rangle \in E) \\ \qquad\qquad Z_n - Z_1 \le T \\ \qquad\qquad \left.\begin{array}{r} -D_{ij} \le MIND_{ij} \\ D_{ij} \le ND_{ij} \end{array}\right\} (\langle i,j\rangle \in E)\ . \end{array}\right.$$

(2.10.5) entspricht ebenfalls der dualen linearen Optimierungsaufgabe $(\bar{L})$ von Abschnitt 1.4.1. Sei wieder $T \geq MINT$ (mit der kürzest möglichen Projektdauer $MINT$, wenn wir die Vorgangsdauern $MIND_{ij}$ $(\langle i,j\rangle \in E)$ zugrunde legen), dann existiert eine zulässige Lösung von (2.10.5), und die Beschränktheit der Variablen D_{ij} sichert die Existenz einer optimalen Lösung. Aus den Restriktionen $D_{ij} \leq ND_{ij}$ $(\langle i,j\rangle \in E)$ folgt ferner, daß man die Untersuchung von (2.10.5) auf $T \leq NT$ beschränken kann, wobei NT die kürzest mögliche Projektdauer in Bezug auf die Vorgangsdauern ND_{ij} ist. Mit den Variablen $\phi_{ij}, \alpha_{ij}, \beta_{ij}$ $(\langle i,j\rangle \in E' = E \cup \{\langle n,1\rangle\})$ erhalten wir das zugehörige primale Problem (L):

$$(2.10.6)\quad \begin{cases} \text{Min.} & T\phi_{n1} - \sum\limits_{\langle i,j\rangle\in E} MIND_{ij}\alpha_{ij} + \sum\limits_{\langle i,j\rangle\in E} ND_{ij}\beta_{ij} \\ \text{u.d.N.} & \sum\limits_{j\in\mathcal{S}'(i)} \phi_{ij} - \sum\limits_{k\in\mathcal{P}'(i)} \phi_{ki} = 0 \quad (i = 1,\ldots,n) \\ & \left.\begin{aligned} \phi_{ij} - \alpha_{ij} + \beta_{ij} &= c_{ij} \\ \phi_{ij}, \alpha_{ij}, \beta_{ij} &\geq 0 \end{aligned}\right\} (\langle i,j\rangle \in E)\ , \end{cases}$$

wobei wieder $\mathcal{S}'(n) := \mathcal{S}(n) \cup \{1\}, \mathcal{P}'(1) := \mathcal{P}(1) \cup \{n\}$ und sonst $\mathcal{S}'(i) := \mathcal{S}(i), \mathcal{P}'(i) := \mathcal{P}(i)$ für $i \in \{1,\ldots,n\}$ seien. Durch Elimination der Variablen α_{ij} kann das Optimierungsproblem (2.10.6) vereinfacht werden zu

$$(2.10.7)\quad \begin{cases} \text{Min.} & T\phi_{n1} - \sum\limits_{\langle i,j\rangle\in E} MIND_{ij}\phi_{ij} + \sum\limits_{\langle i,j\rangle\in E} (ND_{ij} - MIND_{ij})\beta_{ij} \\ \text{u.d.N.} & \sum\limits_{j\in\mathcal{S}'(i)} \phi_{ij} - \sum\limits_{k\in\mathcal{P}'(i)} \phi_{ki} = 0 \quad (i = 1,\ldots,n) \\ & \left.\begin{aligned} \phi_{ij} &\geq c_{ij} - \beta_{ij} \\ \phi_{ij}, \beta_{ij} &\geq 0 \end{aligned}\right\} (\langle i,j\rangle \in E)\ , \end{cases}$$

wenn wir in der Zielfunktion die bei der Transformation auftretenden additiven Konstanten unberücksichtigt lassen. Bei festgehaltenen Werten β_{ij} liegt wieder ein spezielles Flußproblem (KFS) mit der Flußstärke $\omega^+ = 0$ der Gestalt (2.10.4) vor, wobei jetzt aber die (eigentlich vorhandenen) Minimalkapazitäten c_{ij} um β_{ij} unterschritten werden können. Diese Unterschreitung wird jedoch mit den „Strafkosten“ $(ND_{ij} - MIND_{ij})\beta_{ij}$ in der Zielfunktion belegt und wertmäßig auf c_{ij} beschränkt. Der einfache Zusammenhang $\phi_{ij} + \beta_{ij} \geq c_{ij}$ $(\langle i,j\rangle \in E)$ zwischen den beiden Arten von Variablen ϕ_{ij} und β_{ij} kann ausgenützt werden, um sie in einer Folge von Flußänderungsschritten optimal „aufeinander abzustimmen“. Da bei den ersten n Nebenbedingungen von (2.10.7) (also den Flußbedingungen) die rechten Seiten jeweils 0 sind, liegt eine Flußzirkulation vor. Für die Darstellung des Lösungsgangs ist es jedoch vorteilhaft, die Flußzirkulation zu zerlegen in einen Fluß von Knoten 1 zum Knoten n und den (hierdurch eindeutig bestimmten) „Rückfluß“ auf dem Pfeil $\langle n,1\rangle$ der Größe ϕ_{n1}. Wir gehen aus von $\phi_{n1} = 0$, woraus $\phi_{ij} = 0$ für alle $\langle i,j\rangle \in E$ folgt. Wie aus (2.10.7) unmittelbar abgelesen werden kann, sind für den Fall $\phi_{n1} = 0$ wegen $ND_{ij} - MIND_{ij} \geq 0$ und $\beta_{ij} \geq c_{ij}$ die Werte $\beta_{ij} = c_{ij}$ $(\langle i,j\rangle \in E)$ optimal. Vergrößert man nun (schrittweise) ϕ_{ij} und damit entsprechend den Fluß von 1 nach n, so ist dies in der Regel einerseits mit einer Vergrößerung der Kosten für die Flußzirkulation verbunden, bringt aber andererseits eine Verringerung der „Strafkosten“ mit sich, da die Minimalkapazitäten c_{ij} von einem vergrößerten Fluß „eher eingehalten“ werden. Die Vergrößerungen von ϕ_{n1} werden solange durchgeführt, wie sich der Wert der Zielfunktion von (2.10.7) verringert.

In Analogie zum Verfahren von Busacker und Gowen (vgl. Abschnitt 2.6.6) erfolgt die Flußänderung von 1 nach n in jedem Verfahrensschritt entlang eines kostenminimalen $(1,n)$-Semiwegs des Netzwerkes N, dessen Pfeilbewertungen die mit den Flußänderungen verbundenen Änderungen der Zielfunktion wiedergeben. Bei gegebenem Fluß ϕ läßt sich die Bestimmung dieses Semiweges mit Hilfe des Inkrementnetzwerkes $N(\phi) = \langle V, E(\phi); \kappa(\phi); c(\phi)\rangle$ durchführen. Hierbei gilt (vgl. Abschnitt 2.6.6):

$$(2.10.8) \qquad \begin{cases} E(\phi) := E^+(\phi) \cup E^-(\phi) \\ E^+(\phi) := E \\ E^-(\phi) := \{\langle j,i\rangle | \langle i,j\rangle \in E, \phi_{ij} > 0\} \,. \end{cases}$$

Wir erinneren daran, daß $E^+(\phi)$ die Menge der Pfeile ist, auf denen der Flußwert erhöht werden kann und $E^-(\phi)$ die Menge der Pfeile ist, auf denen der Flußwert vermindert werden kann. Weiter gilt

$$(2.10.9) \quad \kappa_{ij}(\phi) := \begin{cases} \infty\,, & \text{falls } \phi_{ij} \geq c_{ij} \\ c_{ij} - \phi_{ij}\,, & \text{falls } \phi_{ij} < c_{ij} \end{cases} (\langle i,j\rangle \in E^+(\phi)) \\ \phi_{ji}\,, \quad \text{falls } \langle i,j\rangle \in E^-(\phi)$$

$$(2.10.10) \quad c_{ij}(\phi) := \begin{cases} -ND_{ij}\,, & \text{falls } 0 \leq \phi_{ij} < c_{ij} \\ -MIND_{ij}\,, & \text{falls } c_{ij} \leq \phi_{ij} \end{cases} \qquad (\langle i,j\rangle \in E^+(\phi))$$

$$(2.10.11) \quad c_{ij}(\phi) := \begin{cases} ND_{ji}\,, & \text{falls } 0 < \phi_{ji} < c_{ji} \\ MIND_{ji}\,, & \text{falls } c_{ji} \leq \phi_{ji} \end{cases} \qquad (\langle i,j\rangle \in E^-(\phi)) \,.$$

Die Kostenbewertung $c_{ij}(\phi)$ für $\langle i,j\rangle \in E^+(\phi)$ in (2.10.10) ergibt sich im Fall $0 \leq \phi_{ij} < c_{ij}$ daraus, daß eine Vergrößerung von ϕ_{ij} um eine Einheit durch eine gleich große Verringerung von β_{ij} kompensiert wird, was eine Verkleinerung des Zielfunktionswertes um $MIND_{ij} + (ND_{ij} - MIND_{ij}) = ND_{ij}$ verursacht. Im Fall $\phi_{ij} \geq c_{ij}$ bleibt bei einer weiteren Vergrößerung von ϕ_{ij} um eine Einheit $\beta_{ij} = 0$ erhalten, und der Wert der Zielfunktion verringert sich damit um $MIND_{ij}$. Entsprechend sind die Kostenbewertungen in (2.10.11) für die Pfeile aus $E^-(\phi)$ herzuleiten, die zu Flußwertverringerungen auf N gehören.

Hat man in $N(\phi)$ einen kürzesten Weg W der Länge L von 1 nach n bestimmt und ändert die Flußwerte auf dem zu W gehörenden $(1,n)$-Semiweg in N sowie auf dem Pfeil $\langle n,1\rangle$ um jeweils eine Einheit, so ändert sich der Zielfunktionswert um $L+T$. Gilt

$$(2.10.12) \qquad L + T < 0\,,$$

dann nehmen wir eine Flußänderung vor, deren Größe dadurch bestimmt ist, daß auf W erstmals für ein $\langle i,j\rangle \in E^+(\phi)$ der Flußwert c_{ij} oder für ein $\langle i,j\rangle \in$

$E^-(\phi)$ der Flußwert 0 angenommen wird. Nach dieser Flußänderung um

$$\psi_{ij} := \begin{cases} \epsilon, & \text{falls } \langle i,j\rangle \text{ auf } W \\ 0, & \text{sonst} \end{cases} \qquad (\langle i,j\rangle \in E(\phi))$$

$$\text{mit} \quad \epsilon := \min_{\langle i,j\rangle \text{ auf } W} \kappa_{ij}(\phi)$$

erhalten wir als neuen Fluß ϕ'

$$\text{(2.10.13)} \quad \phi'_{ij} := \phi_{ij} + \begin{cases} \psi_{ij}, & \text{falls } \langle i,j\rangle \in E^+(\phi) \\ -\psi_{ji}, & \text{falls } \langle j,i\rangle \in E^-(\phi) \end{cases} \qquad (\langle i,j\rangle \in E)$$

$$\phi'_{n1} := \phi_{n1} + \epsilon$$

und einen um $|L+T|\epsilon$ verringerten Zielfunktionswert.

Wenn $L + T \geq 0$ gilt, bricht das Verfahren ab. In diesem Fall würde eine (aufgrund des teureren „Rückflusses" ϕ_{n1} positive) Kostenerhöhung, bedingt durch die Vergrößerung der Flußzirkulation, nicht durch die damit verbundene Reduktion der „Strafkosten" übertroffen. Wie bei der Beweisführung beim Verfahren von Busacker und Gowen läßt sich zeigen, daß damit eine optimale Lösung $\phi^*_{n1}, \phi^*_{ij}, \beta^*_{ij}$ $(\langle i,j\rangle \in E)$ von (2.10.7) erreicht ist. Die (1.4.1) entsprechenden Optimalitätsbedingungen für die zueinander dualen Probleme (2.10.6) und (2.10.5) (mit $\alpha^*_{ij} := c_{ij} - \phi^*_{ij} - \beta^*_{ij}$) lauten:

$$\left.\begin{aligned} (Z^*_j - Z^*_i + D^*_{ij})\phi^*_{ij} &= 0 \\ (Z^*_n - Z^*_1)\phi^*_{n1} &= 0 \\ (-D^*_{ij} + MIND_{ij})\alpha^*_{ij} &= 0 \\ (D^*_{ij} - ND_{ij})\beta^*_{ij} &= 0 \end{aligned}\right\} (\langle i,j\rangle \in E)\ .$$

Hieraus läßt sich eine optimale Lösung von (2.10.5) unmittelbar ableiten. Die Auswertung der Optimalitätsbedingungen ist in Tab. 2.10.1 zusammengefaßt. Durch Tab. 2.10.1 sind insbesondere die optimalen Dauern D^*_{ij} der Vorgänge $\langle i,j\rangle$ mit $\phi^*_{ij} \neq c_{ij}$ festgelegt. Ordnet man in dem Netzplan N diesen Vorgängen die Dauern D^*_{ij} und den übrigen Vorgängen die Dauern $MIND_{ij}$ zu, dann führt eine CPM-Zeitplanung in aller Regel zu (frühest möglichen) Eintrittszeitpunkten Z_i, die für $\langle i,j\rangle$ mit $\phi^*_{ij} = c_{ij}$ die Bedingung $MIND_{ij} \leq Z_j - Z_i = D_{ij} \leq ND_{ij}$ erfüllen und damit optimal sind. Ist dies nicht der Fall, werden die zunächst verwendeten Mindestvorgangsdauern der noch nicht festgelegten Vorgänge $\langle i,j\rangle$ mit $\phi^*_{ij} = c_{ij}$ systematisch erhöht, bis diese Zulässigkeitsbedingung erfüllt ist.

Wie aus Tab. 2.10.1 abzulesen ist, läßt sich der Flußwert ϕ^*_{ij} auf einem Pfeil $\langle i,j\rangle$ als (Schatten-)Preis interpretieren, den man bereit ist, für die Verkürzung der Dauer von $\langle i,j\rangle$ um eine Zeiteinheit zu zahlen. Eine Verkürzung der Normaldauer ND_{ij} wird daher dann vorgenommen, wenn der Schattenpreis ϕ^*_{ij}

ϕ^*_{ij}	$\beta^*_{ij} =$	$\alpha^*_{ij} =$	Z^*_i, Z^*_j, D^*_{ij}
$\phi^*_{ij} = 0$	$c_{ij} - \phi^*_{ij} > 0$	0	$Z^*_j - Z^*_i \geq D^*_{ij} = ND_{ij}$
$0 < \phi^*_{ij} < c_{ij}$	$c_{ij} - \phi^*_{ij} > 0$	0	$Z^*_j - Z^*_i = D^*_{ij} = ND_{ij}$
$\phi^*_{ij} = c_{ij}$	0	0	$Z^*_j - Z^*_i = D^*_{ij}$ $MIND_{ij} \leq D^*_{ij} \leq ND_{ij}$
$\phi^*_{ij} > c_{ij}$	0	$c_{ij} - \phi^*_{ij} - \beta^*_{ij}$	$Z^*_j - Z^*_i = D^*_{ij} = MIND_{ij}$
$\phi^*_{n1} = 0$			$Z^*_n - Z^*_1 \leq T$
$\phi^*_{n1} > 0$			$Z^*_n - Z^*_1 = T$

Tab. 2.10.1

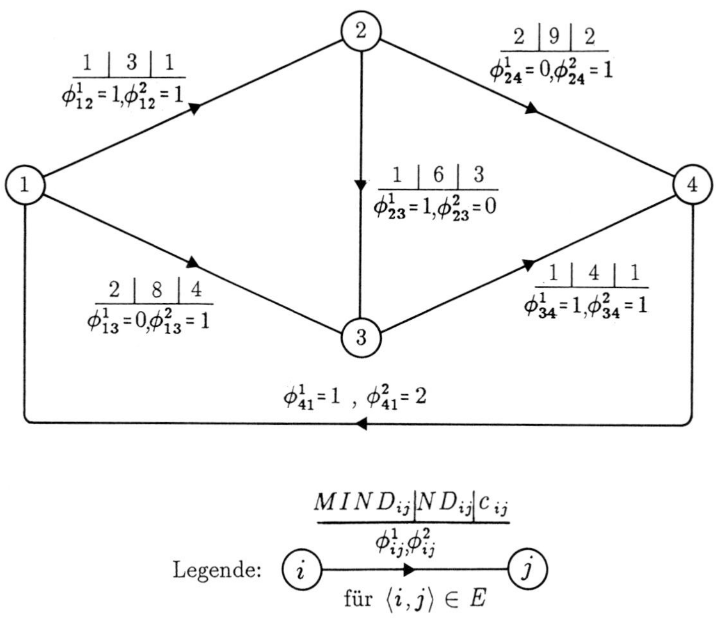

Abb. 2.10.10

größer ist als die Kosten c_{ij}, die für die Verkürzung der Dauer von $\langle i, j \rangle$ um eine Zeiteinheit aufgewendet werden müssen.

An Hand eines Zahlenbeispiels wollen wir die Minimierung der Projektkosten bei vorgegebener Projektdauer $T = 10$ demonstrieren. In Abb. 2.10.10 sind alle Daten des Problems an den jeweiligen Pfeilen angegeben. Ausgehend vom Nullfluß ϕ^0 erfolgt die erste Flußänderung auf dem kürzesten (Semi-)Weg $\langle 1, 2, 3, 4 \rangle$ in N mit der Länge $L = -3 - 6 - 4 = -13$ (bezogen auf die Bewertung des Inkrementnetzwerks $N(\phi^0)$). Sie liefert den Fluß ϕ^1 (vgl. Abb. 2.10.10). Der Semiweg $\langle 1,3,2,4\rangle$ in N mit der Länge $L = -8+6-9 = -11$ (bezogen auf die Bewertung von $N(\phi^1)$) erfüllt als einziger $(1,4)$-Semiweg die Bedingung (2.10.12), und wir vergrößern die Flußwerte auf den Pfeilen $\langle 1,3\rangle, \langle 2,4\rangle$ sowie $\langle 4,1\rangle$ um je eine Einheit und verringern den Flußwert auf $\langle 2,3\rangle$ um 1. In dem sich ergebenden Inkrementnetzwerk existiert kein $(1,4)$-Semiweg mit $L+T<0$. Damit ist $\phi^* = \phi^2$ optimal. Die optimalen Flußwerte und die sich aus Tab. 2.10.1 ergebenden Aussagen über eine optimale Lösung des Ausgangsproblems sind in Abb. 2.10.11 eingetragen. Die Vorgänge $\langle i,j\rangle$ mit $\phi^*_{ij} \neq c_{ij}$, deren optimale Dauern danach bereits feststehen, sind fett gezeichnet.

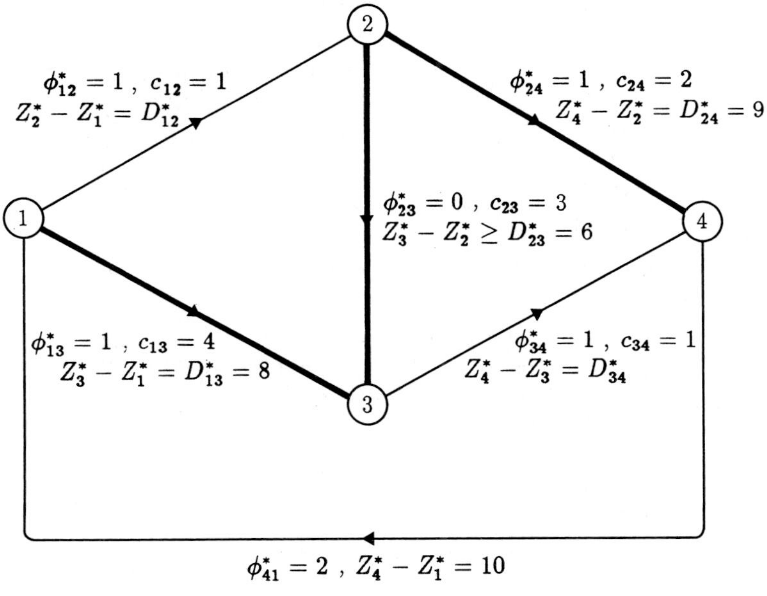

Abb. 2.10.11

Die CPM-Zeitplanung liefert dann mit $Z^*_1 := 0$

$$Z^*_2 = 1\,,\ Z^*_3 = 8\,,\ Z^*_4 = 10\ ,$$

und hierdurch sind die optimalen Werte der übrigen Variablen eindeutig festgelegt:

$$D^*_{12} = Z^*_2 - Z^*_1 = 1\,,\ D^*_{34} = Z^*_4 - Z^*_3 = 2\ .$$

Bisher haben wir nur den Fall betrachtet, daß die Projektdauer fest vorgegeben ist. Das allgemeinere „parametrische“ Optimierungsproblem, bei dem

T in (2.10.5) als Parameter aus dem Intervall $[MINT, NT]$ angesehen wird ($MINT$ und NT sind wieder die kürzest möglichen Projektdauern bei Verwendung der Mindestvorgangs- bzw. Normaldauern für alle Vorgänge), läßt sich wie folgt lösen:

Man kann zeigen, daß sich $[MINT, NT]$ in endlich viele Teilintervalle $[T_{\varrho-1}, T_\varrho]$ $(\varrho = 1, \ldots, r)$ mit $T_0 = MINT < T_1 < \ldots < T_r = NT$ zerlegen läßt und daß die Größen $Z_i^*(.), D_{ij}^*(.)$ in Abhängigkeit von T in jedem dieser Teilintervalle linear sind. Gehen wir aus von $T = NT$, so sieht man unmittelbar (aus der Betrachtung der kritischen Wege), daß hierfür $\phi^* = 0$ und $D^* = ND$ optimal sind. Ist für $T = T_\varrho$ bereits ein optimaler Fluß ϕ_ϱ^* bestimmt, so erhält man $\phi_{\varrho-1}^*$ (den optimalen Fluß, der zum nächstkleineren Zeitpunkt $T_{\varrho-1}$ gehört) durch Flußänderungen längs Wegen im Inkrementnetzwerk $N(\phi_\varrho^*)$, wie dies oben beschrieben worden ist. $T_{\varrho-1}$ muß dabei nicht a priori bekannt sein, sondern ergibt sich aus der Betrachtung dieser Wege.

Die skizzierte Lösung des parametrischen Problems weist gewisse Parallelen zu dem Verfahren von Kelley auf, das z.B. in Neumann (1987b), Abschnitt 7.5, beschrieben ist. Der Unterschied der beiden Vorgehensweisen besteht darin, daß beim Kelley-Verfahren in jedem Schritt (A, B)-Schnitte im Gegensatz zu den hier verwendeten Wegen berechnet werden.

2.10.4 Stochastische Netzpläne

In diesem Abschnitt bringen wir einige Ergänzungen zu der in Abschnitt 2.5 behandelten Zeit- bzw. Terminplanung von Projekten mit Hilfe der Netzplantechnik, die Projekte mit „stochastischen Elementen“ betreffen.

In der Praxis ist die Schätzung der Vorgangsdauern eines Projektes oft mit großen Unsicherheiten verbunden, etwa bei vielen Forschungs- und Entwicklungsprojekten. In diesem Fall ist es zweckmäßig, die Vorgangsdauern nicht mehr als deterministische Größen, sondern als Zufallsgrößen anzusehen. Hierfür ist die Netzplantechnik-Methode **PERT** (Program Evaluation and Review Technique) entwickelt worden. Eine detaillierte Beschreibung von PERT findet man z.B. in Neumann (1987b), Abschnitt 7.3, oder Elmaghraby (1977), Kapitel 4. Im folgenden skizzieren wir kurz die prinzipielle Vorgehensweise bei der Methode PERT.

PERT verwendet wie CPM Vorgangspfeilnetze (man spricht dann auch von **PERT-Netzplänen**). Die Vorgangsdauern werden bei PERT als betaverteilte Zufallsgrößen angesehen. Die Parameter der Betaverteilung für eine Vorgangsdauer D werden mit Hilfe der folgenden drei Zeitschätzungen für D bestimmt:

Optimistischer Schätzwert OD von D (Dauer des Vorgangs unter besonders günstigen Bedingungen)

Pessimistischer Schätzwert PD von D (Dauer des Vorgangs unter besonders ungünstigen Bedingungen, die nur im Fall höherer Gewalt überschritten werden kann)
„Häufigste" Vorgangsdauer HD (Dauer des Vorgangs unter normalen Bedingungen).

Für den Erwartungswert („Mittelwert") MD der Vorgangsdauer D erhält man dann

$$MD = \frac{OD + 4HD + PD}{6},$$

und für die Varianz (Streuung) VD der Vorgangsdauer D verwendet man die Näherungsformel

$$VD = \frac{(PD - OD)^2}{36}.$$

Die frühesten und spätesten Eintrittstermine FZ_i und SZ_i der Ereignisse i stellen jetzt Zufallsgrößen dar. Die Erwartungswerte MFZ_i und MSZ_i dieser Zufallsgrößen bestimmt man bei PERT ähnlich wie bei CPM, indem man in den betreffenden Formeln (2.5.1) bis (2.5.4) die Größen D_{ij}, FZ_i und SZ_i durch die entsprechenden Erwartungswerte MD_{ij}, MFZ_i bzw. MSZ_i ersetzt. Diese Vorgehensweise führt jedoch zu fehlerhaften Ergebnissen, da man hierbei in unzulässiger Weise die Operationen „Erwartungswertbildung" und „Maximierung" bzw. „Minimierung" vertauscht. Als Varianz der Länge eines Weges W in einem PERT-Netzplan legt man die Summe der Varianzen der Dauern der einzelnen Vorgänge des Weges W fest. Dies ist im allgemeinen nur richtig, wenn die einzelnen Vorgangsdauern paarweise unkorreliert sind (was der Fall ist, wenn die einzelnen Vorgänge von W voneinander unabhängig sind).

Auf diese Weise kann man (näherungsweise) die Erwartungswerte und Varianzen aller ereignisbezogenen Termine FZ_i und SZ_i und entsprechend der Vorgangstermine FAZ_{ij}, FEZ_{ij}, SAZ_{ij} und SEZ_{ij} ermitteln. Als **kritischer Weg** wird bei PERT ein Weg von der Quelle 1 zur Senke n im PERT-Netzplan mit der größten erwarteten Weglänge MFZ_n bezeichnet. Als (Näherungswerte für) Erwartungswert und Varianz der kürzesten Projektdauer werden Erwartungswert MFZ_n bzw. Varianz VFZ_n von FZ_n verwendet. Nach dem zentralen Grenzwertsatz der Wahrscheinlichkeitsrechnung ist die Summe von unabhängigen Zufallsgrößen, wenn die Anzahl der Summanden groß ist, unter in der Praxis im allgemeinen erfüllten Voraussetzungen näherungsweise normalverteilt (vgl. z.B. Bamberg und Baur (1991), Abschnitt 10.2, oder Rohatgi (1976), Abschnitt 6.6). In Anlehnung an diesen Satz nimmt man bei PERT die Zufallsgrößen FZ_i (für große i) und SZ_i (für kleine i) als normalverteilt mit den Erwartungswerten MFZ_i bzw. MSZ_i und den Varianzen VFZ_i und VSZ_i an (obwohl die einzelnen Vorgänge eines Weges in der Regel nicht voneinander unabhängig sind und nicht nur jeweils ein Weg diese

Zeitpunkte bestimmt). Insbesondere ist dann die kürzeste Projektdauer normalverteilt mit dem Erwartungswert MFZ_n und der Varianz VFZ_n. Mit Hilfe dieser Wahrscheinlichkeitsverteilungen kann man die Wahrscheinlichkeit von Terminüberschreitungen bzw. das Risiko für die Einhaltung gewisser vorgegebener Termine ermitteln (also Größen, die für die Projektüberwachung in der Praxis wichtig sind).

Wie bereits erwähnt, liefern etliche der im Rahmen der Methode PERT ausgeführten Rechnungen fehlerhafte Ergebnisse (für eine ausführliche Diskussion dieser Fehler vgl. NEUMANN (1987b), Abschnitt 7.3.4). Beispielsweise ist die bei PERT bestimmte erwartete kürzeste Projektdauer in der Regel zu klein, d.h., die erwartete kürzeste Projektdauer wird „systematisch unterschätzt". Die bei Verwendung von PERT verursachten Fehler können in Einzelfällen 25% und mehr betragen. Man sollte deshalb die Netzplantechnik-Methode PERT nur dann benutzen, wenn eine „deterministische Projektplanung" etwa mittels CPM tatsächlich unangebracht ist (z.B. bei weit streuenden Vorgangsdauerschätzungen). Als Alternative zu PERT bietet sich die Simulation von Projektabläufen an, worauf wir in Abschnitt 5.4.3 kurz eingehen werden.

Mit Hilfe der in den Netzplantechnik-Methoden CPM und PERT verwendeten zyklenfreien Vorgangspfeilnetze (sowie auch mit MPM-Netzplänen) können nur Projekte modelliert werden, deren zeitlicher Ablauf von vornherein eindeutig festgelegt ist. Hierbei wird während einer Projektausführung jedes Ereignis des Projektes genau einmal realisiert, und es treten während des Projektablaufs keine Rücksprünge zu bereits zuvor einmal ausgeführten Vorgängen auf.

Viele praktische Projekte erfüllen jedoch nicht diese Bedingungen. Betrachten wir etwa die aufeinander folgende Bearbeitung von Werkstücken auf verschiedenen Maschinen. Bevor ein bearbeitetes Werkstück zur Montage weitergeleitet wird, sei ein Test (eine Qualitätskontrolle) durchzuführen. Dabei erweisen sich etwa nur 90% der Werkstücke als brauchbar, während bei 10% Material- oder Bearbeitungsfehler vorliegen, von denen nur ein Teil, sagen wir 7%, durch Nachbesserung behoben werden kann. Der Rest (in unserem Beispiel 3%) ist Ausschuß, und es muß dann zu einer früheren Phase des Produktionsprozesses (etwa zu einer erneuten Materialbestellung oder einer Neuanfertigung) zurückgesprungen werden. Wir bemerken insbesondere, daß einzelne Vorgänge (z.B. Materialbestellung oder Neuanfertigung) einerseits nur mit einer gewissen Wahrscheinlichkeit p mit $0 < p < 1$ ausgeführt werden, andererseits aber mehrmals während einer Projektausführung realisiert werden können.

Für die Planung und Überwachung der Ausführung solcher allgemeiner Projekte mit stochastischen Elementen sind die sogenannten **GERT-**

Netzpläne eingeführt worden. Der Name GERT (als Abkürzung von Graphical Evaluation and Review Technique) geht auf Pritsker zurück, der bei der Einführung und Weiterentwicklung stochastischer Netzplantechnik-Methoden Pionierarbeit geleistet hat. GERT-Netzpläne, die wieder Vorgangspfeilnetze darstellen, besitzen im Vergleich zu CPM- und PERT-Netzplänen allgemeinere Pfeilbewertungen, mehrere verschiedene Knotentypen und Zyklen (für GERT-Netzpläne vgl. NEUMANN (1990) und NEUMANN UND STEINHARDT (1979)). Zyklen dienen der Modellierung von möglichen Rücksprüngen während eines Projektablaufs (Rückkopplungen). Einem Pfeil ist als Bewertung neben der stochastischen Dauer bzw. der Verteilungsfunktion der Dauer des betreffenden Vorgangs die Ausführungswahrscheinlichkeit des Vorgangs (die kleiner als 1 sein kann) zugeordnet.

Ein Knoten eines GERT-Netzplans besteht aus einer Eingangsseite und einer Ausgangsseite. Bei CPM- und PERT-Netzplänen besitzt jeder Knoten einen sogenannten **Und-Eingang**, d.h., das betreffende Projektereignis tritt ein, sobald alle in den Knoten einmündenden Vorgänge beendet worden sind. GERT-Netzpläne können zusätzlich Knoten mit **Inklusiv-Oder-Eingang** und **Exklusiv-Oder-Eingang** enthalten. Ein Knoten besitzt einen Inklusiv-Oder-Eingang, wenn das zugehörige Projektereignis eintritt, sobald der (zeitlich) erste der einmündenden Vorgänge beendet ist. Wir sprechen von einem Exklusiv-Oder-Eingang, wenn das betreffende Projektereignis jedesmal dann eintritt, sobald ein einmündender Vorgang beendet ist. Einem Knoten mit höchstens einem Vorgänger ordnen wir auch einen Exklusiv-Oder-Eingang zu. Knoten mit Exklusiv-Oder-Eingang treten insbesondere innerhalb von Zyklen auf. Jeder Knoten eines CPM- oder PERT-Netzplans besitzt einen **deterministischen Ausgang**, d.h., nach Eintritt des zugehörigen Projektereignisses werden alle vom Knoten wegführenden Vorgänge gestartet (da wir in der Zeitplanung das Projekt so früh wie möglich beenden wollen, soll jeder Vorgang zu seinem frühest möglichen Zeitpunkt beginnen). GERT-Netzpläne können außerdem Knoten mit sogenanntem **stochastischen Ausgang** enthalten. Nach Eintritt des einem solchen Knoten entsprechenden Ereignisses wird genau einer der wegführenden Vorgänge gestartet (und die Summe der Ausführungswahrscheinlichkeiten der wegführenden Vorgänge ist gleich 1). Ein Knoten mit höchstens einem Nachfolger habe einen stochastischen Ausgang.

Als Beispiel für ein Projekt, das nicht mit Hilfe von CPM oder PERT, jedoch durch einen GERT-Netzplan beschrieben werden kann, betrachten wir die Entwicklung eines neuen Produktes in einer Unternehmung (vgl. NEUMANN (1990), Abschnitt 1.2). Zwei Forschungsgruppen A und B arbeiten unabhängig voneinander an der Entwicklung dieses neuen Produktes. Am Ende der jeweiligen Entwicklungsphase führe jedes der beiden Teams A und B einen Test durch, der die Brauchbarkeit des entwickelten Produktes prüft. Erweist

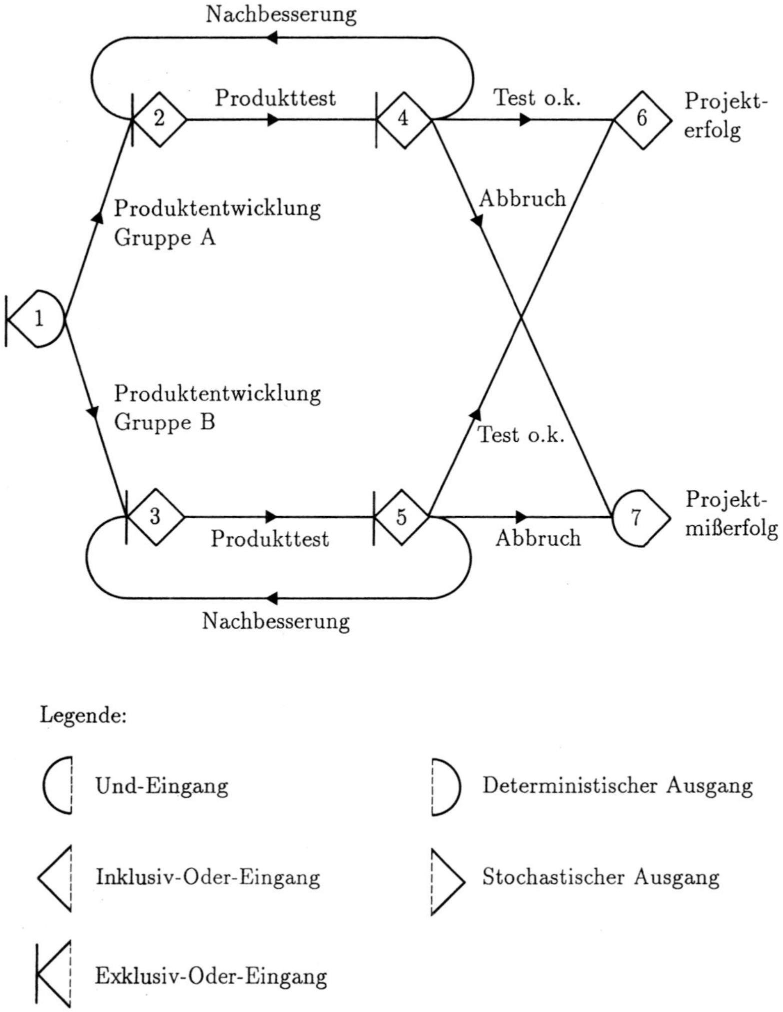

Abb. 2.10.12

sich das betreffende Produkt hierbei als nicht brauchbar, dann erfolgen eine Nachbesserung sowie anschließend ein erneuter Test (die Ausführungswahrscheinlichkeit des Arbeitsvorganges „Nachbesserung" ist kleiner als 1). Stellt sich das Produkt als vollkommen unbrauchbar heraus, werde die Entwicklung dieses Produkts abgebrochen. Das Entwicklungsprojekt werde insgesamt als erfolgreich angesehen, sobald (mindestens) eine der beiden Forschungsgruppen ein brauchbares neues Produkt entwickelt hat. Das Projekt ende andererseits mit einem Mißerfolg, falls beide Teams ihre Produktentwicklung abbrechen. Abb. 2.10.12 zeigt einen diesem Projekt entsprechenden GERT-

Netzplan (ohne Pfeilbewertungen). Der GERT-Netzplan besitzt die Quelle 1, die Senken 6 und 7, zwei Zyklen sowie vier verschiedene Knotentypen. Zyklen, verschiedene Knotentypen sowie das Auftreten mehrerer Senken stellen wesentliche neue Elemente von GERT-Netzplänen im Vergleich zu CPM- und PERT-Netzplänen dar.

2.10.5 Modifizierte Flußprobleme

Viele aus der Praxis stammende Optimierungsaufgaben lassen sich als Flußprobleme auf Netzwerken formulieren. Hierbei liegt jedoch nicht immer eines der in Abschnitt 2.6 betrachteten „einfachen" Flußprobleme (Maximalfluß-Problem, Bestimmung eines kostenminimalen Flusses) vor. Im folgenden wollen wir daher einige Varianten dieser einfachen Flußprobleme sowie entsprechende Lösungsmöglichkeiten skizzieren.

Konvexe Flußprobleme

Bei Verkehrs- oder Pipeline-Netzen hängen die Kosten für den Transport zwischen jeweils zwei Netzknoten häufig nicht linear von der transportierten Menge ab. Dies wird etwa bei Verkehrsnetzen dadurch hervorgerufen, daß mit steigendem Verkehrsaufkommen zunehmend Staus auftreten, und ist in Pipelines durch größere Reibungsverluste bei höheren Fließgeschwindigkeiten bedingt. In diesen Fällen liegt beim Problem der Bestimmung eines kostenminimalen Flusses an Stelle der linearen Zielfunktion $\sum_{\langle i,j\rangle \in E} c_{ij}\phi_{ij}$ die allgemeinere Zielfunktion

$$\sum_{\langle i,j\rangle \in E} C_{ij}(\phi_{ij}) \tag{2.10.14}$$

vor. In einem häufig auftretenden und einfach zu behandelnden Spezialfall sind alle Funktionen $C_{ij}(.)$ konvex, d.h., sie besitzen die in Abb. 2.10.13 gezeigte Gestalt. Sie zeichnet sich dadurch aus, daß die Verbindungsgerade zweier Kurvenpunkte nie unterhalb des entsprechenden Kurvenstücks liegt [1].

Ein gebräuchlicher Zugang zur Lösung derartiger nichtlinearer Probleme besteht darin, die konvexen Funktionen $C_{ij}(.)$ jeweils über dem Intervall $[\lambda_{ij}, \kappa_{ij}]$ zulässiger Flußwerte durch einen Polygonzug zu approximieren (vgl. Abb. 2.10.13). Passend zu dieser stückweise linearen Kostenfunktion (mit den Knickstellen z_{ij}^1 und z_{ij}^2) läßt sich im Netzwerk N eine Aufspaltung des Pfeils $\langle i,j\rangle$ vornehmen (vgl. Abb. 2.10.14). Der erste dieser „Ersatzpfeile" (wieder mit $\langle i,j\rangle$ bezeichnet) bezieht sich auf die Flußwerte $\phi_{ij} \in [\lambda_{ij}, z_{ij}^1]$ und wird

[1] Eine präzise Definition konvexer Funktionen werden wir in Abschnitt 4.2.2 angeben.

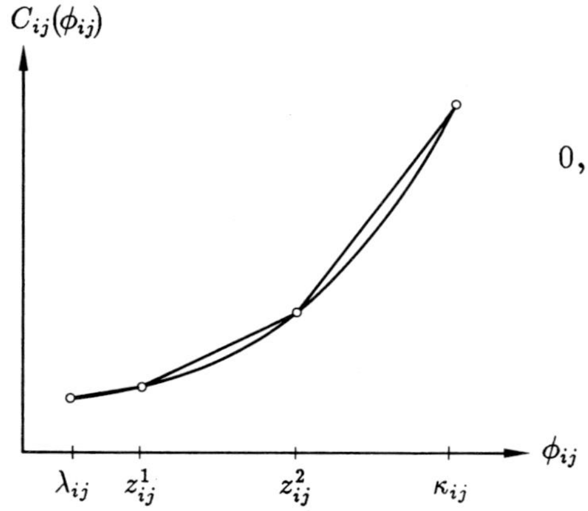

Abb. 2.10.13

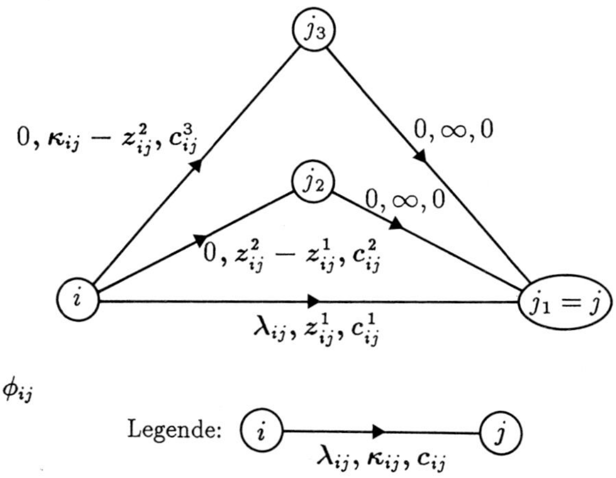

Abb. 2.10.14

mit der (linearisierten) Kostenfunktion

$$C_{ij}(\lambda_{ij}) + \frac{C_{ij}(z^1_{ij}) - C_{ij}(\lambda_{ij})}{z^1_{ij} - \lambda_{ij}}(\phi_{ij} - \lambda_{ij})$$

verbunden. Für die Optimierung interessiert allein der nicht konstante Teil dieser Kostenfunktion. Er hat die Form $c^1_{ij}\phi_{ij}$ mit $c^1_{ij} := (C_{ij}(z^1_{ij}) - C_{ij}(\lambda_{ij}))/(z^1_{ij} - \lambda_{ij})$. Übersteigt der Flußwert auf dem Pfeil $\langle i, j\rangle$ den Wert z^1_{ij}, so ist der darüber hinaus gehende Fluß (bis zu dem zusätzlichen Wert $z^2_{ij} - z^1_{ij}$) über den Knoten j_2 zu leiten, wobei für ihn die (gegenüber c^1_{ij} größeren) Kosten c^2_{ij} pro transportierter Einheit anfallen. c^2_{ij} ist gerade die Steigung des Polygonzugs zwischen z^1_{ij} und z^2_{ij}. Auf diese Weise kann (zu Lasten einer Vergrößerung des Netzwerkes) jede beliebig genaue Approximation des konvexen Problems auf das Standardflußproblem (KFS) zurückgeführt werden. Bei der Lösung des transformierten Problems etwa mit Hilfe des Verfahrens von Busacker und Gowen ist unmittelbar klar, daß der Fluß von i nach j automatisch stets die kostengünstigsten Ersatzpfeile benutzt und damit den usprünglichen Kostenverlauf zutreffend wiedergibt (bei nicht konvexen Kostenfunktionen ist dies nicht notwendigerweise der Fall). Weitere Lösungsansätze für konvexe Flußprobleme sind beispielsweise in Kennington und Helgason (1980), Kapitel 8, zu finden.

Flußgewinne bzw. Flußverluste auf Pfeilen

Bei Bewässerungssystemen ist aufgrund von Verlusten in den Verbindungskanälen die ausströmende Wassermenge häufig kleiner als die einströmende.

In einem Netzwerk bedeutet dies, daß etwa in einen Pfeil $\langle i,j\rangle$ die Menge ϕ_{ij} eintritt, aber am Ende des Pfeils nur die Menge $r_{ij}\phi_{ij}$ ankommt, wobei $0 < r_{ij} < 1$ gilt. Man spricht in diesem Fall von einem **Flußverlust** auf dem Pfeil $\langle i,j\rangle$. Tritt in vergleichbaren Situationen der Fall $r_{ij} > 1$ auf, so haben wir es mit einem **Flußgewinn** auf dem Pfeil $\langle i,j\rangle$ zu tun. Das Problem, einen kostenminimalen Fluß von der Flußquelle r zur Flußsenke s zu bestimmen, hat dann die Gestalt

$$(2.10.15)\quad \begin{cases} \text{Min.} \sum\limits_{\langle i,j\rangle\in E} c_{ij}\phi_{ij} \\ \text{u.d.N.} \sum\limits_{j\in\mathcal{S}(i)} \phi_{ij} - \sum\limits_{k\in\mathcal{P}(i)} r_{ki}\phi_{ki} = \begin{cases} \omega^+, & \text{für } i = r \\ 0, & \text{für } i \in V\backslash\{r,s\} \end{cases} \\ \lambda_{ij} \le \phi_{ij} \le \kappa_{ij} \quad (\langle i,j\rangle \in E)\,. \end{cases}$$

Aufgrund der Flußgewinne bzw. -verluste stimmen wie bei den Präflüssen von Abschnitt 2.10.2 die Menge ω^+ des von r ausgehenden Flusses nicht mit der Menge $\omega^- := \sum_{j\in\mathcal{S}(s)}\phi_{sj} - \sum_{k\in\mathcal{P}(s)}\phi_{ks}$ des in s ankommenden Flusses überein (und wir sprechen daher im Zusammenhang mit (2.10.15) nicht von der „Stärke“ eines Flusses). Das Problem (2.10.15) enthält als Spezialfall mit

$$c_{ij} = \begin{cases} -1, & \text{falls } j = s \text{ und } i \in \mathcal{P}(s) \\ 0, & \text{sonst} \end{cases}$$

die Aufgabe, den Fluß so zu steuern, daß die Menge ω^- des in s ankommenden Flusses maximal wird (wobei ω^+ vorgegeben wird oder beliebig groß sein kann).

Ein gebräuchlicher Zugang zur Lösung von (2.10.15) (vgl. Minieka (1978), Abschnitt 4.6) berücksichtigt neben diesem linearen Optimierungsproblem gleichzeitig das zugehörige duale Problem und wertet die Beziehungen zwischen beiden Problemstellungen aus (zu dualen linearen Optimierungsproblemen vgl. Abschnitt 1.4.1). Eine detailliertere Diskussion des Flußproblems (2.10.15) und damit verwandter Probleme sowie zugehöriger Lösungsverfahren findet man in Gondran und Minoux (1984), Abschnitt 6.1.

Für den Fall, daß die Flußänderungskoeffizienten r_{ij} die Form

$$(2.10.16)\qquad r_{ij} = \frac{m_j}{m_i} \quad (\langle i,j\rangle \in E)$$

besitzen mit den „Knotenbewertungen“ $m_i > 0$ $(i = 1,\ldots,n)$, erhält die Flußbedingung in (2.10.15) für $i \in V\backslash\{r,s\}$ die Gestalt

$$(2.10.17)\qquad \sum_{j\in\mathcal{S}(i)} \frac{1}{m_i}\phi_{ij} - \sum_{k\in\mathcal{P}(i)} \frac{1}{m_k}\phi_{ki} = 0\,.$$

Mit der Substitution $\bar{\phi}_{ij} := \phi_{ij}/m_i$ ($\langle i,j\rangle \in E$) läßt sich unser derartig modifiziertes Flußproblem in das Standardflußproblem (KFS) überführen (wobei für $i = s$ wieder gilt, daß die in s ankommende Flußmenge $\tilde{\omega}^- = \omega^+/m_r$ gleich der von r ausgehenden Flußmenge ist). Umgekehrt gelingt die Transformation des Flußproblems mit Flußgewinnen oder -verlusten auf den Pfeilen in das Standardflußproblem (KFS) nur dann, wenn die Koeffizienten r_{ij} der Bedingung (2.10.16) genügen (vgl. MINIEKA (1978), Abschnitt 4.6).

Bei manchen Flußproblemen treten die Gewinne oder Verluste nicht auf den Pfeilen, sondern in den Knoten auf (beispielsweise in den Pumpstationen eines Versorgungsnetzes). Sind sie proportional zu der Menge, die durch den Knoten fließt, so erhalten die Knotenbedingungen die Gestalt

$$\sum_{j\in\mathcal{S}(i)} \phi_{ij} - r_i \sum_{k\in\mathcal{P}(i)} \phi_{ki} = 0 \quad (i \in V\backslash\{r,s\}) \tag{2.10.18}$$

mit den Proportionalitätsfaktoren r_i, die für $0 < r_i < 1$ Knotenverluste und für $r_i > 1$ Knotengewinne wiedergeben. Teilt man derartige Knoten mit Gewinnen oder Verlusten in einen Flußeingangs- und einen Flußausgangsknoten auf und führt einen zusätzlichen Pfeil vom Flußeingangs- zum Flußausgangsknoten ein, so kann der Knotengewinn oder -verlust gemäß (2.10.18) durch den entsprechenden Flußgewinn oder -verlust auf diesem neu eingeführten Pfeil berücksichtigt werden.

Dynamische Flüsse

Die bisher betrachteten Flußprobleme weisen alle ein statisches Verhalten auf, d.h., es wird nicht berücksichtigt, daß für den Durchfluß durch ein Netzwerk im allgemeinen Zeit benötigt wird (und hierbei in der Regel ein gewisses „Anfahrverhalten" auftritt). Fließt etwa Wasser durch ein Kanalnetz von einer Quelle zu einer Senke, dann trifft zuerst der Teilfluß mit dem kürzesten („schnellsten") Weg bei der Senke ein, und der ankommende Fluß schwillt erst allmählich bis zu seiner maximalen Stärke an. Ähnliche Phänomene lassen sich etwa bei der Verkehrsplanung beobachten und steuern, wenn z.B. in Stoßzeiten der Verkehr möglichst schnell durch ein Straßennetz geschleust werden soll.

Bei der Modellierung solcher „dynamischen" Flußprobleme tritt als zusätzliche Bewertung der Pfeile $\langle i,j\rangle \in E$ die jeweilige Durchflußdauer $t_{ij} > 0$ auf, die der Einfachheit halber nicht im Lauf der Zeit variieren soll und als ganzzahlig angenommen werde. Aufgrund der Ganzzahligkeit der t_{ij} genügt es, die Zeitpunkte $\tau \in \mathbb{N}_0$ zu betrachten. Gesucht ist etwa beim Maximalfluß-Problem derjenige (dynamische) Fluß, bei dem im Zeitraum $[0,T]$ ($T \in \mathbb{N}$) die „Gesamtmenge" des in der Senke s eintreffenden Flusses maximal ist. Diese „Gesamtdurchflußmenge" ist gerade die Summe der Stärke der in s eintreffenden Flüsse in den Zeitpunkten $\tau = 0, 1, \ldots, T$. Sei $\phi_{ij}(\tau)$ ($\langle i,j\rangle \in E; \tau \in$

$\{0,1,\ldots,T\}$) der Wert des Flusses, der zum Zeitpunkt τ in den Pfeil $\langle i,j\rangle$ eintritt (von i nach j abgeschickt wird). Die Bestimmung eines maximalen Flusses in N von der Flußquelle r zur Flußsenke s entspricht dann der Problemstellung

$$\text{Max. } \omega(\mathrm{T})$$

$$\text{(2.10.19)}\quad \text{u.d.N. } \sum_{\tau=0}^{T}\left[\sum_{j\in\mathcal{S}(i)}\phi_{ij}(\tau)-\sum_{k\in\mathcal{P}(i)}\phi_{ki}(\tau-t_{ki})\right]=\begin{cases}\omega(T), & \text{für } i=r\\ -\omega(T), & \text{für } i=s\end{cases}$$

$$\sum_{j\in\mathcal{S}(i)}\phi_{ij}(\tau)-\sum_{k\in\mathcal{P}(i)}\phi_{ki}(\tau-t_{ki})=0 \quad \begin{array}{l}\text{für alle } i\in V\backslash\{r,s\}\\ \text{und } \tau\in\{0,1,\ldots,T\}\end{array}$$

$$0\le\phi_{ij}(\tau)\le\kappa_{ij}\quad (\langle i,j\rangle\in E,\tau\in\{0,1,\ldots,T\})$$

$$\text{(2.10.20)}\quad \begin{cases}\phi_{ij}(0)=0 & (\langle i,j\rangle\in E, i\in V\backslash\{r\})\\ \phi_{ij}(\tau)=0 & (\langle i,j\rangle\in E,\tau\in\{-1,-2,\ldots\})\,.\end{cases}$$

Die Nebenbedingung (2.10.19) beschreibt den Gesamtdurchfluß durch das Netzwerk im betrachteten Zeitraum. Sie bedeutet, daß bis zum Zeitpunkt T soviel aus der Flußquelle r herauskommt wie in die Flußsenke s hineinfließt. Die gegenüber dem „einfachen" Maximalfluß-Problem neu auftretenden Bedingungen (2.10.20) besagen, daß nur solche Flußanteile berücksichtigt werden, die im Planungszeitraum in r eingespeist werden (dies hat zur Folge, daß die Minimalkapazitäten den Wert 0 haben).

Eine sehr anschauliche (jedoch vor allem hinsichtlich des Speicherplatzes aufwendige) Lösungsmethode besteht darin, die Knoten des Netzwerkes zu vervielfachen und in $T+1$ Zeitebenen übereinander anzuordnen, wie das in Abb. 2.10.15 dargestellt ist. Entsprechend der Durchflußdauer verbinden die Pfeile dann Knoten von Zeitebenen, die um diese Durchflußdauer auseinanderliegen. Die Flußquellen und Flußsenken der $T+1$ Zeitebenen werden durch Pfeile ohne Kapazitätsbeschränkungen mit einer Superquelle q bzw. einer Supersenke t verbunden. In diesem vergrößerten („zeitentwickelten") Netzwerk ist dann ein maximaler Fluß von q nach t zu bestimmen, aus dem sich (wie in der Legende von Abb. 2.10.15 angegeben) unmittelbar der Fluß $\phi_{ij}(\tau)$ ablesen läßt. Übertragungen dieser Vorgehensweise auf allgemeinere Problemstellungen, bei denen beispielsweise die Durchflußdauern im Lauf der Zeit variieren, können ohne Schwierigkeiten vorgenommen werden.

Einen rechentechnisch günstigerer Lösungszugang für das dynamische Maximalfluß-Problem (bei zeitunabhängigen Durchflußdauern) wurde von Ford und Fulkerson entwickelt. Statt ein Netzwerk mit mehreren Zeitebenen zu verwenden, wird für das Netzwerk eine Kostenbewertung definiert, die

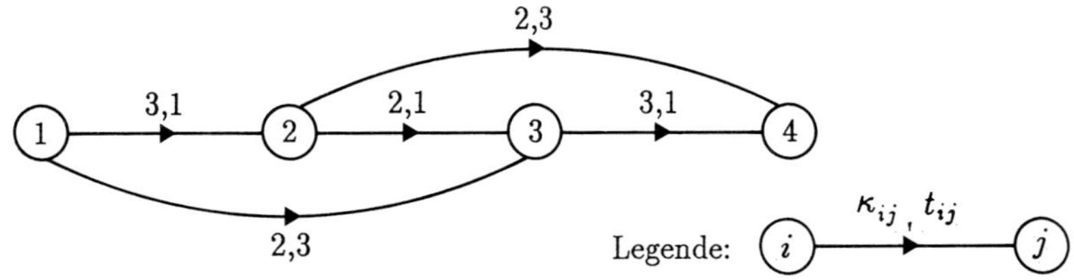

Netzwerk mit Maximalkapazitäten und Durchflußzeiten

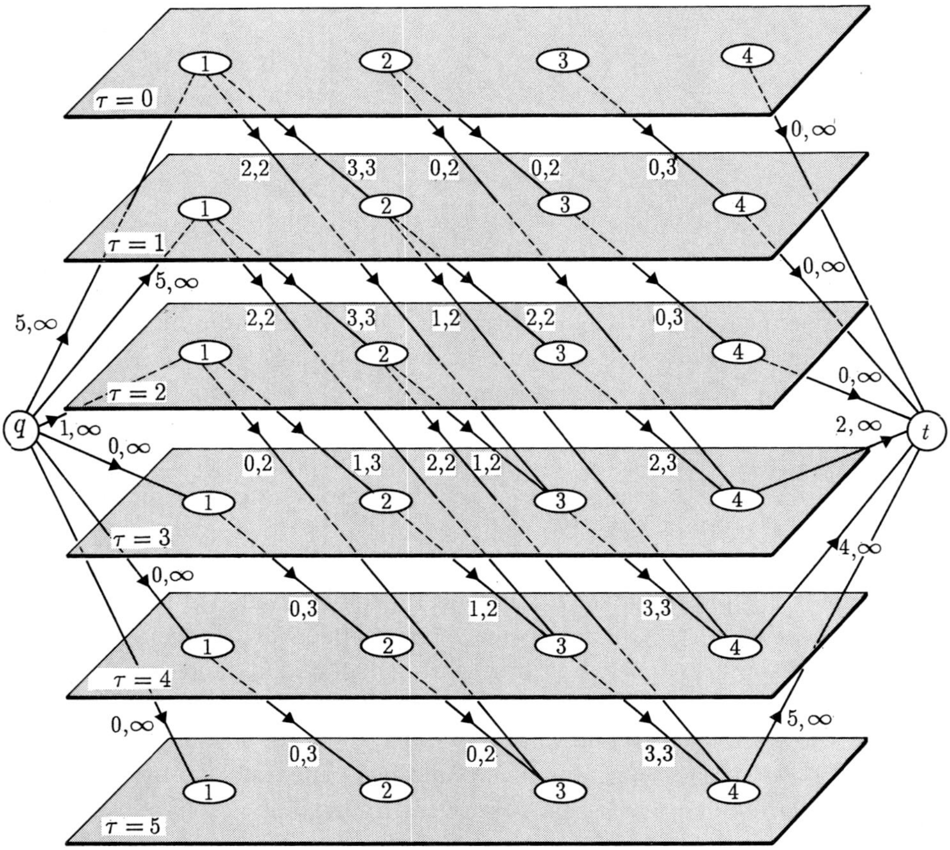

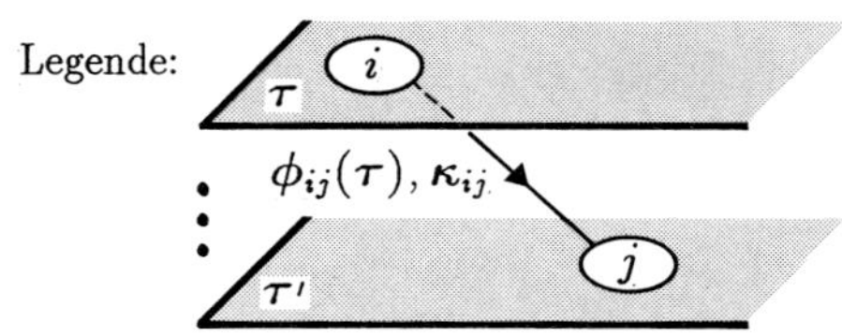

Netzwerk mit Zeitebenen

Abb. 2.10.15

jedem Pfeil als Kosten die Durchflußdauern zuordnet. Entsprechend dem Verfahren von Busacker und Gowen wird dann schrittweise ein stärker werdender Fluß konstruiert. Dabei entspricht jeder Flußvergrößerung längs eines Semiwegs der Länge L (mindestens) ein Teilfluß, der L Zeiteinheiten von r nach s benötigt. Es werden daher so lange Flußvergrößerungsschritte durchgeführt, wie die flußvergrößernden Semiwege nicht länger als T sind (für weitere Einzelheiten vgl. MINIEKA (1978), Abschnitt 4.5).

Mehrgüterflüsse

Häufig ist in einem Netzwerk nicht nur ein Gut von einer Flußquelle zu einer Flußsenke zu transportieren, sondern es sind gleichzeitig mehrere unterschiedliche Güter zu verschicken, die verschiedene Flußquellen und Flußsenken besitzen können. Diese Flüsse mehrerer Güter müssen sich die vorhandenen Transportkapazitäten teilen und können hinsichtlich der Transportkosten auf den einzelnen Streckenabschnitten (Pfeilen) differieren. Beispiele hierfür sind Verkehrsnetze, die Verkehrsströme mit verschiedenen Start-Ziel-Beziehungen aufnehmen müssen, Straßennetze, auf denen verschiedene Fahrzeugarten (z.B. PKW und Schwerverkehr) gesondert zu betrachten sind, oder ein Richtfunknetz, über das simultan eine Vielzahl von Nachrichtenverbindungen geschaltet ist.

Wir betrachten im folgenden etwa M verschiedene Flüsse ϕ^m $(m = 1, \ldots, M)$ nebeneinander, wobei der Fluß ϕ^m mit der Flußquelle r_m und der Flußsenke s_m die vorgegebene Stärke ω_m^+ habe. Die Flußbedingungen lauten dann

$$(2.10.21) \quad \sum_{j \in \mathcal{S}(i)} \phi_{ij}^m - \sum_{k \in \mathcal{P}(i)} \phi_{ik}^m = \begin{cases} \omega_m^+, & \text{für } i = r_m \\ -\omega_m^+, & \text{für } i = s_m \\ 0, & \text{für } i \in V \setminus \{r_m, s_m\} \end{cases} \quad (m = 1, \ldots, M) .$$

Die Kapazitätsbeschränkungen bei Mehrgüterflüssen sind vielfältiger als bei „Eingüterflüssen“. Zum einen kann es für jeden einzelnen Fluß die übliche individuelle Kapazitätsbeschränkung geben:

$$(2.10.22) \qquad 0 \leq \phi_{ij}^m \leq \kappa_{ij}^m \quad (\langle i, j \rangle \in E, m = 1, \ldots, M) .$$

Dabei haben wir der Einfachheit halber angenommen, daß alle Minimalkapazitäten gleich 0 seien. Zum anderen treten bei Mehrgüterflüssen immer gemeinsame Kapazitätsschranken auf:

$$(2.10.23) \qquad \phi_{ij}^1 + \ldots + \phi_{ij}^M \leq \kappa_{ij}^0 \quad (\langle i, j \rangle \in E) .$$

Wegen der Bedingung (2.10.23) kann das Mehrgüterfluß-Problem nicht in isoliert zu betrachtende Eingüterflußprobleme zerlegt werden, sondern erfordert (von Spezialfällen abgesehen) wesentlich aufwendigere Lösungsverfahren. Ein Beispiel für eine derartige gemeinsame Kapazitätsrestriktion (2.10.23) liefert ein Verkehrsnetz, in dem PKW und LKW dieselbe Straße benutzen. Werden die einzelnen Flüsse in unterschiedlichen Einheiten gemessen, oder benötigen die Flußeinheiten unterschiedliche Kapazitäten (z.B. kann ein LKW eine Strecke so stark wie mehrere PKW belasten, wobei dieser „Umrechnungsfaktor“ noch von der Art der Strecke, etwa dem Grad der Steigung, abhängt), so ist (2.10.23) durch

$$\alpha_{ij}^1 \phi_{ij}^1 + \ldots + \alpha_{ij}^M \phi_{ij}^M \leq \kappa_{ij}^0 \quad (\langle i,j \rangle \in E) \tag{2.10.24}$$

zu ersetzen mit den Gewichtungsfaktoren α_{ij}^m.

Verursacht der Transport einer Einheit des Flusses ϕ^m auf $\langle i,j \rangle$ die Kosten c_{ij}^m und suchen wir die gesamten Transportkosten zu minimieren, so erhalten wir als Minimierungsbedingung

$$\text{Min.} \sum_{\langle i,j \rangle \in E} c_{ij}^1 \phi_{ij}^1 + \ldots + \sum_{\langle i,j \rangle \in E} c_{ij}^M \phi_{ij}^M \,. \tag{2.10.25}$$

Das Problem der Bestimmung eines kostenminimalen Mehrgüterflusses (2.10.25), (2.10.21), (2.10.22) und (2.10.24) hat (nach Einführung von Schlupfvariablen) die Form der linearen Optimierungsaufgabe (1.9.10), wobei jetzt zusätzlich die Variablen nach oben beschränkt sein können. Die Restriktionen (2.10.21) und (2.10.22) weisen eine Blockstruktur auf, die durch die relativ wenigen Nebenbedingungen (2.10.23) miteinander verbunden sind. Wie in Abschnitt 1.9.4 erläutert, kann ein lineares Optimierungsproblem dieser speziellen Struktur mit einem Dekompositionsverfahren gelöst werden. Die in jedem Austauschschritt des Verfahrens zu lösenden Teilaufgaben (in Abschnitt 1.9.4 mit (L_k) bezeichnet) stellen Probleme zur Bestimmung kostenminimaler Eingüterflüsse (mit oberen Kapazitätsschranken) dar, die mit der Netzwerk-Simplexmethode oder dem Verfahren von Busacker und Gowen gelöst werden können. Für eine detailliertere Behandlung des Mehrgüterfluß-Problems und zugehöriger Lösungsverfahren verweisen wir auf Gondran und Minoux (1984), Abschnitt 6.2, und Kennington und Helgason (1980), Kapitel 6.

Ein prinzipieller Unterschied zwischen dem Ein- und dem Mehrgüterfluß-Problem zeigt sich darin, daß bei ganzzahligen Eingangsdaten ($\omega_1^+, \ldots, \omega_M^+; \kappa_{ij}^0, \ldots, \kappa_{ij}^M$ $(\langle i,j \rangle \in E)$) – von Spezialfällen abgesehen – optimale Lösungen des Mehrgüterfluß-Problems nicht ganzzahlig sind bzw., falls eine ganzzahlige optimale Lösung existiert, diese in der Regel nicht durch das Dekompositionsverfahren gefunden wird. Dies liegt daran, daß nur für spezielle lineare Optimierungsprobleme mit ganzzahligen Eingangsdaten (wozu das Eingüterfluß-Problem (KFS), nicht jedoch das Mehrgüterfluß-Problem gehören) die Basislösungen ganzzahlig sind (hierauf werden wir in Abschnitt 3.1.2 genauer eingehen). Ist als zusätzliche Restriktion die Ganzzahligkeit der Flußwerte zu beachten, dann führt das Dekompositionsverfahren also nicht zum Ziel. Abb. 2.10.16 zeigt ein einfaches Beispiel zur Bestimmung eines kostenminimalen Zweigüterflusses mit den vorgegebenen Flußstärken $\omega_1^+ = \omega_2^+ = 1$ und den Maximalkapazitäten $\kappa_{ij}^0 = \kappa_{ij}^1 = \kappa_{ij}^2 = 1$ für alle Pfeile $\langle i, j\rangle$, den Flußquellen r_1 und r_2 sowie den Flußsenken s_1 und s_2, das keine ganzzahlige optimale Lösung besitzt. Die beiden Flüsse konkurrieren auf den kostengünstigen Pfeilen $\langle 1, 2\rangle$ und $\langle 3, 4\rangle$. Wie man leicht verifiziert, lautet die optimale Lösung dieses Flußproblems $\phi_{ij}^1 = \phi_{ij}^2 = \frac{1}{2}$ für alle Pfeile $\langle i, j\rangle$.

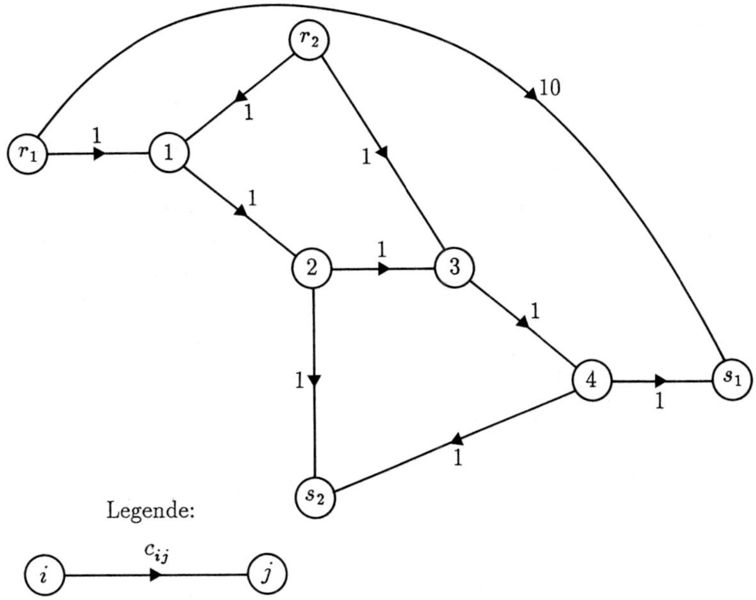

Abb. 2.10.16

Kapitel 3

Ganzzahlige und kombinatorische Optimierung

In Kapitel 1 haben wir uns mit Optimierungsproblemen mit *reellwertigen* Entscheidungsvariablen beschäftigt. Dieser Fall ist jedoch bei Anwendungen oft nicht gegeben. Handelt es sich beispielsweise in der Produktions-Programmplanung um die Produktion von Stückgütern, so können die die produzierten Mengen beschreibenden Variablen nur ganzzahlige und nicht mehr beliebige reelle Werte annehmen. Geht es etwa um die Entscheidung, ob ein Auftrag in ein Produktionsprogramm aufgenommen werden soll oder nicht, dann empfiehlt es sich, eine sogenannte binäre Variable x einzuführen, wobei etwa $x = 1$ bedeutet, daß der Auftrag angenommen wird, und $x = 0$, daß der Auftrag abgelehnt wird.

Ganzzahlige Variablen und damit **ganzzahlige Optimierungsprobleme** treten also auf, wenn kein Kontinuum von Alternativen vorliegt. Ist speziell die Menge der möglichen Alternativen und damit der zulässige Bereich endlich, so spricht man auch von einem **kombinatorischen Optimierungsproblem**. Die Kombinatorik befaßt sich bekanntlich mit den verschiedenen Möglichkeiten der Anordnung endlich vieler Objekte (z.B. den möglichen Permutationen endlich vieler Zahlen). Bewertet man diese Anordnungen und legt damit eine (etwa zu minimierende) Zielfunktion fest und sucht man eine optimale Anordnung zu bestimmen, so liegt ein kombinatorisches Optimierungsproblem vor.

Die in Kapitel 2 behandelten Optimierungsprobleme auf Graphen oder Netzwerken wie das Minimalgerüstproblem, die Bestimmung kürzester oder längster Wege in Netzwerken sowie das Zuordnungs- und das Briefträgerproblem sind sämtlich kombinatorische Optimierungsprobleme. Auch Umladeprobleme (und damit die in Kapitel 2 betrachteten Flußprobleme) stellen kombinatorische Optimierungsprobleme dar, wenn die zu transportierenden Mindest- und Höchstmengen und die Nachfrage- und Angebotsmengen ganzzahlig sind (dann sind alle Basislösungen des betreffenden linearen Optimierungsproblems ganzzahlig). Alle in Kapitel 2 betrachteten Optimierungsaufgaben sind leicht, d.h. mit polynomialem Rechenaufwand lösbar, während die im vorliegenden Kapitel behandelten kombinatorischen bzw. ganzzahligen Optimierungsprobleme in der Regel schwer sind.

Wir werden uns im folgenden zunächst mit allgemeinen ganzzahligen linearen Optimierungsproblemen befassen und hierfür das Lösungsverfahren von Gomory skizzieren, das darin besteht, eine Folge gewöhnlicher linearer Optimierungsaufgaben zu lösen. Für die Lösung schwerer kombinatorischer Optimierungsprobleme werden wir zwei Verfahrensprinzipien betrachten: die Branch-and-Bound-Methode, die stets eine optimale Lösung liefert (falls überhaupt eine existiert), jedoch in der Regel einen exponentiellen Rechenaufwand erfordert, und heuristische Verfahren, die im allgemeinen nur suboptimale Lösungen (Näherungslösungen) liefern. Anschließend werden wir verschiedene für die Anwendungen wichtige kombinatorische Optimierungsprobleme detaillierter behandeln: das Rucksackproblem, Verschnittprobleme, das Handlungsreisendenproblem, Tourenplanungsprobleme, Optimierungsaufgaben in der Maschinenbelegungsplanung und die Ressourcenplanung bei Projekten. Zur Lösung dieser Optimierungsaufgaben werden wir (sofern es sich um schwere Probleme handelt) Branch-and-Bound-Verfahren und/oder Heuristiken bereitstellen.

3.1 Ganzzahlige Optimierung

3.1.1 Ganzzahlige, kombinatorische und binäre Optimierungsprobleme

Wir sprechen von einem **ganzzahligen linearen Optimierungsproblem**, wenn, abgesehen von der Ganzzahligkeitsforderung an die Variablen, eine lineare Optimierungsaufgabe, etwa in der Standardform (L) (vgl. Abschnitt 1.1.2), gegeben ist:

$$\begin{aligned} \text{Min.} \quad & F(\boldsymbol{x}) := \boldsymbol{c}^T \boldsymbol{x} \\ \text{u.d.N.} \quad & \boldsymbol{A}\boldsymbol{x} = \boldsymbol{b} \\ & \boldsymbol{x} \in \mathbb{Z}_+^n \ . \end{aligned}$$

$\boldsymbol{x} \in \mathbb{Z}_+^n$ (an Stelle von $\boldsymbol{x} \in \mathbb{R}_+^n$ beim linearen Optimierungsproblem) bedeutet, daß die Variablen x_j $(j = 1, \dots, n)$ ganzzahlig und nichtnegativ sein sollen. Neben diesem **rein-ganzzahligen** Problem treten manchmal auch **gemischt-ganzzahlige** Optimierungsaufgaben auf, d.h., nur einige der Variablen sollen ganzzahlig sein, etwa

$$\begin{aligned} & x_1, \dots, x_r \in \mathbb{Z}_+ \\ & x_{r+1}, \dots, x_n \in \mathbb{R}_+ \ . \end{aligned}$$

Können die Variablen $x_1, \dots, x_n$ nur die beiden Werte 0 und 1 annehmen (d.h., statt $\boldsymbol{x} \in \mathbb{R}^n_+$ bzw. $\boldsymbol{x} \in \mathbb{Z}^n_+$ haben wir $\boldsymbol{x} \in \{0,1\}^n$), so sprechen wir von einem **binären Optimierungsproblem** und von **binären Variablen** $x_1, \ldots, x_n$. Natürlich ist auch wieder der Fall möglich, daß nur einige der Variablen binär sind und die übrigen beliebige reelle (nichtnegative) Werte annehmen dürfen (**gemischt-binäre** Probleme).

Ganzzahlige lineare Optimierungsprobleme sind im allgemeinen schwer, d.h. nach derzeitigem Wissensstand nur mit exponentiellem Rechenaufwand zu lösen (vgl. Abschnitt 2.2.1), selbst wenn alle Variablen binär sind (s. NEMHAUSER UND WOLSEY (1988), Abschnitt I.5.6, PAPADIMITRIOU UND STEIGLITZ (1982), Abschnitt 15.3).

Wie bereits erwähnt, spricht man von einem **kombinatorischen Optimierungsproblem**, wenn der zulässige Bereich eine endliche Menge ist. In der Regel lassen sich die Nebenbedingungen einer kombinatorischen Optimierungsaufgabe wieder durch lineare Gleichungen und/oder Ungleichungen für ganzzahlige Entscheidungsvariablen $x_1, \ldots, x_n$ beschreiben. Der zulässige Bereich ist dann die Menge aller ganzzahligen Gitterpunkte eines konvexen Polytops im $\mathbb{R}^n$.

Eine Variable x, die nur endlich viele reelle Werte annehmen kann, etwa $\xi_1, \ldots, \xi_k$ (beispielsweise die Werte von Münzen in Pfennigen: 1, 2, 5, 10, 50, 100, 200, 500), kann man durch k binäre Variablen $u_1, \ldots, u_k$ ersetzen, indem man die Substitution

$$x = \xi_1 u_1 + \ldots + \xi_k u_k$$

vornimmt. Dem betreffenden Optimierungsproblem sind dann die Restriktionen

$$\begin{aligned} u_1 + \ldots + u_k &= 1 \\ u_i \in \{0,1\} \quad (i &= 1, \ldots, k) \end{aligned} \tag{3.1.1}$$

hinzuzufügen. Kann die Variable x alle ganzzahligen Werte zwischen 0 und α annehmen, so setzt man zweckmäßigerweise $\xi_i := 2^{i-1}$ ($i = 1, \ldots, k$ mit $2^k - 1 \geq \alpha$), wobei dann die Nebenbedingung (3.1.1) wegzulassen ist (Binärdarstellung von x). Auf diese Weise kann ein kombinatorisches Optimierungsproblem, dessen zulässige Lösungen die ganzzahligen Gitterpunkte eines konvexen Polytops sind, stets in eine binäre Optimierungsaufgabe übergeführt werden. Allerdings ist eine solche Problemtransformation, die die Anzahl der Variablen in der Regel wesentlich erhöht, nicht immer zweckmäßig, zumal viele primär für binäre Optimierungsprobleme entwickelte Lösungsverfahren sich ohne prinzipielle Schwierigkeiten auf Optimierungsprobleme übertragen lassen, deren Variablen endlich viele verschiedene Werte annehmen können (z.B. die Branch-and-Bound-Methode, vgl. Abschnitt 3.2.1).

Wir wollen noch einige weitere Beispiele für binäre bzw. gemischt-binäre Optimierungsprobleme betrachten. Wir haben bereits festgestellt, daß es nahe liegt, binäre Variablen einzuführen, wenn zu entscheiden ist, ob gewisse Aufträge in ein Produktionsprogramm aufgenommen werden sollen oder nicht.

Unter den in Kapitel 2 behandelten kombinatorischen Optimierungsproblemen stellt beispielsweise das Zuordnungsproblem, bei dem es um die optimale Zuordnung von n Arbeitskräften $A_1, \ldots, A_n$ zu n Tätigkeiten $T_1, \ldots, T_n$ geht (vgl. Abschnitt 2.7.2) ein binäres Optimierungsproblem dar. Die Variablen sind hier gemäß

$$x_{ij} := \begin{cases} 1, & A_i \text{ wird } T_j \text{ zugeordnet} \\ 0, & \text{sonst} \end{cases} \qquad (i, j = 1, \ldots, n)$$

festgelegt.

Treten bei der (Serien-)Produktion von Gütern sogenannte *auflagefixe Kosten* auf, d.h. Fixkosten, die nicht stets anfallen, sondern nur dann, wenn (eine positive Menge) produziert wird, so empfiehlt es sich ebenfalls, binäre Variablen einzuführen. Betrachten wir der Einfachheit halber nur ein Produkt, von dem x Mengeneinheiten produziert werden und setzen wir die Kosten in der Form

$$c(x) := \begin{cases} \alpha x + \beta, & \text{falls } x > 0 \\ 0, & \text{falls } x = 0 \end{cases}$$

mit den auflagefixen Kosten β an und erklären die binäre Variable

$$u := \begin{cases} 1, & \text{falls } x > 0 \\ 0, & \text{falls } x = 0\ , \end{cases}$$

dann schreiben sich die Kosten in der Form

$$c(x) = \alpha x + \beta u \quad (x \geq 0)\ .$$

Mit Hilfe binärer Variablen lassen sich auch kompliziertere zulässige Bereiche, z.B. solche, die nicht zusammenhängend sind, durch lineare Gleichungen bzw. Ungleichungen beschreiben. Betrachten wir etwa das Optimierungsproblem

$$\begin{array}{ll} \text{Min.} & F(x_1, x_2) \\ \text{u.d.N.} & (x_1, x_2) \in M_1 \cup M_2\ , \end{array}$$

wobei M_1 und M_2 in Abb. 3.1.1 dargestellt sind. Führen wir binäre Variablen u_1, u_2 ein, so kann man dieses Problem wie folgt schreiben:

$$\begin{aligned}
\text{Min.}\quad & F(x_1, x_2) \\
\text{u.d.N.}\ & 2x_1 + 3x_2 \le 6 \\
& x_1 + 2u_1 \ge 2 \\
& x_2 + u_2 \ge 1 \\
& u_1 + u_2 \le 1 \\
& x_1, x_2 \in \mathbb{R}_+ \\
& u_1, u_2 \in \{0, 1\}\ .
\end{aligned}$$

Für (u_1, u_2) sind nur die drei Paare (0,0), (1,0) und (0,1) zulässig. Für $(u_1, u_2) = (0, 0)$ ist die Menge der zulässigen (x_1, x_2) leer, für $(u_1, u_2) = (1, 0)$ gilt $(x_1, x_2) \in M_1$, und für $(u_1, u_2) = (0, 1)$ ist $(x_1, x_2) \in M_2$.

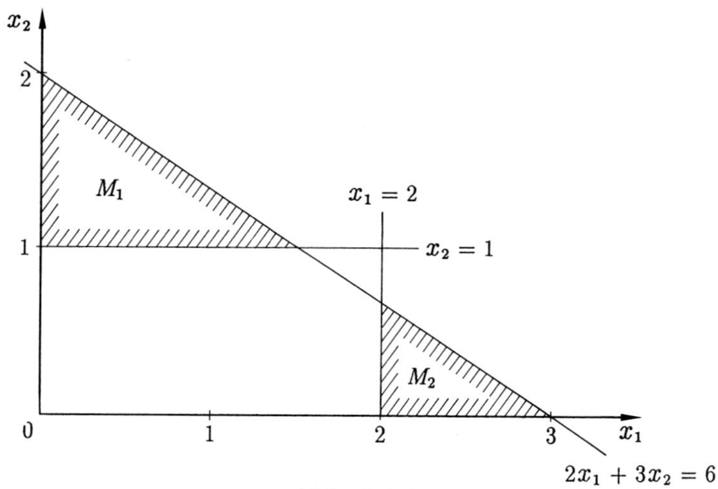

Abb. 3.1.1

3.1.2 Ganzzahlige Optimierungsprobleme mit total unimodularer Koeffizientenmatrix

Wir betrachten das rein-ganzzahlige lineare Optimierungsproblem

$$(G) \qquad \begin{cases} \text{Min.} & F(\boldsymbol{x}) := \boldsymbol{c}^T \boldsymbol{x} \\ \text{u.d.N.} & \boldsymbol{A}\boldsymbol{x} = \boldsymbol{b} \\ & \boldsymbol{x} \in \mathbb{Z}_+^n\ , \end{cases}$$

wobei $\boldsymbol{A}$ eine $m \times n$-Matrix mit ganzzahligen Elementen („ganzzahlige Matrix“) und $\operatorname{rg} \boldsymbol{A} = m < n$ sowie $\boldsymbol{c} \in \mathbb{Z}^n$ [1] und $\boldsymbol{b} \in \mathbb{Z}^m$ seien. Eine naheliegende

[1] Die Ganzzahligkeit der Koeffizienten c_j $(j = 1, \ldots, n)$ in der Zielfunktion ist für das Folgende nicht wesentlich.

Frage ist, unter welchen Bedingungen die zulässigen Basislösungen des *zugehörigen* linearen Optimierungsproblems (L), das aus (G) entsteht, wenn wir $\boldsymbol{x} \in \mathbb{Z}_+^n$ durch $\boldsymbol{x} \in \mathbb{R}_+^n$ ersetzen, ganzzahlig sind. In letzterem Fall gibt es, falls (L) überhaupt eine Lösung besitzt, eine optimale Lösung $\boldsymbol{x}^L$ von (L), die dann gleichzeitig optimale Lösung von (G) ist und mit dem Simplexverfahren bestimmt werden kann.

Man spricht von einem **relaxierten Problem** oder einer **Relaxation** eines Optimierungsproblems, wenn einige (oder alle) Nebenbedingungen des Problems weggelassen oder „gelockert" werden. Das Standardproblem der linearen Optimierung (L) stellt also eine Relaxation der ganzzahligen Optimierungsaufgabe (G) dar.

Wir nennen eine quadratische ganzzahlige Matrix $\boldsymbol{B}$ **unimodular**, wenn für die Determinante dieser Matrix $\det \boldsymbol{B} = +1$ oder $\det \boldsymbol{B} = -1$ gilt. Eine (nicht notwendig quadratische) ganzzahlige Matrix $\boldsymbol{A}$ heißt **total unimodular**, wenn jede quadratische nichtsinguläre Teilmatrix von $\boldsymbol{A}$ unimodular ist, in anderen Worten, wenn die Determinante jeder quadratischen Teilmatrix von $\boldsymbol{A}$ den Wert 0, 1 oder -1 hat. Insbesondere ist jedes Element einer total unimodularen Matrix gleich 0, 1 oder -1.

Seien nun $\boldsymbol{x}$ eine beliebige Basislösung des (G) entsprechenden relaxierten Problems (L), $\boldsymbol{B} = (\boldsymbol{a}^k)_{k\in\mathcal{B}}$ eine zugehörige Basismatrix und $\boldsymbol{x}_B := (x_k)_{k\in\mathcal{B}}$ der Vektor der Basisvariablen, wobei o.B.d.A. $\mathcal{B} = \{1, \ldots, m\}$ sei. Dann gilt

$$\boldsymbol{B}\boldsymbol{x}_B = \boldsymbol{b}$$

oder unter Benutzung der aus der linearen Algebra bekannten Cramerschen Regel

$$\boldsymbol{x}_B = \boldsymbol{B}^{-1}\boldsymbol{b} = \frac{\boldsymbol{B}^{\mathrm{adj}}\boldsymbol{b}}{\det \boldsymbol{B}} \tag{3.1.2}$$

(vgl. (1.2.8)). Dabei ist

$$\boldsymbol{B}^{\mathrm{adj}} = \begin{pmatrix} B_{11} & \ldots & B_{m1} \\ \vdots & & \vdots \\ B_{1m} & \ldots & B_{mm} \end{pmatrix}$$

die sogenannte **Adjungierte** der Matrix $\boldsymbol{B}$, für deren Elemente

$$B_{ij} = (-1)^{i+j} D_{ij}$$

gilt, wobei der **Minor** D_{ij} die Determinante derjenigen $(m-1) \times (m-1)$-

Matrix ist, die sich aus $\boldsymbol{B}$ durch Streichen der i-ten Zeile und j-ten Spalte ergibt.

Ist die Matrix $\boldsymbol{A}$ in (L) total unimodular, so ist $\det \boldsymbol{B} = +1$ oder $= -1$ und $\boldsymbol{B}^{\text{adj}}$ eine ganzzahlige Matrix. Bei ganzzahligem $\boldsymbol{b}$ sind nach (3.1.2) dann auch $\boldsymbol{x}_B$ und die Ecke $\boldsymbol{x} = \binom{\boldsymbol{x}_B}{\boldsymbol{x}_N}$ mit $\boldsymbol{x}_N = \boldsymbol{0}$ ganzzahlig. Wir haben damit den folgenden

Satz 3.1.1. *Sind in dem linearen Optimierungsproblem (L) die Matrix $\boldsymbol{A}$ total unimodular und der Vektor $\boldsymbol{b}$ ganzzahlig, dann sind alle Basislösungen von (L) ganzzahlig.*

Beispielsweise ist die Inzidenzmatrix eines Digraphen (vgl. Abschnitt 2.1.1) stets total unimodular (s. LAWLER (1976), Abschnitt 4.12). Damit haben also die in Kapitel 2 betrachteten Optimierungsprobleme auf Netzwerken (Bestimmung kürzester Wege sowie maximaler oder kostenminimaler Flüsse, Umladeprobleme) nur ganzzahlige Basislösungen, wenn die Ausgangsdaten (Minimal- und Maximal-Transportkapazitäten, eine evtl. vorgegebene Flußstärke, Angebots- und Nachfragemengen) ganzzahlig sind (vgl. hierzu auch die entsprechende Bemerkung in Abschnitt 2.8.2). Die Prüfung, ob eine gegebene ganzzahlige Matrix $\boldsymbol{A}$ total unimodular ist oder nicht, ist zwar mit polynomialen Rechenaufwand durchführbar, jedoch in der Regel sehr kompliziert (vgl. SCHRIJVER (1986), Kapitel 19 und 20).

3.1.3 Verfahren von Gomory zur Lösung des rein-ganzzahligen Optimierungsproblems

Wir legen das rein-ganzzahlige Optimierungsproblem (G) mit $\text{rg}\boldsymbol{A} = m < n$, einer ganzzahligen Matrix $\boldsymbol{A}$ und ganzzahligen Vektoren $\boldsymbol{c}$ und $\boldsymbol{b}$ zugrunde. Ist die Matrix $\boldsymbol{A}$ nicht total unimodular, so sind die Basislösungen des entsprechenden relaxierten Problems (L) im allgemeinen nicht ganzzahlig, und eine optimale Lösung von (G) kann nicht mit der Simplexmethode bestimmt werden. Weiß man bei einem praktischen Problem von vornherein, daß die Komponenten x_j^L $(j = 1, \ldots, n)$ jeder Lösung $\boldsymbol{x}^L$ von (L) relativ große Zahlen sind, so genügt es meistens, anstelle von (G) das relaxierte Problem (L) mit dem Simplexverfahren zu lösen und die erhaltene ganzzahlige Lösung (komponentenweise) zu runden. Bei kleinen Werten x_j^L kann eine solche Rundung zu erheblichen Fehlern führen, wie das folgende Beispiel zeigt:

$$
(3.1.3)\quad \begin{cases} \text{Min.} & F(x_1, x_2) := -2x_1 - 3x_2 \\ \text{u.d.N.} & x_1 + 2x_2 \le 8 \\ & 2x_1 + x_2 \le 9 \\ & x_1, x_2 \in \mathbb{Z}_+ \,. \end{cases}
$$

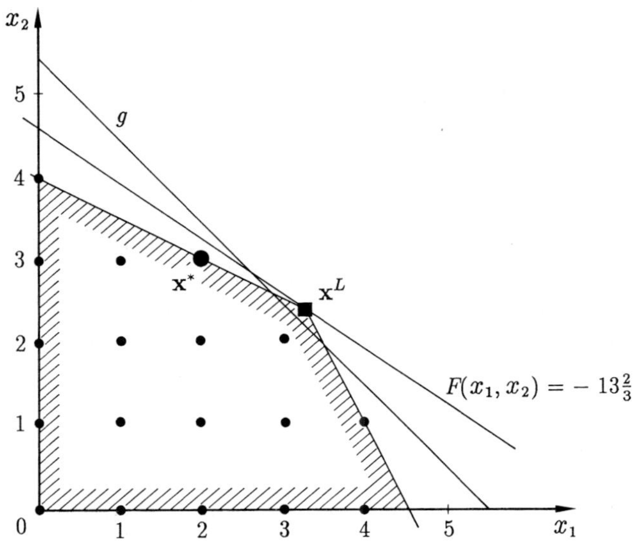

Abb. 3.1.2

In Abb. 3.1.2 ist der zulässige Bereich des (3.1.3) entsprechenden relaxierten (nicht ganzzahligen) Optimierungsproblems durch Schraffur gekennzeichnet. Die optimale Lösung ist $\mathbf{x}^L = \left(\frac{10}{3}, \frac{7}{3}\right)^T$ mit $F(\mathbf{x}^L) = -13\frac{2}{3}$. Die zulässigen Lösungen von (3.1.3) sind die in Abb. 3.1.2 stark ausgezeichneten Gitterpunkte. Die optimale Lösung von (3.1.3) ist $\mathbf{x}^* = (2, 3)^T$ mit $F(\mathbf{x}^*) = -13$, die also verschieden von der zulässigen Lösung $\mathbf{x} = (3, 2)^T$ mit $F(\mathbf{x}) = -12$ ist, die sich durch komponentenweise Rundung aus $\mathbf{x}^L$ ergibt.

Im allgemeinen benötigt man also ein Verfahren, das das ganzzahlige Problem (G) exakt löst. Ein solches Verfahren, das von Gomory entwickelt worden ist, besteht aus den folgenden Teilschritten:

Algorithmus 3.1.1 (Ganzzahlige lineare Optimierung — Verfahren von Gomory)

Schritt 1

Löse die Relaxation (L) des rein-ganzzahligen Problems (G).
Ist die berechnete Lösung $\boldsymbol{x}^L$ nicht ganzzahlig, so gehe zu Schritt 2; andernfalls ist $\boldsymbol{x}^L$ optimale Lösung von (G), terminiere.
Hat (L) keine Lösung, dann besitzt auch (G) keine Lösung, terminiere.

Schritt 2

Führe eine zusätzliche Restriktion ein, die folgenden Bedingungen genügt:

(a) $\boldsymbol{x}^L$ *verletzt die neue Restriktion, d.h.,* $\boldsymbol{x}^L$ *wird durch diese Nebenbedingung „weggeschnitten".*

(b) Jede zulässige Lösung von (G) erfüllt die neue Restriktion.

Schritt 3

Füge die neue Restriktion dem Optimierungsproblem (L) hinzu. Das neue „vergrößerte" Optimierungsproblem sei (L'). *Gehe zu Schritt 1 mit (L) durch* (L') *ersetzt.*

□

Für unser Beispiel (3.1.3) erhalten wir (nach Einführung von Schlupfvariablen x_3, x_4), ausgehend von dem in Tab. 3.1.1 angegebenen Anfangstableau, nach zwei Austauschschritten das Endtableau (Tab. 3.1.2) mit $\boldsymbol{x}^L = \left(\frac{10}{3}, \frac{7}{3}, 0, 0\right)^T$.

	1	2	
3	1	2	8
4	2	1	9
	−2	−3	0

Tab. 3.1.1

	② 4	3	
① 2	③ $-\frac{1}{3}$	$\frac{2}{3}$	④ $\frac{7}{3}$
1	$\frac{2}{3}$	$-\frac{1}{3}$	$\frac{10}{3}$
	⑤ $\frac{1}{3}$	$\frac{4}{3}$	⑥ $13\frac{2}{3}$

Tab. 3.1.2

Wir leiten jetzt für den Fall, daß (wie in unserem Beispiel) $\boldsymbol{x}^L$ nicht ganzzahlig ist, eine zusätzliche Restriktion her, die den Bedingungen (a) und (b) in Schritt 2 von Algorithmus 3.1.1 genügt. Wegen $\boldsymbol{x}^L \notin \mathbb{Z}^n$ ist mindestens ein Element in Feld ④ des zu $\boldsymbol{x}^L$ gehörigen Endtableaus nicht ganzzahlig, etwa das Element $x^L_{k'}$ in der Zeile mit dem Index k'. Diese Zeile schreibt sich in der Form

(3.1.4) $$x_{k'} + \sum_{l \in \mathcal{N}} \gamma_{k'l} x_l = x^L_{k'} ,$$

wobei $\mathcal{N}$ die zum Endtableau von $\boldsymbol{x}^L$ gehörige Nichtbasisindexmenge ist (vgl.

(1.2.7)). Für jede reelle Zahl a haben wir die Darstellung

$$a = \lfloor a \rfloor + r \ ,$$

wobei $\lfloor a \rfloor \in \mathbb{Z}$ der ganze Teil von a („Abrundung") und r mit $0 \leq r < 1$ der gebrochene Teil von a sind. Mit

$$\gamma_{kl} = \lfloor \gamma_{kl} \rfloor + r_{kl} \ , \quad x_{k'}^L = \lfloor x_{k'}^L \rfloor + r_{k'}$$

wird aus (3.1.4)

$$x_{k'} + \sum_{l \in \mathcal{N}} \lfloor \gamma_{k'l} \rfloor x_l - \lfloor x_{k'}^L \rfloor = - \sum_{l \in \mathcal{N}} r_{k'l} x_l + r_{k'} \ . \tag{3.1.5}$$

Wegen $x_l \geq 0$ $(l \in \mathcal{N})$ ist

$$- \sum_{l \in \mathcal{N}} r_{k'l} x_l + r_{k'} \leq r_{k'} \ . \tag{3.1.6}$$

Die linke Seite der Gleichung (3.1.5) ist für jede zulässige Lösung $\boldsymbol{x} \in \mathbb{Z}_+^n$ von (G) ganzzahlig, folglich auch die rechte Seite von (3.1.5) bzw. die linke Seite der Ungleichung (3.1.6). Aufgrund $0 < r_{k'} < 1$ (da $x_{k'}^L$ nicht ganzzahlig ist) muß also

$$- \sum_{l \in \mathcal{N}} r_{k'l} x_l + r_{k'} \leq 0$$

oder

$$x_{n+1} := -r_{k'} + \sum_{l \in \mathcal{N}} r_{k'l} x_l \geq 0 \tag{3.1.7}$$

sein. Wir haben damit gezeigt, daß die Restriktion (3.1.7) bzw.

$$\begin{cases} x_{n+1} - \sum_{l \in \mathcal{N}} r_{k'l} x_l = -r_{k'} \\ \qquad\qquad x_{n+1} \geq 0 \ , \end{cases} \tag{3.1.8}$$

die aus der Zeile mit dem Index k' des zu $\boldsymbol{x}^L$ gehörigen Endtableaus „erzeugt" worden ist, eine notwendige Bedingung dafür darstellt, daß eine zulässige Lösung $\boldsymbol{x}$ von (L) ganzzahlig ist. Die Restriktion (3.1.7) bzw. (3.1.8) fügen wir dann den Nebenbedingungen des Problems (L) hinzu. Dies bedeutet, daß das Tableau für $\boldsymbol{x}^L$ durch die Zeile

① $n+1$	③ $-r_{k'l}$ $(l \in \mathcal{N})$	④ $-r_{k'}$

3

ergänzt wird („erweitertes Tableau"), wodurch man zu einer „erweiterten Basislösung" $\widehat{\boldsymbol{x}}^L$ übergeht.

Wegen $-r_{k'} < 0$ und $x_l^L = 0$ für alle $l \in \mathcal{N}$ verletzt $\widehat{\boldsymbol{x}}^L$ die neue Restriktion (3.1.8), d.h., die obige Bedingung (a) ist erfüllt. Daß jede zulässige Lösung von (G) der neuen Restriktion (3.1.8) genügt, also auch Bedingung (b) erfüllt ist, geht unmittelbar aus der Herleitung von (3.1.8) hervor.

Die dem erweiterten Tableau entsprechende Basislösung $\widehat{\boldsymbol{x}}^L$ ist zwar dual zulässig (in Feld ⑤, das sich gegenüber dem Endtableau für $\boldsymbol{x}^L$ nicht geändert hat, sind alle Elemente nichtnegativ), jedoch nicht primal zulässig (in Feld ④ ist $-r_{k'} < 0$). Es empfiehlt sich also, zur Lösung des durch die Restriktion (3.1.8) vergrößerten Problems (L) bzw. bereits für die Lösung von (L) die duale Simplexmethode (vgl. Abschnitt 1.5.3) zu verwenden.

Wir kehren jetzt zu unserem Beispiel (3.1.3) zurück. Als „erzeugende Zeile" für die zusätzliche Restriktion wählen wir etwa die Zeile mit dem Index $k' = 1$. (3.1.4) lautet dann

$$x_1 + \frac{2}{3}x_4 - \frac{1}{3}x_3 = \frac{10}{3}\,,$$

und mit

$$r_{14} = r_{13} = \frac{2}{3}\,,\ r_1 = \frac{1}{3}$$

erhalten wir das gegenüber Tab. 3.1.2 erweiterte Tableau, das Tab. 3.1.3 zeigt.

	4	3	
2	$-\frac{1}{3}$	$\frac{2}{3}$	$\frac{7}{3}$
1	$\frac{2}{3}$	$-\frac{1}{3}$	$\frac{10}{3}$
5	$-\frac{2}{3}$	$-\frac{2}{3}$	$-\frac{1}{3}$
	$\frac{1}{3}$	$\frac{4}{3}$	$13\frac{2}{3}$

Tab. 3.1.3

Die zusätzliche Restriktion (3.1.7) hat die Form

$$\frac{2}{3}x_4 + \frac{2}{3}x_3 \geq \frac{1}{3}\,.$$

Der zugehörigen Geraden $\frac{2}{3}x_3 + \frac{2}{3}x_4 = \frac{1}{3}$ entspricht in der (x_1, x_2)-Ebene die Gerade

$$g:\ 2x_1 + 2x_2 = 11$$

(vgl. Abb. 3.1.2). Dabei haben wir beachtet, daß für das Problem (3.1.3) die Schlupfvariablen x_3, x_4 sich wie folgt durch die ursprünglichen Variablen x_1, x_2 ausdrücken lassen:

$$\begin{aligned} x_3 &= 8 - x_1 - 2x_2 \\ x_4 &= 9 - 2x_1 - x_2 \ . \end{aligned}$$

Durch die Gerade g (allgemein: durch die der zusätzlichen Restriktion entsprechende Hyperebene) wird ein Teil des zulässigen Bereiches des relaxierten Problems (u.a. der Punkt $\boldsymbol{x}^L$ bzw. $\mathbf{x}^L$) „weggeschnitten“ (vgl. Abb. 3.1.2). Man spricht deshalb auch von einem **Schnittebenenverfahren**.

Führen wir, ausgehend von Tab. 3.1.3, einen Austauschschritt mit der dualen Simplexmethode durch (wobei die Zeile mit dem Index 5 Pivotzeile und die Spalte mit dem Index 4 Pivotspalte ist), so erhalten wir Tab. 3.1.4. Die Einführung einer neuen Restriktion, erzeugt durch die Zeile mit dem Index 2, und ein weiterer Austauschschritt mit der dualen Simplexmethode liefern schließlich das in Tab. 3.1.5 angegebene Endtableau mit der optimalen Lösung $x_1^* = 2$, $x_2^* = 3$ des Problems (3.1.3).

	5	3	
2	$-\frac{1}{2}$	1	$\frac{5}{2}$
1	1	-1	3
4	$-\frac{3}{2}$	1	$\frac{1}{2}$
	$\frac{1}{2}$	1	$13\frac{1}{2}$

Tab. 3.1.4

	6	3	
2	-1	1	3
1	2	-1	2
4	-3	1	2
5	-2	0	1
	1	1	13

Tab. 3.1.5

Eine detaillierte Darstellung des skizzierten Verfahrens von Gomory findet man in Garfinkel und Nemhauser (1972), Abschnitte 5.2 bis 5.5, Nemhauser und Wolsey (1988), Abschnitt II.4.3, und Salkin (1975), Kapitel 2. Eine Variante dieses Verfahrens, bei der die Anfälligkeit gegenüber Rundungsfehlern dadurch behoben wird, daß die Rechnung völlig im Bereich der ganzen Zahlen verläuft (das Pivotelement muß dann also stets $+1$ oder -1 sein), ist in Garfinkel und Nemhauser (1972), Abschnitte 5.8 und 5.9, Neumann (1975a), Abschnitt 14.2, und Salkin (1975), Kapitel 4, beschrieben. In der angegebenen Literatur wird auch gezeigt, wie man vorzugehen hat, damit das Verfahren nach endlich vielen Schritten mit einer optimalen Lösung abbricht (falls eine existiert). Eine Erweiterung des Verfahrens von Gomory auf den Fall gemischt-ganzzahliger linearer Optimierungsprobleme findet man z.B. in NEMHAUSER UND WOLSEY (1988), Abschnitt II.4.3. Ein Nachteil des Verfahrens von Gomory und seiner Varianten ist, daß man im allgemeinen sehr viele zusätzliche Restriktionen einführen und entsprechend viele Austauschschritte durchführen muß, bis das Verfahren abbricht. Dies bedeutet anschaulich, daß in der Regel durch die neuen Restriktionen jeweils nur ein relativ kleiner Teil des zulässigen Bereiches des relaxierten Problems (L) weggeschnitten wird, wie es auch Abb. 3.1.2 zeigt.

3.2 Lösungsmethoden für kombinatorische Optimierungsprobleme

Für schwere kombinatorische Optimierungsprobleme kommen in erster Linie zwei Lösungsprinzipien in Frage: die sogenannte **Branch-and-Bound-Methode**, die im allgemeinen einen exponentiellen Rechenaufwand erfordert und stets eine optimale Lösung liefert (falls überhaupt eine existiert), und **heuristische Verfahren**, die in der Regel polynomialen Rechenaufwand haben, aber im allgemeinen nur **suboptimale Lösungen** (d.h. Näherungslösungen) bestimmen. Algorithmen, die stets eine optimale Lösung liefern, nennt man auch **exakte Verfahren**.

Im vorliegenden Abschnitt werden wir die beiden genannten Verfahrensprinzipien skizzieren. Sowohl Branch-and-Bound-Algorithmen als auch Heuristiken sind in der Regel auf spezielle Klassen von kombinatorischen Optimierungsproblemen zugeschnitten, indem sie spezifische Eigenschaften der betreffenden Probleme ausnutzen. In den folgenden Abschnitten werden wir spezielle Branch-and-Bound-Verfahren für das Rucksackproblem und das Handlungsreisendenproblem (sowohl für den symmetrischen als auch den asymmetrischen Fall) behandeln. Heuristische Verfahren werden wir für das Rucksackproblem, das Handlungsreisendenproblem, Aufgaben der Tourenplanung und der Maschinenbelegungsplanung, die Projektplanung bei beschränkten Ressourcen und für Verschnittprobleme angeben.

Wir erwähnen noch, daß Branch-and-Bound-Verfahren und Heuristiken nicht nur für kombinatorische Optimierungsprobleme, sondern auch (gegebenenfalls in modifizierter Form) zur Lösung allgemeiner ganzzahliger oder gemischt-ganzzahliger Optimierungsaufgaben verwendet werden können.

3.2.1 Prinzip der Branch-and-Bound-Verfahren

Wir legen das binäre Optimierungsproblem

$$(P) \qquad \begin{cases} \text{Min.} & F(\boldsymbol{x}) \\ \text{u.d.N.} & \boldsymbol{x} \in M \subseteq \{0,1\}^n \end{cases}$$

zugrunde, wobei $F : \{0,1\}^n \to \mathbb{R}$ sei und $\{0,1\}^n$ die Menge aller binären Vektoren mit n Komponenten ist. Wir weisen darauf hin, daß F eine beliebige Funktion sein kann, also insbesondere nicht linear zu sein braucht. Daß das Branch-and-Bound-Prinzip auch zur Lösung von gemischt-binären Optimierungsproblemen und Optimierungsaufgaben, bei denen die Variablen endlich viele verschiedene Werte annehmen können, verwendet werden kann, werden wir am Ende dieses Abschnittes erläutern.

Eine Möglichkeit, das Problem (P) zu lösen, ist die **vollständige Enumeration**. Hierbei werden alle binären Vektoren $\boldsymbol{x} \in \{0,1\}^n$ nacheinander erzeugt, und es wird jeweils geprüft, ob $\boldsymbol{x} \in M$ ist und, wenn ja, $F(\boldsymbol{x})$ berechnet. Die „beste" bisher erzeugte zulässige Lösung $\boldsymbol{x} \in M$ (d.h. diejenige mit dem kleinsten $F(\boldsymbol{x})$) wird gespeichert. Am Ende liegt (im Fall $M \neq \emptyset$) eine optimale Lösung $\boldsymbol{x}^*$ vor. Die vollständige Enumeration ist nur für relativ kleine n geeignet. Bereits für $n = 50$ ist $|\{0,1\}|^{50} = 2^{50} \approx 10^{15}$. Erforderte die „Auswertung" des binären Vektors $\boldsymbol{x}$ (d.h. die Berechnung von $F(\boldsymbol{x})$ und der Vergleich mit dem bisher kleinsten Zielfunktionswert) 1 Millisekunde, dann würden wir insgesamt 10^{12}sec $\approx$ 32000 Jahre benötigen.

Bei der **impliziten Enumeration** versucht man, sukzessiv Teilmengen von M zu finden, in denen keine optimale Lösung von (P) liegt und die folglich ausgesondert werden können. Dies kann mit Hilfe eines sogenannten **Suchbaumes** geschehen, d.h. eines Wurzelbaumes, dessen Knoten gewissen Teilmengen von M entsprechen (für die im folgenden benötigten Begriffe über Wurzelbäume vgl. Abschnitt 2.1.3). Diese Vorgehensweise ist unter dem Namen **Branch-and-Bound-Methode** bekannt. Dabei bezieht sich „Branch" auf das „Verzweigen" des Suchbaumes, wodurch man neue Teilmengen von M generiert. „Bound" weist auf die Verwendung unterer und oberer Schranken für Zielfunktionswerte hin, mit deren Hilfe man „uninteressante" Teilmengen von M eliminieren kann. Ist etwa $B > \min_{\boldsymbol{x}\in M} F(\boldsymbol{x})$ eine obere Schranke für den optimalen Wert der Zielfunktion und gilt für alle Elemente $\boldsymbol{x}$ einer Teilmenge von M $F(\boldsymbol{x}) \geq B$, so enthält diese Teilmenge keine optimale Lösung und kann eliminiert werden.

Bei einem Branch-and-Bound-Verfahren befindet sich jede Variable x_j $(1 \leq j \leq n)$ in einem von drei Zuständen, wobei es zweckmäßig ist, den Zustand von x_j durch eine Variable s_j zu beschreiben. Tab. 3.2.1 zeigt die drei möglichen Zustände von x_j, die Bedeutung der Zustände (Wert von x_j in dem betreffenden Zustand) und den zugehörigen Wert der Variablen s_j.

Zustand von x_j		Wert von x_j	Wert von s_j
fixiert	gesetzt	1	1
	gesperrt	0	0
	frei	0 oder 1	-1

Tab. 3.2.1

Die Wahl eines Zustandes für jede der Variablen $x_1, \ldots, x_n$ können wir also durch einen Vektor $\boldsymbol{s} \in S := \{-1, 0, 1\}^n$ beschreiben. Jeden Vektor $\boldsymbol{s} \in S$ identifizieren wir mit einem Knoten des Suchbaumes (wir sprechen dann auch vom **Knoten $\boldsymbol{s}$**), der den zulässigen Bereich M von (P) auf

$$M(\boldsymbol{s}) := \{\boldsymbol{x} \in M | x_j = s_j\,,\ x_j \text{ fixiert } (1 \le j \le n)\}$$

einschränkt. Trivialerweise gilt

$$M = \bigcup_{\boldsymbol{s} \in S} M(\boldsymbol{s})\ .$$

Das $M(\boldsymbol{s})$ entsprechende Optimierungsproblem bezeichnen wir mit $(P(\boldsymbol{s}))$:

$$(P(\boldsymbol{s})) \qquad \begin{cases} \text{Min. } & F(\boldsymbol{x}) \\ \text{u.d.N. } & \boldsymbol{x} \in M(\boldsymbol{s}) \end{cases}$$

und den zugehörigen optimalen Zielfunktionswert mit $F^*(\boldsymbol{s})$:

$$F^*(\boldsymbol{s}) := \min_{\boldsymbol{x} \in M(\boldsymbol{s})} F(\boldsymbol{x})$$

(im Fall $M(\boldsymbol{s}) = \emptyset$ setzen wir $F^*(\boldsymbol{s}) := \infty$). Jedem Knoten $\boldsymbol{s}$ des Suchbaumes ist also ein „Teilproblem“ $(P(\boldsymbol{s}))$ des zu lösenden Optimierungsproblems (P) zugeordnet. Wir erklären nun eine (untere) **Schrankenfunktion** $b : S \to \mathbb{R} \cup \{\infty\}$ auf der Menge aller Knoten $\boldsymbol{s}$, die den folgenden drei Bedingungen genüge und, wie wir sehen werden, eine „effiziente Abarbeitung“ des Suchbaumes ermöglicht:

(i) $b(\boldsymbol{s}) \le \min_{\boldsymbol{x} \in M(\boldsymbol{s})} F(\boldsymbol{x}) = F^*(\boldsymbol{s})$
($b(\boldsymbol{s})$ ist eine untere Schranke für den optimalen Zielfunktionswert von $(P(\boldsymbol{s}))$)

(ii) $M(\boldsymbol{s}) = \{\boldsymbol{x}\}$ impliziert $b(\boldsymbol{s}) = F(\boldsymbol{x})$
(Sind alle Variablen für den Knoten $\boldsymbol{s}$ fixiert, so gibt $b(\boldsymbol{s})$ den Zielfunktionswert für den entsprechenden Vektor $\boldsymbol{x}$ und damit die kleinste untere Schranke an)

(iii) $M(\boldsymbol{r}) \subseteq M(\boldsymbol{s})$ impliziert $b(\boldsymbol{r}) \geq b(\boldsymbol{s})$
(Bei Einschränkung des zulässigen Bereiches „verbessert“ sich die untere Schranke; da aus $M(\boldsymbol{r}) \subseteq M(\boldsymbol{s})$ $F^*(\boldsymbol{r}) \geq F^*(\boldsymbol{s})$ folgt, „verhält“ sich die Schrankenfunktion $b(\cdot)$ also wie die Funktion $F^*(\cdot)$).

Bei einem Branch-and-Bound-Algorithmus speichert man neben dem Suchbaum die „beste“ bisher gefundene zulässige Lösung (d.h. die zulässige Lösung mit dem kleinsten Zielfunktionswert), im folgenden mit $\boldsymbol{x}^+$ bezeichnet, sowie $B := F(\boldsymbol{x}^+)$. B ist eine obere Schranke für den optimalen Zielfunktionswert von (P). Beim Start des Verfahrens setzt man $\boldsymbol{x}^+$ entweder gleich einer mit einem heuristischen Verfahren bestimmten zulässigen Anfangslösung, oder man initialisiert $\boldsymbol{x}^+$ gar nicht und setzt $B := \infty$.

Wir erläutern jetzt die **Generierung** und **Abarbeitung** des Suchbaumes bei einem Branch-and-Bound-Verfahren. Wir sagen, daß ein Knoten $\boldsymbol{s}$ des Suchbaumes **aktiv** ist, wenn er noch nicht „untersucht“ worden ist (wie man einen Knoten untersucht, werden wir im folgenden skizzieren). Wie wir sehen werden, ist jeder aktive Knoten ein Blatt des (aktuellen) Suchbaumes (die Umkehrung gilt nicht notwendig). Zu Beginn des Branch-and-Bound-Algorithmus besteht der Suchbaum nur aus der Wurzel, die dem Vektor $\boldsymbol{s} = (-1, \ldots, -1)^T$ entspricht (d.h., alle Variablen sind frei) und ein aktiver Knoten ist. In jedem Schritt des Verfahrens wird ein aktiver Knoten des Suchbaumes untersucht.

Die **Untersuchung eines aktiven Knotens** $\boldsymbol{s}$ (bei der weitere Knoten erzeugt oder auch Knoten des Suchbaumes eliminiert werden können) läuft wie folgt ab:

Fall 1: $b(\boldsymbol{s}) \geq B$
Knoten $\boldsymbol{s}$ (und der in $\boldsymbol{s}$ einmündende Pfeil) wird aus dem Suchbaum entfernt, da wegen der Eigenschaft (i) der Schrankenfunktion b $\min_{\boldsymbol{x} \in M(\boldsymbol{s})} F(\boldsymbol{x}) \geq b(\boldsymbol{s})$ ist, also $(P(\boldsymbol{s}))$ lediglich zulässige Lösungen $\bar{\boldsymbol{x}}$ mit $F(\bar{\boldsymbol{x}}) \geq B = F(\boldsymbol{x}^+)$ besitzt. Diese zulässigen Lösungen $\bar{\boldsymbol{x}}$ können also, wie man auch sagt, **verworfen** werden.
Hat der Vorgänger $\boldsymbol{r}$ von Knoten $\boldsymbol{s}$ nur den einen Nachfolger $\boldsymbol{s}$, so kann auch $\boldsymbol{r}$ eliminiert werden (und man wiederholt diese Abfrage mit $\boldsymbol{r}$ an Stelle von $\boldsymbol{s}$).

Fall 2: $b(\boldsymbol{s}) < B$

(2a) Es ist $s_j \in \{0, 1\}$ für alle $j = 1, \ldots, n$, d.h., alle Variablen x_j sind fixiert, und damit ist $\boldsymbol{x} = \boldsymbol{s}$ eindeutig festgelegt.
Gilt $\boldsymbol{x} \in M$ (d.h. $M(\boldsymbol{s}) = \{\boldsymbol{x}\}$), so ist wegen $b(\boldsymbol{s}) < B$ und der Eigenschaft (ii) der Schrankenfunktion $F(\boldsymbol{x}) = b(\boldsymbol{s}) < B = F(\boldsymbol{x}^+)$, d.h., $\boldsymbol{x}$ ist „besser“ als $\boldsymbol{x}^+$. Man setzt dann $\boldsymbol{x}^+ := \boldsymbol{x}$ und $B := F(\boldsymbol{x})$.
Danach ist Knoten $\boldsymbol{s}$ nicht mehr aktiv (aber noch ein Blatt des Suchbaumes).

Gilt für den Vorgänger $\boldsymbol{r}$ von $\boldsymbol{s}$ $b(\boldsymbol{r}) = b(\boldsymbol{s})$, so können alle von $\boldsymbol{s}$ verschiedenen Nachfolger $\boldsymbol{t}$ von $\boldsymbol{r}$ (und die in $\boldsymbol{t}$ einmündenden Pfeile) aus dem Suchbaum und aus der Menge der aktiven Knoten eliminiert werden, da wegen Eigenschaft (ii) der Schrankenfunktion $b(\boldsymbol{t}) \geq b(\boldsymbol{r}) = B$ ist und somit Fall 1 vorliegt (und man wiederholt diese Abfrage mit $\boldsymbol{r}$ an Stelle von $\boldsymbol{s}$).

(2b) Es ist $s_j = -1$ für mindestens ein $j \in \{1, \ldots, n\}$, d.h., mindestens eine Variable ist frei.

Man erzeugt dann „Söhne" (Nachfolger) $\boldsymbol{t}$ des „Vaters" $\boldsymbol{s}$ (die zusammen mit den Pfeilen $\langle \boldsymbol{s}, \boldsymbol{t} \rangle$ dem Suchbaum hinzugefügt werden), indem man eine oder mehrere freie Variablen fixiert.

Danach ist Knoten $\boldsymbol{s}$ nicht mehr aktiv; dafür sind alle erzeugten Söhne $\boldsymbol{t}$ von $\boldsymbol{s}$ aktiv.

In den Fällen 1 und 2a sagt man, daß das Problem $(P(\boldsymbol{s}))$ **ausgelotet** worden ist (**Auslotungsfälle**), und in Fall 2b, daß das Problem $(P(\boldsymbol{s}))$ **verzweigt** wird (**Verzweigungsfall**).

Die Generierung von Söhnen in Fall 2b kann z.B. so erfolgen, daß man jeweils genau eine freie Variable fixiert und damit zwei Nachfolger erzeugt, wobei etwa der „linke Sohn" dem Sperren von x_j (also $x_j = 0$) und der „rechte Sohn" dem Setzen von x_j ($x_j = 1$) entspricht. Der Suchbaum ist dann ein Binärbaum. Fixiert man die Variablen in der Reihenfolge $x_1, x_2, \ldots$, so hat der „vollständige" Suchbaum die in Abb. 3.2.1 angegebene Gestalt. Es gibt genau 2^j Knoten der Tiefe j ($j = 0, 1, \ldots, n$), wobei für einen Knoten der

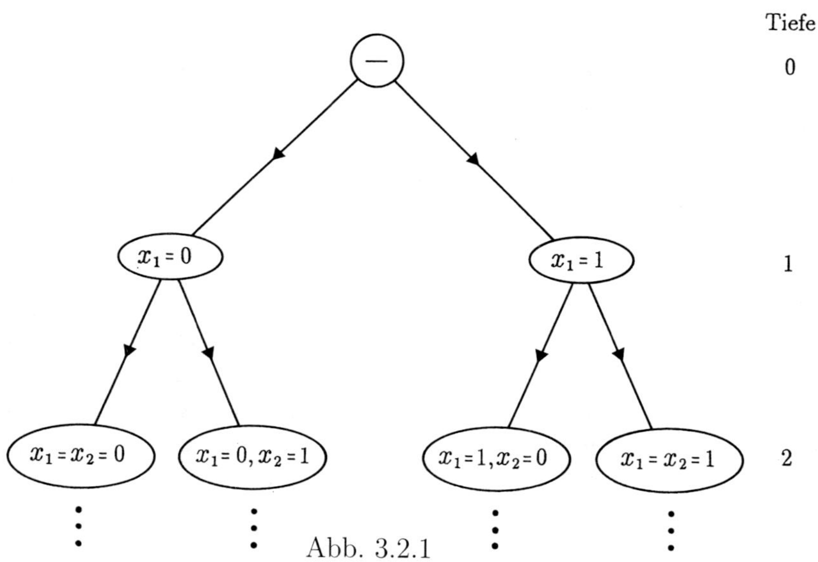

Abb. 3.2.1

Tiefe $j \geq 1$ die Variablen $x_1, \ldots, x_j$ fixiert sind. Insgesamt haben wir also $2^{n+1} - 1$ Knoten. Ist S_j die Menge der Knoten der Tiefe j, dann gilt für jedes $j = 0, 1, \ldots, n$ $M = \cup_{\boldsymbol{s} \in S_j} M(\boldsymbol{s})$.

Wie man im Fall 2b untere Schranken $b(\boldsymbol{t})$ für die Söhne $\boldsymbol{t}$ von Knoten $\boldsymbol{s}$ finden kann, werden wir später erläutern. Manchmal läßt sich im Fall 2b durch geeignetes Fixieren aller freien Variablen ein $\boldsymbol{x} \in \{0,1\}^n$ angeben, für das man leicht prüfen kann, ob $\boldsymbol{x} \in M$ ist. Gilt $\boldsymbol{x} \in M$ und $F(\boldsymbol{x}) < B$, so setzt man $\boldsymbol{x}^+ := \boldsymbol{x}$ und $B := F(\boldsymbol{x})$. Der $\boldsymbol{x}$ entsprechende Knoten $\boldsymbol{r}$ wird jedoch nicht in den Suchbaum aufgenommen.

Im folgenden seien L die Menge der Blätter des (aktuellen) Suchbaumes und $L_a \subseteq L$ die Menge der aktiven Knoten. Offensichtlich gilt

$$\min_{\boldsymbol{s} \in L} F^*(\boldsymbol{s}) = \min_{\boldsymbol{x} \in M} F(\boldsymbol{x}) \; . \tag{3.2.1}$$

Aufgrund Eigenschaft (i) der Schrankenfunktion b und $b(\boldsymbol{s}) = B \geq \min_{\boldsymbol{x} \in M} F(\boldsymbol{x})$ für ein nicht aktives Blatt $\boldsymbol{s}$ des Suchbaumes (Fall 2a) haben wir unter Beachtung von (3.2.1)

$$\min_{\boldsymbol{s} \in L} F^*(\boldsymbol{s}) \geq \min_{\boldsymbol{s} \in L} b(\boldsymbol{s}) = \min_{\boldsymbol{s} \in L_a} b(\boldsymbol{s}) \; . \tag{3.2.2}$$

Das Branch-and-Bound-Verfahren bricht ab, sobald $L_a = \emptyset$, also kein Knoten mehr aktiv ist. Bei beschränktem und damit endlichem M tritt dieser Fall stets nach endlich vielen Schritten ein. Muß der Algorithmus wegen Überschreitung von verfügbarem Speicherplatz bzw. wegen zu hoher Rechenzeit vorzeitig beendet werden, so gilt (im Fall $B < \infty$) wegen

$$\min_{\boldsymbol{x} \in M} F(\boldsymbol{x}) \leq F(\boldsymbol{x}^+) = B \tag{3.2.3}$$

sowie (3.2.1) und (3.2.2)

$$\min_{\boldsymbol{s} \in L_a} b(\boldsymbol{s}) \leq \min_{\boldsymbol{x} \in M} F(\boldsymbol{x}) \leq B \; . \tag{3.2.4}$$

Man hat also neben einer zulässigen Lösung $\boldsymbol{x}^+$ eine untere und eine obere Schranke für den optimalen Zielfunktionswert von (P) verfügbar. Ist bei Abbruch des Algorithmus $B = \infty$, dann hat man keine zulässige Lösung gefunden.

Enthält am Ende eines Verfahrensschrittes die Menge L_a der aktiven Knoten mehr als ein Element, so muß entschieden werden, welcher aktive Knoten im nächsten Schritt untersucht wird. Für die Auswahl dieses Knotens sind verschiedene **Suchstrategien** entwickelt worden, von denen die drei am häufigsten verwendeten kurz skizziert werden sollen.

FIFO-Strategie („first in first out“): L_a wird als Schlange gespeichert (für die im folgenden verwendeten Datenstrukturen Schlange, Keller, Liste und Prioritätsschlange bzw. Heap vgl. Abschnitt 2.2.2). Neu erzeugte Knoten werden also am Ende der Schlange angefügt, und der an erster Position in der Schlange stehende Knoten wird jeweils als nächster untersucht. Bei dieser Strategie werden zuerst Knoten mit der geringsten „Tiefe“ im Suchbaum abgearbeitet (da diese Knoten als erste erzeugt worden sind), der Suchbaum geht also „in die Breite“. Deshalb wird die FIFO-Strategie auch als **Breitensuche** bezeichnet (s. Abschnitt 2.4.3).

LIFO-Strategie („last in first out“): L_a wird als Keller gespeichert. Neu erzeugte Knoten kommen an das Ende der Liste, und der an letzter Stelle in der Liste befindliche Knoten wird als nächster untersucht. Der Suchbaum geht hierbei in die Tiefe, und deshalb spricht man auch von einer **Tiefensuche**.

LLB-Strategie („least lower bound“): Hierbei wird als nächster zu untersuchender Knoten $\boldsymbol{s}$ derjenige (bzw. einer) mit dem kleinsten Wert $b(\boldsymbol{s})$ gewählt. Es empfiehlt sich dann, L_a als Prioritätsschlange bzw. Heap zu speichern (da hierbei das Minimum der $b(\boldsymbol{s})$ relativ schnell zu finden ist). Die LLB-Strategie basiert auf der Vermutung, daß Knoten $\boldsymbol{s}$ mit dem jeweils kleinsten $b(\boldsymbol{s})$ am schnellsten zu einer optimalen Lösung führen. Sobald bei Verwendung der LLB-Strategie der Auslotungsfall 1 ($b(\boldsymbol{s}) \geq B$) auftritt, kann das Verfahren abgebrochen werden. Wegen $b(\boldsymbol{s}) = \min_{\boldsymbol{v} \in L_a} b(\boldsymbol{v})$ gilt dann nämlich $b(\boldsymbol{v}) \geq B$ für alle $\boldsymbol{v} \in L_a$.

Bei der Auswahl einer geeigneten Suchstrategie sollte man berücksichtigen, daß die LIFO-Strategie in der Regel am schnellsten zulässige Lösungen liefert, also gut für die Anfangsphase des Verfahrens geeignet ist. Im späteren Verlauf des Algorithmus empfiehlt es sich oft, zur FIFO- oder LLB-Strategie überzuwechseln. Unter den drei erwähnten Strategien benötigt die LLB-Strategie im allgemeinen den größten Speicherplatz, da hierbei ein großer Teil des Suchbaumes zu speichern ist (bei der LIFO-Strategie braucht man im wesentlichen nur einen Ast des Suchbaumes zu speichern).

Die **Effizienz eines Branch-and-Bound-Verfahrens** hängt ganz wesentlich davon ab, wie oft ein Knoten aus dem Suchbaum eliminiert werden kann, also der Auslotungsfall 1 auftritt. Damit dieser Fall häufig auftritt, benötigt man eine möglichst kleine obere Schranke B und eine möglichst „gute“ Schrankenfunktion b. B ist umso kleiner, je schneller eine „gute“ zulässige Anfangslösung gefunden wird. Deshalb schaltet man dem eigentlichen Branch-and-Bound-Algorithmus oft ein heuristisches Verfahren vor.

Die Schrankenfunktion b ist umso „besser“, je „schärfer“ die Ungleichung $b(\boldsymbol{s}) \leq \min_{\boldsymbol{x} \in M(\boldsymbol{s})} F(\boldsymbol{x})$ in Eigenschaft (i) von b erfüllt ist. Für die Bestimmung guter Schrankenfunktionen benötigt man aber andererseits einen relativ hohen Rechenaufwand. In der Praxis wird man deshalb einen Kompromiß anstreben. Bei der Wahl einer geeigneten Schrankenfunktion sollten spezifische Eigenschaften des vorliegenden Optimierungsproblems (P) ausgenutzt werden. Eine häufig angewandte Möglichkeit zur Festlegung von b ist die folgende:

Eine oder mehrere Nebenbedingungen von $(P(\boldsymbol{s}))$ werden „gelockert" oder entfernt, um ein einfacher zu lösendes Optimierungsproblem $(P'(\boldsymbol{s}))$ mit $M'(\boldsymbol{s}) \supseteq M(\boldsymbol{s})$ zu erhalten. $(P'(\boldsymbol{s}))$ bezeichnet man wieder als **relaxiertes Problem** oder **Relaxation** von $(P(\boldsymbol{s}))$. Man bestimmt dann eine optimale Lösung $\boldsymbol{x}'(\boldsymbol{s})$ von $(P'(\boldsymbol{s}))$ und setzt $b(\boldsymbol{s}) := F(\boldsymbol{x}'(\boldsymbol{s}))$. Die Bedingungen (i), (ii), (iii) an eine Schrankenfunktion sind (unter Beachtung von $M'(\boldsymbol{s}) \supseteq M(\boldsymbol{s})$) für dieses b erfüllt. Gilt $b(\boldsymbol{s}) < B$ (d.h., $(P(\boldsymbol{s}))$ ist, abgesehen vom Fall 2a, nicht auslotbar), so kann man wegen Eigenschaft (iii) der Schrankenfunktion b versuchen, die Relaxation $(P'(\boldsymbol{s}))$ zu „verschärfen", d.h., durch ein Problem $(P''(\boldsymbol{s}))$ mit $M(\boldsymbol{s}) \subseteq M''(\boldsymbol{s}) \subseteq M'(\boldsymbol{s})$ zu ersetzen. Erhält man hierdurch eine schärfere untere Schranke $\tilde{b}(\boldsymbol{s}) > b(\boldsymbol{s})$, so ist unter Umständen $\tilde{b}(\boldsymbol{s}) \geq B$ und damit $(P(\boldsymbol{s}))$ doch noch auslotbar. Ist $M'(\boldsymbol{s}) = \emptyset$ bzw. $M''(\boldsymbol{s}) = \emptyset$ und folglich auch $M(\boldsymbol{s}) = \emptyset$, so setzt man $b(\boldsymbol{s}) := \infty$. Dann ist $b(\boldsymbol{s}) \geq B$, und es liegt bei Untersuchung von Knoten $\boldsymbol{s}$ der Auslotungsfall 1 vor, d.h., der Knoten $\boldsymbol{s}$ und gegebenenfalls Knoten $\boldsymbol{r} \in \bar{\mathcal{R}}(\boldsymbol{s})$ werden aus dem Suchbaum entfernt.

Wir fassen den generellen Ablauf eines Branch-and-Bound-Verfahrens noch einmal zusammen, wobei L_a wieder die Menge der aktiven Knoten sei:

Algorithmus 3.2.1 (Binäre Optimierung — Branch-and-Bound-Verfahren)

Schritt 1

Falls eine zulässige Lösung $\boldsymbol{x}$ von (P) bekannt ist, setze $\boldsymbol{x}^+ := \boldsymbol{x}$ und $B := F(\boldsymbol{x})$; andernfalls setze $B := \infty$.
Setze $\boldsymbol{s} := (-1, \ldots, -1)^T$ und $L_a := \{\boldsymbol{s}\}$. $\boldsymbol{s}$ ist die Wurzel des Suchbaumes.

Schritt 2

Ist $L_a = \emptyset$, dann gehe zu Schritt 4; andernfalls wähle aufgrund einer Suchstrategie ein $\boldsymbol{s} \in L_a$, entferne $\boldsymbol{s}$ aus L_a und berechne $b(\boldsymbol{s})$.

Schritt 3

Gilt $b(\boldsymbol{s}) \geq B$, so gehe zu Schritt 4, wenn die LLB-Strategie verwendet wird; andernfalls eliminiere $\boldsymbol{s}$ (und gegebenenfalls weitere Knoten aus $\bar{\mathcal{R}}(\boldsymbol{s})$) aus dem Suchbaum.
Ist $b(\boldsymbol{s}) < B$ und sind alle Variablen x_j fixiert, so setze im Fall $\boldsymbol{x} \in M$ $\boldsymbol{x}^+ := \boldsymbol{x}$ und $B := F(\boldsymbol{x})$.
Ist $b(\boldsymbol{s}) < B$ und mindestens eine Variable frei, dann erzeuge durch Fixieren einer oder mehrerer freier Variablen Söhne von $\boldsymbol{s}$. Füge zu L_a und zum Suchbaum die Söhne von $\boldsymbol{s}$ hinzu.
Gehe zu Schritt 2.

Schritt 4

Terminiere.
Gilt $B < \infty$, so ist $\boldsymbol{x}^+$ eine optimale Lösung von (P) mit dem Zielfunktionswert B; andernfalls hat (P) keine zulässige Lösung.

□

Ist in Schritt 2 von Algorithmus 3.2.1 $\boldsymbol{s}$ die Wurzel des Suchbaumes (Start des Verfahrens), so kann man $b(\boldsymbol{s}) := -\infty$ oder, wenn die Zielfunktion F nichtnegativ ist, $b(\boldsymbol{s}) := 0$ setzen. Gilt in Schritt 2 für den Vorgänger $\boldsymbol{r}$ von Knoten $\boldsymbol{s}$ $b(\boldsymbol{r}) \geq B$, dann ist $b(\boldsymbol{s}) \geq B$, und es liegt anschließend der Auslotungsfall 1 vor. Man braucht folglich $b(\boldsymbol{s})$ nicht zu berechnen, sondern kann $b(\boldsymbol{s}) := b(\boldsymbol{r})$ setzen. Eine entsprechende Abfrage könnte man auch beim vorhergehenden Eintritt des Auslotungsfalles 2a (wobei man einen aktiven Knoten $\boldsymbol{v}$, der einer zulässigen Lösung von (P) entspricht, untersucht und $B := b(\boldsymbol{v})$ gesetzt hat) vornehmen: Gilt für den Vorgänger $\boldsymbol{u}$ von $\boldsymbol{v}$ $b(\boldsymbol{u}) = b(\boldsymbol{v})$, dann entferne alle von $\boldsymbol{v}$ verschiedenen Nachfolger von $\boldsymbol{u}$ aus dem Suchbaum und aus L_a (und wiederhole dies mit $\boldsymbol{u}$ statt $\boldsymbol{v}$). Da man, wenn die Menge L_a als Schlange, Keller oder Heap gespeichert wird, nicht beliebige Elemente aus L_a entfernen kann, überprüft man diesen Sachverhalt später unter Schritt 2. Bei der Lösung größerer Optimierungsprobleme tritt dieser Fall jedoch kaum auf. Deshalb verzichtet man bei der Implementierung eines Branch-and-Bound-Algorithmus meistens auf die entsprechende Abfrage.

Trotz der Elimination vieler Knoten im Laufe des Branch-and-Bound-Algorithmus ist meistens ein großer Teil der insgesamt $2^{n+1} - 1$ Knoten des (vollständigen) Suchbaumes zu untersuchen. Der erforderliche Rechenaufwand bis zum Abbruch des Verfahrens ist deshalb insbesondere bei größeren Problemen erheblich (wobei es häufig vorkommt, daß die Rechenzeit für das Auffinden einer optimalen Lösung geringer ist als die zum Nachweis der Optimalität dieser Lösung benötigte Zeit, d.h. die verbleibende Rechenzeit bis zum Abbruch des Algorithmus). Übersteigt der erforderliche Rechenaufwand die verfügbare Rechenzeit (bzw. den Speicherplatz), so bieten sich folgende **Modifikationen** an, die in der Regel aber nur „suboptimale" Lösungen liefern, also heuristische Verfahren darstellen (vgl. hierzu auch Abschnitt 3.2.2):

(a) Man berechnet nach jeweils m Verfahrensschritten (wobei m eine vorzugebende Zahl ist, etwa $m = 50$) $\underline{b} := \min_{\boldsymbol{s} \in L_a} b(\boldsymbol{s})$ und $B - \underline{b}$ (vgl. (3.2.4)). Gilt $B - \underline{b} \leq \epsilon$ oder $(B - \underline{b})/B \leq \epsilon$, wobei $\epsilon > 0$ eine vorgegebene absolute bzw. relative Fehlerschranke ist, so bricht man das Verfahren ab.
(b) Man bestimmt zunächst mit einer Heuristik eine (möglichst gute) Anfangslösung $\boldsymbol{x}^+$. Danach baut man den Suchbaum so auf, daß $\boldsymbol{x}^+$ nur in $l < n$ Komponenten (wobei l vorzugeben ist) geändert werden kann. Der Grund für diese Vorgehensweise ist die (oft falsche) Vermutung, daß in der „Nähe" einer guten Ausgangslösung weitere gute zulässige Lösungen zu finden sind (man spricht deshalb auch von **lokaler Suche**).

(c) Man fixiert von vornherein einige Variablen (etwa aufgrund von Vorinformationen über Lösungen des zugrunde liegenden praktischen Problems). Dies entspricht der Wahl eines bestimmten Knotens $\boldsymbol{s}$ als Wurzel, und der Suchbaum ist der durch $\mathcal{R}(\boldsymbol{s})$ induzierte Teildigraph (vgl. Abschnitt 2.1.1) des „vollständigen" Suchbaumes. Oft ist es zweckmäßig, nacheinander für mehrere verschiedene Knoten $\boldsymbol{s}$ die „zugehörigen Teilbäume" abzuarbeiten. Die letztere Variante empfiehlt sich insbesondere bei interaktivem Arbeiten mit Hilfe von Kleinrechnern.

Wie wir in Abschnitt 3.1.1 gesehen haben, können ganzzahlige Optimierungsprobleme mit n Variablen x_j, die nicht notwendig binär sind, sondern endlich viele verschiedene Werte $\xi_{j1}, \ldots, \xi_{jk_j}$ $(j = 1, \ldots, n)$ annehmen können, in binäre Optimierungsprobleme mit $\sum_{j=1}^{n} k_j$ Variablen übergeführt werden. Bei der Lösung eines solchen ganzzahligen Optimierungsproblems mit einem Branch-and-Bound-Algorithmus kann man sich diese Transformation jedoch ersparen, wenn man wie folgt vorgeht: Die Variablen s_j nehmen die Werte $-1, \xi_{j1}, \ldots, \xi_{jk_j}$ an, wobei $s_j = -1$ wieder bedeute, daß die Variable x_j noch frei ist und vorausgesetzt sei, daß unter den möglichen Werten der Variablen x_j nicht -1 vorkommt $(1 \leq j \leq n)$. $\boldsymbol{s}$ entspricht erneut dem Vektor mit den Komponenten $s_1, \ldots, s_n$ und wird mit einem Knoten des Suchbaumes identifiziert. Wird bei der Untersuchung eines Knotens $\boldsymbol{s}$ im Fall 2b die Variable x_j fixiert, so erzeugt man k_j Nachfolger von $\boldsymbol{s}$, wobei jeder Nachfolger einem der möglichen Werte von x_j entspricht. Im übrigen läuft das Branch-and-Bound-Verfahren wie bisher ab.

Das oben geschilderte Branch-and-Bound-Verfahren kann auch auf gemischt-binäre (oder allgemeiner gemischt-ganzzahlige) Optimierungsprobleme übertragen werden. In der Praxis treten häufig Optimierungsprobleme von folgendem Typ auf: Es gebe sowohl reellwertige Variablen, etwa $x_1, \ldots, x_n$, als auch binäre Variablen, etwa $u_1, \ldots, u_k$. Sind alle binären Variablen fixiert, so liege ein lineares Optimierungsproblem in den Variablen $x_1, \ldots, x_n$ vor. Es ist also folgendes Optimierungsproblem gegeben:

$$(Q) \qquad \begin{cases} \text{Min.} & F(\boldsymbol{x}, \boldsymbol{u}) \\ \text{u.d.N.} & \begin{pmatrix} \boldsymbol{x} \\ \boldsymbol{u} \end{pmatrix} \in M \ , \end{cases}$$

wobei $\boldsymbol{x} \in \mathbb{R}^n$ und $\boldsymbol{u} \in \{0,1\}^k$ gilt und für festes $\boldsymbol{u} \in \{0,1\}^k$ (Q) ein lineares Optimierungsproblem ist. Häufig kommen dabei die binären Variablen nur in einigen der Nebenbedingungen vor. Probleme dieser Art treten z.B. in der Programmplanung bei Serienproduktion mit auflagefixen Kosten (vgl. Abschnitt 3.1.1) auf oder bei der Einzelproduktion, wenn es darum geht, welche Aufträge in das Produktionsprogramm aufgenommen werden sollen. In letzterem Fall ist ein gewinnmaximales Produktionsprogramm gesucht, wobei Kapazitätsrestriktionen für die einzelnen Produktionsfaktoren einzuhalten sind und eine gewisse Kapazitätsreservierung für zusätzlich erwartete besonders gewinnträchtige Aufträge vorgenommen wird (für Einzelheiten vgl. etwa Hoitsch (1985), Abschnitt 4.4.3).

Für die Lösung des Problems (Q) sind die obigen Überlegungen zur Branch-and-Bound-Methode für das rein-binäre Problem geeignet zu modifizieren. Das auf den zulässigen Bereich $M(\boldsymbol{s})$ eingeschränkte Optimierungsproblem hat jetzt die Form

$$(Q(\boldsymbol{s})) \qquad \begin{cases} \text{Min.} & F(\boldsymbol{x}, \boldsymbol{u}) \\ \text{u.d.N.} & \begin{pmatrix} \boldsymbol{x} \\ \boldsymbol{u} \end{pmatrix} \in M(\boldsymbol{s}) \end{cases}$$

mit

$$M(\boldsymbol{s}) := \left\{ \begin{pmatrix} \boldsymbol{x} \\ \boldsymbol{u} \end{pmatrix} \in M \,|\, u_i = s_i \,,\ u_i \text{ fixiert } (1 \le i \le k) \right\} .$$

Eine geeignete Relaxation $(Q'(\boldsymbol{s}))$ des Problems $(Q(\boldsymbol{s}))$ ergibt sich etwa, indem man alle Nebenbedingungen von $(Q(\boldsymbol{s}))$ wegläßt, in denen nicht fixierte Variablen u_i $(1 \le i \le k)$ vorkommen. Dann ist $(Q'(\boldsymbol{s}))$ ein lineares Optimierungsproblem, das mit der Simplexmethode (bzw. einer ihrer Modifikationen) gelöst werden kann.

3.2.2 Heuristiken

Bei umfangreichen schweren Optimierungsproblemen (für die also kein Lösungsalgorithmus mit polynomialer Zeitkomplexität bekannt ist) übersteigt der Rechenaufwand eines exakten Verfahrens (das stets eine optimale Lösung berechnet, falls eine existiert) oft jedes wirtschaftlich noch vertretbare Maß bzw. die verfügbare Rechenzeit. In diesem Fall empfiehlt sich der Einsatz sogenannter **heuristischer Verfahren** (**Heuristiken**). Heuristische Verfahren suchen mit Hilfe „geeigneter Regeln“ nur eine Teilmenge des zulässigen Bereiches ab und können deshalb nicht garantieren, daß die „beste“ gefundene Lösung optimal ist; sie liefern also im allgemeinen **suboptimale Lösungen**. Es ist auch möglich, daß Heuristiken, selbst wenn eine zulässige Lösung existiert, abbrechen, ohne eine zulässige Lösung gefunden zu haben. Andererseits bestimmen Heuristiken, falls überhaupt, meistens „relativ schnell“ eine suboptimale Lösung; es ist wenig sinnvoll, Heuristiken mit exponentiellem Rechenaufwand zu konstruieren. Im vorliegenden Abschnitt wollen wir einige Hinweise zur Klassifizierung und zur Beurteilung der Leistungsfähigkeit heuristischer Verfahren geben (für eine ausführliche Behandlung von Heuristiken vgl. etwa Parker und Rardin (1988), Kapitel 7, und Pearl (1984)).

Heuristische Verfahren sind im allgemeinen auf den Typ des zu lösenden Problems direkt zugeschnitten, und deshalb ist eine Klassifizierung von Heuristiken bzw. der in ihnen verwendeten „geeigneten Regeln“ schwierig. Man unterscheidet jedoch häufig wie bei exakten Verfahren zwischen **Eröffnungsverfahren** und **Verbesserungsverfahren**. Ein Eröffnungsverfahren konstruiert eine zulässige Lösung („Anfangslösung“), während ein Verbesserungsverfahren eine gegebene Lösung sukzessiv zu verbessern sucht. Man kombiniert deshalb oft ein Eröffnungs- und ein Verbesserungsverfahren, um ein Optimierungsproblem (näherungsweise) zu lösen. Natürlich gibt es unter den Heuristiken auch **Gesamtverfahren**, die von vornherein eine „gute“ zulässige Lösung liefern. Wir skizzieren nun kurz einige generelle Techniken, die sich beim Entwurf von Heuristiken als erfolgreich erwiesen haben.

Eröffnungsverfahren haben oft die Form eines **Greedy-Algorithmus** [1], der aus einzelnen Schritten besteht, wobei in jedem Schritt durch eine „lokal optimale“ Entscheidung ein Teil der Lösung festgelegt wird. Typische Beispiele für Greedy-Verfahren stellen die Methoden von Prim und von Kruskal zur Bestimmung eines Minimalgerüstes in einem bewerteten Graphen dar (vgl. Abschnitt 2.3.1). Bei den Algorithmen von Prim und von Kruskal liefert die Folge von lokal optimalen Entscheidungen eine (global) optimale Lösung. Letzteres ist bei einem Greedy-Verfahren jedoch im allgemeinen nicht der Fall, d.h., es liegt in der Regel eine Heuristik vor. Als Greedy-Heuristik kann beispielsweise die Ermittlung einer zulässigen Anfangslösung für das Transportproblem mit Hilfe der Zeilenminimum-, Spaltenminimum- oder Matrixminimum-Regel angesehen werden (vgl. Abschnitt 2.8.8).

Verbesserungsverfahren basieren häufig auf dem Prinzip der **lokalen Suche**. Hierbei versucht man, eine bekannte zulässige Lösung $\boldsymbol{x}$ zu „verbessern“, indem man $\boldsymbol{x}$ mit allen Elementen einer „Umgebung“ $U(\boldsymbol{x})$ von $\boldsymbol{x}$ vergleicht und hieraus eine zulässige Lösung mit (bei einem Minimumproblem) kleinstem Zielfunktionswert auswählt. $U(\boldsymbol{x})$ ist dabei eine Teilmenge des zulässigen Bereiches mit der Eigenschaft, daß $\boldsymbol{x}' \in U(\boldsymbol{x})$ genau dann gilt, wenn $\boldsymbol{x} \in U(\boldsymbol{x}')$ ist. Bei der lokalen Suche geht man also wie folgt vor: Sei F die zu minimierende Zielfunktion. Dann generiert man so lange zulässige Lösungen $\boldsymbol{x}' \in U(\boldsymbol{x})$ und setzt im Fall $F(\boldsymbol{x}') < F(\boldsymbol{x})$ $\boldsymbol{x} := \boldsymbol{x}'$, bis $F(\boldsymbol{x}') \geq F(\boldsymbol{x})$ für alle $\boldsymbol{x}' \in U(\boldsymbol{x})$ ist. Die Generierung einer neuen zulässigen Lösung $\boldsymbol{x}' \in U(\boldsymbol{x})$ erfolgt in der Regel dadurch, daß man eine „(lokale) Transformation“ auf $\boldsymbol{x}$ anwendet. Betrachten wir etwa wieder das Minimalgerüstproblem, so kann man ein (nicht minimales) Gerüst T verbessern, indem man folgende (lokale) Transformation ausführt: Man fügt zu T eine Kante e des zugrunde liegenden Graphen, die nicht zu T gehört, hinzu. Aus dem hierdurch entstehenden Kreis entfernt man dann eine Kante e' (mit größtmöglicher Bewertung).

[1] greedy (engl.)=gierig

Die Methode der lokalen Suche liefert im allgemeinen keine global optimale Lösung $\boldsymbol{x}^*$ (für die $F(\boldsymbol{x}^*) \leq F(\boldsymbol{x})$ für alle zulässigen Lösungen $\boldsymbol{x}$ gilt), sondern nur eine (bezüglich $U(\boldsymbol{x}^+)$) **lokal optimale Lösung** $\boldsymbol{x}^+$, d.h. eine zulässige Lösung $\boldsymbol{x}^+$ mit $F(\boldsymbol{x}^+) \leq F(\boldsymbol{x})$ für alle $\boldsymbol{x} \in U(\boldsymbol{x}^+)$. Um diesem Nachteil zu begegnen, wird die lokale Suche häufig mit mehreren verschiedenen „Anfangslösungen" durchgeführt. Eine andere Möglichkeit stellt die in den letzten Jahren entwickelte **Simulated-Annealing-Methode** dar. Hierbei wird die jeweils neu generierte zulässige Lösung $\boldsymbol{x}' \in U(\boldsymbol{x})$ im Fall $F(\boldsymbol{x}') \geq F(\boldsymbol{x})$ nicht immer „verworfen", sondern mit einer Wahrscheinlichkeit von $e^{(F(\boldsymbol{x})-F(\boldsymbol{x}'))/c}$ „akzeptiert", wobei $c > 0$ ein Steuerparameter ist. Es empfiehlt sich, zu Beginn des Verfahrens den Parameter c größer zu wählen (und damit häufiger „Verschlechterungen" der Zielfunktionswerte in Kauf zu nehmen), und ihn jeweils nach einer gewissen Anzahl l von Iterationsschritten zu verkleinern (je näher man einer global optimalen Lösung kommt, umso seltener sollte man eine erzeugte „schlechtere Lösung" akzeptieren). Für weitere Details, insbesondere eine geeignete Wahl der Parameter c und l und eines Abbruchkriteriums sowie die Herkunft des Namens „Simulated Annealing", vgl. AARTS UND KORST (1989), Kapitel 2, 3 und 4.

Eine weitere Möglichkeit der Konstruktion von Heuristiken ist die folgende: Den zulässigen Bereich eines binären oder kombinatorischen Optimierungsproblems kann man durch einen Suchbaum beschreiben, der bei einem Branch-and-Bound-Verfahren mit Hilfe einer oder mehrerer Suchstrategien „vollständig abgearbeitet" wird, um eine optimale Lösung zu bestimmen (vgl. Abschnitt 3.2.1). Eine Heuristik erhält man bei **unvollständiger Abarbeitung des Suchbaumes**, etwa, wenn man die Abarbeitung des Suchbaumes vorzeitig abbricht, noch nicht vollständig untersuchte Äste des Suchbaumes „abschneidet" oder von vornherein nur Teile des Suchbaumes betrachtet (z.B. „in der Nähe guter zulässiger Lösungen", was auch als lokale Suche interpretiert werden kann). Die unvollständige Abarbeitung des Suchbaumes kann sowohl für Eröffnungs- als auch für Verbesserungs- und Gesamtverfahren genutzt werden. Als weitere Möglichkeit, kombinatorische Optimierungsprobleme zu beschreiben, erwähnen wir noch die Und-Oder-Graphen, die sich zur Darstellung von Problemen eignen, bei denen Zufallseinflüsse zu berücksichtigen sind, und deren unvollständige Abarbeitung ebenfalls Heuristiken entspricht (hierzu verweisen wir auf PEARL (1984), Abschnitte 1, 2 und 3).

Da heuristische Verfahren im allgemeinen nur suboptimale Lösungen bestimmen, ist eine Beurteilung ihrer **Leistungsfähigkeit**, gemessen durch die Abweichung der Zielfunktionswerte der erzeugten Näherungslösungen vom Optimum, von entscheidender Bedeutung. Hierzu stehen drei verschiedene Wege offen.

Die erste Möglichkeit ist die **empirische Analyse** von Heuristiken. Dabei wird die zu untersuchende Heuristik auf eine Menge von Testproblemen angewandt, und die erhaltenen Zielfunktionswerte werden mit dem Minimum der Zielfunktion (bei einem Minimierungsproblem) oder, falls dies nicht bekannt ist, mit den mit Hilfe anderer Heuristiken erhaltenen Zielfunktionswerten verglichen (für den letzteren Vergleich verschiedener Heuristiken zieht man üblicherweise statistische Tests heran, s. etwa LAWLER ET AL. (1985), Abschnitt 7.2). Wesentlich für die empirische Analyse ist die Auswahl geeigneter praxisnaher Testprobleme, unter denen sich auf der einen Seite nicht nur „einfach strukturierte" Aufgaben, auf der anderen Seite aber auch nicht zu viele „pathologische" Probleme befinden dürfen.

Die **Worst-Case-Analyse** liefert eine Genauigkeitsschranke für die mit Hilfe einer Heuristik erzeugten Näherungslösungen, die bei keinem Problem überschritten wird und deshalb im allgemeinen durch besonders „pathologische" Probleme bestimmt ist. Nachteilig hierbei ist, daß der maximale Fehler des Zielfunktionswertes für die meisten Heuristiken sehr groß ist und in der Regel wenig über die Güte der Heuristik für „typische" Probleme aussagt.

Im Zusammenhang mit der Worst-Case-Analyse eines Algorithmus $\mathcal{A}$ für ein bestimmtes Problem ist der Begriff eines ϵ-approximativen Algorithmus eingeführt worden. Seien $F_{\mathcal{A}}(I)$ der mit Hilfe von $\mathcal{A}$ erhaltene Zielfunktionswert eines Minimumproblems und $F^*(I) > 0$ der minimale Zielfunktionswert für eine Problemausprägung I (zum Begriff der Ausprägung eines Problems vgl. Abschnitt 2.2.1). Gilt für ein $\epsilon > 0$

$$\frac{F_{\mathcal{A}}(I) - F^*(I)}{F^*(I)} \leq \epsilon \quad \text{für alle Problemausprägungen } I$$

(d.h., der relative Fehler des Zielfunktionswertes ist höchstens ϵ), so wird $\mathcal{A}$ ein **ϵ-approximativer Algorithmus** genannt (s. etwa PAPADIMITRIOU UND STEIGLITZ (1982), Abschnitt 17.1). Exakte Verfahren stellen 0-approximative Algorithmen dar.

Bei der **stochastischen Analyse** versucht man, den (maximalen) erwarteten Fehler einer Heuristik mit Hilfe analytischer Überlegungen zu ermitteln. Die Schwierigkeit dabei ist die Festlegung einer „realistischen" Wahrscheinlichkeitsverteilung auf der Menge aller möglichen Ausprägungen des betrachteten Problems (z.B. bei einem Handlungsreisendenproblem (vgl. Abschnitte 0.2 und 3.5) eine Gleichverteilung der Orte in einem Rechteck der Euklidischen Ebene, wobei die Orte den Knoten eines vollständigen Graphen zugeordnet werden, und eine entsprechende Verteilung der Kantenbewertungen). Dies entspricht der Wahl einer geeigneten Menge von Testproblemen bei der empirischen Analyse. Eine weitere Problematik der stochastischen Analyse ist, daß praktisch alle Aussagen asymptotischer Natur sind, d.h., sie gelten (etwa wieder bei einem vollständigen Graphen mit n Knoten) nur für „genügend großes“ n.

Während eine empirische Analyse einer Heuristik im Prinzip immer möglich ist (sofern andere Heuristiken „zum Vergleich“ zur Verfügung stehen), ist eine Worst-Case-Analyse bisher nur für relativ wenige heuristische Verfahren durchgeführt worden, und stochastische Analysen sind z.Z. lediglich für vereinzelte Heuristiken bekannt. Alle drei Möglichkeiten der Analyse heuristischer Verfahren werden wir für spezielle Heuristiken in den folgenden Abschnitten erläutern (insbesondere in Abschnitt 3.5 bei der Lösung des Handlungsreisendenproblems). Abschließend bemerken wir noch, daß die Leistungsfähigkeit von Heuristiken im oben präzisierten Sinn nicht das einzige Kriterium ist, das man für die Auswahl eines heuristischen Verfahrens heranziehen sollte. Neben der Genauigkeit der berechneten Näherungslösungen sind für ein Verfahren auch **Rechenaufwand**, **Einfachheit** (insbesondere, was die Implementierung auf einem Rechner betrifft) und **Flexibilität** (z.B. die Eignung eines Verfahrens sowohl für zyklenfreie Netzwerke als auch für Netzwerke mit Zyklen und beliebigen Bewertungen) zu berücksichtigen.

3.3 Das Rucksackproblem

3.3.1 Problemstellung

Dem **Rucksackproblem** liegt folgende anschauliche Aufgabenstellung zugrunde: Ein Wanderer kann in seinen Rucksack verschiedene Ausrüstungsgegenstände einpacken, wobei die einzelnen Gegenstände unterschiedliche Gewichte und „Werte“ (ein größerer Wert entspricht einem größeren Nutzen) haben. Gesucht ist eine optimale Rucksackfüllung, d.h. eine Füllung mit maximalem Gesamtwert, wobei ein vorgegebenes Gesamtgewicht des Rucksacks nicht überschritten werden darf.

Als Rucksackproblem lassen sich gewisse Frachtladungsprobleme formulieren sowie Optimierungsprobleme bei der Programmplanung in der Einzelproduktion, wenn nur eine einzige Faktorbeschränkung im Produktions- oder Beschaffungsbereich auftritt. In letzterem Fall entsprechen die Ausrüstungsgegenstände den einzelnen Aufträgen, Wert und Gewicht eines Ausrüstungsgegenstandes dem Deckungsbeitrag bzw. Produktionskoeffizienten (Faktor-Inanspruchnahme des Engpaß-Produktionsfaktors) für den entsprechenden Auftrag und das vorgegebene Gesamtgewicht des Rucksacks der verfügbaren Kapazität des Engpaß-Produktionsfaktors. Auch ein Problem der Maschinenbelegungsplanung ist zum Rucksackproblem äquivalent, wie wir unten noch näher erläutern werden.

Seien nun n Ausrüstungsgegenstände gegeben, wobei $c_j > 0$ der Wert, $a_j > 0$ das Gewicht von Gegenstand j $(1 \leq j \leq n)$ und $A > 0$ das nicht überschreitbare Gesamtgewicht des Rucksacks seien. Führen wir binäre Variablen

$$x_j := \begin{cases} 1\,, & \text{Gegenstand } j \text{ wird in den Rucksack gepackt} \\ 0\,, & \text{sonst} \end{cases} \qquad (j = 1, \ldots, n)$$

und die Vektoren

$$\boldsymbol{x} := \begin{pmatrix} x_1 \\ \vdots \\ x_n \end{pmatrix}, \quad \boldsymbol{c} := \begin{pmatrix} c_1 \\ \vdots \\ c_n \end{pmatrix}, \quad \boldsymbol{a} := \begin{pmatrix} a_1 \\ \vdots \\ a_n \end{pmatrix}$$

ein, so lautet das Rucksackproblem

$$(R) \qquad \begin{cases} \text{Max. } \boldsymbol{c}^T \boldsymbol{x} \\ \text{u.d.N. } \boldsymbol{a}^T \boldsymbol{x} \leq A \\ \qquad\quad \boldsymbol{x} \in \{0, 1\}^n \,. \end{cases}$$

Wegen $\boldsymbol{c} > \boldsymbol{0}$, $\boldsymbol{a} > \boldsymbol{0}$ und $A > 0$ ist $\boldsymbol{x} = \boldsymbol{0}$ (leerer Rucksack) eine zulässige Lösung des Rucksackproblems (R). Weitere zulässige Lösungen existieren genau dann, wenn

$$(3.3.1) \qquad \max_{j=1,\ldots,n} a_j \leq A$$

ist, also der schwerste Ausrüstungsgegenstand allein nicht schon das Gesamtgewicht A übersteigt. Wir wollen im folgenden stets annehmen, daß (3.3.1) erfüllt sei. Gilt $\sum_{j=1}^n a_j \leq A$, d.h., das Gewicht aller Ausrüstungsgegenstände zusammen überschreitet nicht das Gesamtgewicht, so ist wegen $\boldsymbol{c} > \boldsymbol{0}$ $\boldsymbol{x} = (1, \ldots, 1)^T$ (alle Gegenstände im Rucksack) die einzige optimale Lösung von (R). Wir nehmen deshalb im weiteren an, daß

$$\sum_{j=1}^n a_j > A$$

sei.

Das Rucksackproblem (R) ist ein schweres Optimierungproblem (s. Nemhauser und Wolsey (1988), Abschnitt I.5.6, Papadimitriou und Steiglitz (1982), Abschnitt 15.7). (R) ist zu folgendem Maschinenbelegungsproblem äquivalent: n Aufträge oder Jobs seien nacheinander ohne Unterbrechung und Wartezeiten zwischen den einzelnen Jobs (d.h. ohne „Leerzeiten") auf einer Maschine zu bearbeiten, beginnend zum Zeitpunkt 0. Endet die Bearbeitung von Job j spätestens zum Zeitpunkt A, so falle ein Gewinn von c_j an, andernfalls erfolge keine Auszahlung ($j = 1, \ldots, n$). Die Bearbeitungsdauer von Job j sei a_j, und $x_j = 1$ bedeute, daß Job j spätestens zum Zeitpunkt A fertig wird (andernfalls ist $x_j = 0$). Ziel ist die Maximierung des Gesamtgewinns. Weitere Maschinenbelegungsprobleme werden wir in Abschnitt 3.6 behandeln.

Im folgenden werden wir zunächst ein einfaches heuristisches Verfahren und anschließend einen Branch-and-Bound-Algorithmus für das Rucksackproblem (R) angeben. Für beide Verfahren erweist es sich als zweckmäßig, die Ausrüstungsgegenstände so durchzunumerieren, daß

$$\frac{c_1}{a_1} \geq \frac{c_2}{a_2} \geq \ldots \geq \frac{c_n}{a_n} \tag{3.3.2}$$

gilt, also die Folge der „relativen Werte" der Gegenstände monoton fallend ist. Ein Lösungsverfahren für das Rucksackproblem mit Hilfe der sogenannten dynamischen Optimierung werden wir in Abschnitt 5.1.5 behandeln. Eine ausführliche Darstellung von Theorie, exakten und heuristischen Lösungsverfahren sowie Anwendungen von verschiedenen Varianten des Rucksackproblems findet man in MARTELLO UND TOTH (1990).

3.3.2 Greedy-Heuristik und Problemreduktion

Ersetzen wir im Rucksackproblem (R) die Nebenbedingung $x_j \in \{0, 1\}$ durch $0 \leq x_j \leq 1$ ($j = 1, \ldots, n$), dann erhalten wir eine Relaxation von (R), die ein lineares Optimierungsproblem darstellt und mit (LR) bezeichnet werde. Sind die Ausrüstungsgegenstände so durchnumeriert, daß (3.3.2) gilt, dann kann man sofort eine optimale Lösung $\boldsymbol{x}^{LR}$ der Relaxation (LR) angeben: Sei $k \in \{2, \ldots, n\}$ so gewählt, daß

$$\sum_{j=1}^{k-1} a_j \leq A\,, \quad \sum_{j=1}^{k} a_j > A$$

ist, dann haben wir

$$\begin{cases} x_j^{LR} = 1 & \text{für } j = 1, \ldots, k-1 \\ x_k^{LR} = \dfrac{A - \sum_{j=1}^{k-1} a_j}{a_k} & \\ x_j^{LR} = 0 & \text{für } j = k+1, \ldots, n\,. \end{cases} \tag{3.3.3}$$

Der Index k wird auch **kritischer Index** genannt. Für den Zielfunktionswert F_{LR} im Punkt $\boldsymbol{x}^{LR}$ gilt

$$F_{LR} = \sum_{j=1}^{k-1} c_j + \left(A - \sum_{j=1}^{k-1} a_j \right) \frac{c_k}{a_k}\,. \tag{3.3.4}$$

Der Rechenaufwand zur Bestimmung von $\boldsymbol{x}^{LR}$ und F_{LR} ist gleich $O(n)$, wenn die Quotienten c_j/a_j bereits nach nichtwachsenden Werten geordnet sind. Der Rechenaufwand für die letztere Sortierung beträgt $O(n \log n)$, vgl. Abschnitt 2.2.2. Damit ist die Zeitkomplexität insgesamt gleich $O(n \log n)$.

Aus $\boldsymbol{x}^{LR}$ erhält man eine Näherungslösung für das Rucksackproblem, wenn man $x_k^{LR} := 0$ setzt. Diese suboptimale Lösung kann man verbessern, wenn man versucht, unter den Gegenständen $k+1, \ldots, n$ einige zu finden, deren Gesamtgewicht das noch verfügbare „Restgewicht" $A - \sum_{j=1}^{k-1} a_j$ nicht überschreitet. Dies liefert die folgende Heuristik, die als Greedy-Algorithmus interpretiert werden kann (da man die Gegenstände mit den „besten" relativen Werten c_j/a_j zuerst in den Rucksack zu packen versucht; zum Begriff eines Greedy-Algorithmus vgl. Abschnitt 3.2.2).

Algorithmus 3.3.1 (Rucksackproblem — Greedy-Heuristik)

Schritt 1

Numeriere die n Gegenstände nach nichtwachsenden Werten von c_j/a_j

Schritt 2

Setze $F_H := 0$
Für $j = 1, \ldots, n$
  Falls $a_j > A$, setze $k := j$, $x_j^H := 0$ und gehe zu Schritt 3
  Andernfalls setze $x_j^H := 1$, $F_H := F_H + c_j$ und $A := A - a_j$

Schritt 3

Für $j = k+1, \ldots, n$
  Falls $a_j > A$, setze $x_j^H := 0$
  Andernfalls setze $x_j^H := 1$, $F_H := F_H + c_j$ und $A := A - a_j$ [1]

□

Am Ende von Algorithmus 3.3.1 ist $\boldsymbol{x}^H$ die erhaltene zulässige Lösung des Rucksackproblems mit dem Zielfunktionswert F_H, und A stellt das verfügbare Restgewicht dar. Der Rechenaufwand von Algorithmus 3.3.1 beträgt wieder $O(n \log n)$. Für den optimalen Zielfunktionswert F^* des Rucksackproblems (R) haben wir eine untere und eine obere Schranke gefunden:

$$F_H \leq F^* \leq F_{LR} .$$

Zur Erzeugung schärferer unterer und oberer Schranken für F^* vgl. Salkin und Mathur (1989), Abschnitte 12.5.2 und 12.5.3. Für Heuristiken, die im allgemeinen bessere Näherungslösungen als Algorithmus 3.3.1 liefern, verweisen wir auf Lawler (1979) und Martello und Toth (1990), Abschnitt 2.8.

[1] Für die Bestimmung einer Näherungslösung wird der kritische Index k nicht explizit benötigt. Damit können in Algorithmus 3.3.1 die Schritte 2 und 3 zusammengefaßt werden.

Als Zahlenbeispiel betrachten wir das in Tab. 3.3.1 gegebene Rucksackproblem mit dem nicht überschreitbaren Gesamtgewicht $A = 12$. Das Problem ist nichttrivial, da $\max_{j=1,\ldots,6} a_j < A$ und $\sum_{j=1}^{6} a_j > A$ ist. Die Folge der relativen Werte c_j/a_j ist bereits monoton fallend.

Gegenstand j	1	2	3	4	5	6	
Wert c_j	8	8	6	10	12	12	
Gewicht a_j	1	2	2	4	6	10	$A = 12$
Relativer Wert c_j/a_j	8	4	3	2,5	2	1,2	

Tab. 3.3.1

Wegen $\sum_{j=1}^{4} a_j = 9 < A$ und $\sum_{j=1}^{5} a_j = 15 > A$ ist $k = 5$ der kritische Index. Damit liefert die Greedy-Heuristik die zulässige Lösung $\boldsymbol{x}^H = (1, 1, 1, 1, 0, 0)^T$ mit dem Zielfunktionswert $F_H = 32$.

Mit Hilfe der mit Algorithmus 3.3.1 bestimmten Näherungslösung $\boldsymbol{x}^H$ des Rucksackproblems (R) kann man (R) auf ein kleineres „Kernproblem" reduzieren. Hierzu betrachten wir die der Relaxation (LR) von (R) entsprechende „Standardform", bei der die (abgesehen von den Restriktionen $0 \leq x_j \leq 1$ für $j = 1, \ldots, n$) einzige Ungleichung

$$\sum_{j=1}^{n} a_j x_j \leq A$$

durch Einführung einer Schlupfvariablen x_{n+1} in Gleichungsform übergeführt worden ist. Zu jeder Basislösung dieser Standardform gibt es eine Basisvariable und n Nichtbasisvariablen. Beispielsweise stellt die durch (3.3.3) festgelegte optimale Lösung $\boldsymbol{x}^{LR}$ von (LR) zusammen mit dem Wert $x_{n+1} = 0$ für die Schlupfvariable eine Basislösung dar, wobei x_k die Basisvariable und die übrigen Variablen x_j $(j = 1, \ldots, n+1, j \neq k)$ die Nichtbasisvariablen sind.

Wir erinnern daran, daß für den zu einer Nichtbasisvariablen x_j gehörenden reduzierten Zielfunktionskoeffizienten ζ_j

$$\zeta_j = c_j - \sum_{k \in \mathcal{B}} c_k \gamma_{kj}$$

gilt (vgl. (1.2.11)). Beim Rucksackproblem enthält die zur optimalen Basislösung $\binom{\boldsymbol{x}^{LR}}{0}$ gehörende Basisindexmenge $\mathcal{B}$ nur den kritischen Index k. Ferner haben wir

$$\gamma_{kj} = \frac{a_j}{a_k}$$

und damit

(3.3.5)
$$\zeta_j = c_j - \frac{a_j c_k}{a_k} \,.$$

Das Problem (LR) bzw. dessen „Standardform“ stellt eine lineare Optimierungsaufgabe mit unteren und oberen Grenzen für die Variablen dar (vgl. Abschnitt 1.5.2). Läßt man, ausgehend von der optimalen Basislösung $\boldsymbol{y}^{LR} := \binom{\boldsymbol{x}^{LR}}{0}$, den Wert einer der Nichtbasisvariablen x_j $(j = 1, \ldots, n, j \neq k)$ von $x_j^{LR} = 0$ an wachsen oder von $x_j^{LR} = 1$ an abnehmen (wobei die Werte aller übrigen Nichtbasisvariablen unverändert bleiben), so gilt für den Wert der Zielfunktion F in einem beliebigen Punkt $\boldsymbol{x}$ von (LR)

$$F(\boldsymbol{x}) = F_{LR} + \begin{cases} \zeta_j x_j\,, & \text{falls } x_j^{LR} = 0 \\ \zeta_j(x_j - 1)\,, & \text{falls } x_j^{LR} = 1 \end{cases} \tag{3.3.6}$$

mit $F_{LR} = F(\boldsymbol{x}^{LR})$ (s. (1.5.7)). Wir bemerken noch, daß wegen der Optimalität der Basislösung $\binom{\boldsymbol{x}^{LR}}{0}$ $\zeta_j \leq 0$ im Fall $x_j^{LR} = 0$ und $\zeta_j \geq 0$ für $x_j^{LR} = 1$ ist (vgl. Abschnitt 1.5.2 unter Beachtung der Tatsache, daß jetzt ein Maximumproblem an Stelle eines Minimumproblems vorliegt).

Wir erinnern daran, daß für die Komponenten der optimalen Lösung $\boldsymbol{x}^{LR}$ von (LR)

$$x_j^{LR} = \begin{cases} 1 & \text{für } j = 1, \ldots, k-1 \\ 0 & \text{für } j = k+1, \ldots, n \end{cases} \qquad \text{und} \quad 0 \leq x_k^{LR} \leq 1$$

gilt. Ausgehend von der Basislösung $\boldsymbol{y}^{LR} = \binom{\boldsymbol{x}^{LR}}{0}$, betrachten wir nun einen Austauschschritt, bei dem sich der Wert einer Nichtbasisvariablen x_j mit $j \in \{1, \ldots, k-1\}$ von 1 auf 0 verringert. Damit wächst der Wert der Basisvariablen x_k (eventuell über 1 hinaus), und wir erhalten die (nicht notwendig zulässige) Basislösung

$$\boldsymbol{y}' = (\boldsymbol{x}', 0)^T = (1, \ldots, x_j' = 0, \ldots, 1, x_k', 0, \ldots, 0)^T$$

mit dem Zielfunktionswert $F(\boldsymbol{x}') = F_{LR} - \zeta_j$ und $\zeta_j \geq 0$ (vgl. (3.3.6)). Ist $x_k' \neq 1$, so stellt $\boldsymbol{x}'$ keine zulässige Lösung von (R) dar. Jede zulässige Lösung $\boldsymbol{x}''$ von (R) mit $x_j'' = 0$ und $x_\nu'' = 1$ für $\nu = 1, \ldots, k-1, \nu \neq j$ ergibt sich dadurch, daß neben $\nu = 1, \ldots, k-1, \nu \neq j$ einige der Gegenstände $k, k+1, \ldots, n$ in den Rucksack gepackt werden, deren Gesamtgewicht $a_k x_k'$ nicht übersteigt. Wegen $c_k/a_k \geq c_\nu/a_\nu$ für $\nu = k+1, \ldots, n$ wird der Wert der Rucksackfüllung hierdurch gegenüber $\boldsymbol{x}'$ höchstens kleiner: $F(\boldsymbol{x}'') \leq F(\boldsymbol{x}') = F_{LR} - \zeta_j$. Gilt also

$$F_{LR} - \zeta_j \leq F_H\,,$$

wobei F_H wieder den Zielfunktionswert der „Greedy-Lösung“ $\boldsymbol{x}^H$ (mit $x_j^H = 1$) bezeichnet, so ist die zulässige Lösung $\boldsymbol{x}''$ nicht besser als $\boldsymbol{x}^H$. Folglich gibt es eine optimale Lösung $\boldsymbol{x}^*$ von (R) mit $x_j^* = 1$.

Eine analoge Überlegung kann man für den Fall anstellen, daß man, ausgehend von der Basislösung $\boldsymbol{y}^{LR} = \binom{\boldsymbol{x}^{LR}}{0}$, einen Austauschschritt durchführt, bei dem sich der Wert einer der Nichtbasisvariablen x_j mit $j \in \{k+1, \ldots, n\}$ von 0 auf 1 erhöht. Für den Zielfunktionswert der sich ergebenden Basislösung

$$\boldsymbol{y}' = (\boldsymbol{x}', 0)^T = (1, \ldots, 1, x_k', 0, \ldots, x_j' = 1, \ldots, 0)^T$$

haben wir nach (3.3.6) jetzt $F(\boldsymbol{x}') = F_{LR} + \zeta_j$ mit $\zeta_j \leq 0$. Gilt

$$F_{LR} + \zeta_j < F_H \ ,$$

dann existiert eine optimale Lösung $\boldsymbol{x}^*$ von (R) mit $x_j^* = 0$. Gilt $F_{LR}+\zeta_j = F_H$, so ist es möglich, daß in der einzigen optimalen Lösung von (R) neben den Gegenständen $1, \ldots, k-1$ auch der Gegenstand j in den Rucksack paßt (dann ist $a_j = a_k x_k^{LR}$). Insgesamt haben wir damit unter Beachtung von (3.3.5) den folgenden

Satz 3.3.1. *Seien F_{LR} der minimale Zielfunktionswert der Relaxation (LR) des Rucksackproblems (R), F_H der Zielfunktionswert der mit der Greedy-Heuristik bestimmten Näherungslösung von (R) und k der kritische Index. Dann gibt es eine optimale Lösung $\boldsymbol{x}^*$ von (R) mit folgenden Eigenschaften: Gilt für ein $j \in \{1, \ldots, k-1\}$*

$$F_{LR} - F_H \leq c_j - \frac{a_j c_k}{a_k} \ , \tag{3.3.7}$$

so ist $x_j^* = 1$. Gilt für ein $j \in \{k+1, \ldots, n\}$

$$F_{LR} - F_H < \frac{a_j c_k}{a_k} - c_j \ , \tag{3.3.8}$$

dann ist $x_j^* = 0$.

Wir bemerken, daß die Größen auf beiden Seiten der Ungleichungen (3.3.7) und (3.3.8) sämtlich nichtnegativ sind. Fixiert man die Variablen gemäß Satz 3.3.1, so erhält man ein zu (R) gehöriges **Kernproblem**, das im allgemeinen weniger Variablen als (R) besitzt. Die „Greedy-Lösungen" für das Ausgangsproblem (R) und dessen Kernproblem stimmen in den Werten ihrer gemeinsamen Variablen (d.h. den Variablen des Kernproblems) überein.

Wir wollen nun Satz 3.3.1 auf das obige Zahlenbeispiel anwenden. Wir haben $F_H = \sum_{j=1}^{4} c_j$ und nach (3.3.4) mit dem kritischen Index $k = 5$

$$F_{LR} = \sum_{j=1}^{4} c_j + \left(A - \sum_{j=1}^{4} a_j \right) \frac{c_5}{a_5} \ ,$$

also

$$F_{LR} - F_H = \left(A - \sum_{j=1}^{4} a_j\right) \frac{c_5}{a_5} = 6 \ .$$

Für $j < k$ bekommen wir

$$c_1 - a_1\frac{c_5}{a_5} = 6 = F_{LR} - F_H \ , \quad c_2 - a_2\frac{c_5}{a_5} = 4 < F_{LR} - F_H \ ,$$
$$c_3 - a_3\frac{c_5}{a_5} = 2 < F_{LR} - F_H \ , \quad c_4 - a_4\frac{c_5}{a_5} = 2 < F_{LR} - F_H$$

und für $j = 6 > k$

$$a_6\frac{c_5}{a_5} - c_6 = 8 > F_{LR} - F_H \ .$$

Folglich gibt es eine optimale Lösung $\boldsymbol{x}^*$ des Rucksackproblems mit $x_1^* = 1$ und $x_6^* = 0$, und das zugehörige Kernproblem besitzt nur noch 4 statt 6 Variablen.

3.3.3 Branch-and-Bound-Algorithmus

Vor der Lösung eines Rucksackproblems mit einem Branch-and-Bound-Verfahren empfiehlt es sich, den Greedy-Algorithmus 3.3.1 anzuwenden und gemäß Satz 3.3.1 eine Reduktion auf ein Kernproblem vorzunehmen. Der Einfachheit halber nehmen wir an, daß das resultierende Kernproblem wieder die Form (R) mit den Variablen $x_1, \ldots, x_n$ habe, und die Gegenstände seien so durchnumeriert, daß (3.3.2) gelte.

Bei der Schilderung des Branch-and-Bound-Verfahrens für das Rucksackproblem verwenden wir die in Abschnitt 3.2.1 eingeführten Bezeichnungen. Das Rucksackproblem (R) ist im Unterschied zum binären Minimumproblem (P) aus Abschnitt 3.2.1 eine Maximierungsaufgabe. In diesem Fall stellt B eine untere Schranke für den optimalen Zielfunktionswert von (R) dar, und man setzt zu Beginn $B := -\infty$, wenn keine zulässige Anfangslösung bekannt ist. Entsprechend ist $b(\cdot)$ jetzt eine obere Schrankenfunktion, und bei den Eigenschaften (i), (ii), (iii) einer Schrankenfunktion b und der Untersuchung eines aktiven Knotens ist $\leq$, $<$ und $\geq$ durch $\geq$ bzw. $>$ bzw. $\leq$ sowie die LLB-Strategie durch die GUB-Strategie („greatest upper bound") zu ersetzen.

Eines der ersten Branch-and-Bound-Verfahren zur Lösung des Rucksackproblems ist von Kolesar entwickelt worden; es konstruiert einen Binärbaum und benutzt die GUB-Strategie (s. Kolesar (1967) und Neumann (1975a), Abschnitt 15.3). Wir geben im folgenden eine Modifikation dieses Algorithmus an, bei dem gegenüber der ursprünglichen Version die Auslotungs- und Verzweigungsregeln verfeinert sind und die LIFO-Strategie verwendet wird (vgl. Nemhauser und Wolsey (1988), Abschnitt II.6.1, und Salkin und Mathur (1989), Abschnitt 12.5.5). Wie es für ein Branch-and-Bound-Verfahren typisch ist, nutzt der Algorithmus für eine effiziente Wahl der Auslotungs- und Verzweigungsregeln und der Schrankenfunktion b spezifische Eigenschaften des Rucksackproblems aus.

Der Branch-and-Bound-Algorithmus läuft im Prinzip wie in Abschnitt 3.2.1 beschrieben ab (mit den oben erwähnten Änderungen für ein Maximumproblem an Stelle eines Minimumproblems), so daß wir nur die spezielle Wahl der Schrankenfunktion b sowie die Untersuchung eines aktiven Knotens $\boldsymbol{s}$ (und damit die Generierung und Abarbeitung des Suchbaumes) im Detail betrachten müssen. Der vollständige Suchbaum hat wieder die in Abb. 3.2.1 angegebene Gestalt, d.h., die Variablen werden in der Reihenfolge $x_1, x_2, \ldots, x_n$ fixiert, und der rechte Sohn eines Knotens der Tiefe j entspricht dem Setzen von x_{j+1} ($x_{j+1} := 1$) und der linke Sohn dem Sperren von x_{j+1} ($x_{j+1} := 0$). Im folgenden nennen wir den linken Sohn auch **linken Bruder** des rechten Sohnes und analog den rechten Sohn **rechten Bruder** des linken Sohnes. Beim Fixieren einer Variablen versucht man stets, die Variable zunächst (gleich 1) zu setzen, also den Rucksack möglichst schnell zu füllen.

Vor dem Start des Branch-and-Bound-Verfahrens bestimmt man mit der Greedy-Heuristik (Algorithmus 3.3.1) eine zulässige Lösung $\boldsymbol{x}^H$ mit dem Zielfunktionswert F_H (falls das vorliegende Problem durch Reduktion auf ein Kernproblem gemäß Satz 3.3.1 entstanden ist, sind $\boldsymbol{x}^H$ und F_H bereits bekannt). Beim Start des Branch-and-Bound-Verfahrens setzt man dann $\boldsymbol{x}^+ := \boldsymbol{x}^H$ und $B := F_H$.

Der zur Konstruktion der Anfangslösung $\boldsymbol{x}^H$ gehörende Suchbaum besteht aus demjenigen Weg von der Wurzel (Knoten der Tiefe 0) zu einem Knoten der Tiefe n, der unter allen derartigen Wegen, die einer zulässigen Lösung entsprechen, im vollständigen Suchbaum „am weitesten rechts“ liegt. Außerdem enthält dieser Anfangssuchbaum mit jedem Knoten $\boldsymbol{w}$ der Tiefe $< n$, der rechter Sohn seines Vaters ist, auch dessen linken Bruder $\boldsymbol{v}$ (sowie den in $\boldsymbol{v}$ einmündenden Pfeil). Im weiteren Verlauf des Branch-and-Bound-Verfahrens wird der aktuelle Suchbaum „nach links verschoben“; er stellt jeweils den am weitesten rechts liegenden „unter den noch nicht untersuchten Teilbäumen“ des vollständigen Suchbaumes dar (weil man stets versucht, eine Variable zunächst zu setzen ($= 1$) und, falls nicht möglich, danach zu sperren ($= 0$)). In jedem Schritt des Verfahrens wird im aktuellen Suchbaum ein Knoten $\boldsymbol{s}$ größter Tiefe gemäß der LIFO-Strategie (aus der als Keller gespeicherten Menge L_a der aktiven Knoten) ausgewählt und als nächster untersucht. Dies impliziert, daß der (aktuelle) Suchbaum entweder an der Stelle $\boldsymbol{s}$ „zurückgeschnitten“ oder „weiterentwickelt“ wird.

Bevor wir die Untersuchung eines aktiven Knotens im einzelnen behandeln, wollen wir zunächst eine günstige **Wahl der (oberen) Schrankenfunktion** b betrachten. Seien für einen Knoten $\boldsymbol{s}$ $x_1, \ldots, x_{h(\boldsymbol{s})}$ die fixierten Variablen (und damit $h(\boldsymbol{s})$ die Tiefe von $\boldsymbol{s}$ im Suchbaum) sowie $J(\boldsymbol{s}) \subseteq \{1,\ldots,h(\boldsymbol{s})\}$ die Menge der Indizes der (gleich 1) gesetzten Variablen. $J(\boldsymbol{s})$ speichern wir zweckmäßigerweise als Keller. Weiter seien

$$A(\boldsymbol{s}) := A - \sum_{j\in J(\boldsymbol{s})} a_j \tag{3.3.9}$$

das zu $\boldsymbol{s}$ gehörige verfügbare Restgewicht des Rucksacks und $F_{LR(\boldsymbol{s})}$ der optimale Zielfunktionswert des linearen Optimierungsproblems

$$\begin{aligned}
\text{Max.} \quad & \sum_{j=h(\boldsymbol{s})+1}^{n} c_j x_j \\
\text{u.d.N.} \quad & \sum_{j=h(\boldsymbol{s})+1}^{n} a_j x_j \le A(\boldsymbol{s}) \\
& 0 \le x_j \le 1 \quad (j = h(\boldsymbol{s})+1,\ldots,n)\,.
\end{aligned}$$

Im Fall $h(\boldsymbol{s}) = n-1$ ist $F_{LR(\boldsymbol{s})} = A(\boldsymbol{s})c_n/a_n$, und für $h(\boldsymbol{s}) = n$ setzen wir $F_{LR(\boldsymbol{s})} := 0$. Sei für $h(\boldsymbol{s}) < n-1$ $k(\boldsymbol{s}) \in \{h(\boldsymbol{s})+1,\ldots,n\}$ der entsprechende durch

$$\sum_{j=h(\boldsymbol{s})+1}^{k(\boldsymbol{s})-1} a_j \le A(\boldsymbol{s})\,, \quad \sum_{j=h(\boldsymbol{s})+1}^{k(\boldsymbol{s})} a_j > A(\boldsymbol{s}) \tag{3.3.10}$$

bestimmte kritische Index. Damit haben wir insgesamt

$$F_{LR(\boldsymbol{s})} = \begin{cases} \displaystyle\sum_{j=h(\boldsymbol{s})+1}^{k(\boldsymbol{s})-1} c_j + \left(A(\boldsymbol{s}) - \sum_{j=h(\boldsymbol{s})+1}^{k(\boldsymbol{s})-1} a_j\right)\frac{c_{k(\boldsymbol{s})}}{a_{k(\boldsymbol{s})}} & \text{für } h(\boldsymbol{s}) < n-1 \\ A(\boldsymbol{s})\frac{c_n}{a_n} \quad \text{für } h(\boldsymbol{s}) = n-1 & \\ 0 \quad \text{für } h(\boldsymbol{s}) = n & \end{cases} \tag{3.3.11}$$

(vgl. (3.3.4)). Die Schrankenfunktion b ist dann durch

$$b(\boldsymbol{s}) := \sum_{j\in J(\boldsymbol{s})} c_j + F_{LR(\boldsymbol{s})} \tag{3.3.12}$$

gegeben.

Wir betrachten jetzt die **Untersuchung eines aktiven Knotens $\boldsymbol{s}$** (wobei $\boldsymbol{s}$ aus der Liste L_a der aktiven Knoten entfernt wird):

Fall 1: $b(\boldsymbol{s}) \le B$
Knoten $\boldsymbol{s}$ wird aus dem (aktuellen) Suchbaum entfernt. Wir unterscheiden zwei Unterfälle des Auslotungsfalls 1.

Fall 1α: $h(\boldsymbol{s}) \notin J(\boldsymbol{s})$ ($\boldsymbol{s}$ ist linker Sohn seines Vaters)
Da $J(\boldsymbol{s})$ als Keller gespeichert wird (etwa mit m als letztem Element), kann

man die Abfrage „$h(\boldsymbol{s}) \notin J(\boldsymbol{s})$?" durch die Abfrage „$m < h(\boldsymbol{s})$?" realisieren. $h(\boldsymbol{s}) \notin J(\boldsymbol{s})$ bedeutet, daß $x_{h(\boldsymbol{s})} = 0$ ist und der Vorgänger $\boldsymbol{r}$ von $\boldsymbol{s}$ im Suchbaum nur den einen Nachfolger $\boldsymbol{s}$ hat und damit (neben $\boldsymbol{s}$) aus dem Suchbaum entfernt werden kann. Gegebenenfalls ist der Suchbaum in dieser Weise noch weiter zurückzuverfolgen. Sei etwa $\boldsymbol{w} \in \bar{\mathcal{R}}(\boldsymbol{s})$ der $\boldsymbol{s}$ am nächsten gelegene Knoten im Suchbaum, der rechter Sohn seines Vaters $\boldsymbol{u}$ ist, und sei $\boldsymbol{v}$ der linke Bruder von $\boldsymbol{w}$ (vgl. Abb. 3.3.1). Die Tiefe der Knoten $\boldsymbol{v}$ und $\boldsymbol{w}$ ist gleich m. Dann sind neben $\boldsymbol{r}$ alle „zwischen $\boldsymbol{r}$ und $\boldsymbol{w}$" gelegenen Knoten einschließlich $\boldsymbol{w}$ aus dem Suchbaum zu entfernen ($x_{m+1}, \ldots, x_{h(\boldsymbol{s})}$ sind jetzt nicht mehr gesperrt; dafür wird das zuvor gesetzte x_m gesperrt, d.h., wir haben $x_m = 0$). Als nächster Knoten wird $\boldsymbol{v}$ untersucht, der jetzt in der Liste L_a (nach Entfernung von $\boldsymbol{s}$ aus L_a) an letzter Stelle steht. $J(\boldsymbol{v})$ erhält man aus $J(\boldsymbol{s})$, indem man das letzte Element m aus $J(\boldsymbol{s})$ entfernt. Da man, um vom Knoten $\boldsymbol{s}$ zum Knoten $\boldsymbol{v}$ zu gelangen, im Suchbaum zunächst „zurückgehen" muß, spricht man im vorliegenden Fall auch von **Backtracking**.

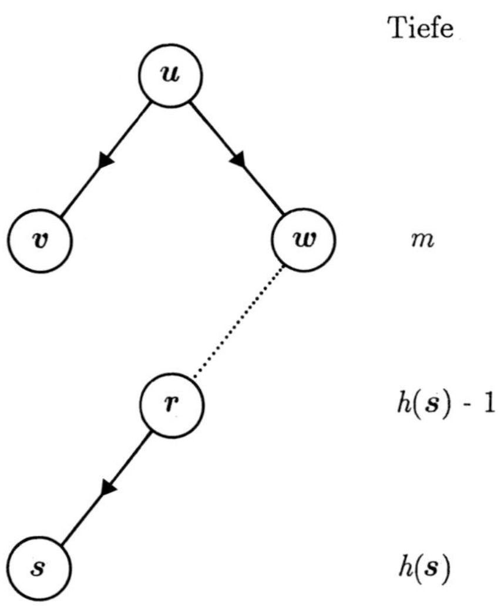

Abb. 3.3.1

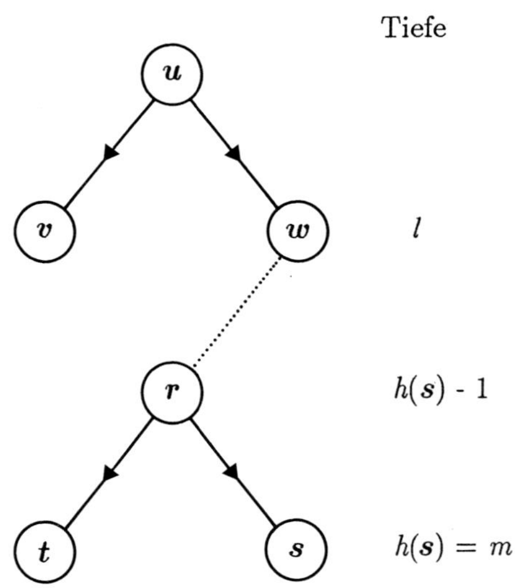

Abb. 3.3.2

Fall 1β: $h(\boldsymbol{s}) \in J(\boldsymbol{s})$ ($\boldsymbol{s}$ ist rechter Sohn seines Vaters)
Es ist $x_{h(\boldsymbol{s})} = 1$. Sei $\boldsymbol{t}$ der linke Bruder von $\boldsymbol{s}$. Nach der Entfernung von $\boldsymbol{s}$ aus dem Suchbaum liegt wegen $b(\boldsymbol{t}) \leq b(\boldsymbol{s}) \leq B$ für Knoten $\boldsymbol{t}$ der Fall 1α vor, und $\boldsymbol{t}$ kann ebenfalls entfernt werden. Seien $m = h(\boldsymbol{s})$ und l das letzte bzw. vorletzte Element des Kellers $J(\boldsymbol{s})$. Seien weiter $\boldsymbol{r}$ der Vater von $\boldsymbol{s}$ und $\boldsymbol{t}$ sowie $\boldsymbol{w} \in \bar{\mathcal{R}}(\boldsymbol{r})$ der $\boldsymbol{r}$ am nächsten gelegene Knoten, der rechter Sohn seines Vaters $\boldsymbol{u}$ ist, und sei $\boldsymbol{v}$ der linke Bruder von $\boldsymbol{w}$ (vgl. Abb. 3.3.2). Die Tiefe

der Knoten $\boldsymbol{v}$ und $\boldsymbol{w}$ ist gleich l. Dann sind wieder alle „zwischen $\boldsymbol{r}$ und $\boldsymbol{w}$" gelegenen Knoten einschließlich $\boldsymbol{r}$ und $\boldsymbol{w}$ aus dem Suchbaum zu entfernen. Als nächster Knoten wird $\boldsymbol{v}$ untersucht, der in der Liste L_a (nach Entfernung von $\boldsymbol{t}$ aus L_a) an letzter Stelle steht. $J(\boldsymbol{v})$ erhält man aus $J(\boldsymbol{s})$, indem man das letzte Element m und das vorletzte Element l aus $J(\boldsymbol{s})$ entfernt.

Fall 2: $b(\boldsymbol{s}) > B$
Wir brauchen nur den Fall $h(\boldsymbol{s}) < n$ zu betrachten, da im folgenden, wenn $h(\boldsymbol{s}) = n - 1$ gilt, beide Tiefen $h(\boldsymbol{s})$ und $h(\boldsymbol{s}) + 1$ behandelt werden.
Wir unterscheiden drei Unterfälle.

Fall 2$\boldsymbol{\alpha}$: $a_{h(\boldsymbol{s})+1} = A(\boldsymbol{s})$ (der günstigste der „freien" Gegenstände paßt gerade noch in den Rucksack)
Man setzt $x_{h(\boldsymbol{s})+1} := 1$ und $x_j := 0$ für $j = h(\boldsymbol{s}) + 2, \ldots, n$, d.h. erzeugt den rechten Sohn $\boldsymbol{q}$ von $\boldsymbol{s}$. Für Knoten $\boldsymbol{q}$ mit $J(\boldsymbol{q}) = J(\boldsymbol{s}) \cup \{h(\boldsymbol{s}) + 1\}$ liegt der Auslotungsfall 2a aus Abschnitt 3.2.1 vor (eine bessere zulässige Lösung ist gefunden worden). Wir setzen also $\boldsymbol{x}^+ := \boldsymbol{x}$ und $B := \sum_{j \in J(\boldsymbol{q})} c_j$. Da für den linken Bruder $\boldsymbol{p}$ von $\boldsymbol{q}$ $b(\boldsymbol{p}) \leq b(\boldsymbol{q}) = B$ gelten würde, braucht $\boldsymbol{p}$ nicht erzeugt zu werden (vgl. Fall 1β). Gilt $h(\boldsymbol{s}) \notin J(\boldsymbol{s})$, so geht man weiter wie in Fall 1α vor, andernfalls wie in Fall 1β (da aufgrund der Neubestimmung von B jetzt $b(\boldsymbol{s}) = b(\boldsymbol{q}) = B$ ist).

Fall 2$\boldsymbol{\beta}$: $a_{h(\boldsymbol{s})+1} < A(\boldsymbol{s})$
Gilt $h(\boldsymbol{s}) + 1 = n$, so setzt man $x_n := 1$ (der letzte Gegenstand paßt in den Rucksack). Man braucht also nur den rechten Sohn $\boldsymbol{q}$ von $\boldsymbol{s}$ zu erzeugen. Für Knoten $\boldsymbol{q}$ mit $J(\boldsymbol{q}) = J(\boldsymbol{s}) \cup \{h(\boldsymbol{s}) + 1\}$ liegt wieder der Auslotungsfall 2a aus Abschnitt 3.2.1 vor. Wir setzen folglich $\boldsymbol{x}^+ := \boldsymbol{x}$ sowie $B := \sum_{j \in J(\boldsymbol{q})} c_j$ und fahren, wenn $h(\boldsymbol{s}) \notin J(\boldsymbol{s})$ ist, bei Fall 1α und andernfalls bei Fall 1β fort.
Gilt $h(\boldsymbol{s})+1 < n$, dann erzeugt man den linken Sohn $\boldsymbol{p}$ ($x_{h(\boldsymbol{s})+1} = 0$) und rechten Sohn $\boldsymbol{q}$ ($x_{h(\boldsymbol{s})+1} = 1$) von $\boldsymbol{s}$ und fügt danach $\boldsymbol{q}$ am Ende von L_a ein (d.h., als nächster aktiver Knoten wird wegen der LIFO-Strategie $\boldsymbol{q}$ untersucht). Es liegt also der Verzweigungsfall 2b aus Abschnitt 3.2.1 vor. Die Knoten $\boldsymbol{p}$ und $\boldsymbol{q}$ haben die Tiefe $h(\boldsymbol{s})+1$, und es ist $J(\boldsymbol{p}) = J(\boldsymbol{s})$ und $J(\boldsymbol{q}) = J(\boldsymbol{s}) \cup \{h(\boldsymbol{s})+1\}$.

Fall 2$\boldsymbol{\gamma}$: $a_{h(\boldsymbol{s})+1} > A(\boldsymbol{s})$
Der rechte Sohn $\boldsymbol{q}$ von $\boldsymbol{s}$ ($x_{h(\boldsymbol{s})+1} = 1$) würde eine unzulässige Lösung liefern. Es wird deshalb nur der linke Sohn $\boldsymbol{p}$ von $\boldsymbol{s}$ ($x_{h(\boldsymbol{s})+1} = 0$) mit der Tiefe $h(\boldsymbol{s})+1$ und $J(\boldsymbol{p}) = J(\boldsymbol{s})$ erzeugt. Gilt $h(\boldsymbol{p}) = h(\boldsymbol{s}) + 1 < n$, so wird $\boldsymbol{p}$ am Ende von L_a eingefügt (Verzweigungsfall 2b aus Abschnitt 3.2.1). Für $h(\boldsymbol{p}) = n$ wird, wenn $b(\boldsymbol{p}) = \sum_{j \in J(\boldsymbol{p})} c_j \leq B$ ist, bei Fall 1α fortgefahren (es ist $h(\boldsymbol{p}) \notin J(\boldsymbol{p})$) und andernfalls $\boldsymbol{x}^+ := \boldsymbol{x}$ sowie $B := \sum_{j \in J(\boldsymbol{p})} c_j$ gesetzt und ebenfalls bei Fall 1α fortgefahren.

Wir bemerken noch, daß der Suchbaum durch Angabe der Tiefe $h(\boldsymbol{s})$ und der Menge $J(\boldsymbol{s})$ für jeden Knoten $\boldsymbol{s}$ eindeutig festgelegt ist: Wir haben gesehen, daß nach der Untersuchung eines Knotens $\boldsymbol{s}$ der als nächster zu untersuchende Knoten $\boldsymbol{v}$ eindeutig bestimmt ist, und $h(\boldsymbol{v})$ sowie $J(\boldsymbol{v})$ lassen sich aus $h(\boldsymbol{s})$ bzw. $J(\boldsymbol{s})$ unmittelbar berechnen. Folglich brauchen während des Branch-and-Bound-Verfahrens (neben der bisher besten zulässigen Lösung $\boldsymbol{x}^+$ und der unteren Schranke B) nur für den gerade untersuchten Knoten $\boldsymbol{s}$ die Tiefe $h(\boldsymbol{s})$ und die Liste $J(\boldsymbol{s})$ (als Keller) gespeichert zu werden (insbesondere benötigt man also nicht explizit die Liste L_a).

Beim Start des Branch-and-Bound-Verfahrens wird $\boldsymbol{x}^+ := \boldsymbol{x}^H$ und $B := F_H$ gesetzt. Der als letzter im zugehörigen Anfangssuchbaum erzeugte Knoten $\boldsymbol{z}$ entspricht der zulässigen Anfangslösung $\boldsymbol{x}^H$ und hat die Tiefe $h(\boldsymbol{z}) = n$. $J(\boldsymbol{z})$ enthält die Indizes j mit $x_j^H = 1$ (in aufsteigender Reihenfolge). Für die obere Schranke $b(\boldsymbol{z})$ erhalten wir mit (3.3.11) und (3.3.12) $b(\boldsymbol{z}) = F_H = B$. Da nach der LIFO-Strategie Knoten $\boldsymbol{z}$ als erster zu untersuchen ist, liegt also zu Beginn des Verfahrens Fall 1 (Backtracking) vor. Das Verfahren bricht ab, sobald für den nächsten zu untersuchenden Knoten $\boldsymbol{v}$ $J(\boldsymbol{v}) = \emptyset$ gilt (genau dann ist $L_a = \emptyset$). Damit erhalten wir

Algorithmus 3.3.2 (Rucksackproblem — Branch-and-Bound-Verfahren)

Schritt 1 (Initialisierung)

Bestimme mit Algorithmus 3.3.1 eine zulässige Lösung $\boldsymbol{x}^H$ des Rucksackproblems mit dem Zielfunktionswert F_H und dem verfügbaren Restgewicht A
Setze $\boldsymbol{x}^+ := \boldsymbol{x}^H$, $B := F_H$ und $h := n$
J sei die wachsende Folge der Indizes j mit $x_j^H = 1$ (als Keller gespeichert)

Schritt 2 (Knotenuntersuchung Fall 1 — Backtracking)

Entferne m vom Ende von J
Falls $J = \emptyset$, gehe zu Schritt 5
Falls $m < h$, setze $h := m$, $A := A + a_m$ und gehe zu Schritt 3
Andernfalls
  Entferne l vom Ende von J
  Falls $J = \emptyset$, gehe zu Schritt 5
  Setze $h := l$, $A := A + a_m + a_l$ und gehe zu Schritt 3

Schritt 3 (Knotenuntersuchung Fall 2)

Berechne b nach (3.3.11) und (3.3.12), wobei das Argument $\boldsymbol{s}$ überall wegzulassen ist
Falls $b \leq B$, gehe zu Schritt 2
Andernfalls
  Falls $h = n$, gehe zu Schritt 4
  Falls $a_{h+1} = A$, füge $h + 1$ am Ende von J ein und gehe zu Schritt 4

Falls $a_{h+1} < A$
Füge $h+1$ *am Ende von* J *ein*
Falls $h+1 = n$, *gehe zu Schritt 4*
Andernfalls setze $h := h+1$, $A := A - a_h$ *und gehe zu Schritt 3*
Falls $a_{h+1} > A$, *setze* $h := h+1$ *und gehe zu Schritt 3*

Schritt 4 (Bestimmung einer besseren zulässigen Lösung)

Setze $x_j^+ := 1$ *für alle* $j \in J$, $x_j^+ := 0$ *für alle* $j \in \{1, \ldots, n\} \backslash J$ *und* $B := \sum_{j \in J} c_j$
Gehe zu Schritt 2

Schritt 5 (Terminierung)

Terminiere ($\boldsymbol{x}^+$ *ist eine optimale Lösung des Rucksackproblems mit dem Zielfunktionswert* B*)*

□

Wir greifen wieder das Zahlenbeispiel aus Abschnitt 3.3.2 auf. Da es eine optimale Lösung $\boldsymbol{x}^*$ mit $x_1^* = 1$ und $x_6^* = 0$ gibt, können wir das Ausgangsproblem auf ein Kernproblem reduzieren. Das nicht überschreitbare Gesamtgewicht des Kernproblems ist gleich dem alten Gesamtgewicht 12 minus dem Gewicht $a_1 = 1$ des in den Rucksack zu packenden Gegenstandes 1, also gleich 11, und werde erneut mit A bezeichnet. Damit das Kernproblem wieder die Gestalt (R) mit den Variablen $x_1, \ldots, x_n$ erhält, numerieren wir die verbliebenen Gegenstände um, so daß x_j, c_j und a_j für $j = 2, \ldots, 5$ zu x_{j-1}, c_{j-1} und a_{j-1} werden. Dies ergibt die Daten in Tab. 3.3.2 mit dem maximalen Gesamtgewicht $A = 11$. Den Vektor mit den „neuen Komponenten" $x_1, \ldots, x_4$ bezeichnen wir mit $\mathbf{x}$ im Unterschied zum Vektor $\boldsymbol{x}$ mit den „alten Komponenten" $x_1, \ldots, x_6$.

Gegenstand j	1	2	3	4
Wert c_j	8	6	10	12
Gewicht a_j	2	2	4	6
Relativer Wert c_j/a_j	4	3	2,5	2

$A = 11$

Tab. 3.3.2

Wir listen nun für dieses Zahlenbeispiel die einzelnen Iterationsschritte des Branch-and-Bound-Verfahrens auf, wobei wir jeweils die erzeugten Knoten und die Liste der aktiven Knoten L_a explizit angeben, obwohl dies für Algorithmus 3.3.2 nicht notwendig ist. Abb. 3.3.3 zeigt den im Laufe des Verfahrens abgearbeiteten Suchbaum. Der Anfangssuchbaum ist fett eingezeichnet.

Wir starten mit der zulässigen Anfangslösung $\mathbf{x}^H = (1,1,1,0)^T$, die sich durch „Reduktion" der mit der Greedy-Heuristik erhaltenen Anfangslösung

$\boldsymbol{x}^H = (1,1,1,1,0,0)^T$ des Ausgangsproblems auf das Kernproblem ergibt. Der zulässige Zielfunktionswert ist 24. Wir setzen also zu Beginn $\mathbf{x}^+ := (1,1,1,0)^T$ und $B := 24$. Der der Anfangslösung entsprechende Knoten im Suchbaum ist $\boldsymbol{s}^7 = (1,1,1,0)^T$ mit $h(\boldsymbol{s}^7) = 4$, $J(\boldsymbol{s}^7) = (1,2,3)$ und $b(\boldsymbol{s}^7) = 24$. Die Liste der aktiven Knoten des Anfangssuchbaumes ist $L_a = (\boldsymbol{s}^1, \boldsymbol{s}^3, \boldsymbol{s}^5, \boldsymbol{s}^7)$ (vgl. Abb. 3.3.3).

Iteration 1 (Untersuchung des Knotens $\boldsymbol{s}^7$). Wegen $b(\boldsymbol{s}^7) = B$ und $h(\boldsymbol{s}^7) \notin J(\boldsymbol{s}^7)$ liegt Fall 1α vor. Die Knoten $\boldsymbol{s}^7$ und $\boldsymbol{s}^6$ werden aus dem Suchbaum entfernt, und es ergibt sich $L_a = (\boldsymbol{s}^1, \boldsymbol{s}^3, \boldsymbol{s}^5)$.

Iteration 2 (Untersuchung von $\boldsymbol{s}^5$). Es ist $\boldsymbol{s}^5 = (1,1,0,-1)^T$, $h(\boldsymbol{s}^5) = 3$ und $J(\boldsymbol{s}^5) = (1,2)$. Damit bekommen wir nach (3.3.9) $A(\boldsymbol{s}^5) = 7$. (3.3.11) und (3.3.12) liefern $b(\boldsymbol{s}^5) = 28$. $b(\boldsymbol{s}^5) > B$ und $a_{h(\boldsymbol{s}^5)+1} = a_4 < A(\boldsymbol{s}^5)$ ergeben den Fall 2β. Wegen $h(\boldsymbol{s}^5) + 1 = n$ wird $x_4 := 1$ gesetzt, d.h. der Knoten $\boldsymbol{s}^8 = (1,1,0,1)^T$ erzeugt, und wir erhalten die bessere zulässige Lösung $\mathbf{x}^+ = (1,1,0,1)^T$ mit $B = c_1 + c_2 + c_4 = 26$. Aufgrund der Auslotung im Knoten $\boldsymbol{s}^8$ werden die Knoten $\boldsymbol{s}^8$ und $\boldsymbol{s}^5$ aus dem Suchbaum entfernt. Weiter bekommen wir $L_a = (\boldsymbol{s}^1, \boldsymbol{s}^3)$.

Iteration 3 (Untersuchung von $\boldsymbol{s}^3$). Wir haben $\boldsymbol{s}^3 = (1,0,-1,-1)^T$, $h(\boldsymbol{s}^3) = 2$ und $J(\boldsymbol{s}^3) = (1)$. (3.3.9) und (3.3.10) liefern $A(\boldsymbol{s}^3) = 9$ und $k(\boldsymbol{s}^3) = 4$. Damit erhalten wir nach (3.3.11) und (3.3.12) $b(\boldsymbol{s}^3) = 28$. Wegen $b(\boldsymbol{s}^3) > B$ und $a_{h(\boldsymbol{s}^3)+1} = a_3 < A(\boldsymbol{s}^3)$ liegt Fall 2β vor. Aufgrund $h(\boldsymbol{s}^3) + 1 < n$ werden die Söhne $\boldsymbol{s}^9 = (1,0,0,-1)^T$ und $\boldsymbol{s}^{10} = (1,0,1,-1)^T$ mit $h(\boldsymbol{s}^9) = h(\boldsymbol{s}^{10}) = 3$, $J(\boldsymbol{s}^9) = (1)$ und $J(\boldsymbol{s}^{10}) = (1,3)$ erzeugt, und es ergibt sich $L_a = (\boldsymbol{s}^1, \boldsymbol{s}^9, \boldsymbol{s}^{10})$.

Iteration 4 (Untersuchung von $\boldsymbol{s}^{10}$). Mit $A(\boldsymbol{s}^{10}) = 5$ bekommen wir $b(\boldsymbol{s}^{10}) = 28$. $b(\boldsymbol{s}^{10}) > B$ und $a_{h(\boldsymbol{s}^{10})+1} = a_4 > A(\boldsymbol{s}^{10})$ ergeben den Fall 2γ. Folglich wird der Sohn $\boldsymbol{s}^{11} = (1,0,1,0)^T$ mit $h(\boldsymbol{s}^{11}) = 4$ und $J(\boldsymbol{s}^{11}) = (1,3)$ erzeugt, und wir erhalten $L_a = (\boldsymbol{s}^1, \boldsymbol{s}^9, \boldsymbol{s}^{11})$.

Iteration 5 (Untersuchung von $\boldsymbol{s}^{11}$). Wir bekommen $b(\boldsymbol{s}^{11}) = 18$. Wegen $b(\boldsymbol{s}^{11}) < B$ und $h(\boldsymbol{s}^{11}) \notin J(\boldsymbol{s}^{11})$ liegt Fall 1α vor. Die Knoten $\boldsymbol{s}^{11}$ und $\boldsymbol{s}^{10}$ werden aus dem Suchbaum entfernt, und es ergibt sich $L_a = (\boldsymbol{s}^1, \boldsymbol{s}^9)$.

Iteration 6 (Untersuchung von $\boldsymbol{s}^9$). Mit $A(\boldsymbol{s}^9) = 9$ haben wir $b(\boldsymbol{s}^9) = 26$. $b(\boldsymbol{s}^9) = B$ und $h(\boldsymbol{s}^9) \notin J(\boldsymbol{s}^9)$ liefern den Fall 1α. Die Knoten $\boldsymbol{s}^9$, $\boldsymbol{s}^3$ und $\boldsymbol{s}^2$ werden aus dem Suchbaum entfernt, und wir bekommen $L_a = (\boldsymbol{s}^1)$.

Iteration 7 (Untersuchung von $\boldsymbol{s}^1$). Es ist $\boldsymbol{s}^1 = (0,-1,-1,-1)^T$, $h(\boldsymbol{s}^1) = 1$ und $J(\boldsymbol{s}^1) = \emptyset$. $A(\boldsymbol{s}^1) = 11$ und $k(\boldsymbol{s}^1) = 4$ liefern $b(\boldsymbol{s}^1) = 26$. Wegen $b(\boldsymbol{s}^1) = B$ und $h(\boldsymbol{s}^1) \notin J(\boldsymbol{s}^1)$ liegt wieder Fall 1α vor. Knoten $\boldsymbol{s}^1$ wird aus dem Suchbaum entfernt, es ergibt sich $L_a = \emptyset$, und damit bricht das Verfahren ab.

Die erhaltene optimale Lösung des Kernproblems ist $\mathbf{x}^* = \mathbf{x}^+ = (1,1,0,1)^T$. Hieraus bekommen wir als optimale Lösung des Ausgangsproblems $\boldsymbol{x}^* = (1,1,1,0,1,0)^T$ mit dem Zielfunktionswert $F^* = 34$. Es werden also die Gegenstände 1, 2, 3 und 5 in den Rucksack gepackt, der das Gesamtgewicht 11 und den Wert 34 hat. Der relative Fehler des mit der Greedy-Heuristik erhaltenen Zielfunktionswertes $F_H = 32$ beträgt nur rund 6%.

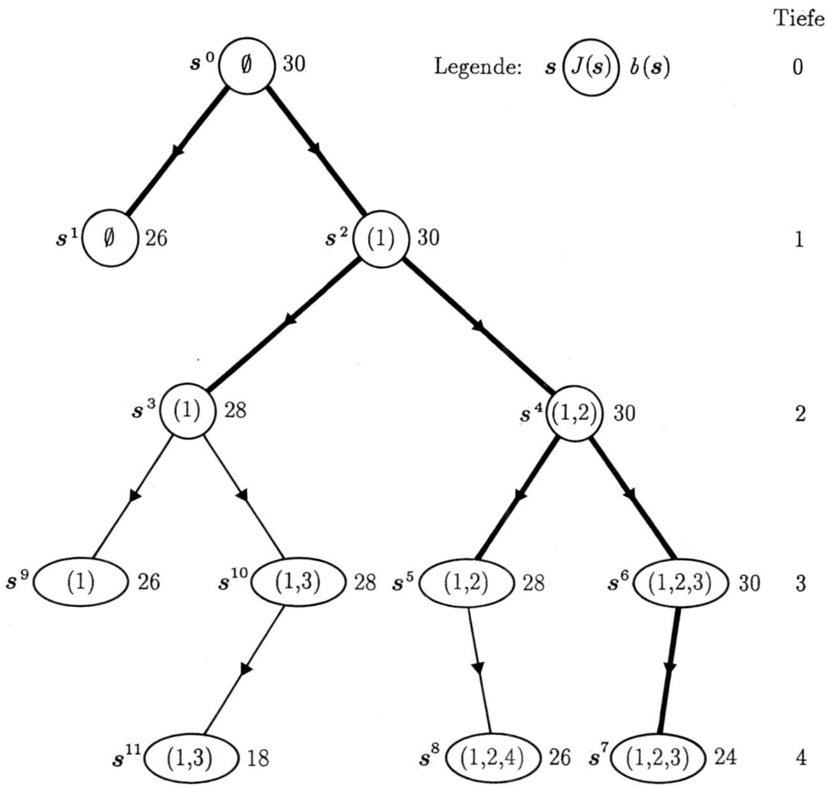

Abb. 3.3.3

3.3.4 Das ganzzahlige Rucksackproblem

Ersetzt man im **binären Rucksackproblem** (R) die Nebenbedingung $\boldsymbol{x} \in \{0,1\}^n$ durch $\boldsymbol{x} \in \mathbb{Z}_+^n$, so erhält man das **ganzzahlige Rucksackproblem**

$$(GR) \qquad \begin{cases} \text{Max. } \boldsymbol{c}^T\boldsymbol{x} \\ \text{u.d.N. } \boldsymbol{a}^T\boldsymbol{x} \le A \\ \qquad \boldsymbol{x} \in \mathbb{Z}_+^n \,. \end{cases}$$

Beim ganzzahligen Rucksackproblem können also $x_j > 1$ Exemplare des

Ausrüstungsgegenstandes j in den Rucksack gepackt werden ($j = 1, \ldots, n$). Das ganzzahlige Rucksackproblem (GR) ist wie (R) ein schweres Problem.

Nehmen wir wieder an, daß $a_j \leq A$ für alle $j = 1, \ldots, n$ sei und die Gegenstände so durchnumeriert seien, daß $c_1/a_1 \geq \ldots \geq c_n/a_n$ gilt, dann erhält man wie folgt eine Näherungslösung $\boldsymbol{x}^G$ für (GR): Sei A_j das noch verfügbare Restgewicht für die Gegenstände $j, \ldots, n$. Dann ist

$$
\begin{aligned}
x_j^G &:= \left\lfloor \frac{A_j}{a_j} \right\rfloor \quad \text{für } j = 1, \ldots, n \\
\text{mit} \quad A_1 &:= A \\
A_{j+1} &:= A_j - a_j x_j^G \quad (j = 1, \ldots, n-1) \ ,
\end{aligned}
$$

wobei $\lfloor a \rfloor$ die größte ganze Zahl $\leq a$ darstellt. Wir formulieren diese Greedy-Heuristik als

Algorithmus 3.3.3 (Ganzzahliges Rucksackproblem — Greedy-Heuristik)

Schritt 1

Numeriere die n Gegenstände nach nichtwachsenden Werten von c_j/a_j

Schritt 2

Setze $F_G := 0$
Für $j = 1, \ldots, n$
Setze $x_j^G := \lfloor A/a_j \rfloor$, $F_G := F_G + c_j x_j^G$ und $A := A - a_j x_j^G$

□

Am Ende von Algorithmus 3.3.3 ist $\boldsymbol{x}^G$ die erhaltene zulässige Lösung von (GR) mit dem Zielfunktionswert F_G, und A stellt das noch verfügbare Restgewicht dar. Der Rechenaufwand von Algorithmus 3.3.3 ist $O(n \log n)$. Sei F^* der maximale Zielfunktionswert von (GR). Dann gilt

$$
F^* \leq c_1 \frac{A}{a_1} \ , \qquad F_G \geq c_1 \left\lfloor \frac{A}{a_1} \right\rfloor
$$

und folglich

$$
F^* - F_G \leq c_1 \left(\frac{A}{a_1} - \left\lfloor \frac{A}{a_1} \right\rfloor \right) < c_1 \leq \max_{j=1,\ldots,n} c_j \ .
$$

Kleinere Werte c_j der Ausrüstungsgegenstände j ergeben also in der Regel bessere Näherungslösungen $\boldsymbol{x}^G$. Für leistungsfähigere Heuristiken, die bessere Näherungslösungen als Algorithmus 3.3.3 liefern, und für exakte Verfahren zur Lösung von (GR) verweisen wir auf NEMHAUSER UND WOLSEY (1988), Abschnitt II.6.1, und MARTELLO UND TOTH (1990), Abschnitt 3.6. Ein Lösungsverfahren für das ganzzahlige Rucksackproblem mit Hilfe der dynamischen Optimierung werden wir in Abschnitt 5.1.5 angeben.

3.4 Verschnittprobleme

Bei vielen industriellen Fertigungsvorgängen ergeben sich Probleme beim Zuschneiden von Material für die weitere Verarbeitung oder den Verkauf. Aus vorhandenen Ausgangsmaterialien, wie z.B. Papier, Stahl, Holz oder Kunststoff, sind dabei Teile in der benötigten Größe zu schneiden. Gesucht ist ein sogenannter **Verschnittplan**, bei dem entweder der Verschnitt (Abfall) minimal ist oder die kleinstmögliche Menge des Ausgangsmaterials für das Zuschneiden der benötigten Teile erforderlich ist. Man spricht daher bei diesen Aufgabenstellungen von **Verschnittproblemen**.

Typisch für Verschnittprobleme ist, daß sich auch aus einfach strukturierten technischen Randbedingungen eine Vielzahl unterschiedlicher Schnittmuster ergibt, und entsprechend viele ganzzahlige Variablen in das Optimierungsproblem eingehen. Weiter zeigt sich, daß selbst kleinere Änderungen in der Problemstellung ganz unterschiedliche Lösungsmethoden erfordern. Wir wollen uns hier darauf beschränken, für zwei grundlegende Verschnittprobleme Lösungsverfahren zu diskutieren. Für weiterführende Literatur und empirische Untersuchungen über Verschnittsoftware verweisen wir auf DYCKOFF (1988) und DYCKOFF, FINKE UND KRUSE (1988).

Verschnittprobleme lassen sich unter drei Aspekten klassifizieren:

(a) Dimension
Ist für den Verschnitt eines Materials (z.B. beim Zuschnitt von Eisenträgern für ein Bauvorhaben) nur eine Abmessung (z.B. die Länge der abgeschnittenen Stücke) von Interesse, so spricht man von **eindimensionalen Verschnittproblemen**. Beim **zweidimensionalen Verschnittproblem** werden demgegenüber Flächenstücke zugeschnitten (z.B. beim Zuschnitt von rechteckigen Scheiben aus großen rechteckigen Glastafeln). Zweidimensionale Verschnittprobleme treten in der Praxis am häufigsten auf. Der Lösungsaufwand ist gegenüber eindimensionalen Problemen wesentlich höher. Während eindimensionale Probleme häufig exakt gelöst werden (oder zumindest unter Vernachlässigung gewisser Ganzzahligkeitsbedingungen „nahezu exakt“), begnügt man sich bei zweidimensionalen Problemen meistens mit heuristischen Verfahren. Dies gilt auch für die noch schwierigeren **dreidimensionalen Verschnittprobleme**. Bei ihnen sind Schnitte in der Höhe, Breite und Tiefe des Materials vorzunehmen (z.B. beim Zuschnitt von Steinquadern). Zu den dreidimensionalen Verschnittproblemen gehören auch die sogenannten **Verpackungsprobleme**, bei denen etwa eine Anzahl von Paketen unterschiedlicher Größe in möglichst wenigen Containern gleicher Abmessung unterzubringen ist, wobei Pakete und Container die Gestalt von Quadern besitzen. Aufgrund der hohen Komplexität dreidimensionaler Verschnittprobleme werden numerische Ver-

fahren zu ihrer Lösung nur in geringem Umfang eingesetzt, und wir gehen auf diese Probleme nicht weiter ein.

(b) Zielkriterien

Bei Verschittproblemen sind Beschaffenheit, Größe und Menge des zur Verfügung stehenden Ausgangsmaterials bekannt. Aus ihm sollen Teile geschnitten werden, deren Beschaffenheit, Abmessung und Anzahl durch einen Auftrag vorgegeben sind. Die beiden am häufigsten verfolgten Ziele sind die **Minimierung des Verschnitts** (Abfalls) und die **Minimierung des eingesetzten Ausgangsmaterials**. Die beiden entsprechenden Zielfunktionen können zu unterschiedlichen Ergebnissen führen, wenn beim Zuschneideprozeß Teile anfallen, die zwar bei dem zu planenden Auftrag nicht benötigt werden (Überproduktion), aber möglicherweise zu einem späteren Zeitpunkt verwendet werden können. Sie werden dann nicht als Verschnitt gezählt und eingelagert. An Stelle dieser „Standardzielkriterien“ werden manchmal andere Ziele betrachtet (z.B. die Minimierung der Gesamtlänge der Schnitte), oder der Verschnitt wird kostenmäßig bewertet und zusammen mit anderen Kosten (z.B. Umrüstkosten beim Wechsel der Schnittmuster, Strafkosten bei Nichteinhaltung von Lieferterminen oder unterschiedliche Einkaufskosten für unterschiedliche Größen des Ausgangsmaterials) bei einer Minimierung berücksichtigt.

(c) Restriktionen

Die zu beachtenden Restriktionen beziehen sich vor allem auf das zur Verfügung stehende Ausgangsmaterial („Inputrestriktionen“), die Anforderungen an die Schnittmuster sowie den auszuführenden Verschnittauftrag („Outputrestriktionen“). Das Ausgangsmaterial ist vorgegeben. Es kann hinsichtlich seiner Beschaffenheit (z.B. Holzmaserung, Härte des Steins) und seiner Größe (z.B. Abmesssung und äußere Form als Rechteck oder Kreis) unterschiedlich sein. Ferner können mengenmäßige Beschränkungen des Ausgangsmaterials vorliegen. Schnittmusterbeschränkungen treten vor allem bei zwei- und dreidimensionalen Problemen auf. Hierunter fallen materialbedingte Einschränkungen (z.B. Erfordernis geradliniger Schnitte bei Glas oder Berücksichtigung von Holzmaserungen oder Stoffmustern) oder technisch bedingte Restriktionen (z.B. Mindestabstand von Schnittmessern oder Vorschriften über zulässige Schnittfolgen). Die Beschränkung auf einfache Schnittmuster ermöglicht den Einsatz einfacherer und übersichtlicherer Lösungsverfahren. Bei zweidimensionalen Verschnittproblemen werden beispielsweise häufig rechteckige Tafeln zerschnitten und die Schnitte parallel zu den Kanten ausgeführt. Für die Planung genügt es daher, sogenannte „Breiten-“ und „Längenschnitte“ im Wechsel vorzusehen.

3.4.1 Eindimensionale Verschnittprobleme

Zunächst betrachten wir ein Beispiel. Eine Papierbahn der Breite W von beliebiger Länge stehe als Ausgangsmaterial zur Verfügung. Aus ihr sollen (in Längsrichtung) schmälere Streifen geschnitten werden. Ein entsprechender Auftrag betreffe den Zuschnitt von m (Papier-)Streifen der Breite w_i und der Länge b_i $(i = 1, \ldots, m)$, wobei die zugeschnittenen Streifen nicht aus einem Stück bestehen müssen. Die Aufteilung der Breite W auf Kombinationen der Breiten w_i des Auftrags und einen verbleibenden Rest nennt man **Breitenkombination** oder **Schnittmuster**. In jeder Breitenkombination können einzelne Breiten w_i mehrfach auftreten. Beim Zuschnitt zur Erfüllung des Auftrags ist eine Folge geeigneter Breitenkombinationen zu bestimmen und festzulegen, in welcher Länge die Papierbahn mit der jeweiligen Breitenkombination zu zerschneiden ist (vgl. Abb. 3.4.1). Als Verschnitt tritt hierbei der Streifen mit der verbleibenden Restbreite auf, der sogenannte **Breitenverschnitt**. Bei der Minimierung des Verschnitts werden daher nur solche Breitenkombinationen betrachtet, bei denen die Restbreite kleiner als die kleinste Breite der Streifen des Auftrags ist.

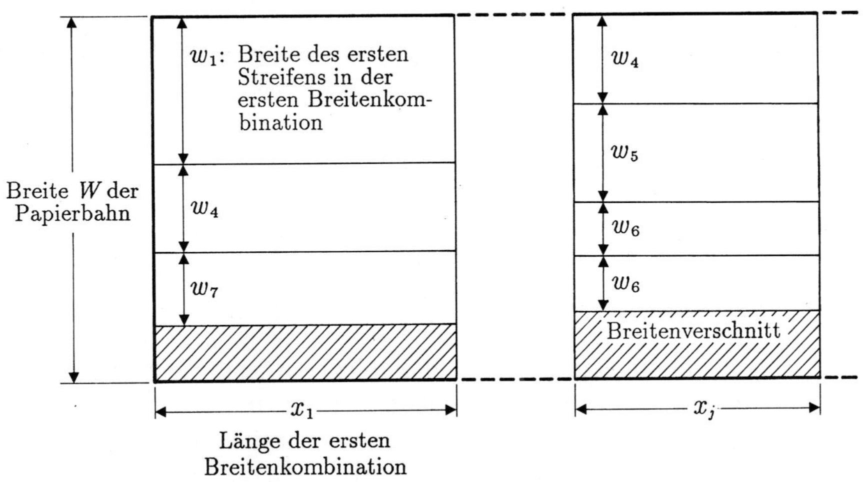

Abb. 3.4.1

Die Aufgabe, Breitenkombinationen und ihre Längen so festzulegen, daß der Auftrag erfüllt und der gesamte Breitenverschnitt minimiert wird, läßt sich als lineares Optimierungsproblem formulieren. Hierzu verwenden wir die folgenden Bezeichnungen:

W sei die Breite der zu zerschneidenden Papierbahn (beliebiger Länge)

w_i sei die Breite des Papierstreifens Nummer i des Auftrags und

b_i die Länge des Papierstreifens ($i = 1, \ldots, m$).
Die Breiten seien so numeriert, daß $w_1 > w_2 > \ldots > w_m$ gilt. Die Streifen der Länge b_i können aus Einzelstücken zusammengesetzt sein.

$\boldsymbol{a}^j := (a_{1j}, a_{2j}, \ldots, a_{mj})^T$ beschreibt die Breitenkombination Nummer j ($j = 1, \ldots, q$) als Vektor. Dabei gibt $a_{ij} \in \mathbb{Z}_+$ die Anzahl der Streifen mit der Breite w_i an, die in der Breitenkombination $\boldsymbol{a}^j$ auftreten. Jede Breitenkombination muß die Zulässigkeitsbedingung für die verbleibende Restbreite

$$0 \leq W - \sum_{i=1}^{m} a_{ij} w_i < w_m \tag{3.4.1}$$

erfüllen. Wir gehen zunächst davon aus, daß *alle* (zulässigen) Breitenkombinationen in Form von Vektoren $\boldsymbol{a}^j$ vorliegen. Sie lassen sich mit Hilfe eines einfachen Schemas generieren.

x_j bezeichnet die Länge der Breitenkombinationen $\boldsymbol{a}^j$. Die Größen x_j ($j = 1, \ldots, q$) stellen die Entscheidungsvariablen dar. Die gegebene Papierbahn wird also nacheinander in Stücke der Länge $x_1, x_2, \ldots, x_q$ zerschnitten, die ihrerseits zuvor wieder entsprechend den Schnittmustern der Breitenkombinationen $\boldsymbol{a}^1, \ldots, \boldsymbol{a}^q$ der Länge nach zerschnitten worden sind. Ist $x_j = 0$, so tritt die Breitenkombination $\boldsymbol{a}^j$ nicht auf. Damit erhalten wir das folgende Optimierungsproblem

$$\left\{\begin{array}{l} \text{Min. } \displaystyle\sum_{j=1}^{q} \left(W - \sum_{i=1}^{m} a_{ij} w_i \right) x_j \\ \text{u.d.N. } \displaystyle\sum_{j=1}^{q} a_{ij} x_j \geq b_i \quad (i = 1, \ldots, m) \\ \qquad\qquad\qquad x_j \geq 0 \quad (j = 1, \ldots, q) \, . \end{array}\right. \tag{3.4.2}$$

Die Nebenbedingungen von (3.4.2) implizieren, daß der Streifen i (mit der Breite w_i) in verschiedenen Breitenkombinationen auftreten kann und die einzelnen Stücke sich zu einer Gesamtlänge von mindestens b_i summieren. Ferner kann (zur Verringerung des Breitenverschnitts) eine Überproduktion auftreten. Soll eine Überproduktion ausgeschlossen werden (sie stellt dann Verschnitt dar), so sind die ersten m Ungleichungen in (3.4.2) durch Gleichungen zu ersetzen. Außerdem sind zusätzlich zu den Breitenkombinationen, die (3.4.1) genügen, noch weitere Breitenkombinationen zuzulassen, damit die „schärferen" Gleichheitsbedingungen erfüllt werden können. Insgesamt sind in diesem Fall alle Breitenkombinationen $\boldsymbol{a}^j$ zu berücksichtigen, die anstelle von (3.4.1) die Bedingung $0 \leq W - \sum_{i=1}^{m} a_{ij} w_i$ erfüllen. Beim Verbot der Überproduktion kann die in der Zielfunktion auftretende Doppelsumme

$\sum_{j=1}^{q}\sum_{i=1}^{m} a_{ij}w_i x_j = \sum_{i=1}^{m}(\sum_{j=1}^{q} a_{ij}x_j)w_i$ durch $\sum_{i=1}^{q} b_i w_i$ ersetzt werden. Läßt man diese für die Minimierung unerhebliche additive Konstante sowie den multiplikativen Faktor W von $\sum_{j=1}^{q} x_j$ unberücksichtigt, so erhält man als Minimierungsbedingung

$$\text{(3.4.3)} \qquad \text{Min.} \sum_{j=1}^{q} x_j \ .$$

(3.4.3) besagt, daß die Minimierung des Verschnitts gleichbedeutend ist mit der Minimierung der Länge des benötigten (Ausgangs-)Materials, falls eine Überproduktion nicht verwertet wird. Andererseits kann die Minimierung der Länge des benötigten Materials ein originäres Ziel sein, das unter Berücksichtigung von $\sum_{j=1}^{q} a_{ij}x_j \geq b_i$ $(i = 1, \ldots, m)$ mit $x_j \geq 0$ $(j = 1, \ldots, q)$ zu verfolgen ist. Bei dem letzteren Problem wird eine Überproduktion nicht verboten, und damit entfällt die oben angesprochene Berücksichtigung zusätzlicher Breitenkombinationen. Wir werden daher im folgenden bei Verschnittproblemen immer von Ungleichungen als Nebenbedingungen ausgehen.

Bei der Lösung des Problems (3.4.2) bzw. des entsprechenden Problems mit der Minimierungsbedingung (3.4.3) werden alle möglichen Breitenkombinationen berücksichtigt, die sich durch Vektoren $\boldsymbol{a}^j \in \mathbb{Z}_+^m$ beschreiben lassen, die (3.4.1) genügen. Diese Vektoren $\boldsymbol{a}^j$ können durch folgende systematische Vorgehensweise bestimmt werden, bei der die Breitenkombinationen „der Größe nach" geordnet sind:

(1) Die erste Breitenkombination (also den Vektor $\boldsymbol{a}^1$) erhält man, indem die größte Breite w_1 der Streifen des Auftrags möglichst oft in der Breite W der Papierbahn untergebracht wird. Damit ist a_{11} bestimmt. Anschließend wird w_2 möglichst oft in der verbleibenden Restbreite untergebracht usw.

(2) Aus der zuletzt erzeugten Breitenkombination $\boldsymbol{a}^j$ erhält man die nächste („kleinere") Breitenkombination $\boldsymbol{a}^{j+1}$, indem man die kleinste in der Breitenkombination $\boldsymbol{a}^j$ auftretende Breite $w_i \neq w_m$ mit

$$i = \max_{\substack{1 \leq k \leq m-1 \\ a_{kj} > 0}} k$$

feststellt, $a_{i,j+1} := a_{ij} - 1$ setzt, die Anzahl der größeren Breiten von $\boldsymbol{a}^j$ beibehält (d.h. $a_{k,j+1} := a_{kj}$ für $k = 1, \ldots, i-1$ setzt) und die verbleibende Restbreite $W - \sum_{k=1}^{i} a_{k,j+1}w_k$ gemäß (1) auf die kleineren Breiten $w_{i+1}, \ldots, w_m$ aufteilt.

(3) Die letzte („kleinste") Breitenkombination $\boldsymbol{a}^q$ besteht darin, daß die kleinste Breite w_m möglichst oft in W untergebracht wird.

Ein Beispiel für die Breitenkombinationen $\boldsymbol{a}^j$ $(j = 1, \ldots, 8)$ für $W = 10$, $w_1 = 4$, $w_2 = 3$ und $w_3 = 2$ zeigt Tab. 3.4.1. Wir sehen, daß die Anzahl

Papierstreifen Nummer i Streifenbreite w_i	1 4	2 3	3 2	Breiten- verschnitt
Breitenkombination Nummer j				
1	2	0	1	0
2	1	2	0	0
3	1	1	1	1
4	1	0	3	0
5	0	3	0	1
6	0	2	2	0
7	0	1	3	1
8	0	0	5	0

Tab. 3.4.1

q der möglichen Breitenkombinationen (und damit die Anzahl der Variablen) in (3.4.2) bzw. beim entsprechenden Problem mit der Minimierungsbedingung (3.4.3) schon bei kleineren Problemen (mit kleinem m) sehr groß werden kann. Einen Eindruck von der „kombinatorischen Explosion" der Problemgröße q vermittelt Tab. 3.4.2, in der die Anzahl q der möglichen Breitenkombinationen eingetragen ist.

Breite W	200	300	400	500	600
$m = 7$ $w_1 = 50, w_2 = 45, \dots, w_7 = 20$	512	2805	10341	29604	71207
$m = 8$ $w_1 = 50, w_2 = 45, \dots, w_8 = 15$	1372	9583	43085	143106	407257

Tab. 3.4.2

Zur Lösung des linearen Optimierungsproblems (3.4.2) mit (3.4.3) als Minimierungsbedingung werden wie üblich zunächst die Nebenbedingungen $\sum_{j=1}^{q} a_{ij}x_j \geq b_i$ $(i = 1, \dots, m)$ durch Einführung nichtnegativer Schlupfvariablen $x_{q+1}, \dots, x_n$ in Gleichungen übergeführt:

$$(3.4.4) \qquad \begin{cases} \text{Min.} \; \sum_{j=1}^{n} x_j \\ \text{u.d.N.} \; \sum_{j=1}^{n} a_{ij}x_j = b_i \quad (i = 1, \dots, m) \\ \qquad\qquad x_j \geq 0 \quad (j = 1, \dots, n) \,. \end{cases}$$

Charakteristisch für das lineare Optimierungsproblem (3.4.4) ist, daß die Anzahl n der Variablen erheblich größer als die Anzahl m der Nebenbedingungen ist und daß die Koeffizientenmatrix $\boldsymbol{A}$ im allgemeinen viele Nullen enthält. Deshalb bietet sich als Lösungsverfahren die revidierte Simplexmethode an (vgl. Abschnitt 1.5.5), die vor allem den hier entscheidenden Vorteil besitzt, daß für die Durchführung eines Austauschschrittes nicht die gesamte Koeffizientenmatrix benötigt wird. In jedem (Basis-)Austauschschritt wird neben den aktuellen Basisvektoren nur ein weiterer geeigneter Nichtbasisvektor benötigt, der gerade einer momentan nicht verwendeten Breitenkombination entspricht. Konstruiert man also in jedem Austauschschritt eine geeignete Breitenkombination (Nichtbasisvektor) für den Austausch, so erübrigt es sich, a priori alle Breitenkombinationen zu erzeugen und zu speichern.

Zur Darstellung eines Austauschschrittes der revidierten Simplexmethode gehen wir der Einfachheit halber davon aus, daß die ersten m Spaltenvektoren $(a_{11}, \ldots, a_{m1})^T, \ldots, (a_{1m}, \ldots, a_{mm})^T$ der Matrix $\boldsymbol{A}$ zu einer zulässigen Basislösung gehören. Mit Hilfe der Basisinversen

$$\boldsymbol{B}^{-1} = \begin{pmatrix} a_{11} & \ldots & a_{1m} \\ \vdots & & \vdots \\ a_{m1} & \ldots & a_{mm} \end{pmatrix}^{-1}$$

und der Nichtbasisindexmenge $\mathcal{N} = \{m+1, \ldots, n\}$ ergibt sich nach (1.5.22) und (1.5.21) für die reduzierten Kosten

$$\zeta_l = 1 - (a_{1l}, \ldots, a_{ml})(\boldsymbol{B}^{-1})^T \begin{pmatrix} 1 \\ \vdots \\ 1 \end{pmatrix} \quad (l \in \mathcal{N}) . \tag{3.4.5}$$

Falls das kleinste ζ_l negativ ist, wird ein Austauschschritt durchgeführt. Der (kleinste) Index l', für den dieser Minimalwert angenommen wird, bezeichnet bekanntlich den ausgewählten Nichtbasisvektor. Mit dem Koeffizientenvektor

$$\boldsymbol{c} = (c_1, \ldots, c_m)^T := (\boldsymbol{B}^{-1})^T \begin{pmatrix} 1 \\ \vdots \\ 1 \end{pmatrix} \tag{3.4.6}$$

ist daher vor der Ausführung des Austauschschrittes zur Bestimmung eines minimalen ζ_l' gemäß (3.4.5) das Optimierungsproblem

$$\left\{ \begin{array}{l} \text{Max. } \sum_{i=1}^{m} c_i \alpha_i \\ \text{u.d.N. } \sum_{i=1}^{m} w_i \alpha_i \le W \\ \qquad \alpha_i \in \mathbb{N}_0 \quad (i = 1, \ldots, m) \end{array} \right. \tag{3.4.7}$$

zu lösen. Die Ungleichung in (3.4.7) garantiert zusammen mit der Ganzzahligkeitsbedingung, daß nur zulässige Breitenkombinationen in Betracht gezogen werden. (3.4.7) stellt ein ganzzahliges Rucksackproblem dar (vgl. Abschnitt 3.3.4), dessen Lösung $(\alpha_1^*, \ldots, \alpha_m^*)^T =: (a_{1l'}, \ldots, a_{ml'})^T$ den neuen Basisvektor $\boldsymbol{a}^{l'}$ liefert, falls $\zeta_{l'} = 1 - \boldsymbol{c}^T \boldsymbol{a}^{l'} < 0$ ist. Gilt $\zeta_{l'} \geq 0$, so ist im vorhergehenden Austauschschritt bereits eine optimale Lösung des Verschnittproblems erreicht worden.

Das Problem der Verschnittminimierung (3.4.2) läßt sich ganz analog zum Problem (3.4.4) behandeln. Mit der Bezeichnung $\boldsymbol{b} = (b_1, \ldots, b_m)^T$ verwendet man an Stelle von (3.4.5) und (3.4.6) die Formeln

$$(3.4.8)\qquad \begin{aligned} \zeta_l &= (W - \boldsymbol{a}^{lT}\boldsymbol{b}) - \boldsymbol{a}^{lT}(\boldsymbol{B}^{-1})^T[\begin{pmatrix} W \\ \vdots \\ W \end{pmatrix} - \boldsymbol{B}\boldsymbol{b}] \\ &= W - \boldsymbol{a}^{lT}(\boldsymbol{b} + \bar{\boldsymbol{c}}) \\ \text{mit } \bar{\boldsymbol{c}} &= (\boldsymbol{B}^{-1})^T[\begin{pmatrix} W \\ \vdots \\ W \end{pmatrix} - \boldsymbol{B}\boldsymbol{b}] \end{aligned}$$

$$(3.4.9)\qquad \boldsymbol{c} := \boldsymbol{b} + \bar{\boldsymbol{c}}\ .$$

Eine optimale Lösung des Verschnittproblems ist gefunden worden, wenn für die entsprechende Lösung von (3.4.7) $\zeta_{l'} = W - \boldsymbol{c}^T \boldsymbol{a}^{l'} \geq 0$ gilt.

Vereinfachungen des oben skizzierten Lösungsverfahrens führen auf Heuristiken, die mit wesentlich geringerem Rechenaufwand in der Regel gute Näherungslösungen liefern. Eine erste Heuristik besteht darin, nur eine kleine, geeignet erscheinende Auswahl aus der Menge der möglichen Breitenkombinationen zu betrachten. Als Auswahlkriterien kommen etwa die Größe der verbleibenden Restbreite einer Breitenkombination, die „Vielfalt“ der Breitenkombinationen (ausgedrückt durch die „Abstände“ zwischen den Vektoren $\boldsymbol{a}^j$) oder solche Kombinationen in Frage, die vor allem die am meisten nachgefragten Breiten enthalten. Eine zweite Möglichkeit besteht darin, das bei jedem Austauschschritt der revidierten Simplexmethode auftretende Rucksackproblem nicht exakt zu lösen, sondern mit einer Heuristik nur eine Näherungslösung zu bestimmen.

Bei dem bisher behandelten Verschnittproblem (3.4.2) bzw. seiner Modifikation mit (3.4.3) als Minimierungsbedingung sind für die Längen x_j der Breitenkombinationen $\boldsymbol{a}^j$ keine Ganzzahligkeitsbedingungen zu beachten. Eine schwierigere Aufgabenstellung ergibt sich, wenn einzelne Stücke eines Ausgangsmaterials, wie z.B. Eisenträger, zu zerschneiden sind. Wir bezeichnen die jeweils gleiche Länge dieser Ausgangsstücke mit W (sie entsprechen der Breite der Papierbahn), die Längen der zu schneidenden Teilstücke mit $w_1, \ldots, w_m$ und die Anzahl der auftragsgemäß zu liefernden Teilstücke Nummer i mit b_i $(i = 1, \ldots, m)$. Ferner sei a_{ij} die Anzahl der Längen w_i in der Längenkombination Nummer j, die aus den Längen $w_1, \ldots, w_m$ gebildet wird (entspricht der obigen Breitenkombination), und x_j stelle die Anzahl der gemäß der Längenkombination zu zerschneidenden Ausgangsstücke dar. Bei Minimierung des Verschnitts erhalten wir dann als Analogon zu (3.4.2) das Problem

$$(3.4.10) \quad \begin{cases} \text{Min.} \; \sum_{j=1}^{q} \left(W - \sum_{i=1}^{m} a_{ij} w_i \right) x_j \\ \text{u.d.N.} \; \sum_{j=1}^{q} a_{ij} x_j \geq b_i \quad (i = 1, \ldots, m) \\ \qquad\qquad x_j \in \mathbb{Z}_+ \quad (j = 1, \ldots, q)\,. \end{cases}$$

Soll die Anzahl der für den Auftrag benötigten Ausgangsstücke minimiert werden, so ist die Minimierungsbedingung in (3.4.10) zu ersetzen durch

$$\text{Min.} \; \sum_{j=1}^{q} x_j \,.$$

Besitzen die Ausgangsstücke unterschiedliche Längen W_k, so sind Variablen x_{kj} einzuführen. Sie haben die Bedeutung, daß x_{kj} Ausgangsstücke der Länge W_k gemäß der Längenkombination Nummer kj zerschnitten werden (diese Kombination ist auf die Länge W_k abgestimmt). Entsprechend sind Koeffizienten $a_{i,kj}$ einzuführen.

Der entscheidende Unterschied von (3.4.10) gegenüber (3.4.2) besteht in der Ganzzahligkeitsbedingung für die Variablen x_j $(j = 1, \ldots, q)$. Da bereits bei relativ kleinen Problemen im allgemeinen eine sehr große Anzahl von Variablen auftritt, ist die Bestimmung einer exakten Lösung in der Regel zu aufwendig. In diesem Fall kann man entweder wie bereits erwähnt die Optimierung auf eine geeignete Vorauswahl unter den möglichen Längenkombinationen beschränken, oder man läßt bei der Optimierung die Ganzzahligkeitsbedingung außer acht und rundet die Lösung des sich ergebenden linearen Optimierungsproblems. Wie diese Rundung für die Lösung von (3.4.10) zweckmäßigerweise vorgenommen wird, soll kurz skizziert werden. Sei der Einfachheit halber $\boldsymbol{x} = (x_1, \ldots, x_m, 0, \ldots, 0)^T$ eine optimale Lösung des (3.4.10) entsprechenden linearen Optimierungsproblems *ohne* Ganzzahligkeitsbedingung. Aufgrund der Nichtnegativität der Koeffizienten a_{ij} bleiben die Nebenbedingungen erfüllt, wenn wir durch Aufrunden zu einer zulässigen ganzzahligen Lösung übergehen, d.h., wir ersetzen x_j durch $x_j^+ := \lceil x_j \rceil$ $(j = 1, \ldots, m)$. Da ein Aufrunden aller Komponenten von $\boldsymbol{x}$ im allgemeinen unnötig ist, versuchen wir anschließend, die zulässige Lösung von (3.4.10) zu verbessern, indem wir schrittweise prüfen, ob einige der positiven Komponenten von $\boldsymbol{x}^+$ jeweils um 1 verringert werden können, ohne die Nebenbedingungen zu verletzen: Es wird etwa für $j = 1, \ldots, m$ nacheinander $x_j^+ := x_j^+ - 1$ gesetzt und jeweils geprüft, ob die Lösung weiterhin zulässig bleibt. Ist letzteres nicht der Fall, so wird x_j^+ wieder auf den ursprünglichen Wert zurückgesetzt. Dieses Verbesserungsverfahren endet, wenn auf diese Weise für keine der Komponenten von $\boldsymbol{x}^+$ noch eine „zulässige Verkleinerung“ gefunden wird. Es entspricht einer sukzessiven eindimensionalen Suche nach einem (lokalen) Minimum.

3.4.2 Zweidimensionale Verschnittprobleme

Wir betrachten zunächst das folgende zweidimensionale Verschnittproblem, bei dem Lösungskonzepte Verwendung finden, die auch beim eindimensionalen Verschnittproblem eingesetzt werden. Aus großen rechteckigen Tafeln gleicher Größe seien kleinere rechteckige Tafeln, sogenannte *Platten*, unterschiedlichen Typs zu schneiden. Hierbei seien nur geradlinige Schnitte parallel zu den Kanten zulässig, die damit **orthogonale Schnittmuster** für die Tafeln erzeugen. Die Schnitte sollen die Tafeln bzw. bereits zerschnittene Tafelteile durchgängig von Rand zu Rand zerteilen. Diese (häufig technisch bedingte) Art von Schnitten wird als **Guillotineschnitt** bezeichnet (vgl. Abb. 3.4.2). Die Guillotineschnitte sollen so eingesetzt werden, daß (mindestens) die bestellten Platten eines Auftrags zugeschnitten werden und entweder der übrigbleibende Verschnitt oder die Anzahl der zerschnittenen Tafeln minimal ist.

Zur Problembeschreibung verwenden wir folgende Notation:

$$\left.\begin{array}{r} W: \text{Breite} \\ L: \text{Länge} \end{array}\right\} \quad \text{der Tafeln des Ausgangsmaterials}$$

$$\left.\begin{array}{r} w_i: \text{Breite} \\ l_i: \text{Länge} \\ b_i: \text{bestellte Anzahl} \end{array}\right\} \quad \begin{array}{l} \text{der Platten des Typs } i \text{ gemäß dem vorliegenden} \\ \text{Auftrag } (i = 1, \ldots, m) \end{array}$$

x_j : Anzahl der Tafeln, die nach dem Schnittmuster Nummer j zerschnitten werden $(j = 1, \ldots, q)$.

Bei gegebenen Schnittmustern ist durch die Werte $x_1, \ldots, x_q$ der Entscheidungsvariablen ein Verschnittplan eindeutig festgelegt. Wir setzen voraus, daß beim Zuschnitt der Platten die Breitseiten von Tafeln und Platten (und damit auch ihre Längsseiten) zueinander parallel seien. Dies ist z.B. wichtig, wenn das Ausgangsmaterial eine Oberflächenstruktur (z.B. Holzmaserung) besitzt, deren „Richtung“ auf den Platten vorgeschrieben ist. Ist dagegen eine Drehung der Platten um 90° beim Zuschnitt zulässig, so ist zu jeder Platte vom Typ i

(bei dem Länge und Breite unterschiedlich sind) ein zweiter Plattentyp vorzusehen, bei dem Länge und Breite vertauscht sind. Die bestellte Plattenanzahl b_i ist dann auf beide Plattentypen aufzuteilen.

Wir wollen vor der formalen Darstellung des zweidimensionalen Verschnittproblems noch den bereits anschaulich verwendeten Begriff des Schnitttmusters präzisieren und erläutern, wie die hier verwendeten Schnittmuster generiert werden können. Ein **zweidimensionales Schnittmuster** ist (ähnlich wie beim eindimensionalen Problem) durch die Angabe einer Folge von Schnitten festgelegt, wobei jeweils anzugeben ist, an welcher Stelle der Tafel oder gegebenenfalls des ebenfalls anzugebenden Tafelteils der Schnitt verlaufen soll. Bei den hier betrachteten orthogonalen Schnittmustern setzt sich die Schnittfolge aus Schnitt-Teilfolgen zusammen, die abwechselnd parallel zur Breite und Länge zunächst der Tafel und dann der Tafelteile erfolgen. Durch dieses mehrstufige Vorgehen ist die Erzeugung eines Schnittmusters beim zweidimensionalen Verschnittproblem wesentlich aufwendiger als im eindimensionalen Fall, bei dem ein Schnittmuster Nummer j (kurz als Schnittmuster j bezeichnet) durch eine Breitenkombination in Form eines Vektors $\boldsymbol{a}^j \in \mathbb{Z}_+^m$ gegeben ist. Ferner wächst die Anzahl der möglichen zweidimensionalen Schnittmuster in Abhängigkeit von der Problemgröße noch schneller an als beim eindimensionalen Problem. Wir geben daher eine Konstruktionsvorschrift an, die zwar nicht alle, aber eine große Vielfalt von Schnittmustern liefert und aus drei Schritten besteht (vgl. Abb. 3.4.2):

(a) Zunächst werden für die Tafelbreite W und die Plattenbreiten w_i ($i = 1, \ldots, m$) **Breitenkombinationen** bestimmt, die wie im eindimensionalen Fall jeweils mit Vektoren $\bar{\boldsymbol{a}}^k = (\bar{a}_{1k}, \ldots, \bar{a}_{mk})^T$ ($k = 1, \ldots, r$) identifiziert werden. Die Komponenten $\bar{a}_{ik}$ von $\bar{\boldsymbol{a}}^k$ legen fest, wieviele Streifen der Breite w_i, die sogenannten **Breitenstreifen**, bei der Breitenkombination $\bar{\boldsymbol{a}}^k$, kurz als Breitenkombination k bezeichnet, (nebeneinander) auf der Tafel (in Längsrichtung) positioniert werden. In jedem dieser Breitenstreifen werden die entsprechenden Platten linksbündig angeordnet. Füllen die Breitenstreifen nicht die gesamte Tafelbreite aus, so verbleibt als Rest der **Breitenverschnitt** BV_k.

(b) Anschließend wird die Länge $L_k \leq L$ festgelegt, die für die Breitenkombination k ($k = 1, \ldots, r$) auf der Tafel vorzusehen ist. Werden in jedem Breitenstreifen soviele zugehörige Platten wie möglich untergebracht, verbleiben hinsichtlich eines vorgegebenen L_k Restflächen auf den Streifen. Ihre Summe wird als **Zwischenverschnitt** ZV_k bezeichnet. L_k wird nun so festgelegt, daß dieser Zwischenverschnitt minimal ist. Insbesondere folgt hieraus, daß mindestens ein Breitenstreifen existiert, bei dem die Summe seiner Plattenbreiten gerade L_k ergibt.

(c) Interpretiert man die Länge L der Tafel als zu unterteilende Größe im Sinne der Breite W und die Größen L_k als „Teilbreiten", so sind analog zur Bestimmung der Breitenkombinationen **Längenkombinationen** für die Unterteilung der Tafellänge zu erzeugen. Die hierbei verbleibende Restlänge der Längenkombination j stellt den **Längenverschnitt** LV_j dar $(j = 1, \ldots, q)$.

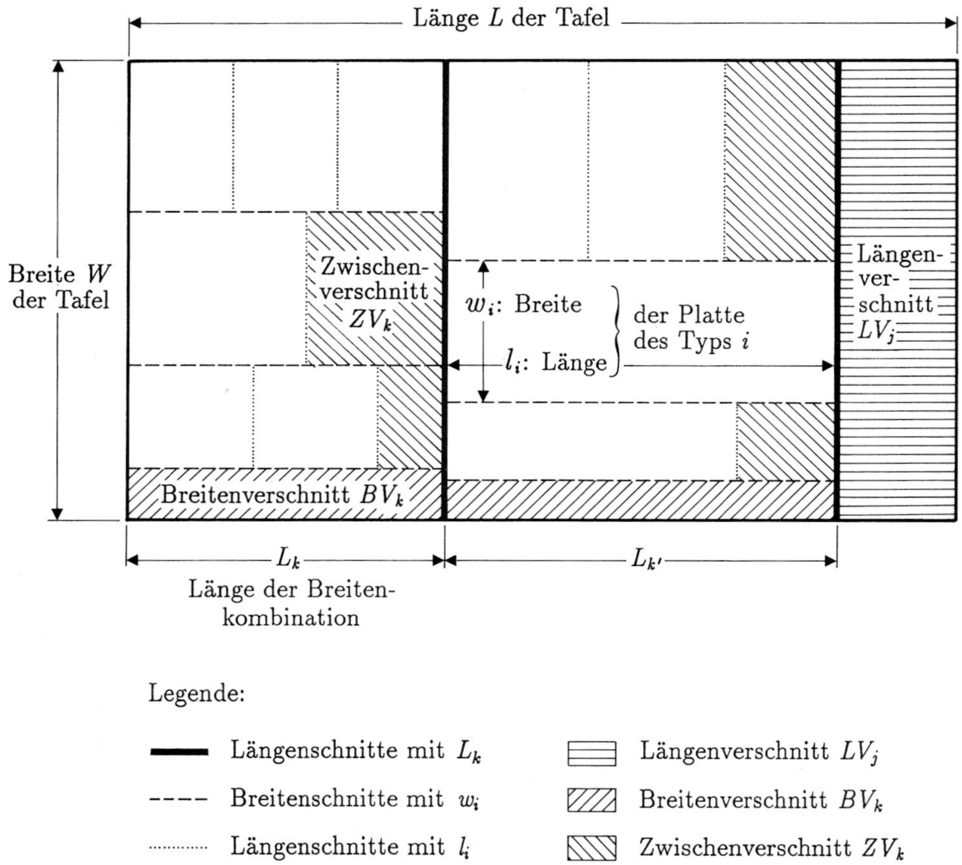

Abb. 3.4.2

Die Schnittfolge bei den so erzeugten Schnittmustern besteht zunächst aus Längenschnitten (senkrecht zur Länge der Tafel), dann aus Breitenschnitten und schließlich wieder aus Längenschnitten. Beim Verschnitt einer Tafel ist also zweimal die Schnittrichtung zu ändern.

Neben den durch die Aufgabenstellung gegebenen Größen W und L sowie w_i, l_i und b_i $(i = 1, \ldots, m)$ des Auftrags und der zu bestimmenden Anzahl x_j

der nach Schnittmuster j $(j = 1, \ldots, q)$ zu zerschneidenden Tafeln gehen in die Formulierung des Verschnittproblems noch die folgenden Größen ein, die vorab berechnet werden müssen:

$\bar{a}_{ik}$: Anzahl der Breiten w_i des Plattentyps i, die in der Breitenkombination k auftreten

$\widehat{a}_{ik}$: Anzahl der Platten vom Typ i in dem entsprechenden Breitenstreifen der Breitenkombination k

L_k: Länge der Breitenkombination k
$L_k = \max_{i=1,\ldots,m} \widehat{a}_{ik} l_i$

a'_{kj}: Anzahl der Längen L_k in der Längenkombination j

a_{ij}: Anzahl der Platten vom Typ i im Schnittmuster j, das der Längenkombination j entspricht
$a_{ij} = \sum_{k=1}^{r} \bar{a}_{ik} \widehat{a}_{ik} a'_{kj}$

BV_k: Breitenverschnitt bei Breitenkombination k
$BV_k = (W - \sum_{i=1}^{m} \bar{a}_{ik} w_i) L_k$

ZV_k: Zwischenverschnitt bei Breitenkombination k
$ZV_k = \sum_{i=1}^{m} (L_k - \widehat{a}_{ik} l_i) \bar{a}_{ik} w_i$

LV_j: Längenverschnitt bei Längenkombination j
$LV_j = (L - \sum_{k=1}^{r} a'_{kj} L_k) W$.

Soll der Gesamtverschnitt minimiert werden, so ergibt sich die ganzzahlige lineare Optimierungsaufgabe

$$\text{(3.4.11)} \qquad \text{Min. } \sum_{j=1}^{q} \left[\sum_{k=1}^{r} (BV_k + ZV_k) a'_{kj} + LV_j \right] x_j$$

$$\text{(3.4.12)} \qquad \text{u.d.N. } \sum_{j=1}^{q} a_{ij} x_j \geq b_i \quad (i = 1, \ldots, m)$$

$$\text{(3.4.13)} \qquad x_j \in \mathbb{Z}_+ \quad (j = 1, \ldots, q) \; .$$

Die Nebenbedingungen (3.4.12) besagen wieder, daß zuviel gefertigte Platten für eine spätere Nachfrage eingelagert werden können. Soll dieser Fall ausgeschlossen werden, so führt dies wie beim eindimensionalen Verschnittproblem auf die Minimierung der Anzahl der benötigten Tafeln. Wir verwenden dann die Minimierungsbedingung

$$\text{(3.4.14)} \qquad \text{Min. } \sum_{j=1}^{q} x_j$$

an Stelle von (3.4.11).

Wir wollen jetzt die Erzeugung der (zweidimensionalen) Schnittmuster noch genauer erläutern:

(a) Erzeugung aller möglichen Breitenkombinationen
Die Erzeugung aller möglichen Breitenkombinationen $\bar{\boldsymbol{a}}^k = (\bar{a}_{1k}, \ldots, \bar{a}_{mk})^T$ $(k = 1, \ldots, r)$ erfolgt wie beim eindimensionalen Problem, wobei die Plattentypen hinsichtlich ihrer Breiten w_i so geordnet seien, daß $w_1 \geq w_2 \geq \ldots \geq w_m$ gilt. Es ist allerdings zu beachten, daß jetzt gleiche Breiten auftreten können. Sie sind bei der Konstruktionsvorschrift jeweils gesondert zu berücksichtigen, da aufgrund der vorausgesetzten Verschiedenartigkeit der Platten zu gleichen Breiten verschiedene Längen gehören.

(b) Ermittlung der Länge jeder Breitenkombination
Sei $\mathcal{K}_k := \{i \in \{1, \ldots, m\} | \bar{a}_{ik} > 0\}$ die Menge der Indizes der Plattenbreiten, die in der Breitenkombination $\bar{\boldsymbol{a}}^k$ auftreten. Wir gehen aus von der kürzest möglichen Länge

$$L_k^{(1)} = \max_{i \in \mathcal{K}_k} l_i$$

der Breitenkombination $\bar{\boldsymbol{a}}^k$, die durch die größte Länge der in ihr enthaltenen Platten bestimmt wird, und vergrößern die Länge der Breitenkombination schrittweise auf $L_k^{(2)}, L_k^{(3)}, \ldots$. Zu jeder Länge $L_k^{(\nu)}$ wird der zugehörige Zwischenverschnitt $ZV_k^{(\nu)}$ $(\nu = 1, 2, 3, \ldots)$ berechnet. Er setzt sich aus den Restflächen der Breitenstreifen zusammen, wenn in jedem Breitenstreifen i der Länge $L_k^{(\nu)}$ die maximal mögliche Anzahl $\widehat{a}_{ik}^{(\nu)}$ der Platten mit der Länge l_i $(i \in \mathcal{K}_k)$ untergebracht wird. Der Zwischenverschnitt $ZV_k^{(\nu)}$ ergibt sich bei bekanntem $L_k^{(\nu)}$ zu

$$ZV_k^{(\nu)} = \sum_{i \in \mathcal{K}_k} (L_k^{(\nu)} - \widehat{a}_{ik}^{(\nu)} l_i) \bar{a}_{ik} \ .$$

Ist für ein $\nu = 1, 2, 3, \ldots$ $ZV_k^{(\nu)} = 0$ (kleinstmöglicher Zwischenverschnitt), so verwenden wir $L_k^{(\nu)}$ als Länge L_k der Breitenkombination $\bar{\boldsymbol{a}}^k$. Andernfalls vergrößern wir in dem (bzw. einem) „am weitesten zurückhängenden" Breitenstreifen mit

(3.4.15) $$\widehat{a}_{i'k}^{(\nu)} l_{i'} = \min_{i \in \mathcal{K}_k} \widehat{a}_{ik}^{(\nu)} l_i$$

die Zahl der Platten um 1. Hierdurch erhalten wir als neue Länge

$$L_k^{(\nu+1)} = (\widehat{a}_{i'k}^{(\nu)} + 1) l_{i'} =: \widehat{a}_{i'k}^{(\nu+1)} l_{i'} > L_k^{(\nu)} \ .$$

Wird das Minimum in (3.4.15) für mehrere Indizes angenommen, so ist derjenige mit der kleinsten zugehörigen Plattenlänge auszuwählen, da sich hierdurch die kleinste Vergrößerung der Länge der Breitenkombination ergibt. Existieren ebenfalls mehrere solche Indizes, so wird der kleinste Index genommen. Für die neue Länge $L_k^{(\nu+1)}$ ist dann noch gemäß $\widehat{a}_{ik}^{(\nu+1)} := \lfloor L_k^{(\nu+1)} / l_i \rfloor$ die maximal mögliche Plattenzahl im Breitenstreifen i $(i \in \mathcal{K}_k)$ neu zu berechnen. Die Längenvergrößerungsschritte brechen ab, sobald $ZV_k^{(\nu)} = 0$ oder erstmals

Lösungsverfahren behandeln, die zwar in der Regel nur suboptimale Lösungen liefern (vgl. Abschnitt 3.2.2), dafür aber auch auf sehr große praktische Probleme (mit mehr als 1000 Orten) mit wirtschaftlich noch vertretbarem Rechenaufwand anwendbar sind.

Wir wollen zunächst das HRP als Optimierungsproblem auf Digraphen formulieren. Hierfür ordnen wir jedem der n Orte, die auf der gesuchten Reiseroute anzufahren sind, einen Knoten i eines Digraphen zu ($i = 1, \ldots, n$). Gibt es von einem Ort i zu einem anderen Ort j eine direkte (d.h. nicht über einen der übrigen Orte führende) Straßen- oder andere Verbindung, so führen wir einen Pfeil $\langle i,j \rangle$ mit der Bewertung $c\langle i,j \rangle \in \mathbb{R}$ ein, die z.B. der Entfernung oder den Fahrtkosten von i nach j entsprechen kann. Damit ist ein bewerteter Digraph $\vec{G} = \langle V, \vec{E}; c \rangle$ mit $V = \{1, \ldots, n\}$ gegeben. Das HRP besteht dann darin, eine jeden Knoten $i \in V$ *mindestens einmal* enthaltende geschlossene Pfeilfolge in $\vec{G}$, auch **Rundreise** genannt, mit minimaler Länge zu bestimmen (eine sogenannte **optimale Rundreise**).

Wie beim Briefträgerproblem setzen wir voraus, daß der zugrunde liegende Digraph $\vec{G}$ mindestens zwei Knoten besitze, stark zusammenhängend sei und keine Zyklen negativer Länge enthalte. Genau dann gibt es eine optimale Rundreise in $\vec{G}$. Ist $\vec{G}$ symmetrisch und gilt $c\langle i,j \rangle = c\langle j,i \rangle$ für alle $\langle i,j \rangle \in \vec{E}$, so sprechen wir von einem **symmetrischen HRP**, andernfalls vom **asymmetrischen HRP**. Statt in dem symmetrischen bewerteten Digraphen $\vec{G} = \langle V, \vec{E}; c \rangle$ betrachtet man das symmetrische HRP üblicherweise in dem bewerteten Graphen $G = [V, E; c]$ mit

$$\begin{aligned} &[i,j] \in E\,, \quad \text{falls } \langle i,j \rangle, \langle j,i \rangle \in \vec{E} \\ &c[i,j] := c\langle i,j \rangle = c\langle j,i \rangle\ . \end{aligned}$$

Eine Rundreise in G ist dann eine geschlossene Kantenfolge, die jeden Knoten von G mindestens einmal enthält.

Beim Briefträgerproblem haben wir in Abschnitt 2.9 die Bestimmung einer Briefträgertour im vorgegebenen Multigraphen bzw. Multidigraphen auf die Ermittlung einer *Eulerschen Linie* in einem geeignet modifizierten Multigraphen bzw. -digraphen zurückgeführt. In Analogie hierzu betrachten wir beim asymmetrischen HRP sogenannte **Hamiltonsche Zyklen**, d.h. Pfeilfolgen, die jeden Knoten des Digraphen $\vec{G}$ *genau einmal* enthalten, und beim symmetrischen HRP **Hamiltonsche Kreise** im Graphen G, d.h. Kantenfolgen, die jeden Knoten von G genau einmal enthalten. Wir zeigen jetzt, daß man die Ermittlung einer optimalen Rundreise in $\vec{G} = \langle V, \vec{E}; c \rangle$ stets auf die Bestimmung eines Hamiltonschen Zyklus minimaler Länge in einem gegenüber $\vec{G}$ modifizierten Digraphen $\widehat{G}$ zurückführen kann. Analog kann man sich beim symmetrischen HRP auf die Bestimmung eines Hamiltonschen Kreises beschränken.

Der modifizierte Digraph $\widehat{G} = \langle V, \widehat{E}; \widehat{c} \rangle$ ist der vollständige Digraph mit der Knotenmenge V und den Bewertungen

$$\text{(3.5.1)} \qquad \widehat{c}\langle i,j\rangle := d_{ij} \quad \text{für alle } \langle i,j\rangle \in \widehat{E} \ ,$$

wobei d_{ij} die Entfernung von i nach j in $\vec{G}$ darstelle. $\widehat{G}$ wird auch **Vervollständigung** von $\vec{G}$ genannt. Wir bemerken, daß für die Entfernungen d_{ij} in $\vec{G}$ und damit für die Bewertungen in $\widehat{G}$ die Dreiecksungleichung

$$\text{(3.5.2)} \qquad \widehat{c}\langle i,j\rangle \leq \widehat{c}\langle i,k\rangle + \widehat{c}\langle k,j\rangle \quad (i,j,k \in V; i \neq j, i \neq k, k \neq j)$$

erfüllt ist.

Jeder Rundreise R in $\vec{G}$ kann nun wie folgt (genau) ein Hamiltonscher Zyklus Z_R in $\widehat{G}$ und umgekehrt jedem Hamiltonschen Zyklus Z in $\widehat{G}$ (mindestens) eine Rundreise R_Z in $\vec{G}$ zugeordnet werden. Wir denken uns eine Rundreise R in $\vec{G}$ in Form von n aneinander gefügten Pfeilfolgen $F_{i_1 i_2}, F_{i_2 i_3}, \ldots, F_{i_n i_1}$ dargestellt, wobei $(i_1, i_2, \ldots, i_n)$ eine Permutation von $(1, 2, \ldots, n)$ sei und $F_{i_\nu i_{\nu+1}}$ $(1 \leq \nu \leq n-1)$ derjenige Teil von R vom ersten Durchlaufen des Knotens i_ν bis zum ersten Durchlaufen des Knotens $i_{\nu+1}$ sowie $F_{i_n i_1}$ der restliche Teil von R seien. Der R zugeordnete Hamiltonsche Zyklus in $\widehat{G}$ sei dann $Z_R := \langle i_1, i_2, \ldots, i_n, i_1 \rangle$, und wir haben aufgrund (3.5.1) und (3.5.2) $\widehat{c}(Z_R) \leq c(R)$ ($\widehat{c}(Z_R)$ ist die Länge von Z_R in $\widehat{G}$ und $c(R)$ die Länge von R in $\vec{G}$).

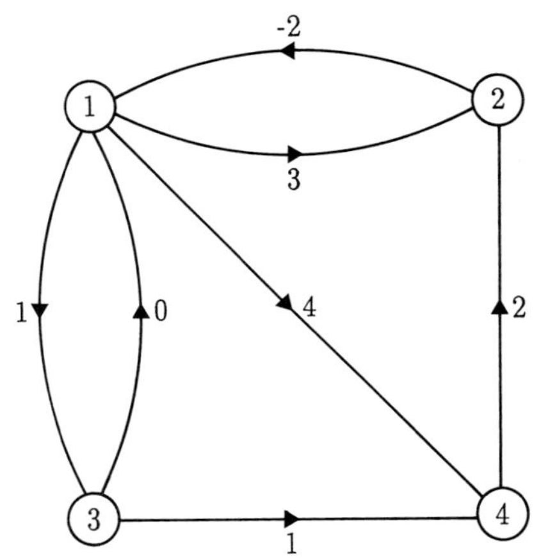

Abb. 3.5.1

Als Beispiel betrachten wir in dem bewerteten Digraphen von Abb. 3.5.1 die Rundreise

$$R = \langle 1, 2, 1, 4, 2, 1, 3, 4, 2, 1 \rangle \ .$$

Hierfür ergibt sich

$$\begin{aligned}&F_{12} = \langle 1,2\rangle,\ F_{24} = \langle 2,1,4\rangle,\ F_{43} = \langle 4,2,1,3\rangle,\ F_{31} = \langle 3,4,2,1\rangle \\ &Z_R = \langle 1,2,4,3,1\rangle,\ c(R) = 3+2+1+1 = 7,\ \widehat{c}(Z_R) = 3+0+1+0 = 4\ .\end{aligned}$$

Sei jetzt umgekehrt ein Hamiltonscher Zyklus $Z = \langle i_1, i_2, \ldots, i_n, i_1\rangle$ in $\widehat{G}$ gegeben. W_{ij} sei ein kürzester Weg von i nach j in $\vec{G}$. Dann ist die durch Aneinanderfügen der Wege $W_{i_1 i_2}, \ldots, W_{i_n i_1}$ erhaltene geschlossene Pfeilfolge eine Rundreise R_Z in $\vec{G}$ mit $c(R_Z) = \widehat{c}(Z)$.

Man kann sich also bei der Lösung des HRPs auf die Bestimmung eines kürzesten Hamiltonschen Zyklus in einem bewerteten Digraphen (bzw. beim symmetrischen HRP auf die Ermittlung eines kürzesten Hamiltonschen Kreises in bewerteten Graphen) beschränken. Wir setzen im folgenden aber nicht voraus, daß $\vec{G}$ vollständig sei ($\vec{G}$ soll allerdings weiterhin stark zusammenhängend sein); auch braucht die Dreiecksungleichung in $\vec{G}$ nicht erfüllt zu sein.

Addieren wir zur Bewertung eines jeden Pfeiles von $\vec{G} = \langle V, \vec{E}; c\rangle$ eine Konstante α, so bleibt ein kürzester Hamiltonscher Zyklus weiterhin optimal, lediglich seine Länge vergrößert sich um $n\alpha$ (jeder Hamiltonsche Zyklus in einem Digraphen mit n Knoten hat n Pfeile). Wir können deshalb o.B.d.A. voraussetzen, daß $c\langle i,j\rangle \in \mathbb{R}_+$ für alle $\langle i,j\rangle \in \vec{E}$ sei. Damit erübrigt sich die oben angegebene Bedingung, daß $\vec{G}$ keine Zyklen negativer Länge enthalte. Weiter führen wir die (nichtnegative) Bewertungsmatrix $\boldsymbol{C}$ mit den Elementen

$$(3.5.3) \qquad c_{ij} := \begin{cases} c\langle i,j\rangle\,, & \text{falls } \langle i,j\rangle \in \vec{E} \\ \infty\,, & \text{sonst} \end{cases} \qquad (i,j = 1,\ldots,n)$$

ein, die sich von der sonst üblichen Bewertungsmatrix dadurch unterscheidet, daß die Diagonalelemente nicht gleich 0, sondern gleich ∞ gesetzt sind (hierdurch werden Schlingen $\langle i,i\rangle$ vermieden).

Wir erwähnen noch, daß es (im Gegensatz zum Fall Eulerscher Linien) keine einfachen notwendigen und hinreichenden Kriterien für die Existenz Hamiltonscher Zyklen in Digraphen (und entsprechend Hamiltonscher Kreise in Graphen) gibt. Ein Hamiltonscher Zyklus existiert in $\vec{G}$ beispielsweise, wenn

$$\delta^+(i) \geq \frac{n}{2}\,,\ \delta^-(i) \geq \frac{n}{2} \quad (i = 1,\ldots,n)$$

gilt (insbesondere also dann, wenn $\vec{G}$ vollständig ist). Wie Abb. 3.5.2 zeigt, braucht ein stark zusammenhängender Digraph keinen Hamiltonschen Zyklus zu enthalten.

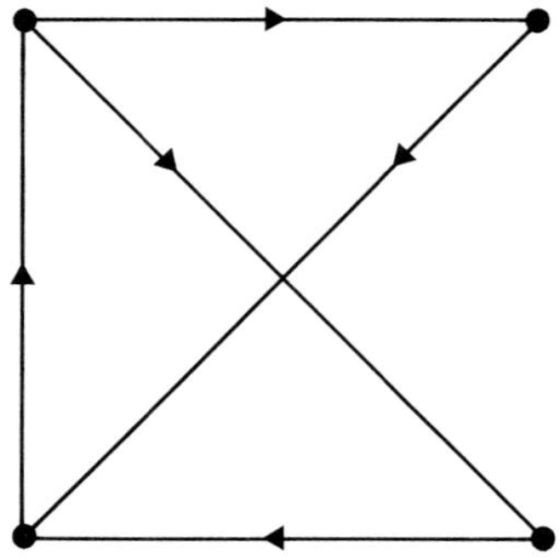

Abb. 3.5.2

3.5.2 Formulierung des Handlungsreisendenproblems als binäres Optimierungsproblem

Wir wollen das Problem der Bestimmung eines kürzesten Hamiltonschen Zyklus in einem bewerteten Digraphen $\vec{G} = \langle V, \vec{E}; c\rangle$ mit $V = \{1, \ldots, n\}$ als binäres Optimierungsproblem formulieren. Hierfür ordnen wir einem Hamiltonschen Zyklus Z die binären Variablen

$$(3.5.4) \qquad x_{ij} := \begin{cases} 1\,, & \text{falls } Z \text{ den Pfeil } \langle i, j\rangle \text{ enthält} \\ 0\,, & \text{sonst} \end{cases} \qquad (i, j = 1, \ldots, n)$$

zu. Diese Variablen genügen den Bedingungen

$$(3.5.5) \qquad \begin{cases} \sum_{i=1}^{n} x_{ij} = 1 & (j = 1, \ldots, n)\ ^{1} \\ \sum_{j=1}^{n} x_{ij} = 1 & (i = 1, \ldots, n)\ ^{2} \\ x_{ij} \in \{0, 1\} & (i, j = 1, \ldots, n)\,. \end{cases}$$

Zusammen mit der Minimierungsbedingung, welche die Optimalität von Z sichert, erhalten wir das Optimierungsproblem

$$(3.5.6) \qquad \begin{cases} \text{Min.} \quad \sum_{i=1}^{n} \sum_{j=1}^{n} c_{ij} x_{ij} \\ \text{u.d.N. } (3.5.5)\,, \end{cases}$$

[1] d.h., jeder Knoten j ist Endknoten genau eines Pfeiles in Z

[2] d.h., jeder Knoten i ist Anfangsknoten genau eines Pfeils in Z

das das bekannte Zuordnungsproblem darstellt (vgl. Abschnitt 2.7.2) [1]. Das HRP genügt jedoch noch weiteren Restriktionen, welche die Lösung des Problems erheblich erschweren. Die Nebenbedingungen (3.5.5) schließen nämlich nicht das Auftreten sogenannter Kurzzyklen aus. Ein **System von Kurzzyklen** in $\vec{G}$ liegt vor, wenn jeder Zyklus des Systems nur einige der n Knoten von $\vec{G}$, alle Zyklen zusammen aber jeden der Knoten genau einmal enthalten. In Abb. 3.5.3 stellen die beiden fett bzw. gestrichelt gezeichneten Zyklen $\langle 2,4,2\rangle$ und $\langle 1,5,3,1\rangle$ ein System von Kurzzyklen dar.

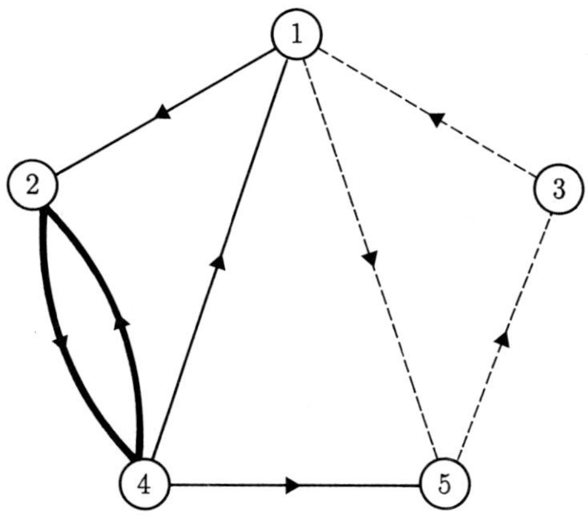

Abb. 3.5.3

Um Kurzzyklen auszuschließen, müssen die Restriktionen (3.5.5) durch sogenannte **Zyklusbedingungen** ergänzt werden, die beispielsweise wie folgt formuliert werden können:

$$(3.5.7) \qquad \sum_{i\in U}\sum_{j\in U} x_{ij} \le |U|-1 \quad \text{für alle } U \subset V, U \ne \emptyset\ .$$

Wir bemerken, daß es $2^n - 2$ Nebenbedingungen vom Typ (3.5.7) gibt. Alternative Formulierungen der Zyklusbedingungen findet man z.B. in DOMSCHKE (1982), Abschnitt 3.1.

Das symmetrische HRP entspricht der Bestimmung eines Hamiltonschen Kreises K in einem bewerteten Graphen $G = [V, E; c]$ mit $V = \{1, \ldots, n\}$. Es kann in Analogie zu (3.5.6), (3.5.7) wie folgt als binäres Optimierungsproblem

[1] Beim Vergleich der Restriktionen (3.5.5) mit den Nebenbedingungen des Zuordnungsproblems (2.7.2) aus Abschnitt 2.7.2 stellen wir fest, daß alle Knoten $1, \ldots, n$ von $\vec{G}$ als Quellen für das Zuordnungsproblem fungieren und zugleich Kopien dieser Knoten als Senken. Außerdem gibt es einen Pfeil von jeder Quelle i zu jeder Senke j mit der Bewertung c_{ij}.

formuliert werden:

$$
\begin{aligned}
\text{Min.}\quad & \sum_{i=1}^{n}\sum_{j=i+1}^{n} c_{ij}x_{ij} \\
\text{u.d.N.}\quad & \sum_{j=1}^{i-1} x_{ji} + \sum_{j=i+1}^{n} x_{ij} = 2 \quad (i = 1,\ldots,n) \\
& x_{ij} \in \{0,1\} \quad (i = 1,\ldots,n; j = i+1,\ldots,n) \\
& \sum_{i\in U}\sum_{\substack{j\in U\\ j>i}} x_{ij} \le |U| - 1 \quad \text{für alle } U \subset V, U \neq \emptyset\ .
\end{aligned}
$$

Dabei ist

$$
x_{ij} := \begin{cases} 1\,, & \text{falls } K \text{ die Kante } [i,j] \text{ enthält} \\ 0\,, & \text{sonst} \end{cases} \qquad (i = 1,\ldots,n; j = i+1,\ldots,n)\ .
$$

3.5.3 Heuristische Verfahren für das symmetrische Handlungsreisendenproblem

In diesem Abschnitt betrachten wir das symmetrische HRP auf einem bewerteten Graphen $G = [V, E; c]$ mit $V = \{1, \ldots, n\}$, der mindestens zwei Knoten besitze, vollständig sei und nur nichtnegative Bewertungen habe. Eventuelle zusätzliche Voraussetzungen werden wir bei den einzelnen Heuristiken angeben. Wie in Abschnitt 3.5.1 erläutert, können wir uns darauf beschränken, in dem vollständigen Graphen G einen kürzesten Hamiltonschen Kreis zu bestimmen. Wir werden zunächst einige Eröffnungsverfahren (die eine zulässige „Anfangslösung" konstruieren) und anschließend Verbesserungsverfahren (die eine gegebene zulässige Lösung sukzessiv „verbessern") behandeln (zu diesen Begriffen vgl. Abschnitt 3.2.2).

Die vorausgesetzte Vollständigkeit des zugrunde liegenden Graphen G ist z.B. gegeben, wenn die Knoten Punkten in der Euklidischen Ebene entsprechen und je zwei verschiedene Punkte durch eine Kante verbunden sind, wobei die Bewertung einer Kante gleich der Euklidischen Entfernung ihrer beiden Endknoten bzw. -punkte ist. Im letzteren Fall erfüllt G auch die Dreiecksungleichung. Ist G vollständig, genügt aber nicht der Dreiecksungleichung, so braucht ein kürzester Hamiltonscher Kreis in G keine optimale Rundreise in G zu sein. Will man in diesem Fall eine optimale Rundreise bestimmen, dann muß man statt G die Vervollständigung von G zugrundelegen (vgl. Abschnitt 3.5.1). Ist G nicht vollständig, sondern nur zusammenhängend, so liefern die im folgenden betrachteten Algorithmen für die Vervollständigung von G einen Hamiltonschen Kreis, der in G kein Hamiltonscher Kreis zu sein braucht, aber in jedem Fall eine Rundreise in G darstellt.

(a) Eröffnungsverfahren

Unter den Eröffnungsverfahren haben sich Algorithmen als besonders effizient erwiesen, die auf einer **sukzessiven Einbeziehung von Knoten** basieren und im Prinzip folgendermaßen ablaufen: Man startet mit einem Kreis K, den man durch sukzessive Einbeziehung weiterer Knoten „vergrößert", bis man einen Hamiltonschen Kreis erhält. Die „Vergrößerung" erfolgt so, daß man jeweils einen Knoten q, der nicht auf dem „aktuellen" K liegt, sowie eine Kante $[k, l]$ auf K auswählt und q „zwischen den Knoten k und l einfügt" (d.h. die Kante $[k, l]$ durch die beiden Kanten $[k, q]$ und $[q, l]$ ersetzt).

Eine naheliegende Möglichkeit ist z.B., q so zu wählen, daß c_{pq} minimal wird, wobei p ein bestimmter Knoten von K ist (etwa $c_{pq} = \min_{j \notin K} \min_{i \in K} c_{ij}$, wobei $i \in K$ für „i auf K" und $j \notin K$ für „j nicht auf K" stehen). $[k, l]$ legt man derart fest, daß die „Verlängerung" von K durch die Einfügung von q, $c_{kq} + c_{ql} - c_{kl}$, möglichst klein ist. Die Heuristik stellt damit ein Greedy-Verfahren dar (vgl. Abschnitt 3.2.2). Man startet mit irgendeinem Knoten i und wählt als „Anfangskreis" $[i, k, i]$ mit $c_{ik} = \min_{j \neq i} c_{ij}$ [1]. Diese Verfahrensversion bezieht also zunächst Knoten in K ein, die „relativ nahe" am Startknoten i liegen. Gegen Ende des Verfahrens muß man dann die weiter entfernt liegenden Knoten mit einbeziehen. Es ist interessant, daß die Verfahrensvariante, die an Stelle der nächstgelegenen die am weitesten entfernt liegenden Knoten zuerst berücksichtigt (also q derart wählt, daß $\min_{i \in K} c_{iq}$ maximal ist), in der Praxis meistens kürzere Hamiltonsche Kreise liefert (für andere Verfahrensvarianten verweisen wir auf LAWLER ET AL. (1985), Abschnitt 7.3.1). Wir listen die einzelnen Schritte des letzteren Verfahrens noch einmal auf:

Algorithmus 3.5.1 (Symmetrisches HRP — Sukzessive Einbeziehung von Knoten)

Schritt 1

Starte mit irgendeinem Knoten i, finde einen Knoten $k \neq i$ mit $c_{ik} = \max_{j \neq i} c_{ij}$ und wähle $[i, k, i]$ als „Anfangskreis" K.

Schritt 2

Wähle einen Knoten q, der nicht auf K liegt, und einen Knoten p auf K, so daß $c_{pq} = \max_{j \notin K} \min_{i \in K} c_{ij}$ ist.

---

[1] Da G keine parallelen Kanten enthält, existiert streng genommen der Kreis $[i, k, i]$ nicht in G. Weil jedoch bereits im nächsten Verfahrensschritt zwischen i und k (oder zwischen k und i) ein Knoten q eingefügt wird, also $[i, k, i]$ etwa durch $[i, q, k, i]$ ersetzt wird, denken wir uns das Verfahren mit dem „Kreis" $[i, k, i]$ begonnen.

Schritt 3

Bestimme eine Kante $[k, l]$ *auf* K *mit*

$$c_{kq} + c_{ql} - c_{kl} = \min_{[i,j] \text{ auf } K} (c_{iq} + c_{qj} - c_{ij})$$

Füge q *zwischen* k *und* l *ein (d.h., ersetze in* K *die Kante* $[k, l]$ *durch die Kanten* $[k, q]$ *und* $[q, l]$*).*

Schritt 4

Falls K *noch nicht alle Knoten enthält, gehe zu Schritt 2; andernfalls hat man einen Hamiltonschen Kreis erhalten und terminiert.*

□

Der Rechenaufwand von Algorithmus 3.5.1 ist, wie man sich leicht überlegt, gleich $O(n^2)$, vgl. etwa JUNGNICKEL (1987), Abschnitt 12.6. Ist die Dreiecksungleichung in G erfüllt, so kann man eine Worst-Case-Analyse (vgl. Abschnitt 3.2.2) durchführen mit folgendem Resultat: Sind K ein mit Algorithmus 3.5.1 bestimmter Hamiltonscher Kreis und K^* ein kürzester Hamiltonscher Kreis, dann gilt für die Längen dieser Kreise $c(K) \leq 2c(K^*)$, s. LAWLER ET AL. (1985), Abschnitt 5.3. Die Heuristik stellt also einen sogenannten 1-approximativen Algorithmus (vgl. Abschnitt 3.2.2) dar.

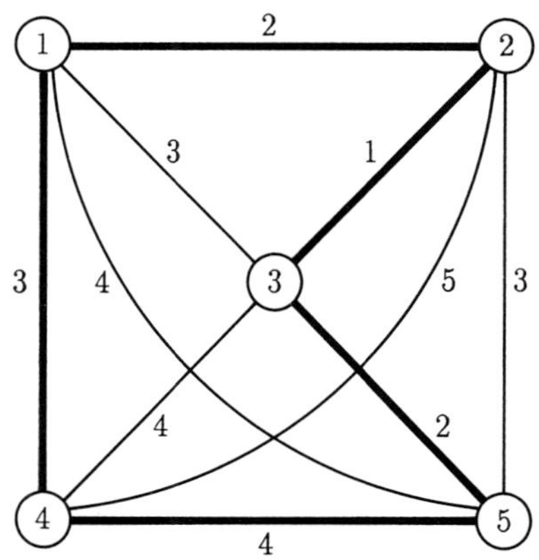

Abb. 3.5.4

Für ein Zahlenbeispiel betrachten wir den bewerteten Graphen von Abb. 3.5.4. Wir starten mit Knoten 2. Im ersten Iterationsschritt wird der „Kreis" $[2, 4, 2]$ ausgewählt ($K = [2, 4, 2]$). Im zweiten Iterationsschritt haben wir $q = 5$, die Kante $[2, 4]$ wird eliminiert, und die beiden Kanten $[2, 5]$ und $[5, 4]$ werden hinzugefügt ($K = [2, 5, 4, 2]$). Der 3. Iterationsschritt liefert

$q = 1$, $[4,2]$ wird eliminiert, und $[4,1]$ und $[1,2]$ werden hinzugefügt ($K = [2,5,4,1,2]$). Im 4. Iterationsschritt ist $q = 3$, $[2,5]$ wird eliminiert, und $[2,3]$ und $[3,5]$ werden hinzugefügt. Damit bekommt man den in Abb. 3.5.4 stark ausgezeichneten (sogar kürzesten) Hamiltonschen Kreis $K = [2,3,5,4,1,2]$ mit der Länge 12.

Als zweites Eröffnungsverfahren geben wir einen von Christofides entwickelten Algorithmus an, der oft optimale oder „fast optimale" Hamiltonsche Kreise liefert und für den sich der maximale Fehler (bezogen auf die Länge der Hamiltonschen Kreise) leicht angeben läßt, also eine Worst-Case-Analyse einfach durchführbar ist. Für dieses **Verfahren von Christofides** setzen wir voraus, daß der zugrunde liegende bewertete Graph G die Dreiecksungleichung

$$c_{ij} \leq c_{ik} + c_{kj} \quad \text{für alle paarweise verschiedenen } i, j, k \in V$$

erfülle. Dies ist z.B. der Fall, wenn die Knoten Punkten in der Euklidischen Ebene entsprechen, von denen je zwei durch eine Kante verbunden sind (deren Bewertung die Euklidische Entfernung zwischen den beiden Punkten darstellt), oder wenn die Kantenbewertungen in G jeweils gleich der Entfernung zwischen den beiden Endknoten der Kanten sind (z.B. bei einem „vollständigen" Graphen).

Im Algorithmus von Christofides sucht man primär nicht einen Hamiltonschen Kreis, sondern eine geschlossene Eulersche Linie zu bestimmen. Eine geschlossene Eulersche Linie L in G (bzw. in einer Eulerschen Vergrößerung $\tilde{G}$ von G, falls G nicht Eulersch ist, vgl. Abschnitt 2.9.1) enthält jede Kante von G bzw. $\tilde{G}$ genau einmal und folglich jeden Knoten von G mindestens einmal. L können wir in der Form

$$L = [\underline{i_1}, \underline{i_2}, \alpha_2, \underline{i_3}, \ldots, \underline{i_n}, \alpha_n, i_1]$$

schreiben, wobei $(i_1, \ldots, i_n)$ eine Permutation der Folge $(1, \ldots, n)$ der Knoten von G und α_ν eine (möglicherweise leere) Folge von Knoten aus $\{i_1, \ldots, i_\nu\}$ sind $(2 \leq \nu \leq n)$ [1]. $K = [i_1, i_2, \ldots, i_n, i_1]$ ist dann ein „in L eingebetteter" Hamiltonscher Kreis. Aufgrund der Dreiecksungleichung gilt

$$c_{ij} \leq c_{ik_1} + c_{k_1k_2} + \ldots + c_{k_rj} \text{ für } i, j, k_\mu \in V \quad (i \neq j, \mu = 1, \ldots, r, 1 \leq r \leq n)$$

und damit für die Längen von K und L $c(K) \leq c(L)$. Der Hamiltonsche Kreis K kann bei gegebenem L mit dem Rechenaufwand $O(m)$ mit $m = |E|$ bestimmt werden.

Als Beispiel betrachten wir den Graphen G von Abb. 3.5.5 und die durch Verdoppelung der Kanten $[1,2]$ und $[3,4]$ erhaltene Eulersche Vergrößerung $\tilde{G}$ von G. $L = [\underline{1}, \underline{4}, \underline{3}, 1, \underline{2}, 4, 3, 2, 1]$ ist eine geschlossene Eulersche Linie in $\tilde{G}$, wobei wir das erstmalige Auftreten eines Knotens durch Unterstreichung

[1] $\underline{i_1}, \underline{i_2}, \ldots$ in L bedeutet wie in Abschnitt 3.5.1 das erstmalige Auftreten dieser Knoten.

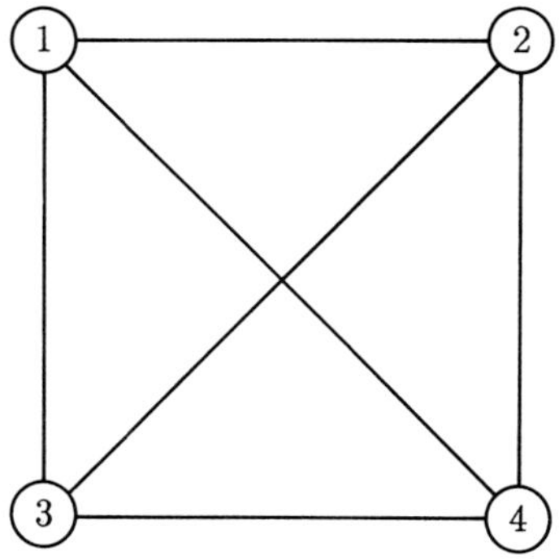

Abb. 3.5.5

gekennzeichnet haben. Als in L eingebetteten Hamiltonschen Kreis bekommen wir $K = [1, 4, 3, 2, 1]$.

Beim Verfahren von Christofides bestimmt man eine geschlossene Eulersche Linie nicht in G bzw. in einer Eulerschen Vergrößerung von G, sondern ermittelt zunächst ein Minimalgerüst T von G (mit dem Verfahren von Prim oder von Kruskal, vgl. Abschnitt 2.3.1) und danach eine optimale Eulersche Vergrößerung $\widehat{G}$ von T (durch Lösung eines Summen-Matching-Problems) sowie eine geschlossene Eulersche Linie L in $\widehat{G}$ (vgl. Abschnitt 2.9.1). Dabei beachten wir, daß eine *Eulersche Vergrößerung des Teilgraphen* T von G auch Kanten von G enthalten kann, die nicht in T liegen (wenn eine kürzeste Kette in G nicht zu T gehört). Der Algorithmus von Christofides läuft dann wie folgt ab:

Algorithmus 3.5.2 (Symmetrisches HRP — Verfahren von Christofides)

Schritt 1

Bestimme ein Minimalgerüst T in G.

Schritt 2

Identifiziere die Knoten $i \in V$ mit ungeradem Grad $\delta(i)$ in T. Sei $V' := \{i \in V | \delta(i)$ ungerade$\}$. Bestimme ein minimales Summen-Matching X^* in dem vollständigen bewerteten Teilgraphen G' von G mit der Knotenmenge V'. Füge die Kanten von X^* zu T hinzu, was den (Eulerschen) Multigraphen $\widehat{G}$ (mit der Knotenmenge V) ergebe. [1]

[1] Da die Dreiecksungleichung in G erfüllt ist, stellt jede Kante $[i, j]$ in G eine kürzeste Kette mit den Endknoten i, j dar. Die bei der Bestimmung einer Eulerschen Vergrößerung erforderliche Ermittlung kürzester Ketten zwischen den Knoten mit ungeradem Grad (vgl. Abschnitt 2.9.1) erübrigt sich folglich.

Schritt 3

Bestimme eine geschlossene Eulersche Linie L in $\widehat{G}$ und einen in L eingebetteten Hamiltonschen Kreis.

□

Der Rechenaufwand von Schritt 1 ist $O(m \log n)$ mit $m = |E|$, von Schritt 2 $O(n^3)$ und von Schritt 3 $O(m) = O(n^2)$ (sowohl für die Konstruktion einer geschlossenen Eulerschen Linie, vgl. Abschnitt 2.9.1, als auch eines eingebetteten Hamiltonschen Kreises). Der Gesamtrechenaufwand von Algorithmus 3.5.2 beträgt also $O(n^3)$.

Der Grund dafür, daß man beim Verfahren von Christofides eine Eulersche Linie L in einer Eulerschen Vergrößerung $\widehat{G}$ eines Minimalgerüstes T von G und nicht eine Eulersche Linie L' in G bzw. in einer Eulerschen Vergrößerung $\tilde{G}$ von G konstruiert, liegt darin, daß L (im allgemeinen erheblich) weniger Kanten (und damit wegen der nichtnegativen Bewertungen in der Regel eine wesentlich geringere Länge) als L' besitzt. Dies sieht man wie folgt: T hat $n-1$ Kanten und n Knoten, und ein minimales Summen-Matching X^* enthält höchstens $\lfloor n/2 \rfloor$ Kanten. Damit besitzt L weniger als $3n/2$ Kanten. L' hat dagegen mindestens m und höchstens $2m$ Kanten (beachte, daß ein Graph in der Regel wesentlich mehr Kanten als Knoten besitzt).

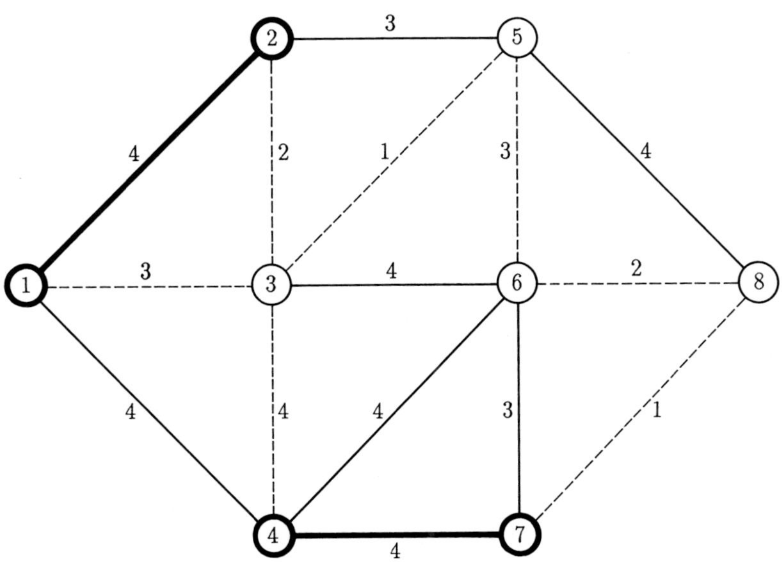

Abb. 3.5.6

In einem Zahlenbeispiel betrachten wir den in Abb. 3.5.6 gegebenen bewerteten Graphen bzw. dessen (nicht gezeichnete) Vervollständigung, die wir mit G bezeichnen. Ein Minimalgerüst T in G ist gestrichelt gezeichnet. Die Knoten mit ungeradem Grad in T sind ebenso wie die Kanten eines minimalen Summen-Matchings X^* stark ausgezeichnet. Der Graph mit den gestrichelten und fetten Kanten ist eine Eulersche Vergrößerung $\widehat{G}$ von T. Wir erhalten als geschlossene Eulersche Linie in $\widehat{G}$ $L = [1, 2, 3, 5, 6, 8, 7, 4, 3, 1]$ und als in L eingebetteten Hamiltonschen Kreis $K = [1, 2, 3, 5, 6, 8, 7, 4, 1]$ mit $c(K) = 21$. K ist sogar ein kürzester Hamiltonscher Kreis in G.

Wir beweisen nun folgenden

Satz 3.5.1. *Das Verfahren von Christofides ist ein $\frac{1}{2}$-approximativer Algorithmus.*

Satz 3.5.1 besagt, daß, wenn K ein mit dem Algorithmus von Christofides bestimmter Hamiltonscher Kreis und K^* ein kürzester Hamiltonscher Kreis sind, $c(K) \leq \frac{3}{2}c(K^*)$ gilt, in anderen Worten, der relative Fehler der Länge $c(K)$ von K höchstens $\frac{1}{2}$ ist (vgl. Abschnitt 3.2.2).

Beweis (vgl. LAWLER ET AL. (1976), Abschnitt 5.3). Offensichtlich ist

$$c(K) \leq c(L) = c(T) + c(X^*) \; . \tag{3.5.8}$$

Da aus jedem Hamiltonschen Kreis durch Entfernung einer Kante ein Gerüst entsteht, gilt

$$c(T) \leq c(K^*) \; . \tag{3.5.9}$$

Seien $i_1, i_2, \ldots, i_{2r}$ die Knoten mit ungeradem Grad in T, und zwar in der gleichen Reihenfolge, in der sie in K^* erscheinen:

$$K^* = [i_1, \ldots, i_2, \ldots, i_{2r}, \ldots, i_1] \; .$$

Wir betrachten die beiden folgenden (nicht notwendig minimalen Summen-)Matchings in $\widehat{G}$:

$$X_1 := \{[i_1, i_2], [i_3, i_4], \ldots, [i_{2r-1}, i_{2r}]\}, \;\; X_2 := \{[i_2, i_3], [i_4, i_5], \ldots, [i_{2r}, i_1]\}$$

(vgl. Abb. 3.5.7). Aufgrund der Dreiecksungleichung ist

$$c(X_1) + c(X_2) \leq c(K^*)$$

(s. Abb. 3.5.7) und damit für das minimale Summen-Matching X^*

$$c(X^*) \leq \frac{1}{2}c(K^*) \; . \tag{3.5.10}$$

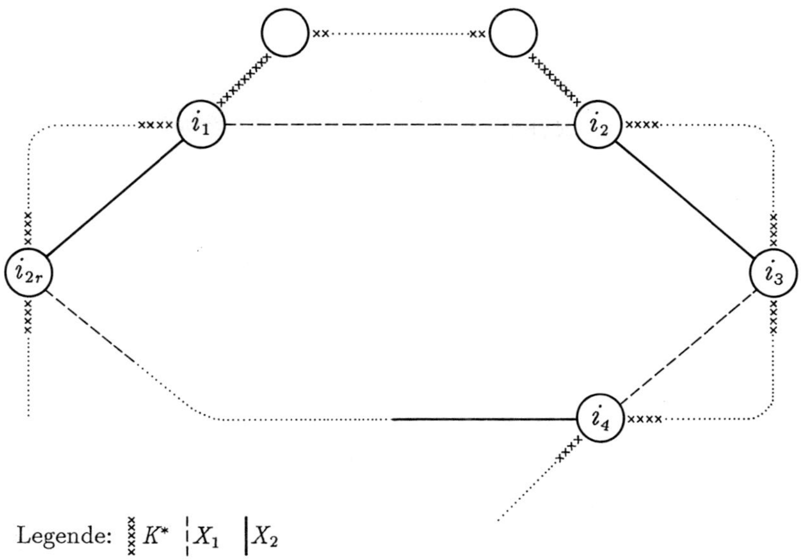

Abb. 3.5.7

(3.5.9) und (3.5.10) in (3.5.8) eingesetzt ergibt dann

$$c(K) \leq \frac{3}{2}(K^*) \ . \tag{3.5.11}$$

□

Wir weisen darauf hin, daß der Algorithmus von Christofides auch einen Hamiltonschen Kreis liefert, wenn die Dreiecksungleichung nicht erfüllt ist (in diesem Fall müssen vor der Lösung des Summen-Matching-Problems in Schritt 2 jedoch kürzeste Ketten in G zwischen den Knoten mit ungeradem Grad in T bestimmt werden, vgl. die Lösung des Briefträgerproblems in Abschnitt 2.9.1). Die Dreiecksungleichung wird nur für die Fehlerabschätzung (3.5.11) benötigt.

(b) Verbesserungsverfahren

Verbesserungsverfahren starten mit einem Hamiltonschen Kreis K, der etwa mit einem Eröffnungsverfahren bestimmt worden ist, und versuchen, die Anfangslösung K in der Regel mittels lokaler Suche zu verbessern, d.h., sie betrachten Hamiltonsche Kreise, die in einer gewissen Umgebung von K liegen und wählen unter diesen einen kürzesten aus (vgl. Abschnitt 3.2.2).

Bei den sogenannten ***r*-optimalen Verfahren** (kurz ***r*-opt** genannt) werden genau r Kanten des aktuellen Hamiltonschen Kreises K gegen r andere Kanten (die nicht notwendig alle von den ersteren Kanten verschieden sein müssen) des zugrunde liegenden Graphen G ausgetauscht. Der kürzere der beiden Kreise wird als neuer aktueller Kreis verwendet. Die Umgebung $U(K)$ von K ist dabei die Menge aller Hamiltonschen Kreise, die aus K durch eine Vertauschung der beschriebenen Art hervorgehen. Das Verfahren bricht ab, wenn alle möglichen Vertauschungen untersucht worden sind. Da der Rechenaufwand von r-opt mindestens die Größenordnung $O(n^r)$ hat (vgl. JUNGNICKEL (1987), Abschnitt 12.7), die Güte der besten Näherungslösung für größere r aber im allgemeinen nur unwesentlich ansteigt, verwendet man in der Praxis meistens nur die Verfahren 2-opt und 3-opt. Als Beispiel betrachten wir die Methode 2-opt, deren einzelne Schritte wir im folgenden auflisten (dabei ist $K = [i_1, \ldots, i_n, i_1]$ zu Beginn des Algorithmus ein etwa mit einem Eröffnungsverfahren bestimmter Hamiltonscher Kreis).

Algorithmus 3.5.3 (Symmetrisches HRP — 2-opt)

(i) Für $\nu = 1, \ldots, n-2$

Für $\mu = \nu + 2, \ldots, n-1$

Falls $c_{i_\nu i_{\nu+1}} + c_{i_\mu i_{\mu+1}} > c_{i_\nu i_\mu} + c_{i_{\nu+1} i_{\mu+1}}$, *ersetze in* $K = [i_1, \ldots, i_n, i_1]$ *die Kanten* $[i_\nu, i_{\nu+1}], [i_\mu, i_{\mu+1}]$ *durch* $[i_\nu, i_\mu], [i_{\nu+1}, i_{\mu+1}]$ [1] *und gehe zu (i).*

Falls $c_{i_\nu i_{\nu+1}} + c_{i_n i_1} > c_{i_\nu i_n} + c_{i_{\nu+1} i_1}$, *ersetze in* K *die Kanten* $[i_\nu, i_{\nu+1}], [i_n, i_1]$ *durch* $[i_\nu, i_n], [i_{\nu+1}, i_1]$ [2] *und gehe zu (i).*

Terminiere, wenn in einer gesamten ν*-Schleife (also* $n-1$ *einzelnen Durchläufen) keine Verbesserung mehr erzielt worden ist.*

□

Abb. 3.5.8 zeigt die beiden in Algorithmus 3.5.3 explizit angegebenen Kantenvertauschungen, wobei die „alten“ Kanten fett und die „neuen“ Kanten gestrichelt wiedergegeben sind. Wir sehen, daß die Ersetzung der alten Kanten $[i_\nu, i_{\nu+1}], [i_\mu, i_{\mu+1}]$ (bzw. $[i_\nu, i_{\nu+1}], [i_n, i_1]$) durch die neuen Kanten $[i_\nu, i_\mu], [i_{\nu+1}, i_{\mu+1}]$ (bzw. $[i_\nu, i_n], [i_{\nu+1}, i_1]$) bedeutet, daß die zwischen i_ν und $i_{\mu+1}$ (bzw. i_ν und i_1) liegenden Knoten nach dem Austausch in umgekehrter Reihenfolge durchlaufen werden.

Eine besonders leistungsfähige Variante der r-optimalen Verfahren ist von Lin und Kernighan entwickelt worden, wobei in jedem Iterationsschritt entschieden wird, wieviele Kanten des aktuellen Hamiltonschen Kreises ausgetauscht werden (**variables *r*-opt-Verfahren**, vgl. LAWLER ET AL. (1985), Abschnitt 7.3). Der Algorithmus von Lin und Kernighan erfordert einen erheblich höheren Rechenaufwand als die Verfahren 2-opt und 3-opt, liefert jedoch gewöhnlich „fast optimale“ Lösungen.

---

[1] Hieran schließt sich eine Umnumerierung der Knoten an, so daß wieder $K = [i_1, \ldots, i_n, i_1]$ gilt.

[2] Hieran schließt sich wieder eine entsprechende Umnumerierung der Knoten an.

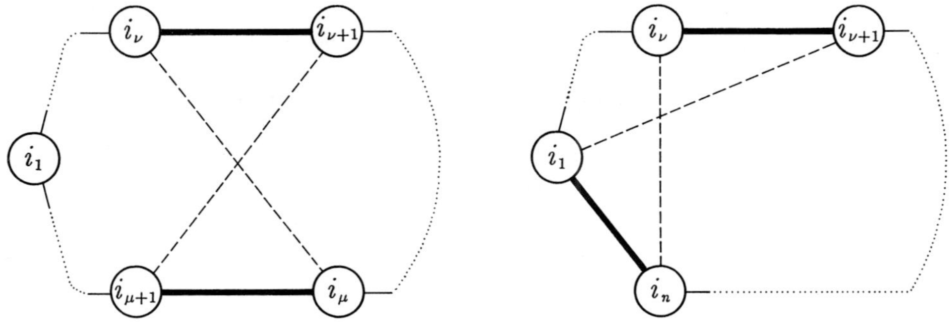

Abb. 3.5.8

Eine von Or vorgeschlagene Modifikation von 3-opt (mit **Or-opt** bezeichnet) reduziert die Anzahl der Kantenvertauschungen wesentlich gegenüber 3-opt, die Güte der erhaltenen Näherungslösungen ist aber kaum schlechter. Beim Verfahren Or-opt wird für je s „benachbarte" Knoten (zunächst $s = 3$, danach $s = 2$ und schließlich $s = 1$) des aktuellen Hamiltonschen Kreises geprüft, ob diese Knoten zwischen zwei anderen Knoten so eingefügt werden können, daß sich ein kürzerer Hamiltonscher Kreis ergibt. In Abb. 3.5.9 ist der

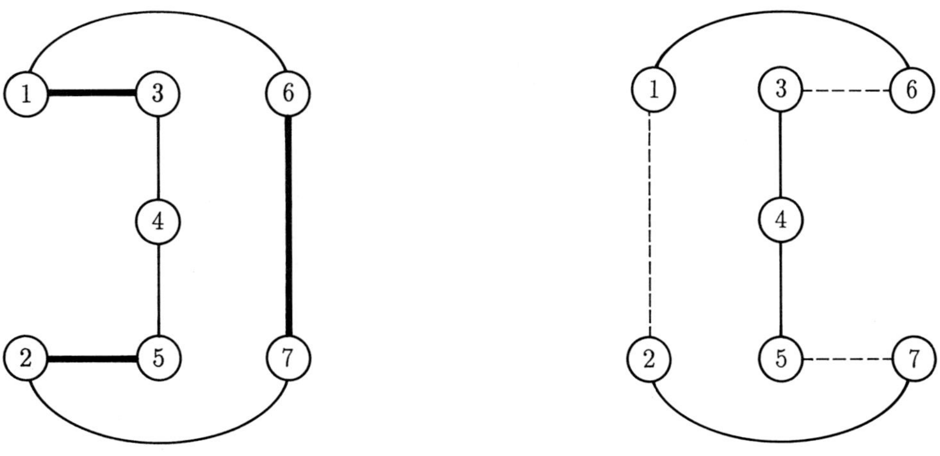

Abb. 3.5.9

Fall $s = 3$ veranschaulicht, wobei auf dem Hamiltonschen Kreis die benachbarten Knoten 3, 4 und 5 zunächst zwischen den Knoten 1 und 2 liegen und zwischen den Knoten 6 und 7 eingefügt werden, wenn die Summe der Längen der (fett ausgezeichneten) alten Kanten, $c_{13} + c_{25} + c_{67}$, größer als die Summe der Längen der (gestrichelt gezeichneten) neuen Kanten, $c_{12} + c_{36} + c_{57}$, ist.

Bei der Anwendung der Verfahren 3-opt und Or-opt empfiehlt es sich, mit einer „guten“ Näherungslösung zu starten, die etwa mit 2-opt bestimmt werden kann. Zahlreiche numerische Tests (mit mehreren hundert Knoten) haben gezeigt, daß eine Verfahrenskombination „Eröffnungsverfahren + 2-opt + 3-opt (oder Or-opt)“ Hamiltonsche Kreise liefert, deren Länge selten mehr als 2–3 % vom Optimum abweicht (vgl. etwa LAWLER ET AL. (1985), Abschnitt 7.3). Will man die Genauigkeit auf 1–2% verbessern, so muß man als Eröffnungsverfahren ein Verfahren der sukzessiven Einbeziehung von Knoten (z.B. Algorithmus 3.5.1) mit mehreren verschiedenen Knoten (etwa 10) starten, auf jeden der damit erhaltenen Hamiltonschen Kreise die Verfahren 2-opt und anschließend 3-opt (oder Or-opt) anwenden und den kürzesten der resultierenden Hamiltonschen Kreise auswählen.

Auch die in Abschnitt 3.2.2 skizzierte Simulated-Annealing-Methode ist erfolgreich als Verbesserungsverfahren für das symmetrische HRP eingesetzt worden (vgl. AARTS UND KORST (1989), Abschnitte 2.3, 2.4, 4.3 und 5.1).

3.5.4 Heuristische Verfahren für das asymmetrische Handlungsreisendenproblem

In Analogie zu Abschnitt 3.5.3 legen wir für das asymmetrische HRP einen bewerteten Digraphen $\vec{G} = \langle V, \vec{E}; c \rangle$ mit $V = \{1, \ldots, n\}$ zugrunde, der mindestens zwei Knoten besitze, vollständig sei und nur nichtnegative Bewertungen habe. In $\vec{G}$ suchen wir dann einen kürzesten Hamiltonschen Zyklus. Zunächst gehen wir kurz auf Eröffnungs- und auf Verbesserungsverfahren ein, die weitgehend analog zu den entsprechenden Algorithmen für das symmetrische HRP aufgebaut sind. Danach behandeln wir ein leistungsfähiges „Gesamtverfahren“, das von vornherein eine „sehr gute“ Näherungslösung liefert.

(a) Eröffnungsverfahren

Um Eröffnungsverfahren für das asymmetrische HRP zu erhalten, kann man ohne Schwierigkeiten die in Abschnitt 3.5.3 betrachtete Methode der **sukzessiven Einbeziehung der Knoten** entsprechend modifizieren. Auch ein Analogon zu dem Verfahren von Christofides aus Abschnitt 3.5.3 ist entwickelt worden (als **Verfahren von Akl** bekannt), das im folgenden skizziert werden soll.

Zunächst erklären wir den Begriff eines **Minimalgerüstes** (nicht minimalen gerichteten Gerüstes!) in einem bewerteten Digraphen $\vec{G}$. Ein Minimalgerüst $\vec{T}$ in $\vec{G}$ ist ein schwach zusammenhängender Teildigraph von $\vec{G}$ mit

n Knoten und $n-1$ Pfeilen [1], der unter allen derartigen Teildigraphen die kleinste Länge (d.h. Summe der Pfeilbewertungen) besitzt. Ein solches Minimalgerüst kann man wie folgt erhalten: Man betrachtet den (ungerichteten) Graphen G, der aus $\vec{G}$ durch Weglassen der Pfeilrichtungen entsteht und die Bewertungen $\bar{c}_{ij} := \min(c_{ij}, c_{ji})$ hat (wobei c_{ij} und c_{ji} die Bewertungen der Pfeile $\langle i, j\rangle$ und $\langle j, i\rangle$ in $\vec{G}$ sind [2]). In G bestimmt man dann ein Minimalgerüst T, z.B. mit dem Verfahren von Prim oder von Kruskal (vgl. Abschnitt 2.3.1). Hat für $i < j$ die Kante $[i, j]$ in T die Bewertung $\bar{c}_{ij} = c_{ij}$, so gehört der Pfeil $\langle i, j\rangle$ zum Minimalgerüst $\vec{T}$ von $\vec{G}$. Besitzt die Kante $[i, j]$ in T die Bewertung $\bar{c}_{ij} = c_{ji} < c_{ij}$, dann gehört der Pfeil $\langle j, i\rangle$ zu $\vec{T}$.

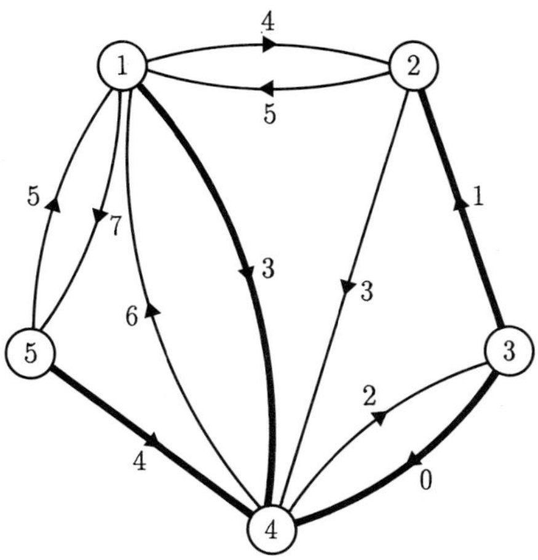

Abb. 3.5.10

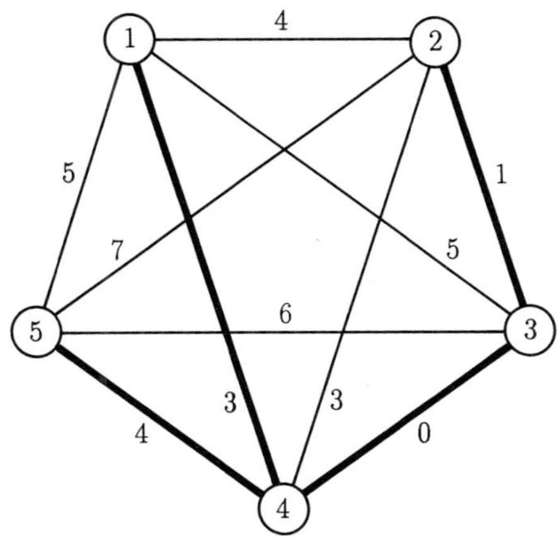

Abb. 3.5.11

In einem Zahlenbeispiel wollen wir für die Vervollständigung $\vec{G}$ des bewerteten Digraphen in Abb. 3.5.10 ein Minimalgerüst bestimmen. Abb. 3.5.11 zeigt den „zugehörigen" Graphen G, in dem ein Minimalgerüst T stark ausgezeichnet ist. Das entsprechende Minimalgerüst $\vec{T}$ in Abb. 3.5.10 ist ebenfalls stark ausgezeichnet.

Nach der Bestimmung eines Minimalgerüstes $\vec{T}$ in $\vec{G}$ ermittelt man beim Verfahren von Akl eine optimale Eulersche Vergrößerung $\widehat{G}$ von $\vec{T}$ (durch Lösen eines Transportproblems) sowie eine geschlossene gerichtete Eulersche

[1] Äquivalent zu der Forderung, daß der Teildigraph von $\vec{G}$ mit n Knoten und $n-1$ Pfeilen schwach zusammenhängend ist, ist die Bedingung, daß der Teildigraph keine Semizyklen enthält.

[2] Gehört einer der beiden Pfeile nicht zu $\vec{G}$, so setzt man die entsprechende Bewertung formal wieder gleich ∞.

Linie L in $\widehat{G}$ (vgl. Abschnitt 2.9.2) [1]. Anschließend bestimmt man einen in L eingebetteten Hamiltonschen Zyklus, indem man alle zu L gehörenden „Kurzzyklen“ (die nicht alle Knoten von $\vec{G}$ enthalten) wegläßt.

Für unser obiges Zahlenbeispiel zeigt Abb. 3.5.12 noch einmal das (stark ausgezeichnete) Minimalgerüst $\vec{T}$. Wie man aus Abb. 3.5.10 unmittelbar sieht, hat eine optimale Eulersche Vergrößerung $\widehat{G}$ von $\vec{T}$ die in Abb. 3.5.12 wiedergegebene Gestalt. $L = \langle 1,4,1,5,4,3,4,3,2,1 \rangle$ ist dann eine geschlossene gerichtete Eulersche Linie $\widehat{G}$ und $Z = \langle 1,5,4,3,2,1 \rangle$ ein eingebetteter Hamiltonscher Zyklus.

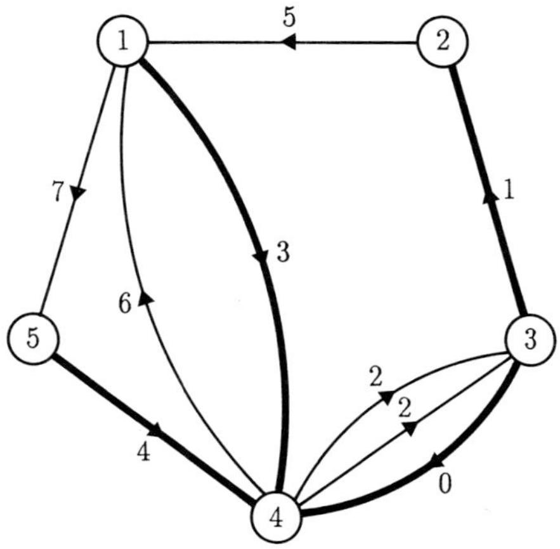

Abb. 3.5.12

(b) Verbesserungs- und Gesamtverfahren

Die in Abschnitt 3.5.3 behandelten **Verbesserungsverfahren** r-opt und Or-opt sowie das variable r-opt-Verfahren von Lin und Kernighan kann man ohne prinzipielle Schwierigkeiten auf das asymmetrische HRP übertragen, so daß wir hierauf nicht weiter einzugehen brauchen. Stattdessen wollen wir ein **Gesamtverfahren** skizzieren, das, wie zahlreiche numerische Tests gezeigt haben, in der Regel sehr gute Näherungslösungen liefert und für das außerdem eine stochastische Analyse (zu diesem Begriff vgl. Abschnitt 3.2.2) möglich ist. Dieses Verfahren, **Patching-Algorithmus** [2] genannt, basiert auf der bereits in Abschnitt 3.5.2 erwähnten Tatsache, daß man aus dem asymmetrischen HRP ein Zuordnungsproblem erhält, wenn man die Zyklusbedingungen

---

[1] Gilt in $\vec{G}$ nicht die Dreiecksungleichung, so muß man vor dem Lösen des Transportproblems kürzeste Wege in $\vec{G}$ bestimmen. Die Eulersche Vergrößerung $\widehat{G}$ kann wieder Pfeile enthalten, die nicht zu $\vec{T}$ gehören (wenn ein kürzester Weg in $\vec{G}$ nicht in $\vec{T}$ liegt).

[2] to patch (engl.) = flicken

wegläßt. Das Zuordnungsproblem stellt also eine Relaxation des asymmetrischen HRPs dar (zum Begriff der Relaxation vgl. Abschnitt 3.1.2).

Eine optimale Lösung des Zuordnungsproblems liefert im allgemeinen nur ein System von Kurzzyklen (d.h., jeder dieser Zyklen enthält lediglich einige der n Knoten von $\vec{G}$, alle Zyklen zusammen enthalten aber sämtliche Knoten von $\vec{G}$). Diese Kurzzyklen kann man sukzessiv durch sogenannte Patching-Operationen zu größeren Zyklen verschmelzen. Seien hierzu Z_1 und Z_2 zwei Kurzzyklen, wobei Z_1 den Knoten i und Z_2 den Knoten j enthalten, und seien k_i und k_j die Nachfolger von i bzw. j in Z_1 bzw. Z_2. Dann besteht die **(i,j)-Patching-Operation** darin, die Pfeile $\langle i, k_i \rangle$ und $\langle j, k_j \rangle$ zu eliminieren und dafür die Pfeile $\langle i, k_j \rangle$ und $\langle j, k_i \rangle$ einzufügen (vgl. Abb. 3.5.13).

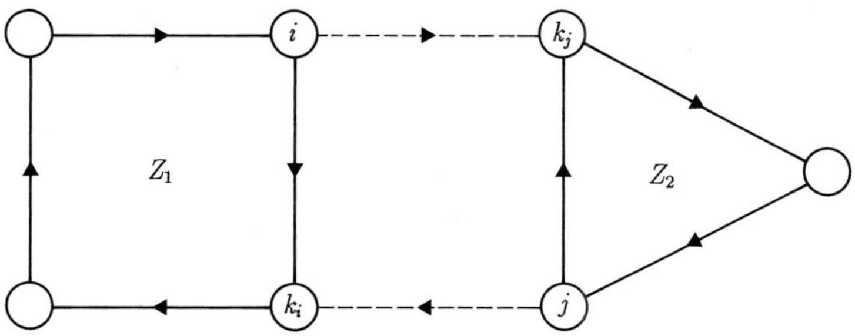

Abb. 3.5.13

Die (i, j)-Patching-Operation verursacht die „Kosten“

$$f_{ij} = c_{ik_j} + c_{jk_i} - c_{ik_i} - c_{jk_j} \ .$$

Will man zwei Kurzzyklen Z_1 und Z_2 durch eine Patching-Operation verschmelzen, so wird man (i, j) mit i aus Z_1 und j aus Z_2 derart wählen, daß f_{ij} minimal wird. Außerdem empfiehlt es sich, zunächst möglichst „große“ Kurzzyklen (d.h. mit möglichst vielen Knoten) zu verschmelzen. Die Kurzzyklen wird man also nach nichtwachsender Knotenanzahl in einer Liste speichern und diese Liste von vorn „abarbeiten“. Der Patching-Algorithmus läuft dann wie folgt ab:

Algorithmus 3.5.4 (Asymmetrisches HRP — Patching-Algorithmus)

Schritt 1

Löse das Zuordnungsproblem für den bewerteten Digraphen $\vec{G}$.

Schritt 2

Speichere die der optimalen Lösung des Zuordnungsproblems entsprechenden Zyklen nach nichtwachsender Knotenzahl geordnet in einer Liste L (L wird zweckmäßigerweise als Keller gespeichert).

Schritt 3

Enthält L nur ein Element Z, so terminiere (Z ist ein Hamiltonscher Zyklus).

Schritt 4

Entferne die beiden ersten Elemente aus L, etwa Z_1 und Z_2. Wähle Knoten i aus Z_1 und Knoten j aus Z_2 so, daß die Kosten f_{ij} minimal sind, und führe die (i, j)-Patching-Operation aus. Füge den neuen Zyklus als erstes Element in L ein. Gehe zu Schritt 3.

□

Der Rechenaufwand zur Lösung des Zuordnungsproblems beträgt bei Verwendung der Ungarischen Methode $O(n^3)$ und bei Benutzung des in Abschnitt 2.7.3 dargestellten Verfahrens $O(mn^2)$. Da es maximal $\lfloor n/2 \rfloor$ Kurzzyklen gibt, benötigt man für Schritt 2 von Algorithmus 3.5.4 eine Zeitkomplexität von höchstens $O(n \log n)$. Die Auswahl der (i, j)-Patching-Operation und ihre Durchführung in Schritt 4 erfordern einen maximalen Aufwand von $O(n^2)$. Da Schritt 4 höchstens $(\lfloor n/2 \rfloor - 1)$-mal auszuführen ist, haben wir für diesen Schritt den Rechenaufwand $O(n^3)$. Für den gesamten Patching-Algorithmus beträgt damit die Zeitkomplexität $O(n^3)$ bzw. $O(mn^2)$.

Wir bemerken noch, daß der Patching-Algorithmus auch angewendet werden kann, wenn der Digraph $\vec{G}$ zwar stark zusammenhängend, aber nicht vollständig ist. Der Patching-Algorithmus liefert dann aber nicht notwendig einen Hamiltonschen Zyklus. Legt man statt $\vec{G}$ die „Vervollständigung" von $\vec{G}$ (vgl. Abschnitt 3.5.1) zugrunde, so erhält man in jedem Fall eine Rundreise in $\vec{G}$ (die kein Hamiltonscher Zyklus zu sein braucht).

Seien für den gegebenen bewerteten Digraphen F^* der minimale Zielfunktionswert des asymmetrischen HRPs, F der Zielfunktionswert einer mit dem Patching-Algorithmus ermittelten Näherungslösung und F_Z^* der minimale Zielfunktionswert für das entsprechende Zuordnungsproblem. Da das Zuordnungsproblem eine Relaxation des asymmetrischen HRPs darstellt, gilt $F_Z^* \leq F^* \leq F$. Eine empirische Analyse mit mehreren hundert asymmetrischen HRPen und $50 \leq n \leq 250$, wobei die Bewertungen c_{ij} Realisierungen von unabhängigen ganzzahligen auf $\{1, 2, \ldots, 100\}$ oder $\{1, 2, \ldots, 1000\}$ gleichverteilten Zufallsgrößen darstellen, hat ergeben, daß im Durchschnitt $F_Z^* \approx 0,99F$ ist (vgl. LAWLER ET AL. (1985), Abschnitt 6.3).

Sind die Bewertungen c_{ij} unabhängige im Intervall $[0, 1]$ gleichverteilte Zufallsgrößen, so stellen auch F^*, F und F_Z^* Zufallsgrößen dar. Eine stochastische

Analyse liefert dann die Ergebnisse

$$E(F - F_Z^*) < \frac{2,33}{\sqrt{n}} \tag{3.5.12}$$

$$E\left(\frac{F - F^*}{F^*}\right) = O\left(\frac{1}{\sqrt{n}}\right) , \tag{3.5.13}$$

wobei $E(K)$ den Erwartungswert der Zufallsgröße K bedeutet (vgl. LAWLER ET AL. (1985), Abschnitt 6.3). (3.5.12) besagt, daß der Erwartungswert der Differenz zwischen dem optimalen Zielfunktionswert des Zuordnungsproblems und dem Zielfunktionswert einer mit dem Patching-Algorithmus berechneten Näherungslösung (und damit auch dem optimalen Zielfunktionswert) des HRPs für wachsendes n gegen 0 strebt. (3.5.13) bedeutet, daß der erwartete relative Fehler einer mit dem Patching-Algorithmus bestimmten Näherungslösung für wachsendes n immer kleiner wird.

3.5.5 Branch-and-Bound-Verfahren für das asymmetrische Handlungsreisendenproblem

Als exakte Verfahren zur Lösung des HRPs, die stets eine optimale Lösung liefern (falls eine existiert), kommen in erster Linie Branch-and-Bound-Algorithmen in Frage. Verfahren, die Ergebnisse der Theorie konvexer Polyeder ausnutzen und insbesondere in den letzten Jahren entwickelt worden sind, werden wir nicht behandeln (vgl. hierzu Abschnitt 3.8.3, LAWLER ET AL. (1985), Kapitel 8 und 9, GRÖTSCHEL UND HOLLAND (1991)). In diesem Abschnitt wollen wir ein von **Carpaneto und Toth** stammendes Branch-and-Bound-Verfahren für das asymmetrische HRP skizzieren (vgl. DOMSCHKE (1982), Abschnitt 3.3.2, und LAWLER ET AL. (1985), Abschnitt 10.2).

Wir setzen voraus, daß der zugrunde liegende Digraph $\vec{G} = \langle V, \vec{E}; c\rangle$, in dem wir einen kürzesten Hamiltonschen Zyklus suchen, wieder mindestens zwei Knoten enthalte, stark zusammenhängend sei und nur nichtnegative Bewertungen besitze. $\vec{G}$ braucht nicht vollständig zu sein. Enthält $\vec{G}$ den Pfeil $\langle i, j\rangle$ nicht, so setzen wir $c_{ij} := \infty$. Ebenso sei wieder $c_{ii} := \infty$ für alle $i = 1, \ldots, n$.

Wir erinnern zunächst an den prinzipiellen Ablauf eines Branch-and-Bound-Verfahrens (s. Abschnitt 3.2.1), wobei wir die speziellen Eigenschaften des asymmetrischen HRPs berücksichtigen. Das zu lösende binäre Optimierungsproblem (P) mit dem zulässigen Bereich M wird sukzessiv in Teilprobleme $(P(\boldsymbol{s}))$ mit den zulässigen Bereichen $M(\boldsymbol{s})$ zerlegt, die den Knoten $\boldsymbol{s}$ eines (gerichteten) Suchbaumes entsprechen (das Ausgangsproblem (P) entspricht der Wurzel des Suchbaumes).

$M(\boldsymbol{s})$ entsteht aus M dadurch, daß gewisse binäre Variablen fixiert (d.h. gleich 1 oder gleich 0 gesetzt) werden. Setzt man beim asymmetrischen HRP $x_{ij} := 1$ (und damit $s_{ij} := 1$), dann gehört der Pfeil $\langle i, j \rangle$ zu allen Hamiltonschen Zyklen von $M(\boldsymbol{s})$, vgl. (3.5.4). Im Fall $x_{ij} := 0$ (und $s_{ij} := 0$) enthalten die Hamiltonschen Zyklen von $M(\boldsymbol{s})$ den Pfeil $\langle i, j \rangle$ nicht (der Pfeil $\langle i, j \rangle$ wird „gesperrt"). Ist die Variable x_{ij} (bzw. der Pfeil $\langle i, j \rangle$) nicht fixiert, so setzt man $s_{ij} := -1$. Der Knoten $\boldsymbol{s}$ entspricht dann dem Vektor mit den n^2 Komponenten s_{ij} $(i, j = 1, \ldots, n)$.

Beim asymmetrischen HRP kann man die Fixierung von Variablen im Teilproblem $(P(\boldsymbol{s}))$ durch geeignete Festlegung der Elemente c_{ij} der Bewertungsmatrix $\boldsymbol{C}$ des Digraphen $\vec{G}$ wiedergeben. Im Fall $x_{ij} = s_{ij} = 0$ setzt man $c_{ij} := \infty$ und im Fall $x_{ij} = s_{ij} = 1$ $c_{pj} := \infty$ (und damit $x_{pj} = 0$) für alle $p = 1, \ldots, n$ mit $p \neq i$ sowie $c_{iq} := \infty$ (d.h. $x_{iq} = 0$) für alle $q = 1, \ldots, n$ mit $q \neq j$. Im letzteren Fall folgt aus $x_{pj} = 0$ für alle $p \neq i$, $x_{iq} = 0$ für alle $q \neq j$ und $\sum_{p=1}^{n} x_{pj} = \sum_{q=1}^{n} x_{iq} = 1$ das gewünschte Resultat $x_{ij} = 1$. Die dem Teilproblem $(P(\boldsymbol{s}))$ auf diese Weise entsprechende Bewertungsmatrix bezeichnen wir mit $\boldsymbol{C}(\boldsymbol{s})$.

Für ein Branch-and-Bound-Verfahren benötigt man eine untere Schranke $b(\boldsymbol{s})$ für den minimalen Zielfunktionswert jedes Teilproblems $(P(\boldsymbol{s}))$. In Abschnitt 3.5.2 haben wir erwähnt, daß für das asymmetrische HRP das entsprechende Zuordnungsproblem eine Relaxation darstellt und die Lösung des Zuordnungsproblems im allgemeinen eine sehr gute untere Schranke für den optimalen Zielfunktionswert des HRPs liefert. Es liegt deshalb nahe, $b(\boldsymbol{s})$ gleich dem optimalen Zielfunktionswert des Zuordnungsproblems mit der Kostenmatrix $\boldsymbol{C}(\boldsymbol{s})$ zu setzen.

Bei einem Branch-and-Bound-Verfahren werden die Blätter des aktuellen Suchbaumes nacheinander untersucht (die noch nicht untersuchten Blätter werden aktive Knoten genannt und in einer Menge L_a zusammengefaßt). Die Untersuchung eines Knotens $\boldsymbol{s} \in L_a$ geht wie folgt vor sich: Seien Z^+ der kürzeste bisher gefundene Hamiltonsche Zyklus in $\vec{G}$ und $B := c(Z^+)$ dessen Länge (ist noch kein Hamiltonscher Zyklus ermittelt worden, setzt man $B := \infty$). Gilt $b(\boldsymbol{s}) \geq B$, so geht man (nach der Entfernung von $\boldsymbol{s}$ aus L_a) unmittelbar zum nächsten Knoten von L_a über. Ist $b(\boldsymbol{s}) < B$ und stellt die optimale Lösung X des Zuordnungsproblems mit der Kostenmatrix $\boldsymbol{C}(\boldsymbol{s})$ einen Hamiltonschen Zyklus dar, dann setzt man $Z^+ := X$ und $B := c(X)$, wobei $c(X)$ wieder der zu X gehörige (optimale) Zielfunktionswert ist. Gilt $b(\boldsymbol{s}) < B$ und ist X kein Hamiltonscher Zyklus, so konstruiert man auf folgende Weise Söhne (Nachfolger) des Knotens $\boldsymbol{s}$:

Man wählt unter den zu X gehörenden Kurzzyklen einen aus, der die kleinste Anzahl von Pfeilen $\langle i, j \rangle$ mit $s_{ij} = -1$ (d.h., die Variablen x_{ij} sind noch nicht fixiert) besitzt, etwa die Pfeile $\langle i_1, j_1 \rangle, \ldots, \langle i_r, j_r \rangle$. Dann erzeugt man r Söhne $\boldsymbol{s}_1, \ldots, \boldsymbol{s}_r$ von $\boldsymbol{s}$, wobei man setzt

$$\begin{array}{ll} \text{für } \boldsymbol{s}_1 & x_{i_1 j_1} = s_{i_1 j_1} := 0 \\ \text{für } \boldsymbol{s}_k \ (k = 2, \ldots, r) & x_{i_1 j_1} = s_{i_1 j_1} := 1, \ldots, x_{i_{k-1} j_{k-1}} = s_{i_{k-1} j_{k-1}} := 1 \ , \\ & x_{i_k j_k} = s_{i_k j_k} := 0 \ . \end{array}$$

Die Söhne $\boldsymbol{s}_1, \ldots, \boldsymbol{s}_r$ fügt man zu L_a hinzu. Im Vergleich zu dem in Abschnitt 3.2.1 betrachteten Branch-and-Bound-Prinzip wird im vorliegenden Verfahren also in der Regel eine größere Anzahl von Söhnen erzeugt, indem gleichzeitig mehrere Pfeile des Digraphen $\vec{G}$ fixiert werden [1]. Bei jedem der Söhne wird dabei genau einer der noch nicht fixierten Pfeile gesperrt und dadurch der bei $\boldsymbol{s}$ ausgewählte Kurzzyklus von der weiteren Betrachtung ausgeschlossen.

Beim Algorithmus von Carpaneto und Toth wird für die Auswahl des nächsten zu untersuchenden Knotens $\boldsymbol{s}^*$ aus der Menge L_a die LLB-Strategie („least lower bound“) verwendet, d.h., es ist $b(\boldsymbol{s}^*) = \min_{\boldsymbol{s} \in L_a} b(\boldsymbol{s})$. Es empfiehlt sich also, L_a als Heap zu speichern (wobei $b(\boldsymbol{s})$ der Wert bzw. die Priorität des Elementes $\boldsymbol{s} \in L_a$ ist). Hierzu ist die untere Schranke $b(\boldsymbol{s})$ (durch Lösen des Zuordnungsproblems mit der Kostenmatrix $\boldsymbol{C}(\boldsymbol{s})$) sofort nach Erzeugung des Knotens $\boldsymbol{s}$ zu bestimmen [2]. Bei Benutzung der LLB-Strategie gilt im Fall $b(\boldsymbol{s}^*) \geq B$ auch $b(\boldsymbol{s}) \geq B$ für alle $\boldsymbol{s} \in L_a$, d.h., der Algorithmus kann dann abgebrochen werden.

Wir bemerken noch, daß die im Laufe des Verfahrens auftretenden Zuordnungsprobleme und sogar das vorliegende HRP selbst keine zulässige Lösung (und damit auch keine optimale Lösung) zu haben brauchen, da der zugrunde liegende Digraph $\vec{G}$ nicht notwendig vollständig ist. Wir fassen die einzelnen Schritte des Branch-and-Bound-Algorithmus noch einmal zusammen:

Algorithmus 3.5.5 (Asymmetrisches HRP — Branch-and-Bound-Verfahren von Carpaneto und Toth)

Schritt 1

Falls $c_{ij} = \infty$, setze $s_{ij} := 0$; andernfalls $s_{ij} := -1$. Der resultierende Vektor $\boldsymbol{s}$ ist das einzige Element von L_a (L_a ist als Heap zu speichern).
Bestimme eine optimale Lösung X des Zuordnungsproblems mit der Kostenmatrix $\boldsymbol{C}(\boldsymbol{s})$. Sei $c(X)$ der zugehörige Zielfunktionswert. Ist X ein Hamil-

[1] Dies entspricht der Generierung von Blättern des Suchbaumes in einem Schritt, die in der Version des Branch-and-Bound-Verfahrens aus Abschnitt 3.2.1 unterschiedliche Tiefen haben.

[2] Die Aufnahme eines Knotens $\boldsymbol{s}$ in L_a bedeutet, daß neben $\boldsymbol{s}$ und $b(\boldsymbol{s})$ noch die ermittelte optimale Lösung des Zuordnungsproblems für die Kostenmatrix $\boldsymbol{C}(\boldsymbol{s})$ zu speichern ist. Der Speicherplatzbedarf des Branch-and-Bound-Algorithmus ist (wie bei Verwendung der LLB-Strategie üblich) im allgemeinen sehr groß und stellt in der Regel den Engpaß bei der Anwendung des Algorithmus dar.

tonscher Zyklus, so setze $Z^+ := X$ *und* $B := c(X)$ *und gehe zu Schritt 5; andernfalls setze* $B := \infty$ *und* $b(\boldsymbol{s}) := c(X)$.

Schritt 2

Ist $L_a = \emptyset$, *dann gehe zu Schritt 5; andernfalls entferne minimales* $\boldsymbol{s}^*$ *aus* L_a *(d.h., entferne ein* $\boldsymbol{s}^* \in L_a$ *mit* $b(\boldsymbol{s}^*) = \min_{\boldsymbol{s} \in L_a} b(\boldsymbol{s})$ *aus* L_a*).*
Falls $b(\boldsymbol{s}^*) \geq B$, *gehe zu Schritt 5.*

Schritt 3 *(kann weggelassen werden)* [1]

Die optimale Lösung X^* *des Zuordnungsproblems mit der Kostenmatrix* $\boldsymbol{C}(\boldsymbol{s}^*)$ *stellt ein System von Kurzzyklen dar. Ausgehend von* X^*, *konstruiere mit Hilfe des Patching-Algorithmus (Algorithmus 3.5.4) einen Hamiltonschen Zyklus* Z.
Ist $c(Z) < B$, *so setze* $Z^+ := Z$ *und* $B := c(Z)$.

Schritt 4

Sei X^* *die ermittelte optimale Lösung des Zuordnungsproblems mit der Kostenmatrix* $\boldsymbol{C}(\boldsymbol{s}^*)$. *Erzeuge sukzessiv Söhne von* $\boldsymbol{s}^*$, *indem die Variablen* x_{ij}, *die den Pfeilen* $\langle i, j \rangle$ *mit* $s^*_{ij} = -1$ *eines Kurzzyklus von* X^* *mit minimaler Pfeilzahl entsprechen, wie oben beschrieben fixiert werden.*
Sobald ein Sohn $\boldsymbol{s}$ *von* $\boldsymbol{s}^*$ *konstruiert worden ist, bestimme eine optimale Lösung* X *des Zuordnungsproblems mit der Kostenmatrix* $\boldsymbol{C}(\boldsymbol{s})$.
Falls $c(X) < B$ *gilt und* X *ein Hamiltonscher Zyklus ist, setze* $Z^+ := X$ *und* $B := c(X)$.
Falls $c(X) < B$ *gilt und* X *kein Hamiltonscher Zyklus ist, füge* $\boldsymbol{s}$ *in* L_a *ein und setze* $b(\boldsymbol{s}) := c(X)$.
Sind alle Söhne von $\boldsymbol{s}^*$ *erzeugt (und die entsprechenden Zuordnungsprobleme gelöst) worden, gehe zu Schritt 2.*

Schritt 5

Terminiere.
Gilt $B < \infty$, *dann ist* Z^+ *ein kürzester Hamiltonscher Zyklus von* $\vec{G}$ *mit der Länge* B. *Im Fall* $B = \infty$ *enthält* $\vec{G}$ *keinen Hamiltonschen Zyklus.*

□

Muß der Algorithmus wegen Überschreitung des verfügbaren Speicherplatzes oder der Rechenzeit vorzeitig abgebrochen werden, so ist (wenn mindestens ein Hamiltonscher Zyklus gefunden worden ist) für die Länge eines kürzesten Hamiltonschen Zyklus neben der oberen Schranke $B = c(Z^+)$ auch die untere Schranke $\min_{\boldsymbol{s} \in L_a} b(\boldsymbol{s})$ bekannt (vgl. Abschnitt 3.2.1).

Für Modifikationen des geschilderten Branch-and-Bound-Verfahrens sowie weitere Branch-and-Bound-Algorithmen für das asymmetrische HRP und numerische Erfahrungen (beispielsweise konnten mit Algorithmus 3.5.5 HRPe in

[1] In Schritt 3 wird versucht, die obere Schranke B zu verbessern.

der Größenordnung von 300 Knoten gelöst werden) vgl. DOMSCHKE (1982), Abschnitt 3.3, und LAWLER ET AL. (1985), Kapitel 10.

3.5.6 Branch-and-Bound-Verfahren für das symmetrische Handlungsreisendenproblem

Während die Lösung des Zuordnungsproblems für den optimalen Zielfunktionswert eines asymmetrischen HRPs im allgemeinen sehr scharfe Schranken liefert, gilt dies für das symmetrische HRP nicht. Der Grund hierfür ist, daß die Symmetrie der Bewertungsmatrix $\boldsymbol{C}$ ($c_{ij} = c_{ji}$ für alle $i, j = 1, \ldots, n$) in der Regel eine weitgehende Symmetrie der Lösungen des betreffenden Zuordnungsproblems impliziert, d.h., falls $x_{ij} = 1$ ist, gilt sehr oft auch $x_{ji} = 1$. Optimale Lösungen des Zuordnungsproblems enthalten folglich im allgemeinen viele Kurzzyklen des symmetrischen Digraphen, der dem symmetrischen HRP entspricht. Es empfiehlt sich deshalb, bei der Lösung des symmetrischen HRPs mit Hilfe von Branch-and-Bound-Verfahren Relaxationen zu verwenden, die „besser" als das Zuordnungsproblem sind. Bei den folgenden Ausführungen lehnen wir uns an DOMSCHKE (1982), Abschnitt 3.4, und LAWLER ET AL. (1985), Abschnitt 10.3, an.

Im weiteren betrachten wir das symmetrische HRP wieder auf einem bewerteten Graphen $G = [V, E; c]$, der zusammenhängend sei und mindestens zwei Knoten sowie nur nichtnegative Bewertungen c_{ij} ($i, j = 1, \ldots, n; i < j$) habe. Enthält G die Kante $[i, j]$ nicht, so setzen wir $c_{ij} := \infty$. Wir suchen dann in G einen kürzesten Hamiltonschen Kreis. Als Relaxationen für das symmetrische HRP werden wir 1-Gerüst-Probleme verwenden (für die Begriffe „1-Gerüst" und „minimales 1-Gerüst mit ausgezeichnetem Knoten k" sowie ein Verfahren zur Bestimmung eines solchen minimalen 1-Gerüstes verweisen wir auf Abschnitt 2.3.2).

Jeder Hamiltonsche Kreis in G besitzt n Knoten und n Kanten und entspricht einem zusammenhängenden Teilgraphen von G, stellt also ein 1-Gerüst T von G dar. Jeder Knoten dieses speziellen 1-Gerüstes T hat den Grad 2 in T und stellt insbesondere einen ausgezeichneten Knoten von T dar. Natürlich ist nicht umgekehrt jedes 1-Gerüst ein Hamiltonscher Kreis. Das Problem der Bestimmung eines minimalen 1-Gerüstes in G ist folglich eine Relaxation des symmetrischen HRPs, und für jeden Knoten k von G ist die Länge eines minimalen 1-Gerüstes von G mit ausgezeichnetem Knoten k eine untere Schranke für die Länge eines kürzesten Hamiltonschen Kreises in G. Diese Schranke ist jedoch im allgemeinen nicht sehr scharf. Um bessere (d.h. größere) untere Schranken zu erhalten, kann man wie folgt vorgehen:

Wir ersetzen die Bewertungen c_{ij} von G durch

$$c_{ij}^u := c_{ij} + u_i + u_j \quad \text{mit } u_i \in \mathbb{R} \quad (i, j = 1, \dots, n; i < j)$$

und bezeichnen den Graphen mit den Bewertungen c_{ij}^u mit G^u. Die Länge eines Hamiltonschen Kreises vergrößert sich beim Übergang von G zu G^u um $2\sum_{i=1}^n u_i$, da jeder Knoten i von G bzw. G^u zweimal als Endknoten einer Kante des Hamiltonschen Kreises auftritt. Ordnet man die Hamiltonschen Kreise in G nach wachsender Länge, so ändert sich diese Reihenfolge beim Übergang von G zu G^u nicht; insbesondere ist ein kürzester Hamiltonscher Kreis in G auch ein kürzester Hamiltonscher Kreis in G^u.

Ein minimales 1-Gerüst von G braucht jedoch in G^u nicht mehr minimal zu sein. Seien T ein 1-Gerüst von G, $\delta_i(T)$ der Grad des Knotens i in T und $c(T)$ die Länge von T in G. Die Länge $c^u(T)$ von T in G^u ist dann

$$c^u(T) = c(T) + \sum_{i=1}^n u_i \delta_i(T) \ . \tag{3.5.14}$$

Die Grundidee des im folgenden beschriebenen Verfahrens besteht darin, die „Zusatzbewertungen“ u_i so zu wählen, daß die Länge eines zugehörigen minimalen 1-Gerüstes der Länge eines kürzesten Hamiltonschen Kreises möglichst nahe kommt.

Wir haben bereits festgestellt, daß die Länge eines kürzesten Hamiltonschen Kreises in einem bewerteten Graphen größer oder gleich der Länge jedes minimalen 1-Gerüstes dieses Graphen ist. Sei $c(K^*)$ die Länge eines kürzesten Hamiltonschen Kreises K^* in G. Dann ist die Länge von K^* in G^u gleich $c(K^*) + 2\sum_{i=1}^n u_i$, und es gilt unter Beachtung von (3.5.14)

$$c(K^*) \geq \min_T c^u(T) - 2\sum_{i=1}^n u_i = \min_T [c(T) + \sum_{i=1}^n u_i(\delta_i(T) - 2)] \ , \tag{3.5.15}$$

wobei das Minimum bezüglich aller 1-Gerüste T in G^u bzw. G mit irgendeinem ausgezeichneten Knoten k zu nehmen ist [1].

Die Zielfunktion des Minimumproblems

$$\begin{cases} \text{Min.} & c(T) + \sum_{i=1}^n u_i(\delta_i(T) - 2) \\ \text{u.d.N.} & T \text{ ist ein 1-Gerüst} \end{cases} \tag{3.5.16}$$

[1] Für verschiedene Knoten k wird man im allgemeinen verschiedene minimale 1-Gerüste mit ausgezeichnetem Knoten k erhalten. Um eine möglichst gute untere Schranke zu ermitteln, empfiehlt es sich, k so zu wählen, daß man unter diesen minimalen 1-Gerüsten eines mit größter Länge erhält.

stellt eine Lagrange-Funktion mit den Lagrange-Multiplikatoren $u_1, \ldots, u_n$ dar, welche die für jeden Knoten i eines Hamiltonschen Kreises zu erfüllende Nebenbedingung $\delta_i = 2$ in die Zielfunktion mit einbezieht (zum Begriff der Lagrange-Funktion vgl. die Abschnitte 3.8.1 und 4.2.3). Der minimale Zielfunktionswert von (3.5.16), betrachtet in Abhängigkeit vom Vektor $\boldsymbol{u} = (u_1, \ldots, u_n)^T$ der Lagrange-Multiplikatoren, ist eine auf $\mathbb{R}^n$ definierte reellwertige Funktion f:

$$f(\boldsymbol{u}) := \min_T [c(T) + \sum_{i=1}^{n} u_i(\delta_i(T) - 2)] . \tag{3.5.17}$$

Nach (3.5.15) ist

$$f(\boldsymbol{u}) \leq c(K^*) \quad \text{für alle } \boldsymbol{u} \in \mathbb{R}^n . \tag{3.5.18}$$

Um eine möglichst gute untere Schranke für $c(K^*)$ zu erhalten, sollte f auf $\mathbb{R}^n$ maximiert werden. Allerdings gilt in der Ungleichung

$$\max_{\boldsymbol{u} \in \mathbb{R}^n} f(\boldsymbol{u}) \leq c(K^*)$$

im allgemeinen nur das $<$-Zeichen. Es läßt sich zeigen, daß f eine stückweise lineare, konkave, nicht überall differenzierbare Funktion ist (vgl. Abschnitt 3.8.1). Zur (näherungsweisen) Maximierung von f auf $\mathbb{R}^n$ empfiehlt sich ein sogenanntes **Subgradientenverfahren**, das wie folgt abläuft (vgl. Abschnitt 3.8.1, Domschke (1982), Abschnitt 3.4, und Lawler et al. (1985), Abschnitt 10.3): Man startet mit einer Anfangsnäherung $\boldsymbol{u}^0$ (z.B. dem Nullvektor) und bestimmt weitere Näherungen gemäß

$$\begin{aligned} &\boldsymbol{u}^{\nu+1} := \boldsymbol{u}^{\nu} + h_\nu(\boldsymbol{\delta}(T_\nu^*) - \mathbf{2}) \quad (\nu = 0, 1, 2, \ldots) \\ &\text{mit } \boldsymbol{\delta} := (\delta_1, \ldots, \delta_n)^T, \quad \mathbf{2} := (2, \ldots, 2)^T . \end{aligned}$$

Dabei sind T_ν^* ein minimales 1-Gerüst im Graphen mit den Bewertungen

$$c_{ij}^{u^\nu} := c_{ij} + u_i^\nu + u_j^\nu \quad (i, j = 1, \ldots, n; i < j)$$

und $h_\nu > 0$ eine geeignete Schrittweite. Folgende Wahl der Schrittweite h_ν hat sich in unserem Fall als günstig herausgestellt:

$$h_\nu := \alpha \frac{c(K^+) - f(\boldsymbol{u}^\nu)}{\sum_{i=1}^{n} (\delta_i(T_\nu^*) - 2)^2} \quad (0 < \alpha \leq 2) , \tag{3.5.19}$$

wobei $c(K^+)$ die Länge des kürzesten bisher ermittelten Hamiltonschen Kreises K^+ in G ist und man etwa mit $\alpha = 2$ startet und jeweils nach einer festen

Anzahl von Iterationen α mit einem bestimmten Faktor < 1 multipliziert. Man terminiert das Subgradientenverfahren, sobald für ein $\nu > 0$ T_ν^* ein Hamiltonscher Kreis (also $\delta_i(T_\nu^*) = 2$ für $i = 1, \ldots, n$ und damit der Nenner in (3.5.19) gleich 0) ist oder wenn $[c(K^+) - f(\boldsymbol{u}^\nu)]/f(\boldsymbol{u}^\nu) < \epsilon$ mit einer vorgegebenen Fehlerschranke $\epsilon > 0$ ist.

Wir skizzieren noch einige weitere Details eines Branch-and-Bound-Algorithmus für das symmetrische HRP, das einer vereinfachten Version eines von **Volgenant und Jonker** entwickelten Verfahrens entspricht. Zu Beginn des Algorithmus wird mittels einer Heuristik (z.B. mit dem Verfahren von Christofides, vgl. Algorithmus 3.5.2) ein Hamiltonscher Kreis K der Länge $c(K)$ bestimmt und $B := c(K)$ gesetzt. Findet man mit der Heuristik keinen Hamiltonschen Kreis (was möglich ist, wenn G nicht vollständig ist), so setzt man $B := \infty$.

Die Komponenten s_{ij} $(i, j = 1, \ldots, n; i < j)$ des Vektors (bzw. Knotens des Suchbaumes) $\boldsymbol{s}$ sind wie in Abschnitt 3.5.5 erklärt. Die 1-Gerüste T, bezüglich derer minimiert wird, dürfen alle Kanten $[i, j]$ mit $s_{ij} = 0$ nicht enthalten (hierzu setzt man etwa $c_{ij} := \infty$) und müssen alle Kanten $[i, j]$ mit $s_{ij} = 1$ enthalten. Entsprechend ist K^* in (3.5.18) ein kürzester Hamiltonscher Kreis unter allen Hamiltonschen Kreisen, die alle Kanten $[i, j]$ mit $s_{ij} = 0$ nicht enthalten und alle Kanten $[i, j]$ mit $s_{ij} = 1$ enthalten. Folglich hängt die durch (3.5.17) gegebene Funktion f von $\boldsymbol{s}$ ab, und wir schreiben der Deutlichkeit halber im weiteren $f_{\boldsymbol{s}}$ statt f.

Die Untersuchung eines Knotens $\boldsymbol{s}$ aus der Menge L_a der aktiven Knoten geht wie folgt vor sich: Man führt das oben beschriebene Subgradientenverfahren durch. Ist für ein $\nu \geq 0$ $f_{\boldsymbol{s}}(\boldsymbol{u}^\nu) \geq B$, so geht man zum nächsten Knoten aus L_a über. Seien andernfalls T^* das bei Abbruch des Subgradientenverfahrens vorliegende minimale 1-Gerüst und $\boldsymbol{u}^*$ die erhaltene Näherung für eine Maximalstelle von $f_{\boldsymbol{s}}$ auf $\mathbb{R}^n$. Stellt T^* einen Hamiltonschen Kreis dar, so ist $\delta_i(T^*) = 2$ für alle $i = 1, \ldots, n$ und folglich nach (3.5.17) $f_{\boldsymbol{s}}(\boldsymbol{u}^*) = c(T^*)$. Man setzt dann $K^+ := T^*$ und $B := c(T^*)$. Ist T^* kein Hamiltonscher Kreis, so existiert ein Knoten i des Graphen G mit $\delta_i(T^*) \geq 3$, und man erzeugt wie folgt drei Söhne $\boldsymbol{s}_1$, $\boldsymbol{s}_2$ und $\boldsymbol{s}_3$ oder zwei Söhne $\boldsymbol{s}_1$ und $\boldsymbol{s}_2$ des Knotens $\boldsymbol{s} \in L_a$. Seien i irgendein Knoten des Graphen G mit $\delta_i(T^*) \geq 3$ und $[i, k]$, $[i, l]$ diejenigen Kanten in T^*, die unter allen mit i inzidenten Kanten $[i, j]$ mit $s_{ij} = -1$ (d.h., x_{ij} ist noch nicht fixiert) die größten Bewertungen $c_{ij}^{u^*} = c_{ij} + u_i^* + u_j^*$ haben. O.B.d.A. sei $c_{ik}^{u^*} \geq c_{il}^{u^*}$. Dann setzt man

$$\text{für } \boldsymbol{s}_1 \quad x_{ik} = s_{ik} := 0$$

$$\text{für } \boldsymbol{s}_2 \quad x_{ik} = s_{ik} := 1\,,\ x_{il} = s_{il} := 0\,.$$

Gilt in T^* für keinen Knoten r $x_{ir} = s_{ir} = 1$, so setzt man

$$\text{für } \boldsymbol{s}_3 \quad x_{ik} = s_{ik} := 1\,,\ x_{il} = s_{il} := 1\,,\ x_{ij} = s_{ij} := 0 \text{ für alle } j \neq k, l\,.$$

Andernfalls wird der Sohn $\boldsymbol{s}_3$ nicht erzeugt, und man setzt für $\boldsymbol{s}_2$ zusätzlich $x_{ij} = s_{ij} := 0$ für alle $j \neq k, r$.

Für die Auswahl des nächsten zu untersuchenden Knotens aus der Menge L_a wird die LIFO-Strategie („last in first out") verwendet und folglich L_a als Keller gespeichert. Wir fassen die einzelnen Schritte des Branch-and-Bound-Algorithmus noch einmal zusammen:

Algorithmus 3.5.6 (Symmetrisches HRP — Branch-and-Bound-Verfahren von Volgenant und Jonker)

Schritt 1

Falls $c_{ij} := \infty$, setze $s_{ij} := 0$, andernfalls $s_{ij} := -1$. Der resultierende Vektor $\boldsymbol{s}$ ist das einzige Element von L_a (L_a ist als Keller zu speichern).
Bestimme mit einer Heuristik (z.B. Algorithmus 3.5.2) einen Hamiltonschen Kreis K und setze $K^+ := K$ und $B := c(K)$. Findet man kein solches K, so setze man $B := \infty$.

Schritt 2

Ist $L_a = \emptyset$, gehe zu Schritt 6; andernfalls entferne $\boldsymbol{s}$ vom Ende von L_a (d.h., entferne das letzte Element aus L_a und benenne es mit $\boldsymbol{s}$).

Schritt 3

Bestimme mit dem obigen Subgradientenverfahren eine Näherung $\boldsymbol{u}^*$ für eine Maximalstelle von $f_{\boldsymbol{s}}$ auf $\mathbb{R}^n$ und ein zugehöriges minimales 1-Gerüst T^*.
Gilt $f_{\boldsymbol{s}}(\boldsymbol{u}^*) \geq B$, so gehe zu Schritt 2.
Ist T^* ein Hamiltonscher Kreis, dann setze $K^+ := T^*$ und $B := c(T^*)$ und gehe zu Schritt 2.

Schritt 4 *(kann weggelassen werden)* [1]

Das mit dem Subgradientenverfahren ermittelte 1-Gerüst T^* ist kein Hamiltonscher Kreis. Bestimme wie im Verfahren von Christofides (Algorithmus 3.5.2) eine optimale Eulersche Vergrößerung $\widehat{G}$ des Teildigraphen T^* von G, eine geschlossene Eulersche Linie L in $\widehat{G}$ und einen in L eingebetteten Hamiltonschen Kreis K. Ist $c(K) < B$, so setze $K^+ := K$ und $B := c(K)$.

Schritt 5

Erzeuge wie oben beschrieben drei bzw. zwei Söhne von $\boldsymbol{s}$ und füge sie am Ende von L_a ein. Gehe zu Schritt 2.

Schritt 6

Terminiere.

---

[1] In Schritt 4 wird versucht, die obere Schranke B zu verbessern.

Gilt $B < \infty$, dann ist K^+ ein kürzester Hamiltonscher Kreis von G mit der Länge B. Im Fall $B = \infty$ enthält G keinen Hamiltonschen Kreis.

□

Für weitere Branch-and-Bound-Algorithmen für das symmetrische HRP sowie numerische Resultate vgl. LAWLER ET AL. (1985), Kapitel 10.

3.5.7 Tourenplanung: Problemstellung

In der Tourenplanung (engl. Vehicle Routing oder Vehicle Scheduling) unterscheidet man zwischen **knotenorientierten** und **kantenorientierten Tourenplanungsproblemen**. Das HRP stellt ein spezielles knotenorientiertes und das Briefträgerproblem ein einfaches kantenorientiertes Tourenplanungsproblem dar. Da knotenorientierte Tourenplanungsprobleme für die Praxis von weitaus größerer Bedeutung als kantenorientierte Probleme sind, werden wir uns ausschließlich mit den ersteren beschäftigen. Für „Tourenplanungsproblem" verwenden wir im folgenden die Abkürzung TPP.

Das sogenannte **Standardproblem der** (knotenorientierten) **Tourenplanung** läßt sich wie folgt beschreiben: Mit einer Menge von Fahrzeugen gleicher Ladekapazität Q sind, ausgehend von einem Depot (z.B. Fahrzeugdepot, Auslieferungs- oder Sammellager), n Kunden mit einem Gut zu beliefern (oder zu entsorgen). Der Bedarf jedes Kunden (bzw. die abzutransportierende Menge im Fall der Entsorgung) sowie die Fahrzeiten von jedem Kunden zu jedem anderen Kunden und von jedem Kunden zum Depot und vom Depot zu jedem Kunden seien gegeben. Es sind Fahrten so durchzuführen, daß

- jede Fahrt am Depot beginnt und endet
- jeder Kunde auf genau einer Fahrt bedient wird [1]
- die Fahrzeugkapazität Q nicht überschritten wird (*Kapazitätsrestriktion*)
- eine für jede Fahrt gleiche vorgegebene Maximaldauer D nicht überschritten wird (*Zeitrestriktion*).

Gesucht ist eine Menge von Fahrten mit minimaler Gesamtdauer. Im Rahmen eines TPPs sind also zwei Teilprobleme zu lösen: eine Art Zuordnungsproblem (nicht in „Standardform"), das festlegt, welche Kunden auf den einzelnen Fahrten bedient werden, und ein Reihenfolgeproblem, das bestimmt, in welcher Reihenfolge die Kunden einer Fahrt zu beliefern sind.

Die Kunden numerieren wir im weiteren von 1 bis n, und dem Depot weisen wir die Nummer 0 zu. Den Bedarf des Kunden i bezeichnen wir mit q_i $(i = 1, \ldots, n)$. Statt der Entfernungen der Kunden voneinander ist es in der Tourenplanung üblich, die entsprechenden Fahrzeiten zu betrachten. Die

[1] Es findet also keine Teillieferung (oder -entsorgung) statt.

(nichtnegative) Fahrzeit von Kunde i (bzw. Depot 0) zu Kunde j (bzw. Depot 0) bezeichnen wir mit t_{ij} $(i, j = 0, 1, \dots, n; i \neq j)$. Für die Fahrzeiten gelte die Dreiecksungleichung

$$(3.5.20)\quad t_{ij} \leq t_{ik} + t_{kj} \quad (0 \leq i, j \leq n,\ 1 \leq k \leq n,\ i \neq j, i \neq k, k \neq j)\ .$$

Ist $t_{ji} = t_{ij}$ für alle $i, j = 0, 1, \dots, n$, so sprechen wir vom **symmetrischen TPP**. Im folgenden werden wir uns primär mit dem **asymmetrischen TPP** beschäftigen.

Wir erklären noch einige in der Tourenplanung übliche Begriffe. Die geordnete Menge der Kunden einer Fahrt zusammen mit dem Depot, geordnet im Sinne der Reihenfolge der Bedienung, bezeichnen wir als **Tour**. Wird etwa die Kundenmenge $\{1, 2, 3\}$ auf einer Fahrt bedient, so ist $(0, 2, 1, 3, 0)$ eine mögliche Tour. Betrachten wir das asymmetrische (symmetrische) TPP in dem vollständigen Digraphen (bzw. Graphen) mit der Knotenmenge $V = \{0, 1, \dots, n\}$ und den Bewertungen t_{ij}, so entspricht eine Tour einem Zyklus (bzw. Kreis), der den Depotknoten 0 enthält. Der **Anfangs-** bzw. **Endkunde** einer Tour ist der zuerst bzw. zuletzt bediente Kunde auf dieser Tour. Beispielsweise sind Kunde 2 der Anfangskunde und Kunde 3 der Endkunde der Tour $(0, 2, 1, 3, 0)$. Für die sogenannten **Pendeltouren** $(0, i, 0), 1 \leq i \leq n$, fallen Anfangs- und Endkunde zusammen. Beim symmetrischen TPP braucht zwischen Anfangs- und Endkunde ebenfalls nicht unterschieden zu werden, und wir sprechen von *den Endkunden* der Tour.

Eine Tour $(0, i_1, i_2, \dots, i_r, 0)$ hat die **Dauer** $t_{0i_1} + t_{i_1 i_2} + \dots + t_{i_r 0}$ und den **Gesamtbedarf** $q_{i_1} + q_{i_2} + \dots + q_{i_r}$. Eine Menge von Touren mit der Eigenschaft, daß jeder Kunde auf genau einer Tour bedient wird, heißt **Tourenplan**. Die **Gesamtdauer** eines Tourenplanes ist die Summe der Dauern seiner Touren. Ein **zulässiger Tourenplan** genügt allen genannten Restriktionen des TPPs, und ein **optimaler Tourenplan** ist ein zulässiger Tourenplan minimaler Gesamtdauer.

Ziel der Tourenplanung ist es, einen optimalen Tourenplan (näherungsweise) zu bestimmen. Dabei setzen wir voraus, daß zumindest der Einzelbesuch eines jeden Kunden möglich sei, d.h. alle Pendeltouren $(0, i, 0)$, $1 \leq i \leq n$, die Kapazitäts- und die Zeitrestriktion erfüllen:

$$(3.5.21)\quad \left.\begin{aligned} q_i &\leq Q \\ t_{0i} + t_{i0} &\leq D \end{aligned}\right\} \quad (i = 1, \dots, n)\ .$$

Bemerkungen.

(1) Manchmal liegt dem (knotenorientierten) TPP ein nicht vollständiger (nichtnegativ) bewerteter Digraph mit der Knotenmenge $V = \{0, 1, \dots, n\}$ zugrunde, wobei die Bewertung eines Pfeils $\langle i, j \rangle$ der Entfernung von Kunden i zum Kunden j entspricht. Etwa mit Hilfe des Tripelalgorithmus läßt sich dann die Entfernungsmatrix des Digraphen mit

den Elementen d_{ij} $(i, j = 0, 1, \ldots, n)$ bestimmen. Die Fahrzeiten t_{ij} ergeben sich hiermit zu

$$t_{ij} = \alpha_{ij} d_{ij}$$

mit gewissen Faktoren $\alpha_{ij} > 0$, die den reziproken Durchschnittsgeschwindigkeiten auf den Strecken von i nach j entsprechen.
Oft sind die Depot- und Kundenstandorte i in der Praxis durch kartesische Koordinaten in der Ebene, etwa (x_i, y_i), gegeben. Dann ist

$$t_{ij} = \beta_{ij} \sqrt{(x_i - x_j)^2 + (y_i - y_j)^2} \quad (i, j = 0, 1, \ldots, n; i \neq j) ,$$

(wobei der Wurzelausdruck die Euklidische Entfernung der Standorte i und j darstellt) mit geeigneten Faktoren $\beta_{ij} > 0$, die von der Geographie abhängen.

(2) In der Praxis treten häufig zusätzliche Beschränkungen bzw. Erweiterungen des Standardproblems der Tourenplanung auf, von denen wir einige auflisten wollen:

(a) Für gewisse Kunden sind Zeitintervalle gegeben, in denen ihre Belieferung beginnen muß. Ein solches Zeitintervall nennt man **Lieferzeitintervall** oder **Zeitfenster**, und die Intervallgrenzen heißen **Kundenzeitschranken**. Für die (näherungsweise) Lösung von TPPen mit Kundenzeitschranken verweisen wir auf NEUMANN (1988b), Abschnitt 2.4, und GOLDEN UND ASSAD (1988), Abschnitte 4 und 5.

(b) Es stehen maximal m Fahrzeuge (durchnumeriert von 1 bis m) zur Verfügung, deren Ladekapazitäten Q_k $(k = 1, \ldots, m)$ verschieden sein können.

(c) Es sind mehrere Depots vorhanden, in denen sich Fahrzeuge befinden und Touren starten und enden können. Solche Mehrdepot-TPPe sind erheblich schwieriger als Eindepot-Probleme zu lösen (vgl. z.B. DOMSCHKE (1982), Abschnitt 5.5, und MATTHÄUS (1978)).

(d) Es ist mehr als ein Gut auszuliefern, wobei jeder Kunde einen gewissen Bedarf an jedem dieser Güter haben kann und der Laderaum der Fahrzeuge für die verschiedenen Güter geeignet unterteilt ist. Zusätzlich zu dem Tourenplanungsproblem tritt hierbei also noch eine Aufgabe von der Art des Rucksackproblems (vgl. Abschnitt 3.3) auf.

Bei den Lösungsverfahren für das TTP unterscheidet man zwischen Sukzessiv- und Parallelverfahren. In einem **Sukzessivverfahren** wird zunächst das Zuordnungsproblem (näherungsweise) gelöst, d.h., die Menge der n Kunden wird unter Beachtung der Kapazitäts- und der Zeitrestriktion in Teilmengen zerlegt, die für Touren in Frage kommen. Danach bestimmt man die Reihenfolge der Kunden in jeder Teilmenge, legt also die jeweilige Tour endgültig fest. Ein Beispiel für die Klasse der Sukzessivverfahren stellt der sogenannte **Sweep-Algorithmus** von Gillett und Miller dar, der z.B. in DOMSCHKE (1982), Abschnitt 5.4.1, und NEUMANN (1988b), Abschnitt 2.2, behandelt wird. Bei den **Parallelverfahren** werden das Zuordnungs- und das Reihenfolgeproblem (näherungsweise) parallel gelöst. Hierzu zählt das **Savingsverfahren** von Clarke und Wright, das wir in Abschnitt 3.5.8 näher betrachten werden.

Sweepalgorithmus und Savingsverfahren fallen in die Klasse der Eröffnungsverfahren, die eine mehr oder weniger gute zulässige Lösung liefern. Es empfiehlt sich, einen mit einem solchen Verfahren erhaltenen zulässigen Tourenplan zu „verbessern", wobei als Verbesserungsverfahren geeignete Modifikationen der in Abschnitt 3.5.3 behandelten Methoden 2-opt, 3-opt und Or-opt in Frage kommen. Oft werden solche „Verbesserungsschritte" in Sukzessiv- oder Parallelverfahren von vornherein eingebaut.

3.5.8 Das Savingsverfahren zur Lösung des Tourenplanungsproblems

Das Savingsverfahren ist der in der Praxis am häufigsten verwendete heuristische Lösungsalgorithmus für (knotenorientierte) TPPe. Wir skizzieren im folgenden das Savingsverfahren für das asymmetrische TPP und weisen auf die Modifikationen hin, die sich für das symmetrische TPP ergeben.

Man startet mit den Pendeltouren $(0, i, 0)$ für $i = 1, \ldots, n$. Anschließend versucht man, durch „Verschmelzung" je zweier Touren neue „größere" Touren zu konstruieren, wobei die Kapazitäts- und die Zeitrestriktion zu berücksichtigen sind. Zwei Touren $(0, i_1, \ldots, i_k, 0)$ und $(0, i_l, \ldots, i_m, 0)$ werden verschmolzen, indem man den Endkunden der einen Tour mit dem Anfangskunden der anderen Tour verbindet. Dabei ergeben sich die beiden möglichen neuen Touren

$$(0, i_1, \ldots, i_k, i_l, \ldots, i_m, 0)\,, \quad (0, i_l, \ldots, i_m, i_1, \ldots, i_k, 0)\;.$$

Die Verschmelzung zweier Touren, wobei man den Endkunden i der einen Tour mit dem Anfangskunden j der anderen Tour verbindet (also die **Verbindung** (i, j) von i nach j herstellt), liefert ein **Saving** (Ersparnis)

$$\text{(3.5.22)} \qquad s_{ij} := t_{i0} + t_{0j} - t_{ij} \quad (i, j = 1, \ldots, n; i \neq j)\;.$$

Da für die Fahrzeiten die Dreiecksungleichung (3.5.20) gilt, ist stets $s_{ij} \geq 0$. s_{ij} ist umso größer, je näher i und j (zeitlich) beieinander liegen und je weiter sie vom Depot entfernt sind. Wir nennen eine gemäß (3.5.22) berechnete Größe s_{ij} ein **zulässiges Saving**, wenn i Endkunde und j Anfangskunde von zwei verschiedenen Touren sind und die durch Verschmelzung erhaltene neue Tour mit der Verbindung (i, j) von i nach j der Kapazitäts- und Zeitrestriktion genügt. Unter allen möglichen Verschmelzungen von Touren wird man solche mit den größten zulässigen Savings bevorzugt bilden.

Beim symmetrischen TPP werden zwei Touren $(0, i_1, i_2, \ldots, i_k, 0)$ und $(0, i_l, i_{l+1}, \ldots, i_m, 0)$ verschmolzen, indem man einen der beiden Endkunden der einen Tour mit einem der Endkunden der anderen Tour verbindet. Dabei ergeben sich vier mögliche neue Touren (von denen einige zusammenfallen, wenn mindestens eine der beiden ursprünglichen Touren eine Pendeltour ist):

$$(0, i_1, \ldots, i_k, i_l, \ldots, i_m, 0)\,, \quad (0, i_l, \ldots, i_m, i_1, \ldots, i_k, 0)$$
$$(0, i_1, \ldots, i_k, i_m, \ldots, i_{l+1}, i_l, 0)\,, \quad (0, i_m, \ldots, i_{l+1}, i_l, i_1, \ldots, i_k, 0)\ .$$

Das Savingsverfahren (für das asymmetrische TPP) läuft nun wir folgt ab:

Algorithmus 3.5.7 (Tourenplanung — Savingsverfahren)

Schritt 1

Bilde die Pendeltouren $(0, i, 0)$ *für* $i = 1, \ldots, n$.
Berechne für alle $i, j = 1, \ldots, n$ *mit* $i \neq j$ *die Savings* s_{ij} *und speichere die positiven* s_{ij} *nach nichtwachsenden Werten geordnet in einer Liste* L.

Schritt 2

Falls $L = \emptyset$, *terminiere.*
Andernfalls entferne das erste (d.h. größte) Element aus L, *etwa* s_{ij}.
Ist s_{ij} *ein zulässiges Saving, so verschmelze die entsprechenden beiden Touren mit der Verbindung* (i, j).
Gehe zu Schritt 2.

□

Wir schätzen den Rechenaufwand des Savingsverfahren ab. Die Bestimmung der Savings s_{ij} $(i, j = 1, \ldots, n; i \neq j)$ erfordert den Aufwand $O(n^2)$. Die Zeitkomplexität für das Sortieren der $n(n-1)$ Größen s_{ij} nach nichtwachsenden Werten beträgt $O(n^2 \log n^2) = O(n^2 \log n)$. Der Aufwand für das Verschmelzen zweier Touren mit der Verbindung (i, j) ist unabhängig von n. Damit ist der Rechenaufwand für die maximal $n - 1$ Verschmelzungen gleich $O(n)$. Dies liefert den Gesamtrechenaufwand $O(n^2 \log n)$.

In einem **Zahlenbeispiel** betrachten wir ein symmetrisches TPP mit vier Kunden. Die Fahrzeiten t_{ij} $(0 \leq i < j \leq 4)$ und der Bedarf q_i von Kunde i $(i = 1, \ldots, 4)$ sind in Tab. 3.5.1 und Tab. 3.5.2 gegeben. Die Savings s_{ij} $(1 \leq i < j \leq 4)$ zeigt Tab. 3.5.3. Die Fahrzeugkapazität sei $Q = 8$, und die Maximaldauer pro Tour sei $D = 10$. Dauer und Gesamtbedarf jeder der Pendeltouren sind in Tab. 3.5.4 zusammengestellt. Die Zeit- und die Kapazitätsrestriktion, also Bedingung (3.5.21), ist für jede Pendeltour erfüllt. Die Liste der positiven Savings ist

$$L : s_{12} = 4\,,\ s_{23} = 4\,,\ s_{24} = 2\,,\ s_{13} = 2\,,\ s_{14} = 1\ .$$

$i \backslash j$	0	1	2	3	4
0		2	3	4	1
1			1	4	2
2				3	2
3					5
4					

Tab. 3.5.1. Fahrzeiten t_{ij}

i	q_i
1	3
2	2
3	4
4	1

Tab. 3.5.2

$i \backslash j$	1	2	3	4
1		4	2	1
2			4	2
3				0
4				

Tab. 3.5.3. Savings s_{ij}

Pendeltour	Dauer	Gesamtbedarf
(0,1,0)	4	3
(0,2,0)	6	2
(0,3,0)	8	4
(0,4,0)	2	1

$Q = 8,\ D = 10$

Tab. 3.5.4

Die Ergebnisse der einzelnen Rechenschritte des Savingsverfahren sind in Tab. 3.5.5 zusammengestellt. Wir erhalten den Tourenplan $\{(0,1,2,4,0),(0,3,0)\}$ mit der Gesamtdauer 13.

Es sind verschiedene Modifikationen des Savingsverfahrens untersucht worden (vgl. z.B. DOMSCHKE (1982), Abschnitt 5.4.3, MATTHÄUS (1978), PAESSENS (1987), TROCHELMANN (1980)). So kann es etwa statt des in (3.5.22) definierten Savings s_{ij} ein Saving

$$s_{ij}^{\gamma} := t_{i0} + t_{0j} - \gamma t_{ij}$$

mit dem Parameter $\gamma > 0$ verwendet werden. Für $\gamma = 1$ fällt s_{ij}^{γ} mit s_{ij} zusammen. Für wachsendes γ wird die Fahrzeit t_{ij} von Kunde i zu Kunde j immer stärker berücksichtigt, und die Fahrzeiten von Kunde i zum Depot und vom Depot zum Kunden j verlieren mehr und mehr an Gewicht. Bei kleinem γ werden (zeitlich) weiter vom Depot entfernte Kunden vorzugsweise verbunden; die Touren erhalten eine Art „periphere Struktur“. Es empfiehlt sich oft, für mehrere verschiedene Parameterwerte γ zwischen 0 und 3 das Savingsverfahren anzuwenden und den besten der erhaltenen zulässigen Tourenpläne auszuwählen.

Verbundene Kunden	Verschmolzene Touren	Neue mögliche Tour	Dauer	Gesamtbedarf	Zeit- und Kapazitätsrestriktion erfüllt?
1,2	(0,1,0) (0,2,0)	(0,1,2,0)	$10-4$ $=6<D$	$5<Q$	ja
2,3	(0,1,2,0) (0,3,0)	(0,1,2,3,0)	$14-4$ $=10=D$	$9>Q$	nein
2,4	(0,1,2,0) (0,4,0)	(0,1,2,4,0)	$8-2$ $=6<D$	$6<Q$	ja
1,3	(0,1,2,4,0) (0,3,0)	(0,3,1,2,4,0)	$13-2$ $=11>D$	$10>Q$	nein
1,4	1 und 4 gehören derselben Tour $(0,1,2,4,0)$ an				

Tab. 3.5.5

3.6 Maschinenbelegungsplanung

Die Maschinenbelegungsplanung, auch **(Maschinen-)Scheduling** genannt, befaßt sich mit der optimalen Einplanung von Aufträgen oder **Jobs**, die auf gewissen Maschinen zu bearbeiten sind. Schedulingprobleme treten vor allem im Fertigungsbereich auf. Aber etwa auch die Einplanung der Starts und Landungen von Flugzeugen auf den verschiedenen Rollbahnen eines Flughafens, die Bearbeitung von Programmen auf (verschiedenen Prozessoren) von Computern und die Festlegung der Reihenfolge mehrerer Untersuchungen, denen ein Patient in einem Krankenhaus unterzogen wird, führen auf Schedulingprobleme.

Die zentrale Frage der Maschinenbelegungsplanung ist, wann welche Jobs auf welchen Maschinen bearbeitet werden sollen, so daß eine bestimmte Zielfunktion minimal wird (z.B. die Zeitspanne bis zum Ende der Bearbeitung des letzten Jobs, die mittlere Zeit, die ein Auftrag auf seine Erledigung warten muß, oder gewisse mit der Bearbeitung der Jobs verbundene Kosten). Hierbei zu berücksichtigende Restriktionen können etwa vorgegebene Bereitstellungstermine (d.h. frühest mögliche Anfangszeiten) oder nicht überschreitbare Fertigstellungstermine für gewisse Jobs sein oder auch eine vorgeschriebene Bearbeitungsreihenfolge für einzelne Aufträge. Ferner ist zu unterscheiden, ob die Bearbeitung eines Jobs unterbrochen und später (gegebenenfalls auf einer anderen Maschine) fortgesetzt werden kann oder ob die Jobs nicht unterbrechbar sind.

Typisch für die Maschinenbelegungsplanung ist die Vielfalt der Optimierungsprobleme, die sich durch Kombinationen unterschiedlicher Maschinenkonfigurationen, Zielfunktionen und Restriktionen ergeben. Zur Lösung dieser Optimierungsprobleme sind ganz verschiedenartige Lösungskonzepte entwickelt worden, die meist auf den speziellen Problemtyp zugeschnitten sind. Charakteristisch für Schedulingaufgaben ist auch, daß eine kleine Abänderung einer Problemstellung (z.B. die Nichtunterbrechbarkeit oder die Vorgabe von Bereitstellungsterminen für einige Jobs) häufig ein leichtes (polynomial lösbares) Problem in ein schweres Problem überführt.

Im folgenden werden wir zunächst einige grundlegende Begriffe und Resultate bereitstellen und danach Verfahren zur Lösung etlicher typischer Schedulingprobleme angeben. Dabei beschränken wir uns überwiegend auf leichte Probleme; nur für einige besonders wichtige schwere Schedulingprobleme werden wir Heuristiken skizzieren. Für detailliertere Darstellungen und die Beweise der jeweiligen Aussagen verweisen wir auf BAKER (1974), BRUCKER (1981) und FRENCH (1982) sowie die Übersichtsartikel BLAZEWICZ (1987), LAWLER (1983) und LAWLER ET AL. (1982).

3.6.1 Grundlegende Begriffe und Resultate

Wir nehmen generell an, daß n Jobs, von 1 bis n durchnumeriert, auf m Maschinen $M_1, \ldots, M_m$ zu bearbeiten seien. Dabei gelte stets, daß zu einem Zeitpunkt auf einer jeden Maschine höchstens ein Job und ein jeder Job auf höchstens einer Maschine bearbeitet werden kann. Für ein Schedulingproblem können folgende Daten gegeben sein:

- **Bearbeitungsdauer** (engl. processing time) p_{ij} für Job j auf Maschine M_i $(i = 1, \ldots, m; j = 1, \ldots, n)$
- **Bereitstellungstermin** (engl. release date) r_j für Job j, d.h. der Zeitpunkt, ab dem Job j bearbeitet werden kann
- **Fälligkeitstermin** (engl. due date) d_j für Job j, d.h. der Zeitpunkt, bis zu dem die Bearbeitung von Job j abgeschlossen sein sollte
- **Gewicht** (engl. weight) w_j für Job j.

Das Gewicht w_j gibt an, wie wichtig oder dringend Job j im Vergleich zu den übrigen Jobs ist. $w_j > w_k$ gilt genau dann, wenn Job j wichtiger (oder dringender) als Job k ist. Wie wir später sehen werden, tritt als zu minimierende Zielfunktion häufig eine gewichtete Summe der Abschlußzeitpunkte der Jobs auf. w_j kann dann als Kosten pro Zeiteinheit bis zum Abschluß der Bearbeitung von Job j interpretiert werden. Die Größen p_{ij}, r_j, d_j und w_j seien stets nichtnegative ganze Zahlen. Ist für einen Job j kein Bereitstellungstermin $r_j > 0$ gegeben, so sei der frühestmögliche Bearbeitungstermin der Zeitpunkt 0.

Sind die Zeitintervalle, in denen die Jobs $1, \ldots, n$ auf den einzelnen Maschinen bearbeitet werden, festgelegt, so sprechen wir von einem **(Bearbeitungs-)Plan** (engl. schedule). Ein Plan heißt **zulässig**, wenn er allen Restriktionen des Schedulingproblems genügt, und **optimal**, wenn er zulässig ist und die Zielfunktion minimiert. Eine **Jobreihenfolge** (engl. job sequence) auf einer Maschine bedeutet (bei nicht unterbrechbaren Jobs) die Bearbeitungsreihenfolge der Jobs auf der Maschine. Jeder Jobreihenfolge entspricht eine Menge von möglichen Plänen (bezogen auf eine Maschine), bei denen die Anfangs- und Endzeitpunkte der Bearbeitung jedes Jobs festgelegt sind. Zur Veranschaulichung eines Plans verwendet man ein **Balken-** oder **Ganttdiagramm**, wie es in ähnlicher Weise in der Netzplantechnik benutzt wird (vgl. Abschnitt 2.5.3). Jeder Maschine entspricht ein Balken über der Zeitachse. In jedem Balken sind die Zeitintervalle, in denen die einzelnen Jobs auf der betreffenden Maschine bearbeitet werden, eingetragen. Leerzeiten kennzeichnen wir dabei durch Schraffur. Abb. 3.6.1 zeigt einen Plan für ein Schedulingproblem mit 4 Jobs und 3 Maschinen, bei dem z.B. Job 1 auf Maschine M_2 im Zeitintervall $[0, 2)$, auf M_1 im Zeitintervall $[2, 5)$ und auf M_3 im Zeitintervall $[8, 10)$ bearbeitet wird.

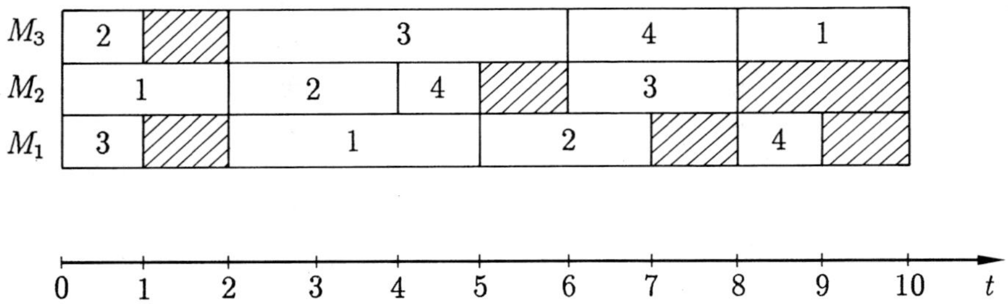

Abb. 3.6.1

Zur Kurzbeschreibung von Schedulingproblemen ist eine Notation in der Form $\alpha|\beta|\gamma$ eingeführt worden. Dabei kennzeichnet das **Symbol $\boldsymbol{\alpha}$** die Maschinenkonfiguration, β verschiedene Jobeigenschaften und γ die zu minimierende Zielfunktion. Beispielsweise bedeuten $\alpha = 1$ eine einzelne Maschine, $\alpha = P2$ zwei identische parallele Maschinen und $\alpha = P$ eine beliebige Anzahl von identischen parallelen Maschinen. Weitere Ausprägungen des Symbols α werden wir später kennenlernen.

Das **Symbol $\boldsymbol{\beta}$** steht u.a. für Informationen über mögliche Jobunterbrechungen, eventuell vorgeschriebene Anordnungsbeziehungen zwischen den

Jobs und vorgegebene Bereitstellungstermine. Sind Jobunterbrechungen zugelassen, so wird dies durch „*pmtn*" (engl. preemption) an der Position β ausgedrückt, vorgegebene Bereitstellungstermine werden durch „r_j" gekennzeichnet. Bestehen zwischen den Jobs Anordnungsbeziehungen, beschrieben durch eine transitive asymmetrische Präzedenzrelation $\prec$ (gelesen „vor"), dann wird dies durch „*prec*" (engl. precedence) ausgedrückt. Dabei bedeutet $j \prec k$, daß Job j beendet sein muß, bevor Job k beginnen kann. Die Präzedenzrelation wird in der Regel durch einen zyklenfreien Digraphen $\vec{G}$ beschrieben, wobei die Knoten den Jobs entsprechen und Knoten k von Knoten $j \neq k$ genau dann erreichbar ist, wenn $j \prec k$ gilt. Ist $\vec{G}$ speziell ein gerichteter Baum oder allgemeiner ein gerichteter Wald (d.h., jeder Knoten besitzt höchstens einen Vorgänger), so steht „*tree*" an Stelle von „*prec*".

Die mit der Bearbeitung eines Jobs j verbundenen Kosten beschreiben wir durch eine monoton wachsende Kostenfunktion $f_j : \mathbb{R}_+ \to \mathbb{R}$, wobei $f_j(t)$ die anfallenden Kosten darstellt, wenn Job j zum Zeitpunkt t beendet wird ($j = 1, \ldots, n$). Steht für das **Symbol γ**

$$f_{\max} := \max_{j=1,\ldots,n} f_j(C_j) \ ,$$

wobei C_j der **Abschlußzeitpunkt** (engl. completion time) von Job j ist, so sprechen wir von einem **Minimax-Problem**. $C_j - r_j$ nennt man auch die **Durchlaufzeit** des Jobs j. Bei einem **Minisum-Problem** ist die zu minimierende Zielfunktion

$$\sum f_j := \sum_{j=1}^{n} f_j(C_j) \ .$$

Häufig werden wir Minimax- oder Minisum-Probleme mit speziellen Zielfunktionen betrachten, z.B.

$$C_{\max} := \max_{j=1,\ldots,n} C_j \ , \ L_{\max} := \max_{j=1,\ldots,n} L_j \ ,$$

wobei $L_j := C_j - d_j$ die **Verspätung** (engl. lateness) von Job j bedeutet, oder

$$\sum C_j \ , \ \sum w_j C_j \ , \ \sum w_j U_j \ ,$$

wobei

$$U_j := \begin{cases} 1 \ , & \text{falls } C_j > d_j \\ 0 \ , & \text{sonst} \end{cases}$$

die Einheitsstrafkosten (engl. unit penalty cost) bei Verspätung von Job j darstellt.

Wir geben noch einige Beispiele für die Notation $\alpha|\beta|\gamma$ an. $1|tree|\sum w_j C_j$ bedeutet ein Ein-Maschinen-Problem, bei dem die Anordnungsbeziehungen zwischen den Jobs durch einen gerichteten Baum oder gerichteten Wald beschrieben werden und eine gewichtete Summe der Abschlußzeitpunkte der Jobs zu minimieren ist. $1|pmtn, r_j|f_{\max}$ steht für ein Ein-Maschinen-Minimax-Problem, wobei Jobunterbrechungen erlaubt und Bereitstellungstermine für die Jobs vorgegeben sind. $P2||C_{\max}$ bedeutet ein Problem mit zwei identischen parallelen Maschinen, wobei der Abschlußzeitpunkt $C_{\max}$ des zuletzt beendeten Jobs zu minimieren ist und keine einschränkenden Vorgaben für die Jobs existieren. Die Zielfunktion $C_{\max}$ entspricht der Projektdauer in der Projektplanung.

3.6.2 Ein-Maschinen-Probleme

Wir zitieren zunächst einen Satz, der sich leicht verifizieren läßt, wenn wir die Monotonie der Kostenfunktionen f_j beachten.

Satz 3.6.1. *Für ein Ein-Maschinen-Problem ohne Bereitstellungstermine gibt es stets einen optimalen Plan ohne Leerzeiten. Ferner ist jeder optimale Plan für ein Problem ohne Jobunterbrechung auch optimal für das entsprechende Problem, bei dem Jobunterbrechungen zugelassen sind.*

Wir wenden uns nun speziellen Ein-Maschinen-Problemen zu und betrachten zuerst Minimax-Probleme. Das Schedulingproblem $\mathbf{1||C_{max}}$ ist trivial, da die Zielfunktion $C_{\max} = \sum_{j=1}^{n} p_j$ (p_j ist die Bearbeitungszeit von Job j auf der einen Maschine) konstant ist. Jede Jobreihenfolge ist also optimal.

Das Problem $\mathbf{1||L_{max}}$, bei dem die größtmögliche Verspätung eines Jobs zu minimieren ist, wird durch die folgende **EDD-Regel** („earliest due date“ first) gelöst: Jede Bearbeitungsreihenfolge ist optimal, welche die Jobs nach nichtfallenden Fälligkeitsterminen ordnet (Jobs mit frühesten Fälligkeitsterminen zuerst).

Daß die EDD-Regel tatsächlich eine optimale Reihenfolge liefert, sieht man wie folgt: Seien π^* eine Jobreihenfolge gemäß der EDD-Regel und π irgendeine von π^* verschiedene Reihenfolge. Dann gibt es in π zwei Jobs j und k, so daß Job j dem Job k unmittelbar vorangeht, während in π^* Job k (nicht notwendig unmittelbar) vor Job j bearbeitet wird:

$$\pi = (\ldots, j, k, \ldots)\,,\ \pi^* = (\ldots, k, \ldots, j, \ldots)\,.$$

Es ist also $d_k \leq d_j$. Vertauscht man die Positionen der Jobs j und k in π, so wird $L_{\max}$ (wegen $d_k \leq d_j$ sowie $C_k \geq C_j$ und damit $C_k - d_k \geq C_j - d_j$ in π) kleiner oder bleibt gleich. Durch eine endliche Anzahl solcher Jobvertauschungen erhält man π^* aus π. Damit ist $L_{\max}(\pi) \geq L_{\max}(\pi^*)$, also π^* optimal.

Zur Bestimmung einer optimalen Jobreihenfolge mit der EDD-Regel muß man folglich die Jobs j nach nichtfallenden Fälligkeitsterminen d_j ordnen. Dies ist mit dem Rechenaufwand $O(n \log n)$ möglich (vgl. Abschnitt 2.2.2). Die Zeitkomplexität der EDD-Regel ist also $O(n \log n)$. Wir betrachten ein Zahlenbeispiel mit 5 Jobs, das durch Tab. 3.6.1 gegeben ist (die Eingabedaten stehen in den ersten drei Spalten). Einen optimalen Plan mit der maximalen Verspätung 2 zeigt das Balkendiagramm in Abb. 3.6.2. Vertauscht man die Jobs 3 und 4, so bleibt der Plan optimal.

Job j	p_j	d_j	Nummer (Position) in optimaler Reihenfolge	C_j	L_j
1	2	2	1	2	0
2	3	10	5	11	1
3	4	6	3	7	1
4	1	6	4	8	2
5	1	4	2	3	−1

Tab. 3.6.1

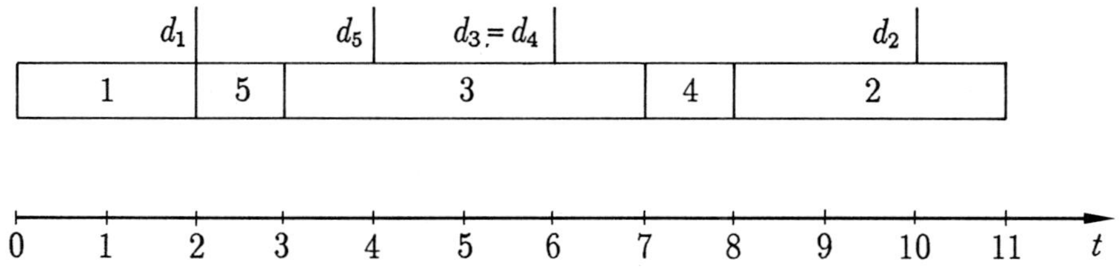

Abb. 3.6.2

Das allgemeine Minimax-Problem $\mathbf{1|\mathit{prec}|\mathit{f}_{max}}$ (bei dem also Anordnungsbeziehungen zwischen den Jobs vorgegeben sind, die durch einen zyklenfreien Digraphen $\vec{G}$ mit den Jobs als Knoten beschrieben werden) kann mit Hilfe der folgenden **Regel von Lawler** gelöst werden: Unter allen noch nicht eingeplanten Jobs ohne Nachfolger setze denjenigen Job an die letzte Stelle (bzw. an die erste Position in der neuen aktuellen Jobreihenfolge), der die kleinsten Kosten in dieser Position verursacht. Ausführlicher besagt Lawlers Regel folgendes: Seien $J \subseteq \{1, \ldots, n\}$ die Menge der noch nicht eingeplanten (d.h. nicht in der aktuellen Jobreihenfolge enthaltenen) Jobs, $S \subseteq J$ die Menge der Jobs aus J ohne Nachfolger in J (d.h. die Menge der Senken in dem durch J induzierten Teildigraphen von $\vec{G}$) und $p_J := \sum_{j \in J} p_j$. Dann ist Job $k \in S$ mit

(3.6.1) $$f_k(p_J) = \min_{j \in S} f_j(p_J)$$

nach der Bearbeitung aller Jobs aus $J \backslash \{k\}$ auszuführen und wird aus der Menge J eliminiert. Führt man diesen Schritt n-mal durch, so konstruiert man „rückwärts" eine optimale Jobreihenfolge. Man kann zeigen, daß der Rechenaufwand dieses Algorithmus $O(n^2)$ beträgt (wenn die Anzahl der elementaren Rechenoperationen für eine Funktionswertberechnung von f_j unabhängig von n ist).

Der Beweis von Lawlers Regel ist einfach. Sei f_J^* das Maximum der Jobabschlußkosten für eine optimale Reihenfolge der Jobs aus J, also der minimale Zielfunktionswert einer Reihenfolge der Jobs aus J. Wird Job $k \in S$ gemäß (3.6.1) ausgewählt, so ist der minimale Zielfunktionswert einer Reihenfolge der Jobs aus J unter der Bedingung, daß Job k als letzter ausgeführt wird, gleich $\max(f_k(p_J), f^*_{J\backslash\{k\}})$. Mit $f_k(p_J) \leq f_J^*$ und $f^*_{J\backslash\{k\}} \leq f_J^*$ folgt dann die Behauptung.

Job j	p_j	d_j	Nummer in optimaler Reihenfolge	C_j	L_j
1	2	2	1	2	0
2	4	10	4	14	4
3	3	4	2	5	1
4	1	12	5	15	3
5	5	9	3	10	1
6	3	15	6	18	3

Tab. 3.6.2

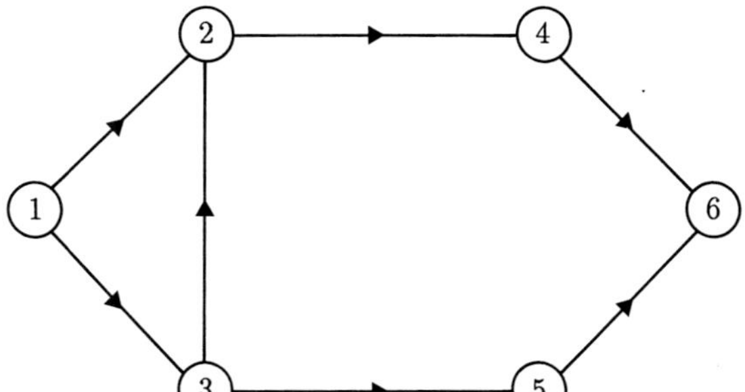

Abb. 3.6.3

Ein Zahlenbeispiel für ein Problem $1|prec|L_{\max}$ (d.h. $f_j(t) = t - d_j$) mit 6 Jobs ist durch Tab. 3.6.2 (mit den Eingabedaten wieder in den ersten drei Spalten) und den Digraphen in Abb. 3.6.3 gegeben. Der Algorithmus von Lawler läuft dann wie folgt ab:

Schritt 1: $J = \{1, \ldots, 6\}$ und $S = \{6\}$ liefern $k = 6$.
Schritt 2: $J = \{1, \ldots, 5\}$, $S = \{4, 5\}$, $p_J = p_1 + \ldots + p_5 = 15$ ergeben $f_4(p_J) = f_4(15) = 15 - d_4 = 3$, $f_5(15) = 15 - d_5 = 6$ und damit $k = 4$.
Schritt 3: Mit $J = \{1, 2, 3, 5\}$, $S = \{2, 5\}$ und $p_J = 14$ erhalten wir $f_2(p_J) = f_2(14) = 14 - d_2 = 4$, $f_5(14) = 14 - d_5 = 5$ und $k = 2$.
Schritt 4: Wegen $J = \{1, 3, 5\}$ und $S = \{5\}$ ist $k = 5$.

Die beiden noch nicht eingeplanten Jobs 1 und 3 werden, da Knoten 3 Nachfolger von Knoten 1 in $\vec{G}$ ist, in der Reihenfolge 1,3 an den Anfang der Gesamtreihenfolge der Jobs gesetzt. Abb. 3.6.4 zeigt das Balkendiagramm für den optimalen Plan.

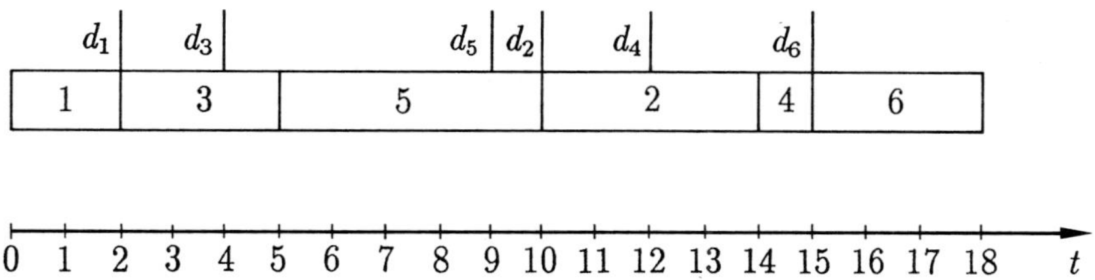

Abb. 3.6.4

Wir betrachten nun den Fall, daß Bereitstellungstermine $r_j > 0$ für gewisse Jobs j vorgegeben sind. Satz 3.6.1 ist jetzt nicht mehr anwendbar, und wir werden sehen, daß Leerzeiten in optimalen Plänen auftreten und Jobunterbrechungen Vorteile bringen (d.h. kleinere Zielfunktionswerte liefern und schwere Schedulingprobleme in leichte überführen) können. Das Schedulingproblem $1|r_j|L_{\max}$ ist schwer im Unterschied zum polynomial lösbaren Problem $1||L_{\max}$. Der Spezialfall $\boldsymbol{1|r_j, p_j = 1|L_{\max}}$, bei dem die Bearbeitungsdauern p_j aller Jobs j eine Zeiteinheit betragen, läßt sich mit der folgenden **erweiterten EDD-Regel** mit dem Rechenaufwand $O(n \log n)$ lösen: Wähle in jedem Zeitpunkt $t = 0, 1, 2, \ldots$ als nächsten einzuplanenden Job unter den „verfügbaren" Jobs j (d.h. den noch nicht eingeplanten Jobs j mit $r_j \leq t$) einen mit dem kleinsten Fälligkeitstermin d_j. Ein Zahlenbeispiel ist in Tab. 3.6.3 gegeben. Abb. 3.6.5 zeigt den optimalen Plan, der eine (durch Schraffur gekennzeichnete) Leerzeit enthält.

Lassen wir Jobunterbrechungen zu, so können ursprünglich schwere Schedulingprobleme in leichte Probleme übergehen. Beispielsweise ist das Minimax-Problem $1|pmtn, prec, r_j|f_{\max}$ mit dem Rechenaufwand $O(n^2)$ lösbar (vgl. LAWLER et al. (1982)), während, wie oben erwähnt, $1|r_j|L_{\max}$ schwer ist.

Wir wenden uns nun Minisum-Problemen zu. Das Problem $\boldsymbol{1||\Sigma C_j}$ kann mit der sogenannten **SPT-Regel** („shortest processing time" first) gelöst wer-

Job j	r_j	d_j	Nummer in optimaler Reihenfolge	C_j	L_j
1	5	6	5	6	0
2	0	2	3	3	1
3	1	1	2	2	1
4	4	6	4	5	−1
5	0	1	1	1	0

Tab. 3.6.3

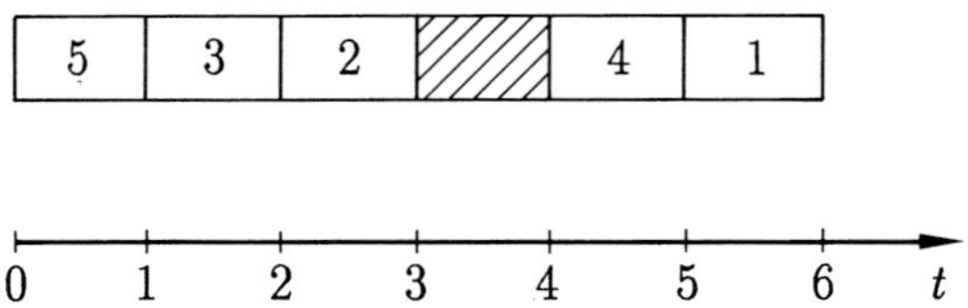

Abb. 3.6.5

den: Jede Jobreihenfolge ist optimal, welche die Jobs j nach nichtfallenden Bearbeitungsdauern p_j ordnet. Daß die SPT-Regel eine optimale Jobreihenfolge liefert, ist unmittelbar plausibel: Für zwei Jobs j und k mit $p_j < p_k$ ist, wenn man Job j vor Job k bearbeitet, die Summe ihrer Abschlußzeitpunkte $C_j + C_k$ kleiner als wenn man Job k vor Job j ausführt (bei gleicher Reihenfolge der übrigen Jobs), vgl. Abb. 3.6.6.

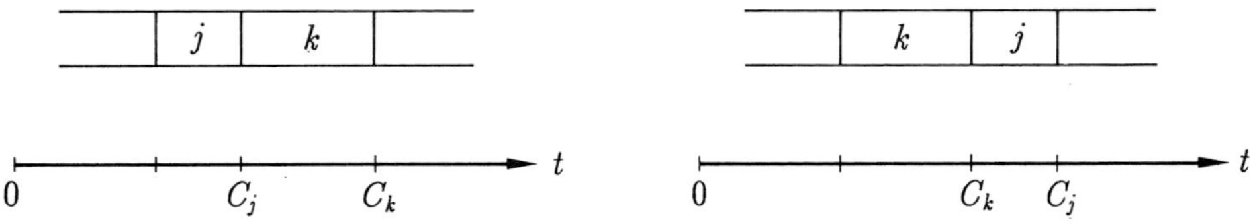

Abb. 3.6.6

Eine mit der SPT-Regel bestimmte Jobreihenfolge minimiert auch die **mittlere Durchlaufzeit** $(1/n)\sum_{j=1}^{n}(C_j - r_j)$ eines Jobs, da eine multiplikative und eine additive Konstante in der Zielfunktion die Optimalität einer Lösung nicht beeinflussen. Eine Verallgemeinerung der SPT-Regel stellt die **Quotientenregel von Smith** für das Schedulingproblem $\mathbf{1||\Sigma w_j C_j}$ (wobei eine gewichtete Summe der Abschlußzeitpunkte der Jobs zu minimieren ist)

Job j	p_j	w_j	q_j	Nummer in optimaler Reihenfolge
1	3	2	1,5	3
2	5	2	2,5	4
3	1	1	1	2
4	2	4	0,5	1
5	3	1	3	5

Tab. 3.6.4

dar: Jede Jobreihenfolge ist optimal, welche die Jobs nach nichtfallenden Quotienten $q_j := p_j/w_j$ ordnet (mit $q_j := \infty$ für $w_j = 0$). Der Rechenaufwand der Quotientenregel und der SPT-Regel ist gleich $O(n \log n)$. Ein Zahlenbeispiel zur Quotientenregel zeigt Tab. 3.6.4.

Die Quotientenregel kann auf das Problem $\mathbf{1}|\,\boldsymbol{tree}|\boldsymbol{\Sigma w_j C_j}$ verallgemeinert werden, bei dem Anordnungsbeziehungen zwischen den Jobs, gegeben durch einen gerichteten Wald $\vec{G}$, vorgeschrieben sind. Das von Horn entwickelte Lösungsverfahren, das wieder den Rechenaufwand $O(n \log n)$ erfordert, basiert auf dem folgenden

Satz 3.6.2. *Seien k und l Jobs mit*

(a) $l \in \mathcal{S}(k)$

(b) $q_l = \min\limits_{j \in \dot{\mathcal{R}}(k)} q_j$ [1].

Dann gibt es eine optimale Jobreihenfolge, in der Job l unmittelbar auf Job k folgt.

Zum Beweis des Satzes vgl. etwa Brucker (1981), Abschnitt 3.1.6. Satz 3.6.2 kann wie folgt zur Bestimmung einer optimalen Jobreihenfolge verwendet werden. Wir betrachten zunächst den Fall eines gerichteten Baumes $\vec{G}$ mit der Quelle oder Wurzel r. Sei

$$\bar{q}_j := \begin{cases} \infty\,, & \text{falls } j = r \\ q_j\,, & \text{sonst} \end{cases} \qquad (j = 1, \ldots, n)\;.$$

Man versucht nun, Knotenpaare (k, l) zu finden, für welche die Bedingungen (a) und (b) von Satz 3.6.2 mit $\bar{q}$ statt q erfüllt sind. Dann muß die Teilfolge (k, l) in einer optimalen Jobreihenfolge vorkommen. Wir fassen deshalb das Paar (k, l) zu einem neuen Knoten bzw. Job mit der Bearbeitungsdauer $p_k + p_l$ und dem Gewicht $w_k + w_l$ zusammen. Die Nachfolger dieses „zusammengesetzten" Knotens bzw. Jobs (k, l) sind die Nachfolger der bisherigen Knoten k und

[1] $\mathcal{S}(k)$ ist wieder die Menge der Nachfolger von Knoten k und $\dot{\mathcal{R}}(k)$ die Menge der von k aus erreichbaren und von k verschiedenen Knoten.

l: $\mathcal{S}((k,l)) := (\mathcal{S}(k)\backslash\{l\}) \cup \mathcal{S}(l)$. Ein Knotenpaar (k,l) der gewünschten Art kann man z.B. folgendermaßen bestimmen: Sei $N := \{1,\ldots,n\}$ die Menge aller Knoten bzw. Jobs. Dann wähle $l \in N\backslash\{r\}$ so, daß $\bar{q}_l = \min_{j\in N\backslash\{r\}} \bar{q}_j$ gilt. k ist der (eindeutige) Vorgänger von l. Nach der Zusammenfassung von k und l zu einem Knoten (k,l) wendet man das Verfahren auf den damit erhaltenen „verkleinerten“ Wurzelbaum an.

Ist $\vec{G}$ ein gerichteter Wald (der aus mindestens zwei gerichteten Bäumen besteht), so führt man eine fiktive Quelle, etwa den Knoten 0, mit $p_0 := w_0 := 0$ und $\bar{q}_0 := \infty$ ein sowie Pfeile von der fiktiven Quelle zu den bisherigen Quellen. Damit erhält man einen gerichteten Baum, auf den das obige Verfahren angewendet werden kann. In einem Zahlenbeispiel mit 7 Jobs gehen wir von dem gerichteten Wald $\vec{G}$ in Abb. 3.6.7 aus, der durch Einführung des Hilfsknotens 0 und der beiden gestrichelten Pfeile zu einem gerichteten Baum wird. Die weiteren Verfahrensschritte 1 bis 4 sind in Abb. 3.6.8 bis Abb. 3.6.11 wiedergegeben. Abb. 3.6.11 entnehmen wir, daß die Reihenfolge (5,6,1,3,4,7,2) optimal ist.

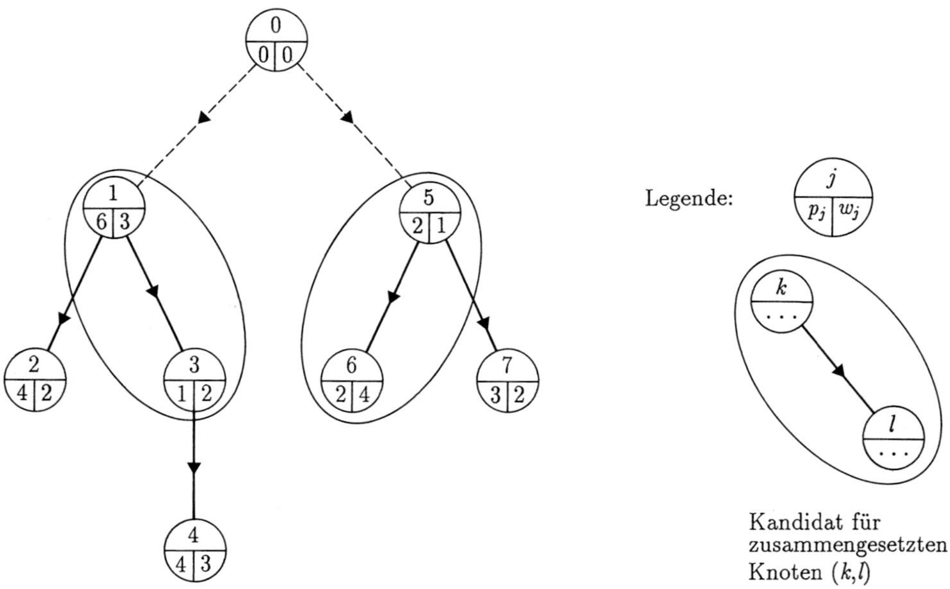

Abb. 3.6.7

Besitzt der Digraph $\vec{G}$ keine Baumstruktur, d.h., wir haben das Schedulingproblem $1|prec|\sum w_j C_j$, so liegt ein schweres Problem vor, selbst wenn $w_j = 1$ für alle $j = 1,\ldots,n$ oder wenn $p_j = 1$ für alle $j = 1,\ldots,n$ ist.

Wir betrachten nun das Schedulingproblem $\mathbf{1||\Sigma U_j}$, dessen Zielfunktion (nach Definition der Einheitsstrafkosten U_j in Abschnitt 3.6.1) die Anzahl der

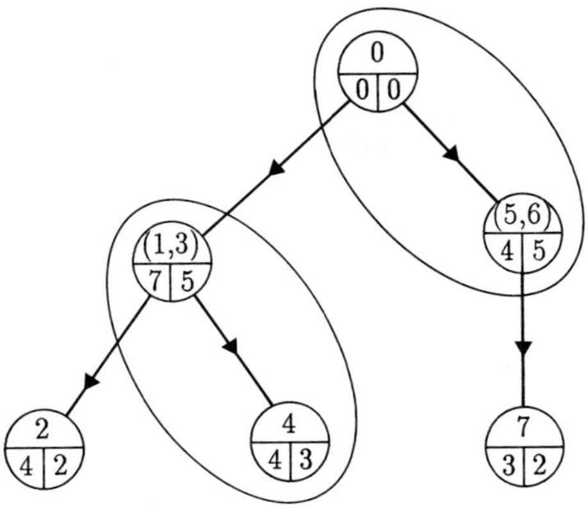

Abb. 3.6.8

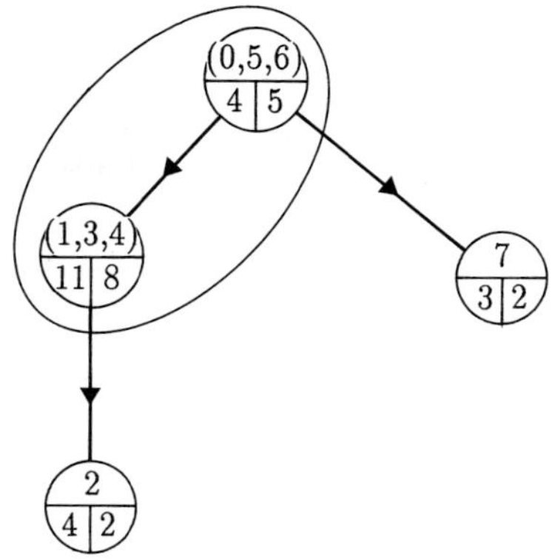

Abb. 3.6.9

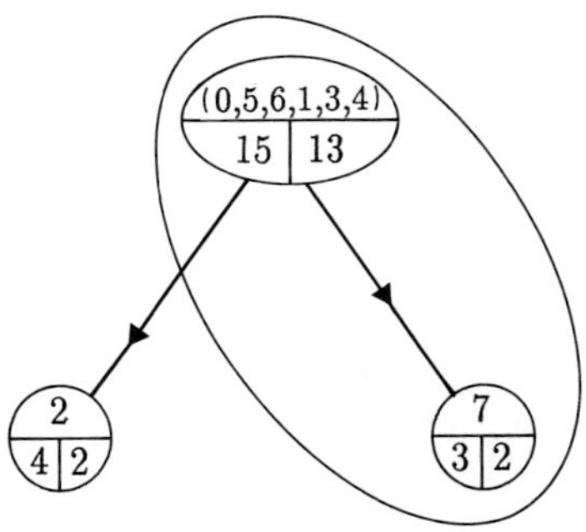

Abb. 3.6.10

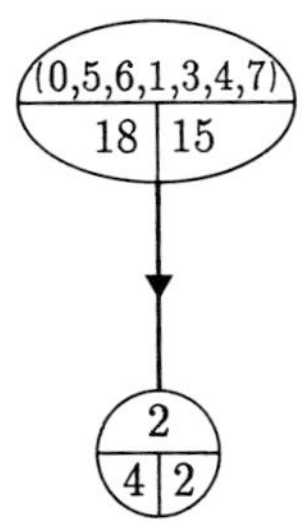

Abb. 3.6.11

„verspäteten Jobs" darstellt. Das Problem $1||\sum U_j$ ist offensichtlich äquivalent zu der Aufgabe, eine Teilmenge J der Menge aller Jobs $N := \{1, \ldots, n\}$ zu finden mit der Eigenschaft, daß die Bearbeitung jedes Jobs $j \in J$ spätestens zu seinem Fälligkeitstermin d_j beendet ist und die Anzahl $|J|$ der „pünktlichen Jobs" maximal ist. Eine optimale Jobreihenfolge besteht dann zuerst aus den Jobs $j \in J$, geordnet nach nichtfallenden Fälligkeitsterminen d_j (EDD-Regel), gefolgt von den verspäteten Jobs $j \in \bar{J} := N \backslash J$ in beliebiger Reihenfolge.

Eine in diesem Sinne „maximale Menge" J kann mit dem folgenden **Verfahren von Hodgson und Moore** bestimmt werden (vgl. Lawler (1983)): Zunächst werden die Jobs j nach der EDD-Regel geordnet. Danach werden die so geordneten Jobs j nacheinander in die Menge J aufgenommen. Wird Job j (nach Aufnahme in die Menge J) in der aktuellen Jobreihenfolge erst nach dem Zeitpunkt d_j fertig (d.h., es ist $C_j > d_j$), so wird aus der Menge J derjenige Job mit der größten Bearbeitungsdauer entfernt und in die Menge

$\bar{J}$ der verspäteten Jobs aufgenommen. Damit erhalten wir

Algorithmus 3.6.1 (Schedulingproblem $1||\Sigma U_j$ — Verfahren von Hodgson und Moore)

Ordne die Jobs so, daß $d_1 \leq d_2 \leq \ldots \leq d_n$ *ist*
Setze $J := \emptyset$, $\bar{J} := \emptyset$, $C := 0$
Für $j = 1, \ldots, n$
  Setze $J := J \cup \{j\}$, $C := C + p_j$
  Falls $C > d_j$, *bestimme ein* $k \in J$ *mit* $p_k = \max_{l \in J} p_l$
  und setze $J := J \backslash \{k\}$, $\bar{J} := \bar{J} \cup \{k\}$, $C := C - p_k$

□

Der Rechenaufwand von Algorithmus 3.6.1 ist im wesentlichen durch das Ordnen von $O(n)$ Werten der Größe nach bestimmt und beträgt folglich $O(n \log n)$. Ein Zahlenbeispiel ist in Tab. 3.6.5 gegeben. Abb. 3.6.12 zeigt das Balkendiagramm für den optimalen Plan.

Job j	p_j	d_j	Nummer in EDD-Reihenfolge	Job pünktlich (+) oder verspätet (−)
1	4	4	1	−
2	1	8	4	+
3	2	6	2	+
4	3	11	6	+
5	2	7	3	+
6	4	9	5	−

Tab. 3.6.5

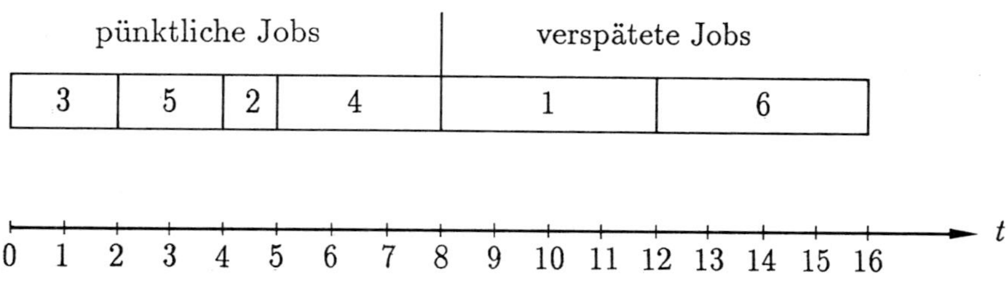

Abb. 3.6.12

Das Schedulingproblem $1||\sum w_j U_j$ mit Gewichten w_j, die nicht sämtlich gleich 1 sind, ist schwer. Der Spezialfall $\boldsymbol{1|d_j{=}d|\Sigma w_j U_j}$, wobei alle Jobs den gleichen Fälligkeitstermin d haben, ist äquivalent zum (binären) Rucksackproblem und damit ebenfalls schwer. Die Äquivalenz zum Rucksackproblem ist bereits in Abschnitt 3.3.1 verifiziert worden und sei hier noch einmal skizziert. Statt die Zielfunktion $\sum w_j U_j$ zu minimieren, kann man auch

$$\sum_{j=1}^{n} w_j - \sum_{j=1}^{n} w_j U_j = \sum_{j=1}^{n} w_j (1 - U_j)$$

maximieren. Diese Maximierungsaufgabe kann wie folgt interpretiert werden: Wird Job j spätestens zum Zeitpunkt d fertig (d.h. $U_j = 0$), so fällt ein Gewinn in Höhe von w_j an, andernfalls ($U_j = 1$) erfolgt keine Auszahlung. Dies entspricht dem Rucksackproblem (R) aus Abschnitt 3.3.1 mit dem Wert $c_j = w_j$ und dem Gewicht $a_j = p_j$ von Ausrüstungsgegenstand j, dem nicht überschreitbaren Gesamtgewicht $A = d$ und den binären Variablen $x_j = 1 - U_j$ ($x_j = 1$, falls Gegenstand j in den Rucksack gepackt wird; andernfalls $x_j = 0$).

3.6.3 Mehrere parallele Maschinen

In diesem Abschnitt behandeln wir Schedulingprobleme, bei denen $m > 1$ parallele Maschinen $M_1, \ldots, M_m$ zur Verfügung stehen, um n Jobs zu bearbeiten. „Parallele“ Maschinen bedeutet dabei, daß jeder Job auf irgendeiner der m Maschinen (bei Jobunterbrechung gegebenenfalls nacheinander auf mehreren Maschinen) bearbeitet werden kann. Offensichtlich können wir im folgenden $m \leq n$ annehmen.

Seien s_{ij} die Geschwindigkeit, mit der Job j auf Maschine M_i bearbeitet wird, und p_{ij} wieder die Bearbeitungsdauer von Job j auf M_i. Sind die Geschwindigkeiten s_{ij} ($i = 1, \ldots, m; j = 1, \ldots, n$) sämtlich gleich, so sprechen wir von **identischen parallelen Maschinen** und verwenden das Symbol „P“ an der Stelle α innerhalb der $\alpha|\beta|\gamma$-Notation für Schedulingprobleme. Wir setzen dann o.B.d.A. $s_{ij} := 1$ und $p_j := p_{ij}$ ($i = 1, \ldots, m; j = 1, \ldots, n$). Ein Schedulingproblem mit m identischen parallelen Maschinen kann interpretiert werden als Aufgabe, eine Ressource der Kapazität m optimal n Jobs zuzuweisen.

Bearbeitet die Maschine M_i sämtliche Jobs mit der gleichen Geschwindigkeit s_i ($i = 1, \ldots, m$), d.h., es gilt $s_{ij} = s_i$ für alle $i = 1, \ldots, m$ und $j = 1, \ldots, n$, dann sprechen wir von **uniformen parallelen Maschinen** und verwenden das Symbol „Q“. O.B.d.A. nehmen wir im folgenden an, daß die Maschinen so durchnumeriert seien, daß $s_1 \geq s_2 \geq \ldots \geq s_m$ gilt (also M_1 die schnellste, M_2 die zweitschnellste Maschine etc. ist). Wird Job j auf Maschine M_i bearbeitet, so bezeichnen wir mit $p_j := s_i p_{ij}$ den **Bearbeitungsaufwand** von Job j. Im Fall von Jobunterbrechung ist die letztere Beziehung durch $p_j := \sum_{i=1}^{m} s_i p_{ij}$ zu ersetzen (mit $p_{ij} := 0$, falls Job j nicht auf M_i bearbeitet wird). Sogenannte **heterogene parallele Maschinen**, bei denen die Bearbeitungsdauern sowohl von Maschine zu Maschine als auch von Job zu Job verschieden sein können, werden wir nicht betrachten.

Schedulingprobleme mit mehreren parallelen Maschinen spielen insbesondere in der Informatik eine große Rolle, wobei den Maschinen Prozessoren eines Rechners entsprechen. Ist Jobunterbrechung nicht zugelassen, so sind solche Schedulingprobleme im allgemeinen schwer, z.B. bereits die Probleme $P2||C_{\max}$ und $P2||\sum w_j C_j$ mit zwei identischen parallelen Maschinen. Kann die Bearbeitung von Jobs unterbrochen werden (und zu einem späteren Zeitpunkt, gegebenenfalls auf einer anderen Maschine, fortgesetzt werden), dann gibt es für eine größere Klasse von Schedulingproblemen mit parallelen Maschinen effektive exakte Lösungsalgorithmen.

Wir behandeln zunächst Minisum-Probleme. Das Problem $\boldsymbol{P||\Sigma C_j}$ für beliebig viele identische parallele Maschinen kann mit einem von Conway angegebenen Verfahren gelöst werden, das der SPT-Regel entspricht. Zuerst werden die Jobs j nach nichtfallenden Bearbeitungsdauern p_j geordnet. Sei o.B.d.A. $p_1 \leq p_2 \leq \ldots \leq p_n$. Sind die Jobs $1, \ldots, j$ bereits eingeplant, so wird Job $j+1$ auf der am frühesten verfügbaren Maschine M_i (und wenn es mehrere hiervon gibt, auf derjenigen mit der kleinsten Nummer i) bearbeitet. Dieses Verfahren, das wie die SPT-Regel den Rechenaufwand $O(n \log n)$ erfordert, liefert den in Abb. 3.6.13 angegebenen optimalen Plan.

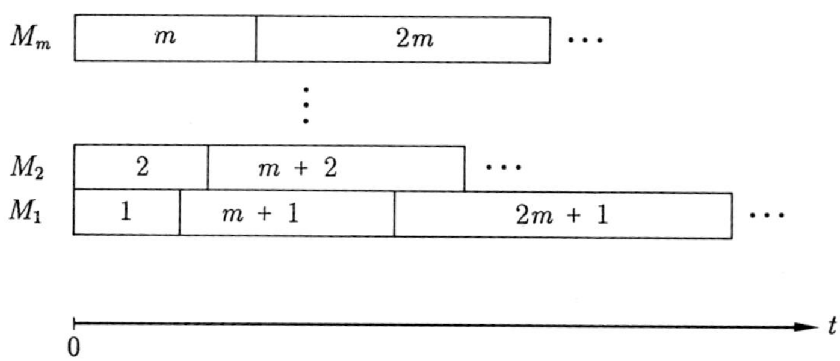

Abb. 3.6.13

Daß der Plan von Abb. 3.6.13 tatsächlich optimal ist, sieht man wie folgt: Wir betrachten eine der Maschinen M_i, auf der etwa die Jobs $j_1, \ldots, j_k$ in dieser Reihenfolge bearbeitet werden. Dann haben wir für die Summe der Abschlußzeitpunkte dieser Jobs

$$(3.6.2) \quad \begin{aligned} C_{j_1} + C_{j_2} + \ldots + C_{j_k} &= p_{j_1} + (p_{j_1} + p_{j_2}) + \ldots + (p_{j_1} + \ldots + p_{j_k}) \\ &= k p_{j_1} + (k-1) p_{j_2} + \ldots + p_{j_k} \,. \end{aligned}$$

Denken wir uns die Beziehung (3.6.2) für alle m Maschinen aufgeschrieben und nehmen wir an, daß auf jeder dieser Maschinen alle n Jobs bearbeitet werden können, so treten als Koeffizienten der p_j insgesamt m Einsen, m Zweien usw. auf. Die n kleinsten von diesen mn Koeffizienten sind dann den n zu bearbeitenden Jobs zuzuweisen, wobei hierunter die kleinsten Koeffizienten den Jobs mit den längsten Bearbeitungsdauern zuzuordnen sind. In anderen Worten: Der größte unter den n kleinsten Koeffizienten wird dem Job mit der kleinsten Bearbeitungsdauer zugewiesen, also Job 1, der dann als erster auf Maschine M_1 bearbeitet wird; der zweitgrößte unter den n kleinsten Koeffizienten wird dem Job mit der zweitkleinsten Bearbeitungsdauer zugewiesen, der dann als erster auf M_2 bearbeitet wird usw. Dies ergibt gerade den Plan von Abb. 3.6.13.

Wir betrachten nun das entsprechende Problem $\boldsymbol{Q||\Sigma C_j}$ für uniforme parallele Maschinen. Die Bearbeitungsdauer von Job j auf Maschine M_i ist jetzt $p_{ij} = p_j/s_i$, wobei s_i die Bearbeitungsgeschwindigkeit auf M_i darstellt. Werden die Jobs $j_1, \ldots, j_k$ in dieser Reihenfolge auf M_i bearbeitet, so ist (3.6.2) zu ersetzen durch

$$(3.6.3) \qquad C_{j_1} + C_{j_2} + \ldots + C_{j_k} = \frac{k}{s_i}p_{j_1} + \frac{k-1}{s_i}p_{j_2} + \ldots + \frac{1}{s_i}p_{j_k} \, .$$

Denken wir uns (3.6.3) wieder für alle m Maschinen und jeweils alle n Jobs aufgeschrieben, dann gibt es insgesamt mn Koeffizienten der p_j von der Form k/s_i ($k = 1, \ldots, n; i = 1, \ldots, m$). Von diesen Koeffizienten sind die n kleinsten den n zu bearbeitenden Jobs so zuzuweisen, daß die kleinsten Koeffizienten den Jobs mit den längsten Bearbeitungsdauern entsprechen. In anderen Worten: Der größte unter den n kleinsten Koeffizienten k/s_i wird dem Job j mit dem kleinsten Bearbeitungsaufwand p_j zugeordnet, der dann als erster auf Maschine M_i zu bearbeiten ist; der zweitgrößte unter diesen Koeffizienten wird dem Job j mit dem zweitkleinsten p_j zugewiesen usw. Sei ν_{ik} die Nummer des Jobs, der auf Maschine M_i als k-t-letzter bearbeitet wird (z.B. bedeutet $\nu_{32} = 5$, daß Job 5 auf M_3 als vorletzter bearbeitet wird). Dann liefert der folgende von Horowitz und Sahni stammende Algorithmus eine optimale Lösung des Schedulingproblems $Q||\sum C_j$:

Algorithmus 3.6.2 (Schedulingproblem $\boldsymbol{Q||\Sigma C_j}$ — Verfahren von Horowitz und Sahni)

Ordne die Jobs so, daß $p_1 \leq p_2 \leq \ldots \leq p_n$ *ist*
Speichere die Werte $1/s_1, \ldots, 1/s_m$ *in einem Heap* H [1]
Für $i = 1, \ldots, m$ *setze* $k_i := 1$
Für $j = n, n-1, \ldots, 1$
    Entferne minimales Element aus H, *etwa* k/s_i

[1] Zum Begriff des Heaps vgl. Abschnitt 2.2.2.

Füge $(k+1)/s_i$ *in* H *ein*
Setze $\nu_{ik_i} := j,\ k_i := k_i + 1$

□

Der Rechenaufwand von Algorithmus 3.6.2 ist offensichtlich $O(n \log n)$. Ein Zahlenbeispiel mit 8 Jobs und zwei Maschinen ist in Tab. 3.6.6, 3.6.7 und 3.6.8 zusammengestellt. Die Werte in diesen Tabellen ergeben sich wie folgt: Zuerst ordnet man die Jobs nach wachsenden p_j (Spalte 3 von Tab. 3.6.6). Danach werden die Koeffizienten k/s_i in Tab. 3.6.7 eingetragen und nach nichtfallenden Werten geordnet. Der kleinste der Koeffizienten k/s_i ist $1/s_1 = \frac{1}{3}$ mit $i = k = 1$. Er wird dem Job $j = 5$ mit dem größten p_j (Spalten 4 und 1 von Tab. 3.6.6 zu entnehmen) zugewiesen. Damit erhalten wir $\nu_{ik} = \nu_{11} = j = 5$ (eingetragen in Tab. 3.6.8). Der zweitkleinste Wert k/s_i ist $1/s_2 = \frac{1}{2}$ mit $i = 2, k = 1$ und entspricht Job $j = 3$ mit dem zweitgrößten

		Nummern in Reihenfolge	
Job j	p_j	wachsender p_j	fallender p_j
1	9	5	4
2	6	3	6
3	10	7	2
4	3	1	8
5	12	8	1
6	8	4	5
7	4	2	7
8	9	6	3

Tab. 3.6.6

i	s_i	$\frac{1}{s_i}$	$\frac{2}{s_i}$	$\frac{3}{s_i}$	$\frac{4}{s_i}$	$\frac{5}{s_i}$
1	3	$\frac{1}{3}$ ①	$\frac{2}{3}$ ③	1 ④	$\frac{4}{3}$ ⑥	$\frac{5}{3}$ ⑧
2	2	$\frac{1}{2}$ ②	1 ⑤	$\frac{3}{2}$ ⑦	2	$\frac{5}{2}$

Tab. 3.6.7

Legende: (κ) bedeutet den κ-t-kleinsten der Werte k/s_i

p_j. Folglich ist $\nu_{ik} = \nu_{21} = 3$. Der drittkleinste Wert k/s_i, $2/s_1 = \frac{2}{3}$ mit $i = 1$ und $k = 2$, wird Job $j = 8$ zugewiesen, und somit ist $\nu_{ik} = \nu_{12} = 8$. In dieser Weise fährt man fort. Mit Tab. 3.6.8 erhält man dann den optimalen Plan in Abb. 3.6.14, wobei man beachtet, daß ν_{ik} die Nummer des Jobs ist, der auf M_i als k-t-letzter bearbeitet wird, und daß die Bearbeitungsdauer von Job j auf M_i $p_{ij} = p_j/s_i$ ist.

$i \backslash k$	1	2	3	4	5
1	5	8	1	2	4
2	3	6	7		

Tab. 3.6.8. Tabelle der ν_{ik}

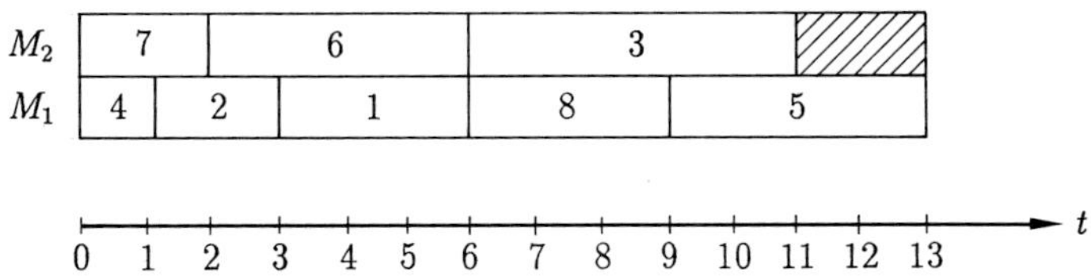

Abb. 3.6.14

Für Minisum-Probleme mit Jobunterbrechung gilt der folgende

Satz 3.6.3. *Jeder optimale Plan für* $P||\sum w_j C_j$ *ist auch optimal für* $P|pmtn|\sum w_j C_j$.

Satz 3.6.3 ist plausibel, da bei gleich schnellen Maschinen (und verschwindenden Bereitstellungsterminen) die gewichtete Summe der Abschlußzeitpunkte der Jobs nicht verringert werden kann, indem man einen Job unterbricht und seine Bearbeitung auf einer anderen Maschine (oder später auf derselben Maschine) fortsetzt. Aus Satz 3.6.3 folgt, daß das Problem $\boldsymbol{P|pmtn|\Sigma C_j}$ ebenfalls mit Hilfe des oben angegebenen Verfahrens von Conway gelöst werden kann, während andererseits das Problem $P2|pmtn|\sum w_j C_j$ schwer ist, da das Gleiche für $P2||\sum w_j C_j$ gilt. Natürlich ist dann auch $Q2|pmtn|\sum w_j C_j$ schwer. Für Schedulingprobleme mit uniformen parallelen Maschinen bringt Jobunterbrechung in der Regel Vorteile (d.h. eine Verringerung des minimalen Zielfunktionswertes) mit sich. Insbesondere liefert Algorithmus 3.6.2 nicht notwendig einen optimalen Plan für das Problem $\boldsymbol{Q|pmtn|\Sigma C_j}$. Das letztere Problem kann jedoch mit Hilfe des folgenden Satzes gelöst werden:

Satz 3.6.4. *Sei* $p_1 \leq p_2 \leq \ldots \leq p_n$. *Dann gibt es einen optimalen Plan für* $Q|pmtn|\sum C_j$ *mit* $C_1 \leq C_2 \leq \ldots \leq C_n$.

Satz 3.6.4, den man wieder beweisen kann, indem man Vertauschungen von Jobs betrachtet, legt folgenden von Gonzales stammenden Algorithmus nahe: Zunächst ordnet man die Jobs so, daß $p_1 \leq p_2 \leq \ldots \leq p_n$ gilt. Dies erfordert den Rechenaufwand $O(n \log n)$. Sind die Jobs $1, \ldots, j$ bereits eingeplant, dann plant man Job $j+1$ derart ein, daß sein Abschlußzeitpunkt so früh wie möglich liegt (letzteres bedingt den Rechenaufwand $O(m)$). Dies liefert den optimalen Plan von Abb. 3.6.15, der höchstens $(m-1)(n-m/2)$ Jobunterbrechungen besitzt. Der Rechenaufwand für den gesamten Algorithmus beträgt $O(n \log n + mn)$.

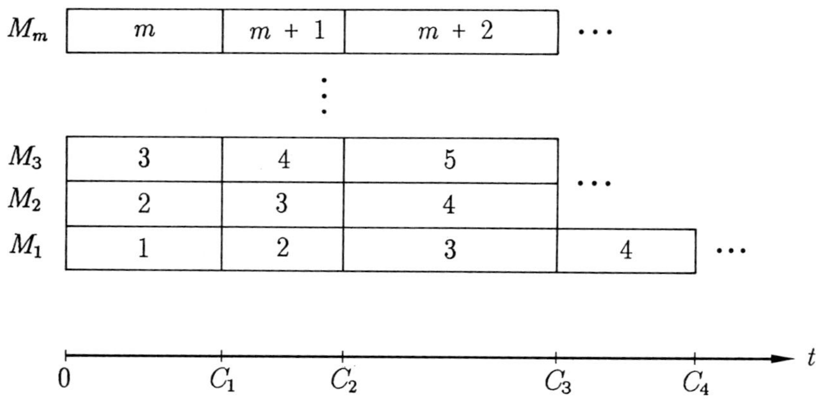

Abb. 3.6.15

Wir wenden uns nun Minimax-Problemen zu. Wie wir gesehen haben, liefert die SPT-Regel für die Minisum-Probleme $1||\sum C_j$ und $P||\sum C_j$ optimale Pläne. Zunächst scheint plausibel, daß für das Minimax-Problem $\boldsymbol{P||C_{\max}}$ die **LPT-Regel** („largest processing time" first), bei der die Jobs nach nichtwachsenden p_j geordnet werden, zum Ziel führt: Da man den Abschlußzeitpunkt des letzten Jobs minimieren will, wird man die längsten Jobs zuerst bearbeiten, damit man gegen Ende die kurzen Jobs „möglichst gleichmäßig auf die m Maschinen verteilen" kann, so daß kein großer „Überhang" auf einer Maschine entsteht. Das Prinzip der LPT-Regel läßt sich jedoch (zumindest im Fall ohne Jobunterbrechung) nicht konsequent realisieren: Ist beispielsweise der ursprünglich längste Job eine Zeitlang bearbeitet worden, so wird seine restliche Bearbeitungsdauer schließlich kürzer als die Bearbeitungsdauern noch wartender (d.h. noch nicht eingeplanter) Jobs.

Wie oben erwähnt, ist bereits das Problem $P2||C_{\max}$ schwer. Zur (näherungsweisen) Lösung von $\boldsymbol{P||C_{\max}}$ kann folgende einfache Heuristik verwendet werden. Zunächst ordnet man entsprechend der LPT-Regel die Jobs so, daß $p_1 \geq p_2 \geq \ldots \geq p_n$ gilt. Dann weist man die Jobs in dieser Reihenfolge nacheinander jeweils der zuerst frei werdenden Maschine zu (bei mehreren gleichzeitig frei werdenden Maschinen wird der nächste Job in der Reihenfolge auf der freien Maschine M_i mit dem kleinsten i bearbeitet). Dies liefert den folgenden

Algorithmus 3.6.3 (Schedulingproblem $P||C_{\max}$ — LPT-Heuristik)

Ordne die Jobs so, daß $p_1 \geq p_2 \geq \ldots \geq p_n$ *ist*
Für $i = 1, \ldots, m$ *setze* $t_i := 0$
Für $j = 1, \ldots, n$
   Bestimme das kleinste $l \in \{1, \ldots, m\}$ *mit* $t_l = \min_{i=1,\ldots,m} t_i$
   Bearbeite Job j *auf* M_l *im Intervall* $[t_l, t_l + p_j)$
   Setze $t_l := t_l + p_j$

□

Wir schätzen den Rechenaufwand von Algorithmus 3.6.3 ab. Das Ordnen der Jobs j nach nichtwachsenden p_j erfordert den Aufwand $O(n \log n)$. Das Entfernen und Hinzufügen eines Elementes und das Auffinden des kleinsten unter den m Elementen $t_1, \ldots, t_m$ (bei Speicherung der t_i in einem Heap) benötigt jeweils $O(\log m)$ elementare Rechenoperationen. Da die j-Schleife n-mal durchlaufen wird, erhalten wir als Gesamtrechenaufwand $O(n \log n + n \log m) = O(n \log mn) = O(n \log n)$ unter Beachtung von $m < n$.

Seien $C_{\max}(\mathcal{A})$ der mit Hilfe von Algorithmus 3.6.3 ermittelte späteste Abschlußzeitpunkt eines Jobs (für irgendeine Ausprägung des Problems $P||C_{\max}$) und $C^*_{\max}$ das minimale $C_{\max}$. Dann kann man zeigen, daß stets

$$C_{\max}(\mathcal{A}) \leq \left(\frac{4}{3} - \frac{1}{3m}\right) C^*_{\max} \tag{3.6.4}$$

gilt, d.h. Algorithmus 3.6.3 einen $\frac{1}{3}(1 - 1/m)$-approximativen Algorithmus darstellt (zu dem letzteren Begriff vgl. Abschnitt 3.2.2). Der maximale relative Fehler $\frac{1}{3}(1 - 1/m)$ wird z.B. für alle Ausprägungen des Schedulingproblems $P||C_{\max}$ mit

$$n = 2m + 1\,, \quad p_j = \begin{cases} 2m - k & \text{für } j = 2k - 1, 2k \quad (k = 1, \ldots, m) \\ m & \text{für } j = 2m + 1 \end{cases} \tag{3.6.5}$$

erreicht. Für geradzahliges m besagt (3.6.5)

$$p_1 = p_2 = 2m - 1\,,\; p_3 = p_4 = 2m - 2\,, \ldots,$$
$$p_{m-1} = p_m = \frac{3}{2}m\,, \ldots,\; p_{2m-1} = p_{2m} = m = p_{2m+1}\,.$$

Für diesen Fall zeigt Abb. 3.6.16 das Balkendiagramm für den mit Algorithmus 3.6.3 bestimmten Plan und Abb. 3.6.17 das Balkendiagramm für den optimalen Plan. Wir sehen, daß $C_{\max}(\mathcal{A}) = 4m - 1$ und $C^*_{\max} = 3m$ und folglich (3.6.4) mit dem Gleichheitszeichen erfüllt ist.

Während $P||C_{\max}$ schwer ist, kann das entsprechende Schedulingproblem mit Jobunterbrechung, $\boldsymbol{P|pmtn|C_{\max}}$, mit dem Rechenaufwand $O(n)$ gelöst

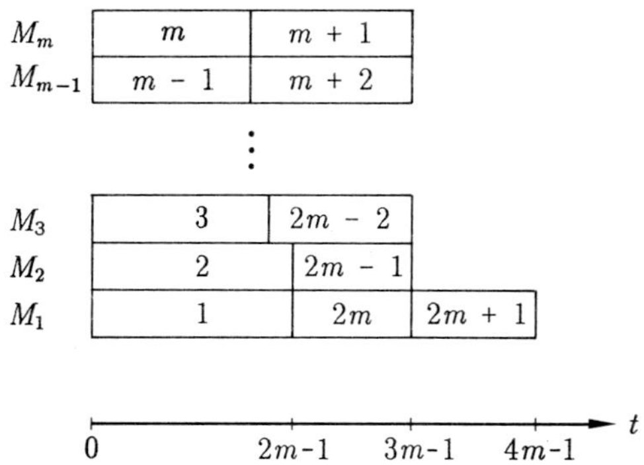

Abb. 3.6.16

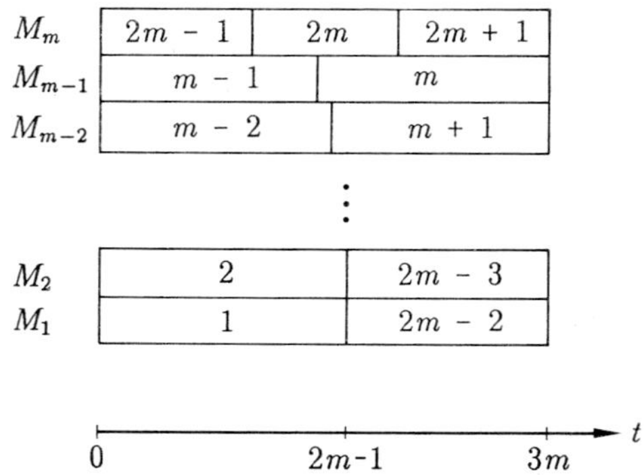

Abb. 3.6.17

werden. Offensichtlich ist $C_{\max}$ größer oder gleich der maximalen Bearbeitungsdauer eines Jobs und der mittleren „Belegungszeit" einer Maschine:

$$C_{\max} \geq \max\left(\max_{j=1,\ldots,n} p_j\,,\ \frac{1}{m}\sum_{j=1}^{n} p_j\right) =: C' \,.$$

Die folgende zuerst von McNaughton angegebene Prozedur liefert einen Plan mit $C_{\max} = C'$, der also optimal ist: Man denkt sich die Bearbeitungsdauern p_j der Jobs j in irgendeiner Reihenfolge ohne Zwischenräume in Form eines Streifens aneinandergereiht. Im Fall $C' = \max_j p_j > (1/m)\sum_j p_j$ verlängert man den Streifen noch um ein Stück der Länge

$$L := m \max_j p_j - \sum_j p_j \;,$$

so daß der Streifen stets die Länge mC' hat (vgl. Abb. 3.6.18). Dann zer-

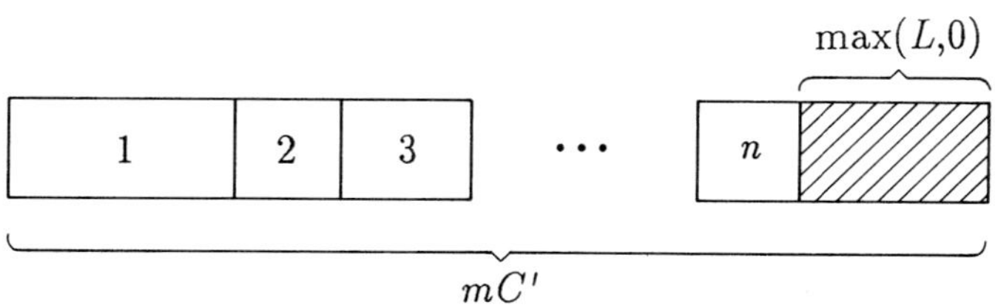

Abb. 3.6.18

schneidet man den Streifen in m Stücke der jeweiligen Länge C' und weist jedes dieser Stücke einer Maschine zu (im Fall $\max_j p_j > (1/m)\sum_j p_j$ ergibt dies Leerzeiten der Gesamtlänge L). Dies liefert mit dem Rechenaufwand $O(n)$ einen optimalen Plan mit höchstens $m-1$ Jobunterbrechungen.

Wir betrachten zwei Zahlenbeispiele mit jeweils 6 Jobs und 3 Maschinen. Für das erste Beispiel, durch Tab. 3.6.9 gegeben, haben wir $\sum_j p_j = 18$, $\max_j p_j = 5$ und $C' = (1/m)\sum_j p_j = 6$. Abb. 3.6.19 zeigt den zugehörigen optimalen Plan. Im zweiten Beispiel, durch Tab. 3.6.10 gegeben, bekommen wir $\sum_j p_j = 18$, $\max_j p_j = 7$ und $C' = \max_j p_j = 7$. Der optimale Plan mit der Leerzeit der Länge $L = 3$ ist in Abb. 3.6.20 dargestellt.

Job j	1	2	3	4	5	6
p_j	3	5	2	4	1	3

Tab. 3.6.9

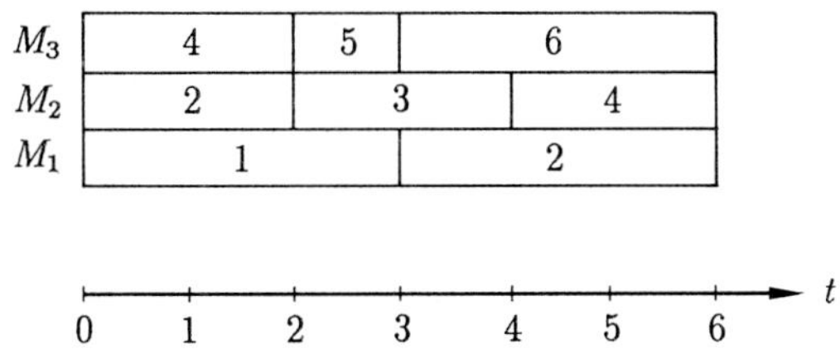

Abb. 3.6.19

Job j	1	2	3	4	5	6
p_j	2	3	1	7	1	4

Tab. 3.6.10

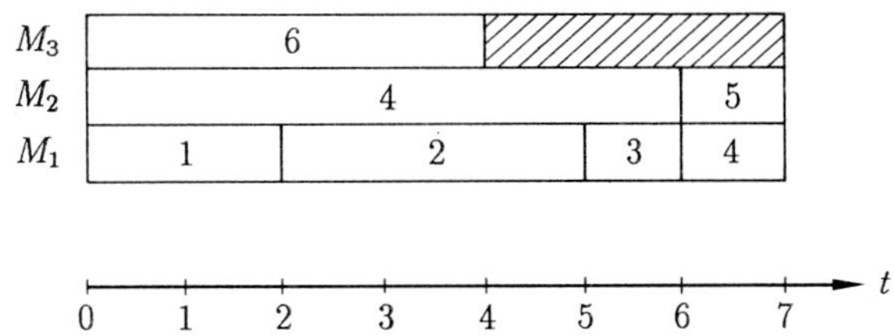

Abb. 3.6.20

Auch das Problem $Q|pmtn|C_{\max}$ kann mit polynomialem Aufwand gelöst werden (vgl. Lawler (1983)). Für den Fall vorgegebener Anordnungsbeziehungen zwischen den Jobs sind die Probleme $P2|pmtn, prec|C_{\max}$, $P|pmtn, prec|C_{\max}$ und $Q2|pmtn, prec|C_{\max}$ polynomial lösbar (s. Blazewicz (1987)). Sind Jobunterbrechungen nicht erlaubt, so ist bereits das Problem $P|prec, p_j = 1|C_{\max}$, bei dem die Bearbeitungsdauer p_j jedes Jobs j eine Zeiteinheit beträgt, schwer. Können die Anordnungsbeziehungen jedoch durch einen gerichteten Wald $\vec{G}$ beschrieben werden, d.h., das Problem $\boldsymbol{P|tree, p_j = 1|C_{\max}}$ liegt vor, dann liefert der folgende von Hu entwickelte Algorithmus einen optimalen Plan (vgl. z.B. Blazewicz (1987), Lawler (1983)): Zunächst wird jeder Knoten j mit einer Marke l_j versehen, wobei l_j die maximale Pfeilzahl eines Weges von j zu einer (von j aus erreichbaren) Senke von $\vec{G}$ ist, und die Knoten j werden nach nichtwachsenden l_j geordnet. In der so erhaltenen Reihenfolge werden die „bearbeitbaren" Jobs den (verfügbaren) Maschinen zugewiesen (dabei heißt ein Job bearbeitbar, wenn er eine Quelle von $\vec{G}$ ist oder sein Vorgänger in $\vec{G}$ bereits bearbeitet worden ist). Aufgrund der Baumstruktur von $\vec{G}$ kann man diesen Algorithmus mit dem Rechenaufwand $O(n)$ implementieren. Ein Zahlenbeispiel mit 12 Jobs und 3 Maschinen ist durch Abb. 3.6.21 gegeben. Abb. 3.6.22 zeigt einen optimalen Plan.

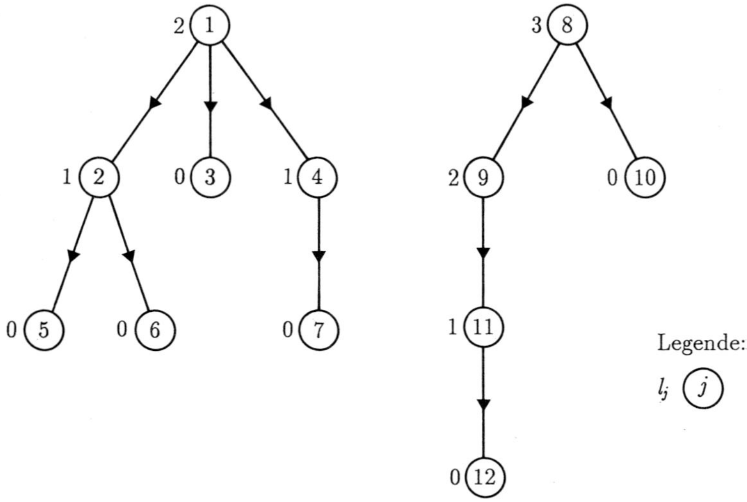

Abb. 3.6.21

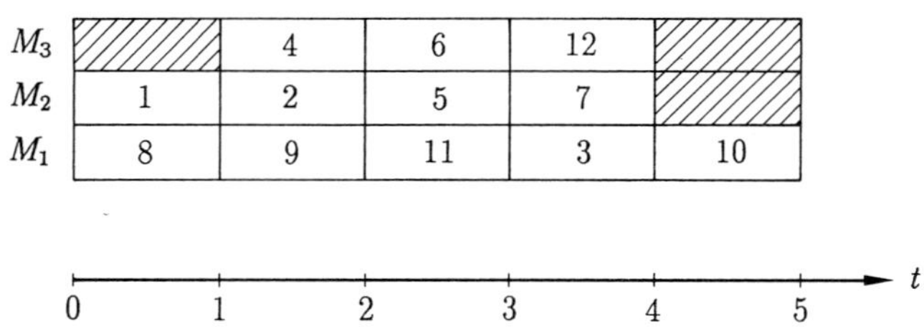

Abb. 3.6.22

3.6.4 Open-Shop-, Flow-Shop- und Job-Shop-Probleme

Im folgenden betrachten wir Schedulingprobleme für $m > 1$ Maschinen $M_1, \ldots, M_m$, bei denen jeder Job j aus mehreren **Arbeitsvorgängen** (engl. operations) O_{ij} besteht, die auf den verschiedenen Maschinen in einer bestimmten Reihenfolge auszuführen sind. Die Bearbeitungsdauer von Arbeitsvorgang O_{ij} (auf der Maschine, auf der O_{ij} auszuführen ist) sei p_{ij}. Es gelte wie bisher, daß zu jedem Zeitpunkt auf jeder Maschine höchstens ein Job und jeder Job auf höchstens einer Maschine bearbeitet werden kann.

Die in Abschnitt 3.6.3 diskutierten Schedulingprobleme sind dadurch charakterisiert, daß jeder Job nur auf irgendeiner von mehreren **parallelen Maschinen** bearbeitet werden muß (abgesehen davon, daß gegebenenfalls ein Job unterbrochen und seine Bearbeitung später auf einer anderen Maschine fortgesetzt werden kann). Bei den in diesem Abschnitt behandelten Problemen ist jeder Job nacheinander auf verschiedenen Maschinen zu bearbeiten, es liegt also der Fall von mehreren **Maschinen in Serie** vor. Schedulingprobleme dieser Art treten vor allem in der Werkstattfertigung („workshop") auf.

Bei Open-Shop-Problemen (Symbol „O") und Flow-Shop-Problemen (Symbol „F") wird der Arbeitsvorgang O_{ij} von Job j auf Maschine M_i ausgeführt, und zwar wie schon erwähnt p_{ij} Zeiteinheiten lang (ist Job j auf M_i nicht zu bearbeiten, so setzen wir $p_{ij} := 0$). Bei Open-Shop-Problemen ist die Reihenfolge, in der die Jobs die einzelnen Maschinen durchlaufen, beliebig. Bei Flow-Shop-Problemen müssen alle Jobs die Maschinen in der gleichen Reihenfolge durchlaufen (die Jobs „fließen" von Maschine zu Maschine), wobei wir o.B.d.A. annehmen, daß jeder Job die Maschinen in der Reihenfolge $M_1, M_2, \ldots, M_m$ durchlaufe. Job-Shop-Probleme (Symbol „J") stellen eine Verallgemeinerung von Flow-Shop-Problemen dar. Hierbei ist die (vorgegebene) Reihenfolge, in der ein Job die einzelnen Maschinen durchläuft, im allgemeinen von Job zu Job verschieden.

Wir werden im weiteren nur die (für die Praxis besonders wichtige) Zielfunktion $C_{\max}$ betrachten. Andere Zielfunktionen führen in der Regel auf schwere Schedulingprobleme. Beispielsweise sind bereits die Probleme $O2||L_{\max}$, $O||\sum C_j$ und $O|pmtn|\sum C_j$ schwer.

Wir betrachten zunächst **Open-Shop-Probleme**. Das Problem $\boldsymbol{O2||C_{\max}}$ kann mit dem folgenden **Verfahren von Gonzales und Sahni** gelöst werden. Sei

$$p_{hk} := \max_{\substack{i=1,2\\ j=1,\ldots,n}} p_{ij}$$

die größtmögliche Dauer eines Arbeitsvorgangs. Wir betrachten zuerst den Fall $h = 1$. Job k wird dann als erster (ab $t = 0$) auf Maschine M_2 bearbeitet. Danach wird Job k erst dann auf M_1 bearbeitet, wenn (nach seiner Fertigstellung auf M_2) entweder alle Jobs $j \neq k$ auf M_1 schon bearbeitet worden sind oder noch einer dieser Jobs auf M_1 bearbeitet werden muß, aber gerade auf M_2 in Bearbeitung ist. Ab $t = 0$ auf M_1 und ab $t = p_{2k}$ auf M_2 können alle Jobs $j \neq k$ in beliebiger Reihenfolge eingeplant werden, und zwar so, daß sich keine Leerzeiten zwischen ihnen ergeben. Im Fall $h = 2$ sind gegenüber Fall $h = 1$ M_1 und M_2 zu vertauschen. Der Rechenaufwand für dieses Verfahren beträgt $O(n)$. Zum Beweis, daß der Algorithmus tatsächlich einen optimalen Plan liefert, zeigt man, daß für den konstruierten Plan die untere Schranke für die Zielfunktion,

$$C' := \max\left(\sum_{j=1}^{n} p_{1j}\,,\ \sum_{j=1}^{n} p_{2j}, p_{1k} + p_{2k}\right) \leq C_{\max}\ ,$$

angenommen wird.

Wir erläutern das Verfahren an zwei Beispielen mit jeweils 5 Jobs. Beispiel 1 ist durch Tab. 3.6.11 gegeben. Das Element p_{hk} mit $h = 1, k = 2$ ist hierbei eingekreist. Abb. 3.6.23 zeigt einen optimalen Plan.

Job j	p_{1j}	p_{2j}
1	2	3
2	(4)	1
3	3	2
4	2	2
5	1	3

Tab. 3.6.11

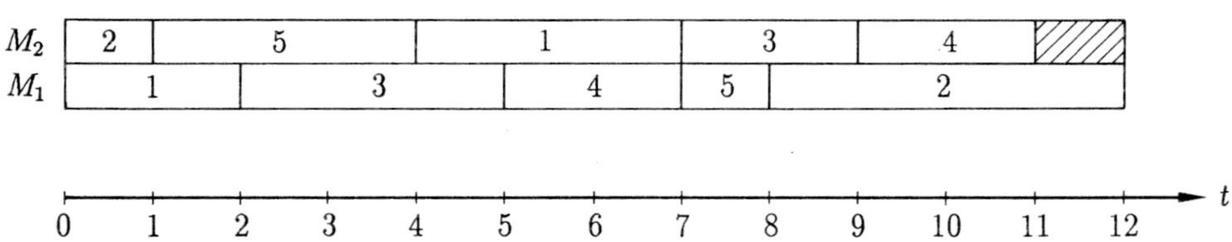

Abb. 3.6.23

Tab. 3.6.12 enthält die Bearbeitungsdauern p_{ij} für Beispiel 2. Es gibt zwei mögliche Elemente p_{hk}, die wieder eingekreist sind. Für $h = 1, k = 4$ ist ein optimaler Plan in Abb. 3.6.24 wiedergegeben, und für $h = 2, k = 4$ zeigt Abb. 3.6.25 einen optimalen Plan. In beiden optimalen Plänen kann man durch Rechtsverschiebung der Jobs 1,2,3 und 5 auf Maschine M_1 (in Abb. 3.6.24) bzw. auf M_2 (in Abb. 3.6.25) um jeweils eine Zeiteinheit die Leerzeit in der Mitte des Planes beseitigen. Leerzeiten treten also nur am Anfang oder am Ende eines Plans auf.

Job j	p_{1j}	p_{2j}
1	1	2
2	1	1
3	2	1
4	⑥	⑥
5	1	1

Tab. 3.6.12

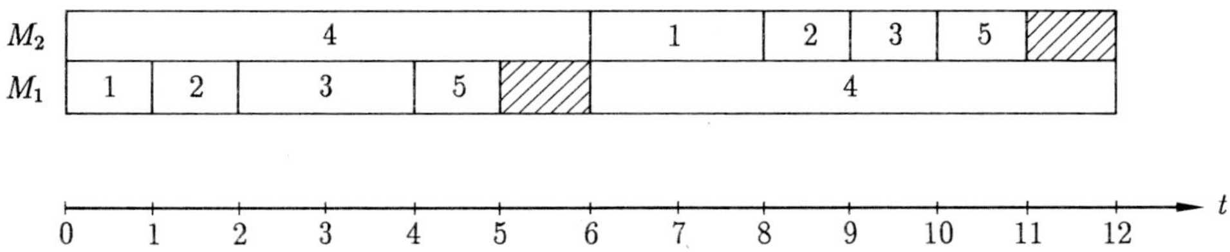

Abb. 3.6.24

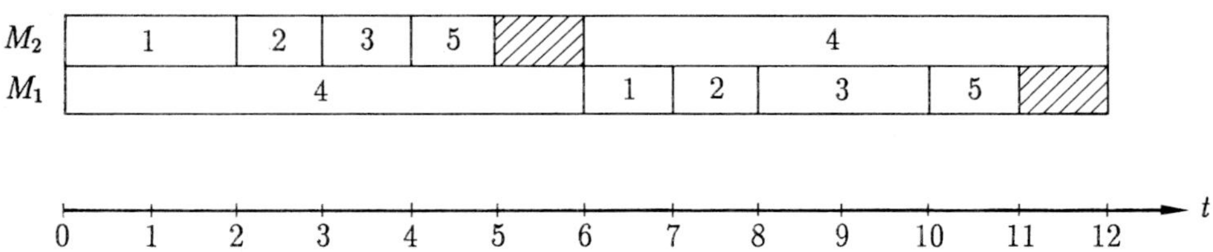

Abb. 3.6.25

Man kann zeigen, daß (wie am Zahlenbeispiel 2 erläutert) durch eventuelle Rechtsverschiebung von Arbeitsvorgängen (ohne Änderung von $C_{\max}$) in einem mit dem obigen Verfahren bestimmten optimalen Plan für $O2||C_{\max}$ immer ein optimaler Plan zu erhalten ist, der Leerzeiten nur am Anfang oder am Ende besitzt. Jobunterbrechung bringt dann keine Vorteile, d.h., das obige Verfahren löst auch das Problem $\boldsymbol{O2|pmtn|C_{\max}}$. Das Schedulingproblem $O3||C_{\max}$ ist bereits schwer, dagegen kann das Problem $O|pmtn|C_{\max}$ mit polynomialem Aufwand gelöst werden (s. z.B. LAWLER (1983)).

Wir wenden uns jetzt **Flow-Shop-Problemen** zu. Wir erinnern daran, daß bei Flow-Shop-Problemen jeder Job die Maschinen in der gleichen Reihenfolge durchlaufen muß, und zwar o.B.d.A. in der Reihenfolge $M_1, M_2, \ldots, M_m$. Ein Plan für ein Flow-Shop-Problem heißt **Permutationsplan**, wenn auf allen Maschinen die Jobs in der gleichen Reihenfolge bearbeitet werden. Ein Permutationsplan entspricht also einer Permutation der Jobnummern $1, 2, \ldots, n$ und ist durch diese Jobreihenfolge eindeutig festgelegt, wenn wir folgende Vereinbarung treffen: Auf Maschine M_1 beginne die Bearbeitung des (zeitlich) ersten Jobs zur Zeit $t = 0$, und zwischen den einzelnen Jobs gebe es keine Leerzeiten. Auf den übrigen Maschinen seien die Leerzeiten so kurz wie möglich gewählt (Linksverschiebung im Balkendiagramm so weit wie möglich). Man kann dann zeigen (vgl. BAKER (1974), Kapitel 6):

Satz 3.6.5. *Für die Probleme $F2||C_{\max}$ und $F3||C_{\max}$ gibt es stets einen Permutationsplan, der einen optimalen Plan darstellt.*

Für das Zwei-Maschinen-Problem $\boldsymbol{F2||C_{\max}}$ skizzieren wir ein von Johnson stammendes Verfahren, das einen optimalen Permutationsplan liefert. Seien $a_j := p_{1j}$ und $b_j := p_{2j}$ die Bearbeitungsdauer von Job j auf Maschine M_1 bzw. M_2 ($j = 1, \ldots, n$). Dann besagt die **Regel von Johnson**: Jeder Permutationsplan ist optimal, bei dem Job j genau dann vor Job k bearbeitet wird, wenn gilt

$$\min(a_j, b_k) \leq \min(b_j, a_k) \ .$$

Eine optimale Jobreihenfolge kann man also wie folgt erhalten: Sei wieder $N := \{1, \ldots, n\}$ die Menge aller Jobs. Dann bestimmt man die Jobmengen

$$A := \{j \in N | a_j < b_j\}, \ B := \{j \in N | a_j \geq b_j\} = N \backslash A \ .$$

Anschließend ordnet man die Jobs $j \in A$ nach nichtfallenden a_j und fügt an diese Job(teil)reihenfolge die Jobs $j \in B$ geordnet nach nichtwachsenden b_j an. Der Rechenaufwand für dieses Verfahren ist $O(n \log n)$. Zum Beweis, daß Johnsons Regel stets einen optimalen Plan liefert, vgl. etwa BAKER (1974), Kapitel 6. Ein Zahlenbeispiel mit 5 Jobs ist durch Tab. 3.6.13 gegeben. Abb. 3.6.26 zeigt einen optimalen Plan.

Johnsons Algorithmus löst auch das Problem $\boldsymbol{F2|pmtn|C_{\max}}$, da in jedem Plan für das letztere Problem eventuelle Jobunterbrechungen wie folgt beseitigt werden können, ohne $C_{\max}$ zu vergrößern: Wird ein Arbeitsvorgang O_{1j} auf M_1 unterbrochen, dann kann man den ersten, zweiten bis vorletzten „Teilvorgang“ von O_{1j} im Balkendiagramm so nach rechts verschieben, daß diese Teilvorgänge ohne Unterbrechung dem letzten Teilvorgang von O_{1j} vor-

Job j	a_j	b_j	j gehört zu	Nummer in optimaler Reihenfolge
1	2	3	A	2
2	1	1	B	4
3	4	2	B	3
4	1	2	A	1
5	2	1	B	5

Tab. 3.6.13

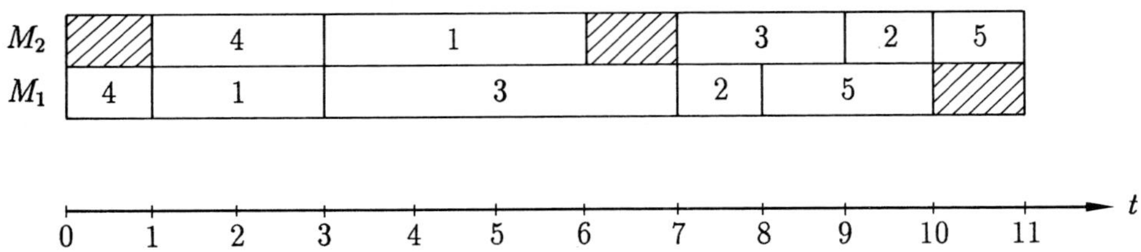

Abb. 3.6.26

angehen. Entsprechend verschiebt man den zweiten bis letzten Teilvorgang O_{2j} auf M_2 so nach links, daß sie sich ohne Unterbrechung an den ersten Teilvorgang von O_{2j} anschließen.

Die gegenüber $F2||C_{\max}$ allgemeineren Probleme $F2|r_j|C_{\max}$ und $F3||C_{\max}$ sind schwer, auch wenn Jobunterbrechungen zugelassen sind. In dem **Spezialfall von $\boldsymbol{F3||C_{\max}}$**, wo die mittlere Maschine M_2 „dominiert", d.h.

$$\max_{j=1,\ldots,n} p_{2j} \leq \min_{j=1,\ldots,n} p_{ij} \quad \text{für } i = 1, 3$$

gilt (also kein „Engpaß" auf M_2 auftreten kann), liefert Johnsons Algorithmus, angewandt auf die Bearbeitungsdauern $p_{1j} + p_{2j}$ und $p_{2j} + p_{3j}$ $(j = 1, \ldots, n)$ eines Zwei-Maschinen-Problems, einen optimalen Permutationsplan.

Zur Lösung von Flow-Shop-Problemen mit $m > 2$ Maschinen und der Zielfunktion $C_{\max}$ sind verschiedene Branch-and-Bound-Verfahren und Heuristiken entwickelt worden, die Permutationspläne erzeugen. Für den Fall $m > 3$ liefern auch die Branch-and-Bound-Algorithmen nicht notwendig einen optimalen Plan, da Satz 3.6.5 nicht für $Fm||C_{\max}$ mit $m > 3$ gilt. Ein Branch-and-Bound-Verfahren für $F3||C_{\max}$ findet sich z.B. in French (1982), Kapitel 7.

Wir wollen im folgenden ein heuristisches Verfahren für das Problem $\boldsymbol{F||C_{\max}}$ skizzieren, das von Campbell, Dudek und Smith stammt und kurz

CDS-Verfahren genannt wird. Das CDS-Verfahren besteht aus $m-1$ Schritten, wobei in jedem Schritt ein Zwei-Maschinen-Problem $F2||C_{\max}$ mit Johnsons Algorithmus gelöst wird. Die Bearbeitungsdauern auf den beiden Maschinen für Job j in Schritt ν betragen

$$p'_{1j} := \sum_{\mu=1}^{\nu} p_{\mu j},\ p'_{2j} := \sum_{\mu=1}^{\nu} p_{m-\mu+1,j} \quad (\nu = 1, \ldots, m-1)\ .$$

In jedem Schritt erhält man eine Jobreihenfolge und damit einen entsprechenden Permutationsplan für $F||C_{\max}$. Aus diesen $m-1$ Permutationsplänen (von denen einige zusammenfallen können) wählt man einen mit dem kleinsten $C_{\max}$-Wert aus. Der Rechenaufwand des CDS-Verfahrens ist $O(mn \log n)$.

Wir geben eine (sehr grobe) Abschätzung der Genauigkeit der mit dem CDS-Verfahren erhaltenen Näherungslösungen an. Seien $C_{\max}(\mathcal{A})$ der mit Hilfe des CDS-Algorithmus bestimmte späteste Abschlußzeitpunkt eines Jobs (für irgendeine Ausprägung von $F||C_{\max}$) und $C^*_{\max}$ das minimale $C_{\max}$. Dann gilt, wenn $p_j := \sum_{i=1}^{m} p_{ij}$ die Gesamtbearbeitungszeit von Job j auf allen Maschinen ist,

$$C_{\max}(\mathcal{A}) \leq \sum_{j=1}^{n} p_j,\ C^*_{\max} \geq \frac{1}{m} \sum_{j=1}^{n} p_j \tag{3.6.6}$$

und folglich

$$C_{\max}(\mathcal{A}) \leq mC^*_{\max}\ . \tag{3.6.7}$$

Das CDS-Verfahren stellt also einen $(m-1)$-approximativen Algorithmus dar.

Abschließend betrachten wir **Job-Shop-Probleme**. Wir nehmen an, daß Job j aus den Arbeitsvorgängen $O_{1j}, \ldots, O_{m_j j}$ bestehe, die o.B.d.A. in dieser Reihenfolge auszuführen seien $(j = 1, \ldots, n)$. Im Unterschied zu Flow-Shop-Problemen sei der i-te Arbeitsvorgang O_{ij} von Job j aber nicht notwendig auf Maschine M_i zu bearbeiten, sondern auf Maschine $M_{\mu_{ij}}$, wobei μ_{ij} vorgegeben ist $(1 \leq \mu_{ij} \leq m)$. Der Einfachheit halber setzen wir voraus, daß jeder Job j höchstens einmal auf einer Maschine zu bearbeiten sei. Damit ist $m_j \leq m$ $(j = 1, \ldots, n)$. Die Bearbeitungsdauer von Arbeitsvorgang O_{ij} betrage wieder p_{ij}. Ein Job-Shop-Problem vom Typ $J||C_{\max}$ ist also durch Angabe der Größen n, m_j, μ_{ij} und p_{ij} $(i = 1, \ldots, m_j; j = 1, \ldots, n)$ eindeutig festgelegt.

Das Problem $\boldsymbol{J2||C_{\max}}$ (wobei jeder Job aus höchstens zwei Arbeitsvorgängen besteht) kann mit dem folgenden Algorithmus von Jackson gelöst werden, der eine naheliegende Übertragung von Johnsons Algorithmus für $F2||C_{\max}$ ist und wieder den Rechenaufwand $O(n \log n)$ benötigt. Wie beim Problem $F2||C_{\max}$ sei a_j (b_j) die Bearbeitungsdauer von Job j auf M_1 (M_2). Weiter sei N_{12} (N_{21}) die Menge der Jobs, die zuerst auf M_1 (M_2) und dann auf M_2 (M_1) bearbeitet werden müssen. Ein Job j, der nur auf M_1 oder nur auf M_2 zu bearbeiten ist (und für den wir formal $b_j := 0$ bzw. $a_j := 0$ setzen), kann in irgendeine der beiden Mengen N_{12} oder N_{21} aufgenommen werden. Der Algorithmus basiert dann auf den folgenden **Regeln von Jackson**:

(i) Auf M_1 (M_2) werden alle Jobs aus N_{12} (N_{21}) vor allen Jobs aus N_{21} (N_{12}) bearbeitet, kurz gesagt: N_{12} vor N_{21} auf M_1, N_{21} vor N_{12} auf M_2.

(ii) Die Jobs aus N_{12} (N_{21}) werden auf beiden Maschinen in der gleichen Reihenfolge bearbeitet.

(iii) Unter den Jobs $j \in N_{12}$ bearbeitet man zuerst diejenigen mit $a_j < b_j$, geordnet nach nichtfallenden a_j, und danach diejenigen mit $a_j \geq b_j$, geordnet nach nichtwachsenden b_j.

(iv) Unter den Jobs $j \in N_{21}$ bearbeitet man zuerst diejenigen mit $a_j \geq b_j$, geordnet nach nichtfallenden b_j, und danach diejenigen mit $a_j < b_j$, geordnet nach nichtwachsenden a_j.

Regel (iii) entspricht Johnsons Regel für $F2||C_{\max}$. Regel (iv) entspricht Regel (iii), wenn man M_1 und M_2 (und damit a_j und b_j) vertauscht.

Wir erläutern Jacksons Algorithmus an einem Zahlenbeispiel mit 8 Jobs. Tab. 3.6.14 enthält die Bearbeitungsdauern der Jobs auf den beiden Maschinen, wobei der zuerst auszuführende Arbeitsvorgang jeweils durch einen Stern gekennzeichnet ist. Job 3, der nur auf Maschine M_1 zu bearbeiten ist, wird in die Menge N_{12} aufgenommen. Job 7, der nur auf M_2 bearbeitet wird, nehmen wir in die Menge N_{21} auf. Wir bekommen also $N_{12} = \{2, 3, 4, 5\}$ und $N_{21} = \{1, 6, 7, 8\}$. Die Bearbeitungsreihenfolgen innerhalb der Mengen N_{12} und N_{21} ergeben sich nach den Regeln (iii) und (iv) zu (2,5,4,3) für N_{12} und (6,1,8,7) für N_{21}. Damit erhalten wir (2,5,4,3,6,1,8) als optimale Jobreihenfolge auf M_1 und $(6, 1, 8, 7, 2, 5, 4)$ als optimale Jobreihenfolge auf M_2. Das Balkendiagramm für den entsprechenden optimalen Plan ist in Abb. 3.6.27 wiedergegeben.

Job j	1	2	3	4	5	6	7	8
a_j	3	1*	2	2*	3*	2	0	1
b_j	2*	3	0	1	3	1*	1	2*

Tab. 3.6.14

Mit $J2||C_{\max}$ ist man bereits wieder an der Grenze noch polynomial lösbarer Job-Shop-Probleme angelangt; denn schon die speziellen Drei-Maschinen-Probleme $J3|m_j \leq 2|C_{\max}$ und $J3|p_{ij} = 1|C_{\max}$ sind schwer. Das allgemeine Job-Shop-Problem $\boldsymbol{J||C_{\max}}$ ist extrem schwierig zu lösen. So ist es beispielsweise erst Ende der 80er Jahre gelungen, ein bereits 1963 von Muth und

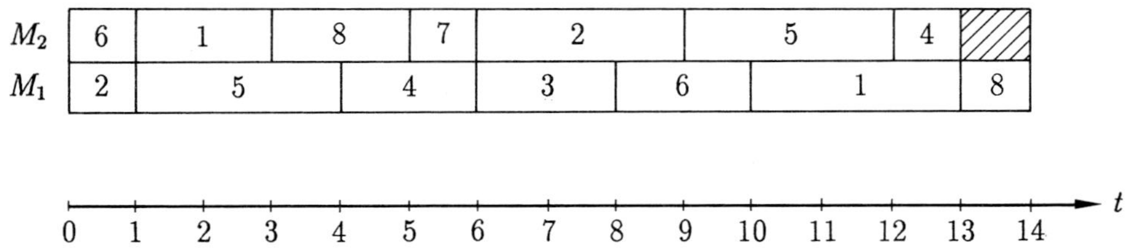

Abb. 3.6.27

Thompson formuliertes 10Job-10Maschinen-Problem exakt mit einem Branch-and-Bound-Algorithmus zu lösen (vgl. CARLIER UND PINSON (1989)).

Für das Schedulingproblem $J||C_{\max}$ skizzieren wir im folgenden ein heuristisches **Verfahren von Giffler und Thompson**, das die $\sum_{j=1}^{n} m_j$ Arbeitsvorgänge dieses Problems nacheinander (in $\sum_{j=1}^{n} m_j$ Schritten) einplant (vgl. etwa BAKER (1974), Abschnitt 7.5). Seien P der nach einer bestimmten Anzahl von Schritten ermittelte Teilplan, Z_μ der Zeitpunkt, bis zu dem Maschine M_μ im Teilplan P belegt ist ($\mu = 1, \ldots, m$) und S die Menge der im unmittelbaren Anschluß an P „einplanbaren" Arbeitsvorgänge (d.h., enthält P etwa die Arbeitsvorgänge $O_{1j}, \ldots, O_{q_j j}$ $(j = 1, \ldots, n)$, so besteht S aus den Vorgängen $O_{q_j+1,j}$ für alle $j = 1, \ldots, n$ mit $q_j < m_j$). Der nächste Schritt läuft dann wie folgt ab:

Zunächst bestimmt man für jeden Arbeitsvorgang $O_{ij} \in S$ den frühesten Startzeitpunkt E_{ij} und den frühesten Abschlußzeitpunkt C_{ij}:

$$E_{ij} = \begin{cases} Z_{\mu_{ij}}, & \text{falls } i = 1 \\ \max(Z_{\mu_{ij}}, C_{i-1,j}), & \text{falls } i > 1 \end{cases}$$

$$C_{ij} = E_{ij} + p_{ij} .$$

Danach ermittelt man den frühesten der Abschlußzeitpunkte C_{ij} mit $O_{ij} \in S$, etwa C_{rs}. Einerseits ist es unmöglich, dem Teilplan P einen Arbeitsvorgang hinzuzufügen, der vor dem Zeitpunkt C_{rs} beendet ist. Andererseits kann in jedem Plan, der den Teilplan P enthält und Maschine $M_{\mu_{rs}}$ bis zum Zeitpunkt C_{rs} leer läßt, ein einplanbarer Vorgang in diesem Leerintervall plaziert werden. Deshalb ist der Maschine $M_{\mu_{rs}}$ vor dem Zeitpunkt C_{rs} ein Arbeitsvorgang zuzuweisen. Unter den hierfür in Frage kommenden Vorgängen $O_{ij} \in S$ mit $\mu_{ij} = \mu_{rs}$ und $E_{ij} < C_{rs}$ ist einer auszuwählen gemäß einer sogenannten **Prioritätsregel**. Unter verschiedenen möglichen Prioritätsregeln haben sich die folgenden beiden in der Praxis besonders bewährt:

MWR-Regel („most work remaining"): Wähle den Vorgang O_{ij} aus, für den unter allen Jobs j die verbleibende Bearbeitungsdauer $\sum_{\nu=i}^{m_j} p_{\nu j}$ am größten ist.

SPT-Regel („shortest processing time"): Wähle den Vorgang O_{ij} mit der kleinsten Bearbeitungsdauer aus.

Nach der Auswahl des Arbeitsvorgangs O_{ij}, der dem Teilplan P hinzugefügt wird, eliminiert man diesen Vorgang aus S und nimmt (im Fall $i < m_j$) $O_{i+1,j}$ in S auf. Wir geben noch eine zusammenfassende Darstellung des Verfahrens:

Algorithmus 3.6.4 (Schedulingproblem $J||C_{\max}$ — Heuristik von Giffler und Thompson)

Für $\mu = 1, \dots, m$ *setze* $Z_\mu := 0$
Setze $S := \{O_{11}, \dots, O_{1n}\}$ *und für alle* $O_{ij} \in S$ $E_{ij} := 0$, $C_{ij} := p_{ij}$
Solange $S \neq \emptyset$
Bestimme ein $O_{rs} \in S$ *mit* $C_{rs} = \min_{O_{ij} \in S} C_{ij}$ [1]
Wähle unter den $O_{ij} \in S$ *mit* $\mu_{ij} = \mu_{rs}$ *und* $E_{ij} < C_{rs}$ *ein* O_{kl} *gemäß einer Prioritätsregel aus*
Setze $S := S \backslash \{O_{kl}\}$, $Z_{\mu_{kl}} := C_{kl}$
Für alle $O_{ij} \in S$ *mit* $\mu_{ij} = \mu_{kl}$ *setze* $E_{ij} := \max(E_{ij}, C_{kl})$, $C_{ij} := E_{ij} + p_{ij}$
Falls $k < m_l$, *setze* $S := S \cup \{O_{k+1,l}\}$, $E_{k+1,l} := \max(Z_{\mu_{k+1,l}}, C_{kl})$ *und* $C_{k+1,l} := E_{k+1,l} + p_{k+1,l}$

□

Der Rechenaufwand von Algorithmus 3.6.4 beträgt $O(n \sum_{j=1}^{n} m_j) = O(mn^2)$. Da die Abschätzungen (3.6.6) und (3.6.7) auch für Algorithmus 3.6.4 gelten, stellt das Verfahren von Giffler und Thompson ebenfalls einen $(m-1)$-approximativen Algorithmus dar.

3.6.5 Übersicht über die behandelten Schedulingprobleme und Verfahren

Abschließend listen wir in Tab. 3.6.15 die in den Abschnitten 3.6.2 bis 3.6.4 gelösten Schedulingprobleme und die Namen der zugehörigen Algorithmen mit Angabe des Rechenaufwandes noch einmal auf. Heuristische Verfahren für schwere Probleme, die im allgemeinen nur suboptimale Lösungen liefern, sind dabei durch (H) gekennzeichnet.

---

[1] Wird das Minimum für mehr als ein O_{rs} angenommen, so sind im folgenden die μ_{rs} für alle diese O_{rs} zu berücksichtigen.

Problem	Algorithmus	Rechenaufwand
$1\|\|L_{\max}$	EDD-Regel	$O(n \log n)$
$1\|prec\|f_{\max}$	Lawler	$O(n^2)$
$1\|r_j, p_j = 1\|L_{\max}$	Erweiterte EDD-Regel	$O(n \log n)$
$1\|\|\sum C_j$	SPT-Regel	$O(n \log n)$
$1\|\|\sum w_j C_j$	Quotientenregel von Smith	$O(n \log n)$
$1\|tree\|\sum w_j C_j$	Horn	$O(n \log n)$
$1\|\|\sum U_j$	Hodgson und Moore	$O(n \log n)$
$P\|\|\sum C_j$ $P\|pmtn\|\sum C_j$	Conway	$O(n \log n)$
$Q\|\|\sum C_j$	Horowitz und Sahni	$O(n \log n)$
$Q\|pmtn\|\sum C_j$	Gonzales	$O(n \log n + mn)$
$P\|\|C_{\max}$	LPT-Regel (H)	$O(n \log mn)$
$P\|pmtn\|C_{\max}$	McNaughton	$O(n)$
$P\|tree, p_j = 1\|C_{\max}$	Hu	$O(n)$
$O2\|\|C_{\max}$ $O2\|pmtn\|C_{\max}$	Gonzales und Sahni	$O(n)$
$F2\|\|C_{\max}$ $F2\|pmtn\|C_{\max}$	Johnson	$O(n \log n)$
$F\|\|C_{\max}$	CDS (H)	$O(mn \log n)$
$J2\|\|C_{\max}$	Jackson	$O(n \log n)$
$J\|\|C_{\max}$	Giffler und Thompson (H)	$O(mn^2)$

Tab. 3.6.15

3.7 Ressourcenplanung bei Projekten

Aufbauend auf der Zeitplanung (vgl. Abschnitt 2.5), kann es neben der in Abschnitt 2.10.3 behandelten Kostenplanung auch erforderlich sein, den Einsatz von **Ressourcen** (insbesondere von Arbeitskräften, Maschinen oder Material) zu berücksichtigen, die für die Durchführung der Vorgänge eines Projektes benötigt werden. Diese Ressourcen werden auch als **Einsatzmittel** bezeichnet. Dabei sind im Gegensatz zur Kostenplanung jetzt nicht die optimalen Dauern der Vorgänge zu bestimmen, sondern es ist für jeden Zeitpunkt während des Projektablaufs festzulegen, welche der Vorgänge gerade ausgeführt (oder nicht ausgeführt) werden und dabei Ressourcen in Anspruch nehmen. Unter Beachtung der Anordnungsbeziehungen soll für eine vorgegebene Projektdauer entweder eine möglichst gleichmäßige Verteilung des gesamten Bedarfs an Einsatzmitteln (Ressourcen) erreicht werden, oder es ist eine möglichst kurze Projektdauer unter Beachtung beschränkter Einsatzmittelkapazität gesucht. Damit liegt jeweils ein binäres Optimierungsproblem mit einer großen Anzahl von Variablen vor, das gegenüber der Zeit- und Kostenplanung einen wesentlich höheren Lösungsaufwand erfordert. Aus diesem Grund wollen wir uns auf heuristische Lösungsverfahren beschränken. Die bislang in der Praxis eingesetzten Methoden bestehen meistens nur darin, den aus einer Zeitplanung resultierenden Ressourcenbedarf zu ermitteln. Ergibt sich dabei etwa aufgrund eines zeitlich stark schwankenden Bedarfs oder durch Überschreiten der vorhandenen Einsatzmittelkapazität ein „Nachbesserungsbedarf", so wird versucht, durch zeitliches Verschieben gewisser Vorgänge schrittweise eine bessere Lösung zu erhalten.

Bei der Ressourcenplanung gehen wir aus von einem zum Zeitpunkt 0 beginnenden Projekt, dessen zeitliche Ablaufstruktur durch einen topologisch sortierten CPM-Netzplan mit der Knotenmenge $V = \{1, \ldots, n\}$ und der Pfeil- bzw. Vorgangsmenge $E = \{e_1, \ldots, e_m\}$ beschrieben werde. Die Vorgänge seien so durchnumeriert, daß $\mu < \nu$ gilt, wenn vor Beginn von Vorgang e_ν der Vorgang e_μ abgeschlossen sein muß ($1 \leq \mu, \nu \leq m$). Man spricht dann auch von einer **Standardsortierung** der Vorgänge. Dies ist beispielsweise der Fall, wenn für $e_\mu = \langle i, j \rangle$ und $e_\nu = \langle k, l \rangle$ mit $i < k$ auch $\mu < \nu$ gilt.

Neben der Dauer ist jetzt als weitere Größe der als positiv vorausgesetzte **Einsatzmittelbedarf** (Ressourcenbedarf) eines Vorgangs zu berücksichtigen. Wir nehmen an, daß der Einsatzmittelbedarf eines Vorgangs zeitlich konstant und nur eine Einsatzmittelart zu berücksichtigen sei. Bei zeitlich schwankendem Bedarf ist der Vorgang in Teilvorgänge mit (näherungsweise) konstantem Bedarf zu zerlegen (wobei sicherzustellen ist, daß die Teilvorgänge lückenlos aufeinanderfolgen, falls die Durchführung des ursprünglichen Vorgangs nicht unterbrochen werden darf).

Zusätzlich zu den frühest und spätest möglichen Anfangszeitpunkten von Vorgängen, die von der Netzplantechnik-Methode CPM her bekannt sind, treten bei der Ressourcenplanung aktuelle Anfangszeiten auf, die den geplanten Beginn der Vorgänge bezeichnen. Analog dazu haben wir aktuelle Pufferzeiten, die als Hilfsgrößen bei der Planung verwendet werden und den freien bzw. gesamten Pufferzeiten entsprechen.

In der Ressourcenplanung verwenden wir die folgenden Bezeichnungen und Konventionen:

- T: (Ganzzahlige) Projektdauer, die in T Perioden der jeweiligen Länge 1 unterteilt sei
- $[t-1, t)$: Periode t ($t = 1, \ldots, T$)
- $D_\mu = D_{ij}$: (Ganzzahlige) Dauer des Vorgangs $e_\mu = \langle i, j \rangle$
- $EMB_\mu = EMB_{ij}$: **E**insatz**m**ittel**b**edarf pro Zeiteinheit von Vorgang $e_\mu = \langle i, j \rangle$
- $GEMB_t$: **G**esamter **E**insatz**m**ittel**b**edarf des Projekts in Periode t; $GEMB_t$ ist auf $[t-1, t)$ konstant

$\overline{GEMB} :=$
$(1/T)\sum_{t=1}^{T} GEMB_t$: Mittlerer gesamter Einsatzmittelbedarf (bezogen auf $[0, T)$)

$x_{\mu t} \in \{0, 1\}$: (Binäre) Entscheidungsvariable. $x_{\mu t} = 1$ bedeutet, daß Vorgang e_μ im Zeitintervall $[t-1, t)$ durchgeführt wird.

$AZ_\mu = AZ_{ij}$: **A**ktueller **Z**eitpunkt des Beginns von $e_\mu = \langle i, j\rangle$

$AFP_\mu = AFP_{ij}$: **A**ktuelle **f**reie **P**ufferzeit von $e_\mu = \langle i, j\rangle$. Sie stellt die maximale Zeitspanne dar, um die $e_\mu = \langle i, j\rangle$ nach hinten verschoben werden kann, wenn alle anderen Vorgänge weiterhin ihre aktuellen Anfangszeiten beibehalten und der Projektendtermin T vorgegeben ist.

AGP_μ: **A**ktuelle **g**esamte **P**ufferzeit (aktuelle Gesamtpufferzeit) von e_μ. Sie stellt die maximale Zeitspanne dar, um die e_μ zeitlich nach hinten verschoben werden kann, falls e_μ zum aktuellen Anfangszeitpunkt AZ_μ beginnt und der aktuelle Projektendtermin dadurch nicht hinausgeschoben wird. Der aktuelle Projektendtermin ergibt sich dabei als letzter Abschlußzeitpunkt aller Vorgänge, wenn die aktuellen Anfangszeiten zugrundegelegt werden.

In der Praxis ist bei den meisten Vorgängen eine Unterbrechung nicht möglich oder nicht wünschenswert. Wir setzen daher im folgenden voraus, daß **Vorgänge nicht unterbrochen** werden. Ist ein realer Vorgang zu gewissen Zeiten dennoch unterbrechbar, so denken wir ihn uns in aufeinanderfolgende nicht unterbrechbare Vorgänge zerlegt, die entsprechende Dauern besitzen.

Wir werden im folgenden zwei verschiedene Probleme der Ressourcenplanung behandeln, die für die Anwendungen von besonderer Bedeutung sind. Zunächst sollen die einzelnen Vorgänge des Projekts so eingeplant werden, daß bei vorgegebener Projektdauer T der Einsatzmittelbedarf während des Projektablaufs möglichst wenig schwankt (**Nivellierungsproblem**). Eine solche Aufgabe liegt z.B. vor, wenn Schwankungen des Personalbedarfs vermieden werden sollen oder die kurzfristige Beschaffung und der Einsatz zusätzlicher Maschinen bzw. der Nichteinsatz vorhandener Maschinen mit hohen Kosten verbunden sind. Anschließend betrachten wir das Problem der Minimierung der Projektdauer, wenn die verfügbaren Einsatzmittel beschränkt sind.

3.7.1 Nivellierung des Einsatzmittelbedarfs

Wie bereits erwähnt, soll die Einplanung der Vorgänge bei der Nivellierung des Einsatzmittelbedarfs so erfolgen, daß der gesamte Einsatzmittelbedarf $GEMB_t$ in Abhängigkeit von t möglichst wenig schwankt. Falls ein zeitlich konstanter Verlauf möglich ist, gilt $GEMB_t = \overline{GEMB}$ $(t \in [0, T))$. Als übliches Streuungsmaß (analog der Varianz in der Statistik) verwenden wir die

Summe der quadratischen Abweichungen des gesamten Einsatzmittelbedarfs von seinem Mittelwert in den Perioden $t = 1, \ldots, T$. Das Nivellierungsproblem hat damit die Gestalt

$$\text{(3.7.1) Min.} \quad \sum_{t=1}^{T} (GEMB_t - \overline{GEMB})^2$$

$$\text{(3.7.2) u.d.N.} \quad GEMB_t = \sum_{\mu=1}^{m} EMB_\mu x_{\mu t} \quad (t = 1, \ldots, T)$$

$$\text{(3.7.3)} \quad \sum_{t=1}^{T} x_{\mu t} = D_\mu \quad (\mu = 1, \ldots, m)$$

$$\text{(3.7.4)} \quad D_\mu (x_{\mu t} - x_{\mu, t+1}) + \sum_{s=t+2}^{T} x_{\mu s} \leq D_\mu \quad (\mu = 1, \ldots, m; \; t = 1, \ldots, T-1)$$

$$\text{(3.7.5)} \quad D_\nu x_{\mu t} \leq \sum_{s=1}^{t-1} x_{\nu s} \quad (e_\mu = \langle i, j \rangle \in E; e_\nu = \langle k, i \rangle \; (k \in \mathcal{P}(i)); \; \mu = 1, \ldots, m; \; t = 1, \ldots, T)$$

$$\text{(3.7.6)} \quad x_{\mu t} \in \{0, 1\} \quad (\mu = 1, \ldots, m; \; t = 1, \ldots, T) \; .$$

An Stelle von (3.7.1) kann wegen

$$\sum_{t=1}^{T} (GEMB_t - \overline{GEMB})^2 = \sum_{t=1}^{T} GEMB_t^2 - T \cdot \overline{GEMB}^2$$

auch die Minimierungsbedingung

$$\text{(3.7.7)} \quad \text{Min.} \quad \sum_{t=1}^{T} GEMB_t^2$$

verwendet werden. Die Projektdauer T ist dabei vorgegeben.

Die Nebenbedingungen (3.7.2), (3.7.3) und (3.7.6) sind selbsterklärend. Die Ungleichung (3.7.4) stellt sicher, daß die Vorgänge nicht unterbrochen werden. Bei einer Unterbrechung des Vorgangs e_μ zum Zeitpunkt t (d.h. am Ende der Periode t) würde nämlich $x_{\mu t} = 1$, $x_{\mu, t+1} = 0$ und damit $D_\mu = D_\mu(x_{\mu t} - x_{\mu, t+1})$ gelten. Da e_μ zur Zeit t aber noch nicht beendet ist, würde dann im Widerspruch zu (3.7.4) für mindestens ein $s \geq t + 1$ der Wert $x_{\mu s} = 1$ auftreten. Die „Strukturungleichung" (3.7.5) stellt sicher, daß beim Start des Vorgangs $e_\mu = \langle i, j \rangle$ zum Zeitpunkt t alle unmittelbar vorangehenden Vorgänge $e_\nu = \langle k, i \rangle$ mit $k \in \mathcal{P}(i)$ abgeschlossen sind. Genau dann gilt $D_\nu = D_\nu x_{\mu t} = \sum_{s=1}^{t-1} x_{\nu s}$.

Die Bestimmung einer optimalen Lösung des binären Optimierungsproblems (3.7.1) bis (3.7.6) ist aufgrund der großen Zahl von Variablen $x_{\mu t}$

($\mu = 1, \ldots, m; t = 1, \ldots, T$) sehr rechenaufwendig (vgl. etwa GEWALD ET AL. (1972), Abschnitt 2.1). Dieser hohe Rechenaufwand tritt auch bei modifizierten Formulierungen des Ressourcenplanungsproblems auf, bei denen ganzzahlige Variablen x_μ ($\mu = 1, \ldots, m$) verwendet werden, die die Anfangszeitpunkte der Vorgänge e_μ festlegen (vgl. etwa CHRISTOFIDES ET AL. (1987)). Wir betrachten daher im folgenden eine Heuristik, die in der Regel nur eine Näherungslösung liefert.

Die Heuristik geht aus von einer CPM-Zeitplanung, bei der alle Vorgänge e_μ zu ihrem frühest möglichen Zeitpunkt FAZ_μ beginnen ($\mu = 1, \ldots, m$). Die entsprechende Lösung des Problems (3.7.1) bis (3.7.6) ist zulässig, falls überhaupt eine zulässige Lösung existiert. Anschließend wird durch schrittweises Hinausschieben von Vorgängen versucht, eine bessere Lösung zu erreichen oder zumindest eine später mögliche Verbesserung vorzubereiten. Diese Vorgehensweise kann mit Hilfe eines Balkendiagramms veranschaulicht werden, in dem die Vorgänge zunächst so weit links wie möglich eingetragen sind. Die Vorgänge können innerhalb ihrer freien Pufferzeit bzw. aktuellen freien Pufferzeit nach rechts verschoben werden (vgl. Abb. 3.7.2, wo das Balkendiagramm

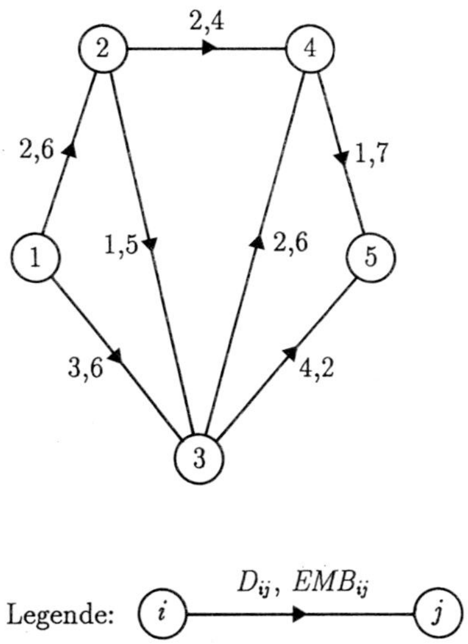

Abb. 3.7.1

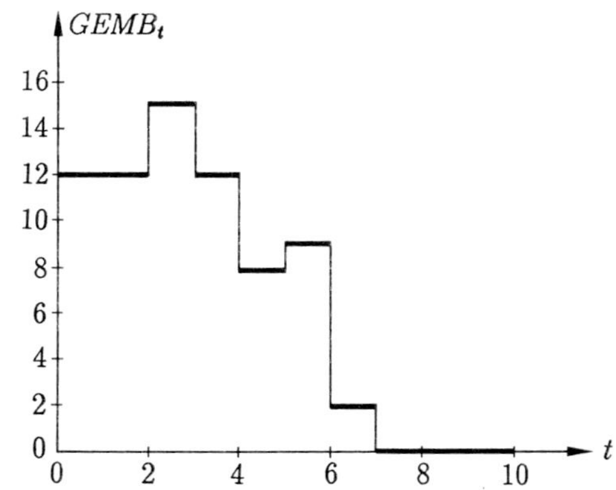

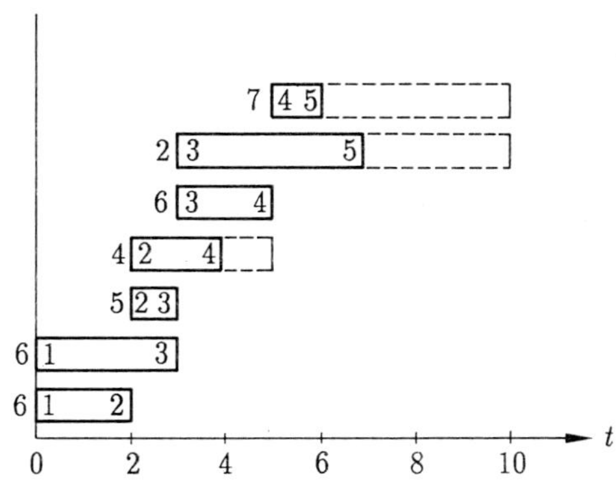

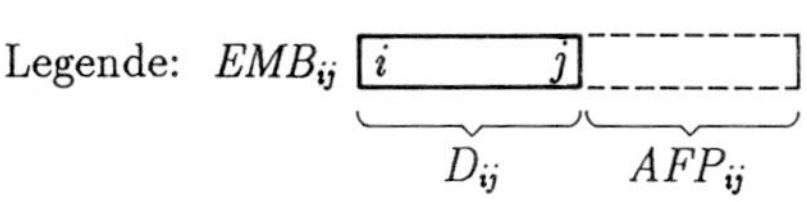

Abb. 3.7.2

des um den Einsatzmittelbedarf erweiterten CPM-Netzplans von Abb. 3.7.1 eingetragen ist). Die Auswirkungen dieser Verschiebungen lassen sich aus dem gesamten Einsatzmittelbedarf $GEMB_t$ ablesen, der in Abb. 3.7.2 über dem Balkendiagramm angegeben ist.

Zur Erläuterung eines Verfahrensschrittes gehen wir aus von einem Planungszustand mit gegebenen aktuellen Anfangszeiten und freien Pufferzeiten. Jeder dieser Verfahrensschritte besteht aus der Überprüfung eines Vorgangs und gegebenenfalls seiner Verschiebung sowie der damit verbundenen Neuberechnung aktueller Anfangs- und freier Pufferzeiten. Seien AZ_μ und $AZ_\mu + D_\mu$ die aktuellen Zeitpunkte des Beginns bzw. Abschlusses des gerade betrachteten Vorgangs e_μ und

$$\alpha := AZ_\mu + 1\,,\ \beta := AZ_\mu + D_\mu + 1\ .$$

Der Vorgang e_μ läßt sich um höchstens AFP_μ nach rechts verschieben, ohne daß dadurch ein anderer Vorgang oder der aktuelle Projektendtermin hinausgeschoben wird. Hierbei ergeben sich folgende Auswirkungen auf die Zielfunktion in (3.7.7):

(a) *Rechtsverschiebung von e_μ um eine Zeiteinheit*
$GEMB_\alpha$ wird um EMB_μ verringert
$GEMB_\beta$ wird um EMB_μ erhöht
Der Zielfunktionswert verringert sich dadurch um

$$\begin{aligned} GEMB_\alpha^2 - (GEMB_\alpha - EMB_\mu)^2 + GEMB_\beta^2 - (GEMB_\beta + EMB_\mu)^2 \\ = 2GEMB_\alpha EMB_\mu - 2GEMB_\beta EMB_\mu - 2EMB_\mu^2 \\ = 2EMB_\mu(GEMB_\alpha - EMB_\mu - GEMB_\beta)\ . \end{aligned}$$

Insbesondere erhalten wir eine bessere Lösung durch die Verschiebung, wenn $GEMB_\alpha - EMB_\mu > GEMB_\beta$ ist.

(b) *Rechtsverschiebung von e_μ um zwei Zeiteinheiten für den Fall $D_\mu \geq 2$*
Analog (a) erhält man als Verkleinerung des Zielfunktionswertes

$$2EMB_\mu\{(GEMB_\alpha - EMB_\mu - GEMB_\beta) + (GEMB_{\alpha+1} - EMB_\mu - GEMB_{\beta+1})$$

(c) *Rechtsverschiebung von e_μ um zwei Zeiteinheiten für den Fall $D_\mu = 1$*
In diesem Sonderfall treten aufgrund der kurzen Dauer von e_μ nur in zwei Perioden Änderungen von $GEMB_t$ auf, und der Zielfunktionswert verringert sich um

$$2EMB_\mu(GEMB_\alpha - EMB_\mu - GEMB_{\beta+1})\ .$$

Allgemein erhalten wir bei

(d) *Rechtsverschiebung von e_μ um $v \leq AFP_\mu$ Zeiteinheiten* als Verkleinerung des Zielfunktionswertes

$$2EMB_\mu P_\mu$$

mit der Prüfgröße

$$P_\mu := \{(GEMB_\alpha - EMB_\mu - GEMB_{\beta+v-\tilde{v}}) + \ldots + (GEMB_{\alpha+\tilde{v}-1} - EMB_\mu - GEMB_{\beta+v-1})\}$$

und $\tilde{v} := \min(v, D_\mu)$.

Insgesamt läuft die Heuristik wie folgt ab: In umgekehrter Reihenfolge der Numerierung der Vorgänge (d.h., wir betrachten zunächst die Zielvorgänge des Projekts) wird zunächst jeder Vorgang e_μ daraufhin untersucht, ob eine zulässige Rechtsverschiebung um $v \leq AFP_\mu$ vorgenommen werden kann, ohne daß sich die Zielfunktion in (3.7.7) vergrößert. Hierbei wird zuerst versucht, e_μ solange um jeweils eine Zeiteinheit nach rechts zu verschieben, wie $P_\mu \geq 0$ gilt. Tritt dieser Fall mindestens einmal auf, geht man zum nächsten Vorgang über. Ist keine Verschiebung um eine Zeiteinheit möglich, wird eine Verschiebung um $2, 3, \ldots, AFP_\mu$ Zeiteinheiten versucht. Ist dies aufgrund $P_\mu \geq 0$ ohne Vergrößerung der Zielfunktionswerte möglich, so wird die entsprechende Verschiebung des Vorgangs (*einmal*) vorgenommen, und man geht zum nächsten Vorgang über. Bei der Rechtsverschiebung eines Vorgangs können sich neben seiner aktuellen Anfangs- und freien Pufferzeit auch die aktuellen freien Pufferzeiten von unmittelbar vorangehenden Vorgängen ändern.

Sind in dieser „Rückwärtsrechnung" alle Vorgänge des Projekts untersucht worden, schließt sich eine „Vorwärtsrechnung" an, bei der die Vorgänge in umgekehrter Reihenfolge überprüft und gegebenenfalls rechtsverschoben werden. Diese Rückwärts- und Vorwärtsrechnungen werden im Wechsel so lange wiederholt, bis bei keinem der Vorgänge mehr eine Verschiebung erfolgt und durch die Heuristik damit keine weitere Verbesserung gefunden werden kann.

Es bleibt noch nachzutragen, welche Auswirkungen die Rechtsverschiebung eines Vorgangs $e_\mu = \langle i, j \rangle$ um v Zeiteinheiten auf die aktuellen Anfangs- und freien Pufferzeiten besitzt. Neben der Vergrößerung von AZ_μ und der Verringerung von $AFP_\mu = AFP_{ij}$ um v kann sich die Rechtsverschiebung auf die aktuellen Pufferzeiten AFP_{ki} ($k \in \mathcal{P}(i)$) der Vorgänge mit Endknoten i auswirken. Diese Pufferzeiten können allerdings nicht nur von dem (zu verschiebenden) Anfangszeitpunkt von $e_\mu = \langle i, j \rangle$ abhängen, sondern auch von den Anfangszeiten der übrigen von i ausgehenden Vorgänge $\langle i, l \rangle$ ($l \in \mathcal{S}(i) \backslash \{j\}$). Den für die Veränderungen der AFP_{ki} relevanten Teil des Netzplans und des zugehörigen Balkendiagramms, in dem der Vorgang $\langle i, j \rangle$ vor und nach der Verschiebung eingetragen ist, zeigen Abb. 3.7.3 und Abb. 3.7.4. Nur im Fall, daß $AZ_{ij} < AZ_{il}$ für alle $l \in \mathcal{S}(i) \backslash \{j\}$ ist und damit die aktuelle freie Pufferzeit der unmittelbar vorangehenden Vorgänge durch $\langle i, j\rangle$ beschränkt wird, wirkt sich die Verschiebung von $\langle i, j\rangle$ auf AFP_{ki} aus. Die Vergrößerung $\bar{v}$ von AFP_{ki} berechnet sich daher gemäß

$$\bar{v} = \min\{v, \max[0, \min_{l \in \mathcal{S}(i)\setminus\{j\}} (AZ_{il} - AZ_{ij})]\} .$$

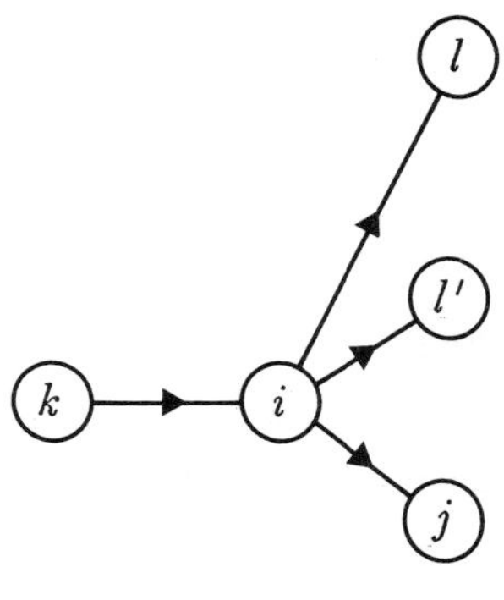

Abb. 3.7.3

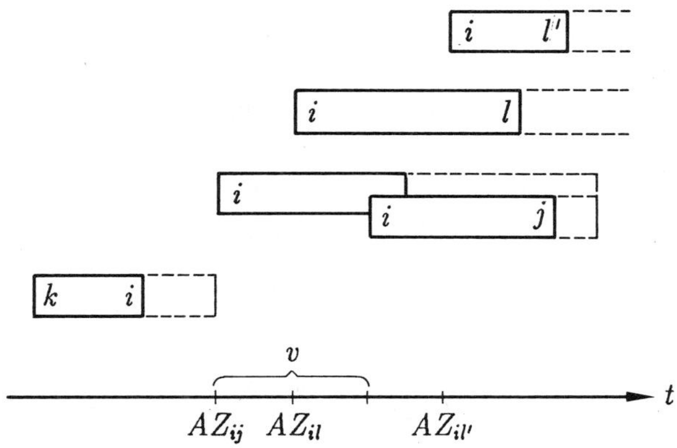

Abb. 3.7.4

Im einzelnen sind bei der Durchführung des Verfahrens folgende Rechenschritte auszuführen:

Algorithmus 3.7.1 (Nivellierung des gesamten Einsatzmittelbedarfs eines Projektes)

Schritt 1 (Initialisierung)

Berechne mit der Netzplantechnik-Methode CPM die frühest möglichen Anfangszeiten FAZ_μ und die freien Pufferzeiten FP_μ der Vorgänge e_μ ($\mu = 1, \dots, m$) für den Netzplan $N = \langle V, E; D\rangle$. Die Vorgänge seien standardsortiert, d.h., sie sind so numeriert, daß $\mu < \nu$ gilt, falls für $e_\mu = \langle i, j\rangle$ und $e_\nu = \langle k, l\rangle$ $i < k$ ist.
Setze für $\mu = 1, \dots, m$ $AZ_\mu := FAZ_\mu$, $AFP_\mu := FP_\mu$

Schritt 2 (Rückwärtsrechnung)

Für $\mu = m, m-1, \dots, 1$
  Falls $AFP_\mu > 0$
    Setze $\alpha := AZ_\mu + 1$, $\beta := AZ_\mu + D_\mu + 1$, $v := 1$, $a :=$ „$false$“
    Solange $P := GEMB_\alpha - EMB_\mu - GEMB_\beta \geq 0$ und $AFP_\mu > 0$
      Rechtsverschiebung von $e_\mu = \langle i, j\rangle$ um 1
      Setze $\alpha := AZ_\mu + 1$, $\beta := AZ_\mu + D_\mu + 1$, $a :=$ „$true$“

Solange $a =$ „*false*" *und* $v < AFP_\mu$
Setze $v := v + 1$, $\tilde{v} := \min(v, D_\mu)$
Falls $P := (GEMB_\alpha - EMB_\mu - GEMB_{\beta+v-\tilde{v}}) + \ldots$
$+(GEMB_{\alpha+\tilde{v}-1} - EMB_\mu - GEMB_{\beta+v-1}) \geq 0$
Rechtsverschiebung von $e_\mu = \langle i, j\rangle$ um v
Setze $a :=$ „*true*"

Schritt 3 (Vorwärtsrechnung)

Führe für $\mu = 2, 3, \ldots, m-1$ *dieselben Rechenschritte wie in Schritt 2 (Rückwärtsrechnung) durch.*

Schritt 4 (Abbruchbedingung)

Wiederhole abwechselnd Schritt 2 und Schritt 3 so lange, bis zum ersten Mal in einer Rückwärts- oder in einer Vorwärtsrechnung (einschließlich $\mu = 1, m$*) keine Rechtsverschiebung erfolgt.*

Prozedur *Rechtsverschiebung von* $e_\mu = \langle i, j\rangle$ *um* v

Setze $GEMB_{\alpha+\tau} := GEMB_{\alpha+\tau} - EMB_{ij}$ *für* $\tau = 0, 1, \ldots, \tilde{v} - 1$
$GEMB_{\beta+\tau} := GEMB_{\beta+\tau} + EMB_{ij}$ *für* $\tau = v - \tilde{v} - 1, \ldots, v - 1$
$\bar{v} := \min\{v, \max[0, \min_{l \in \mathcal{S}(i)\setminus\{j\}}(AZ_{il} - AZ_{ij})]\}$
$AFP_{ki} := AFP_{ki} + \bar{v}$ *für alle* $k \in \mathcal{P}(i)$
$AZ_{ij} := AZ_{ij} + v$, $AFP_{ij} := AFP_{ij} - v$

□

Der Rechenaufwand von Algorithmus 3.7.1 ist $O(mnT^2)$, es handelt sich also um einen pseudopolynomialen Algorithmus (vgl. Abschnitt 2.2.2). Durch eine geeignete Modifikation des Verfahrens kann man den Rechenaufwand auf $O(m^2nT)$ reduzieren.

Vorgang	Initialisierung		1. Rückwärts-rechnung		1. Vorwärts-rechnung		2. Rückwärts-rechnung	
$\langle i, j\rangle$	$AZ_{ij} = FAZ_{ij}$	$AFP_{ij} = FP_{ij}$	AZ_{ij}	AFP_{ij}	AZ_{ij}	AFP_{ij}	AZ_{ij}	AFP_{ij}
$\langle 1, 2\rangle = e_1$	0	0	1	0	1	0	1	1
$\langle 1, 3\rangle = e_2$	0	0	0	1	0	2	2	0
$\langle 2, 3\rangle = e_3$	2	0	3	0	3	1	4	0
$\langle 2, 4\rangle = e_4$	2	1	3	4	5	2	5	2
$\langle 3, 4\rangle = e_5$	3	0	4	3	7	0	7	0
$\langle 3, 5\rangle = e_6$	3	3	5	1	5	1	5	1
$\langle 4, 5\rangle = e_7$	5	4	9	0	9	0	9	0

Tab. 3.7.1

Für den Netzplan von Abb. 3.7.1 sind die Ergebnisse der einzelnen Rechenschritte von Algorithmus 3.7.1 in Tab. 3.7.1 enthalten. Der Wert der Zielfunktion in (3.7.1) wird dabei vom Anfangswert 316 (bei der Initialisierung) auf den Wert 96 am Ende des Verfahrens verbessert. Der zeitliche Verlauf der Anfangslösung und der verbesserten Lösung von $GEMB_t$ sind in Abb. 3.7.5 einander gegenübergestellt. Wie man leicht sieht, liefert die Heuristik keine optimale Lösung.

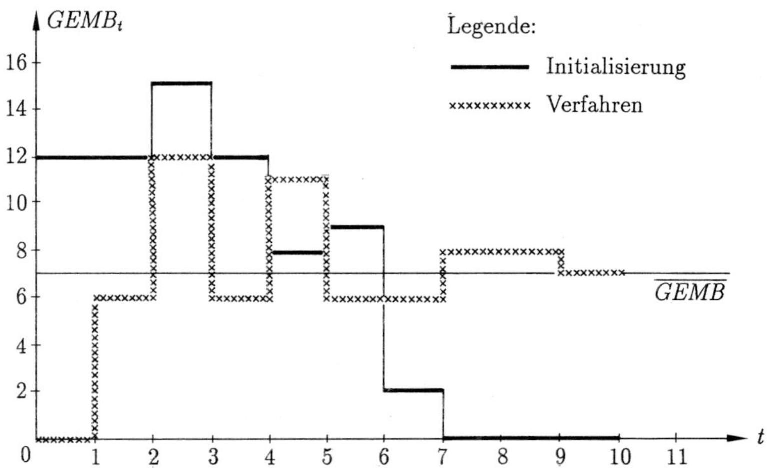

Abb. 3.7.5

Die Vorgehensweise beim Verfahren für das Nivellierungsproblem läßt sich dadurch charakterisieren, daß mit der Standardsortierung zunächst eine Reihenfolge der Vorgänge festgelegt wird, welche die Grundlage des weiteren sequentiellen Vorgehens darstellt. Hierbei werden mit Hilfe einfacher „Regeln" aus dem jeweils aktuellen Einplanungsstand Änderungen des Ablaufplans abgeleitet. Dieses durch (einfache) Regeln gesteuerte Vorgehen ist für die Ressourcenplanung bei Projekten typisch und tritt noch deutlicher bei dem im folgenden behandelten Problem auf, das die Knappheit von Einsatzmitteln als Restriktion enthält.

3.7.2 Minimierung der Projektdauer bei vorgegebener Einsatzmittelkapazität

Häufig sind die für die Durchführung eines Projekts zur Verfügung stehenden Einsatzmittel beschränkt. Wir nehmen an, daß die verfügbare **Einsatzmittelkapazität** EMK zeitlich konstant sei. Die Optimierungsaufgabe besteht dann darin, die Vorgänge so einzuplanen, daß die Projektdauer unter Berücksichtigung dieser Kapazitätsrestriktion minimal wird. Für die Existenz einer zulässigen bzw. optimalen Lösung ist es notwendig und hinreichend, daß der

Einsatzmittelbedarf jedes Vorgangs nicht größer als EMK ist. Dies sei im folgenden vorausgesetzt.

Entsprechend dem Vorgehen bei der Lösung des Nivellierungsproblems in Abschnitt 3.7.1 wird zunächst eine Zeitplanung mit CPM durchgeführt, und die Vorgänge werden vorläufig zu ihren frühest möglichen Zeitpunkten eingeplant. Diese Anfangslösung ist im allgemeinen unzulässig, und die zugehörige Projektdauer stellt eine untere Schranke für die minimale (zulässige) Projektdauer dar. Im Fall, daß die Anfangslösung zulässig ist, d.h., $GEMB_t \leq EMK$ für $t = 1, \ldots, T$ mit $T = FZ_n$ gilt, ist bereits eine optimale Lösung gefunden.

Andernfalls wird versucht, durch Rechtsverschieben von Vorgängen eine möglichst gute zulässige Lösung zu erhalten. Die Reihenfolge, in der die Vorgänge untersucht und verschoben werden, basiert wieder primär auf ihrer Standardsortierung und entspricht damit (grob) der Aufeinanderfolge der Vorgänge im Projektablauf. Im einzelnen geht man wie folgt vor:

Ausgehend vom Projektbeginn 0, wird die erste Periode t_1 bestimmt, in der $GEMB_{t_1} > EMK$ gilt. Die Vorgänge, die während der Periode t_1 durchgeführt werden können, sind nach gewissen **Prioritätsregeln** zu ordnen. Vorgänge, deren Anfangszeitpunkt vor der Periode t_1 liegt, erhalten die höchste Priorität und werden daher auf jeden Fall fortgesetzt. Damit soll ausgeschlossen werden, daß in früheren (planerisch bereits abgeschlossenen) Perioden Änderungen dadurch entstehen, daß Vorgänge aufgrund ihrer Nichtunterbrechbarkeit aus diesen Perioden „herausgezogen“ werden. Die Priorität der Einplanung der übrigen Vorgänge orientiert sich in erster Linie an ihrer aktuellen Gesamtpufferzeit, d.h. an der Zeitdauer, um die der Vorgang von seiner aktuellen Anfangszeit aus unter Einhaltung des aktuellen Projektendtermins nach hinten verschoben werden kann. Vorgänge mit kleinerer aktueller Gesamtpufferzeit haben dabei eine höhere Priorität. Sind für zwei oder mehr Vorgänge die aktuellen Gesamtpufferzeiten gleich, so wird als „Nebensortierkriterium“ der Einsatzmittelbedarf verwendet, wobei Vorgänge mit größerem Einsatzmittelbedarf bevorzugt eingeplant werden. Unterscheiden sich die Vorgänge auch nicht in ihrem Einsatzmittelbedarf, so können sie etwa nach wachsenden Vorgangsnummern eingeplant werden.

Nach fallender Priorität geordnet werden dann so viele Vorgänge in Periode t_1 eingeplant, wie unter Einhaltung der Kapazitätsrestriktion möglich ist. Die übrigen Vorgänge werden um eine Zeiteinheit nach rechts verschoben. Anschließend wird eine neue CPM-Zeitplanung für denjenigen „Teilnetzplan“ durchgeführt, dessen Startvorgänge die in Periode t_1 eingeplanten Vorgänge sind. Danach bestimmt man die nächste Periode t_2 mit $GEMB_{t_2} > EMK$ und fährt entsprechend fort. In dieser Weise werden schrittweise alle Vorgänge unter Einhaltung der Kapazitätsrestriktion eingeplant. Der Projektendtermin kann beim Verschieben der Vorgänge ebenfalls nach hinten verschoben werden (dies ist insbesondere bei der Verschiebung von Vorgängen mit aktueller Gesamtpufferzeit 0 der Fall). Insgesamt erhalten wir den folgenden

Algorithmus 3.7.2 (Projektplanung bei vorgegebener Einsatzmittelkapazität)

Schritt 1 (Initialisierung)

Berechne mit der Netzplantechnik-Methode CPM die frühest möglichen Anfangszeitpunkte FAZ_μ *und die Gesamtpufferzeiten* GP_μ *der Vorgänge* e_μ $(\mu = 1, \dots, m)$.
Setze für $\mu = 1, \dots, m$ $AZ_\mu := FAZ_\mu$ *und* $AGP_\mu := GP_\mu$

Schritt 2 (Einplanung)

Solange eine am weitesten links liegende Periode $[t, t+1)$ *mit* $GEMB_{t+1} > EMK$ *existiert*

Numeriere die (etwa k_t*) Vorgänge mit* $AZ_\mu \leq t$ *und* $AZ_\mu + D_\mu > t$ *wie folgt*

(1) Vorgänge e_μ *mit* $AZ_\mu < t$ *erhalten (durch Umnumerierung) die Nummern* $\mu = 1, \dots, \bar{k}_t$

(2) Numeriere die verbleibenden $k_t - \bar{k}_t$ *Vorgänge nach wachsenden* AGP_μ*, bei gleichen aktuellen Gesamtpufferzeiten nach fallendem Einsatzmittelbedarf (sonst nach wachsenden Vorgangsnummern), d.h., es gelte*

$\mu < \nu$, *falls* $AGP_\mu < AGP_\nu$
oder $AGP_\mu = AGP_\nu$ *und* $EMB_\mu > EMB_\nu$
oder $AGP_\mu = AGP_\nu$ *und* $EMB_\mu = EMB_\nu$ *und* $i < k$ *für* $e_\mu = \langle i, j \rangle$ *sowie* $e_\nu = \langle k, l \rangle$
oder $AGP_\mu = AGP_\nu$ *und* $EMB_\mu = EMB_\nu$ *und* $i = k$ *und* $j < l$ *für* $e_\mu = \langle i, j \rangle$ *sowie* $e_\nu = \langle k, l \rangle$

Solange $\sum_{\mu=1}^{k_t} EMB_\mu > EMK$ *gilt (bestmögliche Ausnutzung der Einsatzmittelkapazität)*

Bestimme l *so, daß* $\sum_{\mu=1}^{l} EMB_\mu \leq EMK < \sum_{\mu=1}^{l+1} EMB_\mu$
Verschiebe e_{l+1} *um eine Zeiteinheit nach rechts*
Setze für $\nu = l+2, \dots, k_t$ *(Umnumerierung)* $e_{\nu-1} := e_\nu$ *und bezeichne den verschobenen Vorgang mit* e_{k_t}
Setze $k_t := k_t - 1$

Bestimme den „Teilnetzplan" N_t *des zugrundeliegenden CPM-Netzplans, der aus allen Pfeilen (einschließlich ihrer Bewertungen) besteht, die auf Wegen mit* n [1] *als Endknoten liegen und Startvorgänge haben, die in Periode* $t+1$ *durchgeführt werden (nur Vorgänge auf solchen Wegen sind*

---

[1] n ist die Senke des Netzplans.

für die weitere Planung in den Perioden $t+1, t+2, \ldots$ von Interesse). Transformiere N_t durch Hinzufügen einer Quelle zusammen mit den entsprechenden Scheinvorgängen in einen CPM-Netzplan und bestimme in ihm mit Hilfe der CPM-Zeitplanung (unter Berücksichtigung der aktuellen Anfangszeiten der Startvorgänge von N_t) die frühest möglichen Anfangszeitpunkte als aktuelle Anfangszeitpunkte, die Projektdauer $T = FZ_n$ und die Gesamtpufferzeiten als aktuelle Gesamtpufferzeiten.

□

Der Rechenaufwand des (pseudopolynomialen) Algorithmus 3.7.2 ist $O(mD \log m)$ mit $D := \sum_{\mu=1}^{m} D_\mu$. Statt Vorgänge wie in Algorithmus 3.7.2 jeweils nur um eine Zeiteinheit zu verschieben, kann man sie gleich um mehrere Perioden verschieben, solange keiner der Vorgänge endet, die sich in Durchführung befinden (und damit in den einzelnen Perioden jeweils die gleiche Entscheidungssituation vorliegt). In diesem Fall reduziert sich der Rechenaufwand auf $O(m^2 \log m)$. Man erhält also einen polynomialen Algorithmus.

Als Zahlenbeispiel zu Algorithmus 3.7.2 betrachten wir wieder den Netzplan von Abb. 3.7.1 zusammen mit der Einsatzmittelkapazität $EMK = 10$. Wir gehen aus von der in Abb. 3.7.2 angegebenen Anfangslösung mit $FZ_n = FZ_5 = 7$. Die Verfahrensschritte ergeben die aktuellen Anfangszeiten von Tab. 3.7.2, wobei gleichartige Verschiebungen um eine Zeiteinheit zusammengefaßt sind.

Vorgang	Initialisierung AZ_{ij}	1. Einplanung AZ_{ij}	2. Einplanung AZ_{ij}	3. Einplanung AZ_{ij}
$\langle 1,2 \rangle = e_1$	0	0	0	0
$\langle 1,3 \rangle = e_2$	0	2	2	2
$\langle 2,3 \rangle = e_3$	2	2	4	5
$\langle 2,4 \rangle = e_4$	2	2	2	2
$\langle 3,4 \rangle = e_5$	3	5	5	6
$\langle 3,5 \rangle = e_6$	3	5	5	6
$\langle 4,5 \rangle = e_7$	5	7	7	8
T	7	9	9	10

Tab. 3.7.2

Das Balkendiagramm der damit erhaltenen Lösung und der zeitliche Verlauf des gesamten Einsatzmittelbedarfs sind in Abb. 3.7.6 wiedergegeben.

Die Vorgehensweise bei der Projektplanung mit vorgegebener Einsatzmittelkapazität läßt sich dadurch charakterisieren, daß man bei der Einplanung der Vorgänge chronologisch vorgeht. Beginnend mit dem Startzeitpunkt $t = 0$ des Projekts werden mit der Zeit fortschreitend nacheinander alle Vorgänge eingeplant. Zu jedem möglichen Einplanungszeitpunkt werden die Vorgänge,

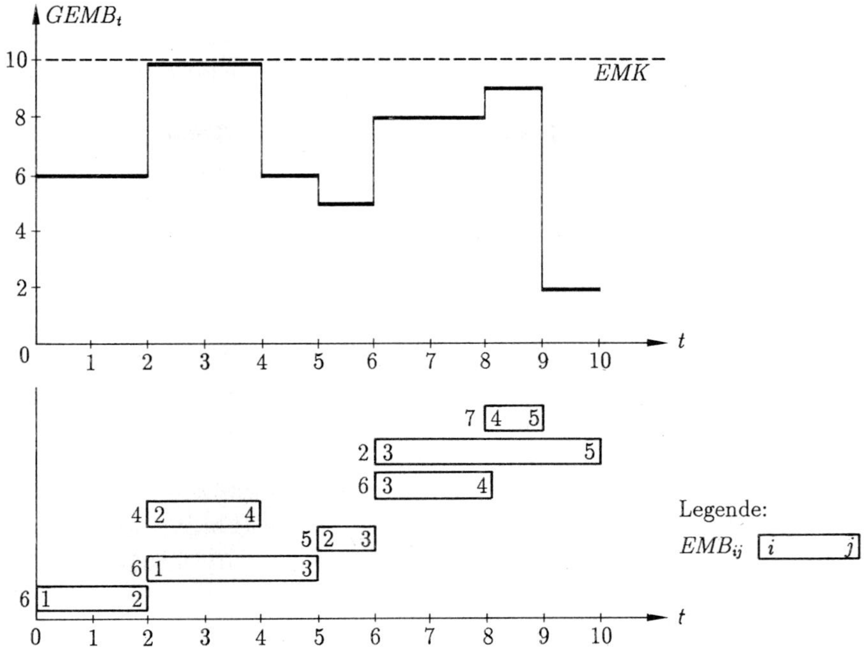

Abb. 3.7.6

die aufgrund der Vorgangsbeziehungen und des aktuellen Stands der Planung gerade durchgeführt werden können, mit Hilfe von Prioritätsregeln geordnet und unter Beachtung der Kapazitätsrestriktion eingeplant. Da alle zum Einplanungszeitpunkt ausführbaren Vorgänge gleichzeitig (parallel) in eine Rangfolge gebracht werden, spricht man von einer **parallelen Planung**. Die hierbei verwendeten Prioritätsregeln lassen sich in statische und dynamische Regeln unterteilen. Die im allgemeinen einfacheren **statischen Prioritätsregeln** hängen *nicht* vom aktuellen Stand der Planung, sondern von statischen Größen ab, wie z.B. dem Einsatzmittelbedarf, der Dauer oder der Standardsortierung der Vorgänge (d.h. der Ablaufstruktur). Die **dynamischen Prioritätsregeln** berücksichtigen dagegen den aktuellen Stand der Planung und sind aufgrund der damit verbundenen besseren „Informationsauswertung" meistens leistungsfähiger als die statischen Regeln. Wie in Algorithmus 3.7.2 werden häufig mehrere hintereinandergeschaltete Prioritätsregeln als **Haupt- und Nebensortierkriterien** eingesetzt. In Algorithmus 3.7.2 wird beim (dynamischen) Hauptsortierkriterium bereits begonnenen Vorgängen Vorrang eingeräumt, und als erstes (dynamisches) Nebensortierkriterium werden die aktuellen Pufferzeiten verwendet (auch als dynamische Minimum-Slack-Regel bezeichnet). Als zweites und drittes Nebensortierkriterium (beide sind statisch) treten der Einsatzmittelbedarf und die Standardsortierung der Vorgänge auf.

Andere sinnvolle Prioritätsregeln bei der Ressourcenplanung sind die aus der Maschinenbelegungsplanung (vgl. Abschnitt 3.6) bekannte SPT-Regel („shortest processing time“ first) und LPT-Regel („largest processing time“ first), bei denen die Vorgangsdauern berücksichtigt werden, oder die GRD-Regel („greatest resource demand“ first), bei der nach fallenden Werten von $D_\mu \, EMB_\mu$ sortiert wird. Für eine ausführliche Diskussion weiterer Prioritätsregeln und darauf aufbauender Heuristiken verweisen wir auf ALVAREZ-VALDES UND TAMARIT (1989).

Im Gegensatz zur parallelen Planung gibt es auch Verfahren, die auf einer **seriellen Planung** basieren. Bei ihnen wird nicht chronologisch vorgegangen, sondern primär gemäß einer durch Prioritätsregeln bestimmten Vorgangsreihenfolge, beispielsweise der Standardsortierung. Wie bei der parallelen Planung können statische und dynamische Prioritätsregeln zum Einsatz kommen. Als Beispiel für eine serielle Planung sei das Verfahren zur Nivellierung des gesamten Einsatzmittelbedarfs eines Projekts (Algorithmus 3.7.1) angeführt. Hierbei werden seriell in der Reihenfolge der (statischen) Standardsortierung (Neu-)Einplanungen im Einklang mit der (dynamischen) Regel vorgenommen, daß bei der Verschiebung von Vorgängen keine (aktuelle) Verschlechterung des Zielfunktionswertes auftreten darf.

3.8 Ergänzungen

In diesem Abschnitt werden wir kurz einige zusätzliche Methoden zur Lösung ganzzahliger bzw. gemischt-ganzzahliger Optimierungsprobleme diskutieren. Zunächst werden wir auf die sogenannte Lagrange-Relaxation und Lagrange-Dualität ganzzahliger Optimierungsprobleme eingehen. Danach skizzieren wir das Verfahren von Benders zur Lösung gemischt-ganzzahliger Optimierungsaufgaben. Abschließend erwähnen wir einige neuere Lösungsansätze für ganzzahlige Optimierungsprobleme, die Resultate aus der Theorie der konvexen Polyeder ausnutzen und Schnittebenenverfahren mit Branch-and-Bound-Algorithmen kombinieren.

3.8.1 Lagrange-Relaxation und Lagrange-Dualität

Statt des ganzzahligen linearen Optimierungsproblems (G) mit Gleichungen als Nebenbedingungen legen wir im folgenden die Optimierungsaufgabe

$$\text{(G)} \qquad \begin{cases} \text{Min.} & F(\mathbf{x}) := \mathbf{c}^T\mathbf{x} \\ \text{u.d.N.} & \mathbf{A}\mathbf{x} \leq \boldsymbol{b} \\ & \mathbf{x} \in \mathbb{Z}_+^q \end{cases}$$

mit der $m \times q$-Matrix $\mathbf{A}$ zugrunde. Wir nehmen an, daß die Ungleichungen $\mathbf{Ax} \leq \boldsymbol{b}$ sich aus „angenehmen" Ungleichungen $\mathbf{A}^1\mathbf{x} \leq \boldsymbol{b}^1$ mit der $m_1 \times q$-Matrix $\mathbf{A}^1$ und $0 \leq m_1 < m$ und „unangenehmen" Ungleichungen $\mathbf{A}^2\mathbf{x} \leq \boldsymbol{b}^2$ mit der $m_2 \times q$-Matrix $\mathbf{A}^2$ und $m_2 = m - m_1$ zusammensetzen, wobei das durch Weglassen der letzteren Ungleichungen aus (G) resultierende ganzzahlige Optimierungsproblem

$$(\mathrm{G}_1) \qquad \begin{cases} \text{Min.} & \mathbf{c}^T\mathbf{x} \\ \text{u.d.N.} & \mathbf{A}^1\mathbf{x} \leq \boldsymbol{b}^1 \\ & \mathbf{x} \in \mathbb{Z}_+^q \end{cases}$$

„leicht" zu lösen sei. Z.B. kann die Relaxation (G_1) von (G) ein Flußproblem in einem Netzwerk oder ein Zuordnungsproblem sein (wobei die Ganzzahligkeitsbedingungen für die Variablen in den betreffenden Lösungsverfahren automatisch berücksichtigt werden, vgl. Abschnitte 2.6 und 2.8 bzw. 2.7.3). In Abschnitt 3.5.6 haben wir etwa als Relaxation (G_1) des schweren symmetrischen Handlungsreisendenproblems (G) das leichte Problem der Bestimmung eines minimalen 1-Gerüstes in einem bewerteten Graphen betrachtet.

Die „unangenehmen" Ungleichungen $\mathbf{A}^2\mathbf{x} \leq \boldsymbol{b}^2$ in (G) beziehen wir mit in die Zielfunktion ein, indem wir statt F die durch

$$(3.8.1) \qquad \mathcal{L}(\mathbf{x}, \boldsymbol{u}) := \mathbf{c}^T\mathbf{x} + \boldsymbol{u}^T(\mathbf{A}^2\mathbf{x} - \boldsymbol{b}^2)$$

gegebene Funktion $\mathcal{L}$ mit $\boldsymbol{u} \geq \boldsymbol{0}$ minimieren. Die sogenannte **Lagrange-Funktion** $\mathcal{L}$ werden wir in Kapitel 4 im Rahmen der nichtlinearen Optimierung genauer untersuchen. Die Komponenten $u_1, \ldots, u_m$ des Vektors $\boldsymbol{u} \in \mathbb{R}_+^m$ werden als **Lagrange-Multiplikatoren** bezeichnet und spielen die Rolle von „Strafkosten", da die Verletzung etwa der Ungleichung Nummer i im System $\mathbf{A}^2\mathbf{x} \leq \boldsymbol{b}^2$ durch Multiplikation mit $u_i > 0$ den Zielfunktionswert von $\mathcal{L}$ um $u_i(\sum_{j=1}^q a_{ij}x_j - b_i)$ vergrößert. Seien

$$X := \{\mathbf{x} \in \mathbb{Z}_+^q | \mathbf{A}^1\mathbf{x} \leq \boldsymbol{b}^1\}$$
$$M := \{\mathbf{x} \in \mathbb{Z}_+^q | \mathbf{Ax} \leq \boldsymbol{b}\}$$

die zulässigen Bereiche der Optimierungsprobleme (G_1) bzw. (G). Dann nennt man die Familie von Problemen

$$(\mathrm{G}(\boldsymbol{u})) \qquad \begin{cases} \text{Min.} & \mathcal{L}(\mathbf{x}, \boldsymbol{u}) \\ \text{u.d.N.} & \mathbf{x} \in X \end{cases}$$

mit $\boldsymbol{u} \in \mathbb{R}_+^m$, die die „angenehmen" Ungleichungen $\mathbf{A}^1\mathbf{x} \leq \boldsymbol{b}^1$ als Nebenbedingungen haben, **Lagrange-Relaxation** von (G) bezüglich der Nebenbedingungen $\mathbf{A}^2\mathbf{x} \leq \boldsymbol{b}^2$. Für den zulässigen Bereich M von (G) gilt $M \subseteq X$. Weiter ist $\mathcal{L}(\mathbf{x},\boldsymbol{u}) \le F(\mathbf{x}) = \mathbf{c}^T\mathbf{x}$ für alle $\mathbf{x} \in M$ und $\boldsymbol{u} \in \mathbb{R}^m_+$ und damit

$$\text{(3.8.2)} \qquad \inf_{\mathbf{x}\in X} \mathcal{L}(\mathbf{x},\boldsymbol{u}) \le \inf_{\mathbf{x}\in M} F(\mathbf{x})\ ^1 \quad \text{für jedes } \boldsymbol{u} \in \mathbb{R}^m_+ \,.$$

(G($\boldsymbol{u}$)) stellt also für jedes $\boldsymbol{u} \in \mathbb{R}^m_+$ eine Relaxation des Ausgangsproblems (G) dar; insbesondere stimmt (G($\boldsymbol{0}$)) mit (G) überein. Da

$$\mathcal{F}(\mathbf{x}) := \sup_{\boldsymbol{u}\in\mathbb{R}^m_+} \mathcal{L}(\mathbf{x},\boldsymbol{u}) = \sup_{\boldsymbol{u}\in\mathbb{R}^m_+} (\mathbf{c}^T\mathbf{x}+\boldsymbol{u}^T(\mathbf{A}^2\mathbf{x}-\boldsymbol{b}^2)) = \begin{cases} F(\mathbf{x})\,, & \text{falls } \mathbf{A}^2\mathbf{x} \le \boldsymbol{b}^2 \\ \infty\,, & \text{sonst} \end{cases}$$

ist, kann (G) auch in der Form

$$\text{(3.8.3)} \qquad \begin{cases} \text{Min.} & \mathcal{F}(\mathbf{x}) := \sup\limits_{\boldsymbol{u}\in\mathbb{R}^m_+} \mathcal{L}(\mathbf{x},\boldsymbol{u}) \\ \text{u.d.N.} & \mathbf{x} \in X \end{cases}$$

geschrieben werden. Wir fassen (3.8.3) als **primales Optimierungsproblem** auf und erklären als dazu **duales Problem**

$$\text{(3.8.4)} \qquad \begin{cases} \text{Max.} & \mathcal{G}(\boldsymbol{u}) := \inf\limits_{\mathbf{x}\in X} \mathcal{L}(\mathbf{x},\boldsymbol{u}) \\ \text{u.d.N.} & \boldsymbol{u} \in \mathbb{R}^m_+ \,. \end{cases}$$

Man spricht hierbei von **Lagrange-Dualität**, da in den beiden Problemen (3.8.3) und (3.8.4) die Lagrange-Funktion auftritt. Wir zeigen nun, daß, wenn (G) ein lineares Optimierungsproblem (ohne Ganzzahligkeitsbedingungen für die Variablen) ist, d.h. etwa $\mathbf{x} \in \mathbb{R}^q$ gilt, (3.8.3) und (3.8.4) duale lineare Optimierungsaufgaben im Sinne von Abschnitt 1.4.1 sind. Wir gehen also von dem Optimierungsproblem

$$\text{(3.8.5)} \qquad \begin{cases} \text{Min.} & \mathbf{c}^T\mathbf{x} \\ \text{u.d.N.} & \mathbf{A}\mathbf{x} \le \boldsymbol{b} \\ & \mathbf{x} \in \mathbb{R}^q \end{cases}$$

aus. Wir wählen $X = \mathbb{R}^q$, d.h., es treten keine „angenehmen" Ungleichungen auf, und die „unangenehmen" Ungleichungen sind $\mathbf{A}\mathbf{x} \le \boldsymbol{b}$ oder $-\mathbf{A}\mathbf{x} \ge -\boldsymbol{b}$. Die Lagrange-Funktion lautet jetzt

$$\text{(3.8.6)} \quad \mathcal{L}(\mathbf{x},\boldsymbol{u}) = \mathbf{c}^T\mathbf{x} + \boldsymbol{u}^T(\mathbf{A}\mathbf{x} - \boldsymbol{b}) = (\mathbf{c} + \mathbf{A}^T\boldsymbol{u})^T\mathbf{x} - \boldsymbol{b}^T\boldsymbol{u} \quad \text{für } \boldsymbol{u} \ge \boldsymbol{0}\,.$$

Da $\mathcal{L}(\cdot,\boldsymbol{u})$ linear ist, wird das Minimum dieser Funktion angenommen, wenn

$$\mathbf{c} + \mathbf{A}^T\boldsymbol{u} = \mathbf{0}$$

---

[1] Da die Minima der Funktionen $\mathcal{L}(\cdot,\boldsymbol{u})$ und F auf X bzw. M nicht notwendig existieren, schreiben wir „inf" statt „min".

gilt. Setzen wir diese Beziehung in (3.8.6) ein, dann erhalten wir

$$\inf_{\mathbf{x}\in\mathbb{R}^q} \mathcal{L}(\mathbf{x},\boldsymbol{u}) = -\boldsymbol{b}^T\boldsymbol{u} = \mathcal{G}(\boldsymbol{u}) \ .$$

Das zu (3.8.5) duale Problem lautet also

$$\begin{aligned} &\text{Max.} \quad -\boldsymbol{b}^T\boldsymbol{u} \\ &\text{u.d.N.} \ -\mathbf{A}^T\boldsymbol{u} = \mathbf{c} \\ &\qquad\qquad \boldsymbol{u} \in \mathbb{R}^m_+ \end{aligned}$$

(vgl. Abschnitt 1.4.1).

Aus (3.8.2) folgt, daß für beliebige zulässige Lösungen $\mathbf{x}$ und $\boldsymbol{u}$ von (3.8.3) bzw. (3.8.4) $\mathcal{F}(\mathbf{x}) \geq \mathcal{G}(\boldsymbol{u})$ ist. Für optimale Lösungen $\mathbf{x}^*$ und $\boldsymbol{u}^*$ von (3.8.3) bzw. (3.8.4) gilt im Gegensatz zur linearen Optimierung jedoch nicht notwendig $\mathcal{F}(\mathbf{x}^*) = \mathcal{G}(\boldsymbol{u}^*)$. Die Differenz $\mathcal{F}(\mathbf{x}^*) - \mathcal{G}(\boldsymbol{u}^*)$ wird **Dualitätslücke** genannt.

Wir geben hierzu ein Beispiel an. Zunächst betrachten wir das lineare Optimierungsproblem

$$\text{(3.8.7)} \qquad \begin{cases} \text{Min.} \quad F(x_1,x_2) := 4 - 2x_1 - x_2 \\ \text{u.d.N.} \ 3x_1 + 4x_2 \leq 6 \\ \qquad\quad 0 \leq x_j \leq 1 \quad (j=1,2) \ . \end{cases}$$

Die optimale Lösung von (3.8.7) ist $x_1^+ = 1$, $x_2^+ = \frac{3}{4}$ mit dem optimalen Zielfunktionswert $F(x_1^+,x_2^+) = \frac{5}{4}$ (vgl. Abb. 3.8.1).

Dürfen die Variablen x_1, x_2 nur ganzzahlige Werte annehmen, so haben wir statt (3.8.7) die Optimierungsaufgabe

$$\text{(3.8.8)} \qquad \begin{cases} \text{Min.} \quad 4 - 2x_1 - x_2 \\ \text{u.d.N.} \ 3x_1 + 4x_2 \leq 6 \\ \qquad\quad x_j \in \{0,1\} \quad (j=1,2) \ . \end{cases}$$

Die Ungleichung in (3.8.8) fassen wir als „unangenehme“ Ungleichung auf. Dann ist X die Menge der vier Eckpunkte $\mathbf{x}^1,\ldots,\mathbf{x}^4$ des Einheitsquadrates (vgl. Abb. 3.8.1). Die optimale Lösung $\mathbf{x}^*$ von (3.8.8) ist $x_1^* = 1$, $x_2^* = 0$ mit dem Zielfunktionswert $\mathcal{F}(\mathbf{x}^*) = F(x_1^*,x_2^*) = 2$. Für die vier Punkte von X,

$$\mathbf{x}^1 = (0,0)^T \ , \quad \mathbf{x}^2 = (1,0)^T \ , \quad \mathbf{x}^3 = (0,1)^T \ , \quad \mathbf{x}^4 = (1,1)^T \ ,$$

ergibt sich

$$\begin{aligned} &\mathcal{L}(\mathbf{x}^1,u) = F(x_1^1,x_2^1) + u(3x_1^1 + 4x_2^1 - 6) = 4 - 6u \\ &\mathcal{L}(\mathbf{x}^2,u) = 2 - 3u \ , \quad \mathcal{L}(\mathbf{x}^3,u) = 3 - 2u \ , \quad \mathcal{L}(\mathbf{x}^4,u) = 1 + u \end{aligned}$$

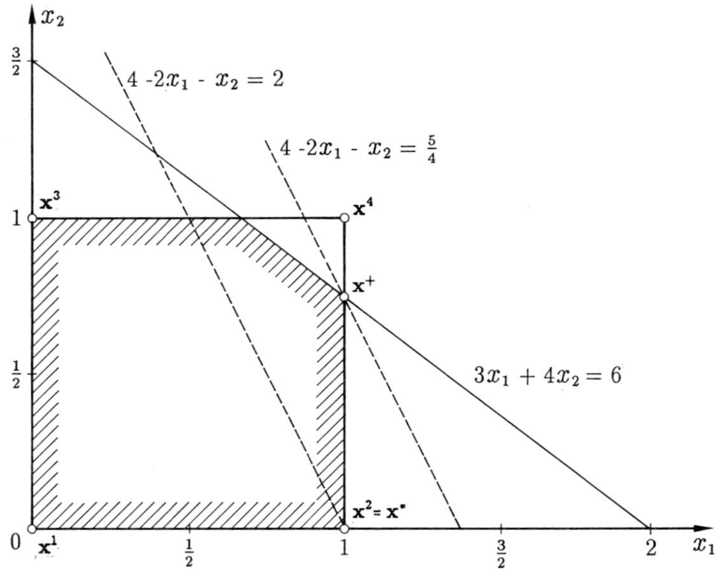

Abb. 3.8.1

und damit

$$\mathcal{G}(u) = \min_{\nu=1,\ldots,4} \mathcal{L}(\mathbf{x}^\nu, u) \ .$$

Die stückweise lineare, konkave Funktion $\mathcal{G}$ ist in Abb. 3.8.2 stark ausgezeichnet, und wir erhalten als optimale Lösung des dualen Problems $u^* = \frac{1}{4}$ mit dem Zielfunktionswert $\mathcal{G}(u^*) = \max_{u \geq 0} \mathcal{G}(u) = \frac{5}{4}$. Die Dualitätslücke beträgt also $\mathcal{F}(\mathbf{x}^*) - \mathcal{G}(u^*) = \frac{3}{4}$.

Wir zeigen jetzt, wie eine optimale Lösung $\boldsymbol{u}^*$ des dualen Problems (3.8.4) ermittelt werden kann. Zwar ist wegen der Dualitätslücke der optimale Zielfunktionswert $\mathcal{G}(\boldsymbol{u}^*)$ von (3.8.4) im allgemeinen nicht gleich dem optimalen Zielfunktionswert $\mathcal{F}(\mathbf{x}^*)$ des Ausgangsproblems (G), stellt jedoch häufig eine „gute“ untere Schranke für $\mathcal{F}(\mathbf{x}^*)$ dar, die etwa für ein Branch-and-Bound-Verfahren zur Lösung von (G) verwendet werden kann (z.B. bei der Lösung des symmetrischen Handlungsreisendenproblems in Abschnitt 3.5.6).

Wir stellen noch einige im folgenden benötigte Grundbegriffe und Aussagen zu konvexen und konkaven Funktionen sowie Gradienten zusammen, die wir in den Abschnitten 4.1 und 4.2 detaillierter behandeln werden. Ferner skizzieren wir das zur Lösung von (3.8.4) verwendete Subgradientenverfahren.

Eine Funktion $f : \mathbb{R}^n \to \mathbb{R}$ heißt auf einer konvexen Menge $K \subseteq \mathbb{R}^n$ **konvex**, wenn für alle $\boldsymbol{x}^1, \boldsymbol{x}^2 \in K$ und $0 < \lambda < 1$

(3.8.9) $$f(\lambda \boldsymbol{x}^1 + (1-\lambda)\boldsymbol{x}^2) \leq \lambda f(\boldsymbol{x}^1) + (1-\lambda) f(\boldsymbol{x}^2)$$

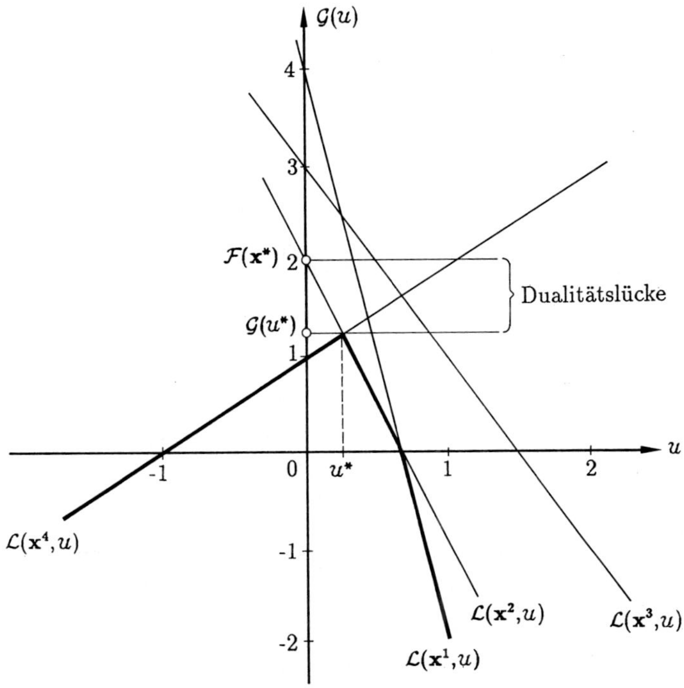

Abb. 3.8.2

ist. Abb. 3.8.3 zeigt eine konvexe Funktion f. Gilt in (3.8.9) $\geq$ statt $\leq$, so heißt f **konkav**. Offensichtlich ist f genau dann konkav, wenn $-f$ konvex ist. Unter dem **Gradienten** an der Stelle $\bar{\boldsymbol{x}} \in \mathbb{R}^n$ einer dort differenzierbaren Funktion $f : \mathbb{R}^n \to \mathbb{R}$ verstehen wir den Vektor $\text{grad}f(\bar{\boldsymbol{x}}) := (\partial f/\partial x_1(\bar{\boldsymbol{x}}), \ldots, \partial f/\partial x_n(\bar{\boldsymbol{x}}))^T$. Für den Gradienten einer konvexen, an der Stelle $\bar{\boldsymbol{x}}$ differenzierbaren Funktion f gilt

$$f(\boldsymbol{x}) \geq f(\bar{\boldsymbol{x}}) + (\boldsymbol{x} - \bar{\boldsymbol{x}})^T \text{grad}f(\bar{\boldsymbol{x}}) \ .$$

Ist die konvexe Funktion f nicht notwendig überall (auf einer konvexen Menge) differenzierbar, so nennen wir jeden Vektor $\boldsymbol{\gamma} \in \mathbb{R}^n$ mit

$$f(\boldsymbol{x}) \geq f(\bar{\boldsymbol{x}}) + (\boldsymbol{x} - \bar{\boldsymbol{x}})^T \boldsymbol{\gamma}$$

einen **Subgradienten** von f an der Stelle $\bar{\boldsymbol{x}}$ (s. hierzu Abb. 3.8.3). Ist f differenzierbar, dann stellt $\text{grad}f(\bar{\boldsymbol{x}})$ den einzigen Subgradienten von f an der Stelle $\bar{\boldsymbol{x}}$ dar.

Um eine stetige, konvexe, nach unten beschränkte Funktion f, die nicht überall differenzierbar ist, auf $\mathbb{R}^n_+$ zu minimieren, kommt keines der in Abschnitt 4.3 behandelten Verfahren zur Lösung nichtlinearer Optimierungsprobleme in Frage, die sämtlich Gradienten von f verwenden und damit die

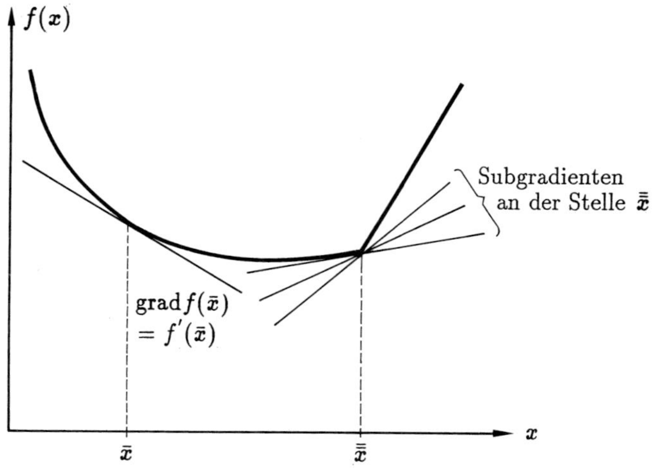

Abb. 3.8.3

Differenzierbarkeit von f voraussetzen. Stattdessen bietet sich das folgende **Subgradientenverfahren** an (vgl. MINOUX (1986), Abschnitt 4.3):

Algorithmus 3.8.1 (Subgradientenverfahren)

Schritt 1

Setze $\nu := 0$ *und wähle ein* $\boldsymbol{x}^0 \in \mathbb{R}_+^n$ *(z.B.* $\boldsymbol{x}^0 := \boldsymbol{0}$*)*

Schritt 2

Bestimme einen Subgradienten $\boldsymbol{\gamma}^\nu$ *von* f *an der Stelle* $\boldsymbol{x}^\nu$
Falls $\boldsymbol{\gamma}^\nu = \boldsymbol{0}$ [1], *terminiere (*$\boldsymbol{x}^\nu$ *ist optimal)*
Setze $x_j^{\nu+1} := \max(x_j^\nu - \delta_\nu \gamma_j^\nu / |\boldsymbol{\gamma}^\nu|, 0)$ *für* $j = 1, \ldots, n$ *mit einer geeigneten Schrittweite* $\delta_\nu > 0$ *sowie* $\nu := \nu + 1$ *und gehe zu Schritt 2*

□

In Algorithmus 3.8.1 sind x_j^ν und γ_j^ν $(j = 1, \ldots, n)$ die Komponenten von $\boldsymbol{x}^\nu$ bzw. $\boldsymbol{\gamma}^\nu$, und $|\boldsymbol{\gamma}^\nu|$ ist der Absolutbetrag des Vektors $\boldsymbol{\gamma}^\nu$. Man kann zeigen, daß, wenn $\lim_{\nu\to\infty} \delta_\nu = 0$ und $\sum_{\nu=0}^\infty \delta_\nu = \infty$ gilt, $\liminf f(\boldsymbol{x}^\nu) = \min_{\boldsymbol{x}\in\mathbb{R}_+^n} f(\boldsymbol{x}) =: f^*$ ist, das Subgradientenverfahren also „konvergiert". In der Praxis betrachtet man oft eine andere Wahl der Schrittweiten δ_ν, die zu einer schnelleren Konvergenz des Verfahrens führt. Man kann etwa δ_ν so

---

[1] Bei einer Implementierung des Algorithmus ist diese Abfrage etwa durch die Abfrage $|\boldsymbol{\gamma}^\nu| < \epsilon$ mit einer geeigneten Fehlerschranke $\epsilon > 0$ zu ersetzen.

wählen, daß für $\nu = 0, 1, 2, \ldots$ $\delta_\nu = \delta\alpha^\nu$ mit $\delta > 0$, $0 \le \alpha < 1$ oder

$$\delta_\nu = \alpha \frac{f(\boldsymbol{x}^\nu) - \widehat{f}}{|\boldsymbol{\gamma}^\nu|} \tag{3.8.10}$$

mit $0 < \alpha \le 2$ gilt, wobei $\widehat{f} \le f^*$ ein Schätzwert für f^* ist. Für eine differenzierbare Funktion f ist die Schrittweitenwahl (3.8.10) nicht zu empfehlen, da in diesem Fall $|\boldsymbol{x}^{\nu+1} - \boldsymbol{x}^\nu|$ für kleines $|\boldsymbol{\gamma}^\nu|$ sehr groß wird.

Wie wir im obigen Beispiel gesehen haben, ist die Funktion $\mathcal{G}$ stückweise linear und konkav (daß dies auch im allgemeinen Fall gilt, wird z.B. in NEMHAUSER UND WOLSEY (1988), Abschnitt II.3.6, gezeigt), jedoch nicht überall differenzierbar. Zur (näherungsweisen) Bestimmung einer optimalen Lösung $\boldsymbol{u}^*$ von (3.8.4), also der Minimierung der konvexen Funktion $-\mathcal{G}$ auf $\mathbb{R}^m_+$, kann dann das obige Subgradientenverfahren (mit $\boldsymbol{x}$ durch $\boldsymbol{u}$ und f durch $-\mathcal{G}$ ersetzt) verwendet werden, wobei sich die Schrittweite (3.8.10) als besonders günstig herausgestellt hat. Subgradienten der Funktion $-\mathcal{G}$ erhält man wie folgt (vgl. MINOUX (1986), Abschnitt 6.2): Ist für $\boldsymbol{u} \in \mathbb{R}^m_+$ $\bar{\mathbf{x}} \in X$ eine Minimalstelle von $\mathcal{L}(\cdot, \boldsymbol{u})$ auf X, also

$$\mathcal{G}(\boldsymbol{u}) = \mathcal{L}(\bar{\mathbf{x}}, \boldsymbol{u}) = \min_{\mathbf{x} \in X} \mathcal{L}(\mathbf{x}, \boldsymbol{u}) = \min_{\mathbf{x} \in X} (\mathbf{c}^T\mathbf{x} + \boldsymbol{u}^T(\mathbf{A}^2\mathbf{x} - \boldsymbol{b}^2)) \ ,$$

dann ist $\boldsymbol{b}^2 - \mathbf{A}^2\bar{\mathbf{x}}$ ein Subgradient von $-\mathcal{G}$ an der Stelle $\boldsymbol{u}$.

3.8.2 Verfahren von Benders

Das Verfahren von Benders „zerlegt“ die Lösung eines gemischt-ganzzahligen linearen Optimierungsproblems in die Lösung linearer und (bis auf eine kontinuierliche Variable) rein-ganzzahliger linearer Aufgaben (man spricht deshalb auch vom **Zerlegungsansatz von Benders**). Aus Zweckmäßigkeitsgründen gehen wir von der Problemstellung

$$\begin{cases} \text{Min.} & \mathbf{c}^{1T}\mathbf{x} + \mathbf{c}^{2T}\mathbf{y} \\ \text{u.d.N.} & \mathbf{A}^1\mathbf{x} + \mathbf{A}^2\mathbf{y} \ge \boldsymbol{b} \\ & \mathbf{x} \in \mathbb{Z}^{q_1}_+, \mathbf{y} \in \mathbb{R}^{q_2}_+ \end{cases} \tag{3.8.11}$$

mit $m \times q_\nu$-Matrizen $\mathbf{A}^\nu$ $(\nu = 1, 2)$ und $q_1 \ge 1, q_2 \ge 1$ aus. Die Komponenten des Vektors $\mathbf{x}$ können also nur ganzzahlige und die Komponenten von $\mathbf{y}$ beliebige reelle (jeweils nichtnegative) Werte annehmen. Für festes $\mathbf{x} \in \mathbb{Z}^{q_1}_+$ läßt sich (3.8.11) – bis auf eine additive Konstante in der Zielfunktion – als lineares Optimierungsproblem der Form

$$\begin{cases} \text{Min.} & \mathbf{c}^{2T}\mathbf{y} \\ \text{u.d.N.} & \mathbf{A}^2\mathbf{y} \ge \boldsymbol{b} - \mathbf{A}^1\mathbf{x} \\ & \mathbf{y} \in \mathbb{R}^{q_2}_+ \end{cases} \tag{3.8.12}$$

schreiben. Das zu (3.8.12) duale Optimierungsproblem lautet

$$\text{(3.8.13)} \qquad \begin{cases} \text{Max.} \quad G(\boldsymbol{u}) := (\boldsymbol{b} - \mathbf{A}^1\mathbf{x})^T\boldsymbol{u} \\ \text{u.d.N.}\ \mathbf{A}^{2T}\boldsymbol{u} \leq \mathbf{c}^2 \\ \qquad\quad \boldsymbol{u} \in \mathbb{R}^m_+ \end{cases}$$

(vgl. Abschnitt 1.4.1). Sei $\bar{M}$ der (vom gewählten $\mathbf{x}$ unabhängige) zulässige Bereich des dualen Problems (3.8.13). Gilt $\bar{M} = \emptyset$, so besitzt (3.8.12) und damit auch (3.8.11) keine optimale Lösung (s. Satz 1.4.5). Wir betrachten deshalb nur den Fall $\bar{M} \neq \emptyset$. Ist die Zielfunktion G von (3.8.13) auf $\bar{M}$ nicht nach oben beschränkt, dann hat (3.8.12) keine zulässige Lösung (s. Satz 1.4.2). Schließen wir auch den letzteren Fall aus, so ist (mindestens) eine der Ecken $\boldsymbol{u}^1, \ldots, \boldsymbol{u}^K$ von M eine optimale Lösung von (3.8.13). Es genügt also, statt des Problems (3.8.13) die Aufgabe

$$\begin{aligned} &\text{Max.}\ (\boldsymbol{b} - \mathbf{A}^1\mathbf{x})^T\boldsymbol{u} \\ &\text{u.d.N.}\ \boldsymbol{u} \in \{\boldsymbol{u}^1, \ldots, \boldsymbol{u}^K\} \end{aligned}$$

zu lösen. Wir zeigen nun, daß das Ausgangsproblem (3.8.11) durch die Optimierungsaufgabe

$$\text{(3.8.14)} \qquad \begin{cases} \text{Min.} \quad \zeta \\ \text{u.d.N.}\ \zeta \geq \mathbf{c}^{1T}\mathbf{x} + (\boldsymbol{b} - \mathbf{A}^1\mathbf{x})^T\boldsymbol{u}^k \quad (k = 1, \ldots, K) \\ \qquad\quad \mathbf{x} \in \mathbb{Z}^{q_1}_+,\ \zeta \in \mathbb{R} \end{cases}$$

ersetzt werden kann, die bis auf die eine Variable ζ rein-ganzzahlig ist. Seien $(\mathbf{x}^*, \mathbf{y}^*)$ eine optimale Lösung von (3.8.11) und $\boldsymbol{u}^*$ eine zu $\mathbf{x}^*$ gehörende optimale Basislösung von (3.8.13). Dann gilt nach dem Dualitätstheorem der linearen Optimierung (Satz 1.4.3) für die zueinander dualen Probleme (3.8.12) und (3.8.13) $\mathbf{c}^{2T}\mathbf{y}^* = (\boldsymbol{b} - \mathbf{A}^1\mathbf{x}^*)^T\boldsymbol{u}^*$, und

$$\zeta^* := \mathbf{c}^{1T}\mathbf{x}^* + (\boldsymbol{b} - \mathbf{A}^1\mathbf{x}^*)^T\boldsymbol{u}^* = \mathbf{c}^{1T}\mathbf{x}^* + \mathbf{c}^{2T}\mathbf{y}^*$$

ist gleich dem optimalen Zielfunktionswert von (3.8.14), d.h., $(\mathbf{x}^*, \zeta^*)$ ist optimale Lösung von (3.8.14). Sind andererseits $(\mathbf{x}^+, \zeta^+)$ eine optimale Lösung von (3.8.14) und $\boldsymbol{u}^+$ eine zu $\mathbf{x}^+$ gehörende optimale Basislösung von (3.8.13), so existiert ein $\mathbf{y}^+ \in \mathbb{R}^{q_2}_+$ mit $\mathbf{c}^{2T}\mathbf{y}^+ = (\boldsymbol{b} - \mathbf{A}^1\mathbf{x}^+)^T\boldsymbol{u}^+$. Folglich ist $(\mathbf{x}^+, \mathbf{y}^+)$ optimale Lösung von (3.8.11).

Damit bietet sich folgendes Verfahren zur Lösung des gemischt-ganzzahligen Optimierungsproblems (3.8.11) an: Man startet mit einer Ecke $\boldsymbol{u}^1$ von $\bar{M}$ und bestimmt im ersten Verfahrensschritt eine optimale Lösung $(\mathbf{x}^1, \zeta^1)$ des Problems

$$\text{(3.8.15)} \qquad \begin{cases} \text{Min.} \quad \zeta \\ \text{u.d.N.}\ \zeta \geq \mathbf{c}^{1T}\mathbf{x} + (\boldsymbol{b} - \mathbf{A}^1\mathbf{x})^T\boldsymbol{u}^1 \\ \qquad\quad \mathbf{x} \in \mathbb{Z}^{q_1}_+,\ \zeta \in \mathbb{R}\,. \end{cases}$$

(3.8.15) unterscheidet sich von (3.8.14) dadurch, daß die (echten) Nebenbedingungen zunächst nur aus einer Ungleichung bestehen. Danach ermittelt man eine optimale Basislösung $\boldsymbol{u}^2$ des linearen Optimierungsproblems (3.8.13) mit $\mathbf{x} = \mathbf{x}^1$. Genau dann, wenn

$$\zeta^1 = \mathbf{c}^{1T}\mathbf{x}^1 + (\boldsymbol{b} - \mathbf{A}^1\mathbf{x}^1)\boldsymbol{u}^2 \tag{3.8.16}$$

ist, stellt $\mathbf{x}^1$ zusammen mit einer optimalen Lösung $\mathbf{y}^1$ von (3.8.12) mit $\mathbf{x} = \mathbf{x}^1$ eine optimale Lösung von (3.8.11) dar. Andernfalls (d.h., in (3.8.16) gilt das >-Zeichen) fügt man im zweiten Verfahrensschritt zu (3.8.15) die Nebenbedingung

$$\zeta \geq \mathbf{c}^{1T}\mathbf{x} + (\boldsymbol{b} - \mathbf{A}^1\mathbf{x})^T\boldsymbol{u}^2$$

hinzu, die als **Benders-Schnitt** bezeichnet wird, und löst dieses „vergrößerte“ Optimierungsproblem (das also (3.8.14) mit $k = 1, 2$ entspricht) [1]. Analog fährt man fort. Da nur endlich viele Ecken $\boldsymbol{u}^1, \ldots, \boldsymbol{u}^K$ existieren, erhält man auf diese Weise nach endlich vielen Verfahrensschritten eine optimale Lösung des Ausgangsproblems (3.8.11), falls, wie vorausgesetzt, (3.8.11) überhaupt eine Lösung besitzt. Daß, statt von vornherein die Aufgabe (3.8.14) mit K Ungleichungen zu lösen, sukzessiv entsprechende Optimierungsprobleme mit $1, 2, \ldots$ Ungleichungen unter den Nebenbedingungen gelöst werden, hat den Vorteil, daß zum einen in der Regel nicht alle (der meist sehr vielen) Ecken $\boldsymbol{u}^k$ von $\bar{M}$ berücksichtigt werden müssen und zum anderen die benötigten Ecken $\boldsymbol{u}^k$ „zielgerichtet“ bestimmt werden.

Für weitere Einzelheiten zum Verfahren von Benders verweisen wir auf Burkard (1987), Nemhauser und Wolsey (1988), Abschnitt II.3.7, und Nemhauser et al. (1989), Abschnitt VI.5. Ein Nachteil des Verfahrens von Benders ist, daß die Anzahl der Nebenbedingungen des Optimierungsproblems (3.8.14) trotz der „zielgerichteten“ Auswahl der Ecken $\boldsymbol{u}^k$ sehr groß werden (insbesondere exponentiell wachsen) kann. Für Möglichkeiten, den Rechenaufwand des Verfahrens dadurch zu reduzieren, daß man in den einzelnen Verfahrensschritten geeignete Relaxationen von (3.8.14) löst, vgl. Nemhauser und Wolsey (1988), Abschnitt II.5.4.

3.8.3 Starke gültige Ungleichungen und Branch-and-Cut-Verfahren

Wir werden zunächst einige Begriffe und Resultate aus der Theorie der konvexen Polyeder auflisten, die wir bei der Lösung ganzzahliger linearer Optimierungsprobleme benutzen. Danach werden wir ein Schnittebenenverfahren

[1] Besitzt diese Optimierungsaufgabe keine optimale Lösung, so hat das Ausgangsproblem (3.8.11) keine zulässige Lösung.

skizzieren, das auf der Konstruktion sogenannter starker gültiger Ungleichungen basiert und effizienter als das Schnittebenenverfahren von Gomory aus Abschnitt 3.1.3 ist. Abschließend werden wir ein sogenanntes Branch-and-Cut-Verfahren angeben, das das Schnittebenenverfahren mit starken gültigen Ungleichungen mit einem Branch-and-Bound-Algorithmus kombiniert. Wir werden uns auf ganzzahlige Optimierungsprobleme beschränken; die Resultate können jedoch auch auf gemischt-ganzzahlige Optimierungsaufgaben übertragen werden. Für eine ausführlichere Darstellung der folgenden Überlegungen verweisen wir auf Nemhauser und Wolsey (1988), Abschnitte I.4, II.1, II.2, II.5 und II.6, und Nemhauser et al. (1989), Kapitel V und VI.

Im weiteren erweist es sich wieder als zweckmäßig, die Nebenbedingungen eines linearen Optimierungsproblems durch Ungleichungen der Form $\mathbf{Ax} \leq \boldsymbol{b}$ zu beschreiben, wobei $\mathbf{A}$ eine $m \times q$-Matrix mit den ganzzahligen Elementen a_{ij} und $\boldsymbol{b}$ ein Vektor mit den m ganzzahligen Komponenten b_i seien. Die Menge

$$P := \{\mathbf{x} \in \mathbb{R}^q | \mathbf{Ax} \leq \boldsymbol{b}\}$$

stellt als Durchschnitt der m Halbräume $\sum_{j=1}^{q} a_{ij}x_j \leq b_i$ $(i = 1, \ldots, m)$ ein konvexes Polyeder dar (vgl. Abschnitt 1.1.3).

Eine Ungleichung $\boldsymbol{\alpha}^T\mathbf{x} \leq \beta$ mit $\boldsymbol{\alpha} \in \mathbb{Z}^q$, $\beta \in \mathbb{Z}$ heißt **gültig für** P, wenn $\boldsymbol{\alpha}^T\mathbf{x} \leq \beta$ für alle $\mathbf{x} \in P$ gilt (d.h., wenn P vollständig in dem durch $\boldsymbol{\alpha}^T\mathbf{x} \leq \beta$ gegebenen Halbraum H des $\mathbb{R}^q$ liegt). Eine für P gültige Ungleichung $\boldsymbol{\alpha}^T\mathbf{x} \leq \beta$ heißt **stützende Ungleichung** (engl. supporting inequality), wenn $P \cap \{\mathbf{x} \in \mathbb{R}^q | \boldsymbol{\alpha}^T\mathbf{x} = \beta\} \neq \emptyset$ ist (d.h. P mit der durch $\boldsymbol{\alpha}^T\mathbf{x} = \beta$ gegebenen Hyperebene h mindestens einen Punkt gemeinsam hat, vgl. Abb. 3.8.4). Offensichtlich sind nicht stützende Ungleichungen für die Beschreibung eines konvexen Polyeders redundant und können weggelassen werden.

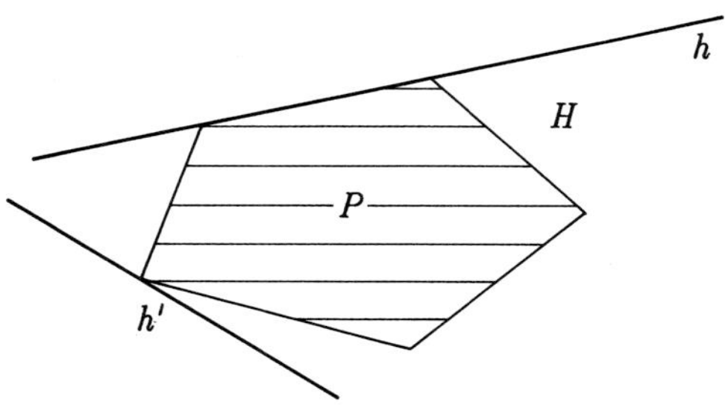

Abb. 3.8.4

Eine Teilmenge S eines konvexen Polyeders heißt **Seite** (engl. face) von P, wenn es eine für P gültige Ungleichung $\boldsymbol{\alpha}^T\mathbf{x} \leq \beta$ mit $S = \{\mathbf{x} \in P | \boldsymbol{\alpha}^T\mathbf{x} = \beta\}$ gibt. Wir sagen dann auch, daß die Ungleichung $\boldsymbol{\alpha}^T\mathbf{x} \leq \beta$ die Seite S

repräsentiert. Lassen wir nicht stützende Ungleichungen weg, so repräsentieren alle Ungleichungen $\sum_{j=1}^q a_{ij}x_j \leq b_i$ $(i = 1, \dots, m)$ nichtleere Seiten von P. S heißt **echte Seite** von P, wenn $S \neq \emptyset$ und $S \neq P$ ist. Gilt $S = \{\mathbf{x}\}$ (einelementige Seite), dann ist $\mathbf{x}$ eine Ecke von P. Eine **Facette** S (engl. facet) von P ist eine echte, bezüglich Mengeninklusion maximale Seite von P (d.h., es gibt keine andere Seite von P, die S als echte Teilmenge enthält). Hat P die Dimension $d \leq q$, so hat jede Facette von P die Dimension $d - 1$.

Unser Ziel ist, effiziente Lösungsverfahren für das ganzzahlige lineare Optimierungsproblem

$$\text{(G)} \qquad \begin{cases} \text{Min.} & \mathbf{c}^T\mathbf{x} \\ \text{u.d.N.} & \mathbf{Ax} \leq \boldsymbol{b} \\ & \mathbf{x} \in \mathbb{Z}_+^q \end{cases}$$

zu finden, wobei $\mathbf{A}$ eine ganzzahlige $m \times q$-Matrix und $\boldsymbol{b} \in \mathbb{Z}^m$ sowie $\mathbf{c} \in \mathbb{R}^q$ seien. Das konvexe Polyeder $\{\mathbf{x} \in \mathbb{R}^q | \mathbf{Ax} \leq \boldsymbol{b}, \mathbf{x} \geq \mathbf{0}\}$, das sich von dem oben betrachteten durch die zusätzlichen Vorzeichenbeschränkungen unterscheidet, wollen wir der Einfachheit halber erneut mit P bezeichnen. Dann läßt sich der zulässige Bereich M von (G) in der Form $M = P \cap \mathbb{Z}^q$ darstellen.

Die **konvexe Hülle** einer Menge $X \subseteq \mathbb{R}^q$, mit $\text{conv}(X)$ bezeichnet, ist die kleinste konvexe Menge des $\mathbb{R}^q$, die X enthält, oder, äquivalent hierzu, der Durchschnitt aller konvexen Mengen des $\mathbb{R}^q$, die X enthalten. Für den zulässigen Bereich M von (G) gilt $M \subseteq \text{conv}(M) \subseteq P$, und $\text{conv}(M)$ ist ein konvexes Polyeder. Ist M endlich, so stellt $\text{conv}(M)$ ein konvexes Polytop dar, dessen Ecken eine Teilmenge von M bilden. Dann ist eine optimale Basislösung des linearen Optimierungsproblems

$$\text{(G}'\text{)} \qquad \begin{cases} \text{Min.} & \mathbf{c}^T\mathbf{x} \\ \text{u.d.N.} & \mathbf{x} \in \text{conv}(M) \end{cases}$$

auch eine optimale Lösung von (G). Man kann zeigen, daß die letztere Aussage ebenfalls gilt, wenn M nicht endlich ist.

Zur Verdeutlichung des Zusammenhangs zwischen M, $\text{conv}(M)$ und P betrachten wir das folgende Zahlenbeispiel. P sei durch die Ungleichungen

$$\begin{aligned} -3x_1 + 2x_2 &\leq 1 \\ 2x_2 &\leq 5 \\ 2x_1 - x_2 &\leq 3 \\ x_1, x_2 &\geq 0 \end{aligned}$$

gegeben. Abb. 3.8.5 zeigt P, die fett ausgezeichneten Gitterpunkte von M und $\text{conv}(M)$ sowie die optimale Lösung von (G) und (G$'$) mit der Zielfunktion $x_1 - x_2$. Die konvexe Hülle $\text{conv}(M)$ läßt sich durch die folgenden für $\text{conv}(M)$

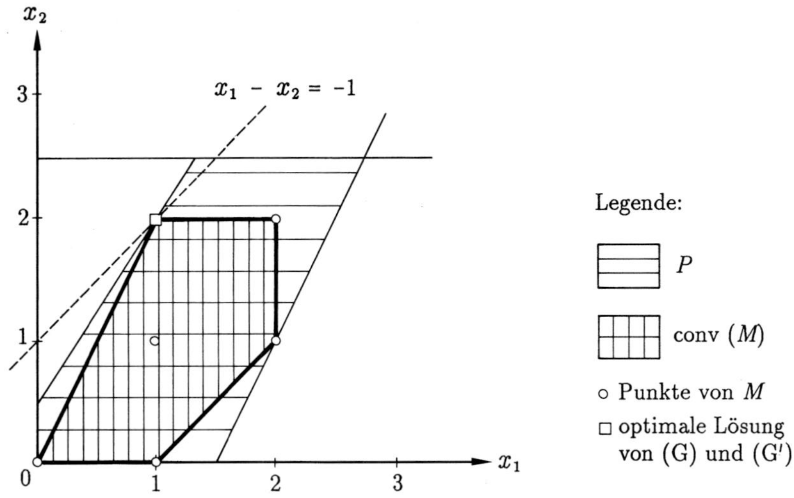

Abb. 3.8.5

gültigen Ungleichungen beschreiben:

$$
\begin{aligned}
2x_1 - x_2 &\leq 0 \\
x_2 &\leq 2 \\
x_1 \quad &\leq 2 \\
x_1 - x_2 &\leq 1 \\
x_1, x_2 &\geq 0\ .
\end{aligned}
$$

Eine optimale Basislösung von (G') und damit eine optimale Lösung von (G) kann mit der Simplexmethode oder einem anderen Lösungsverfahren der linearen Optimierung bestimmt werden. Um dies rechentechnisch zu nutzen, müßten wir jedoch eine Beschreibung von conv(M) durch Ungleichungen kennen, und selbst wenn eine solche Beschreibung bekannt wäre, würde sie in der Regel eine extrem große (im allgemeinen mit q exponentiell wachsende) Anzahl von Ungleichungen enthalten. Statt unmittelbar eine Beschreibung von conv(M) durch Ungleichungen zu suchen, werden wir deshalb eine Folge von konvexen Polyedern $Q_1, Q_2, \ldots$ mit $P = Q_1 \supset Q_2 \supset \ldots \supseteq \operatorname{conv}(M)$ konstruieren und sukzessiv die linearen Optimierungsprobleme mit den zulässigen Bereichen Q_ν $(\nu = 1, 2, \ldots)$ und der Zielfunktion $\mathbf{c}^T\mathbf{x}$ lösen. Sobald eine optimale Lösung eines solchen Optimierungsproblems ganzzahlig und damit auch optimale Lösung von (G) ist, kann das Verfahren abgebrochen werden.

Die letztere Vorgehensweise entspricht dem in Abschnitt 3.1.3 skizzierten Schnittebenenverfahren von Gomory. Hierbei erzeugt man eine Folge von Relaxationen von (G), die lineare Optimierungsprobleme darstellen, wobei eine

Relaxation aus der vorigen hervorgeht, indem (durch eine Hyperebene) ein Stück des bisherigen konvexen Polyeders „weggeschnitten" wird. Der bereits in Abschnitt 3.1.3 erwähnte Nachteil des Verfahrens von Gomory ist, daß in jedem Iterations- bzw. Austauschschritt des Algorithmus nur ein „relativ kleiner Teil" des bisherigen Polyeders weggeschnitten wird und man eine sehr große Zahl von Iterationsschritten benötigt. Um die Effizienz eines Schnittebenenverfahrens zu verbessern, ist es notwendig, „schärfere Schnitte" in dem Sinne durchzuführen, daß die Schnitte Facetten oder zumindest Seiten genügend hoher Dimension des konvexen Polyeders $\text{conv}(M)$ entsprechen. Wir sagen dann auch, daß die diese Seiten repräsentierenden gültigen Ungleichungen **stark** sind. Für die Erzeugung solcher starker gültiger Ungleichungen werden spezifische Eigenschaften des vorliegenden ganzzahligen Optimierungsproblems (G) ausgenutzt. Die Generierung starker Ungleichungen ist häufig eher eine „Kunst" als eine auf festen Regeln basierende Vorgehensweise. Systeme starker gültiger Ungleichungen sind u.a. für das binäre Rucksackproblem und das symmetrische Handlungsreisendenproblem genauer untersucht worden (vgl. NEMHAUSER UND WOLSEY (1988), Abschnitt II.2.2 und II.2.3, und LAWLER ET AL. (1985), Kapitel 9).

Im folgenden geben wir einen Algorithmus zur Lösung des ganzzahligen Optimierungsproblems (G) an, wobei wir voraussetzen, daß (G) eine optimale Lösung besitze und ein System (starker) gültiger Ungleichungen für $\text{conv}(M)$, $\boldsymbol{\alpha}^{kT}\mathbf{x} \leq \beta_k$ $(k \in \mathcal{K})$, bekannt sei. Wir gehen also von folgender Relaxation von (G) aus:

$$\text{(RG)} \qquad \begin{cases} \text{Min.} & \mathbf{c}^T\mathbf{x} \\ \text{u.d.N.} & \mathbf{A}\mathbf{x} \leq \boldsymbol{b} \\ & \mathbf{x} \geq \mathbf{0} \\ & \boldsymbol{\alpha}^{kT}\mathbf{x} \leq \beta_k \quad (k \in \mathcal{K})\ . \end{cases}$$

Algorithmus 3.8.2 (Ganzzahlige lineare Optimierung — Branch-and-Cut-Verfahren)

Schritt 1

Setze $Q := \{\mathbf{x} \in \mathbb{R}^q_+ | \mathbf{A}\mathbf{x} \leq \boldsymbol{b}\}$

Schritt 2

Bestimme eine optimale Lösung $\mathbf{x}^+$ *von* „Min. $\mathbf{c}^T\mathbf{x}$ u.d.N. $\mathbf{x} \in Q$ "

Schritt 3

Falls $\boldsymbol{\alpha}^{kT}\mathbf{x}^+ \leq \beta_k$ *für alle* $k \in \mathcal{K}$ *(dann ist* $\mathbf{x}^+$ *optimale Lösung von* (RG)), *gehe zu Schritt 5*

Schritt 4

Bestimme eine Menge $\mathcal{K}' \neq \emptyset$ *mit* $\mathcal{K}' \subseteq \mathcal{K}$ *und* $\boldsymbol{\alpha}^{kT}\mathbf{x}^+ > \beta_k$ *für alle* $k \in \mathcal{K}'$. *Setze* $Q := Q \cap \{\mathbf{x} \in \mathbb{R}^q_+ | \boldsymbol{\alpha}^{kT}\mathbf{x} \leq \beta_k$ *für alle* $k \in \mathcal{K}'\}$. *Gehe zu Schritt 2*

Schritt 5

Ist $\mathbf{x}^+$ *ganzzahlig (dann ist* $\mathbf{x}^+$ *optimale Lösung von* (G)*), terminiere. Andernfalls vergrößere die Menge* $\mathcal{K}$ *(d.h., füge neue für* conv(M) *gültige Ungleichungen zu* (RG) *hinzu) und gehe zu Schritt 3 oder löse das ganzzahlige Optimierungsproblem* „Min. $\mathbf{c}^T\mathbf{x}$ u.d.N. $\mathbf{x} \in Q \cap \mathbb{Z}^q$ “ *mit Hilfe eines Branch-and-Bound-Algorithmus.*

□

Der Name „Branch-and-Cut-Verfahren“ rührt von der in Schritt 5 angegebenen Möglichkeit her, ein Schnittebenenverfahren mit einem Branch-and-Bound-Algorithmus zu kombinieren. Branch-and-Cut-Verfahren haben sich für viele ganzzahlige (und gemischt-ganzzahlige) Optimierungsprobleme als effizienter erwiesen als „reine“ Schnittebenenverfahren oder Branch-and-Bound-Algorithmen. Beispielsweise ist es mit Branch-and-Cut-Algorithmen gelungen, zahlreiche symmetrische Handlungsreisendenprobleme mit mehreren hundert Orten exakt zu lösen (vgl. LAWLER ET AL. (1985), Kapitel 9, und GRÖTSCHEL UND HOLLAND (1991)).

Die in den Schritten 3 und 4 von Algorithmus 3.8.2 zu lösende Aufgabe, nämlich zu zeigen, daß $\mathbf{x}^+$ alle gültigen Ungleichungen erfüllt, oder, wenn dies nicht der Fall ist, eine oder mehrere gültige Ungleichungen mit $\boldsymbol{\alpha}^{kT}\mathbf{x}^+ > \beta_k$ für $k \in \mathcal{K}$ zu finden, ist unter dem Namen **Trennungsproblem** bekannt. Das Trennungsproblem ist genau dann ein schweres Problem, wenn die entsprechende lineare Optimierungsaufgabe (RG), bezogen auf die Eingangsdaten von (G), schwer ist (was im allgemeinen der Fall ist). Es ist jedoch häufig möglich, mit Hilfe geeigneter Heuristiken das Trennungsproblem relativ schnell zu lösen (z.B. für das binäre Rucksackproblem und das symmetrische Handlungsreisendenproblem, vgl. NEMHAUSER UND WOLSEY (1988), Abschnitt II.6.2, NEMHAUSER ET AL. (1989), Abschnitt VI.7, und LAWLER ET AL. (1985), Kapitel 9).

Abschließend bemerken wir noch, daß viele neuere Algorithmen zur Lösung ganzzahliger oder gemischt-ganzzahliger Optimierungsprobleme eine sogenannte **Preprocessing-Phase** enthalten. In dieser Preprocessing-Phase wird durch den Rechner eine „Neuformulierung“ des vom Benutzer eingegebenen Optimierungsproblems vorgenommen, die eine im Vergleich zum Ausgangsproblem schnellere Lösung ermöglicht. Beispielsweise sollten bei der Neuformulierung redundante (nicht stützende) Ungleichungen eliminiert werden. Außerdem können etwa bei binären Problemen häufig einige Variablen von vornherein fixiert werden (z.B. liefert die Ungleichung $2x_1 + x_2 \leq 1$ sofort $x_1 = 0$).

Schließlich ist es manchmal möglich, wenn der zulässige Bereich wieder in der Form $M = P \cap \mathbb{Z}^q$ mit einem konvexen Polyeder P gegeben ist, schnell ein kleineres konvexes Polyeder $P' \subset P$ mit $M = P' \cap \mathbb{Z}^q$ zu finden.

Kapitel 4

Nichtlineare Optimierung

Ein nichtlineares Optimierungsproblem liegt vor, wenn die Zielfunktion und die in den Nebenbedingungen vorkommenden Funktionen der Entscheidungsvariablen nicht mehr sämtlich lineare Funktionen darstellen. Nichtlineare Optimierungsprobleme treten beispielsweise in der Produktionsplanung oder beim Transport von Gütern auf, wenn die Verkaufspreise oder Produktions- bzw. Transportkosten pro Mengeneinheit nicht mehr konstant sind. Dies führt auf Optimierungsprobleme mit nichtlinearer Zielfunktion. Die durch ökonomische Sachverhalte bedingten Restriktionen, wie z.B. Kapazitätsbeschränkungen für Produktionsfaktoren im Beschaffungs- oder Produktionsbereich, sind in der Regel linear. Nichtlinearitäten in den Nebenbedingungen, die erheblich schwieriger zu behandeln sind als nichtlineare Zielfunktionen, treten etwa in Form von Materialbilanzgleichungen und -ungleichungen bei technischen Prozessen auf (z.B. in der chemischen Verfahrenstechnik), wenn die Endproduktmengen nichtlinear von den Ausgangsproduktmengen abhängen.

Eine besondere Schwierigkeit nichtlinearer Optimierungsprobleme besteht darin, daß man (bei Minimierungsaufgaben) zwischen lokalen bzw. relativen und globalen bzw. absoluten Minima unterscheiden muß. Die Modellierung und Formulierung nichtlinearer Zusammenhänge ist außerdem oft aufwendig, und einfachere lineare Modelle stellen häufig gute Annäherungen an die Realität dar. Ferner erfordern Verfahren zur Lösung nichtlinearer Optimierungsprobleme in der Regel einen großen Rechenaufwand, während für lineare Optimierungsaufgaben mit der Simplexmethode und deren Modifikationen auch für sehr große Probleme leistungsfähige Lösungsverfahren zur Verfügung stehen. Alle diese Gründe haben dazu geführt, daß die Methoden der nichtlinearen Optimierung in der Praxis bei weitem nicht so häufig angewendet werden wie Verfahren der linearen oder auch der kombinatorischen Optimierung. Deshalb werden wir im vorliegenden Kapitel nur die Grundbegriffe der nichtlinearen Optimierung einführen, einige sogenannte Optimalitätsbedingungen angeben und einige Lösungsverfahren skizzieren. Wir beschränken uns dabei auf Probleme, bei denen alle Variablen reellwertig sind (und nicht etwa nur ganzzahlige Werte annehmen können).

Ebenso wie in der ganzzahligen Optimierung gibt es auch für die nichtlineare Optimierung kein „Standardverfahren“, das wie die Simplexmethode der linearen Optimierung im Prinzip alle betreffenden Optimierungsprobleme auf befriedigende Weise löst. Stattdessen sind für verschiedene Klassen nichtlinearer Optimierungsprobleme geeignete Lösungsverfahren entwickelt worden, die spezielle Eigenschaften des jeweiligen Problemtyps ausnutzen.

In der nichtlinearen Optimierung unterscheidet man zwischen **unrestringierten Optimierungsaufgaben**, bei denen der zulässige Bereich der gesamte $\mathbb{R}^n$ ist, und **restringierten Optimierungsproblemen**, deren zulässiger Bereich eine echte Teilmenge des $\mathbb{R}^n$ ist und in der Regel wieder durch Ungleichungen oder Gleichungen beschrieben wird. Für restringierte Optimierungsprobleme sind sowohl für den Fall linearer Nebenbedingungen als auch für nichtlineare Restriktionen spezielle Lösungsverfahren konstruiert worden, von denen wir einige skizzieren werden. Eine spezielle Klasse restringierter Optimierungsaufgaben stellen die **konvexen Optimierungsprobleme** dar, bei denen die Zielfunktion eine konvexe Funktion und der zulässige Bereich eine konvexe Menge sind. Für konvexe Optimierungsprobleme fallen lokale und globale Minima zusammen. Außerdem läßt sich mit den sogenannten Karush-Kuhn-Tucker-Bedingungen ein Analogon zu dem aus der Analysis bekannten Resultat angeben, daß man die Minimalstellen einer konvexen Funktion F durch Nullsetzen der partiellen Ableitungen von F erhält. Relativ einfach lassen sich **quadratische konvexe Optimierungsprobleme** lösen, bei denen die Zielfunktion quadratisch und der zulässige Bereich der gesamte $\mathbb{R}^n$ oder ein konvexes Polyeder ist. Schließlich werden wir noch kurz auf Quotienten-Optimierungsprobleme eingehen, deren Zielfunktion der Quotient zweier (im einfachsten Fall linearer) Funktionen ist.

4.1 Grundbegriffe

Wir legen das folgende Optimierungsproblem mit der Zielfunktion F und dem zulässigen Bereich M zugrunde:

$$(4.1.1) \qquad \begin{cases} \text{Min.} & F(\boldsymbol{x}) \\ \text{u.d.N.} & \boldsymbol{x} \in M \,. \end{cases}$$

Dabei sei F eine auf dem $\mathbb{R}^n$ definierte Funktion und $\emptyset \neq M \subseteq \mathbb{R}^n$. Ein Punkt $\boldsymbol{x} \in M$ heißt wieder **zulässige Lösung** von (4.1.1).

Im Unterschied zu linearen Optimierungsaufgaben müssen wir bei nichtlinearen Optimierungsproblemen zwischen globalen (absoluten) und lokalen (relativen) Minima und Minimalpunkten unterscheiden (die Begriffe global optimale Lösung und lokal optimale Lösung sind bereits in Abschnitt 3.2.2

erwähnt worden). Ein Punkt $\boldsymbol{x}^* \in M$ wird **globaler** (oder **absoluter**) **Minimalpunkt** von F auf M oder optimale Lösung von (4.1.1) genannt, wenn

$$F(\boldsymbol{x}^*) \le F(\boldsymbol{x}) \quad \text{für alle } \boldsymbol{x} \in M$$

ist. $F^* := \min_{\boldsymbol{x}\in M} F(\boldsymbol{x})$ heißt das **globale** (oder **absolute**) **Minimum** von F auf M. Nach dem bekannten Satz von Weierstraß existiert ein globaler Minimalpunkt von F auf M, wenn M kompakt und F auf M stetig ist.

Zur Definition eines lokalen Minimalpunktes erinnern wir an den Begriff der (offenen) ϵ-Umgebung $U_\epsilon(\bar{\boldsymbol{x}})$ mit $\epsilon > 0$ eines Punktes $\bar{\boldsymbol{x}} \in \mathbb{R}^n$:

$$U_\epsilon(\bar{\boldsymbol{x}}) := \{\boldsymbol{x} \in \mathbb{R}^n \mid |\boldsymbol{x} - \bar{\boldsymbol{x}}| < \epsilon\} .$$

Hierbei stellt $|\boldsymbol{y}|$ die übliche Euklidische Länge $\sum_{j=1}^n y_j^2$ des Vektors $\boldsymbol{y} = (y_1, \ldots, y_n)^T$ dar. Damit ist $U_\epsilon(\bar{\boldsymbol{x}})$ die Menge aller Punkte im Inneren einer Kugel des $\mathbb{R}^n$ mit dem Mittelpunkt $\bar{\boldsymbol{x}}$ und dem Radius ϵ. $\bar{\boldsymbol{x}} \in M$ heißt nun **lokaler** (oder **relativer**) **Minimalpunkt** von F auf M, wenn es eine Zahl $\epsilon > 0$ mit

$$F(\bar{\boldsymbol{x}}) \le F(\boldsymbol{x}) \quad \text{für alle } \boldsymbol{x} \in M \cap U_\epsilon(\bar{\boldsymbol{x}})$$

gibt. $F(\bar{\boldsymbol{x}})$ wird **lokales** (oder **relatives**) **Minimum** von F auf M genannt. Statt Minimalpunkt sagt man auch manchmal **Minimalstelle**.

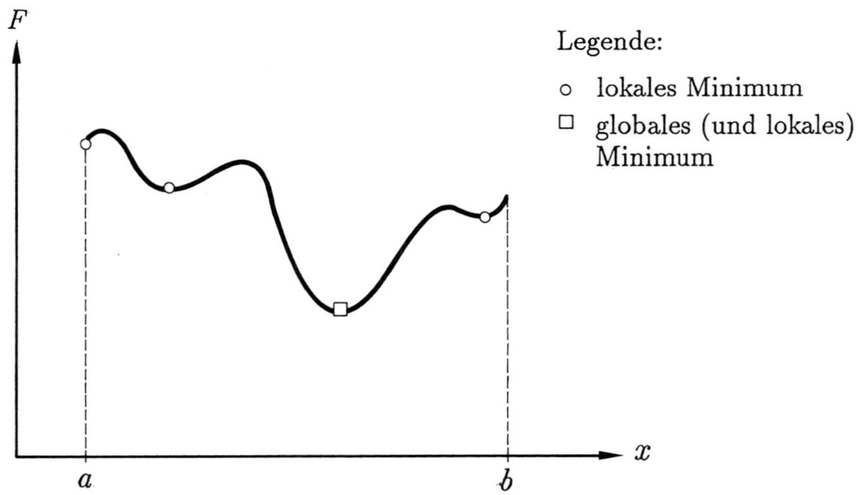

Abb. 4.1.1

Die Funktion F in Abb. 4.1.1 hat auf dem Intervall $[a, b]$ vier lokale Minimalpunkte, wovon einer gleichzeitig einen globalen Minimalpunkt darstellt.

Die in Kapitel 1 betrachteten linearen Optimierungsprobleme, bei denen F eine lineare Funktion ist und M durch lineare Gleichungen oder Ungleichungen gegeben ist, haben zwei charakteristische Eigenschaften, die beim Simplexverfahren zur Bestimmung einer optimalen Lösung ausgenutzt werden können:

(a) Jeder lokale Minimalpunkt ist gleichzeitig ein globaler Minimalpunkt.

(b) Der zulässige Bereich M ist ein konvexes Polyeder (mit endlich vielen Ecken), und wenn eine optimale Lösung existiert, so stellt (mindestens) eine Ecke von M eine optimale Lösung dar.

Aufgrund dieser beiden Eigenschaften ist es möglich, von Ecke zu Ecke des zulässigen Bereiches in Richtung abnehmender Zielfunktionswerte zu gehen, bis man nach endlich vielen Schritten eine optimale Lösung erreicht. Für nichtlineare Optimierungsprobleme ist im allgemeinen keine der beiden Eigenschaften (a), (b) erfüllt.

Später werden wir konvexe Optimierungsprobleme betrachten, für die stets Eigenschaft (a) gilt. Lösungsverfahren für konvexe Optimierungsprobleme konstruieren eine Folge von Zwischenlösungen mit abnehmenden Zielfunktionswerten, die unter gewissen Bedingungen gegen eine optimale Lösung konvergiert. Bei nicht konvexen Optimierungsproblemen führen solche Lösungsverfahren im allgemeinen höchstens zu einem lokalen Minimalpunkt. Sind die Zielfunktion linear und der zulässige Bereich abgeschlossen, so liegt stets eine optimale Lösung (falls es überhaupt eine gibt) auf dem Rand des zulässigen Bereiches. Die Höhenflächen der Zielfunktion (d.h. die Flächen $F(\boldsymbol{x}) = \alpha$ mit $\alpha \in \mathbb{R}$) sind in letzterem Fall Hyperebenen, und eine von ihnen (diejenige mit dem Parameterwert $\alpha = F^*$) berührt den zulässigen Bereich M in (mindestens) einem Randpunkt. Bei nichtlinearer Zielfunktion können die optimalen Lösungen im Inneren oder auf dem Rand des zulässigen Bereiches liegen (vgl. Abb. 4.1.1).

Will man zur Lösung nichtlinearer Optimierungsprobleme wie beim Simplexverfahren sukzessiv in Richtung abnehmender Zielfunktionswerte fortschreiten, um Minimalpunkte zu finden, so ist man natürlich an Fortschreitungsrichtungen interessiert, längs derer man wenigstens ein Stück vorangehen kann, ohne den zulässigen Bereich zu verlassen. Dies führt auf den Begriff einer zulässigen Richtung. Ein Vektor $\boldsymbol{s} \in \mathbb{R}^n$ heißt **zulässige Richtung** im Punkt $\bar{\boldsymbol{x}} \in M$, wenn ein $\delta' > 0$ existiert, so daß $\bar{\boldsymbol{x}} + \delta \boldsymbol{s} \in M$ für $0 \leq \delta \leq \delta'$ gilt. Die Menge aller zulässigen Richtungen im Punkt $\bar{\boldsymbol{x}}$ bezeichnen wir mit $Z(\bar{\boldsymbol{x}})$.

Ist $\bar{\boldsymbol{x}}$ ein innerer Punkt von M (d.h., es gibt eine ϵ-Umgebung von $\bar{\boldsymbol{x}}$, die vollständig in M liegt), so ist offensichtlich jede Richtung $\boldsymbol{s} \in \mathbb{R}^n$ zulässige Richtung in $\bar{\boldsymbol{x}}$, d.h., $Z(\bar{\boldsymbol{x}}) = \mathbb{R}^n$. Ist $\bar{\boldsymbol{x}}$ Randpunkt von M (d.h., jede ϵ-Umgebung von $\bar{\boldsymbol{x}}$ enthält mindestens einen Punkt aus M und einen Punkt,

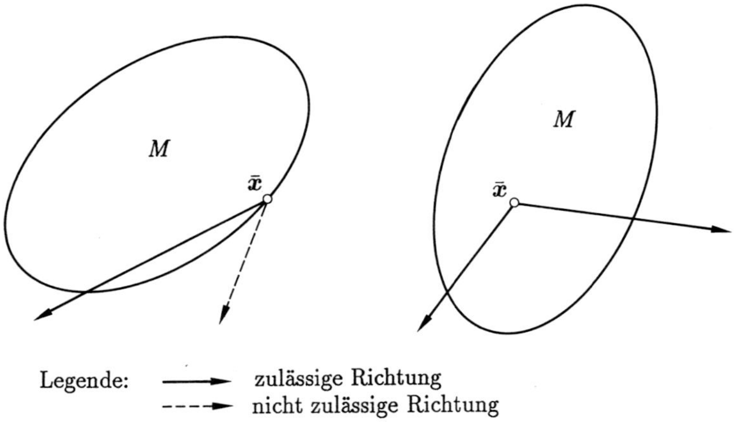

Abb. 4.1.2

der nicht zu M gehört), dann gibt es im allgemeinen sowohl zulässige als auch nicht zulässige Richtungen in $\bar{\boldsymbol{x}}$ (vgl. Abb. 4.1.2).

Wir erklären nun den Begriff des Gradienten. Der **Gradient** einer differenzierbaren Funktion F in einem Punkt $\bar{\boldsymbol{x}} \in \mathbb{R}^n$ ist der Vektor

$$\operatorname{grad} F(\bar{\boldsymbol{x}}) := \begin{pmatrix} \dfrac{\partial F}{\partial x_1}(\bar{\boldsymbol{x}}) \\ \vdots \\ \dfrac{\partial F}{\partial x_n}(\bar{\boldsymbol{x}}) \end{pmatrix}$$

mit den partiellen Ableitungen $\partial F/\partial x_1, \ldots, \partial F/\partial x_n$. Im folgenden schreiben wir meist $\boldsymbol{g}(\bar{\boldsymbol{x}})$ für $\operatorname{grad} F(\bar{\boldsymbol{x}})$. Der Gradient $\boldsymbol{g}(\bar{\boldsymbol{x}})$ steht senkrecht auf der durch den Punkt $\bar{\boldsymbol{x}}$ gehenden Hyperfläche $F(\boldsymbol{x}) = \alpha$ und zeigt in die Richtung des stärksten Anstiegs der Funktionswerte $F(\boldsymbol{x})$, vgl. Abb. 4.1.3. Es gilt dann folgender plausibler (in HORST (1979), Abschnitt 2.1.1, bewiesener)

Satz 4.1.1. *Seien F stetig differenzierbar und $\bar{\boldsymbol{x}}, \boldsymbol{s} \in \mathbb{R}^n$ mit*

$$\boldsymbol{s}^T \boldsymbol{g}(\bar{\boldsymbol{x}}) < 0\,. \tag{4.1.2}$$

Dann gibt es ein $\delta' > 0$ mit $F(\bar{\boldsymbol{x}} + \delta \boldsymbol{s}) < F(\bar{\boldsymbol{x}})$ für $0 < \delta \leq \delta'$.

Die Bedingung (4.1.2), die besagt, daß das Skalarprodukt der Vektoren $\boldsymbol{s}$ und $\boldsymbol{g}(\bar{\boldsymbol{x}})$ negativ ist, bedeutet anschaulich, daß die Vektoren $\boldsymbol{s}$ und $\boldsymbol{g}(\bar{\boldsymbol{x}})$ einen stumpfen bzw. die Vektoren $\boldsymbol{s}$ und $-\boldsymbol{g}(\bar{\boldsymbol{x}})$ einen spitzen Winkel bilden (vgl. Abb. 4.1.4). Schreitet man von $\bar{\boldsymbol{x}}$ aus in Richtung von $\boldsymbol{s}$ fort, so nehmen folglich die Zielfunktionswerte ab. Ist $\boldsymbol{s}$ zudem eine zulässige Richtung und $\bar{\boldsymbol{x}} \in M$ (d.h., man „verläßt" nicht sofort den zulässigen Bereich M), dann gelangt man von $\bar{\boldsymbol{x}}$ aus längs $\boldsymbol{s}$ zu einer „besseren" zulässigen Lösung.

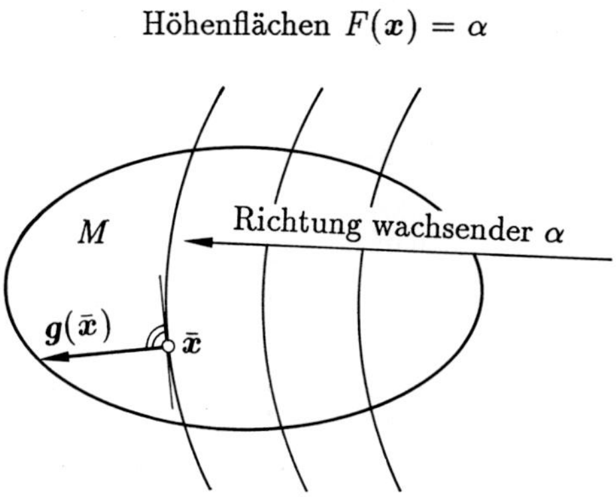

Abb. 4.1.3

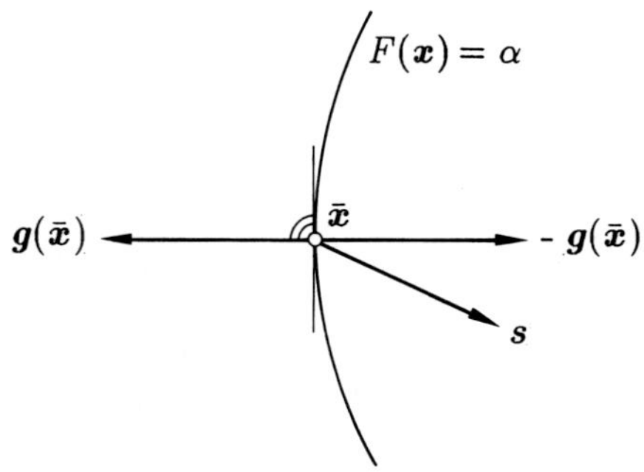

Abb. 4.1.4

4.2 Optimalitätsbedingungen

In diesem Abschnitt wollen wir notwendige und hinreichende Bedingungen dafür angeben, daß ein Punkt $\bar{\boldsymbol{x}}$ ein lokaler oder ein globaler Minimalpunkt der Zielfunktion F auf dem zulässigen Bereich M ist. Diese Optimalitätsbedingungen spielen für die in Abschnitt 4.3 zu behandelnden Verfahren zur Lösung nichtlinearer Optimierungsprobleme eine wesentliche Rolle.

4.2.1 Optimalitätsbedingungen für lokale Minimalpunkte

Eine notwendige Bedingung dafür, daß ein Punkt $\bar{\boldsymbol{x}} \in M$ lokaler Minimalpunkt von F ist, erhalten wir als unmittelbare Folgerung von Satz 4.1.1:

Satz 4.2.1 (Notwendige Optimalitätsbedingung). *Seien F stetig differenzierbar und $\bar{\boldsymbol{x}}$ ein lokaler Minimalpunkt von F auf M* [1]. *Dann gilt*

$$\boldsymbol{s}^T \boldsymbol{g}(\bar{\boldsymbol{x}}) \geq 0 \quad \textit{für alle } \boldsymbol{s} \in Z(\bar{\boldsymbol{x}}) \; . \tag{4.2.1}$$

Die Bedingung (4.2.1) besagt, daß längs keiner zulässigen Richtung in einer Umgebung von $\bar{\boldsymbol{x}}$ der Zielfunktionswert $F(\boldsymbol{x})$ verkleinert werden kann. Ein Punkt $\bar{\boldsymbol{x}} \in M$, der die Bedingung (4.2.1) erfüllt, heißt **stationärer Punkt** von F auf M.

[1] Ist M abgeschlossen, so muß F streng genommen auf einer offenen Obermenge von M stetig differenzierbar sein.

Für einen inneren Punkt $\bar{\boldsymbol{x}} \in M$ ist $Z(\bar{\boldsymbol{x}}) = \mathbb{R}^n$. Dann ist (4.2.1) nur zu erfüllen, wenn $\boldsymbol{g}(\bar{\boldsymbol{x}}) = \boldsymbol{0}$ gilt. Wir haben damit

Satz 4.2.2. *Seien F stetig differenzierbar und $\bar{\boldsymbol{x}}$ innerer Punkt von M sowie lokaler Minimalpunkt von F auf M. Dann gilt $\boldsymbol{g}(\bar{\boldsymbol{x}}) = \boldsymbol{0}$.*

Satz 4.2.2 ist insbesondere für nichtlineare Optimierungsprobleme ohne Nebenbedingungen (unrestringierte Optimierungsprobleme) von Interesse. In diesem Fall ist $M = \mathbb{R}^n$, und jeder Punkt von M ist innerer Punkt von M.

Für $n = 1$ stellt Satz 4.2.2 ein bekanntes Resultat aus der Analysis dar: $F'(\bar{x}) = 0$ [1] ist eine notwendige Bedingung dafür, daß $\bar{x}$ ein lokaler Minimalpunkt von F auf $\mathbb{R}$ ist. Ein stationärer Punkt von F auf $\mathbb{R}$ kann eine lokale Minimal- oder Maximalstelle oder ein Wendepunkt mit horizontaler Wendetangente sein (s. Abb. 4.2.1).

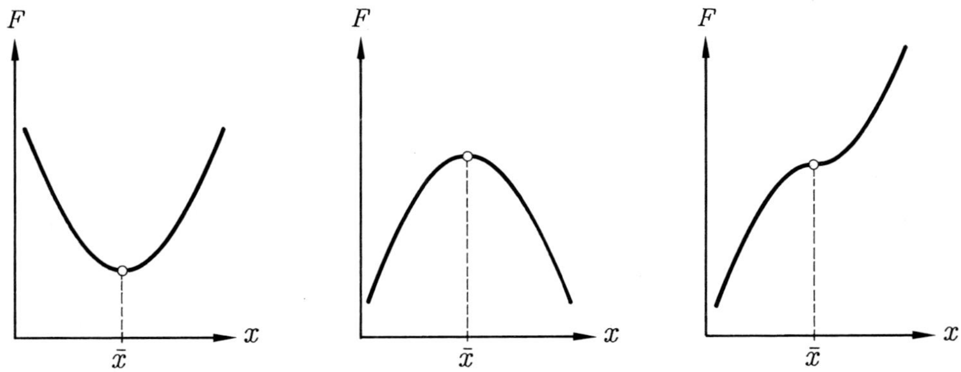

Abb. 4.2.1 Stationäre Punkte $\bar{x}$ im $\mathbb{R}^1$

Aus der Analysis kennen wir auch eine hinreichende Bedingung dafür, daß $\bar{x}$ eine lokale Minimalstelle von F auf $\mathbb{R}$ ist: $F'(\bar{x}) = 0$, $F''(\bar{x}) > 0$. Um das analoge Resultat für eine auf dem $\mathbb{R}^n$ mit $n > 1$ definierte (zweimal stetig differenzierbare) Funktion F formulieren zu können, führen wir die symmetrische $n \times n$-Matrix der zweiten partiellen Ableitungen ein, die auch **Hessesche Matrix** genannt und mit $\boldsymbol{H}$ bezeichnet wird:

$$\boldsymbol{H} := \begin{pmatrix} \dfrac{\partial^2 F}{\partial x_1^2} & \cdots & \dfrac{\partial^2 F}{\partial x_1 \partial x_n} \\ \vdots & & \vdots \\ \dfrac{\partial^2 F}{\partial x_n \partial x_1} & \cdots & \dfrac{\partial^2 F}{\partial x_n^2} \end{pmatrix}$$

[1] Wie üblich wird die erste Ableitung dF/dx mit F' bezeichnet.

$\boldsymbol{H}(\bar{\boldsymbol{x}})$ ist die **Hessesche Matrix an der Stelle $\bar{\boldsymbol{x}}$**. Als Beispiel betrachten wir folgende Funktion F im $\mathbb{R}^2$:

$$F(x_1, x_2) := x_1^2 + 3x_2^2 + x_1 x_2 \ .$$

Hierfür ist

$$\text{(4.2.2)} \qquad \boldsymbol{H}(\bar{\boldsymbol{x}}) = \begin{pmatrix} 2 & 1 \\ 1 & 6 \end{pmatrix} \quad \text{für alle } \bar{\boldsymbol{x}} \in \mathbb{R}^2 \ .$$

Für eine quadratische Funktion $F : \mathbb{R}^n \to \mathbb{R}$ ist die Hessesche Matrix konstant (d.h. unabhängig von der Stelle $\bar{\boldsymbol{x}}$).

Eine symmetrische $n \times n$-Matrix $\boldsymbol{A}$ heißt **positiv definit**, wenn für alle $\boldsymbol{x} \in \mathbb{R}^n$ mit $\boldsymbol{x} \neq \boldsymbol{0}$ die **quadratische Form $\boldsymbol{x}^T\boldsymbol{A}\boldsymbol{x}$** positiv ist: $\boldsymbol{x}^T\boldsymbol{A}\boldsymbol{x} > 0$. $\boldsymbol{A}$ heißt **positiv semidefinit**, wenn für alle $\boldsymbol{x} \in \mathbb{R}^n$ $\boldsymbol{x}^T\boldsymbol{A}\boldsymbol{x} \geq 0$ gilt. $\boldsymbol{A}$ stellt die Hessesche Matrix der quadratischen Funktion F mit $F(\boldsymbol{x}) := \frac{1}{2}\boldsymbol{x}^T\boldsymbol{A}\boldsymbol{x}$ dar. Z.B. ist wegen $x_1^2+3x_2^2+x_1x_2 = (x_1+\frac{1}{2}x_2)^2+\frac{11}{4}x_2^2 > 0$ für alle $(x_1,x_2) \neq (0,0)$ die Hessesche Matrix in (4.2.2) positiv definit. Ein Beispiel für eine positiv semidefinite Matrix ist

$$\boldsymbol{A} = \begin{pmatrix} 1 & -1 \\ -1 & 1 \end{pmatrix} ,$$

denn es gilt

$$\begin{aligned} \boldsymbol{x}^T\boldsymbol{A}\boldsymbol{x} &= (x_1, x_2) \begin{pmatrix} 1 & -1 \\ -1 & 1 \end{pmatrix} \begin{pmatrix} x_1 \\ x_2 \end{pmatrix} \\ &= x_1(x_1 - x_2) - x_2(x_1 - x_2) = (x_1 - x_2)^2 \geq 0 \ . \end{aligned}$$

Wir haben dann den gewünschten

Satz 4.2.3 (Hinreichende Optimalitätsbedingung). *Seien F zweimal stetig differenzierbar und $\bar{\boldsymbol{x}}$ ein innerer Punkt von M. Ist $\boldsymbol{g}(\bar{\boldsymbol{x}}) = \boldsymbol{0}$ und $\boldsymbol{H}(\bar{\boldsymbol{x}})$ positiv definit, dann ist $\bar{\boldsymbol{x}}$ lokaler Minimalpunkt von F auf M.*

Ist $\boldsymbol{H}(\bar{\boldsymbol{x}})$ nur positiv semidefinit und $\boldsymbol{g}(\bar{\boldsymbol{x}}) = \boldsymbol{0}$, so stellt dies lediglich eine notwendige (Optimalitäts-)Bedingung dafür dar, daß ein innerer Punkt $\bar{\boldsymbol{x}}$ von M lokaler Minimalpunkt von F auf M ist. Zum Beweis von Satz 4.2.3 und der letzteren Aussage vgl. etwa Horst (1979), Abschnitte 2.1.2 und 2.1.3.

Wir wollen nun zeigen, wie man feststellen kann, ob eine symmetrische $n \times n$-Matrix positiv definit oder positiv semidefinit ist. Bekanntlich läßt sich jede $n \times n$-Matrix $\boldsymbol{A}$ bis auf eventuelle Zeilenvertauschungen als Produkt $\boldsymbol{A} = \boldsymbol{L}\boldsymbol{R}$ zweier Dreiecksmatrizen schreiben, wobei $\boldsymbol{L}$ und $\boldsymbol{R}$ die Form

$$\boldsymbol{L} = \begin{pmatrix} 1 & & & 0 \\ l_{21} & 1 & & \\ \vdots & & \ddots & \\ l_{n1} & \dots & l_{n,n-1} & 1 \end{pmatrix}, \quad \boldsymbol{R} = \begin{pmatrix} r_{11} & \dots & r_{1n} \\ & \ddots & \vdots \\ 0 & & r_{nn} \end{pmatrix}$$

haben. Diese **Dreieckszerlegung** der Matrix kann man mit Hilfe des Gaußschen Algorithmus finden (vgl. etwa STOER (1979), Abschnitt 4.1). Ist $\boldsymbol{A}$ symmetrisch, dann läßt sich $\boldsymbol{R}$ in der Form $\boldsymbol{R} = \boldsymbol{S}\boldsymbol{L}^T$ mit der Diagonalmatrix

$$\boldsymbol{S} = \begin{pmatrix} s_{11} & & 0 \\ & \ddots & \\ 0 & & s_{nn} \end{pmatrix}$$

angeben. Wegen $\boldsymbol{A} = \boldsymbol{L}\boldsymbol{S}\boldsymbol{L}^T$ haben wir mit $\boldsymbol{y} := \boldsymbol{L}^T\boldsymbol{x}$

$$\boldsymbol{x}^T\boldsymbol{A}\boldsymbol{x} = \boldsymbol{x}^T\boldsymbol{L}\boldsymbol{S}\boldsymbol{L}^T\boldsymbol{x} = \boldsymbol{y}^T\boldsymbol{S}\boldsymbol{y} = \sum_{j=1}^{n} s_{jj}y_j^2 \ .$$

$\boldsymbol{A}$ ist also genau dann positiv definit (positiv semidefinit), wenn $s_{jj} > 0$ ($s_{jj} \geq 0$) für $j = 1, \ldots, n$ ist.

4.2.2 Konvexe Optimierungsprobleme

In Abschnitt 4.2.1 haben wir nur Optimalitätsbedingungen für *lokale* Minimalpunkte betrachtet. Da eine optimale Lösung von (4.1.1) jedoch ein globaler Minimalpunkt von F auf M ist, sind wir an Zielfunktionen F interessiert, bei denen lokale und globale Minimalpunkte zusammenfallen. Dies führt auf den Begriff einer konvexen Funktion.

Wir erinnern daran, daß eine Menge $K \subseteq \mathbb{R}^n$ konvex heißt, wenn für je zwei Punkte $\boldsymbol{x}^1, \boldsymbol{x}^2 \in K$ auch die Verbindungsstrecke von $\boldsymbol{x}^1$ und $\boldsymbol{x}^2$, d.h. die Menge aller Punkte

$$\boldsymbol{x} = \lambda\boldsymbol{x}^1 + (1-\lambda)\boldsymbol{x}^2 \quad \text{mit } 0 \leq \lambda \leq 1 \ ,$$

zu K gehört (vgl. Abschnitt 1.1.3). Sei nun $K \subseteq \mathbb{R}^n$ eine konvexe Menge. Dann heißt eine Funktion $F : K \to \mathbb{R}$ **konvex**, wenn für je zwei Punkte $\boldsymbol{x}^1, \boldsymbol{x}^2 \in K$ und alle $\lambda \in (0,1)$

$$F(\lambda\boldsymbol{x}^1 + (1-\lambda)\boldsymbol{x}^2) \leq \lambda F(\boldsymbol{x}^1) + (1-\lambda)F(\boldsymbol{x}^2) \tag{4.2.3}$$

gilt. F wird **streng konvex** (**konkav** oder **streng konkav**) genannt, wenn in (4.2.3) für je zwei verschiedene Punkte $\boldsymbol{x}^1, \boldsymbol{x}^2 \in K$ $<$ ($\geq$ bzw. $>$) an Stelle von $\leq$ steht. Eine lineare Funktion ist sowohl konvex als auch konkav (aber weder streng konvex noch streng konkav).

Für eine auf $\mathbb{R}$ definierte Funktion F besagt (4.2.3), daß die Verbindungsstrecke der beiden Punkte $(x^1, F(x^1))$ und $(x^2, F(x^2))$ nirgends unterhalb der Kurve $y = F(x)$ liegt (vgl. Abb. 4.2.2). Wir zitieren nun einige Sätze über konvexe Mengen und Funktionen, deren Beweis sich unmittelbar aus der Definition dieser Begriffe ergibt.

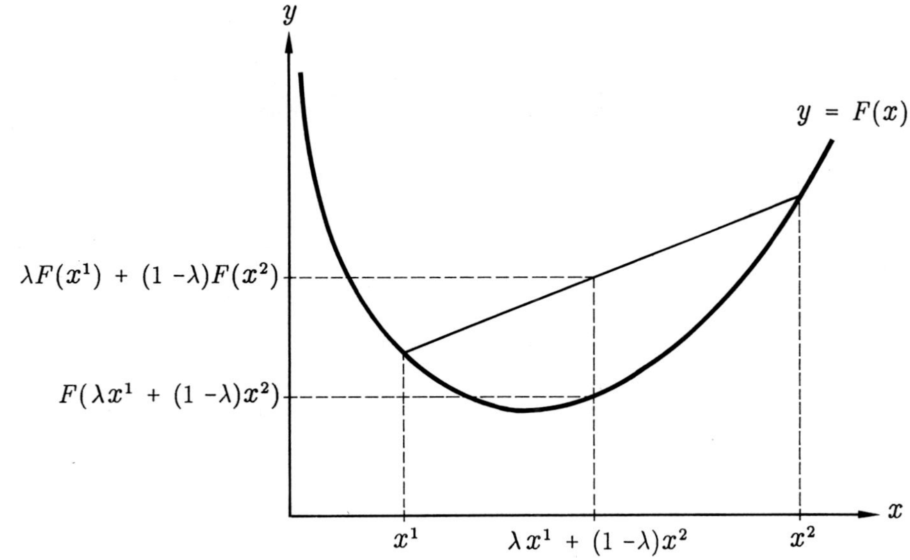

Abb. 4.2.2

Satz 4.2.4. *Seien $K \subseteq \mathbb{R}^n$ eine konvexe Menge und $F_1, \ldots, F_m : K \to \mathbb{R}$ konvexe Funktionen. Dann ist auch jede nichtnegative Linearkombination der Funktionen $F_1, \ldots, F_m$,*

$$F := \sum_{i=1}^{m} \mu_i F_i \quad \text{mit } \mu_i \geq 0 \quad (i = 1, \ldots, m) ,$$

eine konvexe Funktion auf K.

Satz 4.2.5. *Seien $K \subseteq \mathbb{R}^n$ eine konvexe Menge und $f : K \to \mathbb{R}$ eine konvexe Funktion sowie $a \in \mathbb{R}$. Dann sind die abgeschlossene Menge $\{\boldsymbol{x} \in K | f(\boldsymbol{x}) \leq a\}$ und die offene Menge $\{\boldsymbol{x} \in K | f(\boldsymbol{x}) < a\}$ konvex.*

Satz 4.2.6. *Sind $K_1, \ldots, K_m \subseteq \mathbb{R}^n$ konvexe Mengen, so ist auch deren Durchschnitt $\cap_{i=1}^m K_i$ konvex.*

Ist der zulässige Bereich M durch die Ungleichungen $f_i(\boldsymbol{x}) \leq 0$ $(i = 1, \ldots, m)$ mit konvexen Funktionen f_i gegeben, so folgt aus den Sätzen 4.2.5 und 4.2.6, daß M konvex ist. Dies führt auf den Begriff eines **konvexen Optimierungsproblems**

$$(K) \qquad \begin{cases} \text{Min.} & F(\boldsymbol{x}) \\ \text{u.d.N.} & f_i(\boldsymbol{x}) \leq 0 \quad (i = 1, \ldots, m) \\ & F, f_i \ (i = 1, \ldots, m) \text{ konvex.} \end{cases}$$

Insbesondere sind alle linearen Optimierungsprobleme konvex, da sich jedes Gleichungssystem $\boldsymbol{Ax} = \boldsymbol{b}$ in der Form zweier Ungleichungssysteme $\boldsymbol{Ax} \leq \boldsymbol{b}$, $-\boldsymbol{Ax} \leq -\boldsymbol{b}$ schreiben läßt, die beide konvexen Mengen entsprechen. Im folgenden wollen wir jedoch annehmen, daß mindestens eine der Funktionen $F, f_1, \ldots, f_m$ nichtlinear sei, also eine echte nichtlineare Optimierungsaufgabe vorliege. Wir bemerken noch, daß eventuelle Vorzeichenbeschränkungen für die Variablen $x_1, \ldots, x_n$ unter den Nebenbedingungen $f_i(\boldsymbol{x}) \leq 0$ $(i = 1, \ldots, m)$ mit enthalten sein sollen.

Wir geben nun einige Kriterien für die Konvexität einer Funktion an.

Satz 4.2.7. *Sei $K \subseteq \mathbb{R}^n$ eine konvexe Menge, die innere Punkte enthalte, und sei $F : K \to \mathbb{R}$ zweimal stetig differenzierbar. F ist auf K genau dann konvex (streng konvex), wenn die Hessesche Matrix $\boldsymbol{H}(\boldsymbol{x})$ für alle $\boldsymbol{x} \in K$ positiv semidefinit (positiv definit) ist.*

Ein Spezialfall von Satz 4.2.7 ist der aus der Analysis bekannte

Satz 4.2.8. *Eine zweimal stetig differenzierbare Funktion $F : \mathbb{R} \to \mathbb{R}$ ist auf einem (mehr als einen Punkt enthaltenden) Intervall $J \subseteq \mathbb{R}$ konvex (streng konvex), wenn $F''(x) \geq 0$ (> 0) für alle $x \in J$ ist.*

Wir zitieren noch den folgenden später benötigten

Satz 4.2.9. *Sei $G : \mathbb{R}_+ \to \mathbb{R}$ eine monoton wachsende Funktion. Dann ist die durch*

$$F(x) := \int_0^x G(z)\,dz \quad (x \geq 0)$$

gegebene Funktion $F : \mathbb{R}_+ \to \mathbb{R}$ konvex.

Wir verifizieren Satz 4.2.9 für den Fall, daß F zweimal stetig differenzierbar ist. Dann gilt $F'(x) = G(x)$ und $F''(x) = G'(x)$. Da G monoton wachsend ist, haben wir $G'(x) \geq 0$, und Satz 4.2.8 liefert die Behauptung.

Ein weiteres Kriterium für die Konvexität einer Funktion liefert

Satz 4.2.10. *Seien $K \subseteq \mathbb{R}^n$ eine konvexe Menge und $F : K \to \mathbb{R}$ stetig differenzierbar. F ist auf K genau dann konvex, wenn für alle $\boldsymbol{x}^1, \boldsymbol{x}^2 \in K$*

$$F(\boldsymbol{x}^2) \geq F(\boldsymbol{x}^1) + (\boldsymbol{x}^2 - \boldsymbol{x}^1)^T \mathrm{grad} F(\boldsymbol{x}^1) \tag{4.2.4}$$

ist. F ist genau dann streng konvex, wenn in (4.2.4) $>$ statt $\geq$ steht.

Zum Beweis der Sätze 4.2.7 und 4.2.10 verweisen wir auf Horst (1979), Abschnitt 2.2.3. Für eine auf $\mathbb{R}$ definierte Funktion F besagt (4.2.4), daß die Tangente an die Kurve $y = F(x)$ im Punkt x^1 nirgends oberhalb dieser Kurve liegt (vgl. Abb. 4.2.3).

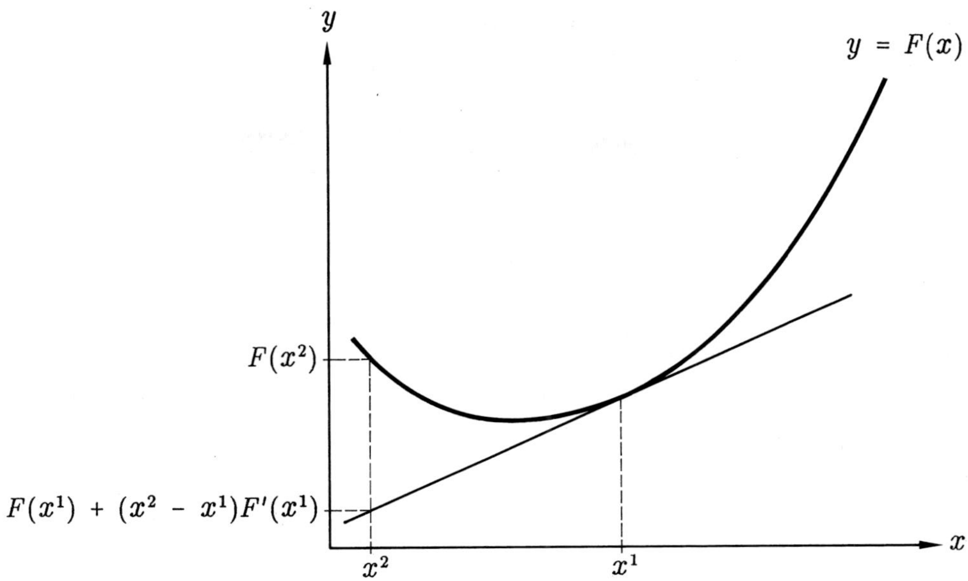

Abb. 4.2.3

Wir beweisen nun folgenden grundlegenden Satz für konvexe Optimierungsprobleme, wobei der konvexe Bereich M nicht notwendig durch m Ungleichungen $f_i(\boldsymbol{x}) \leq 0$ $(i = 1, \ldots, m)$ gegeben sein muß:

Satz 4.2.11. *Seien $M \subseteq \mathbb{R}^n$ eine konvexe Menge und $F : M \to \mathbb{R}$ konvex. Dann gilt:*
(a) Die Menge M^* aller globalen Minimalpunkte von F auf M ist konvex.
(b) Jeder lokale Minimalpunkt von F auf M ist auch ein globaler Minimalpunkt.

Beweis. (a) Falls das Minimum von F auf M nicht existiert, ist $M^* = \emptyset$ und damit M^* nach Definition konvex. Sei nun $\boldsymbol{x}^*$ ein globaler Minimalpunkt von F auf M. Dann ist die Menge $M^* = \{\boldsymbol{x} \in M | F(\boldsymbol{x}) \leq F(\boldsymbol{x}^*)\}$ nach Satz 4.2.5 konvex.
(b) Sei $\bar{\boldsymbol{x}}$ ein lokaler Minimalpunkt von F auf M. Wir nehmen an, es existiere ein Punkt $\boldsymbol{x}' \in M$ mit $F(\boldsymbol{x}') < F(\bar{\boldsymbol{x}})$. Da F konvex ist, gilt dann für $0 < \lambda < 1$

$$F(\bar{\boldsymbol{x}} + \lambda(\boldsymbol{x}' - \bar{\boldsymbol{x}})) = F(\lambda \boldsymbol{x}' + (1 - \lambda)\bar{\boldsymbol{x}}) \leq \lambda F(\boldsymbol{x}') + (1 - \lambda)F(\bar{\boldsymbol{x}}) < F(\bar{\boldsymbol{x}}) .$$

Es gibt also in jeder ϵ-Umgebung von $\bar{\boldsymbol{x}}$ einen Punkt $\widehat{\boldsymbol{x}} \in M$ (z.B. $\widehat{\boldsymbol{x}} :=$

$\bar{\boldsymbol{x}} + \lambda(\boldsymbol{x}' - \bar{\boldsymbol{x}})$ mit $\lambda < \min(1, \epsilon)$) mit $F(\hat{\boldsymbol{x}}) < F(\bar{\boldsymbol{x}})$ im Widerspruch zur Voraussetzung, daß $\bar{\boldsymbol{x}}$ lokaler Minimalpunkt ist.

□

Wir zeigen jetzt, daß für ein konvexes Optimierungsproblem die notwendige Optimalitätsbedingung

$$\boldsymbol{s}^T \boldsymbol{g}(\bar{\boldsymbol{x}}) \geq 0 \quad \text{für alle } \boldsymbol{s} \in Z(\bar{\boldsymbol{x}}) \tag{4.2.5}$$

(vgl. Satz 4.2.1) auch hinreichend ist. Sei also $\bar{\boldsymbol{x}} \in M$ ein Punkt, für den (4.2.5) gilt. Wegen der Konvexität von M gehört für jedes $\boldsymbol{x} \in M$ mit $\boldsymbol{x} \neq \bar{\boldsymbol{x}}$ die gesamte Verbindungsstrecke von $\boldsymbol{x}$ und $\bar{\boldsymbol{x}}$ zu M, d.h., $\boldsymbol{x} - \bar{\boldsymbol{x}}$ ist eine zulässige Richtung. Andererseits gibt es für jede zulässige Richtung $\boldsymbol{s} \in Z(\bar{\boldsymbol{x}})$ einen Punkt $\boldsymbol{x} \in M$ mit $\delta \boldsymbol{s} = \boldsymbol{x} - \bar{\boldsymbol{x}}$ und $\delta > 0$. Folglich ist aufgrund (4.2.5)

$$(\boldsymbol{x} - \bar{\boldsymbol{x}})^T \boldsymbol{g}(\bar{\boldsymbol{x}}) \geq 0 \quad \text{für alle } \boldsymbol{x} \in M \; .$$

Satz 4.2.10 liefert dann

$$F(\boldsymbol{x}) \geq F(\bar{\boldsymbol{x}}) + (\boldsymbol{x} - \bar{\boldsymbol{x}})^T \boldsymbol{g}(\bar{\boldsymbol{x}}) \geq F(\bar{\boldsymbol{x}}) \quad \text{für alle } \boldsymbol{x} \in M \; ,$$

d.h., $\bar{\boldsymbol{x}}$ ist ein globaler Minimalpunkt. Wir haben damit folgenden Satz bewiesen:

Satz 4.2.12 (Hinreichende Optimalitätsbedingung). *Seien $M \subseteq \mathbb{R}^n$ eine konvexe Menge, $F : M \to \mathbb{R}$ eine konvexe, stetig differenzierbare Funktion und $\bar{\boldsymbol{x}} \in M$. Gilt (4.2.5), dann ist $\bar{\boldsymbol{x}}$ globaler Minimalpunkt von F auf M.*

4.2.3 Lagrange-Funktion und Karush-Kuhn-Tucker-Bedingungen

Wir haben bereits in Abschnitt 4.2.1 festgestellt, daß für unrestringierte Optimierungsprobleme, d.h. $M = \mathbb{R}^n$, die hinreichende Optimierungsbedingung (4.2.1) bzw. (4.2.5) sich zu $\boldsymbol{g}(\bar{\boldsymbol{x}}) = \boldsymbol{0}$ vereinfacht. Für nichtlineare restringierte Optimierungsprobleme (also Optimierungsprobleme mit Nebenbedingungen) ist die Optimalitätsbedingung (4.2.5) sehr unhandlich, da sich die Menge der zulässigen Richtungen $Z(\bar{\boldsymbol{x}})$ im allgemeinen nicht in einfacher Weise durch die Nebenbedingungen ausdrücken läßt (vgl. etwa Horst (1979), Abschnitt 3.1.1). Aus der Analysis ist jedoch bekannt, daß man bei der Bestimmung von Extremwerten von Funktionen mit Nebenbedingungen in Form von Gleichungen die Restriktionen in die Zielfunktion mit einbeziehen kann, was auf die sogenannte Lagrange-Funktion führt. Das Nullsetzen der partiellen Ableitungen der Lagrange-Funktion liefert dann notwendige Bedingungen für die

Extremwerte. Wir wollen dieses Konzept jetzt auf Ungleichungen als Nebenbedingungen übertragen.

Wir legen das Optimierungsproblem

$$(4.2.6)\qquad \begin{cases} \text{Min.} & F(\boldsymbol{x}) \\ \text{u.d.N.} & f_i(\boldsymbol{x}) \leq 0 \quad (i = 1, \ldots, m) \end{cases}$$

zugrunde, wobei aber jetzt im Gegensatz zur konvexen Optimierungsaufgabe (K) die Funktionen $F, f_1, \ldots, f_m$ nicht konvex zu sein brauchen. Dann führen wir für jede der Nebenbedingungen $f_i(\boldsymbol{x}) \leq 0$ einen **Lagrange-Multiplikator** u_i $(i = 1, \ldots, m)$ ein und definieren die **Lagrange-Funktion** $\mathcal{L} : \mathbb{R}^{n+m} \to \mathbb{R}$ gemäß

$$(4.2.7)\qquad \mathcal{L}(\boldsymbol{x}, \boldsymbol{u}) := F(\boldsymbol{x}) + \sum_{i=1}^{m} u_i f_i(\boldsymbol{x}) = F(\boldsymbol{x}) + \boldsymbol{u}^T \boldsymbol{f}(\boldsymbol{x}) \ ,$$

wobei

$$\boldsymbol{u} := \begin{pmatrix} u_1 \\ \vdots \\ u_m \end{pmatrix}, \ \boldsymbol{f} := \begin{pmatrix} f_1 \\ \vdots \\ f_m \end{pmatrix}$$

sei. Weiter benötigen wir den Begriff des Sattelpunktes einer Lagrange-Funktion, der analog dem Begriff des Sattelpunktes einer Matrix oder des Gleichgewichtspunktes eines Matrixspiels (vgl. (1.8.3) und (1.8.15)) erklärt ist. Ein Punkt $(\bar{\boldsymbol{x}}, \bar{\boldsymbol{u}})$ mit $\bar{\boldsymbol{u}} \geq \boldsymbol{0}$ heißt **Sattelpunkt** von $\mathcal{L}$, wenn

$$(4.2.8)\qquad \mathcal{L}(\bar{\boldsymbol{x}}, \boldsymbol{u}) \leq \mathcal{L}(\bar{\boldsymbol{x}}, \bar{\boldsymbol{u}}) \leq \mathcal{L}(\boldsymbol{x}, \bar{\boldsymbol{u}}) \quad \text{für alle } \boldsymbol{x} \in \mathbb{R}^n, \boldsymbol{u} \in \mathbb{R}^m_+$$

gilt. Abb. 4.2.4 zeigt für $m = n = 1$ einen Sattelpunkt in den beiden möglichen Fällen $f(\bar{x}) = 0$ und $\bar{u} = 0$.

Wir beweisen jetzt

Satz 4.2.13. *Ist $(\bar{\boldsymbol{x}}, \bar{\boldsymbol{u}})$ mit $\bar{\boldsymbol{u}} \geq \boldsymbol{0}$ Sattelpunkt von $\mathcal{L}$, so ist $\bar{\boldsymbol{x}}$ eine optimale Lösung von (4.2.6).*

Beweis. Wegen $\mathcal{L}(\bar{\boldsymbol{x}}, \boldsymbol{u}) \leq \mathcal{L}(\bar{\boldsymbol{x}}, \bar{\boldsymbol{u}})$ oder $F(\bar{\boldsymbol{x}}) + \boldsymbol{u}^T \boldsymbol{f}(\bar{\boldsymbol{x}}) \leq F(\bar{\boldsymbol{x}}) + \bar{\boldsymbol{u}}^T \boldsymbol{f}(\bar{\boldsymbol{x}})$ gilt

$$(4.2.9)\qquad \boldsymbol{u}^T \boldsymbol{f}(\bar{\boldsymbol{x}}) \leq \bar{\boldsymbol{u}}^T \boldsymbol{f}(\bar{\boldsymbol{x}}) \quad \text{für alle } \boldsymbol{u} \in \mathbb{R}^m_+ \ .$$

Aus (4.2.9) folgt $\boldsymbol{f}(\bar{\boldsymbol{x}}) \leq \boldsymbol{0}$, da $\boldsymbol{f}(\bar{\boldsymbol{x}}) > \boldsymbol{0}$ und $\boldsymbol{u} > \bar{\boldsymbol{u}}$ einen Widerspruch zu (4.2.9) liefern. $\bar{\boldsymbol{x}}$ ist also zulässige Lösung von (4.2.6). Setzt man in (4.2.9) $\boldsymbol{u} = \boldsymbol{0}$, dann ergibt sich $\bar{\boldsymbol{u}}^T \boldsymbol{f}(\bar{\boldsymbol{x}}) \geq 0$. Die letztere Ungleichung liefert zusammen mit $\mathcal{L}(\bar{\boldsymbol{x}}, \bar{\boldsymbol{u}}) \leq \mathcal{L}(\boldsymbol{x}, \bar{\boldsymbol{u}})$ oder $F(\bar{\boldsymbol{x}}) + \bar{\boldsymbol{u}}^T \boldsymbol{f}(\bar{\boldsymbol{x}}) \leq F(\boldsymbol{x}) + \bar{\boldsymbol{u}}^T \boldsymbol{f}(\boldsymbol{x})$

$$F(\bar{\boldsymbol{x}}) \leq F(\boldsymbol{x}) + \bar{\boldsymbol{u}}^T \boldsymbol{f}(\boldsymbol{x}) \quad \text{für alle } \boldsymbol{x} \in \mathbb{R}^n \ .$$

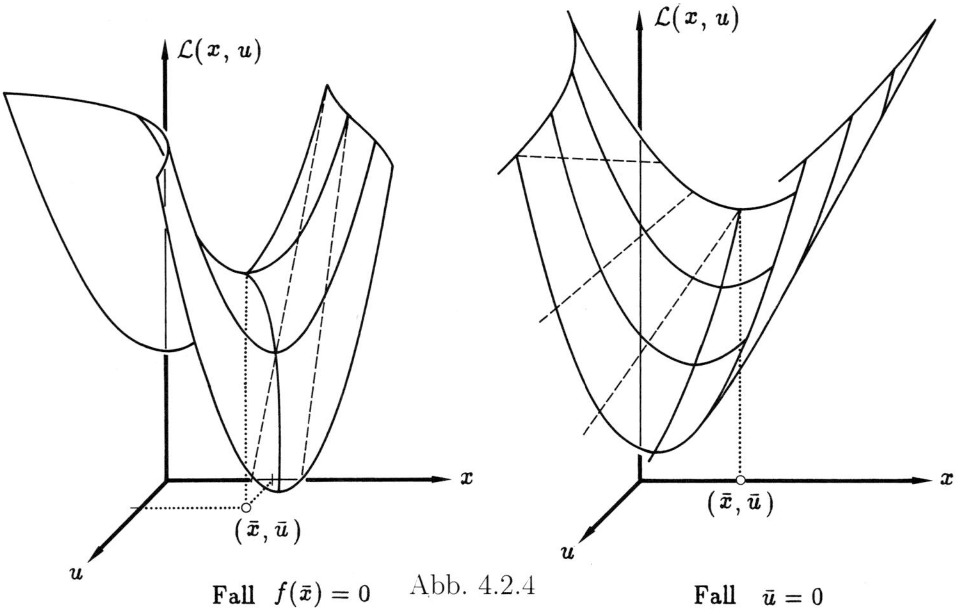

Abb. 4.2.4

Da $\bar{\boldsymbol{u}} \geq \boldsymbol{0}$ und für alle zulässigen Lösungen $\boldsymbol{x}$ von (4.2.6) $\boldsymbol{f}(\boldsymbol{x}) \leq \boldsymbol{0}$ ist, folgt $F(\bar{\boldsymbol{x}}) \leq F(\boldsymbol{x})$ für alle zulässigen $\boldsymbol{x}$, d.h., $\bar{\boldsymbol{x}}$ ist optimal.

□

Für die Umkehrung des Satzes 4.2.13 (d.h. um festzustellen, ob jede optimale Lösung einem Sattelpunkt entspricht) benötigen wir die Konvexität des Optimierungsproblems sowie die folgende sogenannte

Slaterbedingung. Es gebe ein $\boldsymbol{x}' \in \mathbb{R}^n$, so daß für alle nichtlinearen f_i $(1 \leq i \leq m)$ die Bedingung $f_i(\boldsymbol{x}') < 0$ erfüllt ist.

Sind alle Funktionen $f_1, \ldots, f_m$ nichtlinear, so impliziert die Slaterbedingung, daß der zulässige Bereich M innere Punkte enthält. Wir haben dann

Satz 4.2.14 (Satz von Kuhn und Tucker). *Ist die Slaterbedingung erfüllt, so ist $\bar{\boldsymbol{x}}$ genau dann eine optimale Lösung des konvexen Optimierungsproblems (K), wenn $\mathcal{L}$ einen Sattelpunkt $(\bar{\boldsymbol{x}}, \bar{\boldsymbol{u}})$ mit $\bar{\boldsymbol{u}} \geq \boldsymbol{0}$ besitzt.*

Zum Beweis von Satz 4.2.14 vgl. etwa Collatz und Wetterling (1971), Abschnitt 7.1. Die Sattelpunktsbedingung (4.2.8) stellt eine *globale* Bedingung für die Lagrange-Funktion dar, die im allgemeinen schwer nachprüfbar ist. Sind die Funktionen $F, f_1, \ldots, f_m$ stetig differenzierbar und konvex, so läßt sich die Sattelpunktsbedingung in Satz 4.2.14 durch äquivalente *lokale* Bedingungen ersetzen:

Satz 4.2.15. *Ist die Slaterbedingung erfüllt und sind die Funktionen $F, f_1, \ldots, f_m$ stetig differenzierbar und konvex, so ist $\bar{\boldsymbol{x}}$ genau dann optimale*

Lösung von (K), *wenn die folgenden* **Karush-Kuhn-Tucker-Bedingungen** *gelten:*

$$(4.2.10)\qquad \begin{cases} \operatorname{grad} F(\bar{\boldsymbol{x}}) + \sum\limits_{i=1}^{m} \bar{u}_i \operatorname{grad} f_i(\bar{\boldsymbol{x}}) = \boldsymbol{0} \\ \sum\limits_{i=1}^{m} \bar{u}_i f_i(\bar{\boldsymbol{x}}) = 0 \\ f_i(\bar{\boldsymbol{x}}) \le 0 \quad (i = 1, \ldots, m) \\ \bar{\boldsymbol{u}} \ge \boldsymbol{0}\,. \end{cases}$$

Zum Beweis vgl. Collatz und Wetterling (1971), Abschnitt 8.1, oder Horst (1979), Abschnitte 3.1.1 und 3.1.2. Wegen $\bar{u}_i \ge 0$ und $f_i(\bar{\boldsymbol{x}}) \le 0$ für $i = 1, \ldots, m$ muß jeder einzelne Summand in der zweiten Gleichung in (4.2.10) gleich 0 sein. (4.2.10) kann also ersetzt werden durch

$$(4.2.11)\qquad \begin{cases} \operatorname{grad} F(\bar{\boldsymbol{x}}) + \sum\limits_{i=1}^{m} \bar{u}_i \operatorname{grad} f_i(\bar{\boldsymbol{x}}) = \boldsymbol{0} \\ \left.\begin{array}{r} \bar{u}_i f_i(\bar{\boldsymbol{x}}) = 0 \\ f_i(\bar{\boldsymbol{x}}) \le 0 \end{array}\right\} (i = 1, \ldots, m) \\ \bar{\boldsymbol{u}} \ge \boldsymbol{0}\,. \end{cases}$$

Als Beispiel betrachten wir das Optimierungsproblem

$$(4.2.12)\qquad \begin{cases} \text{Min.} \quad (x_1 - 1)^2 + x_2^2 \\ \text{u.d.N. } x_1 + x_2 \ge 2\,. \end{cases}$$

Die Funktionen F und f mit $F(x_1, x_2) := (x_1 - 1)^2 + x_2^2$ und $f(x_1, x_2) := -x_1 - x_2 + 2$ sind auf $\mathbb{R}^2$ konvex. Mit

$$\operatorname{grad} F(\boldsymbol{x}) = \begin{pmatrix} 2(x_1 - 1) \\ 2x_2 \end{pmatrix}, \quad \operatorname{grad} f(\boldsymbol{x}) = \begin{pmatrix} -1 \\ -1 \end{pmatrix}$$

lauten die Karush-Kuhn-Tucker-Bedingungen (4.2.11)

$$\begin{aligned} 2(x_1 - 1) - u &= 0 \\ 2x_2 - u &= 0 \\ u(-x_1 - x_2 + 2) &= 0 \\ -x_1 - x_2 + 2 &\le 0 \\ u &\ge 0\,. \end{aligned}$$

Für $u = 0$ folgt aus den ersten beiden Gleichungen $x_1 = 1, x_2 = 0$. Dieser Punkt erfüllt jedoch nicht die Restriktion $-x_1 - x_2 + 2 \le 0$. Für $u > 0$ folgt aus der dritten Gleichung $x_2 = 2 - x_1$, und die ersten beiden Gleichungen liefern $x_2 = x_1 - 1$. Hieraus erhalten wir $x_1 = \frac{3}{2}, x_2 = \frac{1}{2}$. Dieser Punkt erfüllt die Restriktion $-x_1 - x_2 + 2 \leq 0$. $\bar{\boldsymbol{x}} = (\frac{3}{2}, \frac{1}{2})^T$ ist also optimale Lösung des Optimierungsproblems (4.2.12).

Wir wollen noch die Karush-Kuhn-Tucker-Bedingungen für den häufig auftretenden Fall angeben, daß alle Variablen nichtnegativ sind. Das konvexe Optimierungsproblem (K) ist also zu ersetzen durch

$$(K') \quad \begin{cases} \text{Min.} \quad F(\boldsymbol{x}) \\ \text{u.d.N.} \; f_i(\bar{\boldsymbol{x}}) \leq 0 \quad (i = 1, \ldots, m) \\ \qquad\quad \boldsymbol{x} \geq \boldsymbol{0} \\ \qquad\quad F, f_i \; (i = 1, \ldots, m) \text{ konvex.} \end{cases}$$

Für jede der zusätzlichen Nebenbedingungen $x_j \geq 0$ oder $-x_j \leq 0$ ist ein weiterer nichtnegativer Lagrange-Multiplikator v_j einzuführen $(j = 1, \ldots, n)$. Die (4.2.11) entsprechenden Karush-Kuhn-Tucker-Bedingungen lauten dann

$$(4.2.13) \quad \begin{cases} \text{grad}F(\bar{\boldsymbol{x}}) + \sum_{i=1}^{m} \bar{u}_i \text{grad} f_i(\bar{\boldsymbol{x}}) - \bar{\boldsymbol{v}} = \boldsymbol{0} \\ \bar{u}_i f_i(\bar{\boldsymbol{x}}) = 0 \quad (i = 1, \ldots, m) \\ \bar{v}_j \bar{x}_j = 0 \quad (j = 1, \ldots, n) \\ f_i(\bar{\boldsymbol{x}}) \leq 0 \quad (i = 1, \ldots, m) \\ \bar{\boldsymbol{x}} \geq \boldsymbol{0} \\ \bar{\boldsymbol{u}} \geq \boldsymbol{0} \\ \bar{\boldsymbol{v}} \geq \boldsymbol{0} \end{cases}$$

mit $\bar{\boldsymbol{v}} := (\bar{v}_1, \ldots, \bar{v}_n)^T$. Unter Beachtung der ersten Gleichung in (4.2.13) können die Gleichungen $\bar{v}_j \bar{x}_j = 0 \; (j = 1, \ldots, n)$ in der Form

$$\bar{x}_j \left(\frac{\partial F}{\partial x_j}(\bar{\boldsymbol{x}}) + \sum_{i=1}^{m} \bar{u}_i \frac{\partial f_i}{\partial x_j}(\bar{\boldsymbol{x}}) \right) = 0 \quad (j = 1, \ldots, n)$$

geschrieben werden. Mit $\bar{\boldsymbol{v}} \geq \boldsymbol{0}$ wird aus der ersten Gleichung in (4.2.13)

$$\text{grad}F(\bar{\boldsymbol{x}}) + \sum_{i=1}^{m} \bar{u}_i \text{grad} f_i(\bar{\boldsymbol{x}}) \geq \boldsymbol{0} \, .$$

Damit erübrigen sich die neuen Lagrange-Multiplikatoren v_j, und wir erhalten die Karush-Kuhn-Tucker-Bedingungen

$$
(4.2.14) \qquad \begin{cases} \operatorname{grad} F(\bar{\boldsymbol{x}}) + \sum_{i=1}^{m} \bar{u}_i \operatorname{grad} f_i(\bar{\boldsymbol{x}}) \geq \boldsymbol{0} \\ \bar{u}_i f_i(\bar{\boldsymbol{x}}) = 0 \quad (i = 1, \ldots, m) \\ \bar{x}_j \left(\frac{\partial F}{\partial x_j}(\bar{\boldsymbol{x}}) + \sum_{i=1}^{m} \bar{u}_i \frac{\partial f_i}{\partial x_j}(\bar{\boldsymbol{x}}) \right) = 0 \quad (j = 1, \ldots, n) \\ f_i(\bar{\boldsymbol{x}}) \leq 0 \quad (i = 1, \ldots, m) \\ \bar{\boldsymbol{x}} \geq \boldsymbol{0} \\ \bar{\boldsymbol{u}} \geq \boldsymbol{0}\,. \end{cases}
$$

Abschließend wollen wir noch die Karush-Kuhn-Tucker-Bedingungen für das **quadratische konvexe Optimierungsproblem** angeben, das darin besteht, eine quadratische konvexe Funktion auf einem konvexen Polyeder des $\mathbb{R}^n$ zu minimieren. Eine quadratische Funktion $F : \mathbb{R}^n \to \mathbb{R}$ können wir (bis auf eine für die Optimierung bedeutungslose additive Konstante) stets in der Form

$$
F(\boldsymbol{x}) := \frac{1}{2} \boldsymbol{x}^T \boldsymbol{D} \boldsymbol{x} - \boldsymbol{c}^T \boldsymbol{x}
$$

mit einer symmetrischen $n \times n$-Matrix $\boldsymbol{D}$ und $\boldsymbol{c}, \boldsymbol{x} \in \mathbb{R}^n$ schreiben, d.h. als Summe einer quadratischen Form und einer linearen Funktion. Für eine beliebige $n \times n$-Matrix $\boldsymbol{C}$ gilt nämlich

$$
\begin{aligned} \boldsymbol{x}^T \boldsymbol{C} \boldsymbol{x} &= \frac{1}{2} \boldsymbol{x}^T \boldsymbol{C} \boldsymbol{x} + \frac{1}{2} (\boldsymbol{x}^T \boldsymbol{C} \boldsymbol{x})^T = \frac{1}{2} \boldsymbol{x}^T \boldsymbol{C} \boldsymbol{x} + \frac{1}{2} \boldsymbol{x}^T \boldsymbol{C}^T \boldsymbol{x} \\ &= \frac{1}{2} \boldsymbol{x}^T \boldsymbol{D} \boldsymbol{x} \quad \text{mit } \boldsymbol{D} := \boldsymbol{C} + \boldsymbol{C}^T\,. \end{aligned}
$$

Da $\boldsymbol{D}$ die Hessesche Matrix der Funktion F darstellt, ist F nach Satz 4.2.7 konvex (streng konvex), wenn $\boldsymbol{D}$ positiv semidefinit (positiv definit) ist. Wie man die positive (Semi-)Definitheit einer Matrix feststellen kann, haben wir am Ende von Abschnitt 4.2.1 gesehen.

Wie beim Standardproblem (L) der linearen Optimierung (vgl. Abschnitt 1.1.2) sei das konvexe Polyeder des $\mathbb{R}^n$ in der Form $\boldsymbol{A}\boldsymbol{x} = \boldsymbol{b}$, $\boldsymbol{x} \geq \boldsymbol{0}$ gegeben, wobei $\boldsymbol{A}$ eine $m \times n$-Matrix mit $\operatorname{rg} \boldsymbol{A} = m < n$ und $\boldsymbol{b} \in \mathbb{R}^m$ sind. Damit können wir das quadratische konvexe Optimierungsproblem wie folgt formulieren:

$$
(Q) \qquad \begin{cases} \text{Min.} \quad F(\boldsymbol{x}) := \frac{1}{2} \boldsymbol{x}^T \boldsymbol{D} \boldsymbol{x} - \boldsymbol{c}^T \boldsymbol{x} \\ \text{u.d.N.} \quad \boldsymbol{A}\boldsymbol{x} = \boldsymbol{b} \\ \qquad \boldsymbol{x} \geq \boldsymbol{0} \\ \qquad \boldsymbol{D} \text{ positiv semidefinit.} \end{cases}
$$

Man kann zeigen, daß (Q) bei nichtleerem zulässigen Bereich stets eine optimale Lösung besitzt, wenn $\boldsymbol{D}$ positiv definit ist oder wenn $\boldsymbol{D}$ positiv semidefinit und $\boldsymbol{c} = \boldsymbol{0}$ ist (vgl. NEUMANN (1975a), Abschnitt 11.3).

Zur Aufstellung der Lagrange-Funktion schreiben wir die Nebenbedingungen $\boldsymbol{Ax} = \boldsymbol{b}$ von (Q) in der dem Optimierungsproblem (K') entsprechenden Form

$$\begin{aligned} \boldsymbol{Ax} - \boldsymbol{b} &\leq \boldsymbol{0} \\ -\boldsymbol{Ax} + \boldsymbol{b} &\leq \boldsymbol{0} \,. \end{aligned}$$

Für diese beiden (vektoriellen) Ungleichungen führen wir die zwei Lagrange-Multiplikatoren (-Vektoren)

$$\boldsymbol{u}^1 \in \mathbb{R}_+^m \,, \; \boldsymbol{u}^2 \in \mathbb{R}_+^m$$

ein. Damit hat nach (4.2.7) die Lagrange-Funktion $\mathcal{L}$ die Gestalt

$$\mathcal{L}(\boldsymbol{x}, \boldsymbol{u}^1, \boldsymbol{u}^2) = \frac{1}{2}\boldsymbol{x}^T \boldsymbol{Dx} - \boldsymbol{c}^T\boldsymbol{x} + \boldsymbol{u}^{1T}(\boldsymbol{Ax} - \boldsymbol{b}) + \boldsymbol{u}^{2T}(-\boldsymbol{Ax} + \boldsymbol{b}) \,,$$

und die Karush-Kuhn-Tucker-Bedingungen (4.2.14) lauten

$$\text{(4.2.15)} \qquad \left\{ \begin{aligned} \boldsymbol{D\bar{x}} - \boldsymbol{c} + \boldsymbol{A}^T\bar{\boldsymbol{u}}^1 - \boldsymbol{A}^T\bar{\boldsymbol{u}}^2 &\geq \boldsymbol{0} \\ \bar{\boldsymbol{u}}^{1T}(\boldsymbol{A\bar{x}} - \boldsymbol{b}) + \bar{\boldsymbol{u}}^{2T}(-\boldsymbol{A\bar{x}} + \boldsymbol{b}) &= 0 \\ \bar{\boldsymbol{x}}^T(\boldsymbol{D\bar{x}} - \boldsymbol{c} + \boldsymbol{A}^T\bar{\boldsymbol{u}}^1 - \boldsymbol{A}^T\bar{\boldsymbol{u}}^2) &= 0 \\ \boldsymbol{A\bar{x}} &= \boldsymbol{b} \\ \bar{\boldsymbol{x}} &\geq \boldsymbol{0} \\ \bar{\boldsymbol{u}}^1, \bar{\boldsymbol{u}}^2 &\geq \boldsymbol{0} \,. \end{aligned} \right.$$

Wegen $\boldsymbol{A\bar{x}} = \boldsymbol{b}$ kann die zweite Gleichung in (4.2.15) weggelassen werden. Führen wir den Variablenvektor

$$\bar{\boldsymbol{u}} := \bar{\boldsymbol{u}}^1 - \bar{\boldsymbol{u}}^2 \in \mathbb{R}^m$$

ein, dessen Komponenten nicht vorzeichenbeschränkt sind, so erhalten wir als Analogon zu Satz 4.2.15

Satz 4.2.16. $\bar{\boldsymbol{x}} \in \mathbb{R}_+^n$ *ist genau dann optimale Lösung von* (Q), *wenn* $\boldsymbol{A\bar{x}} = \boldsymbol{b}$ *gilt und es einen Vektor* $\bar{\boldsymbol{u}} \in \mathbb{R}^m$ *gibt mit*

$$\begin{aligned} \boldsymbol{D\bar{x}} - \boldsymbol{c} + \boldsymbol{A}^T\bar{\boldsymbol{u}} &\geq \boldsymbol{0} \\ \bar{\boldsymbol{x}}^T(\boldsymbol{D\bar{x}} - \boldsymbol{c} + \boldsymbol{A}^T\bar{\boldsymbol{u}}) &= 0 \,. \end{aligned}$$

Setzen wir $\bar{\boldsymbol{v}} := \boldsymbol{D\bar{x}} - \boldsymbol{c} + \boldsymbol{A}^T\bar{\boldsymbol{u}}$, so kann Satz 4.2.16 auch in folgender Form geschrieben werden:

Satz 4.2.17. *$\bar{\boldsymbol{x}} \in \mathbb{R}^n_+$ ist genau dann optimale Lösung von (Q), wenn $\boldsymbol{A}\bar{\boldsymbol{x}} = \boldsymbol{b}$ gilt und es Vektoren $\bar{\boldsymbol{u}} \in \mathbb{R}^m$, $\bar{\boldsymbol{v}} \in \mathbb{R}^n_+$ gibt mit*

$$\begin{aligned} \boldsymbol{D}\bar{\boldsymbol{x}} + \boldsymbol{A}^T\bar{\boldsymbol{u}} - \bar{\boldsymbol{v}} &= \boldsymbol{c} \\ \bar{\boldsymbol{x}}^T\bar{\boldsymbol{v}} &= 0 \ . \end{aligned}$$

4.3 Lösungsverfahren für nichtlineare Optimierungsprobleme

In diesem Abschnitt skizzieren wir einige wichtige Verfahren zur Lösung nichtlinearer Optimierungsprobleme. Für weitere Details und zusätzliche Algorithmen verweisen wir auf FLETCHER (1987), HORST (1979,1987) und NEMHAUSER ET AL. (1989), Kapitel I und III.

4.3.1 Eindimensionale Minimierung

Die Minimierung einer Funktion $F : \mathbb{R} \to \mathbb{R}$ auf $\mathbb{R}$, auf $\mathbb{R}_+$ oder auf einem abgeschlossenen Intervall $[a, b]$ mit $b > a$ ist nicht nur als „einfachste" Optimierungsaufgabe für sich genommen von Interesse, sondern sie tritt auch bei vielen Lösungsverfahren für nichtlineare Optimierungsprobleme in höheren Dimensionen als Teilaufgabe auf, wie wir in den Abschnitten 4.3.2 und 4.3.3 sehen werden. Da die Minimierung von F auf $\mathbb{R}$ auf das (zweimalige) Minimieren von F auf der nichtnegativen und auf der nichtpositiven reellen Achse zurückgeführt werden kann, werden wir uns auf die Minimierung von F auf $\mathbb{R}_+$ oder auf einem abgeschlossenen Intervall $[a, b]$ (mit $b > a$) beschränken.

Das eindimensionale Optimierungsproblem besitzt genau eine optimale Lösung, wenn F streng konvex oder allgemeiner unimodal ist. Dabei heißt eine Funktion $F : \mathbb{R} \to \mathbb{R}$ auf $\mathbb{R}_+$ (auf $[a, b]$) **unimodal**, wenn ein Punkt $x^* \in \mathbb{R}_+$ ($x^* \in [a, b]$) existiert, so daß F auf $[0, x^*]$ (auf $[a, x^*]$) streng monoton fallend und auf $[x^*, \infty)$ (auf $[x^*, b]$) streng monoton wachsend ist. x^* ist dann der einzige globale Minimalpunkt von F auf $\mathbb{R}_+$ (auf $[a, b]$).

Abb. 4.3.1 zeigt eine unimodale Funktion. Jede streng konvexe Funktion ist unimodal (aber nicht umgekehrt). Abb. 4.3.2 zeigt eine konvexe Funktion, die nicht unimodal ist. Jedoch kann ein für unimodale Funktionen angegebenes Lösungsverfahren auch für konvexe Funktionen verwendet werden, wenn man „Konvergenz gegen *die* Lösung bzw. globale Minimalstelle" durch „Konvergenz gegen *eine* Lösung bzw. globale Minimalstelle" ersetzt.

Ist F unimodal auf $\mathbb{R}_+$, so kann die Minimierung von F auf $\mathbb{R}_+$ auf die Minimierung von F auf einem geeigneten abgeschlossenen Intervall zurückgeführt

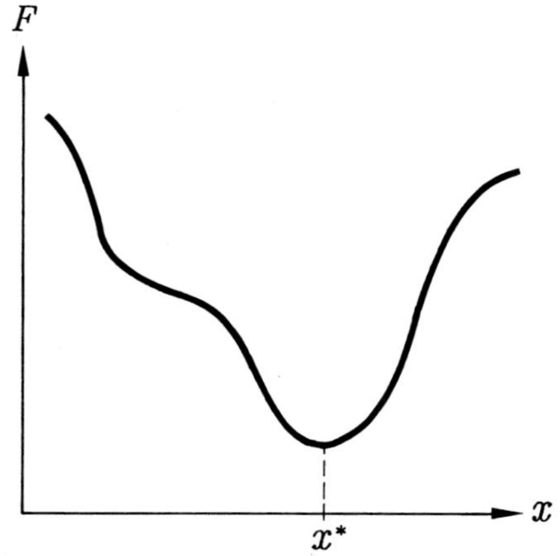

Abb. 4.3.1

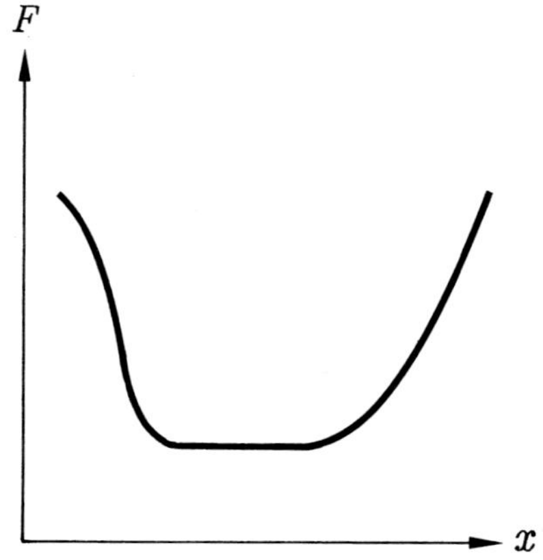

Abb. 4.3.2

werden. Hierzu wählt man ein $b_1 > 0$ und prüft zunächst, ob $F(b_1) \geq F(0)$ ist. Falls ja, braucht man F nur auf $[0, b_1]$ zu minimieren. Andernfalls wählt man sukzessiv $b_2, b_3, \ldots$ mit $b_1 < b_2 < b_3 < \ldots$, berechnet $F(b_{\nu+1})$ und prüft jeweils, ob $F(b_{\nu+1}) \geq F(b_\nu)$ gilt ($\nu = 1, 2, \ldots$). Ist die letztere Ungleichung erstmalig erfüllt, so bleibt noch die Aufgabe, F auf dem Intervall $[b_{\nu-1}, b_{\nu+1}]$ [1] zu minimieren (vgl. das Beispiel in Abb. 4.3.3 mit $\nu = 3$).

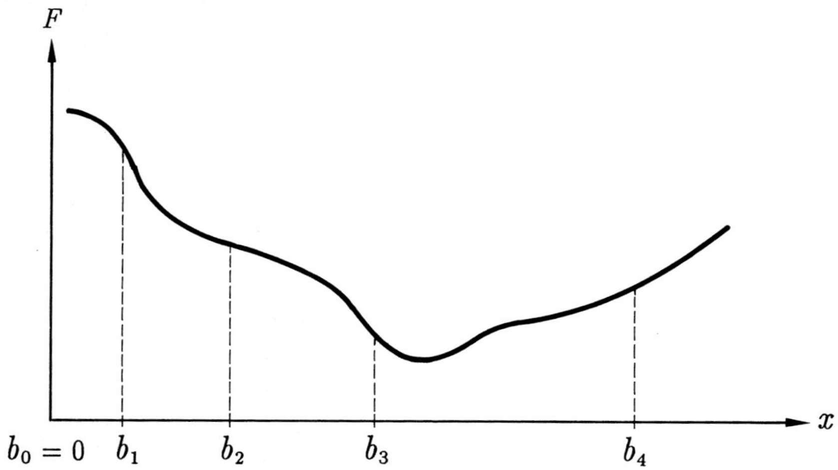

Abb. 4.3.3

Zur Bestimmung der globalen Minimalstelle x^* einer unimodalen Funktion F auf einem abgeschlossenen Intervall $[a, b]$ skizzieren wir jetzt das sogenannte

[1] Hierbei sei $b_0 := 0$.

Verfahren des goldenen Schnittes. In *Schritt 1* des Verfahrens berechnen wir die beiden Funktionswerte $F(x^1), F(x^2)$ mit

$$x^1 := a + (1-\delta)(b-a) = b - \delta(b-a)\,,\; x^2 := a + \delta(b-a)\;,$$

wobei sich δ aus der Beziehung $1/\delta = \delta/(1-\delta)$ zu $\delta = (\sqrt{5}-1)/2 \approx 0,618$ bestimmt (vgl. Abb. 4.3.4). Gilt $F(x^1) \leq F(x^2)$, so liegt x^* im Intervall $[a, x^2]$ der Länge $\delta(b-a)$. Ist $F(x^1) > F(x^2)$, dann liegt x^* im Intervall $[x^1, b]$, das ebenfalls die Länge $\delta(b-a)$ hat. Wegen $1/\delta = \delta/(1-\delta)$ wird das Intervall $[a, b]$ durch die Punkte x^1, x^2 jeweils im Verhältnis des goldenen Schnittes geteilt.

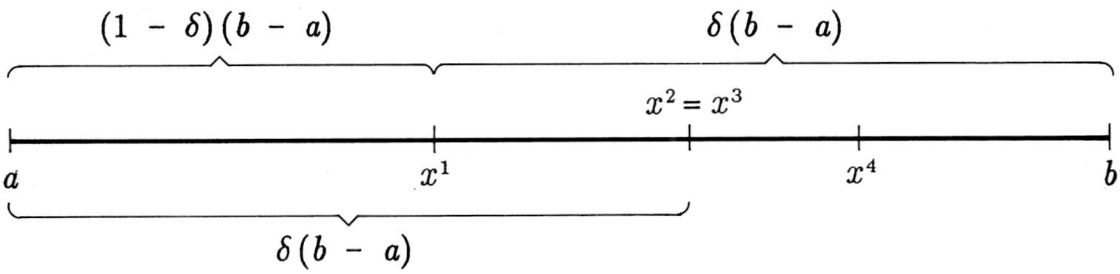

Abb. 4.3.4

In *Schritt 2* unterteilen wir das weiter zu untersuchende Intervall der Länge $\delta(b-a)$ in gleicher Weise. Liegt x^* etwa im Intervall $[x^1, b]$, so setzen wir

$$x^3 := x^1 + (1-\delta)(b-x^1) = b - \delta(b-x^1)\,,\; x^4 := x^1 + \delta(b-x^1)$$

(vgl. Abb. 4.3.4) und vergleichen die Funktionswerte $F(x^3)$ und $F(x^4)$. Wegen $x^1 = b - \delta(b-a)$ und $\delta^2 = 1 - \delta$ gilt

$$\begin{aligned} x^3 &= b - \delta(b-x^1) = b - \delta^2(b-a) \\ &= b - (1-\delta)(b-a) = a + \delta(b-a) = x^2\,; \end{aligned}$$

es braucht also nur der Funktionswert $F(x^4)$ neu berechnet zu werden. Ebenso ist, wenn $x^* \in [a, x^2]$ gilt, in Schritt 2 nur *eine* Funktionswertberechnung erforderlich. Das nach Schritt 2 weiter zu untersuchende Intervall, in dem x^* liegt, hat die Länge $\delta^2(b-a)$.

Wählt man als Näherung für x^* am Ende eines Schrittes stets den Mittelpunkt desjenigen Intervalles, in dem x^* liegen muß, so ist nach ν Iterationsschritten der absolute Fehler von x^* höchstens gleich $\delta^\nu(b-a)/2 = (b-a)/2d^\nu$ mit $d := 1/\delta \approx 1,618$. Hierzu sind $N = \nu + 1$ Berechnungen von Funktionswerten von F erforderlich. Soll umgekehrt der Fehler von x^*

höchstens gleich ϵ sein, wobei $\epsilon > 0$ vorgegeben ist, dann ergibt sich aus $(b-a)/2d^\nu \le \epsilon$ das kleinstmögliche ν zu $\nu = \lceil \log_d((b-a)/2\epsilon) \rceil$ [1]. Für die Anzahl N der erforderlichen Funktionswertberechnungen erhalten wir damit

$$N = \left\lceil \log_d \frac{b-a}{2\epsilon} \right\rceil + 1 \; .$$

Für $b-a=1$ und $\epsilon = 10^{-3}$ ergibt sich z.B. $N=14$, und für $\epsilon = 10^{-5}$ erhalten wir $N=24$.

Die Methode des goldenen Schnittes ist ein sogenanntes **ableitungsfreies Verfahren**, d.h. ein Verfahren, das lediglich Werte der Funktion F benutzt. Es ist einleuchtend, daß leistungsfähigere Methoden zu erwarten sind, wenn wir zusätzlich Werte der Ableitungen von F mit heranziehen.

Wir wollen hierzu das bekannte **Newton-Verfahren** kurz skizzieren. Wir suchen die globale Minimalstelle x^* einer zweimal stetig differenzierbaren, streng konvexen Funktion F auf einem Intervall $[a,b]$, wobei wir annehmen, daß $a < x^* < b$ gelte [2]. Wegen der strengen Konvexität von F ist $F'(x^*) = 0$ notwendig und hinreichend dafür, daß $x^* \in (a,b)$ eine globale Minimalstelle ist. Wir suchen also die (eindeutige) Nullstelle x^* der Funktion F'. Um aus einer ν-ten Näherung x^ν für x^* die $(\nu+1)$-te Näherung zu erhalten, wird beim Newton-Verfahren die Ableitung F' an der Stelle x^ν linearisiert, also die Kurve $y = F'(x)$ durch die Tangente an diese Kurve an der Stelle x^ν ersetzt. Der Schnittpunkt der Tangente mit der x-Achse liefert dann die neue Näherung $x^{\nu+1}$ (s. Abb. 4.3.5). Die Gleichung der Tangente an die Kurve $y = F'(x)$ an der Stelle x^ν lautet

$$y = F'(x^\nu) + (x - x^\nu) F''(x^\nu) \; .$$

$y = 0$ ergibt dann mit $x = x^{\nu+1}$ die Iterationsvorschrift

$$\text{(4.3.1)} \qquad x^{\nu+1} := x^\nu - \frac{F'(x^\nu)}{F''(x^\nu)} \quad (\nu = 0, 1, 2, \ldots) \; .$$

Ist F eine quadratische Funktion, so ist F' linear, und die Nullstelle von F' wird in einem Iterationsschritt gefunden.

Eine mit dem Newton-Verfahren konstruierte Folge von Näherungslösungen (x^ν) konvergiert gegen x^*, wenn die Anfangsnäherung x^0 „hinreichend nahe“ bei x^* liegt. Die Frage, wie bei einem gegebenen Minimierungsproblem der Startpunkt x^0 zu wählen ist, um Konvergenz sicherzustellen, führt auf relativ komplizierte Bedingungen an die Funktion F und ihre Ableitungen (vgl.

---

[1] $\lceil c \rceil$ ist wieder die kleinste ganze Zahl $\ge c$ (Aufrundung) und $\log_d$ der Logarithmus zur Basis d.

[2] Die Fälle $x^* = a$ und $x^* = b$ sind gesondert zu untersuchen.

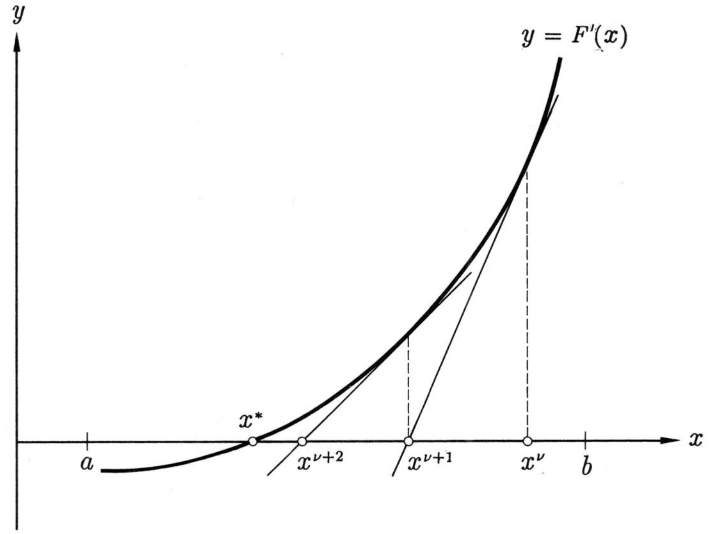

Abb. 4.3.5

z.B. HORST (1979), Abschnitt 2.9.3). In der Praxis empfiehlt es sich, zunächst mit der Methode des goldenen Schnittes ein „nicht zu großes“ Intervall $[a, b]$ zu ermitteln, in dem x^* liegt. Danach wendet man das Newton-Verfahren an. Konvergiert das Newton-Verfahren nicht, so erkennt man dies daran, daß die Näherungen x^ν aus dem Intervall $[a, b]$ „immer weiter hinauslaufen“ (das Intervall $[a, b]$ ist also „zu groß“).

4.3.2 Lösungsverfahren für unrestringierte Optimierungsprobleme im $\mathbb{R}^n$

Bevor wir uns speziell Lösungsverfahren für unrestringierte Optimierungsaufgaben im $\mathbb{R}^n$ zuwenden, wollen wir einige generelle Bemerkungen über den prinzipiellen Aufbau von Lösungsverfahren für das allgemeine nichtlineare Optimierungsproblem (4.1.1) mit dem zulässigen Bereich $M \subseteq \mathbb{R}^n$ und die Konvergenz dieser Verfahren machen.

Wie das Simplexverfahren der linearen Optimierung startet ein Lösungsverfahren der nichtlinearen Optimierung mit einer Anfangsnäherung $\boldsymbol{x}^0 \in \mathbb{R}^n$ und konstruiert eine Folge von „Näherungslösungen“ $\boldsymbol{x}^1, \boldsymbol{x}^2, \ldots$ (im allgemeinen mit $\boldsymbol{x}^\nu \in M$ für $\nu = 0, 1, 2, \ldots$), wobei aber im Gegensatz zur Simplexmethode das Verfahren in der Regel nicht nach endlich vielen Schritten mit einer optimalen Lösung des Problems abbricht (falls überhaupt eine existiert).

Da man in der Praxis nur endlich viele Schritte durchführen kann, erhält man folglich im allgemeinen nur eine Näherung für eine Lösung.

Die meisten Lösungsverfahren konstruieren eine Folge von Näherungslösungen, die gegen ein $\bar{\boldsymbol{x}} \in M$ konvergiert, für das die Optimalitätsbedingung

$$\boldsymbol{s}^T \boldsymbol{g}(\bar{\boldsymbol{x}}) \geq 0 \quad \text{für alle } \boldsymbol{s} \in Z(\bar{\boldsymbol{x}})$$

mit dem Gradienten $\boldsymbol{g}(\bar{\boldsymbol{x}})$ erfüllt ist bzw. bei einem unrestringierten Optimierungsproblem $\boldsymbol{g}(\bar{\boldsymbol{x}}) = \boldsymbol{0}$ gilt (vgl. Satz 4.2.12). In der Regel wird man also Konvergenz gegen eine *optimale Lösung* lediglich erwarten können, wenn eine konvexe Optimierungsaufgabe zugrunde liegt, während man bei nicht konvexen Problemen meist nur auf einen *stationären Punkt* hoffen kann. Um eine einheitliche Sprechweise zu erhalten, werden wir im folgenden als **Lösungsmenge** stets die Menge der stationären Punkte von F auf M,

$$L := \{\bar{\boldsymbol{x}} \in M | \boldsymbol{s}^T \boldsymbol{g}(\bar{\boldsymbol{x}}) \geq 0 \text{ für alle } \boldsymbol{s} \in Z(\bar{\boldsymbol{x}})\} ,$$

bzw. bei einem unrestringierten Optimierungsproblem die Menge

$$L := \{\bar{\boldsymbol{x}} \in M | \boldsymbol{g}(\bar{\boldsymbol{x}}) = \boldsymbol{0}\} ,$$

bezeichnen. Eine mit einem Verfahren ermittelte Folge von Näherungslösungen $(\boldsymbol{x}^\nu)$ kann gegen einen Punkt $\bar{\boldsymbol{x}} \in L$ konvergieren, oder die Folge $(\boldsymbol{x}^\nu)$ konvergiert nicht, besitzt aber Häufungspunkte, die alle zu L gehören, oder die Folge divergiert. Da man im zweiten Fall Teilfolgen auswählen kann, die gegen die Häufungspunkte von $(\boldsymbol{x}^\nu)$ konvergieren, sprechen wir auch hierbei von einem **konvergenten Verfahren**.

In einer kompakten (also abgeschlossenen und beschränkten) Teilmenge $X \subset \mathbb{R}^n$ besitzt jede Folge mindestens einen Häufungspunkt in X. Liegen alle Näherungen $\boldsymbol{x}^\nu$ innerhalb einer kompakten Teilmenge des zulässigen Bereiches M, dann hat somit die Folge $(\boldsymbol{x}^\nu)$ mindestens einen Häufungspunkt in M. Dies ist insbesondere der Fall, wenn M selbst kompakt (z.B. ein konvexes Polytop) ist und $\boldsymbol{x}^\nu \in M$ für $\nu = 0, 1, 2, \ldots$ gilt, oder wenn die sogenannte **Niveaumenge**

(4.3.2) $$N(\boldsymbol{x}^0) := \{\boldsymbol{x} \in \mathbb{R}^n | F(\boldsymbol{x}) \leq F(\boldsymbol{x}^0)\}$$

beschränkt ist und damit wegen $\boldsymbol{x}^\nu \in N(\boldsymbol{x}^0)$ für $\nu = 0, 1, 2, \ldots$ alle $\boldsymbol{x}^\nu$ in einer kompakten Teilmenge des $\mathbb{R}^n$ liegen. Da die Beschränktheit der Niveaumenge in der Regel schwierig nachzuprüfen ist, wird man in der Praxis im allgemeinen nur die Beschränktheit der Folge $(\boldsymbol{x}^\nu)$ testen [1].

[1] Da man numerisch nur endliche Folgen berechnen kann, ist zwar die Beschränktheit einer unendlichen Folge $(\boldsymbol{x}^\nu)$ nicht vollständig nachprüfbar; jedoch kann man vermuten, daß dies der Fall ist, wenn die Absolutbeträge der Differenzen aufeinander folgender $\boldsymbol{x}^\nu$ gegen 0 gehen.

Auf die Konvergenzgeschwindigkeit der einzelnen Verfahren, also die Frage, wie schnell sich die Folge der Näherungslösungen $(\boldsymbol{x}^\nu)$ einem Punkt $\bar{\boldsymbol{x}} \in L$ nähert, werden wir im folgenden nicht eingehen (vgl. hierzu etwa HORST (1979), insbesondere Abschnitt 2.3.4).

Wir wollen nun einige Verfahren zur Lösung des unrestringierten Optimierungsproblems

$$(4.3.3) \qquad \begin{cases} \text{Min.} \quad F(\boldsymbol{x}) \\ \text{u.d.N.}\ \boldsymbol{x} \in \mathbb{R}^n \end{cases}$$

skizzieren. Die Lösungsmenge L ist hierfür also

$$L := \{\bar{\boldsymbol{x}} \in \mathbb{R}^n | \boldsymbol{g}(\bar{\boldsymbol{x}}) = \boldsymbol{0}\} .$$

Die Zielfunktion F sei dabei als (mindestens) einmal stetig differenzierbar vorausgesetzt.

Im Prinzip besteht ein Verfahren zur Lösung von (4.3.3), auch **Abstiegsverfahren** genannt, aus folgenden Teilschritten:

Algorithmus 4.3.1 (Nichtlineare unrestringierte Optimierungsprobleme — Abstiegsverfahren)

Schritt 1. *Wähle ein* $\boldsymbol{x}^0 \in \mathbb{R}^n$ *und setze* $\nu := 0$.

Schritt 2. *Berechne* $\boldsymbol{g}(\boldsymbol{x}^\nu)$. *Falls* $\boldsymbol{g}(\boldsymbol{x}^\nu) = \boldsymbol{0}$[1], *terminiere.*

Schritt 3. *Bestimme ein* $\boldsymbol{s}^\nu \in \mathbb{R}^n$ *mit* $\boldsymbol{s}^{\nu T}\boldsymbol{g}(\boldsymbol{x}^\nu) < 0$.

Schritt 4. *Berechne ein* $\delta_\nu > 0$ *mit* $F(\boldsymbol{x}^\nu + \delta_\nu \boldsymbol{s}^\nu) < F(\boldsymbol{x}^\nu)$.

Schritt 5. *Setze* $\boldsymbol{x}^{\nu+1} := \boldsymbol{x}^\nu + \delta_\nu \boldsymbol{s}^\nu$ *und* $\nu := \nu + 1$. *Gehe zu Schritt 2.*

□

Ein $\boldsymbol{s}^\nu \in \mathbb{R}^n$ mit $\boldsymbol{s}^{\nu T}\boldsymbol{g}(\boldsymbol{x}^\nu) < 0$ heißt **Abstiegsrichtung**. Nach Satz 4.1.1 gibt es für jede Abstiegsrichtung ein $\delta' > 0$ mit $F(\boldsymbol{x}^\nu + \delta \boldsymbol{s}^\nu) < F(\boldsymbol{x}^\nu)$ für $0 < \delta \leq \delta'$. Die Größe δ_ν in Schritt 4 von Algorithmus 4.3.1 heißt **Schrittweite**. In der Regel wird man für δ_ν eine **optimale Schrittweite** wählen, für die

$$\phi_\nu(\delta_\nu) = \min_{\delta \in \mathbb{R}_+} \phi_\nu(\delta)$$

mit $\phi_\nu(\delta) := F(\boldsymbol{x}^\nu + \delta \boldsymbol{s}^\nu)$ gilt. Zur Bestimmung einer optimalen Schrittweite hat man also ein eindimensionales Minimierungsproblem zu lösen (vgl. hierzu Abschnitt 4.3.1). Man kann leicht zeigen, daß aus der Konvexität von F auf $\mathbb{R}^n$ die Konvexität von ϕ_ν auf $\mathbb{R}_+$ folgt.

[1] Bei einer Implementierung des Algorithmus ist eine solche „Abfrage auf $\boldsymbol{0}$" etwa durch die Abfrage $|\boldsymbol{g}(\boldsymbol{x}^\nu)| < \epsilon$ mit einer geeigneten Fehlerschranke $\epsilon > 0$ zu ersetzen.

Die einzelnen Verfahren zur Lösung von (4.3.3) unterscheiden sich in der Wahl von Abstiegsrichtung und Schrittweite. Bei der Skizzierung der Verfahren verwenden wir die Abkürzungen

$$\begin{aligned} \boldsymbol{g}^\nu &:= \boldsymbol{g}(\boldsymbol{x}^\nu) = \operatorname{grad} F(\boldsymbol{x}^\nu) \\ \boldsymbol{H}^\nu &:= \boldsymbol{H}(\boldsymbol{x}^\nu) \ , \end{aligned}$$

wobei $\boldsymbol{H}$ wieder die Hessesche Matrix von F ist (vgl. hierzu Abschnitt 4.2.1).

Wie bereits in Abschnitt 4.1 erwähnt, steht der Gradient $\boldsymbol{g}^\nu$ senkrecht auf der durch den Punkt $\boldsymbol{x}^\nu$ gehenden Höhenfläche $F(\boldsymbol{x}) = \alpha$ der Zielfunktion F und weist in die Richtung des stärksten Anstiegs der Funktionswerte $F(\boldsymbol{x})$. Deshalb erscheint zunächst die Abstiegsrichtung

$$\boldsymbol{s}^\nu := -\boldsymbol{g}^\nu$$

(falls $\boldsymbol{g}^\nu \neq \boldsymbol{0}$) am günstigsten. Bei Wahl dieser Abstiegsrichtung und einer optimalen Schrittweite spricht man vom **klassischen Gradientenverfahren** oder **Verfahren des steilsten Abstiegs**. Ist F stetig differenzierbar und die Niveaumenge $N(\boldsymbol{x}^0)$ (s. (4.3.2)) beschränkt, dann bricht das Gradientenverfahren entweder in einem Punkt $\boldsymbol{x}^k$ mit $\boldsymbol{g}^k = \boldsymbol{0}$ ab, oder es erzeugt eine Folge $(\boldsymbol{x}^\nu)$, die mindestens einen Häufigkeitspunkt besitzt, wobei jeder Häufungspunkt in L liegt (vgl. HORST (1979), Abschnitt 2.5.1). Statt der Beschränktheit von $N(\boldsymbol{x}^0)$ reicht wieder die Beschränktheit der Folge $(\boldsymbol{x}^\nu)$ aus. Nachteil des klassischen Gradientenverfahrens ist seine langsame Konvergenz.

Erheblich schneller als das klassische Gradientenverfahren konvergiert das **Newton-Verfahren** (vorausgesetzt, man startet „genügend nahe" bei einem Punkt $\bar{\boldsymbol{x}} \in L$). In der Iterationsvorschrift (4.3.1) des „eindimensionalen" Newton-Verfahrens sind jetzt F' durch den Gradienten $\operatorname{grad} F$ und F'' durch die Hessesche Matrix $\boldsymbol{H}$ zu ersetzen. Wir erhalten damit

$$\boldsymbol{x}^{\nu+1} := \boldsymbol{x}^\nu - (\boldsymbol{H}^\nu)^{-1}\boldsymbol{g}^\nu \quad (\nu = 0, 1, 2, \ldots) \ . \tag{4.3.4}$$

Hierbei setzen wir F als zweimal stetig differenzierbar und $\boldsymbol{H}^\nu$ als positiv definit voraus. Nach Satz 4.2.7 ist dann F in einer Umgebung von $\boldsymbol{x}^\nu$ streng konvex. Zur Berechnung von $\boldsymbol{x}^{\nu+1}$ ist die Bestimmung der Inversen der Hesseschen Matrix $\boldsymbol{H}^\nu$ nicht notwendig, da wir (4.3.4) auch in der Form

$$\boldsymbol{H}^\nu \boldsymbol{x}^{\nu+1} = \boldsymbol{H}^\nu \boldsymbol{x}^\nu - \boldsymbol{g}^\nu \tag{4.3.5}$$

schreiben können. (4.3.5) stellt ein lineares Gleichungssystem für $\boldsymbol{x}^{\nu+1}$ mit der nichtsingulären Koeffizientenmatrix $\boldsymbol{H}^\nu$ dar. Der Vergleich mit der generellen „Abstiegsformel" $\boldsymbol{x}^{\nu+1} = \boldsymbol{x}^\nu + \delta_\nu \boldsymbol{s}^\nu$ ergibt

$$\boldsymbol{s}^\nu = -(\boldsymbol{H}^\nu)^{-1}\boldsymbol{g}^\nu \text{ und } \delta_\nu = 1 \ . \tag{4.3.6}$$

Daß $\boldsymbol{s}^\nu$ tatsächlich eine Abstiegsrichtung ist, also im Fall $\boldsymbol{g}^\nu \neq \boldsymbol{0}$ $\boldsymbol{s}^{\nu T}\boldsymbol{g}^\nu < 0$ gilt, kann man mit Hilfe der positiven Definitheit von $\boldsymbol{H}^\nu$ zeigen. Die konstante Schrittweite $\delta_\nu = 1$ ist allerdings in der Regel nicht optimal.

Nachteil des Newton-Verfahrens ist sein in der Regel hoher Rechenaufwand: In jedem Iterationsschritt müssen die Hessesche Matrix $\boldsymbol{H}^\nu$ neu berechnet und das lineare Gleichungssystem (4.3.5) gelöst werden. Der Rechenaufwand läßt sich wesentlich verringern, wenn man nicht in jedem Iterationsschritt ν die Hessesche Matrix $\boldsymbol{H}^\nu$ berechnet, sondern etwa die zum Schritt μ gehörige Matrix $\boldsymbol{H}^\mu$ für $m > 1$ Iterationsschritte verwendet. Die Iterationsvorschrift (4.3.4) wird damit ersetzt durch

$$\boldsymbol{x}^{\nu+1} := \boldsymbol{x}^\nu - (\boldsymbol{H}^\mu)^{-1}\boldsymbol{g}^\nu \quad (\nu = \mu, \mu+1, \ldots, \mu+m-1; \mu = 0, m, 2m, \ldots) .$$

Die mit diesem **vereinfachten Newton-Verfahren** berechneten Näherungslösungen konvergieren allerdings langsamer als beim gewöhnlichen Newton-Verfahren.

Ist die Zielfunktion F quadratisch, etwa wieder

$$F(\boldsymbol{x}) := \frac{1}{2}\boldsymbol{x}^T\boldsymbol{D}\boldsymbol{x} - \boldsymbol{c}^T\boldsymbol{x}$$

mit positiv definiter $n \times n$-Matrix $\boldsymbol{D}$ (was die strenge Konvexität von F sicherstellt) und $\boldsymbol{c} \in \mathbb{R}^n$, dann gilt $\boldsymbol{g}^\nu = \boldsymbol{D}\boldsymbol{x}^\nu - \boldsymbol{c}$ sowie $\boldsymbol{H}^\nu = \boldsymbol{D}$, und (4.3.4) liefert für $\nu = 0$

$$\boldsymbol{x}^1 = \boldsymbol{x}^0 - \boldsymbol{D}^{-1}(\boldsymbol{D}\boldsymbol{x}^0 - \boldsymbol{c}) = \boldsymbol{D}^{-1}\boldsymbol{c}$$

und damit $\boldsymbol{g}^1 = \boldsymbol{D}\boldsymbol{x}^1 - \boldsymbol{c} = \boldsymbol{0}$. Die optimale Lösung von (4.3.3) ergibt sich also in einem Schritt durch Lösen des linearen Gleichungssystems $\boldsymbol{D}\boldsymbol{x} = \boldsymbol{c}$.

Um die Nachteile des klassischen Gradientenverfahrens (langsame Konvergenz) und des Newton-Verfahrens (hoher Rechenaufwand) zu vermeiden, sind die sogenannten **Verfahren konjugierter Richtungen** entwickelt worden, die als zwischen den beiden erstgenannten Verfahren stehend angesehen werden können. Bei den Verfahren der konjugierten Richtungen versucht man, die langsame Konvergenz des klassischen Gradientenverfahrens zu beschleunigen, ohne in jedem Schritt die Hessesche Matrix $\boldsymbol{H}^\nu$ neu berechnen zu müssen.

Sei $\boldsymbol{D}$ eine symmetrische $n \times n$-Matrix. Zwei Vektoren (oder Richtungen) $\boldsymbol{s}^1, \boldsymbol{s}^2 \in \mathbb{R}^n$ heißen **$\boldsymbol{D}$-orthogonal** oder **konjugiert bezüglich $\boldsymbol{D}$**, wenn $\boldsymbol{s}^{1T}\boldsymbol{D}\boldsymbol{s}^2 = 0$ ist. Stellt $\boldsymbol{D}$ die Einheitsmatrix $\boldsymbol{I}$ dar, so liegt die gewöhnliche Orthogonalität vor. Allgemein heißt eine Menge von Vektoren $\boldsymbol{s}^0, \boldsymbol{s}^1, \ldots, \boldsymbol{s}^k \in \mathbb{R}^n$ **$\boldsymbol{D}$-orthogonal**, wenn

$$\boldsymbol{s}^{iT}\boldsymbol{D}\boldsymbol{s}^j = 0 \text{ für } 0 \leq i, j \leq k \text{ mit } i \neq j$$

ist (offensichtlich muß hierzu $k \leq n-1$ sein, wenn man von den Trivialfällen $\boldsymbol{s}^i = \boldsymbol{0}$ $(0 \leq i \leq k)$ und $\boldsymbol{D} = \boldsymbol{O}$ (Nullmatrix) absieht). Man kann leicht zeigen, daß die vom Nullvektor verschiedenen $\boldsymbol{D}$-orthogonalen Vektoren $\boldsymbol{s}^0, \boldsymbol{s}^1, \ldots, \boldsymbol{s}^k$ linear unabhängig sind, wenn die Matrix $\boldsymbol{D}$ positiv definit ist.

Wir betrachten zunächst das **quadratische streng konvexe Optimierungsproblem** mit der durch

$$F(\boldsymbol{x}) := \frac{1}{2}\boldsymbol{x}^T\boldsymbol{D}\boldsymbol{x} - \boldsymbol{c}^T\boldsymbol{x} \tag{4.3.7}$$

gegebenen Zielfunktion F, wobei $\boldsymbol{D}$ eine positiv definite $n \times n$-Matrix sei. Wir sprechen von einem **Verfahren der konjugierten Richtungen**, wenn n Iterationsschritte mit der (üblichen) Iterationsvorschrift

$$\boldsymbol{x}^{\nu+1} := \boldsymbol{x}^\nu + \delta_\nu \boldsymbol{s}^\nu \quad (\nu = 0, 1, \ldots, n-1)$$

ausgeführt werden, wobei als Abstiegsrichtungen $\boldsymbol{s}^0, \boldsymbol{s}^1, \ldots, \boldsymbol{s}^{n-1}$ vom Nullvektor verschiedene, bezüglich $\boldsymbol{D}$ konjugierte Vektoren gewählt werden und die Schrittweite δ_ν durch

$$\delta_\nu := -\frac{\boldsymbol{g}^{\nu T}\boldsymbol{s}^\nu}{\boldsymbol{s}^{\nu T}\boldsymbol{D}\boldsymbol{s}^\nu} \quad \text{mit } \boldsymbol{g}^\nu := \boldsymbol{D}\boldsymbol{x}^\nu - \boldsymbol{c} \tag{4.3.8}$$

gegeben ist. Man kann leicht verifizieren, daß δ_ν eine optimale Schrittweite darstellt, d.h. Minimalstelle von ϕ_ν auf $\mathbb{R}_+$ mit $\phi_\nu(\delta) := F(\boldsymbol{x}^\nu + \delta\boldsymbol{s}^\nu)$ ist. Es gilt dann der in Horst (1979), Abschnitt 2.7.1, bewiesene

Satz 4.3.1. *Bei beliebigem Startvektor $\boldsymbol{x}^0 \in \mathbb{R}^n$ ist der mit einem Verfahren der konjugierten Richtungen nach n Schritten erhaltene Vektor $\boldsymbol{x}^n$ gleich der Minimalstelle $\boldsymbol{x}^*$ von F auf $\mathbb{R}^n$.*

Wie oben gezeigt, liefert das Newton-Verfahren in einem Schritt den globalen Minimalpunkt $\boldsymbol{x}^*$ der quadratischen streng konvexen Zielfunktion F auf $\mathbb{R}^n$. Das klassische Gradientenverfahren andererseits bricht (auch bei quadratischer Zielfunktion F) im allgemeinen nicht nach endlich vielen Schritten ab. Ein Verfahren der konjugierten Richtungen, das nach Satz 4.3.1 stets nach höchstens n Schritten den Minimalpunkt liefert, kann also, wie bereits erwähnt, als zwischen dem Newton-Verfahren und dem klassischen Gradientenverfahen stehend angesehen werden.

Bezüglich $\boldsymbol{D}$ konjugierte Vektoren $\boldsymbol{s}^0, \boldsymbol{s}^1, \ldots, \boldsymbol{s}^{n-1}$, die man für ein Verfahren der konjugierten Richtungen benötigt, kann man auf folgende Weise sukzessiv bestimmen (vgl. Horst (1979), Abschnitt 2.7.2): Man startet mit $\boldsymbol{s}^0 = -\boldsymbol{g}^0$ und wählt für $\nu = 0, 1, \ldots, n-1$ δ_ν gemäß (4.3.8) sowie $\boldsymbol{s}^{\nu+1}$ als Summe aus $-\boldsymbol{g}^{\nu+1}$ und einem Vielfachen des vorhergehenden Vektors $\boldsymbol{s}^\nu$:

$$\boldsymbol{s}^{\nu+1} := -\boldsymbol{g}^{\nu+1} + \beta_\nu \boldsymbol{s}^\nu \tag{4.3.9}$$

mit

$$\beta_\nu := \frac{(\boldsymbol{g}^{\nu+1} - \boldsymbol{g}^\nu)^T \boldsymbol{g}^{\nu+1}}{\boldsymbol{g}^{\nu T} \boldsymbol{g}^\nu} = \frac{(\boldsymbol{g}^{\nu+1})^T \boldsymbol{g}^{\nu+1}}{\boldsymbol{g}^{\nu T} \boldsymbol{g}^\nu} . \tag{4.3.10}$$

Man kann zeigen, daß aufgrund der optimalen Schrittweitensteuerung der Gradient $\boldsymbol{g}^{\nu+1}$ zu allen in den bisherigen Schritten erhaltenen Gradienten $\boldsymbol{g}^0, \boldsymbol{g}^1, \ldots, \boldsymbol{g}^\nu$ orthogonal ist, also insbesondere $\boldsymbol{g}^{\nu T} \boldsymbol{g}^{\nu+1} = 0$ gilt. Hieraus folgt die Gleichheit auf der rechten Seite der Definitionsgleichung (4.3.10). Außerdem kann man zeigen, daß der gemäß (4.3.9), (4.3.10) festgelegte Vektor $\boldsymbol{s}^{\nu+1}$ tatsächlich eine Abstiegsrichtung ist, d.h. $(\boldsymbol{s}^{\nu+1})^T \boldsymbol{g}^{\nu+1} < 0$ im Fall $\boldsymbol{g}^{\nu+1} \neq \boldsymbol{0}$ gilt. Den mit dieser Abstiegsrichtung arbeitenden Algorithmus nennt man auch das **Verfahren der konjugierten Gradienten**. Dieses Verfahren bricht nach $\nu \leq n$ Schritten ab, und zwar sobald $\boldsymbol{g}^\nu = \boldsymbol{0}$ gilt. Dann ist $\boldsymbol{x}^\nu$ gleich der Minimalstelle $\boldsymbol{x}^*$ der streng konvexen Funktion F auf $\mathbb{R}^n$.

Wir wollen jetzt den Fall **nicht quadratischer, streng konvexer Zielfunktionen** betrachten. Zunächst stellen wir fest, daß bei nicht quadratischer Zielfunktion F der Gradient $\boldsymbol{g}^\nu$ nicht mehr gleich $\boldsymbol{D}\boldsymbol{x}^\nu - \boldsymbol{c}$ ist und die optimale Schrittweite δ_ν nicht mehr durch (4.3.8) gegeben ist (wobei jeweils die Matrix $\boldsymbol{D}$ durch die Hessesche Matrix $\boldsymbol{H}^\nu = \boldsymbol{H}(\boldsymbol{x}^\nu)$ zu ersetzen ist [1]). Die optimale Schrittweite δ_ν erhält man stattdessen durch Minimierung von $\phi_\nu(\delta) := F(\boldsymbol{x}^\nu + \delta \boldsymbol{s}^\nu)$ auf $\mathbb{R}_+$. Da sich eine konvexe Zielfunktion F lokal (falls sie zweimal stetig differenzierbar ist) näherungsweise wie eine quadratische (konvexe) Funktion verhält, ist es naheliegend, das obige Verfahren der konjugierten Gradienten formal zu übertragen. Um die Konvergenz des Algorithmus sicherzustellen, unterbricht man dabei nach je n Iterationsschritten das Verfahren und startet neu mit einem „Gradientenschritt“ (d.h., man wählt als Abstiegsrichtung die negative Gradientenrichtung). Außerdem ist zu beachten, daß die Gleichheit auf der rechten Seite der Definitionsgleichung (4.3.10) jetzt nicht mehr gilt, man also zwei verschiedene Versionen des Verfahrens erhält je nachdem, welche der beiden Ausdrücke man für β_ν wählt. Wir listen die einzelnen Rechenschritte des Verfahrens noch einmal auf.

Algorithmus 4.3.2 (Nichtlineare unrestringierte Optimierungsprobleme — Verfahren der konjugierten Gradienten)

Schritt 1. *Wähle* $\boldsymbol{x}^0 \in \mathbb{R}^n$ *und berechne* $\boldsymbol{g}^0 := \operatorname{grad} F(\boldsymbol{x}^0)$.

Schritt 2. *Falls* $\boldsymbol{g}^0 = \boldsymbol{0}$, *terminiere; andernfalls setze* $\boldsymbol{s}^0 := -\boldsymbol{g}^0$ *und* $\nu := 0$.

Schritt 3. *Bestimme eine optimale Schrittweite* δ_ν *und setze* $\boldsymbol{x}^{\nu+1} := \boldsymbol{x}^\nu + \delta_\nu \boldsymbol{s}^\nu$.

[1] Der Vektor $\boldsymbol{c}$ braucht nicht weiter berücksichtigt zu werden, da er beim Verfahren der konjugierten Gradienten nur bei der Bestimmung des Anfangsgradienten $\boldsymbol{g}^0$ benötigt wird.

Schritt 4. *Berechne* $\boldsymbol{g}^{\nu+1} := \operatorname{grad} F(\boldsymbol{x}^{\nu+1})$. *Falls* $\boldsymbol{g}^{\nu+1} = \boldsymbol{0}$, *terminiere.*

Schritt 5. *Falls* $\nu < n-1$, *gehe zu Schritt 6; andernfalls zu Schritt 8.*

Schritt 6. *Berechne* β_ν *nach einer der beiden Formeln*

$$\beta_\nu := \frac{(\boldsymbol{g}^{\nu+1} - \boldsymbol{g}^\nu)^T \boldsymbol{g}^{\nu+1}}{\boldsymbol{g}^{\nu T} \boldsymbol{g}^\nu} \quad \text{(Verfahrensvariante von Polak und Ribière)}$$

$$\beta_\nu := \frac{(\boldsymbol{g}^{\nu+1})^T \boldsymbol{g}^{\nu+1}}{\boldsymbol{g}^{\nu T} \boldsymbol{g}^\nu} \quad \text{(Verfahrensvariante von Fletcher und Reeves)}$$

Schritt 7. *Setze* $\boldsymbol{s}^{\nu+1} := -\boldsymbol{g}^{\nu+1} + \beta_\nu \boldsymbol{s}^\nu$, $\nu := \nu + 1$ *und gehe zu Schritt 3.*

Schritt 8. *Setze* $\boldsymbol{x}^0 := \boldsymbol{x}^n$, $\boldsymbol{s}^0 := -\boldsymbol{g}^n$, $\nu := 0$ *und gehe zu Schritt 3.*

□

Man sollte während des gesamten Verfahrens in Schritt 6 ein und dieselbe der beiden Formeln für β_ν (also entweder die Variante von Polak und Ribière oder diejenige von Fletcher und Reeves) verwenden. In Horst (1979), Abschnitt 2.7.5, wird gezeigt, daß jeder Häufungspunkt der Folge der erhaltenen Näherungslösungen zur Lösungsmenge $L := \{\bar{\boldsymbol{x}} \in \mathbb{R}^n | \boldsymbol{g}(\bar{\boldsymbol{x}}) = \boldsymbol{0}\}$ gehört, wenn das Verfahren der konjugierten Gradienten nicht vorzeitig mit $\boldsymbol{g}^\nu = \boldsymbol{0}$ abbricht und die Folge der Näherungslösungen beschränkt ist. Ist die Zielfunktion F konvex, so ist jeder Häufungspunkt globaler Minimalpunkt von F auf $\mathbb{R}^n$.

Eine andere Möglichkeit, den hohen Rechenaufwand des Newton-Verfahrens zur Lösung des unrestringierten Optimierungsproblems (4.3.3) mit streng konvexer Zielfunktion F zu reduzieren, ist, die beim Newton-Verfahren verwendete Abstiegsrichtung $\boldsymbol{s}^\nu := -(\boldsymbol{H}^\nu)^{-1}\boldsymbol{g}^\nu$ (vgl. (4.3.6)) durch

$$\boldsymbol{s}^\nu := -\boldsymbol{M}^\nu \boldsymbol{g}^\nu \tag{4.3.11}$$

zu ersetzen. Hierbei ist $\boldsymbol{M}^\nu$ eine positiv definite $n \times n$-Matrix, zu deren Berechnung höchstens die ersten partiellen Ableitungen der Zielfunktion F herangezogen werden. Außerdem soll für das quadratische Optimierungsproblem mit der Zielfunktion (4.3.7) im n-ten Iterationsschritt

$$\boldsymbol{M}^n = \boldsymbol{D}^{-1} \tag{4.3.12}$$

gelten. Der n-te Schritt stellt also (bei Wahl der optimalen Schrittweite $\delta_n = 1$) gerade einen Schritt des Newton-Verfahrens dar, der, wie oben gezeigt, die optimale Lösung liefert. Für nicht quadratische Zielfunktionen ist der n-te Iterationsschritt in der Regel kein „Newton-Schritt", jedoch entsprechen n Schritte des Verfahrens etwa einem Schritt des Newton-Verfahrens. Deshalb bezeichnet man einen Algorithmus mit der durch (4.3.11) gegebenen Abstiegsrichtung, wobei (4.3.12) gilt, auch als **Quasi-Newton-Verfahren**. Eine explizite Darstellung verschiedener Verfahrensvarianten, bei denen sich die Matrizen $\boldsymbol{M}^\nu$ in relativ einfacher Weise sukzessiv berechnen lassen, findet man in HORST (1979), Abschnitt 2.7.4.

4.3.3 Lösungsverfahren für restringierte Optimierungsprobleme im $\mathbb{R}^n$

In diesem Abschnitt wollen wir einen Überblick über Verfahren zur Lösung restringierter nichtlinearer Optimierungsprobleme der Form

$$\begin{aligned} &\text{Min. } F(\boldsymbol{x}) \\ &\text{u.d.N. } \boldsymbol{x} \in M \subset \mathbb{R}^n \end{aligned}$$

mit $M \neq \emptyset$ und in der Regel stetig differenzierbarer Zielfunktion F geben. Wie bereits zu Beginn von Abschitt 4.3.2 erwähnt, kann man im allgemeinen nur hoffen, daß diese Verfahren Näherungen für stationäre Punkte von F auf M, also Punkte der Lösungsmenge

$$L := \{\bar{\boldsymbol{x}} \in M | \boldsymbol{s}^T \boldsymbol{g}(\bar{\boldsymbol{x}}) \geq 0 \text{ für alle } \boldsymbol{s} \in Z(\bar{\boldsymbol{x}})\},$$

liefern. Sind M und F konvex, so ist L die Menge der globalen Minimalpunkte (vgl. Satz 4.2.12).

Die meisten Lösungsverfahren für restringierte Optimierungsprobleme lassen sich einer der folgenden vier Klassen zuordnen:

(a) Verfahren der zulässigen Richtungen
(b) Methoden der Straffunktionen oder Barrierefunktionen
(c) Schnittebenenverfahren
(d) Karush-Kuhn-Tucker-Methoden.

Wir wollen im weiteren die prinzipielle Vorgehensweise bei diesen vier Verfahrenstypen kurz skizzieren.

Die **Verfahren zulässiger Richtungen** stellen eine Übertragung der in Abschnitt 4.3.2 behandelten Methoden auf restringierte Probleme dar. Man startet mit einer zulässigen Lösung $\boldsymbol{x}^0 \in M$, die in einer Vorphase bestimmt wird (z.B. mit Hilfe der ersten beiden Phasen der Dreiphasen-Simplexmethode, wenn es sich um lineare Restriktionen handelt). Im ν-ten Iterationsschritt ($\nu \geq 0$) ermittelt man, ausgehend von einer zulässigen Lösung $\boldsymbol{x}^\nu$, eine **zulässige Abstiegsrichtung**, d.h. eine zulässige Richtung $\boldsymbol{s}^\nu$ (vgl. Abschnitt 4.1) mit $\boldsymbol{s}^{\nu T}\boldsymbol{g}^\nu < 0$ (wobei wieder $\boldsymbol{g}^\nu := \operatorname{grad} F(\boldsymbol{x}^\nu)$ ist). Dann gibt es eine Schrittweite $\delta_\nu > 0$ mit $F(\boldsymbol{x}^\nu + \delta_\nu \boldsymbol{s}^\nu) < F(\boldsymbol{x}^\nu)$ (vgl. Satz 4.1.1) und $\boldsymbol{x}^\nu + \delta_\nu \boldsymbol{s}^\nu \in M$. Damit ist $\boldsymbol{x}^{\nu+1} := \boldsymbol{x}^\nu + \delta_\nu \boldsymbol{s}^\nu$ die neue Näherungslösung.

Eine optimale Schrittweite δ_ν bestimmt man wie folgt: Sei δ'_ν der (kleinste) Parameterwert δ, für den der Strahl

$$S_\nu := \{\boldsymbol{x} \in \mathbb{R}^n | \boldsymbol{x} = \boldsymbol{x}^\nu + \delta \boldsymbol{s}^\nu, \delta \in \mathbb{R}_+\}$$

den zulässigen Bereich M „verläßt“ (d.h., $\boldsymbol{x}^\nu + \delta'_\nu \boldsymbol{s}^\nu$ ist der Durchstoßpunkt von S_ν durch M, vgl. Abb. 4.3.6). Dann ist δ_ν durch

$$\phi_\nu(\delta_\nu) = \min_{0 \le \delta \le \delta'_\nu} \phi_\nu(\delta) = \min\{F(\boldsymbol{x}^\nu + \delta \boldsymbol{s}^\nu) | \delta \in \mathbb{R}_+, \boldsymbol{x}^\nu + \delta \boldsymbol{s}^\nu \in M\}$$

gegeben.

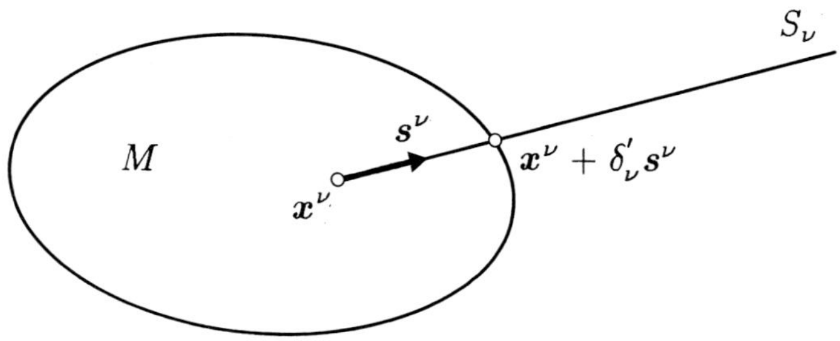

Abb. 4.3.6

Verfahren zulässiger Richtungen eignen sich in erster Linie für Optimierungsprobleme mit linearen Restriktionen. Wir legen deshalb die Optimierungsaufgabe

$$\text{(4.3.13)} \qquad \begin{cases} \text{Min.} & F(\boldsymbol{x}) \\ \text{u.d.N.} & \boldsymbol{A}\boldsymbol{x} \le \boldsymbol{b} \end{cases}$$

mit stetig differenzierbarer Zielfunktion F, einer $m \times n$-Matrix $\boldsymbol{A}$ und $\boldsymbol{b} \in \mathbb{R}^m$ zugrunde. Seien $\bar{\boldsymbol{a}}^1, \ldots, \bar{\boldsymbol{a}}^m$ die (in Spaltenform geschriebenen) Zeilenvektoren von $\boldsymbol{A}$ und $\boldsymbol{b} = (b_1, \ldots, b_m)^T$. Dann lassen sich die Nebenbedingungen von (4.3.13) in der Form

$$\text{(4.3.14)} \qquad \bar{\boldsymbol{a}}^{iT} \boldsymbol{x} \le b_i \quad (i = 1, \ldots, m)$$

schreiben. Um eine zulässige Abstiegsrichtung im Punkt $\boldsymbol{x}^\nu \in M$ zu erhalten, gehen wir wie folgt vor: Sei I_ν die Menge der Indizes $i \in \{1, \ldots, m\}$, für die

$$\text{(4.3.15)} \qquad \bar{\boldsymbol{a}}^{iT} \boldsymbol{x}^\nu = b_i$$

gilt. Für $I_\nu \neq \emptyset$ liegt $\boldsymbol{x}^\nu$ also auf den durch (4.3.15) gegebenen Hyperebenen H_i $(i \in I_\nu)$, die man auch die **in $\boldsymbol{x}^\nu$ aktiven Hyperebenen** nennt. Ist $\boldsymbol{x}^\nu$ ein innerer Punkt von M, so ist I_ν leer. Es gilt nun $\boldsymbol{x}^\nu + \delta \boldsymbol{s}^\nu \in M$ für einen Vektor $\boldsymbol{s}^\nu \in \mathbb{R}^n$ und alle δ eines bestimmten Intervalles $[0, \delta']$ mit $\delta' > 0$ genau dann, wenn

(4.3.16) $$\bar{\boldsymbol{a}}^{iT} \boldsymbol{s}^\nu \leq 0 \quad \text{für alle } i \in I_\nu$$

ist, d.h., der Vektor $\boldsymbol{s}^\nu$ bildet mit den (von M aus gesehen nach außen ge-

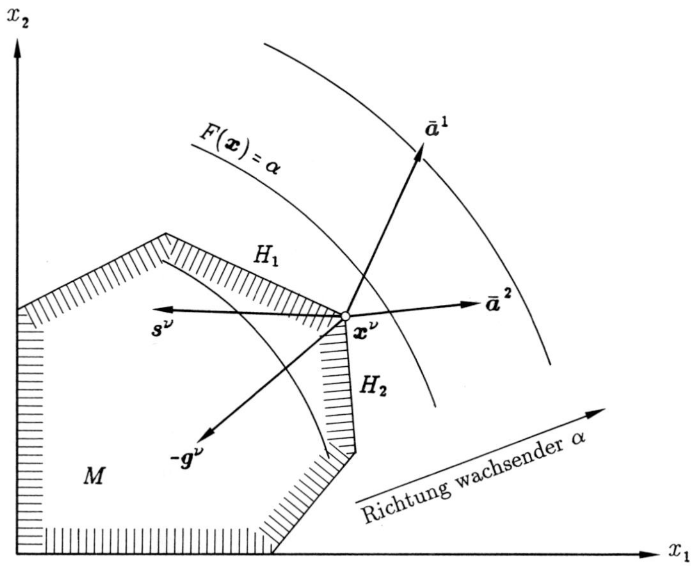

Abb. 4.3.7

richteten) Normalenvektoren $\bar{\boldsymbol{a}}^i$ der Hyperebenen H_i $(i \in I_\nu)$ jeweils einen stumpfen bzw. mindestens einen rechten Winkel (vgl. Abb. 4.3.7). Ein Vektor $\boldsymbol{s}^\nu \in \mathbb{R}^n$, der die Bedingungen (4.3.16) und $\boldsymbol{s}^{\nu T} \boldsymbol{g}^\nu < 0$ erfüllt (d.h., $\boldsymbol{s}^\nu$ bildet mit $-\boldsymbol{g}^\nu$ einen spitzen Winkel, s. Abb. 4.3.7), stellt also eine zulässige Abstiegsrichtung dar. Die verschiedenen Verfahren der zulässigen Richtungen unterscheiden sich in der Auswahl einer diesen beiden Bedingungen genügenden Abstiegsrichtung $\boldsymbol{s}^\nu$. Beispielsweise wird beim **Verfahren von Rosen** $-\boldsymbol{g}^\nu$ auf den Durchschnitt $\bigcap_{i \in I_\nu} H_i$ der in $\boldsymbol{x}^\nu$ aktiven Hyperebenen projiziert und diese Projektion als $\boldsymbol{s}^\nu$ gewählt. Ist die Projektion gleich dem Nullvektor, so haben wir einen stationären Punkt erreicht. Ist $I_\nu = \emptyset$, also $\boldsymbol{x}^\nu$ innerer Punkt von M, dann setzt man $\boldsymbol{s}^\nu := -\boldsymbol{g}^\nu$. Eine detailliertere Beschreibung des Verfahrens von Rosen findet man in Horst (1979), Abschnitt 3.4.1.

Um eine optimale Schrittweite δ_ν zu bestimmen, benötigt man, wie oben erläutert, den dem Durchstoßpunkt des Strahls S_ν durch den zulässigen Bereich M entsprechenden Parameterwert δ'_ν. Im Fall linearer Restriktionen der Gestalt (4.3.14) ergibt sich δ'_ν wie folgt: Die Bedingung $\boldsymbol{x}^\nu + \delta \boldsymbol{s}^\nu \in M$ besagt

$$\delta \bar{\boldsymbol{a}}^{iT} \boldsymbol{s}^\nu \le b_i - \bar{\boldsymbol{a}}^{iT} \boldsymbol{x}^\nu \quad (\nu = 1, \ldots, m) .$$

Wegen (4.3.16) und $\boldsymbol{x}^\nu \in M$ (also $b_i - \bar{\boldsymbol{a}}^{iT} \boldsymbol{x}^\nu \ge 0$ für $i = 1, \ldots, m$) muß folglich

$$\delta \le \frac{b_i - \bar{\boldsymbol{a}}^{iT} \boldsymbol{x}^\nu}{\bar{\boldsymbol{a}}^{iT} \boldsymbol{s}^\nu} \quad \text{für alle } i \in I_\nu \text{ mit } \bar{\boldsymbol{a}}^{iT} \boldsymbol{s}^\nu > 0$$

gelten. Damit erhalten wir

$$\delta'_\nu := \min_{\substack{i \in I_\nu \\ \bar{\boldsymbol{a}}^{iT} \boldsymbol{s}^\nu > 0}} \frac{b_i - \bar{\boldsymbol{a}}^{iT} \boldsymbol{x}^\nu}{\bar{\boldsymbol{a}}^{iT} \boldsymbol{s}^\nu} .$$

Ist die Menge der Indizes $i \in I_\nu$ mit $\bar{\boldsymbol{a}}^{iT} \boldsymbol{s}^\nu > 0$ leer, so setzen wir $\delta'_\nu := \infty$. Hat dann ϕ_ν auf $\mathbb{R}_+$ keine Minimalstelle, so besitzt auch das Optimierungsproblem (4.3.13) keine optimale Lösung.

Bei den **Methoden der Straffunktionen** und der **Barrierefunktionen** wird das zu lösende restringierte Optimierungsproblem durch unrestringierte Probleme approximiert, indem man entweder zur Zielfunktion F einen „Strafterm" addiert, der das Verletzen der Restriktionen mit hohen „Kosten" bestraft, oder auf dem Rand von M eine „Barriere" errichtet, die das Verlassen von M verhindert. Verfahren dieser Art verwendet man insbesondere, wenn die Nebenbedingungen des restringierten Optimierungsproblems nichtlinear sind.

Wir gehen aus von der Optimierungsaufgabe

$$\text{(4.3.17)} \qquad \begin{cases} \text{Min. } & F(\boldsymbol{x}) \\ \text{u.d.N. } & f_i(\boldsymbol{x}) \le 0 \quad (i = 1, \ldots, m) \end{cases}$$

mit $\boldsymbol{x} \in \mathbb{R}^n$, $M \neq \emptyset$ und stetigen Funktionen $F, f_1, \ldots, f_m$. Wir nennen eine stetige Funktion $p : \mathbb{R}^n \to \mathbb{R}$ **Straffunktion** bezüglich M, wenn

$$\text{(4.3.18)} \qquad p(\boldsymbol{x}) \begin{cases} = 0 & \text{für } \boldsymbol{x} \in M \\ > 0 & \text{für } \boldsymbol{x} \notin M \end{cases}$$

gilt. Eine für das Optimierungsproblem (4.3.17) häufig verwendete Straffunktion p ist

$$p(\boldsymbol{x}) := \sum_{i=1}^{m} [f_i^+(\boldsymbol{x})]^2 \quad \text{mit } f_i^+(\boldsymbol{x}) := \max(0, f_i(\boldsymbol{x})) .$$

Durch die Quadrierung von $f_i^+(\boldsymbol{x})$ wird eine „Glättung" der Straffunktion p erreicht. Die Minimierung von F auf M wird nun ersetzt durch die Minimierung der durch

$$G(\boldsymbol{x}) := F(\boldsymbol{x}) + rp(\boldsymbol{x}) \quad \text{mit } r > 0$$

gegebenen Funktion G auf $\mathbb{R}^n$ (unrestringiertes **Ersatzproblem**). Zur Lösung des restringierten Problems (4.3.17) empfiehlt sich dann folgender Algorithmus, wobei $\epsilon > 0$ eine vorgegebene Toleranz ist:

Algorithmus 4.3.3 (Nichtlineare restringierte Optimierungsprobleme — Methode der Straffunktionen)

Schritt 1

Wähle ein $r_1 > 0$ (etwa $r_1 := 1$) und setze $\nu := 1$

Schritt 2

Bestimme eine optimale Lösung $\boldsymbol{x}^\nu$ von

$$\begin{cases} \text{Min. } G_\nu(\boldsymbol{x}) := F(\boldsymbol{x}) + r_\nu p(\boldsymbol{x}) \\ \text{u.d.N. } \boldsymbol{x} \in \mathbb{R}^n \end{cases} \tag{4.3.19}$$

Schritt 3

Falls $r_\nu p(\boldsymbol{x}_\nu) < \epsilon$, terminiere;
andernfalls setze $r_{\nu+1} := \beta r_\nu$ mit $\beta > 1$ (etwa $\beta := 10$), $\nu := \nu + 1$ und gehe zu Schritt 2

□

Für die Folge (r_ν) braucht nicht notwendig $r_\nu = \beta^{\nu-1} r_1$ mit $\beta > 1$ zu gelten, wir verlangen jedoch stets $0 < r_1 < r_2 < \ldots$ und $r_\nu \to \infty$ für $\nu \to \infty$. Zur Bestimmung von $\boldsymbol{x}^\nu$ $(\nu > 1)$ in Schritt 2 liegt es nahe, als Anfangsnäherung die im vorhergehenden Iterationsschritt bestimmte Näherungslösung $\boldsymbol{x}^{\nu-1}$ zu verwenden. Ist für ein $\nu \geq 1$ $\boldsymbol{x}^\nu \in M$, so haben wir wegen (4.3.18) und $p(\boldsymbol{x}^\nu) = 0$

$$G_\nu(\boldsymbol{x}^\nu) = \min_{\boldsymbol{x} \in \mathbb{R}^n} G_\nu(\boldsymbol{x}) = \min_{\boldsymbol{x} \in M} G_\nu(\boldsymbol{x}) = \min_{\boldsymbol{x} \in M} F(\boldsymbol{x}) ,$$

d.h., $\boldsymbol{x}^\nu$ ist optimale Lösung von (4.3.17). Allgemein kann man zeigen: Sind die Niveaumengen $N_\alpha := \{\boldsymbol{x} \in \mathbb{R}^n | F(\boldsymbol{x}) \leq \alpha\}$ für alle $\alpha \in \mathbb{R}$ beschränkt, so besitzt das Ersatzproblem (4.3.19) für jedes $\nu \in \mathbb{N}$ eine optimale Lösung $\boldsymbol{x}^\nu$, die Folge $(\boldsymbol{x}^\nu)$ hat Häufungspunkte, und jeder dieser Häufungspunkte ist eine optimale Lösung von (4.3.17) (vgl. Horst (1979), Abschnitt 3.5.1).

Um eine „Barriere" auf dem Rand von M zu errichten, setzen wir voraus, daß die Menge $\mathring{M}$ der inneren Punkte von M nichtleer sei. Dann nennen wir eine Funktion $b : \mathring{M} \to \mathbb{R}$ **Barrierefunktion** bezüglich M, wenn gilt

(i) b ist stetig auf $\overset{\circ}{M}$

(ii) $b(\boldsymbol{x}) \to \infty$, falls $\boldsymbol{x}$ sich dem Rand von M nähert.

Zwei häufig verwendete Barrierefunktionen b_1 und b_2 im Fall $\overset{\circ}{M} = \{\boldsymbol{x} \in \mathbb{R}^n | f_i(\boldsymbol{x}) < 0 \ (i = 1, \ldots, m)\}$ sind

$$b_1(\boldsymbol{x}) := -\sum_{i=1}^{m} \ln(-f_i(\boldsymbol{x})), \quad b_2(\boldsymbol{x}) := -\sum_{i=1}^{m} \frac{1}{f_i(\boldsymbol{x})}.$$

Die Minimierung von F auf M ersetzen wir jetzt durch die Minimierung von

$$F(\boldsymbol{x}) + \frac{1}{r} b(\boldsymbol{x}) \quad \text{mit } r > 0$$

auf $\overset{\circ}{M}$ (Ersatzproblem). Wir wählen dann wieder eine Folge (r_ν) mit $0 < r_1 < r_2 < \ldots$ und $r_\nu \to \infty$ für $\nu \to \infty$ und bestimmen für $\nu = 1, 2, \ldots$ sukzessiv optimale Lösungen $\boldsymbol{x}^\nu$ der Ersatzprobleme

$$\text{(4.3.20)} \qquad \begin{cases} \text{Min.} & F(\boldsymbol{x}) + \frac{1}{r_\nu} b(\boldsymbol{x}) \\ \text{u.d.N.} & \boldsymbol{x} \in \overset{\circ}{M}. \end{cases}$$

Startet man, um (4.3.20) für $\nu = 1$ zu lösen, mit einer Anfangslösung $\boldsymbol{x}^0 \in \overset{\circ}{M}$ und verwendet man als Anfangslösung für (4.3.20) mit $\nu > 1$ stets die im vorhergehenden Iterationsschritt berechnete optimale Lösung $\boldsymbol{x}^{\nu-1}$, so verhindert die Eigenschaft (ii) der Barrierefunktion b ein Verlassen des zulässigen Bereiches M. Man kann also zur Lösung von (4.3.20) ein Lösungsverfahren für unrestringierte Optimierungsprobleme verwenden. Für die Konvergenz eines solchen Verfahrens der Barrierefunktionen gilt ein analoges Resultat wie im Fall von Straffunktionen. Für weitere Details verweisen wir wieder auf Horst (1979), Abschnitt 3.5.2.

Auch **Schnittebenenverfahren** wendet man in erster Linie an, wenn das zu lösende Optimierungsproblem nichtlineare Restriktionen besitzt. Wir gehen zunächst von dem Optimierungsproblem mit linearer Zielfunktion

$$\text{(4.3.21)} \qquad \begin{cases} \text{Min.} & \boldsymbol{c}^T \boldsymbol{x} \\ \text{u.d.N.} & \boldsymbol{x} \in M \end{cases}$$

aus, wobei M eine nichtleere, kompakte, konvexe Teilmenge des $\mathbb{R}^n$, aber kein konvexes Polytop sei (im Fall eines konvexen Polytops M läge ein lineares Optimierungsproblem vor). Sei nun $P_1 \supset M$ ein konvexes Polytop. Dann können wir mit dem Simplexverfahren eine optimale Lösung $\boldsymbol{x}^1$ von

$$\text{(4.3.22)} \qquad \begin{cases} \text{Min.} & \boldsymbol{c}^T \boldsymbol{x} \\ \text{u.d.N.} & \boldsymbol{x} \in P_1 \end{cases}$$

ermitteln. Gilt $\boldsymbol{x}^1 \in M$, so ist $\boldsymbol{x}^1$ auch optimale Lösung von (4.3.21). Andernfalls bestimmen wir eine Hyperebene H_1, die ein Stück von P_1 „wegschneidet", was das konvexe Polyeder P_2 ergebe, wobei

$$\boldsymbol{x}^1 \notin P_2 \,, \quad M \subset P_2$$

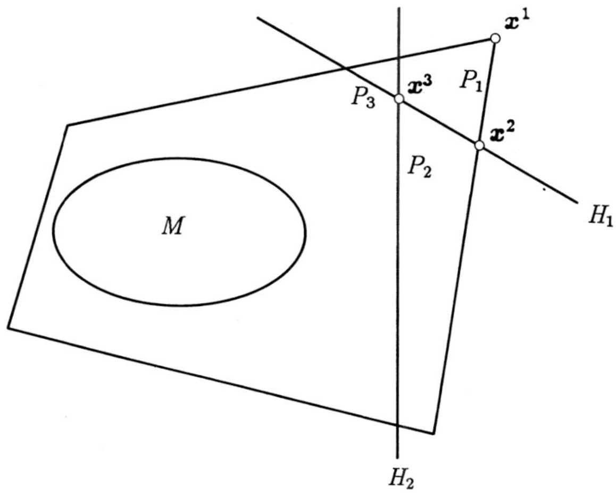

Abb. 4.3.8

gelte (vgl. Abb. 4.3.8 und die analoge Vorgehensweise beim Schnittebenenverfahren von Gomory zur Lösung des rein-ganzzahligen Optimierungsproblems in Abschnitt 3.1.3). Dann bestimmt man eine Lösung $\boldsymbol{x}^2$ von (4.3.22) mit P_1 durch P_2 ersetzt. Gilt $\boldsymbol{x}^2 \in M$, so ist $\boldsymbol{x}^2$ optimale Lösung von (4.3.21). Andernfalls schneidet man wieder ein Stück von P_2 (inklusive $\boldsymbol{x}^2$) weg und fährt entsprechend fort. In der Wahl der Hyperebenen H_ν unterscheiden sich die einzelnen Schnittebenenverfahren. Eine detailliertere Darstellung verschiedener Schnittebenenverfahren einschließlich Konvergenzbetrachtungen findet man in NEUMANN (1975a), Abschnitt 13.4 (vgl. auch HORST (1979), Abschnitt 3.6).

Nachteile der Schnittebenenverfahren für das nichtlineare Optimierungsproblem (4.3.21) sind: Das Auffinden eines Anfangspolytops P_1 ist oft nicht einfach, die Zwischenlösungen $\boldsymbol{x}^\nu$ sind nicht zulässig, und die Konvergenz ist (wie auch bei Schnittebenenverfahren für andere, z.B. ganzzahlige, Optimierungsprobleme) langsam.

Wir zeigen abschließend noch, daß die Linearität der Zielfunktion in (4.3.21) keine Einschränkung der Allgemeinheit bedeutet: Liegt eine Optimierungsaufgabe

$$(4.3.23) \qquad \begin{cases} \text{Min.} & F(\boldsymbol{x}) \\ \text{u.d.N.} & \boldsymbol{x} \in M \end{cases}$$

mit nichtlinearer konvexer Zielfunktion F (und nichtleerem, kompaktem, konvexem $M \subset \mathbb{R}^n$) vor, dann führen wir eine zusätzliche Variable x_{n+1} sowie die Nebenbedingung

$$F(\boldsymbol{x}) - x_{n+1} \leq 0$$

ein und betrachten das Optimierungsproblem im $\mathbb{R}^{n+1}$

$$(4.3.24) \qquad \begin{cases} \text{Min.} & x_{n+1} \\ \text{u.d.N.} & \boldsymbol{x} \in M \\ & F(\boldsymbol{x}) - x_{n+1} \leq 0 \end{cases}$$

mit linearer Zielfunktion. $\boldsymbol{x}^*$ ist genau dann optimale Lösung von (4.3.23), wenn $\binom{\boldsymbol{x}^*}{x^*_{n+1}}$ mit $x^*_{n+1} = F(\boldsymbol{x}^*)$ optimale Lösung von (4.3.24) ist.

Karush-Kuhn-Tucker-Methoden zur Lösung des konvexen Optimierungsproblems

$$\begin{array}{ll} \text{Min.} & F(\boldsymbol{x}) \\ \text{u.d.N.} & f_i(\boldsymbol{x}) \leq 0 \quad (i = 1, \ldots, m) \\ & F, f_1, \ldots, f_m \text{ konvex und stetig differenzierbar} \end{array}$$

suchen Punkte im $\mathbb{R}^n$ zu bestimmen, die den Karush-Kuhn-Tucker-Bedingungen (4.2.10) bzw. (4.2.11) genügen und (falls die Slaterbedingung aus Abschnitt 4.2.3 erfüllt ist) nach Satz 4.2.15 dann optimale Lösungen darstellen.

Als Beispiel skizzieren wir die prinzipielle Vorgehensweise beim **Verfahren von Wolfe** zur Lösung des quadratischen konvexen Optimierungsproblems (Q) aus Abschnitt 4.2.3 mit der durch $F(\boldsymbol{x}) := \frac{1}{2}\boldsymbol{x}^T\boldsymbol{D}\boldsymbol{x} - \boldsymbol{c}^T\boldsymbol{x}$ gegebenen Zielfunktion (für eine ausführliche Darstellung verweisen wir auf NEUMANN (1975a), Abschnitt 12.1). Nach Satz 4.2.17 ist ein Vektor $\boldsymbol{x} \in \mathbb{R}^n$ optimale Lösung von (Q), wenn er zusammen mit Vektoren $\boldsymbol{u} \in \mathbb{R}^m$ und $\boldsymbol{v} \in \mathbb{R}^n$ dem System

$$\begin{aligned} \boldsymbol{A}\boldsymbol{x} &= \boldsymbol{b} \\ \boldsymbol{D}\boldsymbol{x} + \boldsymbol{A}^T\boldsymbol{u} - \boldsymbol{v} &= \boldsymbol{c} \\ \boldsymbol{x}^T\boldsymbol{v} &= 0 \\ \boldsymbol{x}, \boldsymbol{v} &\geq \boldsymbol{0} \end{aligned}$$

genügt. Um ein solches $\boldsymbol{x}$ zu bestimmen, ermittelt man zunächst mit dem Simplexverfahren eine Ecke $\boldsymbol{x}'$ des durch $\boldsymbol{A}\boldsymbol{x} = \boldsymbol{b}$, $\boldsymbol{x} \geq \boldsymbol{0}$ gegebenen konvexen Polyeders. Existiert kein derartiges $\boldsymbol{x}'$, so hat (Q) keine zulässige Lösung. Andernfalls löst man mit

$$\boldsymbol{p} := \boldsymbol{D}\boldsymbol{x}' - \boldsymbol{c} \in \mathbb{R}^n$$

das Optimierungsproblem im $\mathbb{R}^{2n+m+1}$

$$(4.3.25)\qquad \begin{cases} \text{Min. } \xi \\ \text{u.d.N.} \qquad\qquad \boldsymbol{Ax} = \boldsymbol{b} \\ \boldsymbol{Dx} + \boldsymbol{A}^T\boldsymbol{u} - \boldsymbol{v} - \boldsymbol{p}\xi = \boldsymbol{c} \\ \qquad\qquad \boldsymbol{x}^T\boldsymbol{v} = 0 \\ \qquad \boldsymbol{x}, \boldsymbol{v} \geq \boldsymbol{0},\ \xi \geq 0\ . \end{cases}$$

Hierbei bewirkt der neu eingeführte Term $\boldsymbol{p}\xi$, daß für $\xi = 1$ und $\boldsymbol{x} = \boldsymbol{x}'$ die Gleichung $\boldsymbol{Dx} + \boldsymbol{A}^T\boldsymbol{u} - \boldsymbol{v} - \boldsymbol{p}\xi = \boldsymbol{c}$ mit $\boldsymbol{u} = \boldsymbol{v} = \boldsymbol{0}$ erfüllt ist, während eine optimale Lösung von (4.3.25) mit $\xi = 0$ eine optimale Lösung des Ausgangsproblems (Q) darstellt.

Bis auf die Orthogonalitätsbedingung $\boldsymbol{x}^T\boldsymbol{v} = 0$ ist (4.3.25) ein lineares Optimierungsproblem. Diese Optimierungsaufgabe kann mit der Simplexmethode gelöst werden, wenn man die *Zusatzregel* beachtet, daß für jeden Index $j \in \{1, \ldots, n\}$ höchstens eine der beiden Variablen x_j und v_j jeweils Basisvariable ist und damit stets die Bedingung $\boldsymbol{x}^T\boldsymbol{v} = 0$ erfüllt ist. Gibt es eine optimale Lösung $\boldsymbol{w}^* = (\boldsymbol{x}^{T*}, \boldsymbol{u}^{T*}, \boldsymbol{v}^{T*}, \xi^*)^T$ von (4.3.25) mit $\xi^* = 0$, so ist $\boldsymbol{x}^*$ eine optimale Lösung von (Q). Im Fall $\boldsymbol{p} = \boldsymbol{0}$ stellt bereits die Ausgangsecke $\boldsymbol{x}'$ eine optimale Lösung von (Q) dar. Man kann zeigen, daß das Verfahren von Wolfe stets nach endlichen vielen Austauschschritten eine optimale Lösung $\boldsymbol{w}^*$ mit $\xi^* = 0$ liefert, wenn die Matrix $\boldsymbol{D}$ positiv definit ist oder wenn $\boldsymbol{D}$ positiv semidefinit und $\boldsymbol{c} = \boldsymbol{0}$ ist.

4.4 Quotientenoptimierung

Manchmal ist man in der Praxis nicht an der Optimierung „absoluter Größen" interessiert, sondern sucht sogenannte **Kennzahlen** zu minimieren oder zu maximieren, die als Quotienten zweier Größen definiert sind. Beispielsweise kann es das Ziel sein, die Umsatzrentabilität zu maximieren, die sich als Quotient aus Gewinn und Erlös ergibt. Betrachten wir etwa wieder das in Abschnitt 1.1.1 behandelte Problem der Programmplanung bei Serienproduktion, so ist der Gewinn bei der Herstellung von q Produkten $\mathrm{P}_1, \ldots, \mathrm{P}_q$ (mit den produzierten Mengen $x_1, \ldots, x_q$) gleich $\sum_{j=1}^q g_j x_j - k_0$, wobei g_j der Deckungsbeitrag pro Einheit von P_j und k_0 die Fixkosten bei der Produktion sind. Mit dem Verkaufspreis p_j pro Einheit von P_j beträgt der Erlös $\sum_{j=1}^q p_j x_j$. Die Maximierung der Umsatzrentabilität führt also an Stelle von (1.1.2) auf das

Quotienten-Optimierungsproblem

$$\text{Max.} \quad \frac{\sum_{j=1}^{q} g_j x_j - k_0}{\sum_{j=1}^{q} p_j x_j}$$

$$\begin{aligned} \text{u.d.N.} \quad \sum_{j=1}^{q} a_{ij} x_j &\leq b_i \quad (i = 1, \ldots, m) \\ x_j &\geq 0 \quad (j = 1, \ldots, q) \, . \end{aligned}$$

Zur Optimierung anderer Kennzahlen, z.B. der Eigenkapitalrentabilität, und für weitere Probleme, die auf Quotienten-Optimierungsaufgaben führen, vgl. SCHAIBLE (1978), Kapitel 2, und AVRIEL ET AL. (1988), Abschnitt 7.2.

Wir betrachten das folgende Quotienten-Optimierungsproblem, das die Minimierung des Quotienten zweier linearer Funktionen unter linearen Nebenbedingungen bedeutet:

$$(4.4.1) \qquad \begin{cases} \text{Min.} \quad \dfrac{\boldsymbol{c}^T \boldsymbol{x} + c_0}{\boldsymbol{d}^T \boldsymbol{x} + d_0} \\ \text{u.d.N.} \; \boldsymbol{A}\boldsymbol{x} = \boldsymbol{b} \\ \qquad\quad \boldsymbol{x} \geq \boldsymbol{0} \, . \end{cases}$$

Dabei seien $\boldsymbol{c}, \boldsymbol{d}, \boldsymbol{x} \in \mathbb{R}^n; \boldsymbol{b} \in \mathbb{R}^m; c_0, d_0 \in \mathbb{R}$ und $\boldsymbol{A}$ eine $m \times n$-Matrix. Wir nehmen an, daß der Nenner $\boldsymbol{d}^T \boldsymbol{x} + d_0$ in der Zielfunktion nicht proportional zum Zähler $\boldsymbol{c}^T \boldsymbol{x} + c_0$ sei, da andernfalls die Zielfunktion eine Konstante wäre und gar kein Optimierungsproblem vorläge. Weiter sei $\boldsymbol{d} \neq \boldsymbol{0}$, so daß ein echtes Quotienten-Optimierungsproblem gegeben ist. Ferner soll $\boldsymbol{d}^T \boldsymbol{x} + d_0 \neq 0$ für alle Punkte $\boldsymbol{x}$ des zulässigen Bereiches M gelten. Diese Bedingung stellt in der Regel keine Einschränkung der Allgemeinheit dar, da in der Umgebung einer Nullstelle des Nenners $\boldsymbol{d}^T \boldsymbol{x} + d_0$ die zu minimierende Zielfunktion beliebig groß werden kann. Wir setzen etwa voraus, daß

$$(4.4.2) \qquad \boldsymbol{d}^T \boldsymbol{x} + d_0 > 0 \quad \text{für alle } \boldsymbol{x} \in M$$

sei.

Die Voraussetzung (4.4.2) ist leicht nachprüfbar. Hierzu stellen wir mit dem Simplexverfahren fest, ob das durch

$$\begin{aligned} \boldsymbol{A}\boldsymbol{x} &= \boldsymbol{b} \\ \boldsymbol{d}^T \boldsymbol{x} &= -d_0 \\ \boldsymbol{x} &\geq \boldsymbol{0} \end{aligned}$$

gegebene konvexe Polyeder leer ist. Ist dies nicht der Fall, so ist (4.4.2) nicht zu erreichen; falls ja, bestimmen wir eine Ecke $\bar{\boldsymbol{x}}$ des zulässigen Bereiches M

von (4.4.1). Gilt $\boldsymbol{d}^T\bar{\boldsymbol{x}} + d_0 > 0$, dann ist (4.4.2) erfüllt, andernfalls werden Zähler und Nenner der Zielfunktion mit -1 multipliziert.

Wir nehmen für das Folgende noch an, daß der zulässige Bereich M nichtleer und beschränkt, also ein (nichtleeres) konvexes Polytop sei. Da die Zielfunktion von (4.4.1) unter der Voraussetzung (4.4.2) auf M stetig ist, besitzt dann das Quotienten-Optimierungsproblem (4.4.1) stets eine optimale Lösung. Wir bemerken noch, daß die Zielfunktion von (4.4.1) im allgemeinen nicht konvex ist.

Führen wir die neue Variable

$$\eta = \frac{1}{\boldsymbol{d}^T\boldsymbol{x} + d_0} \tag{4.4.3}$$

ein, die wegen (4.4.2) positiv ist, so geht (4.4.1) in das äquivalente Problem

$$\begin{cases} \text{Min.} & \boldsymbol{c}^T(\eta\boldsymbol{x}) + c_0\eta \\ \text{u.d.N.} & \boldsymbol{d}^T(\eta\boldsymbol{x}) + d_0\eta = 1 \\ & \boldsymbol{A}(\eta\boldsymbol{x}) = \boldsymbol{b}\eta \\ & \eta\boldsymbol{x} \geq \boldsymbol{0} \\ & \eta > 0 \end{cases} \tag{4.4.4}$$

über. Da der Fall $\eta = 0$ aufgrund der ersten Nebenbedingung in (4.4.4) ausgeschlossen ist, können wir die Nebenbedingung $\eta > 0$ durch die Vorzeichenbeschränkung $\eta \geq 0$ ersetzen. Mit der Substitution $\boldsymbol{y} = \eta\boldsymbol{x}$ erhalten wir aus (4.4.4) das lineare Optimierungsproblem

$$\begin{cases} \text{Min.} & \boldsymbol{c}^T\boldsymbol{y} + c_0\eta \\ \text{u.d.N.} & \boldsymbol{A}\boldsymbol{y} - \boldsymbol{b}\eta = \boldsymbol{0} \\ & \boldsymbol{d}^T\boldsymbol{y} + d_0\eta = 1 \\ & \boldsymbol{y} \geq \boldsymbol{0}, \eta \geq 0\,. \end{cases} \tag{4.4.5}$$

Aus einer optimalen Lösung $\binom{\boldsymbol{y}^*}{\eta^*}$ von (4.4.5) ergibt sich dann sofort eine optimale Lösung $\boldsymbol{x}^* = \boldsymbol{y}^*/\eta^*$ von (4.4.1).

Ersetzen wir die Zielfunktion des Quotienten-Optimierungsproblems (4.4.1) durch

$$\frac{F(\boldsymbol{x})}{\boldsymbol{d}^T\boldsymbol{x} + d_0}$$

mit einer konvexen Funktion F, so führt die Substitution $\boldsymbol{y} = \eta\boldsymbol{x}$ mit der durch (4.4.3) gegebenen Variablen η in analoger Weise auf ein konvexes Optimierungsproblem mit linearen Restriktionen (vgl. SCHAIBLE (1978), Abschnitt 3.2.1, und AVRIEL ET AL. (1988), Abschnitt 7.3).

4.5 Ergänzungen

Im vorliegenden Abschnitt werden wir zunächst für nichtlineare Optimierungsprobleme ein Dualitätskonzept betrachten, das der in Abschnitt 3.8.1 für ganzzahlige Optimierungsprobleme eingeführten Lagrange-Dualität entspricht. Für in diesem Sinne duale Probleme werden wir einige Dualitätssätze angeben. Danach skizzieren wir die Lösung sogenannter separabler Optimierungsprobleme, bei denen die Zielfunktion und die in den Nebenbedingungen auftretenden Funktionen separierbar sind, d.h. sich als eine Summe (oder ein Produkt) von Funktionen darstellen lassen, die jeweils nur von einer Variablen abhängen. Abschließend werden wir einige Bemerkungen zur sogenannten globalen Optimierung machen, die eine (näherungsweise) Bestimmung *globaler* Minimalpunkte zum Ziel hat und wegen ihrer großen praktischen Bedeutung zu einem der Hauptforschungsgebiete der nichtlinearen Optimierung im letzten Jahrzehnt geworden ist. Wir erinnern daran, daß die in Abschnitt 4.3 behandelten Lösungsverfahren im allgemeinen höchstens zu einem *lokalen* Minimalpunkt führen, wenn das Optimierungsproblem nicht konvex ist.

4.5.1 Lagrange-Dualität

Wir legen erneut das nichtlineare Optimierungsproblem

$$(4.5.1) \qquad \begin{cases} \text{Min.} & F(\boldsymbol{x}) \\ \text{u.d.N.} & f_i(\boldsymbol{x}) \le 0 \quad (i = 1, \ldots, m) \end{cases}$$

mit $\boldsymbol{x} \in \mathbb{R}^n$ zugrunde. Wie in Abschnitt 4.2.3 erklären wir die **Lagrange-Funktion** $\mathcal{L} : \mathbb{R}^{n+m} \to \mathbb{R}$ gemäß

$$\mathcal{L}(\boldsymbol{x}, \boldsymbol{u}) := F(\boldsymbol{x}) + \sum_{i=1}^{m} u_i f_i(\boldsymbol{x}) = F(\boldsymbol{x}) + \boldsymbol{u}^T \boldsymbol{f}(\boldsymbol{x})$$

mit den **Lagrange-Multiplikatoren** $u_1, \ldots, u_m$ als Komponenten des Vektors $\boldsymbol{u}$. Ein Punkt $(\bar{\boldsymbol{x}}, \bar{\boldsymbol{u}})$ mit $\bar{\boldsymbol{u}} \ge \boldsymbol{0}$ heißt wieder **Sattelpunkt** von $\mathcal{L}$, wenn

$$(4.5.2) \qquad \mathcal{L}(\bar{\boldsymbol{x}}, \boldsymbol{u}) \le \mathcal{L}(\bar{\boldsymbol{x}}, \bar{\boldsymbol{u}}) \le \mathcal{L}(\boldsymbol{x}, \bar{\boldsymbol{u}}) \quad \text{für alle } \boldsymbol{x} \in \mathbb{R}^n, \boldsymbol{u} \in \mathbb{R}^m_+$$

gilt. Wir erinnern an den Satz von Kuhn und Tucker (Satz 4.2.14), der besagt: Sind die Funktionen $F, f_1, \ldots, f_m$ konvex und ist die Slaterbedingung aus Abschnitt 4.2.3 erfüllt, so stellt $\bar{\boldsymbol{x}} \in \mathbb{R}^n$ genau dann eine optimale Lösung von (4.5.1) dar, wenn ein $\bar{\boldsymbol{u}} \in \mathbb{R}^m_+$ existiert, so daß $(\bar{\boldsymbol{x}}, \bar{\boldsymbol{u}})$ ein Sattelpunkt von $\mathcal{L}$ ist. Der folgende in Horst (1979), Abschnitt 3.2.1, bewiesene Satz liefert einen Zusammenhang zwischen der Existenz eines Sattelpunktes der Funktion

$\mathcal{L}$ und Bedingungen, die den Karush-Kuhn-Tucker-Bedingungen (4.2.10) entsprechen, ohne die stetige Differenzierbarkeit und Konvexität der Funktionen $F, f_1, \ldots, f_m$ vorauszusetzen.

Satz 4.5.1. $(\bar{\boldsymbol{x}}, \bar{\boldsymbol{u}})$ *ist genau dann Sattelpunkt von* $\mathcal{L}$*, wenn gilt:*

$$\begin{aligned} \mathcal{L}(\bar{\boldsymbol{x}}, \bar{\boldsymbol{u}}) &= \min_{\boldsymbol{x} \in \mathbb{R}^n} \mathcal{L}(\boldsymbol{x}, \bar{\boldsymbol{u}}) \\ \bar{\boldsymbol{u}}^T \boldsymbol{f}(\bar{\boldsymbol{x}}) &= 0 \\ \boldsymbol{f}(\bar{\boldsymbol{x}}) &\leq \boldsymbol{0} \\ \bar{\boldsymbol{u}} &\geq \boldsymbol{0}\,. \end{aligned} \tag{4.5.3}$$

Bis auf (4.5.3) stimmen die Bedingungen von Satz 4.5.1 mit den Karush-Kuhn-Tucker-Bedingungen (4.2.10) überein. Wie in Abschnitt 3.8.1 führen wir nun ein zu (4.5.1) duales Optimierungsproblem ein. Wegen

$$\mathcal{F}(\boldsymbol{x}) := \sup_{\boldsymbol{u} \in \mathbb{R}^m_+} \mathcal{L}(\boldsymbol{x}, \boldsymbol{u}) = \sup_{\boldsymbol{u} \in \mathbb{R}^m_+} (F(\boldsymbol{x}) + \boldsymbol{u}^T \boldsymbol{f}(\boldsymbol{x})) = \begin{cases} F(\boldsymbol{x})\,, & \text{falls } \boldsymbol{f}(\boldsymbol{x}) \leq \boldsymbol{0} \\ \infty\,, & \text{sonst} \end{cases}$$

kann das **primale Problem** (4.5.1) in der Form

$$\begin{cases} \text{Min.} \quad \mathcal{F}(\boldsymbol{x}) := \sup_{\boldsymbol{u} \in \mathbb{R}^m_+} \mathcal{L}(\boldsymbol{x}, \boldsymbol{u}) \\ \text{u.d.N. } \boldsymbol{x} \in \mathbb{R}^n \end{cases} \tag{4.5.4}$$

geschrieben werden. Als hierzu **duales Problem** legen wir wieder

$$\begin{aligned} &\text{Max.} \quad \mathcal{G}(\boldsymbol{u}) := \inf_{\boldsymbol{x} \in \mathbb{R}^n} \mathcal{L}(\boldsymbol{x}, \boldsymbol{u}) \\ &\text{u.d.N. } \boldsymbol{u} \in \mathbb{R}^m_+ \end{aligned}$$

fest. Die Lagrange-Multiplikatoren $u_1, \ldots, u_m$, die den m Nebenbedingungen in (4.5.1) zugeordnet sind, spielen also die Rolle der **Dualvariablen**.

Variiert im nichtlinearen Optimierungsproblem (4.5.4) $\boldsymbol{x}$ nicht notwendig im ganzen $\mathbb{R}^n$, sondern in einer nichtleeren Teilmenge $X \subseteq \mathbb{R}^n$, dann erhalten wir das allgemeinere primale Problem

$$(P) \qquad \begin{cases} \text{Min.} \quad \mathcal{F}(\boldsymbol{x}) := \sup_{\boldsymbol{u} \in \mathbb{R}^m_+} \mathcal{L}(\boldsymbol{x}, \boldsymbol{u}) \\ \text{u.d.N. } \boldsymbol{x} \in X \subseteq \mathbb{R}^n \end{cases}$$

und das duale Problem

$$(\bar{P}) \qquad \begin{cases} \text{Max.} \quad \mathcal{G}(\boldsymbol{u}) := \inf_{\boldsymbol{x} \in X} \mathcal{L}(\boldsymbol{x}, \boldsymbol{u}) \\ \text{u.d.N. } \boldsymbol{u} \in \mathbb{R}^m_+\,. \end{cases}$$

Insbesondere kann X eine diskrete Menge, z.B. die Menge aller Gitterpunkte des $\mathbb{R}^n$ oder eine endliche Teilmenge von $\mathbb{R}^n$, sein. Wir beweisen jetzt

Satz 4.5.2. *Die Zielfunktion $\mathcal{G}$ des dualen Problems $(\bar{P})$ ist konkav auf $\mathbb{R}^m_+$.*

Beweis. Wir beschränken uns auf den Fall, daß für jedes $\boldsymbol{u} \in \mathbb{R}^m_+$ ein $\widehat{\boldsymbol{x}} \in X$ mit $\mathcal{G}(\boldsymbol{u}) = \mathcal{L}(\widehat{\boldsymbol{x}}, \boldsymbol{u})$ existiert. Seien $\boldsymbol{u}^1, \boldsymbol{u}^2 \in \mathbb{R}^m_+$, $0 \leq \lambda \leq 1$ und $\boldsymbol{u} := \lambda\boldsymbol{u}^1 + (1-\lambda)\boldsymbol{u}^2$ sowie $\widehat{\boldsymbol{x}} \in X$ durch $\mathcal{G}(\boldsymbol{u}) = F(\widehat{\boldsymbol{x}}) + \boldsymbol{u}^T \boldsymbol{f}(\widehat{\boldsymbol{x}})$ festgelegt. Dann haben wir

$$\mathcal{G}(\boldsymbol{u}^\nu) \leq F(\widehat{\boldsymbol{x}}) + \boldsymbol{u}^{\nu T} \boldsymbol{f}(\widehat{\boldsymbol{x}}) \quad \text{für } \nu = 1, 2$$

und mit $\boldsymbol{u} = \lambda\boldsymbol{u}^1 + (1-\lambda)\boldsymbol{u}^2$

$$\lambda\mathcal{G}(\boldsymbol{u}^1) + (1-\lambda)\mathcal{G}(\boldsymbol{u}^2) \leq F(\widehat{\boldsymbol{x}}) + \boldsymbol{u}^T \boldsymbol{f}(\widehat{\boldsymbol{x}}) = \mathcal{G}(\boldsymbol{u}) \ ,$$

d.h., $\mathcal{G}$ ist konkav.

□

Die Konkavität der Funktion $\mathcal{G}$ für lineare Funktionen $F, f_1, \ldots, f_m$ haben wir bereits in Abschnitt 3.8.1 festgestellt (s. auch Abb. 3.8.2). Die Bedeutung von Satz 4.5.2 liegt darin, daß ohne irgendwelche Konvexitätsannahmen an die Funktionen $F, f_1, \ldots, f_m$ und die Menge X die Funktion $-\mathcal{G}$ konvex ist und damit $(\bar{P})$ ein konvexes Optimierungsproblem darstellt. Eine optimale Lösung des dualen Problems $(\bar{P})$ kann folglich in der Regel einfacher ermittelt werden als eine optimale Lösung des im allgemeinen nicht konvexen primalen Problems (P).

Wir geben nun einige Dualitätsaussagen für die Probleme (P) und $(\bar{P})$ an. Zunächst gilt als Analogon zu Satz 1.4.1 aus der linearen Optimierung

Satz 4.5.3. *Sind $\bar{\boldsymbol{x}}$ eine zulässige Lösung von (P) und $\bar{\boldsymbol{u}}$ eine zulässige Lösung von $(\bar{P})$, so ist $\mathcal{F}(\bar{\boldsymbol{x}}) \geq \mathcal{G}(\bar{\boldsymbol{u}})$.*

Beweis. Für zulässige Lösungen $\bar{\boldsymbol{x}}$ und $\bar{\boldsymbol{u}}$ von (P) bzw. $(\bar{P})$ haben wir

$$\begin{aligned}\mathcal{F}(\bar{\boldsymbol{x}}) &= \sup_{\boldsymbol{u} \in \mathbb{R}^m_+} (F(\bar{\boldsymbol{x}}) + \boldsymbol{u}^T \boldsymbol{f}(\bar{\boldsymbol{x}})) \geq F(\bar{\boldsymbol{x}}) + \bar{\boldsymbol{u}}^T \boldsymbol{f}(\bar{\boldsymbol{x}}) \\ &\geq \inf_{\boldsymbol{x} \in X} (F(\boldsymbol{x}) + \bar{\boldsymbol{u}}^T \boldsymbol{f}(\boldsymbol{x})) = \mathcal{G}(\bar{\boldsymbol{u}}) \ .\end{aligned}$$

□

Aus Satz 4.5.3 ergeben sich drei **Folgerungen**.

(1) Sind $\bar{\boldsymbol{x}}$ und $\bar{\boldsymbol{u}}$ zulässige Lösungen von (P) bzw. $(\bar{P})$ und gilt $\mathcal{F}(\bar{\boldsymbol{x}}) = \mathcal{G}(\bar{\boldsymbol{u}})$, so stellen $\bar{\boldsymbol{x}}$ und $\bar{\boldsymbol{u}}$ optimale Lösungen von (P) bzw. $(\bar{P})$ dar.

(2) Ist $\mathcal{F}$ auf dem zulässigen Bereich X nicht nach unten beschränkt (d.h. $\inf_{\boldsymbol{x} \in X} \sup_{\boldsymbol{u} \in \mathbb{R}^m_+} \mathcal{L}(\boldsymbol{x}, \boldsymbol{u}) = -\infty$), dann besitzt $(\bar{P})$ keine zulässige Lösung.

(3) Ist $\mathcal{G}$ auf dem zulässigen Bereich $\mathbb{R}^m_+$ nicht nach oben beschränkt (d.h. $\sup_{\boldsymbol{u} \in \mathbb{R}^m_+} \inf_{\boldsymbol{x} \in X} \mathcal{L}(\boldsymbol{x}, \boldsymbol{u}) = \infty$), dann besitzt (P) keine zulässige Lösung.

Die Folgerungen (2) und (3) entsprechen Satz 1.4.2 aus der linearen Optimierung. Einen Zusammenhang zwischen der Gleichheit der optimalen Funktionswerte von (P) und $(\bar{P})$ und der Existenz eines Sattelpunktes von $\mathcal{L}$ liefert

Satz 4.5.4. *$\mathcal{L}$ besitzt genau dann einen Sattelpunkt $(\boldsymbol{x}^*, \boldsymbol{u}^*)$, wenn $\boldsymbol{x}^*$ eine optimale Lösung von (P) und $\boldsymbol{u}^*$ eine optimale Lösung von $(\bar{P})$ sind und $\mathcal{F}(\boldsymbol{x}^*) = \mathcal{G}(\boldsymbol{u}^*)$ gilt.*

Für $X \subset \mathbb{R}^n$ ist in der Definition (4.5.2) eines Sattelpunktes $\boldsymbol{x} \in \mathbb{R}^n$ durch $\boldsymbol{x} \in X$ zu ersetzen. Zum Beweis von Satz 4.5.4 vgl. Horst (1979), Abschnitt 3.2.1.

Hat $\mathcal{L}$ keinen Sattelpunkt, dann gilt $\mathcal{F}(\boldsymbol{x}^*) > \mathcal{G}(\boldsymbol{u}^*)$ für optimale Lösungen $\boldsymbol{x}^*$ und $\boldsymbol{u}^*$ von (P) bzw. $(\bar{P})$, und die Differenz $\mathcal{F}(\boldsymbol{x}^*) - \mathcal{G}(\boldsymbol{u}^*)$ wird wieder **Dualitätslücke** genannt. Eine Dualtätslücke kann (im Unterschied zur linearen Optimierung) auch für $X = \mathbb{R}^n$ auftreten; in diesem Fall ist mindestens eine der Funktionen $F, f_1, \ldots, f_m$ nichtlinear.

Mit Hilfe der Sätze 4.2.14, 4.5.1 und 4.5.4 kann man zeigen (vgl. Horst (1979), Abschnitt 3.2.1, und Geoffrion (1971)):

Satz 4.5.5 (Dualitätstheorem). *Sind die Funktionen $F, f_1, \ldots, f_m$ konvex auf der konvexen Menge X, ist die Slaterbedingung erfüllt und existiert eine optimale Lösung $\boldsymbol{x}^*$ von (P), dann gilt:*

(a) $(\bar{P})$ hat eine optimale Lösung $\boldsymbol{u}^*$.

(b) $\mathcal{F}(\boldsymbol{x}^*) = \mathcal{G}(\boldsymbol{u}^*)$.

(c) Sind $\boldsymbol{u}^*$ eine optimale Lösung von $(\bar{P})$ und $\boldsymbol{x}^+$ ein globaler Minimalpunkt von $\mathcal{L}(\cdot, \boldsymbol{u}^*)$ auf X mit $\boldsymbol{f}(\boldsymbol{x}^+) \leq \boldsymbol{0}$ und $\boldsymbol{u}^{*T}\boldsymbol{f}(\boldsymbol{x}^+) = 0$, so ist $\boldsymbol{x}^+$ eine optimale Lösung von (P).

Die Aussage (c) in Satz 4.5.5 kann benutzt werden, um bei bekannter optimaler Lösung $\boldsymbol{u}^*$ des dualen Problems $(\bar{P})$ eine optimale Lösung des primalen Problems (P) zu bestimmen. Dies ist besonders einfach, wenn $\mathcal{L}(\cdot, \boldsymbol{u}^*)$ auf X streng konvex ist (was z.B. der Fall ist, wenn F oder eine der zu positiven u_i^* gehörenden Restriktionsfunktionen f_i streng konvex ist). Dann hat $\mathcal{L}(\cdot, \boldsymbol{u}^*)$ genau einen (lokalen und globalen) Minimalpunkt $\boldsymbol{x}^+$ auf X, der optimale Lösung von (P) ist (d.h., die Restriktionen $\boldsymbol{f}(\boldsymbol{x}^+) \leq \boldsymbol{0}$ und $\boldsymbol{u}^{*T}\boldsymbol{f}(\boldsymbol{x}^+) = 0$ sind automatisch erfüllt). Eine optimale Lösung $\boldsymbol{u}^*$ von $(\bar{P})$ kann man etwa mit dem in Abschnitt 3.8.1 skizzierten Subgradientenverfahren ermitteln. Die hierfür benötigten Subgradienten der Funktion $-\mathcal{G}$ erhält man wie folgt (vgl. Minoux (1986), Abschnitt 6.2): Ist für $\boldsymbol{u} \in \mathbb{R}_+^m$ $\bar{\boldsymbol{x}} \in X$ ein Minimalpunkt von $\mathcal{L}(\cdot, \boldsymbol{u})$ auf X, dann ist $-\boldsymbol{f}(\bar{\boldsymbol{x}})$ ein Subgradient von $-\mathcal{G}$ an der Stelle $\boldsymbol{u}$.

4.5.2 Separable Optimierung

Dieser Abschnitt ist im wesentlichen NEUMANN (1975a), Abschnitt 13.6, entnommen. Ein in der Praxis häufig vorkommender Spezialfall der nichtlinearen Optimierung liegt vor, wenn die Zielfunktion F und die Restriktionsfunktionen $f_1, \dots, f_m$ separierbar sind, d.h. sich als eine Summe (oder als Produkt, was durch Logarithmieren in eine Summe überführbar ist) von Funktionen darstellen lassen, die jeweils nur von einer Variablen abhängen. Dieser Fall tritt etwa auf, wenn in dem in Abschnitt 1.1.1 betrachteten Problem der Produktionsplanung der Preis und die Kosten pro Mengeneinheit eines jeden Produktes zwar nicht notwendig konstant sind, jedoch nur von der produzierten Menge dieses Produktes und nicht von den produzierten Mengen der übrigen Güter anhängen.

Wir legen die Aufgabenstellung

$$(4.5.5) \quad \begin{cases} \text{Min.} & \sum_{j=1}^{n} F_j(x_j) \\ \text{u.d.N.} & \sum_{j=1}^{n} f_{ij}(x_j) \le 0 \quad (i = 1, \dots, m) \\ & x_j \ge 0 \quad (j = 1, \dots, n) \end{cases}$$

zugrunde. Wir nehmen an, daß für jede der Variablen x_j eine obere Schranke β_j gegeben, d.h. $0 \le x_j \le \beta_j$ $(j = 1, \dots, n)$ sei. Bei praktischen Problemen sind solche Schranken oft von vornherein bekannt oder können relativ leicht ermittelt werden. Sind die Funktionen F_j, f_{ij} $(i = 1, \dots, m; j = 1, \dots, n)$ stetig, dann läßt sich (4.5.5) wie folgt näherungsweise auf ein lineares Optimierungsproblem zurückführen:

Die Funktion $\varphi : [0, \beta] \to \mathbb{R}$ stehe exemplarisch für eine der Funktionen F_j, f_{ij} $(i = 1, \dots, m; j = 1, \dots, n)$. Wir teilen dann das Intervall $[0, \beta]$ in K (nicht notwendig gleich lange) Teilintervalle mit den Teilpunkten $x^0 := 0, x^1, \dots, x^K := \beta$ ein und approximieren die φ entsprechende Kurve durch einen Polygonzug mit den Knickpunkten $(x^k, \varphi(x^k))$, $k = 1, \dots, K-1$ (vgl. Abb. 4.5.1). Auf diese Weise wird das nichtlineare Ausgangsproblem linearisiert.

Wir betrachten das in Abb. 4.5.1 angegebene Beispiel. Hierbei sind die Variablen $z_0, z_1, \dots, z_4$ einzuführen. Damit kann die ursprüngliche Variable x in der Form $x = x^{k-1} z_{k-1} + x^k z_k$ mit $z_{k-1} + z_k = 1$ und $z_{k-1}, z_k \ge 0$ dargestellt werden, falls $x \in [x^{k-1}, x^k]$ gilt $(k = 1, \dots, 4)$. Allgemeiner haben wir $x = \sum_{k=0}^{K} x^k z_k$ mit $\sum_{k=0}^{K} z_k = 1$ und $z_k \ge 0$ $(k = 0, 1, \dots, K)$ sowie die Zusatzvorschrift, daß höchstens zwei „benachbarte" Variablen z_{k-1}, z_k von 0 verschiedene Werte annehmen dürfen. Diese Bedingung kann durch eine

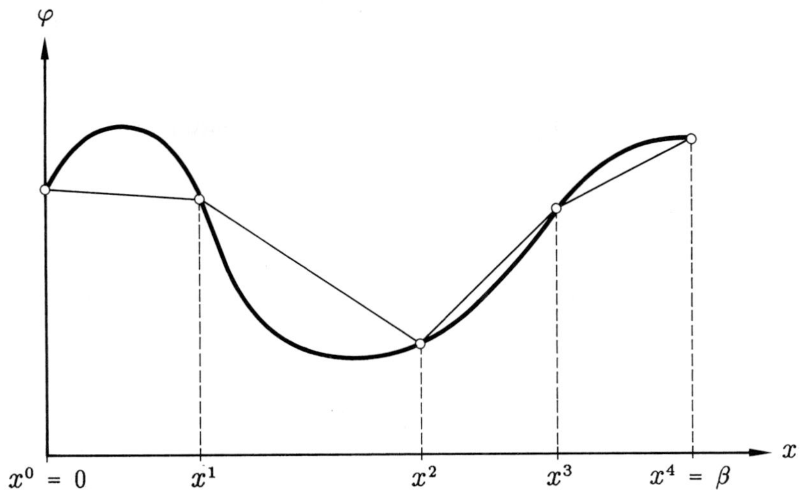

Abb. 4.5.1

einfache Zusatzvorschrift bei der Durchführung von Austauschschritten der Simplexmethode berücksichtigt werden.

Im allgemeinen Fall kann man zeigen (s. etwa HADLEY (1969), Kapitel 4): Werden in der oben beschriebenen Art die Intervalle $[0, \beta_j]$ für die Variablen x_j in K_j Teilintervalle zerlegt ($j = 1, \ldots, n$), so läßt sich die Optimierungsaufgabe (4.5.5) mit n Variablen, m „gewöhnlichen“ Nebenbedingungen und n Vorzeichenbeschränkungen näherungsweise durch ein lineares Problem mit $\sum_{j=1}^{n}(K_j + 1)$ Variablen, m „gewöhnlichen“ Nebenbedingungen und $\sum_{j=1}^{n}(K_j + 1)$ Vorzeichenbeschränkungen ersetzen [1].

Sind die Funktionen F_j und f_{ij} ($i = 1, \ldots, m; j = 1, \ldots, n$) und damit die Zielfunktion und Restriktionsfunktionen in (4.5.5) konvex und löst man das lineare „Ersatzproblem“ etwa mit dem Simplexverfahren, dann erhält man (falls eine Lösung existiert) eine Näherung für eine optimale Lösung von (4.5.5), die umso besser ist, je feiner die Einteilung der Intervalle $[0, \beta_j]$ in Teilintervalle ist ($j = 1, \ldots, n$). Bei nicht konvexen Problemen kann man ebenso vorgehen, erhält aber im allgemeinen nur Näherungslösungen für relative Minimalpunkte.

Natürlich erübrigt sich die obige Approximation einer Funktion F_j oder f_{ij} durch eine stückweise lineare Funktion, wenn F_j bzw. f_{ij} linear ist. Da die Anzahl der Variablen des Optimierungsproblems durch die Approximation

---

[1] Die zusätzlichen Nebenbedingungen können, wie oben erwähnt, durch eine Zusatzvorschrift bei der Durchführung von Austauschschritten der Simplexmethode berücksichtigt werden.

sehr stark ansteigt, empfiehlt sich diese Vorgehensweise bei umfangreichen praktischen Problemen nur, wenn lediglich einige der Funktionen F_j, f_{ij} ($i = 1, \ldots, m; j = 1, \ldots, n$) des Optimierungsproblems (4.5.5) nichtlinear sind.

Wir bemerken noch, daß Probleme, die ursprünglich nicht die separierbare Form (4.5.5) haben, häufig durch Variablentransformationen auf diese Gestalt gebracht werden können. Tritt z.B. ein Produkt der Art $x_j x_l$ in der Zielfunktion oder den Restriktionsfunktionen auf, so kann man an Stelle von x_j und x_l zwei neue Variablen

(4.5.6)
$$y_j := \frac{x_j + x_l}{2}, \quad y_l := \frac{x_j - x_l}{2}$$

einführen. Dann ist $x_j x_l = y_j^2 - y_l^2$, und wir haben einen bezüglich der Variablen y_j und y_l separierbaren Ausdruck erhalten. Im ursprünglichen Problem ist dann überall $x_j x_l$ durch $y_j^2 - y_l^2$ zu ersetzen, und es sind die beiden zusätzlichen Nebenbedingungen (4.5.6) hinzuzufügen.

4.5.3 Globale Optimierung

Nichtlineare nicht konvexe Minimierungsaufgaben besitzen in der Regel lokale Minimalpunkte, die nicht global sind. Ihre Zielfunktionswerte sind also größer als das globale Minimum. Die Standardverfahren der nichtlinearen Optimierung (wie z.B. Abstiegsverfahren und ihre Varianten) sind aber „lokale Verfahren", die schrittweise lokale Minimalpunkte (oder stationäre Punkte) approximieren, wobei die einzelnen Näherungsschritte vor allem den Funktionsverlauf in einer lokalen Umgebung der jeweiligen Näherungslösung berücksichtigen.

Die Berechnung globaler Minimalpunkte stellt demgegenüber (abgesehen von Spezialfällen) eine weitaus anspruchsvollere Aufgabe dar, für die eine ganze Reihe von Lösungsmethoden entwickelt worden sind. Sie erfordern jedoch meist einen sehr großen Rechenaufwand und liefern höchstens für bestimmte Problemklassen einigermaßen zufriedenstellende Ergebnisse. Wir beschränken uns daher darauf, zunächst drei dieser Problemklassen zu spezifizieren und anschließend einige Lösungsprinzipien zu skizzieren. Für weiterführende Literatur verweisen wir auf Horst (1987, 1990) und Nemhauser et al. (1989), Kapitel IX.

Globale Optimierungsaufgaben

Das Standardproblem der globalen Optimierung hat die Gestalt

(4.5.7)
$$\begin{cases} \text{Min.} & F(\boldsymbol{x}) \\ \text{u.d.N.} & \boldsymbol{x} \in M \subseteq \mathbb{R}^n \end{cases}$$

(vgl. (4.1.1)). Wir setzen der Einfachheit halber M als konvex und abgeschlossen sowie F auf M als stetig voraus (sofern zusätzlich Differenzierbarkeit bei einzelnen Verfahren erforderlich ist, wird dies jeweils angegeben). Es ist dann ein globaler Minimalpunkt von F auf M, also ein $\boldsymbol{x}^* \in M$ mit

$$F(\boldsymbol{x}^*) \leq F(\boldsymbol{x}) \quad \text{für alle } \boldsymbol{x} \in M$$

zu finden, oder es ist zu zeigen, daß ein derartiges $\boldsymbol{x}^*$ nicht existiert. Da zur Lösung von (4.5.7) in der Regel Näherungsverfahren eingesetzt werden, die nur eine (hinreichend gute) Näherung einer Lösung $\boldsymbol{x}^*$ von (4.5.7) liefern, begnügen wir uns mit der Bestimmung einer zulässigen (Näherungs-)Lösung $\boldsymbol{x}^+$ aus einer der beiden Mengen

$$A_\epsilon(\boldsymbol{x}^*) := \{\boldsymbol{x} \in M \,|\, |\boldsymbol{x} - \boldsymbol{x}^*| \leq \epsilon\} \tag{4.5.8}$$

(d.h. dem Durchschnitt einer abgeschlossenen ϵ-Umgebung von $\boldsymbol{x}^*$ mit M) oder

$$A_\epsilon(F) := \{\boldsymbol{x} \in M | F(\boldsymbol{x}) - F(\boldsymbol{x}^*) \leq \epsilon\}\ , \tag{4.5.9}$$

wobei $\epsilon > 0$ eine vorgegebene Fehlerschranke sei.

Bei der Lösung globaler Optimierungsprobleme unterscheidet man zwischen deterministischen und stochastischen Verfahren, wobei stochastische Verfahren zufallsgesteuerte Suchschritte bei der Bestimmung eines Minimalpunktes einsetzen. Die letzteren Methoden enthalten damit Elemente eines „blinden“ Suchens und sind eher universell anwendbar, während die deterministischen Verfahren in jedem einzelnen Verfahrensschritt „zielgerichtet“ spezielle Problemeigenschaften auswerten. Drei Problemklassen sind dabei von besonderer Bedeutung (vgl. hierzu auch Horst (1987)), die wir im folgenden kurz erläutern wollen.

(a) Konkave Minimierungsaufgaben

Bei konkaven Minimierungsproblemen ist die Zielfunktion F konkav, und der zulässige Bereich M wird in der Regel durch Ungleichungen $f_i(\boldsymbol{x}) \leq 0$ (f_i konvex, $i = 1, \ldots, m$) festgelegt. Konkave Zielfunktionen treten in der Praxis häufig im Zusammenhang mit abnehmenden Grenzkosten oder bei der Berücksichtigung von Summenrabatten auf. Ferner lassen sich einige bekannte Optimierungsprobleme auf konkave Minimierungsaufgaben zurückführen. Stellvertretend sei die binäre lineare Optimierungsaufgabe

$$\begin{array}{ll} \text{Min.} & \boldsymbol{c}^T\boldsymbol{x} \\ \text{u.d.N.} & \boldsymbol{A}\boldsymbol{x} \leq \boldsymbol{b} \\ & \boldsymbol{x} \in \{0,1\}^n \end{array}$$

genannt (wobei $\boldsymbol{A}$ eine $m \times n$-Matrix sei), die für $\boldsymbol{e} = (1, \ldots, 1)^T \in \mathbb{R}^n$ und $\mu > \max_{j=1,\ldots,n} |c_j|$ dem konkaven Problem

$$(4.5.10) \qquad \begin{cases} \text{Min.} & \boldsymbol{c}^T\boldsymbol{x} + \mu\boldsymbol{x}^T(\boldsymbol{e} - \boldsymbol{x}) \\ \text{u.d.N.} & \boldsymbol{A}\boldsymbol{x} \leq \boldsymbol{b} \\ & 0 \leq x_j \leq 1 \quad (j = 1, \ldots, n) \end{cases}$$

entspricht (vgl. Horst (1990), Abschnitt II.2). Optimale Lösungen des Problems (4.5.10) werden auf dem Rand des zulässigen Bereiches angenommen. In einem Minimalpunkt $\boldsymbol{x}^*$ gilt dann $\boldsymbol{x}^{*T}(\boldsymbol{e} - \boldsymbol{x}^*) = 0$ und $x_j^* \in \{0, 1\}$ $(j = 1, \ldots, n)$.

Konkave Zielfunktionen haben die Eigenschaft, daß Minimalpunkte auf dem Rand des zulässigen Bereiches liegen. Dies kann zur Berechnung von guten Schranken für den minimalen Zielfunktionswert ausgenutzt werden. Zur Lösung konkaver Optimierungsaufgaben eignen sich daher Branch-and-Bound-Verfahren (vgl. auch Abschnitt 3.2.1). Auf ihren Einsatz bei globalen Optimierungsproblemen gehen wir im folgenden Abschnitt noch näher ein.

(b) Minimierung von D-C-Funktionen

Läßt sich die Zielfunktion F als Differenz von zwei konvexen Funktionen F_1 und F_2 darstellen, d.h.

$$F(\boldsymbol{x}) = F_1(\boldsymbol{x}) - F_2(\boldsymbol{x}) \ ,$$

so wird F als **D-C-Funkion** (**Di**fference of two **C**onvex Functions) bezeichnet. Es kann gezeigt werden, daß sich jede stetige Funktion auf einer kompakten konvexen Menge beliebig genau durch eine D-C-Funktion approximieren läßt. Die Struktur von D-C-Funktionen wird von verschiedenen neueren Verfahren ausgenutzt, die beispielsweise den Zerlegungsansatz von Benders (vgl. Abschnitt 3.8.2) auf diese Problemstellung übertragen. Für eine ausführliche Darstellung dieser Problemklasse verweisen wir auf Horst (1990), Abschnitt I.3.

(c) Lipschitz-beschränkte Zielfunktionen

Eine Funktion $F : \mathbb{R}^n \to \mathbb{R}$ heißt **Lipschitz-beschränkt** auf einer Menge $M \subseteq \mathbb{R}^n$, wenn eine **Lipschitzkonstante** $L > 0$ existiert, so daß die sogenannte **Lipschitzbedingung**

$$(4.5.11) \qquad |F(\boldsymbol{x}) - F(\boldsymbol{y})| \leq L|\boldsymbol{x} - \boldsymbol{y}| \quad \text{für alle } \boldsymbol{x}, \boldsymbol{y} \in M$$

erfüllt ist. Lipschitz-beschränkte Funktionen besitzen die Eigenschaft, daß sich für Änderungen der Funktionswerte auf einfache Weise Schranken angeben lassen. Schließt man beispielsweise einen beschränkten Bereich M durch die

Vereinigung von Quadern MQ_k $(k = 1, \ldots, K)$ ein, die eine maximale Kantenlänge λ besitzen, so ist sichergestellt, daß sich F auf MQ_k um höchstens $L\lambda$ ändert. Folglich ist

$$F_k(\boldsymbol{x}) := F(\boldsymbol{x}^k) - L|\boldsymbol{x} - \boldsymbol{x}_k| \quad (\boldsymbol{x} \in MQ_k)$$

für ein festes $\boldsymbol{x}^k \in MQ_k$ eine untere Schranke von F, deren Abweichung vom Minimum von F auf MQ_k durch $L\lambda$ beschränkt ist.

Lösungsansätze

Entsprechend der Vielfalt globaler Optimierungsprobleme gibt es eine Vielzahl unterschiedlicher Lösungsverfahren. Nach Nemhauser et al. (1989), Kapitel IX, sind insbesondere fünf Lösungansätze näher untersucht worden, die wir kurz skizzieren wollen.

(a) Branch-and-Bound-Verfahren
Branch-and-Bound-Verfahren verlaufen bei globalen Optimierungsaufgaben ganz entsprechend wie bei kombinatorischen Optimierungsproblemen (vgl. Abschnitt 3.2.1). In jedem Verfahrensschritt ν wird eine immer feiner werdende Unterteilung des zulässigen Bereiches M in Teilmengen $M(s)$ $(s \in S_\nu)$ vorgenommen, wobei die Indexmenge S_ν die Numerierung einer Zerlegung von M wiedergibt. Für jedes $s \in S_\nu$ bestimmt man eine untere Schranke $b(s)$ für die Werte der Zielfunktion F auf $M(s)$ sowie eine (möglichst gute) zulässige Lösung $\boldsymbol{x}^+(s) \in M(s)$.

(4.5.12) $$B_\nu := \min_{s \in S_\nu} F(\boldsymbol{x}^+(s))$$

ist eine obere Schranke für den minimalen Zielfunktionswert von (4.5.7), die herangezogen wird, um alle Teilmengen $M(s)$ $(s \in S_\nu)$ von der weiteren Betrachtung auszuschließen, für die $b(s) > B_\nu$ gilt, da sie keinen globalen Minimalpunkt von F auf M enthalten können. Im $(\nu + 1)$-ten Schritt wird die Teilmenge $M(s')$ mit der kleinsten unteren Schranke $b(s') = \min_{s \in S_\nu} b(s)$ weiter unterteilt und so eine feinere Zerlegung von M erreicht. Das Verfahren endet, sobald für eine vorgegebene Fehlerschranke $\epsilon > 0$ $B_\nu - b(s') \le \epsilon$ und damit gemäß (4.5.9) $\boldsymbol{x}^+(s') \in A_\epsilon(F)$ erreicht ist, oder der im Verlauf des Branch-and-Bound-Verfahrens noch nicht ausgeschlossene zulässige Bereich in einer ϵ-Umgebung $A_\epsilon(\boldsymbol{x})$ gemäß (4.5.8) enthalten ist. Die Konvergenzgeschwindigkeit hängt sowohl von der Güte der unteren Schranken als auch der Näherungslösungen $\boldsymbol{x}^+(s)$ ab, und die einzelnen Branch-and-Bound-Algorithmen unterscheiden sich vor allem darin, wie sie spezielle Eigenschaften der Zielfunktion diesbezüglich ausnutzen. Wie bereits erwähnt, ist dies beispielsweise bei konkaven Funktionen gut möglich.

(b) Approximation der Zielfunktion
Neben der Approximation der Zielfunktion durch gut angepaßte Funktionen (etwa durch D-C-Funktionen), deren Struktur mit Hilfe von Branch-and-Bound-Verfahren ausgewertet wird, kann für Lipschitz-beschränkte Zielfunktionen eine relativ elementare „Approximation von unten“ vorgenommen werden, deren globaler Minimalpunkt jeweils bekannt ist.

Die Vorgehensweise kann an Hand des eindimensionalen Problems in Abb. 4.5.2 demonstriert werden. Man wählt zunächst einen beliebigen Startpunkt

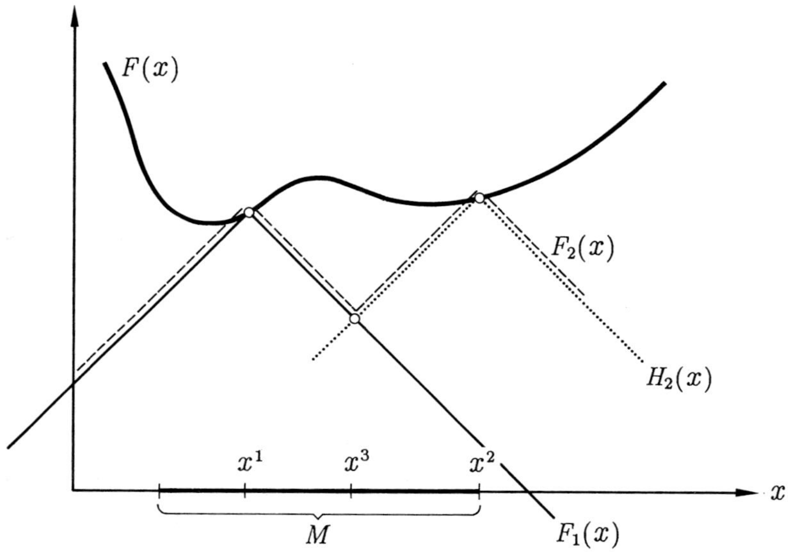

Abb. 4.5.2

x^1. Da die Lipschitzkonstante L eine obere Schranke des Betrags der Steigung von F in jedem Punkt $x \in M$ ist, stellt $F_1(x) := F(x) - L|x - x^1|$ eine untere Schranke für $F(x)$ dar. Für den Minimalpunkt x^2 von F_1 auf M erhält man mit der Hilfsfunktion $H_2(x) := F(x^2) - L|x - x^2|$ die verbesserte untere Schranke $F_2(x) := \max\{H_2(x), F_1(x)\}$. Anschließend bestimmt man den Minimalpunkt x^3 von F_2 auf M und fährt entsprechend fort. Auf diese Weise erzeugt man einen Polygonzug, der die Zielfunktion zumindest in der Umgebung eines globalen Minimalpunktes immer besser von unten approximiert. Bei höherdimensionalen Problemen wird diese Approximation von unten durch Kegel(teile) vorgenommen. Das Verfahren endet, wenn die Differenz zwischen dem globalen Minimum der unteren Schrankenfunktion und dem kleinsten bekannten Funktionswert kleiner als eine vorgegebene Fehlerschranke $\epsilon > 0$ ist und damit ein Punkt aus $A_\epsilon(F)$ gefunden worden ist.

(c) Deflationstechnik

Ist $\mathbb{R}$ der zulässige Bereich und die Zielfunktion F ein Polynom vom Grad k, so kann mit der sogenannten Deflationstechnik die Bestimmung eines globalen Minimalpunktes x^* zurückgeführt werden auf die Berechnung einer Folge lokaler Minimalpunkte. Sei x^1 ein lokaler Minimalpunkt von F (der z.B. als Nullstelle der Ableitung F' bestimmt werden kann), so ist festzustellen, daß entweder x^1 ein globaler Minimalpunkt ist, oder es ist ein besserer lokaler Minimalpunkt mit kleinerem Zielfunktionswert zu bestimmen. Zur Lösung dieser Teilaufgabe untersucht man das „reduzierte" Polynom

$$F_1(x) := \frac{F(x) - F(x^1)}{(x - x^1)^2}$$

vom Grad $k-2$ (hierbei ist berücksichtigt, daß x^1 eine (mindestens) doppelte Nullstelle von $F(x) - F(x^1)$ ist). Findet man dabei ein $\bar{x}^1$ mit $F_1(\bar{x}^1) < 0$ und folglich $F(\bar{x}^1) < F(x^1)$, so ist x^1 kein globaler Minimalpunkt. Ausgehend von $x^2 := \bar{x}^1$, kann dann ein besserer lokaler Minimalpunkt von F gefunden werden, der wieder Ausgangspunkt entsprechender Überlegungen ist. Im anderen Fall erreicht man einen lokalen Minimalpunkt $\bar{x}^1$ von F_1 mit $F_1(\bar{x}^1) > 0$. Ist $\bar{x}^1$ ein globaler Minimalpunkt von F_1, so kann gezeigt werden, daß $\bar{x}^1$ auch globaler Minimalpunkt von F ist. Kann dagegen nicht entschieden werden, ob $\bar{x}^1$ globaler Minimalpunkt von F_1 ist, so haben wir für F_1 das entsprechende Problem vorliegen wie für F, allerdings für ein reduziertes Polynom (mit kleinerem Grad). In dieser Weise fortfahrend untersucht man jeweils Folgen (immer stärker) reduzierter Polynome. Dies führt entweder zu jeweils verbesserten Minimalpunkten oder schließlich zur Feststellung, daß die lokale Minimalstelle global ist.

Eine Verallgemeinerung der Deflationstechnik zur Minimierung einer zweimal stetig differenzierbaren Funktion F auf dem $\mathbb{R}^n$ ist unter dem Namen **Tunneltechnik** bekannt. Ausgehend von bereits bekannten lokalen Minimalpunkten $\boldsymbol{x}^1, \dots, \boldsymbol{x}^r$, die alle den kleinsten bisher bekannten Zielfunktionswert $F(\boldsymbol{x}^1) = \dots = F(\boldsymbol{x}^r)$ besitzen, wird eine Nullstelle der **Tunnelfunktion** T mit

$$T(\boldsymbol{x}) := \frac{F(\boldsymbol{x}) - F(\boldsymbol{x}^1)}{|\boldsymbol{x} - \boldsymbol{x}^m|^{\lambda_0} \prod_{i=1}^{r} |\boldsymbol{x} - \boldsymbol{x}^i|^{\lambda_i}}$$

gesucht mit geeignet gewählten positiven Parametern λ_0, λ_i $(i = 1, \dots, r)$ und $\boldsymbol{x}^m \in \mathbb{R}^n$. Die Nullstelle $\bar{\boldsymbol{x}}$ von T ist neben $\boldsymbol{x}^1, \dots, \boldsymbol{x}^r$ ein weiterer Punkt mit kleinstem bekannten Zielfunktionswert $F(\bar{\boldsymbol{x}}) = F(\boldsymbol{x}^1)$ und wird als Startpunkt für ein lokales Verbesserungsverfahren verwendet. Durch den Term $\prod_{i=1}^{r} |\boldsymbol{x} - \boldsymbol{x}^i|^{\lambda_i}$ im Nenner der Tunnelfunktion T kann verhindert werden, daß von $\bar{\boldsymbol{x}}$ aus wieder ein $\boldsymbol{x}^i$ ($i \in \{1, \ldots, r\}$) approximiert wird (d.h., $\bar{\boldsymbol{x}}$ liegt nicht in den „Konvergenzbereichen" der $\boldsymbol{x}^i$ ($i = 1, \ldots, r$) des verwendeten lokalen Näherungsverfahren, vgl. Abb. 4.5.3). Tritt hierbei der Fall auf, daß $\bar{\boldsymbol{x}}$

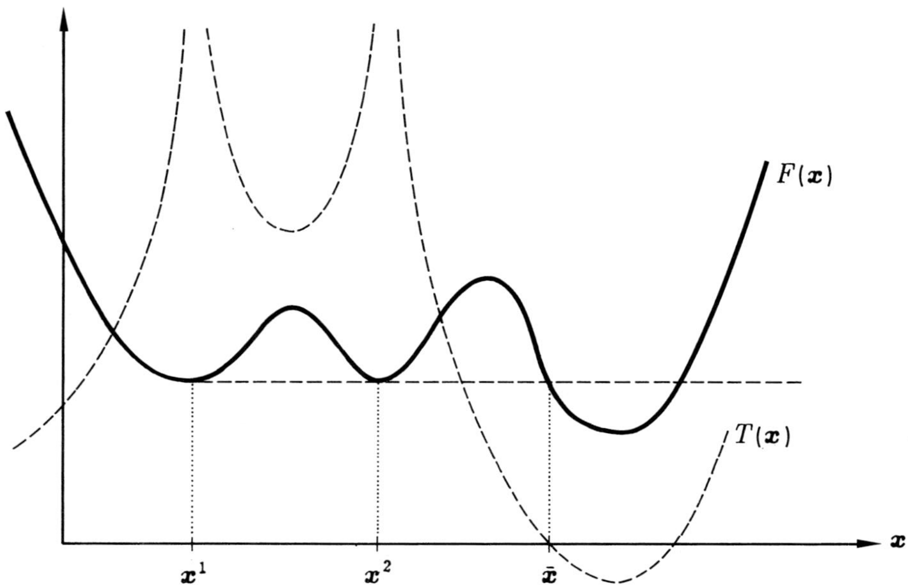

Abb. 4.5.3

ein stationärer Punkt ist, so setzt man etwa $\boldsymbol{x}^m := \bar{\boldsymbol{x}}$ und bestimmt eine neue Nullstelle von T, die damit von $\bar{\boldsymbol{x}}$ verschieden ist. Die Tunneltechnik liefert also eine Folge von lokalen kleiner werdenden Minima und für den Fall, daß der zulässige Bereich M kompakt ist, damit nach endlich vielen Schritten ein globales Minimum.

(d) Globale Abstiegsverfahren

„Reine" Abstiegsverfahren, wie z.B. Gradientenverfahren, bei denen Verbesserungen in Richtung abnehmender Zielfunktionswerte konstruiert werden, bleiben zwangsläufig in lokalen Minimalpunkten (oder stationären Punkten) „hängen". Dies wird bei den globalen Abstiegsverfahren dadurch verhindert, daß gelegentlich (etwa jeweils nach k Schritten des Abstiegsverfahrens) zu der bis dahin erreichten zulässigen Näherungslösung $\boldsymbol{x}^\nu$ durch einen Zufallsmechanismus eine weitere zulässige Lösung $\tilde{\boldsymbol{x}} \in M$ erzeugt wird. Auf der Geraden durch $\boldsymbol{x}^\nu$ und $\tilde{\boldsymbol{x}}$ wird dann mit einem eindimensionalen Suchverfahren (z.B. mit einem eindimensionalen Gradientenverfahren) ein $\boldsymbol{x}^{\nu+1} \in M$ mit $F(\boldsymbol{x}^{\nu+1}) \leq F(\boldsymbol{x}^\nu)$ bestimmt, wobei möglichst $\boldsymbol{x}^{\nu+1} \neq \boldsymbol{x}^\nu$ gelten soll. $\boldsymbol{x}^{\nu+1}$ wird dann als (neue) Startlösung des (lokalen) Abstiegsverfahrens verwendet. Auf diese Weise wird M im Zuge des globalen Abstiegsverfahrens immer besser „abgetastet“ (d.h., für den Fall, daß M kompakt ist, strebt die Wahrscheinlichkeit gegen 1, daß für $\nu \to \infty$ ein Punkt aus $A_\epsilon(\boldsymbol{x}^*)$ erreicht wird).

Bei diesem **Verfahren der zufälligen Richtungen** haben sich auch Ansätze bewährt, die von der Simulated-Annealing-Methode her bekannt sind (vgl. Abschnitt 3.2.2). Bei ihnen wird in begrenztem Umfang eine zeitweilige Verschlechterung der Zielfunktionswerte in Kauf genommen.

Wie wir gesehen haben, wird bei den globalen Abstiegsverfahren keine spezielle Eigenschaft der Zielfunktion ausgenutzt, und sie sind daher universell einsetzbar. Allerdings sollte der zulässige Bereich beschränkt und „nicht allzu groß“ sein.

(e) Enumeration der lokalen Minima

Ein sehr einfaches und zugleich leistungsfähiges Vorgehen, bei dem (lokale) Abstiegsverfahren zur globalen Minimierung von stetigen Funktionen ohne besondere Eigenschaften auf einem kompakten zulässigen Bereich M eingesetzt werden, besteht beim sogenannten **Multistartverfahren** darin, ausgehend von einer Vielzahl von über M zufällig und gleichmäßig verteilter Startlösungen, lokale Minimalpunkte zu berechnen. Es kann gezeigt werden, daß die Wahrscheinlichkeit gegen 1 strebt, daß sich unter diesen lokalen Minimalpunkten ein globaler befindet, wenn die Anzahl der Startlösungen größer und größer wird.

Der Nachteil des Multistartverfahrens besteht darin, daß sehr häufig von einer Startlösung ausgegangen wird, die vermutlich zu keinem neuen Minimalpunkt führt, da sich in „unmittelbarer Nachbarschaft“ der Startlösung eine zuvor bereits verwendete Startlösung mit kleinerem Funktionswert befindet. Zur Reduzierung des Rechenaufwandes empfiehlt es sich daher, zufällig erzeugte zulässige Lösungen dann nicht als Startlösungen zu verwenden, wenn innerhalb einer gewissen „kritischen“ Umgebung früher erzeugte Startlösungen mit kleineren Zielfunktionswerten liegen. Bei numerischen Tests hat sich ergeben, daß bei geeigneter Festlegung der kritischen Umgebung mit dem Multistartverfahren gute Ergebnisse erzielt werden (vgl. NEMHAUSER ET AL. (1989), Kapitel IX).

Kapitel 5

Dynamische und stochastische Modelle und Methoden

In den bisherigen Kapiteln haben wir uns in erster Linie mit „statischen“ Problemen beschäftigt, d.h., der zugrunde liegende Sachverhalt (z.B. eine Produktionsplanung) wird nur zu einem Zeitpunkt oder während eines relativ kurzen Zeitintervalles ohne jede zeitliche Änderung betrachtet („Momentaufnahme“). Im vorliegenden Kapitel wollen wir primär „dynamische“ Operations-Research-Modelle und zugehörige Methoden behandeln, denen ein in der Zeit ablaufender Prozeß zugrunde liegt. Ein Beispiel hierfür stellt ein Lager dar, dessen Bestand sich durch Zu- und Abgänge im Laufe der Zeit ändert und wobei wir etwa die Bestellmengen so festlegen wollen, daß die Nachfrage befriedigt wird und die anfallenden Lagerkosten über einen längeren Planungszeitraum hinweg minimal werden. Da die Vorhersage zukünftiger Entwicklungen in der Praxis häufig mit großen Unsicherheiten verbunden ist (z.B. die Nachfrage nach einem Wirtschaftsgut), werden zur Beschreibung solcher Phänomene oft Zufallsgrößen verwendet. Viele der in diesem Kapitel betrachteten dynamischen Modelle sind folglich stochastischer Natur.

Im vorliegenden Kapitel werden wir zunächst die sogenannte dynamische Optimierung behandeln, wo es darum geht, die Kosten zu minimieren, die mit einem über mehrere (Zeit-)Stufen hinweg ablaufenden Prozeß verbunden sind. Ein wichtiges Anwendungsgebiet der dynamischen Optimierung stellt die Lagerhaltung dar, mit der wir uns anschließend befassen werden. Lagerhaltungsprobleme kommen in erster Linie im innerbetrieblichen Bereich vor, und zwar überall dort, wo Güter für den späteren Ge- oder Verbrauch gelagert werden und man zu entscheiden hat, wann und wieviel bestellt (oder produziert) werden soll. Weiter betrachten wir in diesem Kapitel Warteschlangen- oder Bedienungsprobleme, die auftreten, wenn Kunden, Aufträge o.ä. an gewissen Servicestationen abzufertigen bzw. zu bearbeiten sind. Hierbei interessiert man sich für die Länge der Wartezeiten, die Anzahl der wartenden Kunden bzw. Aufträge (Länge der Warteschlange) oder auch für eine optimale Anzahl von Bedienungsstationen. Für einen großen Teil der aus der Praxis stammenden dynamischen und stochastischen Operations-Research-Probleme sind keine leistungsfähigen Lösungsverfahren verfügbar; sie können deshalb höchstens mittels Simulation bearbeitet werden. Wir werden die prinzipielle Vorgehensweise bei der Simulation von OR-Modellen sowie einige Verfahren zur Erzeugung der hierfür benötigten Zufallszahlen skizzieren. Abschließend bringen wir eine kurze Einführung in die Entscheidungstheorie, die sich mit generellen Methoden der Entscheidungsfindung unter Unsicherheit befaßt.

5.1 Dynamische Optimierung

In der dynamischen Optimierung betrachten wir Probleme, die in einzelne „Stufen“ zerlegt werden können, so daß die Gesamtoptimierung durch eine „stufenweise Optimierung“ ersetzt werden kann. Diese Vorgehensweise bietet sich vor allem dann an, wenn es um die optimale Steuerung wirtschaftlicher, technischer oder anderer in der Zeit ablaufender Prozesse geht, wo die Stufen einzelnen Zeitperioden entsprechen. Zunächst wollen wir einige Beispiele für dynamische Optimierungsprobleme anführen. Danach behandeln wir zur Lösung dynamischer Optimierungsprobleme die Bellmansche Funktionalgleichungsmethode. Anschließend lösen wir das binäre und das ganzzahlige Rucksackproblem, die beide als dynamische Optimierungsprobleme formuliert werden können, mit der Bellmanschen Funktionalgleichungsmethode. Zuletzt gehen wir noch kurz auf die stochastische dynamische Optimierung ein. In den folgenden Abschnitten lehnen wir uns zum Teil eng an NEUMANN (1977), §1, an. Eine gute Einführung in die dynamische Optimierung bieten auch DENARDO (1982) und BERTSEKAS (1987).

5.1.1 Beispiele

Als erstes Beispiel betrachten wir ein **Lagerhaltungsproblem**, auf das wir in Abschnitt 5.2 zurückkommen, wenn wir uns detaillierter mit der Lagerhaltung beschäftigen werden. Ein Gut werde während eines endlichen Planungszeitraumes gelagert, der aus n Perioden bestehe. In jeder Periode werde das Lager einmal beliefert, und zwar jeweils zu Beginn der Periode. Außerdem trete in jeder Periode eine Nachfrage auf, die unmittelbar nach der Belieferung des Lagers in der betreffenden Periode befriedigt werde. Seien nun $u_j \geq 0$ die zu Beginn von Periode j gelieferte Menge, $r_j > 0$ die Nachfrage in Periode j und x_j der Lagerbestand unmittelbar vor der Belieferung des Lagers in Periode j $(j = 1, \ldots, n)$. Dann gilt für den Lagerbestand am Ende von Periode j (bzw. zu Beginn von Periode $j + 1$ unmittelbar vor Belieferung des Lagers) die „dynamische Nebenbedingung“

$$x_{j+1} = x_j + u_j - r_j \quad (j = 1, \ldots, n) \; . \tag{5.1.1}$$

Die Beziehung (5.1.1) wird auch **Lagerbilanzgleichung** genannt. Dabei nehmen wir an, daß die Nachfrage vom Lager stets befriedigt werde, der Lagerbestand also immer nichtnegativ sei:

$$x_j \geq 0 \quad (j = 2, \ldots, n+1) \; .$$

Zu Beginn des Planungszeitraumes sei der Einfachheit halber das Lager leer. Für den Fall eines konstanten Einkaufspreises pro Mengeneinheit des Gutes und nichtnegativer Lagerkosten überlegt man sich leicht, daß, wenn man eine Minimierung der Lagerkosten anstrebt, der Lagerbestand am Ende des Planungszeitraumes auch gleich Null gesetzt werden kann. Wir haben also

$$x_1 = x_{n+1} = 0 \; .$$

Mit der Bestellung und Lagerung des Gutes seien die folgenden Kosten verbunden: Die Bestellkosten für Periode j setzen wir in der Form

$$B(u_j) := \begin{cases} K + cu_j \, , & \text{falls } u_j > 0 \\ \quad 0 \, , & \text{falls } u_j = 0 \end{cases} \quad (j = 1, \ldots, n) \tag{5.1.2}$$

an, wobei $K \geq 0$ die sogenannten fixen (von der Bestellmenge u_j unabhängigen) Bestellkosten und $c > 0$ der Preis pro Mengeneinheit des Gutes seien. Die Lagerungskosten pro Mengeneinheit, die jeweils am Ende einer Periode anfallen, seien $h > 0$. Damit belaufen sich die Kosten in Periode j insgesamt auf $B(u_j) + hx_{j+1}$. Die für Bestellung und Lagerung des Gutes während des gesamten Planungszeitraumes anfallenden Kosten betragen dann

$$\sum_{j=1}^{n} [B(u_j) + hx_{j+1}] = \sum_{j=1}^{n} [K\delta(u_j) + cu_j + hx_{j+1}]$$

mit

$$\delta(u_j) := \begin{cases} 1 \, , & \text{falls } u_j > 0 \\ 0 \, , & \text{falls } u_j = 0 \; . \end{cases}$$

Wegen $x_1 = x_{n+1} = 0$ und (5.1.1) gilt

$$\sum_{j=1}^{n} u_j = \sum_{j=1}^{n} (x_{j+1} - x_j + r_j) = \sum_{j=1}^{n} r_j + x_{n+1} - x_1 = \sum_{j=1}^{n} r_j \; .$$

Die Summe der variablen Bestellkosten über alle n Perioden, $c \sum_{j=1}^{n} u_j$, ist also eine Konstante und braucht deshalb bei der Minimierung der Gesamtkosten nicht berücksichtigt zu werden, in anderen Worten, in Periode j sind nur die Kosten $K\delta(u_j) + hx_{j+1}$ zu betrachten. Suchen wir folglich die Bestellmengen $u_1, \ldots, u_n$ so zu bestimmen, daß die Gesamtkosten minimal werden, dann haben wir das folgende Optimierungsproblem zu lösen:

$$\text{(5.1.3)} \qquad \text{Min. } \sum_{j=1}^{n} [K\delta(u_j) + hx_{j+1}]$$

$$\text{(5.1.4)} \qquad \begin{cases} \text{u.d.N. } x_{j+1} = x_j + u_j - r_j \quad (j = 1, \ldots, n) \\ \qquad x_1 = x_{n+1} = 0 \\ \qquad x_j \geq 0 \quad (j = 2, \ldots, n) \\ \qquad u_j \geq 0 \quad (j = 1, \ldots, n) \,. \end{cases}$$

Aufgrund der Lagerbilanzgleichung und $x_1 = x_{n+1} = 0$ kann in der Zielfunktion hx_{j+1} auch durch hx_j ersetzt und damit jeder Summand als Funktion der Form $g_j(x_j, u_j)$ geschrieben werden. Da aus $x_j = x_{j+1} - u_j + r_j$ und $x_j \geq 0$

$$u_j \leq x_{j+1} + r_j$$

folgt, können wir ferner (5.1.4) durch

$$\text{(5.1.5)} \qquad \begin{cases} \text{u.d.N. } x_1 = x_{n+1} = 0 \\ \left.\begin{array}{l} x_j = x_{j+1} - u_j + r_j \\ x_j \geq 0 \\ 0 \leq u_j \leq x_{j+1} + r_j \end{array}\right\} \quad (j = 1, \ldots, n) \end{cases}$$

ersetzen.

Als zweites Beispiel betrachten wir ein **Erneuerungsproblem**, wo man die (im Sinne einer Kostenminimierung) günstigsten Zeitpunkte für den Austausch gewisser Systemteile (z.B. Maschinen oder Fahrzeuge) ermitteln möchte. Dieses Beispiel ist NEUMANN (1977), Abschnitt 1.1, entnommen. Der zugrunde liegende Planungszeitraum sei wieder in n Perioden eingeteilt, und zu Beginn jeder Periode werde eine Entscheidung über die Erneuerung eines Systemteils getroffen (und auch sofort ausgeführt). Sei x_{j+1} das Alter des im Einsatz befindlichen Teils (in Anzahl der Perioden gemessen) am Ende von Periode j und

$$u_j := \begin{cases} 1\,, & \text{falls das Teil zu Beginn von Periode } j \text{ erneuert wird} \\ 0\,, & \text{sonst.} \end{cases}$$

Setzen wir noch $x_1 := 0$, so gilt

$$x_{j+1} = x_j(1 - u_j) + 1 \quad (j = 1, \ldots, n) \,.$$

Mit dem Betrieb und der Erneuerung des Systemteils seien die folgenden Kosten verbunden: Wird ein x Perioden im Einsatz befindliches Teil zu Beginn von Periode j erneuert, so sollen die Kosten $c_j(x)$ anfallen, die sich als Summe der Anschaffungskosten (Neupreis abzüglich Verkaufswert des alten Systemteils) und der eigentlichen Kosten für die Ersetzung des Teils ergeben. Ferner sind die Betriebskosten $b_j(x)$ in Periode j für ein am Ende dieser Periode x Perioden im Einsatz befindliches Teil zu berücksichtigen.

Die Minimierung der Summe aller Kosten über den gesamten Planungszeitraum führt dann auf das Optimierungsproblem

$$\text{(5.1.6)} \qquad \text{Min.} \sum_{j=1}^{n} [u_j c_j(x_j) + b_j(x_{j+1})]$$

$$\text{(5.1.7)} \qquad \begin{cases} \text{u.d.N. } x_{j+1} = x_j(1-u_j) + 1 \quad (j = 1, \ldots, n) \\ \qquad x_1 = 0 \\ \qquad \left.\begin{array}{r} x_{j+1} \in \{1, \ldots, j\} \\ u_j \in \{0, 1\} \end{array}\right\} \quad (j = 1, \ldots, n) \,. \end{cases}$$

Mit der Nebenbedingung $x_{j+1} = x_j(1-u_j) + 1$ kann die Zielfunktion wieder in der Form $\sum_{j=1}^{n} g_j(x_j, u_j)$ geschrieben werden.

Die einzelnen „Stufen" eines dynamischen Optimierungsproblems brauchen nicht notwendig Zeitperioden zu sein, d.h., es muß sich nicht von vornherein um einen in der Zeit ablaufenden steuerbaren Prozeß handeln. Wesentlich ist nur, daß das Problem eine Interpretation als ein aus einzelnen Stufen bestehender Prozeß erlaubt. In letzterem Fall spricht man auch von einer **künstlichen Dynamisierung** des Problems. Als Beispiel hierzu betrachten wir das bereits in Abschnitt 3.3 behandelte (binäre) **Rucksackproblem** (R), das wir (mit x durch u ersetzt) jetzt in der Form

$$\text{(5.1.8)} \qquad \begin{cases} \text{Max.} \displaystyle\sum_{j=1}^{n} c_j u_j \\ \text{u.d.N.} \displaystyle\sum_{j=1}^{n} a_j u_j \leq A \\ \qquad u_j \in \{0, 1\} \quad (j = 1, \ldots, n) \end{cases}$$

schreiben. Dabei sind $c_j > 0$ der Wert und $a_j > 0$ das Gewicht von Ausrüstungsgegenstand j, A ist das nicht überschreitbare Gesamtgewicht des Rucksacks und

$$u_j := \begin{cases} 1\,, & \text{falls Gegenstand } j \text{ in den Rucksack gepackt wird} \\ 0\,, & \text{sonst} \end{cases} \qquad (j = 1, \ldots, n) \,.$$

Die künstliche Dynamisierung besteht nun darin, daß wir die Entscheidung, welche der Gegenstände $1, 2, \ldots, n$ in den Rucksack gepackt werden, als

Entscheidungen in n aufeinanderfolgenden Stufen oder Perioden interpretieren. Wir führen hierzu sukzessiv nichtnegative Größen x_j gemäß

$$\begin{aligned} x_1 &= A \\ x_{j+1} &= x_j - a_j u_j \quad (j = 1, \dots, n) \end{aligned}$$

ein. x_j stellt das für die Ausrüstungsgegenstände $j, \dots, n$ noch verfügbare Restgewicht des Rucksacks dar. Das Rucksackproblem (5.1.8) erhält damit die Gestalt

$$(5.1.9) \qquad \begin{cases} \text{Max. } \sum_{j=1}^{n} c_j u_j \\ \text{u.d.N. } x_{j+1} = x_j - a_j u_j \quad (j = 1, \dots, n) \\ \qquad x_1 = A \\ \qquad \left.\begin{array}{l} 0 \le x_{j+1} \le A \\ u_j \in \{0, 1\}\,, \quad \text{falls } x_j \ge a_j \\ u_j = 0\,, \quad \text{falls } x_j < a_j \end{array}\right\} \quad (j = 1, \dots, n)\,. \end{cases}$$

5.1.2 Problemstellung

Nachdem wir in Abschnitt 5.1.1 einige Beispiele für dynamische Optimierungsprobleme kennengelernt haben, wollen wir jetzt die allgemeine Form solcher Optimierungsprobleme erläutern. Wir betrachten ein System während eines endlichen Planungszeitraumes, der in n Perioden oder Stufen eingeteilt sei. Den Zustand des Systems zu Beginn von Periode j (bzw. am Ende von Periode $j-1$) beschreiben wir durch eine **Zustandsvariable** x_j. Zu Beginn des Planungszeitraumes befinde sich das System im vorgegebenen Anfangszustand $x_1 = x_a$. In Periode 1 werde eine Entscheidung u_1 getroffen, durch die das System in den Zustand x_2 übergehe, der vom vorhergehenden Zustand x_1 und der gefällten Entscheidung u_1 abhänge: $x_2 = f_1(x_1, u_1)$. Mit der Entscheidung u_1 seien Kosten $g_1(x_1, u_1)$ verbunden, die also noch vom Zustand zu Beginn von Periode 1 abhängen können. In Periode 2 treffen wir eine Entscheidung u_2, durch die das System in den Zustand $x_3 = f_2(x_2, u_2)$ übergehe und wobei die Kosten $g_2(x_2, u_2)$ anfallen. Analog entwickle sich das System in den folgenden Perioden (vgl. Abb. 5.1.1).

Die Größen $u_1, \dots, u_n$ werden **Entscheidungs-** oder **Steuervariablen** genannt. Die möglichen Zustände am Ende von Periode j seien innerhalb eines nichtleeren **Zustandsbereiches** X_{j+1} und die möglichen Entscheidungen in Periode j innerhalb eines nichtleeren **Steuerbereiches** $U_j(x_j)$ gelegen, der noch vom Zustand x_j zu Beginn von Periode j abhängen kann. Ferner setzen

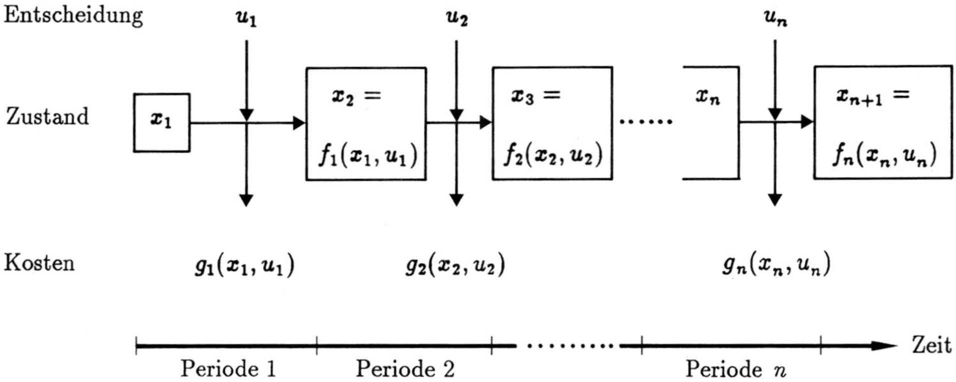

Abb. 5.1.1

wir $X_1 := \{x_1\}$. Die Minimierung der Kosten über den gesamten Planungszeitraum hinweg entspricht dann dem Optimierungsproblem

$$(5.1.10) \qquad \begin{cases} \text{Min.} & \sum\limits_{j=1}^{n} g_j(x_j, u_j) \\ \text{u.d.N.} & x_{j+1} = f_j(x_j, u_j) \quad (j = 1, \ldots, n) \\ & x_1 \quad = x_a \\ & \left.\begin{array}{r} x_{j+1} \in X_{j+1} \\ u_j \in U_j(x_j) \end{array}\right\} \quad (j = 1, \ldots, n)\,. \end{cases}$$

Die Funktionen g_j und f_j seien auf der Menge

$$D_j := \{(x, u) | x \in X_j, u \in U_j(x)\}$$

erklärt ($j = 1, \ldots, n$). In vielen Anwendungen sind X_j und $U_j(x_j)$ abgeschlossene Intervalle auf $\mathbb{R}$, und die Funktionen f_j und g_j setzen wir auf D_j als stetig voraus. Wie wir den Beispielen in Abschnitt 5.1.1 entnehmen, können X_j und $U_j(x_j)$ auch Mengen ganzer Zahlen sein. Sind lediglich Ja-Nein-Entscheidungen zu fällen (wie beim Erneuerungs- und beim Rucksackproblem), so ist $U_j(x_j)$ gleich der Menge $\{0, 1\}$ bzw. einer Teilmenge hiervon. Als Zustands- und Entscheidungsvariablen sind auch Vektoren zugelassen. Der Rechenaufwand bei der Lösung dynamischer Optimierungsprobleme wächst im allgemeinen jedoch exponentiell mit der Dimension der Zustands-

und der Steuervariablen (vgl. DENARDO (1982), Kapitel 3 und 4, und NEUMANN (1977), Abschnitt 1.8.2).

In Tab. 5.1.1 sind für die drei Beispiele aus Abschnitt 5.1.1 die Zustands- und Entscheidungsvariablen, die Zustands- und Steuerbereiche sowie die Funktionen f_j und g_j noch einmal zusammengestellt.

	Lagerhaltungsproblem	Erneuerungsproblem	Rucksackproblem
x_j	reellwertig Lagerbestand	ganzzahlig Alter des Systemteils	reellwertig Kapazität
X_j	$\mathbb{R}_+$ für $j = 2, \ldots, n$ $X_1 = \{0\}$, $X_{n+1} = \{0\}$	$\{1, \ldots, j-1\}$ für $j = 2, \ldots, n+1$ $X_1 = \{0\}$	$[0, A]$ für $j = 2, \ldots, n+1$ $X_1 = \{A\}$
u_j	reellwertig Auslieferungsmenge	binäre Variable Entscheidung	binäre Variable Entscheidung
$U_j(x_j)$	$\mathbb{R}_+$	$\{0, 1\}$	$\{0, 1\}$
$f_j(x_j, u_j)$	$x_j + u_j - r_j$	$x_j(1 - u_j) + 1$	$x_j - a_j u_j$
$g_j(x_j, u_j)$	$K\delta(u_j) + hx_j$ Kosten	$u_j c_j(x_j)$ $+b_j(x_j[1 - u_j] + 1)$ Kosten	$c_j u_j$ [1] Nutzen

Tab. 5.1.1

Neben den Beispielen von Abschnitt 5.1.1 haben wir mit der Aufgabe der Bestimmung kürzester Wege in einem Netzwerk bereits ein weiteres dynamisches Optimierungsproblem kennengelernt (vgl. Abschnitt 2.4). Die Knoten des Netzwerkes entsprechen dabei den Zuständen, eine Entscheidung besteht darin, einen Nachfolger oder Vorgänger auszuwählen (je nachdem, ob man Wege vom Startknoten zum Zielknoten hin oder umgekehrt konstruiert), und die Kosten entsprechen den Pfeilbewertungen.

Eine Folge von Entscheidungen $(u_1, \ldots, u_n)$ wird auch **Politik** oder **Steuerung** genannt. Die zu einer gegebenen Politik $(u_1, \ldots, u_n)$ gemäß

$$\begin{aligned} x_1 &:= x_a \\ x_{j+1} &:= f_j(x_j, u_j) \quad \text{für } j = 1, \ldots, n \end{aligned}$$

sukzessiv zu berechnende Folge $(x_1, \ldots, x_n, x_{n+1})$ heißt die **zugehörige Zustandsfolge**. Eine Politik oder Zustandsfolge, die den Nebenbedingungen von (5.1.10) genügt, nennt man **zulässig**. Eine zulässige Politik zusammen mit der zugehörigen und zulässigen Zustandsfolge heißt **zulässige Lösung**. Eine

[1] Beim Rucksackproblem wird die Zielfunktion maximiert statt minimiert.

zulässige Lösung bzw. zulässige Politik (Steuerung) bzw. zulässige Zustandsfolge, für die die Zielfunktion von (5.1.10) ihr Minimum annimmt, wird wieder **optimal** genannt. Wir wollen im folgenden annehmen, daß (5.1.10) eine optimale Lösung besitze.

5.1.3 Bellmansche Funktionalgleichung und Bellmansches Optimalitätsprinzip

In diesem Abschnitt wollen wir das sogenannte Bellmansche Optimalitätsprinzip und die Bellmansche Funktionalgleichung, welche die Grundlage für das Verfahren zur Lösung des dynamischen Optimierungsproblems (5.1.10) bildet, behandeln. Wir werden uns dabei auf eine Verifizierung der Ergebnisse beschränken, eine exakte Herleitung findet man z.B. in NEUMANN (1977), Abschnitt 1.3. In Abschnitt 2.4.1 sind das Bellmansche Optimalitätsprinzip und die Bellmansche Gleichung bereits am Beispiel der Bestimmung kürzester Wege in Netzwerken erläutert worden.

Bei gegebenen Funktionen g_j und f_j und gegebenen Zustands- und Steuerbereichen X_{j+1} und U_j $(j = 1, \dots, n)$ hängt das Optimierungsproblem (5.1.10) mit den Perioden $1, 2, \dots, n$ (und damit dessen Lösungen) allein vom Anfangszustand x_1 ab. Wir bezeichnen dieses Optimierungsproblem mit $P_1(x_1)$. Das entsprechende Problem, das nur die Perioden $j, j+1, \dots, n$ mit $1 < j \leq n$ umfaßt und (wieder bei gegebenen g_k, f_k, X_{k+1} und U_k $(k = j, \dots, n)$) lediglich von seinem Anfangszustand x_j abhängt, bezeichnen wir mit $P_j(x_j)$.

Seien $(u_j^*, u_{j+1}^*, \dots, u_n^*)$ eine optimale Politik und $v_j^*(x_j)$ die minimalen Kosten [1] für das Problem $P_j(x_j)$. Dann ist $(u_{j+1}^*, \dots, u_n^*)$ eine optimale Politik für das Problem $P_{j+1}(x_{j+1}^*)$ mit dem Anfangszustand $x_{j+1}^* := f_j(x_j, u_j^*)$ und den Kosten $v_{j+1}^*(x_{j+1}^*)$. Gäbe es nämlich für $P_{j+1}(x_{j+1}^*)$ eine „bessere" Politik $(u_{j+1}^+, \dots, u_n^+)$ mit geringeren Kosten $v_{j+1}^+(x_{j+1}^*)$, so wäre $(u_j^*, u_{j+1}^+, \dots, u_n^+)$ eine „bessere" Politik für $P_j(x_j)$ mit den Kosten

$$g_j(x_j, u_j^*) + v_{j+1}^+(x_{j+1}^*) < g_j(x_j, u_j^*) + v_{j+1}^*(x_{j+1}^*) = v_j^*(x_j)$$

im Widerspruch zur Optimalität von $v_j^*(x_j)$. Außerdem gilt

$$(5.1.11) \qquad \begin{aligned} v_j^*(x_j) &= g_j(x_j, u_j^*) + v_{j+1}^*(x_{j+1}^*) \\ &= \min_{u_j \in U_j(x_j)} \{g_j(x_j, u_j) + v_{j+1}^*[f_j(x_j, u_j)]\} \, . \end{aligned}$$

[1] Wir nehmen an, daß alle im folgenden auftretenden Minima existieren. Dies ist trivialerweise der Fall, wenn die Zustandsbereiche X_{j+1} und die Steuerbereiche $U_j(x_j)$ für jedes $x_j \in X_j$ endliche (nichtleere) Mengen sind $(j = 1, \dots, n)$.

Die Tatsache, daß ein Teil einer optimale Politik (bezüglich eines fixierten Anfangszustandes) wieder eine optimale Politik (für das betreffende Teilproblem) darstellt, wird als Bellmansches Optimalitätsprinzip bezeichnet. Für die Probleme $P_1(x_1)$ und $P_j(x_j^*)$ formuliert (statt wie oben für $P_j(x_j)$ und $P_{j+1}(x_{j+1}^*)$) lautet dieses Prinzip:

Satz 5.1.1 (Bellmansches Optimalitätsprinzip). *Seien* $(u_1^*, \ldots, u_j^*, \ldots, u_n^*)$ *eine optimale Politik für das Problem* $P_1(x_1)$ *und* x_j^* *der Zustand zu Beginn von Periode* j. *Dann ist* $(u_j^*, \ldots, u_n^*)$ *eine optimale Politik für das Problem* $P_j(x_j^*)$. *In anderen Worten: Die Entscheidungen in den Perioden* $j, \ldots, n$ *des* n*-periodigen Problems* $P_1(x_1)$ *sind (bei gegebenem Zustand* x_j*) unabhängig von den Entscheidungen in den Perioden* $1, \ldots, j-1$.

Die auf dem Zustandsbereich X_j definierte Funktion v_j^* wird auch als **Wertfunktion** bezeichnet ($1 \leq j \leq n$). Für $j = n+1$ setzen wir

$$v_{n+1}^*(x_{n+1}) := 0 \quad (x_{n+1} \in X_{n+1}) . \tag{5.1.12}$$

Gilt $X_j \subset \mathbb{R}$, so ist es zweckmäßig, die Wertfunktion v_j^* auf ganz $\mathbb{R}$ zu erklären und

$$v_j^*(x_j) := \infty \quad \text{für } x_j \in \mathbb{R} \backslash X_j \quad (1 \leq j \leq n+1)$$

zu setzen.

Die für jedes $j = 1, \ldots, n$ gültige Beziehung (5.1.11) wird **Bellmansche Funktionalgleichung** genannt:

$$v_j^*(x_j) = \min_{u_j \in U_j(x_j)} \{g_j(x_j, u_j) + v_{j+1}^*[f_j(x_j, u_j)]\} \qquad (x_j \in X_j, 1 \leq j \leq n) . \tag{5.1.13}$$

Die Bellmansche Funktionalgleichung stellt eine Beziehung zwischen zwei aufeinander folgenden Wertfunktionen v_j^* und v_{j+1}^* dar und erlaubt es, bei bekanntem v_{j+1}^* die Funktion v_j^* und damit jeweils für eine weitere Periode die Wertfunktion zu bestimmen.

Wir betrachten noch einige Modifikationen des dynamischen Optimierungsproblems (5.1.10). Ist die Zielfunktion in (5.1.10) zu maximieren statt zu minimieren, so braucht in (5.1.13) nur min durch max ersetzt zu werden. Hat die Zielfunktion in (5.1.10) die Form

$$\sum_{j=1}^{n} g_j(x_j, u_j) + h(x_{n+1}) ,$$

d.h., sie enthält einen zusätzlichen Summanden, der vom Endzustand x_{n+1} abhängt, dann ersetzt man (5.1.12) durch

$$v_{n+1}^*(x_{n+1}) := h(x_{n+1}) \quad (x_{n+1} \in X_{n+1}) .$$

Ist statt der Anfangsbedingung $x_1 = x_a$ die allgemeinere Nebenbedingung $x_1 \in X_1$ gegeben, wobei X_1 mehr als ein Element enthält, dann bestimmt man einen „optimalen Anfangszustand" x_1^* so, daß

$$v_1^*(x_1^*) = \min_{x_1 \in X_1} v_1^*(x_1)$$

ist.

Eine Bellmansche Funktionalgleichung läßt sich auch angeben, wenn die Zielfunktion ein Produkt statt eine Summe von Funktionen g_j ist, d.h.

$$\prod_{j=1}^{n} g_j(x_j, u_j)$$

zu minimieren ist. Dieser Fall tritt z.B. auf, wenn die Funktionen g_j die Zuverlässigkeit gewisser Bauteile eines technischen Systems darstellen, in dem diese Bauteile in Serie geschaltet sind. Sind alle Funktionen g_j positiv, d.h., es gilt

$$g_j(x_j, u_j) > 0 \text{ für alle } x_j \in X_j, u_j \in U_j(x_j) \quad \text{für } j = 1, \ldots, n \ ,$$

so erhalten wir die Bellmansche Funktionalgleichung

$$v_j^*(x_j) = \min_{u_j \in U_j(x_j)} \{g_j(x_j, u_j) \cdot v_{j+1}^*[f_j(x_j, u_j)]\} \quad (1 \leq j \leq n) \ .$$

In der Funktionalgleichung (5.1.13) ist also lediglich $+$ durch $\cdot$ zu ersetzen. Ferner ist für $j = n+1$ $v_{n+1}^*(x_{n+1}) := 0$ durch $v_{n+1}^*(x_{n+1}) := 1$ zu ersetzen.

5.1.4 Bellmansche Funktionalgleichungsmethode

Das Standardverfahren zur Lösung des dynamischen Optimierungsproblems (5.1.10) basiert auf der Bellmanschen Funktionalgleichung (5.1.13) und wird deshalb **Bellmansche Funktionalgleichungsmethode** genannt. Durch sukzessive Auswertung von (5.1.13) für $j = n, n-1, \ldots, 1$ kann man die Funktionswerte $v_j^*(x_j)$ für $x_j \in X_j$ nacheinander berechnen, beginnend mit $v_{n+1}^*(x_{n+1}) := 0$ für $x_{n+1} \in X_{n+1}$. Da $v_1^*(x_1)$ die minimalen Kosten für das Optimierungsproblem $P_1(x_1)$ darstellt, ist $v_1^*(x_1)$ der minimale Wert der Zielfunktion von (5.1.10). Die Bestimmung einer optimalen Politik $(u_1^*, \ldots, u_n^*)$ und einer optimale Zustandsfolge $(x_1^*, \ldots, x_{n+1}^*)$ mit $x_1^* = x_1$ kann auf zwei verschiedene Weisen erfolgen:

Version I

Sei

$$w_j(x_j, u_j) := g_j(x_j, u_j) + v^*_{j+1}[f_j(x_j, u_j)]$$

der zu minimierende Ausdruck in der geschweiften Klammer der Bellmanschen Funktionalgleichung (5.1.13). Weiter sei $z^*_j(x_j)$ eine Minimalstelle der Funktion $w_j(x_j, \cdot)$ auf $U_j(x_j)$, also

$$w_j(x_j, z^*_j(x_j)) = \min_{u_j \in U_j(x_j)} w_j(x_j, u_j) = v^*_j(x_j) \quad (x_j \in X_j)$$

(vgl. Abb. 5.1.2 mit festgehaltenem x_j). Die Werte $z^*_j(x_j)$ mit $x_j \in X_j$ können zusammen mit den Größen $v^*_j(x_j)$ durch sukzessive Auswertung der Bellmanschen Funktionalgleichung für $j = n, n-1, \ldots, 1$ ermittelt werden.

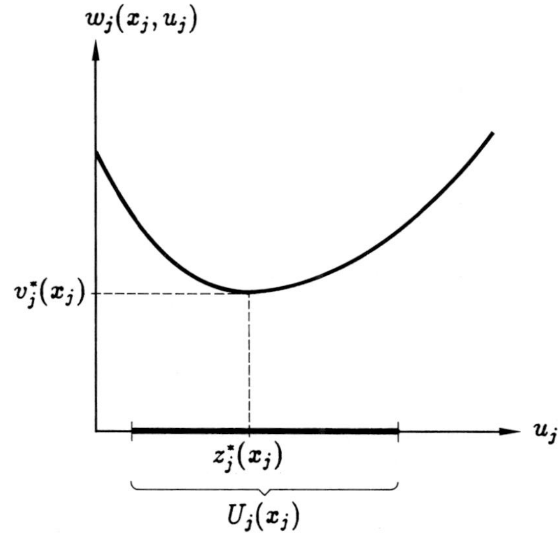

Abb. 5.1.2

Eine in dieser Weise bestimmte Folge $(z^*_1, \ldots, z^*_n)$, wobei z^*_j also eine auf X_j erklärte Funktion ist $(1 \leq j \leq n)$, wird **optimale Rückkopplungssteuerung** genannt, da eine optimale Entscheidung $z^*_j(x_j)$ in Periode j unmittelbar vom Systemzustand x_j zu Beginn dieser Periode abhängt. $z^*_j(x_j)$ ist nach dem Bellmanschen Optimalitätsprinzip andererseits eine optimale Entscheidung in der ersten Periode des Teilproblems $P_j(x_j)$. Folglich sind die gemäß

$$x^*_1 = x_a$$
$$u^*_1 = z^*_1(x^*_1)$$

$$x_2^* = f_1(x_1^*, u_1^*)$$
$$\vdots$$
$$u_n^* = z_n^*(x_n^*)$$
$$x_{n+1}^* = f_n(x_n^*, u_n^*)$$

berechnete Politik $(u_1^*, \ldots, u_n^*)$ und die Zustandsfolge $(x_1^*, \ldots, x_{n+1}^*)$ optimal für das Problem $P_1(x_1^* = x_a)$.

Version II

In Version II der Funktionalgleichungsmethode bestimmt man wieder zunächst die Funktionswerte $v_n^*(x_n), \ldots, v_1^*(x_1)$, jedoch nicht die Größen $z_j^*(x_j)$. Stattdessen berechnet man anschließend eine Minimalstelle u_1^* der Funktion $w_1(x_1^*, \cdot)$ auf $U_1(x_1^*)$ mit $x_1^* = x_a$ und $x_2^* = f_1(x_1^*, u_1^*)$. Danach bestimmt man eine Minimalstelle u_2^* der Funktion $w_2(x_2^*, \cdot)$ auf $U_2(x_2^*)$ sowie $x_3^* = f_2(x_2^*, u_2^*)$. Entsprechend fährt man fort. $(u_1^*, \ldots, u_n^*)$ und $(x_1^*, \ldots, x_{n+1}^*)$ sind dann wieder eine optimale Politik bzw. eine optimale Zustandsfolge.

Beide Varianten der Funktionalgleichungsmethode bestehen aus einer **Rückwärtsrechnung** und einer anschließenden **Vorwärtsrechnung**. In der Rückwärtsrechnung werden die Wertfunktionen v_j^* und bei Version I zusätzlich die Funktionen z_j^* durch Auswertung der Bellmanschen Funktionalgleichung (5.1.13) „rückwärts" für $j = n, n-1, \ldots, 1$ bestimmt. In der Vorwärtsrechnung werden jeweils eine optimale Politik und die zugehörige (optimale) Zustandsfolge ermittelt, und zwar „vorwärts" von $j = 1$ bis $j = n$.

Bei manueller Rechnung ist meistens Version I vorzuziehen, da in dieser Variante die Minimierung in der Vorwärtsrechnung entfällt. Für die numerische Rechnung empfiehlt sich in der Regel Version II, da hierbei im allgemeinen weniger Speicherplatz als bei Version I benötigt wird (vor allem bei höherer Dimension der Entscheidungsvariablen). In Version I sind jeweils zwei aufeinander folgende Wertfunktionen v_j^* und v_{j+1}^* sowie die für die Rückwärtsrechnung benötigten n Funktionen $z_1^*, \ldots, z_n^*$ zu speichern, während in Version II nur die Funktionen $v_1^*, \ldots, v_n^*$ gespeichert werden müssen. Wir listen die einzelnen Rechenschritte von Version II der Bellmanschen Funktionalgleichungsmethode noch einmal auf:

Algorithmus 5.1.1 (Dynamische Optimierung — Bellmansche Funktionalgleichungsmethode)

Schritt 1 (Rückwärtsrechnung)

Setze $v_{n+1}^*(x_{n+1}) := 0$ *für alle* $x_{n+1} \in X_{n+1}$

Für $j = n, n-1, \ldots, 1$
Für alle $x_j \in X_j$ *bestimme*
$v_j^*(x_j) := \min_{u_j \in U_j(x_j)} \{g_j(x_j, u_j) + v_{j+1}^*[f_j(x_j, u_j)]\}$

Schritt 2 (Vorwärtsrechnung)

Setze $x_1^* := x_a$
Für $j = 1, 2, \ldots, n$
Bestimme eine Minimalstelle u_j^* *der Funktion* $g_j(x_j^*, \cdot) + v_{j+1}^*[f_j(x_j^*, \cdot)]$ *auf* $U_j(x_j^*)$ *und setze* $x_{j+1}^* := f_j(x_j^*, u_j^*)$

□

Die Funktionalgleichungsmethode erfordert keine speziellen Voraussetzungen an die Gestalt der Funktionen g_j und f_j und der Zustands- und Steuerbereiche. Insbesondere können die Funktionen g_j und f_j nichtlinear sein, und Ganzzahligkeitsforderungen an die Variablen können ohne prinzipielle Schwierigkeiten berücksichtigt werden.

Wir betrachten ein **Zahlenbeispiel**, das NEUMANN (1977), Abschnitt 1.4.2, entnommen ist. Von einem Gut mit dem Anfangsbestand x_1 werden zu Beginn von Periode j $u_j \geq 0$ Mengeneinheiten verkauft, wodurch ein Gewinn von $g_j(u_j)$ erzielt werde ($j = 1, \ldots, n$). Der Bestand des Gutes wachse während einer Periode mit dem Faktor $a > 1$. Für den Bestand x_{j+1} des Gutes am Ende von Periode j bzw. zu Beginn von Periode $j+1$ unmittelbar vor dem Verkauf haben wir dann

$$x_{j+1} = a(x_j - u_j) \quad (j = 1, \ldots, n) .$$

Wir beachten hierbei, daß nur $u_j \leq x_j$ sinnvoll ist. Damit haben wir insgesamt $0 \leq u_j \leq x_j$. Es soll eine gewinnmaximale Verkaufspolitik bestimmt werden.

Wir setzen der Einfachheit halber voraus, daß es sich um kein Stückgut, sondern um unbeschränkt teilbare Gütermengen handle. Damit haben wir für die Zustandsbereiche $X_{j+1} = \mathbb{R}_+$ und für die Steuerbereiche $U_j(x_j) = [0, x_j]$ ($j = 1, \ldots, n$). Da ein Maximierungsproblem vorliegt, hat die Bellmansche Funktionalgleichung (5.1.13) jetzt die Gestalt

$$v_j^*(x_j) = \max_{0 \leq u_j \leq x_j} \{g_j(u_j) + v_{j+1}^*[a(x_j - u_j)]\} \quad (1 \leq j \leq n) .$$

Für die manuelle Rechnung wählen wir $n = 3$, $x_1 = 1$, $a = 2$ und $g_j(u_j) = \sqrt{u_j}$ und benutzen Version I der Funktionalgleichungsmethode. Wegen $v_4^*(x_4) = 0$ lautet die Bellmansche Funktionalgleichung für Periode 3

$$v_3^*(x_3) = \max_{0 \leq u_3 \leq x_3} \sqrt{u_3} .$$

Wir erhalten

$$v_3^*(x_3) = \sqrt{x_3} , \quad z_3^*(x_3) = x_3 .$$

Für Periode 2 ergibt sich die Funktionalgleichung

$$v_2^*(x_2) = \max_{0 \le u_2 \le x_2} \{\sqrt{u_2} + \sqrt{2(x_2 - u_2)}\} \ .$$

Um die Maximalstelle der differenzierbaren streng konkaven Funktion w mit

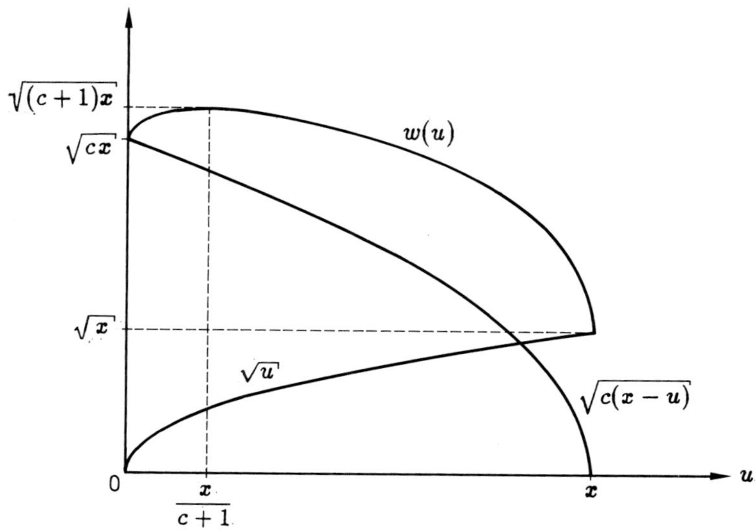

Abb. 5.1.3

$$w(u) := \sqrt{u} + \sqrt{c(x-u)} \quad (c > 1)$$

auf dem Intervall $[0, x]$ zu bestimmen, setzen wir die erste Ableitung gleich 0:

$$w'(u) = \frac{1}{2\sqrt{u}} - \frac{c}{2\sqrt{c(x-u)}} = 0$$ [1]

oder

[1] Für die Maximalstelle von w auf $[0, x]$ kommen nur Werte u im Inneren des Intervalles $[0, x]$ in Frage (vgl. Abb. 5.1.3).

$$\sqrt{c(x-u)} = c\sqrt{u} \; .$$

Dies ergibt

$$u = \frac{x}{c+1} \; , \quad w\left(\frac{x}{c+1}\right) = \sqrt{\frac{x}{c+1}} + \sqrt{c\frac{(c+1)x - x}{c+1}} = \sqrt{(c+1)x}$$

(vgl. Abb. 5.1.3). Damit bekommen wir mit $c = 2$

$$v_2^*(x_2) = \sqrt{3x_2} \; , \quad z_2^*(x_2) = \frac{x_2}{3} \; .$$

Die Funktionalgleichung in Periode 1

$$v_1^*(x_1) = \max_{0 \le u_1 \le x_1} \{\sqrt{u_1} + \sqrt{6(x_1 - u_1)}\}$$

liefert

$$v_1^*(x_1) = \sqrt{7x_1} \; , \quad z_1^*(x_1) = \frac{x_1}{7} \; .$$

In der anschließenden Vorwärtsrechnung erhalten wir

$$\begin{aligned}
x_1^* &= 1 \\
u_1^* &= z_1^*(x_1^*) = \frac{1}{7} \; , \quad x_2^* = 2(x_1^* - u_1^*) = \frac{12}{7} \\
u_2^* &= z_2^*(x_2^*) = \frac{4}{7} \; , \quad x_3^* = 2(x_2^* - u_2^*) = \frac{16}{7} \\
u_3^* &= z_3^*(x_3^*) = \frac{16}{7} \; , \quad x_4^* = 2(x_3^* - u_3^*) = 0 \; .
\end{aligned}$$

Der maximale Gesamtgewinn ist $v_1^*(x_1^*) = \sqrt{7} \approx 2,65$. Wir wollen jetzt die optimale Verkaufspolitik mit den folgenden beiden Politiken vergleichen:

(a) In den Perioden 1 und 2 nichts und in Periode 3 alles verkaufen.

(b) In den Perioden 1 und 2 jeweils die Hälfte des Bestandes und in Periode 3 den Restbestand verkaufen.

Für die Verkaufspolitik (a) bekommen wir

$$\begin{aligned}
u_1 &= 0 \; , \quad x_2 = 2 \\
u_2 &= 0 \; , \quad x_3 = 4 \\
u_3 &= 4 \; , \quad x_4 = 0
\end{aligned}$$

mit dem Gesamtgewinn 2 und für die Politik (b)

$$\begin{aligned}
u_1 &= \frac{1}{2} \; , \quad x_2 = 1 \\
u_2 &= \frac{1}{2} \; , \quad x_3 = 1 \\
u_3 &= 1 \; , \quad x_4 = 0
\end{aligned}$$

mit dem Gesamtgewinn $\sqrt{\frac{1}{2}}+\sqrt{\frac{1}{2}}+\sqrt{1} \approx 2,41$. Wie erwartet liefern die beiden Politiken (a) und (b) einen geringeren Gesamtgewinn als die optimale Politik.

5.1.5 Binäres und ganzzahliges Rucksackproblem

Wir wollen jetzt die Bellmansche Funktionalgleichungsmethode zur Lösung des (binären) Rucksackproblems (R) und des ganzzahligen Rucksackproblems (GR) aus Abschnitt 3.3 verwenden. Zuerst betrachten wir das **(binäre) Rucksackproblem** (R) in der Form (5.1.8). Wie in Abschnitt 3.3.1 erwähnt, sollte zu Beginn geprüft werden, ob $a_j > A$ für ein $j \in \{1, \ldots, n\}$ oder $\sum_{j=1}^{n} a_j \leq A$ gilt. In ersterem Fall paßt der Gegenstand j nicht in den Rucksack ($u_j^* = 0$), im zweiten Fall können alle Gegenstände in den Rucksack gepackt werden ($u_j^* = 1$ für $j = 1, \ldots, n$). Wir nehmen im weiteren an, daß diese beiden trivialen Fälle ausgeschlossen seien.

Wir setzen noch voraus, daß die Gewichte a_j und Wertkoeffizienten c_j der Ausrüstungsgegenstände $j = 1, \ldots, n$ sowie das Höchstgewicht des Rucksacks A ganzzahlig seien. Dann treten bei der Rechnung nur nichtnegative ganze Zahlen auf (bei rationalen A, a_j und c_j ($j = 1, \ldots, n$) kann dies durch geeignete Wahl der Maßeinheit ebenfalls erreicht werden). Die Funktionen g_j und f_j sowie die Zustands- und Steuerbereiche haben für das Rucksackproblem die Gestalt

$$\left.\begin{array}{l} g_j(x_j, u_j) = c_j u_j \\ f_j(x_j, u_j) = x_j - a_j u_j \\ X_{j+1} = \{0, 1, \ldots, A\} \\ U_j(x_j) = \begin{cases} \{0, 1\}, & \text{falls } x_j \geq a_j \\ \{0\}, & \text{falls } x_j < a_j \end{cases} \end{array}\right\} \quad (j = 1, \ldots, n)\,,$$

und die Bellmansche Funktionalgleichung lautet

$$\text{(5.1.14)} \qquad v_j^*(x_j) = \max_{u_j \in U_j(x_j)} \{c_j u_j + v_{j+1}^*(x_j - a_j u_j)\} \quad (1 \leq j \leq n)\,.$$

Für die Lösung des Rucksackproblems mit Hilfe der Funktionalgleichungsmethode auf einem Rechner empfiehlt sich in Abweichung vom Regelfall die Verwendung der Variante I. Der wesentliche Grund hierfür ist, daß die in Version I zu speichernden Funktionen z_j^* nur die beiden Werte 0 und 1 annehmen können, während für die Funktionen v_j^* (bei ganzzahligem c_j) Werte aus der Menge $\{0, 1, \ldots, \sum_{k=j}^{n} c_k\}$ in Frage kommen. Folglich ist der Speicherplatzbedarf für Version I im allgemeinen erheblich geringer als für Version II.

In der Rückwärtsrechnung ergibt sich für Stufe n mit $v^*_{n+1}(x_{n+1}) = 0$

$$v^*_n(x_n) = \begin{cases} c_n\,, & \text{falls } x_n \geq a_n \\ 0\,, & \text{sonst} \end{cases}$$

$$z^*_n(x_n) = \begin{cases} 1\,, & \text{falls } x_n \geq a_n \\ 0\,, & \text{sonst}\,. \end{cases}$$

Für die Stufen $j = n-1, \ldots, 1$ erhalten wir

$$v^*_j(x_j) = \begin{cases} \max\{v^*_{j+1}(x_j), c_j + v^*_{j+1}(x_j - a_j)\}\,, & \text{falls } x_j \geq a_j \\ v^*_{j+1}(x_j)\,, & \text{sonst} \end{cases}$$

$$z^*_j(x_j) = \begin{cases} 1\,, & \text{falls } v^*_j(x_j) > v^*_{j+1}(x_j) \\ 0\,, & \text{sonst.} \end{cases}$$

In der anschließenden Vorwärtsrechnung berechnen wir eine optimale Politik und eine optimale Zustandsfolge gemäß

$$x^*_1 = A$$

$$\left.\begin{aligned} u^*_j &= z^*_j(x^*_j) \\ x^*_{j+1} &= x^*_j - a_j u^*_j \end{aligned}\right\} \quad (j = 1, \ldots, n)\,.$$

$v^*_1(A)$ ist der maximale Wert der Rucksackfüllung.

Lassen wir bei den Größen x^*_j, u^*_j, v^*_j und z^*_j den Stern sowie in der Rückwärtsrechnung bei x^*_j und v^*_j den Index j weg, so bekommen wir den folgenden

Algorithmus 5.1.2 (Binäres Rucksackproblem — Dynamische Optimierung)

Schritt 1 (Rückwärtsrechnung)

Für $x = a_n, a_n + 1, \ldots, A$ *setze* $v(x) := c_n$ *und* $z_n(x) := 1$
Für $x = 0, \ldots, a_n - 1$ *setze* $v(x) := 0$ *und* $z_n(x) := 0$
Für $j = n-1, \ldots, 1$
  Für $x = A, A-1, \ldots, a_j$
    Falls $v(x) < c_j + v(x - a_j)$, *setze* $v(x) := c_j + v(x - a_j)$ *und* $z_j(x) := 1$
    andernfalls setze $z_j(x) := 0$
  Für $x = 0, \ldots, a_j - 1$ *setze* $z_j(x) := 0$

Schritt 2 (Vorwärtsrechnung)

Setze $x_1 := A$
Für $j = 1, \ldots, n$ *setze* $u_j := z_j(x_j)$ *und* $x_{j+1} := x_j - a_j u_j$

□

Für festes x sind in Algorithmus 5.1.2 $O(n)$ elementare Rechenoperationen auszuführen. Der Gesamtrechenaufwand ist folglich $O(nA)$. Algorithmus 5.1.2 stellt also einen pseudopolynomialen Algorithmus dar (vgl. Abschnitt 2.2.2). Algorithmus 5.1.2 ist vor allem dann dem in Abschnitt 3.3.3 geschildertem Branch-and-Bound-Verfahren zur Lösung des Rucksackproblems (Algorithmus 3.3.2) vorzuziehen, wenn das nicht zu überschreitende Höchstgewicht A und die Gewichte $a_1, \ldots, a_n$ der einzelnen Ausrüstungsgegenstände nicht zu große Werte annehmen. Dann benötigt die Funktionalgleichungsmethode in der Regel auch wesentlich weniger Speicherplatz als ein Branch-and-Bound-Verfahren.

Gegenstand j	1	2	3	4
c_j	8	6	10	12
a_j	2	2	4	6

$A = 11$

Tab. 5.1.2

Für ein Zahlenbeispiel betrachten wir wie in Abschnitt 3.3.3 das durch Tab. 5.1.2 gegebene Rucksackproblem mit dem Höchstgewicht $A = 11$. Tab. 5.1.3 zeigt die in der Rückwärtsrechnung erhaltenen Zwischenergebnisse, wobei in einem zum Paar (j, x_j) gehörenden Feld

$$\text{für } j = n = 4 \text{ die Werte} \quad \begin{cases} v_4^*(x_4) \\ z_4^*(x_4) \end{cases}$$

$$\text{und für } j < 4 \text{ die Werte} \quad \begin{cases} c_j + v_{j+1}^*(x_j - a_j) \text{ für } x_j \geq a_j \\ v_j^*(x_j) \\ z_j^*(x_j) \end{cases}$$

jeweils übereinander geschrieben sind. Die anschließende Vorwärtsrechnung liefert

$$\begin{aligned} x_1^* &= 11 \\ u_1^* &= 1\,, \;\; x_2^* = 11 - 2 = 9 \\ u_2^* &= 1\,, \;\; x_3^* = 9 - 2 = 7 \\ u_3^* &= 0\,, \;\; x_4^* = 7 - 0 = 7 \\ u_4^* &= 1\,, \;\; x_5^* = 7 - 6 = 1\,. \end{aligned}$$

Die optimale Lösung besagt wieder, daß die Gegenstände 1, 2 und 4 in den Rucksack gepackt werden. Der Wert des Rucksacks ist $v_1^*(11) = 26$.

Das ganzzahlige Rucksackproblem unterscheidet sich von dem entsprechenden binären Problem (5.1.8) nur dadurch, daß die Steuervariablen u_j nicht

x_j / j	0	1	2	3	4	5	6	7	8	9	10	11	
4	0	0	0	0	0	0	12	12	12	12	12	12	$v_4^*(x_4)$
	0	0	0	0	0	0	1	1	1	1	1	1	$z_4^*(x_4)$
	–	–	–	–	10	10	10	10	10	10	22	22	$c_3 + v_4^*(x_3 - a_3)$
3	0	0	0	0	10	10	12	12	12	12	22	22	$v_3^*(x_3)$
	0	0	0	0	1	1	0	0	0	0	1	1	$z_3^*(x_3)$
	–	–	6	6	6	6	16	16	18	18	18	18	$c_2 + v_3^*(x_2 - a_2)$
2	0	0	6	6	10	10	16	16	18	18	22	22	$v_2^*(x_2)$
	0	0	1	1	0	0	1	1	1	1	0	0	$z_2^*(x_2)$
	–	–	8	8	14	14	18	18	24	24	26	26	$c_1 + v_2^*(x_1 - a_1)$
1	0	0	8	8	14	14	18	18	24	24	26	26	$v_1^*(x_1)$
	0	0	1	1	1	1	1	1	1	1	1	1	$z_1^*(x_1)$

Tab. 5.1.3

binär, sondern ganzzahlig (und nichtnegativ) sind. Statt (5.1.8) ist also die Aufgabe

$$
(5.1.15)\quad \begin{cases} \text{Max. } \sum_{j=1}^{n} c_j u_j \\ \text{u.d.N. } \sum_{j=1}^{n} a_j u_j \le A \\ \qquad u_j \in \mathbb{Z}_+ \quad (j = 1, \dots, n) \end{cases}
$$

(mit ganzzahligen A, a_j und c_j für $j = 1, \dots, n$) zu lösen. Wir nehmen wieder an, daß $a_j \le A$ für alle $j = 1, \dots, n$ gelte.

Die Steuerbereiche haben jetzt die Form

$$
U_j(x_j) = \{0, 1, \dots, \left\lfloor \frac{x_j}{a_j} \right\rfloor\} \quad (j = 1, \dots, n) ,
$$

wobei $\lfloor a \rfloor$ die größte Zahl $\le a$ ist. Statt der Funktionalgleichung (5.1.14) für die Wertfunktionen v_j^* betrachten wir nun eine einfachere Funktionalgleichung für eine (von j unabhängige) Funktion v^*. Sei $v^*(x)$ der maximale Zielfunktionswert des Problems (5.1.15) mit dem Gesamtgewicht x statt A. Die Funktion v^* genügt der Funktionalgleichung

$$
(5.1.16)\quad v^*(x) = \begin{cases} \max\limits_{\substack{j=1,\dots,n \\ x \ge a_j}} \{c_j + v^*(x - a_j)\} & \text{für } x = \min\limits_{j=1,\dots,n} a_j, \dots, A \\ 0 \quad \text{für } x = 0, 1, \dots, \min\limits_{j=1,\dots,n} a_j - 1 . \end{cases}
$$

Die Gültigkeit von (5.1.16) im Fall $x \geq \min_j a_j$ sieht man wie folgt: Ist $(u_1, \ldots, u_j, \ldots, u_n)$ eine optimale Rucksackfüllung für das Gesamtgewicht $x - a_j \geq 0$, so ist $(u_1, \ldots, u_j+1, \ldots, u_n)$ eine zulässige Füllung für das Gewicht x, d.h.

$$v^*(x) \geq c_j + v^*(x - a_j) \quad \text{für } 1 \leq j \leq n,\ x \geq a_j\ .$$

Stellt andererseits $(u_1', \ldots, u_n')$ eine optimale Rucksackfüllung für das Gesamtgewicht x dar, dann gibt es einen Gegenstand j mit $u_j' > 0$ und $x \geq a_j$, und $(u_1', \ldots, u_j' - 1, \ldots, u_n')$ ist eine zulässige Füllung für das Gewicht $x - a_j$. Wir haben also

$$v^*(x - a_j) \geq v^*(x) - c_j \quad \text{für } 1 \leq j \leq n,\ x \geq a_j\ .$$

Sei $k^*(x)$ ein Index j, für den in (5.1.16) das Maximum angenommen wird. $k^*(x)$ hat folgende anschauliche Bedeutung: Wird zu einer optimalen Rucksackfüllung mit dem Gewicht $x - a_{k^*(x)}$ der Gegenstand $k^*(x)$ hinzugepackt, so erhält man eine optimale Rucksackfüllung für das Gewicht x. Damit bietet sich folgendes Lösungsverfahren für das ganzzahlige Rucksackproblem (5.1.15) an, das der Version I der Funktionalgleichungsmethode entspricht: In der „Rückwärtsrechnung“ bestimmt man durch Auswertung der Funktionalgleichung (5.1.16) die Größen $v^*(x)$ und $k^*(x)$ sukzessiv für $x = 0, 1, \ldots, A$. In der anschließenden „Vorwärtsrechnung“ startet man mit $u_1 := \ldots := u_n := 0$ und $x := A$ und setzt, solange $x \geq \min_j a_j$ ist,

$$u_{k^*(x)} := u_{k^*(x)} + 1\ , \quad x := x - a_{k^*(x)}\ .$$

Dies liefert

Algorithmus 5.1.3 (Ganzzahliges Rucksackproblem — Dynamische Optimierung)

Schritt 1 (Rückwärtsrechnung)

Setze $a := \min_{j=1,\ldots,n} a_j$
Für $x = 0, \ldots, A$ *setze* $v(x) := 0$
Für $x = a, \ldots, A$
  Für $j = 1, \ldots, n$
    Falls $x \geq a_j$ *und* $v(x) < c_j + v(x - a_j)$, *setze* $v(x) := c_j + v(x - a_j)$ *und* $k(x) := j$

Schritt 2 (Vorwärtsrechnung)

Setze $x := A$ *und für* $j = 1, \ldots, n$ $u_j := 0$
Solange $x \geq a$
  Setze $u_{k(x)} := u_{k(x)} + 1$ *und* $x := x - a_{k(x)}$

□

Da für festes x der Rechenaufwand $O(n)$ beträgt, ist der Gesamtrechenaufwand von Algorithmus 5.1.3 $O(nA)$.

5.1.6 Umkehrung des Rechenverlaufs

Beim dynamischen Optimierungsproblem (5.1.10) hängen die Funktionen g_j und f_j vom Anfangszustand x_j und der Entscheidung u_j in Periode j ab ($j = 1, \ldots, n$). Insbesondere ist für Periode j bei gegebenem Anfangszustand x_j und gegebener Entscheidung u_j der Endzustand x_{j+1} aufgrund $x_{j+1} = f_j(x_j, u_j)$ eindeutig festgelegt. Die Lösung des Problems (5.1.10) mit Hilfe der Funktionalgleichungsmethode besteht aus einer Rückwärtsrechnung und einer anschließenden Vorwärtsrechnung. Eine naheliegende Frage ist nun, wann der Rechenverlauf „umkehrbar" ist, also zunächst eine Vorwärtsrechnung und anschließend eine Rückwärtsrechnung durchgeführt werden können. Offensichtlich wird letzteres der Fall sein, wenn in Periode j bei gegebenem Endzustand x_{j+1} und gegebener Entscheidung u_j der Anfangszustand x_j eindeutig bestimmt ist, also etwa $x_j = \widehat{f}_j(x_{j+1}, u_j)$ gilt. Entsprechend sollten die Summanden in der Zielfunktion von der Form $\widehat{g}_j(x_{j+1}, u_j)$ sein und die Steuerbereiche in der Form $\widehat{U}_j(x_{j+1})$ vorliegen. Nehmen wir noch an, daß statt des in (5.1.10) vorgegebenen Anfangszustandes $x_1 = x_a$ jetzt der Endzustand $x_{n+1} = x_e$ vorgeschrieben ist, so haben wir an Stelle von (5.1.10) das dynamische Optimierungsproblem

$$(5.1.17) \qquad \begin{cases} \text{Min.} & \sum_{j=1}^{n} \widehat{g}_j(x_{j+1}, u_j) \\ \text{u.d.N.} & x_j = \widehat{f}_j(x_{j+1}, u_j) \quad (j = 1, \ldots, n) \\ & x_{n+1} = x_e \\ & \left.\begin{array}{l} x_j \in X_j \\ u_j \in \widehat{U}_j(x_{j+1}) \end{array}\right\} \quad (j = 1, \ldots, n)\ . \end{cases}$$

Mit Hilfe der Bellmanschen Funktionalgleichung (5.1.13) für das Problem (5.1.10) kann man die Wertfunktion v_j^* bei bekannter Wertfunktion v_{j+1}^* berechnen, wobei $v_j^*(x_j)$ die minimalen Kosten der Perioden $j, \ldots, n$ bei gegebenem Zustand x_j zu Beginn der Periode j darstellt. Seien jetzt $\widehat{v}_j^*(x_{j+1})$ die minimalen Kosten der Perioden $1, \ldots, j$ bei gegebenem Zustand x_{j+1} am Ende von Periode j. Dann setzen wir

$$(5.1.18) \qquad \widehat{v}_0^*(x_1) := 0 \quad (x_1 \in X_1)\ ,$$

und die Bellmansche Funktionalgleichung für das Problem (5.1.17) lautet

$$(5.1.19) \qquad \widehat{v}_j^*(x_{j+1}) = \min_{u_j \in \widehat{U}_j(x_{j+1})} \{\widehat{g}_j(x_{j+1}, u_j) + \widehat{v}_{j-1}^*[\widehat{f}_j(x_{j+1}, u_j)]\} \qquad (x_{j+1} \in X_{j+1}, 1 \leq j \leq n)\ .$$

Zur Lösung des Optimierungsproblems (5.1.17) wertet man zunächst in einer Vorwärtsrechnung die Funktionalgleichung (5.1.19) für $j = 1, \ldots, n$ aus, startend mit (5.1.18), und berechnet sukzessiv die Funktionen $\widehat{v}_j^*$ und $\widehat{z}_j^*$, wobei $\widehat{z}_j^*(x_{j+1})$ eine Minimalstelle der durch

$$\widehat{w}_j(x_{j+1}, u_j) := \widehat{g}_j(x_{j+1}, u_j) + \widehat{v}_{j-1}^*[\widehat{f}_j(x_{j+1}, u_j)]$$

gegebenen Funktion $\widehat{w}_j(x_{j+1}, \cdot)$ auf $\widehat{U}_j(x_{j+1})$ ist. In einer anschließenden Rückwärtsrechnung bestimmt man dann eine optimale Politik und die zugehörige (optimale) Zustandsfolge. Dies entspricht Version I der Funktionalgleichungsmethode; analog geht man bei Variante II vor.

Ist statt der Endbedingung $x_{n+1} = x_e$ die allgemeinere Nebenbedingung $x_{n+1} \in X_{n+1}$ gegeben, wobei X_{n+1} mehr als ein Element enthält, dann berechnet man einen „optimalen Endzustand" x_{n+1}^* so, daß

$$\widehat{v}_n^*(x_{n+1}^*) = \min_{x_{n+1} \in X_{n+1}} \widehat{v}_n^*(x_{n+1})$$

ist.

Wir bemerken noch einmal, daß man ein dynamisches Optimierungsproblem vom Typ (5.1.10) in eine Aufgabe der Form (5.1.17) überführen (und damit den Rechenverlauf bei der Lösung des Problems „umkehren") kann, wenn sich alle Gleichungen

$$x_{j+1} = f_j(x_j, u_j) \quad (j = 1, \ldots, n)$$

eindeutig nach x_j auflösen lassen. Dies ist (bei eindimensionalen Zustandsvariablen) genau dann der Fall, wenn jede der Funktionen $f_j(\cdot, u_j)$ streng monoton wachsend oder streng monoton fallend ist.

Ein dynamisches Optimierungsproblem von der Form (5.1.17) ist beispielsweise das in Abschnitt 5.1.1 betrachtete Lagerhaltungsproblem (5.1.3), (5.1.5). Hierbei gilt

$$\left.\begin{aligned} &\widehat{g}_j(x_{j+1}, u_j) = K\delta(u_j) + hx_{j+1} \\ &\widehat{f}_j(x_{j+1}, u_j) = x_{j+1} - u_j + r_j \\ &X_j = \mathbb{R}_+,\ \widehat{U}_j(x_{j+1}) = [0, x_{j+1} + r_j] \end{aligned}\right\} \quad (j = 1, \ldots, n)\ .$$

Seien $\widehat{C}_j^*(x_{j+1})$ die minimalen Kosten der Perioden $1, \ldots, j$ bei gegebenem Lagerbestand x_{j+1} am Ende von Periode j (abgesehen von den variablen Bestellkosten, die bei der Optimierung nicht berücksichtigt zu werden brauchen), so hat die Bellmansche Funktionalgleichung (5.1.19) jetzt die Gestalt

$$\text{(5.1.20)}\quad \widehat{C}_j^*(x_{j+1}) = \min_{0 \le u_j \le x_{j+1} + r_j} \{K\delta(u_j) + hx_{j+1} + \widehat{C}_{j-1}^*(x_{j+1} - u_j + r_j)\} \qquad (1 \le j \le n)$$

mit $\widehat{C}_0^*(x_1) := 0$.

5.1.7 Stochastische dynamische Optimierung

Bei vielen aus der Praxis stammenden dynamischen Optimierungsproblemen treten stochastische Einflüsse auf. Beispielsweise ist in Lagerhaltungsproblemen die Vorhersage der Nachfrage oft mit großen Unsicherheiten verbunden, so daß die Nachfrage und damit der Lagerbestand als Zufallsgrößen anzusehen sind. Stochastische dynamische Optimierungsprobleme sind in der Regel wesentlich komplizierter als die entsprechenden deterministischen Probleme. Wir wollen deshalb in diesem Abschnitt die Aufgabenstellung der stochastischen dynamischen Optimierung nur kurz skizzieren und die zugehörige Bellmansche Funktionalgleichung angeben. Mathematisch anspruchsvollere Fragen (wie z.B. diejenige der Meßbarkeit der auftretenden Mengen und Funktionen und der Herleitung der Bellmanschen Funktionalgleichung) werden wir dabei nicht diskutieren, und wir setzen wieder stillschweigend voraus, daß alle vorkommenden Minima existieren. Für eine detailliertere Darstellung verweisen wir auf Heyman und Sobel (1984), Hinderer (1970), und Neumann (1977), §3.

Seien x_j der (realisierte) Zustand zu Beginn von Periode j und u_j die in Periode j getroffene Entscheidung $(1 \leq j \leq n)$. Dann sei der Zustand am Ende von Periode j eine Zufallsgröße, deren (bedingte) Verteilung durch die auf $\mathbb{R}$ definierte Verteilungsdichte $\phi_j(\cdot|x_j, u_j)$ gegeben sei (die von x_j und u_j abhänge). Wir nehmen also insbesondere an, daß diese Verteilung stetig sei; bei diskreter Verteilung sind alle im weiteren auftretenden Integrale durch entsprechende Summen zu ersetzen. Der vorgegebene Anfangszustand $x_1 = x_a$ sei eine deterministische Größe. Weiter nehmen wir an, daß beim Übergang vom (realisierten) Zustand x_j zu Beginn von Periode j in den (realisierten) Zustand x_{j+1} am Ende dieser Periode die Kosten $g_j(x_j, u_j, x_{j+1})$ anfallen, die also außer von x_j und x_{j+1} noch von der in dieser Periode getroffenen Entscheidung u_j abhängen können. $X_{j+1} \subseteq \mathbb{R}$ sei der Bereich der Endzustände und $U_j(x_j)$ mit $x_j \in X_j$ der Steuerbereich für Periode j $(1 \leq j \leq n)$ sowie $X_1 := \{x_1\}$.

Unser Ziel ist, die erwarteten Kosten über den gesamten Planungszeitraum (n Perioden) hinweg zu minimieren. Da die Zustände Zufallsgrößen sind, hat es nur Sinn, eine Politik in Form einer Rückkopplungssteuerung $(z_1, \ldots, z_n)$ anzugeben, wobei z_j eine auf X_j erklärte Funktion darstellt und $z_j(x_j) \in U_j(x_j)$ eine Entscheidung ist, die getroffen wird, wenn zu Beginn von Periode j der Zustand x_j realisiert wird $(1 \leq j \leq n)$. Gesucht ist wieder eine optimale Politik, welche die minimalen erwarteten Gesamtkosten liefert.

Bezeichnen wir die minimalen erwarteten Kosten der Perioden j, $j+1, \ldots, n$ bei gegebenem realisierten Zustand x_j zu Beginn von Periode

j mit $v_j^*(x_j)$ und setzen wir $v_{n+1}^*(x_{n+1}) := 0$ für $x_{n+1} \in X_{n+1}$ [1], dann lautet die Bellmansche Funktionalgleichung

$$(5.1.21)\quad v_j^*(x_j) = \min_{u_j \in U_j(x_j)} \int_{X_{j+1}} [g_j(x_j, u_j, x_{j+1}) + v_{j+1}^*(x_{j+1})] \phi_j(x_{j+1}|x_j, u_j)\, dx_{j+1}$$

$$(x_j \in X_j, 1 \le j \le n)\ .$$

Führen wir die erwarteten Kosten $\bar{g}_j(x_j, u_j)$ für Periode j ein, wenn x_j der (realisierte) Zustand zu Beginn von Periode j und u_j die Entscheidung in Periode j sind, also

$$\bar{g}_j(x_j, u_j) = \int_{X_{j+1}} g_j(x_j, u_j, x_{j+1}) \phi_j(x_{j+1}|x_j, u_j)\, dx_{j+1}\ ,$$

so schreibt sich die Bellmansche Funktionalgleichung (5.1.21) in der Form

$$(5.1.22)\quad v_j^*(x_j) = \min_{u_j \in U_j(x_j)} \{\bar{g}_j(x_j, u_j) + \int_{X_{j+1}} v_{j+1}^*(x_{j+1}) \phi_j(x_{j+1}|x_j, u_j)\, dx_{j+1}\}$$

$$(x_j \in X_j, 1 \le j \le n)\ .$$

Bei bekannter Funktion v_{j+1}^* können durch Auswertung dieser Funktionalgleichung die Funktionen v_j^* und z_j^* bestimmt werden, wobei $z_j^*(x_j)$ eine Minimalstelle der durch

$$w_j(x_j, u_j) := \bar{g}_j(x_j, u_j) + \int_{X_{j+1}} v_{j+1}^*(x_{j+1}) \phi_j(x_{j+1}|x_j, u_j)\, dx_{j+1}$$

gegebenen Funktion $w_j(x_j, \cdot)$ auf $U_j(x_j)$ ist. In dieser Weise lassen sich die Funktionen v_j^* und z_j^* sukzessiv für $n, n-1, \ldots, 1$ ermitteln. $(z_1^*, \ldots, z_n^*)$ stellt dann eine optimale Politik dar.

Die Auswertung der Funktionalgleichung (5.1.22) ist im allgemeinen sehr aufwendig. Eine gewisse Vereinfachung ergibt sich, wenn man ein sogenanntes **stationäres Problem** betrachtet. Hierbei sind die das dynamische Optimierungsproblem charakterisierenden Größen g_j, ϕ_j, X_j und U_j unabhängig von der Periode j (wir lassen den Periodenindex j dann weg) [2]. Bei stationären Problemen berücksichtigt man in der Regel noch eine Diskontierung der Kosten. Hierzu führt man einen Diskontfaktor α mit $0 < \alpha \le 1$ ein mit folgender Bedeutung: Ein Geldbetrag von 1 DM am Ende einer Periode ist zu Beginn dieser Periode (bzw. am Ende der vorhergehenden Periode)

$$\alpha = \frac{1}{1+i}$$

[1] Es sei wieder $v_j^*(x_j) := \infty$ für $x_j \in \mathbb{R} \setminus X_j$ $(1 \le j \le n+1)$.

[2] Z.B. führen die in Abschnitt 5.2.5 zu behandelnden stochastischen Mehr-Perioden-Lagerhaltungsmodelle auf stationäre dynamische Optimierungsprobleme.

DM wert, wobei $100i$ % den Zinssatz pro Periode darstellt. Unser Ziel ist dann, die auf den Beginn des Planungszeitraumes (Beginn von Periode 1) diskontierten erwarteten Kosten zu minimieren.

Seien $\tilde{v}_j^*(x_j)$ die minimalen erwarteten Kosten der Perioden $j, j+1, \ldots, n$ (bei gegebenem realisierten Zustand x_j zu Beginn von Periode j), diskontiert auf den Beginn von Periode 1. Dann erhält die Bellmansche Funktionalgleichung die Form

$$(5.1.23)\quad \tilde{v}_j^*(x_j) = \min_{u_j \in U(x_j)} \{\alpha^{j-1}\bar{g}(x_j, u_j) + \int\limits_X \tilde{v}_{j+1}^*(x_{j+1})\phi(x_{j+1}|x_j, u_j)\, dx_{j+1}\}$$
$$(x_j \in X,\ 1 \le j \le n)\ .$$

Führen wir die minimalen erwarteten Kosten der Perioden $j, j+1, \ldots, n$, diskontiert auf den Beginn von Periode j, ein, die wir wieder mit $v_j^*(x_j)$ bezeichnen, so bekommen wir mit

$$\tilde{v}_j^*(x_j) = \alpha^{j-1} v_j^*(x_j)$$

aus (5.1.23) nach Division durch α^{j-1} (es ist $\alpha > 0$) die Funktionalgleichung

$$(5.1.24)\quad v_j^*(x_j) = \min_{u_j \in U(x_j)} \{\bar{g}(x_j, u_j) + \alpha \int\limits_X v_{j+1}^*(x_{j+1})\phi(x_{j+1}|x_j, u_j)\, dx_{j+1}\}$$
$$(x_j \in X,\ 1 \le j \le n)\ .$$

5.1.8 Markowsche Entscheidungsprozesse

In diesem Abschnitt betrachten wir ein spezielles stochastisches dynamisches Optimierungsproblem, bei dem die Zustands- und Steuerbereiche endlich sind. Ferner liege wieder ein stationäres Problem mit einem Diskontfaktor α vor. Für eine ausführlichere Darstellung verweisen wir auf Denardo (1982), Kapitel 6 und 8, Girlich et al. (1990), Kapitel 2, 3 und 4, Heyman und Sobel (1990), Kapitel 8, und Neumann (1977), Abschnitt 3.3.

Wir nehmen an, daß die Zustands- und Steuerbereiche die Form

$$X := \{1, \ldots, m\}$$
$$U(i) := \{u_{i1}, \ldots, u_{is_i}\} \quad (i = 1, \ldots, m)$$

haben. Sei $x_j = i$ der (realisierte) Zustand zu Beginn von Periode j. Dann gehe das zugrunde liegende System bei Wahl der Entscheidung $u_{i\sigma}$ mit der Wahrscheinlichkeit $p_{ik}(u_{i\sigma})$ in den Zustand $x_{j+1} = k$ zu Beginn der Periode $j+1$ über $(i, k = 1, \ldots, m; 1 \le \sigma \le s_i)$. Für festes $u_{i\sigma}$ gilt für die bedingten Wahrscheinlichkeiten $p_{ik}(u_{i\sigma})$, die auch **Übergangswahrscheinlichkeiten** genannt werden, $\sum_{k=1}^m p_{ik}(u_{i\sigma}) = 1$ für alle $i = 1, \ldots, m$. Eine Folge von

Zufallsgrößen $\xi_1, \xi_2, \ldots$, die Werte aus X annehmen und deren „stochastisches Verhalten" durch die (stationären) Übergangswahrscheinlichkeiten

$$P(\xi_{j+1} = k | \xi_j = i) = p_{ik} \quad (i, k \in X; j = 1, 2, \ldots)$$

gegeben ist, die unabhängig von der „Vorgeschichte $\xi_1, \ldots, \xi_{j-1}$" seien, nennt man eine (homogene oder stationäre) **Markowsche Kette** (für eine präzise Definition vgl. etwa Cinlar (1975), Abschnitt 5.1). Hängen wie im vorliegenden dynamischen Optimierungsproblem die Übergangswahrscheinlichkeiten p_{ik} von der in der betreffenden Periode gewählten Entscheidung $u_{i\sigma}$ ab, so spricht man von einem **Markowschen Entscheidungsprozeß**.

Das Integral in der Bellmanschen Funktionalgleichung (5.1.24) stellt die minimalen diskontierten erwarteten Kosten der Perioden $j+1, \ldots, n$ dar, wenn man zu Beginn von Periode j im Zustand x_j ist und die Entscheidung u_j fällt. Dieses Integral ist jetzt durch die Summe $\sum_{k=1}^m p_{ik}(u_{i\sigma})v_{j+1}^*(k)$ zu ersetzen, wobei i der Zustand zu Beginn von Periode j, $u_{i\sigma}$ die in Periode j getroffene Entscheidung und $v_{j+1}^*(k)$ die minimalen diskontierten erwarteten Kosten der Perioden $j+1, \ldots, n$ bei Start im Zustand k sind. Damit erhält die Bellmansche Funktionalgleichung die Form

$$(5.1.25)\quad v_j^*(i) = \min_{\sigma=1,\ldots,s_i} \{\bar{g}(i, u_{i\sigma}) + \alpha \sum_{k=1}^m p_{ik}(u_{i\sigma})v_{j+1}^*(k)\} \quad (i \in X,\ 1 \le j \le n)$$

mit $v_{n+1}^*(i) := 0$. Die erwarteten Kosten $\bar{g}(i, u_{i\sigma})$ für eine Periode sind durch

$$\bar{g}(i, u_{i\sigma}) = \sum_{k=1}^m p_{ik}(u_{i\sigma})g(i, u_{i\sigma}, k)$$

gegeben, wobei $g(i, u_{i\sigma}, k)$ die Kosten darstellen, die anfallen, wenn im Zustand i die Entscheidung $u_{i\sigma}$ und ein Übergang in den Zustand k erfolgen. Sei $\sigma_j^*(i)$ ein Index σ, für den in (5.1.25) das Minimum $v_j^*(i)$ angenommen wird, also eine optimale Entscheidung im Zustand i für die Periode j. Die Größen $v_j^*(i)$ und $\sigma_j^*(i)$ $(i = 1, \ldots, m)$ kann man wieder durch Auswertung der Funktionalgleichung (5.1.25) rückwärts von $j = n$ bis $j = 1$, ausgehend von $v_{n+1}^*(i) = 0$, bestimmen.

Bei manchen Entscheidungsprozessen steht der Planungshorizont und damit die Anzahl der Perioden nicht fest. In diesem Fall legt man meistens einen unendlich großen Planungszeitraum zugrunde und spricht von Markowschen Entscheidungsprozessen mit **unendlichem Planungshorizont** oder **unendlich-periodigen Markowschen Entscheidungsprozessen**. Damit die erwarteten Gesamtkosten nicht unendlich groß werden, nimmt man $\alpha < 1$ an, d.h., es finde eine echte Diskontierung statt.

Eine erste Methode zur Lösung derartiger Probleme besteht darin, zunächst nur endlich viele Perioden zu berücksichtigen und schrittweise die Anzahl der Perioden zu vergrößern. Aus Zweckmäßigkeitsgründen nehmen wir hierfür eine Umnumerierung vor. Wir erinnern daran, daß $v_j^*(i)$ die minimalen erwarteten Kosten der $n-j+1$ Perioden $j, j+1, \ldots, n$ sind, diskontiert auf den Beginn der Periode j. Setzen wir $v_j^+(i) := v_{n-j+1}^*(i)$, so stellt $v_j^+(i)$ die minimalen erwarteten Kosten eines j-stufigen Markowschen Entscheidungsprozesses mit dem Anfangszustand i zu Beginn von Periode 1 dar, diskontiert auf den Beginn von Periode 1. Die Funktionalgleichung (5.1.25) geht damit in die Gleichung

$$(5.1.26)\quad v_j^+(i) = \min_{\sigma=1,\ldots,s_i} \{\bar{g}(i, u_{i\sigma}) + \alpha \sum_{k=1}^{m} p_{ik}(u_{i\sigma}) v_{j-1}^+(k)\} \quad (i \in X, j \geq 1)$$

über mit $v_0^+(i) := 0$. Eine optimale Entscheidung im Zustand i für die Periode j bezeichnen wir jetzt mit $\sigma_j^+(i)$. Wertet man (5.1.26) sukzessiv für $j = 1, 2, \ldots$ aus und berechnet die entsprechenden Größen $v_j^+(i)$ und $\sigma_j^+(i)$ für alle $i \in X = \{1, \ldots, m\}$, so spricht man vom Verfahren der **Wertiteration**. Man kann zeigen, daß für $j \to \infty$ die Werte $v_j^+(i)$ gegen Werte $v^+(i)$ konvergieren, wobei $v^+(i)$ die minimalen diskontierten erwarteten Kosten des entsprechenden unendlich-periodigen Markowschen Entscheidungsprozesses darstellen ($i = 1, \ldots, m$), vgl. etwa NEUMANN (1977), Abschnitt 3.3.1. Außerdem kann man zeigen, daß eine **stationäre optimale Politik** $\boldsymbol{\sigma}^+ = (\sigma^+(1), \ldots, \sigma^+(m))^T$ existiert mit folgender Bedeutung: Wählt man jeweils die Entscheidung $\sigma^+(i)$, wenn sich das zugrunde liegende System in irgendeiner Periode im Zustand i befindet, dann erhält man für den unendlich großen Planungszeitraum die minimalen erwarteten Kosten $\boldsymbol{v}^+ = (v^+(1), \ldots, v^+(m))^T$. $\boldsymbol{v}^+$ und $\boldsymbol{\sigma}^+$ erfüllen zusammen die Gleichung

$$(5.1.27)\quad v^+(i) = \bar{g}(i, u_{i\sigma^+(i)}) + \alpha \sum_{k=1}^{m} p_{ik}(u_{i\sigma^+(i)}) v^+(k) \quad (i = 1, \ldots, m)\ ,$$

die aus der Gleichung (5.1.26) hervorgeht, wenn man den Grenzübergang $j \to \infty$ (und die Minimierung) ausführt. Die Politik $\boldsymbol{\sigma}^+$ hat die Form einer **Rückkopplungssteuerung** (vgl. Abschnitt 5.1.4).

Bei der praktischen Rechnung wird man die Funktionalgleichung (5.1.26) nur für $j = 1, \ldots, n$ auswerten. Den Abbruchindex n legt man etwa so fest, daß (erstmalig) die relativen Kostenänderungen bei Vergrößerung des Planungszeitraumes um eine Periode kleiner als eine vorgegebene Fehlerschranke $\epsilon > 0$ werden:

$$(5.1.28)\quad \left| \frac{v_n^+(i) - v_{n-1}^+(i)}{v_n^+(i)} \right| < \epsilon \quad \text{für alle } i = 1, \ldots, m\ .$$

$\boldsymbol{v}_n^+$ und $\boldsymbol{\sigma}_n^+$ werden dann als Näherungen für $\boldsymbol{v}^+$ bzw. $\boldsymbol{\sigma}^+$ verwendet. Die Einhaltung der Bedingung (5.1.28) bedeutet nicht, daß der relative Fehler von $v_n^+(i)$ gegenüber $v^+(i)$ kleiner als ϵ ist. Eine relativ einfache Abschätzung für den letzteren Fehler findet man z.B. in HEYMAN UND SOBEL (1990), Abschnitt 8.6.

Eine zweite Lösungsmethode für Markowsche Entscheidungsprozesse mit unendlichem Planungshorizont nutzt aus, daß eine optimale Politik $\boldsymbol{\sigma}^+$ existiert, die stationär ist und der Gleichung (5.1.27) genügt. Diese sogenannte **Politikiteration** startet mit einer Anfangspolitik, die sukzessiv „verbessert" wird, bis eine optimale Politik erreicht ist.

Jeder Schritt der Politikiteration besteht aus zwei Teilschritten. Der erste Teilschritt wird **Wertbestimmung** genannt. Ausgehend von einer Politik $\boldsymbol{\sigma} = (\sigma(1), \ldots, \sigma(m))^T$, berechnet man die Werte $v(1), \ldots, v(m)$ durch Lösen des linearen Gleichungssystems

$$(5.1.29) \qquad v(i) = \bar{g}(i, u_{i\sigma(i)}) + \alpha \sum_{k=1}^{m} p_{ik}(u_{i\sigma(i)}) v(k) \quad (i = 1, \ldots, m) \; .$$

Das Gleichungssystem (5.1.29) entspricht (5.1.27), und man kann zeigen, daß $v(i)$ die diskontierten erwarteten Kosten des unendlich-periodigen Markowschen Entscheidungsprozesses mit der Politik $\boldsymbol{\sigma}$ darstellen. Als zweiter Teilschritt schließt sich die folgende **Politikverbesserung** an: Bestimme eine neue Politik $\boldsymbol{\sigma}' = (\sigma'(1), \ldots, \sigma'(m))^T$ so, daß

$$\bar{g}(i, u_{i\sigma'(i)}) + \alpha \sum_{k=1}^{m} p_{ik}(u_{i\sigma'(i)}) v(k) = \min_{\sigma=1,\ldots,s_i} \{\bar{g}(i, u_{i\sigma}) + \alpha \sum_{k=1}^{m} p_{ik}(u_{i\sigma}) v(k)\} \qquad (i = 1, \ldots, m)$$

ist. Es ist also eine Minimierung durchzuführen.

Man kann zeigen, daß die neue Politik $\boldsymbol{\sigma}'$ nicht schlechter als die alte Politik $\boldsymbol{\sigma}$ ist, d.h.

$$v'(i) \leq v(i) \quad \text{für alle } i = 1, \ldots, m$$

gilt, wobei $\boldsymbol{v}'$ die Lösung des Gleichungssystems (5.1.29) mit $\boldsymbol{\sigma}'$ an Stelle von $\boldsymbol{\sigma}$ ist (vgl. NEUMANN (1977), Abschnitt 3.3.1). Weiter kann man zeigen, daß, wenn $\boldsymbol{\sigma}' = \boldsymbol{\sigma}$ gilt, $\boldsymbol{\sigma}$ eine optimale Politik darstellt. Der letztere Fall tritt stets nach endlich vielen Schritten ein, da Zustands- und Steuerbereich endlich sind. Damit läuft das Verfahren der Politikiteration wie folgt ab: Man startet mit einer Anfangspolitik $\boldsymbol{\sigma}$, wofür man etwa eine aus der Praxis bekannte gute Näherungspolitik wählen oder $\boldsymbol{\sigma}$ gemäß

$$\bar{g}(i, u_{i\sigma(i)}) = \min_{\sigma=1,\ldots,s_i} \bar{g}(i, u_{i\sigma}) \quad (i = 1, \ldots, m)$$

festlegen kann. Dann führt man abwechselnd die Teilschritte Wertbestimmung und Politikverbesserung so lange aus, bis zum ersten Mal zwei aufeinander folgende Politiken $\boldsymbol{\sigma}$ und $\boldsymbol{\sigma}'$ übereinstimmen. Damit hat man eine optimale Politik $\boldsymbol{\sigma}$ und (als zugehörige Lösung des Gleichungssystems (5.1.29)) die minimalen diskontierten erwarteten Kosten $\boldsymbol{v}$ erhalten.

In der Praxis zeigt sich die Politikiteration der Wertiteration meist überlegen. Die Politikiteration bricht im Unterschied zur Wertiteration nicht nur stets nach endlich vielen Schritten mit einer optimalen Politik ab, sondern liefert in der Regel auch schneller gute Näherungspolitiken, zeigt also „bessere Konvergenzeigenschaften". Aussagen zur Konvergenzgeschwindigkeit der beiden Verfahren sowie leistungsfähigere Modifikationen der Wert- und der Politikiteration (bei denen u.a. Iterationsschritte beider Methoden miteinander kombiniert werden) findet man in Heyman und Sobel (1990), Abschnitt 8.6.

5.2 Lagerhaltung

5.2.1 Charakterisierung von Lagerhaltungsmodellen

Ein Lager hat die Funktion eines Puffers innerhalb des Güterstromes, der bei einem Produktionsprozeß (oder Distributionsprozeß) vom Einkauf über gegebenenfalls verschiedene Produktionsstufen zum Verbraucher fließt. Läger dienen der zeitlichen Entkopplung von Tätigkeiten, etwa zwischen Produktion und Auslieferung. Damit erlaubt ein Lager auch den Ausgleich von Produktions- und Nachfrageschwankungen.

Läger können an verschiedenen Stellen innerhalb eines Produktionsprozesses auftreten. Ein **Einkaufslager** dient dazu, Unsicherheiten zu verringern, die durch Schwankungen der Liefertermine, der Produktionszeitpunkte und der bei der Produktion benötigten Einsatzmengen bedingt sind. Es ermöglicht auch die gleichzeitige Bestellung größerer Mengen und damit die Inanspruchnahme von Rabatten. **Zwischenläger** sind Läger zwischen verschiedenen Produktionsstufen, die dem Ausgleich von Produktionsschwankungen (z.B., wenn auf verschiedenen Produktionsstufen aus technischen oder sonstigen Gründen in unterschiedlichen Losgrößen produziert wird) oder der Überbrückung von Kapazitätsengpässen dienen. Ein **Fertigproduktlager** entkoppelt die Produktion (die oft in Fertigungslosen erfolgt) von der schwankenden Nachfrage. Eine ähnliche Funktion haben **Handelsläger** innerhalb eines Distributionssystems oder **Ersatzteilläger**, die eine unverzügliche Reparatur oder Erneuerung ausgefallener Teile ermöglichen sollen.

Die zentrale Frage der Lagerhaltung ist, *wann und wieviel bestellt werden soll.* Ist der Lagerhalter selbst der Produzent der gelagerten Güter (z.B. bei einem Fertigproduktlager), so entspricht eine Bestellung dem Auflegen einer Produktionsserie (eines Fertigungsloses). Als (zu minimierende) Zielgröße bei der Bestimmung von Höhe und Zeitpunkten der vom Lager ausgehenden Bestellungen wählt man im allgemeinen die Lagerhaltungskosten über den betrachteten Planungszeitraum hinweg. Zu den Lagerhaltungskosten rechnet man neben den eigentlichen durch die Lagerung der betreffenden Güter entstandenen Lagerungskosten noch die bei unbefriedigter Nachfrage anfallenden sogenannten Fehlmengenkosten und die Beschaffungskosten der Lagergüter. Nicht berücksichtigt wird in der Regel der beim Verkauf der Güter erzielte Erlös, der bei gegebener zu befriedigender Nachfrage und festen Preisen als konstant angesehen wird. Auf die verschiedenen mit der Lagerung verbundenen Kosten werden wir später im einzelnen eingehen.

Im folgenden betrachten wir nur jeweils *ein Lager* (und sehen davon ab, daß in der Praxis oft ein System von Lägern vorliegt) und *ein zu lagerndes Gut.* Mehrprodukt-Mehrlager-Modelle sind in der Regel sehr kompliziert und werden in der Praxis kaum angewandt. Man beschränkt sich im allgemeinen darauf, jedes Lager für sich und die einzelnen Artikel getrennt zu disponieren. Wie gemeinsame Restriktionen für mehrere Lagergüter (beispielsweise die gemeinsame Nutzung von Lagerraum durch mehrere Produkte oder ein gemeinsames Bestellhandling) etwa mittels sogenannter Lenkkostensätze berücksichtigt werden können, wird in SCHNEEWEISS (1981), Abschnitt 4.2.2, erläutert.

Das Lagergut kann **diskret** (Stückgut) oder **kontinuierlich** (unbeschränkt teilbare Gütermengen) sein. Wir werden in folgenden meist nur den kontinuierlichen Fall betrachten. Jedoch können alle Überlegungen ohne prinzipielle Schwierigkeiten auf den diskreten Fall übertragen werden.

Zwischen der Bestellung einer Menge des zu lagernden Gutes und deren Lieferung bzw. Verfügbarkeit liegt in der Praxis meist eine gewisse **Lieferzeit**. Die Lieferzeit ist oft nicht genau vorhersagbar und sollte dann als stochastische Größe angesehen werden. Wir werden im folgenden Modelle ohne und mit Lieferzeit behandeln, aus Vereinfachungsgründen aber nur deterministische Lieferzeiten betrachten.

Wie bereits erwähnt, sucht man in der Lagerhaltung eine optimale **Bestellpolitik** oder **Lagerhaltungspolitik** (auch **Bestellregel** genannt) zu bestimmen, d.h., man wünscht **Bestellzeitpunkt** und **Bestellmenge** so festzulegen, daß die gesamten Lagerhaltungskosten minimal werden. Vom Bestellzeitpunkt ist der sogenannte **Bestellpunkt** zu unterscheiden, d.h., derjenige Lagerbestand, bei dem bzw. bei dessen Unterschreitung bestellt wird. Als **Bestellgrenze** oder **Bestellniveau** bezeichnet man denjenigen Lagerbestand, auf den das Lager bei der Lieferung aufgefüllt wird. Abb. 5.2.1 zeigt den

Lagerbestand in Abhängigkeit von der Zeit bei einer in der Praxis häufig angewandten Bestellregel, der sogenannten **(s,S)-Bestellpolitik** mit dem Bestellpunkt s und der Bestellgrenze S (t_1, t_2 und t_3 sind Bestellzeitpunkte). Die Bestellmenge ist dann (bei verschwindender Lieferzeit) jeweils gleich $S - s$.

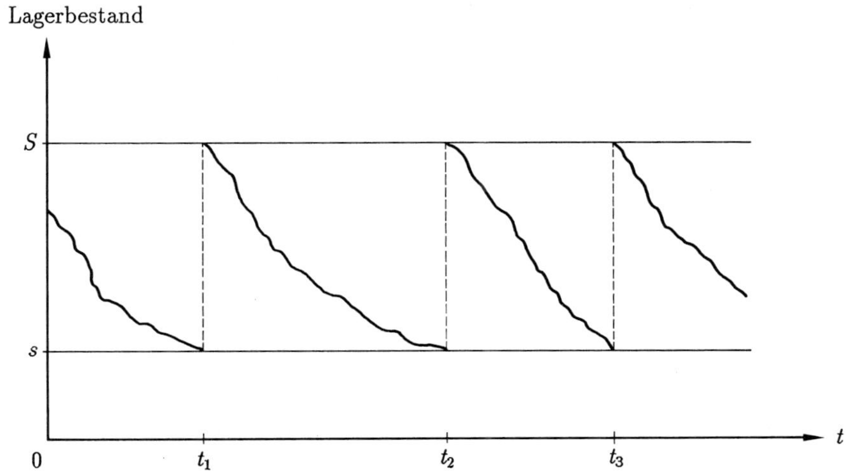

Abb. 5.2.1

Besteht der Planungszeitraum aus (endlich vielen) einzelnen Planungsperioden, wobei pro Periode höchstens eine Bestellung aufgegeben wird (im allgemeinen zu Beginn jeder Periode), so sprechen wir von einem **dynamischen Lagerhaltungsmodell** oder **-problem**. In der Praxis ist oft von vornherein festgelegt, daß etwa nur jede Woche oder jeden Monat einmal bestellt werden kann, d.h., die Planungsperioden sind fest vorgegeben. Haben wir es nur mit einer einzigen Planungsperiode zu tun (z.B. bei leicht verderblichen Gütern), oder gibt es mehrere Bestellperioden, die aber völlig identisch sind, so daß eine einzige Periode zur Beschreibung des Modells ausreicht (z.B. bei den in Abschnitt 5.2.2 betrachteten sogenannten Losgrößenmodellen), dann liegt ein **statisches Lagerhaltungsmodell** vor.

Man unterscheidet ferner zwischen **deterministischen** und **stochastischen Lagerhaltungsmodellen**. In letzterem Fall unterliegt die Nachfrage Zufallseinflüssen und wird deshalb als stochastische Größe angesehen. Trotzdem arbeitet man in der Praxis oft mit deterministischen Modellen, bei denen die Nachfrage als deterministische Größe betrachtet wird. Um in einem deterministischen Modell trotzdem einen stochastischen Nachfrageprozeß (und gegebenenfalls eine stochastische Lieferzeit) näherungsweise erfassen zu können, verwendet man häufig eine sogenannte **rollierende Planung**. Hierbei schiebt man in einem dynamischen Lagerhaltungsmodell jeweils nach Realisierung einer Planungsperiode den Planungshorizont um eine Periode hinaus und verwendet neue Nachfrageprognosen unter Berücksichtigung der zuletzt verfügbaren Information (vgl. hierzu SCHNEEWEISS (1981), Abschnitt 5.1).

Wie bereits erwähnt, setzen sich die gesamten in einem Lagerhaltungsmodell betrachteten Kosten (**gesamte Lagerhaltungskosten**) aus den Beschaffungs- oder Bestellkosten, den eigentlichen Lagerungskosten und den Fehlmengenkosten zusammen. Die **Bestellkosten** (oder **Produktionskosten** bei Eigenfertigung) für eine Bestellmenge (oder Losgröße) $Q \geq 0$ [1] seien stets von der Form

$$(5.2.1) \qquad B(Q) := K\delta(Q) + cQ \quad \text{mit } \delta(Q) := \begin{cases} 1, & \text{falls } Q > 0 \\ 0, & \text{falls } Q = 0 \end{cases}$$

(vgl. das Lagerhaltungsbeispiel in Abschnitt 5.1.1, insbesondere (5.1.2)). Dabei sind $K \geq 0$ die (von der Höhe der Bestellung unabhängigen) **fixen Bestellkosten**, die im wesentlichen Verwaltungskosten (im Zusammenhang mit einer Bestellung) beinhalten. Bei Eigenfertigung sprechen wir von **auflagefixen Kosten** oder **Rüstkosten**, die bei jeder Neuauflage eines Fertigungsloses bzw. einer Produktionsserie entstehen. Mit $c > 0$ bezeichnen wir den Preis (oder Bestellkostensatz) bzw. bei Eigenfertigung die Produktionskosten pro Mengeneinheit. Die Größe cQ stellt dann die **variablen Bestellkosten** dar.

Die **Lagerungskosten** umfassen im wesentlichen Kapitalbindungskosten (Zinskosten für das durch die Lagerung des Gutes gebundene Kapital), Versicherungsprämien, Steuern sowie weitere von der gelagerten Menge abhängige Kosten (etwa Kosten durch Verderb oder Schwund). Mit der Lagerung verbundene Fixkosten, die auf die Wahl einer Bestellpolitik keinen Einfluß haben (z.B. Miete und Abschreibung für Lagerräume), werden üblicherweise nicht zu den Lagerungskosten gerechnet.

Im Fall, daß das Lager nicht lieferbereit ist, also eine sogenannte **Fehlmenge** auftritt, unterscheiden wir zwischen zwei Möglichkeiten:
(a) Der unbefriedigte Bedarf wird **vorgemerkt**, d.h., er wird von den nächsten verfügbaren Lieferungen unmittelbar nach deren Eintreffen gedeckt.
(b) Die unbefriedigte Nachfrage wird **nicht vorgemerkt**, d.h., sie wird durch ein substituierendes Gut oder eine Extralieferung befriedigt oder überhaupt nicht erfüllt.
Die mit der fehlenden Lieferbereitschaft eines Lagers verbundenen Kosten bezeichnet man als **Fehlmengenkosten**. Diese Strafkosten stellen im Fall der Vormerkung unbefriedigter Nachfrage „Goodwill-Verluste“ bei den Kunden,

[1] Statt Q werden wir für die Bestellmenge auch das Symbol u verwenden, insbesondere bei dynamischen Lagerhaltungsmodellen, wo u_j die Bestellmenge in Periode j ist in Analogie zur Entscheidung u_j in einem dynamischen Optimierungsproblem.

Verlust durch „Abspringen“ von Kunden oder Kosten bedingt durch spätere Einnahmen und extra Buchführung dar und sind in der Praxis meist schwer zu schätzen. Wird unbefriedigte Nachfrage nicht vorgemerkt und muß durch eine extra Lieferung erfüllt werden, so können die Fehlmengenkosten als Differenz zwischen den Kosten der Extralieferung und einer Routinelieferung angesehen werden. Geht die unbefriedigte Nachfrage vollständig verloren, so entsprechen die Fehlmengenkosten dem Einnahmeverlust. Wir werden im weiteren, wenn nicht ausdrücklich etwas anderes gesagt wird, stets annehmen, daß unbefriedigte Nachfrage vorgemerkt werde.

Die folgenden Ausführungen lehnen sich an Neumann (1977), Kapitel 2, an, wo auch weitere Lagerhaltungsmodelle betrachtet werden. Eine detailliertere Darstellung der verschiedenen Lagerhaltungsmodelle bringen BARTMANN UND BECKMANN (1989) und KLEMM UND MIKUT (1972). Für die Anwendung von Lagerhaltungsmodellen in der industriellen Praxis sei besonders auf SCHNEEWEISS (1981) verwiesen, wo mehrere Fallstudien behandelt werden. Auch TERSINE (1988) gibt eine sehr praxisorientierte Darstellung der Lagerhaltung.

5.2.2 Losgrößenmodelle

Das sogenannte **klassische Losgrößenmodell** (auch unter dem Namen **EOQ-Modell** bekannt, wobei EOQ für economic order quantity steht) stellt das einfachste (deterministische) Lagerhaltungsmodell dar. Hierbei nehmen wir an, daß die Nachfrage pro Zeiteinheit, die **(Lager-)Abgangsrate** r, konstant (und positiv) sei. Die Produktion bzw. Bestellung des Lagergutes erfolge stets in Losen jeweils gleicher Größe $Q > 0$. Die Lieferzeit vernachlässigen wir zunächst.

Die Bestellkosten haben die Form (5.2.1), und die Lagerungskosten pro Mengeneinheit und Zeiteinheit seien $h > 0$. Fehlmengen seien nicht zugelassen. Das Lagerhaltungsproblem besteht dann darin zu bestimmen, wie oft und in welcher Höhe bestellt bzw. eine Produktionsserie aufgelegt werden soll, so daß die gesamten Lagerhaltungskosten pro Zeiteinheit minimal werden.

Unter einem **Bestellzyklus** oder einer **Bestellperiode** verstehen wir die Zeitspanne zwischen dem Beginn von zwei aufeinander folgenden Produktionsläufen bzw. Bestellungen. Für die Periodenlänge (oder Zykluslänge) T gilt offensichtlich

$$T = \frac{Q}{r} .$$

Da Abgangsrate r und **Losgröße** Q konstant sind, ist dies auch für die Periodenlänge T der Fall. Abb. 5.2.2 zeigt, wie sich der Lagerbestand im Laufe der

Zeit ändert (wenn wir mit einer Bestellung zum Zeitpunkt $t = 0$ bei leerem Lager starten).

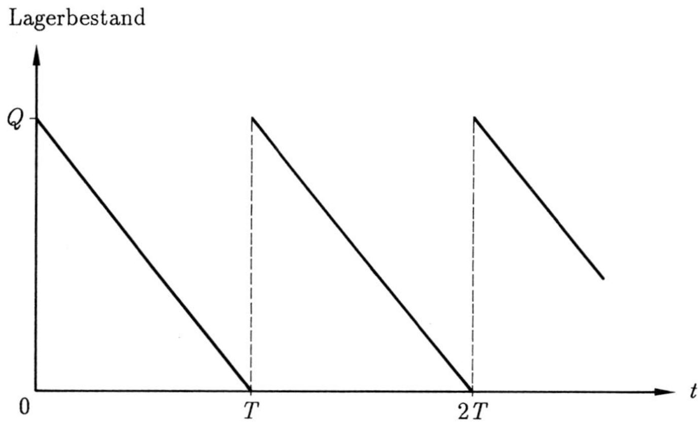

Abb. 5.2.2

Wie man unmittelbar aus Abb. 5.2.2 ersieht, ist der optimale Bestellpunkt gleich 0. Der mittlere Lagerbestand (bei konstanter Lagerabgangsrate) während einer Periode ist $Q/2$, die zugehörigen Lagerungskosten betragen $hQ/2$ pro Zeiteinheit. Unter Beachtung der Periodenlänge Q/r erhalten wir für die gesamten Kosten pro Periode

$$K + cQ + \frac{hQ^2}{2r} .$$

Die (mittleren) Gesamtkosten pro Zeiteinheit sind dann

$$C(Q) = \frac{rK}{Q} + rc + \frac{hQ}{2} .$$

Die Funktion C ist konvex (zum Begriff einer konvexen Funktion vgl. Abschnitt 4.2.2) und differenzierbar für $Q > 0$ (s. Abb. 5.2.3). Folglich kann die optimale Losgröße Q^* durch Nullsetzen der ersten Ableitung der Funktion C gefunden werden:

$$C'(Q) = -\frac{rK}{Q^2} + \frac{h}{2} = 0 .$$

Für die optimale Losgröße bzw. optimale Bestellmenge erhalten wir

$$Q^* = \sqrt{\frac{2rK}{h}} . \tag{5.2.2}$$

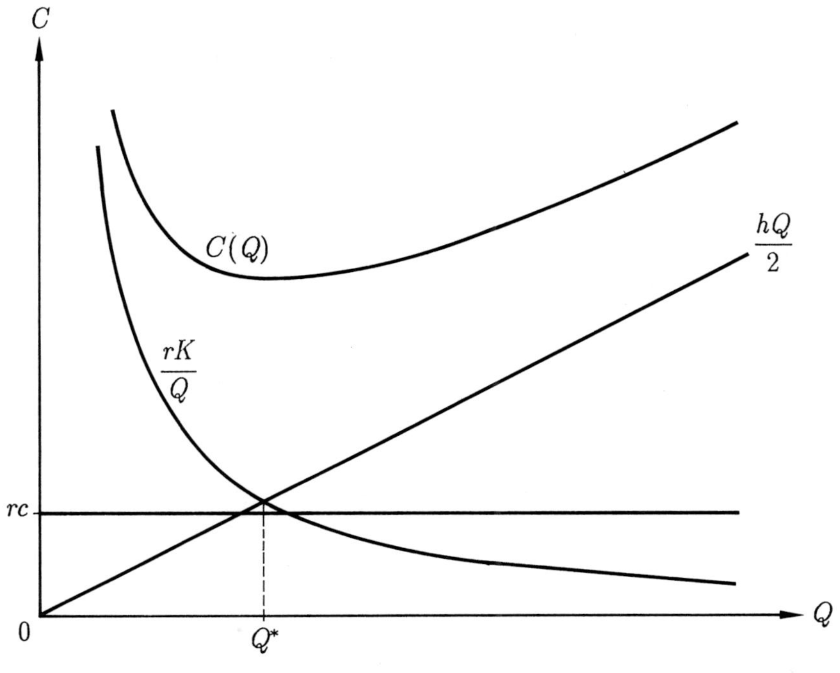

Abb. 5.2.3

Die Beziehung (5.2.2) ist unter dem Namen **klassische Losgrößenformel** bekannt. Als optimale Periodenlänge ergibt sich

$$T^* = \frac{Q^*}{r} = \sqrt{\frac{2K}{rh}} \,. \tag{5.2.3}$$

Die minimalen Kosten pro Zeiteinheit betragen

$$C^* = \frac{rK}{Q^*} + rc + \frac{hQ^*}{2} = \sqrt{2rhK} + rc \,. \tag{5.2.4}$$

Wir stellen fest, daß Q^* und T^* unabhängig von den Produktions- bzw. Einkaufskosten c sind, da diese Kosten über die Zeit hinweg konstant sind und folglich ein fester Kostensatz von rc pro Zeiteinheit anfällt, unabhängig von der gewählten Bestellpolitik.

Wir betrachten ein **Zahlenbeispiel**. Die Nachfrage nach einem Gut betrage 200 Stück pro Woche. Der Einkaufspreis pro Stück sei 5 DM. Zusätzlich treten noch fixe Bestellkosten in Höhe von 400 DM auf. Die Lagerungskosten pro Stück und Woche belaufen sich auf 1 DM. Mit $K = 400$, $c = 5$, $h = 1$ und $r = 200$ bekommen wir für die optimale Bestellmenge

$$Q^* = \sqrt{2 \cdot 200 \cdot 400} = 400 \text{ [Stück]} ,$$

für die optimale Periodenlänge

$$T^* = \frac{400}{200} = 2 \text{ [Wochen]}$$

und für die minimalen Lagerhaltungskosten pro Woche

$$C^* = \sqrt{2 \cdot 200 \cdot 400} + 1000 = 1400 \text{ [DM]} .$$

Im klassischen Losgrößenmodell sind keine Fehlmengen erlaubt. Es kann aber kostengünstiger sein, **Fehlmengen zuzulassen**, da hierdurch die optimale Periodenlänge vergrößert werden kann, was eine Reduzierung der auflagefixen Kosten pro Zeiteinheit bewirkt.

Wir nehmen an, daß Fehlmengenkosten in Höhe von $p > 0$ pro Mengeneinheit und Zeiteinheit bei nicht befriedigter Nachfrage anfallen. Weiter seien S und s (mit $s < 0$) der Lagerbestand zu Beginn bzw. am Ende einer jeden Periode (s. Abb. 5.2.4). Die Periodenlänge ist wieder Q/r, aber der Lagerbestand

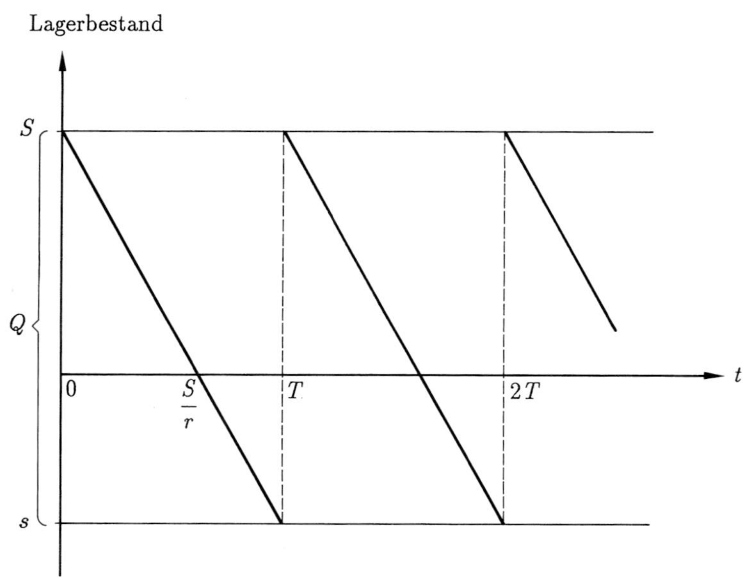

Abb. 5.2.4

ist nur für eine Zeitspanne der Länge S/r nichtnegativ. Der durchschnittliche Lagerbestand während dieser Zeitspanne ist $S/2$, und die zugehörigen

Lagerungskosten betragen $hS/2$ pro Zeiteinheit. Daher sind die gesamten Lagerungskosten (bei nichtnegativem Lagerbestand) in einer Periode gleich

$$h\frac{S}{2}\frac{S}{r} = \frac{hS^2}{2r}\ .$$

Fehlmengen kommen während einer Zeitspanne der Länge $(Q-S)/r$ vor. Die durchschnittliche Höhe der Fehlmenge während dieser Zeit ist $(Q-S)/2$, und die entsprechenden Fehlmengenkosten betragen $p(Q-S)/2$ pro Zeiteinheit. Daher sind die gesamten Fehlmengenkosten (bei negativem Lagerbestand) in einer Periode gleich

$$p\frac{Q-S}{2}\frac{Q-S}{r} = \frac{p(Q-S)^2}{2r}\ .$$

Die gesamten Lagerhaltungskosten pro Periode betragen also

$$K + cQ + \frac{hS^2}{2r} + \frac{p(Q-S)^2}{2r}$$

und die gesamten Kosten pro Zeiteinheit

$$C(Q,S) = \frac{rK}{Q} + rc + \frac{hS^2}{2Q} + \frac{p(Q-S)^2}{2Q}\ .$$

Die Funktion C ist konvex und differenzierbar für $Q > 0$ und $0 \leq S \leq Q$, und die optimalen Werte Q^* und S^* können deshalb durch Nullsetzen der partiellen Ableitungen $\partial C/\partial Q$ und $\partial C/\partial S$ gefunden werden:

$$\begin{aligned} \frac{\partial C}{\partial Q}(Q,S) &= -\frac{rK}{Q^2} - \frac{hS^2}{2Q^2} + \frac{p(Q^2-S^2)}{2Q^2} = 0 \\ \frac{\partial C}{\partial S}(Q,S) &= \frac{hS}{Q} - \frac{p(Q-S)}{Q} = 0\ . \end{aligned}$$

Wir erhalten

$$Q^* = \sqrt{\frac{2rK}{h}}\sqrt{\frac{h+p}{p}} \tag{5.2.5}$$

$$S^* = \sqrt{\frac{2rK}{h}}\sqrt{\frac{p}{h+p}}$$

$$T^* = \frac{Q^*}{r} = \sqrt{\frac{2K}{rh}}\sqrt{\frac{h+p}{p}}\ . \tag{5.2.6}$$

Die maximale Fehlmenge ist

$$Q^* - S^* = -s^* = \sqrt{\frac{2rK}{p}}\sqrt{\frac{h}{h+p}}\ ,$$

und die minimalen Lagerhaltungskosten pro Zeiteinheit betragen

$$C^* = \sqrt{2rhK}\sqrt{\frac{p}{h+p}} + rc \ . \tag{5.2.7}$$

Das klassische Losgrößenmodell, in dem Fehlmengen nicht erlaubt sind, kann als Modell mit unendlich großen Fehlmengenkosten interpretiert werden. Führt man in den Beziehungen (5.2.5), (5.2.6) und (5.2.7) den Grenzübergang $p \to \infty$ durch, so erhält man die entsprechenden Formeln (5.2.2), (5.2.3) und (5.2.4) des ursprünglichen Modells, und es ist $S^* = Q^*$ und $s^* = 0$.

Die Lagerhaltungspolitik der beiden behandelten Losgrößenmodelle kann als spezieller Fall einer (s, S)-Bestellpolitik angesehen werden. Nach Abschnitt 5.2.1 besagt eine (s, S)-Politik, daß eine Bestellung immer dann aufgegeben wird, wenn der Lagerbestand höchstens gleich dem Bestellpunkt s ist, und zwar wird dann das Lager bis zur Bestellgrenze S aufgefüllt.

Wir nehmen nun an, daß eine **Lieferzeit** der Länge $\lambda > 0$ auftrete, wobei $\lambda < T^*$ sei. Soll die Bestellung eintreffen, wenn der Lagerbestand den Wert s^* erreicht, so muß die Bestellung eine Zeitspanne λ früher erfolgen. Die optimalen Bestellzeitpunkte sind also (wenn man von der Anfangsbestellung absieht) $nT^* - \lambda$ mit $n = 1, 2, \ldots$ Der optimale Bestellpunkt ist $s^* + \lambda r$ (vorausgesetzt, es gilt $\lambda r < Q^*$, d.h. $\lambda < T^*$). Haben wir allgemein

$$lT^* \leq \lambda < (l+1)T^* \quad (l \in \mathbb{N}_0) \ ,$$

dann ist der optimale Bestellpunkt

$$s^* + \lambda r - lQ^* \ .$$

Wir wollen jetzt ergänzend zu dem obigen **Zahlenbeispiel** annehmen, daß Fehlmengen zugelassen seien und die Fehlmengenkosten pro Stück und Woche 5 DM betragen. Außerdem trete eine Lieferzeit von einer Woche auf. Wir haben also $p = 5$ und $\lambda = 1$. Für die optimale Losgröße Q^* und die optimale Periodenlänge erhalten wir

$$Q^* = \sqrt{2 \cdot 200 \cdot 400}\sqrt{\frac{6}{5}} \approx 438 \text{ [Stück]}$$
$$T^* = \frac{438}{200} \approx 2,2 \text{ [Wochen]} \ .$$

Der maximale Lagerbestand (die Bestellgrenze) beträgt

$$S^* = 400\sqrt{\frac{5}{6}} \approx 365 \text{ [Stück]}$$

und die maximale Fehlmenge

$$Q^* - S^* = -s^* \approx 73 \text{ [Stück]} .$$

Da $\lambda r = 200 < Q^*$ gilt, ist der optimale Bestellpunkt

$$s^* + \lambda r \approx -73 + 200 = 127 \text{ [Stück]} ,$$

und die optimalen Bestellzeitpunkte sind

$$nT^* - \lambda \approx 2,2n - 1 \text{ [Wochen]} \quad (n = 1, 2, \ldots) .$$

Die minimalen Lagerhaltungskosten pro Woche betragen

$$C^* = \sqrt{160000}\sqrt{\frac{5}{6}} + 1000 \approx 1365 \text{ [DM]} .$$

Wir stellen fest, daß gegenüber dem Beispiel ohne Fehlmengen die Bestellmenge und die Periodenlänge größer und die Lagerhaltungskosten kleiner geworden sind.

Wir betrachten jetzt noch kurz den Fall, daß der **Lagerhalter selbst produziere**, und zwar mit der Produktionsrate ϱ. Die Lagerabgangsrate sei wieder r, wobei wir $\varrho > r$ voraussetzen (im Fall $\varrho = r$ ist eine Lagerung des Gutes nicht erforderlich). Fehlmengen seien nicht zugelassen, und die Anlaufzeit für das Starten einer neuen Produktionsserie (die der Lieferzeit bei einem „reinen Lagerhaltungsmodell" entspricht) vernachlässigen wir. In unserem modifizierten Modell stellen Q die Losgröße, K die Vorbereitungskosten für eine Produktionsserie (der Größe Q) und c die Herstellungskosten pro Mengeneinheit dar. Abb. 5.2.5 zeigt den Lagerbestand in Abhängigkeit von der Zeit t.

Während einer jeden Bestellperiode der Länge T wird zunächst in einer „Produktionsphase" der Länge T_1 (mit der Rate ϱ) produziert und gleichzeitig nach dem Gut (mit der Rate $r < \varrho$) nachgefragt. Anschließend wird T_2 Zeiteinheiten lang (mit der Rate r) das Lager entleert. Da die Losgröße gleich der produzierten Menge und gleich dem Lagerabgang (jeweils pro Periode) ist, haben wir

$$Q = \varrho T_1 = rT ,$$

woraus $T_1 = Q/\varrho$ folgt. Die Lagerbestandsfunktion in Abb. 5.2.5 hat während einer Produktionsphase die Steigung $\varrho - r$ („Lagerzugangsrate"). Damit gilt für den maximalen Lagerbestand $\widehat{Q}$ während einer Bestellperiode

$$\widehat{Q} = (\varrho - r)T_1 = Q\left(1 - \frac{r}{\varrho}\right) .$$

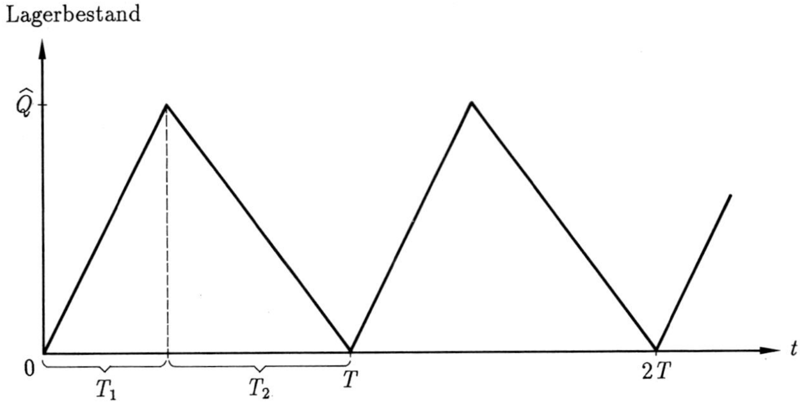

Abb. 5.2.5

Der mittlere Lagerbestand während einer Periode ist $\widehat{Q}/2$ statt $Q/2$ beim klassischen Losgrößenmodell. Folglich betragen die Lagerungskosten pro Zeiteinheit

$$\frac{h\widehat{Q}}{2} = \frac{h\left(1-\dfrac{r}{\varrho}\right)Q}{2}$$

statt $hQ/2$. Um die optimalen Werte Q^*, T^* und C^* für Losgröße, Periodenlänge und Lagerhaltungskosten pro Zeiteinheit zu erhalten, braucht man in den Formeln (5.2.2), (5.2.3) und (5.2.4) also nur h durch $h(1-r/\varrho)$ zu ersetzen:

$$Q^* = \sqrt{\frac{2rK}{h\left(1-\dfrac{r}{\varrho}\right)}}\,, \quad T^* = \sqrt{\frac{2K}{rh\left(1-\dfrac{r}{\varrho}\right)}}$$

$$C^* = \sqrt{2rh\left(1-\frac{r}{\varrho}\right)K} + rc\,.$$

Bisher haben wir angenommen, daß die Bestellkosten für $Q > 0$ Mengeneinheiten des gelagerten Gutes $K + cQ$ betragen, wobei der Preis c pro Mengeneinheit unabhängig von der bestellten Menge ist. In der Praxis werden bei der Bestellung großer Mengen jedoch oft **Mengenrabatte** gewährt. Wir wollen hierzu nur den einfachsten Fall betrachten, wo für den Preis c pro Mengeneinheit

$$c(Q) = \begin{cases} c', & \text{falls } 0 \le Q < \bar{Q} \\ c'', & \text{falls } Q \ge \bar{Q} \end{cases}$$

mit $c'' < c'$ gilt. Nehmen wir an, daß Fehlmengen nicht erlaubt seien (und der Lagerhalter nicht selbst produziere), so betragen die zu minimierenden Gesamtkosten pro Mengeneinheit

$$C(Q) = \frac{rK}{Q} + rc(Q) + \frac{hQ}{2} .$$

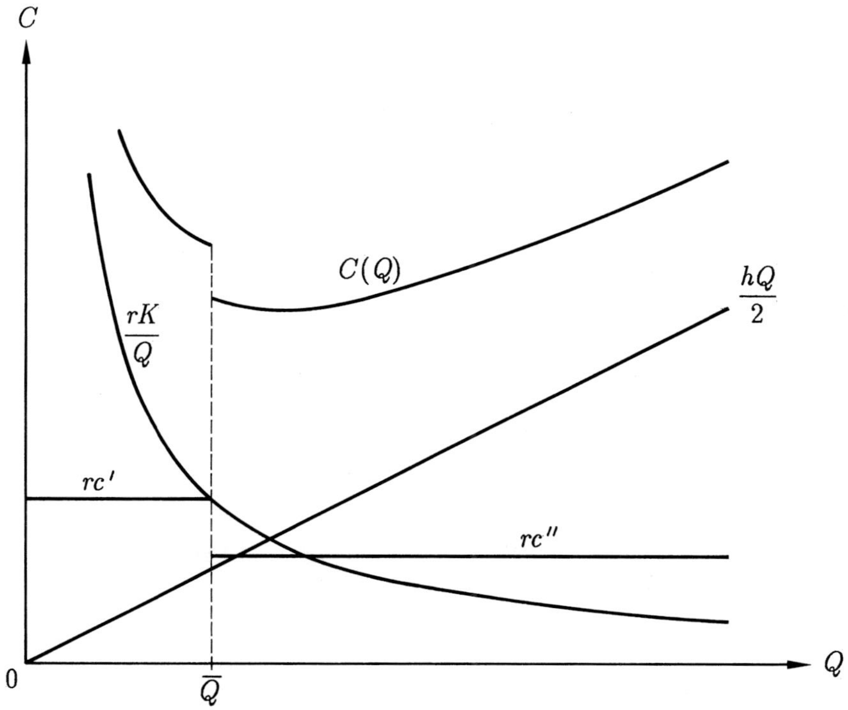

Abb. 5.2.6

Die in Abb. 5.2.6 wiedergegebene Kostenfunktion C hat für $Q = \bar{Q}$ eine Sprungstelle. In Abb. 5.2.7 sind die drei typischen Formen der Kostenfunktion C dargestellt. Die optimale Bestellmenge für den Fall ohne Mengenrabatt ($c' = c''$) ist dabei mit Q^+ bezeichnet. Die optimale Bestellmenge Q^* bei Vorliegen von Mengenrabatt ergibt sich wie folgt:

Fall 1 ($Q^+ \geq \bar{Q}$): $Q^* = Q^+$
Fall 2 ($Q^+ < \bar{Q}$ und $C(Q^+) < C(\bar{Q})$): $Q^* = Q^+$
Fall 3 ($Q^+ < \bar{Q}$ und $C(Q^+) > C(\bar{Q})$): $Q^* = \bar{Q}$.

Gilt $C(Q^+) = C(\bar{Q})$, dann sind die beiden Losgrößen Q^+ und $\bar{Q}$ optimal. In analoger Weise geht man vor, wenn mehrere Preissprünge auftreten.

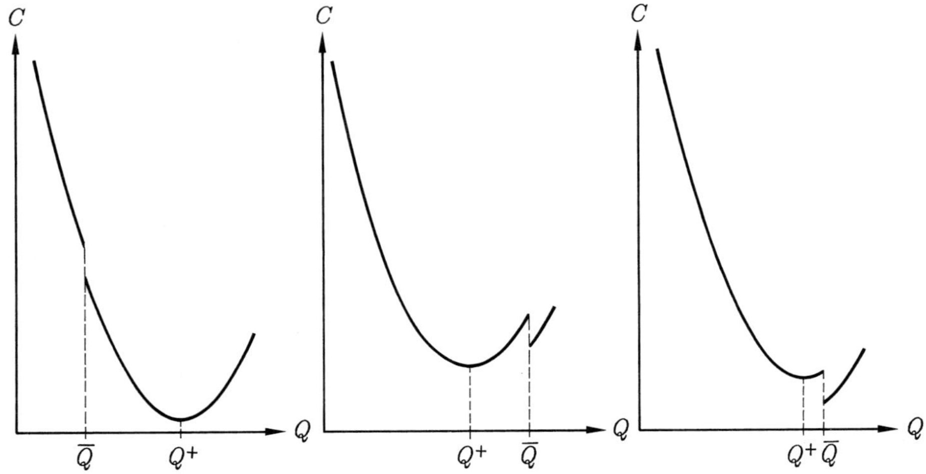

Abb. 5.2.7

Wir greifen wieder das obige Zahlenbeispiel (ohne Fehlmengen) mit $K = 400$, $h = 1$ und $r = 200$ auf und nehmen an, daß der Stückpreis nur noch 4,50 DM betrage, wenn mindestens 500 Stück bestellt werden. Wir haben also $c' = 5$, $c'' = 4,50$, $Q^+ = 400$ und $\bar{Q} = 500$. Weiter ist $C(Q^+) = 1400$ und

$$C(\bar{Q}) = \frac{rK}{\bar{Q}} + rc'' + \frac{h\bar{Q}}{2} = 160 + 900 + 250 = 1310 < C(Q^+) .$$

Es liegt also Fall 3 vor, und die optimale Bestellmenge ist $Q^* = \bar{Q} = 500$.

5.2.3 Ein deterministisches dynamisches Modell

In diesem Abschnitt wollen wir das in Abschnitt 5.1.1 formulierte Lagerhaltungsproblem lösen. Zunächst wiederholen wir kurz den Aufbau des Lagerhaltungsmodells. Es liege ein Planungszeitraum von n Perioden zugrunde, wobei u_j die zu Beginn von Periode j gelieferte Menge und x_{j+1} der Lagerbestand am Ende von Periode j (bzw. zu Beginn von Periode $j+1$) seien und $r_j > 0$ die gegebene (deterministische) Nachfrage in Periode j sei, die unmittelbar nach der Lieferung in dieser Periode auftrete. Es gilt dann die **Lagerbilanzgleichung**

$$x_{j+1} = x_j + u_j - r_j \quad (j = 1, \ldots, n) .$$

Wie bisher seien $K \geq 0$ die (bei einer Bestellung zu Beginn einer Periode anfallenden) fixen Bestellkosten und $c > 0$ der (konstante) Einkaufspreis pro

Mengeneinheit. Die Lagerungskosten pro Mengeneinheit, jeweils bezogen auf den Bestand am Ende einer Periode, seien $h > 0$ [1]. Fehlmengen seien nicht zugelassen, d.h., es gelte $x_j \geq 0$ $(j = 1, \ldots, n+1)$. Zu Beginn von Periode 1 sei das Lager leer $(x_1 = 0)$, und man kann o.B.d.A. annehmen, daß auch am Ende des Planungszeitraumes das Lager leer ist $(x_{n+1} = 0)$. Eine Lieferzeit darf auftreten, wobei wir die Beschaffungskosten für eine bestellte Menge erst zum Zeitpunkt der Lieferung der Bestellmenge verrechnen. Beträgt die Lieferzeit λ Perioden, so muß die Anfangsbestellung λ Perioden vor Beginn des eigentlichen Planungszeitraumes aufgegeben werden (also λ Perioden vor Beginn von Planungsperiode 1).

In Abschnitt 5.1.1 haben wir festgestellt, daß aufgrund der Bedingung $x_1 = x_{n+1} = 0$ die Summe der variablen Beschaffungskosten über den gesamten Planungszeitraum hinweg eine Konstante ist und die variablen Beschaffungskosten deshalb bei der Minimierung der Lagerhaltungskosten nicht berücksichtigt zu werden brauchen. Das Lagerhaltungsproblem kann dann als dynamisches Optimierungsproblem der Gestalt (5.1.3), (5.1.5) formuliert werden. Sehen wir von den variablen Beschaffungskosten ab, so genügen die minimalen Kosten $\widehat{C}_j^*(x_{j+1})$ der Perioden $1, \ldots, j$ (bei gegebenem Lagerbestand x_{j+1} am Ende von Periode j) der Bellmanschen Funktionalgleichung

$$\text{(5.2.8)} \quad \widehat{C}_j^*(x_{j+1}) = \min_{0 \leq u_j \leq x_{j+1} + r_j} \{K\delta(u_j) + hx_{j+1} + \widehat{C}_{j-1}^*(x_{j+1} - u_j + r_j)\} \qquad (1 \leq j \leq n)$$

(vgl. (5.1.20)) mit $\widehat{C}_0^*(x_1) := 0$.

Wagner und Whitin haben, die spezielle Struktur des vorliegenden dynamischen Lagerhaltungsproblems ausnutzend, einen Algorithmus zur Bestimmung einer optimalen Bestellpolitik entwickelt, der wesentlich weniger Rechenaufwand als die direkte Auswertung der Funktionalgleichung (5.2.8) erfordert. Zunächst zeigen wir, daß für jede Periode j gilt:

(5.2.9) Es ist entweder $x_j^* = 0$, $u_j^* > 0$ oder $x_j^* > 0$, $u_j^* = 0$ $\quad (1 \leq j \leq n)$,

wobei der Stern wieder „optimal“ bedeutet. Zum Beweis von (5.2.9) nehmen wir an, $x_j^* > 0$, $u_j^* > 0$ sei optimal. Wählen wir stattdessen

$$x_j^+ := 0\,, \; u_j^+ := u_j^* + x_j^*\,,$$

so ergeben sich wegen $x_{j+1} = x_j^+ + u_j^+ - r_j = x_j^* + u_j^* - r_j$ in den Perioden $j, \ldots, n$ die gleichen Lagerbestände und Bestellentscheidungen und damit die

[1] Tritt die Nachfrage nicht konzentriert unmittelbar nach der Lieferung in jeder Periode auf, sondern über die Dauer der Periode verteilt, so ist dies für die Optimierung ohne Bedeutung, da hierbei gegenüber einer auf den Periodenanfang „vorgezogenen“ Nachfrage lediglich eine die Kosten erhöhende additive Konstante hinzutritt.

gleichen Kosten [1] wie für das Paar (x_j^*, u_j^*). In den Perioden $1, \ldots, j-1$ haben wir höchstens die gleiche Anzahl von Bestellungen und damit höchstens die gleichen fixen Bestellkosten. Wegen $x_j^+ < x_j^*$ und $h > 0$ sind für das Paar (x_j^+, u_j^+) die Lagerungskosten in Periode $j-1$ und damit über den gesamten Planungszeitraum hinweg jedoch geringer als für das Paar (x_j^*, u_j^*) im Widerspruch zur Optimalität von (x_j^*, u_j^*). Wegen $x_j + u_j - r_j = x_{j+1} \geq 0$ und $r_j > 0$ ist auch der Fall $x_j^* = u_j^* = 0$ nicht möglich. Damit ist die Gültigkeit von (5.2.9) gezeigt.

Aus (5.2.9) folgt, daß für die zu Beginn von Periode j gelieferte Menge

$$u_j^* \in \{0, r_j, r_j + r_{j+1}, \ldots, r_j + r_{j+1} + \ldots + r_n\} \quad (1 \leq j \leq n)$$

gilt. Dies ergibt sich daraus, daß Lieferungen nur bei Periodenbeginn und geräumtem Lager erfolgen und so dimensioniert sein müssen, daß der Bedarf bis zur nächsten Lieferung gedeckt ist.

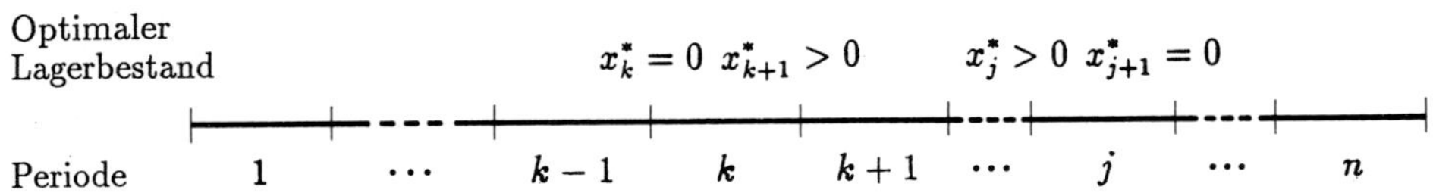

Abb. 5.2.8

Wir betrachten jetzt eine Periode $j \in \{1, \ldots, n\}$ mit $x_{j+1}^* = 0$ (solch eine Periode existiert wegen $x_{n+1}^* = 0$). Sei $k \in \{1, \ldots, j\}$ so gewählt, daß

$$x_k^* = 0\,,\ x_{k+1}^* > 0\,,\ \ldots, x_j^* > 0\,,\ x_{j+1}^* = 0$$

ist (ein solches k existiert wegen $x_1^* = 0$). In anderen Worten, k ist der größte Periodenindex $i \leq j$ mit der Eigenschaft, daß der optimale Lagerbestand x_i^* zu Beginn von Periode i gleich 0 ist (vgl. Abb. 5.2.8). Aufgrund (5.2.9) und der Forderung, daß in jeder Periode die Nachfrage befriedigt werden muß, haben wir

$$u_k^* = r_k + \ldots + r_j\,,\ u_{k+1}^* = \ldots = u_j^* = 0\,,\ u_{j+1}^* > 0\,,$$

und unter Berücksichtigung von

$$x_k^* = 0\,,\ x_{i+1}^* = x_i^* + u_i^* - r_i$$

[1] Bei den Kosten berücksichtigen wir wieder nur die fixen Bestellkosten und die eigentlichen Lagerungskosten.

ist

$$x^*_{i+1} = r_{i+1} + \ldots + r_j \quad \text{für } i = k, k+1, \ldots, j-1 \; .$$

Die minimalen Kosten (wieder ohne die variablen Beschaffungskosten) der Perioden $k, k+1, \ldots, j$ sind dann unter Beachtung von $x^*_{j+1} = 0$ gleich

$$K + h \cdot (x^*_{k+1} + \ldots + x^*_j) = K + h \cdot (r_{k+1} + 2r_{k+2} + \ldots + (j-k)r_j) \; .$$

Nach dem Bellmanschen Optimalitätsprinzip (Satz 5.1.1 in Abschnitt 5.1.3) ist eine optimale Bestellpolitik für die Perioden $k, k+1, \ldots, j$ bei gegebenem Lagerbestand x^*_k zu Beginn von Periode k unabhängig von der Bestellpolitik für die Perioden $1, \ldots, k-1$. Dies liefert die Funktionalgleichung

$$\text{(5.2.10)} \quad \widehat{C}^*_j(x^*_{j+1} = 0) = \min_{k=1,\ldots,j} \{K + h(r_{k+1} + 2r_{k+2} + \ldots + (j-k)r_j) + \widehat{C}^*_{k-1}(x^*_k = 0)\} \quad (1 \leq j \leq n) \; ,$$

wobei $\widehat{C}^*_j(x^*_{j+1})$ die Kosten einer optimalen Lagerhaltung für die Perioden $1, \ldots, j$ mit dem Endlagerbestand x^*_{j+1} darstellt. Zur Abkürzung bezeichnen wir den Ausdruck in der geschweiften Klammer in (5.2.10) mit $I_j(k)$. Wir haben dann

$$\widehat{C}^*_j(0) = \min_{k=1,\ldots,j} I_j(k) =: I^*_j$$

und eine entsprechende Minimalstelle, etwa k^*_j, zu berechnen (gibt es zwei oder mehrere Minimalstellen, so ist es günstig, die größte von ihnen mit k^*_j zu bezeichnen). In NEUMANN (1977), Abschnitt 9.2 (Hilfssatz 9.3), wird gezeigt, daß

$$\text{(5.2.11)} \qquad k^*_1 \leq k^*_2 \leq \ldots \leq k^*_n$$

gilt. Daß die Folge der k^*_j monoton wachsend ist, kann man bei der Implementierung des Verfahrens von Wagner und Whitin ausnutzen (vgl. Algorithmus 5.2.1).

Aus der Definition von $I_j(k)$ und I^*_j ergibt sich

$$\text{(5.2.12)} \quad I_j(k) = K + h(r_{k+1} + 2r_{k+2} + \ldots + (j-k-1)r_{j-1} + (j-k)r_j) + I^*_{k-1} = I_{j-1}(k) + (j-k)hr_j \quad (1 \leq k \leq j-1, \; 2 \leq j \leq n)$$

und

$$\text{(5.2.13)} \qquad I_j(j) = K + I^*_{j-1} \quad (1 \leq j \leq n), \; I^*_0 = 0 \; .$$

Die Relationen (5.2.11), (5.2.12) und (5.2.13) ermöglichen nun, eine optimale Bestellpolitik und die minimalen Gesamtkosten C^* (einschließlich der variablen Beschaffungskosten) wie folgt zu berechnen:

Algorithmus 5.2.1 (Lagerhaltung — Verfahren von Wagner und Whitin)

Schritt 1 (Vorwärtsrechnung)

Setze $I_1^* := I_1(1) := K$ *und* $k_1^* := 1$
Für $j = 2, 3, \ldots, n$ *bestimme*

$$I_j^* := \min_{k=k_{j-1}^*,\ldots,j} I_j(k)$$

$$\text{mit } I_j(k) := \begin{cases} I_{j-1}(k) + (j-k)hr_j, & \text{falls } k < j \\ K + I_{j-1}^*, & \text{falls } k = j \end{cases}$$

und die (größte) entsprechende Minimalstelle k_j^*
Setze $\mathcal{C}^* := I_n^* + c(r_1 + r_2 + \ldots + r_n)$

Schritt 2 (Rückwärtsrechnung)

Setze $l := k_n^*$, $u_l^* := r_l + r_{l+1} + \ldots + r_n$, $u_{l+1}^* := \ldots := u_n^* := 0$
Solange $l > 1$, *setze*

$m := k_{l-1}^*$, $u_m^* := r_m + r_{m+1} + \ldots + r_{l-1}$, $u_{m+1}^* := \ldots := u_{l-1}^* := 0$ *und*
$l := m$

□

In der Rückwärtsrechnung ist zu beachten, daß $k_j^* = i$ bedeutet, daß die Nachfrage in Periode j (und damit auch in den Perioden $i, \ldots, j-1$) durch die Lieferung in Periode i befriedigt wird. Eine optimale Bestellpolitik hat also im Prinzip das in Abb. 5.2.9 skizzierte Aussehen.

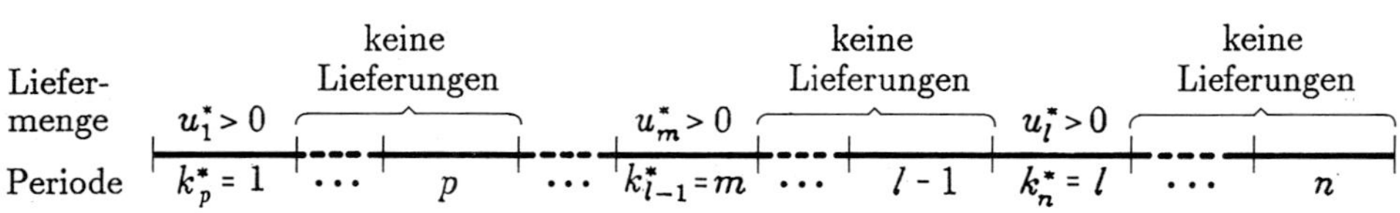

Abb. 5.2.9

Der Algorithmus von Wagner und Whitin kann auch auf den Fall übertragen werden, daß die fixen Bestellkosten K, der Einkaufspreis c und die Lagerungskosten h von Periode zu Periode variieren. Die Monotonieaussage $k_1^* \leq k_2^* \leq \ldots \leq k_n^*$ ist dabei sichergestellt, wenn die Folge der (periodenabhängigen) fixen Bestellkosten monoton wachsend ist: $K_1 \leq K_2 \leq \ldots \leq K_n$. In Federgruen und Tzur (1991) ist eine effiziente Implementierung des Wagner-Whitin-Algorithmus für den Fall periodenabhängiger Kosten K_j, c_j

und h_j $(j = 1, \ldots, n)$ mit dem Rechenaufwand $O(n \log n)$ angegeben. Gilt $K_1 \leq K_2 \leq \ldots \leq K_n$, so kann der Rechenaufwand auf $O(n)$ reduziert werden.

Wir betrachten ein **Zahlenbeispiel** mit drei Perioden und

$$K = 50 \text{ [DM]},\ c = 3 \text{ [DM/Stück]},\ h = 1 \text{ [DM/Stück·Periode]}$$
$$r_1 = 30\,,\ r_2 = 20\,,\ r_3 = 40 \text{ [Stück]}\ .$$

In der Vorwärtsrechnung erhalten wir

$$I_1^* = I_1(1) = K = 50\,,\ k_1^* = 1$$

$$\begin{aligned} I_2(1) &= I_1(1) + hr_2 = 70 \\ I_2(2) &= K + I_1^* = 100 \\ I_2^* &= 70\,,\ k_2^* = 1 \end{aligned}$$

$$\begin{aligned} I_3(1) &= I_2(1) + 2hr_3 = 150 \\ I_3(2) &= I_2(2) + hr_3 = 140 \\ I_3(3) &= K + I_2^* = 120 \\ I_3^* &= 120\,,\ k_3^* = 3 \end{aligned}$$

$$\mathcal{C}^* = I_3^* + c(r_1 + r_2 + r_3) = 390 \text{ [DM]}\ .$$

Die Rückwärtsrechnung liefert

$$\begin{aligned} &k_3^* = 3 \text{ und damit } u_3^* = r_3 = 40 \text{ [Stück]} \\ &k_2^* = 1 \text{ und folglich } u_1^* = r_1 + r_2 = 50 \text{ [Stück]},\ u_2^* = 0\ . \end{aligned}$$

In Periode 1 ist also der Bedarf der Perioden 1 und 2 zu bestellen, während die Bestellung in Periode 3 gleich der Nachfrage in dieser Periode ist.

5.2.4 Ein stochastisches Ein-Perioden-Modell

Wir bereits in Abschnitt 5.2.1 erwähnt, ist die Vorhersage der Nachfrage in der Praxis oft mit großen Unsicherheiten verbunden. In diesem Fall empfiehlt es sich, die Nachfrage R als nichtnegative Zufallsgröße anzusehen, deren Verteilung gegeben sei (die Verteilungsfunktion werde mit Φ bezeichnet). Wir betrachten in diesem Abschnitt ein Ein-Perioden-Modell, das die Lagerung eines Gutes beschreiben kann, das schnell altert (z.B. eine Zeitung), schnell verdirbt (z.B. Obst oder Gemüse), nur einmal gelagert wird (etwa Ersatzteile für eine ausgelaufene Produktionsserie) oder dessen Zukunft nach einer Planungsperiode ungewiß ist.

Wie bisher seien $K \geq 0$ die fixen Bestellkosten und $c > 0$ der Einkaufspreis (oder die Produktionskosten) pro Mengeneinheit. Die „Lagerungskosten“

$h > 0$ stellen jetzt die Kosten für die Lagerung einer übrig gebliebenen (d.h. in der Planungsperiode nicht abgesetzten) Mengeneinheit abzüglich ihres Wiederverkaufswertes dar. Ferner seien Fehlmengenkosten $p > c$ pro Mengeneinheit unbefriediger Nachfrage gegeben [1] (z.B. zusätzliche Kosten für die Extralieferung einer benötigten Mengeneinheit oder Einnahmeverlust, wenn die Nachfrage verloren geht). Den Anfangslagerbestand (vor der Bestellung bzw. Produktion) bezeichnen wir mit x, und $u \geq 0$ sei die bestellte (oder produzierte) Menge zu Beginn der Planungsperiode. Weiter nehmen wir an, daß die Lieferzeit gleich 0 sei. Dann stellt $y = x+u$ den Lagerbestand unmittelbar nach der Bestellung (und Lieferung der bestellten Menge) dar, d.h. den Bestand, bis zu dem das Lager aufgefüllt wird. Unser Ziel ist, den Erwartungswert der Summe aller Kosten zu minimieren.

Mit r bezeichnen wir die (unmittelbar nach Eingang der Lieferung) realisierte Nachfrage. Gilt $r \leq y$, so entstehen Lagerungskosten in Höhe von $h \cdot (y - r)$; ist $r \geq y$, dann fallen die Fehlmengenkosten $p \cdot (r - y)$ an. Wir wollen nun den Erwartungswert der Lagerungs- plus Fehlmengenkosten L in Abhängigkeit von y bestimmen. Hat die Nachfrage R eine diskrete Verteilung (etwa, wenn es sich um ein Stückgut handelt) und sei

$$\pi_r := P(R = r) \quad \text{für } r = 0, 1, 2, \ldots$$

wobei $P(A)$ wie üblich die Wahrscheinlichkeit des Ereignisses A bezeichne, so ist

$$\text{(5.2.14)} \quad \begin{aligned} L(y) &= h \sum_{r=0}^{y} (y - r)\pi_r + p \sum_{r=y+1}^{\infty} (r - y)\pi_r \\ &= (h + p) \sum_{r=0}^{y} (y - r)\pi_r + p \sum_{r=0}^{\infty} (r - y)\pi_r \quad (y \in \mathbb{Z}_+) . \end{aligned}$$

Im Fall einer stetigen Verteilung mit der Verteilungsdichte ϕ erhalten wir entsprechend

$$\text{(5.2.15)} \quad \begin{aligned} L(y) &= h \int_0^y (y - r)\phi(r)\, dr + p \int_y^{\infty} (r - y)\phi(r)\, dr \\ &= (h + p) \int_0^y (y - r)\phi(r)\, dr + p \int_0^{\infty} (r - y)\phi(r)\, dr \quad (y \geq 0) . \end{aligned}$$

Wir wollen nun für $L(y)$ eine Formel angeben, die sowohl für diskrete als auch für stetige Nachfrageverteilungen gültig ist. Im Fall einer diskreten

[1] Der Fall $p \leq c$ ist uninteressant, da dann die Entscheidung, nichts zu bestellen, kostenminimal ist.

Verteilung der Zufallsgröße R gilt für den Erwartungswert der Nachfrage R

$$E(R) = \sum_{r=0}^{\infty} r\pi_r \tag{5.2.16}$$

und für die Verteilungsfunktion Φ von R

$$\Phi(r) = \sum_{k=0}^{\lfloor r \rfloor} \pi_k \quad (r \geq 0) \,, \tag{5.2.17}$$

wobei $\lfloor r \rfloor$ wieder der ganze Teil von r ist. Mit (5.2.17) ergibt sich für $y \in \mathbb{Z}_+$

$$\int_0^y \Phi(r)\,dr = \sum_{k=0}^{y} \int_k^y \pi_k\,dr = \sum_{k=0}^{y} (y-k)\pi_k \,.$$

Dies zusammen mit (5.2.16) in (5.2.14) eingesetzt liefert wegen $\sum_{r=0}^{\infty} \pi_r = 1$

$$L(y) = (h+p)\int_0^y \Phi(r)\,dr + p(E(R)-y) \,. \tag{5.2.18}$$

Für eine stetige Verteilung bekommen wir mittels partieller Integration unter Beachtung von $\Phi(0) = 0$

$$\int_0^y (y-r)\phi(r)\,dr = (y-r)\Phi(r)\,\Big|_0^y + \int_0^y \Phi(r)\,dr = \int_0^y \Phi(r)\,dr \,.$$

Setzen wir diese Beziehung zusammen mit

$$E(R) = \int_0^{\infty} r\phi(r)\,dr \,, \quad \int_0^{\infty} \phi(r)\,dr = 1$$

in (5.2.15) ein, so erhalten wir wieder (5.2.18). Man kann sich überlegen, daß (5.2.18) formal auch für $y < 0$ gilt. Mit $\Phi(r) = 0$ für $r < 0$ können wir dann (5.2.18) schreiben als

$$L(y) = \begin{cases} (h+p)\displaystyle\int_0^y \Phi(r)\,dr + p(E(R)-y) \,, & \text{falls } y \geq 0 \\ p(E(R)-y) \,, \quad \text{falls } y < 0 \,. \end{cases} \tag{5.2.19}$$

Die minimalen erwarteten Gesamtkosten $C^*(x)$ in Abhängigkeit vom Anfangslagerbestand x betragen

$$C^*(x) = \min_{u \geq 0} \{K\delta(u) + cu + L(x+u)\} \quad (x \in \mathbb{R}) \,. \tag{5.2.20}$$

Den Ausdruck in der geschweiften Klammer von (5.2.20) bezeichnen wir mit $W(x,u)$:

$$W(x,u) := K\delta(u) + cu + L(x+u) \ . \tag{5.2.21}$$

Wir wollen jetzt das Minimum $C^*(x)$ von $W(x,\cdot)$ auf $\mathbb{R}_+$ und eine zugehörige Minimalstelle $z^*(x)$ bestimmen. $z^*(x)$ stellt dann eine optimale Bestellmenge dar. Hierzu betrachten wir die durch

$$G(y) := cy + L(y) \tag{5.2.22}$$

gegebene Funktion G, die einen analytisch gut behandelbaren Anteil der Funktion W darstellt. Aus (5.2.19) und (5.2.22) ergibt sich unter Beachtung von $p > c$

$$\lim_{y\to-\infty} G(y) = \infty \quad \text{und} \quad \lim_{y\to\infty} G(y) = \infty \ .$$

Da die Verteilungsfunktion Φ monoton wachsend ist, ist nach Satz 4.2.9 das Integral $\int_0^y \Phi(r)\,dr$ bezüglich y konvex, und folglich sind auch L und G konvexe Funktionen (beachte, daß lineare Funktionen konvex sind und die Summe konvexer Funktionen wieder konvex ist, vgl. Satz 4.2.4). Damit hat G die in Abb. 5.2.10 angegebene Gestalt.

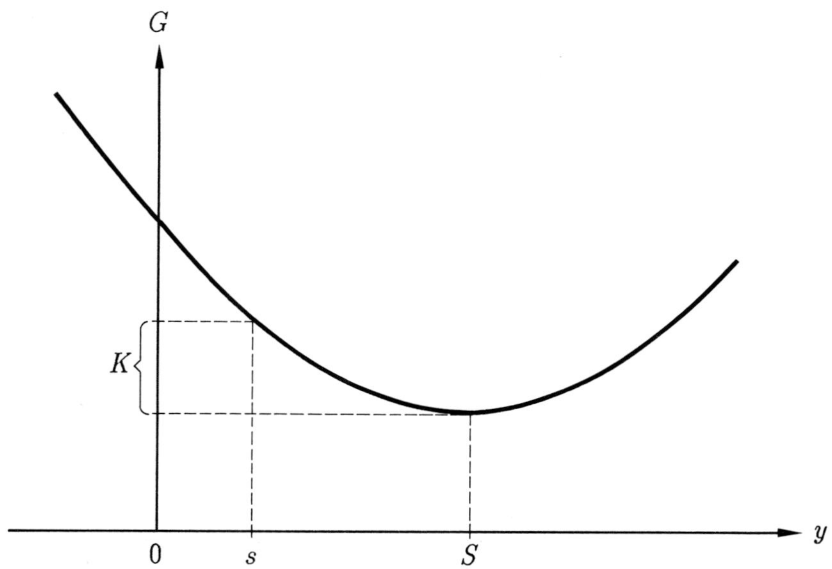

Abb. 5.2.10

Seien nun S die (bei mehreren kleinste) Minimalstelle von G auf $\mathbb{R}$ und $s \le S$ so festgelegt, daß

$$G(s) = G(S) + K \tag{5.2.23}$$

ist. Im Fall von Stückgütern (diskretes Lagergut), wo x, u und y nur ganzzahlige Werte annehmen und S die (kleinste) Minimalstelle von G auf $\mathbb{Z}$ ist, haben wir die größte ganze Zahl $s \leq S$ so zu bestimmen, daß

$$G(s) \geq G(S) + K$$

gilt.

Nach (5.2.19) und (5.2.22) ist

$$G(y) = (c-p)y + pE(R) \quad \text{für } y \leq 0 \,, \tag{5.2.24}$$

also (wegen $p > c$) G auf dem Intervall $(-\infty, 0]$ linear und monoton fallend. Folglich muß für die Minimalstelle S von G auf $\mathbb{R}$ $S \geq 0$ gelten, es kann jedoch $s < 0$ sein. Der Fall $s < 0$ bedeutet, daß erst dann bestellt wird, wenn eine unbefriedigte Nachfrage (Fehlmenge) in der Höhe $|s|$ vorliegt.

Seien jetzt C^+ die erwarteten Gesamtkosten im Fall, daß die Menge $u > 0$ bestellt wird. Dann ist mit (5.2.21), (5.2.22)

$$C^+ = W(x, u) = K + cu + L(x+u) = K - cx + G(x+u) \quad \text{mit } u > 0 \,.$$

Für die erwarteten Gesamtkosten C^- im Fall, daß nichts bestellt wird, bekommen wir

$$C^- = W(x, 0) = -cx + G(x) \,.$$

Aus Abb. 5.2.10 erkennt man, daß

$$\begin{aligned} C^+ - C^- = K + G(x+u) - G(x) \geq 0 \,, &\quad \text{falls } x \geq s \\ C^+ - C^- < 0 \,, &\quad \text{falls } x < s \\ \text{wegen } G(x) > G(s) = K + G(S) = K + G(x+u) &\quad \text{für } u = S - x \end{aligned}$$

gilt und die Funktion $W(x, \cdot)$ ihr Minimum auf $\mathbb{R}_+$ für

$$u = z^*(x) = S - x \,, \quad \text{falls } x < s$$

annimmt. Somit ist folgende Bestellpolitik optimal:

$$z^*(x) = \begin{cases} S - x \,, & \text{falls } x < s \\ 0 \,, & \text{falls } x \geq s \,. \end{cases} \tag{5.2.25}$$

Die Bestellregel (5.2.25) besagt, daß, falls der Anfangslagerbestand x unter dem Bestellpunkt s liegt, bis zur Bestellgrenze S aufzufüllen ist, und falls $x \geq s$ ist, nicht bestellt werden soll. Wir haben also wieder eine (s, S)-Bestellpolitik erhalten. Treten keine fixen Bestellkosten auf ($K = 0$), so ist $s = S$, in anderen Worten, eine (S, S)-Politik ist optimal.

Setzt man (5.2.25) für u in (5.2.20) ein, dann erhält man unter Beachtung von (5.2.22) und (5.2.23) die erwarteten minimalen Gesamtkosten

$$C^*(x) = \begin{cases} -cx + G(s)\,, & \text{falls } x < s \\ -cx + G(x)\,, & \text{falls } x \geq s\,. \end{cases}$$

Wir wollen noch kurz auf die Berechnung der Parameter S und s eingehen. Im Fall eines kontinuierlichen Lagergutes mit stetiger Verteilungsfunktion Φ der Nachfrage ist die Funktion G stetig differenzierbar. Wegen der Konvexität von G erhalten wir dann die Minimalstelle S von G durch Nullsetzen der ersten Ableitung:

$$G'(S) = c + L'(S) = 0$$

(vgl. (5.2.22)). Nach (5.2.19) ist unter Beachtung von $S \geq 0$

$$L'(S) = (h + p)\Phi(S) - p$$

und damit

(5.2.26) $$\Phi(S) = \frac{p - c}{p + h}\,.$$

Im Fall eines diskreten Lagergutes ist S die kleinste ganze Zahl mit

$$\Phi(S) \geq \frac{p - c}{p + h}\,.$$

Zur Bestimmung des optimalen Bestellpunktes s (bei kontinuierlichem Lagergut) empfiehlt es sich, zunächst zu prüfen, ob s positiv ist oder nicht. Nach (5.2.24) ist $G(0) = pE(R)$. Da $G(s) = G(S) + K$ gilt und G auf dem Intervall $(-\infty, S]$ monoton fallend ist (vgl. Abb. 5.2.9), haben wir $s \leq 0$, wenn

$$G(0) = pE(R) \leq G(S) + K$$

ist. In diesem Fall kann die Gleichung (5.2.23) unter Beachtung von (5.2.24) nach s aufgelöst werden, und wir erhalten

$$s = \frac{G(S) + K - pE(R)}{c - p}\,.$$

Gilt

$$G(0) > G(S) + K\,,$$

so haben wir $0 < s \leq S$, und die Gleichung $G(s) = G(S) + K$ ist (näherungsweise) numerisch zu lösen. Die (näherungsweise) Bestimmung von s, also die Berechnung einer Nullstelle der Funktion $G(\cdot) - G(S) - K$ auf dem Intervall $(0, S]$, kann z.B. mit dem Halbierungsverfahren, dem Sekantenverfahren oder bei differenzierbarer Funktion G mit dem Newton-Verfahren erfolgen (s. etwa STOER (1979), Kapitel 5, oder TÖRNIG UND SPELLUCCI (1988), Abschnitt I.2).

Wir betrachten ein **Zahlenbeispiel**. Die Nachfrage R sei exponentialverteilt mit dem Erwartungswert $E(R)$, d.h., es ist

$$\Phi(r) = 1 - e^{-\frac{r}{E(R)}} \quad \text{für } r \geq 0 \,. \tag{5.2.27}$$

Speziell sei $E(R) = 100$ [ME]
$K = 20$ [DM], $c = 1$ [DM/ME]
$h = 0,1$ [DM/ME], $p = 3$ [DM/ME]
(ME = Mengeneinheit). Wegen (5.2.27) kann die Gleichung (5.2.26) nach S aufgelöst werden, und wir erhalten

$$S = E(R) \ln \frac{h+p}{h+c} = 100 \ln \frac{3,1}{1,1} \approx 104 \text{ [ME]} \,. \tag{5.2.28}$$

s ist aus $G(s) = G(S) + K$ zu bestimmen. Dabei gilt nach (5.2.19), (5.2.22) für $y \geq 0$

$$G(y) = (h+p) \int_0^y \Phi(r)\, dr + (c-p)y + pE(R) = 310 e^{-\frac{y}{100}} + 1,1y - 10 \,.$$

Speziell ist $G(S) = G(104) \approx 214$. Wegen

$$G(0) = pE(R) = 300 > G(S) + K \approx 234$$

haben wir $s > 0$. Die näherungsweise Lösung der Gleichung $G(s) = 234$ oder

$$310 e^{-\frac{s}{100}} + 1,1s - 244 = 0$$

liefert $s \approx 49$ [ME]. Die optimale Bestellpolitik ist folglich

$$z^*(x) = \begin{cases} 104 - x\,, & \text{falls } x < 49 \\ 0\,, & \text{falls } x \geq 49\,. \end{cases}$$

5.2.5 Stochastische stationäre Mehr-Perioden-Modelle

Stochastische Mehr-Perioden-Modelle führen auf stochastische dynamische Optimierungsprobleme und sind erheblich schwieriger zu behandeln als das in Abschnitt 5.2.4 betrachtete Ein-Perioden-Modell. Wir wollen deshalb im folgenden nur die prinzipielle Vorgehensweise für zwei stationäre Mehr-Perioden-Modelle skizzieren, die auch unter dem Namen **Arrow-Harris-Marschak-**

Modelle oder kurz **AHM-Modelle** bekannt sind. Dabei wird sich wieder ergeben, daß (s, S)-Bestellpolitiken optimal sind. Eine detailliertere Darstellung findet man z.B. in NEUMANN (1977), Abschnitte 11.1 bis 11.4.

Der Planungszeitraum bestehe aus n Perioden. Entsprechend Abschnitt 5.2.4 seien $K \geq 0$ die fixen Bestellkosten, $c > 0$ der Einkaufspreis pro Mengeneinheit, $h > 0$ die Lagerungskosten pro Mengeneinheit und Periode sowie $p > c$ die Fehlmengenkosten pro Mengeneinheit und Periode. Die Lieferzeit sei gleich 0. Die Nachfragen $R_1, \ldots, R_n$ in den Perioden $1, \ldots, n$ seien unabhängige, identisch verteilte, nichtnegative stetige Zufallsgrößen und können damit durch eine Zufallsgröße R beschrieben werden, deren Verteilungsdichte ϕ sei. Insbesondere nehmen wir also an, daß es sich um ein kontinuierliches Lagergut handle. Bei diskretem Lagergut sind die im folgenden auftretenden Integrale durch entsprechende Summen zu ersetzen.

Wie in Abschnitt 5.1.7 berücksichtigen wir noch einen Diskontfaktor α mit $0 < \alpha \leq 1$. Da alle unser Lagerhaltungsmodell charakterisierenden Größen K, c, h, p, ϕ und α unabhängig vom Periodenindex j sind, liegt ein **stationäres Modell** vor.

Der Lagerbestand X_{j+1} am Ende von Periode j (bzw. bei Start von Periode $j+1$) ist eine Zufallsgröße. Der Anfangslagerbestand x_1 zu Beginn des Planungszeitraumes sei jedoch eine (vorgegebene) deterministische Größe. Sei $u_j \geq 0$ die zu Beginn von Periode j bestellte Menge und bezeichnen wir mit x_{j+1} den realisierten Lagerbestand am Ende von Periode j und mit r_j die realisierte Nachfrage in Periode j, so gilt wieder die Lagerbilanzgleichung

$$x_{j+1} = x_j + u_j - r_j \quad (j = 1, \ldots, n) \ .$$

Sei $y_j := x_j + u_j$ der realisierte Lagerbestand unmittelbar nach Eingang der Bestellung in Periode j. Dann haben die erwarteten Lagerungs- plus Fehlmengenkosten $L(y_j)$ in Periode j wieder die Form (5.2.19), wobei Φ die Verteilungsfunktion und $E(R)$ der Erwartungswert der unabhängigen, identisch verteilten Zufallsgrößen $R_1, \ldots, R_n$ sind. Die erwarteten Kosten in Periode j betragen

$$K\delta(u_j) + cu_j + L(x_j + u_j) \ .$$

Ziel ist die Minimierung der erwarteten diskontierten Gesamtkosten über den gesamten Planungszeitraum hinweg, also die Lösung des entsprechenden stochastischen dynamischen Optimierungsproblems (vgl. Abschnitt 5.1.7).

Seien $C_j^*(x_j)$ die minimalen erwarteten Gesamtkosten der Perioden j, $j+1, \ldots, n$, diskontiert auf den Beginn von Periode j bei gegebenem (realisierten) Lagerbestand x_j zu Beginn von Periode j. Führen wir wie in Abschnitt 5.2.4 die Funktion G gemäß

$$G(y) := cy + L(y)$$

ein, so daß wir für die erwarteten Kosten von Periode j

$$K\delta(u_j) + cu_j + L(x_j + u_j) = -cx_j + K\delta(u_j) + G(x_j + u_j)$$

schreiben können, dann lautet die Bellmansche Funktionalgleichung

$$C_j^*(x_j) = -cx_j + \min_{u_j \geq 0}\{K\delta(u_j) + G(x_j + u_j) + \alpha \int_0^\infty C_{j+1}^*(x_j + u_j - r_j)\phi(r_j)\, dr_j\} \quad (1 \leq j \leq n) \tag{5.2.29}$$

(vgl. (5.1.24)). Seien $W_j(x_j, u_j)$ der Ausdruck innerhalb der geschweiften Klammer von (5.2.29) und $z_j^*(x_j)$ eine Minimalstelle von $W_j(x_j, \cdot)$ auf $\mathbb{R}_+$. Dann stellt $(z_1^*, \ldots, z_n^*)$ eine optimale Bestellpolitik dar, die also die Form einer „Rückkopplungssteuerung" hat (zum Begriff einer Rückkopplungssteuerung vgl. Abschnitt 5.1.4). Durch sukzessive Auswertung der Bellmanschen Funktionalgleichung (5.2.29) für $j = n, n-1, \ldots, 1$ kann man nacheinander die Funktionen C_j^* und z_j^* bestimmen. Die minimalen erwarteten diskontierten Kosten über den gesamten Planungszeitraum hinweg sind dann gleich $C_1^*(x_1)$.

Um die Bellmansche Funktionalgleichung (5.2.29) auswerten zu können, benötigen wir noch die Kostenfunktion C_{n+1}^* für Periode n. Wir betrachten hierzu zwei Möglichkeiten. Falls der Restlagerbestand x_{n+1} am Ende von Periode n verloren geht (bzw. unberücksichtigt bleibt), sprechen wir von **Modell A**. Wird der Restlagerbestand x_{n+1} am Ende von Periode n bewertet in Höhe des Einkaufspreises c pro Mengeneinheit, dann liege **Modell B** vor. Haben wir in Modell B am Ende des Planungszeitraumes eine unbefriedigte Nachfrage, so nehmen wir an, daß jede Mengeneinheit zum Preis c beschafft werden kann. Der Wert des Restlagerbestandes x_{n+1} ist folglich stets cx_{n+1}, d.h., die für diesen Restlagerbestand anfallenden Kosten belaufen sich auf $-cx_{n+1}$ (sie sind negativ bei positivem Restlagerbestand und positiv bei zu befriedigender Restnachfrage). Für die Kostenfunktion C_{n+1}^* am Ende von Periode n erhalten wir dann

$$C_{n+1}^*(x_{n+1}) = \begin{cases} 0 & \text{für Modell A} \\ -cx_{n+1} & \text{für Modell B}\ . \end{cases}$$

Die numerische Auswertung der Bellmanschen Funktionalgleichung ist im stochastischen Fall sehr rechenaufwendig. Unter Ausnutzung der speziellen Struktur unseres Lagerhaltungsproblems kann man jedoch zeigen, daß wieder eine (s, S)-Bestellpolitik optimal ist. Dies ermöglicht eine erhebliche Reduzierung des Rechenaufwandes.

Modell B ist für viele praktische Probleme realistischer als Modell A und hat außerdem den Vorteil, daß eine optimale Bestellpolitik mit geringerem Rechenaufwand als bei Modell A bestimmt werden kann. Bei Modell B kann nämlich der Term $-cx_j$ auf der rechten Seite der Bellmanschen Funktionalgleichung (5.2.29) weggelassen werden, wenn die Funktion G durch folgende Funktion $\bar{G}$ ersetzt wird:

$$\bar{G}(y) := (1-\alpha)cy + L(y) = G(y) - \alpha cy \; . \tag{5.2.30}$$

$\bar{G}$ hat wie G die in Abb. 5.2.10 skizzierte Gestalt. Durch eine kurze Rechnung kann man zeigen, daß die gemäß

$$\begin{aligned} \bar{C}_j^*(x_j) &:= C_j^*(x_j) + cx_j - cE(R)(\alpha+\alpha^2+\ldots+\alpha^{n-j+1}) \quad (1 \le j \le n) \\ \bar{C}_{n+1}^*(x_{n+1}) &:= 0 \end{aligned} \tag{5.2.31}$$

erklärten Funktionen $\bar{C}_j^*$ der Funktionalgleichung

$$\bar{C}_j^*(x_j) = \min_{u_j \ge 0}\{K\delta(u_j) + \bar{G}(x_j+u_j) + \alpha\int_0^\infty \bar{C}_{j+1}^*(x_j+u_j-r_j)\phi(r_j)\,dr_j\} \quad (1 \le j \le n) \tag{5.2.32}$$

genügen (vgl. NEUMANN (1977), Abschnitt 11.2).

Wir führen nun noch die später benötigten Funktionen H_j und $\bar{H}_j$ ein:

$$\left.\begin{aligned} H_j(y) &:= G(y) + \alpha\int_0^\infty C_{j+1}^*(y-r)\phi(r)\,dr \\ \bar{H}_j(y) &:= \bar{G}(y) + \alpha\int_0^\infty \bar{C}_{j+1}^*(y-r)\phi(r)\,dr \end{aligned}\right\} \quad (1 \le j \le n) \; .$$

(5.2.29) und (5.2.32) können wir damit (unter Weglassung des Index j bei x_j und u_j) in der Form

$$C_j^*(x) = -cx + \min_{u\ge 0}\{K\delta(u) + H_j(x+u)\} \;\; (1 \le j \le n) \quad \text{für Modell A} \tag{5.2.33}$$

$$\bar{C}_j^*(x) = \min_{u\ge 0}\{K\delta(u) + \bar{H}_j(x+u)\} \;\; (1 \le j \le n) \quad \text{für Modell B} \tag{5.2.34}$$

schreiben.

Wir betrachten zunächst **Modell A** und die zugehörige Beziehung (5.2.33). Wir erinnern an die Bedeutung der Parameter S und s beim einperiodigen stochastischen Modell aus Abschnitt 5.2.4: S ist die (kleinste) Minimalstelle der Funktion G auf $\mathbb{R}$ und $s \le S$ gemäß $G(s) = G(S) + K$ festgelegt. Wir führen jetzt analog Parameter S_j und s_j ein, die vom Periodenindex j abhängen: S_j sei die (kleinste) Minimalstelle der Funktion H_j auf $\mathbb{R}$ und $s_j \le S_j$ die kleinste reelle Zahl mit

$$H_j(s_j) = H_j(S_j) + K \tag{5.2.35}$$

$(j = 1, \ldots, n)$. In NEUMANN (1977), Abschnitt 11.3, wird gezeigt, daß dann die durch

$$z_j^*(x) := \begin{cases} S_j - x\,, & \text{falls } x < s_j \\ 0\,, & \text{falls } x \geq s_j \end{cases} \qquad (j = 1, \ldots, n) \tag{5.2.36}$$

gegebene (s, S)-Bestellpolitik $(z_1^*, \ldots, z_n^*)$ optimal ist, in anderen Worten, s_j ist optimaler Bestellpunkt und S_j optimale Bestellgrenze in Periode j. Setzt man (5.2.36) für u in (5.2.33) ein, so erhält man unter Beachtung von (5.2.35)

$$C_j^*(x) = \begin{cases} -cx + H_j(s_j)\,, & \text{falls } x < s_j \\ -cx + H_j(x)\,, & \text{falls } x \geq s_j \end{cases} \qquad (j = 1, \ldots, n)\,.$$

Wir listen die einzelnen Rechenschritte zur Bestimmung einer optimalen Bestellpolitik und der zugehörigen minimalen erwarteten diskontierten Kosten noch einmal auf:

Algorithmus 5.2.2 (Lagerhaltung — (s,S)-Politik im stochastischen Modell A)

Schritt 1

Setze $j := n$ und bestimme $H_j(y) := G(y) := cy + L(y)$ für $y \in \mathbb{R}$

Schritt 2

Berechne die kleinste Minimalstelle S_j von H_j auf $\mathbb{R}$ und die kleinste reelle Zahl $s_j \leq S_j$ mit $H_j(s_j) = H_j(S_j) + K$

Schritt 3

Bestimme

$$z_j^*(x) := \begin{cases} S_j - x\,, & \text{falls } x < s_j \\ 0\,, & \text{falls } x \geq s_j \end{cases} \qquad C_j^*(x) := \begin{cases} -cx + H_j(s_j)\,, & \text{falls } x < s_j \\ -cx + H_j(x)\,, & \text{falls } x \geq s_j \end{cases}$$

Schritt 4

Falls $j = 1$, terminiere; andernfalls setze $j := j - 1$, bestimme

$$H_j(y) := G(y) + \alpha \int_0^\infty C_{j+1}^*(y - r)\phi(r)\,dr \quad \text{für } y \in \mathbb{R}$$

und gehe zu Schritt 2

□

Der Rechenaufwand zur Ermittlung der Größen S_j und s_j $(j = 1, \ldots, n)$ ist im allgemeinen relativ groß, da die Funktionen H_j keine Eigenschaften wie Monotonie oder Konvexität besitzen, die vorteilhaft für eine einfachere Berechnung einer Minimalstelle und für die Auswertung von (5.2.35) ausgenutzt werden können. Jedoch ist das generelle Resultat, daß eine (s, S)-Politik optimal ist (die sich in der Praxis leicht realisieren läßt), von großer Bedeutung, selbst wenn die genauen Werte der Parameter S_j und s_j nicht ermittelt werden können.

Fallen keine fixen Bestellkosten an ($K = 0$), so haben wir $s_j = S_j$ ($j = 1, \ldots, n$), d.h., eine (S, S)-Bestellpolitik ist optimal. Man kann zeigen, daß in diesem Fall die Folge der S_j monoton fallend ist: $S_1 \geq S_2 \geq \ldots \geq S_n$.

Wir wenden uns jetzt **Modell B** mit der Beziehung (5.2.34) zu. Das Fehlen des Terms $-cx$ auf der rechten Seite der Gleichung (5.2.34) ermöglicht eine einfachere Berechnung von Bestellgrenze S_j und Bestellpunkt s_j in Periode j als im Modell A. Insbesondere kann man (vom Periodenindex j unabhängige) Schranken für S_j und s_j angeben.

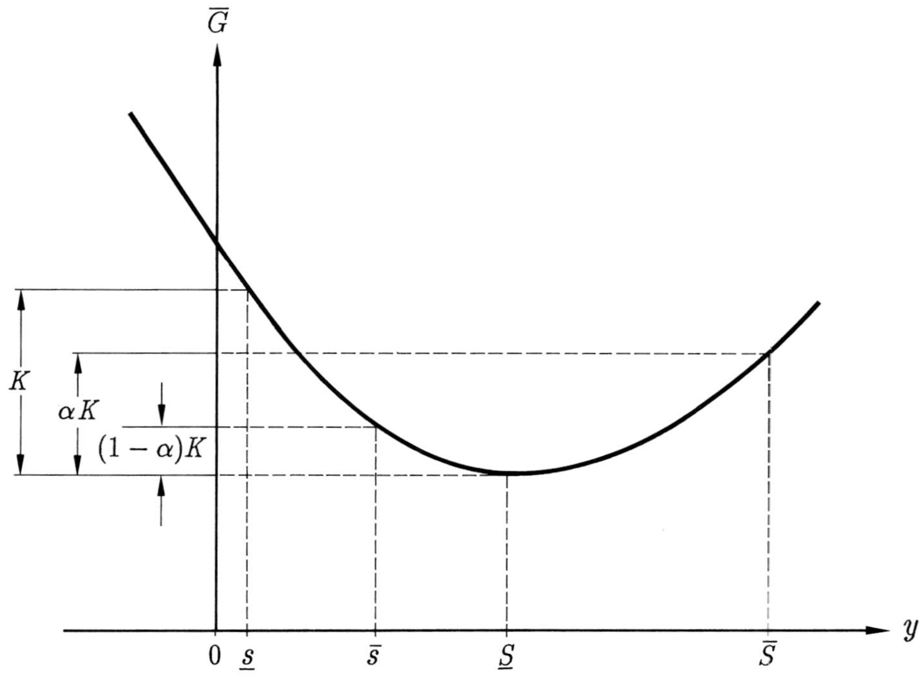

Abb. 5.2.11

Wir betrachten die in Abb. 5.2.11 dargestellte konvexe Funktion $\bar{G}$. Seien $\underline{S}$ die (kleinste) Minimalstelle von $\bar{G}$ auf $\mathbb{R}$ und $\underline{s} \leq \underline{S}$ so festgelegt, daß

$$\bar{G}(\underline{s}) = \bar{G}(\underline{S}) + K$$

ist. Die Größen $\underline{S}$ und $\underline{s}$ entsprechen den Parametern S und s aus Abschnitt 5.2.4 (insbesondere ist wieder $\underline{S} \geq 0$). Weiter seien $\bar{S} \geq \underline{S}$ die kleinste Zahl mit

$$\bar{G}(\bar{S}) = \bar{G}(\underline{S}) + \alpha K$$

und $\bar{s} \in [\underline{s}, \underline{S}]$ die kleinste Zahl, so daß

$$\bar{G}(\bar{s}) = \bar{G}(\underline{S}) + (1 - \alpha)K$$

ist. Im Fall $\alpha = 1$ (keine Diskontierung) gilt $\bar{s} = \underline{S}$.

Sei ferner S_j eine Minimalstelle von $\bar{H}_j$ auf dem Intervall $[\underline{S}, \bar{S}]$. Man kann zeigen, daß dann S_j auch Minimalstelle von $\bar{H}_j$ auf ganz $\mathbb{R}$ ist. Schließlich sei $s_j \in [\underline{s}, \bar{s}]$ eine Zahl mit

$$\bar{H}_j(s_j) = \bar{H}_j(S_j) + K \; . \tag{5.2.37}$$

Dann ist die durch

$$z_j^*(x) := \begin{cases} S_j - x\,, & \text{falls } x < s_j \\ 0\,, & \text{falls } x \geq s_j \end{cases} \qquad (j = 1, \ldots, n) \tag{5.2.38}$$

gegebene (s, S)-Bestellpolitik optimal (zum Beweis vgl. Neumann (1977), Abschnitt 11.4). Setzt man (5.2.38) für u in (5.2.34) ein, so bekommt man unter Beachtung von (5.2.37)

$$\bar{C}_j^*(x) = \begin{cases} \bar{H}_j(s_j)\,, & \text{falls } x < s_j \\ \bar{H}_j(x)\,, & \text{falls } x \geq s_j \end{cases} \qquad (j = 1, \ldots, n) \; .$$

Wählt man S_j als kleinste Minimalstelle von $\bar{H}_j$, so ergibt sich wegen $\bar{H}_n = \bar{G}$ für Periode n $S_n = \underline{S}$ und $s_n = \underline{s}$. Wir listen noch einmal die Rechenschritte für die Bestimmung einer optimalen Bestellpolitik auf:

Algorithmus 5.2.3 (Lagerhaltung — (*s*,*S*)-Politik im stochastischen Modell B)

Schritt 1

Berechne die Schranken $\underline{S}$, $\underline{s}$, $\bar{S}$, $\bar{s}$

Schritt 2

Setze $j := n$ *und bestimme* $\bar{H}_j(y) := \bar{G}(y) := (1 - \alpha)cy + L(y)$ *für* $\underline{s} \leq y \leq \bar{S}$

Schritt 3

Berechne eine Minimalstelle S_j *von* $\bar{H}_j$ *auf* $[\underline{S}, \bar{S}]$ *und bestimme* $s_j \in [\underline{s}, \bar{s}]$ *so, daß* $\bar{H}_j(s_j) = \bar{H}_j(S_j) + K$ *ist*

Schritt 4

Berechne

$$z_j^*(x) := \begin{cases} S_j - x\,, & \text{falls } x < s_j \\ 0\,, & \text{falls } x \geq s_j \end{cases} \qquad \bar{C}_j^*(x) := \begin{cases} \bar{H}_j(s_j)\,, & \text{falls } x < s_j \\ \bar{H}_j(x)\,, & \text{falls } x \geq s_j \end{cases}$$

Schritt 5

Falls $j = 1$, terminiere; andernfalls setze $j := j - 1$, bestimme

$$\bar{H}_j(y) := \bar{G}(y) + \alpha \int_0^\infty \bar{C}_{j+1}^*(y - r)\phi(r)\,dr \quad \text{für } \underline{s} \leq y \leq \bar{S}$$

und gehe zu Schritt 3

□

Die Schranken $\underline{S}$ und $\bar{S}$ für S_j sowie $\underline{s}$ und $\bar{s}$ für s_j verringern den Aufwand zur Bestimmung von S_j und s_j. Zur Berechnung der Minimalstelle $\underline{S}$ von $\bar{G}$ kann die Konvexität der Funktion $\bar{G}$ ausgenutzt werden (vgl. Abschnitt 4.3.1). Ferner kann die Monotonie von $\bar{G}$ auf den Intervallen $(-\infty, \underline{S})$ und $[\underline{S}, \infty)$ benutzt werden, um den Rechenaufwand bei der Bestimmung der Schranken $\underline{s}$, $\bar{s}$ und $\bar{S}$ zu reduzieren. Will man etwa die Schranke $\bar{S}$, also die (kleinste) Nullstelle der monoton wachsenden Funktion $F(\cdot) := \bar{G}(\cdot) - \bar{G}(\underline{S}) - \alpha K$ auf dem Intervall $[\underline{S}, \infty)$, (näherungsweise) ermitteln, so geht man wie folgt vor: Man wählt sukzessiv $a_0, a_1, a_2, \ldots$ mit $a_0 := \underline{S} < a_1 < a_2 < \ldots$ und prüft, ob $F(a_\nu) \geq 0$ gilt ($\nu = 1, 2, \ldots$). Ist die letztere Ungleichung erstmalig erfüllt, so liegt $\bar{S}$ im Intervall $[a_{\nu-1}, a_\nu]$, und eine der bekannten Methoden zur Nullstellenbestimmung kann angewendet werden (z.B. Halbierungsverfahren, Sekantenverfahren oder Newton-Verfahren, vgl. etwa Stoer (1979), Kapitel 5, oder Törnig und Spellucci (1988), Abschnitt I.2; im Fall, daß die Funktion F auf einem ganzen Intervall verschwindet, sind gesonderte Überlegungen erforderlich, um die kleinste Nullstelle zu erhalten).

Im Spezialfall $K = 0$ ist $\underline{s} = \bar{s} = \underline{S} = \bar{S}$ (vgl. Abb. 5.2.11) und daher $s_j = S_j = \underline{S}$ für alle $j = 1, \ldots, n$. Dies bedeutet, daß eine optimale (S, S)-Politik mit der gleichen Bestellgrenze $\underline{S}$ für alle n Perioden existiert. Der letztere Sachverhalt gilt nicht für Modell A, wo es zwar für $K = 0$ eine optimale (S, S)-Politik gibt, aber im allgemeinen nicht mit gleicher Bestellgrenze für alle n Perioden. Da $\underline{S}$ (kleinste) Minimalstelle der konvexen differenzierbaren Funktion $\bar{G}$ mit $\bar{G}(y) = (1 - \alpha)cy + L(y)$ ist, gilt

$$\bar{G}'(\underline{S}) = (1 - \alpha)c + L'(\underline{S}) = 0\,,$$

woraus mit (5.2.19) und $\underline{S} \geq 0$

$$\Phi(\underline{S}) = \frac{p - (1 - \alpha)c}{p + h} \tag{5.2.39}$$

folgt, wobei Φ die Verteilungsfunktion der Nachfrage R sei (vgl. die analoge Beziehung (5.2.26) für das einperiodige Modell). Wegen $\Phi(\underline{S}) \geq 0$ ist nur $p \geq (1-\alpha)c$ sinnvoll. Da die Verteilungsfunktion Φ monoton wachsend ist, nimmt nach (5.2.39) die Bestellgrenze $\underline{S}$ mit sinkendem Diskontfaktor α (und damit zunehmendem Zinssatz) ab. Dies besagt, daß der Lagerhalter bei steigenden Zinsen „vorsichtiger disponieren" sollte.

Die bei Modell B angestellten Überlegungen kann man auf den Fall verallgemeinern, daß der Preis c, die erwarteten Lagerungs- plus Fehlmengenkosten L und die Verteilungsfunktion Φ der Nachfrage sich von Periode zu Periode ändern, also nicht mehr ein stationäres Modell vorliegt (vgl. Neumann (1977), Abschnitt 11.5). Auch der Wert einer Mengeneinheit des Restlagerbestandes am Ende von Periode n kann von den Preisen in den einzelnen Perioden verschieden sein. Man kann für dieses **nichtstationäre Modell** wieder Schranken für die optimalen Bestellgrenzen S_j und optimalen Bestellpunkte s_j in den einzelnen Perioden ermitteln, die jetzt allerdings in der Regel von Periode zu Periode verschieden sind.

Da das **stationäre Modell A** als Spezialfall des nichtstationären Modells aufgefaßt werden kann (wobei der Wert des Restlagerbestandes gleich 0 ist), erhält man auch Schranken für die Größen S_j und s_j im Modell A. Man kann zeigen, daß die oberen Schranken $\bar{S}$ und $\bar{s}$ des Modells B ebenfalls obere Schranken für Modell A sind. Die unteren Schranken in Modell A sind jedoch kleiner als diejenigen in Modell B. Für Modell A gilt

$$\underset{\sim}{S} \leq S_j \leq \bar{S} \quad (j = 1, \ldots, n) \, ,$$

wobei $\underset{\sim}{S}$ die kleinste Minimalstelle der Funktion G auf $\mathbb{R}$ ist (Erinnerung: die untere Schranke $\underline{S}$ für Modell B ist die kleinste Minimalstelle von $\bar{G}$ auf $\mathbb{R}$). Weiter ist für Modell A

$$\begin{aligned} &\underset{\sim}{s} \leq s_j \leq \bar{s} \quad (j = 1, \ldots, n-1) \\ &\underset{\approx}{s} \leq s_n \leq \bar{s} \, , \end{aligned}$$

wobei $\underset{\sim}{s} \leq \underset{\sim}{S}$ und $\underset{\approx}{s} \leq \underset{\sim}{S}$ so festgelegt sind, daß

$$\begin{aligned} \bar{G}(\underset{\sim}{s}) &= \bar{G}(\underset{\sim}{S}) + K \\ G(\underset{\approx}{s}) &= G(\underset{\sim}{S}) + K \end{aligned}$$

gilt (Erinnerung: die untere Schranke $\underline{s}$ für Modell B ist durch $\underline{s} \leq \underline{S}$, $\bar{G}(\underline{s}) = \bar{G}(\underline{S}) + K$ gegeben). Insbesondere gilt für Modell A ebenso wie für Modell B, daß in Periode n die optimale Bestellgrenze S_n und der optimale Bestellpunkt

s_n mit den entsprechenden unteren Schranken zusammenfallen: $S_n = \underset{\sim}{S}$, $s_n = \underset{\approx}{s}$.

Als **Beispiel** betrachten wir das folgende stationäre Drei-Perioden-Problem: Die Nachfrage R sei exponentialverteilt mit dem Parameter 1. Weiter sei

$$\begin{array}{ll} c = 1 \text{ [DM/ME]} & K = 5 \text{ [DM]} \\ h = 3 \text{ [DM/ME} \cdot \text{Periode]} & \alpha = 0,9 \\ p = 4 \text{ [DM/ME} \cdot \text{Periode]} & \end{array}$$

(ME=Mengeneinheit). Für die Modelle A und B erhalten wir die in Tab. 5.2.1 zusammengestellten Ergebnisse (auf zwei Dezimalen nach dem Komma gerundet).

		Modell A	**Modell B**
		$\underset{\sim}{S} \ldots \boldsymbol{S_j} \ldots \bar{S}$	$\underline{S} \ldots \boldsymbol{S_j} \ldots \bar{S}$
		$\underset{\sim}{s} \ldots \boldsymbol{s_j} \ldots \bar{s}$ bzw. $\underset{\approx}{s} \ldots \boldsymbol{s_n} \ldots \bar{s}$	$\underline{s} \ldots \boldsymbol{s_j} \ldots \bar{s}$
Periode 1	Bestellgrenze	$0,56 \ldots \mathbf{1,34} \ldots 3,17$	$0,81 \ldots \mathbf{1,61} \ldots 3,17$
	Bestellpunkt	$-0,97 \ldots \mathbf{-0,24} \ldots 0,30$	$-0,93 \ldots \mathbf{-0,04} \ldots 0,30$
Periode 2	Bestellgrenze	$0,56 \ldots \mathbf{1,06} \ldots 3,17$	$0,81 \ldots \mathbf{1,19} \ldots 3,17$
	Bestellpunkt	$-0,97 \ldots \mathbf{-0,35} \ldots 0,30$	$-0,93 \ldots \mathbf{-0,28} \ldots 0,30$
Periode 3	Bestellgrenze	$0,56 \ldots \mathbf{0,56} \ldots 3,17$	$0,81 \ldots \mathbf{0,81} \ldots 3,17$
	Bestellpunkt	$-1,41 \ldots \mathbf{-1,41} \ldots 0,30$	$-0,93 \ldots \mathbf{-0,93} \ldots 0,30$

Tab. 5.2.1

Wir stellen fest, daß Bestellgrenze und Bestellpunkt bei Modell B in jeder Periode größer als bei Modell A sind. Eine genauere Analyse unseres Beispiels zeigt, daß bei beiden Modellen im Mittel mit einem Fehlbestand am Ende der letzten Periode abgeschlossen wird. Dieser Fehlbestand wird lediglich im Modell B (kostensteigernd) berücksichtigt, was dazu führt, daß bei Modell B im Schnitt ein etwas höherer Lagerbestand „disponiert" wird. Für die minimalen erwarteten diskontierten Kosten für den gesamten Planungszeitraum bei Anfangslagerbestand 0 ergibt sich im Modell A

$$C_1^*(0) = 15,94 \text{ [DM]} .$$

Für Modell B bekommen wir unter Beachtung von (5.2.31)

$$C_1^*(0) = \bar{C}_1^*(0) + cE(R)(\alpha + \alpha^2 + \alpha^3) = 16,46 \text{ [DM]} .$$

Wir bemerken noch, daß das Ein-Perioden-Modell mit den gleichen Daten wie das Drei-Perioden-Problem (abgesehen vom Diskontfaktor α) gerade der letzten Periode von Modell A entspricht. Die Bestellgrenze für das einperiodige Modell ist also $S = 0,56$ und der Bestellpunkt $s = -1,41$.

5.2.6 Modifikationen der stationären Mehr-Perioden-Modelle

Zunächst wollen wir eine **Modifikation des stationären Modells B** im Fall $K = 0$ betrachten. Bisher haben wir angenommen, daß eine beliebige Menge zu den jeweiligen Bestellzeitpunkten geordert werden kann. In der Praxis müssen Bestellungen aber manchmal in (nichtnegativen) ganzzahligen Vielfachen einer bestimmten „Ladung“ $Q > 0$, z.B. einer LKW-Ladung, erfolgen. Seien $\underline{S}$ wieder die kleinste Minimalstelle der Funktion $\bar{G}$ und $S \in \mathbb{R}$ so festgelegt, daß

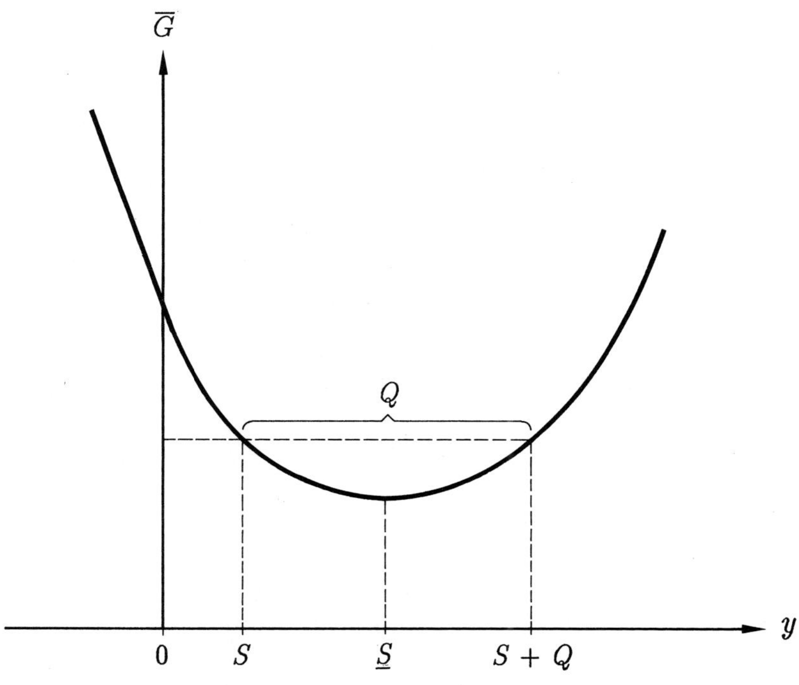

Abb. 5.2.12

$$S \leq \underline{S} \leq S + Q \quad \text{und} \quad \bar{G}(S) = \bar{G}(S + Q)$$

ist (vgl. Abb. 5.2.12). Man kann dann zeigen, daß die Bestellpolitik $(z_1^*, \ldots, z_n^*)$ mit

$$(5.2.40) \quad z_j^*(x) := \begin{cases} kQ\,, & \text{falls } S - kQ \leq x < S - (k-1)Q \quad (k = 1, 2, \ldots) \\ 0\,, & \text{falls } x \geq S \end{cases}$$

für jede Periode $j = 1, \ldots, n$ optimal ist (vgl. VEINOTT (1965)). (5.2.40) besagt, daß, falls zu Beginn einer Periode der Lagerbestand x kleiner als S ist, das kleinste Vielfache von Q bestellt (und geliefert) wird, das den Lagerbestand auf mindestens S bringt, und daß im Falle $x \geq S$ nicht bestellt wird. Dabei wird in jeder Periode derselbe Parameterwert Q verwendet. Eine solche Bestellpolitik bezeichnet man auch als (S, Q)-Politik.

Bisher haben wir beim stationären Mehr-Perioden-Modell stets angenommen, daß unbefriedigte Nachfrage (abgesehen von der letzten Periode) vorgemerkt werde. Wir wollen jetzt kurz auf den Fall eingehen, daß **unbefriedigte Nachfrage nicht vorgemerkt** werde, sondern verloren gehe. Dieses Modell unterscheidet sich von dem bisherigen nur dann, wenn die realisierte Nachfrage den Lagerbestand y (nach der Bestellung) übersteigen kann. In letzterem Fall startet man in der folgenden Periode mit dem Lagerbestand 0.

Wir betrachten das n-periodige Modell A. Statt der Bellmanschen Funktionalgleichung im Vormerkungsfall

$$\begin{aligned} C_j^*(x) = -cx + \min_{u \geq 0}\{&K\delta(u) + G(x+u) \\ &+\alpha \int_0^\infty C_{j+1}^*(x+u-r)\phi(r)\,dr\} \quad (1 \leq j \leq n) \end{aligned}$$

(vgl. (5.2.29)) haben wir jetzt mit $y := x + u$

$$\begin{aligned} C_j^*(x) = -cx + \min_{y \geq x}\{&K\delta(y-x) + G(y) \\ &+\alpha \left[\int_0^y C_{j+1}^*(y-r)\phi(r)\,dr + \int_y^\infty C_{j+1}^*(0)\phi(r)\,dr\right]\} \\ &\qquad (1 \leq j \leq n) \end{aligned} \tag{5.2.41}$$

mit $C_{n+1}^*(x) = 0$. Das n-periodige Modell A ohne Vormerkung wollen wir nun auf ein entsprechendes Modell mit Vormerkung zurückführen. Beim Modell ohne Vormerkung wird die unbefriedigte Nachfrage durch eine Extralieferung mit den Kosten p pro Mengeneinheit erfüllt. Die Kostenfunktionen des Modells ohne Vormerkung kennzeichnen wir durch eine Tilde.

Die Identität

$$\int_y^\infty C_{j+1}^*(0)\phi(r)\,dr = \int_y^\infty c\cdot(y-r)\phi(r)\,dr + \int_y^\infty [C_{j+1}^*(0) - c\cdot(y-r)]\phi(r)\,dr$$

legt es nahe, die modifizierten Kosten

$$\tilde{C}_j^*(x) := \begin{cases} C_j^*(x), & \text{falls } x \geq 0 \\ C_j^*(0) - cx, & \text{falls } x < 0 \end{cases} \quad (1 \leq j \leq n-1)$$

$$\tilde{C}_n^*(x) := C_n^*(x) \text{ für alle } x \in \mathbb{R}$$

einzuführen und an Stelle von

$$L(y) = h\int_0^y (y-r)\phi(r)\,dr + p\int_y^\infty (r-y)\phi(r)\,dr$$

(vgl. (5.2.15)) die Größe

$$\tilde{L}(y) := L(y) - \alpha c\int_y^\infty (r-y)\phi(r)\,dr \tag{5.2.42}$$

sowie $\tilde{G}(y) := cy + \tilde{L}(y)$ zu verwenden. $\tilde{L}$ entsteht aus L, indem man p durch $\tilde{p} := p - \alpha c$ ersetzt. Die Fehlmengenkosten $\tilde{p}\cdot(r-y)$ pro Periode können dann interpretiert werden als Kosten $p\cdot(r-y)$ für eine sofortige Extralieferung in Höhe der unbefriedigten Nachfrage abzüglich der (diskontierten) Kosten $\alpha c\cdot(r-y)$ einer Routinelieferung (aufgrund der Vormerkung) zu Beginn der nächsten Periode. Die Funktionalgleichungen (5.2.41) schreiben sich damit in der Form

$$\tilde{C}_j^*(x) = -cx + \min_{y\geq x}\{K\delta(y-x) + \tilde{G}(y) + \alpha\int_0^\infty \tilde{C}_{j+1}^*(y-r)\phi(r)\,dr\} \qquad (1\leq j\leq n-1)$$

$$\tilde{C}_n^*(x) = -cx + \min_{y\geq x}\{K\delta(y-x) + G(y)\}\ .$$

Man beachte, daß in der Gleichung für $\tilde{C}_n^*$ die Funktion G und nicht $\tilde{G}$ steht. Die Funktionalgleichungen für die modifizierten Kostenfunktionen $\tilde{C}_j^*$ im Fall nicht vorgemerkter Nachfrage haben also die gleiche prinzipielle Gestalt wie bei vorgemerkter Nachfrage mit der einen Ausnahme, daß die erwarteten Lagerungs- plus Fehlmengenkosten in den Perioden $1,\ldots,n-1$ gleich $\tilde{L}$ und in Periode n gleich L sind. Es liegt also kein „rein stationäres“ Modell vor. Jedoch ist wieder eine (s,S)-Bestellpolitik optimal, die etwa wie beim nichtstationären Mehr-Perioden-Modell (vgl. Neumann (1977), Abschnitt 11.5) berechnet werden kann.

5.2.7 Stochastische unendlich-periodige Modelle

Ist der Planungshorizont sehr groß oder sein Ende ungewiß, so empfiehlt es sich meistens, ein unendlich-periodiges Modell zugrundezulegen. Zudem ist bei einer großen Zahl von Perioden der Rechenaufwand zur Bestimmung einer optimalen Bestellpolitik (also bei einem stationären n-periodigen Modell der Werte $S_1,\ldots,S_n,\ s_1,\ldots,s_n$) erheblich. Bei Problemen mit einer großen

Anzahl von Perioden empfiehlt es sich daher, die durch nur zwei Parameter S^* und s^* festgelegte optimale Bestellpolitik des entsprechenden stationären unendlich-periodigen Modells als näherungsweise optimale Politik zu verwenden.

Wir gehen aus von dem n-periodigen stationären Modell A aus Abschnitt 5.2.5. Seien C^*_{n-j+1} wieder die minimalen erwarteten Kosten der j Perioden $n-j+1, n-j+2, \ldots, n$, diskontiert auf den Beginn der ersten dieser Perioden. Setzen wir $C_j^+ := C^*_{n-j+1}$, dann stellen $C_j^+(x)$ die minimalen erwarteten Kosten eines j-periodigen Lagerhaltungsmodells A mit dem Anfangslagerbestand x dar, diskontiert auf den Beginn der ersten Periode. Gilt für den Diskontfaktor $\alpha < 1$, so konvergiert C_j^+ für $j \to \infty$ gegen die minimalen diskontierten erwarteten Kosten C^* des entsprechenden unendlich-periodigen Modells, und C^* genügt der Funktionalgleichung

$$(5.2.43)\quad C^*(x) = -cx + \min_{u \geq 0}\{K\delta(u) + G(x+u) + \alpha \int_0^\infty C^*(x+u-r)\phi(r)\,dr\}$$

(vgl. die Funktionalgleichung (5.2.29) für das n-periodige Modell A). Die Konvergenz ist gleichmäßig auf jedem endlichen Teilintervall von $\mathbb{R}$, und C^* ist die einzige nichtnegative Lösung der Funktionalgleichung (5.2.43), die auf jedem endlichen Intervall beschränkt ist (vgl. IGLEHART (1963a)). Wir bemerken noch, daß im Fall unendlich vieler Perioden die Modelle A und B zusammenfallen, da die beiden Modelle sich nur in der Bewertung des (abdiskontierten) Restlagerbestandes der letzten Periode unterscheiden (vgl. Abschnitt 5.2.5).

Gilt für den Diskontfaktor $\alpha = 1$, d.h., es wird nicht diskontiert, so ist in der Regel die Folge der $C_j^+(x)$ für alle x nicht beschränkt. Es liegt nahe, in diesem Fall die erwarteten Durchschnittskosten pro Periode als zu minimierende Zielgröße zu betrachten. Für $j \to \infty$ konvergiert C_j^+/j unabhängig vom Anfangslagerbestand gegen einen Grenzwert g, der die minimalen erwarteten Durchschnittskosten pro Periode für das unendlich-periodige Modell darstellt (die Konvergenz ist wieder gleichmäßig auf jedem endlichen Teilintervall von $\mathbb{R}$, vgl. IGLEHART (1963b)).

Wie im endlich-periodigen Fall existiert auch bei unbeschränktem Planungshorizont eine optimale (s, S)-Politik mit der Bestellmenge

$$z^*(x) = \begin{cases} S^* - x\,, & \text{falls } x < s^* \\ 0\,, & \text{falls } x \geq s^* \end{cases}$$

zu Beginn einer Periode, wobei x der Lagerbestand zu Beginn dieser Periode ist. Für den optimalen Bestellpunkt s^* und die optimale Bestellgrenze S^* gilt

$$\underline{s} \leq s^* \leq \bar{s}\,,\ \underline{S} \leq S^* \leq \bar{S}\ ,$$

wobei $\underline{s}$, $\bar{s}$, $\underline{S}$ und $\bar{S}$ die gleichen Schranken wie im endlich-periodigen Modell B sind (vgl. Abschnitt 5.2.5). Für $\alpha < 1$ (Diskontierung) minimiert diese Bestellpolitik die diskontierten erwarteten Kosten über die unendlich vielen Perioden, im Fall $\alpha = 1$ (keine Diskontierung) die erwarteten Durchschnittskosten pro Periode. Für die Berechnung der Größen s^* und S^* verweisen wir auf NEUMANN (1977), Abschnitt 11.6.

Bei verschwindenden fixen Bestellkosten K ist erneut eine (S, S)-Politik optimal mit der Bestellgrenze $S^* = \underline{S}$, der kleinsten Minimalstelle der in (5.2.30) definierten Funktion $\bar{G}$ auf $\mathbb{R}$. Nach Abschnitt 5.2.5 ist S^* damit gleich der kleinsten Zahl S^* mit

$$\Phi(S^*) = \frac{p - (1-\alpha)c}{p+h} \,, \tag{5.2.44}$$

wobei Φ wieder die Verteilungsfunktion der Nachfrage pro Periode ist (vgl. (5.2.39)), und stimmt mit der optimalen Bestellgrenze des n-periodigen Modells B überein.

Im Fall $\alpha < 1$ können wir (unter Annahme der Existenz einer optimalen (S, S)-Politik) die Formel (5.2.44) für das unendlich-periodige Modell auch direkt herleiten. Da bei nichtnegativer Nachfrage das Lager zu Beginn jeder Periode bis zur Bestellgrenze S aufgefüllt wird, sind die erwarteten Lagerungs- plus Fehlmengenkosten in jeder Periode gleich $L(S)$. Die diskontierten erwarteten Kosten $C(S)$ für die unendlich vielen Perioden betragen dann bei einem Anfangslagerbestand x

$$\begin{aligned} C(S) &= E[c(S-x) + L(S) + \alpha(cR + L(S)) + \alpha^2(cR + L(S)) + \ldots] \\ &= cS - cx + L(S)(1 + \alpha + \alpha^2 + \ldots) + \alpha c E(R)(1 + \alpha + \alpha^2 + \ldots) \\ &= cS - cx + \frac{L(S)}{1-\alpha} + \frac{\alpha c E(R)}{1-\alpha} \,, \end{aligned}$$

wobei R wieder die Nachfrage in jeder der Perioden sei. Wie $L(\cdot)$ ist $C(\cdot)$ eine konvexe stetig differenzierbare Funktion, und eine optimale Bestellgrenze S^* erhalten wir durch Nullsetzen der ersten Ableitung der Funktion C. Unter Beachtung von $L'(S) = (p+h)\Phi(S) - p$ (vgl. (5.2.19)) ergibt sich

$$C'(S^*) = c + \frac{L'(S^*)}{1-\alpha} = \frac{(p+h)\Phi(S^*) - [p - (1-\alpha)c]}{1-\alpha} = 0 \,, \tag{5.2.45}$$

woraus unmittelbar (5.2.44) folgt.

Wir betrachten nun noch den Fall, daß unbefriedigte Nachfrage nicht vorgemerkt werde, sondern verloren gehe und wieder $K = 0$ sei. Dann gibt es erneut eine optimale (S, S)-Politik. Eine optimale Bestellgrenze S^* erhalten wir, indem wir in der obigen Herleitung (für den Fall ohne Vormerkung) L durch $\tilde{L}$ (und entsprechend C durch $\tilde{C}$) ersetzen (vgl. Abschnitt 5.2.6). Mit

$$\begin{aligned}\int_S^\infty (r-S)\phi(r)\,dr &= \int_0^\infty (r-S)\phi(r)\,dr - \int_0^S (r-S)\phi(r)\,dr \\ &= E(R) - S + \int_0^S \Phi(r)\,dr\end{aligned}$$

wird aus (5.2.42)

$$\tilde{L}(S) = L(S) - \alpha c\left(\int_0^S \Phi(r)\,dr - S + E(R)\right) .$$

Ersetzen wir in (5.2.45) L und C durch $\tilde{L}$ bzw. $\tilde{C}$ und beachten $L'(S) = (p+h)\Phi(S) - p$, so erhalten wir

$$\begin{aligned}\tilde{C}'(S^*) &= c + \frac{(p+h)\Phi(S^*) - p}{1-\alpha} - \frac{\alpha c\Phi(S^*) - \alpha c}{1-\alpha} \\ &= \frac{(p+h-\alpha c)\Phi(S^*) - (p-c)}{1-\alpha} = 0\end{aligned}$$

und damit

(5.2.46) $$\Phi(S^*) = \frac{p-c}{p+h-\alpha c} .$$

Da Φ monoton wachsend ist, nimmt S^* mit fallendem α (d.h. steigendem Zinssatz) ab. Man kann zeigen, daß (5.2.46) auch für $\alpha = 1$ gilt. In letzterem Fall minimiert die optimale (S, S)-Politik wieder die erwarteten Durchschnittskosten pro Periode. Wir vergleichen nun (5.2.46) mit (5.2.44) und beachten, daß für $0 < \alpha \leq 1$

$$\frac{p-c}{p+h-\alpha c} < \frac{p-(1-\alpha)c}{p+h}$$

gilt und Φ monoton wachsend ist. Dann erhält man das plausible Resultat, daß die optimale Bestellgrenze bei nicht vorgemerkter unbefriedigter Nachfrage kleiner ist als im Fall der Vormerkung, da im Fall ohne Vormerkung die „modifizierten Fehlmengenkosten“ $\tilde{p} = p - \alpha c$ kleiner als die Fehlmengenkosten p bei Vormerkung sind (hierbei ist zu beachten, daß der beim Verkauf des Gutes erzielte Erlös nicht im Lagerhaltungsmodell berücksichtigt wird).

5.3 Warteschlangen

Die Warteschlangentheorie oder Bedienungstheorie beschäftigt sich mit Problemen, die bei der Abfertigung oder „Bedienung“ von Kunden, Aufträgen o.ä. an Servicestationen auftreten. Viele der ein Wartesystem charakterisierenden Größen, wie z.B. die Bedienungszeit oder Wartezeit der Kunden, sind in der Regel stochastischer Natur. Bei gegebenem „Inputstrom“ (der an den Servicestationen ankommenden Kunden) und gegebener Verteilung der Servicezeiten interessiert man sich dann für die Verteilungen der Wartezeiten und der Anzahl der Kunden in der Warteschlange. Da viele der ein Wartesystem beschreibenden Größen Zufallsvariablen darstellen, sind Warteschlangenprobleme mathematisch anspruchsvoll. Wir werden deshalb im folgenden lediglich einige relativ einfache Bedienungsmodelle untersuchen und uns primär mit der *Beschreibung von Wartesystemen* beschäftigen. Die *optimale Auslegung von Wartesystemen* (z.B. die Bestimmung der Anzahl der Schalter einer Bedienungsstation, so daß eine gewisse Kostenfunktion minimiert wird) werden wir nur kurz streifen. Für eine ausführlichere Darstellung der Warteschlangentheorie vgl. Gnedenko und König (1983,1984), Hall (1991), Kleinrock (1975,1976) und Neumann (1977), Kapitel 4.

Warteschlangenprobleme sind mit den in Abschnitt 3.6 behandelten Maschinen-Schedulingproblemen verwandt. Die zu bedienenden Kunden in einem Wartesystem entsprechen den zu bearbeitenden Jobs oder Aufträgen, die Ankunftszeiten und Bedienungszeiten der Kunden den Bereitstellungsterminen bzw. Bearbeitungsdauern der Jobs, und die Reihenfolge, in der die Kunden bedient werden (die sogenannte Warteschlangendisziplin) entspricht der Bearbeitungsreihenfolge der Jobs. Die Bedienungsstation kann aus einem oder mehreren parallelen Schaltern oder aus mehreren Schaltern in Serie bestehen. Dies entspricht bei Schedulingproblemen dem Fall einer oder mehrerer paralleler Maschinen bzw. den Shop-Problemen (Maschinen in Serie).

Die Fragestellungen in der Warteschlangentheorie sind jedoch im allgemeinen von denen der Maschinenbelegungsplanung verschieden. Bei Schedulingproblemen sucht man eine Bearbeitungsreihenfolge der Jobs (bzw. einen Bearbeitungsplan) so zu bestimmen, daß eine gewisse Zielfunktion minimiert wird. In diesem Abschnitt über Warteschlangen werden wir dagegen stets die Warteschlangendisziplin „first come first served“ zugrunde legen und auf Optimierungsprobleme, wie bereits erwähnt, nur kurz eingehen. Zu beachten ist auch, daß in der Warteschlangentheorie die Kunden zu zufälligen Ankunftszeiten einzeln ankommen (mit vorgegebener Wahrscheinlichkeitsverteilung) und die Bedienungszeiten in der Regel ebenfalls Zufallsgrößen darstellen. In Abschnitt 3.6 haben wir dagegen generell angenommen, daß alle Jobs j zum Zeitpunkt

0 bereit stehen (außer, es sind Bereitstellungstermine $r_j > 0$ vorgegeben) und die Bearbeitungsdauern deterministische Größen sind. Auf Parallelen zwischen Warteschlangen und stochastischen Schedulingproblemen werden wir in Abschnitt 5.6.3 zurückkommen.

5.3.1 Charakterisierung von Wartesystemen

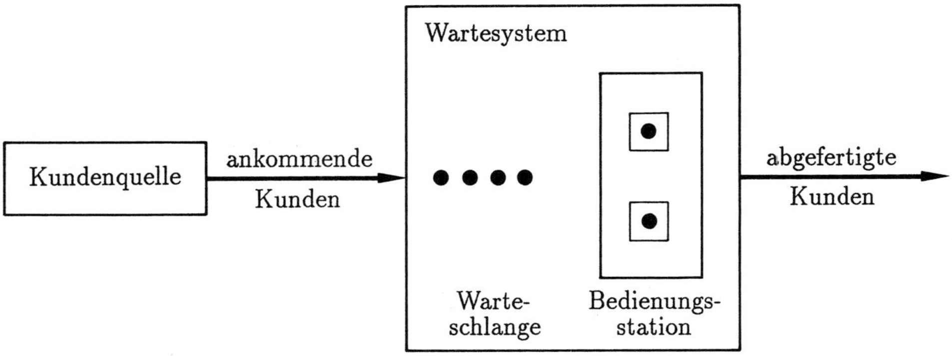

Abb. 5.3.1

Abb. 5.3.1 zeigt den prinzipiellen Aufbau eines Wartesystems mit einer Bedienungsstation, die aus zwei parallelen Schaltern besteht. Die Gesamtheit der potentiellen Kunden, die bedient werden wollen, bezeichnen wir als **Kundenquelle**. Die Gesamtzahl der potentiellen Kunden (den **Kundenumfang**) nennt man auch **Ergiebigkeit der Kundenquelle**. Da die erforderlichen Rechnungen bei Annahme einer unendlichen Ergiebigkeit der Kundenquelle im allgemeinen erheblich einfacher sind als bei endlichem Kundenumfang, werden wir im folgenden stets den ersteren Fall zugrunde legen, wenn nicht ausdrücklich etwas anderes gesagt wird.

In den Anwendungen können die Begriffe „Kunde“ und „Bedienungsstation“ ganz verschiedenartige Bedeutungen haben. In Tab. 5.3.1 sind hierzu einige Beispiele aufgelistet.

Wir nehmen an, daß das Wartesystem zum Zeitpunkt 0 leer sei und zu den Zeitpunkten $T_1, T_2, \ldots$ mit $0 < T_1 < T_2 < \ldots$ Kunden einzeln vor der Bedienungsstation ankommen und sich in die Warteschlange einreihen (wir sagen dann auch, daß die Kunden „in das Wartesystem eintreten“, wobei das **Wartesystem** die Warteschlange und die Bedienungsstation umfaßt, vgl. Abb. 5.3.1). Setzen wir noch $T_0 := 0$, so nennen wir $Z_n := T_n - T_{n-1}$ $(n = 1, 2, \ldots)$ die **Zwischenankunftszeit** des n-ten Kunden. S_n sei die **Bedienungszeit** oder **Servicezeit** des n-ten Kunden, d.h. die Zeitspanne vom Beginn bis zum

Kunden	Bedienungsstation	Gesuchte Größen
Fahrzeuge	Ampel	Anzahl der wartenden Fahrzeuge
Telefonanrufe	Telefonleitungen	Anzahl der „verlorenen“ Anrufe
Zu reparierende Maschinen	Monteure	Ausfallzeiten der Maschinen
Programme	Prozessoren eines Rechners	Wartezeiten
Autofahrer	Tankstelle	Leerzeiten

Tab. 5.3.1

Ende der Bedienung des Kunden n. Als **(aktuelle) Wartezeit** $\mathcal{W}_n^q$ des Kunden n in der Schlange (engl. queue) bezeichnen wir die Zeitspanne zwischen der Ankunft und dem Beginn der Bedienung des Kunden n.

$$\mathcal{W}_n := \mathcal{W}_n^q + S_n$$

ist dann die Gesamtzeit des n-ten Kunden im Wartesystem, auch **Verweilzeit** genannt. Für den Zeitpunkt D_n, zu dem der Kunde n das Wartesystem verläßt, gilt

$$D_n = T_n + \mathcal{W}_n^q + S_n \ .$$

Unter der **virtuellen Wartezeit** $\mathcal{V}(t)$ zum Zeitpunkt $t \geq 0$ verstehen wir die Wartezeit eines Kunden in der Schlange, der zum Zeitpunkt t ankommen würde. $\mathcal{V}(t)$ ist also gleich der Zeitspanne, die nötig ist, um alle zum Zeitpunkt t im Wartesystem befindlichen Kunden abzufertigen, und wird deshalb auch als **anstehende Arbeit** der Bedienungsstation zum Zeitpunkt t bezeichnet.

Sei $\mathcal{L}(t)$ die Anzahl der Kunden im Wartesystem zur Zeit $t \geq 0$. Im Fall *eines Bedienungsschalters* gilt dann für die Anzahl der Kunden in der Schlange

$$\mathcal{L}^q(t) = \begin{cases} \mathcal{L}(t) - 1\,, & \text{falls } \mathcal{L}(t) \geq 1 \\ 0\,, & \text{falls } \mathcal{L}(t) = 0\ . \end{cases}$$

Die Größen T_n, Z_n, S_n, $\mathcal{W}_n$ und $\mathcal{W}_n^q$ für $n = 1, 2, \ldots$ sowie $\mathcal{V}(t)$, $\mathcal{L}(t)$ und $\mathcal{L}^q(t)$ für $t \geq 0$ stellen Zufallsgrößen dar. *Bei einem Wartezeitproblem sind in der Regel die Verteilungen der Z_n und S_n gegeben und die Verteilungen der $\mathcal{W}_n^q$ und $\mathcal{L}(t)$ gesucht.* Wir werden im folgenden nur Wartesysteme betrachten, bei denen die Z_n $(n = 1, 2, \ldots)$ einerseits und die S_n $(n = 1, 2, \ldots)$ andererseits jeweils unabhängige, identisch verteilte Zufallsgrößen sind und damit durch je eine Zufallsgröße Z („die Zwischenankunftszeit“) bzw. S („die Bedienungszeit“) mit gegebenen Verteilungen beschrieben werden können. Außerdem sollen Z und S voneinander unabhängige Zufallsvariablen sein. Die Voraussetzung über die Unabhängigkeit der Zufallsgrößen ist jedoch in der Praxis oft nicht erfüllt (in diesem Fall kann etwa auf die Methode der Simulation zurückgegriffen werden, vgl. Abschnitt 5.4).

$\{\mathcal{L}(t)|t \geq 0\}$ und $\{\mathcal{V}(t)|t \geq 0\}$ stellen sogenannte **stochastische Prozesse** dar, d.h. Familien von Zufallsvariablen (in unserem speziellen Fall mit der Zeit t als Parameter). Jede Realisation von $\{\mathcal{L}(t)|t \geq 0\}$ entspricht einer Treppenfunktion, die in den Realisationen der Zeitpunkte $T_1, T_2, \ldots$ und $D_1, D_2, \ldots$ Sprungstellen besitzt (vgl. das Beispiel in Abb. 5.3.2). Vereinbaren wir, daß diese Treppenfunktion an den Sprungstellen rechtsseitig stetig sei, dann ist $\mathcal{L}(T_n) - 1$ die Anzahl der Kunden, die der n-te (ankommende) Kunde im Wartesystem vorfindet, und $\mathcal{L}(D_n)$ ist die Anzahl der im System zurückbleibenden Kunden, wenn der n-te Kunde das Wartesystem verläßt. Jede Realisation von $\{\mathcal{V}(t)|t \geq 0\}$ ist eine stückweise lineare Funktion mit

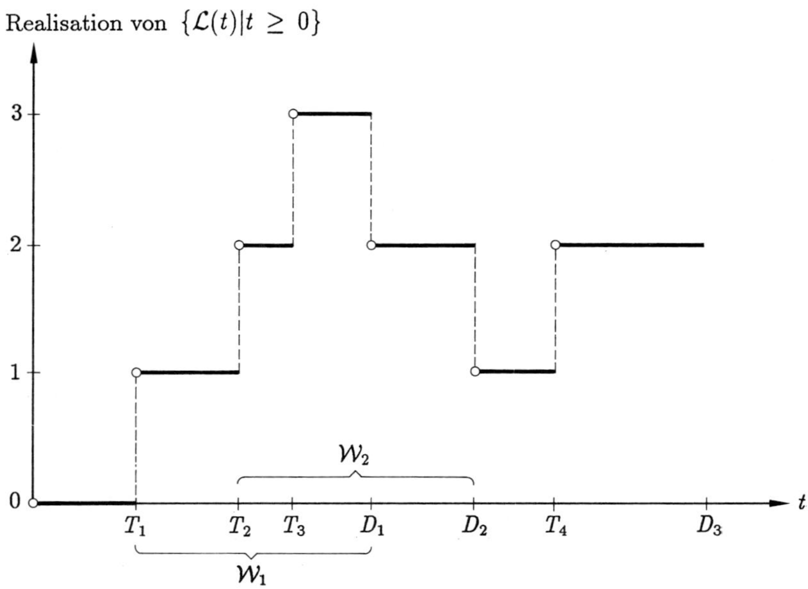

Abb. 5.3.2

Sprüngen in den Realisationen der Zeitpunkte $T_1, T_2, \ldots$, die dort wieder als rechtsseitig stetig angenommen werde. $\mathcal{V}(T_n)$ ist dann gleich der Wartezeit $\mathcal{W}_n^q$ des n-ten Kunden.

Wir betrachten noch einige weitere Charakteristika von Wartesystemen. Die Größe des **Warteraumes** (also die maximale Anzahl der im Wartesystem Platz findenden Kunden) kann unendlich oder endlich sein. Weiter kann man Wartesysteme nach der **Anzahl der Bedienungsschalter** unterscheiden.

Der **Abfertigungsmodus** kann einzeln oder schubweise sein. Im weiteren werden wir stets annehmen, daß die Kunden einzeln abgefertigt werden. Unter der **Warteschlangendisziplin** (oder **Auswahlordnung**) verstehen wir die Reihenfolge, in der die im Wartesystem befindlichen Kunden bedient werden. Mögliche Auswahlordnungen sind z.B. „first come first served", „last come first served", eine zufällige Auswahl des nächsten zu bedienenden Kunden oder eine Abfertigungsreihenfolge aufgrund gewisser Prioritäten. Im vorliegenden Abschnitt 5.3 werden wir stets die Warteschlangendisziplin „first come first served" zugrunde legen.

Zur Unterscheidung verschiedener Wartesysteme empfiehlt es sich, eine von Kendall eingeführte Notation zu verwenden: In dem Symbol $x|y|z$ gibt x die Verteilung der Zwischenankunftszeit, y die Verteilung der Bedienungszeit und z die Anzahl der parallelen (identischen) Bedienungsschalter an. An Stelle von x oder y können folgende Symbole stehen: M für die Exponentialverteilung (der Buchstabe M rührt daher, daß im Fall einer Exponentialverteilung, wie wir später sehen werden, der „Ankunftsstrom" bzw. „Bedienungsstrom" ein sogenannter Markowscher Prozeß ist), E_k für die Erlangverteilung mit dem ganzzahligen Phasen-Parameter k, G für allgemeine (engl. general) Verteilung und D für die einer deterministischen Größe entsprechende ausgeartete Verteilung. Wir werden uns im folgenden im wesentlichen mit den Wartesystemen $M|M|1$ und $M|M|s$ mit $s > 1$ beschäftigen.

5.3.2 Das Wartesystem $M|M|1$

Beim Wartesystem $M|M|1$ sind die Zwischenankunftszeit Z und die Bedienungszeit S exponentialverteilte Zufallsgrößen, und es ist *ein* Bedienungsschalter vorhanden. Aus Zweckmäßigkeitsgründen wollen wir im weiteren das System $M|M|1$ jedoch nicht durch Angabe der Verteilungen für Z und S beschreiben, sondern durch die folgenden drei Forderungen A1, A2 und A3 (aus denen sich die Verteilungen von Z und S herleiten lassen).

A1. Die Wahrscheinlichkeit, daß ein Kunde in einem beliebigen Zeitintervall der Länge $\Delta t > 0$ eintrifft, sei $\lambda\Delta t + o(\Delta t)$ mit der **Ankunftsrate** $\lambda > 0$. Die Wahrscheinlichkeit, daß mehr als ein Kunde in einem solchen Intervall eintrifft, sei $o(\Delta t)$. Dabei ist das Landausche Symbol o wie folgt erklärt:

$$\lim_{\Delta t \to 0} \frac{o(\Delta t)}{\Delta t} = 0 \ .$$

A2. Die Wahrscheinlichkeit, daß ein Kunde in einem beliebigen Zeitintervall der Länge $\Delta t > 0$ abgefertigt wird (und damit das Wartesystem verläßt), sei $\mu\Delta t + o(\Delta t)$ mit der **Bedienungsrate** $\mu > 0$. Die Wahrscheinlichkeit, daß mehr als ein Kunde in einem solchen Intervall abgefertigt wird, sei $o(\Delta t)$.

Formal setzen wir in A2 die Wahrscheinlichkeit für das Abfertigen eines Kunden im Fall eines leeren Wartesystems gleich 0. Die Voraussetzungen A1 und A2 besagen insbesondere, daß die Kunden *einzeln* ankommen und abgefertigt werden.

Das „Eintreffen eines Kunden" und das „Abfertigen eines Kunden" (d.h. den Abschluß der Bedienung) bezeichnen wir im folgenden jeweils als ein **Ereignis**. Die dritte Forderung lautet dann:

A3. Die Anzahlen der in disjunkten Zeitintervallen auftretenden Ereignisse „Eintreffen eines Kunden" seien unabhängige Zufallsgrößen. Das Gleiche gelte für die Ereignisse „Abfertigen eines Kunden".

Sind zum Zeitpunkt t genau $j \geq 0$ Kunden im Wartesystem, d.h., es sei $\mathcal{L}(t) = j$, so sagen wir, das Wartesystem befinde sich zur Zeit t im **Zustand** j. Die während eines Zeitintervalls der Länge Δt möglichen „Zustandsübergänge" sind in Tab. 5.3.2 aufgelistet. Bei den Wahrscheinlichkeiten in Spalte 4 von Tab. 5.3.2 haben wir dabei Summanden der Größenordnung $o(\Delta t)$ weggelassen.

Zustand zur Zeit t	Zustand zur Zeit $t+\Delta t$	Bedeutung des Zustandsüberganges	Wahrscheinlichkeit des Zustandsüberganges
$j \geq 0$	$j+1$	ein neuer Kunde angekommen	$\lambda\Delta t$
$j+1$	j	ein Kunde abgefertigt	$\mu\Delta t$
$j \geq 1$	j	weder ein neuer Kunde angekommen noch ein Kunde abgefertigt, oder ein neuer Kunde angekommen und ein Kunde abgefertigt	$1-(\lambda\Delta t + \mu\Delta t)$
0	0	kein neuer Kunde angekommen	$1-\lambda\Delta t$

Tab. 5.3.2

Wir wollen nun die Verteilung der diskreten Zufallsgröße $\mathcal{L}(t)$, d.h. die Wahrscheinlichkeiten

$$p_j(t) := P(\mathcal{L}(t) = j) \quad \text{für } j = 0, 1, 2, \ldots$$

bestimmen. Dabei bedeute $P(A)$ wieder die Wahrscheinlichkeit des Zufallsereignisses A. Wir erinnern an einige elementare Formeln aus der Wahrscheinlichkeitsrechnung:

$$P(A \cap B) = P(A|B)P(B)$$
$$P(A \cup B) = P(A) + P(B), \text{ falls } A \text{ und } B \text{ disjunkt sind.}$$

Seien $B_1, \ldots, B_r$ paarweise disjunkte Zufallsereignisse mit $P(B_k) > 0$ $(k = 1, \ldots, r)$ und $P(\cup_{k=1}^r B_k) = 1$. Dann gilt für ein beliebiges Zufallsereignis A

$$P(A) = \sum_{k=1}^{r} P(A|B_k)P(B_k)$$

(Satz von der totalen Wahrscheinlichkeit). Mit Hilfe dieser Beziehungen aus der Wahrscheinlichkeitsrechnung, der Forderungen A1, A2 und A3 sowie Tab. 5.3.2 erhalten wir

$$\begin{aligned} p_0(t+\Delta t) &= (1-\lambda\Delta t)p_0(t) + \mu\Delta t p_1(t) + o(\Delta t) \\ p_j(t+\Delta t) &= \lambda\Delta t p_{j-1}(t) + (1-\lambda\Delta t - \mu\Delta t)p_j(t) + \mu\Delta t p_{j+1}(t) + o(\Delta t) \\ &\quad (j = 1, 2, \ldots) . \end{aligned}$$

Hieraus bekommen wir

$$\begin{aligned} \frac{p_0(t+\Delta t) - p_0(t)}{\Delta t} &= -\lambda p_0(t) + \mu p_1(t) + \frac{o(\Delta t)}{\Delta t} \\ \frac{p_j(t+\Delta t) - p_j(t)}{\Delta t} &= \lambda p_{j-1}(t) - (\lambda+\mu)p_j(t) + \mu p_{j+1}(t) + \frac{o(\Delta t)}{\Delta t} \\ &\quad (j = 1, 2, \ldots) . \end{aligned}$$

Der Grenzübergang $\Delta t \to 0$ unter Beachtung von $\lim_{\Delta t \to 0} o(\Delta t)/\Delta t = 0$ liefert dann das folgende System homogener Differentialgleichungen, wobei wir wie üblich die Ableitung nach der Zeit t mit einem Punkt bezeichnen:

$$\text{(5.3.1)} \quad \begin{cases} \dot{p}_0(t) = -\lambda p_0(t) + \mu p_1(t) \\ \dot{p}_j(t) = \lambda p_{j-1}(t) - (\lambda+\mu)p_j(t) + \mu p_{j+1}(t) \quad (j = 1, 2, \ldots) . \end{cases}$$

In (5.3.1) ist auch der Fall $\mu = 0$ zugelassen. Wie bereits erwähnt, nehmen wir an, daß wir zum Zeitpunkt $t = 0$ stets mit einem leeren Wartesystem starten. Dies liefert für das Differentialgleichungssystem (5.3.1) die Anfangsbedingung

$$\text{(5.3.2)} \quad \begin{cases} p_0(0) = 1 \\ p_j(0) = 0 \quad (j = 1, 2, \ldots) . \end{cases}$$

Sei $X(t)$ die Anzahl der im Intervall $[0, t]$ eintreffenden Kunden. Dann nennen wir den stochastischen Prozeß $\{X(t) | t \geq 0\}$ **Ankunftsprozeß** oder **Inputprozeß**. Die Verteilung der Zufallsgröße $X(t)$, also die Wahrscheinlichkeiten

$$q_j(t) := P(X(t) = j) \quad (j = 0, 1, 2, \ldots) ,$$

erhält man, indem man in (5.3.1) $\mu = 0$ und q statt p setzt:

$$\begin{aligned} \dot{q}_0(t) &= -\lambda q_0(t) \\ \dot{q}_j(t) &= \lambda q_{j-1}(t) - \lambda q_j(t) \quad (j = 1, 2, \ldots) . \end{aligned}$$

Mit der Anfangsbedingung $q_0(0) = 1$, $q_j(0) = 0$ für $j = 1, 2, \ldots$ (vgl. (5.3.2)) bekommen wir hieraus

$$\begin{aligned} q_0(t) &= e^{-\lambda t} \\ q_j(t) &= \lambda \int_0^t e^{-\lambda(t-s)} q_{j-1}(s)\, ds \quad (j = 1, 2, \ldots) . \end{aligned} \tag{5.3.3}$$

Die sukzessive Auswertung von (5.3.3), beginnend mit $q_0(t) = e^{-\lambda t}$, liefert

$$q_j(t) = \frac{(\lambda t)^j e^{-\lambda t}}{j!} \quad (j = 0, 1, 2, \ldots)\ ^1. \tag{5.3.4}$$

Die Zufallsgröße $X(t)$ ist also Poisson-verteilt mit dem Parameter λt. Man spricht dann auch von einem **Poissonschen Prozeß** (mit dem Parameter λ) oder bei unserem Wartesystem vom **Poissonschen Ankunfts-** bzw. **Inputstrom** $\{X(t) | t \geq 0\}$. Der stochastische Prozeß $\{X(t) | t \geq 0\}$ hat folgende Eigenschaft: Bei gegebenem $X(\tau)$, $\tau \geq 0$, ist $X(t)$ für $t > \tau$ unabhängig von $X(s)$ mit $s < \tau$, oder anschaulich gesprochen, der Verlauf des Prozesses für $t > \tau$ ist unabhängig von der „Vorgeschichte" bis zum Zeitpunkt τ. Ein solcher stochastischer Prozeß heißt **Markowscher Prozeß** (für eine präzise Definition und weitere Eigenschaften Markowscher Prozesse vgl. etwa CINLAR (1975), Kapitel 8, HEYMAN UND SOBEL (1982), Kapitel 8, oder KLEINROCK (1975), Kapitel 2). Bei diskreten Zeitpunkten t spricht man auch von einer **Markowschen Kette** (vgl. Abschnitt 5.1.8).

Die Anzahl der im Mittel pro Zeiteinheit ankommenden Kunden bezeichnen wir als **Ankunftsrate**. Für das Wartesystem $M|M|1$ ist die Ankunftsrate gleich dem Erwartungswert $E[X(1)] = \lambda$. Hierbei haben wir benutzt, daß der Erwartungswert einer mit dem Parameter λ Poisson-verteilten Zufallsgröße ebenfalls gleich λ ist. Für die Zwischenankunftszeit Z gilt nach (5.3.4)

$$P(Z > t) = P(\text{in } [0, t] \text{ ist kein Kunde angekommen}) = q_0(t) = e^{-\lambda t} .$$

Für die Verteilungsfunktion F von Z ist also

$$F(t) = P(Z \leq t) = 1 - e^{-\lambda t} \quad \text{für } t \geq 0 ,$$

d.h., Z ist exponentialverteilt mit dem Parameter λ. Der Erwartungswert von Z ist $E(Z) = 1/\lambda$.

Analog zum oben betrachteten Ankunftsprozeß kann man den sogenannten **Bedienungsprozeß** oder **(Poissonschen) Bedienungsstrom** betrachten (vorausgesetzt, das Wartesystem ist nicht leer). Die **Bedienungsrate**, d.h. die

[1] Es sei daran erinnert, daß $0! = 1$ ist.

Anzahl der im Mittel pro Zeiteinheit abgefertigten Kunden, ist gleich μ. Auch die Bedienungszeit S ist exponentialverteilt, und zwar mit dem Parameter μ, und wir haben $E(S) = 1/\mu$. Der Quotient

$$\varrho := \frac{\lambda}{\mu}$$

wird **Verkehrsintensität** genannt, er ist ein Maß für die Auslastung des Bedienungsschalters.

Sei $Y(t)$ die Anzahl der Kunden, die das Wartesystem im Zeitintervall $[0, t]$ verlassen. Dann heißt der stochastische Prozeß $\{Y(t)|t \geq 0\}$ **Abgangsprozeß** oder **Outputprozeß**. In Abschnitt 5.3.3 werden wir sehen, daß dieser Prozeß ebenfalls ein Poissonscher Prozeß mit dem Parameter λ ist, wenn $\varrho < 1$ gilt.

Wir haben verifiziert, daß die Bedingungen A1, A2 und A3 auf das Wartesystem $M|M|1$ führen, d.h., Zwischenankunftszeit Z und Bedienungszeit S sind unabhängige mit den Parametern λ bzw. μ exponentialverteilte Zufallsgrößen. Man kann auch umgekehrt zeigen, daß aus dem letzteren Sachverhalt die Bedingungen A1, A2 und A3 folgen.

Wir betrachten noch kurz den Fall, daß Ankunfts- und Bedienungsrate von der Anzahl der Kunden im System abhängen. Befinden sich zum Zeitpunkt t $j \geq 0$ Kunden im Wartesystem und ist die Wahrscheinlichkeit, daß ein neuer Kunde im Zeitintervall $[t, t+\Delta t]$ mit $\Delta t > 0$ eintrifft, gleich $\lambda_j \Delta t + o(\Delta t)$, so ist die Zeitspanne vom Zeitpunkt t bis zum Eintreffen des nächsten Kunden exponentialverteilt mit dem Parameter λ_j. Befinden sich zum Zeitpunkt t $j \geq 1$ Kunden im System und ist die Wahrscheinlichkeit, daß ein Kunde im Zeitintervall $[t, t + \Delta t]$ mit $\Delta t > 0$ das Wartesystem verläßt, gleich $\mu_j \Delta t + o(\Delta t)$, dann ist die Zeitspanne vom Zeitpunkt t bis zum Abschluß der Bedienung dieses Kunden exponentialverteilt mit dem Parameter μ_j. Das Differentialgleichungssystem (5.3.1) ist jetzt durch

$$\text{(5.3.5)} \quad \begin{cases} \dot{p}_0(t) = -\lambda_0 p_0(t) + \mu_1 p_1(t) \\ \dot{p}_j(t) = \lambda_{j-1} p_{j-1}(t) - (\lambda_j + \mu_j) p_j(t) + \mu_{j+1} p_{j+1}(t) \quad (j = 1, 2, \ldots) \end{cases}$$

zu ersetzen. Wir bemerken noch, daß für gewisse j auch $\lambda_j = 0$ oder $\mu_j = 0$ sein kann.

5.3.3 Gleichgewichtsfall des Wartesystems $M|M|1$

Der stochastische Prozeß $\{\mathcal{L}(t)|t \geq 0\}$, der auch **Warteprozeß** genannt wird, stellt (wie der Inputprozeß $\{X(t)|t \geq 0\}$) einen Markowschen Prozeß dar. Die Bestimmung der Verteilung von $\mathcal{L}(t)$, also der Wahrscheinlichkeiten $p_j(t) = P(\mathcal{L}(t) = j)$ für $j = 0, 1, 2, \ldots$, ist aber erheblich schwieriger als die

Ermittlung der Verteilung von $X(t)$, da hierzu das unendliche Differentialgleichungssystem (5.3.1) mit der Anfangsbedingung (5.3.2) gelöst werden muß, was im allgemeinen sehr rechenaufwendig und nur näherungsweise möglich ist. Deshalb betrachtet man statt der zeitabhängigen Wahrscheinlichkeiten $p_j(t)$ oft nur die zeitunabhängigen sogenannten **stationären Wahrscheinlichkeiten** π_j, die sich ergeben, wenn man im Differentialgleichungssystem (5.3.1) oder (5.3.5) die Ableitungen $\dot{p}_j(t)$ gleich 0 setzt. Das Differentialgleichungssystem (5.3.5) geht dann in das folgende Gleichungssystem für die stationären Wahrscheinlichkeiten π_j über:

$$(5.3.6) \qquad \begin{cases} -\lambda_0\pi_0 + \mu_1\pi_1 = 0 \\ \lambda_{j-1}\pi_{j-1} - (\lambda_j + \mu_j)\pi_j + \mu_{j+1}\pi_{j+1} = 0 \quad (j = 1, 2, \ldots) . \end{cases}$$

Mit

$$(5.3.7) \qquad \varrho_j := \frac{\lambda_{j-1}}{\mu_j} \quad (j = 1, 2, \ldots)$$

erhält man aus (5.3.6) sukzessiv

$$\begin{aligned} \pi_1 &= \varrho_1\pi_0 \\ \pi_2 &= \varrho_2\pi_1 = \varrho_2\varrho_1\pi_0 \\ &\vdots \end{aligned}$$

Setzen wir für das Produkt $\varrho_1 \cdots \varrho_j$ abkürzend

$$(5.3.8) \qquad c_j := \varrho_1 \cdots \varrho_j \quad (j = 1, 2, \ldots) ,$$

so bekommen wir

$$(5.3.9) \qquad \pi_j = c_j\pi_0 \quad (j = 1, 2, \ldots) .$$

Die Forderung

$$\sum_{j=0}^{\infty} \pi_j = \left(1 + \sum_{j=1}^{\infty} c_j\right) \pi_0 = 1$$

liefert

$$(5.3.10) \qquad \pi_0 = \frac{1}{1 + \sum\limits_{j=1}^{\infty} c_j} .$$

Die Herleitung der Beziehungen (5.3.9), (5.3.10) ist genau dann zulässig, wenn die Reihe $\sum_{j=1}^{\infty} c_j$ konvergiert. Letzteres ist der Fall, wenn die folgende Bedingung erfüllt ist:

Konvergenzbedingung. *Es gibt einen Index $j' \in \mathbb{N}$ und eine Zahl $\eta < 1$, so daß für alle $j \geq j'$ $\varrho_j \leq \eta$ ist.*

Wir zitieren nun den folgenden grundlegenden

Satz 5.3.1. *Ist die obige Konvergenzbedingung erfüllt, so existieren für alle* $j = 0, 1, 2, \ldots$ *die* ***Grenzwahrscheinlichkeiten*** $\widehat{p}_j := \lim_{t\to\infty} p_j(t)$, *und es gilt unabhängig von der „Anfangsverteilung" (d.h. den Wahrscheinlichkeiten* $p_j(0),\ j = 0, 1, 2, \ldots$*)* $\widehat{p}_j = \pi_j$.

Zum Beweis vgl. etwa Neumann (1977), Abschnitt 18.2.2. Die Bedeutung von Satz 5.3.1 liegt darin, daß, falls die Konvergenzbedingung erfüllt ist, die Verteilung der Anzahl der Kunden im Wartesystem und damit der Länge der Warteschlange allein durch die „einfacheren" stationären Wahrscheinlichkeiten π_j gegeben ist, sobald das Wartesystem „genügend lange in Betrieb" (also t genügend groß) ist. Das Wartesystem befindet sich dann, wie man auch sagt, im **(stochastischen) Gleichgewicht**.

Wir betrachten nun den Spezialfall, daß Ankunfts- und Bedienungsrate von der Anzahl j der Kunden im System unabhängig sind, also $\lambda_j = \lambda$ und $\mu_j = \mu$ und damit $\varrho_j = \varrho = \lambda/\mu$ ist, d.h. das Wartesystem $M|M|1$ vorliegt. Die obige Konvergenzbedingung ist in diesem Fall erfüllt, wenn $\varrho < 1$ gilt (d.h. die Ankunftsrate λ kleiner als die Bedienungsrate μ ist). Die Beziehungen (5.3.8), (5.3.9), (5.3.10) liefern dann

$$c_j = \varrho^j\,,\ \pi_j = \varrho^j \pi_0\,,\ \pi_0 = \frac{1}{1 + \sum\limits_{j=1}^{\infty} \varrho^j} = 1 - \varrho$$

und somit

$$\pi_j = (1 - \varrho)\varrho^j \quad (j = 0, 1, 2, \ldots)\,. \tag{5.3.11}$$

Sei $\mathcal{L}$ die Anzahl der Kunden im Wartesystem $M|M|1$ im Gleichgewichtsfall, d.h. die diskrete Zufallsgröße mit der Verteilung

$$P(\mathcal{L} = j) = \widehat{p}_j = \pi_j \quad (j = 0, 1, 2, \ldots)\,.$$

Für den Erwartungswert von $\mathcal{L}$ erhalten wir nach einigen Zwischenrechnungen

$$L := E(\mathcal{L}) = \sum_{j=0}^{\infty} j\pi_j = \sum_{j=0}^{\infty} j(1 - \varrho)\varrho^j = \frac{\varrho}{1 - \varrho} = \frac{\lambda}{\mu - \lambda}\,. \tag{5.3.12}$$

Entsprechend ergibt sich für den Erwartungswert von $\mathcal{L}^q$ (Anzahl der Kunden in der Warteschlange im Gleichgewichtsfall) unter Beachtung von $\pi_0 = 1 - \varrho$

$$L^q := E(\mathcal{L}^q) = \sum_{j=1}^{\infty} (j - 1)\pi_j = L - (1 - \pi_0) = \frac{\varrho^2}{1 - \varrho} = \frac{\lambda^2}{\mu(\mu - \lambda)}\,. \tag{5.3.13}$$

Im Gleichgewichtsfall $\varrho < 1$ ist für das Wartesystem $M|M|1$ der Outputprozeß $\{Y(t)|t \geq 0\}$ (ebenso wie der Inputprozeß $\{X(t)|t \geq 0\}$) ein Poissonscher Prozeß mit der Rate λ, da die Summe unabhängiger Poisson-verteilter

Zufallsgrößen wieder Poisson-verteilt ist (zum Beweis vgl. etwa HEYMAN UND SOBEL (1982), Abschnitt 8.8).

Wir betrachten ein **Zahlenbeispiel**. In einer Werkstatt treffen Aufträge (etwa zu bearbeitende Werkstücke) gemäß einem Poissonschen Ankunftsstrom mit einer Rate von 3 pro Tag ein. Die Bearbeitungszeit für einen Auftrag sei exponentialverteilt mit einer Rate von 6 pro Tag (und unabhängig von der Ankunftsverteilung). Wir nehmen an, daß so viel Lagerkapazität in der Werkstatt vorhanden sei, um neben einem gerade in Arbeit befindlichen Auftrag zwei weitere Werkstücke zu lagern (zusätzliche Werkstücke können außerhalb der Werkstatt gelagert werden). Gesucht ist für den Gleichgewichtsfall der Anteil der Zeit, während der die Lagerkapazität der Werkstatt für alle eintreffenden Aufträge ausreicht. Es liegt ein Wartesystem $M|M|1$ mit $\lambda = 3$, $\mu = 6$ (pro Tag) vor. Wegen $\varrho = \lambda/\mu = \frac{1}{2}$ ist die obige Konvergenzbedingung erfüllt. Weiter haben wir

$$\pi_j = (1-\varrho)\varrho^j = \left(\frac{1}{2}\right)^{j+1} \quad \text{für } j = 0, 1, 2, \ldots$$

Der Anteil der Zeit, während der die Lagerkapazität der Werkstatt ausreicht, ist gleich der Wahrscheinlichkeit, daß kein Auftrag oder ein Auftrag oder zwei Aufträge oder drei Aufträge in der Werkstatt sind. Diese Wahrscheinlichkeit ist gleich

$$\pi_0 + \pi_1 + \pi_2 + \pi_3 = \frac{1}{2} + \frac{1}{4} + \frac{1}{8} + \frac{1}{16} = \frac{15}{16} \approx 0,94 \ .$$

Das „Übergangsverhalten“ eines Wartesystems (von einem Zustand in einen anderen) im Gleichgewichtsfall kann in Form eines bewerteten Digraphen, des sogenannten **Übergangsgraphen**, veranschaulicht werden. Die Zustände des Wartesystems entsprechen dabei den Knoten und die möglichen unmittelbaren Übergänge von einem Zustand in einen anderen den Pfeilen. Die Bewertungen der Pfeile stellen die Übergangsraten dar. Wir bemerken, daß (bei unendlichem Warteraum) der Übergangsgraph unendlich viele Knoten und Pfeile besitzt. Der Übergangsgraph für das Wartesystem mit von der Anzahl der Kunden im System abhängigen Ankunfts- und Bedienungsraten ist in Abb. 5.3.3 dargestellt.

Aus dem Übergangsgraphen erhält man durch folgende Plausibilitätsbetrachtung auf einfache Weise das Gleichungssystem (5.3.6) für die stationären Wahrscheinlichkeiten. Wir betrachten einen Zustand bzw. Knoten $j \geq 1$. Von den Zuständen $j-1$ und $j+1$ ist jeweils ein Übergang in den Zustand j möglich, und zwar mit den Raten λ_{j-1} bzw. μ_{j+1}. Die (stationäre) Wahrscheinlichkeit, daß sich das System im Zustand $j-1$ bzw. $j+1$ befindet, ist π_{j-1} bzw. π_{j+1}. Damit ist die „Gesamteingangsrate“ für den Zustand bzw.

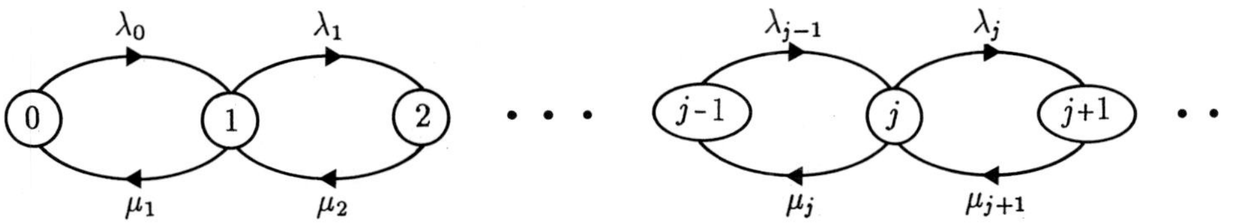

Abb. 5.3.3

Knoten j gleich $\lambda_{j-1}\pi_{j-1} + \mu_{j+1}\pi_{j+1}$. Befindet sich das System im Zustand j, so sind Übergänge in die Zustände $j+1$ bzw. $j-1$ möglich, und zwar mit den Raten λ_j bzw. μ_j. Die (stationäre) Wahrscheinlichkeit, daß sich das System im Zustand j befindet, ist π_j. Folglich ist die „Gesamtausgangsrate" für den Zustand bzw. Knoten j gleich $(\lambda_j + \mu_j)\pi_j$. Da im Gleichgewichtsfall für jeden Zustand die Gesamteingangsrate gleich der Gesamtausgangsrate sein muß, erhalten wir

$$\lambda_{j-1}\pi_{j-1} + \mu_{j+1}\pi_{j+1} = (\lambda_j + \mu_j)\pi_j \quad (j \geq 1) .$$

Dies ist gerade die Gleichung Nummer j in (5.3.6).

5.3.4 Verteilung der Wartezeit

In diesem Abschnitt wollen wir skizzieren, wie man für das Wartesystem $M|M|1$ die Verteilung der Wartezeit $\mathcal{W}^q$ eines Kunden in der Schlange im Gleichgewichtsfall ermitteln kann. Wir setzen also wieder $\varrho = \lambda/\mu < 1$ voraus.

Ein zur Zeit t ankommender Kunde, der im Wartesystem $\mathcal{L}(t)$ Kunden vorfindet, muß in der Schlange die Zeitspanne

$$\text{(5.3.14)} \qquad \mathcal{V}(t) = \begin{cases} S_1' + S_2 + \ldots + S_{\mathcal{L}(t)}\,, & \text{falls } \mathcal{L}(t) \geq 1 \\ 0\,, \quad \text{falls } \mathcal{L}(t) = 0 \end{cases}$$

warten, bis seine Bedienung beginnt. Hierbei ist S_1' die „restliche Bedienungszeit" des gerade bedient werdenden Kunden. Bekanntlich besitzt die Exponentialverteilung die Eigenschaft der „Gedächtnislosigkeit", d.h., für eine etwa mit dem Parameter μ exponentialverteilte Zufallsgröße S gilt

$$P(S \leq \tau + t | S \geq \tau) = 1 - e^{-\mu t} = P(S \leq t) \quad \text{für } t, \tau \geq 0 .$$

Folglich ist S_1' ebenso wie die Zufallsgrößen S_j $(j \geq 2)$ exponentialverteilt mit dem Parameter μ.

Sei $\mathcal{F}(\cdot, t)$ die Verteilungsfunktion der virtuellen Wartezeit $\mathcal{V}(t)$. Nach dem Satz von der totalen Wahrscheinlichkeit (vgl. Abschnitt 5.3.2) gilt dann

$$\mathcal{F}(v,t) = P(\mathcal{V}(t) \leq v) = \sum_{j=0}^{\infty} P(\mathcal{V}(t) \leq v | \mathcal{L}(t) = j) P(\mathcal{L}(t) = j) \; .$$

Es ist $P(\mathcal{L}(t) = j) = p_j(t)$. $P(\mathcal{V}(t) \leq v | \mathcal{L}(t) = j)$ ist der Wert der Verteilungsfunktion der Summe von j unabhängigen, mit dem Parameter μ exponentialverteilten Zufallsgrößen an der Stelle v. Nutzt man die Tatsache aus, daß die Summe von k unabhängigen, jeweils mit dem Parameter λk exponentialverteilten Zufallsvariablen Erlang-verteilt ist mit den Parametern λ und k, so bekommt man eine „Integralformel" für $\mathcal{F}(v,t)$, woraus man durch den Grenzübergang $t \to \infty$ folgende Verteilungsfunktion F_q erhält:

$$\lim_{t \to \infty} \mathcal{F}(v,t) =: F_q(v) = \begin{cases} 1 - \dfrac{\lambda}{\mu} e^{-(\mu - \lambda)v} , & \text{falls } v \geq 0 \\ 0 \, , \quad \text{falls } v < 0 \end{cases}$$

(vgl. NEUMANN (1977), Abschnitt 18.3). Die Zufallsgröße $\mathcal{V}$ mit der Verteilungsfunktion F_q kann man als *virtuelle Wartezeit im Gleichgewichtsfall* auffassen sowie auch als *Wartezeit* $\mathcal{W}^q$ eines Kunden in der Schlange *im Gleichgewichtsfall* (d.h. als Wartezeit eines Kunden in der Schlange, der „genügend lange" nach Öffnung des Schalters ankommt). Die Verteilungsfunktion F_q von $\mathcal{W}^q$ hat die in Abb. 5.3.4 gezeigte Gestalt, besitzt also einen Sprung der Höhe $1 - \varrho$ im Nullpunkt. Für den Erwartungswert von $\mathcal{W}^q$ ergibt sich

$$W^q := E(\mathcal{W}^q) = \frac{\lambda}{\mu(\mu - \lambda)} \; . \tag{5.3.15}$$

Die Beziehung (5.3.15) kann auch auf andere Weise hergeleitet werden. Hierzu benötigen wir den

Satz von Wald *(vgl.* ROHATGI *(1976), Abschnitt 14.3). Seien $X_1, X_2, \ldots$ unabhängige, identisch verteilte Zufallsvariablen mit dem Erwartungswert $E(X) < \infty$. Weiter sei N eine diskrete, von $X_1, X_2, \ldots$ unabhängige Zufallsgröße, welche die Werte $1, 2, \ldots$ annehmen kann und ebenfalls einen endlichen Erwartungswert besitze. Dann gilt*

$$E(X_1 + \ldots + X_N) = E(X)E(N).$$

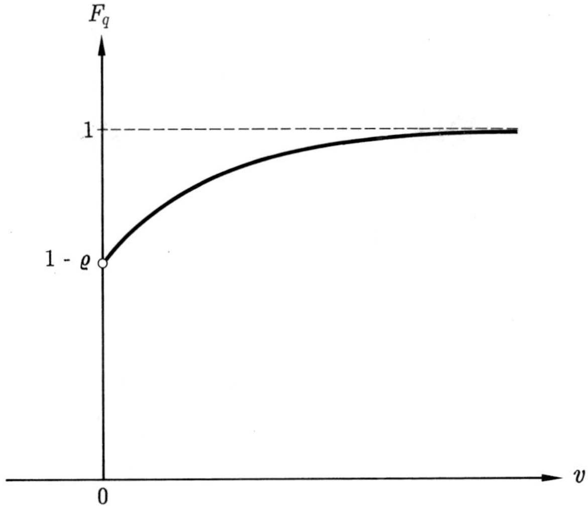

Abb. 5.3.4

Aus (5.3.14) mit $E(S) = 1/\mu$ erhalten wir damit

$$E[\mathcal{V}(t)] = \frac{E[\mathcal{L}(t)]}{\mu}$$

und unter Beachtung von (5.3.12)

$$W^q = \lim_{t\to\infty} E[\mathcal{V}(t)] = \frac{E(\mathcal{L})}{\mu} = \frac{\lambda}{\mu(\mu - \lambda)} .$$

Analog ergibt sich für die Verteilungsfunktion F und den Erwartungswert W der Verweilzeit $\mathcal{W}$ eines Kunden im System im Gleichgewichtsfall

(5.3.16) $$F(w) = P(\mathcal{W} \le w) = \begin{cases} 1 - e^{-(\mu-\lambda)w}, & \text{falls } w \ge 0 \\ 0, & \text{falls } w < 0 \end{cases}$$

(5.3.17) $$W := E(\mathcal{W}) = \lim_{t\to\infty} E[S_1 + \ldots + S_{\mathcal{L}(t)+1}] = W^q + \frac{1}{\mu} = \frac{1}{\mu - \lambda} .$$

Beim Vergleich der Formeln (5.3.13), (5.3.14) mit (5.3.17), (5.3.15) stellen wir fest, daß

$$L = \lambda W , \; L^q = \lambda W^q$$

gilt. Dies ist **Littles Formel $\boldsymbol{L = \lambda W}$**, die, wie wir in Abschnitt 5.3.7 sehen werden, auch für wesentlich allgemeinere Wartesysteme gilt. Mit $W = W^q + 1/\mu$ erhalten wir die später benötigte Beziehung

(5.3.18) $$L = \lambda W = \lambda W^q + \frac{\lambda}{\mu} = L^q + \varrho .$$

5.3.5 Ungeduldige Kunden und endlicher Warteraum

Eine lange Warteschlange wirkt oft abschreckend auf ankommende Kunden. Wir wollen deshalb jetzt den Fall betrachten, daß, wenn bereits j Kunden im Wartesystem (vom Typ $M|M|1$) sind, ein neu eintreffender Kunde sich nur mit einer Wahrscheinlichkeit a_j in die Warteschlange einreiht. Für die Ankunfts- und die Bedienungsrate gilt dann

$$\begin{aligned} \lambda_j &= \lambda a_j \quad (j = 0, 1, 2, \ldots) \\ \mu_j &= \mu \quad (j = 1, 2, \ldots) \; . \end{aligned}$$

Wir befassen uns im folgenden wieder nur mit dem Gleichgewichtsfall. Das Gleichungssystem (5.3.6) für die stationären Wahrscheinlichkeiten π_j lautet jetzt

$$\begin{aligned} &-\lambda a_0 \pi_0 + \mu \pi_1 = 0 \\ &\lambda a_{j-1} \pi_{j-1} - (\lambda a_j + \mu) \pi_j + \mu \pi_{j+1} = 0 \quad (j = 1, 2, \ldots) \; . \end{aligned}$$

Weiter ist mit (5.3.7)

$$\varrho_j = \frac{\lambda_{j-1}}{\mu_j} = \frac{\lambda}{\mu} a_{j-1} = \varrho a_{j-1} \quad (j \geq 1) \; ,$$

und die Beziehungen (5.3.8), (5.3.9), (5.3.10) liefern

$$\begin{aligned} \pi_j &= \varrho^j \pi_0 \prod_{\nu=0}^{j-1} a_\nu \quad (j = 1, 2, \ldots) \\ \pi_0 &= \frac{1}{1 + \sum\limits_{j=1}^{\infty} \varrho^j \prod\limits_{\nu=0}^{j-1} a_\nu} \; . \end{aligned}$$

Wegen $0 \leq a_j \leq 1$ gelten diese Formeln sicher für $\varrho < 1$, und in diesem Fall sind die stationären Wahrscheinlichkeiten π_j wieder gleich den Grenzwahrscheinlichkeiten $\widehat{p}_j := \lim_{t \to \infty} p_j(t)$.

Wir wollen nun den Anteil α des gesamten Ankunftsstromes ermitteln, der sich in die Warteschlange einreiht. α wird auch **Erfassungsgrad der Kunden** genannt und ist gleich der Wahrscheinlichkeit, daß ein ankommender Kunde in das Wartesystem eintritt und abgefertigt wird. Während einer genügend langen Zeitspanne T ist der Schalter ungefähr eine Zeitdauer $(1 - \pi_0)T$ in Betrieb, und es werden rund

$$\frac{(1 - \pi_0)T}{E(S)} = (1 - \pi_0)\mu T$$

Kunden abgefertigt. Während dieser Zeit treffen andererseits rund λT Kunden ein. Wir erhalten also

$$\alpha = \frac{(1-\pi_0)\mu T}{\lambda T} = \frac{1-\pi_0}{\varrho} \ . \tag{5.3.19}$$

Die **effektive Ankunftsrate** λ_{eff}, d.h. die Rate der sich tatsächlich in die Warteschlange einreihenden Kunden, ist dann

$$\lambda_{\text{eff}} = \alpha\lambda = (1-\pi_0)\mu \ . \tag{5.3.20}$$

Bei der Anwendung von Littles Formel $L = \lambda W$ ist jetzt darauf zu achten, daß λ durch die effektive Ankunftsrate λ_{eff} zu ersetzen ist.

Die effektive Ankunftsrate λ_{eff} stimmt mit der sogenannten **durchschnittlichen Ankunftsrate**

$$\bar{\lambda} := \sum_{j=0}^{\infty} \lambda_j \pi_j = \lambda \sum_{j=0}^{\infty} a_j \pi_j$$

überein, wie man leicht durch Nachrechnen verifizieren kann (man beachte, daß, anschaulich gesprochen, π_j der Anteil der Zeit ist, während der j Kunden im System sind). Der Erfassungsgrad ergibt sich also auch zu

$$\alpha = \sum_{j=0}^{\infty} a_j \pi_j \ .$$

Wir untersuchen nun den Fall des Wartesystems $M|M|1$ mit **endlichem Warteraum**, und zwar sei die maximale Anzahl der Kunden im System (Größe des Warteraumes) gleich $r \geq 1$ und damit die maximale Länge der Warteschlange gleich $r-1$. Für die Ankunfts- und die Bedienungsrate hat man folglich

$$\begin{cases} \lambda_j = \begin{cases} \lambda & \text{für } j = 0, 1, \ldots, r-1 \\ 0 & \text{für } j = r, r+1, \ldots \end{cases} \\ \mu_j = \mu \quad \text{für } j = 1, 2, \ldots \end{cases} \tag{5.3.21}$$

Wir beschränken uns wieder auf den Gleichgewichtsfall. Der Übergangsgraph ist jetzt endlich und hat die in Abb. 5.3.5 gezeigte Gestalt. Nach (5.3.21) ist

$$\varrho_j = \begin{cases} \dfrac{\lambda_{j-1}}{\mu_j} = \dfrac{\lambda}{\mu} = \varrho & \text{für } j = 1, \ldots, r \\ 0 \quad \text{für } j > r \ . \end{cases} \tag{5.3.22}$$

Es gibt also einen Index j', z.B. $j' = r+1$, und eine Zahl $\eta < 1$, so daß für alle $j \geq j'$ $\varrho_j \leq \eta$ ist, d.h., die Konvergenzbedingung aus Abschnitt 5.3.3 ist stets (nicht nur für $\varrho < 1$) erfüllt, und es gilt $\pi_j = \widehat{p}_j := \lim_{t\to\infty} p_j(t)$.

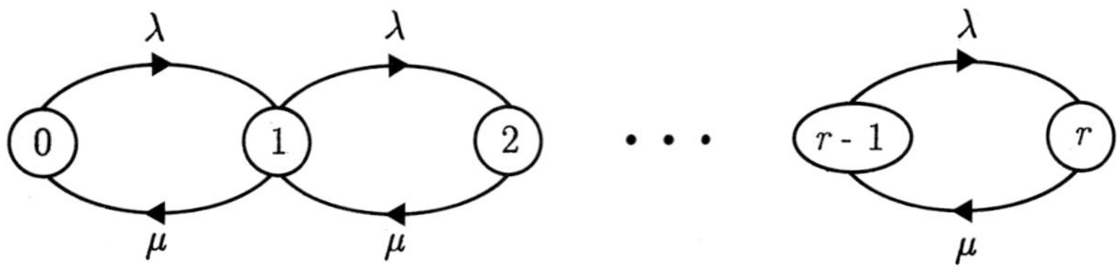

Abb. 5.3.5

Wir bestimmen nun die stationären Wahrscheinlichkeiten π_j für $j = 0, 1, \ldots, r$. (5.3.22) in (5.3.8) und (5.3.9) eingesetzt liefert

$$c_j = \varrho^j\,, \ \pi_j = \varrho^j \pi_0 \quad (j = 1, 2, \ldots, r)\ .$$

Aus (5.3.10) ergibt sich mit $c_j = 0$ für $j > r$

$$\text{(5.3.23)} \qquad \pi_0 = \frac{1}{1 + \sum_{j=1}^{r} \varrho^j} = \begin{cases} \dfrac{1}{1+r} & \text{für } \varrho = 1 \\ \dfrac{1-\varrho}{1-\varrho^{r+1}} & \text{für } \varrho \neq 1 \end{cases}$$

und folglich

$$\text{(5.3.24)} \qquad \pi_j = \begin{cases} \dfrac{1}{1+r} & \text{für } \varrho = 1 \\ \dfrac{(1-\varrho)\varrho^j}{1-\varrho^{r+1}} & \text{für } \varrho \neq 1 \end{cases} \qquad (j = 0, 1, \ldots, r)\ .$$

Für den Erfassungsgrad der Kunden (also den Anteil der Kunden, der sich in die Warteschlange einreiht) erhalten wir aus (5.3.19) und (5.3.23)

$$\alpha = \frac{1-\pi_0}{\varrho} = \begin{cases} \dfrac{r}{1+r} & \text{für } \varrho = 1 \\ \dfrac{1-\varrho^r}{1-\varrho^{r+1}} & \text{für } \varrho \neq 1 \end{cases}$$

und unter Berücksichtigung von (5.3.24)

$$\text{(5.3.25)} \qquad \alpha = 1 - \pi_r\ .$$

Formel (5.3.25) besagt, daß der Erfassungsgrad gleich der Wahrscheinlichkeit ist, daß sich ein ankommender Kunde in die Warteschlange einreiht, d.h. das

Wartesystem noch nicht voll ist. Die Beziehung (5.3.25) folgt auch unter Beachtung von (5.3.20), (5.3.21) und $\pi_j = 0$ für $j > r$ aus der Gleichheit

$$\alpha\lambda = \lambda_{\text{eff}} = \bar{\lambda} = \sum_{j=0}^{\infty} \lambda_j \pi_j = \lambda \sum_{j=0}^{r-1} \pi_j = \lambda(1 - \pi_r) .$$

In Littles Formel $L = \lambda W$ ist λ wieder durch λ_{eff} zu ersetzen.

Wir greifen das in Abschnitt 5.3.3 betrachtete **Zahlenbeispiel** noch einmal auf und wollen jetzt die Wahrscheinlichkeitsverteilung für die Anzahl der Aufträge in der Werkstatt, die erwartete Anzahl der Werkstücke in der Werkstatt, die erwartete Anzahl der nicht in Bearbeitung befindlichen Werkstücke in der Werkstatt und den Anteil der angenommenen Aufträge bestimmen. Der Warteraum hat die Größe $r = 3$. Mit $\varrho = \frac{1}{2}$ liefert (5.3.24)

$$\pi_j = \frac{\left(\frac{1}{2}\right)^{j+1}}{1 - \left(\frac{1}{2}\right)^4} \quad \text{für } j = 0, 1, 2, 3; \quad \pi_j = 0 \quad \text{für } j > 3$$

und speziell

$$\pi_0 = \frac{8}{15} \approx 0,53\,, \ \pi_1 = \frac{4}{15} \approx 0,27\,, \ \pi_2 = \frac{2}{15} \approx 0,13\,, \ \pi_3 = \frac{1}{15} \approx 0,067\,.$$

Die erwartete Anzahl der Werkstücke in der Werkstatt ist

$$L = \sum_{j=0}^{r} j\pi_j = \frac{11}{15} \approx 0,73\,.$$

Für die erwartete Anzahl der nicht in Bearbeitung befindlichen Aufträge ergibt sich

$$L^q = L - (1 - \pi_0) = \frac{4}{15} \approx 0,27$$

(vgl. (5.3.13)). Der Anteil der angenommenen Aufträge ist gleich dem Erfassungsgrad

$$\alpha = 1 - \pi_r = \frac{14}{15} \approx 0,933\,.$$

5.3.6 Das Wartesystem $M|M|s$

Wir wollen jetzt annehmen, daß $s > 1$ parallele identische Bedienungsschalter zur Verfügung stehen, um die ankommenden Kunden zu bedienen. Die Zwischenankunftszeit Z und die Bedienungszeit S (an einem Schalter) seien wieder exponentialverteilt mit den Parametern λ bzw. μ, und wir beschränken uns auf den Gleichgewichtsfall.

Ankunfts- und Bedienungsrate haben die Form

$$\lambda_j = \lambda \quad \text{für } j = 0, 1, 2, \ldots$$
$$\mu_j = \begin{cases} j\mu & \text{für } j = 1, \ldots, s-1 \\ s\mu & \text{für } j \geq s \ , \end{cases}$$

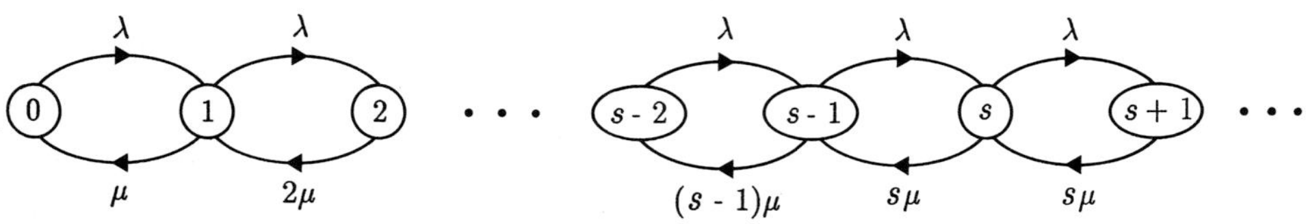

Abb. 5.3.6

und der Übergangsgraph hat die in Abb. 5.3.6 gezeigte Gestalt. Für das Gleichungssystem (5.3.6) erhalten wir

$$\begin{aligned} &-\lambda\pi_0 + \mu\pi_1 = 0 \\ &\lambda\pi_{j-1} - (\lambda + j\mu)\pi_j + (j+1)\mu\pi_{j+1} = 0 \quad \text{für } j = 1, \ldots, s-1 \\ &\lambda\pi_{j-1} - (\lambda + s\mu)\pi_j + s\mu\pi_{j+1} = 0 \quad \text{für } j \geq s \ . \end{aligned}$$

Mit $\varrho = \lambda/\mu$ ergibt sich

$$\varrho_j = \frac{\lambda_{j-1}}{\mu_j} = \begin{cases} \dfrac{\lambda}{j\mu} = \dfrac{\varrho}{j} & \text{für } j = 1, \ldots, s-1 \\ \dfrac{\lambda}{s\mu} = \dfrac{\varrho}{s} & \text{für } j \geq s \ , \end{cases}$$

und die Konvergenzbedingung aus Abschnitt 5.3.3 ist für $\varrho = \lambda/\mu < s$ erfüllt. In letzterem Fall gilt also wieder $\pi_j = \widehat{p}_j := \lim_{t\to\infty} p_j(t)$. (5.3.8), (5.3.9) und (5.3.10) liefern nach einigen Zwischenrechnungen

$$\pi_j = \begin{cases} \dfrac{\varrho^j}{j!}\pi_0 & \text{für } j = 1, \ldots, s-1 \\ \dfrac{\varrho^j}{s!s^{j-s}}\pi_0 & \text{für } j \geq s \end{cases} \tag{5.3.26}$$

(5.3.27) $$\pi_0 = \frac{1}{1 + \sum_{j=1}^{s-1} \frac{\varrho^j}{j!} + \frac{\varrho^s}{(s-\varrho)(s-1)!}} .$$

Mit (5.3.26) erhalten wir die mittlere Warteschlangenlänge

(5.3.28) $$L^q = \sum_{j=s}^{\infty} (j-s)\pi_j = \frac{\varrho^{s+1}}{(s-\varrho)^2(s-1)!}\pi_0$$

(vgl. (5.3.13)) und für die mittlere Anzahl der Kunden im System

(5.3.29) $$L = \sum_{j=0}^{\infty} j\pi_j = L^q + \varrho$$

(vgl. (5.3.18)). Der Vergleich von (5.3.28) und (5.3.29) ergibt für die mittlere Anzahl L^b der besetzten Schalter

(5.3.30) $$L^b = L - L^q = \varrho .$$

Für die mittleren Wartezeiten in der Schlange und im System bekommen wir mit Littles Formel (vgl. Abschnitt 5.3.7) die gleichen Resultate wie beim Wartesystem $M|M|1$:

(5.3.31) $$W^q = \frac{L^q}{\lambda}, \; W = \frac{L}{\lambda} = \frac{L^q + \frac{\lambda}{\mu}}{\lambda} = W^q + \frac{1}{\mu} .$$

Auch für das Wartesystem $M|M|s$ mit $s > 1$ ist im Fall $\varrho < s$ der Outputprozeß $\{Y(t)|t \geq 0\}$ wie der Inputprozeß $\{X(t)|t \geq 0\}$ ein Poissonscher Prozeß mit der Rate λ (vgl. Heyman und Sobel (1982), Abschnitt 8.8).

Wir betrachten ein **Zahlenbeispiel**. In einer Telefonzelle werden im Mittel 10 Gespräche pro Stunde geführt, deren erwartete Dauer (jeweils) 5 Minuten sei. Als zumutbare mittlere Wartezeit vor der Zelle werden 5 Minuten angesehen. Es soll entschieden werden, ob und wenn ja, wieviel neue Telefonzellen aufgestellt werden müssen. Die Gesprächsdauer und die Zwischenankunftszeit der Anrufer werden als exponentialverteilt (und voneinander unabhängig) angenommen, und es soll nur der Gleichgewichtsfall betrachtet werden.

Wählen wir als Zeiteinheit eine Stunde, so haben wir $\lambda = 10$, $\mu = \frac{60}{5} = 12$ und $\varrho = \lambda/\mu < 1$, die Konvergenzbedingung ist also erfüllt. Für das Wartesystem $M|M|1$ gilt nach (5.3.15) für die mittlere Wartezeit in der Schlange

$$W^q = \frac{\lambda}{\mu(\mu - \lambda)} = \frac{10}{12 \cdot 2} \text{ [Stunden] } = 25 \text{ [Minuten]} .$$

Es muß also mindestens eine weitere Telefonzelle aufgestellt werden. Wir betrachten jetzt den Fall zweier Telefonzellen, also das Wartesystem $M|M|2$. (5.3.27), (5.3.28), (5.3.31) liefern mit $\varrho = \frac{5}{6}$ und $s = 2$ nach einigen Zwischenrechnungen

$$\pi_0 = \frac{7}{17} \approx 0,41\,, \quad L^q = \frac{125}{714} \approx 0,18$$
$$W^q = \frac{25}{1428} \text{ [Stunden]} \approx 1,05 \text{ [Minuten]}\,.$$

Es braucht also nur eine weitere Telefonzelle aufgestellt zu werden.

Wir befassen uns nun mit dem Wartesystem **$M|M|s$ mit endlichem Warteraum**. Finden im Wartesystem höchstens $r \geq s$ Kunden Platz, so gilt für die Ankunfts- und die Bedienungsrate

$$\lambda_j = \begin{cases} \lambda & \text{für } j = 0, 1, \ldots, r-1 \\ 0 & \text{für } j \geq r \end{cases}$$

$$\mu_j = \begin{cases} j\mu & \text{für } j = 1, 2, \ldots, s-1 \\ s\mu & \text{für } j \geq s\,. \end{cases}$$

Der Übergangsgraph ist endlich, er besitzt $r + 1$ Knoten und $2r$ Pfeile (vgl. Abb. 5.3.7). Wie beim Wartesystem $M|M|1$ ist bei endlichem Warteraum die

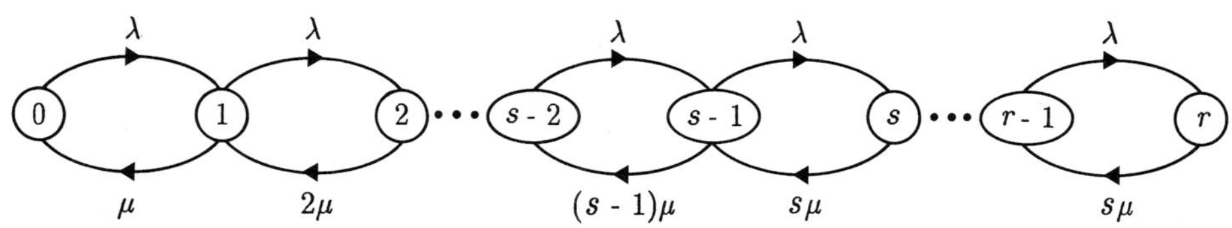

Abb. 5.3.7

Konvergenzbedingung aus Abschnitt 5.3.3 für alle $\varrho = \lambda/\mu$ (und nicht nur für $\lambda/\mu < s$) erfüllt. Mit

$$\varrho_j = \frac{\lambda_{j-1}}{\mu_j} = \begin{cases} \frac{\varrho}{j} & \text{für } j = 1, \ldots, s-1 \\ \frac{\varrho}{s} & \text{für } j = s, \ldots, r \\ 0 & \text{für } j > r \end{cases}$$

liefern (5.3.8), (5.3.9), (5.3.10)

(5.3.32)
$$\pi_j = \begin{cases} \dfrac{\varrho^j}{j!}\pi_0 & \text{für } j = 1, \ldots, s-1 \\ \dfrac{\varrho^j}{s!s^{j-s}}\pi_0 & \text{für } j = s, \ldots, r \\ 0 & \text{für } j > r \end{cases}$$

(5.3.33)
$$\pi_0 = \frac{1}{1 + \sum_{j=1}^{s-1} \frac{\varrho^j}{j!} + \frac{\varrho^s}{s!} \sum_{j=s}^{r} \left(\frac{\varrho}{s}\right)^{j-s}} .$$

Für die mittlere Länge der Warteschlange ergibt sich nach einigen Zwischenrechnungen

(5.3.34)
$$L^q = \begin{cases} \dfrac{s^{s-1}\pi_0}{s(s-1)!}(r-s)(r-s+1)\,, & \text{falls } \varrho = s \\ \dfrac{\varrho^{s+1}\pi_0}{(s-\varrho)^2(s-1)!}\left[1 - \left(\dfrac{\varrho}{s}\right)^{r-s}\left(1 + \dfrac{(s-\varrho)(r-s)}{s}\right)\right], \\ \text{falls } \varrho \neq s\,. \end{cases}$$

Weiter ist nach Littles Formel $L = \lambda W$

(5.3.35)
$$\begin{cases} W^q = \dfrac{L^q}{\lambda_{\text{eff}}}\,, \quad W = W^q + \dfrac{1}{\mu} \\ L = \lambda_{\text{eff}} W = L^q + \dfrac{\lambda_{\text{eff}}}{\mu}\,. \end{cases}$$

Für die effektive Ankunftsrate λ_{eff} gilt wieder

$$\lambda_{\text{eff}} = \alpha\lambda\,,$$

wobei der Erfassungsgrad α gleich der Wahrscheinlichkeit ist, daß ein ankommender Kunde in das Wartesystem eintritt, also das Wartesystem noch nicht voll besetzt ist. In anderen Worten, wir haben erneut

$$\alpha = 1 - \pi_r$$

(vgl. (5.3.25)). Für die mittlere Anzahl der besetzten Schalter $L^b = L - L^q$ gilt nach (5.3.35) und mit $\lambda_{\text{eff}} = \alpha\lambda$ in Analogie zu (5.3.30)

(5.3.36)
$$L^b = \alpha\varrho\,.$$

Wegen $\lambda_{\text{eff}} = \bar{\lambda}$ können wir dieses Resultat auch in der Form

(5.3.37)
$$\bar{\lambda} = \mu L^b$$

schreiben. (5.3.37) stellt eine Art **Erhaltungssatz** dar und besagt, daß an einem Schalter kein Kunde verloren geht, also die durchschnittliche Ankunftsrate gleich der durchschnittlichen Abgangsrate ist.

Wir betrachten ein **Zahlenbeispiel**. Ein Reisebüro habe zwei Angestellte, die ankommende Telefonanrufe beantworten. Zusätzlich kann ein Anrufer in einer „Warteleitung“ bleiben (nach der Aufforderung „Bleiben Sie am Apparat“), bis einer der beiden Angestellten den Anruf beantworten kann. Sind alle drei Leitungen belegt, so hört ein potentieller Kunde das Besetztzeichen („verlorener Anruf“). Die Anrufe (einschließlich der verlorenen) sollen gemäß einem Poissonschen Prozeß erfolgen mit einer Rate von einem Anruf pro Minute. Die Dauer des Telefongesprächs sei exponentialverteilt mit einem Erwartungswert von einer halben Minute. Gesucht sind die stationären Wahrscheinlichkeiten, daß

(a) ein Anrufer sofort mit einem Angestellten sprechen kann
(b) ein Anrufer zunächst in der Warteleitung bleibt
(c) ein Anrufer das Besetztzeichen hört.

Wählen wir als Zeiteinheit eine Minute, so haben wir $\lambda = 1$, $\mu = 2$, $\varrho = \frac{1}{2}$, $s = 2$ und $r = 3$. (5.3.32) und (5.3.33) liefern

$$\pi_0 = \frac{32}{53}\,,\ \pi_1 = \frac{16}{53}\,,\ \pi_2 = \frac{4}{53}\,,\ \pi_3 = \frac{1}{53}\,,\ \pi_j = 0 \quad \text{für } j > 3\ ,$$

und wir bekommen die folgenden Resultate:

(a) $\pi_0 + \pi_1 = \frac{48}{53} \approx 0,906$
(b) $\pi_2 = \frac{4}{53} \approx 0,075$
(c) $\pi_3 = \frac{1}{53} \approx 0,019$.

Sind s Schalter vorhanden und steht an jedem Schalter Platz für genau einen Kunden zur Verfügung (d.h., wir haben $r = s$), dann spricht man von einem **Besetztsystem** oder **Verlustsystem**. Ein solches Wartesystem liegt beispielsweise bei einer Telefonzentrale (ohne „Warteleitungen“) vor, wobei die Schalter den verfügbaren Leitungen entsprechen. Aus (5.3.32), (5.3.33) erhalten wir dann

$$\pi_j = \frac{\varrho^j}{j! \sum\limits_{\nu=0}^{s} \dfrac{\varrho^\nu}{\nu!}} \qquad (j = 0, 1, \ldots, s)\ ,$$

und (5.3.34) liefert das plausible Resultat $L^q = 0$.

Wir betrachten jetzt ein **Maschinenreparaturproblem**, das eine weitere Anwendung des Wartesystems $M|M|s$ darstellt. k gleichartige, unabhängig voneinander operierende Maschinen werden von s Monteuren betreut. Fällt eine Maschine aus, dann soll, sobald ein Monteur verfügbar ist, sofort mit ihrer Reparatur begonnen werden (und zwar werde die Reparatur immer nur durch jeweils einen Monteur ausgeführt). Nach Beendigung der Reparatur werde die

Maschine sofort wieder in Betrieb genommen. Offensichtlich ist also nur der Fall $s \leq k$ von Interesse. Die Betriebszeiten der Maschinen zwischen zwei aufeinander folgenden Ausfällen seien voneinander unabhängig und exponentialverteilt mit dem für alle Maschinen gleichen Parameter λ. Entsprechend seien die Reparaturzeiten der Maschinen unabhängig voneinander und jeweils exponentialverteilt mit dem Parameter μ. Weiter nehmen wir an, daß auch die Reparatur- und die Betriebszeiten der Maschinen voneinander unabhängig seien, eine Voraussetzung, die in der Praxis oft nicht erfüllt ist.

Interpretiert man die Maschinen als Kunden und die Monteure als Schalter, so liegt ein Wartesystem $M|M|s$ vor mit dem Kundenumfang (Ergiebigkeit der Kundenquelle) k. Befinden sich j Kunden im System, dann sind nur $k-j$ potentielle Kunden in der Quelle. Die Ankunfts- und die Bedienungsrate haben die Gestalt

(5.3.38)
$$\lambda_j = \begin{cases} (k-j)\lambda & \text{für } j = 0, 1, \ldots, k-1 \\ 0 & \text{für } j \geq k \end{cases}$$
$$\mu_j = \begin{cases} j\mu & \text{für } j = 1, \ldots, s-1 \\ s\mu & \text{für } j \geq s\,. \end{cases}$$

Die Konvergenzbedingung aus Abschnitt 5.3.3 ist wieder für alle $\varrho = \lambda/\mu$ erfüllt. Wir erhalten

$$\varrho_j = \frac{\lambda_{j-1}}{\mu_j} = \begin{cases} \dfrac{k-j+1}{j}\varrho & \text{für } j = 1, \ldots, s-1 \\ \dfrac{k-j+1}{s}\varrho & \text{für } j = s, \ldots, k \\ 0 & \text{für } j > k\,, \end{cases}$$

und (5.3.8), (5.3.9), (5.3.10) ergeben

$$\pi_j = \begin{cases} \binom{k}{j}\varrho^j \pi_0 & \text{für } j = 1, \ldots, s-1 \\ \binom{k}{j}\dfrac{j!\varrho^j}{s!s^{j-s}}\pi_0 & \text{für } j = s, \ldots, k \\ 0 & \text{für } j > k \end{cases}$$

$$\pi_0 = \frac{1}{1 + \sum_{j=1}^{s-1}\binom{k}{j}\varrho^j + \sum_{j=s}^{k}\binom{k}{j}\dfrac{j!\varrho^j}{s!s^{j-s}}}\,.$$

Die mittlere Anzahl der ausgefallenen Maschinen ist

(5.3.39)
$$L = \sum_{j=0}^{k} j\pi_j\,,$$

und die mittlere Anzahl der ausgefallenen, aber nicht in Reparatur befindlichen Maschinen (d.h. die mittlere Anzahl der auf Reparatur wartenden Maschinen) ist

$$L^q = \sum_{j=s}^{k} (j - s)\pi_j = L - \frac{\lambda_{\text{eff}}}{\mu}$$

(vgl. (5.3.35)). Die effektive Ankunftsrate λ_{eff}, die jetzt der effektiven Ausfallrate bei k Maschinen entspricht, ergibt sich aus

$$\lambda_{\text{eff}} = \alpha\lambda \ ,$$

wobei λ also die Ausfallrate schlechthin ist. Der Erfassungsgrad α entspricht der mittleren Anzahl der betriebsbereiten Maschinen, d.h. der Anzahl aller Maschinen abzüglich der mittleren Anzahl der ausgefallenen Maschinen. Wir haben folglich

$$\alpha = k - L \ .$$

Dieses Resultat ergibt sich unter Beachtung von (5.3.38), (5.3.39) und $\pi_j = 0$ für $j > k$ auch aus der Gleichheit von effektiver und durchschnittlicher Ankunftsrate:

$$\alpha\lambda = \lambda_{\text{eff}} = \bar{\lambda} := \sum_{j=0}^{\infty} \lambda_j \pi_j = \lambda \sum_{j=0}^{k} (k - j)\pi_j = \lambda(k - L) \ .$$

Die mittlere Anzahl der beschäftigten Monteure entspricht der mittleren Anzahl der besetzten Schalter L^b, die wieder durch (5.3.36) gegeben ist, und es gilt der Erhaltungssatz (5.3.37). W^q ist die mittlere Zeitspanne vom Ausfall einer Maschine bis zum Beginn ihrer Reparatur, und W stellt die mittlere Zeitspanne vom Ausfall einer Maschine bis zum Ende ihrer Reparatur (also dem Beginn ihres erneuten Einsatzes) dar. W^q und W erhält man wieder mit Hilfe von (5.3.35).

5.3.7 Littles Formel $L = \lambda W$

Wir wollen in diesem Abschnitt zunächst die bereits für das Wartesystem $M|M|1$ gezeigte von Little stammende Formel $L = \lambda W$ (bzw. die entsprechende Beziehung $L^q = \lambda W^q$) für allgemeinere Wartesysteme mittels einer Plausibilitätsbetrachtung herleiten (für einen vollständigen Beweis und den Gültigkeitsbereich von Littles Formel vgl. Heyman und Sobel (1982), Abschnitt 11.3). Anschließend werden wir einige Anwendungen von Littles Formel betrachten.

Seien Z wieder die (jetzt nicht mehr notwendig exponentialverteilte) Zwischenankunftszeit und S die (nicht notwendig exponentialverteilte) Bedienungszeit, und es liege der durch die Bedingung

$$0 < E(S) < E(Z) \tag{5.3.40}$$

sichergestellte Gleichgewichtsfall vor. Weiter führen wir die verallgemeinerte Ankunftsrate $\lambda := 1/E(Z)$ ein. Wir betrachten einen Kunden K im Augenblick des Beginns seiner Bedienung. Bis zu diesem Zeitpunkt hat der Kunde K (gerechnet von seinem Eintritt in das Wartesystem an) im Mittel W^q Zeiteinheiten gewartet. Während dieser Zeitspanne ist im Mittel alle $E(Z) = 1/\lambda$ Zeiteinheiten ein Kunde in das Wartesystem eingetreten und hat sich hinter dem Kunden K in die Warteschlange eingereiht. Insgesamt sind in diesem Zeitraum im Mittel L^q Kunden angekommen. Wir haben also $W^q = L^q/\lambda$ oder

$$L^q = \lambda W^q \ . \tag{5.3.41}$$

Analog kann man die Gültigkeit der Formel

$$L = \lambda W \tag{5.3.42}$$

verifizieren.

Die Beziehungen (5.3.41) und (5.3.42) gelten unter sehr allgemeinen Bedingungen (z.B. $E(Z) < \infty$ und $W^q < \infty$). Hat Z eine sogenannte gitterförmige Verteilung, d.h., Z nimmt nur Werte der Form $c + \tau, c + 2\tau, \ldots$ mit $c \in \mathbb{R}_+$ und $\tau > 0$ an, so ist L^q durch das „Zeitmittel“

$$\lim_{t \to \infty} \frac{1}{t} \int\limits_0^t E[\mathcal{L}^q(u)]\, du$$

zu ersetzen und entsprechend bei L zu verfahren. (5.3.41) und (5.3.42) sind auch bei $s > 1$ parallelen Schaltern (wenn man in (5.3.40) $E(S) < E(Z)$ durch $E(S) < sE(Z)$ ersetzt), für Schalter in Serie und für von der Auswahlordnung „first come first served“ abweichende Warteschlangendisziplinen gültig. Aus letzterem folgt, daß, da L^q, L und λ unabhängig von der Auswahlordnung sind, diese Unabhängigkeit auch für W^q und W gilt. Liegen ein endlicher Warteraum oder eine Kundenquelle mit endlicher Ergiebigkeit vor, so ist in Littles Formel λ durch die effektive Ankunftsrate λ_{eff} (d.h. die Rate der sich tatsächlich in die Warteschlange einreihenden Kunden) zu ersetzen. Ist die Ankunftsrate abhängig von der Anzahl der Kunden im System, etwa gleich λ_j bei j Kunden im System, so ersetzt man in Littles Formel λ durch die durchschnittliche Ankunftsrate

$$\bar{\lambda} := \sum_{j=0}^{\infty} \lambda_j \pi_j \ ,$$

wobei π_j wieder die stationäre Wahrscheinlichkeit ist, daß j Kunden im System sind.

Als Beispiel betrachten wir das **Wartesystem $M|G|1$**, wobei Z also exponentialverteilt mit dem Parameter $\lambda > 0$ sei und S eine beliebige Verteilung habe mit $0 < E(S) < \infty$ und der Streuung $\sigma^2 < \infty$. Dieses Wartesystem ist von besonderer Bedeutung, da in der Praxis zwar der Ankunftsstrom oft näherungsweise als Poissonscher Prozeß angesehen werden kann, die Bedienungszeit aber meist nicht exponentialverteilt ist (die bereits erwähnte „Gedächtnislosigkeit" der Exponentialverteilung bedeutet, daß die „restliche Bedienungszeit", beginnend zu irgendeinem Zeitpunkt während der Bedienung eines Kunden, stets dieselbe Verteilung wie die gesamte Servicezeit hat, was nicht in der Regel zutrifft). Gilt für die verallgemeinerte Verkehrsintensität $\varrho := \lambda E(S) < 1$, so erhält man für die mittlere Länge der Warteschlange im Gleichgewichtsfall

(5.3.43) $$L^q = \frac{\varrho^2 + \lambda^2\sigma^2}{2(1-\varrho)}$$

(vgl. NEUMANN (1977), Abschnitt 20.1). Littles Formel liefert dann

(5.3.44) $$W^q = \frac{L^q}{\lambda} = \frac{\varrho^2 + \lambda^2\sigma^2}{2\lambda(1-\varrho)}$$

(5.3.45) $$W = W^q + \frac{1}{\mu}\,,\ L = \lambda W = L^q + \varrho\,.$$

Aus (5.3.43) und (5.3.44) ersehen wir, daß durch eine Verringerung der Streuung σ^2 der Bedienungszeit S die mittlere Warteschlangenlänge und die mittlere Wartezeit reduziert werden können. Liegt das **Wartesystem $M|D|1$** mit der deterministischen Bedienungszeit $S = 1/\mu < 1/\lambda < \infty$ vor, so ergibt sich, indem man in (5.3.43) und (5.3.44) $\sigma^2 = 0$ setzt,

$$L^q = \frac{\varrho^2}{2(1-\varrho)}\,,\ W^q = \frac{\varrho^2}{2\lambda(1-\varrho)} = \frac{\lambda}{2\mu(\mu-\lambda)}\,.$$

Die mittlere Wartezeit in der Schlange ist also halb so groß wie diejenige des Systems $M|M|1$ (vgl. (5.3.15)). L und W sind wieder durch (5.3.45) gegeben.

Die besondere Bedeutung von Littles Formel liegt darin, daß, wenn man eine der vier Größen L^q, L, W^q, W (sowie λ bzw. λ_{eff} und μ) kennt, man die übrigen drei leicht mit Hilfe dieser Formel bestimmen kann. Mit Littles Formel leiten wir nun noch zwei Resultate ab, die wir für die speziellen Wartesysteme $M|M|1$ und $M|M|s$ bereits in den Abschnitten 5.3.3 bzw. 5.3.6 gefunden haben. Für beliebige Verteilungen der Zwischenankunftszeit Z und der Bedienungszeit S und *einen Schalter* (wobei wir wieder $0 < E(S) < E(Z) < \infty$

voraussetzen) gilt

$$\mathcal{L} = \begin{cases} \mathcal{L}^q, & \text{falls kein Kunde im System ist} \\ \mathcal{L}^q + 1, & \text{sonst.} \end{cases}$$

Wir haben also im Gleichgewichtsfall für den Erwartungswert von $\mathcal{L}$

(5.3.46) $$L = \pi_0 L^q + (1 - \pi_0)(L^q + 1) = L^q + 1 - \pi_0 .$$

Mit der verallgemeinerten Bedienungsrate $\mu := 1/E(S)$ und der verallgemeinerten Verkehrsintensität

$$\varrho := \frac{\lambda}{\mu} = \frac{E(S)}{E(Z)} < 1$$

erhalten wir mit Littles Formel

(5.3.47) $$L = \lambda W = \lambda \left(W^q + \frac{1}{\mu} \right) = \lambda W^q + \frac{\lambda}{\mu} = L^q + \varrho$$

und damit unter Beachtung von (5.3.46)

$$\pi_0 = 1 - \varrho .$$

Haben wir $s \geq 1$ Schalter (und beliebige Verteilungen für Z und S), so folgt für die mittlere Anzahl der besetzten Schalter $L^b = L - L^q$ im Gleichgewichtsfall aus (5.3.47)

$$L^b = \varrho \text{ bzw. } L^b = \frac{\lambda_{\text{eff}}}{\mu}$$

(vgl. (5.3.30), (5.3.36)).

5.3.8 Warteschlangennetze

Bisher sind wir immer davon ausgegangen, daß jeder Kunde Bedienung an nur einem Schalter sucht. In diesem Abschnitt wollen wir kurz den Fall betrachten, daß ein Kunde mehrere Bedienungsstationen durchlaufen kann, wobei jede Bedienungsstation aus mehreren (identischen) Schaltern bestehen kann (für eine ausführlichere Darstellung verweisen wir auf Heyman und Sobel (1982), Kapitel 12, Heyman und Sobel (1990), Kapitel 11, und Kleinrock (1975), Abschnitt 4.8). Da sich vor jedem der Schalter eine Warteschlange aufbauen kann, nennt man ein solches Wartesystem auch **Warteschlangennetz** (vgl. Abb. 5.3.8 mit N Stationen und s_i parallelen Schaltern an Station i). Dieser Sachverhalt liegt z.B. bei einem Fertigungsprozeß vor, wenn Aufträge auf

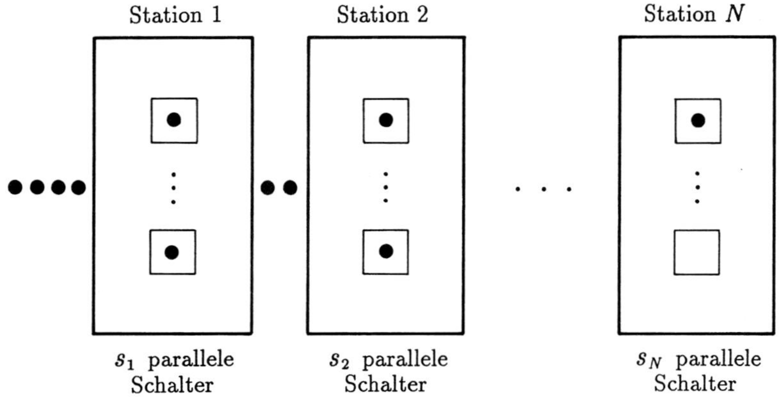

Abb. 5.3.8

mehreren verschiedenen Maschinen bearbeitet werden, oder in einem Krankenhaus, wenn an Patienten nacheinander verschiedene Untersuchungen vorgenommen werden.

Ein Warteschlangennetz mit N Bedienungsstationen und s_i parallelen (identischen) Schaltern in Station i $(i = 1, \ldots, N)$ wird **Jackson-Netzwerk** genannt, wenn folgende Bedingungen erfüllt sind:

B1. Kunden von außerhalb des Wartesystems (*externe Kunden*) treffen an der Station i gemäß einem Poissonschen Ankunftsstrom mit der Ankunftsrate λ_i ein $(i = 1, \ldots, N)$.

B2. Nach der Bedienung an Station i verlasse ein Kunde das Wartesystem mit einer Wahrscheinlichkeit $r_{i0} > 0$ oder gehe (als *interner* Kunde) sofort zu Station k mit einer Wahrscheinlichkeit r_{ik} [1], wobei $\sum_{k=0}^{N} r_{ik} = 1$ ist. Die Wahrscheinlichkeiten r_{ik} $(k = 0, 1, \ldots, N)$ seien unabhängig von der „Vorgeschichte".

B3. Die Bedienungszeiten an einem Schalter bei Station i seien unabhängige, jeweils mit dem Parameter μ_i exponentialverteilte Zufallsgrößen $(i = 1, \ldots, N)$.

Sei κ_i die Gesamtankunftsrate (d.h. unter Berücksichtigung von externen und internen Kunden) bei Station i. Da λ_i die Ankunftsrate der externen Kunden bei Station i ist und $\kappa_k r_{ki}$ die Rate darstellt, mit der interne Kunden von Station k zu Station i kommen (hierbei haben wir berücksichtigt, daß nach dem Erhaltungssatz an jeder Station die Ankunfts- gleich der Abgangsrate

[1] Hierbei ist der Fall $r_{ii} > 0$ zugelassen.

ist), gilt die sogenannte **Verkehrsgleichung**

$$\kappa_i = \lambda_i + \sum_{k=1}^{N} \kappa_k r_{ki} \quad (i = 1, \ldots, N) \,. \tag{5.3.48}$$

Summieren wir auf beiden Seiten der Gleichung (5.3.48) von $i = 1$ bis $i = N$ und beachten die Beziehung

$$\sum_{i=1}^{N} r_{ki} = 1 - r_{k0} \,,$$

so bekommen wir

$$\sum_{k=1}^{N} \lambda_k = \sum_{k=1}^{N} \kappa_k r_{k0} \,. \tag{5.3.49}$$

Die linke Seite der Gleichung (5.3.49) stellt die Ankunftsrate für das gesamte Wartesystem und die rechte Seite dessen Abgangsrate dar. (5.3.49) entspricht also wieder einem **Erhaltungssatz**.

Der Gleichgewichtsfall stellt sich ein, wenn

$$\varrho_i := \frac{\kappa_i}{\mu_i} < s_i \quad (i = 1, \ldots, N)$$

ist. Für den Gleichgewichtsfall gilt der folgende von Jackson stammende

Satz 5.3.2. *Seien $\pi_{j_1 \ldots j_N}$ die stationäre Wahrscheinlichkeit, daß in einem Jackson-Netzwerk j_i Kunden an den Stationen i ($i = 1, \ldots, N$) stehen (einschließlich des gerade bedient werdenden Kunden), und π_{j_i} die stationäre Wahrscheinlichkeit, daß sich j_i Kunden in einem Wartesystem $M|M|s_i$ mit der Ankunftsrate κ_i und der Bedienungsrate μ_i befinden ($i = 1, \ldots, N$). Dann gilt*

$$\pi_{j_1 \ldots j_N} = \pi_{j_1} \pi_{j_2} \ldots \pi_{j_N} \quad (j_i \in \mathbb{Z}_+ \,,\ i = 1, \ldots, N) \,. \tag{5.3.50}$$

Zum Beweis vgl. Heyman und Sobel (1982), Abschnitt 12.1. Satz 5.3.2 besagt, daß es im Gleichgewichtsfall zur Berechnung der stationären Wahrscheinlichkeiten für ein Jackson-Netzwerk mit N Bedienungsstationen ausreicht, N unabhängige Wartesysteme vom Typ $M|M|s$ zu betrachten. Die stationären Wahrscheinlichkeiten für das Jackson-Netzwerk erhält man dann aus (5.3.50) zusammen mit (5.3.26) und (5.3.27). Entsprechend kann man die Größen L_i^q und L_i, jeweils bezogen auf Bedienungsstation i des Jackson-Netzwerks, aufgrund der Formeln (5.3.28) und (5.3.29) berechnen. Die mittlere Anzahl der Kunden im gesamten Wartesystem ist $\sum_{i=1}^{N} L_i$.

Wir betrachten noch kurz den Spezialfall, daß jeder Kunde zuerst zu Station 1 geht und, nachdem er bei Station i bedient worden ist ($1 \leq i \leq N-1$), sofort zur Station $i+1$ wechselt und nach der Abfertigung bei Station N das Wartesystem verläßt. Man spricht dann auch von einem **Tandem-Netzwerk** oder N **Stationen in Serie**. Wegen

$$\left.\begin{aligned}&\lambda_i = 0 \quad (i = 2,\ldots,N)\\ &r_{ki} = \begin{cases}1, & \text{falls } i = k+1\\ 0, & \text{sonst}\end{cases} \qquad (k = 1,\ldots,N-1)\\ &r_{Ni} = \begin{cases}1, & \text{falls } i = 0\\ 0, & \text{sonst}\end{cases}\end{aligned}\right\} \quad (i = 0,1,\ldots,N)$$

folgt aus (5.3.48)

$$\kappa_i = \lambda_1 =: \lambda \quad (i = 1,\ldots,N)\ .$$

Besteht jede Bedienungsstation nur aus einem Schalter, d.h., wir haben N **Schalter in Serie**, so kann man zeigen, daß die Verweilzeiten $\mathcal{W}_1,\ldots,\mathcal{W}_N$ eines Kunden an den Schaltern $1,\ldots,N$ im Gleichgewichtsfall unabhängige Zufallsgrößen sind, deren Verteilungsfunktionen durch die Beziehung (5.3.16) für das Wartesystem $M|M|1$ mit μ_i statt μ $(i = 1,\ldots,N)$ gegeben sind (vgl. Heyman und Sobel (1982), Abschnitt 12.2). Die Wartezeiten $\mathcal{W}_1^q,\ldots,\mathcal{W}_N^q$ eines Kunden in der Schlange vor den Schaltern $1,\ldots,N$ sind jedoch nicht voneinander unabhängig.

Nach Satz 5.3.2 und (5.3.11) erhalten wir für die stationären Wahrscheinlichkeiten bei N Schaltern in Serie

$$\pi_{j_1\cdots j_N} = \prod_{i=1}^{N}(1-\varrho_i)\varrho_i^{j_i} \quad (j_i \in \mathbb{Z}_+, i = 1,\ldots,N)$$

mit $\varrho_i := \lambda/\mu_i$. Ferner gilt Littles Formel $L = \lambda W$ in der Form

$$L_i = \lambda W_i\,,\ L_i^q = \lambda W_i^q \quad (i = 1,\ldots,N)\ .$$

5.3.9 Optimale Auslegung von Wartesystemen

In den vorangegangenen Abschnitten haben wir uns nur mit der *Beschreibung* von Situationen beschäftigt, die bei der Abfertigung von Kunden oder Aufträgen an gewissen Bedienungsstationen auftreten, ohne auf Optimierungsprobleme in Verbindung mit Wartesystemen einzugehen (abgesehen von einem Zahlenbeispiel in Abschnitt 5.3.6). Die Frage nach der *optimalen Auslegung von Wartesystemen* führt in der Regel auf sehr komplizierte Optimierungsaufgaben, so daß wir uns auf einige grundsätzliche Bemerkungen hierzu beschränken wollen. Dabei lehnen wir uns an Hillier und Lieberman (1990), Kapitel 17, und Neumann (1977), Abschnitt 22.1, an. Insbesondere betrachten wir im folgenden wieder nur den Gleichgewichtsfall. Weitere Modelle zur optimalen Steuerung von Bedienungssystemen findet man in GNEDENKO UND KÖNIG (1984), Kapitel 9, und HEYMAN UND SOBEL (1990), Abschnitt 11.5.

Wir legen ein Wartesystem zugrunde, das mehrere identische Bedienungsstationen umfassen kann, wobei jede Bedienungsstation aus $s \geq 1$ parallelen (identischen) Schaltern bestehe. Jeder Kunde suche aber nur an einer Station Bedienung, d.h., es liegt kein Warteschlangennetz vor. Folgende Größen beeinflussen die Effizienz des Wartesystems und kommen als Entscheidungsvariablen in Frage:

(a) Anzahl s der Schalter pro Bedienungsstation
(b) Leistungsfähigkeit eines Schalters, charakterisiert durch die verallgemeinerte Bedienungsrate μ
(c) Anzahl m der Bedienungsstationen.

Als zu minimierende Zielgröße bieten sich die mit dem Betrieb des Wartesystems verbundenen Kosten C an, die sich aus den durch den Betrieb der Schalter entstehenden Kosten (**Bedienungskosten** C_s) und den durch das Warten von Kunden bedingten Kosten (**Wartekosten** C_w) zusammensetzen. Die Wartekosten stellen ähnlich wie die Fehlmengenkosten in der Lagerhaltung sogenannte „Ausfallkosten“ dar und sind in der Praxis oft schwer zu schätzen.

Ist das Wartesystem etwa Teil eines Produktionsbetriebes und handelt es sich um *hausinterne Kunden* (z.B. um zu reparierende Maschinen oder wartende Mitarbeiter), so können die Wartekosten (pro Zeiteinheit) C_w als durch das Warten der Kunden entgangener Gewinn des Unternehmens (pro Zeiteinheit) interpretiert werden. Wir sehen dann C_w als monoton wachsende Funktion g der Anzahl $\mathcal{L}$ der Kunden im System mit $g(0) = 0$ an. Für die mittleren Wartekosten haben wir also

$$E(C_w) = E[g(\mathcal{L})] = \sum_{j=0}^{\infty} g(j)\pi_j ,$$

wobei die π_j wieder die stationären Wahrscheinlichkeiten sind. Sei c_w der Wartekostensatz pro Kunde und pro Zeiteinheit. Ist g linear, so gilt

$$E(C_w) = c_w L . \tag{5.3.51}$$

Handelt es sich um *Fremdkunden* (z.B. wenn das Wartesystem Bestandteil eines Transportunternehmens oder eines Rechenzentrums ist), so lassen sich die Wartekosten C_w etwa als zukünftig entgehender Gewinn oder „Goodwill-Verlust“ (wieder pro Zeiteinheit gerechnet) ansehen. C_w kann dann durch eine monoton wachsende Funktion h der Verweilzeit $\mathcal{W}$ im System mit $h(0) = 0$ beschrieben werden. Da $E(C_w)$ die mittleren Wartekosten pro Zeiteinheit darstellt, $E[h(\mathcal{W})]$ aber für die mittleren Wartekosten pro Kunde steht, setzt man

$$E(C_w) = \lambda E[h(\mathcal{W})] = \lambda \int_0^\infty h(u)f(u)\,du \;,$$

wobei λ die (verallgemeinerte) Ankunftsrate und f die Verteilungsdichte von $\mathcal{W}$ seien. Ist h linear, und sei c_w wieder der Wartekostensatz pro Kunde und Zeiteinheit, dann ergibt sich mit Littles Formel das gleiche Resultat wie im Fall hausinterner Kunden:

$$E(C_w) = \lambda c_w W = c_w L \;.$$

Wir wollen nun drei einfache Optimierungsprobleme betrachten, wobei wir als Entscheidungsvariablen in Modell 1 s (Anzahl der Schalter), in Modell 2 μ und s und in Modell 3 m (Anzahl der Bedienungsstationen) und s (Anzahl der Schalter pro Bedienungsstation) wählen. Die mittleren Wartekosten pro Zeiteinheit sollen stets von der Form (5.3.51) sein.

Modell 1: Entscheidungsvariable *s*
Das Problem, die Anzahl s der Schalter so festzulegen, daß die Gesamtkosten C minimal werden, kann z.B. in einer Reparaturwerkstatt auftreten, wo die Schalter den die Reparaturen ausführenden Monteuren entsprechen (vgl. das in Abschnitt 5.3.6 betrachtete Maschinenreparaturproblem). Seien c_s die Kosten für den Betrieb eines Schalters pro Zeiteinheit, so haben wir das folgende Optimierungsproblem zu lösen:

$$(5.3.52) \qquad \begin{cases} \text{Min.} \quad E[C(s)] := c_s s + c_w L \\ \text{u.d.N. } s \in \mathbb{N} \;. \end{cases}$$

Hierbei ist zu beachten, daß L von s abhängt. Bereits für das „einfache" Wartesystem $M|M|s$ hat nach (5.3.29), (5.3.28), (5.3.27) L die relativ komplizierte Form

$$(5.3.53) \qquad L = \frac{\varrho^{s+1}}{(s-1)!(s-\varrho)^2 \sum\limits_{j=1}^{s-1} \dfrac{\varrho^j}{j!} + (s-\varrho)\varrho^s} + \varrho \;.$$

Das Optimierungsproblem (5.3.52) ist im allgemeinen nur dadurch zu lösen, daß man L und damit $E[C(s)]$ sukzessiv für $s = 1, 2, \ldots$ berechnet („Abtasten" des zulässigen Bereiches).

Modell 2: Entscheidungsvariablen μ und *s*
Handelt es sich etwa darum, die Anzahl und Größe von Arbeitsgruppen für Wartungs- und Instandsetzungsarbeiten oder von Transportmitteln (z.B.

LKW) so festzulegen, daß sich möglichst geringe Kosten ergeben, dann entspricht dies der optimalen Wahl von Anzahl s und Bedienungsrate μ der einzelnen Schalter einer Bedienungsstation. In der Praxis kommen für μ meist nur (endlich viele) diskrete Werte infrage. Liegen die möglichen Werte μ „dicht genug“, so kann man μ näherungsweise als reellwertige Variable ansehen. Die Menge $B(s)$ der möglichen Werte μ hängt im allgemeinen von s ab, da im Gleichgewichtsfall $\lambda/s\mu < 1$ gelten muß. Setzen wir die Kosten pro Zeiteinheit für den Betrieb eines Schalters mit der Bedienungsrate μ zu $c_s\mu$ an ($c_s > 0$), so ergibt sich das Optimierungsproblem

$$\begin{aligned} &\text{Min.} \quad E[C(\mu,s)] := c_s\mu s + c_w L \\ &\text{u.d.N. } s \in \mathbb{N}, \ \mu \in B(s) \,. \end{aligned}$$

Bei „diskretem“ $B(s)$ ist diese Optimierungsaufgabe im allgemeinen wieder nur durch „Abtasten“ des zulässigen Bereiches zu lösen.

Wir betrachten noch speziell das Wartesystem $M|M|s$ mit

$$B(s) := \{\mu \in \mathbb{R}_+ | \lambda < s\mu\} \,.$$

Eine genauere Untersuchung von (5.3.53) ergibt, daß, wenn wir ϱ/s und (weil λ eine vorgegebene Konstante ist) damit $s\mu$ festhalten, L eine monoton wachsende Funktion von s ist. Folglich ist $s^* = 1$ optimal, d.h., wir haben nur das Wartesystem $M|M|1$ zu betrachten. Hierfür ist

$$L = \frac{\lambda}{\mu - \lambda}$$

(vgl. (5.3.12)), und somit bleibt

$$\phi(\mu) := E[C(\mu, s^*)] = c_s\mu + \frac{c_w\lambda}{\mu - \lambda}$$

auf dem Intervall (λ, ∞) zu minimieren. ϕ ist auf diesem Intervall konvex, und wir erhalten die Minimalstelle μ^* durch Nullsetzen der ersten Ableitung:

$$\phi'(\mu) = c_s - \frac{c_w\lambda}{(\mu - \lambda)^2} = 0 \,.$$

Es ergibt sich

$$\mu^* = \lambda + \sqrt{\frac{c_w\lambda}{c_s}} \,.$$

Daß $s^* = 1$ optimal ist, besagt, daß es günstiger ist, einen Schalter mit hoher Bedienungsrate als mehrere Schalter mit kleiner Bedienungsrate vorzusehen.

Modell 3: Entscheidungsvariablen m und s

Nach der Anzahl m der Bedienungsstationen und der Anzahl s der Schalter pro Station ist gefragt, wenn beispielsweise für die innerhalb eines gewissen Areals beschäftigten Mitarbeiter einer Firma Servicestationen (etwa Imbißstuben oder Untersuchungsräume) mit jeweils mehreren Bedienenden eingerichtet werden sollen. Seien λ_g die vorgegebene Gesamtankunftsrate (bezogen auf alle m Bedienungsstationen) und λ die Ankunftsrate pro Station. Wegen $\lambda_g = m\lambda$ können als Entscheidungsvariablen statt m und s auch λ und s gewählt werden. Seien weiter c_f die beim Betrieb einer Bedienungsstation anfallenden Fixkosten (unabhängig von der Anzahl der Schalter) und c_s die Kosten pro Zeiteinheit für den Betrieb eines Schalters. Dann erhalten wir das Optimierungsproblem

$$\begin{aligned} &\text{Min.} \quad E[C(m,s)] := (c_f + c_s s)m + c_w mL \\ &\text{u.d.N. } m, s \in \mathbb{N} \; . \end{aligned} \tag{5.3.54}$$

Die mittlere Anzahl der Kunden L bezieht sich dabei auf eine Bedienungsstation („Teilsystem") und hängt von s und $\varrho = \lambda/\mu = \lambda_g/m\mu$ und damit von s und m ab (vgl. (5.3.53) für das Wartesystem $M|M|s$). Der erste Summand in der Zielfunktion (5.3.54) ist proportional zu m und somit für $m = 1$ am kleinsten. Für den zweiten Summanden gilt mit $m\lambda = \lambda_g$ und Littles Formel $L = \lambda W$

$$c_w mL = c_w \lambda_g W \; ,$$

d.h., er ist proportional zur mittleren Verweilzeit W in einem Teilsystem. Die mittlere Verweilzeit ist (bei konstantem λ_g und μ) für $m = 1$ am kleinsten, da es im Fall mehrerer Bedienungsstationen vorkommen kann, daß in einigen Stationen keine und in anderen entsprechend mehr Kunden warten (ungleichmäßige Auslastung der Stationen). Es ergibt sich also insgesamt der optimale Wert $m^* = 1$.

Berücksichtigen wir jedoch neben der Verweilzeit in der Bedienungsstation noch die Zeit, die ein Kunde für den Weg (etwa von seinem Arbeitsplatz aus) bis zur Station benötigt, so kann es sich als günstiger erweisen, mehr als eine Bedienungsstation vorzusehen. Seien T die mittlere Zeitdauer, die ein Kunde für den Weg bis zu der ihm zugewiesenen Servicestation benötigt, und c_t ein entsprechender „Ausfallkostensatz" pro Kunde und Zeiteinheit, so ist die Zielfunktion in (5.3.54) durch den Summanden

$$\lambda c_t T = \frac{\lambda_g c_t T}{m}$$

zu ergänzen. In Hillier und Lieberman(1990), Abschnitt 17.5, und Neumann (1977), Abschnitt 22.1, findet man weitere Überlegungen zu diesem

Modell, insbesondere die Bestimmung von T in Abhängigkeit von der Form des einer Station zugewiesenen Areals, der Lage der Station innerhalb des Areals sowie den möglichen Wegen der Kunden und der Geschwindigkeit auf diesen Wegen.

5.4 Simulation

5.4.1 Zum Begriff der Simulation und Beispiele

Simulieren bedeutet nach Duden sowohl „sich verstellen“ und „vortäuschen“ als auch „Vorgänge wirklichkeitstreu nachahmen“. Aus der Sicht des Operations Research beschäftigt sich die Simulation mit der Nachahmung der Realität durch Modelle auf einem Rechner. An die Stelle einer (zu komplizierten) analytischen Aufbereitung und Lösung eines gegebenen Problems tritt ein experimentelles „Ausprobieren einer Vielzahl von Möglichkeiten“.

Als Einführung in die Methode der Simulation werden wir in diesem Abschnitt nach einigen Vorbemerkungen den Begriff der Simulation und ihre Haupteinsatzgebiete erläutern. An Hand von zwei einfachen Beispielen skizzieren wir dann die prinzipielle Vorgehensweise dieser Methode. Schließlich gehen wir noch auf ihre charakteristischen Besonderheiten und Unterschiede gegenüber anderen OR-Methoden ein und listen exemplarisch einige Anwendungen auf.

Das „Durchspielen“ komplexer Zusammenhänge auf einem Rechner empfiehlt sich, wenn entweder ein Ausprobieren in der Realität zu teuer ist oder sich etwa deswegen verbietet, weil der Untersuchungsgegenstand dabei zerstört werden kann. Ein typisches Beispiel hierfür ist ein Flugsimulator, mit dem in einer durch einen leistungsfähigen Rechner vorgetäuschten „Realität“ kritische Flugsituationen untersucht werden und dadurch etwa bei zufälligen Störungen (Turbulenzen) ein möglichst sicheres Flugmanöver herausgefunden wird. Fehlbedienungen, die zu einem „Absturz“ führen, bleiben dabei ohne Folgen.

Die Simulation wird auch verwendet, wenn zwar real auftretende Zusammenhänge im Rahmen eines Modells durch mathematische Beziehungen dargestellt werden können, jedoch geeignete Lösungsverfahren entweder nicht existieren oder zu aufwendig sind. Dies tritt besonders häufig bei Problemen mit Zufallseinflüssen auf. Beispielsweise läßt sich, wie in Abschnitt 5.3.3 beschrieben, für das einfache Wartesystem $M|M|1$ (exponentialverteilte Zwischenankunfts- und Bedienungszeiten bei einem Bedienungsschalter) im Gleichgewichtsfall die erwartete Anzahl L der Kunden im System nach (5.3.12) unmittelbar berechnen. Wir erhalten aber eine wesentlich schwieriger zu lösende Aufgabe, wenn mit vorgegebenen Wahrscheinlichkeiten weitere Bedienungsschalter geöffnet werden, falls die Länge der Warteschlange eine gewisse Größe überschreitet.

Um den Begriff „Simulation“ zu präzisieren, fassen wir ein Modell als die Beschreibung eines (beeinflußbaren) wirtschaftlichen oder technischen Systems auf. Mit diesem Modell sollen das Systemverhalten untersucht und gegebenenfalls (näherungsweise) optimale Steuerungen ermittelt werden. Simulation bedeutet dann das Durchspielen verschiedener (für eine optimale Steuerung wesentlicher) Situationen auf einem Rechner und die Aufbereitung der dabei erhaltenen Ergebnisse. Im Unterschied zum Einsatz der Simulation in der Technik, wo man meist mit verkleinerten oder vereinfachten physikalischen Modellen (Nachbildungen der untersuchten Objekte) arbeitet, haben wir es im Operations Research mit abstrakten Modellen zu tun, die durch Daten und funktionale Zusammenhänge gegeben sind. Wir definieren daher **Simulation** als eine **Methode zur Modellierung und Analyse von Systemen mit Hilfe von Rechenanlagen**.

Entsprechend den Anwendungsbereichen, in denen Simulationsstudien eingesetzt werden, unterscheidet man zwischen deterministischer und stochastischer Simulation. Die **deterministische Simulation** wird zur Lösung deterministischer Probleme eingesetzt (für die keine „Standardverfahren“ existieren). Beispiele hierfür sind Tourenplanungsprobleme, bei denen zusätzlich Kundenzeitschranken und Beladungsvorschriften für die Fahrzeuge zu berücksichtigen sind, oder Probleme der Maschinenbelegungsplanung mit integrierten Kapazitäts- und Zeitrestriktionen. Auch manche Standardverfahren der Optimierung enthalten simulative Elemente. Wir erinnern etwa an Verfahren der globalen Optimierung (vgl. Abschnitt 4.5.3), bei denen man das „Übersehen“ eines globalen Minimums dadurch zu verhindern sucht, daß in mehreren „Läufen“ des Gradientenverfahrens jeweils von verschiedenen zufällig ausgewählten Startlösungen ausgegangen wird.

Eine **stochastische Simulation** liegt vor, wenn es um die Lösung von Problemen geht, bei denen Zufallseinflüsse auftreten. Hierbei handelt es sich meist um die Untersuchung und gegebenenfalls Steuerung des zeitlichen Ablaufs von Systemen, die sich durch einen oder mehrere stochastische Prozesse beschreiben lassen. Im vorliegenden Abschnitt 5.4 werden wir uns ausschließlich mit stochastischen Simulationsproblemen beschäftigen. Je nachdem, ob die auftretenden Zufallseinflüsse (Zufallsvariablen oder stochastische Prozesse) diskret oder stetig sind, spricht man von **diskreter Simulation** (etwa bei Lagerhaltungsproblemen mit einer zufälligen Nachfrage nach Stückgütern in den einzelnen Perioden) oder **stetiger Simulation** (etwa bei chemischen Prozessen, bei denen die Reaktionszeiten von der zufällig schwankenden Außentemperatur abhängen).

Ein typisches Beispiel für die stochastische (stetige) Simulation ist die Auswertung von PERT-Netzplänen im Rahmen der Terminplanung von Projekten. Wie wir in Abschnitt 2.10.4 gesehen haben, werden bei der Netzplantechnik-Methode PERT die Wahrscheinlichkeitsverteilungen der einzelnen Projekttermine und der kürzesten Projektdauer unter stark vereinfachenden Annahmen berechnet, was zu einer systematischen Verfälschung der Resultate führt. Bei einer Simulationsstudie können für eine Vielzahl von Realisationen der zufälligen Vorgangsdauern die sich ergebenden Netzplanrealisationen mit Hilfe der Netzplantechnik-Methode CPM ausgewertet und Statistiken für die Projekttermine und die kürzeste Projektdauer erstellt werden. Diese Ergebnisse sind anschließend mit statistischen Methoden auszuwerten (z.B. können Parameter der Verteilung der kürzest möglichen Projektdauer geschätzt werden). Will man den Aspekt der Auswertung der Ergebnisse zufallsabhängiger Prozesse stärker betonen, dann läßt sich **Simulation** auch definieren als ein **gesteuertes statistisches Zufallsexperiment**, das auf einem Rechner durchgeführt wird.

Bevor wir auf Anwendungsbereiche der Simulation und auf technische Fragen ihres Einsatzes eingehen, soll zunächst an Hand von zwei Beispielen die Vorgehensweise bei der Simulation im Unterschied zu anderen Methoden des Operations Research deutlich gemacht und auf Gefahren hingewiesen werden, die hierbei auftreten können.

Beispiel 1

Beim Tennis (Einzel) werde ein Satzgewinn erzielt, wenn von einem der Spieler 6 Spiele mit einem Vorsprung von mindestens zwei Spielen gewonnen worden sind. Für den Fall, daß ein Spielstand von 5:5 auftritt, werde der Satz so lange fortgesetzt, bis einer der beiden Spieler einen Vorsprung von zwei gewonnenen Spielen erreicht hat. Von zwei Tennisspielern A und B sei bekannt, daß A im Durchschnitt zwei von drei Spielen gegen B gewinnt, wobei aufeinanderfolgende Spiele voneinander unabhängig ablaufen. Beim Stand von 5:5 soll nun die Wahrscheinlichkeit p ermittelt werden, daß A den Satz gewinnt. Wem eine (in der vorliegenden Situation jedoch recht einfach herzuleitende) analytische Lösung zu schwierig erscheint, kann eine Reihe von Satzverläufen simulieren. Die dabei beobachtete relative Häufigkeit des Satzgewinns von A läßt sich als Schätzwert für die gesuchte Wahrscheinlichkeit p verwenden. Diese Simulation kann etwa so vorgenommen werden, daß die Durchführung eines Spiels durch das Werfen eines Würfels ersetzt wird. Tritt hierbei eine der Zahlen 1 bis 4 auf, so wird dies als Spielgewinn von A gewertet, sonst als Spielgewinn von B. Wer den Satz gewinnt, ergibt sich dann aus einer ausreichend langen Würfelsequenz. Beispielsweise „gewinnt“ bei den Würfelsequenzen 1,2 und 6,2,1,2 und

4,6,1,6,3,2 jeweils A, während B bei 5,6 und 3,6,6,5 „erfolgreich“ ist. Diese fünf Würfelsequenzen (als Folgen nacheinander durchgeführter Spiele) stellen fünf „Simulationsläufe“ dar. Die Auswertung dieser (aus wenigen Simulationsläufen bestehenden) „Simulationsstudie“ ergibt $\frac{3}{5} = 0,6$ als Schätzwert für die Wahrscheinlichkeit des Satzgewinns von A, wenn vom Spielstand 5:5 ausgegangen wird. Die tatsächliche Wahrscheinlichkeit p für dieses Ereignis beträgt jedoch $(\frac{2}{3} \cdot \frac{2}{3})/(\frac{2}{3} \cdot \frac{2}{3} + \frac{1}{3} \cdot \frac{1}{3}) = 0,8$. Erst bei einer wesentlich größeren Zahl von Simulationsläufen kann mit genaueren Schätzwerten gerechnet werden. Unter Hinzuziehung statistischer Verfahren lassen sich Angaben darüber machen, wie verläßlich die Auswertungsergebnisse der durchgeführten Simulationsstudie sind.

Beispiel 2

Viele Anwendungen für die Simulation ergeben sich bei Entscheidungsproblemen im Zusammenhang mit Wartesystemen. Ein OR-Spezialist habe nach seinem Einkauf in einem Supermarkt die Wahl, sich an einer von zwei Kassen anzustellen. An jeder der Kassen werde gerade mit der Bedienung eines Kunden begonnen, aber kein Kunde warte zusätzlich. Es sei bekannt, daß die (in Minuten gemessenen) Bedienungszeiten unabhängige exponentialverteilte Zufallsgrößen sind, und zwar an Kasse 1 mit dem Parameter $\mu_1 = 0,2$ [min^{-1}] und an Kasse 2 mit $\mu_2 = 0,15$ [min^{-1}], d.h., die mittleren Bedienungszeiten betragen 5 bzw. $6\frac{2}{3}$ Minuten. Ferner wisse der OR-Spezialist, daß in Kürze ein Inspektor eintreffen wird, der zuerst Kasse 1 und dann Kasse 2 kontrolliert. Bei der Kontrolle muß die Bedienung an der jeweiligen Kasse für die Dauer von 20 Minuten unterbrochen werden. Die Dauer bis zum Eintreffen des Inspektors sei exponentialverteilt mit dem Parameter $\lambda = 0,05$ [min^{-1}] und unabhängig von den Bedienungszeiten der Kunden. Vor welcher Kasse soll sich unser OR-Spezialist anstellen, wenn er keine Möglichkeit hat, später zu wechseln, und er den Erwartungswert der Dauer bis zum Ende seiner Bedienung minimieren will? Ist es günstiger, sich an der Kasse 1 anzustellen, an der die mittlere Bedienungszeit um 25% kürzer ist als bei Kasse 2, aber gleichzeitig eine größere Gefahr besteht, durch eine Kassenkontrolle aufgehalten zu werden?

Die Simulation dieser Entscheidungssituation kann so vorgenommen werden, daß für Realisationen der zufälligen Bedienungszeiten sowohl der bereits bedienten Kunden als auch des OR-Spezialisten an beiden Kassen sowie der zufälligen Dauer bis zum Eintreffen des Inspektors jeweils die Auswirkungen der Entscheidung für Kasse 1 bzw. 2 ermittelt werden. Das einmalige „Durchspielen“ dieser Entscheidungssituation mit Realisationen der auftretenden Zufallsvariablen stellt einen Simulationslauf dar. Aus einer Vielzahl von Simulationsläufen läßt sich dann abschätzen, wie groß der Erwartungswert der Dauer bis zum Ende der Bedienung für den OR-Spezialisten bei beiden Alternativen ist. Die Daten und Ergebnisse von insgesamt 10 Simulationsläufen sind in Tab. 5.4.1 eingetragen, wobei die Realisationen aus unabhängigen Wiederholungen entsprechender Zufallsexperimente gewonnen wurden.

	Bedienungszeit (in Minuten) des bereits bedienten Kunden an		Bedienungszeit (in Minuten) für den OR-Spezialisten an		Dauer (in Minuten) bis zur Ankunft des Inspektors	Dauer (in Minuten) bis zum Ende der Bedienung des OR-Spezialisten an	
	Kasse 1	Kasse 2	Kasse 1	Kasse 2		Kasse 1	Kasse 2
	$\mu_1 = 0,2$	$\mu_2 = 0,15$	$\mu_1 = 0,2$	$\mu_2 = 0,15$	$\lambda = 0,05$		
	31,0	9,3	1,6	3,8	33,6	32,6	13,1
	13,9	23,3	1,8	12,5	3,5	35,7	55,8
	0,2	2,6	4,5	10,4	9,3	4,7	13,0
	1,7	17,8	7,8	8,3	4,0	29,5	46,1
	0,1	5,5	12,3	12,5	2,2	32,4	18,0
	11,1	11,3	5,5	4,1	11,8	36,6	15,4
	8,5	10,2	1,0	1,0	2,1	29,5	11,2
	1,6	7,5	0,1	3,0	10,1	1,7	10,5
	6,8	4,6	0,3	18,0	54,8	7,1	22,6
	3,4	16,4	12,3	3,1	46,9	15,7	19,5
Mittelwert	7,83	10,85	4,72	7,67	17,83	22,55	22,52
Stichprobenvarianz	88,88	42,68	22,00	30,68	390,86	188,70	243,98

Tab. 5.4.1

Aus den ersten fünf Simulationsläufen erhalten wir für den OR-Spezialisten als durchschnittliche Dauern bis zum Ende der Bedienung 27,0 Minuten an Kasse 1 und 29,2 Minuten an Kasse 2. Orientiert man sich nur an diesen Durchschnittswerten (als Schätzwerte für die entsprechenden Erwartungswerte), so sollte sich der OR-Spezialist an Kasse 1 anstellen. Bei den zweiten fünf Simulationsläufen werden als durchschnittliche Dauern 18,1 und 15,8 Minuten für Kasse 1 bzw. 2 „beobachtet". Dies bedeutet, daß es günstiger erscheint, sich an Kasse 2 anzustellen. Beim Vergleich der ersten fünf und der zweiten fünf Simulationsläufe fällt insbesondere auf, daß die Ergebnisse deutlich differieren. Dies ist offensichtlich darauf zurückzuführen, daß die Anzahl der Simulationsläufe für eine verläßliche Schätzung viel zu klein ist.

Berücksichtigt man alle 10 Simulationsläufe, so sind die durchschnittlichen (Verweil-)Dauern (im Wartesystem) 22,55 Minuten an Kasse 1 und 22,52 Minuten an Kasse 2. Da die beiden Werte 22,55 und 22,52 sehr nahe beieinander liegen, stellt die mittlere Dauer keine sinnvolle Entscheidungsgrundlage dar. Stattdessen kann man die Varianz der bei den Simulationsläufen aufgetretenen Dauern heranziehen. Bezeichnen wir die in den letzten beiden Spalten von Tab. 5.4.1 eingetragenen Werte mit d_{ij} $(i = 1, \ldots, 10; j = 1, 2)$, so stellen (mit $\bar{d}_j = (\sum_{i=1}^{10} d_{ij})/10$ für $j = 1, 2$) die Stichprobenvarianzen $\sum_{i=1}^{10}(d_{i1} - \bar{d}_1)^2/9 = 188,70$ und $\sum_{i=1}^{10}(d_{i2} - \bar{d}_2)^2/9 = 243,98$ Schätzwerte für die Varianz der Verweildauer des OR-Spezialisten im Wartesystem an Kasse 1 bzw. Kasse 2 dar. Ein risikoaverser Entscheidungsträger wird sich daher für Kasse 1 entscheiden, während ein Spielertyp sich eher an Kasse 2 anstellen wird. Ein weiteres gängiges Entscheidungskriterium orientiert sich an der längsten der auftretenden Dauern, $\max_{i=1,\ldots,10} d_{i1} = 36,6$ bzw. $\max_{i=1,\ldots,10} d_{i2} = 55,8$, die wiederum eine Entscheidung für Kasse 1 nahelegen. Wir weisen jedoch nochmals darauf hin, daß die Anzahl der in diesem Beispiel ausgewerteten Simulationsläufe nicht ausreicht, um für die angeführten Entscheidungskriterien eine verläßliche Grundlage zu bilden. Ausreichend sind selbst in unserem einfachen Beispiel erst mehrere Tausend Simulationsläufe. Die mittleren Dauern bis zum Ende der Bedienung konvergieren (nach Wahrscheinlichkeit) gegen die entsprechenden Erwartungswerte (17,2 für Kasse 1 und 14,5 für Kasse 2).

Wie wir an dem letzten Beispiel gesehen haben, benötigt man für die Simulation eine große Anzahl von Realisationen von Zufallsvariablen, die als **Zufallszahlen** bezeichnet werden. Genügt eine Zufallsvariable einer bestimmten Verteilung, so sagt man, daß auch die zugehörigen Zufallszahlen diese Verteilung besitzen. Auf die wichtige Frage, wie man Zufallszahlen erhält, werden wir in Abschnitt 5.4.2 ausführlich eingehen.

Die Anwendung der Simulationsmethode auf ein konkretes Problem wird auch als **Simulationsstudie** bezeichnet. Sie setzt sich zusammen aus einer Vielzahl von Simulationsläufen und der anschließenden Ergebnisauswertung. Ein **Simulationslauf** besteht dabei in der Berechnung der Auswirkung konkreter Inputdaten in dem Simulationsmodell, d.h. in der Erzeugung des zu einem Input gehörenden Outputs. Bei dem Tennismatch von Beispiel 1 besteht ein Simulationslauf in der Wiederholung von Würfelexperimenten, bis bei dem damit simulierten Satzverlauf ein Gewinner ermittelt ist. Der Input eines Laufs ist hierbei eine Zahlenfolge mit zufälliger Länge, und als Output erhält man die Angabe des Gewinners. In Beispiel 2 beinhaltet ein Simulationslauf das Bedienen der Kunden und des OR-Spezialisten an Kasse 1 und an Kasse 2 sowie Ankunft und Kontrolle des Inspektors (was gegebenenfalls zur Unterbrechung der Bedienung führt). Der Input besteht aus den realisierten Bedienungszeiten der Kunden und des OR-Spezialisten an den beiden Kassen und der realisierten Ankunftszeit des Inspektors. Als Output erhält man die realisierten Dauern bis zum Ende der Bedienung des OR-Spezialisten an den Kassen 1 und 2.

Die für die Simulation typische Eigenschaft, ohne großen mathematischen Aufwand Problemlösungen zu finden, kann dazu verleiten, eine gründliche Problemanalyse zu vernachlässigen. Damit wird manchmal die Chance vertan, tieferliegende Erkenntnisse über die Problemstruktur zu erhalten oder ein besser geeignetes Lösungsverfahren zu finden, das einen geringeren Rechenaufwand erfordert.

Richtig eingesetzt kann die Simulation aber auch zu einem besseren Problemverständnis beitragen. Bei der Suche nach neuen wissenschaftlichen Erkenntnissen stellt man anfangs häufig Vermutungen auf, die es zu beweisen gilt. Bevor man dieses oft aufwendige und möglicherweise vergebliche Vorhaben beginnt, kann es empfehlenswert sein, mit Hilfe der Simulation ohne großen Aufwand entweder ein Gegenbeispiel zu finden (das dann wieder Anstoß zu einer neuen modifizierten Vermutung sein kann), oder durch die Ergebnisse der Simulation die ursprüngliche Vermutung zu untermauern. In einer ähnlichen Kontrollfunktion kann die Simulation bei der Modellierung realer Probleme und der Erprobung neuer Verfahren eingesetzt werden. In beiden Fällen läßt sich durch Vergleichsrechnungen überprüfen, ob das Modell die Realität geeignet abbildet bzw. das Verfahren korrekt arbeitet.

Trotz der fast universellen Einsetzbarkeit der Simulation muß auf spezielle Gefahrenmomente hingewiesen werden. Nach Lewis und Orav (1989), Kapitel 2, sind vor allem folgende Punkte zu beachten:

(1) Die Simulation sollte (als alleiniges Lösungsverfahren) nur eingesetzt werden, wenn analytische Verfahren nicht verfügbar sind.

(2) Bedingt durch die einfache Möglichkeit, im Rahmen einer Simulation auch (weniger wichtige) Einzelheiten der zu behandelnden Aufgabenstellung zu berücksichtigen, ist (im Sinne einer Selbstbeschränkung) auf eine sorgfältige Modellierung zu achten. Sie hat sich auf diejenigen Einflußgrößen zu beschränken, die für die Lösung der Aufgabe unbedingt notwendig sind. Anderenfalls besteht die Gefahr, daß das Simulationsmodell nicht nur zu rechenaufwendig und schlecht handhabbar wird, sondern auch die Verständlichkeit einbüßt, die Simulationsmodelle meist gegenüber anderen OR-Modellen auszeichnet.

(3) Aufgrund des individuellen Zuschnitts einer Problemlösung mit Hilfe der Simulation, die sich nicht wie andere Methoden des Operations Research auf standardisierte und erprobte Kalküle (wie z.B. Austauschschritte der Simplexmethode in der linearen Optimierung, das Prinzip der Branch-and-Bound-Verfahren oder Gradiententechniken in der ganzzahligen bzw. nichtlinearen Optimierung) abstützen kann, kommt der Korrektheitsprüfung des verwen-

deten Rechnerprogramms (Verifikation) und des zugrundeliegenden Modells (Validierung) besondere Bedeutung zu. Bei der Verifikation des Rechnerprogramms sind von den üblichen Techniken der Fehlersuche vor allem Vergleichsrechnungen mit bekannten Spezialfällen, Sensitivitätsuntersuchungen und die Auswertung von Extremfällen wichtig. Die Validierung eines Modells setzt voraus, daß das Rechnerprogramm korrekt arbeitet, und besteht darin, meist stichprobenartig für bekannte Problemfälle zu kontrollieren, ob berechnete Modellergebnisse mit entsprechenden beobachteten Werten ausreichend gut übereinstimmen. Da sich die Simulation mit dem „Durchspielen“ vor allem der am häufigsten auftretenden Fälle beschäftigt, sind Abweichungen bei den „Normalfällen“ besonders zu beachten.

(4) Der Output jedes Simulationslaufs läßt sich als Realisation entsprechender Zufallsvariablen interpretieren; n (unabhängige) Simulationsläufe einer Simulationsstudie liefern damit eine Stichprobe vom Umfang n als Ergebnis von n Wiederholungen dieses Zufallsexperiments. Die Auswertung der Stichprobe, insbesondere hinsichtlich der Schätzung von Parameterwerten der Outputverteilung, führt zu statistischen Aussagen etwa der Art, daß der Erwartungswert der Outputvariablen mit einer Wahrscheinlichkeit von 0,9 in einem Intervall $[a, b]$ liegt. Mit einer solchen statistischen Aussage ist immer das „Risiko“ verbunden, daß der Erwartungswert tatsächlich aber außerhalb dieses Intervalls liegt.

Aus der Vielfalt realer Anwendungsmöglichkeiten der Simulation wollen wir nun noch einige Beispiele auflisten (vgl. BRATLEY ET AL. (1987), Abschnitt 1.3, und HILLIER UND LIEBERMAN (1990), Abschnitt 23.1):

Flughafenorganisationsplanung: Planung des zeitlichen und räumlichen Ablaufs des Starts und der Landung von Flugzeugen. Insbesondere bei den Ankunftszeiten sind Zufallseinflüsse zu berücksichtigen.

Steuerung eines Aufzugsystems: Bestimmung einer optimalen Strategie, in welcher Weise die Rufsignale der in verschiedenen Stockwerken wartenden Personen abzuarbeiten sind. Hierbei soll die Gesamtwartezeit minimiert werden.

Feuerwehreinsatz: Optimale Aufteilung von Personal, Fahrzeugen und Material auf verschiedene Standorte. In Kenntnis der Wahrscheinlichkeitsverteilungen der Einsatzorte und des Einsatzumfangs soll der Erwartungswert der Anfahrtszeit minimiert werden.

Prognose bei ökonomischen Systemen: Untersuchung des Zusammenwirkens von Geldfluß, Investitionstätigkeit, Preisentwicklung, wirtschaftlicher Leistungsfähigkeit verschiedener Wirtschaftszweige u.ä. Für unterschiedliche Annahmen über zukünftige Zufallseinflüsse sollen Auswirkungen staatlicher Lenkungsmaßnahmen (etwa von Steuererhöhungen oder -senkungen) ermittelt werden.

Ampelanlage: Ermittlung derjenigen Ampelschaltung, die den besten Verkehrsfluß ermöglicht. Zufallsbedingte Einflüsse auf den Verkehrsablauf ergeben sich aus der Anzahl der eintreffenden Fahrzeuge und ihrem Abbiegeverhalten.

Eine Umfrage bei führenden Wirtschaftsunternehmen in den USA ergab zu Beginn der 80er Jahre, daß 54% der Unternehmen Simulationsmethoden einsetzen. Als Haupteinsatzbereiche wurden dabei Fertigung (59%), Unternehmensplanung (53%), Ingenieurwesen (46%) und Finanzwesen (37%) genannt (vgl. HILLIER UND LIEBERMAN (1990), Abschnitt 23.1).

5.4.2 Erzeugen und Testen von Zufallszahlen

Wie bereits erwähnt, werden zur Durchführung von Simulationen viele Zufallszahlen (Realisationen von Zufallsvariablen) benötigt. Beim Einsatz von Rechnern stammen sie derzeit nicht aus aktuellen Beobachtungen realer Zufallsexperimente (beispielsweise der Impulse eines Geigerzählers) oder aus einer Datenbank, die derartige Werte enthält (wobei die letztere Möglichkeit im Zusammenhang mit der Entwicklung und Verbreitung optischer Massenspeicher auf CD-ROM-Basis in Zukunft vermutlich an Bedeutung gewinnen wird).

Die z.Z. effizienteste und gebräuchlichste Methode, Zufallszahlen für die Simulation zu gewinnen, besteht darin, nicht eine Folge „echter“ Zufallszahlen, sondern eine Folge sogenannter **Pseudozufallszahlen** $x_1, x_2, \ldots$ zu verwenden, die vom Rechner bei Bedarf erzeugt werden (und reproduzierbar sind). Jede endliche Folge $x_1, x_2, \ldots, x_n$ von n Pseudozufallszahlen für eine Zufallsvariable X soll dabei einer Stichprobe vom Umfang n entsprechen. Die Überprüfung dieses Sachverhalts (d.h. die Entsprechung von Summenhäufigkeitsfunktion der Stichprobe und Verteilungsfunktion von X sowie die Irregularität der Folge von Pseudozufallszahlen) erfolgt mit statistischen Tests. Pseudozufallszahlen sollen sich praktisch nicht von Zufallszahlen unterscheiden, und wir sprechen deshalb der Einfachheit halber im folgenden nur noch von Zufallszahlen.

(a) Erzeugen und Testen (0,1)-gleichverteilter Zufallszahlen

Üblicherweise wird die Erzeugung von Zufallszahlen für eine vorgegebene Verteilung auf einem Rechner in zwei Stufen vorgenommen. Zunächst werden durch sogenannte Zufallszahlengeneratoren in Form geeigneter Algorithmen (0,1)-gleichverteilte Zufallszahlen erzeugt. Anschließend werden die letzteren Zufallszahlen so transformiert, daß sie der gewünschten Verteilung entsprechen. Wir erinnern daran, daß eine (0,1)-gleichverteilte Zufallsvariable stetig ist und die Dichte

$$f(u) = \begin{cases} 1\,, & \text{falls } u \in (0,1) \\ 0\,, & \text{sonst} \end{cases}$$

besitzt.

Zur Erzeugung einer Folge $u_1, u_2, u_3, \ldots$ (0,1)-gleichverteilter Zufallszahlen wird in der Regel die folgende **lineare Kongruenzmethode** verwendet, die auch als **linearer Kongruenzgenerator** bezeichnet wird:

$$\text{(5.4.1)} \qquad \begin{cases} v_\nu \equiv (av_{\nu-1} + c) \bmod m \\ u_\nu := \dfrac{v_\nu}{m} \end{cases} \qquad (\nu = 1, 2, \ldots)\,.$$

Hierbei bedeutet $\alpha \equiv \beta \bmod m$ für $\alpha, \beta \in \mathbb{Z}$ und $m \in \mathbb{N}$ (gelesen „α kongruent β modulo m"), daß α der Rest bei der Division von β durch m ist (insbesondere also $\alpha \in \{0, 1, \ldots, m-1\}$ gilt). Der Anfangswert $v_0 \in \mathbb{N}$ und die Parameter $a, m \in \mathbb{N}$ und $c \in \{0, 1, \ldots, m-1\}$ sind vorzugebende Größen, wobei meist $c = 0$ gewählt wird und dann für (5.4.1) der Name **multiplikativer Kongruenzgenerator** üblich ist. Für große Werte von m können die Größen $u_\nu = v_\nu/m$ als Realisationen einer näherungsweise (0,1)-gleichverteilten Zufallsvariablen U aufgefaßt werden, falls der Multiplikator a geeignet gewählt wird (und insbesondere der Wert 0 nicht in der erzeugten Folge von Zufallszahlen auftritt). Als geeignet werden die Parameterwerte a und m angesehen, wenn die Zufallszahlen sowohl den durchgeführten Tests auf Zufälligkeit als auch auf Gleichverteilung genügen, und wenn eine große Periodenlänge der erzeugten Folge von Zufallszahlen auftritt. Für eine Zufallszahlenfolge $u_1, u_2, \ldots, u_n$ ist die **Periodenlänge** $l \leq n$ definiert als die kleinste Anzahl ihrer Glieder bis zur erstmaligen Wiederholung einer Zahl der Folge (wobei die größtmögliche Periodenlänge $m-1$ auftreten kann). Geeignete Parameterwerte für m und a sind z.B. $m = 2^{31} - 1$ (u.a. aufgrund der Darstellung von Zahlen auf einem Rechner als Dualzahlen) und $a = 950\,706\,376$, $a = 742\,938\,285$, $a = 1\,226\,874\,159$, $a = 62\,089\,911$ oder $a = 1\,343\,714\,438$ (vgl. Levis und Orav (1989), Abschnitt 5.3). Zur Bestimmung geeigneter Werte von a und m werden sowohl zahlentheoretische Überlegungen als auch umfangreiche statistische Tests herangezogen.

Alle mit linearen Kongruenzgeneratoren erzeugten Folgen von Zufallszahlen besitzen jedoch eine Eigenschaft, die mit der geforderten „Zufälligkeit" (strenggenommen) nicht vereinbar ist. Faßt man jeweils q aufeinanderfolgende Glieder einer Folge von Zufallszahlen, die sich nicht überlappen, als Punkte eines q-dimensionalen Einheitswürfels auf, so liegen sie auf höchstens $(q!\,m)^{1/q}$ parallelen Hyperebenen (vgl. etwa Lewis und Orav (1989), Abschnitt 5.2). Beispielsweise erhalten wir für den sehr einfachen Zufallszahlengenerator $v_\nu \equiv 3v_{\nu-1} \bmod 100$ und $u_\nu = v_\nu/100$ $(\nu = 1, 2, \ldots)$ mit $v_0 = 13$

die Folge $(u_1; u_2) = (0,39; 0,17)$, $(0,51; 0,53)$, $(0,59; 0,77)$, $(0,31; 0,93)$, $(0,79; 0,37)$, $(0,11; 0,33)$, $(0,99; 0,97)$, $(0,91; 0,73)$, $(0,19; 0,57)$,$(0,71; 0,13)$, $(u_{21}; u_{22}) = (0,39; 0,17), \ldots$ mit der Periodenlänge $l = 20$, bei der zwei aufeinanderfolgende Glieder bereits zu einem Paar (2-Tupel) zusammengefaßt sind. Alle diese 2-Tupel liegen im Einheitsquadrat auf drei parallelen Geraden (vgl. Abb. 5.4.1).

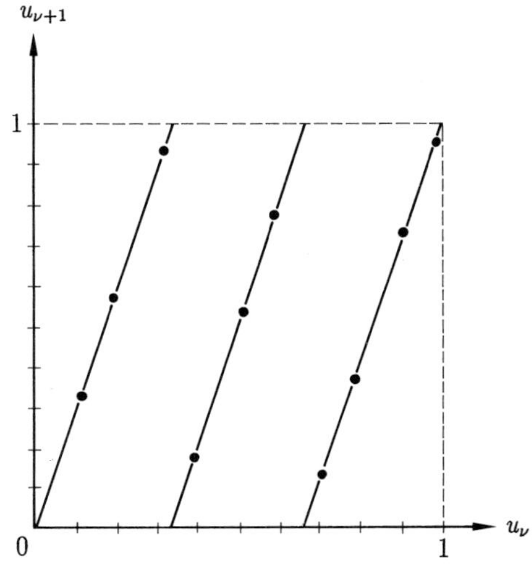

Abb. 5.4.1

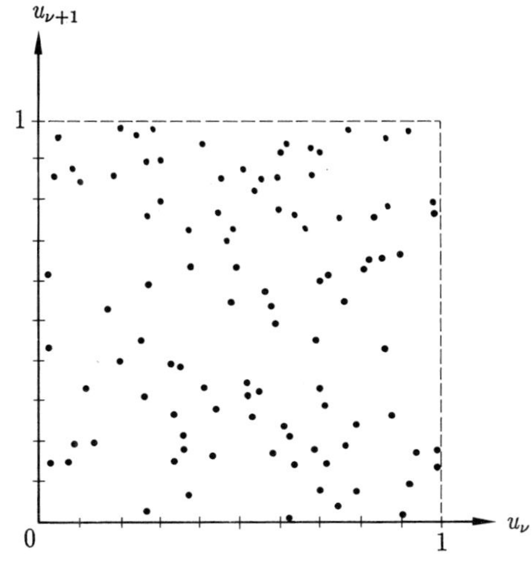

Abb. 5.4.2

Für „geeignetere" Zufallsgeneratoren liegen diese Geraden allerdings so „dicht", daß die „Hyperebeneneigenschaft" der Zufallszahlen anschaulich gesprochen „nicht auffällt". In Abb. 5.4.2 sind die ersten 100 Paare eingetragen, die aus der Zufallszahlenfolge hervorgehen, die für $m = 2^{31} - 1$, $a = 950\,706\,376$ und $v_0 = 100\,000$ mit der multiplikativen Kongruenzmethode erzeugt worden sind. Der subjektive Eindruck der „zufälligen Anordnung" dieser 2-Tupel läßt sich auch durch statistische Tests bestätigen, bei denen beispielsweise die beobachtete Anzahl der Tupel in achsenparallelen Rechtecken mit den entsprechenden Erwartungswerten bei Gleichverteilung verglichen werden. Es besteht jedoch, wie bereits erwähnt, eine gewisse Abhängigkeit zwischen den Gliedern dieser Folge, die sich bei der Betrachtung von höherdimensionalen Tupeln immer deutlicher auswirkt. Werden beispielsweise jeweils 9 aufeinanderfolgende, sich nicht überlappende Werte zu 9-Tupeln zusammengefaßt, so liegen diese Punkte im 9-dimensionalen Einheitsquader gemäß der oben angegebenen Abschätzung auf höchstens $45 = \lfloor (9!(2^{31} - 1))^{1/9} \rfloor$ Hyperebenen. Sollen nun etwa im Zusammenhang mit einem Raketensteuerungsproblem Systemzustände mit jeweils drei Orts-, Geschwindigkeits- und Beschleunigungskoordinaten gleichverteilt auftreten, kann man diese Systemzustände u.U. nicht einfach aus aufeinanderfolgenden Gliedern der mit dem linearen Kongruenzgenerator erzeugten Folge aufbauen. Andernfalls liegen eventuell für die Problemlösung wesentliche Zustandsbereiche nicht in der Nähe einer dieser wenigen Hyperebenen und werden somit nicht berücksichtigt. In diesen Fällen können „Verwürfelungsmethoden" hilfreich sein, bei denen die Komponenten der Tupel zufällig vertauscht werden, oder es sind versuchsweise andere Zufallsgeneratoren einzusetzen wie z.B. Matrixgeneratoren zur Erzeugung von Vektoren gleichverteilter Zufallszahlen. Für ausführlichere Darstellungen der Eigenschaften und Probleme im Zusammenhang mit linearen Kongruenzgeneratoren verweisen wir auf Bratley et al. (1987), Kapitel 6, Knuth (1981), Kapitel 3, Ripley (1987), Kapitel 2, und Afflerbach und Lehn (1986).

Der in jüngerer Zeit entwickelte **inverse Kongruenzgenerator** (vgl. Eichenauer und Lehn (1986)) leidet nicht an der obigen „Hyperebeneneigenschaft". Die (0,1)-gleichverteilten Zufallszahlen u_ν werden dabei ähnlich wie bei der Vorschrift (5.4.1) erzeugt durch

$$\begin{aligned} v_\nu &\equiv (a\bar{v}_{\nu-1} + c) \bmod m \\ u_\nu &:= \frac{v_\nu}{m} \end{aligned} \qquad (\nu = 1, 2, \ldots)$$

mit einer Primzahl m sowie $\bar{v}_0, a \in \mathbb{N}$ und $c \in \{0, 1, \ldots, m-1\}$. Dabei stellt $\bar{v}_{\nu-1}$ das inverse Element zu $v_{\nu-1}$ in der (multiplikativen) Restklassengruppe $\bmod\, m$ dar, d.h., $\bar{v}_{\nu-1}$ ist diejenige (wegen der Primzahleigenschaft von m stets existierende) ganze Zahl aus $\{1, \ldots, m-1\}$, die mit $v_{\nu-1}$ multipliziert den Rest 1 nach Division durch m ergibt. Z.B. ist für $m = 7$ und $v_{\nu-1} = 3$ $\bar{v}_{\nu-1} = 5$ wegen $1 \equiv (3 \cdot 5) \bmod 7$. Wegen der relativ aufwendigen Bestimmung der inversen Elemente $\bar{v}_{\nu-1}$ erfordert die inverse Kongruenzmethode etwa die 18-fache Rechenzeit im Vergleich zum entsprechenden linearen Kongruenzgenerator. Z.Z. laufen aber erfolgversprechende Untersuchungen zur Beschleunigung des inversen Kongruenzgenerators.

Die Gleichverteilung der Zufallszahlen $u_1, u_2, \ldots$ ist im Einzelfall jeweils durch Tests abzusichern. Ein relativ einfacher bekannter Test auf Gleichverteilung ist der **χ^2-Test (Chi-Quadrat-Test)**. Für den Fall, daß eine Folge von n Zufallszahlen $u_1, \ldots, u_n$ auf (0,1)-Gleichverteilung zu testen ist, wird das Intervall (0,1) in s disjunkte Teilintervalle $(t_0 = 0, t_1), [t_1, t_2), \ldots, [t_{s-1}, t_s = 1)$ zerlegt. Seien τ_σ die Anzahl der Glieder der Zufallszahlenfolge, die in das Teilintervall $(0, t_1)$ für $\sigma = 1$ bzw. $[t_{\sigma-1}, t_\sigma)$ für $\sigma = 2, \ldots, s$ fallen, und $\bar{\tau}_\sigma := (t_\sigma - t_{\sigma-1}) \cdot n$ der Erwartungswert dieser Anzahl, falls (0,1)-Gleichverteilung vorliegt. Für große Länge n der untersuchten Zufallszahlenfolge (Stichprobenumfang) besitzt die Prüfgröße (als Maß für die Abweichung zwischen beobachtetem und theoretischem Wert)

(5.4.2) $$v := \sum_{\sigma=1}^{s} \frac{(\tau_\sigma - \bar{\tau}_\sigma)^2}{\bar{\tau}_\sigma}$$

näherungsweise eine χ^2-Verteilung mit $s-1$ Freiheitsgraden, falls $\min_{\sigma=1,\ldots,s} \bar{\tau}_\sigma \geq 5$ ist (vgl. BAMBERG UND BAUR (1991), Abschnitt 14.8). Sei $\chi^2_{1-\alpha}(s-1)$ das (tabellierte) $(1-\alpha)$-Quantil der χ^2-Verteilung mit $s-1$ Freiheitsgraden, das durch die Beziehung $F(\chi^2_{1-\alpha}(s-1)) = 1-\alpha$ festgelegt ist, wobei F die Verteilungsfunktion der χ^2-Verteilung mit $s-1$ Freiheitsgraden ist (zum Begriff des Quantils vgl. BAMBERG UND BAUR (1991), Abschnitt 9.1). Dann wird mit einer vorgegebenen Irrtumswahrscheinlichkeit (Signifikanzniveau) α die Hypothese „Gleichverteilung der Zufallszahlenfolge" abgelehnt, wenn $v > \chi^2_{1-\alpha}(s-1)$ ist.

Der χ^2-Test kann auch eingesetzt werden, um die Gleichverteilung in q-dimensionalen Quadern zu überprüfen. Hierbei ist allerdings zu beachten, daß bei einer Unterteilung jeder Kante dieses Quaders in s Teilstücke die Anzahl der q-dimensionalen Teilquader und damit die Anzahl der Freiheitsgrade der χ^2-Verteilung mit $s^q - 1$ sehr groß werden. Dies bedeutet, daß sowohl viele q-Tupel für den Test herangezogen werden müssen als auch viel Speicherplatz benötigt wird (beispielsweise treten für $s = 4$ und $q = 9$ insgesamt 262143 q-dimensionale Teilquader auf).

Zur Überprüfung der Gleichverteilung einer Folge von Zufallszahlen existieren auf der Basis des χ^2-Tests noch weitere Tests, die z.T. recht intuitive Vorstellungen von Realisationen unabhängiger gleichverteilter Zufallsvariablen verwenden. Beispiele hierfür sind der Pokertest, der eine gewisse Ähnlichkeit zur oben diskutierten q-dimensionalen Gleichverteilung mit $q = 5$ aufweist, und Reihentests. Beim **Pokertest** werden jeweils 5 aufeinanderfolgende, sich nicht überlappende Zahlen der untersuchten Zufallszahlenfolge (oder auch derartige Zifferfolgen der aufeinanderfolgenden Zahlen) als 5 Spielkarten, ein sogenanntes Blatt, beim Poker interpretiert. Der Erwartungswert der Anzahl des Auftretens gewisser Spielkartenkombinationen oder Blätter bei Annahme einer Gleichverteilung wird verglichen mit der Anzahl ihres Auftretens bei n aus der Zufallszahlenfolge erzeugten Blättern. Hierzu wird entsprechend (5.4.2) wieder eine Prüfgröße bestimmt und damit die Gleichverteilungsannahme getestet. Bei **Reihentests** zählt man entweder das Auftreten von Ziffern oder Klassen von Zifferpaaren der Zahlen der Zufallszahlenfolge, oder es wird jeweils gezählt, wieviele Glieder der Zahlenfolge streng monoton wachsend bzw. streng monoton fallend sind.

Neben dem χ^2-Test zum Überprüfen der Eigenschaften von Zufallszahlenfolgen sind auch andere Standardtests der Statistik wie Kolmogorow-Smirnow-Tests (für stetige Verteilungen) einsetzbar oder auch der speziell für Zufallszahlen entwickelte Spektraltest (für Einzelheiten hierzu verweisen wir auf Bratley et al. (1989), Abschnitte 6.4.4 und 6.6.2, sowie Schmitz und Lehmann (1976), Kapitel III).

Aus (0,1)-gleichverteilten Zufallszahlen lassen sich Zufallszahlen mit beliebigen Verteilungen erzeugen. Hierfür sind eine Vielzahl von Verfahren entwickelt worden, die teilweise auf spezielle Verteilungen zugeschnitten oder für gewisse Klassen von Verteilungen besonders geeignet sind.

(b) Erzeugung diskret verteilter Zufallszahlen

Nimmt die diskrete Zufallsvariable X die Werte x_i mit den Wahrscheinlichkeiten p_i an $(i = 1, \ldots, s)$, so erhält man mit $P_0 := 0$ und $P_j := \sum_{i=1}^{j} p_i$ $(j = 1, \ldots, s)$ aus einer (0,1)-gleichverteilten Zufallszahl u_ν die Zufallszahl z_ν für X nach der Vorschrift

$$z_\nu := x_j\,, \quad \text{falls } P_{j-1} \le u_\nu < P_j \quad (\nu = 1, 2, \ldots)\,. \tag{5.4.3}$$

Bei diesem Vorgehen wird das Intervall (0,1) in s Teilintervalle mit den Längen $p_1, p_2, \ldots, p_s$ zerlegt, die zu den Werten $x_1, x_2, \ldots, x_s$ gehören. Die (0,1)-gleichverteilte Zufallszahl u_ν liegt mit einer Wahrscheinlichkeit von p_j im j-ten dieser Teilintervalle, und damit wird die Zufallszahl $z_\nu = x_j$ mit der Wahrscheinlichkeit p_j erzeugt.

Der Nachteil dieser Methode besteht darin, daß für jedes u_ν das Intervall gefunden werden muß, das den Wert u_ν enthält. Für größere Werte von s bedeutet dies selbst beim Einsatz effizienter Suchverfahren einen beträchtlichen Aufwand.

Für einige spezielle Wahrscheinlichkeitsverteilungen können die gewünschten Zufallszahlen auch durch eine einfache Transformation erzeugt werden. Sollen etwa die ganzzahligen Werte $l, l+1, \ldots, l+s-1$ mit jeweils der gleichen Wahrscheinlichkeit $1/s$ angenommen werden, so spricht man von einer **(diskreten) Laplace-Verteilung** auf $\{l, \ldots, l+s-1\}$. Aus (0,1)-gleichverteilten Zufallszahlen u_ν $(\nu = 1, 2, \ldots)$ erhält man Laplace-verteilte Zufallszahlen gemäß

$$z_\nu := \lfloor s u_\nu \rfloor + l \quad (\nu = 1, 2, \ldots)\,,$$

wobei $\lfloor s u_\nu \rfloor$ wieder den ganzzahligen Anteil von $s u_\nu$ bezeichnet.

Will man Zufallszahlen für eine nicht Laplace-verteilte diskrete Zufallsvariable X erzeugen, die die Werte x_i mit den Wahrscheinlichkeiten p_i annimmt $(i = 1, \ldots, s)$, so kann der oben erwähnte Suchaufwand bei Anwendung der sogenannten **Alias-Methode** vermieden werden (vgl. Bratley et al. (1989), Abschnitt 5.2.8, Ripley (1987), Abschnitt 3.3, und Law und Kelton (1991), Abschnitt 8.4.3). Allerdings erfordert diese Methode einen Vorbereitungsschritt sowie etwas mehr Speicherplatz. Bei der Alias-Methode geht man von $(0,s)$-gleichverteilten Zufallszahlen $\tilde{u}_\nu$ aus, die sich gemäß $\tilde{u}_\nu := su_\nu$ aus (0,1)-gleichverteilten Zufallszahlen u_ν ergeben. Die Zufallszahlen $j_\nu := \lfloor \tilde{u}_\nu \rfloor + 1$ ($\nu = 1, 2, \ldots$) sind dann Laplace-verteilt auf $\{1, \ldots, s\}$, und die Differenzen $d_\nu := j_\nu - \tilde{u}_\nu$ stellen wieder (0,1)-gleichverteilte Zufallszahlen dar. Die möglichen Realisationen $x_1, \ldots, x_s$ der diskreten Zufallsvariablen X seien (gegebenenfalls durch Umnumerierung) so geordnet, daß $p_1 \leq p_2 \leq \ldots \leq p_h \leq 1/s < p_{h+1} \leq \ldots \leq p_s$ gilt; d.h., die Wahrscheinlichkeiten für die ersten h Werte $x_1, \ldots, x_h$ sind jeweils nicht größer als die Laplace-Wahrscheinlichkeit $1/s$, während die übrigen Wahrscheinlichkeiten größer als $1/s$ sind. Wir führen ferner die Hilfsgrößen $r_i := p_i$ ($i = 1, \ldots, s$) ein, die im Vorschritt des Verfahrens modifiziert werden und dann die Bedeutung von „Restwahrscheinlichkeiten" erhalten.

Die Verwandtschaft der Alias-Methode mit dem Verfahren zur Erzeugung Laplace-verteilter Zufallszahlen besteht darin, daß der ν-ten auf $\{1, \ldots, s\}$ Laplace-verteilten Zufallszahl j_ν zunächst der korrespondierende Wert $z_\nu := x_{j_\nu}$ als ν-te Zufallszahl direkt zugewiesen wird. Werte x_j mit $p_j < 1/s$ würden dabei allerdings mit zu großen Wahrscheinlichkeiten generiert, während Werte x_a mit $p_a > 1/s$ mit um $p_a - 1/s$ zu geringen Wahrscheinlichkeiten erzeugt würden. Daher wird beim Auftreten von j_ν mit $p_{j_\nu} < 1/s$ ($j_\nu \in \{1, \ldots, h\}$) mit der Wahrscheinlichkeit p_{j_ν} der Wert x_{j_ν} und mit der „verbleibenden" Wahrscheinlichkeit $1/s - p_{j_\nu}$ ein geeigneter Wert x_a (mit $p_a > 1/s$ und dem von j_ν abhängenden Zeiger $a = a_{j_\nu} \in \{h+1, \ldots, s\}$) als Alias-Wert generiert (unter Verwendung der (0,1)-gleichverteilten Differenzen $d_\nu := j_\nu - \tilde{u}_\nu$). Die „Erzeugungswahrscheinlichkeiten" p_a der (zum Teil) als Alias-Werte erzeugten x_a mit $a = a_{j_\nu}$ sind für die direkte Erzeugung um die jeweiligen Wahrscheinlichkeiten $1/s - p_{j_\nu}$ bis auf gewisse „Restwahrscheinlichkeiten" zu verkleinern. Wie die Berechnung der Zeiger a_{j_ν} für die Zuweisung der Alias-Werte erfolgt und wie die entsprechenden Restwahrscheinlichkeiten festgelegt werden, wird im Vorschritt des Verfahrens bestimmt.

Für den Fall $s = 4$ verdeutlicht Abb. 5.4.3 das Vorgehen, das im folgenden Algorithmus 5.4.1 präzisiert wird. In diesem Beispiel gilt $p_1, p_2 < \frac{1}{4}$ sowie $p_3, p_4 > \frac{1}{4}$ und damit $h = 2$. Tritt ein $j = j_\nu \leq 2$ (jeweils mit der Wahrscheinlichkeit $\frac{1}{4}$) auf, so wird $z_\nu := x_j$ direkt erzeugt, und zwar mit der Wahrscheinlichkeit $r_j = p_j$. Im Fall $j = 1$ wird mit der verbleibenden Wahrscheinlichkeit $\frac{1}{4} - p_1$ der Wert $x_{h+1} = x_3$ als Alias-Wert erzeugt, der (insgesamt) mit der Wahrscheinlichkeit $p_3 > \frac{1}{4}$ auftritt (die Erzeugung der Alias-Werte entspricht in Abb. 5.4.3 den dunkleren Streifen). Die „Restwahrscheinlichkeit", mit der x_3 dann noch zu erzeugen ist, beträgt $r_3 := p_3 - (\frac{1}{4} - p_1) > 0$. Da $r_3 < \frac{1}{4}$ ist, setzen wir $h := h + 1$. Damit wird erreicht, daß mit der Restwahrscheinlichkeit r_3 der Wert x_3 beim Auftreten von $j_\nu = 3$ direkt erzeugt wird. Im Fall $j_\nu = 3$ wird dann mit der nunmehr noch verbleibenden Wahrscheinlichkeit

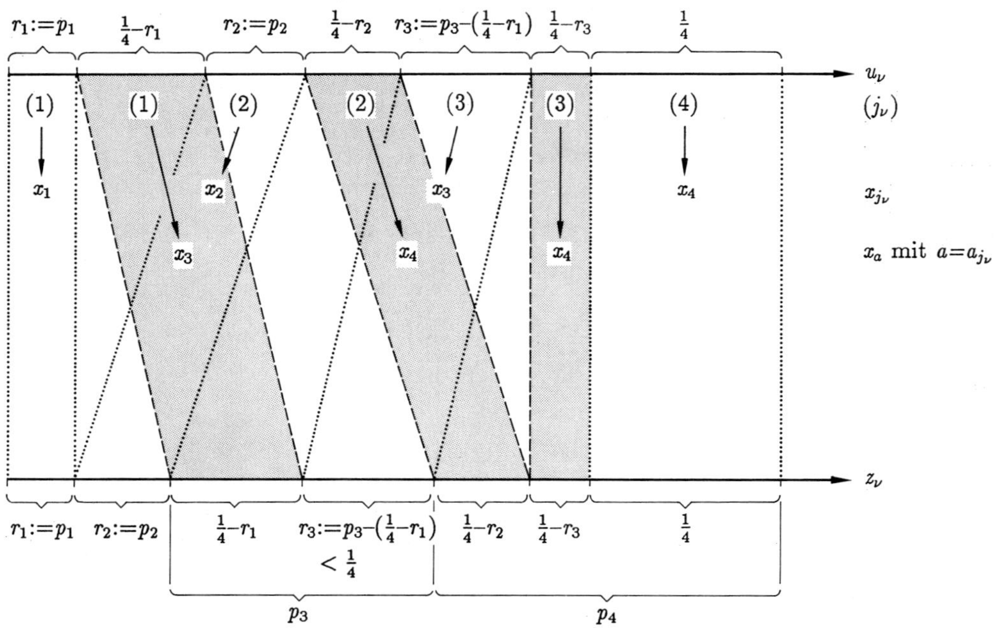

Abb. 5.4.3

$\frac{1}{4} - r_3$ der Alias-Wert x_4 als Zufallszahl verwendet. In dieser Weise fortfahrend wird schließlich noch $r_4 = \frac{1}{4}$ festgelegt, und damit ist für die diskreten Zufallszahlen sowohl die direkte Erzeugung als auch ihre Erzeugung in Form von Alias-Werten mit den entsprechenden Wahrscheinlichkeiten sichergestellt.

Insgesamt haben wir für die Erzeugung von Zufallszahlen für eine diskrete Zufallsvariable, die die Werte $x_1, \ldots, x_s$ mit den Wahrscheinlichkeiten $p_1 \leq p_2 \leq \ldots \leq p_s \neq 1/s$ annimmt, den folgenden

Algorithmus 5.4.1 (Alias-Verfahren zur Erzeugung diskreter Zufallszahlen)

Schritt 1 (Vorbereitungsschritt)

Bestimme h so, daß $p_1 \leq p_2 \leq \ldots \leq p_h \leq 1/s < p_{h+1} \leq \ldots \leq p_s$ gilt
Für $i = 1, \ldots, s$ setze $r_i := p_i$
Für $i = 1, \ldots, s$
  Falls $r_i < 1/s$, setze $a_i := h + 1$ und $r_{h+1} := r_{h+1} - (1/s - r_i)$
    Falls $r_{h+1} \leq 1/s$, setze $h := h + 1$

Schritt 2 (Erzeugung diskreter Zufallszahlen z_ν)

Für $\nu = 1, 2, \ldots$
  Erzeuge eine (0,1)-gleichverteilte Zufallszahl u_ν

Setze $j := \lfloor su_\nu \rfloor + 1$, $d := j - \lfloor su_\nu \rfloor$ *und*

$$z_\nu := \begin{cases} x_j\,, & \text{falls } d/s \le r_j \qquad \textit{(direkte Erzeugung)} \\ x_{a_j}\,, & \text{falls } d/s > r_j \qquad \textit{(Erzeugung als Alias-Wert)} \end{cases}$$

□

Für häufig benötigte diskrete Wahrscheinlichkeitsverteilungen sind eigene Vorgehensweisen entwickelt worden, die unter Ausnutzung spezieller Eigenschaften dieser Verteilungen effizienter arbeiten. Eine (n,p)-binomialverteilte Zufallsvariable B nimmt die Werte $k = 0, 1, \ldots, n$ mit den Wahrscheinlichkeiten $P(B = k) = \binom{n}{k} p^k (1-p)^{n-k}$ an. Tritt bei einem Zufallsexperiment ein interessierendes Ergebnis („Erfolg") mit der Wahrscheinlichkeit p (und das komplementäre Ergebnis „Mißerfolg" mit der Wahrscheinlichkeit $1 - p$) ein, so tritt bei n-maliger unabhängiger Wiederholung des Zufallsexperiments mit der Wahrscheinlichkeit $P(B = k)$ das Ergebnis „Erfolg" genau k-mal ein. Der n-maligen Wiederholung eines derartigen Zufallsexperiments entspricht die Erzeugung und Auswertung von n (0,1)-gleichverteilten Zufallszahlen $u_{n\nu+1}, \ldots, u_{n\nu+n}$ $(\nu \in \mathbb{Z}_+)$ gemäß

$$b_{n\nu+\kappa} := \begin{cases} 1\,, & \text{falls } u_{n\nu+\kappa} \le p \\ 0\,, & \text{sonst} \end{cases} \qquad (\kappa = 1, \ldots, n) \tag{5.4.4}$$

(das Auftreten des Ergebnisses „Erfolg" wird durch $b_{n\nu+\kappa} = 1$ beschrieben). Aus den n diskreten „Zählzufallszahlen" $b_{n\nu+\kappa}$ erhalten wir dann die **(n,p)-binomialverteilte Zufallszahl**

$$z_{\nu+1} := \sum_{\kappa=1}^{n} b_{n\nu+\kappa} \quad (\nu = 0, 1, 2, \ldots)\,.$$

Zur Erzeugung der nächsten (n,p)-binomialverteilten Zufallszahl $z_{\nu+2}$ werden die nächsten n (0,1)-gleichverteilten Zufallszahlen $u_{n(\nu+1)+1}, \ldots, u_{n(\nu+1)+n}$ herangezogen.

Auf ähnliche Weise lassen sich **Poisson-verteilte Zufallszahlen** mit Hilfe von exponentialverteilten Zufallszahlen generieren (auf die vergleichsweise einfache Erzeugung exponentialverteilter Zufallszahlen gehen wir später ein). Eine mit dem Parameter λ Poisson-verteilte Zufallsvariable Λ nimmt die ganzzahligen Werte $k \in \mathbb{Z}_+$ mit den Wahrscheinlichkeiten $P(\Lambda = k) = (\lambda^k/k!)e^{-\lambda}$ an. Beispielsweise ist die Anzahl der während einer Zeiteinheit in einem Wartesystem ankommenden Kunden, deren Zwischenankunftszeiten unabhängige mit dem Parameter λ exponentialverteilte Zufallsvariablen sind, Poisson-verteilt mit dem Parameter λ (vgl. Abschnitt 5.3.2). Aus einer Folge von mit dem Parameter λ exponentialverteilten Zufallszahlen $\pi_1, \pi_2, \ldots$ erhält man damit eine Poisson-verteilte Zufallszahl z_1 gemäß

$$z_1 := \max\{k \in \mathbb{Z}_+ | \sum_{i=1}^{k} \pi_i \leq 1\} .$$

Die nächste Zufallszahl z_2 (und die weiteren Poisson-verteilten Zufallszahlen entsprechend) bekommt man, indem aus der weiteren Folge $\pi_{k+1}, \pi_{k+2}, \ldots$ wieder möglichst viele aufeinanderfolgende Elemente abgezählt werden, so daß ihre Summe den Wert 1 nicht überschreitet. Im Fall $\pi_{k+1} > 1$ ist $z_2 := 0$ zu setzen und mit π_{k+2} für die Erzeugung der nächsten Zufallszahl z_3 fortzufahren.

(c) Generelle Methoden zur Erzeugung stetig verteilter Zufallszahlen

Zur Erzeugung von Zufallszahlen für eine Zufallsvariable X mit stetiger Verteilungsfunktion sollen zunächst allgemeine Vorgehensweisen diskutiert und anschließend für einige wichtige Verteilungen spezielle Verfahren angegeben werden.

Prinzipiell immer einsetzbar ist die sogenannte **Inversionsmethode**, die sich vom Rechenaufwand her allerdings nur für einige Verteilungen eignet (z.B. für die Exponentialverteilung). Die Zufallsvariable X nehme Werte nur aus dem Intervall (a, b) an (wobei $a = -\infty$ und $b = \infty$ zugelassen sind), und die (stetige) Verteilungsfunktion F von X sei auf (a, b) streng monoton wachsend. F besitzt dann die Inverse (Umkehrfunktion) F^{-1}, und für eine (0,1)-gleichverteilte Zufallsvariable U gilt (aufgrund der Beziehung $P(U \leq u) = u$)

$$P(X \leq x) = F(x) = P(U \leq F(x)) = P(F^{-1}(U) \leq x) .$$

Für die **Exponentialverteilung** mit der Verteilungsfunktion $F(x) := 1 - e^{-\lambda x}$ $(x \geq 0)$ erhalten wir beispielsweise

$$F^{-1}(u) = -\frac{1}{\lambda} \ln(1 - u) . \tag{5.4.5}$$

Da mit den (0,1)-gleichverteilten Zufallszahlen $u_1, u_2, u_3, \ldots$ auch die Zufallszahlen $1-u_1, 1-u_2, 1-u_3, \ldots$ (0,1)-gleichverteilt sind (und umgekehrt), stellen die entsprechend (5.4.5) berechneten Werte

$$z_\nu := -\frac{1}{\lambda} \ln u_\nu \quad (\nu = 1, 2, \ldots) \tag{5.4.6}$$

Zufallszahlen für eine mit dem Parameter λ exponentialverteilte Zufallsvariable dar.

Falls die Arithmetik des verwendeten Rechners viel Zeit zur Berechnung des Logarithmus benötigt, kann es günstiger sein, einen auf von Neumann zurückgehenden Generator zu verwenden, der zur Erzeugung einer exponentialverteilten Zufallszahl mehrere (0,1)-gleichverteilte Zufallszahlen heranzieht (vgl. Bratley et al. (1987), Abschnitt 5.2.10, oder Ripley (1987), Abschnitt 3.2).

Die sehr einfache **symmetrische Dreiecksverteilung auf (0,2)** (vgl. Abb. 5.4.4 und Abb. 5.4.5) stellt die Wahrscheinlichkeitsverteilung der Summe

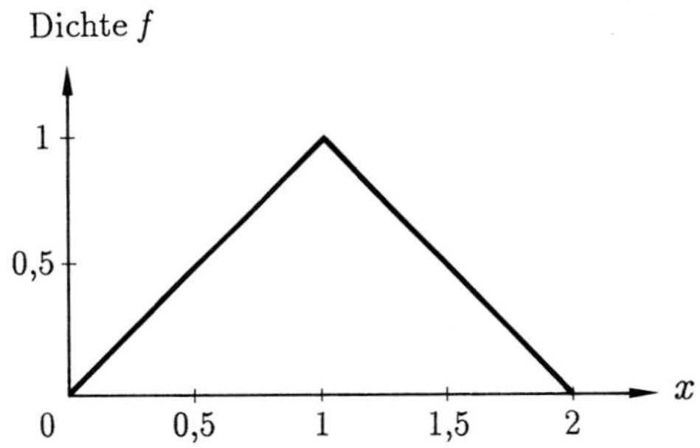

Abb. 5.4.4

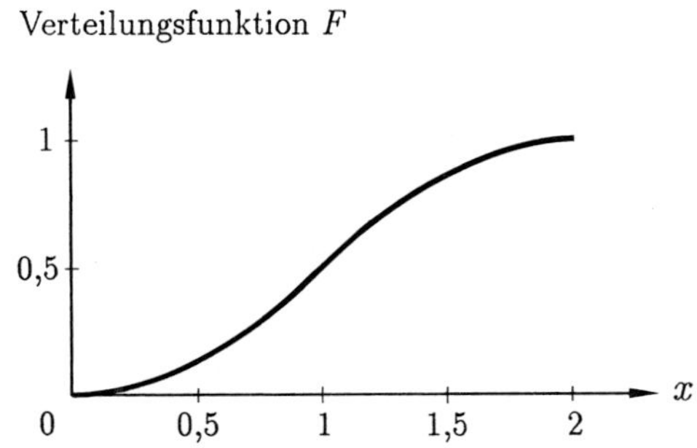

Abb. 5.4.5

$X = U_1 + U_2$ von zwei unabhängigen (0,1)-gleichverteilten Zufallsvariablen U_1 und U_2 dar. Die Erzeugung symmetrischer (0,2)-dreiecksverteilter Zufallszahlen mit der Inversionsmethode gemäß

$$(5.4.7)\qquad z_\nu := \begin{cases} \sqrt{2u_\nu}\,, & \text{falls } 0 < u_\nu \le \dfrac{1}{2} \\ 2 - \sqrt{2(1-u_\nu)}\,, & \text{falls } \dfrac{1}{2} < u_\nu < 1 \end{cases} \qquad (\nu = 1, 2, \ldots)$$

ist aufwendiger als die Erzeugung und Addition von zwei (0,1)-gleichverteilten Zufallszahlen. Statt (5.4.7) ist daher zur Erzeugung symmetrischer (0,2)-dreiecksverteilter Zufallszahlen die „Summen-Vorschrift“

$$(5.4.8)\qquad z_{\nu+1} := u_{2\nu+1} + u_{2\nu+2} \quad (\nu = 0, 1, 2, \ldots)$$

vorzuziehen.

Addiert man allgemeiner die unabhängigen Zufallsvariablen $X = a + bU_1$ und $Y = cU_2$ mit unabhängigen (0,1)-gleichverteilten Zufallsvariablen U_1 und U_2, so besitzt die Summe $Z = X + Y$ eine **Trapezverteilung** mit der in Abb. 5.4.6 angegebenen Dichte f mit $\beta := \min(b, c)$ und $\gamma := \max(b, c)$, wie sich leicht aus der sogenannten Faltung der Verteilungsfunktionen von X und

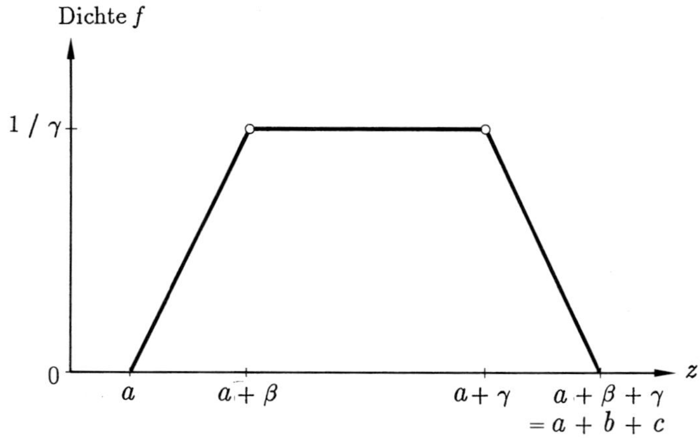

Abb. 5.4.6

Y errechnen läßt. Geeignet angepaßte Trapezverteilungen werden manchmal auch als sehr einfache Approximationen von Betaverteilungen verwendet (Betaverteilungen treten als Vorgangsdauerverteilungen bei der Netzplantechnik-Methode PERT auf, vgl. Abschnitt 2.10.4).

Viele Verteilungsfunktionen, wie beispielsweise für die Normal- oder die Betaverteilung, sind nicht in Form eines einfachen geschlossenen analytischen Ausdrucks darstellbar, sondern können nur numerisch an jeder einzelnen Stelle berechnet werden. Wir nehmen an, daß eine solche Verteilungsfunktion F tabelliert in der Form $(x_i, F(x_i))$ $(i = 1, \ldots, r)$ vorliege. Zwischenwerte werden linear interpoliert (vgl. Abb. 5.4.7). Die (näherungsweise) Berechnung des Wertes der Umkehrfunktion F^{-1} an der Stelle u_ν, wobei u_ν eine (0,1)-gleichverteilte Zufallszahl ist $(\nu = 1, 2, \ldots)$, erfolgt dann ebenfalls durch lineare Interpolation in zwei Schritten:

(a) Bestimme x_i und x_{i+1} so, daß $F(x_i) \leq u_\nu < F(x_{i+1})$ gilt (hierfür kann beispielsweise ein modifiziertes Halbierungsverfahren eingesetzt werden).

(b) Interpoliere F^{-1} an der Stelle u_ν linear zwischen $F(x_i)$ und $F(x_{i+1})$ und verwende den interpolierten Wert als Zufallszahl z_ν, die zu der Verteilungsfunktion F gehört:

$$z_\nu := x_i + (x_{i+1} - x_i)\frac{u_\nu - F(x_i)}{F(x_{i+1}) - F(x_i)} \quad (\nu = 1, 2, \ldots) .$$

Wie wir bereits bei der Dreiecksverteilung gesehen haben, kann es rechentechnisch günstiger sein, zur Erzeugung einer Zufallszahl für eine gewünschte Verteilung nicht die Inversionsmethode heranzuziehen (oder für kompliziertere Verteilungen entsprechend die Inversionsmethode mit Interpolation), sondern mehr als eine (0,1)-gleichverteilte Zufallszahl zu verwenden. Eine analytisch sehr einfache Methode, die ausnutzt, daß (0,1)-gleichverteilte Zufallszah-

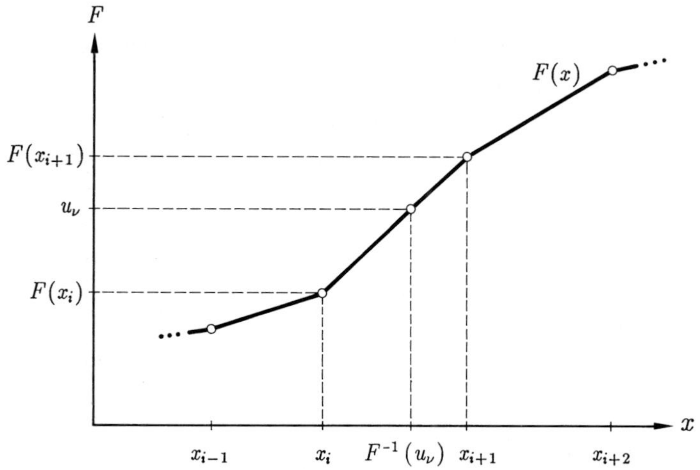

Abb. 5.4.7

len ohne großen Aufwand zu erzeugen sind, ist als **Verwerfungsmethode** bekannt. Sie benötigt die Dichte f der gewünschten Verteilung, die auf einem (zunächst als beschränkt angenommenen) Intervall (a, b) positiv und beschränkt und sonst gleich 0 sei. Wir setzen

$$c := \sup_{a<x<b} f(x) \ .$$

Durch die Transformation $X = a + (b - a)U_1$ und $Y = cU_2$ werden aus $(0, 1)$-gleichverteilten Zufallsvariablen U_1 und U_2 Paare (X, Y) konstruiert, die im Rechteck $(a, b) \times (0, c)$ gleichverteilt sind. Liegt für eine Realisation (u_1, u_2) von (U_1, U_2) die Realisation (x, y) von (X, Y) nicht oberhalb von $f(x)$, d.h., es gilt

$$u_2 \leq \frac{f(x)}{c} = \frac{1}{c} f(a + (b - a)u_1) \ ,$$

so wird $x = a + (b - a)u_1$ als (nächste) Zufallszahl zur Verteilungsdichte f verwendet. Liegt dagegen für eine Realisation (u_1', u_2') das entsprechend transformierte Paar (x', y') oberhalb von $f(x')$, dann wird x' verworfen (vgl. hierzu Abb. 5.4.8).

Aus der Bedeutung der Dichte einer Zufallsvariablen als Zuwachs der Verteilungsfunktion F folgt, daß die so konstruierten Zufallszahlen im gleichen Verhältnis erzeugt werden, wie dies dem Zuwachs der Verteilungsfunktion F entspricht. Wie aus Abb. 5.4.8 zu entnehmen ist, arbeitet die Verwerfungsmethode ineffizient, wenn der Flächeninhalt $\alpha = (b - a)c$ des Rechtecks $(a, b) \times (0, c)$ erheblich größer als 1 (dem Flächeninhalt zwischen x-Achse und f) ist, da zur Erzeugung einer mit F verteilten Zufallszahl im Mittel 2α

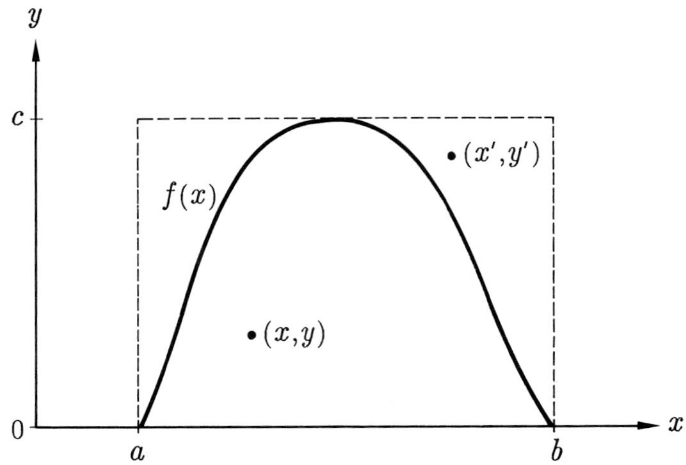

Abb. 5.4.8

(0,1)-gleichverteilte Zufallszahlen benötigt werden. Ferner ist die beschriebene Version der Verwerfungsmethode nur anwendbar, wenn die zu erzeugenden Zufallszahlen auf das Intervall (a, b) beschränkt sind.

Für den Fall, daß mit geringem Aufwand Zufallszahlen erzeugt werden können, deren Dichte g die Bedingung

$$f(x) \leq \alpha g(x) \quad (x \in \mathbb{R})$$

mit $\alpha \geq 1$ erfüllt, kann sowohl der Nachteil der Einschränkung der gesuchten Zufallszahlen zur Dichte f auf ein beschränktes Intervall als auch der Nachteil der großen Anzahl verworfener Zufallszahlen weitgehend ausgeglichen werden (vorausgesetzt, α ist nicht wesentlich größer als 1). Bei dieser modifizierten Form der Verwerfungsmethode werden Paare (x, y) bzw. (x', y') erzeugt, deren jeweils erste Komponenten x bzw. x' gemäß der Dichte g verteilte Zufallszahlen sind. Die zweiten Komponenten werden durch $y := \alpha g(x)u$ bzw. $y' := \alpha g(x')u'$ mit den $(0, 1)$-gleichverteilten Zufallszahlen u bzw. u' festgelegt. Die Paare (x, y) bzw. (x', y') sind auf der Fläche gleichverteilt, die zwischen der x-Achse und $\alpha g(x)$ eingeschlossen ist. Mit den gleichen Argumenten wie oben wird x als Zufallszahl zur Dichte f verwendet, wenn (x, y) nicht oberhalb von $f(x)$ liegt, d.h.

$$u \leq \frac{f(x)}{\alpha g(x)}$$

gilt (vgl. Abb. 5.4.9). Liegt (x', y') oberhalb von $f(x')$, so wird x' verworfen.

Die Verwerfungsmethode kann beispielsweise eingesetzt werden, um **normalverteilte Zufallszahlen** zu erzeugen. Hierbei können wir uns auf die

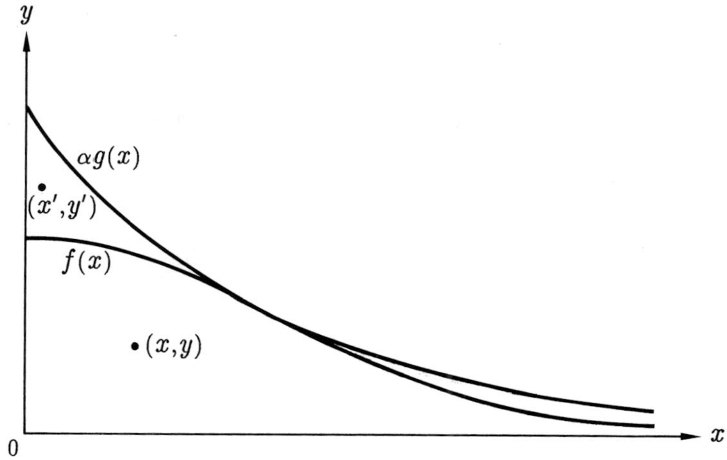

Abb. 5.4.9

Bestimmung positiver (0,1)-normalverteilter Zufallszahlen beschränken. Ihre Dichte

$$f(x) := \begin{cases} \dfrac{2}{\sqrt{2\pi}} e^{-\dfrac{x^2}{2}}, & \text{falls } x > 0 \\ 0, & \text{sonst} \end{cases}$$

ist in Abb. 5.4.9 skizziert. Mit Hilfe einer weiteren Folge (0,1)-gleichverteilter Zufallszahlen können diesen positiv (0,1)-normalverteilten Zufallszahlen zufällig (gleichverteilt) positive oder negative Vorzeichen zugeordnet werden. Aus den letzteren (0,1)-normalverteilten Zufallszahlen $z_1, z_2, z_3, \ldots$ erhält man dann durch die Rechenvorschrift

$$\text{(5.4.9)} \qquad \bar{z}_\nu := \sigma z_\nu + \mu \quad (\nu = 1, 2, \ldots)$$

(μ, σ)-normalverteilte Zufallszahlen.

Für die Erzeugung positiver (0,1)-normalverteilter Zufallszahlen mit Hilfe der Verwerfungsmethode ist es günstig, von exponentialverteilten Zufallszahlen mit dem Parameter $\lambda = 1$ auszugehen, die einfach zu generieren sind. Mit $g(x) = e^{-x}$ sowie $\alpha = 1,315$ gilt dann $f(x) \leq \alpha g(x)$, und zur Erzeugung einer positiv (0,1)-normalverteilten Zufallszahl sind im Mittel 2,63 (0,1)-gleichverteilte Zufallszahlen erforderlich (oder durchschnittlich 3,63 (0,1)-gleichverteilte Zufallszahlen für eine (0,1)-normalverteilte Zufallszahl).

(d) Erzeugen von Zufallszahlen für spezielle stetige Verteilungen

Zufallszahlen für häufig auftretende Verteilungen werden meist nicht mit Hilfe von Standardverfahren (wie z.B. der Inversions- oder der Verwerfungsmethode) erzeugt, sondern durch spezielle Algorithmen. Wir wollen exemplarisch einige dieser Vorgehensweisen für solche Verteilungen vorstellen, die im Operations Research eine große Rolle spielen.

Die besondere Bedeutung der **Normalverteilung** besteht in erster Linie darin, daß (anschaulich gesprochen) die Summe unabhängiger Zufallseinflüsse (in der Regel) näherungsweise normalverteilt ist. Präzisiert wird diese Aussage durch den zentralen Grenzwertsatz (vgl. etwa BAMBERG UND BAUR (1991), Abschnitt 10.2, oder KALBFLEISCH (1985a), Abschnitt 6.7), der für unabhängige (0,1)-gleichverteilte Zufallszahlen $U_1, \ldots, U_n$ besagt, daß die Verteilungsfunktion der (summierten) Zufallsvariablen $Z_n = (\sum_{i=1}^{n} U_i - n/2) / \sqrt{n/12}$ für $n \to \infty$ punktweise gegen die Verteilungsfunktion der (0,1)-Normalverteilung konvergiert. Hierbei ist die Summe der Zufallsvariablen U_i so normiert, daß Z_n den Erwartungswert 0 und die Standardabweichung 1 besitzt (die Standardabweichung von U_i beträgt $1/\sqrt{12}$). Für viele Anwendungen ist die Approximation der (0,1)-Normalverteilung ausreichend, wenn $n = 12$ gewählt wird. Aus zwölf (0,1)-gleichverteilten Zufallszahlen $u_{12\nu+1}, u_{12\nu+2}, \ldots, u_{12\nu+12}$ erhält man dann gemäß

$$z_{\nu+1} := \sum_{\kappa=1}^{12} u_{12\nu+\kappa} - 6 \quad (\nu = 0, 1, 2, \ldots)$$

jeweils eine (0,1)-normalverteilte Zufallszahl, die gegebenenfalls nach (5.4.9) in eine (μ, σ)-normalverteilte Zufallszahl zu transformieren ist.

Die bei Warteschlangenproblemen auftretende **Erlang-Verteilung** (vgl. Abschnitt 5.6.1) mit den Parametern $\lambda > 0$ und $n \in \mathbb{N}$ ergibt sich als die Wahrscheinlichkeitsverteilung der Summe Z_n von n unabhängigen, identisch mit dem Parameter λ exponentialverteilten Zufallsvariablen $X_1, \ldots, X_n$. Die Zufallsvariable $Z_n := X_1 + \ldots + X_n$ besitzt die Dichte

$$f(z) := \frac{\lambda^n z^{n-1} e^{-\lambda z}}{(n-1)!} \quad \text{für } z \geq 0 \,. \tag{5.4.10}$$

Eine einfache Methode zur Erzeugung derart verteilter Zufallszahlen z_ν geht also von exponentialverteilten Zufallszahlen $x_{n\nu+1}, x_{n\nu+2}, \ldots, x_{n\nu+n}$ aus, die wiederum aus (0,1)-gleichverteilten Zufallszahlen $u_{n\nu+1}, u_{n\nu+2}, \ldots, u_{n\nu+n}$ erzeugt werden können:

$$\left.\begin{aligned} z_{\nu+1} := \sum_{\kappa=1}^{n} x_{n\nu+\kappa} &= -\frac{1}{\lambda}\sum_{\kappa=1}^{n} \ln u_{n\nu+\kappa} \\ &= -\frac{1}{\lambda}\ln\left(\prod_{\kappa=1}^{n} u_{n\nu+\kappa}\right) \end{aligned}\right\} \quad (\nu = 0, 1, 2, \ldots)\ .$$

Für große Werte von n ist diese Methode allerdings nicht zu empfehlen. In diesem Fall ist die Verwerfungsmethode günstiger, da bei ihr die Zahl der jeweils benötigten (0,1)-gleichverteilten Zufallszahlen nicht von n abhängt. Die Verwerfungsmethode ist auch anwendbar, wenn der Parameter $n > 0$ nicht ganzzahlig ist und damit die sogenannte **Gammaverteilung** vorliegt (in (5.4.10) ist dann $(n-1)!$ durch die Gammafunktion $\Gamma(n) = \int_0^\infty x^{n-1}e^{-x}\,dx$ zu ersetzen).

Bei der Netzplantechnik-Methode PERT werden die Vorgangsdauern als betaverteilt angenommen (vgl. Abschnitt 2.10.4). Wie bereits erwähnt, führen die vereinfachenden Annahmen dieses Zeitplanungsverfahrens zu systematischen Fehlern. Werden genauere Ergebnisse benötigt, greift man meist auf die Simulation zurück. Für einen Simulationslauf wird für die Dauer jedes Vorgangs eine entsprechende betaverteilte Zufallszahl benötigt, und die damit simulierte Realisierung des zugrundeliegenden Projekts wird jeweils mit der Methode CPM ausgewertet. Neben der Verwerfungsmethode auf der Basis der Trapezverteilung eignet sich vor allem die folgende Transformation zur Erzeugung **betaverteilter Zufallszahlen** (vgl. KALBFLEISCH (1985a), Abschnitt 7.2). Wir wollen uns dabei auf Zufallszahlen aus dem Intervall (0,1) beschränken (Standardbetaverteilung). In Abhängigkeit von den Parametern $\alpha, \beta > 0$ gilt für die Dichte f der (α, β)-Standardbetaverteilung

$$f(x) := \frac{x^{\alpha-1}(1-x)^{\beta-1}}{\mathrm{B}(\alpha,\beta)} \qquad (0 < x < 1)$$

mit der durch

$$\mathrm{B}(\alpha,\beta) := \frac{\Gamma(\alpha)\Gamma(\beta)}{\Gamma(\alpha+\beta)} \qquad (\alpha, \beta > 0)$$

gegebenen Betafunktion (Γ bedeutet wieder die Gammafunktion). Sind X und Y unabhängige gammaverteilte Zufallsvariablen mit den Parametern $\lambda = 1$ und α bzw. $\lambda = 1$ und β, dann besitzt die Zufallsvariable

$$Z := \frac{X}{X+Y} \tag{5.4.11}$$

eine (α, β)-Standardbetaverteilung, und die Formel (5.4.11) kann unmittelbar zur Erzeugung von standardbetaverteilten Zufallszahlen aus gammaverteilten

Zufallszahlen verwendet werden. In Abhängigkeit von den Parameterwerten α und β (falls α und β beispielsweise ganzzahlig und klein sind) können auch effizientere Verfahren eingesetzt werden (vgl. BRATLEY ET AL. (1987), Abschnitt 5.3.10).

Ist eine Zufallsvariable X standardbetaverteilt, so erhält man eine auf dem Intervall (a, b) betaverteilte Zufallsvariable $\bar{X}$ durch die Transformation

$$\bar{X} = a + (b - a)X \; . \tag{5.4.12}$$

$\bar{X}$ besitzt die Dichte

$$\bar{f}(x) := \frac{(x-a)^{\alpha-1}(b-x)^{\beta-1}}{(b-a)^{\alpha+\beta-1}\mathrm{B}(\alpha,\beta)} \quad \text{für } x \in (a,b) \; .$$

Zufallszahlen mit dieser Dichte erhält man also entsprechend der Vorschrift (5.4.12) aus (α, β)-standardbetaverteilten Zufallszahlen.

Weitere Verfahren für die meisten stetigen Verteilungen findet man etwa in BRATLEY ET AL. (1987), Abschnitt 5.3, NEUMANN (1977), Abschnitt 14.3, und RIPLEY (1987), Kapitel 3.

5.4.3 Einsatz der Simulation

Wie bereits erwähnt, verursacht der Einsatz der Simulation meistens einen beträchtlichen Rechenaufwand, da zur Erzielung von zufriedenstellenden Ergebnissen eine Vielzahl von Simulationsläufen erforderlich ist. Zur Illustration dieses Sachverhalts soll im vorliegenden Abschnitt zunächst eine Simulationsstudie zu PERT-Netzplänen skizziert werden. Anschließend diskutieren wir den Einsatz varianzreduzierender Techniken zur Verringerung des großen Rechenaufwandes bei der Simulation. Für einen Erfolg gibt es hierbei allerdings keine Garantie, er hängt weitgehend von einer geschickten Auswahl und Anpassung der varianzreduzierenden Techniken an das gerade untersuchte Problem ab. Wir werden uns daher im vorliegenden Abschnitt auf die Erläuterung einiger prinzipieller Ansätze beschränken. Ein weiteres Hilfsmittel beim Einsatz der Simulation stellen die Simulationssprachen dar, auf die wir am Ende dieses Abschnittes noch kurz eingehen werden.

(a) Simulation von PERT-Netzplänen

Wir betrachten den PERT-Netzplan von Abb. 5.4.10, wobei die optimistischen (OD), „häufigsten“ (HD) und pessimistischen Dauern (PD) der Vorgänge mit betaverteilten Dauern an den betreffenden Pfeilen angegeben sind. Für die Parameter der Betaverteilung gilt $a = OD$, $b = PD$ und in unserem

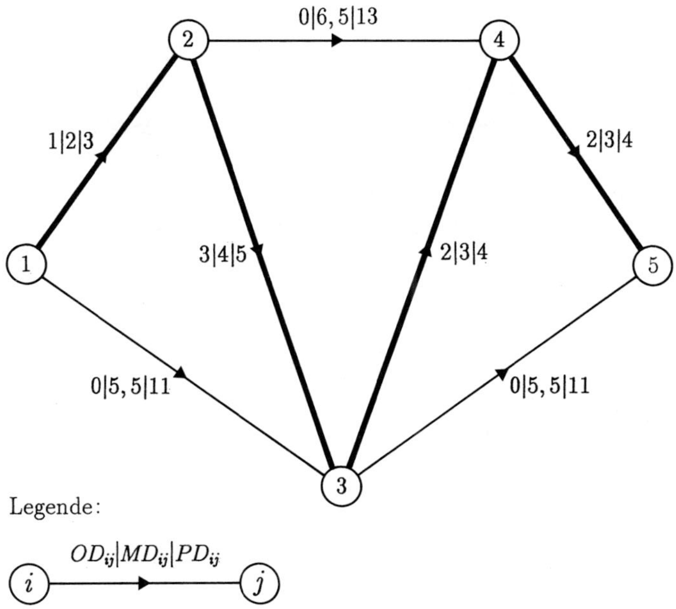

Abb. 5.4.10

Beispiel $\alpha = \beta = 3$. Für die erwartete Dauer MD eines jeden Vorgangs haben wir wegen $MD = (OD + 4HD + PD)/6$ (vgl. Abschnitt 2.10.4) und $HD = (OD + PD)/2$ die Beziehung $MD = HD$. Ein kritischer Weg ist nach PERT ein Weg von der Quelle zur Senke mit der größten erwarteten Weglänge. In unserem Beispiel ist dies der in Abb. 5.4.10 fett eingezeichnete Weg W mit der erwarteten Weglänge

$$\sum_{\langle i,j \rangle \text{ auf } W} MD_{ij} = \sum_{\langle i,j \rangle \text{ auf } W} HD_{ij} = 12 \; .$$

Nach PERT wird dann die kürzeste Projektdauer T als normalverteilt mit dem Erwartungswert $E(T) = 12$ und der Varianz

$$\operatorname{var} T = \sum_{\langle i,j \rangle \text{ auf } W} \frac{(PD_{ij} - OD_{ij})^2}{36} = \frac{4}{9}$$

(die sich als Summe der Varianzen der (unabhängigen) Dauern der Vorgänge auf W ergibt) angesehen.

Ein Simulationslauf für das Problem, die Verteilung der kürzesten Projektdauer T zu bestimmen, besteht in folgendem: Für jeden Vorgang ist entsprechend der vorgegebenen Verteilung eine realisierte Dauer zu erzeugen und anschließend die Netzplantechnik-Methode CPM auf die entsprechende Realisation des Netzplans zur Ermittlung der realisierten kürzesten Projektdauer anzuwenden. Die Ergebnisse von 1000 und von 25 000 Simulationsläufen sind in Abb. 5.4.11 in Form von Häufigkeitspolygonzügen dem entsprechenden Häufigkeitspolygonzug der $(12, \frac{2}{3})$-Normalverteilung (die man gemäß PERT erhält) gegenübergestellt. Dabei zeigt sich zum einen die ungenügende Genauigkeit der Methode PERT. Bei 25 000 Simulationsläufen ergibt sich $\bar{t} = 13,76$ als recht genauer Schätzwert für den Erwartungswert $E(T)$ der kürzesten Projektdauer T und $s^2 = 3,773$ als Schätzwert für die Varianz $\operatorname{var} T$. Gegenüber diesen Schätzwerten liegt der PERT-Schätzwert 12 von $E(T)$ um 13% und der PERT-Schätzwert $\frac{4}{9}$ der Varianz um 88% zu niedrig. Zum anderen wird aus Abb. 5.4.11 deutlich, daß bei 1000 Simulationsläufen noch

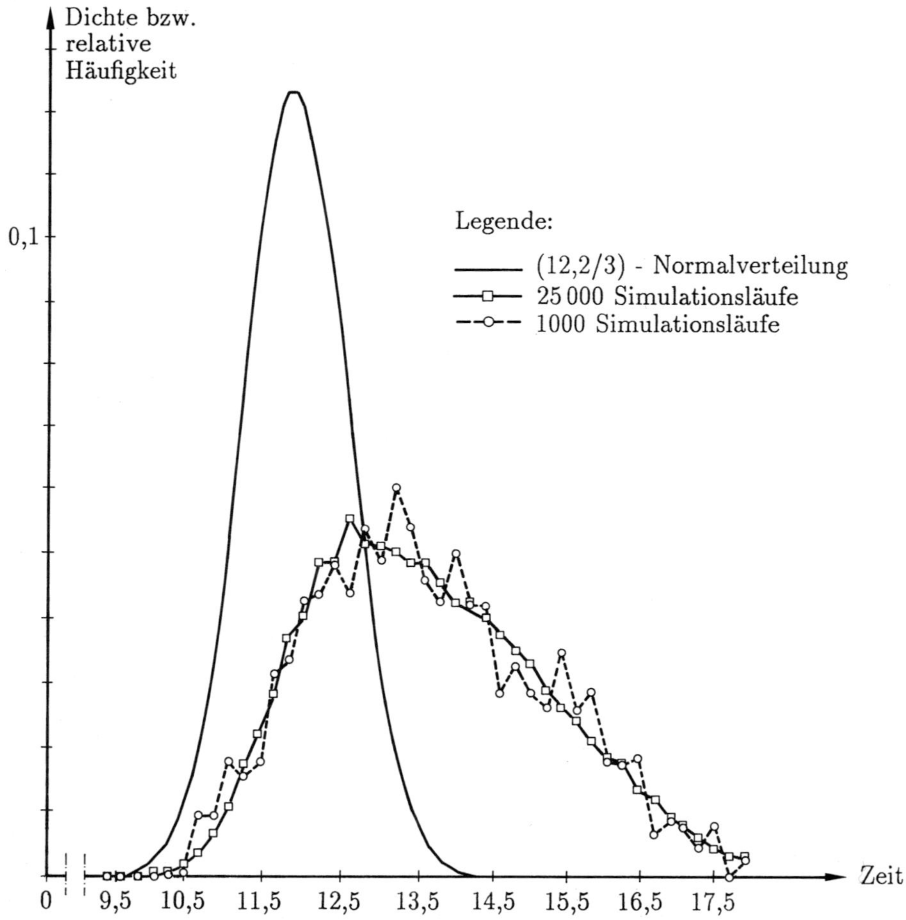

Abb. 5.4.11

merkliche statistische Schwankungen zu beobachten sind, die erst bei 25 000 Simulationsläufen einigermaßen ausgeglichen sind. Da in jedem Simulationslauf 7 betaverteilte Zufallszahlen benötigt werden, die wiederum aus jeweils mehreren (0,1)-gleichverteilten Zufallszahlen gewonnen werden, müssen für diese Simulationsstudie (für unseren sehr kleinen Netzplan) mehrere Millionen (0,1)-gleichverteilte Zufallszahlen generiert werden. Das Beispiel macht damit deutlich, daß für den praktischen Einsatz rechenzeitreduzierende Techniken erforderlich sind.

(b) Varianzreduzierende Methoden

Bei der Anwendung der Simulation in der Praxis tritt besonders häufig der Fall auf, daß Erwartungswerte von Outputvariablen zu schätzen sind. Für das Folgende greifen wir eine (von gegebenenfalls mehreren) Outputvariable X heraus. In Abhängigkeit der Zufallszahlen, die bei der Simulation als Input verwendet werden, variieren die Werte $x_1, x_2, \ldots, x_n$ des betrachteten Outputs X bei n Simulationsläufen. Die Güte oder „Genauigkeit" des Mittelwerts $\bar{x} = (1/n)\sum_{i=1}^{n} x_i$ als Schätzwert für den Erwartungswert $\mu := E(X)$ wird durch die Anzahl n der (Stichproben-)Werte $x_1, \ldots, x_n$ (den sogenannten Stichprobenumfang) und die Standardabweichung $\sigma := \sqrt{\operatorname{var} X}$ beurteilt, für die $s := \sqrt{\sum_{i=1}^{n}(x_i - \bar{x})^2/(n-1)}$ üblicherweise als Schätzwert verwendet wird. Interpretiert man $x_1, \ldots, x_n$ als Realisationen von unabhängigen, identisch verteilten Stichproblenvariablen $X_1, \ldots, X_n$ (mit der gleichen Verteilung wie X) und setzt $\bar{X} := (X_1 + \ldots + X_n)/n$, so gilt

$$(5.4.13)\qquad \begin{cases} E(\bar{X}) = E(X) = \mu \\ \operatorname{var} \bar{X} = n \operatorname{var} \dfrac{X}{n} = \dfrac{1}{n} \operatorname{var} X = \dfrac{\sigma^2}{n} \,. \end{cases}$$

In der Praxis ist n im allgemeinen genügend groß (etwa $n \geq 50$), so daß (aufgrund des zentralen Grenzwertsatzes und (5.4.13)) $\bar{X}$ als näherungsweise $(\mu, \sigma/\sqrt{n})$-normalverteilt angesehen werden kann. Dann gilt bekanntlich

$$(5.4.14)\qquad P\left(|\bar{X} - \mu| \leq \lambda_{1-\frac{\alpha}{2}} \frac{\sigma}{\sqrt{n}}\right) = 1 - \alpha \,,$$

wobei $\lambda_{1-\alpha/2}$ das (tabellierte) $(1-\alpha/2)$-Quantil der $(0,1)$-Normalverteilung ist, das durch die Beziehung $\Phi(\lambda_{1-\alpha/2}) = 1 - \alpha/2$ mit der Verteilungsfunktion Φ der $(0,1)$-Normalverteilung festgelegt ist (beispielsweise ist für $\alpha = 0{,}05$ $\lambda_{1-\alpha/2} = 1{,}96$). Aus (5.4.14) ersehen wir erstens, daß bei kleiner werdender Streuung $\operatorname{var} \bar{X} = \sigma^2/n$ die Genauigkeit des Schätzwertes $\bar{x}$ für $E(X) = \mu$ zunimmt, und zweitens, daß eine Verdoppelung der Genauigkeit von $\bar{x}$ (also eine Halbierung des absoluten Fehlers $|\bar{x} - \mu|$) eine Vervierfachung der Anzahl n der Simulationsläufe erfordert.

Eine weniger rechenaufwendige Reduzierung der Standardabweichung bzw. Varianz von $\bar{X}$ als durch entsprechende Vergrößerung von n kann bei vielen Problemen durch den Einsatz sogenannter **varianzreduzierender Methoden** erreicht werden. Sie gestatten es, bei gleicher Anzahl von Simulationsläufen ein qualitativ besseres Ergebnis zu erhalten oder aber die Zahl der Simulationsläufe zu verringern, die für die gewünschte Genauigkeit der Schätzung erforderlich ist. Im folgenden sollen einige varianzreduzierende Methoden kurz skizziert werden.

Eine der einfachsten Vorgehensweisen zur Reduktion der Varianz besteht darin, mit jeder (0,1)-gleichverteilten Zufallsvariablen U (Zufallszahlen $u_1, u_2, \ldots$), die zur Erzeugung des Inputs verwendet wird, auch die **„komplementäre" Zufallsvariable** $1 - U$ (**komplementäre Zufallszahlen** $1 - u_1, 1 - u_2, \ldots$) für den entsprechenden Zweck zu verwenden.

Betrachten wir als Beispiel die Schätzung des Erwartungswerts der Wartezeit an einer Bushaltestelle, an der man zwei Linien benutzen kann. Die Busse beider Linien verkehren unabhängig voneinander, und die Zeit bis zu ihrer Ankunft sei jeweils gleichverteilt zwischen 0 und 10 Minuten. Mit den (0,10)-gleichverteilten Zufallsvariablen S und $\tilde{S}$ des Inputs (aus (0,1)-gleichverteilten Zufallsvariablen U bzw. $\tilde{U}$) erhalten wir den Output

$$X := \min(S, \tilde{S})$$

mit den Werten $x_1, \ldots, x_n$ in n Simulationsläufen.

Für $n = 10, 100, 1000$ und $10\,000$ Simulationsläufe sind die Schätzwerte $\bar{x}$ für den Erwartungswert $E(X)$ der Dauer bis zur Ankunft des ersten Busses (in min = Minuten) in der linken Hälfte von Tab. 5.4.2 eingetragen, ferner die Varianz $\operatorname{var} \bar{X}$ und der Schätzwert $(1/n)s_X^2$ von $\operatorname{var} \bar{X}$ mit

	nur „unabhängige" Zufallszahlen			einschließlich komplementärer Zufallszahlen		
n	$\bar{x}$	$\operatorname{var} \bar{X}$	$(1/n)s_X^2$	$\bar{y}$	$\operatorname{var} \bar{Y}$	$(2/n)s_Y^2$
10	1,918	0,556	0,190	3,701	0,278	0,354
100	3,219	0,056	0,050	3,434	0,028	0,024
1000	3,271	0,006	0,005	3,311	0,003	0,002
10000	3,313	0,001	0,001	3,331	0,000	0,000
∞	3,333	0	0	3,333	0	0

Tab. 5.4.2

$s_X^2 = \sum_{i=1}^{n}(x_i - \bar{x})^2/(n-1)$ (jeweils in min^2). Dabei werden für die einzelnen Simulationsläufe jeweils „unabhängige" Zufallszahlen verwendet. Bei den Werten in der rechten Hälfte von Tab. 5.4.2 werden für $n/2$ Simulationsläufe dieselben Zufallszahlen wie zuvor verwendet, für die übrigen Simulationsläufe jedoch die zugehörigen komplementären Zufallszahlen. Hierbei wird nach jedem Simulationslauf mit unabhängigen Zufallszahlen ein Simulationslauf mit den zugehörigen komplementären Zufallszahlen durchgeführt. Für das i-te dieser $n/2$ „Simulationslaufpaare" sei y_i das arithmetische Mittel der Outputwerte der beiden einzelnen Simulationsläufe. Die Mittelwerte $y_1, y_2, \ldots, y_{n/2}$ werden als Realisationen eines (modifizierten) Outputs Y angesehen. Mit dem arithmetischen Mittel $\bar{y}$ dieser Werte erhalten wir einen neuen Schätzwert für $E(X)$ und entsprechend mit $(2/n)s_Y^2$ $(s_Y^2 = \sum_{i=1}^{n/2}(y_i - \bar{y})^2/(n/2-1))$ einen Schätzwert für $\operatorname{var}\bar{Y}$, wobei $\bar{Y}$ der Zufallsvariablen $\bar{X}$ entspricht. Tab. 5.4.2 zeigt, daß sich mit der Methode der komplementären Zufallszahlen in unserem Beispiel bereits bei wenigen Simulationsläufen wesentlich genauere Schätzungen des Erwartungswertes der Wartezeit ergeben.

Generell führt die Methode der komplementären Zufallszahlen zu einer Varianzreduzierung, wenn die Outputwerte monoton von den Inputwerten der (0,1)-gleichverteilten Zufallsvariablen abhängen. Nehmen wir der Einfachheit halber an, daß nur eine (0,1)-gleichverteilte Zufallsvariable als Input verwendet wird. Bezeichnen wir mit R und S die Outputvariablen, die zu den (0,1)-gleichverteilten Zufallsvariablen U und $1-U$ gehören, so sind R und S „negativ korreliert", d.h., die Kovarianz

$$\operatorname{cov}(R,S) := E[(R-E(R))(S-E(S))] = E(RS) - E(R)E(S)$$

(mit $E(R) = E(S)$) als Maß für die Korrelation von R und S ist negativ (im wesentlichen entsprechen also wachsende Realisationen von R fallenden Realisationen von S). Dies folgt aus der Monotonie von R bezüglich U und der negativen Korrelation zwischen U und $1-U$. Für das Mittel $Y := (R+S)/2$ von R und S gilt dann

$$\text{(5.4.15)} \qquad \begin{aligned} \operatorname{var} Y &= \frac{1}{4}\operatorname{var} R + \frac{1}{4}\operatorname{var} S + \frac{1}{2}\operatorname{cov}(R,S) \\ &= \frac{1}{2}\operatorname{var} R + \frac{1}{2}\operatorname{cov}(R,S)\,, \end{aligned}$$

da sowohl U als auch $1-U$ (0,1)-gleichverteilte Zufallsvariablen sind. Interpretiert man die aus den Inputzufallszahlen $u_1, u_2, \ldots$ und $1-u_1, 1-u_2, \ldots$ resultierenden Outputwerte $r_1, \ldots, r_{n/2}$ bzw. $s_1, \ldots, s_{n/2}$ bei insgesamt n Simulationsläufen (n geradzahlig) als Realisationen von unabhängigen, identisch verteilten Zufallsvariablen $R_1, \ldots, R_{n/2}$ bzw. $S_1, \ldots, S_{n/2}$ (mit der gleichen Verteilung wie R bzw. S) und setzt für $i = 1, \ldots, n/2$ $Y_i := (R_i + S_i)/2$, so gilt für $\bar{Y} := (2/n)\sum_{i=1}^{n/2} Y_i$ entsprechend (5.4.13) und (5.4.15)

$$\operatorname{var}\bar{Y} = \frac{n}{2}\operatorname{var}\frac{1}{n}(R+S) = \frac{1}{2n}\operatorname{var} R + \frac{1}{2n}\operatorname{var} S + \frac{1}{n}\operatorname{cov}(R,S)$$

$$= \frac{1}{n} \operatorname{var} R + \frac{1}{n} \operatorname{cov}(R, S) \ .$$

Im Vergleich zu n Simulationsläufen nur mit den Zufallszahlen $u_1, u_2, \ldots$ führt eine (durch komplementäre Zufallszahlen hervorgerufene) Korrelation zwischen R und S also zu einer Varianzreduzierung um $(1/n) \operatorname{cov}(R, S)$.

Bei der Anwendung der Methode der komplementären Zufallszahlen werden zu jedem Simulationslauf ein Lauf mit den jeweils komplementären Zufallszahlen durchgeführt und die Ergebnisse r_i bzw. s_i zu $y_i := (r_i + s_i)/2$ zusammengefaßt. Bei n Simulationsläufen (n geradzahlig) erhalten wir also den Schätzwert $\bar{y} = (2/n) \sum_{i=1}^{n/2} y_i$ des Erwartungswertes $E(Y)$ des (modifizierten) Outputs Y. Da die Varianz $\operatorname{var} \bar{Y}$ meist nicht bekannt ist, beurteilt man den Erfolg der Methode (und insbesondere die Varianzreduktion) an Hand des Schätzwertes $(2/n)s_Y^2$ von $\operatorname{var} \bar{Y}$ mit $s_Y^2 = \sum_{i=1}^{n/2} (y_i - \bar{y})^2/(n/2 - 1)$ (im Vergleich zum Schätzwert $(1/n)s_X^2$ mit $s_X^2 = \sum_{i=1}^{n} (x_i - \bar{x})^2/(n-1)$ von $\operatorname{var} \bar{X}$ bei n Simulationsläufen mit „unabhängigen" Zufallszahlen $x_1, \ldots, x_n$). Ist $(2/n)s_Y^2$ deutlich kleiner als $(1/n)s_X^2$, kann auf eine Varianzreduktion geschlossen werden.

Für das Beispiel 2 aus Abschnitt 5.4.1 (Wahl zwischen zwei Kassen in einem Supermarkt) lassen sich komplementäre Zufallszahlen ebenfalls mit Erfolg einsetzen, da der Output (Zeitdauer bis zum Ende der Bedienung) monoton vom Input (Bedienungs- und Zwischenankunftszeiten) abhängt. Verwenden wir für den 6. bis 10. Simulationslauf jeweils die komplementären Zufallszahlen $1 - u_i$, während im 1. bis 5. Lauf die Zufallszahlen u_i verwendet werden, so erhalten wir als Mittelwert des Outputs 21,39 bei der Entscheidung für Kasse 1 und 17,16 bei Kasse 2 sowie (empirische) Varianzen der Outputwerte von 47,86 bzw. 74,95. Der Vergleich mit den Werten von Tab. 5.4.1 (Mittelwert 22,55 an Kasse 1 und 22,52 an Kasse 2) und den Erwartungswerten 17,2 an Kasse 1 und 14,5 an Kasse 2 zeigt, daß durch den Einsatz komplementärer Zufallszahlen sowohl eine zutreffendere Schätzung als auch eine Varianzreduktion erreicht werden kann. Letzteres bedeutet, daß die neuen Schätzwerte eine größere „Konfidenz" (Glaubwürdigkeit) aufweisen. Ferner liegen zwar beide Schätzwerte noch zu hoch; es wird aber bereits deutlich, daß Kasse 2 vorzuziehen ist.

Der Einsatz komplementärer Zufallszahlen führt aber nicht bei jedem Simulationsproblem zu einer Varianzreduktion. Ein Beispiel hierfür ist die (Output-)Variable $R := 1/[(U - 0,5)^2 + 1]$, die nicht monoton von der (0,1)-gleichverteilten (Input-)Variablen U abhängt. Gelingt es jedoch, eine Funktion f zu finden mit der Eigenschaft, daß mit U auch $f(U)$ eine (0,1)-gleichverteilte Zufallsvariable ist und die mit dem Input U bzw. $f(U)$ verbundenen Outputvariablen R und S negativ korreliert sind, dann kann die Methode der komplementären Zufallsvariablen unmittelbar übertragen werden. Man spricht bei dieser Verallgemeinerung der Methode der komplementären Zufallszahlen von **antithetischen Zufallsvariablen** bzw. **antithetischen Zufallszahlen**. Für die Konstruktion von f gibt es keine „Patentrezepte“; aus Erfahrungen mit dem Verhalten des zu simulierenden Problems lassen sich jedoch oft Hinweise auf ein geeignetes f finden. Beispielsweise ist für die oben angeführte Variable $R = 1/[(U - 0{,}5)^2 + 1]$ die Funktion

$$f(u) := \begin{cases} 0,5 - u\,, & \text{falls } 0 < u < 0,5 \\ 1,5 - u\,, & \text{falls } 0,5 \leq u < 1 \end{cases}$$

geeignet.

Ebenfalls auf der Nutzung von Korrelationsbeziehungen beruht die varianzreduzierende Methode der **Kontrollvariablen**. Sie ist anwendbar, wenn (positive oder negative) Korrelationen zwischen dem Output R und im Simulationsmodell auftretenden (Test-)Größen bestehen, deren Erwartungswert und Varianz bekannt sind. Die letzteren Größen werden Kontrollvariablen genannt. Sei S eine solche Kontrollvariable. „Korrigiert“ man den Output R zu

$$X := R - a(S - E(S)) \quad (a \in \mathbb{R}) \,, \tag{5.4.16}$$

so gilt $E(X) = E(R)$ und

$$\operatorname{var} X = \operatorname{var} R + a^2 \operatorname{var} S - 2a \operatorname{cov}(R, S) \,. \tag{5.4.17}$$

Es kann gezeigt werden, daß für $a = a^* := \operatorname{cov}(R, S)/\operatorname{var} S$ die Varianz $\operatorname{var} X$ gemäß (5.4.17) minimal wird und für $\operatorname{cov}(R, S) \neq 0$ auch $\operatorname{var} X < \operatorname{var} R$ gilt. Die Korrektur des Outputs entsprechend (5.4.16) bedeutet u.a., daß Realisationen $s > E(S)$ von S bei positiver Korrelation von R und S eine „ungerechtfertigte“ Vergrößerung von R bewirken, die nachträglich zu korrigieren ist. Bei Warteschlangenproblemen sind beispielsweise Erwartungswert und Streuung der Zwischenankunftszeit Z der Kunden häufig bekannt. Damit kann Z als Kontrollvariable verwendet werden, da Z mit dem Output „Wartezeit“ negativ korreliert ist (bei wachsender Zwischenankunftszeit verringert sich die Wartezeit). Werden bei der Simulation zufälligerweise im Mittel „zu kleine“ Zwischenankunftszeiten benutzt, so sind die Wartezeiten im Mittel „zu groß“. Dieser Zusammenhang kann zur Verbesserung einer Schätzung mit Hilfe von (5.4.16) verwendet werden.

Eine weitere Methode, bei der die Struktur des betrachteten Problems zur Varianzreduktion genutzt wird, ist die sogenannte **geschichtete Simulation** (engl. Stratified Sampling). Sie läßt sich anwenden, wenn sich das Problem in Teilprobleme (Schichten) zerlegen läßt, die getrennt untersucht werden können und unterschiedlich stark zur Streuung des Outputs beitragen.

In diesem Fall führt man vergleichsweise viele Simulationsläufe für diejenigen Teilprobleme durch, bei denen die Streuung des Teilproblem-Outputs sich stärker auf die Streuung des Gesamtproblem-Outputs auswirkt. Die mit einer Erhöhung der Simulationsläufe verbundene Varianzreduktion bei solchen Teilproblemen wirkt sich dann überproportional auf die Verringerung der Varianz des Outputs des Problems selbst aus.

Mit Hilfe der Simulation sind häufig Entscheidungsprobleme zu lösen, bei denen eine beste aus einer endlichen Anzahl von Alternativen auszuwählen ist. Es ist einleuchtend, daß dazu die Alternativen unter möglichst gleichen „Rahmenbedingungen" miteinander verglichen werden sollten. Das bedeutet, daß jeweils Simulationsläufe durchgeführt werden, bei denen für alle Alternativen die gleichen Zufallszahlen zu verwenden sind (soweit dies möglich ist). Man spricht bei dieser Vorgehensweise von der Methode der **gemeinsamen Zufallszahlen**. Bezeichnet etwa $A_1, A_2, \ldots$ den zum Vergleich der Alternativen $1, 2, \ldots$ herangezogenen Output, so kann für die für diesen Vergleich verwendeten Differenzen $A_i - A_j$ eine Reduzierung der Varianz erwartet werden. Für diese und weitere varianzreduzierende Techniken verweisen wir vor allem auf Bratley et al. (1987), Kapitel 2 und 8, sowie auf Law und Kelton (1991), Kapitel 11.

(c) Simulationssprachen

Wie sowohl bei der Erzeugung von Zufallszahlen als auch bei der Darstellung varianzreduzierender Methoden zu erkennen gewesen ist, stellt die Simulation keine einheitliche Lösungskonzeption dar, sondern läßt sich als eine Ansammlung von Techniken charakterisieren, die angepaßt auf das jeweilige Problem geeignet kombiniert werden. Diese Techniken (oder Teile davon) lassen sich in jeder höheren Programmiersprache implementieren, vorzugsweise in Form einzelner Moduln, um die so geschaffenen Werkzeuge dann bequemer einsetzen zu können. Als Beispiele für derartige Planungshilfen seien insbesondere genannt:

(1) *Simulationsuhr* (zur Ausgabe des aktuellen Zeitpunkts, in dem das simulierte System sich gerade befindet)

(2) *Systemzustand* (Variablenliste, die den aktuellen Zustand des simulierten Systems beschreibt)

(3) *Bibliothek von Zufallsgeneratoren* (auf der Basis verschiedener Techniken)

(4) *Statistische Zähler* (zum Sammeln der statistischen Daten)

(5) *Report-Generatoren* (Auswertungsprogramme für das bei der Simulationsstudie angefallene Datenmaterial)

(6) *Steuerungsroutinen* (zur Organisation des Ablaufs sowohl eines Simulationslaufs als auch einer Simulationsstudie).

Der Einsatz solcher Programmbausteine zur Lösung von Simulationsproblemen in einer höheren Programmiersprache (wie etwa die in Law und Kelton (1991), Kapitel 2, dargestellte Unterprogrammbibliothek SIMLIB in FORTRAN), besitzt einerseits den Vorteil größerer Gestaltungsmöglichkeiten und Kontrolle, bringt aber andererseits einen höheren Aufwand mit sich. Häufig wird bei der Simulation auf speziell hierfür entwickelte Programmiersprachen, sogenannte **Simulationssprachen**, zurückgegriffen, die die oben genannten Planungshilfen enthalten oder zumindest ihre Implementation unterstützen. Auf zwei der bekanntesten Simulationssprachen wollen wir kurz eingehen und verweisen im übrigen auf eine vergleichende Übersicht in Law und Kelton (1991), Kapitel 3.

Die Simulationssprache **GPSS** (**G**eneral **P**urpose **S**imulating **S**ystem) ist eine einfache, leicht erlernbare Programmiersprache, die zur Modellierung ein Flußdiagramm verwendet, mit dem das zu bearbeitende Problem anschaulich strukturiert wird. GPSS ist vor allem für Warteschlangenprobleme konzipiert worden. Bei anderen Problemstellungen hat GPSS wegen seiner Einfachheit den Nachteil eingeschränkter Programmiermöglichkeiten. GPSS eignet sich vor allem für Probleme geringer bis mittlerer Größe oder für den Fall, daß ohne allzu große Anforderungen an die Genauigkeit der Resultate und ohne großen Aufwand eine Näherungslösung gesucht wird. Für IBM PC (oder hierzu kompatible Rechner) ist die spezielle Version GPSS/PC entwickelt worden.

SIMSCRIPT stellt eine sehr flexible Programmiersprache zur Modellierung und Lösung von Aufgaben mit Hilfe der Simulation dar, ohne auf einen bestimmten Problemtyp ausgerichtet zu sein. SIMSCRIPT enthält Elemente von FORTRAN, ALGOL sowie PL/I und lehnt sich in der Syntax an die englische Sprache an, was zu einer guten Programmverständlichkeit beiträgt. SIMCSRIPT erstellt eine selbsterklärende Dokumentation. Ferner existiert eine ganze Reihe von unterstützenden Softwarepaketen etwa zur graphischen Aufbereitung des Outputs oder der Animation der Simulation. SIMSCRIPT wird insbesondere für große komplexe Modelle verwendet.

5.5 Entscheidungstheorie

5.5.1 Gliederung der Entscheidungstheorie

Im einführenden Abschnitt 0.1 dieses Buches haben wir Operations Research als die Suche nach einer bestmöglichen (optimalen) Entscheidung unter der Berücksichtigung von Nebenbedingungen charakterisiert. Diese Entscheidung wird dabei so getroffen, daß eine Zielfunktion ihren minimalen oder maximalen Wert annimmt (lediglich in Abschnitt 1.7.1 haben wir den Fall betrachtet, daß mehrere Zielfunktionen gleichzeitig zu berücksichtigen sind, wobei zur Lösung von Zielkonflikten verschiedene Lösungsansätze existieren, die zu unterschiedlichen Resultaten führen können). Bei deterministischen Aufgabenstellungen beschreibt die Zielfunktion den mit einer Entscheidung verbundenen Output (z.B. Kosten eines Produktionsprozesses, Länge eines Weges, Stärke eines Flusses oder die Abweichung vom mittleren Einsatzmittelbedarf eines Projekts) bzw. bei stochastischen Problemen den Erwartungswert des zufallsbedingt schwankenden Outputs (z.B. den Erwartungswert des Gewinns eines Spielers, der Länge einer Warteschlange oder der Höhe eines Lagerbestands).

Insbesondere beim Auftreten von Zufallseinflüssen wird das menschliche Entscheidungsverhalten jedoch häufig durch komplexere Mechanismen bestimmt. Denken wir beispielsweise an die Millionen von Menschen, die wöchentlich Toto oder Lotto spielen, obwohl ihre Gewinnerwartung nur etwa die Hälfte ihres Einsatzes beträgt. Vergleichbare Situationen trifft man im Bereich der Versicherungen an. Ausreichend kalkulierte Prämien müssen (bedingt durch Kosten-, Sicherheits- und Gewinnzuschläge) höher sein als der Erwartungswert des versicherten Schadens. Obwohl in beiden Fällen der Erwartungswert der Differenz aus Leistung (des Unternehmens) und Gegenleistung (Zahlung des Kunden) negativ ist, lassen sich für den Entscheidungsträger (Kunden) als vernünftige Begründung seiner Entscheidung (Geld für das Lotto- oder Totospiel bzw. für einen Versicherungsvertrag auszugeben) etwa die Überbewertung eines größeren Gewinns bzw. die Abwälzung einer existenzbedrohenden Gefahr anführen.

Mit der logischen und empirischen Analyse des rationalen Entscheidungsverhaltens in unterschiedlichen Situationen oder Zuständen beschäftigt sich die Entscheidungstheorie. Als Entscheidung wird dabei die Auswahl einer Handlungsalternative aus einer Menge von möglichen Alternativen verstanden. Die Entscheidungstheorie läßt sich unterteilen in die **formale Entscheidungstheorie**, die sich mit der formalen Beschreibung sowohl des Entscheidungsproblems als auch der logischen Abhängigkeiten seiner Bestandteile beschäftigt, die **normative Entscheidungstheorie**, die Postulate formuliert, wie man sich rational verhalten soll, die **deskriptive Entscheidungstheorie**, die untersucht, wie Entscheidungen tatsächlich getroffen werden, und die **präskriptive Entscheidungstheorie**, die eine Synthese aus den zuvor genannten Richtungen vornimmt und Verfahren bereitstellt, mit deren Hilfe rationale und praktikable Entscheidungen gefällt werden können (vgl. Schneeweiss (1991), Abschnitt 3.1). Im folgenden beschränken wir uns auf die Darstellung der Grundzüge der präskriptiven Entscheidungstheorie, wobei wir der Einfachheit halber nur endlich viele Zustände und Handlungsalternativen, sogenannte **Aktionen**, berücksichtigen und einige Entscheidungsmechanismen für den Fall nichtdeterministischer Probleme erläutern. Für eine detailliertere Behandlung der Entscheidungstheorie verweisen wir auf BAMBERG UND COENENBERG (1989) und LAUX (1991).

Wir gehen aus von einem **Zustandsbereich** oder **Zustandsraum** $X = \{x_1, \ldots, x_m\}$ mit m möglichen Zuständen und einem **Aktionenraum** $A = \{a_1, \ldots, a_n\}$ mit n Aktionen (Handlungsalternativen). In jedem Zustand x_i sei jede der Aktionen a_j anwendbar und führe zu dem **Ergebnis** $e_{ij} \in \mathbb{R}$ $(i = 1, \ldots, m; j = 1, \ldots, n)$, das wieder als Kosten oder Gewinn interpretiert werden kann. Diese Ergebnisse fassen wir in Form einer **Ergebnismatrix** $\boldsymbol{E}$ zusammen.

Hinsichtlich des Zustandsraumes sind drei Fälle zu unterscheiden:

(a) **Sicherheit**, d.h., bei Wahl einer Aktion ist der Zustand bekannt, für den diese Aktion passend gewählt wird, und damit auch das resultierende Ergebnis. Dies entspricht beispielsweise in der Spieltheorie (vgl. Abschnitt 1.8) dem Fall, daß die vom Spieler 2 in einem Matrixspiel gewählte reine Strategie (Zustand der Spielsituation) bekannt ist und hierzu passend eine geeignete Strategie des Spielers 1 (Aktion) festzulegen ist.

(b) **Risiko**, d.h., bei der Entscheidung für eine der Aktionen a_j ist lediglich bekannt, mit welcher Wahrscheinlichkeit jeder der Zustände x_i eintritt $(i = 1, \ldots, m)$, die das Ergebnis ebenfalls beeinflussen. Dieses Ergebnis ist damit ebenso wie der Zustand eine Zufallsgröße. Bei den oben erwähnten Matrixspielen bedeutet dies, daß Spieler 2 eine gemischte Strategie mit bekannter Wahrscheinlichkeitsverteilung über seiner Strategienmenge verwendet. Als weiteres Beispiel betrachten wir eine Versicherungssituation, in der man sich für unterschiedliche Versicherungsverträge (Aktionen) entscheiden kann. Je nach Vertragsart fallen für den Versicherungsnehmer verschiedene Kosten (Zustände) an, die mit gewissen bekannten Wahrscheinlichkeiten auftreten.

(c) **Ungewißheit**, d.h., zum Zeitpunkt der Entscheidung ist weder bekannt, welcher Zustand eintritt, noch können Wahrscheinlichkeiten hierfür angegeben werden.

Der Fall (a) der Sicherheit läßt sich als Speziallfall der Entscheidung bei Risiko auffassen, indem man den mit Sicherheit eintretenden Zuständen die Wahrscheinlichkeit 1 zuweist. Wir werden deshalb im folgenden den Fall der Sicherheit nicht extra betrachten. In der Literatur zur Entscheidungstheorie werden stattdessen für die Entscheidungsfindung bei Sicherheit häufig mehrere Zielfunktionen herangezogen (vgl. etwa SCHNEEWEISS (1991), Kapitel 4), wobei u.a. Methoden der Vektoroptimierung (vgl. Abschnitt 1.7) Verwendung finden.

5.5.2 Präferenzrelationen

Die Entscheidung für eine Aktion auf der Grundlage der Ergebnismatrix erfolgt dadurch, daß der Entscheidungsträger die möglichen Ergebnisse e_{ij} $(i = 1, \ldots, m)$ für jede der Aktionen a_j $(j = 1, \ldots, n)$ prüft und eine Aktion auswählt, deren Ergebnisse seinen Zielvorstellungen am besten entsprechen. Er vergleicht und ordnet die Aktionen also nach seinen Präferenzen. Die Beziehung oder Relation, die dadurch zwischen den einzelnen Aktionen hergestellt wird, bezeichnet man als **Präferenzrelation** $\precsim$. Die Schreibweise „$a_j \precsim a_k$" bedeutet dabei, daß (bei einem Minimierungsproblem) die Aktion a_j der Aktion a_k vorgezogen wird (man schreibt hierfür „$a_j \prec a_k$"), oder daß a_j und a_k als gleichwertig angesehen werden (für den letzteren Fall der Indifferenz schreibt man „$a_j \sim a_k$"). Die Präferenzrelation $\precsim$ genüge folgenden Axiomen:

(a) **Reflexivität**: Es gilt $a_j \precsim a_j$ für alle $a_j \in A$.

(b) **Transivität**: Aus $a_j \precsim a_k$ und $a_k \precsim a_l$ folgt $a_j \precsim a_l$ für beliebige $a_j, a_k, a_l \in A$.

(c) **Vollständigkeit**: Für beliebige $a_j, a_k \in A$ mit $a_j \neq a_k$ gilt $a_j \precsim a_k$ oder $a_k \precsim a_j$.

Die Axiome (a), (b) und (c) besagen, daß die Präferenzrelation eine vollständige Halbordnung darstellt (manchmal auch schwache Ordnung genannt), und man spricht deshalb auch von einer **Präferenzordnung**. Aus ihr lassen sich die bereits erwähnten Relationen „$\prec$" und „$\sim$" ableiten:

$$(5.5.1) \quad \begin{cases} a_j \prec a_k & \text{genau dann, wenn } a_j \precsim a_k \text{ und nicht } a_k \precsim a_j \text{ gilt.} \\ a_j \sim a_k & \text{genau dann, wenn } a_j \precsim a_k \text{ und } a_k \precsim a_j \text{ gilt.} \end{cases}$$

Die so definierten Relationen „$\prec$" und „$\sim$" heißen starke Präferenzrelation bzw. Indifferenzrelation und werden alternativ zur Präferenzordnung „$\precsim$" verwendet.

Zu jeder Präferenzordnung existiert eine Bewertungsfunktion $F : A \to \mathbb{R}$, die den mit einer Aktion a_j verbundenen Spaltenvektor $(e_{1j}, \ldots, e_{mj})^T$ der Ergebnismatrix $\boldsymbol{E}$ durch eine reelle Zahl bewertet. Für je zwei Aktionen $a_j, a_k \in A$ gelte

$$a_j \precsim a_k \quad \text{genau dann, wenn } F(a_j) \leq F(a_k).$$

Mit (5.5.1) folgt hieraus, daß $a_j \prec a_k$ (bzw. $a_j \sim a_k$) genau dann gilt, wenn $F(a_j) < F(a_k)$ (bzw. $F(a_j) = F(a_k)$) ist. Damit entspricht das Entscheidungsproblem, eine bestmögliche Aktion (**optimale Aktion**) a^* zu bestimmen, der

Optimierungsaufgabe

$$(5.5.2) \qquad \begin{cases} \text{Min.} \quad F(a) \\ \text{u.d.N.}\ a \in A\ . \end{cases}$$

Die Entscheidungstheorie beschäftigt sich nicht in erster Linie damit, für die Minimierungsaufgabe (5.5.2) effiziente Lösungsverfahren zu finden. Sie will vielmehr dem Entscheidungsträger eine Auswahl vernünftiger Präferenzrelationen und damit auch Bewertungsfunktionen zur Verfügung stellen, mit denen sich rationale Verhaltensweisen beschreiben und zur Lösung von Entscheidungsproblemen einsetzen lassen. Wir betrachten hierzu als Zahlenbeispiel die in Tab. 5.5.1 angegebene Ergebnismatrix für 5 Aktionen und 3 Zustände, die jeweils mit der Wahrscheinlichkeit $\frac{1}{3}$ eintreten.

	Eintritts-	Aktion				
Zustand	wahrscheinlichkeit	a_1	a_2	a_3	a_4	a_5
x_1	$p_1 = \frac{1}{3}$	0	30	60	−60	−90
x_2	$p_2 = \frac{1}{3}$	30	30	60	0	0
x_3	$p_3 = \frac{1}{3}$	30	30	60	120	240

Tab. 5.5.1

Bei der Entscheidung für eine Aktion mit möglichst kleinen Ergebniswerten ist unmittelbar plausibel, daß die Präferenzen $a_1 \precsim a_2 \precsim a_3$ gelten müssen. Diese Präferenzen folgen aus dem sogenannten **Dominanzprinzip**, das von jeder „vernünftigen" Präferenzrelation erfüllt sein muß. Es besagt, daß $a_j \precsim a_k$ gilt, wenn der zu a_j gehörende Spaltenvektor $(e_{1j}, \ldots, e_{mj})^T$ der Ergebnismatrix $\boldsymbol{E}$ komponentenweise kleiner oder gleich dem Vektor $(e_{1k}, \ldots, e_{mk})^T$ ist, der zu a_k gehört. Ein entsprechendes Dominanzprinzip wird in der Spieltheorie zur Aussonderung von dominierten Strategien eingesetzt (vgl. Abschnitt 1.8.6). In der Entscheidungstheorie gilt ebenfalls, daß eine Aktion a_k mit $a_j \precsim a_k$ bei der Optimierung unberücksichtigt bleiben kann. Wir bemerken noch, daß man in der Literatur der Entscheidungstheorie im Unterschied zur Spieltheorie in der Regel sagt, eine Aktion a_j dominiere eine Aktion a_k, wenn für alle $i = 1, \ldots, m$ $e_{ij} \leq e_{ik}$ und für mindestens ein $i \in \{1, \ldots, m\}$ $e_{ij} < e_{ik}$ gilt (vgl. Bamberg und Coenenberg (1989), Abschnitt 2.4, und Laux (1991), Abschnitt V.1).

Wie das Beispiel von Tab. 5.5.1 zeigt, ist das Dominanzprinzip allein nicht ausreichend, um eine Präferenzordnung festzulegen. Beim Vergleich der Aktionen a_1 und a_4 sind unterschiedliche Präferenzen möglich. Risikofreude beim Entscheidungsträger (mit etwas „Glück" erhält man das Ergebnis −60) führt auf $a_4 \precsim a_1$, bei Risikoaversion (falls man „Pech" hat, tritt das Ergebnis 120 ein) erhält man $a_1 \precsim a_4$, und bei Risikoneutralität (Orientierung am Erwartungswert) haben wir sowohl $a_1 \precsim a_4$ als auch $a_4 \precsim a_1$ und damit $a_1 \sim a_4$. Analoge Präferenzbeziehungen lassen sich zwischen a_4 und a_5 angeben, wobei im Fall der Risikoneutralität aber $a_4 \prec a_5$ gilt.

5.5.3 Entscheidungsregeln

Für unterschiedliche Arten der Risikobereitschaft für Entscheidungen bei Risiko und bei Ungewißheit wollen wir einige Entscheidungsregeln einschließlich der zugehörigen Bewertungsfunktionen angeben.

(1) Minimax-Regel (oder **Wald-Regel**)

$$\text{Es gelte } a_j \precsim a_k \text{ genau dann, wenn } \max_{i=1,\dots,m} e_{ij} \leq \max_{i=1,\dots,m} e_{ik} \text{ ist.}$$

Eine Aktion a_{j^*} ist also optimal, wenn gilt

$$F(a_{j^*}) = \min_{j=1,\dots,n} F(a_j) \quad \text{mit } F(a_j) := \max_{i=1,\dots,m} e_{ij} \ .$$

Diese „pessimistische" Regel orientiert sich an dem schlechtest möglichen Ergebnis, das bei einer Aktion a_j auftreten kann. Sie entspricht der Auswahl einer optimalen reinen Strategie in der Spieltheorie (vgl. Abschnitt 1.8.2) und ist etwa dann gerechtfertigt, wenn man annimmt, daß ein Konkurrent die Eintrittswahrscheinlichkeiten der Zustände beeinflussen kann (bei Matrixspielen beispielweise dadurch, daß der Gegenspieler als Konkurrent seine Strategien geeignet einsetzt).

Bei einer Orientierung an dem jeweils günstigsten Ergebnis erhält man entsprechend die sogenannte **Minimin-Regel** mit

$$F(a_j) := \min_{i=1,\dots,m} e_{ij} \ .$$

Sowohl die Minimax- als auch die Minimin-Regel haben den Nachteil, daß möglicherweise bekannte Eintrittswahrscheinlichkeiten von Zuständen nicht berücksichtigt werden. Sie kommen damit vor allem im Fall der Ungewißheit zum Einsatz.

Einen Kompromiß zwischen den beiden extremen Regeln „Minimax" und „Minimin" stellt die **Hurwicz-Regel** dar mit der Bewertungsfunktion

$$F(a_j) := (1 - \lambda) \max_{i=1,\dots,m} e_{ij} + \lambda \min_{i=1,\dots,m} e_{ij}$$

und dem „Optimismusparameter" $\lambda \in [0, 1]$.

Für das Zahlenbeispiel aus Tab. 5.5.1 erhalten wir mit der Minimax-Regel a_1 und mit der Minimin-Regel a_5 als optimale Aktion, während die Aktion a_4 bei Anwendung der Hurwicz-Regel mit $\lambda = \frac{3}{4}$ optimal ist.

(2) Savage-Niehans-Regel

Es gelte $a_j \precsim a_k$ genau dann, wenn

$$\max_{i=1,\ldots,m}(e_{ij} - \min_{l=1,\ldots,n} e_{il}) \leq \max_{i=1,\ldots,m}(e_{ik} - \min_{l=1,\ldots,n} e_{il}) \text{ ist.}$$

Eine Aktion a_{j^*} ist also optimal, wenn gilt

$$F(a_{j^*}) = \min_{j=1,\ldots,n} F(a_j) \quad \text{mit } F(a_j) := \max_{i=1,\ldots,m}(e_{ij} - \min_{l=1,\ldots,n} e_{il}) \,.$$

Diese etwas kompliziert aussehende Präferenzrelation, die ebenfalls vor allem bei Ungewißheit eingesetzt wird, bezeichnet man auch als **Regel des kleinsten Bedauerns**. Wenn nach der Wahl von a_j der Zustand x_i eintritt, so stellt $e_{ij} - \min_{l=1,\ldots,n} e_{il}$ die Abweichung des Ergebnisses bei der Aktion a_j gegenüber dem Ergebnis bei der in diesem Fall optimalen Aktion a_{l^*} mit $e_{il^*} = \min_{l=1,\ldots,n} e_{il}$ dar. Die Differenz $e_{ij} - \min_{l=1,\ldots,n} e_{il}$ kann als „psychologisches Maß" für das Bedauern oder den Ärger darüber aufgefaßt werden, den optimalen Wert e_{il^*} verfehlt zu haben. Da jeder Zustand eintreten kann, ist diese Überlegung für alle x_i $(i = 1, \ldots, m)$ anzustellen. Das maximal mögliche Bedauern (das bei dem „ungünstigsten" x_i eintritt) wird bei Anwendung dieser Regel minimal. Die Savage-Niehans-Regel berücksichtigt also, daß psychologische Faktoren wie „Vermeidung von Ärger und extremen Lösungen" bei menschlichen Entscheidungen eine große Rolle spielen können. Bei der Mehrzieloptimierung (vgl. Abschnitt 1.7) kennt man ein ähnliches Zielkriterium: Zunächst werden die optimalen Zielfunktionswerte der einzelnen Zielfunktionen berechnet, und anschließend wird diejenige (zulässige) Lösung gesucht, die den maximalen Abstand zu den optimalen Zielfunktionswerten so klein wie möglich macht.

In dem Beispiel von Tab. 5.5.1 erhalten wir bei Anwendung der Savage-Niehans-Regel für die (nicht dominierten) Aktionen a_1, a_4 und a_5 $F(a_1) = 30$, $F(a_4) = 180$, $F(a_5) = 330$ und damit a_1 als optimale Aktion (bei der also das kleinste Bedauern im Fall eines ungünstigen Zustands zu „befürchten" ist, d.h., die Spanne zwischen dem günstigsten und dem ungünstigsten Ergebnis ist hierbei am kleinsten).

(3) Bayes-Regel

$$\text{Es gelte } a_j \precsim a_k \text{ genau dann, wenn } \sum_{i=1}^{m} e_{ij} p_i \leq \sum_{i=1}^{m} e_{ik} p_i \text{ ist,}$$

wobei p_i die Wahrscheinlichkeit des Eintretens von Zustand x_i sei. Eine Aktion a_{j^*} ist also optimal, wenn gilt

$$F(a_{j^*}) = \min_{j=1,\ldots,n} F(a_j) \quad \text{mit } F(a_j) := \sum_{i=1}^{m} e_{ij} p_i \ .$$

$F(a_j)$ stellt folglich den Erwartungswert des Ergebnisses bei Wahl der Aktion a_j dar. Dieses klassische Entscheidungsprinzip für Risikosituationen, auch als **Erwartungswertprinzip** bezeichnet, wird z.B. in der Spieltheorie (vgl. Abschnitt 1.8), der stochastischen Lagerhaltung (vgl. Abschnitt 5.2) und bei Warteschlangen (vgl. Abschnitt 5.3) eingesetzt. Das Erwartungswertprinzip ist bei stochastischen Optimierungsproblemen und auch in der Entscheidungstheorie nicht auf den Fall endlicher Zustands- und Aktionenräume beschränkt, wie wir eingangs der Einfachheit halber angenommen haben. In unserem Zahlenbeispiel von Tab. 5.5.1 liefert die Bayes-Regel a_1 als optimale Aktion mit dem erwarteten Ergebnis 20.

Die Bayes-Regel, auch **μ-Regel** genannt (da μ häufig für den Erwartungswert einer Zufallsvariablen steht), kann erweitert werden zur **(μ, σ)-Regel**, indem die Bewertungsfunktion F neben dem Erwartungswert des Ergebnisses bei einer Aktion a auch deren Standardabweichung σ berücksichtigt. Ist F monoton wachsend bezüglich σ, so entspricht dies einer risikoaversen Präferenz, während eine bezüglich σ monoton fallende Bewertungsfunktion Risikofreude ausdrückt.

In der Literatur der Entscheidungstheorie werden die Ergebnisse e_{ij} üblicherweise als Gewinne und nicht als Kosten interpretiert. An die Stelle der obigen Minimierung der Bewertungsfunktion F tritt in diesem Fall die Maximierung. Eine weitere Möglichkeit, Risikoaversion oder -freude zu modellieren, besteht dann darin, auf der Menge der Ergebnisse eine streng monoton wachsende **Nutzenfunktion** u einzuführen, die den „Nutzen" der auftretenden Ergebnisse für den Entscheidungsträger bewertet. Verwendet man bei der Bayes-Regel die Nutzenwerte $u_{ij} := u(e_{ij}) \in \mathbb{R}$ $(i = 1, \ldots, m; j = 1, \ldots, n)$ an Stelle der Ergebnisse e_{ij}, so erhält man das sogenannte **Bernoulli-Prinzip**. Im Fall der Risikoaversion (Risikofreude) wählt man u als eine konkave (konvexe) und streng monoton wachsende Funktion. Dies bedeutet bei Maximierungsproblemen, daß bei Risikoaversion (Risikofreude) größere Gewinne unterproportional (überproportional) gewertet werden. Interpretiert man negative Ergebnisse als Schäden, so haben bei Risikoaversion (Risikofreude) größere Schäden eine überproportionale (unterproportionale) Bedeutung.

5.6 Ergänzungen

Im folgenden wollen wir einige Ergänzungen zu Abschnitt 5.3 über Warteschlangen bringen. In Abschnitt 5.3 haben wir uns fast ausschließlich mit den Wartesystemen $M|M|1$ und $M|M|s$ beschäftigt. Deshalb wollen wir zu Wartesystemen mit nicht notwendig exponentialverteilten Zwischenankunfts- und Bedienungszeiten und einem Schalter in Abschnitt 5.6.1 einige Bemerkungen machen.

In Abschnitt 5.3.1 haben wir den Zusammenhang zwischen Warteschlangen- und Schedulingproblemen erwähnt. In den folgenden Abschnitten 5.6.2 und 5.6.3 wollen wir die Parallelen zwischen diesen beiden Problemkreisen etwas genauer betrachten, wobei wir insbesondere auf einige einfache stochastische Schedulingprobleme und auf von der Warteschlangendisziplin „first come first served“ abweichende Auswahlordnungen eingehen.

5.6.1 Wartesysteme mit nicht exponentialverteilten Zwischenankunfts- und Bedienungszeiten

Für exponentialverteilte Zwischenankunftszeit Z und Bedienungszeit S (und für einen Schalter) stellt der stochastische Prozeß $\{\mathcal{L}(t)|t \geq 0\}$, wobei $\mathcal{L}(t)$ die Anzahl der Kunden im Wartesystem zur Zeit t ist, einen Markowschen Prozeß dar, und die Wahrscheinlichkeiten $p_j(t) = P(\mathcal{L}(t)) = j)$, $j = 0, 1, 2, \ldots$, genügen einem homogenen Differentialgleichungssystem (s. Abschnitte 5.3.2 und 5.3.3). Im Gleichgewichtsfall genügen die entsprechenden stationären Wahrscheinlichkeiten $\pi_j = \lim_{t\to\infty} p_j(t)$ einem linearen Gleichungssystem, das sich leicht sukzessiv lösen läßt.

Sind Zwischenankunftszeit oder Bedienungszeit nicht mehr exponentialverteilt, so ist $\{\mathcal{L}(t)|t \geq 0\}$ kein Markowscher Prozeß, und die Verteilung von $\mathcal{L}(t)$ bzw. von $\mathcal{L}$ im Gleichgewichtsfall läßt sich nicht mehr in der obigen einfachen Weise ermitteln. Insbesondere die Voraussetzung, daß die Bedienungszeit (näherungsweise) exponentialverteilt ist, ist aber in der Praxis häufig nicht erfüllt, wie bereits in Abschnitt 5.3.7 erwähnt. Die „Gedächtnislosigkeit“ der Exponentialverteilung besagt bekanntlich, daß die „restliche Bedienungszeit“ eines Kunden, gerechnet ab irgendeinem Zeitpunkt während der Bedienung, die gleiche Verteilung wie die gesamte Bedienungszeit besitzt, was in der Praxis relativ selten zutrifft.

Eine Wahrscheinlichkeitsverteilung, die einerseits mit der Exponentialverteilung in engem Zusammenhang steht und andererseits durch geeignete Wahl von zwei Parametern eine empirische Verteilung der Zwischenankunfts- oder Bedienungszeit oft sehr gut approximiert, ist die bereits in Abschnitt 5.4.2

erwähnte **Erlang-Verteilung** mit der Dichte

$$f(t) = \begin{cases} \dfrac{(k\nu)^k t^{k-1} e^{-k\nu t}}{(k-1)!}, & \text{falls } t \geq 0 \\ 0, & \text{falls } t < 0 \end{cases}$$

und den Parametern $\nu > 0$ und $k \in \mathbb{N}$ (in Abschnitt 5.4.2 haben wir die Parameter $\lambda = k\nu$ und $n = k$ verwendet). Der Erwartungswert für die Erlang-Verteilung ist $1/\nu$. Für $k = 1$ ergibt sich die Exponentialverteilung mit dem Parameter ν, während für $k \to \infty$ die Erlang-Verteilung in die „ausgeartete Verteilung“ der deterministischen Größe $1/\nu$ übergeht. Eine mit den Parametern ν und k Erlang-verteilte Zufallsgröße läßt sich als Summe von k unabhängigen, jeweils mit dem Parameter $k\nu$ exponentialverteilten Zufallsgrößen darstellen.

Wegen der letzteren Eigenschaft der Erlang-Verteilung können wir uns beim **Wartesystem $M|E_k|1$**, wobei die Bedienungszeit S mit den Parametern μ und k Erlang-verteilt (und die Zwischenankunftszeit mit dem Parameter λ exponentialverteilt) ist, den Schalter durch k fiktive, hintereinander geschaltete, unabhängig voneinander operierende Bedienungsstufen ersetzt denken, deren Bedienungszeit jeweils mit dem Parameter $k\mu$ exponentialverteilt ist. Dabei werde ein Kunde erst dann an der ersten fiktiven Schalterstufe bedient, wenn der vorhergehende Kunde die letzte fiktive Schalterstufe verlassen hat. Den Zustand dieses Wartesystems charakterisieren wir durch ein Paar (j, r), wobei j die Anzahl der Kunden im System ist und der gerade bedient werdende Kunde sich an der r-ten Schalterstufe befindet ($j = 0, 1, 2, \ldots; r = 1, \ldots, k$). Das leere Wartesystem entspreche dem Zustand (0,1). Bezeichnen wir den Zustand des Wartesystems zur Zeit t mit $\mathcal{K}(t)$, so stellt $\{\mathcal{K}(t) | t \geq 0\}$ einen Markowschen Prozeß dar, und die stationären Wahrscheinlichkeiten $\pi_{jr} = \lim_{t\to\infty} P(\mathcal{K}(t) = (j, r))$ genügen im durch $\varrho := \lambda/\mu < 1$ gesicherten Gleichgewichtsfall wieder einem linearen Gleichungssystem (s. NEUMANN (1977), Abschnitt 19.1). Die Lösung dieses Gleichungssystems ist jedoch wesentlich schwieriger als beim Wartesystem $M|M|1$. Für die erwartete Anzahl der Kunden in der Warteschlange und im Wartesystem, L^q bzw. L, erhält man

$$L^q = \frac{(k+1)\varrho^2}{2k(1-\varrho)}, \quad L = L^q + \varrho\,. \tag{5.6.1}$$

Die mittleren Wartezeiten in der Schlange und im System, W^q bzw. W, bestimmt man dann wieder mit Hilfe von Littles Formel $L = \lambda W$.

Zum Wartesystem $M|E_k|1$ betrachten wir das folgende Beispiel, das sich in ähnlicher Form in NEUMANN (1977), Abschnitt 19.1, findet. Eine Luftfahrtgesellschaft mit einer großen Anzahl dreistrahliger Flugzeuge will zur Erhöhung der Betriebssicherheit in unregelmäßigen Abständen eine Inspektion vornehmen, bei der eines der drei Triebwerke untersucht wird. Zur Auswahl der zu inspizierenden Flugzeuge soll ein Zufallsmechanismus verwendet werden, der bewirkt, daß die Flugzeuge gemäß einem Poissonschen Ankunftsstrom mit der Ankunftsrate 1 pro Tag zur Kontrolle eintreffen. Die Inspektionsdauer für ein Triebwerk sei exponentialverteilt mit dem Erwartungswert von einem halben Tag (was einer Bedienungsrate von 2 pro Tag entspricht). Zu dieser Inspektionspolitik (*Alternative 1*) soll eine Variante untersucht werden, bei der nach Ankunft eines Flugzeuges alle drei Triebwerke nacheinander untersucht werden (*Alternative 2*). Die Ankunftsrate sei jetzt entsprechend $\frac{1}{3}$ pro Tag. Alle auftretenden Zufallsgrößen seien voneinander unabhängig. Die durch den Ausfall der Flugzeuge verursachten „Ausfallkosten“ pro Zeiteinheit seien proportional zur Anzahl der auf die Inspektion der Triebwerke wartenden Flugzeuge. Gesucht ist diejenige der beiden Alternativen mit den geringsten erwarteten Kosten.

Wählen wir als Zeiteinheit einen Tag, so ist für Alternative 1 $\lambda = 1$, $E(S) = 1/\mu = \frac{1}{2}$ und $\varrho = \lambda/\mu = \frac{1}{2}$. Es liegt ein Wartesystem $M|M|1$ vor, und die mittlere Anzahl der wartenden Flugzeuge ist nach (5.3.12)

$$L = \frac{\lambda}{\mu - \lambda} = 1 \ .$$

Für die Alternative 2 erhalten wir $\lambda = \frac{1}{3}$, $E(S) = 1/\mu = \frac{3}{2}$ und $\varrho = \frac{1}{2}$. Die Inspektion eines Flugzeuges beinhaltet jetzt die Untersuchung aller drei Triebwerke unmittelbar nacheinander. Die Kontrolle eines anderen Flugzeuges kann erst beginnen, wenn die drei Triebwerke des „vorhergehenden“ Flugzeuges untersucht worden sind, deren Inspektion drei Bedienungsstufen (mit der jeweiligen Bedienungsrate von 2 pro Tag) entspricht. Die Bedienungs- bzw. Inspektionszeit für ein Flugzeug ist folglich Erlang-verteilt mit den Parametern $\mu = \frac{2}{3}$ und $k = 3$. Damit bekommen wir nach (5.6.1)

$$L = \frac{(k+1)\varrho^2}{2k(1-\varrho)} + \varrho = \frac{1}{3} + \frac{1}{2} = \frac{5}{6} \ .$$

Die Alternative 2 verursacht also geringere erwartete Ausfallkosten als Alternative 1.

Für $k \to \infty$ geht das Wartesystem $M|E_k|1$ in das System $\boldsymbol{M|D|1}$ über, bei dem die Bedienungszeit eine deterministische Größe mit dem Wert $1/\mu$ ist. Für die erwartete Anzahl der Kunden in der Warteschlange ergibt sich mit (5.6.1) die schon in Abschnitt 5.3.7 erhaltene Beziehung

$$L^q = \frac{\varrho^2}{2(1-\varrho)} \ .$$

Analog zum System $M|E_k|1$ kann man beim **Wartesystem $E_k|M|1$** vorgehen, wobei die Zwischenankunftszeit Erlang-verteilt mit den Parametern λ und k (und die Bedienungszeit exponentialverteilt mit dem Parameter μ) ist. Die eintreffenden Kunden folgen einem Poissonschen Ankunftsstrom mit der Ankunftsrate $k\lambda$, wobei sich nur jeder k-te ankommende Kunde in die Warteschlange einreiht. Für Details verweisen wir auf NEUMANN (1977), Abschnitt 19.2.

Für das gegenüber $M|E_k|1$ allgemeinere **Wartesystem $M|G|1$** mit beliebig verteilter Bedienungszeit S (wobei $0 < E(S) < \infty$ gelte) erhalten wir für den Gleichgewichtsfall mit $\varrho := \lambda E(S) < 1$ die bereits in Abschnitt 5.3.7 angegebenen Beziehungen

$$L^q = \frac{\varrho^2 + \lambda^2\sigma^2}{2(1-\varrho)} \quad \text{und} \quad L = L^q + \varrho\ ,$$

wobei $\sigma^2 := \operatorname{var} S$ die Streuung der Bedienungszeit ist. W^q und W berechnen sich wieder mit Littles Formel. Für weitere Einzelheiten und die Wartesysteme $G|M|1$ und $G|G|1$ verweisen wir auf NEUMANN (1977), §§20 und 21.

5.6.2 Stochastische Ein-Maschinen-Schedulingprobleme

In diesem Abschnitt wollen wir einige einfache stochastische Ein-Maschinen-Schedulingprobleme behandeln (vgl. hierzu BAKER (1974), Abschnitt 4.5). Dabei benutzen wir wieder die in Abschnitt 3.6.1 eingeführte Notation $\alpha|\beta|\gamma$. Alle Zufallsgrößen seien voneinander unabhängig und haben einen endlichen Erwartungswert. $Z_j \sim G_j$ bedeute, daß die (unabhängigen) Zufallsgrößen Z_j eine beliebige (von j abhängige) Wahrscheinlichkeitsverteilung besitzen können (G steht für „general").

Zuerst betrachten wir das Schedulingproblem $\boldsymbol{1|p_j{\sim}G_j|\Sigma w_j E(C_j)}$, wobei also die Bearbeitungsdauern p_j der Jobs j beliebig verteilte unabhängige Zufallsgrößen seien und die gewichtete Summe der erwarteten Abschlußzeitpunkte $E(C_j)$ der Jobs j minimiert werden soll. Für dieses Schedulingproblem liefert wie beim entsprechenden deterministischen Problem $1||\sum w_j C_j$ aus Abschnitt 3.6.2 die **Quotientenregel von Smith** eine optimale Reihenfolge. Sei $q_j := E(p_j)/w_j$ $(j = 1, \ldots, n)$. Dann ist jede Jobreihenfolge optimal, welche die Jobs j nach nichtfallenden q_j ordnet. Der Rechenaufwand für die Quotientenregel ist $O(n \log n)$. Als Spezialfall ergibt sich für das Problem $\boldsymbol{1|p_j{\sim}G_j|\Sigma E(C_j)}$ die **SEPT-Regel** („shortest expected processing time" first): Jede Jobreihenfolge ist optimal, welche die Jobs nach nichtfallenden erwarteten Bearbeitungsdauern ordnet. Die SEPT-Regel liefert auch eine optimale Jobreihenfolge, wenn die Bereitstellungstermine r_j der Jobs j

(unabhängige) Zufallsgrößen mit beliebiger Verteilung sind und die **mittlere erwartete Durchlaufzeit** $(1/n)\sum_{j=1}^{n} E(C_j - r_j)$ eines Jobs minimiert werden soll.

Als zweites Schedulingproblem betrachten wir die Aufgabe $\mathbf{1|p_j{\sim}G_j, d_j{\sim}G_j|\max E(L_j)}$. Neben den Bearbeitungsdauern p_j seien also auch die Fälligkeitstermine d_j der Jobs j beliebig verteilte Zufallsgrößen. Die Zielfunktion $\max E(L_j)$ bedeutet die maximale erwartete Verspätung $\max_{j=1,\dots,n} E(L_j)$ der Jobs mit $L_j := C_j - d_j$ (nicht die erwartete maximale Verspätung $E(\max_{j=1,\dots,n} L_j)$, die wesentlich schwieriger zu handhaben ist). Hierfür liefert die **EEDD-Regel** (“earliest expected due date“ first) als stochastisches Analogon der EDD-Regel für das deterministische Problem $1||L_{\max}$ aus Abschnitt 3.6.2 eine optimale Reihenfolge: Jede Jobreihenfolge ist optimal, welche die Jobs j nach nichtfallenden erwarteten Fälligkeitsterminen $E(d_j)$ ordnet. Der Rechenaufwand für die EEDD-Regel ist $O(n \log n)$.

In Abschnitt 3.6.2 haben wir festgestellt, daß das deterministische Schedulingproblem $1|d_j = d|\sum w_j U_j$, wobei alle Jobs den gleichen Fälligkeitstermin d haben und

$$U_j := \begin{cases} 0\,, & \text{falls } C_j \leq d \\ 1\,, & \text{sonst} \end{cases} \qquad (j = 1, \dots, n)$$

Einheitsstrafkosten bei Verspätung von Job j sind, äquivalent zum (binären) Rucksackproblem und folglich schwer ist. Das entsprechende stochastische Problem $\mathbf{1|p_j{\sim}\exp(\lambda_j), d_j = d|\Sigma w_j E(U_j)}$, wobei die Bearbeitungsdauern p_j der Jobs j mit den Parametern λ_j exponentialverteilte Zufallsgrößen seien und der gemeinsame Fälligkeitstermin d aller Jobs weiterhin eine deterministische Größe sei, kann dagegen mit polynomialem Rechenaufwand gelöst werden. Dies wollen wir durch eine Plausibilitätsbetrachtung deutlich machen (vgl. Ross (1983), Abschnitt VI.2).

Die Bearbeitungsrate von Job j ist λ_j, d.h., in einem Zeitintervall der Länge $\Delta t > 0$ wird mit der Wahrscheinlichkeit $\lambda_j \Delta t + o(\Delta t)$ der gerade bearbeitete Job j abgeschlossen, und zwar aufgrund der „Gedächtnislosigkeit“ der Exponentialverteilung unabhängig davon, wie lange er bereits bearbeitet worden ist. Für jeden (nach dem Zeitpunkt d) noch nicht abgeschlossenen Job j fallen also erwartete Strafkosten pro Zeiteinheit in Höhe von $\lambda_j w_j$ an. Die gesamten erwarteten Strafkosten sind am kleinsten, wenn die Jobs j mit großem $\lambda_j w_j$ zuerst und diejenigen mit kleinem $\lambda_j w_j$ zuletzt bearbeitet werden. Genauer gilt: Jede Jobreihenfolge ist optimal, welche die Jobs j nach nichtwachsenden $\lambda_j w_j$ ordnet. Der Rechenaufwand zur Bestimmung dieser Reihenfolge ist wieder $O(n \log n)$. Im Spezialfall $w_j = 1$ für $j = 1, \dots, n$, d.h., die erwartete Anzahl der „verspäteten Jobs“, $\sum_{j=1}^{n} E(U_j)$, ist zu minimieren, liefert wegen $E(p_j) = 1/\lambda_j$ die SEPT-Regel eine optimale Jobreihenfolge.

Der Grund dafür, daß das stochastische Schedulingproblem $1|p_j \sim \exp(\lambda_j), d_j = d|\sum w_j E(U_j)$ einfacher als das entsprechende deterministische Problem $1|d_j = d|\sum w_j U_j$ zu lösen ist, liegt darin, daß die vorliegende Aufgabe dem (binären) Rucksackproblem entspricht (vgl. Abschnitte 3.3.1 und 3.6.2). Im deterministischen Fall ist eine den Gesamtnutzen bzw. -wert des Rucksacks maximierende Menge von Gegenständen zu finden, so daß das verfügbare Gesamtgewicht d nicht überschritten wird, wobei ein nicht genutztes „Restgewicht" verbleiben kann. Das stochastische Schedulingproblem ist mit einem Rucksackproblem zu vergleichen, bei dem der Gegenstand j den erwarteten Nutzen oder Wert $\lambda_j w_j$ und das Gewicht 1 hat und damit kein Restgewicht auftreten kann. Dies hat die Einplanung der Gegenstände nach nichtwachsendem erwarteten Nutzen zur Folge.

Für stochastische Schedulingprobleme mit mehreren parallelen Maschinen und stochastische Open-, Flow- und Job-Shop-Probleme verweisen wir auf Weiss (1982) und Pinedo und Schrage (1982).

5.6.3 Verschiedene Warteschlangendisziplinen für Wartesysteme mit einem Schalter

Im folgenden wollen wir verschiedene Warteschlangendisziplinen für Wartesysteme mit einem Schalter untersuchen. Neben der in den Abschnitten 5.3 und 5.6.1 zugrunde gelegten Auswahlordnung **FIFO** („first in first out" oder „first come first served" unter den eingetroffenen Kunden) betrachten wir zunächst die **LIFO**-Disziplin („last in first out" oder „last come first served") und die Zufallsauswahl oder **RAND**-Disziplin („service in random order"). Zufallsauswahl bedeutet dabei, daß beim Freiwerden des Schalters aus den wartenden Kunden zufällig der als nächster zu bedienende Kunde ausgewählt wird bei gleicher Auswahlwahrscheinlichkeit für jeden Kunden.

Bei den drei Warteschlangendisziplinen FIFO, LIFO und RAND ist die Auswahl desjenigen Kunden, der als nächster bedient wird, unabhängig von der Bedienungszeit. Folglich ist die Verteilung der Anzahl $\mathcal{L}(t)$ der Kunden im System zum Zeitpunkt t für alle drei Auswahlordnungen die gleiche (und Entsprechendes gilt für die Verteilung der Anzahl $\mathcal{L}^q(t)$ der Kunden in der Schlange). Wie bereits in Abschnitt 5.3.7 erwähnt, gilt Littles Formel $L = \lambda W$ auch für von der FIFO-Disziplin abweichende Auswahlordnungen. Damit ist der Erwartungswert W der Wartezeit irgendeines Kunden im System für die drei Disziplinen FIFO, LIFO und RAND ebenfalls gleich groß (und Entsprechendes gilt für die Wartezeit in der Warteschlange). Sind die Zwischenankunftszeiten einerseits und die Bedienungszeiten andererseits der Kunden nicht identisch verteilt (jedoch weiterhin unabhängig voneinander), so sind in Littles Formel L und W durch

$$\lim_{t\to\infty} \frac{1}{t} \int_0^t E(\mathcal{L}(u))\,du \quad \text{bzw.} \quad \lim_{n\to\infty} \frac{1}{n} \sum_{\nu=1}^{n} E(\mathcal{W}_\nu)$$

zu ersetzen, wobei $\mathcal{W}_\nu$ die Wartezeit des ν-ten ankommenden Kunden bedeutet.

Die Streuungen der Wartezeiten sind jedoch bei den betrachteten Auswahlordnungen FIFO, LIFO und RAND unterschiedlich. Nach NEUMANN (1977), Abschnitte 18.3 und 18.5, gilt etwa für die Streuung der Wartezeit $\mathcal{W}^q_{\text{FIFO}}$ in der Schlange beim System $M|M|1$ im Gleichgewichtsfall bei der FIFO-Disziplin

$$\operatorname{var} \mathcal{W}^q_{\text{FIFO}} = \frac{\varrho(2-\varrho)}{\mu^2(1-\varrho)^2}$$

und für die beiden anderen Warteschlangendisziplinen

$$\operatorname{var} \mathcal{W}^q_{\text{LIFO}} = \frac{\varrho(2-\varrho+\varrho^2)}{\mu^2(1-\varrho)^3}\,, \quad \operatorname{var} \mathcal{W}^q_{\text{RAND}} = \frac{\varrho(4-2\varrho+\varrho^2)}{\mu^2(2-\varrho)(1-\varrho)^2}$$

$(0 < \varrho = \lambda/\mu < 1)$. Wir haben also

$$\operatorname{var} \mathcal{W}^q_{\text{FIFO}} < \operatorname{var} \mathcal{W}^q_{\text{RAND}} < \operatorname{var} \mathcal{W}^q_{\text{LIFO}}\,.$$

Diese Ungleichung gilt nicht nur für das System $M|M|1$, sondern auch für Systeme mit einem Schalter und beliebig (identisch) verteilten Zwischenankunfts- und Bedienungszeiten (vgl. HEYMAN UND SOBEL (1982), Abschnitt 11.4). Für $\varrho \to 1$ erhält man für das System $M|M|1$ im Gleichgewichtsfall

$$\frac{\operatorname{var} \mathcal{W}^q_{\text{RAND}}}{\operatorname{var} \mathcal{W}^q_{\text{FIFO}}} \to 3\,, \quad \frac{\operatorname{var} \mathcal{W}^q_{\text{LIFO}}}{\operatorname{var} \mathcal{W}^q_{\text{FIFO}}} \to \infty$$

und für $\varrho \to 0$

$$\frac{\operatorname{var} \mathcal{W}^q_{\text{RAND}}}{\operatorname{var} \mathcal{W}^q_{\text{FIFO}}} \to 1\,, \quad \frac{\operatorname{var} \mathcal{W}^q_{\text{LIFO}}}{\operatorname{var} \mathcal{W}^q_{\text{FIFO}}} \to 1\,.$$

In abgeschwächter Form gelten die letzten drei Resultate auch für Wartesysteme mit einem Schalter und beliebig (identisch) verteilten Zwischenankunfts- und Bedienungszeiten: Bei der LIFO-Disziplin streuen die Wartezeiten der ankommenden Kunden bei starker Auslastung des Schalters erheblich, während bei schwacher Auslastung des Schalters die Auswahlordnung nur noch wenig Einfluß auf die Streuung der Wartezeiten hat.

Die Warteschlangendisziplinen FIFO, LIFO und RAND werden insbesondere in der Praxis verwendet, wenn es nicht möglich ist, vor der Bedienung der Kunden zwischen den Bedienungszeiten für die einzelnen Kunden zu differenzieren (und die Bedienungszeiten als identisch verteilt angesehen werden). Dieser Fall liegt z.B. vor, wenn Telefonanrufe von Kunden für Kartenreservierungen zu beantworten sind oder allgemeiner, wenn (nicht grundsätzlich unterscheidbare Arten von) menschliche(n) Kunden zu bedienen sind. Unter den drei Warteschlangendisziplinen FIFO, LIFO und RAND wird man dann meistens die Auswahlordnung FIFO wählen, zum einen, weil in diesem Fall die Wartezeiten der Kunden weniger streuen, und zum zweiten aus Gründen der Fairneß.

Häufig sind aber vor Beginn der Bedienung unterschiedliche (Parameter der) Verteilungen für die Bedienungszeiten der einzelnen Kunden (näherungsweise) bekannt, z.B. an den Kassen eines Supermarktes oder insbesondere, wenn den Kunden zu bearbeitende Aufträge (etwa in der Maschinenbelegungsplanung) entsprechen. Diese zusätzliche Information über die Bedienungszeiten sollte bei der Entscheidung für eine Warteschlangendisziplin berücksichtigt werden.

In Abschnitt 5.6.2 haben wir gesehen, daß die **SEPT**-Regel oder -Disziplin („shortest expected processing time " bzw. „shortest expected service time" first unter den wartenden Jobs oder Kunden) die mittlere erwartete Durchlaufzeit eines Jobs oder Kunden bzw. die Erwartungswerte W und W^q der Wartezeit im System bzw. in der Schlange minimiert. Viele Simulationsstudien bei Wartesystemen haben ergeben, daß bei der SEPT-Disziplin im Durchschnitt die Bearbeitung (Bedienung) von mindestens 90% der Jobs (Kunden) eher abgeschlossen wird als bei der FIFO-Disziplin (vgl. HALL (1991), Abschnitt 9.2.3). Analog ist die Quotientenregel in den meisten Fällen der FIFO-Disziplin vorzuziehen, wenn die Jobs bzw. Kunden entsprechend ihrer Bedeutung oder Dringlichkeit gewichtet werden.

Ein wesentlicher Unterschied zwischen den in Abschnitt 5.3 behandelten Warteschlangenproblemen und den Problemen der Maschinenbelegungsplanung (vgl. Abschnitte 3.6 und 5.6.2) besteht darin, daß man in ersterem Fall von einem stochastischen (häufig Poissonschen) Ankunftsstrom von Kunden ausgeht, während in letzterem Fall die Bereitstellungstermine der Jobs fest vorgegeben sind (und in der Regel gleich 0 gesetzt werden). Bei der Übertragung von Auswahlordnungen oder „Regeln" (z.B. der SEPT-Regel) aus dem Maschinenscheduling auf Warteschlangenprobleme interpretiert man dann den sich zeitlich verändernden Zustand des Wartesystems als eine Aufeinanderfolge von Momentaufnahmen: Zu jedem Zeitpunkt werden die wartenden Kunden als verfügbare Jobs angesehen und entsprechend einer „Regel" sortiert. Dies kann als eine Heuristik zur Bestimmung einer (näherungsweise) optimalen Bedienungsreihenfolge der Kunden aufgefaßt werden. Als Beispiel für eine solche Heuristik betrachten wir einen Supermarkt mit einer Expreßkasse neben weiteren „normalen“ Kassen. An der Expreßkasse werden nur Kunden bedient, die wenige Artikel eingekauft und damit eine kurze erwartete Bedienungszeit haben. Die SEPT-Regel wird hierbei in sehr grober Weise dadurch berücksichtigt, daß zwei Klassen von Kunden mit kürzerer (bevorzugter) und mit längerer erwarteter Bedienungszeit gebildet werden, wobei innerhalb jeder der beiden Klassen die Kunden allerdings wieder gemäß der FIFO-Regel abgearbeitet werden.

Sind Fälligkeitstermine für die Jobs vorgegeben und soll die maximale erwartete Verspätung der Jobs minimiert werden, so haben wir in Abschnitt 5.6.2 die **EEDD**-Regel oder -Disziplin als optimal erkannt (wieder vorausgesetzt, alle Jobs oder Kunden sind bei „Arbeitsbeginn“ bzw. „Öffnung des Schalters“ bereits verfügbar bzw. eingetroffen). Es sei aber darauf hingewiesen, daß die EEDD-Regel die für die Praxis oft wichtigere Zielfunktion der erwarteten Anzahl der „verspäteten Jobs“ nicht minimiert. Dies ist plausibel, da die EEDD-Regel den am schwierigsten einzuplanenden Jobs (wegen besonders langer erwarteter Bearbeitungszeit oder sehr frühem Fälligkeitstermin) die höchste Priorität zuweist und dafür häufig zahlreiche andere Jobs verspätet fertiggestellt werden. Soll die erwartete Anzahl der verspäteten Jobs minimiert werden, dann liefert nach Abschnitt 5.6.2 die SEPT-Regel eine optimale Jobreihenfolge, wenn die Bearbeitungsdauern der Jobs exponentialverteilt sind sowie alle Jobs bei „Arbeitsbeginn“ verfügbar sind und den gleichen Fälligkeitstermin haben.

Für die Diskussion weiterer Warteschlangendisziplinen und den Fall mehrerer paralleler Schalter verweisen wir auf Hall (1991), Kapitel 9, und Heyman und Sobel (1982), Abschnitte 11.4 und 11.5.

Literaturverzeichnis

Aarts, E., Korst, J. (1989): *Simulated Annealing and Boltzmann Machines*; John Wiley & Sons, New York

Aho, A. V., Hopcroft, J. E., Ullman, J. D. (1983): *Data Structures and Algorithms*; Addison-Wesley, Reading

Afflerbach, L., Lehn, J., Herausg. (1986): *Kolloquium über Zufallszahlen und Simulationen*; Teubner, Stuttgart

Alvarez-Valdes, R., Tamarit, J. M. (1989): Heuristic Algorithms for Resource-Constraint Project Scheduling – A Review and an Empirical Analysis; in: Slowinski, R., Weglarz, J. (Eds.): *Advances in Project Scheduling*; Elsevier, Amsterdam, 113–134

Avriel, M., Diewert, W. A., Schaible, S., Zang, I. (1988): *Generalized Concavity*; Plenum Press, New York

Baker, K. R. (1974): *Introduction to Sequencing and Scheduling*; John Wiley & Sons, New York

Bamberg, G., Baur, F. (1991): *Statistik*; Oldenbourg, München

Bamberg, G., Coenenberg, A. G. (1989): *Betriebswirtschaftliche Entscheidungslehre*; Vahlen, München

Bartmann, D., Beckmann, M. J. (1989): *Lagerhaltung*; Springer, Berlin

Bazaraa, M. S., Shetty, C. M. (1979): *Nonlinear Programming*; John Wiley & Sons, New York

Bazaraa, M. S., Jarvis, J. J., Sherali, H. D. (1990): *Linear Programming and Network Flows*; John Wiley & Sons, New York

Beisel, E. P., Mendel, M. (1987): *Optimierungsmethoden des Operations Research, Band 1*; Friedr. Vieweg & Sohn, Braunschweig

Beisel, E. P., Mendel, M. (1991): *Optimierungsmethoden des Operations Research, Band 2*; Friedr. Vieweg & Sohn, Braunschweig

Bertsekas, D. P. (1987): *Dynamic Programming – Deterministic and Stochastic Models*; Prentice-Hall, Englewood Cliffs

Blasewicz, J. (1987): Selected Topics in Scheduling Theory; *Annals of Discrete Mathematics 31*, 1–60

Borgwardt, K. H. (1987): *The Simplex Method – A Probabilistic Analysis*; Springer, Berlin

Bradley, S. P., Hax, A. C., Magnanti, T. L. (1977): *Applied Mathematical Programming*; Addison-Wesley, Reading

Bratley, P., Fox, B. L., Schrage, L. E. (1987): *A Guide to Simulation*; Springer, Berlin

Brucker, P. (1981): *Scheduling*; Akademische Verlagsgesellschaft, Wiesbaden

Brucker, P. (1981): The Chinese Postman Problem for Mixed Graphs, in: Noltemeier, H. (Ed.): *Graphtheoretic Concepts in Computer Science*; Lecture Notes in Computer Science, Vol. 100, Springer, Berlin, 354–366

Burkard, R. E. (1987): Ganzzahlige Optimierung; in Gal, T. (Herausg.): *Grundlagen des Operations Research, Teil 2*; Springer, Berlin, 361–444

Burkard, R. E., Derigs, U. (1980): *Assignment and Matching Problems – Solution Methods with FORTRAN Programs*, Lecture Notes in Economics and Math. Systems, Vol. 184, Springer, Berlin

Carlier, J., Pinson, E. (1989): An Algorithm for Solving the Job-Shop-Problem; *Management Science 35*, 164–176

Christofides, N. (1975): *Graph Theory*; Academic Press, New York

Christofides, N., Alvarez-Valdez, R., Tamarit, J. M. (1987): Project Scheduling with Resource Constraints – A Branch and Bound Approach; *European Journal of Operational Research 29*, 262–273

Chvatal, V. (1983): *Linear Programming*; W. H. Freeman and Comp., New York

Cinlar, E. (1975): *Introduction to Stochastic Processes*; Prentice-Hall, Englewood Cliffs

Collatz, L., Wetterling, W. (1971): *Optimierungsaufgaben*; Springer, Berlin

Denardo, E. V. (1982): *Dynamic Programming*; Prentice-Hall, Englewood Cliffs

Derigs, U., Meier, W. (1989): Implementing Goldberg's Max-Flow-Algorithm – A Computational Investigation; *Zeitschrift für Operations Research 33*, 383–403

Domschke, W. (1981): *Logistik – Transport*; Oldenbourg, München

Domschke, W. (1982): *Logistik – Rundreisen und Touren*; Oldenbourg, München

Domschke, W., Drexl, A. (1991): *Einführung in das Operations Research*; Springer, Berlin

Dreyfus, S. E., Law, A. (1978): *The Art and Theory of Dynamic Programming*; Academic Press, New York

Dyckhoff, H. (1988): Produktionstechnische Fundierung industrieller Zuschneideprozesse; *OR-Spektrum 10*, 77–97

Dyckhoff, H., Finke, U., Kruse, H.-J. (1988): Empirische Erhebung über Verschnittsoftware; *OR-Spektrum 10*, 237–247

Eichenauer, J., Lehn, J. (1986): A Nonlinear Congruential Pseudorandom Number Generator; *Statist. Papers 27*, 315–326

Eiselt, H. A., Pederzoli, G., Sandblom, C.-L. (1987): *Continuous Optimization Models*; Walter de Gruyter, Berlin

Ellinger, Th. (1984): *Operations Research*; Springer, Berlin

Elmaghraby, S. E. (1977): *Activity Networks*; John Wiley & Sons, New York

Even, S. (1979): *Graph Algorithms*; Pitman, London

Federgruen, A., Tzur, M. (1991): A Simple Forward Algorithm to Solve General Dynamic Lot Size Models with n Periods in $O(n \log n)$ or $O(n)$ Time; *Management Science 37*, 909–925

Fletcher, R. (1987): *Practical Methods of Optimization*; John Wiley & Sons, New York

French, F. (1982): *Sequencing and Scheduling*; Ellis Horwood, Chichester

Gallo, G., Pallottino, S. (1986): Shortest Path Methods – A Unifying Approach; *Math. Programming Study 26*, 38–64

Gallo, G., Pallottino, S. (1988): Shortest Path Algorithms; *Annals of Operations Research 13*, 3–79

Garfinkel, R. S., Nemhauser, G. L. (1972): *Integer Programming*; John Wiley & Sons, New York

Geoffrion, A. M. (1971): Duality in Nonlinear Programming – A Simplified Applications-Oriented Development; *SIAM Review 13*, 1–37

Gewald, K., Kasper, K., Schelle, H. (1972): *Netzplantechnik, Band 2: Kapazitätsoptimierung*; Oldenbourg, München

Gill, P. E., Murray, W., Wright, M. H. (1981): *Practical Optimization*; Academic Press, London

Girlich, H.-J., Köchel, P., Küenle, H.-U. (1990): *Steuerung dynamischer Systeme*; Birkhäuser, Basel

Glover, F., Glover, R., Klingman, D. (1986): Threshold Assignment Algorithm; *Math. Programming Study 26*, 12–37

Gnedenko, B. W., König, D. (1983): *Handbuch der Bedienungstheorie I*; Akademie-Verlag, Berlin

Gnedenko, B. W., König, D. (1984): *Handbuch der Bedienungstheorie II*; Akademie-Verlag, Berlin

Golden, B. L., Assad, A. A., Eds. (1988): *Vehicle Routing – Methods and Studies*; North-Holland, Amsterdam

Gondran, M., Minoux, M. (1984): *Graphs and Algorithms*; John Wiley & Sons, New York

Grötschel, M., Holland, O. (1991): Solution of Large-Scale Symmetric Travelling Salesman Problems; *Math. Programming 51*, 141–202

Hadley, G. (1969): *Nichtlineare und dynamische Programmierung*; Physica, Würzburg

Hall, R. W. (1991): *Queueing Methods*; Prentice Hall, Englewood Cliffs

Heyman, D. P., Sobel, M. J. (1982): *Stochastic Models in Operations Research, Vol. I*; McGraw-Hill, New York

Heyman, D. P., Sobel, M. J. (1984): *Stochastic Models in Operations Research, Vol. II*; McGraw-Hill, New York

Heyman, D. P., Sobel, M. J., Eds. (1990): *Stochastic Models*; Handbooks in Operations Research and Management Science, Vol. 2; North-Holland, Amsterdam

Hillier, F. S., Lieberman, G. J. (1990): *Introduction to Operations Research*; McGraw-Hill, New York

Hinderer, K. (1979): *Foundations of Non-Stationary Dynamic Programming with Discrete Time Parameter*; Lecture Notes in Operations Research and Math. Systems, Vol. 33; Springer, Berlin

Hoitsch, H. J. (1985): *Produktionswirtschaft*; Franz Vahlen, München

Horowitz, E., Sahni, S. (1978): *Fundamentals of Computer Algorithms*; Pitman, London

Horst, R. (1979): *Nichtlineare Optimierung*; Carl Hanser, München

Horst, R. (1987): Nichtlineare Optimierung; in: Gal, T. (Herausg.): *Grundlagen des Operations Research, Teil 1*; Springer, Berlin, 255–419

Horst, R., Tuy, H. (1990): *Global Optimization*; Springer, Berlin

Iglehart, D. L. (1963 a): Optimality of (s, S) Policies in the Infinite Horizon Dynamic Inventory Problem; *Management Science 9*, 259–267

Iglehart, D. L. (1963 b): Dynamic Programming and Stationary Analysis of Inventory Problems; in Scarf, M. E., Gilford, D. M., Shelly, M. W. (Eds.): *Multistage Inventory Models and Techniques*; Stanford University Press, Stanford, 1–31

Isermann, H. (1987): Optimierung bei mehrfacher Zielsetzung; in Gal, T. (Herausg.): *Grundlagen des Operations Research, Teil 1*; Springer, Berlin, 420–497

Jungnickel, D. (1987): *Graphen, Netzwerke und Algorithmen*; BI Wissenschaftsverlag, Mannheim

Kalbfleisch, J. G. (1985 a): *Probability and Statistical Inference, Vol. 1: Probability*; Springer, Berlin

Kalbfleisch, J. G. (1985 b): *Probability and Statistical Inference, Vol. 2: Statistical Inference*; Springer, Berlin

Kall, P. (1976): *Mathematische Methoden des Operations Research*; B. G. Teubner, Stuttgart

Kennington, J. L., Helgason, R. V. (1980): *Algorithms for Network Programming*; John Wiley & Sons, New York

Kistner, K.-P., Steven, M. (1990): *Produktionsplanung*; Physica, Heidelberg

Klee, V., Minty, G. J. (1972): How Good Is the Simplex Algorithm; in Shisha, O. (Eds.): *Inequalities III*; Academic Press, New York, 159–175

Kleinrock, L. (1975): *Queueing Systems, Vol. I*; John Wiley & Sons, New York

Kleinrock, L. (1976): *Queueing Systems, Vol. II*; John Wiley & Sons, New York

Klemm, H., Mikut, M. (1972): *Lagerhaltungsmodelle*; Verlag Die Wirtschaft, Berlin

Knuth, D. E. (1981): *The Art of Computer Programming, Vol. 2*; Addison-Wesley, Reading

Kohlas, J. (1977): *Stochastische Methoden des Operations Research*; B. G. Teubner, Stuttgart

Kolesar, P. J. (1967): A Branch and Bound Algorithm for the Knapsack Problem; *Management Science 13*, 723–735

Krampe, H., Kubat, J., Runge, W. (1973): *Bedienungsmodelle*; Oldenbourg, München

Küpper, W., Lüder, K., Streitferdt, L. (1975): *Netzplantechnik*; Physica, Würzburg

Laux, H. (1991): *Entscheidungstheorie, Band I*; Spinger, Berlin

Law, A. M., Kelton, W. D. (1991): *Simulation Modeling and Analysis*; McGraw-Hill, New York

Lawler, E. L. (1976): *Combinatorial Optimization – Networks and Matroids*; Holt, Rinehart and Winston, New York

Lawler, E. L. (1979): Fast Approximation Algorithms for Knapsack Problems; *Mathematics of Operations Research 4*, 339–356

Lawler, E. L. (1983): Recent Results in the Theory of Machine Scheduling; in Bachem, A., Grötschel, M., Korte, B. (Eds.): *Mathematical Programming – The State of the Art*; Springer, Berlin, 202–234

Lawler, E. L., Lenstra, J. K., Rinnooy Kan, A. H. G. (1982): Recent Developments in Deterministic Sequencing and Scheduling – A Survey; in Dempster, M. A. H., Lenstra, J. K., Rinnooy Kan, A. H. G. (Eds.): *Deterministic and Stochastic Scheduling*; D. Reidel, Dordrecht, 35–73

Lawler, E. L., Lenstra, J. K., Rinnooy Kan, A. H. G., Shmoys, D. B., Eds. (1985): *The Traveling Salesman Problem*; John Wiley & Sons, New York

Lewis, P. A. W., Orav, E. J. (1989): *Simulation Methodology for Statisticians, Operations Analysts, and Engineers, Vol. 1*, Wadworth & Brooks, Belmont

Luenberger, D. G. (1984): *Introduction to Linear and Nonlinear Programming*; Addison-Wesley, Menlo Park

Martello, S., Toth, P. (1990): *Knapsack Problems*; John Wiley & Sons, Chichester

Matthäus, F. (1978): *Tourenplanung*; S. Toeche-Mittler, Darmstadt

Mei-Ko, K. (1962): Graphic Programming Using Odd or Even Points; *Chinese Mathematics 1*, 273–277

Minieka, E. (1978): *Optimization Algorithms for Networks and Graphs*; Marcel Dekker, New York

Minoux, M. (1986): *Mathematical Programming*; John Wiley & Sons, New York

Morlock, M. (1983): Projektkostenminimierung in Abhängigkeit von der Projektdauer; *Methods of Operations Research 45*, 293–302

Murty, K. G. (1983): *Linear Programming*; John Wiley & Sons, New York

Nemhauser, G. L., Wolsey, L. A. (1988): *Integer and Combinatorial Optimization*; John Wiley & Sons, New York

Nemhauser, G. L., Rinnooy Kan, A. H. G., Todd, M. J., Eds. (1989): *Optimization*; Handbooks in Operations Research and Management Science, Vol. 1; North-Holland, Amsterdam

Neumann, K. (1975 a): *Operations-Research-Verfahren, Band I*; Carl Hanser, München

Neumann, K. (1975 b): *Operations-Research-Verfahren, Band III*; Carl Hanser, München

Neumann, K. (1977): *Operations-Research-Verfahren, Band II*; Carl Hanser, München

Neumann, K. (1987 a): Graphen und Netzwerke; in Gal, T. (Herausg.): *Grundlagen des Operations Research, Teil 2*; Springer, Berlin, 165–260

Neumann, K. (1987 b): Netzplantechnik; in Gal, T. (Herausg.): *Grundlagen des Operations Research, Teil 2*; Springer, Berlin, 165–260

Neumann, K. (1988 a): Das Briefträgerproblem in Graphen, Digraphen und gemischten Graphen; *Report WIOR-329*; Institut für Wirtschaftstheorie und Operations Research, Universität Karlsruhe

Neumann, K. (1988 b): Handlungsreisendenproblem und Tourenplanung; *Report WIOR-330*; Institut für Wirtschaftstheorie und Operations Research, Universität Karlsruhe

Neumann, K. (1990): *Stochastic Project Networks – Temporal Analysis, Scheduling and Cost Minimization*; Lecture Notes in Economics and Math. Systems, Vol. 344; Springer, Berlin

Neumann, K., Steinhardt, U. (1979): *GERT Networks and the Time-Oriented Evaluation of Projects*; Lecture Notes in Economics and Math. Systems, Vol. 172; Springer, Berlin

Noltemeier, H. (1976): *Graphentheorie*; Walter de Gruyter, Berlin

Opitz, O. (1989): *Mathematik – Lehrbuch für Ökonomen*; R. Oldenbourg, München

Ottmann, T., Widmayer, P. (1990): *Algorithmen und Datenstrukturen*; BI Wissenschaftsverlag, Mannheim

Owen, G. (1971): *Spieltheorie*; Springer, Berlin

Paessens, H. (1987): *Tourenplanung mit Tour Master*; Oldenbourg, München

Papadimitriou, C. H., Steiglitz, K. (1982): *Combinatorial Optimization*; Prentice-Hall, Englewood Cliffs

Parker, R. G., Radin, R. L. (1988): *Discrete Optimization*; Academic Press, Boston

Pearl, J. (1984): *Heuristics*; Addison-Wesley, Reading

Pinedo, M., Schrage, L. (1982): Stochastic Shop Scheduling – A Survey; in Dempster, M. A. H:, Lenstra, J. K., Rinnooy Kan, A. H. G. (Eds.): *Deterministic and Stochastic Scheduling*; D. Reidel, Dordrecht, 181–196

Rauhut, B., Schmitz, N., Zachow, E.-W. (1979): *Spieltheorie*; B. G. Teubner, Stuttgart

Ravindran, A., Phillips, D. T., Solberg, J. J. (1987): *Operations Research – Principles and Practice*; John Wiley & Sons, New York

Ripley, B. D. (1987): *Stochastic Simulation*; John Wiley & Sons, New York

Rohatgi, V. K. (1976): *An Introduction to Probability Theory and Mathematical Statistics*; John Wiley & Sons, New York

Ross, S. (1983): *Introduction to Stochastic Dynamic Programming*; Academic Press, New York

Salkin, H. A. (1975): *Integer Programming*; Addison-Wesley, Reading

Salkin, H. M., Mathur, K. (1989): *Foundations of Integer Programming*; North-Holland, Amsterdam

Schaible, S. (1978): *Analyse und Anwendungen von Quotientenprogrammen*; Math. Systems in Economics, Vol. 42, Anton Hain, Meisenheim

Schmitz, N., Lehmann, F. (1976): *Monte-Carlo-Methoden 1 – Erzeugen und Testen von Zufallszahlen*; Anton Hain, Meisenheim

Schneeweiß, C. (1981): *Modellierung industrieller Lagerhaltungssysteme*; Springer, Berlin

Schneeweiß, C. (1989): *Produktionswirtschaft*; Springer, Berlin

Schneeweiß, C. (1991): *Planung, Band 1*; Springer, Berlin

Schrijver, A. (1986): *Theory of Linear and Integer Programming*; John Wiley & Sons, New York

Schwarze, J. (1973): Zwei Bemerkungen zur Bestimmung von Pufferzeiten in Netzplänen; *Zeitschrift für Operations Research 17*, B111–B118

Shamir, R. (1987): The Efficiency of the Simplex Method: A Survey; *Management Science 33*, 301–334

Shapiro, R. D. (1984): *Optimization Models for Planning and Allocation*; John Wiley & Sons, New York

Siedersleben, J. (1983): Lineare Optimierung auf Digraphen; *Report WIOR-206*, Institut für Wirtschaftstheorie und Operations Research, Universität Karlsruhe

Stephan, A., Fischer, E. O. (1988): *Betriebswirtschaftliche Optimierung*; Oldenbourg, München

Stoer, J. (1979): *Einführung in die Numerische Mathematik, Band I*; Springer, Berlin

Syslo, M., Deo, N., Kowalik, J. S. (1983): *Discrete Optimization Algorithms*; Prentice-Hall, Englewood Cliffs

Taha, H. A. (1987): *Operations Research*; McMillan, New York

Tersine, R. J. (1988): *Principles of Inventory and Materials Management*; North-Holland, Amsterdam

Tijms, H. C. (1986): *Stochastic Modelling and Analysis – A Computational Approach*; John Wiley & Sons

Törnig, W., Spellucci, P. (1988): *Numerische Mathematik für Ingenieure und Physiker, Band 1*; Springer, Berlin

Trochelmann, J. (1980): *Tourenplanung für das deterministische Ein-Depot-Problem*; Verkehrswissenschaftliche Studien 35, Vandenhoeck & Ruprecht, Göttingen

Veinott, A. F. Jr. (1965): The Optimal Inventory Policy for Batch Orderings; *Operations Research 13*, 424–432

Weiss, G. (1982): Multiserver Stochastic Scheduling; in Dempster, M. A. H., Lenstra, J. K., Rinnooy Kan, A. H. G. (Eds.): *Deterministic and Stochastic Scheduling*; D. Reidel, Dordrecht, 157–179

Winston, W. L. (1991): *Operations Research – Applications and Algorithms*; PWS-Kent, Boston

Zäpfel, G. (1982): *Produktionswirtschaft*; Walter de Gruyter, Berlin

Zierer, K., Mitchel, W. A., White, T. R. (1976): Practical Applications of Linear Programming to Shell's Distribution Problems; *Interfaces 6*, No. 4, 13–26

Zimmermann, H. J. (1987): *Methoden und Modelle des Operations Research*; Friedr. Vieweg & Sohn, Braunschweig

Zimmermann, H. J., Gutsche, L. (1991): *Multi-Criteria-Analyse*; Springer, Berlin

Literaturhinweise (Lehrbücher) zu den einzelnen Kapiteln

Kapitel 1 Lineare Optimierung

Bazaraa et al. (1990)
Beisel, Mendel (1987)
Bradley et al. (1977)
Chvatal (1983)
Collatz, Wetterling (1971)
Eiselt et al. (1987)
Gill et al. (1981)
Hillier, Lieberman (1990)
Luenberger (1984)
Minoux (1986)
Murty (1983)
Nemhauser et al. (1989)
Neumann (1975 a)
Ravindran et al. (1987)
Schrijver (1986)
Taha (1987)
Winston (1991)

Kapitel 2 Graphen und Netzwerke

Bazaraa et al. (1990)
Beisel, Mendel (1991)
Christofides (1975)
Domschke (1982)
Elmaghraby (1977)
Even (1979)
Gondran, Minoux (1984)
Jungnickel (1987)
Kennington, Helgason (1980)
Lawler (1976)
Nemhauser et al. (1989)
Neumann (1975b)
Neumann (1987 a, b)
Noltemeier (1976)
Papadimitriou, Steiglitz (1982)

Kapitel 3 Ganzzahlige und kombinatorische Optimierung

Burkard (1987)
Domschke (1982)
Garfinkel, Nemhauser (1972)
Lawler et al. (1985)
Minoux (1986)
Nemhauser, Wolsey (1988)
Nemhauser et al. (1989)
Neumann (1975 a, b)
Papadimitriou, Steiglitz (1982)
Parker, Radin (1988)
Salkin (1975)
Salkin, Mathur (1989)
Schrijver (1986)

Kapitel 4 Nichtlineare Optimierung

Bazaraa, Shetty (1979)
Bradley et al. (1977)
Eiselt et al. (1987)
Fletcher (1987)
Gill et al. (1981)
Horst (1979, 1987)
Luenberger (1984)
Minoux (1986)
Nemhauser et al. (1989)
Neumann (1975 a)

Kapitel 5 Dynamische und stochastische Modelle und Methoden

Dynamische Optimierung

Bertsekas (1987)
Denardo (1982)

Dreyfus, Law (1978)
Girlich et al. (1990)
Heyman, Sobel (1990)
Neumann (1977)

Lagerhaltung

Bartmann, Beckmann (1989)
Heyman, Sobel (1990)
Hillier, Lieberman (1990)
Klemm, Mikut (1972)
Neumann (1977)
Ravindran et al. (1987)
Schneeweiß (1981)
Taha (1987)
Tersine (1988)
Winston (1991)

Warteschlangen

Gnedenko, König (1983, 1984)
Hall (1991)
Heyman, Sobel (1982, 1990)
Hillier, Lieberman (1990)
Kleinrock (1975, 1976)
Krampe et al. (1973)
Neumann (1977)
Ravindran et al. (1987)
Taha (1987)
Tijms (1986)
Winston (1991)

Simulation

Bratley et al. (1987)
Knuth (1981)
Law, Kelton (1991)
Lewis, Orav (1989)
Neumann (1977)
Ravindran et al. (1987)
Ripley (1987)
Schmitz, Lehmann (1976)

Entscheidungstheorie

Bamberg, Coenenberg (1989)
Laux (1991)
Schneeweiß (1991)

Namen- und Sachverzeichnis